KB043337

환경 시스템 그리고 자연지리학

환경 시스템 그리고 자연지리학
(Environmental System: An Introductory Text 2nd)

초판 1쇄 발행 | 2012년 3월 1일

지은이 | I. D. 화이트, D. N. 모터셰드, S. J. 해리슨
옮긴이 | 손명원
펴낸이 | 김선기
펴낸곳 | (주)푸른길
출판등록 | 1996년 4월 12일 제16-1292호
주소 | 137-060 서울시 서초구 방배동 1001-9 우진빌딩 3층
전화 | 02-523-2907 팩스 | 02-523-2951
이메일 | pur456@kornet.net
블로그 | blog.naver.com/purungilbook
홈페이지 | www.purungil.co.kr

ISBN 978-89-6291-186-2 93980

* 이 도서의 국립중앙도서관 출판시도서목록(CIP)은 e-CIP홈페이지(http://www.nl.go.kr/ecip)와 국가자료공동목록시스템 (http://www.nl.go.kr/kolisnet)에서 이용하실 수 있습니다.(CIP제어번호: CIP2012000759)

책값은 뒤표지에 있습니다.
파본이나 잘못된 책은 구입하신 서점에서 교환해 드립니다.

ENVIRONMENTAL SYSTEM

환경 시스템 그리고

자연지리학

I. D. 화이트, D. N. 모터셰드, S. J. 해리슨 지음   손명원 옮김

푸른길

머리말

　책이란 저자가 원래 가지고 있던 포부와 출판이라는 현실 간의 타협이다. 따라서 비평가들은 책의 실질적인 내용이 아니라, 이러한 타협의 필요성 때문에 저자들이 내린 실용적인 결정에 이의를 제기할 수도 있다. 이 책의 초판도 예외가 아니었다. 환경 시스템의 작용에 대한 초점을 유지하기 위해서는 캔버스의 너비에 대한 타협이 불가피했다. 바라던 대로 타협은 성공적이었지만, 몇 가지의 결정은 비평가나 이 책을 사용하는 교사와 학생들의 피드백으로 보았을 때 문제가 있었다.

　초판에서는 인간의 육상 환경에 집중하기로 해서 바다의 성질과 역할을 가볍게 다루었다. 그 결정을 재평가한 제2판에서는 수권에 관련한 새로운 장을 추가하여, 지구의 에너지 관계와 생지화학을 이해하는 데 바다가 중요함을 일깨워 주었다.

　이와 같이, 생물권의 구조적, 기능적 조직을 분자 및 세포의 수준에서 모델화하려는 결정을 재평가하였다. 이 책을 주로 구매하는 독자들은 생물권의 거시적인 특성에 더욱 관심이 있기 때문이다. 결과적으로 생물권과 생태권을 하나의 장에 압축하여, 생지화학적 순환 및 교란에서 인간의 활동으로 나타날 수 있는 순환까지 폭넓게 다루었다(생물권의 본질에 대하여 세포생물학에서 제공할 수 있는 관점을 약간 잃게 되었다).

　주로 독자들의 지적을 좇아서, 현 환경 문제에 매우 중요하다고 판단되는 두가지의 새로운 장을 추가하였다. 하나(풍성 시스템)는 건조 및 반건조 지역의 사막화와 환경 문제에 관한 이해를 뒷받침하며, 또 하나(해안 시스템)는 육지와 바다 사이의 경계에 걸쳐 있는 물리적, 생물학적 시스템을 고려한다.

책이 출판되는 동안에도, 그 책에서 다룬 분야는 그것의 사회적, 문화적 배경과 마찬가지로 진화하고 발전한다. 귀납적으로 추리해 볼 때, 새로운 연구 결과로 이해를 확대하거나 새로운 연구 방법을 개척함으로써 그 분야의 경계가 확장된다. 새로운 패러다임이 나타나고, 사적·공적인 태도와 가치가 변한다. 간단히 말하면 책은 기껏해야 종합적인 그림, 즉 조만간 유효 기간이 지나서 소용없게 될 독특한 세계관을 제공해 주는 일시적인 실체이다. 그러나 이 책의 초판은 운이 좋아서 출판 이후 나타난 변화의 일부를 예측하여 시대를 약간 앞서 갔다. 초판의 머리글에서, 환경주의가 고조됨에 따라 환경과학에서 시스템 철학은 상아탑을 포기하고, 대중의 자산이 될 것이라고 말한 바 있다. 근본적으로는 그 말이 맞다 하더라도, 대중들이 자신이 가진 것을 인지하고 그것으로 무엇을 할 것인지 배우는 시간이 필요하다는 사실이 드러났기 때문에, 그 말은 약간 시기상조였다. 그러나 오존층 고갈에 대한 인식과 지구 온난화를 둘러싼 거센 논쟁 때문에 환경 녹색 강령(agenda)의 위상이 지방이나 지역의 이슈에서 범지구적인 규범으로 변하였다. 이러한 변화의 배경에 대하여, 정치가들과 정부는 정책을 공식화하고, 이행하기 위하여 초판에서 환경을 정확하게 그려 낼 것이라는 목적을 가지고 내린 결론은 사실 예언처럼 보였다. 그럼에도 불구하고 초판은 일반적인 환경 문제, 특히 환경에 대한 시스템적 접근 방법에 관한 지식이 매우 증가하였기 때문에, 그리고 최근의 발전을 따라잡기 위해 개정할 필요가 있었다.

모든 장들을 (예, 빙하 시스템을 다룬 장과 같이 일부는 대폭) 개정하였고, 초판이 나온 이후 관련 분야의 발전과 보조를 맞추어 자료를 갱신하였다. 근래의 성과는 개정하여 본문 내에 통합하기도 하였고(예, 온실 기체에 관한 자료 참조), 새로운 자료로 나타내기도 하였다(하천력과 하천 시스템에 관한 자료 참조). 암석권을 다룬 장의 핵심을 이루는 지각 시스템에 간직된 지구에 관한 지구 물리학 및 지구 화학적 견해는 태양계 내 다른 별들의 '지질'과 '지형'을 자세하게 이해하는 데 도움이 되고 있다.

생태를 다룬 장에는 생태적 전략이라는 개념을 탐구하는 자료를 첨가하였고, 생태적 변화를 기술한 내용을 확대하였으며, 개체군 생태학과 군락 생태학에 대한 초점을 바꾸어서 생태학을 경관 수준에서 고찰하였다. 여기에서 생태계가 지리적 실체를 가지며, 이러한 수준에서만이 생태학과 원격 탐사ㆍ지리정보시스템이 만나는 영역을 더욱 개발할 수 있을 것이다.

명백히 환경 변화를 다루는 장들은 예측된 기후 변화와 그것이 환경에 미치는 영향에 관한 현행의 논란에 역점을 두어 개정하였다. 이 책을 처음 썼을 때에는 오존 구멍이나 현재의 기후 변화와 같은 문제들이 충분히 평가받지 못하였거나 수면 위로 떠오르지 않았다. 이러한 측면에서 곧장 2판을 예정하게 되었다.

그럼에도 불구하고 2판도 1판과 마찬가지로 생략의 잘못과 편향, 그리고 특이한 선택들로 얼룩진 타협을 남겼다. 그러나 우리는 1판의 특징이었던, 우리의 지구와 그 지표 환경의 광범위한 이해에 대한 굳건하고 일관된 책임을 유지하기를 희망하였다. 더구나 그러한 이해는 지구를 다양한 규모에서 모델링할 수 있는 상호 연관되고 상호 종속적인 개방 시스템으로 인정하는 개념적 틀을 통하여 명확하게 표현되어야 한다고 우리는 믿는다.

차례

Part 1

시스템이라는 틀: 그림을 보기 위하여

여러 가지 정보로 판단하건대, 네안데르탈인들의 외모는 낮은 이마와 돌출된 눈두덩, 원숭이처럼 생긴 목 때문에 추하고, 역겨울 정도로 이상했으며, 키가 작고 털도 매우 많았다.

    William Golding은 그의 책 『계승자들(The inheritors)』에서 이러한 가망 없는 존재를 중심인물로 선택하였다. 그러나 그들의 대화는 그들이 속한 많은 가족들의 지적 능력 때문에 제한되었다. 그들은 그림으로 생각한다. 그림은 때로는 연결되어 있고, 때로는 분리되어 있으며……

    드디어 '말'은 몸을 일으켜 가시나무 덤불 위로 다가가기 시작했다. 그리고 그의 손을 가시 위로 들어올렸다. 그는 바다와 사람들을 번갈아 가며 응시했고, 사람들은 기다렸다.

    "그림이 보여."

    그는 손을 들어 그의 머리 위로 올리고, 희미한 이미지를 뚜렷하게 보려는 듯했다……. 깊고 텅 빈 그의 눈은 그 이미지를 서로 나누어 가지기를 원하면서, 사람들에게로 향했다…….

    '파'가 그녀의 손을 펴서 자신의 머리에 댔다.

    "그림이 보여."

    그녀는 숲과 바다 쪽을 가리켰다.

    "난 바다 옆에 있고, 그림이 보여. 이건 상상 속의 그림이야." 그녀는 미간을 좁히며 인상을 썼다. "난…… 생각 중이야."

우리들과 네안데르탈인 사이에 약간의 유사점이 있다고 하더라도, '말'과 '파'에게서 생각(thinking)이란 그림을 보는 것(seeing)이고, 심상(心象)을 만들고 조작하는 능력이다. 부분적으로 이것은 두 눈으로 관찰한 경험적 사실에서 수집한 그림이다. ― 보는 것은 믿는 것이다. 그러나 William Golding의 원초적인 영웅이 투쟁하는 종류의 그림, 그리고 우리가 공유하고자 하는 종류의 그림은 다른 눈, 마음의 눈으로 보아야 한다. 마음의 눈으로 본다는 것은 훨씬 더 복잡한 프로세스이다. 우리의 그림은 관찰된 가시적인 사실뿐만 아니라 말과 기호, 사고, 논리, 문헌, 그리고 느낌으로 그려져 있을지도 모르기 때문이다. 그것들은 그림으로 그린 그림이고, 다른 영상들의 콜라주(collage)이다. 어떤 것은 우리 자신의 관찰과 이해를 바탕으로 한 것이며, 어떤 것은 다른 사람들이 우리와 함께 보고 공유했던 그림이다.

이 책에서 우리는 우리들에 관한 세계, 처음에는 자연의 세계 ― 우리들의 자연환경 ― 로 마음의 눈을 돌리려고 한다. 우리들이 인지한 이러한 환경과 경관의 이미지는 지리학에 풍부하게 존재하며, 대부분의 사람들에게는 그것이 곧 지리학이다. 그러나 우리들이 마음의 눈으로 본 것은 하나의 독특한 이미지 ― 질서 정연하게 기능하는 시스템으로서, 우리가 살고 있는 지구의 표면과 경관의 이미지 ― 이다. 이러한 이미지가 새로운 것은 아니지만, 세계를 바라보는 방법으로서 점차 중요해지고 있으며, 지리학뿐만 아니라 나머지 대부분의 과학에도 고루 퍼져나가고 있다. 이것만이 우리 환경에 대한 유일하게 합당한 이미지는 아니다. 그러나 그것은 '계몽된 사고와 분명한 목적을 가질 수 있게 하고, 20세기 말엽에 가장 놀라운 방식으로 이론적, 기술적 어려움을 헤치고 나아갈 수 있게 하는 힘을 가지고' 있다(Bennett and Chorley, 1978).

그래서 우리는 '말'처럼 그림을 보며, 이 책에서 전한 이미지를 통하여 그 그림을 공유할 수 있기를 바란다. 그러면 여러분은 '파'와 더불어 "나는 그림을 본다……. 그것은 그림에 대한 그림이다."라고 말할지도 모른다.

I 시스템, 인간 그리고 환경

제1장

시스템적 접근 방법

1. 인간, 환경 그리고 지리학

우리는 동물이다. 우리는 외모나 해부학적 측면에서 포유류 사촌들과 유사하다. 다른 동물들과 마찬가지로 살아가기 위해서 음식을 먹고 공기를 호흡해야 한다. 그럼에도 불구하고 우리는 각각 다르다. 우리가 만든 업적이나 행동에 차이가 있다. 우리는 동물적 성격을 결정하는 발생학적 유산을 가지고 있을 뿐만 아니라, 언어와 상징으로 전달되는 지식과 관습이라는 문화적 유산도 가지고 있다. 그러나 다른 동물들과 마찬가지로, 우리는 시·공간상에 존재하여 우리의 환경을 형성하는 서식지를 점유한다. 이것은 물리적, 화학적, 생물학적 환경이지만 사회, 정치, 경제, 기술적 측면을 더하면 문화적 환경이 된다.

이러한 구분은 인간과 환경의 관계에 대한 연구에서 이분법으로 반영된다. 자연환경과 관련된 것이 자연과학이며, 문화환경과 관련된 것이 사회과학과 응용과학이다. 사실 우리의 환경을 구성하는 이 두 가지 구성 요소는 불가분의 관계에 있다. 자연환경은 우리로부터, 그리고 우리와 자연환경의 상호 작용으로부터 분리되면 충분히 이해될 수 없다. 그러나 자연환경과 우리 문화의 관계를 숙고하기 이전에 자연환경을 이해하여야 하며, 이런 이유로 이 책은 자연환경 즉, 자연환경의 물리적, 화학적, 생물학적 구성 요소, 이들 구성 요소 사이의 관계, 구성 요소들과 인간 사회 간의 관계 등을 다룬다.

우리는 이런 어려운 일을 어떻게 시작하여야 할까? 우리는 기계를 해체하듯이 환경을 조각내어 그것이 무엇으로 구성되어 있으며 어떻게 작동하는지를 살피는 것으로 시작할 수 있으며, 이러한 프로세스를 환경 분석이라고 한다. 이것은 정상과학(normal science)에서 보편적인 **환원주의**적 접근 방법(reductionist approach)의 한 예이다. 여기에서는 복잡한 현상을 구성 부분들로 쪼개서 자세히 검정한다. 서로 다른 과학이나 다른 분야에서는 분리된 다른 구성 부분에 대하여 다룰 수도 있다. 과학이 환경을 어떻게 다루는지 살펴보자. 해양학은 바다를 다루고, 기상학은 대기를 다루며, 수문학은 물을 다루고, 지질학은 암석을 다루며, 생물학은 생물을 다룬다. 물리학과 화학은 모두 환경을 구성하는 요소를 다루지만 보다 근본적인 수준에서 차이가 있다.

이 접근 방법의 문제점은 환경을 다시 되돌릴 때, 즉 분석에서 **종합**(synthesis)으로 돌아갈 때 분명해진다. 선택된 조각들은 다양한 수준의 엄밀성을 가진 여러 가지 방식으로 조사하거나 상이한 전문 용어를 개발할 수도 있어서, 더 이상 조각들을 원래 하나의 일부였다고 인식할 수 없을 것이다. 조각들을 짜 맞추기가 더욱 어려워졌다. 우리는 조각들이 어떻게 맞추어져 있었는지 기억할 수 없는데, 그것은 해체하기 이전의 환경을 알 수 없기 때문이다. 일부 조각들은 어떤 전문 과학에게도 관심을 받지 못했기 때문에 분석 과정에서 간과되었다. 그러므로 실질적인 문제는 진정한 통합이 부

그림 1.1 (a) 우리의 환경을 구성하는 요소들(산, 언덕, 계곡, 하천, 호소, 동식물). (b) 대체로 비슷하나 불분명해진 것(동물과 식물의 구분)도 있고, 더욱 분명해진 것(산지 하천, 하천, 호소, 바다)도 있음. (c) 산맥, 하곡, 주요 하천, 바다 등은 잘 보이나, 동식물은 보이지 않음. (d) 육지, 바다, 대기만 인식됨(종합된 통일체).

족하다는 점이다. 물총새와 소나기구름, 부서지는 파도, 그리고 산사태 사이에는 어떤 연결 고리가 있는가? 이들 조각들 각각에 대해서는 많은 것을 알고 있지만 환경의 조각 그림들을 어떻게 짜 맞출 것인가? 실제 무엇이 문제인지 알아보자. 조각들을 종합하고 짜 맞추기 위해서는 그들에 대한 충분한 지식이 반드시 필요한가? 이 문제는 시각적으로 답하는 것이 좋겠다. [그림 1.1a]는 환경의 한 부분인 스코티쉬 하일랜드의 경관을 나타낸 것이다. 이것은 우리의 환경을 정상적으로 관찰하고, 자연환경의 친숙한 개념을 구성하는 대부분의 구성 요소들을 인식할 수 있는 척도이다. 산과 언덕, 계곡, 하천, 호소(사실은 염호), 동식물, 그리고 하늘 등이 있다.

[그림 1.1b]는 산꼭대기에서 내려다 본 것이다. 전망은 그렇게 크게 변하지 않았다. 일부 구성 요소들은 불분명해졌지만, 대부분은 여전히 보인다. 동물과 식물의 구분은 명확하지 않지만, 관계가 더욱 뚜렷해진 것도 일부 있다. 산지 하천과 하천, 호소, 그리고 바다의 공간적 관계는 더욱 분명하게 볼 수 있다.

[그림 1.1c]에서는 전망이 크게 바뀌었다. 이 사진은 435km 높이에서 찍은 것이다. 그럼에도 불구하고 하일랜드의 환경은 여전히 잘 보이지만, 완전히 다른 척도에서 인식할 수 있다. 모든 구성 요소들이 그곳에 있다. 소들은 여전히 호소 연안에서 풀을 뜯고 있다. 그러나 그들은 더 이상 분리된 존재로서 인식할 수 없다. 구분할 수 있는 것은 산줄기와 계곡, 큰 하천과 바다 등 주요 기복들뿐이다. 생물들도 존재하지만 분명하게 인식하기가 어렵다.

마지막으로, 1,110km 고도에서 찍은 [그림 1.1d]는 완전히 달라서 행성 지구의 육지와 바다, 대기만 인식할 수 있다. [그림 1.1a]에서 볼 수 있는 하일랜드 경관에서는 모든 구성 요소들을 인식할 수 없다. 원래 환경이나 전체로서의 환경을 구성하는 다양한 요소들은 따로 떼어서 볼 수 없다는 사실을 눈으로 확인하였다. Kenneth Boulding(1966)이 '우주선 지구호'라고 불렀던 것처럼 [그림 1.1d]에 있는 행성 지구는 자연환경의 통합체이다. 지구를 이해하려면 지구의 환경과 환경을 구성하는 요소들, 요소들이 작용하는 방법, 요소들의 상관관계 등을 공부하여야 하므로 분명히 종합이 필요하다. 그러나 20세기 후반에 들어서 그러한 종합을 위해 덜 철학적이지만 보다 긴급하고 실질적인 이유가 나타났다.

우리의 유한한 자연환경은 인간과 동물이 살아가는 데 필요한 생활 공간과 자원을 제공해 주며, 문화적 동물인 인간은 우리들의 문화 활동에 필요한 것을 제공해 준다. 시간이 지나면서 우리들의 문화가 복잡해지고, 사회가 조직화되고, 기술 능력이 증가할수록 환경에 대한 수요도 점차 증가한다. 문화가 발달함에 따라 주변 환경에 대한 의존도는 점차 줄어들었고, 환경에 대한 우리의 인식이나 환경과의 상호 작용도 변하였다. 우리는 어떤 다른 동물도 대적할 수 없을 만큼 환경을 이용하고, 변화시키고, 괴롭히고, 파괴한다. 20세기에는 우리의 요구가 인간의 활동 결과로 나타나는 교란을 흡수할 수 있는 환경의 능력을 능가하기 시작했다.

마침내 이러한 교란의 영향이 범지구적 규모에서도 느껴지고 있으며, 미래 지구 전체의 평형 상태가 위험할 수도 있다는 예측이 현실화되고 있다. 산성비와 체르노빌과 같은 규모의 핵 재난에 의한 지역적인 영향은 물론, 오존 구멍의 발견과 기후 변화 및 지구 온난화의 인지, 그리고 사막화와 우림의 역경 등으로 더욱 현실화되고 있다.

이렇게 높아진 환경 의식 때문에 정보화된 환경 관리와 수준에 맞는 보존 정책의 필요성을 이해하게 되었다. 여기에서 주요 단어는 '정보화(informed)'이다. 우리가 우리의 환경을 관리할 수 있으려면 환경을 이해해야만 하기 때문이다. 우리가 자연환경에 관한 종합적 연구를 시작한 것은 어떤 철학적 고려 때문이 아니라 이와 같이 시급한 필요성 때문이다. 무엇보다도 자연과 문화를 분리하는 것은 비현실적이며 위험하다는 사실을 강조한다. 자연환경에 대한 인간의 상호 작용은 자연환경에 대한 인간의 지각 및 자연환경에 대한 행태적 반응과 관련하여 이해될 수 있으며, 이것은 복잡한 문화 환경에 따라 결정된다.

사실 그들이 중요한 역할을 할지라도, 세계의 환경 문제는 과학자나 공학자, 기술자들만이 해결해야 할 짐은 아니다. '기술적 궁지'가 더 이상 답이 될 수는 없다. 우리 지구, 우리 환경의 미래를 위하여 우리가 주의를 기울여야 하는 것은 적절한 정치, 사회, 경제적 구조의 발달과 세계 시민의 의지이다.

2. 시스템

우리가 물리적, 화학적, 생물학적 환경에 관하여 더 많이 알아야 할 두 가지 이유가 있다. 환경의 수탁자이자 잠재적 관리자이자 환경 자원의 이용자로서, 우리는 환경이 어떻게 작동하는지 알 필요가 있다. 나누어 단편적으로 살피는 환원주의적 접근 방법은 아무리 좋게 생각하려고 해도 불만족스럽고, 잘 이해되지도 않는다. 역시 진실로 광범하고 통합된 그림 — 그림다운 그림 — 을 만드는 것은 웅대한 일이다. 필요한 것은 분석을 위해서 환경을 해체하는 방법을 보여 주고, 아마 더 중요할지도 모르겠지만, 분석 결과를 다시 모아 통합된 종합으로 거듭나도록 하는 방법을 보여 주는, 계획이나 지도, 배선 도표와 같은 일종의 틀이다. 그러한 틀은 **시스템**(system)의 개념에서 나타난다.

'시스템'이라는 말은 매우 친숙하다. 독자 여러분들도 아마 교육 시스템의 어느 부분에 속해 있을 것이다. 여러분들이 앉아 있는 강의실에는 난방 시스템과 공기 조절 시스템이 갖추어져 있을 것이다. 때가 되면 여러분들은 소화 시스템을 만족시키기 위하여 이 책을 덮고 밖으로 나갈 것이다. 대중교통 시스템을 이용하여 집으로 돌아갈 수도 있고, 자동차나 오토바이를 가지고 있는 경우에는 점화 시스템을 이용하여 시동을 걸

수 있다. '시스템'이라는 단어는 무엇을 의미하는가? 왜 서로 다른 사물을 언급할 때에도 사용되는가? 우선 이들 모두는 다른 사물들의 집합 — 일련의 객체들 — 으로 이루어져 있다. 이것은 수업·대학·대학교·교실·계단식 강의실, 입·식도·위·결장·직장, 보일러·파이프·냉각기·자동 온도 조절기, 철로·도로·기차·버스·역·종착역 등이다. 교육 시스템에서 운송 시스템에 이르는 모든 경우에, 우리는 일련의 객체들과 관련을 맺는다. 그러나 '시스템'이라는 말은 집합 명사 이상이다. 시스템은 객체들이 어떤 방식으로든 조직화되어 있고, 단위들 사이에 연결과 연계가 있다는 사실을 알려 주기 때문이다. 기점과 종착점을 연결하는 도로와 철로를 통하여 역들이 배열되어 있고 도로와 철로는 이들 역을 지난다. 그리고 파이프는 보일러와 냉각기를 연결한다.

그러나 운송 시스템이라는 말은 우리가 버스로 여행하는지 기차로 여행하는지를 알려 주지는 않는다. 그것이 붉은 색깔인지 푸른 색깔인지는 말할 것도 없다. 난방 시스템이라는 말은 그것이 가스를 사용하는지 석유를 사용하는지, 파이프와 냉각기를 가지고는 있는지, 뜨거운 공기를 배출하는지 알려 주지 않는다. 말을 바꾸면, 시스템이라는 말은 운송 기능이나 난방 기능을 가지는 단위들의 모든 배열에 적용할 수 있는 보편적인 개념이다. 이 말은 일반성(generality)을 가진다.

'시스템'이라는 용어를 사용할 때 또 다른 면이 있다. 실제로 시스템은 어떤 방식으로든 전체로서 작동한다. 운송 시스템은 단순한 단위들의 정적인 배열이 아니다. 그것은 사람과 상품을 운반한다. 난방 시스템은 뜨거운 물이나 공기를 순환시켜 방을 따뜻하게 한다. 시스템이 작동하는 일반적인 모습은 시스템의 단위들 간 어떤 '물질'의 전달이다. 이러한 물질은 파이프와 냉각기 내의 물이나 소화 기관 내의 음식물처럼 분명한 것도 있고, 보다 추상적인 것도 있다. 교육 시스템의 물질은 아이들의 학년이 올라가고, 중등학교에서 대학으로 진급하는 것이라고 생각할 수 있다. 이와

달리 아이들이 아니라 사고의 전달이나 지식의 흐름을 물질로 생각할 수도 있을 것이다. 정치 시스템은 그 시스템의 제도와 사람·투표·조세 등의 실질적인 물질의 전달뿐만 아니라 지배·관리·사고·이념 등 만질 수 없는 물질의 전달에도 관련이 있다.

물질이 이동하려면 어떤 동기가 필요하다. 중앙난방 보일러에 가해진 열이나 고성능 라디오에 가해진 전기 공급과 같이, 일부 시스템에서는 동기가 분명하다. 그러나 사람이나 상품의 수요와 공급의 힘에 대한 자극, 또는 교육 시스템에서 지식과 이해를 얻고자 하는 욕망 등과 같이 기타 시스템에서는 그렇게 분명하지가 않다. 교육 시스템의 경우 사람들은 이상주의가 약하며, 취업을 위한 자격증 취득의 필요성 때문에 동기가 부여된 것으로 생각할 수도 있다. 그러나 주안점은 동일하다. 모든 시스템에는 그것을 작동시키는 추진력이 있다.

시스템의 보편적 특성을 요약하면 다음과 같다.

1. 모든 시스템은 어떤 구조나 조직을 가지고 있다.
2. 시스템은 모두 어느 정도 실세계를 일반화, 추상화, 관념화한 것이다.
3. 시스템은 모두 어떤 방식으로든 작용한다.
4. 그러므로 단위들 간에는 기능적, 구조적 관계가 있다.
5. 기능에는 어떤 물질의 흐름이나 전달이 포함된다.
6. 기능은 추진력이나 에너지원을 필요로 한다.
7. 모든 시스템은 어느 정도 통합을 나타낸다.

3. 에너지 시스템

지금까지 넓은 의미로 사용되어 온 시스템의 개념에 새로운 것은 없다. 그 개념이 오래되었고 폭넓게 사용된다는 것은 사물을 전체로서 인지하는 마음의 능력을 반영한다. 그리고 이 능력이 20세기 후반의 전유물이

라고 생각할 하등의 이유도 없다. 모든 시스템이 보편적인 성격 — 가장 중요한 것은 조직화, 일반화, 통합 — 을 지니고 있다고 하더라도, 이 책은 특정한 종류의 시스템을 다룰 것이다. 이것은 **열역학 시스템**(thermo-dynamic system)인데, 원래 물리학에서 설명하고 공식화한 것이다.

문자 그대로 열역학은 '일을 하는 열에 관한 연구'를 의미하지만, 이러한 좁은 정의는 오해의 소지가 많다. 열역학을 보다 쉽게 **에너지론**(energetics)이라고 부르기도 하는데, 에너지론은 열뿐만 아니라 기타 모든 형태의 에너지와 관련되어 있다. 그래서 열역학 시스템을 **에너지 시스템**(energy system)이라고 부르는 것이 더

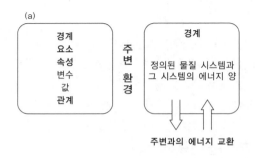

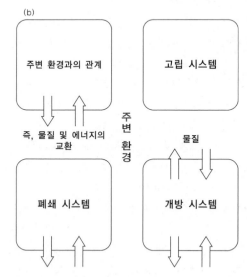

그림 1.2 (a) 에너지 시스템의 정의로 접근. (b) 에너지 시스템과 주변의 상호 작용에 기초하여 에너지 시스템을 고립, 폐쇄, 개방 시스템으로 구분.

좋을 지도 모른다(그림 1.2a). 이와 같은 에너지 시스템은 단지 물질과 물질 시스템의 에너지 양, 그리고 시스템과 주변 사이의 에너지 교환으로 정의된 시스템이다. 이렇게 정의된 물질 시스템에는 나뭇잎이나 조암 광물, 나무, 하도의 길이, 사면 구간, 공기 덩어리 등이 포함된다. 물질 시스템은 물리적 세계의 일부로서, 그 속성을 조사하고 있다. 이러한 정의는 모호하게 들릴지라도, 두 가지 사실을 강조하고 있다. 첫째는 시스템을 정의할 때의 중요성이고, 둘째는 시스템의 정의가 약간 임의적이라는 사실이다(자료 1.1). 에너지 시스템은 시스템의 경계를 넘어 주변과의 관계를 유지함에 따라 고립이나 폐쇄 또는 개방되어 있다(그림 1.2b, 자료 1.1). 환경 시스템은 에너지만을 교환하는 폐쇄 시스템으로 다루는 것이 편리할 때도 있지만 모든 환경 시

스템은 주변과 물질 및 에너지를 교환하는 개방 시스템이다. 더구나 환경 시스템은 역학적 개방 시스템이다. 에너지 시스템인 동시에 열역학 시스템인 환경 시스템은 열역학 법칙에 따라 작동한다(자료 1.2, 제2장 3절의 (1), (2) 참조). 그러므로 시스템 구성 요소와 그들의 속성, 그리고 그들 사이의 관계에서 발생하는 변화가 중요하다. 이들은 대부분 *시스템 상태의 변화*로 생각된다. 이론적으로 상태의 변화는 시스템의 *처음 및 마지막 상태*가 자세히 밝혀졌을 때 완벽하게 정의될 수 있다. 그러나 실제로는 상태 변화의 통로가 흥미로우며, 처음과 마지막 상태뿐만 아니라 차례차례 연속된 *중간 상태*를 알기 위해서 그러한 통로를 자세히 밝히는 것이 필요하다. 상태의 변화를 초래하는 방법을 **프로세스**(process)라고 한다. 프로세스가 작동하여 시스

자료 1.1
에너지 시스템의 정의

에너지 시스템은 시스템의 **경계**(boundary)에 따라 공간상 확정된 장소에 한정된다. 경계는 세포벽이나 집수 구역처럼 자연적이며 현실적일 수도 있고, 실험실의 시험관이나 용기처럼 현실적이지만 임의적일 수도 있으며, 구름의 경계처럼 임의적이며 불분명할 수도 있다. 시스템의 경계는 **주변**(surroundings)이라 부르는 세계의 나머지로부터 시스템을 분리시킨다(그림 1.2a).

시스템은 그 경계 내에서 세 가지 종류의 특성을 지닌다. 시스템의 **요소들**(elements)은 시스템을 구성하는 여러 종류의 물질이다. 원소들은 원자나 분자 또는 더 큰 물체—모래 입자, 빗방울, 초본 식물, 토끼 등—일 수도 있으나, 각각은 시·공간상에 존재하는 단위이다. 각 원소는 일련의 **속성**(attribute)이나 **상태**(state)를 갖는다. 이들 원소와 그것의 속성은 느낌으로 알 수도 있고, 측정이나 실험으로 알 수도 있다. 개수나 크기, 압력, 부피, 온도, 색깔, 연령 등과 같이 측정 가능한 속성의 경우에는 표준과 직·간접적으로 비교하여 숫자로 된 **값**(value)을 매길 수 있다. 두 개 이상의 요소들 간에는, 그리고 두 개 이상의 상태나 속성들 간에는, 요소들 간의 상태 혹은 **시스템의 조직**(organiation of the system)을 규정하는 데 도움이 되는 **관계**(relationship)가 있다.

시스템의 상태(state of the system)는 원소, 속성, 관계 등의 각 특성(**변수**)이 명확한 값을 가질 때 정해진다. 이러한 정의는 모든 에너지 시스템에 적용되지만, 시스템 경계의 행태에 따라 몇 가지 뚜렷한 유형의 시스템이 구별될 수 있다(그림 1.2b).

고립 시스템(isolated system)에서는 경계를 넘는 주변과의 상호 작용이 없다. 이 시스템은 실험실에서만 만날 수 있지만, 열역학 개념의 발전에서는 중요하다.

폐쇄 시스템(closed system)은 물질에 대하여 닫혀 있으나 에너지는 시스템과 주변 사이를 드나들 수 있다. 지구 상에서 폐쇄 시스템은 드물다. 그러나 복잡한 환경 시스템을 보다 단순한 성분의 시스템으로 분석할 수 있고 환경 시스템을 폐쇄 시스템으로 다룰 수 있어서 유용하다. 열역학 이론의 대부분이 폐쇄 시스템과 관련하여 발전하였으므로 폐쇄 시스템은 중요하다.

개방 시스템(open system)은 물질과 에너지가 시스템의 경계를 넘어 주변과 교환될 수 있는 시스템이다. 개방 시스템에서 물질은 조직화를 통하여 에너지(예를 들면, 잠재적 화학 에너지)를 가지기 때문에 물질의 전달은 에너지의 전달을 나타낸다. 모든 환경 시스템은 개방 시스템이며, 물질과 에너지의 끊임없는 반응으로 구조를 유지하는 것이 특징이다.

템을 처음 상태로 되돌릴 때, 즉 프로세스가 주기적이고 마지막 상태가 처음 상태와 동일할 때, 그 프로세스를 **순환**(cycle)이라고 부른다(그림 1.3).

개방 시스템은 물질과 에너지의 지속적인 유입, 처리와 유출이 특징이며, 처리 과정에서 어떤 구조적 조직을 유지하는 것은 모든 환경 시스템의 중요한 특징이다. 유역 시스템은 유수의 지속적인 처리에도 불구하고 하천과 하계망, 그리고 유역의 사면 조직을 유지한다. 우리를 포함한 모든 생명체는 음식물과 에너지를 규칙적으로 처리하더라도 매우 복잡한 몸체의 구조적, 기능적 조직을 (매우 좁은 범위 내로) 유지하지 못하면 존재할 수 없다. 환언하면 그러한 시스템은 시간이 지나도 요소, 속성, 관계의 측면에서 정의된 다소 안정된 상태를 유지해야 한다. 개방 시스템의 특징적인 상태는 가끔 **평형 상태**(equilibrium state)로 잘못 언급되기도 하는 **고정 상태**(stationary state) 또는 **정상 상태**(steady state)이다(그림 1.4a). 개방 시스템은 시스템의 변수들이 거시적 규모에서 거의 변하지 않는다. 그럼

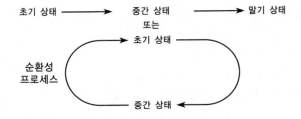

프로세스
시스템의 상태 변화에 영향을 미치는 작동의 유형

그림 1.3 프로세스의 정의

에도 불구하고 시스템의 '정상' 상태를 유지하는 주변과 에너지 및 물질의 교환이 있기 때문에 진정한 평형에 도달하지 못한다. 또한 미시적인 규모에서도, 생물계에서 세포의 유지 및 보수와 관련한 분자 수준의 지속적인 교체나, 하천 시스템에서 하도 내 유수의 지속적인 처리 등과 같은 변화가 일어나게 된다.

거시적 규모에서 보았을 때 시스템이 안정된 상태를 유지하는 것으로 나타날지라도 정상 상태는 동적이며,

자료 1.2
열역학 법칙

프로세스는 시스템에서 일이 이루어지고 있음을 의미한다. 일을 하기 위해서는 에너지의 변환이 필요하다. 환경 시스템과 환경 시스템의 모델은 에너지 시스템으로 볼 수도 있다. 다시 말하면, 정의된 물질 시스템과 물질 시스템의 에너지 양, 그리고 시스템 주변(직렬 시스템에 포함됨) 사이의 에너지 교환(물질의 교환을 포함) 등이다.

환경 시스템을 개방된 에너지 시스템(또는 열역학 시스템)으로 보는 이러한 견해 때문에, 우리는 실제의 프로세스에서 에너지의 변환과 전달을 지배하는 **열역학 법칙**(laws of thermodynamics)을 고려하여야 한다(세 가지 법칙이 있지만, 여기에서는 제1법칙과 제2법칙만을 나타내고자 한다).

열역학 제1법칙(에너지 보존의 법칙 또는 보존 원리)
에너지는 생성되거나 파괴될 수 없다. 에너지는 다만 한 종류에서 다른 종류의 에너지로 변형될 뿐이다.

이 법칙은 시스템이 작동할 때 에너지에 무슨 일이 일어났는지 우리가 설명할 수 있는 방법을 제시해 준다. 즉, 우리는 에너지 대차대조표 또는 **에너지 수지**(energy budget)를 볼 수 있다.

열역학 제2법칙(엔트로피 법칙)
어떤 자연적인 에너지 변환도 100% 효율을 나타내지 못한다. 모든 자연적인 에너지 변환에서 에너지의 일부는 열에너지로 소모되어 시스템에서 일을 행할 수 없다.

이 법칙은 실제의 프로세스가 우리의 시스템에서 작동하는 방향을 제시하며, 에너지의 전달은 결국 높은 에너지 준위로부터 낮은 에너지 준위를 향한 일방적 흐름이라는 것을 의미한다. 제2법칙은 **에너지원**(energy source)이나 **에너지 배출구**(energy sinks)를 찾아서 시스템의 프로세스가 작동할 때 각 에너지 변환의 효율성을 측정할 수 있게 한다(제2장).

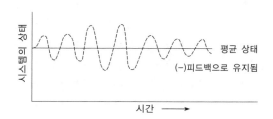

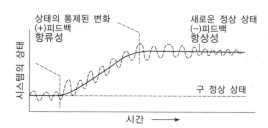

그림 1.4 (a) 시간이 지나도 정상(평균) 상태를 유지하는 개방 시스템. 이러한 평균 상태를 오르내리는 변동은 (−)피드백으로 조절된다. (b) (+)피드백의 영향으로, '구' 정상 상태에서 '신' 정상 상태로의 통제된 상태 변화.

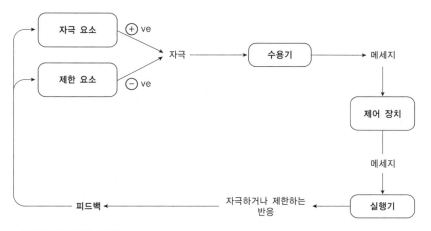

그림 1.5 피드백-반응 시스템

미시적 규모에서 이러한 변화 때문에 안정성은 통계학적 추상인 **평균 상태**(average sate)로 존재할 뿐이다. 변화와 평형의 본질은 제23장에서 자세히 다룰 것이다. 현재로서 개방 시스템이 정상 상태를 유지한다는 것은 개방 시스템이 **자기 조절**(self- regulation) 능력을 가져야만 한다는 것을 의미하며, 그래서 **피드백**(feedback) 개념을 도입하고자 한다(그림 1.5).

환경 시스템에서 자기 조절은 **네거티브 피드백**(negative feedback)이나 생명과학에서 말하는 **항상성**(homeostasis) 메커니즘에 의해 초래된다. 이것은 변화를 사라지게 할 수 있으므로 통제 메커니즘이다. 사실 자기 조절을 항상성이라고 부르는 것이 더 나을 것이다. 네거티브 피드백 메커니즘은 난방 시스템의 자동 온도 조절기와 동일한 방식으로 작동한다. 자동 온도 조절기가 온도 변화를 감지하듯이 어떤 작동의 유출이나 영향을 감지하거나 읽어 낼 수 있다. 그 메커니즘은 자동 온도 조절기가 스위치를 켜거나 전원을 차단하는 것과 동일한 방식으로, 정보를 피드백하여 관련 프로세스의 작동에 영향을 미친다. 프로세스의 정의와 관련하여, 네거티브 피드백에 포함된 프로세스의 순효과는 시스템을 초기 상태로 되돌리는 것이다. 평균 상태로부터의 편차는 유지될 수 없다. 그러므로 시스템이 이 평균 상태를 오르내리는 상태의 변화를 경험하더라도 이러한 변화는 순환성 변동이며, 시간이 지나면 안정 상태가 유지될 것이다.

환경 시스템 내 네거티브 피드백 메커니즘의 수와 유형 및 복잡한 정도는 상당히 다양하다. 대부분의 물리적 시스템은 기능을 위태롭게 하지 않으면서 평균 상태를 오르내리는 매우 폭넓은 변동을 수용할 수 있다. 긴 하도의 자세한 속성은 가장 효율적인 하도와는 달리 다양하게 나타나지만, 여전히 물과 퇴적물을 전달한다. 그러나 생물계 내의 자기 조절은 훨씬 더 정확하고 복잡하다. 예를 들어 여러분의 체온은 상호 연관된 수많은 피드백 메커니즘으로 조절된다. 체온이 큰 폭으로 변하면 여러분은 반드시 아픔을 느낄 것이며, 이것이 통제되지 않으면 죽게 된다. 죽게 되면 여러분의 몸은 생물계로서의 기능을 멈추고 시스템의 정상 상태는 점차 약화된다.

그럼에도 불구하고 자연 시스템은 변화를 보여 준다. 자연 시스템의 가장 중요한 속성 중의 하나는 시간이 지나면서 시스템의 상태를 질서 정연하게 변화시키는 경향이다. 이것은 대륙 빙상의 확장이나 저기압의 발달, 유기체가 성장하는 경우에도 그러하다. 이들은 방향성을 가진 변화의 실례로서, 피드백 메커니즘으로 조절된다. 이 피드백 메커니즘은 시스템을 안정화시키지 않으며, 누적 효과를 가지고 있어 특정한 방향의 변화를 촉진한다. 이것을 **포지티브 피드백**(positive-feedback) 메커니즘이라고 한다. 포지티브 피드백은 편차를 확대하는 성격을 지니고 있어 시스템을 초기 상태로부터 멀어지게 하지만, 변화의 궤적은 세밀히 조절될 수 있다. 유기체의 성장과 발달이 결정되는 것은 **항류성**(homeorhetic) 또는 포지티브 피드백 메커니즘이 시스템 상태 변화의 순서와 방향을 유지하는 경우이다(그림 1.4b). 평균 상태와 비교하여 안정화된 시스템의 행태를 항상성이라고 하듯이, 통제된 변화와 발달을 항류성이라고 할 수 있다.

실제로 자연 시스템을 조절하려면 여러 개의 포지티브 피드백과 네거티브 피드백 메커니즘이 복잡한 **피드백 루프**(feedback loop)를 통하여 연계되어야 한다(그림 1.5). 네거티브 피드백이 우세하면 전반적으로 안정 상태가 유지되는 효과가 있다. 포지티브 피드백이 우세하여 시스템의 상태가 더욱 복잡해지면, 시스템이 성장하였거나 발전하였다고 말한다. 포지티브 피드백의 영향이 누적되어 시스템의 조직을 점차 파괴하는 경우, 시스템은 점차 퇴보하여 되돌릴 수 없는 상태로 변한다.

임계치(threshold)의 존재는 포지티브 피드백과 연관된다. 임계치는 시스템이 어떤 값을 취할 때 갑작스럽고 극적인 상태 변화를 시작할 수 있는 상태 변수이다. 예를 들어 임계 사면 경사를 규정할 수 있는데, 이것을 초과하면 빠른 사면 이동 프로세스를 유발하여 사면 시스템의 상태가 완전히 재조직된다. 이와 유사하게, 칼슘 용탈을 겪고 있는 토양에서는 칼슘 함량이 0이 되는 순간, 시스템의 상태가 변형되어 토양 프로세스의 화학적 환경이 갑자기 변할 것이다. 모든 피드백 프로세스에서 어떠한 상태 변수라도 프로세스의 작동을 통제하는 중요한 역할이나 이와 비슷한 역할을 하기 때문에, 사실 임계치는 극단적인 경우일 뿐이다. 따라서 보다 일반적인 경우에 상태 변수를 **조절자**(regulator)라고 부른다.

4. 시스템과 모델

에너지 시스템에 관한 추상적인 논의의 대부분을 이론적 내용과 기본적인 정의에 할애하였다. 이 책의 나머지는 실제 세계의 시스템을 다룰 것이다. '실제'라는 말을 사용한 것이 중요하다. 왜냐하면 이들 시스템이 명확한 열역학적 정의와 강조된 기능적 유사성을 따르고 있음에도 불구하고 실제는 아니기 때문이다. 삭박 시스템으로 유입되는 강수는 여러분이 얼굴로 느끼는 빗방울이다. 하도 시스템을 통과하는 물은 여러분이 수영하는 하천이다. 삼림 생체량의 에너지 저장소는 여러분이 어린 시절 기어올랐던 나무이다. 그러나 실제 세계는 매우 복잡하다는 것이 문제이다. 실제 세계가 열역학 시스템이나 에너지 시스템으로 이루어져 있다고 인식하는 것이 복잡성에 대한 우리의 접근 방법을 구조화하는 데 도움이 될지라도, 그것은 단순화일 뿐이다. 마지막 분석에서 시스템과 그 원소들, 상태, 관계, 그리고 프로세스를 명확하게 함으로써 복잡한 실제 세계를 명확하게 할 수 있다. 딜레마는 시스템을 전체로서 인식할 것인가 아니면 거의 불가능하겠지만 복잡한 실제 세계를 그대로 볼 것인가 사이의 선택이다. Arnold Schultz(1969)는 딜레마를 다음과 같이 표현하였다. '……명백한 정보의 양이 압도적으로 많다 보니 우리는 그것을 거의 이용하지 못한다. 한편 시스템의 모든 상태는 매우 진부한 표현으로 용해되어 여러분은 다만 "말한 대로잖아."라고 말할 수 있을 뿐이다.' 확실히 단순화할 필요가 있다. 딜레마에 대한 해답은 **모델**(model)의 개념과 **모델화**(modelling)의 기법에 있다.

(1) 모델

'모델' 이라는 말은 일상생활에서 세 가지 의미로 구분하여 사용된다. 첫째는 '복제품' 이고, 둘째는 '이상' 이며, 셋째는 '전시' 이다. 여기서 채택한 모델의 개념은 이 세 가지 의미를 결합한 것이다. 환경 시스템을 단순화하기 위하여 환경 시스템의 모델이나 복제품을 만들 수 있다. 유용한 모델이 되기 위해서, 모델은 시스템을 이상적으로 그려야 하며 그 구조를 명확하게 해야 하고 그것이 어떻게 작동하는지 밝혀야 한다.

(2) 모델로서의 시스템

시스템의 개념 자체가 모델이다. 중앙난방 시스템이나 운송 시스템, 열역학 시스템을 언급할 때, 제시되는 것은 일반적으로 동일한 성격을 가지는 모든 실제 상황에 적용할 수 있는 이상적 견해이다. 예를 들어 런던 지하철과 영국의 19세기 운하망은 분명히 다르고 고유한 실체를 갖는다. 이들을 운송 시스템으로 간주한다는 것은 특별한 (그러나 관련성이 없는) 모든 것을 제거하고 일반적으로 적용할 수 있는 모델 ―운송 시스템 ― 내에서 구조와 관계를 이상화하는 것이다. 이와 같은 방식으로, 분젠 버너의 불꽃과 동식물 세포처럼 서로 닮지 않은 것들까지도 물질과 에너지의 유입과 유출을 가진 개방된 열역학 시스템으로 모델화할 수 있다. 자연환경을 시스템으로 보기 시작하면 일반화와 이상화의 프로세스가 시작된 것이다.

(3) 시스템의 모델

실제 세계의 복잡성을 단순화하기 위하여 시스템의 모델을 만든다. 잠시 [그림 1.1a]에 묘사된 영국 하일랜드로 되돌아가 보자. 보이는 모든 것은 원자들, 그리고 원자들이 결합된 분자와 화합물로 이루어져 있다. 이것은 조암 광물이나 호소의 물, 동물과 식물의 유기 화합물, 구름의 물방울 등으로 나타난다. 그럼에도 불구하고 이러한 규모에서는 분자와 화합물을 인식할 수 없으며, 멀리 드러난 암석의 물리적 형체나 풀밭과 암소, 물, 토양, 하늘, 그리고 구름만이 인식 가능하다. 전망이 바뀌면 이러한 구성 요소들까지도 넓은 육지와 물, 식생, 대기의 인식에서 더욱 누락되고, 우주에서 본 마지막 그림에서는 이러한 모든 물체가 단순히 지구로서 인식된다. 전망의 변화를 제외하면, 시스템의 부분들이 서로 다른 수준에서 해석되어 결국 아무 것도 해결되지 못하였다.

그러나 원자와 분자, 암소, 바위 등은 이 시스템의 모든 원소(element)이며, 원소의 상태이다. 시스템의 세 번째 구성 요소는 원소들 사이의 관계이다. 그래서 시스템의 모델을 만들려면 관계를 통합하여야 한다. 지형도는 그것이 나타내는 지역의 모델이다. 지형도는 고도와 하천, 숲, 도시, 도로 등의 상징으로써 지역의 원소들을 구분한다. 이들 원소의 해상력은 1:25,000 도엽으로부터 부도책의 지도에 이르는 축척에 따라 다양하다. 그러나 지도는 지도 그 이상을 나타낸다. 지도는 원소들뿐만 아니라 원소들의 지리적 관계 ―두 원소들 사이의 거리와 방향 ─를 모델화했기 때문이다. 모든 모델화는 지도화 과정으로 보일 수도 있다. 시스템 내부의 관계, 모델 내부의 관계는 사상들의 공간적 거리나 인과 관계, 결합, 계승 등 여러 가지 유형을 띤다. 그것은 사상들의 확률에 관한 통계적 진술이나 원소들 간 물질과 에너지 전달에 관한 정량적 측정을 통해 '소가 풀을 뜯는다.' 든지 '하천이 토양을 침식한다.' 등의 말로 표현될 수 있다.

지형도와 같은 일부 모델은 정적이어서, 시스템 내부나 시스템과 그 주변 사이에서 작동하는 프로세스보다는 시스템의 구조를 나타낸다. 그러나 시스템의 기능을 이해하기 위해서는 프로세스를 검증하고 프로세스가 시스템에 미치는 영향을 모델화할 수 있는 동적인 모델이 필요하다. 모델로써 시스템의 행태를 예측하는 경우, 예를 들면 유역 분지 모델을 통하여 홍수와 같은 재해를 예측할 때 특히 그러하다.

(4) 해상도

다음 절(節)에서 환경 시스템 모델은 현실을 불완전하게 표현하여 **준동형**(homomorphic, homo는 '유사하다'는 뜻의 그리스어) 모델이라고 불릴 수 있다. 모든 원소들과 상태, 관계, 프로세스에 대하여 모델 내에 상응하는 구성 요소가 있다는 의미에서 **동형**(isomorphic, iso는 '같다'는 뜻의 그리스어) 모델은 있다고 하더라도 드물다. 모델의 해상도는 축척에 따라 다양하며, 시스템은 축척에 적합한 어느 수준에서 구별된다. 축척이 정밀하면 어느 정도의 사실성이 유지되며, 축척이 크면 일반성을 얻을 수 있다. 그러나 인식 수준을 얼마로 하더라도 모델이 동형일 수는 없으므로, 모델의 각 구획에서 원소와 관계를 일률적으로 취급할 것이며 각 구획 밖의 많은 정보는 쉽게 무시될 것이다. Egler(1964)는 이것을 '고기 분쇄기' 접근법이라고 불렀다. 여기에서는 준동형 모델 대신에 **구획**(compartment) 모델이라는 용어를 사용하였다.

이 모델의 각 구획은 **블랙박스**(black box)로 처리된다. 블랙박스란 내용을 구체적으로 밝히지 않은 채 기능을 평가하는 어떤 단위로 정의할 수 있다. 해상도가 낮은 경우 환경 시스템의 모델은 비교적 큰 소수의 블랙박스 구획을 포함한다. 시스템 전체를 블랙박스로 처리할 수도 있다. 판별 수준이 증가하면, 이러한 구획들은 블랙박스로 처리되는 작은 구획들로 점차 분리된다. 중간 정도의 판별 수준에서, 전체 시스템의 모델은 시스템과 그 구조, 관계, 프로세스 등을 부분적으로 설명해 주므로 **그레이박스**(grey box)라고 부른다. 마지막으로 현실성이 증가하여 진정한 동형 모델이 되면, 그레이박스는 모델 내에서 시스템의 원소들과 상태, 관계, 프로세스를 대부분 인식하고 일체화된 **화이트박스**(white box)로 변한다(그림 1.6). 어떤 모델도 현실을 완벽하게 표현할 수는 없기 때문에, 일부 블랙박스 구획은 남아 있을 것이다.

이러한 모델화 접근 방법에는 여러 가지 이로운 점이 있다. 그것은 시스템의 다양한 분석 수준에 적절하고도 다양한 수준의 판별과 복잡성을 갖는 모델들의 계층을 제공한다. 그것은 시스템의 어느 부분에 대한 지식과 전문가의 연구 결과가 계층 내 적절한 수준에서 모델로 일체화되고 연결되도록 허용한다.

(5) 모델의 종류

이런 구획 모델은 정적이거나 동적일 수 있으며, 박스-화살표(흐름 도표) 모델로부터 양 끝에 있는 **정량적 수학 모델**(quantitative mathematical model)과 비율에 따라 증감하는 하드웨어 모델에 이르기까지 다양하다. 어느 것이 다른 것보다 더 좋은 것은 아니다. 그러나 모델의 타당성을 평가하는 가장 중요한 기준은 시스템의 행태를 **예측할 수 있는 능력**(ability of predict)이다. 이러한 맥락에서 예측력을 가진 것은 동적 모델뿐이다. 이들 가운데 정량적 관계를 표현하고 시스템의 행태를 정량적으로 예측하는 것은 일부 하드웨어 모델과 수학적 모델뿐이다(자료 1.3, 그림 1.7). 사실 Haines-Young과 Petch(1986)는 여기서 제시한 **개념적 모델**

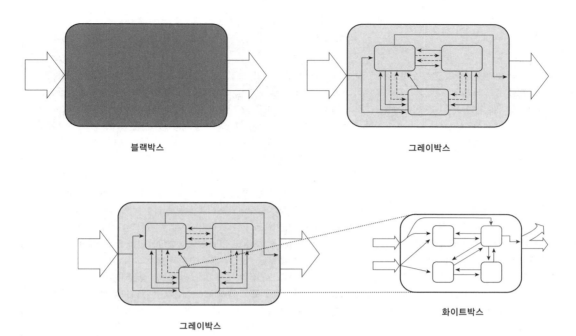

블랙박스

그레이박스

그레이박스

화이트박스

그림 1.6 시스템을 모델화할 때의 해상도

(conceptual model)의 많은 특성을 도움이 되지 않는 것으로 거절하였다. 대신에 그들은 예측을 하고 이론을 검정하는 메커니즘으로서 모델이 과학에서 실제로 사용되는 방식과 관련한 용어로 특유하게 이해하였다(Peters, 1991, 생태학의 개념적 모델 비판 참조). 특별한 이론이 시스템의 행태를 설명할 것이라는 가정에 근거를 둔 시스템의 모델은 그 행태를 예측하는 데 사용되어 왔다. *비판적 합리주의 방법론에 따라, 검정은 이론의 허위 입증이나 모델이 시스템의 행태를 예측하지 못할 것이라는 사실과 관련되어 있다.* 모델의 개념에 관하여 채택할 수 있는 정당한 위치일지라도, 이러한 견해는 너무 극단적이다. 그럼에도 불구하고 이 책에서 사용된 정적 모델과 비예측 동적 모델을 포함한 모든 유형의 개념적 모델은 교류와 이해에 매우 중요한 도움이 된다.

여기서 우리는 환경 시스템의 개념적 모델을 개방 시스템으로 만드는 데 관심이 있다. 개방 시스템은 시스템의 구조적 조직을 보여 주고, 시스템이 작용하는 방식과 시스템의 기능을 설명해 준다. 프로세스는 모델의 구획을 규정하는, 즉 시스템의 경계와 원소, 속성, 구조적 관계 등을 확인하는 데 있다. 이들은 구획 모델이지만, 구획 모델은 실제의 준동형 모델이므로 모델을 묘사할 때에는 중요한 요소나 속성, 그리고 구조나 형태를 묘사할 적절한 수단을 포함한다(제1장 4절 지도화 참조). 그런 모델을 **형태적 모델**(morphological model)이라고 하며, 복잡한 정도가 상당히 다양하다. 인과 관계나 상관관계, 확률 등의 개념에 대한 통계학적이나 수학적 표현은 모델의 구획들로 표현되는 시스템의 성질과 관련된 변수들 간의 관계를 묘사할 때 가장 널리 사용된다.

그런 모델의 구획들 간의 관계는 시스템을 작동시킬 수 있도록 기능적으로 연계되어 있다. 그래서 기능적 모델이나 역학적 모델에서는 물질과 에너지의 '흐름'이나 전달의 통로를 확인하고 묘사하는 것이 중요하다. 그렇게 하기 위해서는 물질과 에너지의 **저장소**(stores)인 구획들뿐만 아니라 저장소로 들어가는 유입

자료 1.3
수학적 모델

수학적 모델은 개념적 모델을 **수학의 공식 논리**(formal logic of mathematics)로 전환, 즉 시스템에 관한 물리, 화학, 생물학적 개념을 일련의 수학적 관계로 전환시키는 과정에 의해 구축된다. 이 과정에서 수학적 기호는 복잡한 시스템을 나타낼 수 있는 유용한 속기(速記)를 제공하며, 방정식은 시스템의 구성 요소들이 상호 작용하는 방식에 관한 공식적 진술을 나타낸다.

이러한 수학적 관계는 대체로 수학의 네 가지 기본 요소에 근거한다. 시스템의 상태는 특정한 시기에 시스템의 상황을 나타내는 일련의 **상태 변수**(state variables)로 기술할 수 있다. **전달 함수**(transfer function)는 시스템의 구성 요소들(또는 구획들) 간 흐름(전달)이나 상호 작용에 관한 기능적 관계를 표현하는 데 사용된다. 시스템에 대한 (물질이나 에너지의) 유입량이나 작동하는 환경에 영향을 미침으로써 시스템에 영향을 주는 것으로 생각될 수 있으나, 시스템 구성 요소들의 영향을 받지 않는 요소들은 **강제 함수**(forcing function)라고 알려진 방정식으로 모델화된다. 수학 방정식의 공식에 사용된 상수는 **매개 변수**(parameter)라고 한다. 이들 매개 변수의 값은 모델이 기초한 이론으로 결정되거나 관찰 및 실험에서 경험적으로 얻는다. 내재된 이론으로부터 매개 변수의 값을 얻는 모델을 **완전히 특성화된 모델**(fully specified model)이라고 한다. 측정이 필요한 모델, 즉 경험적 관찰이나 실험에서 매개 변수의 값을 평가하는 모델은 **부분적으로 특성화된 모델**(partially specified model, 경험적 모델)이라고 한다. 모델을 구성하는 수학적 관계는 그 자체가 시스템이며(즉 방정식의 시스템), 이런 수학적 시스템의 조작을 시스템 분석이라고 할 수 있다. 물론 수학적 시스템은 모델이며, 그것은 현실의 불완전하고 추상적인 표현이다. 수학적 진술이 표현하고자 하는 시스템의 물리, 화학, 생물학적 개념과 상응하는 정도는 모델의 **현실성**(realism)에 대한 척도이다. 그러나 개념적 모델보다 수학적 모델을 더 선호하는 것은 예측할 수 있는 능력 때문이다. 사실 수학적 모델은 단순한 묘사보다는 시간에 따른 역동적인 변화를 **예측**(predict)하기 위하여 개발한 것이다. 수리적 변화를 예측하고, 기반하는 자료를 모방하는 모델의 능력이 모델의 **정확성**(precision)을 나타내는 척도이다. 모델을 적용할 수 있는 여러 가지 상황의 범위나 유효한 상황의 수는 모델이 갖는 **일반성**(generality)의 척도이다. 개념적 모델은 시스템에 관한 수많은 개념과 사고를 나타내지만, 공식적인 방식으로 이들 사고를 검정할 수 없다. 한편 수학적 모델은 예측을 경험적 관찰과 비교함으로써 그 타당성을 평가할 수 있다. 모델이 변화를 예측하지 못하는 것도 그 나름대로 유용할 수 있다. 이것은 모델을 발전시킨 개념적 틀의 결함을 지적할 것이고, 그렇게 함으로써 이론의 발달에 기여한다.

모델을 정의하는 방정식과 수학적 관계는 여러 가지 형태를 취할 수 있으며, 그러므로 모델을 만들기 위해 사용하는 수학적 조작의 종류도 다양하다. 예를 들어, *행렬 대수*(matrix algebra)의 기호 체계도 시스템의 관계를 나타내기 위하여, 그리고 그러한 관계를 조작하기 위하여 가끔 사용된다. 반면에 *미분*(difference)과 *미분* 방정식은 시간에 따라 시스템이 변하는 방식을 정량적으로 표현하고자 하는 여러 모델의 기반이다(제12장의 지표수 유출입 함수, 제19장의 1차 생산량에 관한 내용과 제25장의 개체군 성장에 관한 내용 참조). 더욱 발달한 모델에서는 관계를 통계학적으로 모델화하며, 모델의 논리적 작동은 **확률 이론**(probability theory)에 기반을 두고 있다. 여기서 우리는 수학적 모델을 고려할 때 나타나는 중요하지만 어느 정도 애매한 구분을 인식하게 될 것이다.

모델(실험) 작동의 결과가 상태 변수와 유입 변수, 매개 변수, 그리고 요인들의 초기 값으로 충분히 결정되는 방식으로 표현될 때, 그것을 **결정 모델**(deterministic model)이라고 한다. 결정 모델에서는 모델로써 시스템 작동의 결과를 충분히 예측할 수 있기 때문에, 모델의 정확성은 현실성으로만 억제된다. 모델이 불확실한 원소를 알려 주고 강제 함수와 매개 변수에서 임의적인 변화의 효과를 포함하는 방식으로 모델을 공식화할 때, 그것을 **확률 모델**(probabilistic or stochastic model)이라고 한다. 그러므로 그런 모델은 시스템(실험)의 작동 결과를 예측하지 못하지만, 대신에 모델에서 정의하는 신뢰도 내에서 결과의 확률을 예측한다(제23장의 가장 가능한 상태 참조).

확률 모델을 사용하는 데에는 두 가지 이유가 있다. 첫째, 실제 세계의 시스템은 선천적으로 불확실한 원소를 가지고 있으며, 적어도 부분적으로는 그 행태가 임의적이라는 점을 믿게 하는 선험적인 이론적 연구가 있다. 둘째, 이론상으로 시스템은 충분히 특성화될 수 있어서 결정 모델로 묘사할 수 있을지라도, 실제로는 그렇게 될 수가 없다. 이것은 시스템의 복잡성과 우리가 공식화할 수 있는 모델의 현실성 정도가 일치할 수 없기 때문이다. 즉, 우리의 결정 모델은 너무 조악하다. 이러한 상황에서 현실성이 부족한 불확실성은 임의의 원소를 모델 내로 투입함으로써, 즉 확률 모델을 사용하여 부분적으로 극복할 수 있다.

* 수학적 모델을 *방정식*의 시스템으로 언급하는 것은 혼란스럽다. 동적 시스템이나 확률 시스템 등에서는 시스템이라는 용어를 이러한 의미로 사용하는 문헌을 볼 수 있을 것이다. 개념적 모델에 대한 언급에도 병렬 시스템이나 작용-반응 시스템으로서 똑같은 비판이 있을 수 있다. 시스템이라는 용어의 사용을 에너지 시스템에 국한하고, 그것의 개념적 또는 수학적 표현을 위해서는 모델이라는 용어를 사용하는 것이 보다 실용적이다.

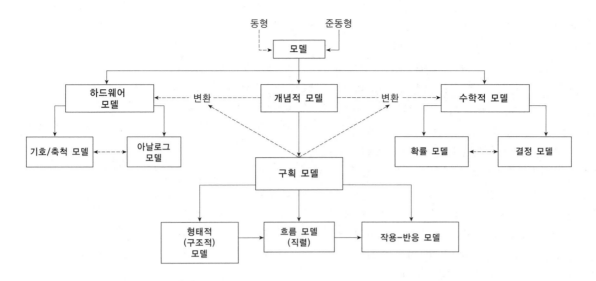

그림 1.7 모델의 종류(더 자세한 설명은 교재와 자료 1.3 참조)

량과 저장소에서 나오는 유출량에 주의를 집중하여야 한다. 나아가 이들 저장소에 에너지와 물질이 머무르는 체류 시간(residence time)과, 저장소들 사이의 전달을 규제하는 변수들도 이러한 모델에서는 중요한 측면이다.

그러한 모델의 일부 구획들은 스스로 시스템으로 인정받을 수 있다. 즉, 그것을 **부분 시스템**(subsystem)이라고 하는데, 부분 시스템들은 기능적으로 연계되어 한 시스템의 유출이 다른 시스템의 유입으로 연결된다. 여러 구획이나 여러 부분 시스템을 통한 물질과 에너지의 전달을 **직렬**(cascade)이라고 하며, 개방 시스템의 **직렬식 모델**(cascading model)을 형성한다.

그러나 이와 같은 모델들까지도 기능적 구조를 강조하고 있지만 본질적으로는 구조적이다. 시스템의 역학을 설명하는 모델로 옮겨가기 위해서는 프로세스를 모델화하도록 해야 한다. 시스템은 프로세스에 답을 해야 한다. 프로세스는 시스템이 물질과 에너지를 변형하고 전달하는 수단이며, …… 안정된 상태를 유지해야 할지라도, 상태의 변화에 영향을 미치는 수단이다.

프로세스의 모델화와 프로세스에 대한 시스템의 응답에 대한 모델화를 결합할 때, 우리는 시스템의 역학과 시스템이 작용하는 방식을 설명하는 보다 고차원의 모델을 얻을 수 있다. 그러한 모델을 **작용–반응 모델**(process-response model)이라고 하는데, 이는 형태적 모델과 직렬식 모델을 결합한 것으로 개념화할 수 있다. 이것은 시스템의 선택된 성질을 나타내는 관련 변수가 프로세스의 조절자로 행동하기 때문이며, 정의에 따라 프로세스는 에너지(개방 시스템에서는 물질도)의 변형과 전달을 포함한다.

5. 시스템 틀의 적용

시스템과 모델에 관한 앞선 논쟁은 대부분 추상적으로 흘렀지만, 다음 장에서는 똑같은 개념적 틀이 실제 세계의 시스템에 적용될 것이다. 우리는 지구 전체의 모습을 보며 시작하였고(그림 1.1d), 지구를 우선 폐쇄 시스템으로 간주하였다. 블랙박스 접근법을 채택함으로써 시스템의 경계를 넘나드는 에너지의 전달에 집중하였다. 그러나 오래 전에 우리가 블랙박스를 개방하고, 시스템 내 처리 과정을 초기 평가함으로써 에너지의 유입과 유출의 상관관계를 밝히기 위하여 적어도 모델의 부분 시스템들 간 에너지 교환을 명백한 방식으로 검정할 필요가 있음이 확실해졌다. 결국 폐쇄 시스템 모델은 포기되었고, 지구의 주요 부분 시스템들의 부분적인 모습이 밝혀졌다. 부분 시스템들은 에너지는 물론 물질의 전달을 포함하는 개방 시스템으로 모델화되었다. 대체로 고도의 일반화와 전망을 가지는 모델들은 범지구적인 것이다.

초점이 변함으로써 모델의 해상도와 모델을 적용하는 공간적 규모도 변한다. 중요하게 된 것은 경관의 축척이다. 특히 유역 분지와 생태계는 우리가 경험할 수 있는 규모에서 적용할 수 있는 기능적 모델이다. 그것은 공간적 규모와 위치를 가지는 상호 연계된 지리 단위와 관련되어 있다(Chorley and Kennedy, 1971). 모델의 해상력과 세밀도는 상당히 증가하여 화이트박스 접근법 또는 거의 동형 모델을 나타낸다.

존재를 위한 우세한 외부 조건하에서 고려하여야 할 것은 이러한 환경 개방 시스템의 평형 관계와 정상 상태의 특성이다. 그럼에도 불구하고, 나타난 모델은 특유의 공간적 또는 지리적 변이를 약간 포함하고 있으나 일반화의 중요한 요소를 유지하고 있다.

이러한 시스템의 발전 경향은 심각하게 고려되어야 한다. 시스템 상태의 변화는 어떤 새로운 안정 상태에 도달하기 위한 내적 재조정, 또는 유입량의 변화에 대한 결과로 보인다. 이 두 가지는 환경 시스템의 자연스러운 특성이다.

여기에서 우리는 부주의한 인간의 간섭에 의한 혼란이나 자연 시스템을 교묘하고 의도적으로 규제하면 약간의 이익이 생긴다는 관점에서 사회와 환경의 상호 작용을 고려해야 한다. 또한 우리는 앞 절에서 논의한 환경 시스템이 사회 경제와 문화적 차원도 포함하는 훨씬 더 큰 지리 시스템의 일부일 뿐이라는 사실을 인정하면서, 시스템 접근법이 보다 폭넓게 적용되는 것을 보게 된다.

더 읽을거리

시스템 사고에 대한 좋은 개론서:

Beishon, J. and G. Peters (1972) *Systems Behaviour*. Harper & Row, London.

Churchman, C.W. (1968) *The Systems Approach*. Delacorte Press, New York.

Emery, F.E. (1969) *Systems Thinking*. Penguin, London.

Haigh, M. (1985) Geography and general systems theory, philosophical homologies and current practice. *Geoforum*, 16, 191~203.

환경에 시스템적 사고를 구체적으로 적용한 것으로, Chorley와 Kennedy(1971)는 기본 도서이며 나머지는 동력학과 열역학 시스템을 전반적으로 다룬 것:

Chorley, R.J. and B.A. Kennedy (1971) *Physical Geography, a Systems Approach*. Prentice-Hall, London.

Gregory, K.J. (1987) *Energetics of Physical Environment: Energetic Approaches to Physical Geography*. John Wiley, Chichester.

Huggett, R.J. (1980) *Systems Analysis in Geography* (Contemporary Problems in Geography). Oxford University Press, Oxford.

과도할 정도로 많은 것을 요구하지만 자극적이고 도전적인 문헌:

Bennett, R.J. and R.J. Chorley (1978) *Environmental Systems: Philosophy, Analysis and Control*. Methuen, London.

Coffey, W. (1981) *Geography, Towards a General Spatial Systems Approach*. Methuen, London.

자연지리학과 관련하여 과학의 폭넓은 철학과 방법론을 다룬 도서:

Haines-Young, R. and J. Petch (1986) *Physical Geography: Its Nature and Methods*. Harper & Row, London.

모델화, 특히 수학적 모델화에 대한 소개:

Kirkby, M.J. (1987) Models in physical geography, part 1.3, in *Horizons in Physical Geography* (eds M.J. Clark, K.J. Gregory and A.M. Gurnell). Macmillan, Basingstoke, pp.47~59.

Maynard-Smith J. (1974) *Models in Ecology*. Cambridge University Press, Cambridge.

Thomas, R.W. and R.J. Huggett (9180) *Modelling in Geography: a Mathematical Approach*. Harper & Row, London.

순수하고 응용적인 측면의 모델화에 대한 소개:

Frenkiel, F.N. and D.W. Goodall (eds) (1978) *Simulation Modelling of Environmental Problems*. John Wiely/SCOPE, Chichester.

일련의 모델과 그들의 응용을 나타낸 연구 논문:

Woldenberg, M. (ed) (1985) *Models in Geomorphology*. Allen & Unwin, London.

제2장
물질, 힘 그리고 에너지

1. 물질의 성질

제1장에서 에너지 시스템은 공식적으로 '특화된 물질 시스템과 그 시스템의 에너지양, 그리고 시스템과 그 주변 사이의 에너지 교환'으로 정의되었다. 이 장에서 우리는 시스템에 포함된 물질과 에너지의 성질을 보다 자세히 탐구할 것이다.

환경 에너지 시스템에 있는 물질은 환경을 구성하는 '실질적인' 물리적 객체, 즉 바위나 토양, 물, 식물, 동물, 대기권의 기체 등으로 인정될 수 있다. 그러나 여기에서는 물질을 근본적인 수준에서 논의할 것이다. 그렇게 함으로써 다양한 물체의 구조적 통일체를 평가할 수 있기 때문이다.

(1) 원자의 구조

원자 이론은 오늘날 물질의 본질을 다루는 견해들 가운데 핵심이다. 이러한 견해에 따르면, 물질은 복잡한 내부 구조를 가지는 매우 작은 입자인 **원자**들(atom, 직경 $10^{-7} \sim 10^{-10}$m)로 구성된다. 원자는 (+)전하를 띠는 중앙의 **핵**(nucleus)과 그 주변을 돌며 (−)전하를 띠는 **전자**들(electrons)로 구성된다(그림 2.1). 핵의 직경은 원자 전체 직경의 10^{-5} 정도이며, 이 작은 부피 속에 원자의 질량 대부분이 집중되어 있다. 핵은 거의 같은 질량을 갖는 두 가지 다른 유형의 입자들로 구성된다. **양성자**(protons)는 (+)전하를 띠고 **중성자**(neutrons)는 아무 전하를 띠지 않지만, 이들은 거의 같은 개수로 나타나는 것이 정상이다.

원자의 핵은 특정한 수 — **원자 번호**(atomic number) — 의 양성자를 포함한다. 이것이 핵의 전하를 규정하고, 궁극적으로는 원자의 화학적 성질을 규정한다. 양성자와 중성자가 합하여 핵의 질량을 구성하므로, 양성자 수와 중성자 수를 합하면 원자의 **질량수**(mass number)가 된다. *물질의 기본 단위*인 **화학 원소**(chemical element)는 '모든 *원자가 동일한 원자 번호를* 가지며 화학 반응에 의해 보다 간단하게 구성된 물질로 분해될 수 없는 물질'로 정의된다. 그러므로 한 원소의 모든 원자가 동일한 양성자 수와 동일한 원자 번호, 그리고 동일한 전하의 핵을 가진다고 하더라도, 그들의 질량이 똑같지는 않다. 이는 한 원소의 원자핵에 나타나는 중성자의 수가 다양하기 때문이다.

질량수가 서로 다른 원자 집단을 **동위원소**(isotopes)라고 한다. 예를 들어, 수소는 핵 내에 각각 0개, 1개, 2개의 중성자를 갖는 3개의 동위원소로 존재한다.

$$\frac{1}{1}\text{H}, \quad \frac{2}{1}\text{H}, \quad \frac{3}{1}\text{H}$$

원소의 기호는 질량수(양성자+중성자)를 나타내는 위 첨자와 원자 번호(양성자)를 나타내는 아래첨자로 함께 쓴다. 대부분의 화학 원소는 동위원소들의 혼합물을 이룬다. 산소는 세 개의 동위원소 $^{16}_{8}\text{O}$, $^{17}_{8}\text{O}$, $^{18}_{8}\text{O}$을 가지며, 탄소도 $^{12}_{6}\text{C}$, $^{13}_{6}\text{C}$, $^{14}_{6}\text{C}$를 갖는다. 동위원소를 분리하기란 어렵다. 동위원소는 핵의 전하도 같고, 중성을 띠어서 원자의 전자 수도 같아서 똑같은 방식으로 반응하기 때문에 모든 화학적 성질이 실질적으로 동일하다. 그러나 일부 동위원소의 핵은 불안정하여 자연적으로 붕괴되기 쉽다.

전자의 질량은 양성자의 5.45×10^{-4}배에 불과하나, 양성자의 것과 동일한 반대 부호의 전하를 갖는다. 그러므로 전기적으로 중성인 원자에서 핵은 핵의 (+)전하와 동일한 (−)전하를 나타내는 전자들을 끌어당긴다. 끌어당기는 전자의 수는 양성자의 수(원자 번호)로 결정된다. 예를 들어, 헬륨 원자에서는 다음과 같다.

2개의 양성자(2+) + 2개의 전자(2−) = 무 전하(0)

원자의 전자들은 어떤 궤도, 즉 **전자각**(electron shell)을 사용하는데, 각 전자각이 수용할 수 있는 전자의 수는 일정하게 한정되어 있다(표 2.1). 예를 들어, 리튬은 최대 8개의 전자를 가질 수 있는 두 번째 전자각에 세 번째 전자가 위치한다(그림 2.1). 첫 번째를 제외한 모든 전자각은 세분될 수 있다. 두 번째 전자각은 s와 p의 차전자각(subshell)을 가지며, 세 번째 전자각은 s와 p

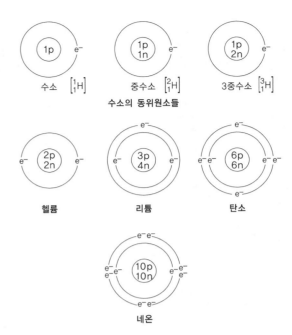

그림 2.1 수소, 헬륨, 리튬, 탄소, 네온 원자의 구조

표 2.1 전자각 내의 전자 개수

각	1	2	3	4	5	6
전자 수(최대)	2	8	8	18	18	32

자료 2.1
전자 배열과 주기율표

1869년 러시아의 화학자 멘델레예프(Mendeleev)는 **주기율표**(periodic table)를 고안했다. 그는 비슷한 성질을 갖는 원소 집단이 나타나도록 원자의 무게(상대적인 원자의 질량)에 따라 원소들을 배열하였다. 오늘날의 주기율표(Bohr의 주기율표, 표 2.3 참조)에서는, 원소를 원자 번호에 따라 순서대로 배열하였다. 수직의 열(column)—**족**(group)—에는 열을 따라 속성이 비슷하면서도 다양한 원소들이 있다. 예를 들어, IV족 원소는 금속의 성격을 띤다. 수평의 행(horizon)—**주기**(period)—에는 화학적 성질이 불연속의 단계로 변하는 일련의 원소들을 포함한다. 일부 원소는 II족과 III족 사이의 중간적 위치를 점유한다. 이들 가운데 자연환경에서 가장 중요한 원소를 **전이 원소**(transition element)라고 한다.

이러한 배열은 원소의 원자의 전자 배열을 반영하는 것으로 알려져 있다. I~VIII족에서 원자 번호(양성자 수)가 주기를 따라 증가함으로써 전자각은 안쪽에 바깥쪽으로 점차 채워진다. 예를 들어 두 번째 주기에서는, 탄소와 질소와 산소가 연속으로 나타난다. 모두 첫 번째 전자각($1s^2$)은 두 개의 전자로 채워지지만, 두 번째 전자각은 탄소 4개($2s^2\ 2p^2$), 질소 5개($2s^2\ 2p^3$), 산소 6개($2s^2\ 2p^4$)의 전자를 갖는다.

앞에서 기술한 모든 족의 원소는 **전형 원소**(typical element)이며, 대체로 s와 p의 차전자각이 점진적으로 채워진다. 남아 있는 전이 원소, 란탄족 원소(희토류), 악티늄족 원소(전이 원소 포함)는 내부의 전자각을 완전히 채우지 않는 점에서 다르다. 그들은 전자가 끝에서 두 번째 전자각의 d(전이 원소)와 f(란탄족과 악티늄족) 차전자각에 첨가되는 일련의 원소들을 형성한다(표 2.2).

표 2.2 주요 50개 원소의 전자 배열

원소	원자 번호	1	2		3			4				5		
		1s	2s	2p	3s	3p	3d	4s	4p	4d	4f	5s	5p	5d
H	1	1												
He	2	2												
Li	3	2	1											
Be	4	2	2											
B	5	2	2	1										
C	6	2	2	2										
N	7	2	2	3										
O	8	2	2	4										
F	9	2	2	5										
Ne	10	2	2	6										
Na	11	전자 10개의 네온 핵			1									
Mg	12				2									
Al	13				2	1								
Si	14				2	2								
P	15				2	3								
S	16				2	4								
Cl	17				2	5								
A	18				2	6								
K	19	전자 18개의 아르곤 핵						1						
Ca	20							2						
Sc	21						1	2						
Ti	22						2	2						
V	23						3	2						
Cr	24						5	1						
Mn	25						5	2						
Fe	26						6	2						
Co	27						7	2						
Ni	28						8	2						
Cu	29						10	1						
Zn	30						10	2						
Ga	31						10	2	1					
Ge	32						10	2	2					
As	33						10	2	3					
Se	34						10	2	4					
Br	35						10	2	5					
Kr	36						10	2	6					
Rb	37	전자 36개의 크립톤 핵										1		
Sr	38											2		
Y	39									1		2		
Zr	40									2		2		
Cb	41									4		1		
Mo	42									5		1		
Tc	43									6		1		
Ru	44									7		1		
Rh	45									8		1		
Pd	46									10				
Ag	47									10		1		
Cd	48									10		2		
In	49									10		2	1	
Sn	50									10		2	2	

이온

주기율표(표 2.3)에서 I족 원소들은 불활성 기체 구조에 여분의 전자가 붙어 있다. 예를 들어 나트륨($1s^2$ $2s^2$ $2p^6$ $3s^1$)은 네온($1s^2$ $2s^2$ $2p^6$)과 동일한 배열에 세 번째 전자각의 s 차전자각에 하나의 전자를 더한 배열을 나타낸다. 이 여분의 전자를 잃는다면 불활성 기체와 동일한 배열을 가지게 될 것이다. 화학 반응에서 이런 일이 일어나면 (+)전하를 띠는 이온(**양이온**)이 형성된다.

$$Na - e^- \rightarrow Na^+$$

비슷한 방식으로 마그네슘($1s^2$ $2s^2$ $2p^6$ $3s^2$)과 같은 II족 원소가 네온의 배열을 취하기 위해서는 전하전자각에서 2개의 전자를 잃어야 한다.

$$Mg - 2e^- \rightarrow Mg^{2+}$$

한편 VII족 원소는 불활성 기체의 배열에서 전자가 하나 부족하므로, 전자 하나를 얻어야만 한다. 염소($1s^2$ $2s^2$ $2p^6$ $3s^2$ $3p^5$)가 아르곤의 배열($1s^2$ $2s^2$ $2p^6$ $3s^2$ $3p^6$)을 취하기 위해서는 전자 하나를 추가하여 (−)전하 이온(**음이온**)을 형성해야 한다.

$$Cl + e^- \rightarrow Cl^-$$

VI족의 산소($1s^2$ $2s^2$ $2p^4$)는 네온($1s^2$ $2s^2$ $2p^6$)의 전자 배열을 얻기 위해 2개의 전자가 있어야 한다.

$$O + 2e^- \rightarrow O^{2-}$$

이온에 나타난 전하는 이온을 형성한 원소가 얻거나 잃은 전자의 수를 나타내는데, 이를 원소의 **전자가**(electro-valency)라고 한다. 그러므로 위의 예에서, 나트륨은 +1의 전자가를 가지며, 산소의 전자가는 −2이다. 그러나 일부 원소는 불활성 기체의 배열에 근접한 이온을 형성한다. 이것은 V족과 VI족 원소에서도 그렇지만 전이 원소와 희토류 원소의 이온에서 특히 보편적이다. 그러므로 이들 원소는 적절한 불활성 기체의 배열에 대하여 상이한 근접성을 보이는 상이한 전자가(산화 상태)를 가지는 하나 이상의 이온 유형을 형성한다. 예를 들어 암석권에서 네 번째로 가장 풍부한 원소인 철은 제2철(ferrous, Fe^{2+})과 제3철(ferric, Fe^{3+}) 등 2개의 전자가 상태로 나타난다.

와 d의 차전자각을, 네 번째와 다섯 번째와 여섯 번째 전자각은 s와 p, d, f의 차전자각을 가진다. 전자각과 차전자각 사이에 나타나는 원자의 전자 분포를 원자의 **전자 배열**(electron configuration)이라고 한다(표 2.2, 자료 2.1). 원소의 화학적 행태를 결정하는 것은 **전하전자각**(valence shell)으로 부르기도 하는 가장 외곽의 전자각이다(안쪽의 차전자각이 포함된 일부 원소는 예외이다. 자료 2.1). 전하전자각에 위치한 전자의 개수는 원소에 따른 화학 반응의 유형과 관련하여 중요하다. 어떤 원소들은 전하전자각이 모두 채워져 있다. 이러한 원소를 불활성 기체(noble gas)라고 한다. 헬륨, 네온, 아르곤, 크립톤, 크세논 등은 대기에 존재하여 대기의 1%(부피)를 구성한다. 이들 기체의 불활성은 이들이 매우 안정된 전자 배열을 가지고 있음을 의미한다. 이러한 안정된 불활성 기체의 배열을 가지지 못한 원소들은 안정되려는 경향을 보여 줄 것으로 기대된다. 안정

을 얻는 한 가지 방법은 원소가 전자를 얻거나 잃어버림으로써 전하전자각이 채워져 불활성 기체 가운데 하나의 전자 배열과 같아져야 한다. 그러나 중성의 원자에 첨가된 전자는 순 (−)전하를 나타내며, 원자로부터 제거된 전자는 순 (+)전하를 나타낸다. 이러한 전하를 띠는 입자를 이온(ion)이라고 하며, (−)전하를 띠는 것을 음이온(anion), (+)전하를 띠는 것을 양이온(cation)이라고 한다(자료 2.2).

(2) 분자와 화합물

자연에는 약 92개의 원소가 있는 것으로 알려져 있는데, 이들 대부분은 다른 원소와 결합되어 나타난다. 자연 상태에서 다른 원소와 결합하지 않는 산소와 탄소 같은 원소까지도 개별 원자로 존재하지 않는다. 같은 원소나 다른 원소에 속하는 2개 이상의 원자들로 구성된 알갱이를 **분자**(molecule)라고 한다. 원자는 **공유**

결합(covalent bonding)이나 **금속 결합**(metallic bonding)의 형태로 주변 원자들과 전자를 공유함으로써, 그리고 **이온 결합**(ionic bonding)으로 전자를 **전달**(transfer)함으로써 분자를 형성한다. 전하의 분리를 보여 주는 분자(극성 분자)는 정전기적 인력 때문에 **수소 결합**(hydrogen bond)을 이룬다.

이온의 형성과 마찬가지로 이러한 결합 메커니즘은 구성 원자들이 함께하여 화합물에서 안정된 불활성 기체의 배열을 취하려는 전략으로 볼 수 있다. 이온(**이온 결합**electrovalent) 화합물에서 결합 메커니즘은 *전자 전달*로 발생하는데, 이것은 반대의 전하를 띠는 이온들을 정전기적 인력으로 묶는다. 그러나 그렇게 형성된 화합물에서 각 이온들은 불활성 기체의 전자 배열을 가지게 된다. 예를 들어 염화나트륨(보통의 소금)에서는 다음과 같다(자료 2.1, 제2장 2절 참조).

$$Na \quad + \quad Cl \quad \longrightarrow \quad Na^+Cl^-$$
$$(1s\ 2s^2\ 2p^6\ 3s) \quad (1s\ 2s^2\ 2p^6\ 3s^2\ 3p^5) \quad (1s\ 2s^2\ 2p^6) \quad (1s\ 2s^2\ 2p^6\ 3s^2\ 3p^6)$$
$$\text{(네온 배열)} \qquad \text{(아르곤 배열)}$$

그러나 많은 화합물의 형성에는 이런 식의 전자 전달이 포함되어 있지 않다. 기체 상태의 산소는 지구의 대기에서 분자(O_2)로 존재한다. 각 산소 분자는 2개의 산소 원자를 포함하더라도 전자 전달로는 불활성 기체의 안정된 배열에 도달할 수 없다. 그러나 산소 분자는 쌍으로 전자를 공유함으로써 배열을 가질 수 있다. 각 원자는 하나의 전자를 다른 원자에 기여하고, 따라서 각 원자는 2개의 전자를 공유하여 공유 결합을 형성하게 된다.

$$\cdot \ddot{\text{O}} \cdot \ + \ \cdot \ddot{\text{O}} \cdot \ \longrightarrow \ \cdot \ddot{\text{O}} :: \ddot{\text{O}} \cdot$$

$$\text{O} + \text{O} \longrightarrow O_2$$

(· 은 전하 전자각 내의 전자)

두 원자 사이의 전자 쌍은 두 원자의 전자 배열에서 계산되어, 불활성 기체인 네온의 전자 구조를 갖는다.

더구나 전자 쌍의 위치는 국한되므로, 이것이 원자의 위치를 매우 단단하게 고정시킨다.

물(H_2O)은 수소 원자 2개와 산소 원자 1개가 결합하여 만들어지는데, 이는 강한 전자 쌍이나 공유 결합으로 이루어진다. 결과적으로 물 분자는 안정되어 있고, 전체로서 전기적 중성을 띤다. 그러나 전자들은 분자 내에서 비대칭적으로 분포하여 **전하 분리**(charge separation)에 따라 **분자 쌍극자**(molecular dipole)나 **극성 분자**(polar molecule)로 행동한다. 물에서 O-H가 부분적으로 이온 결합의 성격을 띠기 때문에 수소 원자는 약간의 (+)전하를 띠며, 양성자가 이미 결합되어 있음에도 불구하고 다른 원자의 전자가 양성자에 가깝게 접근하는 것을 허용한다.

이 때문에 보다 약한 두 번째 연결인 **수소 결합**(hydrogen bond)이 가능해졌다(그림 2.2).

수소 결합은 몇 가지 원소로만 이루어진 원자들 사이에서 발견되는데, 가장 잘 알려진 것은 불소와 산소, 질소, 가끔 염소 등을 구성하는 집단에 속하는 2개의 원자를 수소가 연결하는 경우이다. 수소 결합은 항상 전하 분리와 관련되어 있으나, 분자들 간의 결합뿐만 아니라 단백질 등 대부분의 주요 유기 화합물에서처럼 분자 내 원자들 간의 결합에서도 나타난다. 사실 수소 결합은 생물계에서 중요한 역할을 한다(제7장).

물 분자에는 공유 결합을 하지 않는 2쌍의 전자와 2개의 양성자가 있기 때문에, 4개까지 다른 분자와 수소 결합을 할 수 있다. 이러한 결합은 얼음의 규칙적인 결정 구조처럼 정사면체의 모습으로 배열된다(자료 14.1). 액체인 물에서는 이러한 배열이 보다 불규칙하게 되고, 온도가 상승할수록 수소 결합이 감소한다. 수소 결합은 물 분자들 사이에서 일어날 뿐만 아니라 물 분자와 다른 전하 입자(이온), 물 분자와 표면(예를 들면 토양 콜로이드, 제22장) 사이에도 일어난다. 극성을 띠는 물 분자는 전하를 띠는 입자나 표면을 둘러싸면서 배열되는데, 그 두께는 전하의 강도에 비례한다. 이러한 층을 **수화각**(hydration shell)이라고 부른다(그림 2.2).

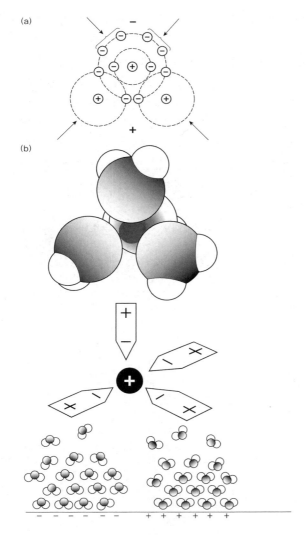

그림 2.2 양극성의 물 분자. ⒜ 전하 분리. ⒝ 수화각의 형성.

공유 결합에서는 전자 쌍의 위치가 제한되어 있지만, 금속 결합에서는 각 원자가 전자의 '바다'에 하나 이상의 전자를 내놓는데, 이것은 원자들의 덩어리 속에서 비교적 자유롭게 움직이는 경향이 있다. 이러한 전자의 바다는 (−)전하를 띠며, 원자들을 함께 고정시킨다. 그러나 원자들의 상대적인 위치는 공유 결합에서처럼 엄격하게 제한되지 않는다. 이 때문에 전도체나 전성(展性, 펼 수 있는 성질)과 같은 금속의 여러 가지

성질이 나타난다.

(3) 생물의 화학

생물은 잘 알려진 무기질의 화학 원소들로 이루어져 있다. 이 수준에서는 세포나 생물에게만 나타나는, 본질적으로 유일한 것은 아무것도 없다. 환경, 암석, 물을 구성하는 화학 원소들은 살아 있는 세포와 유기체를 구성하는 화학 원소들이다. 게다가 약간의 예외는 있지만, 화학 원소들은 대체로 동일한 비율로 나타난다. 지표에서 흔히 보이는 화학 원소들은 생물체에서도 흔히 보이며, 지표에서 드물게 보이는 화학 원소들은 생물체에서도 드물게 나타난다. 이러한 관찰은 일치할 뿐만 아니라, 생물계와 그의 환경 사이의 관계에 대한 최초의 통찰을 제공하며, 자연과 생물의 기원 및 그 환경의 일부 화학적 특성의 기원에 관한 중요한 실마리를 제공한다(제7장).

생물권 내 화학 원소들의 상대적 비율에 대한 평가는 다양하지만(이 비율은 유기체마다 다르다), 수소와 탄소, 질소, 산소가 생물계에 보편적으로 나타난다. 이들은 가장 가벼운 화학 원소에 속하며 각각 1, 6, 7, 8의 원자 번호를 갖는다(표 2.3). 이들은 생물권 내 원자들의 99% 이상을 차지한다. 9와 20 사이의 원자 번호를 갖는 화학 원소들 가운데에서는 나트륨(11)과 마그네슘(12), 인(15), 황(16), 염소(17), 칼륨(19), 칼슘(20) 등이 보편적으로 나타나지만, 각 원소는 생물권 내 원자의 1% 미만(대부분 0.1% 미만)을 나타낸다. 그러나 불소(9)와 규소(14)는 동식물 세포에 존재한다고 알려진 나머지 11개 화학 원소들보다 더 중요하다. 이들 가운데 8개(바나듐 23, 크롬 24, 망간 25, 철 26, 코발트 27, 구리 29, 아연 30, 셀렌 34)는 원자 번호가 23과 34 사이에 있고, 나머지 3개(몰리브덴, 주석, 요오드)는 각각 42, 50, 53이다. 비교적 무거운 이들 화학 원소와 불소 및 규소는 보통 정도이지만, 살아 있는 세포에서 보편적으로 나타나지는 않는다. 이들은 소량(대체로 0.001% 미만)으로 발견되기 때문에 **미량 원소**(trace element)라고 부른다.

나머지 화학 원소들은 주로 무거운 원소들인데, 생물계에 강한 독성을 띤다. 미량 원소 역시 과잉으로 나타나면 마찬가지이다. 생물계는 대부분 비교적 가벼우며 반응이 활발한 원소들과 무거운 원소들 가운데 소량이지만 중요한 미량 원소들로 구성되어 있다.

지표에서 생물과 무생물 환경 간 화학 조성이 크게 유사함에도 불구하고 차이점은 분명히 존재한다. 화학 조성의 유사성이 생명의 본질과 기원에 관한 실마리를 제공하는 만큼 차이점도 나타나게 된다. 규소, 알루미늄, 철은 암석권에서 산소 다음으로 가장 풍부한 화학 원소이나, 생물체 내에는 없거나 매우 소량으로만 나

타날 뿐이다. 암석권이나 기권, 수권에 거의 없는 탄소도 살아 있는 유기체 내에서는 세 번째로 풍부한 화학 원소이다. 생물계 내에 여섯 번째로 풍부한 인이 무생물 환경에는 거의 없다는 사실이 놀랍다(표 2.4). 이러한 화학 원소의 구성이 가지는 한 가지 의미는 생물이 지표에 존재하는 화학 원소들로부터 유래하였다는 것이다. 그럼에도 불구하고 [표 2.4]의 수치는 위에서 언급한 구성비와 대조를 보이므로, 생물의 화학 조성이 환경의 화학 조성을 그대로 반영하지 않는다는 사실을 알려 준다.

그러나 가장 풍부한 화학 원소인 수소와 산소는 대

표 2.3 보어(Bohr)의 주기율표

Group	I	II																					III	IV	V	VI	VII	O
1기	1 H																											2 He
2기	3 Li	4 Be																					5 B	6 C	7 N	8 O	9 F	10 Ne
3기	11 Na	12 Mg																					13 Al	14 Si	15 P	16 S	17 CL	18 Ar
4기	19 K	20 Ca	21 Sc										22 Ti	23 V	24 Cr	25 Mn	26 Fe	27 Co	28 Ni	29 Cu	30 Zn		31 Ga	32 Ge	33 As	34 Se	35 Br	36 Kr
5기	37 Rb	38 Sr	39 Y										40 Zr	41 Nb	42 Mo	43 Tc	44 Ru	45 Rh	46 Pd	47 Ag	48 Cd		49 In	50 Sn	51 Sb	52 Te	53 I	54 Xe
6기	55 Cs	56 Ba	57 La	58 Ce	59 Pr	60 Nd	61 Pm	62 Sm	63 Eu	64 Gd	65 Tb	66 Dy	67 Ho	68 Er	69 Tm	70 Yb	71 Lu	72 Hf	73 Ta	74 W	75 Re	76 Os	77 Ir	78 Pt	79 Au	80 Hg	81 Ti	82 Pb	83 Bi	84 Po	85 At	86 Rn
7기	87 Fr	88 Ra	89 Ac	90 Th	91 Pa	92 U	93 Np	94 Pu	95 Am	96 Cm	97 Bk	98 Cf	99 Es	100 Fm	101 Md	102 No	103 Lw	104	105									

표 2.4 생물, 암석, 물, 대기 내 가장 많은 10가지 원소의 구성 백분비

생물		암석		물		대기	
수소	49.8	산소	62.5	수소	65.4	질소	78.3
산소	24.9	규소	21.22	산소	33.0	산소	21.0
탄소	24.9	알루미늄	6.47	염소	0.33	아르곤	0.93
질소	0.27	수소	2.92	나트륨	0.28	탄소	0.03
칼슘	0.073	나트륨	2.64	마그네슘	0.03	네온	0.002
칼륨	0.046	칼슘	1.94	황	0.02		
규소	0.033	철	1.92	칼슘	0.006		
마그네슘	0.031	마그네슘	1.84	칼륨	0.006		
인	0.030	칼륨	1.42	탄소	0.002		
황	0.017	티타늄	0.27	붕소	0.0002		

체로 물 분자에서 나타나는 것과 비슷한 비율로 나타난다. 그러므로 살아 있는 세포의 60~80%가 물이라는 사실은 놀라운 것이 아니다. 무게로 볼 때 평균하여 척추동물은 66%, 포유동물은 85%가 물로 이루어져 있다. 나무도 중량의 60%에 달하는 물을 포함하고 있으며, 마른 종자는 10%의 물을 가진다. 모든 생명 물질은 물속에 퍼져 있다. 물은 지구 상에 있는 모든 생명의 본질적인 매개체이다. 물의 고유한 특성은 이미 다루었지만, 물은 화학 반응을 통하여 생명에 중요한 기타 여러 화합물의 효율성을 통제하기도 한다. 화합물은 물에 녹을 수도 있고, 용해되어 이온화되거나 전하를 띠는 입자로 남을 수도 있으며, 물의 물리적 성질에 영향을 미칠 수도 있다.

(4) 유기 탄소 화합물

탄소 화합물은 다른 102개 화학 원소의 모든 화합물보다 더 많으며, 대부분의 유기 탄소 화합물은 무기 화합물과 달리 분자 내의 원자 수가 수백, 수천 개에 달한다. 이러한 행태를 갖는 이유는 탄소 원자의 세 가지 성질 때문이다.

1. 탄소의 공유 원자가(4)가 높아서 매우 다양한 집단이 대단히 많은 조합을 이루며 탄소에 부착될 수 있다.
2. 탄소–탄소 결합이 매우 강하여 탄소 원자의 고리를 끝없이 형성할 수 있다.
3. 탄소가 병렬식 결합을 함으로써 많은 유기 화합물을 만들 수 있다.

규소와 같은 일부 화학 원소들은 하나 또는 두 가지 정도의 성질을 가지지만, 세 가지 모두를 가진 원소는 없다. 이러한 성질 때문에 탄소는 원자 2, 3개에서 수십 개에 이르는 안정된 사슬을 만들 수 있다. 구조 내의 어떤 지점에서는 인접하는 탄소 원자들 간에 2중, 3중 결합이 나타나는 등 기타 요인에 따라 가능성이 증가할 수도 있지만, 실제로는 간단하거나 분기한 사슬이 수없이 반복되어 나타난다. 그러한 화합물을 **개방 사슬 구조 화합물**(open chain compound)이라고 한다. 탄소 결합은 탄소 원자들의 사슬을 연결하여 고리(ring)를 만들 수도 있는데, 이를 **환식 화합물**(cyclic compound)이라고 한다. 고리가 완전히 탄소 원자들(5개 내지 6개)로 이루어진 경우 **단소환식 화합물**(monocyclic compound)이라고 하며, 탄소 원자 이외의 다른 원자들(주로 질소나 산소 또는 황)을 포함하는 경우에는 **복소환식 화합물**(heterocyclic compound)이라고 한다. 사슬 구조 화합물이나 고리 구조 화합물은 분자의 불활성 탄소 핵에 기능족으로 알려진 OH, Cl, NO_2와 같은 다른 원자 집단을 부착시킨다. [표 2.4]에 기재된 일부 다른 원소들이 중요하게 된 것은 화합물의 성질을 결정하는 기능족이기 때문이다.

이러한 탄소 화합물의 대부분은 **이성체**(isomer)로서 존재한다. 이성체란 분자식은 동일하지만 때로는 교묘하게도 구성 원자 특히 기능족의 공간적 배열에서 뚜렷한 차이를 보인다. 이 때문에 비대칭 분자 구조가 만들어진다. 대부분의 자연적인 유기 화합물은 비대칭 이성체이지만, 각 화합물의 종류마다 제한된 수의 이성체만이 만들어지도록 자연적으로 특성화되어 있다. 여기에서 우리는 이성화(isomerism)로 부여된 다양성의 영역뿐만 아니라 살아 있는 세포에서 사용되는 선택적 정밀도를 볼 수 있다.

살아 있는 세포에서 볼 수 있는 유기 화합물은 **지방**과 **탄수화물**, **단백질**, 그리고 **핵산**(그림 2.3)이다. 구조적으로 지방이 가장 간단하다. 지방은 글리세롤 분자의 주요 부분에 하나씩 연결된 지방산의 탄화수소 사슬로 구조화되어 있다. 지방은 주로 에너지 저장소로 알려져 있지만, 지방산 하나가 다른 화합물과 연계된 인산족(H_3PO_4)으로 대체된 화합물 집단은 세포막 형성에 중요한 역할을 한다. 단당류는 수산기(OH)와 CH_2OH 부수 집단이 부착된 4, 5개의 탄소 원자와 1개의 산소 원자로 구성되어 있으며, 오각형이나 육각형

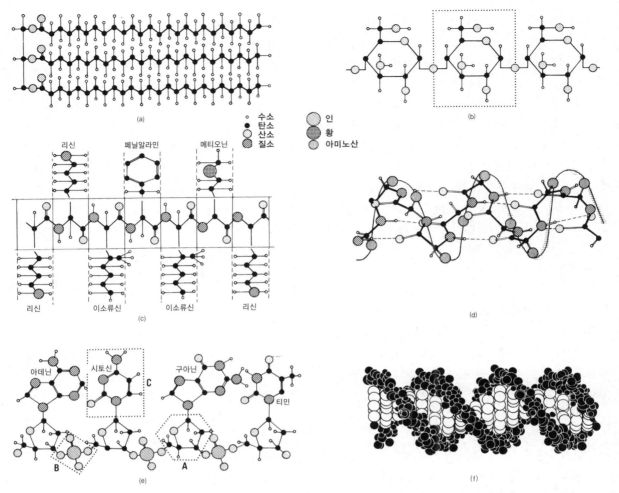

그림 2.3 유기 거대 분자. (a) 지방—트리글리세라이드—을 형성하는 중합된 탄화수소 사슬. (b) 연계되어 다당류를 만드는 포도당 단량체(상자 속의 것이 하나). (c) 연계되어 단백질의 폴리펩타이드를 형성하는 아미노산들(사람의 조직에서 사이토크로뮴 C의 N-터미널 끝부분 주변에 있는 7개 아미노산의 배열). (d) 단백질 폴리펩타이드 사슬의 α-나선형 형상. (e) 에스테르 연계에서 당(A)-인산염(B) 단위를 보여 주는 핵산 DNA의 한 가닥과 4개의 헤테로 고리 모양 염기-아데닌, 사이토신(C), 구아닌, 티민. (f) DNA 분자의 이중 나선 모양.

범례:
○ 수소
● 탄소
○ 산소 (원형 음영)
질소
인
황
아미노산

의 고리로 이루어져 있다. 그러한 2개의 단위가 설탕 분자를 형성하거나, 사슬로 늘어서서 다당류, 특히 식물의 셀룰로오스나 녹말, 동물의 글리코겐 등을 만든다. 500단위 이상으로 긴 녹말과 1,000단위 이상의 글리코겐은 주로 에너지 저장소의 구실을 하지만, 8,000 단위 이상의 중합체(polymer)인 셀룰로오스는 식물의 구조를 이루는 물질로서 매우 복잡하게 얽혀 있다.

핵산은 좀 더 복잡한데, 뉴클레오타이드(nucleotide)로 알려진 적어도 네 가지 유형의 단위들로 이루어져 대규모 구조를 이룬다. 각 뉴클레오타이드는 당-인산염(에스테르)족과 염기로 이루어져 있다. 이들은 다양한 비율과 매우 다양한 배열로 나타난다. 이들 분자 가운데 가장 중요한 것은 DNA와 RNA이며, 정보를 소유하는 이들 분자의 중요성은 [자료 2.3]에서 자세히 고찰

자료 2.3
DNA의 복제와 전사

전사

복제
A 아데닌
T 티민
C 사이토신
G 구아닌
U 우라실

DNA 분자는 이중 나선 중합체이다. 각각의 줄은 당(데옥시리보스 deoxyribose)과 인산염 그룹, 네 종류의 복소환 염기 등이 강한 공유 결합으로 연결되어 있다. 두 개의 나선은 쌍을 이루는 염기들 간의 수소 결합으로 보다 느슨하게 묶여져 있다. 그러나 각 염기들은 규칙적으로만 서로 쌍을 이룰 수 있다. 염기가 쌍을 이루는 것은 엄격하기 때문에 이중 나선의 한 줄에 있는 염기의 배열이 다른 줄의 염기 배열을 선결한다. DNA 분자에 정보를 저장하는 것은 이러한 염기 배열이다. 염기 세 개의 각 집단을 코돈(codon)이라고 한다. DNA 분자 하나의 두 줄이 분리되면 각각은 복제품을 만드는 주형(鑄型) 구실을 한다. 이러한 **복제**(replication) 능력 때문에 정보 복제의 필요성이 충족됨으로써 세

포 분열 시에 정보가 딸세포로 전달된다. 그러나 DNA의 다른 활동인 세포 활동의 통제는 **전사**(轉寫 transcription)에 의하여 이루어진다. 리보오스핵산(RNA)의 줄은 DNA의 한 줄과 쌍을 이루면서 감마 DNA-RNA 이중 구조라고 알려진 이중 나선을 형성한다. 쌍을 이루기 위해 RNA는 DNA의 염기 배열을 모사하는 데 복제만큼 정확하지는 않다. 이렇게 전사함으로써 염기 코드 언어에 변이가 생기기도 하는데, RNA에서 염기 티민(thymine)이 우라실(uracil)로 대체되기 때문이다. RNA는 합성되기만 하면 풀리지 않고 DNA를 떠나서 핵산을 거쳐 리보솜까지 정보를 전달하는 메신저가 된다. 이러한 메신저 RNA는 단백질 합성 과정에서 아미노산들의 조립을 위한 주형이 된다.

할 것이다.

그러나 다양성과 특이성은 단백질 분자에서 가장 고도로 발달한 것으로 보인다. 단백질 분자는 가장 크고 가장 복잡한 분자로서, 탄소 뼈대에 연계된 약 25개의 상이한 아미노산으로 구성된다. 이들은 상이한 비율로, 모든 종류의 배열로, 그리고 매우 다양하게 겹을 이루거나 갈라지며, 수백 내지 수천 개의 단위로 길게 사슬을 형성한다.

(5) 물질의 상태

물질은 분자나 또 다른 물질 단위의 상대적인 운동으로 구분되는 세 가지의 **상태**(state) 또는 **상**(phase) — 기체, 액체, 고체 — 으로 존재한다(자료 2.4). 사실 자연적으로 발생하는 대부분의 기체는 분자로 이루어져 있으나, 일부는 이온화되어 있다. 즉, 분자가 원자로부터

전자를 얻거나 잃어 순전하를 나타낸다. 고체 상태의 각 단위는 개별 원자나 이온, 분자, 또는 임의의 원자 집단일 수도 있지만, 대부분의 액체와 모든 용액은 이온을 포함한다.

기체나 액체 상태에서는 분자들의 공유 결합이 중요하고 유일한 결합 메커니즘이지만, 고체에서는 분자들이 세 가지 유형에 따라 규칙적으로 배열되어 있다. 분자들의 공간 배열이나 결정적 배열을 결정의 격자 구조라고 한다. 결정격자에 관한 내용은 제5장에서 조암광물과 관련하여 다시 다룰 것이다.

이러한 논의에서 도출한 물질의 본질에 관한 견해는 중요한 두 가지 관점을 내포한다. 원자나 석영 결정 혹은 나무가 논의 대상인가 하는 것은 중요하지 않다. 물질의 본질은 첫째, 그것을 구성하는 입자의 종류와 둘째, 입자의 배열이나 조직에 따라 좌우된다. 모든 물질

자료 2.4
물질의 상태

분자들은 기체 상태에서 항상 운동하고 있어서 서로 지속적으로 충돌한다. 이러한 운동은 분자들을 응집시키는 분자들 간의 인력을 극복하기에 충분하다. 기체는 팽창하여 부피를 채울 수 있고, 반대로 분자들의 부피는 기체 전체의 부피에 비하여 대체로 작기 때문에 쉽게 압축할 수 있다.

액체 상태에서도 분자들은 운동하고 있지만, 서로를 떨어뜨리기에는 불충분하다. 분자들은 서로 붙어 있고, 액체의 형태를 띠며

서로를 둘러싸고 빠르게 운동한다. 액체는 기체와 달리 정상 상태에서 부피가 일정하다. 그러나 액체의 모양은 '용기'의 모양에 따라 결정되며, 특이하게도 표면은 고정되어 있지 않다.

고체 내의 분자들은 진동은 할 수 있지만 더 이상 액체에서처럼 이동은 할 수 없고 상호 간에 고정된 위치를 차지한다. 고체는 특유한 외양을 유지하며 모양이나 부피의 변화가 억제되어 있다.

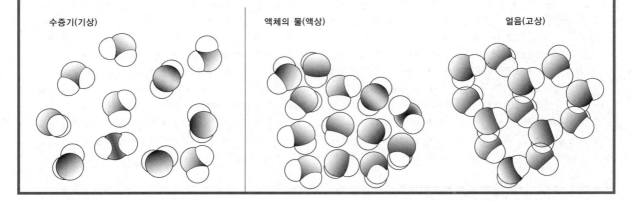

수증기(기상)　　　　　액체의 물(액상)　　　　　얼음(고상)

은 원자의 구성 요소부터 거대 분자에 이르는 다양한 규모에서 입자들이 다소 규칙적으로 배열된 것이라고 생각된다. 물질이 가지는 입자들의 성질이나 조직의 종류에 따라 물질 단위의 성질과 행태가 결정된다.

2. 기본적인 힘

물질이 다양한 규모에서 입자들의 규칙적인 배열로 존재하는 것은 입자들을 결속시키고 그러한 조직을 유지하는 무언가가 있기 때문이다. 입자들 사이에 어떤 인력이 존재하는 것이 분명하다. 자연적인 힘은 네 가지로 명확히 구분된다. 이들 가운데 두 가지는 비교적 친숙하며, 정상적으로 경험한 모든 힘을 설명한다. 반대의 전하를 띠는 입자들은 서로 끌어당기게 된다. 그러한 인력을 **정전기력**(electrostatic force)이라고 하는데, 그것은 입자들이 갖는 전하의 세기에 비례하며 중심 간 거리의 제곱에 반비례한다.

$$F_e \propto Q_1 Q_2 L^{-2}$$
또는 $F_e = E Q_1 Q_2 L^{-2}$

여기에서 F_e는 정전기력이며, Q_1과 Q_2는 두 입자가 가진 전하 세기이고, L은 길이(거리)이며, E는 비례 상수이다.

그러나 입자들이 같은 유형이나 부호의 전하를 갖는 경우, 정전기력은 인력이 아니라 척력(repulsion)이다. 이러한 인력이나 척력은 입자의 전하가 정지하여 있다고 생각되기 때문에 정전기력이라고 불린다. 그러나 전류가 흐르는 도체에서도 이와 비슷한 인력과 척력이 존재하는데, 이 경우에는 관찰자와 관련하여 전하가 움직이기 때문에 그 힘을 **동전기력**(electro-dynamic force)이라고 한다. 이 두 가지의 힘을 합한 것이 **전자기력**(electromagnetic force)이다. 알다시피 원자를 붙잡는 힘(원자들을 붙잡아 분자로 만드는 힘, 분자들을 액체나 고체로 만드는 힘)과 육안으로 보이는 물체에 영향을 미치는 접촉력(contact force)은 모두 전자기력이다.

우리에게 친숙한 두 번째 힘은 **만유인력**(gravitational attraction)이다. 모든 입자들은 다른 모든 입자들에게 이 힘을 나타낸다. 이 힘은 입자들의 질량에 비례하고 그들 간 거리의 제곱에 반비례한다.

$$F_g \propto M_1 M_2 L^{-2}$$
또는 $F_g = G M_1 M_2 L^{-2}$

여기에서 F_g는 중력이며, M_1과 M_2는 두 물체의 질량이고, L은 두 물체 간의 길이(즉, 거리)이며, G는 비례 상수이다. 이 힘은 두 물체의 질량이 중심에 집중되어 있는 것처럼 작용하며, 지구의 만유인력, 즉 **중력**(gravity)으로 가장 친숙하다.

나머지 두 가지의 힘은 원자를 구성하는 요소의 수준에서만 경험할 수 있다. 원자의 핵에 있는 양성자는 (+)전하를 띤다. 그러므로 양성자들은 정전기적 척력에 의해 밀려날 것이라고 생각될 것이다. 양성자들은 입자들 간의 만유인력 때문에 핵 내에 단단히 결속되어 있는 것 같다. 사실 정전기적 척력은 만유인력보다 훨씬(대략 1,036배) 더 큰 것으로 밝혀졌다. 분명히 어떤 새로운 힘이 포함되어 있다. 이 힘을 **핵력**(nuclear force, **강력**strong force)이라고 한다. 이 힘은 좁은 범위에서만 영향을 미치지만 정전기적 척력보다 수백 배 더 강하다. 네 번째 종류의 **약력**(weak force)은 방사능 붕괴와 관련된 부분을 제외하고는 이 책에서 관심을 가질 필요가 없다.

(1) 힘이란

지금까지는 물질의 입자에 작용하는 양으로서의 힘을 생각해 왔으나, 힘을 정의한 바는 없다. 그러나 정의하기 이전에, 힘은 크기와 방향을 갖는 **벡터**(vector)량이라는 사실을 기억하는 것이 중요하다. 전술한 만유인력으로 되돌아가서, 어느 다른 물체들과도 만유인력의 작용이 크지 않은 상황에 놓인 입자를 생각해 보자. 그 입자는 지구의 중심을 향해 떨어질 것이다. 그러므로 힘은 특정한 방향으로 작동한다. 입자가 단위 시간에 떨어진 거리를 속도(velocity)라고 한다.

속도 = 단위 시간당 거리

$v = LT^{-1} = ms^{-1}$

여기서 v는 속도이고, L은 길이(거리)이며, T는 시간이다. 입자의 운동량(momentum)은 질량과 속도를 곱한 것이다.

운동량 = 질량×속도

$p = MLT^{-1} = kg\ ms^{-1}$

여기서 p는 운동량이고, M은 질량이며, L은 길이(거리)이고, T는 시간이다. 만유인력은 두 물체 —이 경우에는 지구와 입자— 간 거리의 제곱에 반비례하므로, 거리가 짧아질수록 그들 간의 인력은 더욱 커지고 낙하 속도도 점차 증가한다. 힘이 작용함으로써 나타나는 속도의 변화율을 입자의 **가속도**(acceleration), 지상의 실례에서는 *지구 중력가속도*(9.81ms⁻²)라고 한다.

가속도 = 단위 시간당 속도의 변화

$a = LT^{-1}\ T^{-1}$

$\quad = LT^{-2} = ms^{-2}$

그러나 입자의 운동량은 속도의 함수이므로, 속도가 변하면 운동량도 변할 것이다. 속도의 변화율은 입자의 가속도로 정의되고 운동량의 변화율은 입자의 질량과 가속도의 곱이 된다. 운동량의 변화율은 힘, 이 경우에는 중력의 운동량을 정의하는 데 사용된다.

운동량의 변화율 = 질량×가속도 = 힘

그래서

힘 = 질량×가속도

$F_g = MLT^{-2} = kg\ ms^{-2} = N$

지구 상에서는 이것을 **중력**(force of gravity)이라고 부르며, 지구가 물체를 끌어당기는 힘을 물체의 **무게**(weight)라고 한다. 지구 상에서 1kg의 물체는 $1 \times 9.81 = 9.81N$의 무게를 나타낸다. 그러나 동일한 물체라도 달에서는 지구의 가속도와 달리 달의 중력가속도에 따른 가속도이므로 무게가 달라진다. 그러나 물체의 질량은 일정할 것이다.

(2) 힘과 운동

힘을 처음으로 고찰하면서부터 생각하건대, 힘이 나타내는 중요한 영향은 물체를 가속화시키는 것이다. 물체가 정지하여 있는 경우, 힘이 작용하지 않으면 물체는 정지한 상태로 남아 있다. 물체가 이미 운동 중인 경우, 힘이 작용하지 않으면 물체는 일정한 속도를 유지하며 직선상으로 계속 운동할 것이다. 이러한 가정은 **뉴턴의 운동 제1법칙**(Newton's First Law of Motion)을 나타낸다. 1687년 뉴턴은 힘과 힘이 만드는 운동 사이의 관계를 규정짓는 세 가지 기본적인 법칙을 제시하였다. 이들 법칙은 운동에 관한 관찰을 기술한 것으로, 운동을 예측하기도 한다. 이 법칙은 빛의 속도보다 상당히 느린 속도에 적용되는 역학 시스템인 **뉴턴 역학**(Newtonian mechanics)의 기반이 되었다.

자연환경에서 모든 물체에는 전술했던 기본적인 힘들이 항상 작용하고 있다. 이 힘들의 균형이 맞지 않으면, 물체의 운동이 독특한 방식으로 변한다. 힘이 운동에 미치는 효과는 그 물체의 질량에 따른다. 질량은 운동의 변화에 대한 물체의 저항을 결정하기 때문이다. 질량이 다른 두 개의 거력을 근육의 힘으로 들어 보면 이것이 분명해질 것이다. 더구나 정지 상태의 거력에 힘을 가하여 가속화하려고 할 때, 거력의 질량이 변하지 않는 한 각 거력에 생성된 가속은 거력에 가한 힘에 비례한다. 이것이 **뉴턴의 제2법칙**(Newton's Second

Law)으로, 물체에 작용하는 힘과 속도의 변화 또는 물체의 가속도 사이의 관계를 나타낸다. 제2법칙을 공식적으로 말하면, 물체의 가속도는 물체에 작용하는 **합력**(resultant force)에 비례하며, 물체의 질량에 반비례한다.

$a \propto F/m$ (제2장 2절 힘의 정의 참조)

대부분의 실제 상황에서는 크기와 방향이 다른 여러 힘이 물체에 작용하기 때문에 합력이라는 용어를 사용하였다. 그러므로 물체의 가속화는 이 요소들만의 영향이다.

뉴턴의 제3법칙(Newton's Third Law)은 (예를 들어 거력을 미는) 힘이 가해졌을 때 거력도 같은 크기의 힘으로 되민다는 일상적인 경험에서 유추한 것이다. 이 상황에서 작용은 반작용과 마주한다는 것을 느낄 수 있다. 더구나 세게 밀수록 거력의 반작용도 더욱 커지기 때문에 작용과 반작용의 크기는 동일하다. 이것이 뉴턴의 제3법칙의 가설이고, 공식적으로는 한 물체가 다른 물체에 힘을 가하면 두 번째 물체는 첫 번째 힘과 동일한 반대 방향의 힘 — *작용은 반작용과 동일하다* — 을 나타낸다고 진술한다.

뉴턴의 운동 제3법칙의 결론 가운데 하나는 충돌 중인 입자에 가해지는 힘의 작용–반작용이 미치는 영향에 관한 것이다. 이것은 환경 프로세스에서 두 물체 가운데 어느 하나, 또는 두 개 모두가 운동하고 있을 때 발생하는 것이 보통이다. 충돌하는 짧은 시간 동안, 보다 빠른 물체(x)는 보다 느린 물체(y)에 힘을 가하여 가속화시킨다. 똑같은 시간 동안, 보다 느린 물체(y)는 보다 빠르게 이동하는 물체(x)에 힘으로 반작용하여 감속시킨다. 그래서 결과적으로 y의 속도는 증가하고 x의 속도는 감소한다. 힘은 물체의 질량과 가속도(속도의 변화)의 곱이므로, y에 작용하는 x의 힘($_xF_y$)을 다음과 같이 정의할 수 있다.

$_xF_y = m_y\, a_y$

그리고 x에 작용하는 y의 힘은 다음과 같다.

$_xF_y = m_x\, a_x$

그러나 뉴턴의 제3법칙에 따르면 이 힘들은 같다.

$m_y\, a_y = m_x\, a_x$

그러나 ma는 운동량의 변화율이며, 이들 힘은 비록 같다고는 하지만 (y는 가속시키고 x는 감속시키는 등) 의미상 반대이기 때문에 y로 얻는 운동량은 x로 잃는 운동량과 같다. 그러므로 x와 y의 총운동량은 전 충돌 과정을 통하여 보존된다. 특히 이러한 직선상의 운동량인 경우, 이것을 **운동량 보존의 법칙**(Law of Conservation of Momentum)이라고 한다(그림 2.4).

우리는 지금까지 물리학자들이 정적인 준거 체제라고 불렀던 것에서 작용하는 힘에 관심을 가져왔다. 그러나 지구와 그 대기는 회전하므로 회전하는 틀 내에 위치한 물체의 행태를 설명할 수 있어야 한다. 예를 들어 관찰자 입장에서 볼 때, 해머를 던지는 운동선수는 해머의 머리 부분이 원을 그리며 회전하도록 하기 위

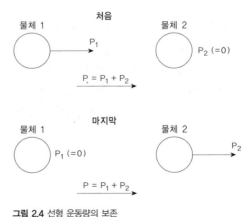

그림 2.4 선형 운동량의 보존

하여 서클 내에서 회전할 때 접속선을 끌어당겨 안으로 힘이 작용하도록 해야 한다. 이것을 **구심력**(centripetal force)이라고 하며 다음과 같이 표현한다.

$$구심력 = mv^2/r$$

여기서 r은 원의 반경이다. 그러나 운동선수 스스로 회전하는 준거 체제 내에 있다면 해머의 머리 부분에 어떤 보이지 않는 힘이 작용하는 것처럼 방사상의 방향으로 가속되는 것을 경험할 것이다. 이러한 힘이 **원심력**(centrifugal force)이다. 운동선수는 접속선을 통하여 해머 머리 부분이 방사상으로 이동하려는 것을 멈추기에 충분한 힘을 주며, 운동선수의 관점에서 보면 해머의 가속은 없다. 다른 말로 하면, 구심력은 원심력과 동일하지만 방향이 반대이다.

$$원심력 = mv^2/r$$

이와 같은 힘은 지구 대기와 그 속에 있는 순환 세포의 이동을 이해할 때 중요하다(제4, 9장). 이러한 상황에서 회전 주기 및 원의 반지름과 관련하여 속도와 운동량을 각속도와 각운동량 등으로 재규정할 필요가 있다(자료 4.6).

(3) 힘의 작용: 압력과 저항

압력(stress)의 개념은 자연환경, 특히 삭박 시스템에서 작동하는 여러 기계적 프로세스를 이해하는 데 기본이 된다. 이러한 맥락에서 압력은 기계적인 힘과 관련이 깊다. 기본 원리는 유수와 관련하여 토양 입자나 암석 덩어리의 침식을 포용하는 유체와 토양 및 암석 역학의 기반이 된다.

압력은 단위 면적당 가해지는 힘으로 정의된다.

압력 = 힘/면적 = $\mathrm{kgf}\ \mathrm{m^2\ s^{-2} m^2}$ = $\mathrm{N\ m^{-2}}$
그래서 지표에 놓여 있는 무게(질량×중력가속도)

1,000kg, 밑면적 $2\mathrm{m^2}$의 암괴는 밑에 있는 지표에 500 kgf $\mathrm{m^2 s^{-2} m^{-2}}$ 또는 500N $\mathrm{m^{-2}}$의 **수직 압력**(normal stress)을 나타낸다. 하부의 지표가 변형되지 않을 경우에는 가해진 압력과 동일한 크기의 **저항력**(resistance)이 지표의 내부에 형성된다. 이러한 경우에 지표는 가해진 압력과 거의 동일한 저항력을 가진다(뉴턴의 운동 제3법칙).

수직 압력과 **압력**(pressure)은 같은 것이며, 대기가 지표에 가하는 압력 — **기압**(atmospheric pressure) — 은 지표의 단위 면적당 대기가 누르는 힘으로 정의될 수 있다. 이 힘은 지표의 단위 면적 위 대기의 질량과 중력가속도(g)의 곱과 같다. 그러나 유체의 경우 질량은 밀도(ρ)와 유체의 높이 또는 깊이(h)의 곱으로 대체할 수 있으므로, 압력은 다음과 같이 정의된다.

$$P = \rho h g$$

이것을 **유체정역학 방정식**(hydrostatic equation)이라고 하며, 이를 수정하면 대기에도 적용할 수 있다. 이 관계는 제4장의 [자료 4.1]과 [자료 4.2]에서 자세히 다룰 것이다.

힘이 작용하는 방향과 작용하는 물체 사이의 관계에 따라 압력을 여러 유형으로 구분할 수 있다(그림 2.5). 앞에서 인용한 실례에서 지표 위에 놓인 암괴처럼, 압력이 표면에 수직으로 가해질 경우 이를 **압축 압력**(compressive stress)이라고 한다. 사면에서처럼 압력이 물체(면)에 비스듬히 가해질 경우, 압력은 **전단력**(shear stress)이 된다. 이 경우에 수직 압력은 면이 기울어진 정도에 따라 약화되며, 이 면을 따라 평행 이동(전단)이 일어나는 경향이 있다. 물체 내에 가해진 압력이 물체를 반대 방향으로 끌어당길 때 이를 **인장력**(tensile stress)이라고 한다.

힘이 작용하는 모든 유형의 실례는 삭박 시스템에 나타난다. 예를 들어 인장력은 암석 풍화의 여러 프로세스에 포함되어 있다. 그러나 전단력이 가장 중요하

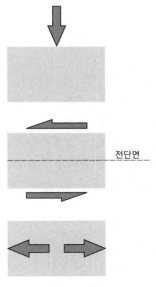

전단면

그림 2.5 힘의 적용 유형

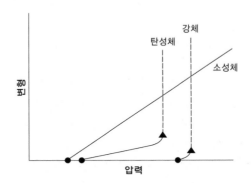

붕괴점
● 소성 붕괴
▲ 분쇄 파열

강체
탄성체
소성체

변형

압력

그림 2.6 압력과 변형의 관계

다. 이것은 (사면 시스템과 하천 시스템 및 빙하 시스템 등에서) 중력이 사면에 작동하여 전단력의 중력 성분이 기울어진 사면에 나타날 때면 언제라도 존재하기 때문이다.

압력이 가해지면 압력을 받은 물체가 옮겨가거나 변형된다. **변형**(strain)은 물체의 처음 크기의 선적, 양적 비율로 측정된다. 압력이 가해지면 단단한 물질은 여러 가지 행태를 나타낸다(그림 2.6). 강체(rigid solid)는 압력이 임계치에 미치지 못할 만큼 낮을 경우 아무런 변형이 일어나지 않지만, 임계치를 넘어서면 **분쇄 파열**(brittle fracture)의 형태로 **붕괴**(failure)가 발생하고 변형이 매우 빠르게 증가한다. 한편 탄성체(elastic material)는 파손이 일어나기 전에 상당한 변형을 나타낸다. 가해진 압력이 파손을 일으키기에 부족할 경우, 압력이 사라지고 물체는 원래의 형체로 되돌아온다. 소성체(plastic material)는 임계 역(critical threshold)의 압력 수준에 도달할 때까지 아무런 변형도 일어나지 않지만, 임계 역을 넘어서면 가해진 압력에 비례하여 변형된다. 이러한 세 가지 유형의 행태는 이상적이며

임의적인 상태를 나타낸다. 대부분의 물질은 이들이 결합한 행태를 보여 준다. 어떤 물질은 압력이 작동하는 비율이나 수분 조건 등의 상황이 달라지면 다른 방식으로 작동한다.

자연환경 내 대부분의 물질은 주로 강체나 소성체의 행태를 나타낸다. 예를 들어, 고화된 암석은 강체의 성질을 지니며, 습윤한 점토는 소성체처럼 작동하는 경향이 있다.

강도(strength)의 개념은 붕괴의 개념과 밀접히 관련되어 있다. 물질의 강도는 분쇄 파열이든 소성적인 변형이든 붕괴에 대한 물질의 저항으로 정의된다. 그러므로 강도는 붕괴 시에 가해진 힘과 같고, 단위 면적당 가해진 힘(Nm^{-2})으로 측정할 수 있다.

서로 다른 압력 상태에 놓여 있는 지표 물질의 행태는 삭박 시스템의 작동에 중요하다. 가해진 압력의 종류나 압력하의 행태와 관련한 물질의 성질은 이러한 기본 개념의 적용을 다루는 제10~17장에서 자세히 설명할 것이다.

3. 일과 에너지

물체를 구성하는 모든 입자는 항상 힘들에 의해서 작동된다. 힘들 가운데 일부는 중력이나 전자기력과 같은 외적인 것이며, 일부는 입자 내에 존재하여 구성 요소들을 결합시킨다. 내부의 힘들이 균형을 이루면 물체는 안정된다. 마찬가지로 물체에 작용하는 외부의 힘들이 서로 정확하게 균형을 이루면, 물체의 운동은 변하지 않을 것이다. 어떤 힘도 작용하지 않으면, 머물러 있는 물체는 계속 머무를 것이고, 이동하는 물체는 똑같은 속도를 유지하며 직선 방향으로 계속 이동할 것이다(뉴턴의 운동 법칙).

물체에 힘이 가해지면 힘에 대한 저항력에 반대되는 방향으로 일(work)이 일어날 것이다. 힘의 효과는 물체를 일정한 거리만큼 옮기는 것이다. 그러나 일은 극복해야 할 저항뿐만 아니라 물체가 통과하는 거리에 따라 달라진다. 말을 바꾸면, 물체에 작용한 일은 이동한 거리로써 표현된다. 그래서 힘이 이루어 놓은 (또는 힘의 저항에 대한) 일은 힘과 거리의 곱이다.

일 = 힘×거리

그러나 힘은 질량×가속도이므로,

일 = 질량×가속도×거리

$$W = MLT^{-2}\ L = ML^2T^{-2} = \text{kg m}^2\ \text{s}^{-2} = \text{NM}$$

지금까지는 이런 힘의 존재를 가정하여 왔으며, 이러한 힘들이 일을 하는 데 도움이 되는 것으로 간주되어 왔다. 그러나 이 상황에서는 에너지의 개념을 도입하여야 한다.

에너지는 일을 할 수 있는 능력으로 정의할 수 있다. 일을 하였을 때 줄어드는 '양'으로 생각하는 것이 더 좋을 것이다. 이것은 곧 에너지의 단위가 일의 단위와 같아야 한다는 사실을 의미한다.

에너지 = 힘×거리

$$= ML^2T^{-2} = \text{kg m}^2\ \text{s}^{-2} = \text{NM} = J$$

NM(뉴턴미터)나 J(주울)은 동등한 에너지 단위이다. 뉴턴미터는 기계적 형태의 에너지에 적용되는 반면, 주울은 열에너지와 위치 에너지에 적용된다.

그러므로 모든 물체나 입자는 이러한 '양'을 가진다. 힘의 존재가 물체나 입자의 상대적인 위치나 상대적인 운동과 관련되어 있듯이, 에너지도 같은 측면에서 이해될 수 있을 것이다.

(1) 퍼텐셜 에너지와 운동 에너지

정지해 있는 모든 물체는 구성 입자의 형상이나 다른 물체에 대한 상대적인 위치 때문에 퍼텐셜 에너지를 갖는다. 이런 퍼텐셜 에너지는 잠재적으로 운반되거나 일을 할 수 있는 저장 에너지(또는 연료)로 볼 수도 있다. 퍼텐셜 에너지의 중요한 예는 물체와 (지구와 같은) 다른 물체 사이의 만유인력에 따라 물체가 갖는 잠재적인 중력 에너지이다.

$$PE_g = \text{질량}×\text{중력가속도}(9.81\text{m s}^{-2})×\text{높이} = ML^2T^{-2}$$
$$= \text{kg m}^2\ \text{s}^{-2} \quad \text{NM} = J$$

물체는 퍼텐셜 화학 에너지도 가지고 있다. 사실 이것은 전자기 퍼텐셜 에너지이고, 물질의 구성 입자가 운반한 전하량과 그들의 상대적 위치를 반영한다. 이것은 원자 내에 핵과 전자를 붙잡아 두고, 분자 내에 구성 원자들을 붙잡아 두는 내적 힘을 만드는 결합 에너지이다. 이와 같이 퍼텐셜 핵에너지는 원자핵 내에서 양성자와 중성자를 결합시키는 핵력을 결정한다.

이러한 저장 에너지 또는 퍼텐셜 에너지의 개념은 정지한 물체에 적용되어 왔다. 운동하는 물체에는 어떤 에너지 개념을 적용할 수 있을까? 질량이 m kg인 정지해 있는 물체에 F만큼 뉴턴의 힘이 처음으로 가해졌다고 가정해 보자. 힘을 가하여 t초 후에 물체의 속도가 v로 되었다면, $F=mvt^{-1}$이다. 힘 F가 가해져서 물체가 d 거리만큼 이동하였으면 정의에 따라 일은 Fd 주울이다. 그러나 d는 평균속도$(1/2v)$를 시간(t)으로 곱한 $1/2vt$이다. 그러므로 Fd는 $1/2mv^2(MLT^{-2}1/2LT^{-1}\ T = 1/2ML^2T^{-2})$이다. 이것이 정지 구성 요소의 물체를 가속화시킨 힘이 행한 일이며, 이동하는 물체에 내재하는 에너지이다. 이러한 이동 에너지를 운동 에너지(KE)라고 하며, 낮은 속도에서는 다음과 같다.

$$KE = \frac{1}{2}mv^2 = \frac{1}{2}ML^2T^{-2} = \text{kgm}^2\ \text{s}^{-2}\ (주울)$$

친숙한 형태의 에너지들 —빛, 기계, 방사능, 열(자료 2.5), 핵, 화학, 그리고 전기(실제로 이들 가운데 일부는 같은 것임) —은 퍼텐셜 에너지나 운동 에너지, 또는 두 가지가 어느 정도 결합된 것으로 간주된다.

(2) 에너지의 전달, 엔트로피, 그리고 열역학 법칙

에너지는 물질의 조직과 물질을 구성하는 입자들의 상대적인 위치 및 상대적인 운동과 관련되어 있다. 프로세스가 작동함으로써 물질 시스템의 구성 요소에 변화가 일어나면, 화학 반응이나 강우 동안에 볼 수 있는 것처럼 입자의 재조직화가 발생한다. 그러므로 구성 요소에 변화가 발생하면 시스템을 구성하는 물질의 입자들 간이나 시스템과 그 주변 간에 에너지가 재분배된다. 이러한 에너지의 재분배를 통하여 에너지가 전달되고 변환된다.

예를 들어, 화학 반응에서 반응물의 퍼텐셜 화학 에너지(결합 에너지와 열에너지)는 화학 반응 동안 운동 에너지로 변환되고 운동 중인 분자들에게 전달된다(자료 2.6). 이러한 운동 에너지의 일부는 분자들이 충돌하는 동안 열로 바뀌고, 화학 반응이 멈추면 일부는 반응 산물의 퍼텐셜 화학 에너지로 되돌아간다. 떨어지는 빗방울의 운동 에너지는 충돌 시 토양에 기계적 에너지로 전달되고, 토양 입자를 뜯어내는 일을 할 것이다. 그러나 일부는 마찰을 통하여 열로 변환될 것이다. 빗방울이 떨어질 때에도 운동 에너지의 일부는 공기와의 마찰 때문에 열로 변환될 것이다.

이러한 실례에서 알 수 있듯이, 포함된 에너지의 절대량에는 변화가 없다. 에너지는 다른 종류로 변형되며, 시스템 내부에서나 시스템과 주변 간에 전달이 이

자료 2.5
열과 온도

물체의 열에너지는 물체를 구성하는 분자들의 진동 속도와 직접적으로 관련이 있다. 온도는 물체가 포함하고 있는 열에너지양의 척도이다.

빠르게 진동하는 분자들은 느리게 운동하는 주변의 분자들에게 운동 에너지의 일부를 전달해 주는데, 이러한 작용을 전도라고 한다. 열에너지는 이러한 방식으로 물체를 통하여 전달된다.

물체의 온도를 측정하기 위해서는 지시자와 열에너지를 교환하여야 한다. 지시자란 에너지 교환에 반응하여 익숙한 형태의(대체로 기계적인) 변형을 나타내는 다른 물질을 말한다. 대부분의 물질은 열에너지가 유입되거나 유출되면 물체 특유의 열팽창 계수에 따라 팽창하거나 수축한다. 열팽창 계수란 단위 온도 변화에 대한 물질의 단위 부피(단위 길이)당 나타나는 변화이다.

수은과 같은 액체로 채워진 얇은 유리관을 물이나 토양, 공기와 같은 매체 속으로 집어넣으면, 매체의 분자들과 유리 및 수은의 분자들 사이에서 운동 에너지가 교환될 것이다. 수은이 매체로부터 에너지를 얻으면 반응하여 부피가 늘어날 것이다. 이것은 유리관의 얇은 벽 양측에 있는 물질을 구성하는 분자들의 운동 에너지 사이에 동적 평형이 이루어질 때까지 계속될 것이다.

매체를 구성하는 분자들의 운동 에너지가 감소하면, 수은으로부터 에너지가 전달되어 수은의 부피가 줄어들 것이다. 그러므로 이러한 부피의 변화는 매체의 열에너지양 변화 또는 매체의 온도 변화를 나타낸다. 이것이 온도계를 이용하여 온도의 변화를 측정하는 기본 원리이다.

화학 반응

화학 반응은 다양한 관점에서 고찰해 볼 수 있다. 포함된 화학 물질의 부피 변화에 주의를 기울일 수 있다. 이러한 접근 방법을 화학 반응의 **화학양론**(stoichiometry)이라고 부르며, 반응 물질과 반응 산물의 활성 질량을 그램분자량(**몰 수**)으로 표현한다. **질량 보존의 법칙**에서 요구하는 것처럼, 화학 반응에서 질량의 손실이 없어야 하듯이, 반응 물질과 반응 산물의 질량은 균형을 이루어야 한다. 예를 들어,

$$2Na^+OH^- \quad (H^+)_2SO_4^{2-} \quad 2H_2O(1) \quad (Na^+)_2SO_4^{2-}$$

80g	+	98g	→	36g	+	142g
수산화나트륨		황산		물(액체)		황산나트륨

대신에 반응이 일어나고, 화학 물질이 합쳐지며, 반응 산물이 만들어지는 메커니즘에 주의를 기울일 수도 있다. 여기서는 잠시 동안 형성되는 중간 산물을 인식하는 것이 중요하다. 예를 들면, 수소 분자와 염소 분자 사이의 화학 반응을 나타내는 화학양론 방정식($H_2+Cl_2 \rightarrow 2HCl$)은 단계별로 구분되며, 이 경우 화학 반응은 단계가 수없이 반복되는 연쇄 메커니즘으로 나타난다.

$$C_2 \rightarrow Cl + Cl$$
$$H + Cl_2 \rightarrow HCl + H$$
$$Cl + H_2 \rightarrow HCl + Cl$$

그러나 화학 반응은 반응 물질의 화학적 결합이 부서지고 변형되어 반응 산물이 형성될 때 일어난다. 화학적 결합의 붕괴와 형성은 에너지의 전달을 포함한다. 화학 반응이 일어날 가능성과 일어나는 속도는 화학 반응의 에너지 역학에 좌우된다. 이것이 세 번째 접근 방법이며, 자연 시스템 내 에너지 전달을 이해하는 데 특히 중요한 것이다. 공유 결합 분자를 포함하는 화학 반응은 그들 간의 충돌과 관련되어 있다. 실제로 이것은 두 물체의 충돌을 의미한다. 두 개 이상의 분자가 즉각 충돌할 가능성은 극히 낮기 때문이다. 화학 반응의 발생과 속도는 분자 충돌의 발생뿐만 아니라 다른 두 가지 요소에 좌우된다. 첫째 **충돌 에너지**(energy of collision)는 결합을 부수기에 충분해야 하며, 둘째 고유한 결합이 부서지는 방식(**충돌 기하학**)으로 충돌해야만 한다. 충돌 에너지와 충돌 기하학이 화학 반응의 **활성 에너지**(결합을 부수고 반응 산물을 형성하는 데 필요한 최소 에너지)에 영향을 미친다. 우리는 화학 반응에 포함된 에너지의 변화를 다음 방식에 따라 그래프로 그릴 수 있다.

여기서 반응 물질이 서로 접근하면 그들의 퍼텐셜 에너지가 증가하여 충돌 시점에 최대가 된다. 그때 반응 물질의 **활성화물**(activated complex)이 만들어진다. 여기에서 활성 에너지의 높이는 화학 반응의 난이도를 보여 주는데, 충돌 에너지와 기하학이 적합한 경우에는 활성화물이 부서져 반응 산물을 형성할 것이다. 그렇지 않으면 원래의 반응 물질을 재형성할 것이다. 이 다이어그램에서 반응 산물의 에너지는 반응 물질의 것보다 낮다. 이러한 에너지 차이를 **화학 반응 에너지**(energy of reaction) 또는 **총에너지**(enthalpy)의 변화(ΔH)라고 부르는데, 여기에서는 화학 반응이 일어나는 동안 에너지를 잃기 때문에 ΔH는 (−)이며 화학 반응은 **발열 반응**(exothermic)이라고 부른다. 반응 산물의 에너지 수준이 반응 물질의 것보다 높을 경우 ΔH는 (+)이며 화학 반응은 **흡열 반응**(endothermic)이라 불린다. 모든 화학 반응은 주변 매개체로부터 에너지(보통은 열)를 흡수하느냐 에너지(보통은 열)를 방출하느냐에 따라 구분된다. 발열 반응과 흡열 반응에서 열에너지의 변화를 나타내는 것이 화학 반응 에너지 역학에서 고려해야 할 유일한 요소는 아니다. **자유 에너지**(free energy, F 또는 G)와 **엔트로피**(entropy, S)의 개념도 도입하여야 한다(자표 2.7).

어떤 물질 —**촉매**(catalysts)— 은 분자의 충돌 기하학에 영향을 미쳐 적합한 충돌의 수를 증가시키고 활성 에너지를 감소시킴으로써 화학 반응의 속도를 증가시킬 수 있다. 촉매의 화학 반응은 매우 특별한 다수의 단백질 —**효소**(enzymes)— 이 생화학적 반응에서 촉매로 작용하는 생물계에서도 특히 중요하다(제7장)(Ashby et al., 1971 참조).

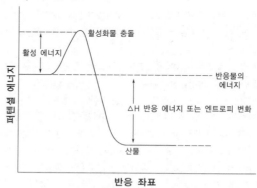

루어진다. 그러나 시스템과 주변을 모두 고려하면, 에너지는 만들어지거나 없어지지 않는다. 이것은 **열역학 제1법칙**(First Law of Thermodynamics)이며, **에너지 보존의 법칙**(Law of Conservation of Energy)으로 알려져 있다. 예외는 없다. 다른 원리에서 추론할 수 없으며 경험에서 얻은 일반화이다. 이 법칙에 따르면, 우주의 총에너지는 일정하다.

열역학 제2법칙(Second Law of Thermodynamics)은 자연스럽게 발생하는 실제 프로세스의 방향과 연관되어 있다. 제1법칙과 연계하면 이러한 방향과 나타나게 될 평형 상태를 예측할 수 있다. 잘 아는 예를 들어보자. 시스템이 바퀴를 단 자동차와 연료 탱크로 구성되어 있다면, 우리는 제2법칙에 따라 일어나는 사건의 자연스러운 순서를 예측할 수 있다. 연료가 연소되면 물과 이산화탄소가 생산되고, 자동차가 앞으로 전진할 것이다. 제2법칙에서 연료의 화학 에너지가 기계적 에너지로 전환될 최대의 효율성을 계산할 수 있다. 제2법칙에 따르면, 신묘한 장치(자동차)의 배기관 속으로 이

산화탄소와 물을 공급해 주고 도로를 따라 밀고 가도 연료를 제조할 수 없다는 것을 예측할 수 있다.

자연 프로세스는 되돌릴 수가 없다. 자연 프로세스는 진행될수록 물질과 에너지의 무질서가 증가한다. 물질 배열의 질서나 구조는 깨지고 농도는 옅어진다. 에너지는 높은 수준에서 낮은 수준으로 떨어진다. 자연 프로세스가 작동하는 동안 어떤 자연스러운 에너지의 변환도 100%의 효율을 나타내지 못한다. 일부는 열에너지(물질의 무질서한 운동)로 사라져 전술한 실례에서 보듯이 일을 할 수 없다. 사용 가능한 에너지는 자연 프로세스의 작동을 통하여 지속적으로 감소한다. 일을 할 수 없는 에너지는 시스템의 **엔트로피**(entropy, S) 증가와 관련이 있다(자료 2.7). 엔트로피는 시스템의 무질서에 대한 척도이지만 절대적인 계량화는 불가능하다. 그러나 엔트로피는 자연 프로세스가 작동한 결과로서 증가하기 때문에 $\Delta S \geqq 0$이다. 그러므로 엔트로피의 변화량(ΔS)은 절대적인 의미는 아닐지라도 정량화될 수 있다. 제2법칙에 따르면, 모든 물리적 화학적

자료 2.7
화학 반응에서 자유 에너지와 엔트로피 변화

총열량 변화 ΔH(자료 2.6)는 화학 반응으로 얻을 수 있는 일의 양을 알려 주지 않는다. 이것은 자유 에너지가 시스템에서 일을 할 수 있는 '유용한 에너지'일 때 화학 반응의 **자유 에너지 변화**(ΔF 또는 ΔG)로 알 수 있다. 자유 에너지 변화는 다음 방정식에 따라 총열량 변화와 엔트로피의 변화와 관련되어 있다.

$$\Delta G = \Delta H - T \Delta S$$

여기서 T는 절대온도(켈빈온도, $^\circ K = ^\circ C + 273$)이고, ΔS는 시스템의 엔트로피 변화(무질서)이다.

그러므로 시스템 내 자유 에너지의 변화는 시스템의 열에너지 변화에서 시스템의 질서나 무질서를 변화시키기 위해 사용된 에너지양을 뺀 것과 같다. **열역학 제2법칙**의 표현과 같이, 이 식은 화학 반응이 자유롭게 일어나는 방향을 알려 준다. 즉 화학 반응은 시스템을 보다 질서 정연하게 만드는 방향으로 진행될 것이다. 시

스템의 엔트로피는 이러한 방식으로 증가하기 때문에, 자유 에너지가 감소하여야 하고 ΔG는 (−)여야 한다. 그러한 임의적인 화학 반응을 **발열 반응**[exergonic reaction, (자료 2.6)의 발열 반응 exothermic reaction과 구별]이라고 한다. 이 경우 반응 산물을 형성하는 자유 에너지는 다음 방정식에 따라 반응 물질의 자유 에너지보다 적어야 한다.

$$\Delta G = \Sigma \Delta Gf(반응 산물) - \Sigma \Delta Gf(반응 물질)$$

화학 반응의 자유 에너지 변화 ΔG가 (+)이면 화학 반응은 자유롭게 진행되지 못할 것이며, 반응이 시작되려면 에너지의 유입이 필요하다. 이것이 **흡열 반응**(endergonic)이다. 그러나 화학 반응이 자유롭게 진행될 것인가를 나타내는 데 이러한 열역학적 고찰은 활성 에너지를 설명하지 못한다는 사실을 기억하자.

프로세스는 최대 엔트로피를 향하여 진행된다. 이 점에 있어서 열역학적 평형이 존재한다.

(3) 시스템의 에너지 역학

이 책의 대전제는 에너지와 에너지의 변환이 자연지리학과 환경과학의 사실과 이론을 체계화하고 종합하는 최상의 방법이라는 것이다. 그러므로 열역학 시스템이나 에너지 시스템이 모든 환경 프로세스를 분석하는 가장 근본적인 방법이다. 그것들은 물리학과 화학, 근래에는 생물학 프로세스를 분석하는 기본적인 접근 방법으로 오래 전부터 사용되어 왔다.

열역학의 원리는 추상적이고 강력한 것으로 나타났지만, 열역학의 접근 방법과 연구 철학은 매우 단순하다. 더구나 환경 에너지 시스템의 본질 및 에너지 시스템과 연관된 에너지 변형을 폭넓게 검정하기 위해서는 두세 가지 원칙만을 터득하여야 한다. 원칙 가운데 가장 기본적인 것은 앞에서 다룬 열역학 제1법칙과 제2법칙이다.

에너지 시스템이 초기 상태로부터 말기 상태까지 변할 때 주변으로부터 에너지를 받거나 주변으로 에너지를 내주는 것은 제1법칙을 따른 것이다. 초기 상태와 말기 상태 간 에너지양의 차이는 주변이 갖는 에너지양이 동일하거나 반대 방향의 변화로 균형이 이루어져야 한다. 이러한 경우, 초기 상태와 말기 상태의 특징이 나타날 때 시스템은 평형 상태에 도달한 것으로 믿어진다. 즉, 변화의 프로세스는 새로 시작하지도 완전히 멈추지도 않는다. 고전적인 평형 열역학은 시스템이 초기 상태에서 말기 상태로 진행되는 데 걸린 시간이나 변화율과 무관하였다. 그리고 물리적 화학적 변화가 일어나는 통로나 프로세스와도 무관하며, 시스템의 초기 평형 상태와 말기 평형 상태 사이의 에너지 차이에만 관련되어 있다. 말하자면, 어떤 사람이 런던에서 에든버러까지 여행할 때, 그 사람의 위치 변화는 처음의 경위도와 마지막의 경위도를 기술함으로써 완벽하게 설명할 수 있다. 여행이 얼마나 오래 걸리고 그가 어떤 길을 따라갔는가 하는 것은 중요하지 않다.

이것이 물리적, 화학적 변화를 분석하기 위한 열역학의 접근 방법이다. 그러나 시스템의 초기 상태나 말기 상태 동안 총에너지양을 결정하는 것은 실제로 어려운 일이다. 실험실 내에서도 매우 간단한 기체 시스템에서만 가능하며 복잡한 환경 에너지 시스템에서는 불가능하다. 그러나 우리의 주요 관심사는 에너지양의 *변화*이며, 그러한 변화는 쉽게 볼 수 있고 쉽게 측정된다. 시스템이 초기 상태에서 말기 상태까지 진행되는 동안 시스템 외부의 세계(주변)와 교환하는 에너지의 유형과 규모를 알면, 프로세스의 열역학적 분석을 수행할 수 있다. 실제로는 이것이 열역학적 방법론이다.

지금까지 우리의 추리는 제1법칙에만 근거를 두었지만, 제2법칙에 따르면 시스템 내 어떠한 자연스러운 물리적, 화학적 변화도 완전히 효율적이지는 않다. 그러한 프로세스는 방향성을 갖는다. 그런 프로세스는 시스템의 요소들이나 속성들이 자유롭게 분포하는 시스템 상태로 향한다. 시스템의 에너지양은 점차 자유로운 상태(우리가 엔트로피로 규정한 통로)로 감소하고, 일을 할 수 없게 된다. 그래서 제2법칙에 따르면 모든 물리적, 화학적 프로세스는 시스템의 엔트로피가 최대로 되는 통로를 따라 진행되며, 이 지점에서 평형을 얻는다.

그러나 이러한 원리들은 주변과 물질을 교환하지 않는 폐쇄 시스템에 적용하기 위하여 개발된 것이다. 우리는 주변과 물질을 교환하는 개방 시스템에 관심이 있다. 그런 시스템은 최대 엔트로피를 가진 열역학 평형을 얻지 못하며, 물질과 에너지의 작동을 거쳐 동적 평형을 얻는다. 그럼에도 불구하고 개방 시스템은 비가역 시스템이며, 엔트로피가 일정하거나 시스템이 보다 질서 정연해짐으로써 엔트로피가 감소하여 제2법칙에서 벗어나더라도, 시스템이 실제로 그런 것은 아니다. 시스템이나 우주 어느 부분의 엔트로피는, 다른 부분의 엔트로피가 상응하여 동시에 증가하면 감소할 수도 있다. 총엔트로피는 증가한다.

$$\Delta S_{total} = \Delta S_{system} + \Delta S_{surrounding}$$

정의에 따르면, 개방 시스템은 주변과의 실질적이거나 비가역적인 프로세스를 통해 물질과 에너지를 전달함으로써 정상 상태를 유지한다. 그러므로 엔트로피 생산의 에너지 역학에서는 시간과 비율이 중요한 변수이며, 결과적으로 시간 종속적이다. 개방 시스템에서 가장 확실한 상태는 시스템을 통한 단위 에너지 흐름당 엔트로피의 생산이 최소인 상태이다. 그런 상태가 가장 잘 유지될 것이다.

더 읽을거리

화학, 물리학, 생물학의 대학 1학년 교재는 대부분 기초를 다룬다. 아래의 문헌은 도움이 될 교재이다:

Ashby, J.F., D.I. Edwards, P.J. Lumb and J.L. Tring (1971) *Principles of Biological Chemistry*. Blackwell, Oxford.

Carson, M.A. (1971) *The Mechanics of Erosion*. Pion, London.

Coxon, J.M., Fergusson, J.E. and L. Philips (1980) *First Year Chemistry*. Edward Arnold, London.

Davidson, D.A. (1978) *Science for Physical Geographers*. Edward Arnold, London.

Duncan, G. (1975) *Physics for Biologists*. Blackwell, Oxford.

Glymer, R.G. (1973) *Chemistry: an Ecological Approach*. Harper & Row, New York.

O'Neill, P. (1985) *Environmental Chemistry*. Chapman & Hall, London.

Raiswell, R.W., Brimblecombe, P., Dent, D.L. and P.S. Liss (1984) *Environmental Chemistry*. Edward Arnold, London.

Soper, R. (ed) (1984) *Biological Science*. Parts 1 & 2. Cambridge University Press, Cambridge.

Villee, C.A. *et. al.* (1989) *Biology* (2nd edn). Saunders, Philadelphia.

Watson, J.D. (1970) *The Double Helix*. Penguin, London.

Part 2

시스템 모델:
부분적인 견해

우리가 [그림 1.1a]에 보이는 경관과 호수 연안의 소떼에서 눈을 돌리면 언덕과 산 정상은 멀어지지만, 지구의 표면에는 고정된 채 남아 있다. 지구의 환경에 대한 전망이 변하였을 때, 환경의 구성 요소 시스템을 다양한 공간적 규모에서 모델링하는 것의 가치를 인식하였고, 그래서 각각의 성질을 특정한 규모의 적합한 수준에서 구분할 수 있었다. 이러한 방식으로 규모 연속체의 한쪽 끝에 있는 전 지구와 다른 쪽 끝에 있는 호숫가의 모래에까지 적용할 수 있는 시스템 모델의 계층적 구조에 다다를 수 있었다. 그러한 계층 구조를 만드는 임무에 착수하기 이전에 잠시 멈추고, 대신에 지구 내부와 우리의 거주지인 지구 표면의 환경을 조사해 보고 광대한 우주로 눈을 돌리자. 그렇게 함으로써 물질 시스템의 계층이 지구 수준에 머무르지 않는다는 사실을 명확하게 알 수 있다.

지구와 그것의 하나뿐인 달은 태양계의 일부이다. 지구는 중심 별인 태양의 주변을 도는 9개의 행성들 가운데 하나이다. 태양계는 질서 정연하고 조화로운 물질 시스템이지만, 그것도 역시 우리의 은하를 이루는, 위성들을 거느린 수많은 항성계들 가운데 하나일 뿐이다. 그러나 이러한 은하도 관측이 가능한 우주의 최대 직경 내에 존재하는 1000억 개로 추정되는 은하들 가운데 하나일 뿐이다. 현재의 이론에 따르면 태양계는 약 47억 년 전 뜨거운 기체 물질로 이루어진 원판 모양의 성운에서 기원하였다. 원판이 식으면서 여러 가지 광물과 광물 혼합물이 굳어지고 덩어리를 이루어, 부피가 작은 고체인 미행성체를 만들기 시작하였다. 이들이 연합하여 보다 커지고, 더 큰 중력을 갖게 되어 보다 작은 것을 끌어당겨서, 마침내 모두 거의 동일한 평면에서 태양 주변을 동일한 방향으로 회전하는 행성들을 형성하였다. 태양으로부터의 거리와 관련한 온도 차이로 말미암아 밀도와 구성 요소에 차이가 나타나는데, 이에 따라 행성들은 두 집단으로 구분된다. 지구를 포함하여 비교적 밀도가 큰 지구형 행성들은 금속과 용융점이 높은 조암 광물들(산소, 규소, 기타 금속 원소들)로 구성되어 있는데, 맨 먼저 응축되어 태양 가까이에 위치한다. 두 번째 집단인 거대 행성들은 크게 응축되었거나 얼어 있는 기체(물, 메탄, 암모니아)이며, 거리가 멀어서 태양계의 차가운 구역에 위치한다. 이러한 맥락에서 볼 때 행성 지구는 물질과 에너지의 시스템에서 하찮은 작은 조각에 불과하며, 그것의 규모는 이해할 수 없다. 그러나 우리의 태양계 내에서 지구는 결코 하찮은 존재가 아니다. 지구는 행성들 가운데 유일한 위치를 차지하고 있다. 물이 액체로 존재할 수 있는 지대의 거의 중간쯤에 해당하는 태양으로부터의 거리, 자전 속도, 태양 복사를 받는 양, 표면의 온도와 대기의 존재 등, 모두가 결합하여 생물이 살아가기에 적합한 환경을 만들었다. 한편 생명의 존재 그 자체가 지구의 표면을 변모시켰다. 먼 은하계에 속하는 항성 주변을 또 다른 행성이 지구와 비슷하게 여러 조건들의 우연한 결합을 겪으며 공전하고 있을지도 모른다. 그러나 생명체가 어느 곳에서 살아가고 있는지 우리는 알 길이 없다.

우리가 나머지 우주로부터 관심을 돌려서, 다시 한 번 우리의 지구에 눈길을 고정시키고, 지구의 시스템 모델을 구축하는 임무를 시작할 때, 다음과 같은 보다 큰 시각을 기억하는 것이 좋을 것이다. 첫째, 이러한 배경에서 우리 모델의 공간적, 시간적 규모를 설정한다. 둘째, 알고 있는 바와 같이 지구 속성의 대부분은 태양계 내의 위치 및 태양계 내 다른 물체와의 상호 작용과 관련되어 있으며, 기타 속성들은 지구와 태양계가 발생할 때부터 내재된 것이다. 축을 중심으로 한 지구의 규칙적인 자전 및 태양과 관련된 운동은 빛과 어둠, 낮과 밤, 여름과 겨울의 노출에 규칙적인 변화를 일으킨다. 태양과 달은 지구가 자전함에 따라 대기, 바다, 노출된 지각에까지 조석의 변화를 일으킨다. 지구의 회전은 대기권의 기류 및 해양 해류의 순환 패턴을 왜곡시키며, 한편으로는 액체 상태의 금속으로 이루어진 핵과 결합하여 강한 자기장을 만든다. 그러나 제3장에서 지구를 에너지 시스템이나 열역학 시스템으로 모델화하려고 할 때, 태양계의 가장 중요한 하나의 특징은 태양 에너지의 지속적인 유출이며, 그것이 우리 지구의 주요 에너지원이다. 지표 환경과 그곳에서 살고 있는 생물계가 가지고 있는 대부분의 속성은 이러한 에너지 유입의 규모를 나타내며, 그들이 경험한 태양과 달의 리듬을 반영한다.

제3장에서 범지구적 규모에서나마 지구의 에너지 관계를 이해하기 위해서는 많은 주요 부분 시스템들의 존재를 인식하고, 장을 시작할 때 가지고 있던 지구의 블랙박스 모델을 포기할 필요가 있음이 분명해졌다. 이들 부분 시스템 내 물질과 에너지의 주요 저장소를 확인하고 그들 간 전달의 통로와 규모를 고찰함으로써, 우리는 지구의 에너지 수지를 이해할 수 있다. 그렇게 함으로써 우리는, 특히 시스템을 통한 에너지 흐름이라는 측면에서, 우리에게 시스템의 구조와 그것의 기능적 관계에 관한 광범위하지만 부분적인 견해를 알려 주는 지구의 모델에 도달할 수 있을 것이다.

이 모델은 제3장 3절에서 더욱 다듬을 것이다. 제3장의 부분 시스템인 대기권, 지표, 지구의 내부 등을 다시 정의하고, 당연히 각각을 하나의 시스템으로 다룰 것이다. 제4장에서는 대기권을 고찰하고, 제5장에서는 지구의 내부를 고찰하며, 제3장의 지표 부분 시스템은 지구의 표면에서 작동하는 물리화학 시스템과 삭박 시스템 및 이 표면에서 살고 있는 생물 시스템으로 구분할 것이다. 삭박 시스템은 지각 시스템의 지구물리 및 지화학 활동과 기능적으로 강하게 연계되어 있고, 부분적으로 삭박 시스템은 이들이 지표에 남긴 표현이므로 이들은 제5장의 암석권에서 다룰 것이다. 제6장에서는 지표에서 일어나는 에너지의 흐름과 물질의 순환에서 바다의 중요한 역할을 분명하게 인식할 것이다. 우리가 알고 있는 한 생물의 존재는 적어도 우리의 태양계 내에서 행성 지구가 유일하다. 그러므로 생물이 지구의 역사에 미친 광범위한 영향 때문에, 제7장에서는 생물권의 생물 시스템을 고찰할 것이다. 지구 상에서 생물이 진화하고 살아남을 수 있었던 것은 무생물 환경과의 상호 작용 없이는 상상할 수도 없다. 이러한 이유 때문에 제7장의 타이틀을 생태권이라고 하였다. 이것은 생물권의 유기체뿐만 아니라 환경과 유기체의 상호 작용에도 관련되어 있기 때문이다.

　　제3장 3절에서는 여전히 범지구적 규모에 초점을 두고 있으며, 관련된 시스템의 부분적 견해를 견지한다. 그러나 제3장에서처럼 지구 전체가 아니라 주요 부분 시스템 각각에 대한 부분적 견해이다. 그러므로 개발한 모델은 대부분 적당한 정도로 복잡하지만, 그럼에도 불구하고 제3장에서 사용한 해석 수준이 상당히 개선되었기 때문에 지구에 대한 우리의 이해를 높여 준다. 그러나 이들 모델을 개발한 규모는 다양하다. 제4, 5, 6장은 주로 대기권과 암석권의 물리화학 시스템 내 물질과 에너지의 저장과 전달에 관한 광범위한 범지구적 모델과 관련되어 있다. 그렇더라도 대기권 내 물의 상태변화 및 지각 내 화성암의 결정화와 같은 특정한 프로세스를 고려하는 규모는 분자나 개별 결정 수준에 머무른다. 제7장의 앞부분에서는 우선 분자 및 세포 규모에서 생물 시스템의 조직과 기본적인 기능적 활동을 모델화하기로 결정하였다. 물론 시간적 규모는 살아 있는 세포의 거의 순간적인 생화학적 작동으로부터 지각 운동을 고려해야 하는 수백만 년에 이르기까지 다양하다. 그럼에도 불구하고 이러한 모든 경우에 드러나는 이해를 일반화하였고, 모델을 전체로서 범지구적인 것으로 바라보는 시각도 여전하다.

II 행성 지구

제3장
에너지 관계

1. 폐쇄 시스템 모델

시스템 모델을 만들면 복잡한 현실 세계를 단순화할 수 있는 이점이 있다. 이 장에서는 지구를 폐쇄 시스템으로 모델화하려고 한다. 폐쇄 시스템이란 주변과의 상호 작용이 에너지만 경계를 넘어 전달할 수 있는 물질 시스템이다(제1장). 행성을 폐쇄 시스템으로 보는 모델은 분명 단순화된 것이다. 예를 들어, 운석은 우주로부터 지구 대기를 뚫을 수 있는데, 이것은 물질이 시스템의 경계를 넘은 것이다. 우주로 발사된 후 영원히 사라졌거나 지구 대기로 재돌입 후 부스러기로 돌아온 우주선도 시스템의 경계를 넘은 것이다. 그럼에도 불구하고, 행성 규모에서 지구를 폐쇄 시스템으로 보는 것이 유리하다. 왜냐하면 시스템의 경계를 드나드는 에너지의 유출입과 그 에너지원, 그리고 전체 시스템의 순에너지 균형에만 관심을 집중할 수 있기 때문이

다. 그러나 이러한 접근 방법에는 시스템의 정의가 중요하다. 현재 우리의 목적을 위해서, 행성 지구의 경계를 대기권의 외곽으로 하며 지구를 폐쇄 시스템으로 보는 우리의 모델은 처음부터 블랙박스로 인정받을 것이다(그림 3.1).

(1) 에너지의 유입: 태양 복사

에너지는 여러 가지 형태로 시스템의 경계를 넘지만, 가장 중요한 유입은 태양으로부터 받는 복사 에너지이다(표 3.1). 지구는 우주의 다른 물체들로부터 전자기 에너지를 받으며, 물체들의 질량과 관련한 만유인력을 겪는다. [표 3.1]에서 보면, 기타의 유입이 중요하지 않은 것은 아니지만 그럼에도 불구하고 규모 면에서 큰 차이가 있음을 알 수 있다. 그래서 블랙박스의 행성 폐쇄 시스템 모델로 유입되는 주요 에너지는 태양으로부터 오는 전자기 복사의 형태를 띤다(자료 3.1).

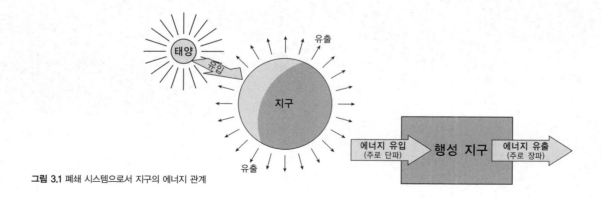

그림 3.1 폐쇄 시스템으로서 지구의 에너지 관계

표 3.1 에너지원과 에너지 저장량(Campbell 1977, Sellers 1965)

	에너지(×10²⁰J)
지구가 받는 연간 총 태양 에너지	54,385
1976년 중국의 지진으로 방출된 에너지	5,006
지구의 석탄 부존량으로 저장된 연소 에너지	1,952
지구의 석유 부존량으로 저장된 연소 에너지	179
지구의 천연가스 부존량으로 저장된 연소 에너지	134
봄철에 녹은 전 세계 눈·얼음이 흡수한 잠열	15
(현재 알려진) 북해 석유 부존량	3
미국의 연간 에너지 소비량(1970)	0.75
영국의 연간 에너지 소비량(1972)	0.09
지구 내부의 열류량	0.027
달의 총복사량	0.006
영국 연간 곡물의 총에너지양	0.006
1883년 크라카토아 분출로 방출된 에너지	1.4×10⁻³
운석의 물리적 에너지 소모량	0.89×10⁻⁵
별들의 총복사량	0.60×10⁻⁵

전자기 복사의 원천은 수소 원자의 핵에 갇힌 거대한 에너지이며, 그 에너지의 일부가 태양의 매우 높은 온도에서 일어나는 핵융합으로 방출된다(자료 3.2). 동일한 프로세스에 의하여 에너지가 무절제하게 방출되는 수소(핵융합) 폭탄은 인간 스스로를 파괴할 수 있는 가공할 만한 능력이 있다. 역설적으로, 오늘날 핵융합 기술이 핵폐기물의 어떠한 위험도 없이 평화로운 핵 발전을 위하여 이용되어 온 것도 이것과 동일한 핵융합 프로세스이다.

태양은 6,000K의 표면 온도를 가진 이상적인 복사체로 생각되므로, 세 가지 관계(자료 3.3)에서 태양이 방사하는 복사 에너지의 특성을 일부 유추할 수 있다. 첫 번째의 것은 태양 복사량과 강도가 매우 높다는 것을 보여 준다. 그것은 태양 표면 온도의 멱함수(power function)이기 때문이다. 두 번째의 것은 태양 복사의 파장 분포와 태양 표면 온도 사이의 관계를 간접적으로 보여 준다. 이것은 파동의 전파가 분자 진동의 함수로서 온도에 따라 증가하여, 태양과 같은 고온의 물체는 파동 전파의 빈도가 높아서 차가운 물체보다 더 짧은 파장을 방출하기 때문이다. 사실 파장 분포의 정점(최대 방출 파장)은 짧고, 전자기 스펙트럼의 가시광선 주변에 집중된다. 세 번째의 법칙에 따르면, 파장은 태양의 표면 온도에 반비례하기 때문이다. 완전한 태양 복사 스펙트럼은 [그림 3.2]에 있는데, 자외선(짧은 파장, 0.2~0.4㎛)은 전체 방출량의 평균 7%를 구성하며, 가시광선 파장(0.4~0.7㎛)은 50%를 구성하고, 적외선 복사(긴 파장, 0.7~4.0㎛)는 43%를 구성한다. 태양 복사는 짧은 파장이 우세하기 때문에 단파 복사라고 부르기도 한다.

자료 3.1

전자기 복사

전자기 복사를 나타내는 방법은 두 가지이다. 첫 번째는 1900년 '복사는 콴텀(quantum)이라고 부르는 에너지 진동의 흐름으로 방출된다'고 주장한 Max Planck(독일의 물리학자)의 것이다. 이 견해는 1905년 아인슈타인의 연구로 지지를 받았다. 불가분한 단일 콴텀의 에너지양과 관련한 기본 방정식은 다음과 같다.

$E = h\nu$

h는 Planck 상수(6.60×10⁻³⁴J/s)이고, ν(nu)는 복사 콴텀의 빈도이다.

이러한 콴텀 방법을 채택하면 시스템 내 에너지 변환을 고려할 때 기본이 되는 복사 에너지를 직접 측정하고 계산할 수 있다.

대안은 복사를 사인파(sine-wave)의 형태로 보는 것이다. 여기에서 전자기 복사의 중요한 속성은 파장이고, 파장의 범위는 짧은 파장의 감마선에서 장파의 라디오파에 이르는 전자기 스펙트럼으로 표현된다. 전자기 복사의 파형(waveform)은 환경과학, 특히 기상학에서 더욱 보편적으로 채택된다. 복사의 전달과 반사, 굴절을 더욱 쉽게 다룰 수 있기 때문이다.

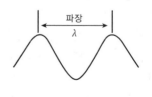

지구가 받는 태양 복사 에너지는 핵에너지로부터 유래한다. 태양의 매우 높은 온도(표면 온도 6,000K)에서, 수소 원자의 핵 속에 갇힌 거대한 에너지의 일부가 핵융합으로 방출된다. 이 과정에서 4개의 수소 핵(4개의 양성자)이 융합하여 헬륨핵(2개의 양성자, 2개의 중성자)을 형성한다.

$$4^1_1H \rightarrow {}^4_2He + {}^0_1e + h\nu_0$$

헬륨핵의 질량은 수소 핵 4개의 합보다 약 0.7% 적다. 이러한 질량 결손은 감마 복사의 형태를 띠는 1퀀텀의 에너지로 변환된다 (자료 2.1). 위에서는 이것을 hν라는 용어로 표현하였다. h는 Planck 상수이며, ν(nu)는 감마 복사의 빈도이다. 복잡한 연쇄 화학 반응이 지난 후, 감마 복사는 광양자나 빛에너지 퀀텀의 형태로 다시 방출된다.

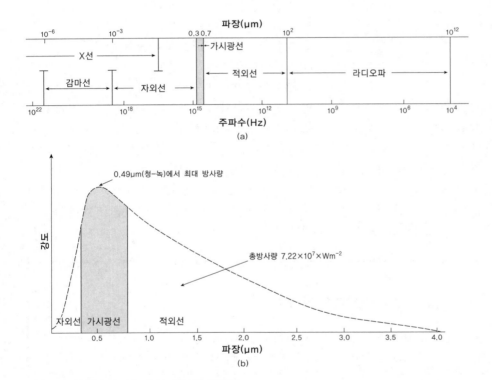

그림 3.2 (a) 전자기 복사 스펙트럼. (b) 태양 복사 스펙트럼.

태양에서 방사된 전체 복사량의 0.002%만이 지구로 유입되어 시스템으로 들어간다. 대기권의 가장 외곽에서 단위 시간당, (태양 광선과 수직을 이루는 평면 위) 단위 면적당 받아들이는 평균량을 **태양 상수**(solar constant)라고 하며, 평균량은 대체로 1,370W/m²이다. 그러나 태양 상수의 개념은 시스템으로 들어오는 유입이 시공간상 매우 다양하다는 사실을 숨기고 있다. 예를 들면, 첫째로 태양 표면에서 방사되는 복사의 양이나 성질에도 작은 변화가 있다. 변화의 범위는 비교적 작아서 태양 상수의 1~2% 정도에서 오르내린다. 불행히도 이 값은 대기권 외곽에서 사용하고 있는 복사량 측정 기술의 오차 범위 내에 있다. 태양 상수 값이 변하는 잠재적인 원인은 태양 표면에 흑점이라고 부르는 비교적 어두운 지역의 출현 때문이라는 주장이 종종 제기되기도 하였다.

지구로 들어오는 실질적인 유입량은 지구 자체의 운동 및 태양에 관련된 지구의 운동으로 결정된다. 지구가 태양 주변의 타원 궤도를 따르기 때문에 지구와 태양 사이의 거리는 변한다. 거리는 7월 초(원일점)에 152×10⁶km로 가장 멀고, 1월 초(근일점)에 147×10⁶km로 가장 가깝다. 이 때문에 지구는 7월보다 1월에 태양 복사를 약간 더 많이 받는다. 그러나 지구를 폐쇄 시스템으로 보는 우리 모델의 경계는 대기권의 외피로 인정된다. 태양 광선은 평행 광선이라고 믿어지기 때문에 그러한 수평면에서 받아들이는 복사의 강도는 그 위로

빛이 유입되는 각도와 직접 관련되어 있다(자료 3.4). 이러한 입사각은 위도각과 궤도면에 대한 지축의 기울기, 그리고 지축을 중심으로 한 지구의 자전 등에 따라 결정된다.

지구가 태양 주변의 알려진 궤도를 따르고, 지구의 경계면이 완전히 등질이라고 가정할 때, 이러한 관계를 이용하면 어느 위치나 어느 시점에서 지구가 받는 태양 복사량을 계산할 수 있다(그림 3.3). 계산에 의하면, 수평면에서 받는 복사량의 계절적 변동은 극지방에서 가장 크고 열대에서 가장 적다(그림 3.3). 이것은 받아들이는 에너지의 양이 위도별로 다를 것이라고 기대되지만, 이러한 변화의 정확한 성격은 연중 시기에 따라 다를 것이며, 일반적인 계절적 순환은 없다는 것을 의미한다. 그래서 지구를 폐쇄 시스템으로 보는 우리의 블랙박스 모델(그림 3.1)로 되돌아오면, 시스템의 경계를 통한 단파 태양 복사의 유입은 시공간적으로 복잡한 양상을 띤다.

자료 3.3
복사 방사

스테판-볼츠만 법칙(Stefan-Boltzmann's Law)
어떤 물체(I)가 방사하는 복사 에너지의 강도는 절대온도(T)의 4제곱에 비례한다.

$$I = \sigma T^4$$

σ는 스테판-볼츠만 상수(5.57×10⁻⁸ Wm⁻²K⁻⁴)이고, K는 절대온도 또는 켈빈온도(degree Kelvin, ℃+273.16)이다.

파장-주파수 관계(wavelength-frequency relationship)
어떤 물체가 방사하는 복사는 표면 온도와 관련된 파장 범위를 갖는다. 파동의 전달은 온도가 높아질수록 증가하는 분자 진동에 비례하기 때문이다. 파장과 빈도의 방정식은 다음과 같다.

$$\lambda = \frac{c}{\nu}$$

λ은 파장(cm)이고, c는 빛의 속도(cm/s)이며, ν는 빈도(주기/s)이다.

온도가 상승할수록 주파수(ν)는 증가하므로, 파장(λ)은 감소한다.

빈의 전위 법칙(Wien's Displacement Law)
최대 방사의 파장(λm)은 복사체의 절대온도(T)에 반비례한다.

$$\lambda m = \frac{w}{T}$$

w는 Wien 상수(2.897μmK)이다.

고체, 액체, 기체는 다양한 파장의 복사를 방사할 수 있지만, 이들 두 개의 법칙은 완전한 복사체(흑체black body)로 알려진 물리학적 이상과 관련되어 있다. 이러한 물체는 모든 파장에 대하여 최대의 강도로 복사를 방사하며, 유입하는 복사를 모두 흡수한다. 태양과 지구는 어떤 파장에서는 불완전한 복사체, 즉 회색체(grey body)이지만, 편의상 흑체로 복사한다고 가정한다.

램버트의 코사인 법칙

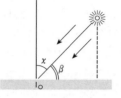

어떤 방향에서 방사된 복사를 단위 면이 받아들이는 복사 강도는 그 면에 대한 수직선과 복사 광선의 방향이 이루는 각의 코사인값에 따라 달라진다.

추론하면 어떤 면에서 받는 태양 복사량(I)은 복사 광선과 그 면의 수직선이 이루는 각도와 관련이 있다.

$$I = I_0 \cos \alpha$$

I_0는 태양 광선의 강도를 나타낸다.

수평선 위 태양의 각 고도(β)는 태양 고도라고도 부르는데, 이를 대입하면

$$I = I_0 \sin \beta \text{ 이다.}$$

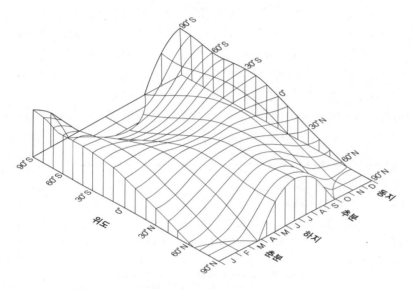

그림 3.3 대기가 없을 때 지표에서 받는 태양 복사량의 분포

(2) 에너지 유출과 지구의 복사 수지

지구와 대기는 복사를 흡수할 뿐만 아니라 복사를 방출하는 복사체로서 작동하기 때문에, 시스템에서 흘러나가는 에너지의 유출은 전자기 복사의 형태를 띤다. 그러나 기본적인 복사 법칙(자료 3.3)을 지구에 적용하면, 지구의 표면과 대기의 온도는 $300°\text{K}$ 이하이므로, 이 복사는 강도가 낮으며 전체 스펙트럼이 적외선 파장대에 위치한다. 결과적으로 시스템의 경계를 통한 복사 에너지의 방출은 태양 복사의 단파 유입과는 반대로 장파 복사로 이루어지는 것이 특징이다. 그러나 복사 법칙(자료 3.3)은 유입하는 모든 복사를 흡수하는 이상적인 복사체, 즉 완벽한 **흑체**(black body)에 적용된다. 우리의 모델에서 시스템인 행성 지구는 흑체로서 작동하는 것이 아니라 불완전한 흡수체 및 불완전한 복사 방출자로서 작동한다. 복사 에너지의 흐름 속에 놓인 그러한 **회색체**(grey body)는 스펙트럼의 여러 부분에서 차별적으로 복사 에너지의 일부를 흡수하고 나머지는 반사할 것이다. 그러므로 장파 복사는 시스

템에서 흘러나가는 전체 복사 유출의 일부만을 구성한다. 단파 복사로 들어온 최초 유입량의 일부는 반사로 유실되고 흡수되지 않았다.

인공위성이 발달함에 따라 지구 대기의 외곽 근처에서 복사 유출량을 매우 정확하게 측정할 수 있게 되었다(그림 3.4). 이러한 복사 유실은 장파 및 단파로 구성되어 있으며, 고위도에서는 외부로 유출되고 저위도에서는 순유입되는 경향을 보이며 (비록 세포 유형으로 부서지기도 하지만) 대체로 위도에 따라 다양하다. 그러나 시스템 전체 ─ 즉, 전 지구와 그 대기권 ─ 로 보면 유입되는 복사와 유출되는 복사 사이에는 장기적인 균형이 있다. 이것이 사실이 아니라면, 시스템의 전체 에너지양은 시간이 지날수록 증가하거나 감소할 것이고 지구는 점진적인 온난화나 냉각화를 겪을 것이다. 그러므로 우리는 이러한 균형을 다음과 같이 표현할 수 있다.

순복사 = 들어오는 태양 복사(주로 단파)
 − 달아나는 복사(주로 장파) = 0

우리가 긴 시간 동안 교환된 복사 에너지의 한정된 양을 다룬다면 이것은 사실일 것이다. 그러나 시스템의 작동이라는 측면에서는 복사 에너지의 **흐름 속도**(rate of flow)를 고려하는 것이 더욱 타당할 것이다. 여기서 우리는 유입과 유출뿐만 아니라 에너지의 처리량까지도 고려해야 한다. 이것은 어느 한 시점에서 지구나 대기로 전달되거나 저장되고 있는 에너지이다. 이는 폐쇄 시스템 내에서는 에너지 교환의 균형이 상대적인 지표 온도와 시스템 모든 부분의 흡수 및 방사 특성의 함수일 뿐만 아니라, 그것이 복사보다는 다른 에너지 전달 유형에 의존하기 때문이다. 이것은 전도나 대류뿐만 아니라 잠열 교환을 포함하는 수분의 증발과 같이 에너지 의존적인 상태 변화를 말한다. 그래서 시스템 전체에 대해서는 장기적인 에너지의 균형이 존재한다고 할지라도, 시스템 내의 에너지 저장소에서는 에너지의 불균형이나 전달, 변화 등이 여전히 존재한다.

그러므로 지구의 에너지 균형을 충분히 이해하기 위해서는 블랙박스 접근법을 버리고, 에너지 저장소로

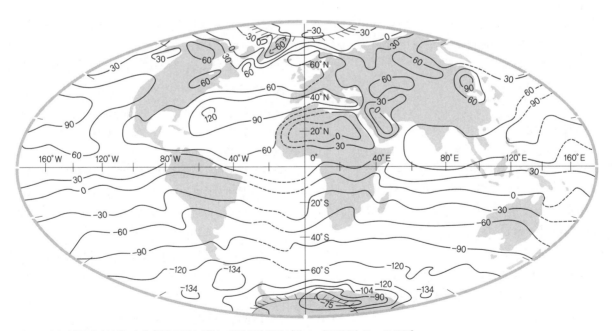

그림 3.4 대기 상층부의 순복사(W/m²) 균형[1966년 6월 1∼15일 동안 님버스(Nimbus)Ⅱ로부터, Barrett 1974]

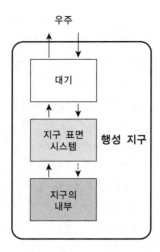

우주

대기

지구 표면
시스템   행성 지구

지구의
내부

그림 3.5 모델의 부분 시스템

표 3.2 대기 주요 기체에 의한 복사의 흡수

기체	가장 많이 흡수되는 파장(μm)
질소(N2)	흡수 없음
산소(O2)	0.69, 0.76(가시광선~적색)
이산화탄소(CO2)	12~18(적외선)
오존(O3)	0.23~0.32(자외선)
수증기(H2O)	5~8(적외선)
(그리고)	
액상의 물(구름)	3, 6, 12, 18까지(적외선)

생각될 수 있는 모델의 주요 부분 시스템들을 통하여 에너지가 변환되고 전달되는 방법을 파악하기 위하여 모델의 사실성을 개선하여야 한다. 그래서 [그림 3.5]에는 대기권과 지표 시스템과 지구 내부를 분리한 구획이 포함되어 있다. 각 구획은 당연히 물질과 에너지가 경계를 넘어 전달되는 개방 시스템으로 간주된다. 그러나 이 장에서는 에너지 교환에 집중하여 모델을 지구 규모로 제한하고자 한다.

2. 대기 시스템

(1) 태양 복사의 교환과 변환

대기권의 외곽에서 본 단파 태양 복사의 유입에 관해서는 이미 살펴보았다. 태양 복사는 우주 공간을 지나는 동안에는 에너지를 거의 잃지 않지만, 태양 광선이 대기권으로 들어올 때 기체·액체·고체의 분자들과 부딪혀 일부 흡수되거나 반사될 수 있다.

대기의 기체와 부유 상태의 액체 및 고체(제4장)는 태양 광선을 선택적으로 흡수한다. 예를 들어, 오존(O_3)과 수증기(H_2O)는 태양 복사를 흡수하는 주요 성분이

지만 스펙트럼의 여러 부분에 영향을 미친다(표 3.2). 상층 대기에 존재하는 오존은 $0.23{\sim}0.32\,\mu m$ 파장대에 있는 자외선 복사의 상당 부분을 흡수한다. 치명적인 자외선 복사를 이렇게 흡수함으로써 지구 상에서 생물들이 살아가는 데 많은 영향을 미쳐 왔다.

수증기는 지표 근처에 가장 많이 집중되어 존재하는데, 적외선 부문 중에서도 많이 흡수되는 여러 개의 파장대를 흡수한다. 이들 파장대 사이에는 흡수가 적은 파장대가 있는데, 이를 **복사창**(radiation window)이라고 한다.

오존과 수증기에 덧붙여 산소와 이산화탄소도 복사를 흡수한다. 그러나 이산화탄소는 파장 $12{\sim}18\,\mu m$ 사이의 적외선 지대를 주로 흡수하기 때문에 태양 광선에는 별 영향을 미치지 않는다. 부유 상태의 액체 및 고체 알갱이가 있으면 흡수가 일어난다. 구름 속에 떠 있는 빙정과 물방울은 파장 3, 6, $12\,\mu m$의 적외선 지역에서 흡수한다.

[그림 3.6]에는 이들 모든 흡수제의 영향이 제시되어 있다. 곡선에서 1에 가까운 높은 값은 높은 흡수 비율을 나타낸다. 가시광선은 거의 흡수되지 않는 데 비하여 태양 광선의 단파 장파 부분에서는 흡수로 인한 유실이 상당하다. 예를 들면 물방울의 선택적 흡수 때문에 지표에서 태양 광선의 스펙트럼은 불연속적으로 되었다.

대기권에서 기체와 부유 물질은 유입하는 태양 복사를 분산시킬 수 있다. 한 방향의 태양 광선은 부분적으

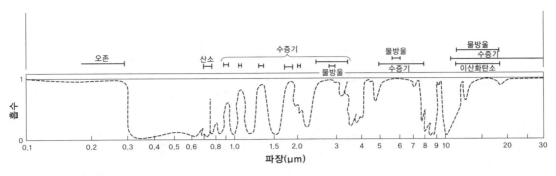

그림 3.6 대기의 흡수 스펙트럼(Fleagle and Businger, 1963). 모두 흡수 = 1, 흡수 없음 = 0

로 여러 방향의 복사로 산란되고, 그중의 일부는 결국 대기권을 벗어나 우주로 달아난다. 기체에 의한 산란은 다음과 같이 복사의 파장과 관련이 있다.

$$분산도 = \frac{상수}{\lambda^4}$$

가시광선 부분에서 하늘은 푸른 빛(blue light)이 다른 파장대보다 더 많이 산란되어 푸른색을 띤다.

대기 중에 떠다니는 물질에 의한 산란을 더욱 정확하게는 **확산 복사**(diffuse radiation)라고 부른다. 태양 광선의 입자 표면에 닿은 부분이 여러 방향으로 반사됨으로써 불가피하게 산란 효과가 나타난다. 산란되는 양은 입자의 크기와 공기 내 입자의 밀도, 복사가 입자를 포함한 대기층을 통과하는 거리 등에 따라 결정된다. 1980년 5월에 분출한 세인트헬렌 산의 먼지로 인한 태양 복사의 산란이 일어나는 낮 동안 국지적인 지표 온도가 8℃나 낮아지게 되었다(Mass and Robock, 1982). 이와 비슷한 예로, 사하라의 짙은 먼지 폭풍이 태양 복사의 투과를 30% 감소시켜서 낮 기온이 6℃나 떨어졌다(Brinkman and McGregor, 1983).

태양 광선이 비칠 때 많은 구름이 흘러들면 지표에 도달하는 복사의 양이 실질적으로 감소한다. 구름의 윗면은 복사에 대한 좋은 반사체이며, 반사되는 양은 구름의 유형이나 운량, 두께 등에 따라 결정된다. 권운의 얇은 피복은 반사체로서의 역할을 거의 하지 못한

다. 반면 짙은 층운과 적운은 유입하는 태양 복사의 50% 이상을 반사한다. 대량의 폭풍우 구름은 90% 정도를 반사한다. 운량과 태양 복사 간 일부 상관관계는 [그림 3.7]에 제시되어 있다.

대기는 태양 복사 유입량(100단위) 가운데 작은 부분인 평균 약 17단위(KA)를 주로 단파와 장파로 흡수한다(그림 3.6). 비율은 작은 편인데, 주요 구성 성분이 태양 스펙트럼의 파장에서는 효율적인 흡수체가 아니기 때문이다. 그러나 태양 복사를 이렇게 흡수함으로써 대기 내부의 에너지 저장량이 증가하게 된다. 나머지 태양 복사 가운데 29단위는 반사된 유출로서 우주로 달아난다. 이것은 산란($K\uparrow_{Aa}$)으로 잃은 6단위와 구름의 반사($K\uparrow_{Ac}$)로 잃은 23단위이다. 복사 에너지의 54단위는 지표 시스템으로 유출되는데, 직달 복사 36단위($K\downarrow_{D}$)와 산란으로 인한 확산 복사 18단위($K\downarrow_{d}$)로 나뉠 수 있다. 태양 복사의 이러한 중간 산물은 직렬식 태양 에너지 전달(그림 3.8)의 일부를 구성한다. 단파가 우세한 태양 복사만이 대기 시스템으로 들어오는 유일한 복사 유입은 아니다. 대기는 지표 시스템으로부터 장파 지구 복사도 받기 때문이다.

(2) 장파 복사의 교환과 처리

구름 속에 떠 있는 물방울 및 빙정과 더불어 이산화탄소나 수증기와 같은 기체는 전자기 스펙트럼 가운데 특히 8㎛ 이상의 파장을 갖는 적외선 부분에서 더욱 효

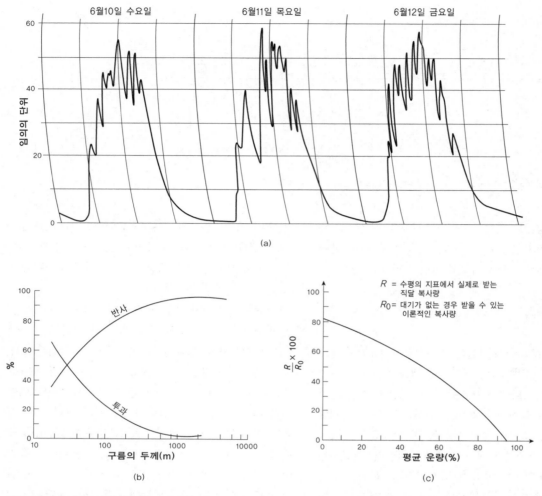

그림 3.7 구름이 미치는 영향. (a) 지표면에서 받는 태양 복사의 변이에 대하여(Portmouth 1976). (b) 두께가 다른 구름 내의 반사량과 투과에 대하여(Hewson and Longley 1944). (c) 받아들인 복사량에 대하여(Black *et al.* 1954).

율적인 흡수체이다(표 3.2). 지표에서 방사되는 장파의 지구 복사 스펙트럼은 파장 3~30㎛의 범위를 초과하며, 10㎛에서 최대로 방사된다. 그러므로 상당 부분은 대기에 흡수될 것이다.

사실 지구 복사의 약 7%만 직접 우주로 달아나며, 나머지는 흡수된다. 대기를 통하여 전달되는 것은 흡수가 거의 일어나지 않는 좁은 범위의 복사창 내에서 이루어진다. 매우 중요한 복사창은 파장 8.5~11㎛의 수증기 흡수 스펙트럼 내에 있다. 그리고 그 스펙트럼 내에는 지구 복사 스펙트럼 가운데 최대 방사 파장대가 나타난다. 그러므로 대부분의 태양 복사는 대기를 통과할 수 있지만, 지구 복사는 통과할 수 없다. 이것을 보통 **온실 효과**(greenhouse effect)라고 한다. 제24장에서 알 수 있듯이, 대기권에 이산화탄소나 다른 **온실 기체**(greenhouse gas)를 배출하면, 이것은 상당히 변할 수도 있을 것이다.

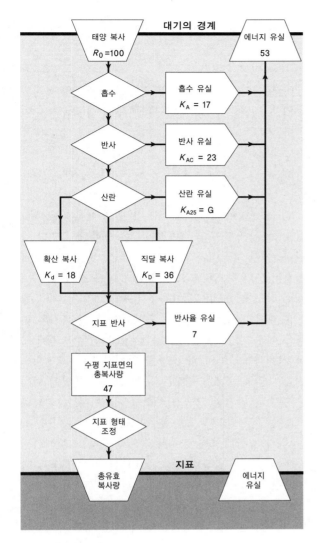

그림 3.8 태양 에너지의 전달 체계

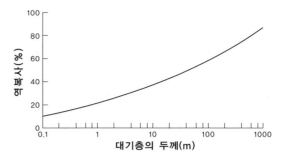

그림 3.9 지표에 도달하는 역반사의 기원

대기가 복사체의 역할을 하여, 흡수된 복사는 다시 방사된다. 대체로 온도가 300K 이하로 비교적 낮기 때문에, 대기의 복사는 저밀도의 장파로 이루어진다. 방사의 일부는 우주로 달아나지만, 약 60%는 역복사로서 지표 시스템으로 되돌아온다. 이산화탄소, 수증기, 구름의 대부분은 대기권에서 10km 아래에 있기 때문에, 흡수나 방사가 가장 크게 일어나는 곳도 이 높이이

다. 거의 대부분의 역복사는 하부 4km에서 방사된다 (그림 3.9).

(3) 대기의 복사 수지

대기는 태양으로부터 그리고 지표에서 반사된 단파 복사를 받는다. 대기는 이 가운데에서 작은 부분(K_A)만을 흡수한다(그림 3.8). 대기는 장파의 지구 복사($L\uparrow_{EA}$)도 받는데, 그 가운데 대부분은 대기에 흡수되며, 나머지는 복사창을 통하여 직접 우주로 달아난다. 대기는 우주($L\uparrow_A$)와 지표($L\downarrow$)로 장파를 복사한다. 후자의 대부분은 지표와 대기 사이의 복잡한 복사 에너지 교환에 참여한다. 이러한 에너지의 유입과 유출은 [그림 3.10]에 표현되어 있다. 복사 수지 방정식(Q^*)은 다음과 같이 쓸 수 있다.

$$Q^* = K_A + L\uparrow_{EA} - L\uparrow_A - L\downarrow$$

전체 대기권에서 태양 상수를 100단위라고 가정하면, 17단위는 태양 광선으로부터 그리고 91단위는 지구 복사로부터 흡수된다. 57단위는 우주로 복사되고 78단위는 지표로 되돌아간다. 그래서 대기권은 108단위를 받고 135단위를 잃어서 −27단위의 순복사 수지를 나타낸다. 우리가 이후에 보겠지만, 실제로는 다른 열전달 프로세스가 작동하여 에너지 균형을 유지하므로, 이러한 에너지 손실은 일어나지 않는다.

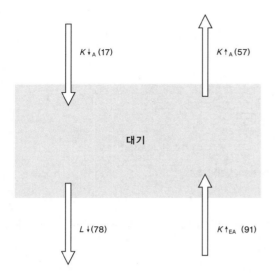

그림 3.10 대기의 복사 수지

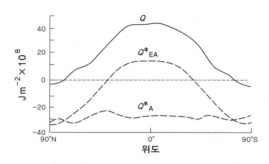

그림 3.11 지구-대기 시스템(Q^*_{EA})과 지표(Q^*) 및 대기(Q^*_A)에서 복사 수지의 위도별 평균적 분포(Shellers, 1965)

대기권의 순복사 균형은 [그림 3.11]에 나타나 있듯이 위도에 따라 거의 변하지 않는다. 이것은 대체로 이산화탄소량이나 대기의 수증기량, 운량의 변화에 의하여 통제되는 지표와의 국지적인 복사 교환 효과 때문이다. 대기권의 복사 균형은 전체 지구-대기 시스템에서 나타나는 균형의 뚜렷한 위도별 분포를 설명하지 못한다.

3. 지표 시스템

(1) 복사 교환과 변환

대기에서 지표 시스템으로 전달된 단파 태양 복사의 유입은 직달 복사($K\downarrow_D$)와 확산 복사($K\downarrow_d$)로 이루어진다.

$$(K\downarrow_D + K\downarrow_d) = K\downarrow = K\downarrow_0 - K_A - K\uparrow_{Aa} - K\uparrow_{Ac}$$

$K\downarrow$의 스펙트럼은 $K\downarrow_0$의 스펙트럼과 매우 다르다(그림 3.12). 복사 강도의 일반적인 감소가 뚜렷할 뿐만 아니라, 어떤 파장대에서는 대기권 내의 흡수를 통하여 복사 강도가 현저히 감소하였다. 산란을 겪었지만, 대체로 지구 방향으로의 이동을 유지하고 있는 태양 광선은 확산 복사로서 지표에 도달한다. 확산 복사의 비율은 매우 다양하지만, 지표 전체로 보면 수평면에 도달하는 총복사량의 약 33%를 차지한다. 지표에서는 직접 내리쬐는 태양 광선 때문에 완전히 햇빛이 비치는 부분과 완전히 그늘진 부분이 나타난다. 그러므로 그늘진 부분에 빛이 드는 것은 확산 복사 때문이며, 확산 복사는 광합성하는 수관 속으로 빛을 침투시키는 중요한 역할을 함으로써 그의 의미를 평가할 수 있다(제17장).

수평면에 쏟아지는 연평균 태양 복사의 분포를 보면, 실제로는 위도에 평행한 알기 쉬운 패턴을 나타내지 않고 세포 패턴이 발달하는 경향이 있다(그림 3.13).

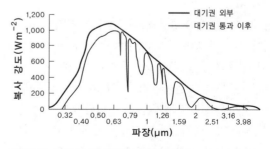

그림 3.12 대기를 통과하기 전후의 태양 스펙트럼(Lamb, 1972)

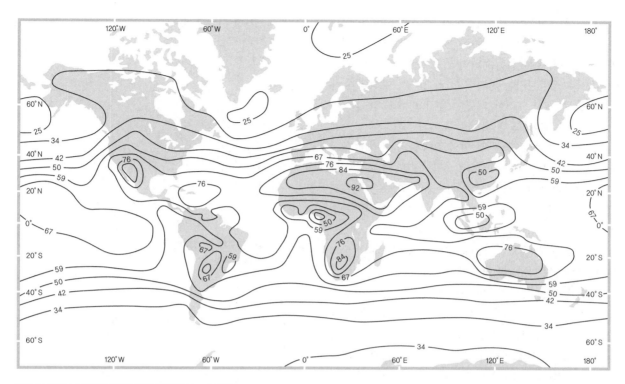

그림 3.13 지표 수평면의 연평균 태양 복사량(MJ m^{-2}×10^2)

아프리카의 태양 복사 패턴을 검정해 보면, 운량과 대기 습도의 역할이 이러한 패턴의 발달에 중요하다는 것을 알 수 있다. 적도에 있는 자이르(Zaire) 분지에서는 구름이 많고 습윤하여 비교적 낮은 값을 나타내는데 반하여 사하라와 칼라하리 사막의 열대 주변에서는 매우 높은 값이 나타난다. 짧은 기간 동안에 사막의 먼지 폭풍이나 어설픈 토지 관리에 따른 토양 침식으로 먼지가 대기로 올라가면 대기권을 통한 태양 에너지의 전달에 큰 영향을 미친다. 대기권 내에 기원이 다양한 먼지가 증가하면 기후의 장기적인 변화를 일으킬 수도 있다(Budyko *et al.*, 1988).

지표는 유입하는 태양 복사의 일부를 반사함으로써 대기를 통해 우주로 되돌려 보낸다. 에너지 전달이라는 측면에서, 평균 13%가 반사되는데, 이는 지표에서 잃는 복사 7단위를 나타낸다. 그러므로 수평면으로 들어오는 태양 복사 유입은 47단위로 줄어든다. 반사된 복사의 비율을 r로 나타내면, 지표에서 유효한 순 단파 태양 복사(K^*)는 다음과 같이 쓸 수 있다.

$$K^* = K{\downarrow} - K{\downarrow} \cdot r \text{ (또는 } K{\downarrow} - K{\uparrow})$$

지표에 도달하는 장파의 역복사량은 결국 저층 대기의 흡수 속성에 따라 다양하다. 적도 지역과 같이 대기가 습윤하고 구름이 많은 지역에서는 역복사를 매우 많이 받는다. 지표 전체에서 역복사량은 지표에서 받는 전체 평균 복사 에너지의 약 62%를 차지한다. 지표로부터 방사되는 순장파 복사의 균형은 다음 방정식으로 간단하게 나타낼 수 있다.

$$L^* = L{\uparrow} - L{\downarrow}$$

$L\uparrow$는 지표로부터 방사된 장파 지구 복사를 나타내며, $L\downarrow$는 역복사로 되돌아온 것을 나타낸다. 이렇게 대기에 지구 복사가 흡수되면 지표 위에 열 손실을 효율적으로 금지시키는 차단막(온실 효과)이 형성되기 때문에 중요하다. 그러한 차단이 없으면 지표의 온도는 현재보다 30℃ 정도 더 낮아질 것이다.

지표 시스템은 지표까지 지열로 공급되는 지구 내부의 에너지도 받는다. 지열의 일부는 장파 복사로써 대기로 달아난다. 대기의 관점에서 볼 때, 이것은 전체적인 장파 지구 복사의 흐름에 있어서 무시해도 좋을 정도이다.

지표의 평균 온도는 고위도의 255K에서 저위도의 300K에 이르는 범위를 보인다.

지표의 평균 온도가 288K이고 지구가 흑체로서 복사한다고 가정하면, 지표 복사 또는 지구 복사의 특징은 [자료 3.3]에서 설명한 기본적인 복사 법칙에 따라 결정된다. 지표의 방사량은 383Wm²이며, 최대 방사의 파장은 10μm이다. 이 파장의 복사는 전자기파 스펙트럼의 적외선 구역에 해당한다. 사실 지구 복사의 전체 스펙트럼은 적외선 영역에 있으며, 결과적으로 장파 복사라고 할 수 있다. 지표 온도 전 범위에서도 스펙트럼은 적외선 영역에 포함된다(그림 3.14).

극지방과 열대 지방 간 지표 온도의 변화 때문에 지표로부터 방사되는 장파 복사량에 차이가 나타난다. 극 주변 고위도 지방의 평균 방사율은 150W m⁻²보다 적으며, 저위도에서는 400W m⁻²를 초과한다.

그러나 지표는 복사를 완전하게 흡수하고 완전하게

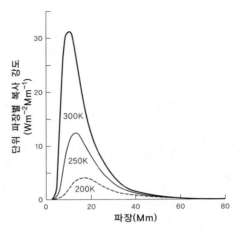

그림 3.14 절대 온도 200도, 250도, 300도일 때의 흑체 복사 스펙트럼 (Neiburger *et al.*, 1971)

표 3.3 적외선 방사율

얼음		0.96
물		0.92~0.96
젖은 땅		0.95~0.98
사막		0.90~0.91
소나무 숲		0.90
잎	0.8 m⁻¹	0.05~0.53
	10.0 m⁻¹	0.97~0.98

방사하지 못한다. 흑체의 **방사율**(emissivity)과 **흡수율** (absorptivity) 값은 1이지만 회색체는 1보다 적다(자료 3.5). 예를 들어 해수면은 0.92~0.96의 방사율을 가지는 반면 대부분의 육지 표면은 0.90 이하의 값을 갖는다(표 3.3).

자료 3.5
흡수율과 방사율

흡수율(absorptivity)은 유입 복사량에서 흡수된 부분의 비이다. **방사율**(emissivity)은 이론상 최대 방사량에 대한 실제 방사된 복사량의 비(ratio)이다.

키르히호프의 법칙에 따르면 흡수율은 항상 방사율과 같다. 흑체의 경우,
흡수율 = 방사 = 1 이다.

---

(2) 지표의 복사 균형

지표는 태양으로부터 단파 복사(일부는 반사로 달아난다)를 받고 대기로부터 장파의 역복사를 받으며, 스스로는 장파 복사를 방사한다. 이러한 흐름은 [그림 3.15]에 제시되어 있다. 순복사 균형(Q^*)의 방정식은 장파 복사 균형과 단파 복사 균형에서 유래한다.

$$Q^* = K^* + L^*$$

지구 전체로 보면, 지표는 125단위의 복사를 받으며 98단위를 잃는다. +27단위의 균형은 지표가 에너지를 축적하고 있음을 의미한다. 사실 이런 일은 일어나지 않는다. 참고로 이러한 과잉 에너지를 소모하는 메커니즘이 분명히 있다. 대기권의 복사 에너지 부족과 지표의 과잉이 일치한다는 것은 지표로부터 그 위의 대

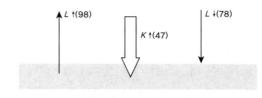

그림 3.15 지표의 복사 균형

기로 에너지를 전달하는 메커니즘이 있다는 사실을 뜻한다.

대기와는 달리 지표의 복사 균형은 [그림 3.11]에 나타난 것처럼 매우 다양하다. 저위도에서는 (+)의 균형 또는 과잉을 나타내고, 고위도에서는 (-)의 균형 또는 부족을 나타내는 일반적인 경향이 있다. 운량이나 대기 습도와 같은 요소는 태양 복사와 지구 복사의 전달 및 지표의 복사 속성에 영향을 미치며, 지표 상에서 복

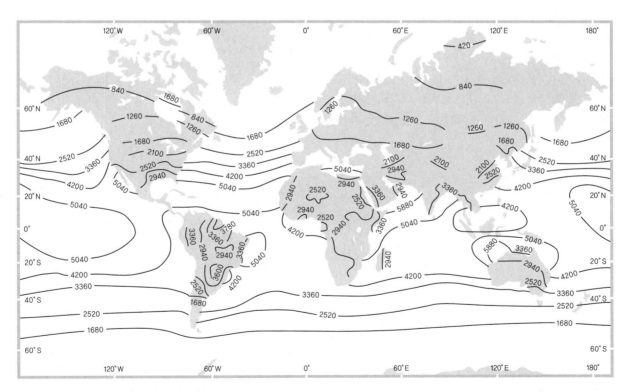

그림 3.16 지표의 복사 균형(MJ m⁻²/yr⁻¹)(Budyko, 1958)

사 균형의 공간적 차이를 만든다. [그림 3.16]은 대체로
Budyko(1958)의 측정치에 기반을 둔 것으로, 이러한
공간적 변화가 전적으로 위도에 평행한 것이 아님을
보여 준다. 더구나, 그림은 동위도에서 해수면의 순복
사 균형이 육상 지표의 그것보다 대체로 크다는 사실
을 보여 준다. 이러한 불균형은 대체로 해수면에서 태
양 복사의 반사율이 낮고 흡수율이 높기 때문이다.

순복사량은 연중 변한다. 태양 복사는 하지에 최대
강도에 도달하며, 8월에 지표의 순복사 손실은 최대에
도달한다(그림 3.17). y와 x 사이에서는 지표의 손실이
유입을 초과하고, 그래서 순복사 균형은 (−)가 되어 냉
각된다. 반면 x와 y 사이에서는 순복사 균형이 (+)가
되어 가열된다. 넓게 생각하면, 순복사 균형의 변화는
하루 동안에도 일어날 수 있다.

우리는 이러한 가설에서, 지표의 복사 균형은 지표
온도 분포를 결정하는 중요한 요소라는 사실을 알 수
있다. 그러나 우리가 이미 알고 있는 것처럼, 결국 대
기와 지표에서는 순복사 불균형이 있다. 그러나 결합
된 지구−대기 시스템의 장기적인 순복사 균형은 제3
장의 앞에서 설명하였듯이 0이다. 사실 태양이나 지구
의 고체 및 액체, 그리고 대기로부터 대기의 상층부에
도달하는 복사를 정확하게 측정할 수 있다면, 다음을
예측할 수 있다.

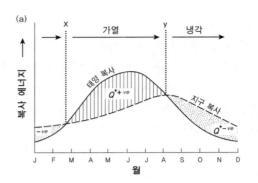

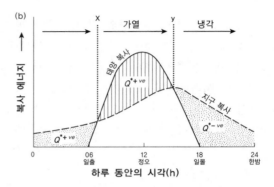

그림 3.17 지표로 들어오는 태양 복사와 지표에서 나가는 지구 복사의 (a) 연간
(b) 일간 가설적 변화

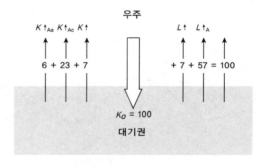

그림 3.18 대기 외곽의 복사 균형

우주로부터 유입	지구와 대기로부터 유출
$K\downarrow_0$ 태양 복사	$K\uparrow_{Ac}$ 구름에서 반사된 복사
	$K\uparrow$ 지표에서 반사된 복사
	$K\uparrow_{Aa}$ 대기에서 산란된 복사
	$L\uparrow$ 지구 복사
	$L\uparrow_A$ 대기의 복사

이것을 방정식 형태로 표현하면 다음과 같다.

$$Q^* = K\downarrow_0 - (K\uparrow_{Ac} + K\uparrow + K\uparrow_{Aa} + L\uparrow + L\uparrow_A)$$
(대기권 외곽에서의 순복사)

[그림 3.18]에서 알 수 있듯이, 대기의 경계에서 측정
한 복사 균형의 장기적인 평균값은 0이다. 그러므로 대
기와 지표에 장기적인 순복사 불균형이 존재한다는 것
은, 전체적인 균형을 유지하기 위하여 에너지가 전자
기 복사 이외의 프로세스로 전달되고 있음을 의미한

다. 그러므로 우리는 에너지 균형의 형태로 대안적 에너지 교환 형태를 고려해야만 한다.

4. 지구 대기 시스템의 에너지 균형

가장 간단한 상황 즉, 완전히 건조하고 균질인 고체면을 가정해 보면, 태양과 대기의 복사는 고체면에 흡수되고 그 가운데 일부는 재복사될 것이다. 지표에 도달한 열에너지(Q_G)는 **전도**(conduction)되어 내부로 통과하고, 전도와 **대류**(convection, 자료 3.6)에 의하여 대기로 전달된다. 대기는 극히 불량한 전도체이지만, 유체로서 대류 운동을 할 수 있다. 열에너지가 지표와 접한 얇은 공기층으로 전도되면, 자유 대류나 강제 대류를 통하여 재분배된다. 그래서 지표에서 사용 가능한 열에너지의 일부는 이러한 방식으로 대기를 가열하는 데 사용된다(Q_H). 순복사 균형에서 Q^* 단위가 있으면, 그 지출은 간단한 방정식으로 나타낼 수 있다.

$$Q^* = Q_H + Q_G$$

열은 대기에서 지표로 전달되거나 지하에서 지표로 전달되므로, Q_H와 Q_G의 기호는 (+)일 수도 있고 (−)일 수도 있다.

지표에 물이 있으면 상의 변화가 발생하므로 에너지 유출입이 복잡하다(제4장). 예를 들어, 물이 액체에서 기체로 변하는 증발이 일어날 때에는 열에너지가 소비된다(Q_E). 그래서 간단한 방정식으로 나타내면 다음과 같다.

$$Q^* = Q_H + Q_D + Q_E$$

이런 통로를 따라 나타나는 열에너지의 분포는 지표의 유형에 따라 다양하다. 예를 들어 건조한 사막의 지표에서는 대부분의 에너지가 대기를 가열하는 데 사용되며, 증발에 소비되는 에너지는 거의 없을 것이다(그림 3.19). 이와 반대로 습윤한 환경에서는 에너지의 대부분이 대기를 가열하는 대신에 증발에 소비된다. 기본적인 에너지 균형 방정식은 지구 상에 나타나는 주요 지표 유형의 대부분에 적용될 수 있도록 수정되어야 할 것이다(자료 3.7). 그러나 이것은 훨씬 더 복잡한 에너지 균형을 단순화한 것이라는 사실을 마음 깊이 새겨야 할 것이다.

단순화하기 위해서 육상 지표에서 지표 아래 측방으

자료 3.6
전도와 대류

열의 전도는 물질의 이동 없이 열에너지가 분자에서 분자로 전달되는 프로세스이다. 공기를 통한 열전도율은 낮으며, 자유 대기 내의 대규모 열전달에서는 중요하지 않은 것으로 간주될 수 있다.

대류는 유동적인 매개체 내의 열전달이며, 물질의 이동을 포함한다. 이것은 유동적인 매개체인 대기에서 매우 중요하다. 대류는 자유 대류나 강제 대류의 형태를 띤다. 자유 대류에서는 공기가 밑에서부터 가열되므로, 공기의 이동은 밀도류의 형태를 띤다. 가열된 공기는 위로 올라가고, 보다 찬 공기로 대체된다.

가열

강제 대류에서 공기의 이동은 지표를 가로질러 흐르는 공기 내에서 기계적 교란의 형태를 띤다.

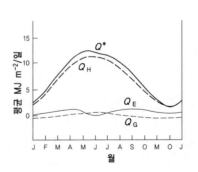

(a) 건조한 환경

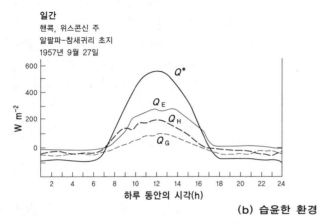

(b) 습윤한 환경

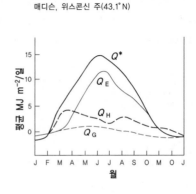

그림 3.19 (a) 건조한 지표, (b) 젖은 지표에서 열에너지 균형의 일간, 연간 변이. Q^*는 복사 균형, Q_H는 대기로 전달된 열, Q_E는 증발산에 사용된 열, Q_G는 지하로 전달된 열.

자료 3.7

에너지 균형

식생이 있는 지표

에너지 균형 방정식은 식물의 표면에서 증산 작용으로 수분을 잃을 때 소비되는 열(Q_T)과 광합성 시에 소비되는 열(Q_P)을 포함해야 한다.

$$Q^*_Y = Q_E + Q_T + Q_H + Q_G + Q_P + C$$

C는 식물 내 열의 흡수를 포함하는 복잡한 용어이다.

얼음으로 덮인 지표

방정식은 열에너지(Q_M)를 필요로 하는 얼음의 융해를 설명하여야 한다. 실제로 동결은 열에너지($-Q_M$)를 방출한다.

$$Q^*_{ice} = Q_E + Q_G + Q_H \pm Q_M$$

평균 MJ m⁻²/일

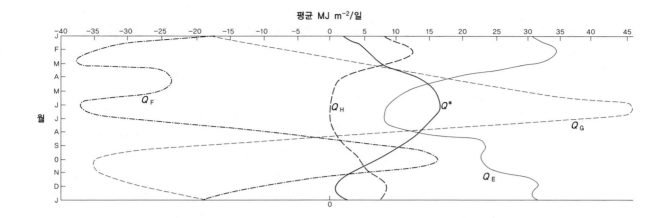

그림 3.20 지표 열에너지의 연평균 변이. Q_F는 수평적 열 이동, Q^*는 복사 균형, Q_G는 지하로 전달된 열, Q_H는 대기 저층으로 전달된 열, Q_E는 증발에 사용된 열.

표 3.4 지표의 에너지 균형 방정식을 구성하는 요소들의 위도별 평균값(MJ m⁻²)(Sellers, 1965의 자료). 국가단위(NB) 자료를 국제단위(SI) 형태로 변환하였고, 끝자리를 없애고 정수로 만들었다. 일부의 경우에는 에너지 수지가 균형을 이루지 못한다.

	바다				육지			전 지구			
	Q	Q_E	Q_H	Q_F	Q^*	Q_E	Q_H	Q^*	Q_E	Q_H	Q_F
80~90°N								−38	13	42	8
70~80								4	38	−4	−29
60~70	97	139	69	−109	84	59	25	88	84	42	−38
50~60	122	164	67	−109	126	80	46	126	118	59	−50
40~50	214	223	59	−67	189	101	88	202	160	71	−29
30~40	349	361	55	−67	252	97	155	307	248	101	−42
20~30	475	493	38	−4	290	84	206	403	307	101	−4
10~20	500	488	25	59	298	122	176	445	340	67	38
0~10	483	336	17	130	302	202	101	441	302	46	92
0~90°N								302	231	67	4
0~10	483	353	17	113	302	210	92	441	319	42	80
10~20	475	492	21	17	307	172	134	437	378	46	13
20~30	424	419	29	−25	294	118	176	395	349	67	−21
30~40	344	336	34	−25	260	118	143	336	311	46	−21
40~50	239	231	38	−29	172	88	84	235	223	42	−29
50~60	118	130	36	−55	130	84	46	118	130	46	−59
60~70								55	42	46	−34
70~80								−8	13	−17	−4
80~90								−46	0	−46	0
0~90°S								302	260	46	−4
전 지구	344	310	34	0	206	105	101	302	247	55	0

로 일어나는 열전달은 무시할 수 있다. 바위나 토양은 불량한 열전도체이지만, 그들 내의 온도 경도는 비교적 완만하다. 그러나 수면 아래에서는 열에너지의 측방 이동이 일어난다. 물은 자유 대류로 이동하며, 수면 위에서 일어나는 공기의 이동으로 가동된다. 바다에서 기본적인 에너지 균형 방정식은 열에너지의 측방 이동(Q_A)을 포함하는 것으로 수정될 것이다.

$$Q^* = Q_H + Q_G + Q_E + Q_A$$

바다에서는 이러한 전달이 해류의 형태를 띠며 대규모로 일어난다. [그림 3.20]은 바다에서 열에너지 균형의 복잡성을 보여 준다. 바다에서는 순복사 에너지의 분포를 초과하는 매우 많은 양의 열에너지가 수면 아래로 공급된다.

[표 3.4]에는 에너지 균형 요소의 범지구적 변이가 제시되어 있다. 바다에서는 수면 아래의 에너지 흐름이 중요하다는 것을 알 수 있다. 30° 이상의 위도에서는 이런 방식으로 에너지의 순유입이 있으며, 저위도에서는 에너지를 잃는다. 그러므로 바다는 지구-대기 시스템 내 열에너지의 재분배에 중요한 역할을 한다.

5. 지구 내부 시스템

지금까지 우리는 [그림 3.5]에 그려진 3개의 부분 시스템 가운데 대기 시스템과 지표 시스템 등 2개만을 고려하여 왔다. 세 번째 부분 시스템은 지구 내부인데, 여기서 에너지 전달의 주요 프로세스는 전도와 대류이다. 우리가 보았듯이, 지표 시스템과 대기 시스템 간에는 태양 에너지가 대량으로 흘러서 에너지가 교환된다. 그러나 태양 에너지는 지표 아래로 거의 침투하지 못하기 때문에 지구 내부에는 별로 영향을 미치지 못한다. 1m 깊이에서 온도의 일변화는 1℃를 초과하지 못하며, 계절적인 온도 변화는 기껏해야 30m까지 침투한다. 그러므로 표층 바로 아래의 프로세스는 지구 내부의 에너지 저장고에서 일어나는 변화를 반영하는 에너지 전달로 통제된다.

(1) 지구 내부 에너지의 근원

지구를 형성하는 원래의 물질은 상당히 차갑다는 것이 정론(자료 3.8)이라고 하더라도, 지구의 형성과 관련한 다양한 프로세스가 열을 만드는 데 기여한 것으로 언급된다. 지표에 도달한 작은 물체는 운동 에너지를 가지고 있는데, 이것은 충돌 지점의 주변에서 열에너지로 사라진다. 이 열에너지의 상당 부분은 우주로 다시 복사되지만, 일부는 지구 내부로 전달될 것이다. 이러한 물체들이 지속적으로 공급되어 지구가 성장함으로써, 지구의 내부는 점차 압축되어 치밀해졌으며, 압력이 증가함에 따라 내부의 온도도 상승하였을 것이다. 운동 에너지의 0.1%만 붙잡아도 이론적으로 계산하면 내부 온도는 30℃까지 상승하며, 압력 때문에 중심부에서는 900℃까지 증가할 것이다. 이러한 프로세스는 지구 내부의 열 가운데 일부만을 설명할 수 있다. 그러나 이것이 현재 지구의 내부 온도에 작게나마 기여하였을 것이다. 내부에서 지표로 흐르는 열전달은 매우 느린 프로세스이므로, 현재 지구에서 방출되는 열 유출의 작은 부분은 지구 역사상 아주 초기에 있었던 이러한 사건들에서 유래하는지도 모르겠다.

원래 등질의 지구 내에 흩어져 있던 비교적 무거운 원소들이 지구의 중심을 향하여 모여들어 가라앉으면 대량의 중력(퍼텐셜) 에너지가 방출된다. 이것은 열의 형태로 존재할 것이며, 그 가운데 일부는 중심부의 온도를 상승시키는 데 사용될 수도 있지만(자료 3.8) 대부분은 지구의 온도를 높이는 데 사용되었을 것이다. 중심부의 부피와 그 속에 포함된 광물의 밀도를 기반으로 계산해 보면, 방출된 열량은 지구의 온도를 1,500℃까지 충분히 높일 수 있었을 것이다. 분명히 이것이 중요한 열원인 것 같다. 지구의 핵이 언제 만들어졌는지, 지구의 역사에서 이른지 늦은지 알 수 없다. 그러므로

자료 3.8
지구와 지구 대기의 진화

지구를 형성한 융합 프로세스는 처음에 지구의 덩어리 전체가 등질이었고 비슷한 혹성 물질이 지속적으로 부가되었다는 것을 의미한다. 이와 달리 오늘날의 지구는 화학 조성과 밀도 및 물질의 상태가 다른 세 개의 **동심원 각**(concentric shell)으로 이루어져 있다. 혹성의 몸체는 **부분적으로 액체 상태인 핵**과 **유연한 맨틀**, 그리고 **딱딱한 지각**으로 이루어져 있다. 지구는 기체 물질의 외피 —대기— 로 둘러싸여 있다.

이들 다양한 층의 화학적 분리가 일어난 프로세스를 **분화**(differentiation)라고 한다. 이것은 지구 역사의 초기 단계에 일어났다고 생각되며, 지표에 있는 물질과 환경에 대하여 뚜렷한 영향을 미쳤다.

지구는 형성될 때 600~1,000℃로 비교적 차가웠을 것으로 생각된다. 지구 전체에 분포하는 방사능 물질이 붕괴함으로써, 지표로 전도될 수 있는 것보다 더 빠르게 열을 생산하였을 것이다. 이렇게 내부의 온도가 충분히 상승하여 철의 용융점에 도달하였는데, 이것이 지구 역사상 주요 전환점이 되었다. 고밀도의 용융된 철은 중심으로 가라앉아 핵을 형성하였고, 다른 물질을 바깥으로 밀어냈다. 그렇게 함으로써, 지구는 열에너지로 변환되면 내부 온도를 더욱 상승시켜 지구 몸체의 상당 부분을 용융시킬 수 있는 대량의 퍼텐셜 에너지를 방출하였다. 그래서 비교적 밀도가 낮은 용융 물질은 지표로 떠올라 냉각되고 굳어져 비교적 밀도가 낮은 원소들로 이루어진 지각을 형성하며, 그 밑에는 중간 정도의 특성을 지닌 맨틀이 있다.

분화 프로세스의 중요한 부분은 내부로부터 기체가 방출되어 대기를 형성한 것이다. 이러한 **기체 분출**(outgassing) 프로세스는 화산 활동과 관련되어 있다고 믿어져 왔다. 분화의 시기는 지구 역사상 상당한 내적 소동의 하나였을 것이다. 오늘날 화산에서 분출하는 기체와 용암의 화학 성분을 관찰해보면, 원시 대기는 수증기와 수소, 염소, 탄소, 산소, 그리고 질소 등으로 이루어졌음을 알 수 있다. 지구의 원시 대기는 현재의 환경과는 사뭇 다르게 일산화탄소와 이산화탄소, 메탄, 염산, 암모니아 등의 여러 가지 기체들로 이루어져 있었고, 자유 산소는 매우 적었다. 대기는 이후에 스스로 진화하여 오늘날의 조성을 갖게 되었다(제4장, 제7장). 비교적 가벼운 수소는 우주로 흘러나가는 경향이 있을지라도 기체 상태의 대기가 지구에 억류되어 있는 것은 지구가 만드는 중력의 영향이다. 지구가 태양으로부터 멀리 떨어져 있어서 지질 시대 동안 지표의 온도가 물이 액체로 존재할 수 있는 범위를 유지할 수 있었던 것은 커다란 행운이다. 결과적으로 대기의 수증기가 응결하여 오늘날 수권에 존재하는 대량의 물이 되었다. 원시 대기의 조건이 양호하여, 아미노산이 형성되었고, 유기 화합물이 발달하였으며, 생물이 진화하였다(제7장). 이러한 발달이 대기의 진화에 커다란 영향을 미쳤다. 살아 있는 미생물은 대기로부터 탄소를 저장하고, 이 가운데 일부는 이후 미생물이 죽으면 융합되어 탄산염암(석탄, 석회석)이 된다. 살아 있는 유기체는 호흡하는 동안 산소를 생산한다. 원시 대기에서 생물들은 이런 방식으로 탄소와 산소를 교환하였고, 오늘날 대기 원소의 균형을 만들었다.

그러므로 지구-대기 시스템의 현 상태는 태양계 내 다른 혹성들이 겪은 진화와는 구분되는 유일하고 독특한 지구 진화 과정의 결과이다(Press and Steven, 1986, 제1장 참조).

이 열원에서 나온 대부분의 열이 이미 복사로 유실되었는지, 얼마가 남아 있는지 말할 수 없다.

방사성 동위원소가 붕괴할 때 핵에너지의 결손이 발생하는데, 이것은 붕괴하는 동위원소 주변에서 열로 소모된다. 현재 많은 양의 열을 생산하는 주요 방사성 동위원소는 네 개로서 [표 3.5]에 제시되어 있다. **반감기**(half-life)는 원래의 모 동위원소의 반이 붕괴되는데 걸리는 시간이다. 현재 상황에서는 10^9~10^{10}년의 반감기를 가진 동위원소만이 중요하다. 반감기가 짧은 동위원소는 양이 적고, 반감기가 긴 동위원소는 단위 시간당 열량을 너무 적게 생산하므로 중요하지 않다. 이

표 3.5 주요 방사성 원소

		반감기(년)	열 생산량(J/g/년)
우라늄	^{238}U	4.5×10^9	2.97
	^{235}U	0.71×10^9	18.00
토륨	^{232}Th	13.9×10^9	0.84
칼륨	^{32}K	1.3×10^9	0.88

들 동위원소에서 방출된 열량은 실험실에서 실험을 통하여 결정할 수 있으며, 야외에서 동위원소의 양은 다양한 종류의 암석에서 집적도로 환산하여 측정할 수 있다. 그러므로 동위원소가 가지는 열 생산자로서의 퍼텐셜을 계산할 수 있다. 이와 같은 계산을 통하여, 방사성 붕괴로 현재 관찰되는 지구 열류량을 쉽게 설명할 수 있다는 사실을 알 수 있다. 그리고 아마도 반감기가 짧은 다른 동위원소들이 지구 내에 이미 존재하였을 것이다. 붕괴해 온 모 동위원소들은 더 이상 존재하지 않지만, 이들 역시 붕괴하여 열을 생산하였을 것이고, 현재의 지구 온도에 기여하였을 것이다.

다른 그럴듯한 에너지원이 있을지라도, 전술한 것들이 지구 내부 열에너지의 주요 원천일 것이다. 아직도 에너지원이 지구 에너지에 얼마나 기여했는지 정확하게 확신할 수는 없다. 지구의 초기 역사 동안에 작동한 프로세스나 상황에 관하여 많은 불확실성과 가정이 존재하기 때문이다. 물론 지구 내부에 관한 우리의 지식도 대체로 추론에 근거한 것이다.

(2) 지구 내부에서 지표로의 에너지 전달

지구 내부 에너지의 대부분은 열의 형태를 띠며, 전도나 부분적으로는 대류로써 지표로 전달된다(자료 3.6). 맨틀의 일부가 지각의 기저까지 대류로써 열을 전달하여 느린 상향 이동이 이루어지며, 주로 전도로써 전달된다. 열류량에 관한 연구는 1950년대에 비로소 시작되었는데, 그 주제에 관한 우리의 지식은 매우 부족하다. 그럼에도 불구하고, 측정하여 결과를 얻는 방법을 제시함으로써, 지구 에너지가 지표로 유입되는 규모와 분포를 이해하는 방향으로 나아갈 수 있다.

특정한 지점에서 지표의 단위 면적당 열류량은 다음과 같이 정의할 수 있다.

$$q = K\nu$$

q는 열류량(10^{-6} J m^{-2} s^{-1})이고, K는 열전도율(10^{-6} J m^{-1}

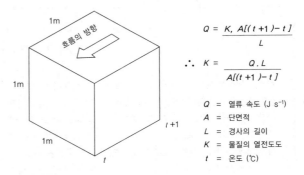

$$Q = \frac{K, A[(t+1) - t]}{L}$$

$$\therefore K = \frac{Q.L}{A[(t+1) - t]}$$

Q = 열류 속도 (J s^{-1})
A = 단면적
L = 경사의 길이
K = 물질의 열전도도
t = 온도 (℃)

그림 3.21 열전도율

s^{-1}℃$^{-1}$)이며, ν는 수직적 온도 경도(℃ m^{-1})이다.

이것은 지각 내 수직적 온도 경도의 평가를 요구한다. 온도 경도는 지각의 시추공 내 깊이가 다른 두 지점 간의 온도 차이를 측정하면 얻을 수 있다. 지각 상부의 평균 온도 경도는 변이가 크지만 약 3℃ km^{-1}이다. 지각 내 열전도율 역시 필요하다. 열전도율은 온도 경도가 1℃ m^{-1}인 물질에서 1초 동안 1m^{2}를 통과한 열량(J)이다(그림 3.21). 지각은 딱딱한 물질로 이루어져 있기 때문에, 이러한 열전달은 전도로써 발생한다. 그래서 열은 따뜻한 내부에서 차가운 지표로 지열 경도(그림 3.22)를 따라 흐른다. 열류량은 HFU(열류량 단위)로 측정된다.

$$1HFU = 4.19 \times 10^{-6} \text{ J cm}^{-2} \text{ s}^{-1}$$

지표로 전달되는 세계 평균 열류량은 1.5HFU로, 연간 약 5mm 두께의 얼음을 충분히 녹일 수 있는 양이며, 일사량의 약 10^{-3} 정도이다. 이러한 평균값은 [표 3.6]에서 보는 바와 같이 열류량의 공간적 변이가 상당함을 나타낸다.

해양 영역의 지각과 대륙 영역의 지각에 대한 열류량 값은 대체로 비슷한 규모이다. 지각의 화학 조성은 대륙과 해양에서 매우 다양하다. 대륙 지각은 그곳에서 관찰되는 열류량을 설명하기에 충분할 정도로 풍부한 방사능 물질을 보유하고 있다. 해양 지각은 방사능

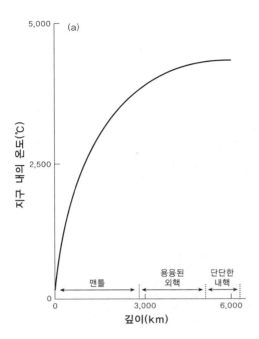

그림 3.22 (a) 지열 경도, (b) 화산: 이것은 지표에 분출된 용암과 화산체의 집적을 나타낸다. 분화구로부터 수증기와 기체가 여전히 뿜어져 나와 현재에도 지구 내부로부터 열이 전달되고 있음을 나타낸다(뉴질랜드의 나우루호에 산).

표 3.6 조산대별 평균값으로 나타낸, 열류량의 공간적 변이(Sass, 1971)(1 HFU = 4.19×10^{-6} J cm^{-2}s^{-1})

	HFU
해분	1.27
대양중앙해령	1.91
선캄브리아기의 순상지	0.98
고기조산대	1.44
신기조산대	1.77

표 3.7 태양 에너지와 지구 에너지의 상대적인 규모

	J / 년
받은 태양 에너지	5.6×10^{24}
복사의 지열 에너지 손실	1.3×10^{21}
화산 유출량	5.3×10^{18}
지진	1.0×10^{18}

그림 3.23 뉴질랜드의 에너지 이용을 위한 지하 지열의 추출(Wairakei)

물질을 빈약하게 보유하여, 해양의 열류량 규모는 지각 아래 얕은 곳에 뜨거운 맨틀 물질이 존재하는 것으로 설명하여야 한다. 이 때문에 맨틀 내의 프로세스를 고찰하여야 한다. 제5장에서 보듯이, 맨틀 내에는 더 깊은 곳으로부터 뜨거운 맨틀 물질을 끌어올리는 대규모의 느린 순환 운동이 일어난다. 이런 방식으로 대류에 의한 열전달이 맨틀을 거쳐 해양 지각을 향하여 일어나며, 열은 해양 지각을 통과하여 전도된다.

소량의 지열은 대류에 의하여 직접 지표에 도달한다. 이것은 지구 내부의 뜨거운 물질(용암, 수증기)이 지표로 직접 분사됨으로써, 화산 프로세스나 지열 프로세스에 따라 일어난다. 그러한 손실의 규모는 [표 3.7]에 제시되어 있다.

1970년대 에너지 위기의 결과로서, 선진국들은 지열 에너지(특히 지열 온수와 증기)의 가능성에 새로운 관심을 보였다(그림 3.23). 지금까지 1차적인 이용은 전력 생산이었다. 1971년에 지열 에너지를 이용한 세계 전력 생산량은 약 800MW이며, 이는 모든 형태의 전 세계 전력 생산량의 약 0.08%에 해당한다. 지열 자원은 비록 소량이기는 하지만 다양한 용도를 가지고 있다.

지열은 난방과 원예 농업에도 이용된다. 아이슬란드(Reykjavik)의 대부분과 뉴질랜드(Rotorua), 미국 아이다호 주(Boise), 미국 오리건 주(Klamath), 그리고 헝가리와 러시아의 여러 소도시에서는 지열 온수로 난방을 한다(Muffler and White, 1975).

[그림 3.24]는 지구 내의 에너지 전달을 간단한 방식으로 보여 준다. 그것은 시스템 내부에 있는 잠재적 에너지 저장소에서의 장기적인 변화와 장기적인 부정적 에너지 균형을 나타내는 에너지 흐름이다. 에너지 변환이 더 많이 일어나는 지각이나 지표 시스템으로 이루어지는 이러한 에너지 전달이 갖는 의미는 다음 절

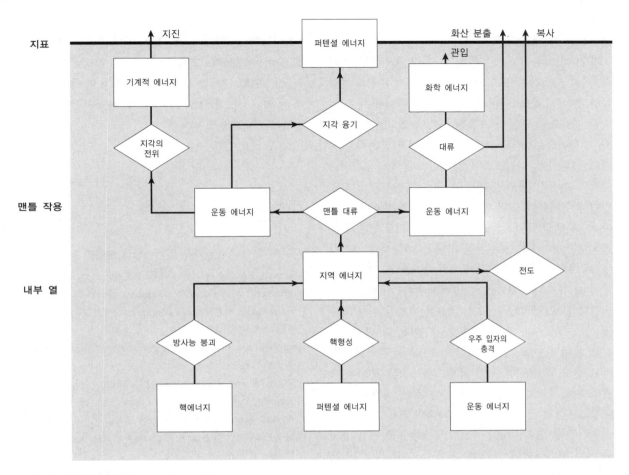

그림 3.24 지열 에너지의 흐름

에서 간단히 살펴보고 제5장과 제10장에서 자세히 다루겠다.

6. 에너지 변환

지구–대기 시스템은 태양과 지구 내부로부터 받은 열에너지를 사용한다. 이 열에너지는 지표와 대기 시스템으로 유입되어, 그들의 내부 에너지를 증가시킨다. 대기의 경우에는 이것이 퍼텐셜 에너지를 증가시키는 것으로 보인다. 대기의 내부 에너지 불균형이 시

정됨으로써 이러한 퍼텐셜 에너지가 운동 에너지로 바뀌는 변환이 일어난다. 제4장과 제8장에서는 이러한 변환이 순환 시스템을 유지하고 대기로부터 지표로, 지표로부터 대기로 물을 전달하는 물 순환을 가동시키는 데 기본이 된다는 사실을 배울 것이다. 태양 복사 유입의 일부는 녹색 식물에서 광합성 작용의 광화학 반응을 통하여 직접 화학 에너지로 변환된다. 이 부분은 건강한 군락에서 2~5%에 달하는 매우 적은 양이고, 지구 전체로 보면 1%에 불과하다. 그럼에도 불구하고 생물권 내 생물들에게 광합성이 미치는 영향(제6장)은 지대하며, 표면의 에너지 균형이 식물의 수분 손

실과 엽면 온도에 미치는 영향은 부분적으로 생물권의 전반적인 생산성을 결정한다.

지구 맨틀의 이동은 무한히 긴 시간 동안 작동하지만, 지표 시스템에 또 다른 퍼텐셜 에너지 유입을 제공한다. 열에서 운동 에너지로의 변환을 나타내는, 느리지만 대규모인 맨틀의 흐름은 위에 놓인 지각을 수직적, 수평적으로 이동시키며, 운동 에너지를 기계 에너지로 변환시켜 지진으로 방출한다(그림 3.24). 그러나 지각의 수직적 변이는 대류의 운동 에너지가 기복과 관련하여 퍼텐셜 중력 에너지로 변환되었음을 나타낸다. 이 퍼텐셜 에너지는 다시 운동 에너지로 변환되고, 물 순환을 따라 이동하는 물의 운동 에너지와 결합하여, 지표 물질이 삭박 프로세스에 따라 낮은 고도로 전달될 때 기계 에너지와 열로 변형된다(제5, 10장).

열역학 제2법칙에 따르면, 전술한 에너지 변형 가운데 어느 것도 100% 효율적인 것은 없다. 각 변형에서 일부 에너지는 열로 소모되었고, 마침내 장파 복사로서 우주로 달아난다. 우리 모델(그림 3.5)의 부분 시스템이 지속적으로 작동하느냐 하는 것은 태양과 지구 내부로부터의 에너지 흐름이 지속적인가에 달려 있다.

우주로 달아나는 지열 에너지의 순손실은 저장한 지구 에너지의 돌이킬 수 없는 고갈을 의미한다. 그것은 지구를 형성한 사건의 유산이다. 결국 지구 내의 이러한 저장된 에너지는 고갈될 것임에 틀림없다. 그러므로 지각 시스템의 현 상태와 그 속에서 작동하는 프로세스는 영원한 것으로 간주할 수 없다. 이는 지구의 지질학적 진화상의 한 단계일 뿐이다. 결국 지구의 내부 에너지가 고갈되면 시스템이 멈추게 된다. 열에너지가 고갈됨에 따라 냉각되고 마침내 굳어지게 된다. 그러나 이러한 일이 일어날 것으로 기대되는 시간의 규모를 보면 현재 지구에 살고 있는 사람들은 걱정할 필요가 없다!

외부 에너지원인 태양에 대해서도 마찬가지이다. 태양도 시간이 지날수록 점진적으로 고갈되어 가는 유한한 에너지 저장소로 간주될 수 있다. 그러나 현재의 에너지 변환 속도로 보아, (핵융합에 의해 에너지로 변환되는) 태양의 질량은 1500만 년이 지나면 100만분의 1만큼 줄어들 것이다. 그러므로 우리는 이 장에서 에너지가 시스템의 경계를 넘어 장기적인 정상 상태를 유지하는 폐쇄 시스템으로 보았기 때문에, 안전하게 가정을 만들 수 있을 것이다.

더 읽을거리

지구 내부 에너지 관계를 일반적으로 설명한 문헌:

Atkinson, B.W. (1987) *Atmospheric Energetics, in Energetics of Physical Environment: Energetic Approaches to Physical Geography.* (ed K.J. Gregory) John Wiley, Chichester.

Campbell, I.M. (1977) *Energy and the Atmosphere.* John Wiley, London.

Eliassen, A. and K. Pedersen (1977) *Meteorology: an Introductory Course, Vol. 1. Physical Processes and Motion.* Scandinavian University Books, Oslo.

Gates, D.M. (1962) *Energy Exchange in the Biosphere,* Harper & Row, New York.

Oke, T.R. (1978) *Boundary Layer Climatology.* Methuen, London.

지구 내부 에너지를 설명한 교재:

Clark, S.P. (1971) *Structure of the Earth.* Prentice-Hall, Englewood Cliffs.

Gaskell, T.F. (1967) *The Earth's Mantle.* Academic Press, London.

Smith, P. (1973) *Topics in Geophysics.* Open University Press, Milton Keynes.

III 글로벌 시스템

제4장

대기권

기체와 부유 입자들로 이루어진 복잡한 유체 시스템인 지구의 대기는 지구가 만들어질 때에 생겨난 원시 대기가 아니다. 오늘날의 대기는 화학적, 생화학적 반응에 따라 지구로부터 만들어진 것이다(제7장). 이러한 유체 시스템이 지구 주변의 기체 외피를 형성하고 있더라도, 그 경계를 설정하기란 쉽지 않다. 경계를 임의로 지구/대기권 접촉면과 대기권/우주 접촉면으로 한정할 수는 있겠으나, 이것은 과잉 단순화한 것이다. 예를 들어, 대기권에는 외부에 가장자리가 없으며, 지구와 태양의 대기가 혼합되는 점이지대를 이룬다. 이와 같이 지구/대기권 경계면의 대기는 토양 입자와 레골리스의 공극으로 침투하여 소위 토양 공기와 연속된다(제20장).

1. 대기 시스템의 구조

질소와 산소, 아르곤, 이산화탄소, 그리고 수증기 등의 다섯 가지 기체가 대기 전체 부피의 99.9%를 차지한다. 물방울, 먼지, 그을음 등의 부유 입자들이나 소량 기체들과 더불어 이들 다섯 가지 기체가 시스템의 원소들이다. (양의 변동이 심한) 수증기와 부유 입자들을 제외하면 건조한 공기 내의 기체들은 [표 4.1]에 제시된 비율로 나타난다. 시스템의 구성 원소들은 대부분이 기체 상태로 있기 때문에, 대부분의 장소에서 분리된 분자나 원자, 심지어 이온 상태로 존재하며, 일정한

운동을 하고 있다. 암석권이나 생물권에서와 달리 대기에서는 이들 단위가 더욱 복잡한 화합물이나 더 큰 물질 덩어리로 조직화되어 관찰할 수 있는 구조를 형성하는 경우가 드물다. 구조는 존재하지만 부분적으로는 시스템 내 구성 성분의 차별적 분포, 그리고 부분적으로는 온도나 압력과 같이 시스템을 측정할 수 있는 속성의 변화라는 관점에서 보아야 한다.

여러 가지 기체들의 비율은 시간상 매우 느리게 변하지만, 대기권을 통한 수직적 분포는 뚜렷하다. 하부 11km에서는 대기의 교란에 따른 혼합 때문에 구성비가 거의 변하지 않는다. 상층에서는 기체들과 부유 물질이 띠를 형성하여 성층이 뚜렷하다. 이러한 수직적 구조를 고찰하기 전에, 대기권 내 주요 기체들의 분포를 간단히 살펴보자.

질소 질소는 대기의 3/4을 차지하며, 지상 100km에 이르는 넓은 범위에 분포한다. 질소 분자의 최고 농도는 하부 50km에 분포하고, 질소 원자(N)는 50~100km 사이에서 우세하게 나타난다.

표 4.1 건조 대기의 성분

	몰(중량)	용량(%)	질량(%)
질소	28.01	78.09	75.51
산소	32.00	20.95	23.15
아르곤	39.94	0.93	1.23
이산화탄소	44.01	0.03	0.05

질소의 화학은 더 복잡하다. 이를 단순화하기 위하여, 주로 대기에서 나타나는 비교적 불활성 형태의 질소(질소 분자, N_2) 및 아산화질소(N_2O)와 지표의 다양한 저장소에서 쉽게 합성되는 비교적 활성을 띠는 화합물을 구분해야 한다. 질산(HNO_3)과 같은 이러한 화합물을 고정된 질소로 통칭하는데, 대기 중의 불활성 질소 분자를 보다 활성을 띠는 형태로 변환시키는 프로세스를 질소 고정이라고 한다. 이와 반대되는 프로세스는 탈질화 작용이라고 한다. 육상 질소의 생지화학을 이해하는 데 있어서 중요한 문제는 이 두 가지 프로세스가 언제, 어떻게, 어떤 비율로 일어나는가, 그리고 그들을 규제하는 피드백 메커니즘은 없는지를 이해하는 것이다(제7장).

질소 원자는 대기 상층부에서 단파 우주선을 흡수하여 방사성탄소로 알려진 불안정한 ^{14}C 동위원소를 형성한다. 이것이 대기 하층부에서 산소와 결합하여 이산화탄소를 만들고, 지표의 생물계로 동화된다. 정상적인 이산화탄소(^{12}C) 분자 ^{12}10개에 방사성탄소의 이산화물(^{14}C) 분자가 1개 있는 것이 정상이다. 불안정한 ^{14}C 동위원소는 점차 질소로 복귀하여 대기로 되돌아간다. 이 방사성탄소의 붕괴를 이용하여 지표 유기질 퇴적물의 연대를 측정할 수 있다. 질소는 많은 양을 차지하고 있지만 지구 복사 수지에 별 영향을 미치지 못하며, 생물계에서는 중요하다고 할지라도 동물이나 식물에 직접 동화될 수는 없다.

산소 산소는 대기권의 하부 120km에 걸쳐 나타나며, 전체 부피의 1/5보다 약간 더 많다. 60km 하부에서는 주로 산소 분자(O_2)로 존재하며, 이보다 높은 곳에서는 해리된 산소 원자(O)가 우세하다. 후자는 대기 상층부에 있는 산소 분자가 우주선 복사의 영향을 받아 진행된다. 대기에서 기체 상태로 있는 산소는 지구-대기 시스템에 저장된 총량의 일부분을 나타낼 뿐이다. 동물과 식물은 살아 있는 동안 산소를 유기물 분자의 구성 요소로 저장하며, 암석권의 바위에는 산화물이나

탄산염과 같은 화합물에 산소가 저장되어 있다.

오존은 대기에 매우 소량으로 나타나지만, 지구-대기 시스템에 대한 영향은 중요하다. 특히 단파 복사의 흡수에 있어서 더욱 그러하다. 오존은 파장이 $0.24\mu m$ 이하인 전자기파 복사의 영향으로 산소 분자가 산소 원자로 광분해됨으로써 형성된다. 분해된 원자는 산소 분자와 재결합하여 오존을 형성한다.

$$O_2 + h\nu \rightarrow O + O$$

그리고

$$O + O_2 + M \rightarrow O_3 + M$$

여기서 M은 대기 중에 존재하는 다른 분자이다. 화학 반응에서 방출된 에너지를 흡수해야 한다. 오존은 지표 위 30~40km에서 가장 많이 생성되지만, 이보다 약 10km 낮은 곳에 가장 많이 집중되어 있다. (60km 이상 되는) 매우 높은 곳에서는 산소 분자가 부족하여 오존 생산율이 높을 수 없으며, 단파 복사가 높은 곳에서 이미 흡수되어 10km 이하에서는 충분하지 못하다. 오존은 불안정하여 쉽게 부서진다. 오존을 파괴하는 여러 가지 화학 반응들이 있지만, 질소 산화물을 이용하는 것이 가장 효율적이다.

$$NO + O_3 \rightarrow NO_2 + O_2$$

다음으로

$$NO_2 + O \rightarrow NO + O_2$$

이것은 오존의 평형 농도를 설명할 수 있는 유일한 화학 반응이다. 그래서 오존의 최대 농도는 오존의 생산 프로세스, 파괴 프로세스의 평형, 대기 속으로의 혼합을 나타낸다.

성층권 내의 산화질소는 준안정 상태의 산소 원자와 대류권으로부터 확산되어 온 아산화질소(N_2O) 사이의 화학 반응에서 기원하는 것으로 믿어지며, 지표에서는 탈질산화 작용으로 형성된다. 이러한 관찰을 통해서 우리들 환경의 화학을 통제하는 연쇄 반응이 얼마나 복잡한가를 알 수 있다. 우리는 관찰을 통하여 오존의 파괴를 조장하고, 해로운 자외선 복사의 지표 유입을 증가시키고, 성층권에 미량의 오염 물질을 버리는 것의 매우 부적당한 암묵적 효과에 대하여 더욱 관심을 갖게 되었다(제24장).

이산화탄소 이산화탄소는 대기의 매우 작은 부분을 차지하지만, 지구 상의 생물에게는 매우 중요하다. 이산화탄소는 생물권과의 매우 밀접한 연관 때문에 대기권의 하부 50km, 특히 2km 이하에 가장 많이 분포한다. 이산화탄소는 광합성하는 동안 대기로부터 회수되었다가 호흡과 유기질 탄소 화합물의 분해(산화)로 되돌아간다(제7장). 지표의 유기물 저장소에 탄소가 머무르는 시간은 20여 년이며, 유기질 저장소의 규모가 고정되어 있는 범위까지는 순환이 자연적 균형을 유지한다(제7장). 그러나 삼림의 화재와 같이 연소 재료가 자연

적인 것이라고 하여도, 화석 연료로서 암석권에 효과적으로 고정되어 있던 탄소 화합물의 연소는 대기의 이산화탄소 농도에 상당한 영향을 미친다(제24장).

수증기 수증기는 물의 기상으로서, 지표에 있는 액상으로부터 물 분자가 확산된 것이다. 이 때문에 수증기는 대기권의 하부 10km 이내에 집중되어 있으며, 약 90%가 하부 6km 이내에 존재한다. 수증기는 습윤한 공기에서 체적의 0.5~4.0%를 차지하는, 대기권 내 가장 가변적인 구성 성분 가운데 하나이다. [그림 4.1]은 대기권 하부 8km에서 수증기의 전형적인 분포를 보여 준다.

액상과 고상의 입자 대기권에는 주요 기체 이외에도 부유 상태이거나 교란으로 혼합되어 떠다니는 액상이나 고상의 물질이 포함되어 있다. 이 가운데 가장 중요한 것은 구름 속에 존재하는 물방울과 얼음이다. 이것들은 단파 복사(반사)와 장파 복사(흡수)에 영향을 미치므로 중요하다. 대기 중 구름의 양은 매우 다양하지만, 적도와 중위도 지역은 다른 지역보다 더 많은 운량을 나타낸다(그림 4.2).
　나머지 입자의 약 90%는 화산 분출에서 유래한 먼지와 삼림 화재의 연기, 바닷물의 비산, 꽃가루 등과 같이 자연적인 것이다(표 4.2). 이것은 토지 관리가 허술

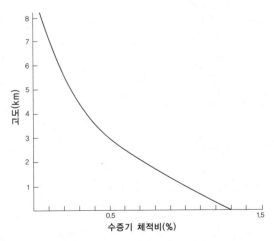

그림 4.1 높이에 따른 대기 수증기 함량의 감소

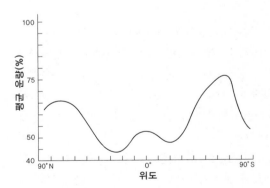

그림 4.2 위도별 평균 운량의 변이(Sellers, 1965)

표 4.2 대기 내 물질의 근원(Smith 1975, Varney and McCormac 1971)

유형	근원
입자	화산
	연소
	바람
	산업
	해수비말
	산불
탄화수소	내연 기관
	박테리아
	식물
황 화합물	박테리아
(SO_2, H_2S, H_2SO_4)	화석 연료 연소
	화산
	해수비말
질소 화합물	박테리아
	연소

한 지역에서 토양 침식으로 발생하는 먼지나 화석 연료의 불완전 연소에서 나오는 연기와 같이, 인간 활동의 산물 때문에 점차 증가한다.

모든 입자는 교란으로 혼합된 뒤 대기로 유입되어, (반경 100μm 이상의) 보다 무거운 입자는 중력의 영향 때문에 지표로 되돌아오기도 하지만, 상당한 시간 동안 그곳에 머무른다. 입자의 약 80%는 지표로부터 1km까지 상승하며, 반경 10μm 이하인 소량의 미세 입자는 10~15km 높이까지 상승하여 수년 동안 대기에 머무르기도 한다.

(1) 시스템의 구조: 대기의 수직 구조 모델

대기의 유체 시스템에서는 측정 가능한 변수들로 인정받는 시스템 속성들의 분포라는 측면에서 구조를 인식하여야 한다고 강조하였다. 앞서 논의하였듯이, 대기권은 등질이 아니며 구성 요소들의 분포로 볼 때 대기권은 층상 구조를 가지고 있다. 대기권 구조의 이러한 수직 성분은 복사 에너지 흡수의 분포와 밀접히 관련되어 있으며, 온도라는 변수로 표현된다.

60km 하부에는 지표와 오존층이라는 두 개의 주요

흡수대가 있다. 흡수된 에너지는 재복사와 전도 및 대류로 재분배된다. 그러므로 지표와 약 50km 고도에 두 개의 온도 극대점이 있다. 각 극대점 위에는 대류에 의하여 혼합이 일어난다. 이러한 혼합이 일어나는 층 내에서는 열원에서 높이 올라갈수록 온도가 하강한다. 혼합이 일어나는 두 층 가운데 하부의 것(그림 4.3)을 **대류권**(troposphere)이라고 하고, 상부의 것을 **중간권**(mesosphere)이라 한다. 이들 사이에는 혼합이 거의 없는 층이 있어 분리되는데, 이곳에서는 대기가 층상 구조를 띠므로 **성층권**(stratosphere)이라고 한다. 대류권과 성층권 사이에 있는 **대류권계면**(tropopause)은 대기권 하부에서 대체적인 혼합의 상한을 나타낸다. 대류권계면의 평균고도는 11km이지만 위치에 따라 다양하다. 열대에서 평균고도는 16km이고, 극지방에서는 10km에 불과하다. 지표에서 90km 이상 떨어진 중간권 위에는 또 하나의 열을 받는 지대가 있는데, 이 높이에서 나타나는 산소 분자는 단파의 자외선 복사를 흡수한다. 이것을 **열권**(thermosphere)이라고 한다. 열권 내에서는 이온화 작용이 발생하여 전하를 띠는 이온과 자유 전자를 생산한다. 열권을 벗어난 약 700km 상공에는 대기의 밀도가 극히 낮은 **외기권**(exosphere)이 있다. 이 높이에서는 이온화된 입자들의 수가 증가하여 **반알렌대**(Van Allen belt)를 형성한다.

수직 구조를 나타내는 이 모델을 단순화하면 대기를 두 개의 동심원 각으로 모델화할 수 있다. 그들의 경계는 지표에서 약 50km 상공에 있는 **성층권계면**(stratopause)이며, 대기권 외곽의 한계는 약 8만km에 있다. 성층권계면 아래에 있는 성층권과 대류권에는 대기 총질량의 99%가 있으며, 대기 순환 시스템이 작동하는 곳도 이곳이다.

성층권계면 너머 8만km 두께의 층에는 대기 총질량의 1%만 포함되어 있으며, 고에너지의 단파 태양 복사 때문에 이온화를 겪고 있다.

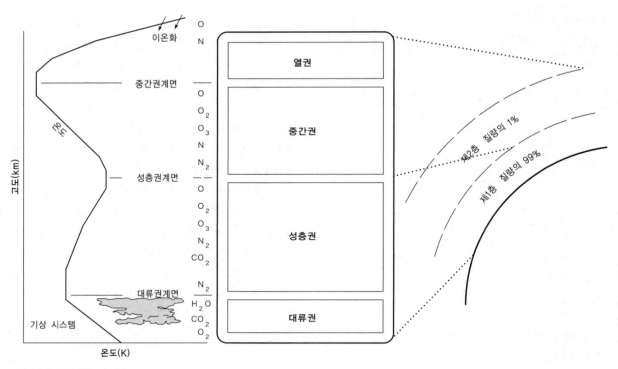

그림 4.3 대기 수직 구조의 모델

(2) 대기압: 수직 구조 모델의 고찰

대기압은 지표의 단위 면적에 공기가 누르는 힘으로 정의된다. 유체가 정지하여 있는 경우에는 분자가 임의로 운동하기 때문에, 유체는 모든 방향으로 동일한 압력을 가한다. 중력의 영향을 받은 유체가 나타내는 압력은 **정수 압력 방정식**(hydrostatic equation)으로 표현된다(자료 4.1). 이 식에서 압력은 유체의 밀도(ρ), 깊이(또는 지표로부터의 높이, h) 및 중력가속도(g)의 곱으로 정의된다.

$$P = \rho h g \qquad (4.1)$$

압력의 단위는 제곱미터당 뉴턴(Nm^{-2}) 또는 파스칼(pascal, Pa)이다. 대기압의 경우에 널리 사용되는 단위는 밀리바(mb)이며 $100Nm^{-2}$와 같다[근래에는 헥토파스칼(hPa)을 사용함].

대기의 밀도(ρ)가 지표 위의 고도에 따라 변하지 않는다면, 기압은 대기권을 통하여 균등하게 감소할 것이다(자료 4.2). 그러나 관찰에 따르면, 대기압은 고도에 따라 균등하게 감소하지 않는다(그림 4.4). 하부 5km에서 기압의 감소율은 약 100hPa km^{-1}의 비율로 거의 균등하다. 5km~10km에서는 약 270hPa, 15km에서는 125hPa, 20km에서 56hPa로 점차 느리게 감소한다. 곡선은 고도에 따른 압력의 지수 변화에 근접한다. 이는 대기의 밀도가 고도에 따라 일정하지 않기 때문이다. 대기는 상부의 공기에 의하여 쉽게 압축되므로, 밀도는 지표에서 가장 크고 빠르게 감소한다(그림 4.4). 건조한 공기의 압력(P), 밀도(ρ), 온도(T) 사이의 관계는 기체 방정식으로 표현할 수 있다.

자료 4.1
정수 압력 방정식

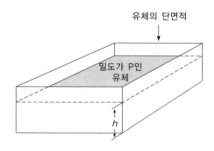

유체의 단면적

밀도가 P인
유체

h

하부의 표면에 놓인 정지하여 있는 유체가 나타내는 압력은 다음과 같다.

$$P = \frac{\text{유체의 무게}}{\text{단면적}} = mg/a \qquad (A)$$

여기서 m은 유체의 질량이고, a는 단면적이며, g는 중력가속도이다.

질량은 유체의 밀도(ρ)와 부피(v)로 다음과 같이 표현할 수 있다.

$$m = \rho v \qquad (B)$$

유체의 부피는 단면적과 그 깊이(h)의 곱이다.

$$v = ah \qquad (C)$$

(C)를 (B)에 대입하면,

$$m = \rho ah \qquad (D)$$

(D)를 (A)에 대입하면,

$$P = \rho ahg/a$$
$$P = \rho hg$$

이것을 **정수 압력 방정식**이라고 한다.

자료 4.2
대기 내 수직 압력의 변화(I)

공기의 밀도가 ρ인, 단위 단면적을 가진 공기 기둥이 있다. 기둥의 바닥에서부터 어느 정도의 높이에 있는 면 EFGH에 가해진 기압(P_1)을 생각해 보자. 이것은 그 위에 있는 공기 기둥의 무게(W라고 하자)와 같을 것이다.

이제 면 ABCD에 가해진 기압(P_2)을 생각해 보면, 이것은 면 EFGH의 위에 놓인 공기 기둥의 무게에서 두께 Δh의 공기 기둥 무게를 뺀 것과 같을 것이다.

공기 기둥에서 이 작은 부분의 무게는 $\rho g \Delta h$와 같다(자료 4.1). 그래서

$$P_2 = W - \rho g \Delta h = P_1 - \rho g \Delta h$$

그러므로

$$P_2 - P_1 = -\rho g \Delta h$$

이것을 다시 쓰면

$$\Delta P = -\rho g \Delta h$$

여기서 ΔP는 압력의 작은 증감 변화를 나타낸다.

양변을 Δh로 나누면,

$$\Delta P / \Delta h = -\rho g$$

이것을 미분 함수의 형태로 다시 쓰면,

$$dP/dh = -\rho g$$

ρ가 일정하면, 기압의 변화율은 공기 기둥의 바닥에서부터 위로 올라가면서 고도가 증가함에 따라 균등하게 감소할 것이다.

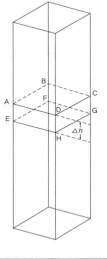

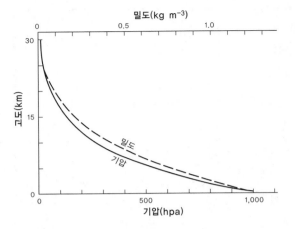

그림 4.4 표준 대기에서 높이에 따른 압력과 밀도의 변이

밀도의 감소가 대기압에 미치는 영향을 간단히 예시할 수 있다(자료 4.3). 대기압과 고도의 관계는 직선보다 지수 곡선이며, 관찰된 관계와 유사하다.

(3) 시스템 구조: 수평적 요소

지금까지 개발된 대기권의 수직 구조 모델은 지구를 둘러싼 동심원 권역의 존재를 암시한다. 권역은 상대적인 조성이나 속성 — 특히 온도나 밀도, 부피, 압력 등 측정할 수 있는 — 의 분포에서 차이를 보인다. 이는 수직 모델이 장소나 시간에 따라 다양하다는 사실을 암시한다. 대기의 속성이 수평적으로 다양하다는 사실을 가장 잘 나타내는 것은 대기압이다.

지표에서 대기압의 수평적 분포는 해면 기압의 등압선(동일한 기압을 나타내는 지점들을 이은 선)으로 표현된다. 육지에서 기록된 기압은 [자료 4.3]의 방정식 (4.13)을 이용하여 해면 기압으로 보정한다. 지표면의 기압을 나타낸 지도에는 비교적 높은 기압을 나타내는 지

$$P = R\rho T \tag{4.2}$$

여기서 R은 기체 상수로서 287J kg^{-1} K^{-1}이다.

이 방정식을 사용하여 정수 압력 방정식을 수정하면

자료 4.3
대기 내 수직 압력의 변화(II)

자료 4.2에서

$$dP = -dH\rho g \tag{A}$$

이상 기체에 대한 기본적인 기체 방정식은 다음과 같다.

$$P = R\rho T \tag{B}$$

(B)에서

$$\rho = P/RT$$

(A)에 이것을 대입하면,

$$dP = -dH\frac{P}{RT}g$$

$$dP/P = \frac{-g}{RT}dH \tag{C}$$

높이 H의 비교적 작은 변화에 대한 것을 가정하면, T의 변화는 비교적 미약하다. 즉, T는 H의 함수로 생각되지 않는다.

P에 관하여 풀기 위해 방정식 (C)를 적분하면,

$$\log P = \frac{g}{RT}H = C_1 \tag{D}$$

여기서 C_1은 상수이다.

그러므로 P와 H 사이에는 로그의 관계가 있다. C_1을 결정하기 위해서는 경계의 조건이 필요하다. $H = 0$(즉 해수면)이고 $P = P_0$ (해면 기압이라고 부른다)인 것을 방정식 (D)에 대입하면

$$\log P_0 = 0 + C_1$$

$$C_1 = \log P_0$$

그래서 방정식 (D)는 다음과 같이 된다.

$$\log P = \log P_0 - \frac{g}{RT}H \tag{4.13}$$

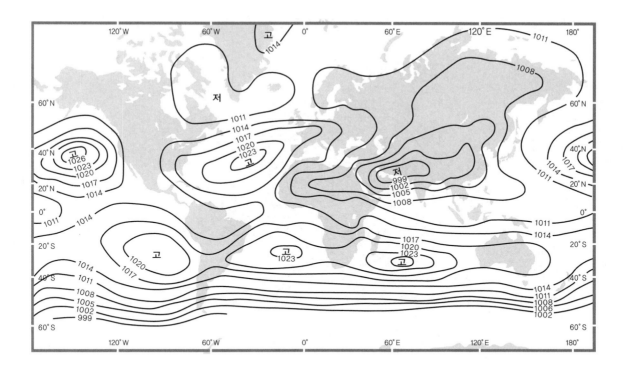

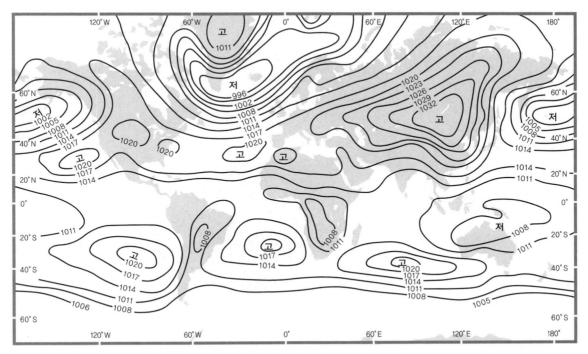

그림 4.5 평균해면기압(hPa)

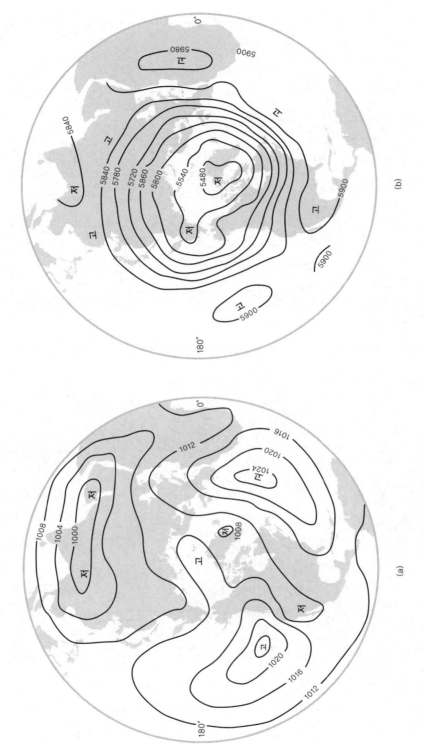

그림 4.6 7월 북반구의 대기압 분포(Byers, 1974). (a) 평균해면기압. (b) 500 hPa 등압면의 평균고도(m)(Neiburger *et al.*, 1971).

역과 낮은 기압을 나타내는 지역이 있는데, 각각 고기압과 저기압으로 불린다. 고기압과 저기압을 구분하는 엄격한 정량적 정의는 없으며, 어떤 의미에서건 절대적인 용어는 아니다. 고기압 지역이나 저기압 지역의 위치는 시공간상 변하지만, 편리하게도 기압을 두 가지 유형으로 구분할 수 있다. 첫 번째는 반영구적인 지역이다. 계절의 평균 기압을 나타내는 지도에서 기압의 위치를 적당히 예측할 수 있다. 두 번째는 일시적이고 가변적인 기압 세포이다. 이것은 일 기압 분포도에서 볼 수 있다. 전자는 대기 대순환의 열쇠를 제공하며, 후자(제9장)는 소규모의 기류 이동과 관련되어 있다.

지표가 완전히 균일하다면 남반구와 북반구에서 적도 저기압(0~15°)과 아열대 고기압(15~40°), 중위도 저기압(40~65°), 그리고 극고기압(65~90°) 등 간단한 대상 기압 분포 패턴을 인식할 수 있을 것이다. 그러나 지표는 갖가지의 육지 표면과 광활한 해양이 모여 있으므로, 기압은 편리한 위도별 대상 분포를 따르지 않는다.

7월의 해면 기압 분포(그림 4.5a)에서 적도 지역의 값은 대체로 작다. 이곳의 북쪽과 남쪽으로 아열대 고기압 지역이 있는데, 남반구에서는 거의 연속적인 대상을 이룬다. 그러나 북반구에서는 육지가 매우 넓은 면적으로 나타나기 때문에, 태평양과 대서양에 고기압이 나타나고, 아시아와 북아메리카의 대부분에는 대륙성 저기압이 나타난다. 평균적으로 중위도의 기압은 낮다. 그러나 평균치를 이용하면, 이러한 교란 지대에서 일어나는 기압의 커다란 시간적 변화를 알 수 없다. 극지방에서는 기압이 항상 높은 것이 아니라, 평균적으로 중위도보다 약간 더 높다.

1월의 주요 기압 지역은 남반구를 향하여 남쪽으로 이동한다(그림 4.5b). 북반구에서는 7월과 크게 달라진 반면, 남반구의 기압 분포는 대상 패턴을 유지하고 있다. 북반구의 아열대 고기압은 거의 대상 분포를 나타내지만, 중위도에서는 북아메리카와 아시아의 대륙성 고기압이 태평양과 대서양의 해양성 저기압과 대조를 이룬다.

그러므로 해면 기압 분포는 (바다가 81%인) 남반구에서 거의 대상에 가깝지만, 반드시 대상을 띠는 것은 아니다. 북반구에서는 바다가 61%를 차지하여, 육지와 바다의 복잡한 배열 때문에 교란되었다. 대륙성 기압의 중심지는 2km 이하로 얕기 때문에, 지표에서 어느 정도 높이에 있는 기압 분포를 고려하면 전 세계 기압 패턴에서 그것들을 걸러 낼 수 있다. 그러한 분포는 등압선도로 나타낼 수 없고, 등압면의 고도 분포도로 표현된다. 등치선은 특정 대기압이 나타나는 고도 자료를 근거로 그린다. 여기서 사용하는 자료는 대기에 띄운 기구로부터 얻은 자료들이다. 예를 들어, 1,000hPa(지표면)과 700hPa(약 3km), 500hPa(5~6km), 300hPa(9~10km) 기압면에 대하여 지도를 작성할 수 있다.

그러한 장치를 이용하면, 700hPa 기압면이나 500hPa 기압면을 사용하여 북반구의 복잡한 기압 패턴을 재검정할 수 있다. 이들 기압면은 850hPa 기압면까지만 뻗어 있는 대륙성 기압 지역의 위에 놓여 있다. [그림 4.6]에 있는 500hPa 기압면은 해면기압 분포와 대조를 이루며, 북극에서 남쪽으로 자오선 방향의 기압 경도를 보여 준다. 이것은 점증하는 등치선 값으로 나타난다.

2. 대기 시스템에서 에너지와 물질의 전달

제3장에서 보았듯이, 지표에는 순복사가 불균등하게 분포하며, 그 가운데 일부는 해양에서 열에너지의 전달로 재분배된다. 그러나 열대 지방에서는 열에너지의 잉여분이 매우 커서 대기를 통하여 극지방으로 재분배된다(그림 4.7). 이 에너지는 온난한 대기가 극 방향으로 이동하는 현열과 수증기의 기화 시에 포함된 잠열, 그리고 이동의 운동 에너지로 전달된다. 물질의 전달 또는 대기 대순환의 기능은 이러한 에너지를 전달하는 것이다. 그러나 전달이 일어나는 방법에 대한 기능적 모델을 만들려고 하기 이전에, 수평면에서 대기에 작

용하는 힘과 그 결과 지표 상에 나타나는 기류의 패턴을 고찰하여야 한다.

(1) 수평면에서 대기에 작용하는 힘

뉴턴의 운동 제1법칙(제2장)에 따라, 대기는 수평적 힘이 작용하지 않으면 정지 상태를 유지하거나 일정한 운동을 할 것이다. 그러한 힘이 가해졌을 때 일어나는 운동은 힘의 크기 및 작용 방향과 밀접히 관련되어 있다. 사실 대기가 정지 상태에 있는 경우는 드물고, 대기에 가해진 여러 가지 힘들에 반응하여 지표 위를 이

동한다. 힘들 가운데 중요한 것은 **기압 경도력**(pressure gradient force)과 **전향력**(Coriolis force), 그리고 **마찰력**(frictional force) 등이다.

기압 경도력 동일한 수평면에 있는 두 지점 간에 기압의 차이가 있을 때 한 지점은 다른 지점보다 더 큰 힘을 받는다. 이러한 불균형을 해소하기 위하여, 대기는 뉴턴의 제2법칙에 따라 고기압에서 저기압으로 가속화된다. 그러나 제2법칙에 따르면, 이러한 가속도는 힘의 크기에 정비례한다. 이 경우 힘의 크기는 두 지점

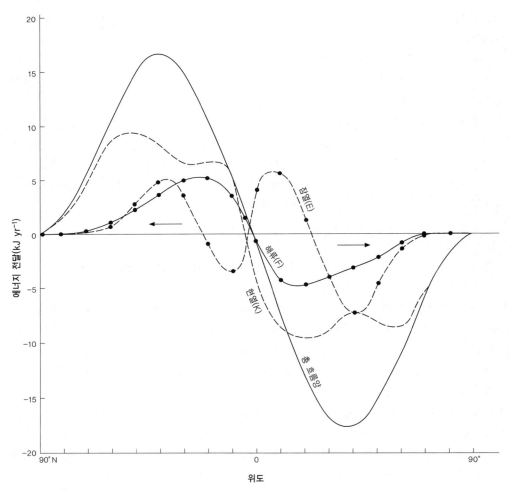

그림 4.7 바다(F)와 대기(E&K)에서 극 방향의 에너지 흐름(Sellers, 1965)

간 기압의 차이, 보다 구체적으로 말하면 두 지점 간 기압 경도로 표현된다.

기압 경도력은 고기압에서 저기압을 향하여 등압선에 수직으로 작용하며, 다음과 같다.

$$F_P = \frac{1}{\rho} \frac{dP}{dx} \qquad (4.3)$$

여기서 F_P는 기압 경도력이고, ρ는 대기의 밀도이며, dP/dx는 고기압에서 저기압 방향으로 거리(x)에 대한 기압(P)의 변화율이다. 간단히 말하면, 기압 분포도에서 등압선의 간격으로 나타난다.

기압 경도력만이 작용하는 유일한 힘이라면, 대기는 고기압에서 저기압으로 곧바로 흘러가서 기압 차이의 평준화가 매우 빨라질 것이다. 그러나 대기에 작용하는 다른 힘들이 있기 때문에 기압 경도력의 영향이 완화될 것이다.

전향력 지구의 자전은 지표 위 대기의 운동에 영향을 미치는 또 하나의 힘을 초래하였다. 이것은 19세기 프랑스 수학자의 이름을 따서 코리올리(Coriolis)의 힘이라 부르기도 한다. 이 힘은 지표를 가로질러 이동하는

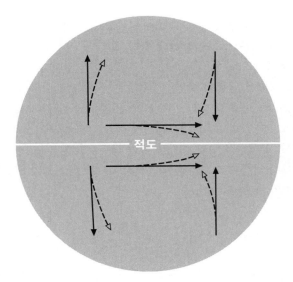

그림 4.8 지표 상 기류의 전향력 편향

물체의 진행 방향에 수직 방향으로 작용한다. 그러므로 이것은 처음 이동 방향과 상관없이 북반구에서는 오른쪽, 남반구에서는 왼쪽으로 구부러진다(그림 4.8). 그러나 이러한 전향력으로 만들어진 가속은 외관상일 뿐이며, 공기가 정지된 지표가 아니라 움직이는 지표 위에서 이동하기 때문에 발생한다(자료 4.4).

자료 4.4
전향력 편향

회전하는 두 개의 커다란 원반이 있는데, 하나는 A에 대하여 시계 반대 방향으로 회전하고 다른 하나는 B에 대하여 시계 방향으로 회전한다. 물체가 A나 B로부터 X를 향한다면, 그것은 목적지에 도달할 수 없을 것이다. 물체가 원반의 가장자리에 도달하였을 때,

X는 원반의 회전 때문에 새로운 위치인 X'로 이동하였을 것이다. 원반 표면의 고정된 지점과 비교할 때 물체의 궤적은 그림에 점선으로 그려진 것과 같은 곡선을 이룰 것이다. 편향은 물체의 측방 가속의 결과로 나타난다. A의 경우 편향은 오른쪽으로 나타나며, 원반 B에서는 왼쪽으로 나타난다.

물체가 경험한 외관상의 가속 값은 다음과 같다.

가속도(a) = $2v\omega$ (4.14)

여기서 v는 물체가 이동하는 속도이며, ω는 원반의 회전 속도(각속도)이다.

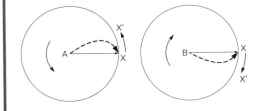

대기권 높은 곳에서 북극과 남극을 본다면, 지구는 북극을 기준으로 시계 반대 방향, 남극을 기준으로는 시계 방향으로 회전하는 디스크처럼 보일 것이다. 디스크상에서 관찰해 보면, 전향력 편향은 북극 주변에서는 오른쪽으로, 남극 주변에서는 왼쪽으로 일어난다. 그러나 이러한 디스크는 평면이 아니고 반구의 표면이다. 이들 반구에 대한 전향력 가속도의 값은 극으로부터 바깥으로 갈수록 감소하며, 다음 방정식 (4.4)와 같이 표현된다(자료 4.4).

$$\alpha = 2\nu\omega \sin \varphi \qquad (4.4)$$

여기서 φ는 위도이다. 지구에서 $\omega = 7.29 \times 10^{-5}$ r(라디안) s^{-1} 이다. 우리는 단위 질량에 작용하는 힘을 고려하므로,

$$\text{전향력}(F_c) = 2\nu\omega \sin \varphi \qquad (4.5)$$

극에서 $\varphi = 90°$이므로, $F_c = 2\nu\omega$, 즉 최대값이다. 적도에서 $\varphi = 0°$이므로, $F_c = 0$, 즉 최소값이다.

이제 대기에는 F_p와 F_c 두 개의 힘이 작용한다. 두 개의 힘이 같을 경우, 두 개의 힘이 작용하여 등압선에 평행한 기류를 만드는데, 이 기류를 **지균풍**(geostrophic wind)이라고 한다(자료 4.5, 그림 4.9a). 등압선이 곡선이라면, 기류는 기압의 중심을 향하여 작용하는 구심력 때문에 곡선을 따라서 등압선에 평행하게 흐른다. 이러한 기류를 **경도풍**(gradient wind)이라고 한다. 이것은 제9장에서 자세히 다룰 것이다.

$F_p = F_c$이면, 방정식 (4.3)과 (4.5)에서,

$$2\omega\nu_g \sin \varphi = \frac{1}{\rho} \frac{dP}{dx}$$

여기서 ν_g는 지균풍 속도이다.

$$\nu_g = \frac{1}{\rho} \frac{dP}{dx} \frac{1}{2\omega_g \sin \varphi} \qquad (4.6)$$

마찰력 지구는 지표를 가로지르는 대기의 이동을 지연시키는 영향을 미친다. 그것은 에너지가 지표로 전달되기 때문이다. 그러한 마찰 저항이 대기의 하부

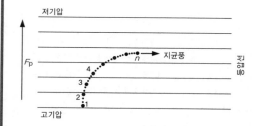

자료 4.5

지균풍

른쪽으로 작동한다. 공기덩어리는 등압선에 수직인 통로에서 편향된다. 지점 3에서 공기덩어리는 그것에 작용하는 두 가지 힘에 의해서 더욱 가속되어 더 큰 속도를 갖는다. 전향력 편향도 더 커지므로, 공기덩어리는 원래의 통로로부터 크게 벗어난다. 지점 4에서 편차는 더 커지고 지점 n까지 계속 그럴 것이다. 그러면 전향력은 증가할 것이고 공기덩어리는 그에 따라 가속 힘을 받을 것이다. 그러나 지점 n에서 기압 경도력과 전향력은 서로 반대 방향으로 작용하는데, 두 힘의 세기가 같을 경우 공기덩어리에 작용하는 힘은 0이 된다. 그러므로 공기덩어리는 뉴턴의 제1법칙에 의하여 등압선에 평행한 직선을 따라 일정한 운동을 지속할 것이다. 이것을 **지균풍**(geostrophic wind)이라고 한다.

지점 1에 머물러 있는 공기덩어리를 생각해 보자. 그것은 북반구에서 기압 경도 내에 머물러 있다. 속도가 0이므로 전향력은 0이지만, 그것은 기압 경도력에 따라 작동한다. 그러므로 그것은 뉴턴의 운동 제1법칙에 따라 가속된다. 지점 2까지 매우 짧은 거리를 이동하면, 그것은 속도를 가지며 따라서 전향력도 운동 방향의 오

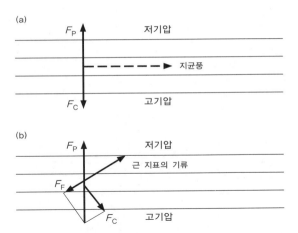

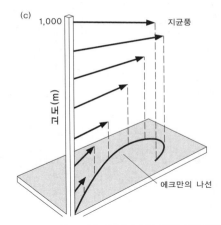

그림 4.9 공기에 작용하는 힘. (a) 지상 1,000m. (b) 지상 10m. (F_P=기압 경도력, F_C=전향력, F_F=마찰력) (c) 저층 대기에서 수평 기류에 대한 마찰의 영향.

1,000m 지점에서 풍속을 감소시킨다. 가장 큰 감소는 지표와 가까이 접촉하는 대기층에서 나타나며, 풍속은 0에 가까워진다. 지표로부터 멀어질수록 마찰 효과가 감소하여, 풍속은 높이에 따라 거의 지수 함수로 증가한다(제8장).

풍속이 감소하면 전향력이 기압 경도력보다 더욱 감소하여야 한다(방정식 4.5). 그러므로 기류는 더 이상 지균풍이 아니며, 저기압을 향하게 된다(그림 4.9b). 풍속이 지표로부터 멀어질수록 증가하므로 전향력이 증가하며, 바람은 점차 지균풍의 풍속과 풍향으로 바뀌게 된다. 이것을 에크만(Ekman)의 나선이라고 하며, [그림 4.9c]에 잘 나타나 있다.

지표의 마찰 견인력은 기체 역학적 조도의 영향을 받으며, 일정하지 않다. 예를 들면 지균풍과 관련하여, 바다 위에서는 마찰 견인력 때문에 지표 가까이에서 풍향에 10°~20°의 변화가 발생하며, 풍속은 40%가 감소한다.

이들 세 가지 힘의 영향으로 고기압 지역이나 저기압 지역과 관련된 기류 패턴이 만들어진다(그림 4.10). 그래서 공기는 저기압 중심에서 수렴하고 고기압 중심으로부터 발산한다. 그러나 대기는 매우 다양한 물리적 성질을 지닌 지표를 가로질러 이동하는 복잡한 유

체라는 사실을 기억해야만 한다. 그러므로 그 안에서 작동하는 힘은 질서 정연한 기류 패턴을 만드는 것이 아니라, 일견 확실한 공간적 조직을 갖지 않은 것 같은 다양한 기류 패턴을 보여 준다. 그러나 임의적이 아닌 공간적으로 조직화된 이동을 인식할 수 있다. 이것은 편의상 작동하는 시공간적 규모에 따라 **1차**(primary), **2차**(secondary), **3차 순환 시스템**(tertiary circulation system)으로 구분된다(표 4.3). 1차 순환 시스템은 전체

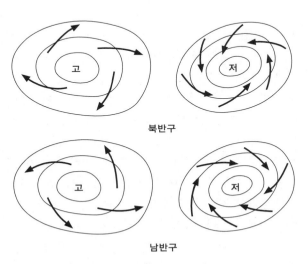

그림 4.10 고기압 및 저기압 지역과 관련한 기류

표 4.3 대기 이동 시스템의 특징적인 규모(Smagorinsky 1979, Barry 1970)

	공간적 규모(km)		시간적 규모(년)
	수직	수평	
1차			
제트 기류			
대류권 장파	10^1	5×10^3	$7 \times 10^6 \sim 10^7$
지구의 지상풍			
2차			
아열대 저기압			
열대 저기압	10^1	$2 \times 10^3 \sim 5 \times 10^2$	3×10^5
고기압			
3차			
스콜 선			
뇌우	$10^0 \sim 10^1$	$10^0 \sim 10^2$	$10^2 \sim 10^4$
해풍			
산풍과 곡풍			

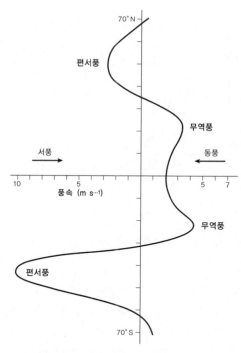

그림 4.11 세계의 주요 대상풍(Riehl, 1965)

대기의 이동과 열대로부터의 극지방으로 에너지 전달이다. 2차 순환 시스템은 이러한 1차 순환 시스템 내에서 작동하며, 일시적 기압 세포와 관련되어 있다. 3차 순환 시스템은 가장 작은 공간 규모에서 작동하며, 국지적 순환으로 알려져 있다. 2차와 3차 순환 시스템은 제9장에서 자세히 다룰 것이다. 우선 대기의 1차 순환 시스템을 자세히 살펴보겠다.

(2) 지표 상의 기류

지표 위 기류의 분포를 간단히 살펴보면, 각 반구의 이상적인 지표에서 네 개의 주요 바람 지대를 인식할 수 있다. 적도 주변에는 넓은 저기압 지역과 관련한 약한 바람 지역이 있는데, 이를 **열대 수렴대**(intertropical convergence zone, ITCZ)라고 한다. **무역풍**(trade wind)은 북동이나 남동으로부터 이곳으로 수렴하는데, 일정한 풍속과 방향이 특징이다. **편서풍**(westerlies)은 이곳에서 남쪽이나 북쪽으로 위도 40° 너머에 위치하며, 날씨 변화가 심하다. 극지방에는 **극동풍**(easterlies)이 있다. 극동풍은 매우 변화가 심한 바람이지만 풍향은 대체로 (북반구와 남반구에서) 북동풍과 남동풍이다.

지표 상에서 기류의 이동은 [그림 4.12]에서 보듯이 결코 이처럼 단순하지 않다. 그러나 다양하게 존재하는 범지구적인 바람 지대를 인식할 수 있다(표 4.4). 지표 바람이 이처럼 위도를 따라 대상으로 나타나는 것은 동향이나 서향 성분의 변화 때문이다(그림 4.11). 대기의 1차 순환 시스템 모델은 관찰된 지표의 대기 이동 패턴을 수용할 수 있으며, 에너지를 적도에서 극으로 재분배할 수도 있다.

3. 1차 순환 시스템: 거의 성공한 모델

대기는 발원지(열대)에서 처리 장소(극)로 열을 전달하는 거대한 열기관 역할을 한다는 사실 때문에, 1735년 해들리(Hadley)가 제시한 것처럼 대기의 순환을 간단한 발원지—처리 장소—발원지의 이동으로 나타

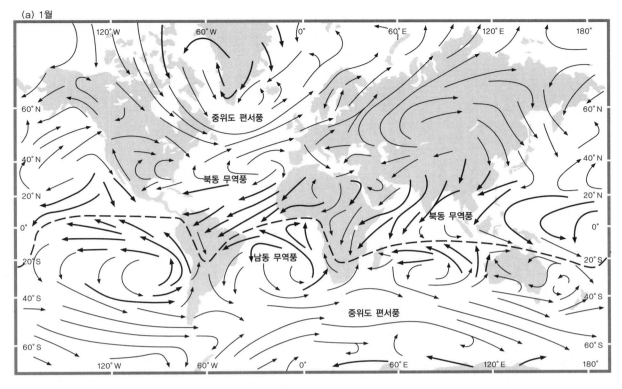

(a) 1월

120˚ W   60˚ W   0˚   60˚ E   120˚ E   180˚

60˚ N

중위도 편서풍

40˚ N

20˚ N

북동 무역풍

0˚

20˚ S

남동 무역풍

북동 무역풍

40˚ S

중위도 편서풍

60˚ S

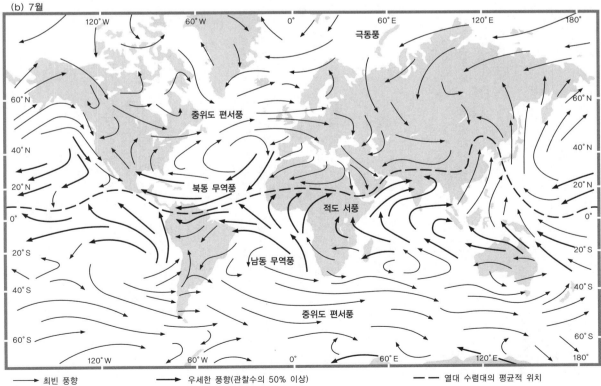

(b) 7월

120˚ W   60˚ W   0˚   60˚ E   120˚ E   180˚

극동풍

60˚ N

중위도 편서풍

40˚ N

20˚ N

북동 무역풍

적도 서풍

0˚

20˚ S

남동 무역풍

40˚ S

중위도 편서풍

60˚ S

→ 최빈 풍향   ⟶ 우세한 풍향(관찰수의 50% 이상)   - - - 열대 수렴대의 평균적 위치

그림 4.12 1900~1950년 세계의 평균 지상풍(Lamb, 1972)

표 4.4 주요 대성풍의 특성

위도대	해면 기압 상태	가장 부정하게 발달한 지표	근자표의 평균 풍향	근자표의 평균 풍속	계절적 변이	풍속과 풍향의 일관성
무풍대	대체로 기압 경도가 약한 저기압	해수면에서 붙임속으로 나타남	매우 가변적	3m/s 이하	무풍대의 연속성은 다양하여, 3~4월에 가장 넓게 발달하고 8월에 좁아짐	매우 가변적
적도 서풍	낮은, 특히 온순(여름) 기압 상태	주로 해양성이나, 서아프리카와 인도의 육상에서 중요함	북반구에서는 SW, 남반구에서는 NW	6m/s 이하	여름 반구에서 가장 잘 발달함	국지적으로는 풍속과 풍향이 매우 일정함
무역풍	아열대 고기압과 관련하여 하강하는 공기	해심 지역은 대양의 동부에 위치하지만 이열 대부분에서 육상으로 붙어감	북반구에서는 NE, 남반구에서는 SE	5~8m/s	겨울에는 해심 지역이 가장 넓지만, 여름에는 풍속이 가장 빠름	놀라울 만큼 일정함. 해심 지역이 기록된 풍통이 70% 이상, 대부분이 다른 무역 풍 지역에서는 50% 이상
중위도 편서풍	가변적이나 대체로 낮고, 자오선 방향의 기압 경도가 가파름	해상. 북반구에서는 큰 육지로 방해받음	북반구에서는 SW 내지 W, 남반구에서는 W 내지 NW	남반구에서 최대 풍속 10m/s	경압 방향의 기압 정도가 가장 가파른 겨울에 가장 강함	바람의 75%가 S와 SW 내지 N과 NW 사이에 있는 남반구 해양에서 일정함, 북반구 해양에서는 50% 이하이고 내부에서 25% 이하임
극동풍	가변적이며, 극고기압과 중위도 저기압 사이에 나타남. 극지방에 강한 고기압이 없고 있을 때 잘 발달함	한대의 바다와 대륙 주변	종관적 조건에 따라 대체로 동풍 계열이나, 가변적임	가변적이며 정보가 없음		중위도나 극지방 방면의 종관 조건에 따라 가변적임. 남극에서는 국지적인 하강 기류로 조정됨

낼 수 있게 되었다(그림 4.13). 이러한 단일 세포 모델에서는 열대에서 상승한 따뜻한 공기가 대기 상층부에서 북으로 이동하고, 냉각된 공기가 지표를 가로질러 남쪽으로 되돌아온다. 이러한 흐름은 지구의 자전에 따라 조정된다. 무역풍은 지구의 자전 방향과 반대로 불기 때문에 마찰 견인력으로 작용하여, 지구의 자전이 감속하지 않는다면 상쇄될 것임에 틀림없다. 중위도의 편서풍은 자전 방향으로 이를 보상하는 마찰 견인력을 나타낸다.

이 단순 모델은 [그림 4.14]를 참조하여 설명할 수 있다. (a)에서 동일한 수평면 위에 놓여 있는 A, B, C에 가해지는 기압은 똑같이 감소한다. 지표면이 B에서는 가열되고 A와 C에서 냉각되면, B 위의 공기 기둥은 팽창하고 A와 C 위의 공기 기둥은 수축한다. 등압면이 부풀어 올라 (b)에서처럼 상층부에 기압 경도를 만든다. 공기는 이 기압 경도 방향으로 흐르기 시작하여, B′에서는 기류가 발산하고 A′과 C′에서는 수렴하게 된다(c). B′에서의 발산으로 B에서 수렴이 나타나고,

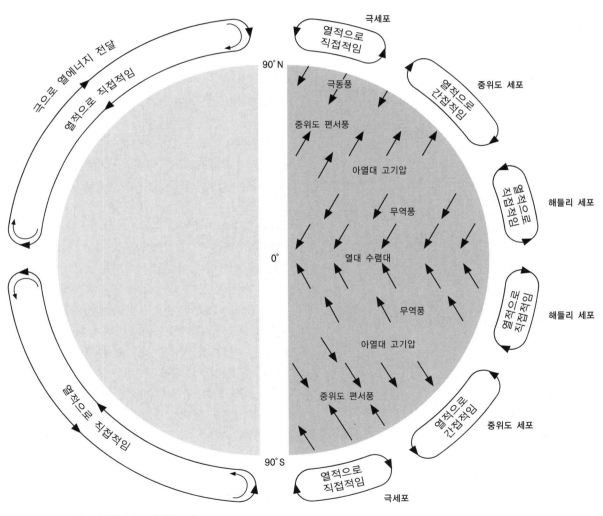

그림 4.13 대기 대순환의 단일 세포 및 삼세포 모델

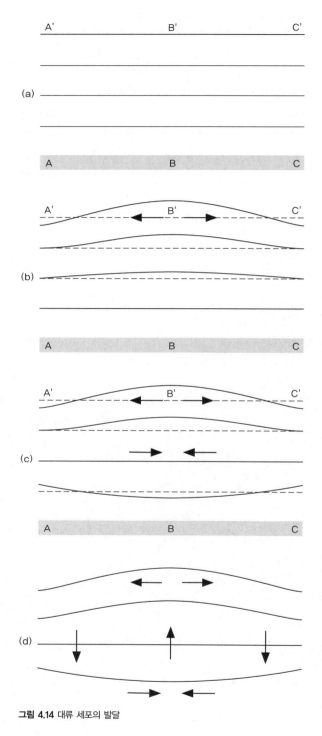

그림 4.14 대류 세포의 발달

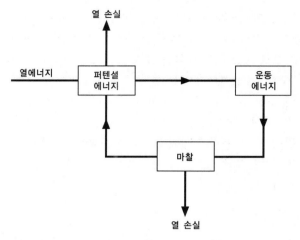

그림 4.15 대기 단일 세포 순환의 시스템 모델

A´과 C´에서의 수렴으로 A와 C에서는 발산이 일어난다(d). 두 지점 간 지표 온도의 차이로 대기의 대류 순환이 시작된다.

이 이론은 지표 위의 구부러진 대기에 적용될 수 있다. 적도에서의 가열과 극에서의 냉각은 [그림 4.13]에 보이는 것처럼 두 개의 대류 세포를 만든다. 이러한 단일 세포 순환은 열에너지의 불균형이 클수록 가속되고 마찰이 클수록 감속된다.

하부로부터 대기가 가열되면 그 위의 공기 기둥이 수직으로 팽창하여 퍼텐셜 에너지가 효율적으로 증가하며, 이것은 운동이 시작될 때 운동 에너지로 변환된다. [그림 4.15]에는 단순한 1차 순환 시스템이 제시되어 있다. 이러한 순환에서 동적 평형 상태에 도달하면, 공기는 대기의 평균적 열 균형을 유지하기에 충분할 정도로 운동한다. 열대와 극지방 사이의 온도 경도가 변하면, 네거티브 피드백이 작동하여 평형을 회복한다. 그래서 온도 경도가 증가하면 대기의 순환이 빨라지고, 열에너지의 재분배를 증가시켜 동적 평형을 회복한다. 온도 경도가 감소하면 순환이 느려지고, 열에너지의 재분배를 제한하여 다시 평형을 회복한다.

유감스럽게도 이러한 단일 세포 모델은 지표의 바람 분포를 충분히 설명하지 못한다. 주요 결함은 지구의 자전 효과를 고려하는 데에 있다. 공기가 극 방향으로 이동하면, 지구의 축을 둘러싼 회전 반경이 감소한다. 공기가 각운동량(angular momentum)을 유지하기 위해서는 지표와 비교하여 동쪽 방향으로 불어가는 속도가 점차 증가하여야 한다(자료 4.6). 세포 한 개만 있다면, 극 방향으로 이동하는 공기는 위도 30° 부근에서 매우 빠른 속도로 흐를 것이다. 기류는 교란되고, 남북 방향의 흐름은 소용돌이로 부서질 것이다. 그러므로 **해들리 세포**(Hadley cell)는 저위도에 국한되고, 각운동량을 극 방향으로 운송할 대안 메커니즘을 반드시 발견하여야 할 것이다.

대기 순환의 단일 세포 모델에 대한 대안은 삼세포 모델이다. 열대와 극 사이 한 개의 대류 세포가 있던 자리에 서로 맞물린 세 개의 세포가 있다(그림 4.13). 이들 가운데 첫 번째 것은 적도와 남·북위 30° 사이에서 작동하는 저위도 해들리 세포이다. 이것은 대류 세포이며 열적으로 직접적인 세포이다. 온난한 공기는 열대 수렴대에서 상승하여 극 방향으로 이동하며, 아열

대 고기압에서 침강한 후 서쪽으로 이동하여 저위도로 되돌아간다. 지표의 바람은 동풍계의 무역풍이며, 대기 상층부에는 서풍계의 반무역풍이 있다. 두 번째 세포는 30°와 60° 사이에서 작동하는 **중위도 세포** (middle-latitude cell)이다. 공기는 아열대에서 발산하여 지표를 가로질러 극 방향과 동쪽 방향으로 흐르고, 마침내 한대 전선에서 극지방의 차가운 공기와 수렴한 후 대류권 상층부까지 상승한다. 공기는 여기에서 상공을 통하여 적도 방향으로 되돌아간다. 따뜻한 공기가 30°에서 효율적으로 침강하고 찬 공기가 60°에서 상승함으로써, 이 세포는 열적으로 간접적이다. 세 번째 세포는 열적으로 직접적인 **극세포**(polar cell)이다. 비교적 따뜻한 공기가 60°에서 상승하고 찬 공기가 극 주변에서 하강한다. 상층부의 기류는 서풍계이며 지표의 기류는 동풍계이다.

이 삼세포 모델을 적용함으로써 범지구적인 지표의 기류 분포를 설명할 수 있다. 해들리 세포에서 두 개의 무역풍과 적도 수렴대를 설명하고, 중위도 세포에서

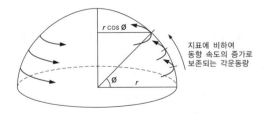

편서풍을 설명하며, 극세포에서 극동풍을 설명한다. 지표의 바람은 관찰된 해면 기압의 분포와 일치하며, 기압 경도력과 전향력과 마찰력의 작용에 따른다.

1차 순환 시스템의 작동과 관련하여, 에너지 전달은 간단한 하나의 회로(그림 4.15)가 아니라 더욱 복잡한 일련의 과정으로 이루어진다. 열적으로 직접적인 두 개의 세포는 단순한 에너지 회로로 나타나지만, 중위도 세포는 열적으로 간접적이며 다른 두 세포에 의해서 가동되는 것이 틀림없다. 그래서 이곳의 주요 에너지 유입은 해들리 세포와 극세포로부터 전달된 운동 에너지이다.

20세기 동안 대류권 상층부의 바람에 대한 더 많은 정보를 얻게 됨으로써 삼세포 모델의 한계가 분명해졌다. 대류권 상층부에서 관찰된 기류는 특히 저위도와 중위도 모델의 기류와 일치하지 않는다. 중위도의 지표 편서풍 위에는 삼세포 모델에서 제시한 동풍이 아니라 서풍이 분다. 무역풍 위에서 부는 반무역풍은 풍향의 역전을 나타내지만 매우 미약하여 지표의 무역풍과 분명하게 어울리지는 않는다.

삼세포 모델을 작동하기 위해서는 중위도 세포가 해들리 세포 및 극세포에 의해서 가동되어야 한다. 극세포는 너무 약하여 이러한 기능을 수행할 수 없을 뿐만 아니라, 중위도에서는 대류권의 상층부와 하층부에서 자오선 방향의 기압 경도가 가장 가파르다. 그래서 중위도 세포는 삼세포 모델과 모순되게 대기 순환의 가장 강력한 요소이며, 극 방향으로 에너지를 재분배하는 데 기본이 된다.

대류권 상층부의 등압면을 면밀히 조사해 보면, 기압의 분포가 극을 중심으로 한 동심원의 형태로 나타나며, 기압은 극에서 멀어질수록 감소한다. 기압은 위도 20°에서 최대에 도달하며, 적도로 가면서 약간 감소한다. 극과 위도 20° 사이에는 환극(circumpolar) 편서풍의 형태로 지균풍이 불고, 적도 위에는 동풍이 분다.

환극 편서풍 내에는 **제트 기류**(jet stream)로 알려진 매우 강한 풍대(wind band) 두 개가 분명하게 나타난

다. 이들 가운데 하나인 아열대 제트 기류는 위도 20° ~35° 사이의 환극 통로를 갖는다. 다른 한대 전선 제트 기류는 위도 35°~65° 사이의 통로를 갖는다(그림 4.16). 아열대 제트 기류는 지상 12~15km 사이에서 불고, 좁은 핵심 지대에서는 평균풍속이 65m s^{-1}를 넘는다. 이것은 겨울에는 뚜렷하나 여름에는 상당히 약화되어 불연속으로 나타난다.

해들리 세포에서 공기가 극쪽으로 이동하려면, 지표

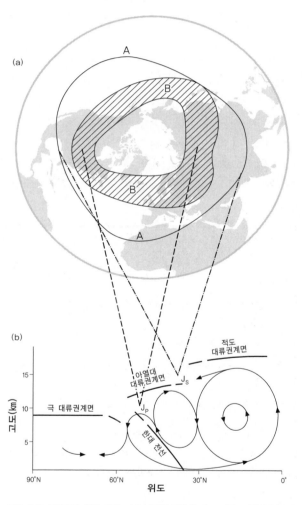

그림 4.16 북반구의 제트 기류. (a) 겨울철 아열대 제트 기류 Js(A)의 평균적 위치와 극전선 제트 기류 Jp(B)의 활동 지역(Riehl, 1965). (b) 적도와 극 사이 기류의 경선 방향 평균 이동.

와 비교할 때 각운동량을 보존하기 위하여 위도 30° 주변에서 동쪽으로 부는 60m s⁻¹ 규모의 풍속이 요구된다. 이미 말했듯이(자료 4.6) 이런 방식으로 기류의 속도를 증가시켜 극 방향으로 각운동량을 전달하는 것은 저위도에 국한된다. 고속의 아열대 제트 기류가 이러한 한계를 나타낸다. 아열대 제트 기류가 지표의 고기압 위에 있으면, 그 내부의 공기는 지면으로 하강하고, 그 에너지는 마찰로 소모되던지 극이나 적도 방향으로 전달된다. 한대 전선 제트 기류는 고위도에서 자오선 방향의 온도 경사가 급하여 강한 상층 편서풍을 만드는 곳에 위치한다. 지상 10~12km에 있는 제트 기류 중심부의 평균풍속은 25m s⁻¹이다. 그것은 불연속이며, 곡류하는 매우 가변적인 통로를 따라 흐른다.

[그림 4.16]은 평면에서 자오선 방향의 대기 순환을 보다 현실적으로 표현한 것이다. 북반구에서 순환의 주요 특징은 해들리 세포이다. 이보다 북쪽에 있는 중위도의 열적으로 간접적인 세포는 훨씬 적으며, 대류권의 중·상층부에 국한된다. 그러나 이러한 순환도 각운동량과 열에너지가 위도 30°를 넘어 극 방향으로 어떻게 전달되는지 완전하게 설명할 수는 없다. 이곳을 넘어서면 대기는 소용돌이를 만든다. 극 방향으로 열과 운동량을 전달하는 데 영향을 미치는 것은 이러한 소용돌이이다. Hide(1969)는 실험실 모델을 사용하여 이러한 소용돌이 운동이 갖는 형태를 제시하였다(자료 4.7). 회전이 느리면 개수대 내 유체는 단일 대류 세포를 따라 이동하여 해들리 세포가 적도와 극 사이에 작동하도록 자극한다. 그러나 회전 속도가 증가하면 전향력 매개 변수를 변화시켜, 대류 순환은 판의 따뜻

자료 4.7
개수통 실험

동일한 중심을 갖는 두 개의 실린더에 작은 폴리스티렌 입자가 포함된 액체(보통은 물이나 글리셀)가 담겨 있다. 외부의 실린더는 가열하고 내부의 실린더는 냉각시켜, 하나의 반구에서 열대와 극지방의 대기 사이에 존재하는 것과 유사한 온도 경사를 유체 내에 만들었다.

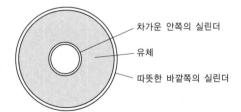

차가운 안쪽의 실린더
유체
따뜻한 바깥쪽의 실린더

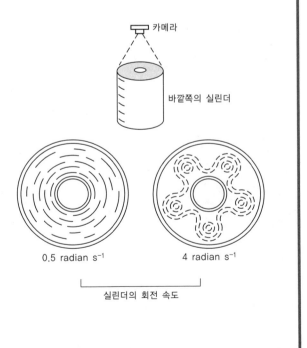

카메라
바깥쪽의 실린더

0.5 radian s⁻¹   4 radian s⁻¹

실린더의 회전 속도

유체의 운동은 온도 경도가 일정하고 실린더가 다양한 속도로 회전할 때 폴리스티렌 입자들이 취하는 궤적을 사진으로 찍어 기록하였다.

회전 속도가 0.5 rad s⁻¹ 정도로 낮을 때, 통 속에서 유체의 운동은 중심축을 중심으로 대칭을 이룬다. 반대로 회전 속도가 4 rad s⁻¹일 경우에는 유체 내에 파동 운동이 잘 발달한다.

자료 4.8
파동 운동에서 열과 운동량의 전달

북반구에서 아래의 파동을 따라 이동하는 공기를 생각해 보자.

(a) 위도 x_1, x_2, x_3 지점의 기온이 y_1, y_2, y_3 지점보다 높을 경우 공기가 북쪽으로 이동할 때 열의 순손실이 있음에 틀림없다.

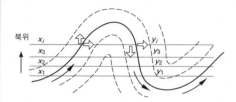

(b) x_1과 y_1 지점에서 파동 내 공기 이동의 남북 성분과 동서 성분을 생각해 보면, 공기는 파동이 상승하는 가장자리를 따라서 북향과 동향 성분을 갖는다. 그리고 공기는 하강하는 가장자리를 따라 남향과 동향 성분을 갖는다. 상승하는 가장자리의 북향 성분과 하강하는 가장자리의 남향 성분이 대략 같아서, 남북 간 공기의 흐름은 없다. 즉 운동량의 손실은 없다는 것을 알 수 있다. 그러나 동향 성분이나 동서 성분을 비교하고 싶다면, 속도를 상당히 줄여서 운동량을 줄여야 할 것이다. 파동을 따라 이동하는 공기는 동향 운동량을 잃고, 극 방향으로 이를 효율적으로 전달한다.

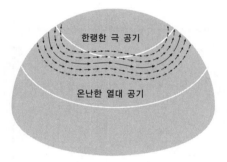

(a) 제트 기류가 굽이치기 시작한다.

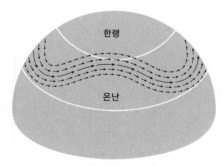

(b) 로스비 파동이 만들어지기 시작한다.

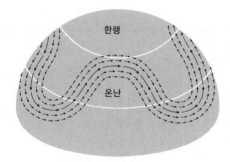

(c) 파동이 강하게 발달한다.

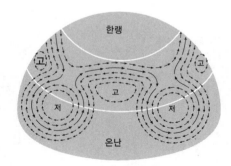

(d) 한랭한 공기 덩어리와 따뜻한 공기 덩어리가 세포를 형성한다.

그림 4.17 상층 편서풍의 파동(Strahler and Strahler, 1973)

한 가장자리로부터 차가운 중심부까지 열과 운동량의 흐름을 유지할 수 없다. 대류 세포 대신에 이러한 전달을 효율적으로 전달하는 파동 운동이 시작된다.

대류권 상층부의 등압면에는 상층 편서풍 내에 여러 개의 파동이 나타나는데, 이를 **로스비 파동**(Rossby Wave)이라고 한다. 파동의 개수와 자오선 방향의 진동은 시간에 따라 매우 가변적이다. 이것은 1~2개월의 비교적 짧은 기간에도 발달하였다가 사라지고는 한다(그림 4.17). 그러나 장기간에 걸친 파동의 평균 위치를 알 수 있다. 그리고 이러한 파동 패턴은 대기 순환에 기본이 된다. 이러한 파동에서 자오선 방향의 순기류가 없다고 할지라도, 아열대로부터 열에너지와 각운동량을 전달하는 기능을 수행한다(자료 4.8).

대기의 1차 순환 시스템은 단일 세포 모델이나 삼세포 모델에서 나타나는 것보다 훨씬 더 복잡하다. 그러나 어떤 모델이든 매우 효율적이지만 기계적으로 복잡한 열 엔진을 충분히 나타낼 수는 없다. 대기는 저위도의 과잉 열에너지를 효율적으로 재분배함으로써 범지구적 열에너지 균형을 유지한다. 시공간상 물리적 특성이 매우 가변적인 지표 위에서 이와 같은 방법은 메커니즘의 복잡성을 가중시킨다.

우리는 지금까지 건조한 공기의 이동만을 고찰하였다. 공기에는 수증기가 포함되어 있어 추가적인 열에너지의 교환이 있다. 공기에서 수증기를 감소시키면 열을 방출하고, 수증기를 증가시키면 열을 소비한다. 그래서 수증기를 운반하는 대기는 열에너지의 잠재적인 공급원을 운반하는 것이다. 수권은 물론 지구-대기 시스템 내의 수분도 제6장에서 자세히 다룰 것이다.

더 읽을거리

Atkinson, B.W. (ed) (1981) *Dynamical Meteorology: an Introductory Selection*. Methuen, London.

Eliassen, A. and K. Pedersen (1977) *Meteorology: an Introductory Course. Vol. 1*, Physical Processes and Motion. Scandinavian University Books, Oslo.

Hanwell, J. (1980) *Atmospheric Processes*. Allen & Unwin, London.

Lockwood, J.G. (1979) *Causes of Climate*. Edward Arnold, London.

Lutgens, F.K. and E.J. Tarbuck (1982) *The Atmosphere*. Prentice-Hall, Englewood Cliffs.

Neiburger, M., Edinger, J.D. and W.D. Bonner (1982) *Understanding our Atmospheric Environment*. Freeman, San Francisco.

Thrush, B.A. (1977) The chemistry of the stratosphere and its pollution. *Endeavour*, 1, 3~6.

Walker, J.C.G. (1977) *Evolution of the Atmosphere*. Macmillan, New York.

Warneck, P. (1988) *Chemistry of the Natural Atmosphere*. Academic Press, London.

제5장
암석권

제3장에서 지구 내부의 에너지원을 이해하기 위하여 간단하게나마 지구의 구조를 개략적으로 살펴보았다. 화학적·광물학적 조성과 물리적 성질에서 차이를 보이는 각들로 이루어진 이러한 동심원 구조는 등질의 입자 집합체에서 중력의 영향으로 분화 과정을 거쳐 형성되었다. 밀도가 작은 물질은 외부의 얇은 지각으로 분리되고, 밀도가 큰 철과 니켈은 지구 중심부로 가라앉아 핵을 형성하였다. [표 5.1]은 지구의 구성과 층의 깊이를 보여 준다. 광물을 기반으로 지각, 맨틀, 핵을 구분하며, 더욱 세분할 수도 있다. 지각은 다른 층에 비하여 매우 얇으며, 지구 전체 부피의 1.55%만을 구성한다. 이 책에서 주로 관심을 갖는 부분은 이 얇은 층이며, 주로 그 표면 특성을 다룬다. 지구 중량의 대부분은 맨틀로 이루어져 있으며, 지각과 핵 중간 정도의 밀도를 갖는다.

지질학자들은 맨틀 내 약 50km 깊이에서 하부 맨틀로부터 단단한 지각과 상부 맨틀을 분리시키는 불연속면을 인식하였다. 이것은 점성을 띤 액체와 탄성을 가진 고체의 이중적인 성질을 나타낸다. 이 장은 주로 윗부분(또는 **암석권**lithosphere)과 관련되어 있지만, 약 250km까지 뻗어 있는 **약권**(asthenosphere)이라고 불리는 맨틀의 소성 지대에도 관심을 가질 것이다. 그 아래는 **중간권**(mesosphere)이다. 이러한 세분은 포함된 물질의 행태적 유형에 따른 것으로, 지각과 맨틀과 핵의 광물학적 구분과는 확연히 다르다(그림 5.1).

1. 지각 시스템

암석권은 단단한 지구의 표면과 맨틀 내의 불연속면

표 5.1 지구의 구조와 조성

층	경계까지의 깊이(km)	부피(%)	조성	주요 세분
지각(대륙)	약 33	1.55	주로 화강암질, 현무암질	암석권
(해양)	10~11			
	모호로비치치 불연속			
상부 맨틀	약 50		감람석	
소성층	약 250		부분적으로 용용된 감람석	약권
하부 맨틀	2,900	82.25	고밀도, 감람석	
	구텐베르크 불연속			
외핵	5,000		철-니켈, 액체	중간권
		16.20		
내핵	6,371(중심)		철-니켈, 고체	

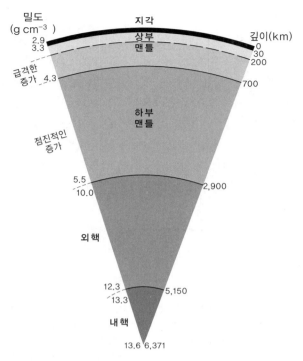

그림 5.1 지각과 맨틀, 핵의 개략도

이 원호상의 경계를 이루는 시스템으로 간주된다. 외부의 경계는 대기권 및 수권과 복잡한 접촉면을 이루며, 또한 생물이 그 안에서 살아가는 환경이다. 내부의 경계는 용융점에 가까운 암석과 인접하며, 위에 있는 암석권에 비하여 유동적이다. 이 책에서는 이를 **지각 시스템**(crustal system)이라고 정의한다. 이것은 개방 시스템이어서, 내부 및 외부의 경계를 통하여 에너지와 물질이 교환된다. 외부 경계에서, 지각 시스템은 대륙과 해양 분지의 구조 및 분포, 그리고 그들 내 주요 기복 단위에 대해서도 책임이 있다. 그러므로 지표에서 작동하는 시스템을 자세히 살펴보기 전의 준비 단계로서, 지각 시스템 내 그리고 시스템의 경계를 통한 물질과 에너지의 전달을 고찰하고자 한다. 특히 지각 시스템과 지표 삭박 시스템의 기능적 관계를 포괄적으로 고찰하고자 한다.

2. 시스템의 구조

(1) 암석권의 화학 조성과 광물

지각 시스템의 구성 요소는 암석권의 광물과 암석을 구성하는 원자들의 화학 원소이다. [표 5.2]는 지각을 구성하는 화학 원소들 가운데 중량비나 원자 구성비, 체적비 등에서 가장 풍부한 8개를 나타낸 것이다. 산소(oxygen)는 단연 가장 풍부하다. 산소와 같은 휘발성 원소를 대기에 자유 분자로 존재하는 양을 초과하여 단단한 지각에 잡아 두기 위해서는 그것이 암석권의 다른 성분과 단단히 결합되어야 한다. 사실 산소 원자와 다른 원소의 원자는 대부분 공유 결합이나 이온 결합을 하여 조암 광물을 형성한다. 이 광물들은 특징적인 광물 조합을 이루어 주요 유형의 암석을 형성한다. 암석권 내에 두 번째로 풍부한 원소는 규소이다. 그래서 대부분의 산소가 규소와 결합하여 규산염 광물을 형성한다는 사실은 놀랍지 않다. 규산염 광물의 기본 단위는 실리카 사면체이다(자료 5.1).

이러한 규산염 광물의 단위들이 연속으로 결합하여 사면체 구조로 제기된 기하학적 제약과 사면체에 부하된 순전하와 연관된 것 사이의 타협을 나타낸다. 그러한 타협은 두 가지이다. 주변 사면체의 산소를 공유하

표 5.2 지각의 원소 구성의 백분비(Mason, 1952)

원소	무게(%)	부피(%)	원자 조성(%)
산소	46.6	93.77	62.5
규소	27.7	0.86	21.22
알루미늄	8.13	0.47	6.47
철	5.00	0.43	1.92
마그네슘	2.09	0.29	1.84
칼슘	3.63	1.03	1.94
나트륨	2.83	1.32	2.64
칼륨	2.59	1.82	1.42
기타*	1.43	0.01	0.05

* 이 카테고리에는 부도가 매우 낮은 다양한 원소들이 포함되어 있다. 이들을 **미량 원소**(trace element)라고 하며, 가끔 생물권에서는 매우 중요하다.

여 (−)전하의 부족을 감소시키거나, 사면체의 (−)전하를 보완하기 위해 다른 금속 이온의 (+)전하를 사용함으로써 중성 광물을 만드는 것이다. 사실 거의 모든 규산염 광물에서는 이 두 가지가 함께 일어난다. 광물 구조는 사면체가 연결된 정도에 따라 독립 사면체로부터 외줄 사슬, 쌍줄 사슬, 판을 거쳐 연속된 3차원 그물에 이르는 연속체를 이룬다(자료 5.1, 그림 5.2). 광물 구조에서 사면체가 더 많이 연결될수록 (−)전하의 불균형은 줄어들고, 중성 광물을 만들기 위해 필요한 양이온

의 수도 감소한다.

이 장에서는 이러한 광물의 구조가 형성되는 방법과 지각 시스템에서 작동하는 프로세스와의 관계를 다룰 것이다. 이런 광물 구조는 그것이 형성되는 환경에 반응하여 독특한 화합물로, 그리고 특정한 양을 나타낸다. 우리는 이러한 광물 집합체를 암석 유형이라고 한다. 암석권을 구성하는 암석들 가운데 체적 대비 95% 이상이 화성암 기원이며(자료 5.2), 1차 규산염 광물로 이루어져 있다(표 5.3). 그러나 나머지 5%를 구성하는

자료 5.1
규산염 광물의 구조

지각을 구성하는 보편적인 조암 광물의 대부분은 규산염 광물이다. 이것은 규소와 산소, 그리고 하나 이상의 부금속이 결합하여 생성된다.

규산염 광물의 기본 단위는 실리카 사면체이다. 중앙에 있는 규소 원자가 4개의 산소 원자와 연결되어 있다. 작은 규소 이온(Si^{4+})과 커다란 4개의 산소 이온(O^{2-})이 함께 뭉쳐 피라미드(SiO_4)를 만든다. 이것은 강하게 결합되어 있으며, 보통은 공유 결합으로 생각된다.

실리카 사면체는 복잡한 이온이다. 2단위의 (−)전하를 갖는 4개의 산소 이온과 4단위의 (+)전하를 갖는 1개의 규소 이온이 합쳐져 4단위의 순 (−)전하를 갖는 4면체 이온이 생성된다. 4면체 이온이 전기적으로 중성이 되기 위해서는 부가된 양이온[예를 들면 감람석(Mg, Fe)₂SiO₄인 경우에는 마그네슘 Mg^{2+}이나 철 Fe^{2+}]과 결합하든지 주변의 사면체와 모서리에 있는 산소 이온을 공유하여야 한다.

주변의 실리카 사면체는 2~3개의 산소 원자를 공유함으로써 다양한 방식으로 연결될 수 있다(그림 5.2). 산소의 공유 정도는 다양하며, 그 결과 사면체는 사슬(외줄, 쌍줄)이나 판, 또는 3차원 격자로 집단화된다. 여러 광물 요소들과 결합하여 만든 이러한 다채로운 구조 때문에 매우 다양한 조암 광물이 형성된다.

쇄상 규산염 광물(Inosillicates)

쇄상 규산염 광물 집단에서는 실리카 사면체가 사슬 형태로 연결되어 있다. 휘석(pyroxenes)의 경우, 주변의 4면체와 산소 2개를 공유함으로써 외줄 사슬을 형성한다. 사슬은 Si:O의 비가 1:3으

로 무한히 길다. 각 사면체에는 (−)전하 2개가 남아, Mg^{2+}, Al^{2+}, Fe^{2+} 등의 2가 이온으로 중화된다. 각섬석(amphibole) 군의 경우에는 사면체의 격자가 쌍줄 사슬로 끝없이 연결되어 있다. 이것은 Si:O의 비가 4:11이고, 금속 이온과 수산 이온(OH⁻)을 첨가하면 전기적 균형을 이룬다.

층상 규산염 광물(Phyllosillicates)

층상 규산염 광물 집단에서는 실리카 사면체가 측면으로 연결되어 무한한 판을 형성한다. Si:O의 비는 2:5이다. 이것은 6각형 패턴의 원자 구조가 판상을 이룬다. 판들 사이에는 양이온과 물이 들어가 있다. 보편적으로 나타나는 광물(점토 광물) 대부분과 운모가 이 집단에 속하며, 판에 평행하게 잘 쪼개지는 성질이 있다.

망상 규산염 광물(Tectosillicates)

산소 공유 정도가 가장 큰 것은 망상 규산염 광물이다. 모든 산소가 주변의 사면체 집단과 공유 결합하여 3차원 격자를 형성한다. Si:O의 비는 1:2이며, 가장 단순한 것은 석영 광물(SiO_2)이다. 풍부한 광물인 장석 집단도 구조적으로 비슷하다. 즉, 규소들 가운데 일부가 금속 이온으로 대체되었다. 알칼리 장석에서는 규소 네 개 가운데 한 개가 알루미늄으로 대체되었다. 이로 인해서 사면체 4개마다 (+)전하 1단위가 부족하게 된다. 격자 구조 내에 속하는 정장석(orthoclase $KAlSi_3O_8$)의 경우에는 K⁺이온을, 조장석(albite $NaAlSi_3O_8$)의 경우에는 Na⁺이온을 첨가함으로써, 전기적인 중화를 얻을 수 있다. 망상 규산염 광물은 단단하여 쉽게 쪼개지지 않는 경향이 있다.

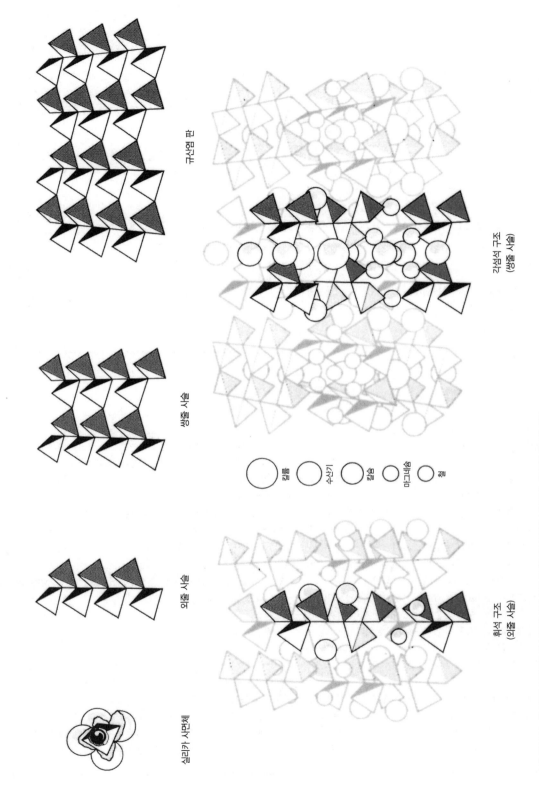

규산염 판

망섬석 구조
(생줄 사슬)

생줄 사슬

칼륨

수산기

칼슘

마그네슘

철

휘석 구조
(외줄 사슬)

외줄 사슬

실리카 사면체

그림 5.2 규소 사면체를 근간으로 한 규산염 틀과 비구성 이온의 포함을 보여 주는 규산염 광물의 구조

표 5.3 지구의 육상에 노출된 광물

광물	노출 면적(%)
장석	30
석영	28
점토 광물과 운모	18
방해석	9
철산화물	4
기타	11

표 5.4 지구의 육상에 노출된 암석 유형

광물	노출 면적(%)
셰일	52
사암	15
화강암	15
석회암	7
현무암	3
기타	8

변성암과 퇴적암도 똑같이 화성암의 1차 규산염 광물에서 유래한 것으로 생각된다. 부피로 보면 화성암이 더 많지만, 퇴적암(셰일, 사암, 석회암)은 지각 내 육지 면적의 70% 이상에 노출되어 얇게 덮여 있다. 반면 화성암은 육지 면적의 18%만을 차지한다(표 5.4). 화성

암, 변성암, 퇴적암은 독특한 화학적, 광물학적 성질뿐만 아니라 중요한 물리적, 기계적 성질도 가지고 있다. 물리적 성질은 지각 시스템 내에서, 그리고 대기권과의 접촉면에서 작동하는 프로세스에 대한 암석의 반응을 통제한다. 그러나 그러한 성질은 이 장의 후반에서

자료 5.2
주요 암석 유형

지각을 구성하는 암석은 기원의 유형을 중심으로 편의에 따라 주요 세 종류로 구분할 수 있다.

화성암(igneous rock)은 용융된 암석(마그마)이나 맨틀에서 유래한 광물 유체가 냉각되면서 결정을 이루어 형성된다. 화성암은 관입암이나 분출암으로 형성된다. 관입암은 마그마가 기존의 지각 물질 속으로 주입되는 곳에서 형성되며, 분출암은 화산 물질처럼 분출되어 지표에서 형성된다. 관입암은 지하 깊은 곳에서 서서히 결정화되어 결정이 큰 조립의 암석을 형성한다. 분출암은 지표에서 빠르게 냉각되므로 대체로 미세한 조직을 이룬다.

예외 없이 화성암은 1차 조암 광물들이 맞물린 결정으로 이루어져 있다. 광물의 구성은 특정 광물의 존재 여부에 따라 매우 다양하며, 산성암과 염기성암으로 구분하는 것이 보통이다.

화성암은 형성된 유형에 따라 암석 내에는 공극이 거의 없으며, 이처럼 공극률이 낮기 때문에 기계적 힘은 매우 강하다.

퇴적암(sedimentary rock)은 기존 암석의 삭박으로 형성된다. 삭박은 풍화 작용을 받아 부서져, 쇄설성 입자의 형태로 운반되는 것을 의미한다. 퇴적물은 대부분 육지를 가로질러 바다로 운반되어 대륙의 가장자리에 쌓인다. 대륙의 표면에도 호소나 하곡과 같

이 보다 제한적이고 고립된 퇴적물 집적 장소가 있다.

퇴적암을 이루는 쇄설성 입자는 석영처럼 단단한 광물들로 구성된다. 어떤 퇴적암은 유기 물질이 집적되어 형성되기도 한다. 예를 들어 백악이나 석회석은 해양 생물의 석회질 껍질과 골편으로 이루어진다.

퇴적물은 **암석화 작용**(lithification)을 거쳐 퇴적암으로 변한다. 암석화 작용이란 퇴적물을 압축하여 수분을 빼내는 것을 말한다. 쇄설성 입자는 스며드는 물로부터 염을 집적하여 고결됨으로써 단단한 암석으로 변한다.

퇴적암은 전형적으로 층화되어 있고, 퇴적 환경의 변화에 따라 조성과 조직이 다양해진다.

변성암(metamorphic rock)은 화성이나 퇴적 및 변성 기원의 기존 암석이 변모하여 형성된다. 지각에서 고온이나 고압 환경이 만들어지면, 모암 광물에 기계적 변형을 일으키거나 대체적으로는 화학적 재조합을 유발한다. 변성암은 원래의 광물이나 변성의 유형(열적 또는 동적), 또는 두 가지의 결합에 따라 여러 유형으로 나타난다. 변성암 집단 내에서도 광물과 조직의 다양성이 나타날 수 있다. 전형적인 실례로서, 점판암은 낮은 변성 정도를 나타내며, 편암은 높은 변성 정도를 나타낸다.

고찰할 것이다. 암석권은 암석의 유형과 광물을 기반으로 **대륙 지각**(continental crust)과 **해양 지각**(oceanic crust), 그리고 **상부 맨틀**(upper mantle) 등 3개의 개략적인 구조 단위로 구분된다.

(2) 시스템의 구조: 주요 성분

대륙 지각 대륙 지각은 규소와 알루미늄이 풍부한 화강암류로 구성되어 있으며, 평균 비중은 2.8이다(자료 5.2). 이 암석들은 지구의 불연속적 외각을 형성하며, 대륙의 기반을 이룬다. 각 대륙은 변성이나 화성 기원의 고대 선캄브리아기 결정질암으로 이루어진 핵심부가 있는데, 이를 **크라톤**(craton)이라고 한다. 이곳은 오랫동안 안정되어 있기 때문에, 최근 핵폐기물을 처리할 수 있는 장소로서 탐사를 진행하고 있다. 이러한 핵심부(순상지)의 암석은 지표에 노출된 가장 오래된 것으로, 20억 년 이상의 연령을 보여 준다(자료 5.3). 이러한 고대 핵심부는 북아메리카의 로렌시아 순상지와 유럽의 페노스칸디아 순상지에서 나타나며, 중부 아프리카의 대부분은 커다란 세 개의 순상지로 이루어져 있다. 때때로 결정암질 순상지 위에는 얇은 퇴적암층이 덮여 있기도 한다. 그러나 최근의 이러한 퇴적층은 안정된 지각 위에 쌓인 이래 횡압력으로부터 보호되어 크게 변형되지 않았다. 그러나 크라톤의 가장자리에 쌓인 퇴적물은 그렇지 않았다.

크라톤은 지각의 보다 유동적인 부분으로 둘러싸여 분리되어 있다. (300km까지 뻗어 있는) 이 지대를 **오로겐**(orogen)이라고 한다. 오로겐은 지각의 압력으로 쉽게 변형되며, **조산 운동**(orogeny)이라고 하는 습곡 작용과 지진 활동이 있는 곳이다. 퇴적암은 변형되어 습곡산지를 이루고, 화강암의 관입으로 변성된다. 이 지역은 복잡한 지질 구조를 가지며, 대체로 지표에 강한 선형 패턴을 형성한다. 오래된 습곡 산지는 비교적 낮은 고도를 유지하지만, 최근에 활동하는 지역은 높은 기복(비고 4,000m 이상)을 보이며 솟아 있다. 사실 지각 시스템 외부 경계의 일부인 대륙의 지표는 기복이 매우 다양하다. 해발 870m인 육지의 평균고도(그림 5.3)

자료 5.3

지질학적 시간 척도

대기		하한 연령(10^{6}년)
신생대	제4기	2
	제3기	65
중생대	백악기	135
	쥐라기	200
	삼첩기	240
고생대	페름기	280
	석탄기	370
	데본기	415
	실루리아기	445
	오르도비스기	515
	캄브리아기	600
선캄브리아기	원생대	2,500
	시생대	3,900

퇴적암은 캄브리아기 이후의 지질 시대에 노출된 암석이다. 시생대의 기반을 이루는 암석은 과거의 복잡한 역사를 지닌 변성암이다. 지각에서 가장 오랜 암석은 그린란드에서 발견되었는데, 연령이 39억 년에 달하였다. 지구의 나이는 45억 년으로 평가되었다. 현재 세계에서 기복이 큰 주요 지역 대부분은 제3기 동안 조산 운동으로 융기한 후 제4기 동안 지표 침식과 퇴적을 겪었다.

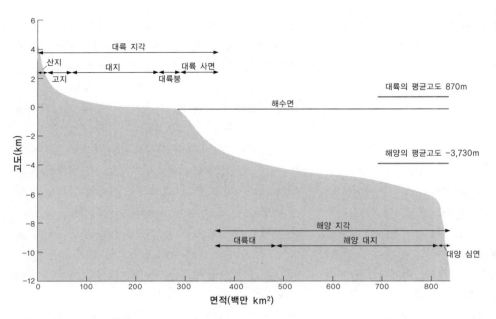

그림 5.3 지구의 지세 도시 곡선

는 이들 조산 지대의 영향이 크다. 대륙 지표의 70%는 해발 1,000m 이하에 놓여 있다. [그림 5.3]에서 육지 표면의 고도 분포가 심하게 편향되었다는 사실은 어떤 대륙에 가파른 경사가 존재함을 강변하는 것이다.

해양 지각 해양 지각은 그 위를 덮는 대륙 지각과 암석학적으로 다르다. 해양 지각은 현무암질로 이루어져 있고, 염기성 광물을 더 많이 함유하여 평균비중이 3.0에 달한다. 구조적으로도 간단하며, 해양의 현무암이 중생대(2억 2500만~6500만 년 전)보다 오래된 것은 없다 (자료 5.3). 해양 지각 위에 쥐라기보다 오래된 퇴적물이 없다는 것은 해양 지각이 상대적으로 젊다는 것을 강변한다. 해양 지각은 대륙보다 훨씬 젊은 지형인 해분의 바닥에서만 지각 시스템의 외부 경계를 이룬다.

해분 바닥의 기복은 대체로 대륙보다 크지 않으며, 대륙에 속하는 지역에서는 기복의 국지적인 변화도 없다. 해저의 고도는 대륙의 주변부에서 급격하게 떨어지며, (면적으로) 해저의 85%는 수면 아래 3~6km에 있

다. 그러나 해저 기복에서는 두 가지 지형이 매우 뚜렷한데, 대양 중앙 해령과 심해 해구이다. 대양 중앙 해령은 전 세계에 걸쳐 6만km 이상 사슬로 연결되어 모든 주요 해분에서 발견되며, 항상 중앙 부분에 위치하는 것은 아니다(그림 5.4). 폭은 500~1,000km이고, 높이는 3,000m에 달하며, 중앙선을 따라 중앙 지구대나 열곡이 있다. 이것들은 육지의 조산대에 비하면 기복이 완만한 편이다. 대양 중앙 해령의 특징 가운데 하나는 지열의 열류량(heat flow)이 비정상적으로 높다는 것이다. 심해의 해구는 선형의 특징이 강하지만 그 지역이 보다 제한되어 있다(해저의 1%). 해구는 특히 태평양을 둘러싸고 해분의 가장자리에 가깝게 위치하고 있으며 10,000~15,000m의 깊이를 유지한다. 여기에서 해구는 수면 위로 돌출하여 도호(island arc)를 이루는 해저 산지의 돌출부와 심히 대비된다. 심발 지진의 진앙을 나타낸 도면과 일치하는 것으로 보아, 해구는 지각에서 불안정 지대이다. 아마도 해분의 가장 놀라운 특징은 대양 중앙 해령이나 해구가 아니라, 이러한 지

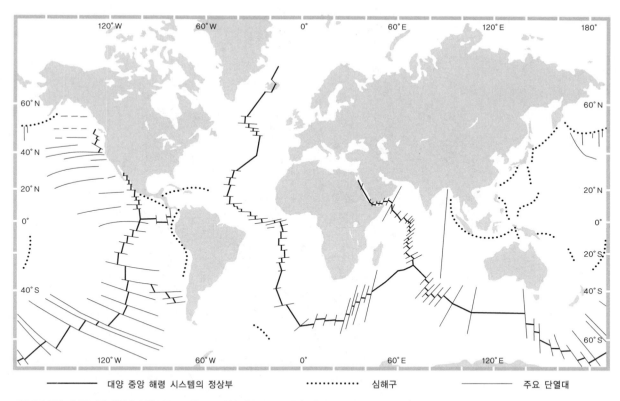

그림 5.4 해분 내 구조 및 지형 요소들(J. Tuzo Wilson, 1963, Continental Drift, Scientific American, Inc.)

legend:
─────── 대양 중앙 해령 시스템의 정상부   ·········· 심해구   ─────── 주요 단열대

표 5.5 중앙 해령에 대한 대칭의 유형

해양 지각 암석의 연령	해령으로부터 점차 많아지며, 특히 양도의 암석에서 잘 예시됨
대양저 퇴적물의 연령	해령으로부터 점차 많아지며, 지각 물질로 나타나는 연령 대칭 패턴이 되풀이 됨
자기 이상	서로, 그리고 해령의 축에 대하여 평행한 밴드로 배열된 지구 자기장의 변이
자극 역전	해양 지각의 고자기에 보존되어 있는 것처럼, 정상적으로 역전된 자극 패턴 해령에서 양측으로 대칭성을 보여 줌
대륙 주변부	마주보는 대륙 주변의 일부에서 기복과 층서의 합치

형, 특히 해령과 관련하여 보여 주는 양방향의 대칭성이다(표 5.5). 이것은 대서양의 해분에서 가장 잘 나타난다(그림 5.5).

우리는 개별 조암 광물이나 대륙 규모에 적절한 척도에서 지각 시스템의 구조를 논의함으로써, 시스템의 조작이나 기능을 살펴볼 수 있는 위치에 서게 되었다.

3. 지각 시스템: 물질과 에너지의 전달

(1) 지구물리학적 모델

전술한 전체의 구조적 단위는 지각 물질의 형성과 파괴, 그리고 대륙의 분리와 분포를 초래한 대규모 기능 시스템을 만들 수 있을 정도로 조직화되어 있다. 지

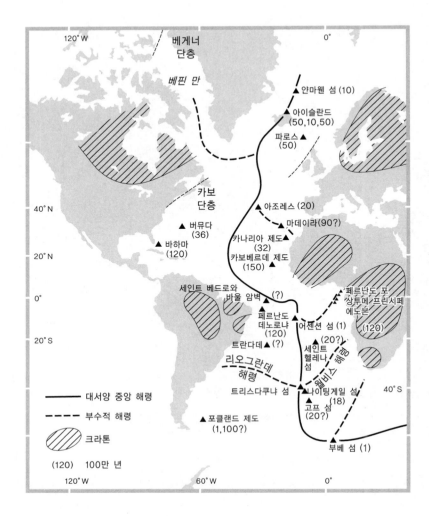

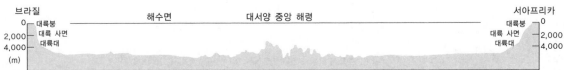

그림 5.5 대서양 해분의 대칭성과 대서양 도서의 연령(J. Tuzo Wilson, 1963, Continental Drift, Scientific American, Inc.)

각 물질을 전달할 수 있는 프로세스는 이처럼 대규모로 작동하지만 인간의 시간 척도로 보면 느리다. 결과적으로 그것을 감지하기 위해서는 복잡한 관찰이 요구되며, 최근의 바닷속 연구의 결과로서만 평가할 수 있다. 지금까지 지각 내에서, 또는 지각 아래에서 일어나

는 프로세스는 일부만 추론할 뿐이지만, 비록 오래된 암석이 심층부에서 일어나는 프로세스의 증거가 된다고 하더라도, 직접 관찰한 사실을 설명하기 위해서는 논리를 도입하여야 한다.

지각 시스템을 작동시키기 위한 핵심은 해저 확장

프로세스를 인식하는 것이다. 맨틀에서 새로운 현무암 물질이 대양 중앙 해령의 중심에 있는 열곡을 따라 지각으로 밀고 올라온다. 마그마는 그곳에서 굳어져 새로운 지각의 암석을 형성한다. 이러한 새로운 물질이 지각에 첨가됨으로써, 기존의 지각은 그것을 수용하기 위하여 측방으로 밀려난다. 그래서 해령의 열류량이 높은 것은 해령의 밑에 뜨거운 맨틀 물질이 가까이 존재하기 때문이다. 해령의 축으로부터 멀어질수록 점차 오래된 지각 물질(그리고 그 위를 덮고 있는 퇴적물)이 분포하는 패턴은 지각 물질이 그 방향을 따라 측방으로 전위되었기 때문이다. 자기 이상이나 자기 역전이 거울에 비친 상(像)과 같은 패턴을 보이는 것도 동일한 프로세스 때문이다. 암석은 형성될 당시의 자기 상태를 기록하며, 해령의 축으로부터 반대 방향으로 멀어질 때 자기 이상과 자기 역전이 지속적으로 나타났기 때문이다.

대양 중앙 해령에서 새로운 지각 물질이 지속적으로 형성되고, 해저가 확장함에 따라 해령으로부터 멀리

전달되기 때문에, 모든 해양저는 이동하고 있다. 이는 해양 지각이 상대적으로 젊다는 것을 의미한다. 해령의 축으로부터 다양한 거리에 있는 암석의 연대를 측정하면 해저 확장의 속도를 알 수 있다. [그림 5.6]에서, 북대서양 동부의 평균 확장 속도는 연간 약 2cm이다. 태평양은 비교적 활발하여 대체로 4.5cm yr⁻¹의 속도를 가진다. 전반적으로 해양 지각의 생성 속도는 연간 1~8cm 범위에 있다.

지구는 팽창하지 않기 때문에, 새로운 지각 물질의 생성은 어디에서인가 지각 물질이 동일한 속도로 파괴되어 균형을 이루어야 한다. 이러한 일은 심해의 해구 아래에서 일어난다. 해양 지각은 주변의 지각 아래로 약 45° 기울어진 전단대(베니오프대Benioff zone)를 따라 활강한다. 가라앉는 지각 판이 부딪쳐 마찰을 만들고, 700km만큼이나 깊은 곳에 진앙을 형성한다. 그러한 지진으로 불안정한 지역의 지표에서는 화산 활동이나 지열 활동이 나타난다.

그래서 새로운 지각 물질이 지표까지 올라오는 지역

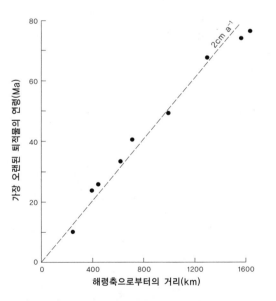

그림 5.6 연간 2cm의 확장률과 비교하여 해령축으로부터 거리에 따른 최고 퇴적물의 연령(Maxwell *et al.*, 1970)

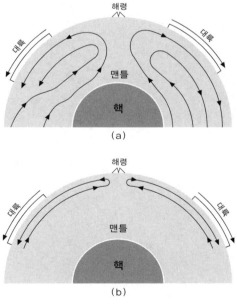

그림 5.7 (a) 맨틀 내 또는 (b) 약권에 국한된 대류 세포

과 그것이 맨틀로 가라앉아 소모되는 지역이 지표의 맞은편에 분포한다. 지각 물질이 해저 확장에 따라 지표를 가로질러 측방으로 이동하는 것은 맨틀 내부의 깊은 곳에서 반대 방향의 운동이 있음으로 균형을 이룬다. 그러므로 지표에서 관찰할 수 있는 이동을 근거로 생각해 볼 때, 지각 표면에 광범위한 영향을 미치는 맨틀 내 물질의 대류 현상이 있을 것이다. 육상의 에너지로 가동되는 일련의 대류 세포는 장기간에 걸쳐 소성 또는 반유동체의 방식으로 행동하는 약대 내에 존재한다(그림 5.7). 대류 세포의 패턴은 불규칙하며 시간적으로도 일정하지 않다. 오래된 상승 지역과 침강 지역은 소멸되고 새로운 곳이 활발할 것이다. 대류 세포와 상승 지역 및 침강 지역의 패턴이 시간이 지남에 따라 변하는 모습은 냄비 안에서 천천히 끓어 끈적거리는 것(예를 들면, 커스터드)과 유사한 것으로 그려 볼 수

있다. 예를 들어, 동아프리카 밑에 새로운 상승 지역이 나타나 대륙 지각을 위로 구부리면, 지각이 파열되어 동아프리카 열곡을 형성한다. 이러한 지형은 해양 지각 내 대양 중앙 해령과 유사하며, 아프리카 대륙을 분리시키는 것으로 나타났다.

지각 시스템이 작동함으로써 해양의 지각 물질이 맨틀에서 지표까지 그리고 지표에서 맨틀로 순환한다. 해양의 지각 물질이 측방으로 이동할 때 대륙 지각은 지구의 표면을 가로질러 운반된다.

지표는 편의상 6개의 큰 판들과 여러 개의 소규모 판들로 이루어진 것으로 생각된다(그림 5.8). 이것이 본질적인 내용은 아니지만, 대부분의 큰 지판들은 대륙을 운반한다. 지판의 가장자리는 지각 물질이 생성되는 상승 지역(**건설적인 외연**constructive margin)이나 지각 물질이 소비되는 침강 지역(**파괴적인 외연**destructive

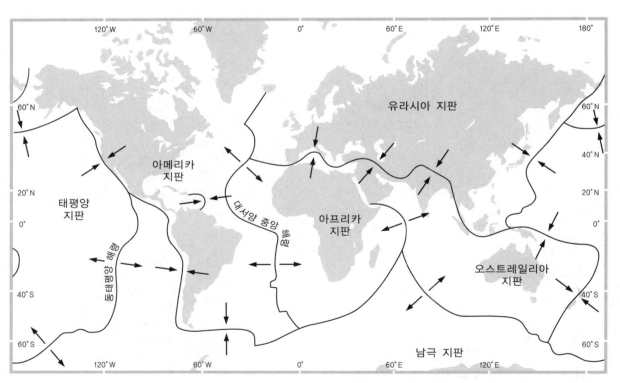

그림 5.8 지판들

margin), 또는 두 개의 지판들이 옆으로 미끄러지는 **수평 이동 단층**(transform fault)이다. 지판의 가장자리에서 발생하는 일은 지표 기복의 형태에 매우 중요한 영향을 미친다. 해양의 밑에 있는 건설적인 외연은 앞에서 자세하게 설명하였듯이 대양 중앙 해령을 만든다. 대륙의 밑에서 발달하는 건설적 외연은 균열을 만들고 마침내 그 대륙을 분열시킨다. 지표 지각이 이동하여 수렴하는 파괴적인 외연에는 매우 큰 기복의 지형이 발달한다. 파괴적인 외연은 세 가지 유형으로 구분된다. 두 개의 해양 지판이 수렴하는 경우에, 한 지판이 다른 지판 밑으로 활강하여 심발 화성 활동을 일으킨다. 이러한 분출로 화산 퇴적 지형이 해양의 표면을 깨

뜨리고 도호(island arc)를 형성한다. 이것은 예를 들어 알류산 열도처럼 태평양판 주변에서 흔히 나타난다. 대륙 지판과 해양 지판이 만나는 경계에서는 주변 대륙 지판이 삭박된 엄청난 퇴적물이 있다. 그래서 남아메리카의 안데스나 북아메리카의 코르디예라에서처럼, 퇴적물이 전진하는 대륙 지판에 높게 쌓여 대규모의 산맥이 발달한다. 대륙 지각에 대량의 암석 물질이 첨가되면 지각 균형에 따라 대륙 지각이 눌려서 밑에 있는 하부의 지각으로 들어간다(자료 5.4). 대륙과 대륙이 만나는 파괴적인 외연의 세 번째 유형 역시 대규모의 산맥을 형성한다. 인도가 아시아 대륙으로 이동함으로써 이전의 해양 퇴적물이 강력히 융기하여 히말라

자료 5.4
지각 균형

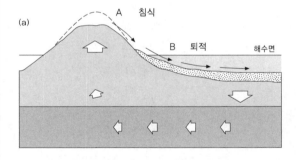

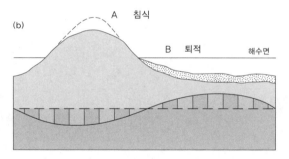

대륙 지각의 조각들은 밀도가 더 큰 해양 지각 위에 떠 있다. 그 높이는 두 지각 사이의 밀도 차이로 결정된다. 이것을 지각 균형이라고 한다.

이는 밀도 0.9의 얼음 조각이 밀도 1.0의 물에 9/10가 잠긴 채 떠 있는 것과 유사하다. 가볍게 아래로 압력을 가하여 얼음 조각을 밑으로 밀어 하중을 증가시키면, 평형이 교란된다. 압력을 제거하면 얼음 조각은 평형 시의 높이까지 되돌아온다.

이것은 대륙에서도 마찬가지이다. 산지가 솟거나 퇴적물의 국지적 집적 또는 빙상의 발달로 질량이 증가하면 하중이 증가하여 대륙이 침강한다. 삭박이 진행되거나 빙상이 후퇴하면 하중이 감소하며, 가벼워진 지각은 새로운 평형 고도를 얻음으로써 지각 균형이 회복된다. 얼음 조각의 예에서는 거의 동시에 일어났지만, 지각

물질의 경우에는 훨씬 느리다. 과거 만 년 동안 빙상이 물러간 여러 지역에서, 지각의 회복 속도는 연간 수 밀리미터로 측정되었다. 마찬가지로 대륙 지표의 지속적인 침식은 느리고 지속적인 지각 균형의 회복으로 상쇄된다.

지각 균형의 조정은 대륙 지각 아래의 깊은 부분에서 물질이 재배열되고 있음을 의미한다. (a) 깊은 부분에서 지각 물질이 측방으로 이동함으로써, 지표에서 물질이 침식되고 퇴적되는 것을 상쇄한다. 때에 따라서는 맨틀 내에 있는 조암 광물의 상(相)이 변한다. 상부 맨틀의 약 70%를 차지하는 감람석은 압력이 증가하면 화학 조성이 변하지 않아도 보다 치밀한 형태로 변한다고 알려져 있다. (b) 그래서 깊은 부분에서 압력이 증가하거나 감소하면 상이 변하거나 상의 경계가 수직 방향으로 이동한다.

자료 5.5
대륙의 이합집산

2억 년 전

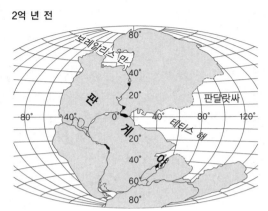

1억 8000만 년 전

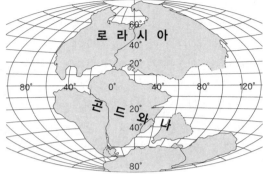

1억 3500만 년 전

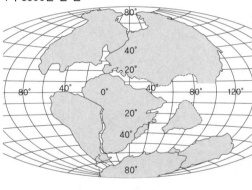

6500만 년 전

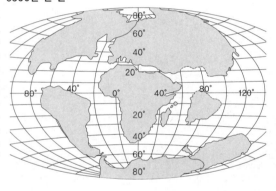

지각 물질이 지속적으로 보충되고 지각이 측방으로 이동함으로써 현재나 과거 동안 대륙의 위치와 분포에 중요한 영향을 미친다. 주요 대륙들은 모두 퇴적암의 지질 기록 속에 과거의 기후 상태에 대한 증거를 가지고 있다. 이것은 대륙들이 과거에 적도와 관련하여 여러 가지 서로 다른 위치들을 점유하였다는 사실을 의미한다. 대륙의 습곡퇴적암 지대는 대륙의 조각들이 함께 합쳐진 봉합선, 즉 과거의 충돌 지점을 나타낸다. 연대가 다른 습곡퇴적 지대의 분포를 알면 과거 대륙의 배치를 재건할 수 있다.

2억 년 전에 하나의 초대륙이 붕괴되었고, 그 조각들이 세계 도처로 분산되었다. 고생대 말 모든 대륙 지각은 판게아(Pangaea)라고 불리는 한 덩어리로 합쳐졌다. Dietz와 Holden의 모델에 따르면, 이 초대륙은 1억 8000만 년 전 삼첩기 말엽에 두 개의 덩어리로 쪼개졌다. 북쪽의 대륙 집단은 로라시아(Laurasia)라고 하고, 남쪽의 대륙 집단은 곤드와나(Gondwana)라고 한다. (a) 대륙

의 분산은 이후에도 계속되었는데, 여기에는 대서양 열곡의 확장 (그림 5.5)이 큰 역할을 하였다. 인도는 아시아 지각 덩어리와 다시 봉합되었는데, 사이에 긴 많은 퇴적물을 압축하여 퇴적암을 만들어 젊은 히말라야 습곡 산맥을 형성하였다. 지질학적으로 최근에 나타난 대륙의 분산 양상은 현 생물지리적 분포와 관련하여 매우 중요하다(제7장).

되돌아보면, (b) 판게아가 다시 형성될 당시 습곡 퇴적암의 분포는 이전의 지각 조각들이 모여 초대륙이 형성되었음을 의미한다. (c) 각 습곡대는 대륙들이 충돌하여 봉합대가 형성되는 동안 그 사이에 긴 바다가 닫히고, 퇴적물이 습곡 작용과 단층 작용을 받았음을 나타낸다. 오르도비스기 동안 유럽과 아메리카가 결합된 대륙에 라페투스(Iapetus) 바다가 열곡을 전개하였다. 그래서 스코틀랜드 남부의 해양 화석에 대응하는 화석은 뉴펀들랜드에서 발견되고, 가까운 스코틀랜드 북부의 화석은 라페투스의 반대편 가장

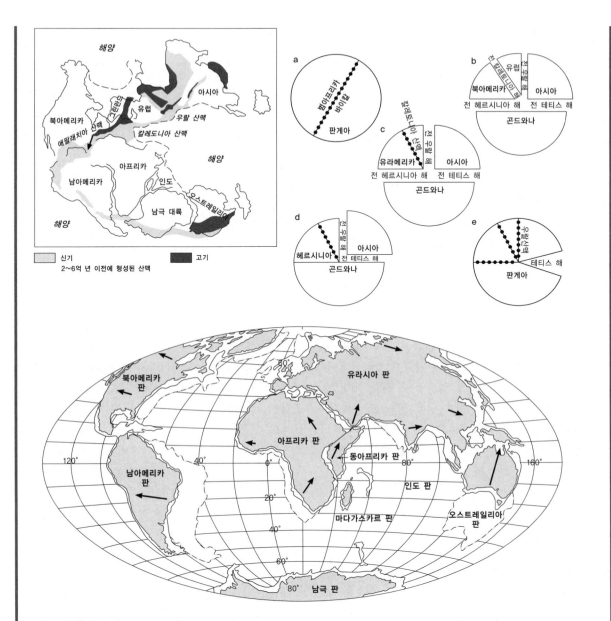

자리에 위치하여 유형학(類型學)적으로 동떨어져 있다. 이 바다는 북부 유럽과 아메리카가 합쳤을 때 습곡 퇴적 산지를 형성한 칼레도니아 조산 운동 동안 닫혔으며, 중생대 동안 다시 쪼개져 이전의 봉합대를 찢어 놓았다.

(d) 미래 대륙의 분포를 예측하기 위하여 현재 측방으로 이동하는 대륙의 영향을 그려 넣는 것은 재미있는 놀이이다. 5000만 년 전의 세계지도는 대서양의 열곡이 지속적으로 확장되었음을 나타낸다. 아메리카 대륙이 서쪽으로 흘러감에 따라 유럽과 아프리카

대륙이 동쪽으로 이동하게 되었다. 호주 대륙은 적도 방향으로 이동하여 아시아 남동부에 인접하게 되었다. 동아프리카 조각이 인도양으로 이동함으로써 아프리카는 분리되기 시작하였다. 캘리포니아 남부는 산안드레스 단층을 따라 알래스카까지 북쪽으로 이동하였다.

이 자료에서 참조한 다이어그램은 윌슨(Wilson, 1976)에서 함께 모은 것이다.

야를 형성하였다.

그러므로 지각 시스템의 작동은 전 지표에서 대륙과 기복의 분포에 대하여 커다란 의미를 가진다. 대륙은 측방으로 전달되어 현 위치까지 이동하였고, 앞으로도 더 지속적으로 이동할 것이다. 대륙은 대류 세포의 패턴과 상승하는 지역 및 침강하는 지역의 위치가 시간이 지남에 따라 변함으로써 분열되고 재결합할 것이다. 모든 대륙 지각이 연합하여 하나 혹은 두 개의 초대륙을 형성한 때가 지질 시대 동안 여러 번 있었다. 현재와 같았던 다른 시기에는 대륙 지각이 분열되어 대륙이 분산되었다(자료 5.5). 이러한 주요 측방 이동에 덧붙여, 지각 시스템의 작동은 지각 물질의 수직 이동에도 영향을 미친다. 그러한 질량의 이동은 물질의 잠재적 중력 에너지의 변화를 의미한다. 예를 들어, 조산 활동은 지각의 암석과 퇴적물을 높은 고도까지 운반하여 그들의 위치 에너지를 증가시킨다. 그러나 이러한 수직적 이동은 지각 균형에 따른 반작용으로 복잡해진다. 대륙은 하부의 상대적으로 밀도가 큰 지각 위에 떠 있으므로, 대륙에 물질이 더해지거나 대륙으로부터 물질이 감해짐에 따라 대륙은 융기하거나 침강한다. 지각 균형에 따른 이러한 이동으로 잠재적 중력 에너지가 크게 전달된다(자료 5.4).

(2) 삭박 시스템: 암석권/대기권 접촉면에서 물질과 에너지의 교환

암석권의 지각 시스템과 대기권 및 생물권 사이의 상호 작용은 대륙 지각이 해수면 위로 노출되는 곳에서 일어난다. 육지와 대기가 접촉하는 곳에서는 지각 물질이 태양 복사 에너지나 강수 및 대기 기체 등의 유입에 노출되어 있다. 이러한 유입은 생물권 내 생물 시스템의 영향으로 완화되거나 생물 시스템을 통하여 작동한다(제6, 7장). 이러한 유입의 영향과 지각의 암석은 풍화 작용을 받아 부서지고 침식 작용에 의하여 사면 아래로 운반된다. 결과적으로 대륙의 경관이 삭박된다. 지표에서 일어나는 이러한 상호 작용과 프로세스

표 5.6 육지와 해수면의 상대적인 변화율(Carson and Kirkby, 1972 및 기타 자료)

	mm/년
빙하성 해면 변동	25까지
현재 해면 상승	1.2
조산 융기	
캘리포니아	3.9~12.6
일본	0.8~7.5
페르시아 만	3.0~9.9
조륙 융기	
지각 균형	0.1~3.6
페노스칸디아	10.8
온타리아 남부	4.8

는 삭박 시스템 내에서 작동하며 삭박 시스템을 한정한다. 그러므로 삭박 시스템은 지각 시스템과 대기권 및 생물권으로부터 물질과 에너지의 유입을 받아들이는 개방 시스템이며, 유출은 암석 분해와 침식의 산물이 퇴적물이나 용질로서 바다까지 전달되는 것으로 간주할 수 있다. 이 장에서는 삭박 시스템의 외부 관계에 집중하고, 내적 작용은 제10장 내지 제17장에서 자세히 다루고자 한다.

지각 물질의 해발 고도는 해수면(지표 침식의 기준면) 위의 고도와 관련하여 지표에 있는 암석에게 퍼텐셜 에너지를 부여한다. 육지 표면의 정밀 측지 조사를 되풀이 하다보면, 매우 짧은 시간 척도에서도 고도에 큰 변화가 있음을 알 수 있다. [그림 5.9]는 유럽 북부와 동부에서 대륙 규모로 발생하는 현행 수직 방향의 지각 운동을 나타낸 것이다. (+)의 운동과 (−)의 운동이 연평균 12mm의 속도로 일어났다. [표 5.6]은 다양한 대규모 지질 프로세스에 따라 발생한 대륙 고도의 실측 변화율을 나타낸 것이다.

이러한 방식으로 지각이 융기하여 육지의 퍼텐셜 기계적 에너지는 눈에 띌 만큼 증가한다. 암석의 평균 밀도를 2.8이라고 가정하면, 1mm 상승한 1m³ 암체의 위치 에너지 증가는 다음과 같다.

그림 5.9 동부유럽과 북부유럽의 현행 지각 변형. 중요한 융기 지역은 조산 운동에 따른 캅카스 지역과 후빙기 지각 균형적 회복에 따른 보스니아 만 등에서 뚜렷하다. 유럽 대지가 점유한 중간 지역은 완만한 요곡을 나타낸다(Lilienberg *et al.*, 1975).

$$\Delta E_p = mg \, \Delta b$$

여기에서 m(질량)은 $2.8 \times 10^3 kg$이고, g(중력가속도)는 $9.81m \, s^{-2}$이며, Δb는 고도로서 $0.001m$이다.

그러므로

$$\Delta E_p = 2.8 \times 10^3 \times 9.81 \times 1 \times 10^{-3}$$
$$= 27.47 kgm^2 s^{-2} (J) = 27.47J$$

그러나 그러한 융기는 단순히 육면체가 아니라 육지 표면에서 해수면에 이르는 지각 내 $1m^2$의 바위기둥에 영향을 미친다. 제곱미터당 퍼텐셜 에너지의 총증가량은 융기된 암석의 총두께에 비례한다. 특정 지역 내에서 융기의 총 퍼텐셜 에너지는 융기된 지각의 면적과 관련되어 있다. 기둥의 길이와 면적을 고려할 때, 연간 1mm의 지각 융기에 따른 퍼텐셜 기계적 에너지의 증가량은 매우 상당하다.

융기로 암체에 더해진 퍼텐셜 중력 에너지에 덧붙여, 암석과 그 구성 광물은 퍼텐셜 에너지를 삭박 시스템으로 유입시킨다. 암석 내 개별 광물 입자의 결합과 관련한 내부의 기계적인 힘은 마그마의 결정화나 변성 작용 또는 암석화 과정(lithification)에서 겪은 압력에서 유래하는 퍼텐셜 응력을 나타낸다. 이 에너지는 지표의 저온, 저압 환경에서 암석이 팽창하고 쪼개지고, 붕괴되는 삭박 시스템에서 방출된다. 나아가 조암 광물을 구성하는 원자가 복잡한 구조의 형태로 조직(자료 5.1)됨으로써 더 많은 에너지가 퍼텐셜 화학 에너지로 삭박 시스템에 유입된다. 이러한 화학 에너지의 가장 중요한 성분은 조암 광물의 격자 구조에서 원자 간, 분자 간의 결합과 관련된 결합 에너지이다. 이 에너지는 원래 지각에서 광물이 형성된 화학 반응에 포함된 것에서 유래한다. 삭박 시스템에서는 조암 광물이 지표에서 풍화 반응을 겪음으로써 광물의 구조가 화학적으로 붕괴될 때 이 퍼텐셜 화학 에너지가 방출된다.

그러나 암석 물질은 지각 시스템과 삭박 시스템 간의 물질 교환을 나타내며, 암석의 퍼텐셜 에너지양은 여러 가지 속성들 가운데 하나일 뿐이다. 암석의 기본적인 화학 조성과 화학 구조 및 물리적, 기계적 속성들이 삭박 시스템에서 암석의 행태에 중요한 영향을 미친다. 이 암석들이 나타내는 퍼텐셜 에너지의 형태를 비롯하여, 암석 대부분의 속성은 암석이 지각 시스템에서 겪은 프로세스의 유산이다.

절리 패턴이라고 부르는 암체 내 균열의 빈도와 분포는 마그마에서 유래한 화성암이 냉각될 때 수축함으로써 형성된다. 퇴적암에서 절리는 성층면을 따라 형성되거나 치밀화와 암석화 때문에 성층면에 수직으로 발달한다. 이러한 모든 절리 패턴에 덧붙여, 지각 운동은 당기고 밀고 비틀고 죄는 힘으로 다양한 균열을 만든다. 암석의 물리적 속성은 그 기원과 앞선 역사를 반영한다. 예를 들어, 형성 시 결정들이 성장하는 화성암과 느슨한 쇄설성 입자들이 쌓여 집적하는 퇴적암 사이에는 분명한 차이가 있다. 예를 들어, 비고화 퇴적물은 암석화를 겪은 암석보다 훨씬 더 큰 공극률을 가질 것이다.

이것이 에너지와 물질이 지각 시스템에서 대기 시스템으로 흘러드는 주요 통로이다. 대기 시스템으로부터 유입되는 에너지의 주 원천은 태양 에너지이다. 태양 에너지가 유입되는 과정은 제3장에서 살펴보았다(그림 3.8). 지표에 도달하는 총 복사 에너지 가운데 일부는 생물권을 유지하는 데 사용되며, 나머지는 지표를 가열하고 토양과 지표의 수분을 증발시키는 데 사용된다. [그림 3.16]은 Budyko(1958)가 지표에서 받는 태양 에너지양을 계산한 것이다. 저위도보다는 열대에서 더 높은 값이 나타난다. 그러나 가장 높은 값은 구름과 식생의 여과 효과가 가장 적은 사막에서 나타난다. 실제로 지표로 유입된 에너지 가운데, 15%(사막) 내지 50%(습윤 지역)는 지표의 수분을 증발시키는 데 사용된다. 그리고 나머지는 지표의 온도를 높인다.

대기로부터 유입되는 주요 물질은 물이다. 세계의 연평균 강수량은 857mm이다. 이것 때문에 대륙으로

자료 5.6
지형과 삭박 : 달과 화성의 형태와 비교한 지구

앞에서 기술한 지표 환경의 조건과 모양은 대부분의 독자들에게 매우 친숙할 것이다. 그러나 그것은 태양계에 있는 다른 행성들과 대조적이다. 이는 지구의 지형과 삭박 시스템을 이해하는 폭넓은 관점을 제공할 것이다.

범지구적 규모에서, 지구 지형의 성격을 규정짓는 힘은 지각의 수평적, 수직적 유동성에 있으며, 대기권에서 추진되는 삭박 프로세스와 상호 작용한다. 맨틀과 지각 물질을 교환하는, 판구조론의 컨베이어 벨트에 의해 지각 물질을 생산하고 소비하는 지속적인 프로세스가 있다. 결과적으로 지표의 대부분은 2억 년보다 젊다. 지구는 실질적인 순환 대기를 가지고 있는데, 대기의 압력과 온도가 높아서 물은 액체와 기체 사이의 한계를 쉽게 넘는다. 지구의 질량은 크기 때문에 중력 에너지도 충분하다. 따라서 빗방울은 충분한 충격 에너지를 가지며, 물은 쉽게 낮은 곳으로 흘러서, 지표에 기계적 에너지를 가한다. 지구 대륙의 표면은 우세한 특정 환경 조건에 따라 활발한 삭박 작용을 받는다. 대륙이 지속적으로 새로워질 수 있는가 하는 것은 지구의 진화 과정에서 현 단계에 달려 있다.

그러나 다른 행성에서는 지각의 성질이나 지표의 온도, 대기 등의 환경이 매우 다르다. 예로 든 달과 화성은 어느 정도의 다양성을 보여 줄 것이다.

최근 달 탐사 결과 달 표면 암석의 연령은 대부분 31~45억 년으로 매우 오래되었다. 분화구가 많은 높은 지대는 더 오래된 화강암질 암석으로 이루어져 있는 반면, 어두운 저지(마리아, maria)는 보다 젊은 현무암으로 이루어져 있다.

달의 지각은 달이 형성된 직후 화강암질 마그마의 집적으로 만들어졌음이 분명하다. 즉, 소규모 철분 핵의 분화 과정에서 만들어진 유동성의 화강암질 마그마가 굳어진 것이다. 이 지각 밑에는 보다 밀도가 큰 유동성의 현무암 지대가 존재한다.

대기가 희박하고 지표수가 없으므로 지구에서와 같은 삭박 프로세스가 일어나지 않기 때문에, 달 표면의 형태는 운석의 충격으로 형성된다. 이러한 프로세스는 태양계에 있는 모든 행성들에게 지속적으로 영향을 미친다. (많은 운석들이 지구의 밀집된 대기를 지나면서 산화되거나 타버려 충격을 가한 빈도가 감소하여 운석이 지구에 가하는 충격의 영향은 제한적이었다. 더구나 삭박 프로세스는 지질 시대의 짧은 기간 동안에 일어난 충격이 미치는 지형학적 충격을 지워버린다.)

달의 고지대는 40억 년 이상 운석의 포격에 노출되어 왔다. 그래서 충돌 크레타가 조밀하게 파여 있으며, 충격으로 날아간 부스러기들로 덮여 있다. 약 35억 년 전에 만들어진 달의 저지대는 큰 충격이 있었던 자리임을 나타낸다. 당시는 용융된 현무암이 지각 아래에 있어서 지각의 균열을 따라 흘러나와 굳어지던 시기였다. 달 표면에서도 이러한 젊은 부분은 크레타가 매우 적다.

달 내부의 진화는 달의 역사상 매우 초기에 일어났다. 그러므로

달의 지각은 오래된 산물이며, 지각의 지형은 달 시스템의 외적 기구에 의해서 오랜 시간에 걸쳐 형성되었다.

화성은 달 표면과 지구 표면의 형태가 혼합된 지표를 가진 재미있는 행성이다. 우주선이 선회하고 과학 장비가 지표에 착륙한 적이 있다. 화성은 지구 직경의 1/2, 지구 질량의 1/8, 지구 중력의 40%를 나타내며, 지구 대기의 1% 미만을 가지고 있다. 화성에는 극한의 온도가 나타난다. 대기압이 낮아 물이 화성의 표면에 액체 상태로 존재할 수 없으며, 대기의 교란으로 매우 강한 바람이 분다.

화성의 지표에는 달과 비슷한 정도로 조밀하게 크레타가 파인 지역이 많이 나타나는데, 그래서 생성 연대가 달과 비슷할 것이라고 생각된다. 여전히 활발한 분화구가 있는지 확실하지는 않지만, 대규모 화산들이 존재한다. 순상 화산인 올림푸스 몬(Olympus Mons)은 너비 600km, 높이 27km에 이른다. 정상에는 지구의 표준으로 볼 때 거대한 80km 너비의 칼데라가 있다. 지각이 딱딱하기 때문에 마그마의 원천은 일정한 위치에 머무르면서 오랫동안 괴상으로 성장하였을 것이다. 반면 지구의 화산들은 판구조의 측방 이동에 따라 마그마의 원천으로부터 멀리 이동한다. 화성에도 열곡이 존재하는 것으로 보아, 지각이 장력을 받아 쪼개지고 확장되는 것 같다. 이러한 지형은 지각이 상당히 오래되어 딱딱하고 움직일 수 없다는 것을 나타낸다.

화성에는 삭박 프로세스와 관련된 지형들도 나타난다. 균열로 형성된 단애와 하상 지형이 나타나는 대규모의 하도, 산사태, 그리고 사구 지대는 지표 상의 퇴적물 운반을 간접적으로 나타낸다. 오늘날 대규모의 홍수는 없다. 화성에는 이산화탄소와 물이 결빙된 빙모가 두 극지방에 나타난다. 그러나 빙모는 삭박 지형을 설명할 만큼 충분한 양은 아니다. 대규모의 물이 영구 동토의 형태로 지하에 저장되어 있을 수도 있다. 이 물이 주기적인 대규모의 충격이나 기후 변화로 방출될지도 모른다.

그래서 화성에서는 행성의 발전 패턴에 따라 강하고 딱딱한 지각이 생겨났다. 과거의 화성 지표에는 삭박을 일으킬 도구가 될 만한 물질이 있었다. 현재 삭박 프로세스는 느려서 과거 지각의 일부가 부분적으로 남아 있다. 과거 삭박을 일으켰던 사건의 흔적은 오늘날 삭박이 활발하지 않은 환경에 남아 있다.

행성의 발달 속도를 제어하는 요소는 규모이다. 부피에 대한 표면적의 비율이 큰 소규모의 행성은 비교적 빠르게 냉각되어 초기에 지각이 딱딱하게 된다. 지구의 대지형은 독특한 지질 발달 단계에서, 행성이 특정한 규모를 갖기 때문인 것으로 보인다. 행성이 너무 빨리 식으면 지구 내부의 열을 다써버린 것처럼 지각의 유동성이 감소하고 딱딱해진다. 대기의 순환이 그런 것처럼 태양 에너지의 공급도 지속될 것이다. 미래의 지구 모습은 어떻게 보일까?

Press와 Siever(1986), Lowman과 Garvin(1986)을 참조하라.

부터 부피 $37 \times 10^3 km^3$, 중량 $37 \times 10^{15} kg$의 유출량이 만들어진다. 단순하게 생각하여, 이 물이 대륙의 평균 고도인 870m에서 떨어진다면, 강수와 관련한 퍼텐셜 에너지는 $35 \times 10^{18} kgfm$ 또는 $34 \times 10^{19} J$을 넘는다. 이처럼 엄청난 양의 물이 대륙의 지표로부터 배수될 때, 상당 부분은 증발되어 직접 대기로 달아나지만, 나머지의 퍼텐셜 에너지는 운동 에너지로 변환된다. 그래서 궁극적으로는 퍼텐셜 에너지의 일부만이 암설을 운반하는 데 사용된다. 제15장에서 보겠지만, 대륙 표면의 추정 평균 침식률은 0.05mm yr^{-1}이다. 이는 연간 약 $20 \times 10^{12} kg$의 암설이 제거된다는 의미이다. 대륙의 평균고도에서 이만큼 낮아진다고 가정하면, 육지로부터 제거되는 퍼텐셜 에너지는 강수에 따른 퍼텐셜 에너지의 1/1,000에 못 미치는 약 18×10^{15}이다.

이러한 대규모 에너지 전달 체제 내에서, 암석권, 생물권, 대기권의 상호 작용으로 삭박이 초래된다. 열에너지와 수분이 존재함으로써 풍화 작용이 일어나 암석이 운반 가능한 암설로 부서진다. 유수와 중력 에너지가 결합하여 쇄설성 물질을 사면 아래로, 하류 방향으로 운반한다. 암설은 바다에서 주로 대륙의 가장자리를 따라 퇴적된다. 이러한 상호 작용, 즉 삭박 시스템은 암석권의 건설적인 힘과 대기권의 파괴적인 힘을 겨루는 투쟁으로 볼 수도 있다. 다른 행성들과 비교하여 볼 때, 지구 상에서만 유일하게 대륙의 삭박이 나타난다(자료 5.6).

(3) 지화학 모델: 조암 물질의 순환

조암 물질이 지각 시스템 내에서 또는 지각과 삭박 시스템 사이에서 순환한다는 이야기는 이 장의 앞부분에 암시되어 있다. 18세기 근대 지질학의 아버지인 제임스 허튼(James Hutton)은 이것을 **암석 순환**(rock cycle)이라고 처음으로 언급하였다. 지각 프로세스와 삭박 프로세스가 작동하여 이러한 순환을 수행하는 데에는 어마어마한 에너지가 사용된다.

[그림 5.10]에서 조암 물질의 주요 원천은 용융된 마그마가 상승하여 1차적 화성암을 형성하는 상부 맨틀이다. 맨틀에서 공급된 현무암질 마그마는 여러 가지 원소들로 이루어진 복잡한 혼합물이다. 그것은 규소와 산소가 풍부하므로 규산염 마그마로 불리기도 한다. 지각에서 특정한 온도와 압력에 이르면, 마그마는 결정화되기 시작한다. 결정화는 반응 시리즈(Bowen, 1928; 그림 5.11)를 따라 진행되는데, 보다 먼저 형성되는 광물은 마그마가 냉각될 때 점진적으로 변하거나(연속 시리즈), 용해되어 저온에서 다른 광물로 재구성된다(불연속 시리즈). 대신에 보다 초기에 형성된 비교적 무거운 광물은 마그마 속으로 가라앉거나, 위로 이동하여(분화) 감람석이나 반려암과 같은 염기성이 더 강한 암석 유형을 형성하며 뒤에 남는다. 용융된 부분의 구성은 다르다. 규소와 알루미늄과 칼륨이 풍부하여 비교적 늦게 형성되는 광물들이나 그것들이 만드는 암석은 화강암처럼 덜 단단하고 강한 산성을 띨 것이다. 결국 남아 있는 묽은 규산염 액체는 균열이나 빈 공간에서 냉각되어 단단해진다.

지각의 깊은 곳에서 마그마가 주입되어 분화되고 고화되면 관입 화성암이 만들어지지만, 마그마가 지표로 분출한 후 대기나 물과 접촉하여 빠르게 냉각되면 분출 화성암이 만들어진다(그림 5.12). 이러한 분출암의 광물 구성은 분출된 마그마의 조성을 반영할 것이다. 그리고 이것은 분출 이전에 생성된 마그마의 분류 정도를 따를 것이다.

마그마의 분화가 특정한 화학 원소에 집중하더라도, 이러한 1차적인 화성암은 원소의 구성이 비교적 이질적이다. 관입 화성암은 위를 덮고 있던 암석이 침식되거나, 융기와 제거 작용으로 지표에서 삭박에 노출된다. 분출암은 정의에 따라 곧 삭박 프로세스에 노출된다. 대기권과 생물권으로부터 유입되는 에너지와 물질의 영향으로, 관입 화성암과 분출 화성암은 지표에서 풍화 반응을 겪는다. 흥미롭게도 Goldich(1938)는 이들 암석을 구성하는 1차 광물들의 풍화 반응에 대한 민감도가 보웬 시리즈(Bowen series, 그림 5.11과 제11장)의

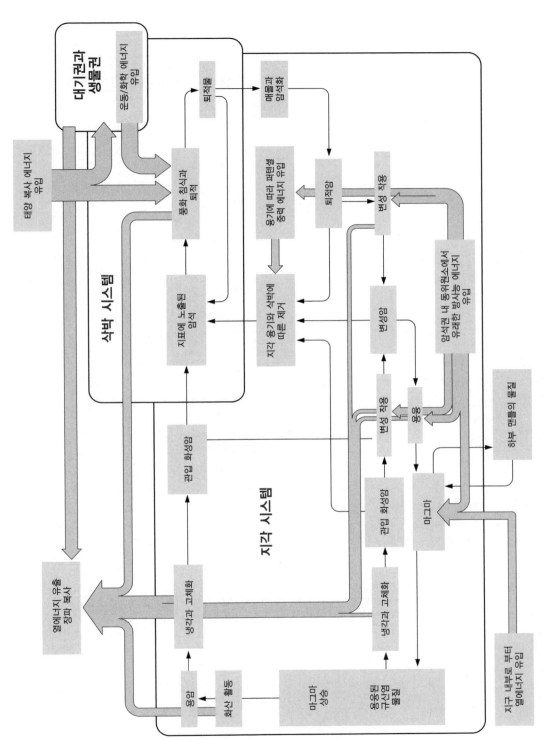

그림 5.10 암석권의 지화학 모델. 회색의 파이프는 에너지 흐름을 나타내고, 화살표는 물질 순환의 통로를 나타낸다.

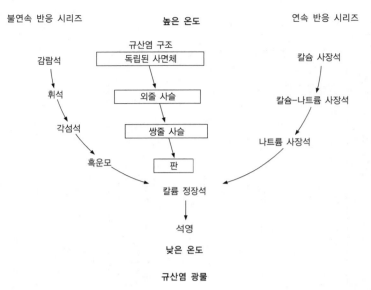

그림 5.11 보웬 반응 시리즈

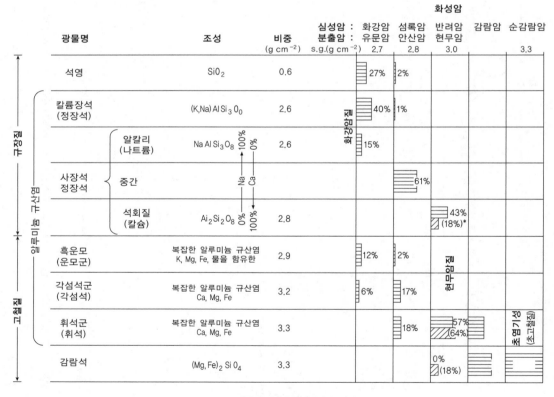

감람석 반려암과 감람석 현무암

그림 5.12 화성암의 광물학(A.N. Strahler, 1972, Planet Earth)

역순이라고 주장하였다.

풍화 산물은 원래의 광물과 1차 광물에서 유래한 2차 광물, 가용성 내지 휘발성의 풍화 산물들 가운데 비교적 단단한 부분이다. 특정 원소는 1차 또는 2차 광물의 잔류 풍화 산물에 선택적으로 농축되어 있으며, 풍화층이나 **레골리스**(regolith)에 쌓여 있다. 그러나 결국 침식과 운반은 암설과 용해 하중을 바다로 배달하며, 이것은 바다의 가장자리를 따라 쌓이거나 가라앉아 퇴적물을 이룬다. 또 다른 소규모의 퇴적물 트랩(퇴적물이 모이는 환경)은 다양한 규모로 존재한다. 가용성 산물도 바다에 도달하기 전에 다시 침전될 수 있다. 곡류의 핵이나 범람원, 호분, 빙하의 전면, 그리고 건조 분지 등은 많은 퇴적물이 쌓일 수 있는 육상 환경이다. 마침내 대부분의 퇴적물은 무게로 압축되고, 용액을 삼출하여 광물이 내적으로 재배치됨으로써, 암석화되어 퇴적암이 생성된다. 암석화가 진행되는 동안 운반 프로세스와 퇴적 환경과 재배치 환경은 선택적으로 작용하는 경향이 있어서, 원래의 화성암을 구성하던 원소들이 더욱 분리되어 뚜렷한 퇴적암의 특징적인 모습을 만들 가능성이 증가한다.

퇴적물과 퇴적암은 제거되거나 융기 작용을 받아 삭박에 노출되어 하나의 지화학 순환을 완성한다. 퇴적암과 화성암은 변성 작용을 겪기도 한다. 여기에서 암석은 지각 내의 고온 고압 환경에서 부서지거나 재결정 또는 재결합하여 변성암으로 변환된다. 기존의 변성암도 변성 작용을 받아 새로운 유형으로 변할지도 모른다. 변성 작용은 모암에 존재하는 원소들을 분리하여 비교적 드문 광물을 만들기도 한다.

물론 변성암도 퇴적암이나 변성암과 같이 지표에 노출되어 삭박 작용을 받아 두 번째 유형의 순환을 할 수도 있다. 세 번째 유형의 지화학 순환은 퇴적암과 화성암과 변성암 기원의 암석이 맨틀을 향하여 베니오프(Benioff) 지대 아래로 운반될 때 완성된다. 그들을 구성하는 광물들은 변하거나 용융을 겪는 동안 혼합되고, 상부 맨틀에서 대규모의 등질 마그마로 흡수되었

다가, 이후 다시 지각으로 뚫고 들어갈 것이다.

4. 지화학 모델의 의미

앞에서 설명한 지화학 모델이나 [그림 5.10]에서 볼 때, 지각의 원소들은 암석권 내 여러 저장소들 간의 다양한 순환에 포함되어 있다. 그러나 이들 순환의 시공간적 규모가 매우 다양하다는 사실을 알아야 한다. 풍화된 암석으로부터 비고화 퇴적물에 이르고, 지표에서 한 번 더 풍화를 받는 삭박 시스템 내의 순환은 지질학적 시간 규모로 보아 비교적 빠르다. 예를 들어 북반구에서는 제4기의 여러 지표 퇴적물(빙하 퇴석과 빙하성 유수 퇴적물, 솔리플럭션 퇴적물, 간빙기의 단구 퇴적물 등)이 현재의 풍화 작용과 침식을 받고 있다. 그러므로 순환은 1,000년 내지 200만 년 사이에 완성된다. 건조 및 반건조의 일부 비고화 퇴적물과 최근의 충적 지역에서도 동일하다. 적어도 솔리플럭션 퇴적물이나 빙하성 호소 퇴적물과 같은 일부 퇴적물에 있어서는 순환에서 이러한 통로의 공간적 규모가 매우 국지적으로 나타난다. 반대로 암석화나 고체화된 퇴적암을 통한 통로는 상당히 긴 시간(1000만 년 이상)이 걸리며, 더 넓은 공간적 규모에서 작동한다. 결국 암석을 구성하는 물질이 맨틀로 섭입되어 용융되는 것이나 마그마가 상승하여 화성암을 생성하는 것은 매우 긴 시간 척도와 지판이나 대류 세포의 공간 규모에서 작동하는 순환 통로이다.

결론적으로 지각 시스템 내에서 원소들이 순환하는 모든 통로는 비교적 느리며, 원소들은 모델 내의 다양한 구획이나 저장소에서 상당한 시간 동안 체류한다. 그러나 원소들이 순환하는 두 가지 대안적 통로가 있는데, 그들은 훨씬 빠르게 작동한다. 이들은 우리가 숙고해 왔던 삭박 시스템과 지각 시스템 내의 순환에 연관되어 있다. 이들 대안적 통로 가운데 첫 번째는 대기권과 수권을 통하여 삭박에 이르는 통로이고, 두 번째는 생명에 반드시 있어야 하는 광물 영양소처럼 생물

표 5.7 광물 자원의 탐사는 경제적으로 개발할 가치가 있는 농도로 발견되느냐에 달려 있다. 그러한 농도는 지화학 순환에 포함된 광물의 분화를 촉진시키는 지각 프로세스와 삭박 프로세스를 반영한다.

프로세스	실례	
지각 시스템에서 기원하는 광물 퇴적물		
마그마 분화	(a) 쉽게 형성된 광물이 마그마의 바닥까지 침전	자철광, 크롬철광, 백금(남아프리카 공화국)
	(b) 혼합되지 않는 황화물이나 산화물의 용해물이 침전하거나 틈을 따라 관입	구리-니켈(노르웨이와 캐나다), 자철광(스웨덴)
접촉 변성	마그마에서 유래한 광물로 대체된 관입 암벽	자철광과 구리(유타, 애리조나)
규산염수용액으로부터 퇴적	관입의 벽이나 외부에 있는 틈을 메움(거정화강암)	운모(뉴멕시코)
열수용액으로부터 퇴적	관입의 벽과 외부에 있는 틈을 메우거나 대체 (열수)	납-구리-아연(콘월과 페니인 북부)
삭박 시스템에서 기원하는 광물 퇴적물		
퇴적	(a) 염수의 증발	소금, 칼륨(노썸버랜드)
	(b) 용액으로부터 침전	철(노섬턴셔)
	(c) 쇄설성 입자의 퇴적, 분급	사금(오스트레일리아, 캘리포니아, 알래스카)
		티타늄(인도, 오스트레일리아)
		다이아몬드(나미비아)
잔류	잔류 물질에 불용성 원소를 농축시키는 풍화	알루미늄(보크사이트)(미국, 프랑스, 자메이카, 구아나)
2차적 첨가	깊은 곳에서, 광물 퇴적물 내 지하수로부터 침전	구리(애리조나, 마이애미)

권의 생물 시스템을 통하는 통로이다. 후자의 경우 모델은 생지화학적 순환의 하나가 되었다. 대기권의 통로는 이미 제4장에서 설명하였으며, 생물권 통로는 제6장과 제7장에서 논의할 것이다.

지화학적 모델의 의미는 생물권의 유기체들에게, 그리고 발달된 기술을 가지고 있는 인간들에게 더욱 중요하다. 지각의 원소들과 광물들, 그리고 그들이 만드는 암석은, 생명이 의존하는 영양 원소로서 그리고 인간 기술의 천연자원으로서 중요한 원천이 된다. 마그마의 분화와 변성 작용과 삭박은 조암 물질을 나누기도 하고 모으기도 한다. 생물권 내 유기체의 관점에서 볼 때, 이는 기본적인 광물 영양소가 지표에서 불균등하게 이용된다는 것을 의미한다. 정상적으로는 풍화를 받아 영양소를 내어놓는 암석에서 일부 필수 원소가 넘치거나 부족하다. 특정한 광물이나 암석 유형에 어떤 원소가 농축되면 경제적으로 성장할 수 있는 광상을 형성하는데, 그것을 발견하고 탐사하려면 지각 시스템에서 작동하는 프로세스를 알아야 한다(표 5.7). 어떤 광상의 존재를 예측할 수 있다 하더라도, 광물 자원이 대규모로 집중되어 있는 것은 파격적인 지질 사변을 나타낸다. 여러 지각 프로세스 내에 포함된 거대한 시간 척도와 더불어, 이러한 사실 때문에 광물 자원은 재생할 수 없는 것으로 믿어지고 있다.

더 읽을거리

이 장의 대부분은 지질학에 관한 것이어서 독자들에게는 다른 교재를 많이 소개하였음. 개론 수준에서 개관한 교재:
Press, F. and R. Siever (1978) *The Earth*. Freeman, San Francisco.

지각 운동과 구조 운동 및 지형에 관한 지형학적 전망 일부분을 소개한 교재:

Summerfield, M.A. (1991) *Global Geomorphology*. Longman, London.

광물과 광물학에 대한 기본 자료:

Read, H.H. (1970) *Rutley's Elements of Mineralogy*. (26th edn) Allen & Unwin, London.

암석의 성질을 다룬 서적:

Nockolds, S.R., R.W.O'B Knox and G.A. Chinner (1978) *Petrology for Students*. Cambridge University Press, Cambridge.

Brownlow, A.H. (1978) *Geochemistry*. Prentice-Hall, Englewood Cliffs.

지구물리학 및 전구지질학에 대한 최근의 발달과 판구조 이론을 통합하는 발달을 다루었으며, 그중에서 Oxburgh 의 논문과 Wylie의 서적이 단연 훌륭함:

Cocks, L.R.M. (ed) (1981) *The Evolving Earth* (Published for the British Museum [Natural History]). Cambridge University Press, Cambridge.

Fifield, R. (ed) (1985) *The Making of the Earth* (New Scientist Guides). Blackwell, Oxford (Reprints of New Scientist reports covering the period of development of the modern theory of plate tectonics and related areas).

Gass, I.G., P.J. Smith and R.C.L. Wilson (1973) *Understanding the Earth*: a Reader in the Earth Sciences. (published for the Open University) Artemis Press, Horsham, Sussex.

Oxburgh, E.R. (1974) *The Plain Man's Guide to Plate Tectonics*. Proceedings of the Geologists Association.

Wilson, J. Tuzo (1976) *Continents Adrift and Continents Aground*. (Readings from Scientific American) Freeman, San Francisco.

Wyllie, P.J. (1976) *The Way The Earth Works: an Introduction to the New Global Geology and its Revolutionary Development*. John Wiley, New York.

지각 활동과 관련한 특유한 현상과 지형을 다룬 교재:

Ollier, C.D. (1988) *Volcanoes*. Blackwell, Oxford.

Ollier, C.D. (1981) *Tectonics and Landforms*. Longman, London.

Weyman, D. (1981) *Tectonic Processes*. Allen & Unwin, London.

마지막으로 지각물질의 순환을 다룬 서적:

Garrels, R.M. and F.T. MacKenzie (1971) *Evolution of Sedimentary Rocks*. Norton, New York.
(특히 제4, 5, 10장)

제6장
수권

1. 지구-대기 시스템 내의 물

(1) 물의 성질

물 분자는 안정되어 있으며, 이웃하는 다른 물질의 분자와 약한 결합만을 이룬다(자료 6.1). 물은 기체(수증기), 액체, 고체(얼음) 등 세 가지 상(phase)으로 존재하며, 지구-대기 시스템에서 세 가지 상으로 나타난다. 대부분의 수증기는 대기에서 발견되며, 액체 상태의 물은 대부분 바다에 있다. 극지방이나 영구 동토 지역, 고산 지대에는 물이 얼음 형태로 저장되어 있다.

물은 분자량이 비슷한 물질들과 비교해 볼 때 독특한 물리적 성질을 가지고 있다. 예를 들면, 물은 우리가 알고 있는 어떤 물질보다도 비열이 크기 때문에, 내부의 온도 변화가 매우 느리게 일어난다. 물은 점성이 커서 대부분의 액체보다 표면 장력이 크다. 표준 대기압(1013.25hPa)에서 물의 비등점은 100℃이고, 융해점은 0℃이다(표 6.1). 고상이나 액상에서 물의 물리적 성질은 온도에 따라 다르다. 그중에서도 밀도의 변화는 동결 시 최대 밀도에 도달하는 대부분의 액체들과 행태가 크게 다르다. 물은 4℃에서 최대 밀도에 도달하므로, 호수나 바닷물의 깊은 부분에서 이루어지는 동결은 수면으로 떠오른 4℃ 이하로 냉각된 물의 압박을 받을 것이다.

기체 상태의 수증기는 전체 대기 체적의 4% 미만을 구성한다(제4장 1절). 존재하는 양은 절대 습도나 비습, 상대 습도, 혼합비 등으로 표현될 수 있다(자료 6.2). 수

자료 6.1
물 분자(Sutcliffe, 1968)

수소 원자와 산소 원자가 결합하여 물을 만들며, 그들 사이의 전자는 다이어그램에서 보는 것처럼 공유된다. 각 분자의 한 면이 (+)전하를 띠는 전자의 비대칭 분포 때문에, 분자들 간에는 정전기적 인력이 존재한다. 물 분자는 비교적 약한 수소 결합을 네 개나 할 수 있다. 얼음과 같은 고체 상태에서는, 이러한 결합이 사면체로 배열되어 사면체 결정 구조를 이룬다. 액체 상태에서는 온도가 상승할수록 수소 결합이 약화된다.

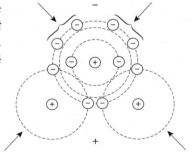

표 6.1 순수한 물의 물리적 상수(Sutcliffe 1968)

비열(15℃)	4.18 J/g/℃
융해잠열	334.4 J/g
증발잠열(15℃)	2462 J/g
표면장력	7340 mN m^{-2}cm^{-1}
인장력	1418.5 kN m^{-2}cm^{-2}
융해점(1013hPa)	0℃
비등점(1013hPa)	100℃

증기는 대기 중의 부분압 또는 수증기압(e)으로 표현한다. 수증기압은 5~30hPa의 범위를 보인다. 대기가 액체 상태의 수면 위에 있을 때 물 분자는 둘 사이에서 끊임없이 교환된다. 대기가 건조하면 물 분자가 수면에서 대기로 유입하는 비율이 대기에서 수면으로 되돌아가는 비율보다 높게 된다. 수면을 떠나는 물 분자의 수가 수면으로 되돌아오는 물 분자의 수와 같은 평형에 도달하게 되면, 대기의 수증기압은 물과 관련하여 포화 상태에 도달한다. 이후 대기에 물 분자를 첨가하면 물 분자가 지면에 쌓여서 평형을 유지한다.

포화되었을 때의 수증기압은 **포화 수증기압 곡선**(saturation vapour pressure curve)에서 보듯이 기온에 따라 달라진다(그림 6.1). 온도가 T_a이고 수증기압이 e_a인 건조한 공기덩어리가 X지점에 있으면, 우리는 습도 값을 유도할 수 있다. 온도 변화 없이 수증기를 첨가시키면, 포화 수증기압이 e_s인 Y지점에서 포화 상태에 도달한다. 온도 T_a인 공기의 포화 부족량과 상대 습도는 [자료 4.10]에 제시된 바와 같이 유도할 수 있다. 수증기압은 변하지 않고 온도만 감소하면, 결국 온도 T_d에서 포화 상태에 도달한다. 이때 온도 T_d를 이슬점(dew point)이라고 한다. T_a와 T_d 사이의 온도 차이를 알면 공기의 습도를 짐작할 수 있다.

[그림 6.1]에서 보듯이, 대기 아래의 지표가 얼음일 때 포화 수증기압은 같은 온도의 수면 위보다 약간 낮다. 동일한 대기가 수면과 얼음 위에 있을 때 온도가 T_b에서 T_i로 냉각되면, 수면에서는 대기가 포화되지 않아 물 분자가 수면에서 대기로 유입된다. 그러나 얼음 위에서는 이슬점에 도달하여 대기가 받아들인 많은 물 분자가 얼음 위에 쌓인다. 그래서 수면으로부터는 물 분자가 되돌아가서 얼음 위에 쌓이게 된다. 이러한 프로세스는 구름에서 강수가 발달할 때 특히 중요하다(제6장 1절).

자료 6.2
공기 중의 수증기

절대 습도(x)
특정한 온도를 나타내는 공기의 단위 부피당 수증기의 질량

$$x = m_v/v$$

여기서 m_v는 수증기의 질량이고, v는 수증기를 함유한 공기의 부피이다.

비습(q)
습윤한 공기 내 수증기의 질량비

$$q = \frac{m_v}{m_v + m_a}$$

여기에서 m_a는 습윤한 공기의 질량이다.

포화 부족량
온도 T_a에서 포화 부족량은 다음과 같다.

$$S = (e_s - e_a)$$

여기에서 e_a는 온도 T_a에서의 수증기압이고, e_s는 포화수증기압이다.

상대 습도

$$RH = \left[\frac{e_a}{e_a} \times 100\right]\%$$

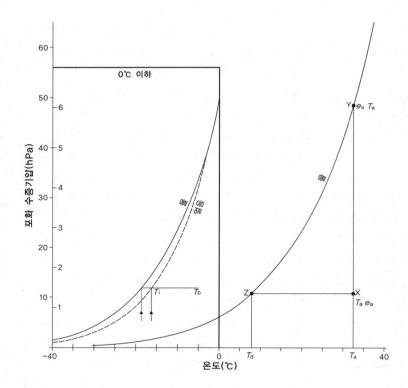

그림 6.1 수면과 얼음 표면의 포화 수증기압 곡선

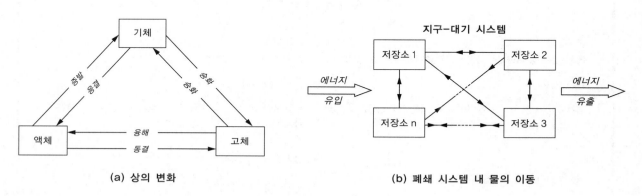

(a) 상의 변화

(b) 폐쇄 시스템 내 물의 이동

그림 6.2 지구-대기 시스템 내 물의 이동

지구-대기 시스템 내에서 상의 변화를 가져온 프로세스와 이들 프로세스의 작동, 그리고 기체나 액체 상태의 물 전달을 물 순환이라는 간단한 형태로 나타낼 수 있다(그림 6.2b).

(2) 지구-대기 시스템 내 물의 이동

대기와 우주 사이에는 물의 교환이 없기 때문에, 지구-대기 시스템 내에서 일어나는 물의 이동을 폐쇄 시스템으로 간주할 수 있다. 그러나 지구와 대기의 경계를 드나드는 물의 이동이 시스템의 경계를 통한 물질과 에너지의 전달을 나타내기 때문에 대기권은 개방 시스템으로 보아야 한다. 이러한 경계를 드나드는 물의 이동이나 시스템 내의 물 이동이 시작되었고, 시스템을 통한 에너지의 흐름으로 유지되고 있다(그림 6.2b). 수문 시스템 내에는 여러 개의 물 저장소가 있다. 주요 저장소는 대기와 육지, 해양, 그리고 극지방의 빙모이다. 이들 간에 분포하는 물의 양은 [그림 6.3]에 나타나 있다. 가장 작은 저장소는 대기로써, 지구-대기 시스템에 존재하는 물의 0.001%를 가진다. 반면에 가장 큰 저장소는 해양으로 97.6%를 가지고 있다. 저장소들 간의 전달은 증발, 응결, 강수, 유출, 동결 및 융해 등으로 이루어진다. 가장 큰 교환은 해양과 대기 사이에서 일어난다. 증발의 86%는 해양에서 일어나며, 강수의 78%도 해양에서 발생한다(Baumgartner and Reichel, 1975).

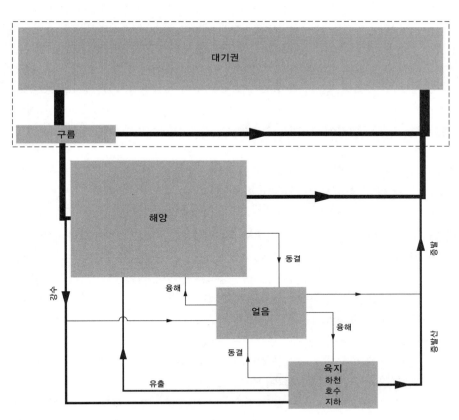

그림 6.3 수문 시스템

(3) 증발

증발이란 액체 상태의 물이 기체 상태(수증기)로 변하는 프로세스이다. 수면에 열에너지가 공급되면, 물 분자들 사이의 결합을 약화시키고 분자들의 운동 에너지를 증가시키는 효과가 있다. 그래서 더욱 빠르게 움직이는 물 분자는 수면에서 벗어나 위를 덮고 있는 대기로 들어가는 능력이 증가한다. 이러한 전달은 물 분자가 수면으로 다시 들어감으로써 부분적으로 상쇄되며, 순손실은 수면으로부터의 증발률을 나타낸다.

액체 상태에서 기체 상태로 변하려면 열에너지의 유입이 필요한데, 이를 증발 잠열이라고 한다. 0℃의 물 1g이 증발하려면 2,501J이 필요하며, 40℃의 물 1g이 증발하려면 2,406J이 필요하다. 외부의 열원에서 열에너지의 공급이 멈춘다면 증발에 필요한 에너지를 남아 있는 물에서 끌어와야 하므로 온도가 낮아지고 더 이상의 증발이 억제되는 효과가 있다.

증발에 영향을 미치는 요인은 다양하다. 그 가운데에서 가장 중요한 것은 열에너지 공급량과 대기의 습도, 지표면을 흘러가는 기류의 특성, 그리고 증발이 일어나는 지표의 성질 등이다.

물 분자가 대기의 저층으로 확산되는 속도는 대기에 가해진 열에너지의 직접적인 지배를 받는다. 증발은 열수지 방정식(제3장)의 구성 요소로서, 태양 에너지의 유입량이 아니라 순복사량에 좌우된다. 열린 수면이나 젖은 토양에서는 이러한 순복사량의 대부분이 증발에 소모된다. 순복사량의 시공간적 변화가 증발에도 영향을 미쳐, 증발량은 여름철 이른 오후가 되면 최대로 나타난다.

수면을 떠나는 물 분자들과 수면으로 되돌아오는 물 분자들 사이의 균형은 위를 덮는 공기 내 물 분자들의 수에 좌우된다. 공기가 비교적 건조한 경우에는, 물 분자들의 수가 수면을 떠나는 물 분자들의 수에 비하여 적기 때문에 증발률이 높아질 것이다. 그러나 공기가 포화 상태에 이른 경우에는 보다 많은 물 분자들을 가지고 있다. 따라서 수면으로 되돌아오는 물 분자들은 떠나는 물 분자들보다 약간 적을 뿐이므로, 결과적으로 증발률은 낮아질 것이다. 증발률은 수면 온도에서의 포화 수증기압(e_s)과 상부 공기의 수증기압(e_d) 간의 차이와 관련되어 있다.

$$증발량(E) = 상수 \times (e_s - e_d) \qquad (6.1)$$

e_d가 e_s보다 적을 때에는 물 분자가 수면을 지속적으로 떠날 것이다. 그러나 e_d를 증가시켜 e_d가 e_s와 같아지도록 하는 효과가 있다. 이때가 되면 증발률은 0이 될 것이다. 그래서 공기를 뒤섞어 물 분자들을 재배치하는 메커니즘이 없다면, 증발은 시간이 지남에 따라 항상 감소할 것이다.

저층 대기가 수직적, 수평적으로 이동하여 혼합되는 경우에는 포화되기도 전에 자리를 옮기게 된다. 그래서 그러한 자리 이동이 없는 경우보다 비교적 높은 증발률을 유지하게 된다. 자리 이동이 없는 경우에는 e_d가 e_s로 향하여 더 이상 증가하지 않기 때문이다. 수평적인 풍속이 증가하면 증발률을 증가시킨다. 그러나 증발률의 증가에도 일정한 한계가 있다. 이러한 최대치는 증발에 사용되는 열에너지와 대기의 습도로 결정된다.

$$E = Bf(\bar{u})\,(e_s - e_d) \qquad (6.2)$$

여기에서 B는 상수이고, $f(\bar{u})$는 풍속의 함수이다.

수면이 대기에 노출되어 있는 곳에서는 수면이 바다이든 잔잔한 물이든 증발이 일어난다. 그러나 증발률은 대기로 잃어버린 물 분자가 지하 저장소로부터 대체될 수 있는 비율에 따라 결정된다. 개방된 수면의 경우에는 자유롭게 증발될 수 있는 물을 사실상 제한 없이 공급받는다. 그러나 토양에서는 대체로 공급이 제한되어 있고, 그럼으로써 손실률을 억제한다. 예를 들어 오랜 강우 이후처럼 토양이 포화되어 있으면, 토양 입자의 수막이 지표 가까이에 있기 때문에, 증발률은 같은 면적의 개방된 수면보다 상당히 높을 것이다. 수질도 증발률에 영향을 미친다. 염이 용해되어 순도가 낮아지면 증발률이 감소한다. 예를 들면, 바다의 소금물에서 가장 크게 감소하는데, 대체적으로 염도가 1% 증가하면 증발량은 1% 감소한다.

수면에 식생이 자라는 경우, 식생은 물 분자가 지표에서 대기로 전달되는 여분의 통로를 제공한다. 수증기는 잎 면의 기공(stomata)을 통해서 퍼져 대기로 전달된다(그림 19.3). 이것은 뿌리 시스템을 통해 토양으로부터 물을 빨아들이는 식물 내부의 흡입력과 관련되어 있다. 이와 같이 물이 대기로 전달되는 것을 증산(transpiration)이라고 하며, 수풀 지역에서 발생하는 수분 손실의 상당 부분은 이런 통로를 통하여 나타난다(제19장).

증산에 따른 수분 손실률은 두 가지 요인의 영향을 받는다. 하나는 전술한 바와 같이 수면의 증발률에 영향을 미치는 외적인 것이며, 다른 하나는 식물 내적인 것이다. 예를 들어, 대부분의 식물에서 발생하는 증산에 따른 손실은 대기가 비교적 건조할 때 클 것이다. 이에 대한 좋은 실례로써, 프랑스 론(Rhône) 계곡의 건조한 미스트랄은 농작물의 수분 손실을 증가시켜 해를 입힌다. 대부분의 식물에서 잎의 기공은 낮 동안에 열리고 밤에는 닫히므로, 증산에 따른 수분 손실에서도 일주적 변화가 뚜렷이 나타난다. 그러나 식물이 뿌리를 통해 증산에 따른 손실을 만회할 만큼 적절한 수분을 흡입할 수 없다면, 체내의 압박이 증가할 것이다. 이에 대한 반응으로, 증산을 억제하기 위하여 기공을 부분적으로 또는 완전히 닫을 것이다.

식생이 밀집한 수풀 지역에서는 대기로 전달되는 수분 손실의 상당 부분이 증산에 의해서 나타난다. 예를 들어, 밀집된 삼림에서는 수분 손실의 60% 이상이 증산으로 발생한다. 나무로 차폐된 강수의 증발까지 포함하면, 대기로 전달된 물의 80% 이상이 전적으로 식생 피복이 있기 때문에 발생한 것이다. 실제로 지표수가 없는 반건조 지역에서는 지표-대기 물 전달 전체가 증산으로 발생한다.

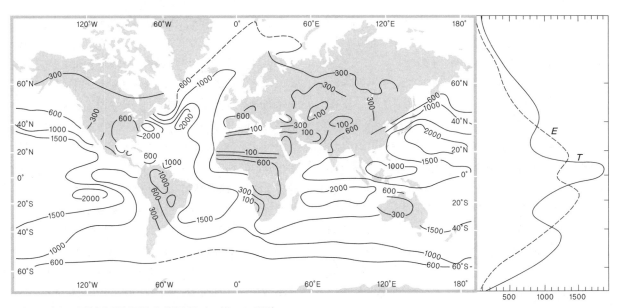

그림 6.4 연간 증발량(E)과 증발산량(r)의 세계적 분포(mm)(Barry, 1970)

대부분의 지표는 절대적으로 나지이거나 완전히 식생으로 덮여 있지 않으며, 식생과 나지가 혼합되어 있다. 지표는 이처럼 복잡하여 증발과 증산을 분리할 수 없으므로 이들을 **증발산**(evapotranspiration)이라는 용어로 묶었다. 앞에서 본 것처럼, 토양의 수분이 부족하면 증발과 증산이 일어나는 비율이 제한된다. 그러한 '제한된' 상황에서는 실질 증발산이 일어난다. 한편 이와 같은 '제한된' 상황이 아니라면, 증발산은 이용할 수 있는 열에너지의 양이나 대기의 습도, 풍속 등으로 제한되는 한계 내에서 최대로 발생할 것이다. 이러한 '제한 없는' 환경에서 최대 증발산이 일어난다.

지표에서 실질 증발산은 육상보다 해상에서 크고, 최대치는 적도가 아니라 위도 $10°$~$40°$의 열대 바다에서 나타난다(그림 6.4). 평균 증발산량을 자오선 방향으로 자른 단면에서, 다양한 요소들이 증발산량에 영향을 미치고 있음을 알 수 있다. 열수지만을 고려한다면, 분명히 저위도에서 최대치, 고위도에서 최저치가 나타날 것으로 기대된다. 그러나 이러한 단순한 분포는 아열대 무역풍과 같은 탁월풍 지대 내에서 수정된다. 이러한 바람은 온난 건조하여 증발산량을 증가시킨다. 반면에 습윤한 적도에서는, 열대 우림의 높은 증산율 때문에 어느 정도는 상쇄되겠지만, 풍속이 낮고 대기의 습도가 높아서 증발산이 제한된다.

(4) 응결

수면으로 되돌아오는 물 분자의 수가 수면을 떠나는 물 분자의 수보다 많을 때, 대기로부터 물이 쌓이는데 이를 응결(condensation)이라고 한다. 이 말은 응결을 위한 필요 조건이 포화라는 것을 의미한다. 앞에서 살펴보았듯이, 불포화 상태에서는 아래에 있는 수면으로부터 물 분자의 순손실이 있기 때문이다. 그러므로 [그림 6.1]의 X지점에 있는 공기가 응결하기 위해서는 우선 포화 상태가 되어야 한다. 간단히 말하면 XY통로와 XZ통로로 제시된 두 가지 대안을 생각해 볼 수 있다. 온도를 일정하게 유지하더라도 물리적으로 공기에 더

많은 수증기를 공급해 주면 결국 Y지점에서 포화 상태에 도달할 수 있고, 수증기를 더 첨가하면 응결이 시작될 것이다. 공기를 이슬점까지 냉각시키면 Z지점에서 포화 상태에 도달할 것이고, 온도를 더 낮추면 응결이 시작된다. 대기권에서 대부분의 응결 형태는 후자를 따른다.

수증기 분자에서 열에너지를 회수하면 운동 에너지가 감소하고 분자 간의 결합력이 강화되어 기체 상태로 남아 있지 못한다. 수증기는 액체 상태의 물로 되돌아오고, 그렇게 함으로써 증발될 때 흡수하였던 기화 잠열을 내어놓게 된다.

습윤한 공기가 수면과 접하여 있으면, 냉각되는 공기 내의 물 분자는 수면 속으로 쉽게 흡수된다. 그러나 자유 대기에서는 응결이 일어날 표면이 없다. 부유 상태의 이질 물질이 없으면, 순수한 공기는 이슬점까지 냉각되어도 응결이 일어나지 않고, 계속 물 분자를 받아들여 과포화 상태를 이룬다. 실험실에서는 상대 습도 400% 이상에 이르렀어도 물방울로 응결이 일어나지 않을 수도 있다.

사실 지구의 대기 속에는 자연적으로 발생하였거나 인위적으로 만들어진 무수히 많은 불순물들이 포함되어 있다(제4장 표 4.2). 이것들은 응결이 일어날 표면을 제공한다. 응결이 일어날 때의 상대 습도는 응결핵이라고 부르는 입자들의 성질과 개수에 크게 좌우된다. 응결핵에서의 응결로 물방울은 급속히 성장한다. 응결핵의 반경은 $10^{-3}\mu m$ 이하에서 $10\mu m$ 이상에 이르기까지 다양하다. 응결핵이 너무 크거나 작으면 응결에 미치는 효과가 최소화된다. 입자가 너무 작으면 물방울이 불안정하여 쉽게 대기로 증발하며, 입자가 너무 크면 무게를 이기지 못하여 빨리 지면으로 떨어진다. 가장 효율적인 입자는 $10^{-1}\mu m$~$1.0\mu m$의 범위에 있다. 응결핵의 일부는 **흡습성**(hygroscopic, 물 분자를 끌어당기는)이며, 여기에는 소금(해염)과 황산암모늄 등이 포함된다.

흡습성 응결핵이 있으면 상대 습도가 80%에도 미치지 못하는, 포화 수증기압에 도달하지 않은 자유 대기

에서도 응결이 시작될 수 있다. 육상의 먼지와 같이 흡습성이 약하거나 없는 물질은 비효율적이다. 그러나 대규모로 존재할 경우에는 약간의 과포화 상태에서도 응결을 일으킬 수 있다.

응결은 지표이든 부유 상태의 응결핵이든 받아들이는 표면이 있을 때 대기가 냉각됨으로써 일어난다. 응결 유형은 냉각 프로세스의 성질에 따라 구분되는데, 가장 중요한 것은 **접촉 냉각**(contact cooling), **복사 냉각**(radiation cooling), **이류 냉각**(advection cooling), 그리고 **역학적 냉각**(dynamic cooling) 등이다.

접촉 냉각 지표가 복사로 열을 빠르게 잃어버리면 지표의 온도가 하강한다. 그러면 열은 대기에서 지표로 전도된다. 공기는 극도로 불량한 열 전도체이므로, 대기의 이동이 없으면 이러한 냉각은 대기 위로 멀리 전달되지 못한다. 지표의 온도가 냉각된 얇은 대기의 이슬점 아래로 떨어질 경우에 지표에 내리는 물방울의 응결은 이슬의 형태로 나타난다. 이슬점의 온도가 0℃ 이하로 내려가면 응결은 서리의 얼음 결정으로 나타난다. 그러나 지면에 가까운 대기층에 약간의 교란이 있으면 비교적 높은 곳까지 제한된 혼합과 냉각이 일어난다. 이런 경우에 기온이 이슬점 아래로 내려가면 복사무나 땅안개(ground fog)가 형성되어, 상부의 보다 건조한 공기와 완전히 혼합되거나 햇빛의 가열로 기온이 이슬점 위로 상승할 때까지 지속된다.

접촉 냉각된 공기가 사면 아래로 흘러내리면 낮은 지대에, 특히 물이 고여 있는 곳에 쌓이게 된다. 그러한 이동은 골안개(valley fog)라고 하는 짙은 안개를 만들기도 한다.

복사 냉각 대기는 복사에 의한 직접적인 열 손실을 겪을 수도 있다. 그러나 복사에 따른 냉각은 속도가 느리기 때문에 이것만으로 응결이 일어나기는 어렵다. 그러나 이것은 찬 지면과 접하고 있는 공기의 냉각을 가속시킬 수 있다.

이류 냉각 냉각은 **이류**(advection)라고 부르는 공기의 수평적인 혼합으로 유발될 수도 있다. 포화에 가까운 수증기압을 가지고 있거나 비교적 큰 온도 차이를 나타내는 두 개의 기류가 혼합되었을 때 응결이 일어날 수도 있다. 예를 들어, 온난 습윤한 공기가 한랭 습윤한 지표 위로 이동하면, 온난 습윤한 공기는 지표 때문에 냉각된 얇은 대기층과 혼합된다. 이렇게 되면 혼합된 공기는 포화 수증기압을 가지게 된다. 혼합된 공기의 온도로 결정되는 포화 수증기압은 실제의 수증기압보다 낮기 때문에, 혼합된 공기는 과포화 상태가 된다. 이 초과 수증기는 **이류무**(advection fog)의 형태로 응결된다. 이 안개는 교란이 약간 있는 기류에서 형성되므로 짙다. 대부분의 이류무는 해수면과 관련되어 있지만, 냉각된 지표는 바다나 육지일 수도 있다. 예를 들어, 한류 위를 지나는 온난 습윤한 공기는 이류무를 형성할 것이다. 이것은 멕시코 만류와 관련된 온난한 공기가 래브라도(Labrador) 한류 위의 찬 공기와 혼합되는 뉴펀들랜드(Newfoundland) 해안에서 잘 나타난다. 특히 봄철에, 남쪽에서 영국으로 접근하는 온난한 열대의 기류가 냉량한 바다 위를 지나면서 짙은 이류무를 형성하기도 한다.

이류무의 또 다른 형태는 차가운 공기가 따뜻한 수면 위를 지날 때 형성된다. 수면에서 증발하는 물은 상부의 차가운 공기 속에서 응결하여 피어오르는 연기나 증기를 닮은 안개를 만든다. 이것은 수면과 공기 사이의 온도 차이가 클 때 형성된다. 빙모에서 흘러나오는 차가운 기류가 보다 온난한 바다 위를 흐르는 극지방에서는 해연(sea smoke)이 피어난다. 기본적인 응결 프로세스로 볼 때, 이것은 냉각 프로세스라기보다 대기에 수증기를 첨가함으로써 일어난다.

역학적 냉각 대기를 강제 상승시키면 **단열 냉각**(adiabatic cooling, 자료 6.3)이 일어난다. 이에 따른 응결의 형태는 강제 상승의 규모와 속도, 대기의 안정성에 따라 결정된다. 불안정한 공기가 격렬하게 상승하면 비교적 안정된 공기가 점진적으로 상승할 때보다 극적인 응결이 일어날 것이다. 상승은 기류가 산맥 위를 통과하거나 국지적인 대류, 또는 온도가 다른 기단들 사이의 전선면에서 일어난다(그림 6.5). 이러한 경우에 대기는 상승하고, 건조 단열 변화 곡선을 따라 지속적으로 냉각되고, 응결이 일어나 구름을 형성한다. 구름의 모양과 두께는 안정성이 특징인 얇은 층 형태(층운)에서, 안정된 대기보다 불안정한 대기와 관련이 깊은 거대한 수직 구름(적운)에 이르기까지 다양하다. [표 6.2]에는 구름의 유형을 구분하고 그 특징을 기술하였다.

자료 6.3
기온의 단열 변화

지표에 있던 공기덩어리가 강제 상승한다고 생각해 보자. 공기덩어리는 강제 상승하면 압력이 감소함에 따라 팽창하게 된다. 공기덩어리는 이렇게 일을 하고 에너지를 소비한다. 공기덩어리가 폐쇄 시스템이고 주변과 열 교환이 없다면, 일을 하기 위한 에너지를 내부에서 끌어와야 하므로 기온이 하강하게 된다. 이러한 기온 하강을 **단열 변화**(adiabatic)라고 한다.

대기권에서 공기가 불포화 상태일 경우, 기온 감소율은 $9.8°C$ $/km^{-1}$이며, 건조 단열 변화라고 한다. 공기가 포화 상태에 도달했을 경우에는 냉각에 따라 응결이 일어나며 잠열이 방출되므로 기온 감소율이 상쇄된다. 그래서 포화 상태에서 단열 변화의 평균값은 $6.5°C$ km^{-1}이다. 그러나 이 값은 포화 수증기압과 기온 간의 관계에 따라 변한다.

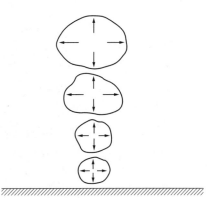

안정과 불안정
분리된 두 개의 수직 온도 변화 곡선인 xy와 환경 기온 변화율인 ST를 생각해보자. 그리고 이들 수직 변화 곡선 상의 두 점 A와 B를 생각해보자. A지점에 있는 공기덩어리가 강제 상승하면,

그 공기는 건조 단열 변화율에 따라 냉각될 것이다. 공기덩어리가 A′지점까지 강제 상승하면 주변보다 온난하므로 계속 상승할 것이다. 그리고 A″지점까지 강제 하강하면 주변보다 냉량하므로 계속 하강할 것이다. 그래서 공기덩어리 A는 상승하거나 하강하기 시작하면 이전 위치로 되돌아가려고 하지 않으므로 불안정한 상태이다.

반대로 B지점에 있는 공기덩어리가 B′지점까지 강제 상승하면 주변보다 더 냉량하므로 B로 되돌아올 것이다. B″지점까지 강제 하강하면 주변보다 더 온난하므로 B로 되돌아올 것이다. 그래서 공기덩어리 B는 위치를 바꾸어도 이전의 위치로 되돌아가려고 하여 안정한 상태이다.

대기권에서 안정과 평형은 같은 의미가 아니다. 대기는 안정이나 불안정한 동적 평형 상태에 있으며, 그 안정성은 외부의 힘으로 발생하는 교란을 결정한다. 불안정한 대기는 한 번 위치를 옮기면 지속적으로 비평형 상태에 놓이게 된다. 반면에 안정한 대기는 평형 상태로 쉽게 되돌아온다.

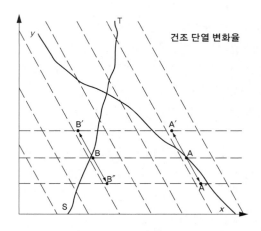

건조 단열 변화율

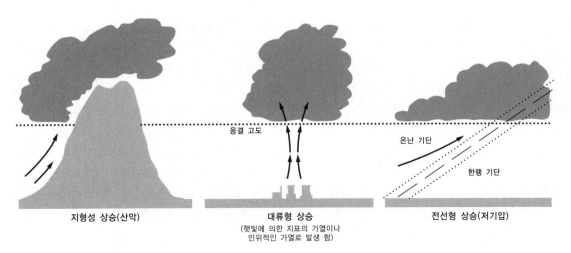

지형성 상승(산악)　　　대류형 상승　　　전선형 상승(저기압)
　　　　　　　　　　(햇빛에 의한 지표의 가열이나
　　　　　　　　　　인위적인 가열로 발생 함)

응결 고도　　온난 기단　　한랭 기단

그림 6.5 역학적 냉각의 간단한 예시

표 6.2 구름의 유형과 주요 특징. 고도와 온도는 영국에 대한 것(WMO, International Cloud Atlas, 1956)

구름의 유형	약어	특성	기저 고도(km)	기저 온도(℃)
권운	Ci	하얗고 가는 선-섬유 모양이나 비단의 광채.	5~13	−20~−60
권적운	Cc	그늘이 없는 얇고 흰 조각구름. 매우 작은 요소들로 이루어져 있음.	5~13	−20~−60
권층운	Cs	섬유나 부드러운 모습을 띤 투명하고 흰 구름의 천막.	5~13	−20~−60
고적운	Ac	흰색이나 회색의 구름 조각들. 많은 요소들로 이루어져 있음.	2~7	10~−30
고층운	As	회색 구름 조각. 층을 이루며 하늘을 전체적으로 또는 부분적으로 덮음.	2~7	10~−30
난층운	Ns	눈이나 비가 지속적으로 내리는 회색 구름층. 해를 완전히 가릴 정도로 두꺼움.	1~3	10~−15
층적운	Sc	회색이나 흰색의 구름 조각들. 둥근 물체들로 이루어져 있음.	0.5~2	15~−5
층운	St	동일한 기저를 가진 회색 구름층으로 이슬비를 뿌림.	0~0.5	20~−5
적운	Cu	경계가 뚜렷한 두껍고 분리된 구름. 꽃양배추를 닮은 망루처럼 수직으로 발달함.	0.5~2	15~−5
적난운	Cb	수직으로 상당한 높이까지 짙게 밀집된 구름. 강수가 내림.	0.5~2	15~−5

(5) 강수

고체이든 액체이든, 구름에서 지표로 떨어지는 수분을 **강수**(precipitation)라고 한다. 강수는 응결된 수증기에서 유래하지만 응결이 곧 강수가 된다고는 말할 수 없다.

구름의 물방울에는 처음부터 두 가지의 힘이 작용한다. 하나는 지표로 향하는 중력이고, 다른 하나는 물방울과 물방울이 떨어질 때 지나는 공기 사이의 마찰력이다. [그림 6.6a]에서 두 힘은 G와 F로 표현되어 있다. 뉴턴의 운동 제1법칙에 따라 두 힘이 서로 균형을 이루

면 물방울은 지표를 향하여 동일한 속도로 떨어지게 되는데, 물방울의 **최종 강하 속도**(terminal velocity)는 알갱이의 크기에 비례한다. 대기가 고요할 때 운적의 반경이 $1~20\mu m$이면 최종 강하 속도는 $0.0001~0.05m\ s^{-1}$에 이른다. 그러나 대기가 고요하지 않을 때에는 구름 내에 $9m\ s^{-1}$에 달하는 상승 기류가 있어서, 운적에 또 다른 힘(D)으로 작용한다.

운적의 최종 강하 속도는 상승 기류와 비교할 때 너무 작기 때문에, 물방울은 구름덩어리 내에 갇혀서 떨어지지 못한다. 강수는 대체로 물방울의 반경이 1,000

µm에 이르러야 비로소 시작되는데, 특히 고요한 날에는 반경 200µm 정도의 작은 물방울도 떨어질 수 있다. 그러므로 평균 반경 10µm에 달하는 운적은 부피를 100만 배 이상 증가시켜야 반경 1,000µm에 달하는 빗방울의 평균 반경에 이를 수 있다. 이러한 성장이 일어날 수 있는 이유에 관한 설명이 무수히 많았는데, 여기에서는 그 가운데 두 가지만 다루겠다.

빙정 프로세스 빙정과 과냉각수가 −10~−25℃의 구름 속에 함께 있으면, 수면으로부터 나온 수증기가 곧장 전달되어 빙정의 표면에 얼음으로 쌓인다. 이 빙정은

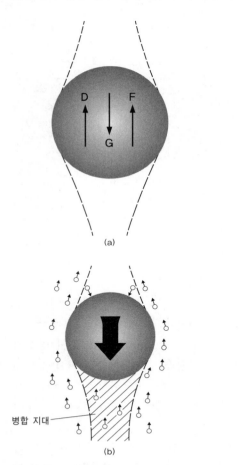

그림 6.6 (a) 운적에 작용하는 힘. (b) 떨어지는 큰 물방울과 더 작은 운적 사이의 충돌과 병합.

적운의 상층부에서 과냉각 상태의 물방울이 동결된 것이거나, 거의 대부분 빙정으로 이루어진 더 높은 곳의 권운으로부터 떨어진 것이다. 빙정은 성장하며, 지표로 떨어지는 속도는 증가한다. 성장하는 빙정은 떨어지면서 다른 빙정과 충돌하거나 연합하여 더욱 성장한다. 빙정이 녹으면 물방울로 떨어지고, 떨어지는 통로에 있는 더 작은 물방울들과 연합하여 성장할 것이다(그림 6.6b). 물방울이 한계 규모에 도달하면 불안정하여 적당한 크기의 많은 물방울들로 부서진다. 이 물방울들은 충돌하고 연합하여, 짧은 기간에 걸쳐 작동하는 효율적인 강수 프로세스를 제공한다.

충돌과 병합 빙정 프로세스는 −10℃ 이하의 온도를 가지는 구름에서 형성되는 강수는 설명할 수 있지만, 열대의 구름처럼 5℃만큼 높은 온도를 가지는 구름에서 강수가 어떻게 나타나는지는 설명할 수 없다. 구름 내에서 공기가 이동하면 우연한 충돌과 병합을 통해 다양한 크기의 물방울이 만들어질 수 있다. 최종 낙하 속도는 물방울의 크기와 직접 관련이 있으므로, 물방울들 사이에는 상대적인 운동 법칙이 있을 것이다. 이 경우 [그림 6.6]에서 제시한 병합 프로세스가 작동하여, 어떤 물방울은 보다 작은 물방울들을 병합하여 성장할 것이다. 그러한 성장으로 물방울은 마침내 땅으로 떨어지기에 충분할 정도로 커질 것이다.

[표 6.3]에는 강수의 주요 형태가 제시되어 있다. 강수의 유형은 강수를 유발한 응결의 성질에 따라 크게 구분할 수 있다. 그래서 여기에서는 **지형성**(orographic, 산지) 강수, **대류성**(convectional) 강수, 그리고 **저기압성**(cyclonic) 강수로 구분하였다.

강수는 다양한 공간 규모에서 작동하는 여러 가지 요소들 때문에 지표 상에서 매우 다양하게 나타난다. 범지구적 규모에서 보면, 열대 수렴대와 중위도 등 두 지역은 지표 상에서 기류가 수렴하여 비교적 강수량이 많은 곳이다. 이곳에서는 결과적으로 기류가 상승하여

표 6.3 강수의 유형과 그 특징

유형	특징	구름형	측정
비	반지름 250㎛ 이상의 빗방울	Ns, As, Sc, Ac	우량계
이슬비	반지름 250㎛ 이하의 가는 빗방울	St, Sc	우량계
눈	얼음 결정의 느슨한 집합체	Ns, As, Sc, Cb	설량계, 설류량, 사진 측량법
진눈개비	부분적으로 녹은 눈 조각이나 비와 눈이 함께 내림	Ns, As, Sc, Cb	우량계
우박	반지름 2.5~25mm의 얼음 조각 동심원 형태의 얼음 각	Cb	우량계 우량계
직접 강수	낮게 놓인 구름에서 지표로 직접 공급. 수평 차단이라고 함.	St	차단 우량계(실험용)

단열 냉각이 일어난다. 반대로 아열대와 극지방에서는 지표의 기류가 발산하므로 공기가 하강하여 비교적 강수량이 적다. 이러한 기본적인 대상 분포는 연평균 강수량의 분포에서, 특히 바다 지역에서 분명하게 나타난다(그림 6.7).

그러나 대기 대순환의 평균적 위치는 세계의 강수량 분포를 통제하는 많은 요인들 중의 하나일 뿐이다. 예를 들어, 대기의 수직 구조 역시 안정인지 불안정인지 고려하여야 한다. 강수는 대기에 포함된 응결핵의 유형과 개수, 그리고 운적의 성장을 유도하는 조건의 유무 등에 좌우된다.

특히 북반구에 위치한 대륙은 강수의 분포에 뚜렷한 영향을 미친다. 대기에 포함된 대부분의 수증기는 바다로부터 유래하므로, 대륙 내부의 대기는 해안 가까이 위치한 지역보다 훨씬 더 건조하다. 예를 들면, 대서양에서 유래한 많은 수증기가 중위도 편서풍을 타고 내륙으로 전달되는 유라시아 내륙에서도 마찬가지이다. 이 공기는 대륙을 가로질러 동쪽으로 이동하면서, 증발산을 통해 얻는 양보다 더 많은 물을 강수로 잃는다. 그래서 동쪽으로 갈수록 강수량이 감소한다. 특히 겨울철에는 지표가 얼어붙어 대기로 수분을 거의 공급하지 못하며, 시베리아 고기압에서 발산하는 기류가 습윤한 해양성 기류의 침입을 가로막는다.

세계의 강수량 분포는 대규모 산맥을 넘는 기류 때문에 변형된다. 예를 들어, 로키 산맥이나 안데스 산맥 위로 대기가 강제 상승하면서 응결과 강수 프로세스가 강화되어 총 강수량이 더욱 늘어나게 된다.

(6) 지표수의 균형

지표에 떨어지는 강수 가운데 일부는 증발과 증산을 통하여 대기로 되돌아가고, 나머지는 지표 위나 토양 속에 저장되거나 지표 시스템에서 사용된다. 이러한 분포는 **지표수 수지 방정식**(surface water balance equation)으로 표현할 수 있다.

$$강수량\ P = E + T + \Delta S + \Delta G + R \tag{6.3}$$

여기서 E는 증발이고, T는 증산이며, ΔS는 토양수 저장량의 변화—물은 표면 장력으로 토양 입자들 사이에 붙잡혀 있다. 초기 강수량의 일부는 토양 내의 공간으로 침투할 것이다—이고, 그리고 ΔG는 지하수 저장량의 변화—약간의 물은 토양에서 더 깊은 지하수 저장소로 침투할 것이다—이며, R은 (처음에는 릴이지만 결국 하천을 이루는) 지표 위를 흘러가는 지표 유출을 나타낸다. 이러한 수지의 구조는 대기와 지표의 지배적인 수분 상태에 따라 시·공간상에서 다양하다. 그러나 범지구적 규모에서는 단순히 열린 수면과 육지라는 기본적인 두 가지 지표 형태를 생각할 수 있다.

물수지 방정식(6.3)은 커다란 증발 냄비와 같은 열린 수면의 경우 다음과 같이 간단하게 다시 쓸 수 있다.

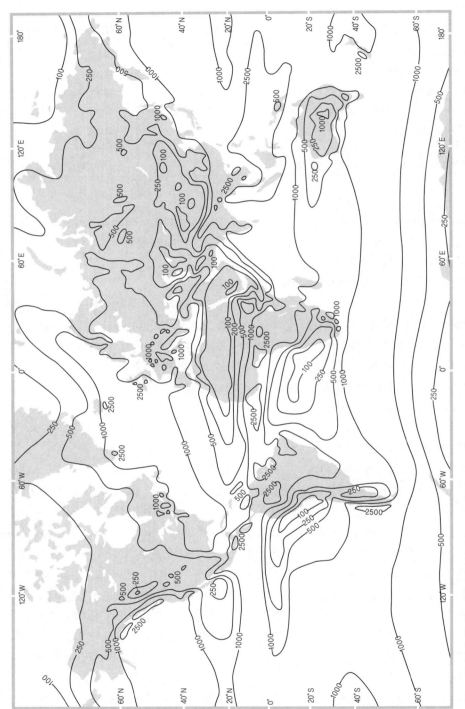

그림 6.7 연평균 총강수량(mm)의 세계적 분포(Lamb, 1972)

자료 6.4
지표수 수지 방정식에 기초하여

(a) 표준 증발 냄비

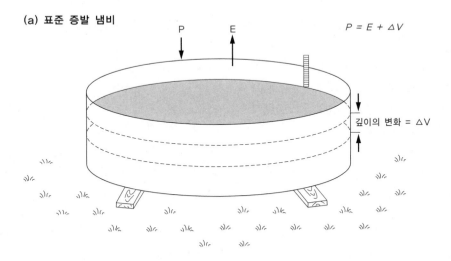

$$P = E + \Delta V$$

P
E
깊이의 변화 = ΔV

(b) 증발산 측정기

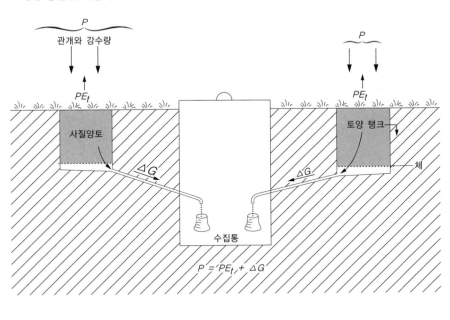

P
관개와 강수량
PE_t
사질양토
ΔG
수집통
PE_t
토양 탱크
체
ΔG
P

$$P = PE_t + \Delta G$$

$$E = P + \Delta V \tag{6.4}$$

수면에서 유출이 없고(R=0), 증산에 따른 손실도 없다(T=0)고 가정해 보자. ΔV는 저장소 내에 담겨 있는 수분 함량의 변화를 나타내며, 지표 아래의 저수량 변화와 동일하다($\Delta V = \Delta S + \Delta G$). 이 방정식을 이용하면, 대기에 노출된 증발 냄비에서 수위의 변화를 기록함으로써 열린 수면의 증발량을 계산할 수 있다(자료 6.4).

바다의 경우에는 R을 무시할 수 있지만, 주변 육지에서 하천을 통하여 유출되는 물이 유입하고 바다에서 바다로 유입되기도 한다. 모든 바다를 하나의 수면으로 간주하면 바다들 간 물의 흐름을 효과적으로 배제할 수 있는데, 시간이 흘러도 저수량의 변화는 무시할 수 있을 정도이다.

$$P = E - \Delta F \tag{6.5}$$

여기서 ΔF는 육지에서 바다로 흘러드는 물의 양을 나타낸다. 해양에서 평균 강수의 깊이는 1,066mm 또는 수량 $385.0 \times 10^{12} \text{m}^3$에 달하며, 증발량은 1,176mm 또는 수량 $424.7 \times 10^{12} \text{m}^3$에 이른다(Baumgartner and Reichel, 1975). 해수면에서는 수량 $39.7 \times 10^{12} \text{m}^3$의 순 손실이 있으며, ΔF를 통해서 되돌아온다.

육상의 물 수지 방정식은 모든 구성 요소가 나타나 있으므로 전술한 바와 같다. 그러나 실용적인 목적을 위해서 증발과 증산을 증발산으로 통합하였다. 따라서 방정식은 다음과 같다.

$$P = E_t + \Delta S + \Delta G + R \tag{6.6}$$

이 방정식을 이용하면 최대 증발산량과 실질 증발산량도 간접적으로 측정할 수 있다. 지표가 완전히 평탄하다고 가정하면, 지표를 따라서 물방울의 중력가속도는 나타나지 않을 것이다. 그래서 R=0이다. 토양 수분이 충분히 유지되어서 증발산이 가능한 최대 비율로 나타난다면, ΔS=0이다. 이 경우에 증발산량 측정기를 이용하면 최대 증발산량을 계산할 수 있다. 토양 탱크에 물을 공급하지 않고 토양수의 변화량(ΔS)을 모니터링하면 실질 증발산량을 계산할 수 있을 것이다. 전 세계 육지에서 평균 강수의 깊이는 746mm 또는 수량

표 6.4 지표의 물 균형(Baumgartner and Reichel 1975)

	물의 양(10^3km^3)			강수의 비율(%)	
	강수	증발	유출	증발	유출
유럽	6.6	3.8	2.8	57	43
아시아	30.7	18.5	12.2	60	40
아프리카	20.7	17.3	3.4	84	16
오스트레일리아(섬 제외)	3.4	3.2	0.2	94	6
북아메리카	15.6	9.7	5.9	62	38
남아메리카	28.0	16.9	11.1	60	40
남극	2.4	0.4	2.0	17	83
북극해	0.8	0.4	0.4	55	45
대서양	74.6	111.1	−36.5	149	−49
인도양	81.0	100.5	−19.5	124	−24
태평양	228.5	212.6	15.9	93	7
전 대륙	111.1	71.4	39.7	64	36
전 해양	385.0	424.7	−39.7	110	−10

$111.1 \times 10^{12} m^3$이며, 증발산량은 $480mm$ 또는 $71.4 \times 10^{12} m^3$이다. 이는 지표에 수량 $39.7 \times 10^{12} m^3$이 남아 있다는 것을 의미한다. 장기적인 수지에서 볼 때 저수량 변화의 요소인 ΔS와 ΔG는 미미한 것으로 생각되기 때문에, 남아 있는 수량은 유출의 형태로 배수된다.

이처럼 개략적인 세계의 물수지 내에서도, 해양들 간 그리고 대륙들 간 물수지 구조에 상당한 차이가 있다(표 6.4). 증발산으로 소모되는 강수량의 비율이 17%인 남극과 비교하여, 열대성이 강한 대륙인 아프리카(84%)와 호주(94%)에서 높다는 것은 특기할 만하다.

(7) 대기의 물 균형

물수지에 관한 논의는 대기를 간단히 고찰함으로써 완성될 수 있다. 대기는 아래의 지표에서 수분을 공급받으며, 강수를 통하여 되돌려 보낸다. 대기는 수평으로 이동하면서 수증기를 운반하므로, 수증기를 공급받은 지표와 강수로써 되돌아가는 지표가 반드시 같을 필요는 없다. 이것이 [표 6.4]의 자료를 참조하여 나타낸 최상의 것이다. 대기는 바다 위에서 $424 \times 10^{12} m^3$의 물을 공급받아 $385 \times 10^{12} m^3$의 물만을 방출한다. 반면에 육상에서는 $71.4 \times 10^{12} m^3$의 물을 공급받아 $111.1 \times 10^{12} m^3$의 물을 방출한다. 이는 바다와 육지 사이에 물의 교환이 존재한다는 것을 의미한다. 일부는 바다에서 육상으로 이동하는 수증기의 흐름으로 나타나며, 일부는 대기의 이동으로 나타난다.

이러한 수증기의 이동은 대기의 순환에서 나타나는 열에너지의 분포에서 중요하다. 대기로 전달되어 곧 응결된 수증기는 열에너지를 전달하기 위한 자동차와 같이 행동하며 기화잠열을 방출한다. 경선 방향의 잠열 전달(제4장의 그림 4.7)은 무역풍이 해수면 위로 불어가는 북위 30°와 남위 30° 사이에서 적도 쪽을 향한다. 30°와 65° 사이의 중위도에는 극지방으로의 순전달이 있다. 이런 형태의 열전달은 남반구에서 비교적 크다. 수증기의 원천 구실을 하는 해수면의 비율이 상대적으로 크기 때문이다.

2. 대기 수분의 화학 조성

육지나 해양에서 증발된 물은 대기로 들어가는 순수한 물의 원천이 된다. 이 물은 대기 저장소 내 가용성이 큰 성분과 평형을 이룰 정도로 가용성 기체를 소량 포함한다. 결과적으로 대기권의 물방울과 빙정으로 있는 물은 이산화탄소(CO_2)와 이산화황(SO_2)과 질소산화물(NO_x)이 용해된 약한 산성 용액이다. 강수는 미세 먼지나 비산 해수(바람에 날린 바닷물)와 같은 입자들(표 4.2)도 운반하는데, 그들 대부분은 **흡습성 응결핵**(hygroscopic nuclei)의 역할을 한다. 이것은 비교적 소량의 물(대기에 포함된 물의 0.15%)이 해수면에서 **기포 분사**(bubble-bursting)로 공급되는 또 다른 통로가 있기 때문이다. 결국 이것은 증발보다 빗물의 화학 조성을 결정하는 더욱 중요한 통로이다. 기포 분사로 바닷물의 작은 물방울이 대기로 뿌려지면, 그곳에서 증발되어 미세한 해염(sea salt) 알갱이를 형성한다. 이들 알갱이의 일부는 바다나 육지로 떨어지지만, 대부분은 빗방울을 만드는 응결핵이 된다. 그러므로 빗물은 해수에서 발견되는 것과 동일한 소량의 가용성 염들을 포

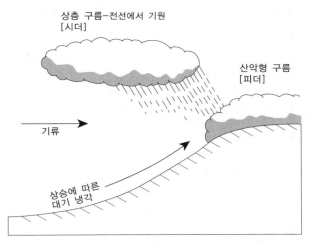

그림 6.8 강우 내 증가하는 이온 농도를 설명하는 피더-시더 메커니즘

함한다. 사실 빗물은 매우 실질적인 의미에서 크게 희석된 바닷물이라고 할 수 있다. Na^+과 Cl^-는 바닷물에서 우세한 이온이므로, 빗물에서도 가장 풍부한 이온이다. 이 이온들은 맑은 날 육상에 빠르게 낙하하기도 하고, 육지 내부에서는 다소 일정한 기반 농도를 나타내기도 하여 이온들의 양은 공간적 변이를 보인다.

이들 입자와 이온들은 **강우탈거**(rainout)와 **강우정화**(washout) 프로세스를 통하여 포화된 대기로부터 지표로 유입된다. 강우탈거는 대기로부터 낙하하는 빙정이나 물방울에 물질이 편입될 때 나타난다. 이것은 자유 낙하하는 강수로 나타나기도 하고, 예를 들어 산림의 가지나 잎사귀에 구름의 물방울이 차폐되어 나타나기도 한다. 강우정화란 구름에서 떨어지는 강수가 구름 밑에 있는 대기를 통과하면서 대기의 물질을 제거하는 것이다. 이것이 폭풍우 동안에 일어나면, 하층 대기의 미립 오염 물질 농도가 매우 빠르게 감소하여 가시거리에 뚜렷한 효과를 나타낸다. 강우정화의 복잡한 형태 중의 하나는 사면에서 상층 구름의 강수가 하층의 지형성 구름을 통과하여 떨어질 때(그림 6.8), 지표에 도달한 빗물에서 미립 오염 물질과 용해된 이온의 농도가 증가한 경우이다. 이것을 **피더-시더**(feeder-seeder) 메커니즘이라고 한다.

강우탈거와 강우정화를 합한 작용을 '강우퇴적(wet deposition)'이라고 하는데, 이것으로 대량의 미립 물질이 적절하게 퇴적될 수 있다. 이것을 나타내는 가장 좋은 예는, 북아프리카에서 불어오는 열대 대륙성 기류(그림 8.11) 내에 포함된 먼지가 서부 유럽에서 '흙비(red rain)'로 씻겨나가는 것이다.

CO_2와 평형을 이루는 대기의 수분은 pH 5.6(자료 11.2)을 나타내는 약산성이다. 그러나 황산염 이온(SO_4^{2-}) 및 질산염 이온(NO_3^-)과 수소 이온(H^+)이 함께 나타나면 pH가 5.0 이하로 낮아지기도 하고, 극단적인 경우에는 4.0 이하로 나타나기도 한다. 대기로부터 낙하하는 이러한 물은 보다 친숙한 산성비(acid rain)로 알려져 왔는데, 일부 생태계에서는 해로운 변화를 일으키기도 한다.

대기의 황산염 이온(SO_4^{2-})은 바다와 같은 자연적인 공급원에서 유래하기도 하고, 화석 연료의 연소나 금속 용융과 같은 인위적인 공급원에서 유래하기도 하는데, 전 세계의 평균으로 보면 두 가지의 비율이 거의 비슷하다. 그러나 인구가 심히 밀집되고 산업화된 지역에서는 인위적인 공급원이 90% 이상을 차지한다.

자료 6.5

구름과 강수 내 액상의 화학 반응

대기의 수분(액체 상태)이 존재하는 상태에서 발생하는 화학 반응은 복잡하다. 다음의 간단한 화학 반응은 Wellburn(1988)과 Mason(1990)의 연구에 기초한 것이다.

이산화황
- 이산화황에서 아황산수소염(HSO_3^-)으로
$$2SO_2 + 2H_2O \rightarrow SO_3^{2-} + HSO_3^- + 3H^+$$
- 아황산수소염에서 황산수소염(HSO_4^-)으로
과산화수소 첨가
$$HSO_3^- + H_2O_2 \rightarrow HSO_4^- + H_2O$$

오존 첨가
$$HSO_3^- + O_3 \quad HSO_4^- + O_2$$
- 아황산수소염과 수소 이온
$$HSO_4^- \rightleftarrows H^+ + SO_4^{2-}$$
- 질소산화물
질소이산화물에서
$$O_3 + NO_2 \rightarrow NO_3 + O_2$$
$$NO_3 + NO_2 \rightarrow N_2O_5$$
$$N_2O_5 + H_2O \rightarrow 2HONO_2 \ (질산)$$
- 질산염과 수소 이온
$$HONO_2 \rightleftarrows H^+ + NO_3^-$$

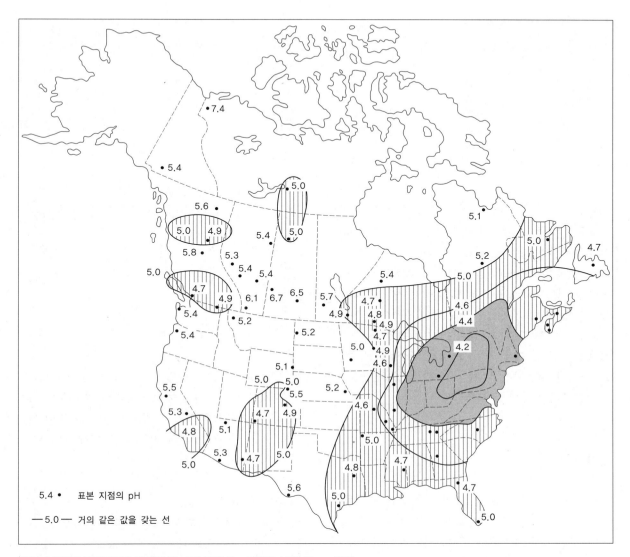

그림 6.9 1982년 북아메리카의 강우퇴적 내 pH의 분포(Miller, 1984를 수정한 Elsom, 1987)

5.4 • 　표본 지점의 pH

—5.0— 　거의 같은 값을 갖는 선

대기의 이산화황(SO_2)은 과산화수소(H_2O_2)와 산화 반응하여 황산을 형성한다(자료 6.5). 질산염 이온(NO_3^-)도 비슷하게 토양 내 생화학적 프로세스를 포함한 자연적인 공급원에서 유래하기도 하고, 화석 연료의 연소와 같은 인위적인 공급원에서 유래하기도 한다. 질소산화물(NO_x)이 광화학적으로 산화되면 질산을 형성한다(자료 6.5).

이러한 두 가지 프로세스에 따라 강수의 pH가 낮아졌으며, 그 효과는 SO_2와 NO_x를 인위적으로 배출하는 곳에서 가장 뚜렷하다. [그림 6.9]는 미국 동부 산업 지대의 낮은 pH값을 보여 준다. 영국에서 SO_2의 인위적인 배출은 1970년대 초에 정점을 이루었다가 현재 감소하고 있으나, NO_x의 배출은 계속 증가하고 있다(표 6.5).

표 6.5 영국의 연간 배출량(Mason, 1990)

(100만 톤/년)

연도	SO_2	NO_x
1900	1.40	0.21
1950	2.30	0.30
1960	2.80	0.41
1970	3.00	0.50
1980	2.33	0.54
1984	1.77	0.63
1987	1.93	0.74

표 6.6 주요 해분의 규모(Briggs and Smithson, 1985)

해양	면적($10^6 km^2$)	%	평균수심(m)
총면적	361	100.0	3,650
태평양	165	45.7	4,270
대서양	81	22.4	3,930
인도양	75	20.8	3,930
북극해	14	3.9	1,250
기타	26	7.2	–

표 6.7 해수의 평균 이온 조성(Beer, 1983)

이온		해수 내 중량비(%)
염소	Cl^-	55.04
나트륨	Na^+	30.62
황산	SO_4^{2-}	7.68
마그네슘	Mg^{2+}	3.69
칼슘	Ca^{2+}	1.15
칼륨	K^+	1.10
중탄산	HCO_3^-	0.41

pH는 구릉지 주변에서 낮게 나타난다. 이것은 부분적으로는 [그림 6.8]의 피더-시더 메커니즘 때문이며, 언덕 정상부가 더 자주 구름으로 덮이기 때문이다. 거친 지표는 강수보다 더 높은 이온 농도를 가지고 있는 운적을 차단한다. 이것을 **보이지 않는 집적**(occult deposition)이라고 한다. 대기로 쉽게 운반되는 SO_2와 NO_x의 기원지로부터 멀리 떨어진 곳에서도 pH값이 낮게 나타난다. 예를 들어, 스코틀랜드와 노르웨이에서 pH값이 가장 낮은 강수는 동유럽 산업 지대에서 기원한 기류와 관련하여 나타난다.

3. 해양

지금까지는 지구-대기 시스템에서 중요한 유체 가운데 하나만을 살펴보았다. [그림 4.7]에서 알 수 있듯이, 해양은 열대로부터 열을 분산시키는 역할을 한다. 사실 남·북위 $20°$에 위치한 바다는 극지방으로 흐르는 총에너지의 40%를 공급한다. 지표의 약 71%는 물로 덮여 있는데, 그 가운데 주요 바다는 태평양(33%)과 대서양(16%), 인도양(14%), 북빙양(3%) 등이다(표 6.6). 해양의 평균 깊이는 약 4,000m이지만, 장소마다 상당한 변이가 있다. 필리핀 동쪽 해안에 있는 민다나오 해구(Mindanao Trench)와 같은 해구에서는 수심이 9,000m 이상이지만, 75% 이상의 해양에서 수심은 3,000~6,000m이다. 해양의 가장자리 주변에는 다양

한 깊이의 얕은 선반이 있는데, 이를 대륙붕이라고 한다. 대륙붕에서 수심은 해안을 향하여 점차 얕아진다. 대기권과 비교할 때 바다는 얕으며, 육지에 의해 해분 내로 제한된다. 해분은 그 안에서 발달하는 해류의 성질을 결정한다.

(1) 해수의 물리적 성질

염도(salinity) 해수는 하천수의 유입이나 해안 침식 등의 공급원으로부터 유래하는 용해 물질과 부유 물질을 운반한다(제17장). 용해 물질 가운데 이온 성분(표 6.7)은 나트륨(Na 30%)과 염소(Cl 55%) 이온이 우세하다. 이들은 염화나트륨, 즉 보통의 소금을 구성한다. 나트륨과 염소는 다른 용질들과 더불어 해수의 염도를 형성한다. 세계 해양의 평균 염도는 35g kg^{-1} 또는 35‰이며, 열린 바다에서는 지리적 위치나 계절에 따라 약 33~37‰로 다양하다.

염도에 영향을 미치는 주요 인자들 가운데 하나는 강수-증발 비이다. 대기로부터 담수가 유입하면 염도

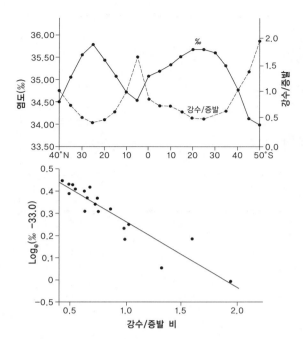

그림 6.10 염도(‰)와 강수−증발 비의 관계(Sverdrup et al., 1942의 자료)

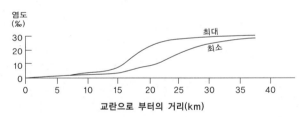

그림 6.11 스코틀랜드 포스 강 하구의 염도 변화(McLusky et al., 1980)

표 6.8 복사 에너지의 해수 투과율(%)(Pickard and Emery, 1982의 자료)

깊이(m)	0	1	2	10	50	100	소멸 계수
청정 해수	100	45	39	22	5	0.5	0.047
혼탁 해수	100	18	8	0	0	0	0.631

가 낮아지며, 수면에서의 증발은 용액을 농축시킨다. [그림 6.10]에서 보듯이, 강수−증발 비와 염도 사이에는 명백한 상관관계가 있다. 강수−증발 비와 염도는

수면 증발이 강한 무역풍대(표 4.4)에서 최대로 나타난다. 이것은 비가 많이 오는 적도 주변에서 염도가 낮은 것과 대비된다. 그러므로 적도와 아열대 사이에는 수면에 **염도 경도**(salinity gradient)가 있다.

염도는 깊이에 따라 증가하는 경향이 있다. 그러나 증발에 따라 수면 농축이 있는 곳에서는 상층 800∼1,000m까지 아래로 갈수록 염도가 감소하고, 염도가 비교적 안정되어 있는 2,000m까지는 증가한다.

염도는 하천이나 해빙에 따른 담수의 유입으로 영향을 받는다. 해안의 염도는 하천의 유량에 따라 감소하며, 하구 시스템 내에서는 바다에서 육지 쪽으로 뚜렷한 염도 경도가 있다(그림 6.11).

온도 바닷물은 열용량이 매우 높기 때문에 온도를 약간 상승시키기 위해서도 많은 열이 유입되어야 한다. 태양 복사는 수면을 통과하여 깊이가 증가하면 점진적으로 흡수된다. 맑은 물에서는 태양 에너지의 50% 정도가 수면 아래 1m 이내에서 흡수되며, 100m까지 대부분이 흡수된다(표 6.8). 감소율은 베어의 법칙(Beer's Law) 형태로 표현된다(자료 6.6). 부유 물질이 매우 많은 혼탁한 해안에서는 흡광 계수가 매우 커서, 태양 복사가 깊이 1m 정도만 투과할 수 있다.

해수에서 일어나는 흡수는 파장 선택적이다. 수면 아래 1m 이내에서는 자외선과 적외선이 거의 대부분 흡수된다(그림 6.12). 더 깊은 곳까지 들어가는 복사는 거의 대부분 가시광선 가운데 청색 파장으로, 후방 산란하면 바닷물에 특징적인 색을 띠게 한다. 다른 조류들은 적색−황색 파장까지 나타나는 데 비하여, 식물성 플랑크톤이 있으면 녹색 파장에서 산란이 두드러진다.

고위도로 갈수록 태양 고도가 감소함(표 8.1)에 따라 반사 계수가 증가하므로 위도별 태양 에너지 유입량의 변화는 강화된다. 그러므로 해수면 온도에서도 대상 분포가 뚜렷하다(그림 6.13).

수면의 열에너지 수지는 위도에 따라 다양하다. 위도 10∼30°에서는 유효 열에너지의 90% 이상을 소비

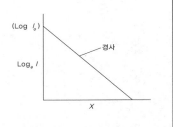
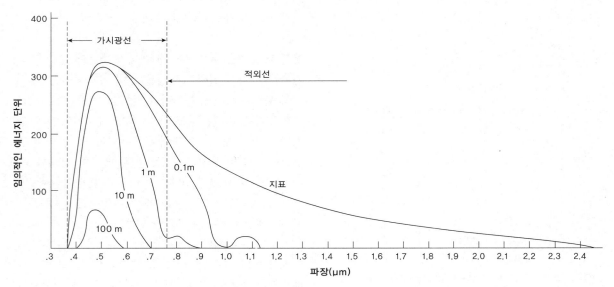

그림 6.12 태양 복사가 해수로 투과하는 스펙트럼(Neumann and Pierson, 1966)

하는 잠열 유동(Q_E)이 뚜렷하다(표 3.4). 대기로의 현열 유동(Q_H)은 열대에서 일반적으로 적지만(4% 이하), 따뜻한 바다와 찬 대기가 뚜렷한 대조를 이루는 온대에서는 현열이 66% 이상으로 증가한다. 현열은 해양의 이동에 따라 수평적으로 이동하며, 고위도의 바다에 대량으로 유입하여 부족한 복사 에너지의 유입량을 보충해 준다.

지구적 관점에서 볼 때, 해수로 유입하는 지열은 매우 적지만, 대서양 중앙 해령이나 인도양과 같은 일부 장소에서는 가열을 유발할 수도 있다. 바다로 유입되는 평균 지열 유동량은 약 $0.055\mathrm{W\ m^{-2}}$이지만, 국지적인 공급원이 있는 경우는 $0.227\mathrm{W\ m^{-2}}$까지 증가한다.

지열 에너지는 예외지만, 대기는 주로 하부로부터 가열되는 반면 해수는 상부로부터 가열된다. 그래서 분자의 확산 프로세스가 있다면, 얕은 표면층에서만 수직 변화의 매우 가파른 경사가 나타날 것이다. 그러

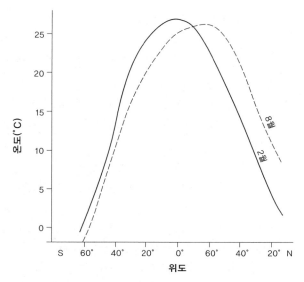

그림 6.13 대서양 해수면 온도의 변화(Pickard and Emery, 1982의 자료)

나 바다의 상부 200m에서 온도를 관찰한 결과, 수직적 온도 분포는 등온을 유지하려는 경향이 있다는 사실이 밝혀졌다. 이것은 수면 위로 불어 가는 바람의 작용으로 물이 혼합되었기 때문이다.

이 **혼합층**(mixing layer) 아래에는 깊이에 따라 수온이 급격히 떨어지는 좁은 지대가 나타나는데, 이를 **수온약층**(thermocline)이라고 한다. 수온약층을 기준으로 상부의 비교적 따뜻한 표층과 하부의 비교적 차가운 심층수가 분리된다. 저위도에서는 강한 수면 가열과 적당한 수면 혼합 때문에 경계가 뚜렷한 수온약층이 나타난다(그림 6.14a). 온대의 여름철에도 비슷한 모습이 나타나지만, 겨울철에는 약한 수면 가열과 강한 바람 때문에 혼합층이 깊어져 수온약층 주변의 온도 변화를 감소시킨다(그림 6.14b). 고위도에서는 태양의 가열이 훨씬 약화되어, 수온이 낮고 깊이에 따라 점진적으로 낮아진다. 여름철에는 얼음이 녹아, 냉수층 위에 매우 얇은 온난한 표층을 형성한다(그림 6.14c). 이러한

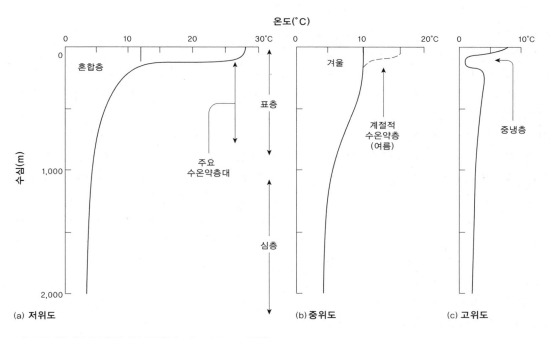

그림 6.14 대양 해수의 전형적 온도 단면(Pickard and Emery, 1982)

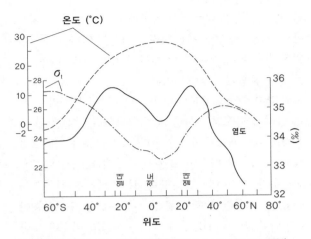

그림 6.15 평균 온도, 염도, 밀도의 위선 변이(Pickard and Emery, 1982)

경우에, 깊이에 따라 온도가 낮아지는 수온 구조는 자유로운 대류 혼합의 가능성이 거의 없는(떠 있는 혼합), 역학적으로 안정된 시스템임을 나타낸다.

밀도 바닷물의 밀도는 σ로 표현하는데, $\sigma = \rho-1,000$이다. ρ는 밀도(kg m^{-3})이다. 표층수의 밀도는 전형적으로 $\sigma = 22.00 \sim 28.00$ 내에 있다. 물은 압축이 가능한 액체이므로 그 밀도는 깊이에 따라 증가하여, 5,000m 이상의 심층부에서는 50.00을 넘는다. 그러나 보통은 대기압 아래에서의 밀도인 σ_t를 사용한다. 밀도, 온도, 염도 사이에는 어떤 관계가 있다. 이 관계는 [그림 6.15]에 예시되어 있는데, 최저 밀도는 최고 온도 및 최저 염도와 관계가 있음이 분명하다. 그래서 온도와 염도를 통제하는 프로세스가 밀도도 결정한다.

(2) 해양의 운동

바다에는 해류의 대규모 순환에서부터 해안을 따라 나타나는 조석에 이르는, 다양한 시공간적 규모에서 작동하는 순환 시스템이 있다. 해양의 운동이 어떻게 시작되는지를 설명하기 위하여, 뉴턴의 운동 제1법칙에 따라 먼저 영향을 미치는 힘들의 성질을 이해하여야 한다. 그 힘들은 다음과 같다.

1. 태양과 달이 지구에 만유인력의 영향을 미쳐 **조력**(tidal force)을 초래한다.
2. 바다 내의 다양한 밀도는 **자유 대류의 힘**(free convective force)을 통하여 깊은 수온염도 순환을 만든다.
3. 해수면을 가로지르는 대기의 이동이 **풍압**(wind stress)을 만들고, 이것이 표층수에 운동량을 전달한다.
4. 지표 상에서 이동하는 모든 물체는 **전향력**(Coriolis force)의 영향을 받는다. 따라서 북반구에서 해류는 오른쪽으로 구부러지고, 남반구에서는 왼쪽으로 구부러진다(자료 4.4). 이것은 속도와 직접 관련이 있기 때문에, 전향력에 따른 가장 큰 만곡은 수면과 가까운 곳에서 나타난다.

앞에서 보았듯이, 힘들은 제한된 해분 내의 역학적으로 안정된 수체에 작용한다.

(3) 조석의 운동

태양이나 달과 같은 천체가 지구에 미치는 만유인력은 뚜렷하게 주기적으로 일어나는 해수면의 상향 **조석 팽창**(tidal distension)을 초래한다. 두 물체 간 만유인력의 크기는 그들의 질량에 비례하고 거리의 제곱에 반비례한다(제2장 2절). 태양은 지구로부터 훨씬 멀리 떨어져 있지만, 질량이 크기 때문에 지구 중심부에 달보다 더 큰 만유인력을 미친다(표 6.9). 그러나 해수면이 팽창하는 것은 이 힘과 지표에 작용하는 중력 간의 차이 때문이다. 그래서 팽창력 또는 조력의 규모는 다음과 같다.

$$F_m = \pm \frac{2G \times M \times r}{R^3}$$

표 6.9 태양과 달의 만유인력

	질량(kg)	지구와 물체 사이의 거리(km)	단위 질량당 힘(dyn g–1)	조력(dyn g–1)
태양	1.971×10^{29}	149.5×10^{6}	5.876×10^{-2}	52.92×10^{-12}
달	7.347×10^{22}	384.4×10^{3}	3.317×10^{-3}	116.04×10^{-12}

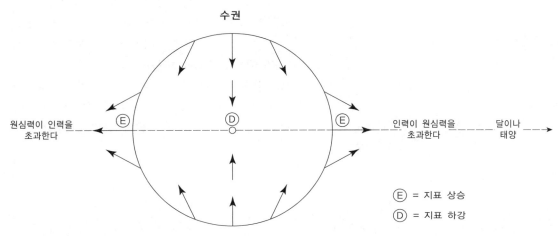

그림 6.16 지표에 대한 조력의 작용

여기서 F_m은 단위 질량에 가해진 힘이고, G는 만유인력 상수($6.664 \times 10^{-11} \text{kg}^{-1}\text{m}^3\text{s}^{-2}$)이며, M은 천체(태양이나 달)의 질량이고, r은 지구의 반경(약 6,371km)이며, R은 지구의 중심에서 천체 중심까지의 거리이다. 달에 의한 조력은 태양에 의한 조력보다 더 강하다(표 6.9). 이 힘은 주로 각 천체의 중심을 연결하는 선을 따라 작용하기 때문에 지구의 구면 위에서는 힘의 성분이 지면에 수직 방향으로 작용한다.

전 지표가 물로 덮여 있을 경우 그러한 힘이 작용하면, 태양이나 달을 바라보는 쪽과 반대쪽에서 수면이 위로 솟아오를 것이고, 반면에 중심들을 연결하는 선의 수직 방향으로는 가라앉은 수면이 2개 나타날 것이다(그림 6.16). 지구는 태양(24시간) 및 달(24시간 50분)과 관련하여 축을 중심으로 회전하기 때문에 해수면의 융기(**조석파**tidal wave)는 회전과 반대 방향인 서쪽으로 이동할 것이다. 그래서 두 천체의 영향으로 만들어진 조

석파는 두 천체와 일치하기도 하고, 일치하지 않기도 하면서 이동할 것이다.

[그림 6.17]의 단순한 모델에서, A위치에서는 크기가 거의 동일한 반일 조석이 나타날 것이며, C위치에서는 일일 조석이 나타날 것이다. 한편 B위치에서 한 번은 크고, 한 번은 작은 반일 조석이 나타날 것이다. 이러한 차이는 지구에 대한 태양이나 달의 적위(declination)에 따라 결정된다.

[그림 6.18]의 실례에서 보듯이, 조차에는 거의 15일의 주기를 갖는 또 다른 변동이 나타난다. 이것은 태양과 달의 인력이 서로 일치하기도 하고 일치하지 않기도 하면서 이동하기 때문에 발생한다. 일치하는 경우(그림 6.19)에는 힘들이 일직선으로 배열됨으로써 조석의 수면 상승과 수면 하강이 결합되어 나타나고, 일치하지 않는 경우에는 힘들이 서로 수직으로 작용하여(그림 6.19) 각각의 수면 상승과 수면 하강이 간섭하게 된

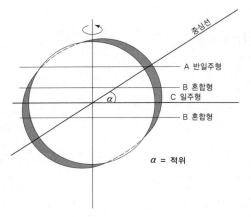

그림 6.17 조차 변이의 단순 모델

A 반일주형
B 혼합형
C 일주형
B 혼합형

중심선

α = 적위

다. 이들 상황을 각각 **사리 조석**(spring tide)과 **조금 조석**(neap tide)이라고 부른다.

물론 지구의 수면은 불연속이며, 규모와 깊이가 다양한 여러 개의 해분들로 분리되어 있다(표 6.6). 해분들은 대야 내에서 튀기는 물과 같은 자체의 자연발생적인 주기 또는 **공진**(resonance, 자료 6.7)을 가진다. 캐나다 마리타임 프로방스의 펀디(Fundy) 만에서처럼 공진 주기는 12~13시간 정도이면 반일 조석의 영향으로 조차가 매우 큰 조석이 만들어진다. 가장 큰 조차는 그러한 만에서 나타나는 경향이 있으며, 열린 바다에서는 최소로 나타난다. 조석은 육지의 영향으로 매우 복잡하게 상호 작용한다. 예를 들어, 북해는 나름의 조석

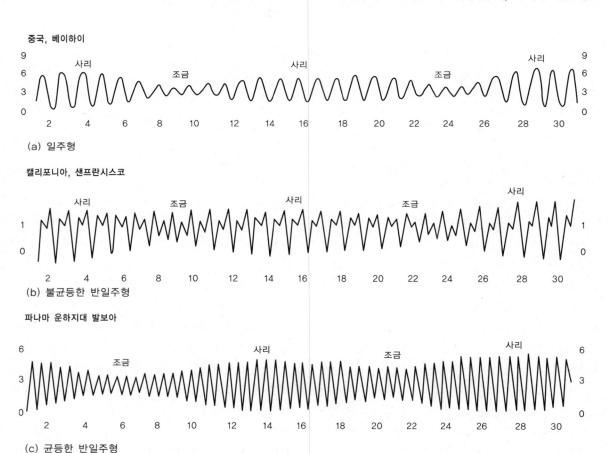

중국, 베이하이

(a) 일주형

캘리포니아, 샌프란시스코

(b) 불균등한 반일주형

파나마 운하지대 발보아

(c) 균등한 반일주형

그림 6.18 전형적 조석 변동(a~c는 그림 6.17과 관련)(Davis, 1972)

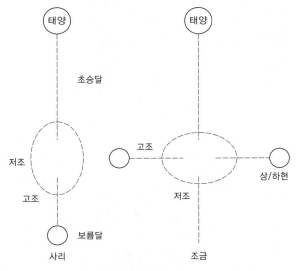

그림 6.19 달과 태양의 조력의 상호 작용

서는 전향력의 영향을 받은 조류가 반구에 따라서 오른쪽이나 왼쪽으로 구부러지며, 수면에서는 횡단면에 경사가 나타나고 조석의 순환이 발생한다.

조석파가 지나가면 물의 수평적 이동이 나타난다. 열린 바다에서 **조류**(tidal current)의 평균속도(V)는 다음과 같다.

$$V \times d = A(g \times d)^{0.5}/d$$

여기서 d는 수심이고, A는 조류의 진폭이며, g는 중력가속도이다. 열린 바다에서 V 값의 범위는 평균 수심 4,000m에서 0.02~0.04m s^{-1}이다. 그러나 대륙붕으로 가면서 수심이 감소하면 조류의 속도(그림 6.21)는 0.5m s^{-1} 이상으로 크게 증가한다. 연해에서는 해저의 지형과 마찰, 갯골의 형태, 국지적인 조류의 진폭 등이 조류에 영향을 미치는데, 수면에서는 유속이 1.0m s^{-1}을 초과한다. 그러나 조석파에 따라 상승하고 하강하는 동안 흐름의 방향이 역전되기 때문에 조류의 결과로 물이 이동하는 거리는 비교적 짧다.

(4) 염열(thermohaline) 이동

해수의 밀도 변화는 대체로 적으며, 온도와 염도의 차이 때문에 발생한다. 표면적에 비하여 수심이 얕고, 물기둥 내 밀도의 수직적 분포가 역학적 안정성을 유지시켜 준다는 사실에도 불구하고, 염열 순환은 해양의 대규모 이동에서 매우 중요하다. 추운 극지방의 해수와 따뜻한 열대 지방의 해수 사이에 나타나는 밀도

체계를 가지고 있지만, 북에서 대서양으로부터 오는 조석과 남에서 영국 해협을 통하여 오는 조석의 영향을 받는다.

지구의 자전 때문에 조석은 전향력의 영향을 받는다. 전향력은 조석파의 이동 방향과 수직으로 작용한다. 그러므로 큰 바다에서 조석은 조석에 따른 변화가 거의 없는 **결절 지점**(amphidromic point)을 둘러싸고 변하는 경향이 있다(그림 6.20). 조차는 결절 지점에서 바깥을 향하여 증가하며, **등조선**(cotidal line)이 지시하는 조차가 최대로 나타나는 시기는 시계 반대 방향으로 회전한다. 북해와 같이 조석 메커니즘이 복잡한 곳에서는 그러한 결절 지점이 여러 개 나타난다. 하구에

자료 6.7
해분의 공진

공진파의 주기(T)는 다음과 같다.

$$T = \frac{4 \cdot L}{\sqrt{g \cdot d}}$$

여기에서 L은 수체의 길이이고, d는 수체의 깊이이며, g는 중력가속도이다.

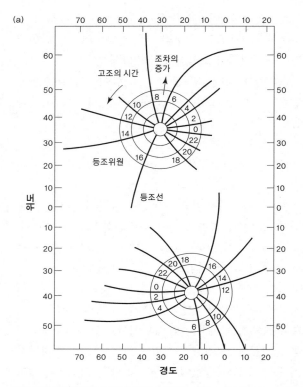

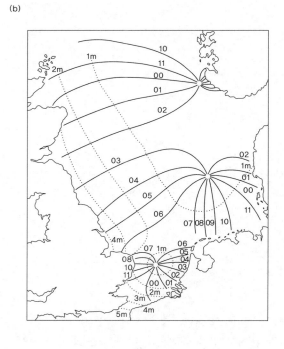

그림 6.20 ⓐ 해양에서 결절 지점의 단순 모델(Russell and Macmillan, 1952). ⓑ 북해의 결절 지점(Harvey, 1979).

차이 때문에, 심해에서 자오선 방향의 이동이 대량으로 발생한다.

온도를 가장 중요한 통제 요소로 볼 때, 밀도 차이로 발생하는 자오선 방향의 순환은 대기권 내의 단일 해들리 세포(그림 4.13)와 유사하게 두 개의 단일 대류 세포(그림 6.22a)로 나타날 것이다. 그러나 강우와 증발이 저위도의 밀도 분포에 영향을 미치므로, 밀도 경도는 적도를 향하여 효율적으로 작동할 것이다. 그러므로 결과적으로 나타나는 염열 순환은 복잡하다(그림 6.22b). 예를 들어, 대서양에서 밀도가 가장 큰 물은 남극의 심해저수인데, 밀도가 약간 작은 대서양 심해저수 밑에서 북쪽으로 이동한다. 이 심해저수들은 적도 밑에서 수렴하지 않고 20°~40°N 사이에서 곡류한다.

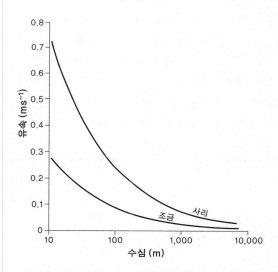

그림 6.21 평형 사리 및 조금 조석에서 조류 유속과 수심 사이의 관계

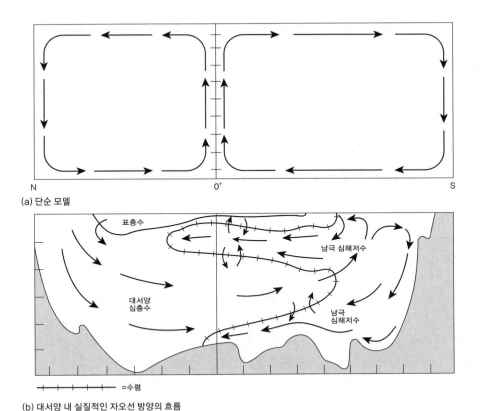

(a) 단순 모델

(b) 대서양 내 실질적인 자오선 방향의 흐름

그림 6.22 해양의 열열 순환. (a) 단순 모델. (b) 대서양에서 실제의 경선 방향 흐름.

(5) 취송 이동

대기가 바다를 가로질러 이동할 때 두 유체 사이에는 마찰 저항이 있다. 이것이 수면에 수평 압력을 가하여 표층의 이동을 야기한다. 사실상 유체들 사이에는 직접적인 운동량의 전달이 있다. 공기가 가한 압력은 지표 풍속(u)의 제곱에 비례한다. 수면에서 시작된 이동은 수심 약 100m까지 확대된다. 물의 이동은 전향력의 영향을 받기 때문에, 표층수는 풍향에 비스듬히 이동한다. 북반구에서는 오른쪽으로 45° 구부러지며, 남반구에서는 왼쪽으로 45° 구부러진다. 수면 아래에서 운동량은 물 내부의 마찰 때문에 깊은 곳으로 전달되는데, 수면의 흐름 방향에서 점진적으로 어긋나 마침내 물은 반대 방향으로 흐르게 된다. 이러한 유속-방향-깊이의 관계는 에크만의 나선(그림 4.9)으로 표현된다. 바람의 영향으로 이동하는 표층수 전체에서, 순이동은 북반구의 경우 풍향의 오른쪽 90° 방향으로 일어난다.

해양에서 대기의 1차 순환 시스템은 물을 **표층 해류**(ocean current, 그림 6.23)의 형태로 움직인다. 이것은 특히 남반구의 극을 둘러싼 편서풍과 무역풍을 포함하여 바람이 강하고 풍향이 지속적인 곳에서 가장 잘 발달한다(표 4.4). 적도의 양 측면에는 **소용돌이**(gyre)라고 하는 대규모 시계 방향의 해양 순환이 있는데, 서쪽에서는 따뜻한 팔이 극 방향으로 뻗어 있고, 동쪽에서는 냉량한 팔이 적도 쪽으로 뻗어 있다. 대체로 서쪽의 팔이 더 강하여 비대칭을 이룬다. 이들 대규모 소용돌이는 풍향과 풍속이 일정한 무역풍에 의하여 가동된다. 대규모 소용돌이들 사이에는 남반구와 북반구로부터 풍계가 수렴하여 비교적 소규모인 좁은 두 개의 소용돌이가 만들어지는데, 이들 사이에 동쪽으로 흐르는 적도 반류가 있다. 극 방향으로는 커다란 아열대 소용돌이가 중위도의 극을 둘러싼 동류 이동과 연결된다.

남반구에는 큰 대륙이 없기 때문에, 편서풍이 가장 강력해지고 남극을 둘러싼 해류도 방해 받지 않고 지구를 순환한다. 반대로 북반구의 해양에서는 난류가 극지방으로 강하게 흐른다. 대서양(북대서양 해류)과 태평양(북태평양 해류)에서는 래브라도 해류(대서양)나 오야시오 해류(태평양)와 같이 비교적 약하고 한랭한 북극 해류를 동반한다. 극 지역의 해류는 대체로 이 위도에서 나타나는 풍향의 일시적인 성질 때문에, 그리고 표층수의 계절적인 동결과 융해 때문에 복잡하다.

해류의 직선 속도는 비교적 느리지만, 흐르는 양(volume flow)으로 측정한 [표 6.10]을 보면 $10 \times 10^6 \sim 2,000 \times 10^6 m^3 s^{-1}$에 이르는 대규모의 수량이 이동한다는 것을 알 수 있다. 비교하자면, 영국에서 가장 큰 스코틀랜드의 테이(Tay) 강의 평균 유량은 $155m^3 s^{-1}$에 불과하다. 해수는 열용량이 매우 크기 때문에, 열대 지역으로부터 저장된 매우 많은 열을 운반하여 현열과 잠열로써 대기로 방출한다. 그러므로 해양은 대기와 더불어 지구-대기 시스템에서 에너지를 재분배하는 역할을 한다.

(6) 해양 시스템

해양은 개방 시스템이다. 강수와 하천의 유량, 그리고 적지만 직접적인 지하수의 유출로 물을 공급받는다. 고체나 기체는 하천 퇴적물과 해안의 침식 및 퇴적, 대기의 용해로 유입되며, 유기 물질은 해양 생물의 생애 주기에서 공급받는다. 물은 주로 증발을 통하여 대기로 유출되거나 지하수 삼출로 소모되며, 유기 물질은 심해저에 쌓이거나 해안을 따라 퇴적된다. 그리고 기체는 직접 대기로 방출된다. 에너지의 교환은 규정하기가 상당히 어려워, 대기 시스템 및 육상 시스템과 연결된 복잡한 연합체로 제한된다.

대기 시스템에서 사용한 간단한 형태의 에너지 시스템을 적용하면, 해양 순환 내의 퍼텐셜 에너지 저장소와 운동 에너지 저장소로 들어가는 에너지 유입량을 규정할 수 있다(그림 6.24). 퍼텐셜 에너지는 대부분 물의 밀도에 직접 영향을 미치는 태양과 지열, 그리고 조석과 지구 자전 에너지로부터 얻는다. 퍼텐셜 에너지는 대기로부터 운동 에너지를 직접 받아들임으로써 운동 에너지로의 전환이 가속화된다. 순환은 내부의 마찰 및 해저와 특히 해안의 외부 마찰 때문에 지연된다. 마찰에 사용된 에너지의 일부는 열로써 퍼텐셜 에너지 저장소로 되돌아오고, 나머지는 복사 전달과 대기와의 현열 및 잠열의 교환을 통하여 소모된다. 대기 시스템과의 열적 결합체는 특히 복잡하다. 공기의 이동으로 해류가 생성되고, 해류는 해양의 표층을 통하여 열을 재분배한다. 동시에 해양으로부터 대기 저층으로 현열과 잠열이 전달되어 대기의 순환 시스템을 직접 가동시킨다.

표 6.10 주요 해류의 흐름 양(Beer, 1983)

해류	흐름($10^6 m^3 s^{-1}$)
남극 환류	200
멕시코 만류	100
쿠로시오	65
아굴라스	40
태평양 북적도	30
적도 반류	25
동오스트레일리아	20
페루	18
벵겔라	15
플린더즈	15
캘리포니아	12
서오스트레일리아	10
브라질	10
태평양 남적도	10

4. 육상 수권의 화학 조성

지표수와 토양수, 그리고 하천 및 호소 내 담수 등의 화학 조성은 본래 빗물이던 것이 상대적으로 농축되었거나 상대적 화학 조성이 점차 변화된 것으로 이해될 수 있다. 이러한 변화는 풍화 반응을 포함한 토양 및 레골리스와의 교환(부가와 유실)의 영향을 받으며, 영양소 섭취와 사체의 분해를 통한 식물과의 교환의 영향을 받는다. 실제의 농도는 강수와 증발에 따라 발생하는 희석이나 농축으로 변화된다. 그러나 이들 프로세스 가운데 가장 중요한 것은 암석의 풍화로 유리된 용해 물질과 부유 물질이 부가되는 것이다.

풍화 프로세스와 풍화 산물을 고찰할 때, 전통적으로는 레골리스(regolith)와 토양의 고상에 기여하는 고체 상태의 풍화 산물에 관심을 두었다. 토양이나 레골리스 내에서 이들 고상 물질이 체류하는 시간은 수천 년에 이른다. 이들 구획도 지질학적 시간 규모에서는 단기적 저장소에 지나지 않지만, 물질의 지구적 순환의 관점에서는 원소들이 저장되어 있는 저장소(sinks, reservoirs)로서 작용한다.

그러한 순환을 이해하는 데 중요한 지구적 물질 순환에 포함되어 있는 암석권과 수권의 저장소들 간 원소들의 유동에 기여하는 것은 풍화의 용해 산물과 육수의 부유 퇴적물(레골리스에서 유래하는 2차 광물)이다. 물론 풍화 환경에 따른 용해 산물의 비는 기반암을 구성하는 광물이나 광물의 용해도에 따라 다르다.

석회질 유역에서 유출되는 물은 Ca^{2+}이온과 HCO_3^-이온이 기타 용해 이온들에 비하여 두드러지고, 총 용해 하중량(total dissolved solids, TDS)이 높고 풍화에 따른 입상 부유 잔류물이 적어서 구분이 된다. 한편 화성암 유역에서 유출되는 물은 TDS가 낮고, 화학 조성이 비교적 다양하며, 부유 상태의 2차 점토 광물을 포함한다. 물론 풍화 반응에 관한 지식을 기반으로 고찰해 볼 때 그러한 대조를 기대할 수 있을 것이다(제11장).

그럼에도 불구하고, 실제 하천수의 화학 조성이 기반암의 화학 조성 때문이라고만 설명할 수는 없을 것이다. 하천수의 용해 하중이 물 순환(hydrological cascade)의 육상 부분을 통한 화학 원소의 흐름을 나타낸다는 사실을 생각해 볼 때, 하천수의 화학 조성에 대한 통제 인자를 분명히 이해할 필요가 있다. 이러한 흐름은 해양의 안정된 화학 조성을 유지하는 데 부분적으로나마 책임이 있다. 이것은 기체 상태이거나 휘발성이 부족하지만 이른바 퇴적물 순환(sedimentary cycle, 제17장)에 포함되어 있는 화학 원소들의 순환 통로 가운데 중요한 부분을 형성한다. 하천수의 화학 조성에서 차이가 나타나는 이유는 1970년에 발간된 고전적 논문에서 논의된 바 있다. Gibbs는 지구 상에 있는 물의 화학 성분을 조사하면서, 하천(그리고 일부 호소와 해양)에서 TDS의 함수로서 빗물과 용해된 풍화 산물의 화학 조성을 종합하는 양이온과 음이온 비의 행태를 검정하였다(Gibbs, 1970). 사용된 비는 Na^+/Na^++Ca^{2+} 또는 $Cl^-/Cl^-+HCO_3^-$이다. 그리고 관계 분석에서 나타난 자료는 물의 화학 조성에서 두 개의 추이를 보여 주며 발산하는 모양의 포물선 내에 위치하여, 세계 물의 화학 조성을 통제하는 세 가지 메커니즘을 인식할 수 있었다(그림 6.25). 음이온을 이용하여도 유사한 결론이 도출된다.

(1) 물 화학 조성의 통제 요인

강수가 우세한 물의 화학 조성에서는 나트륨이 지배적인 양이온일 것이다. 빗물은 구성 성분으로 보아 바닷물이 크게 희석된 것이므로, Na^+/Na^++Ca^{2+}비가 1에 가까울 것이다. 더구나, 바닷물에서 유래한 소금이 증발하여 만들어진 순수한 물에 많이 희석되었기 때문에, TDS 값은 낮을 것이다. 물의 화학 조성에서 빗물이 우세한 하천은 그래프(그림 6.25)의 우측 하단에 위치할 것이다. 이 범주에 드는 전형적인 하천은 기반암이 심하게 풍화되었고 강우량이 많으며 저기복의 대규모 유역 분지를 가진 열대 아프리카와 남아메리카의 하천들이다. 그러한 환경에서는 암석의 풍화 산물에서

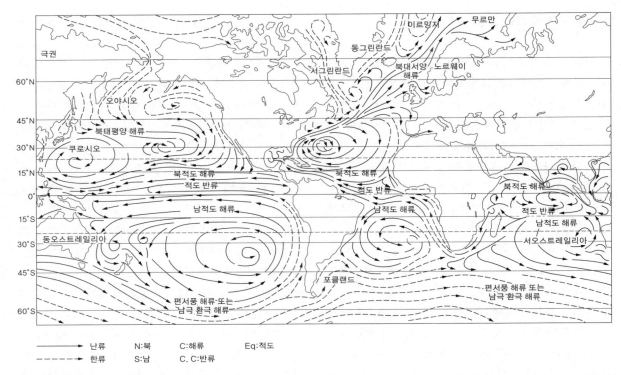

극권

60°N

45°N

30°N

15°N

0°

15°S

30°S

45°S

60°S

무르만
이르밍저
동그린란드
서그린란드
북대서양·노르웨이
해류
오야시오
북태평양 해류
쿠로시오
북적도 해류
적도 반류
북적도 해류
적도 반류
북적도 해류
적도 반류
남적도 해류
남적도 해류
남적도 해류
동오스트레일리아
서오스트레일리아
포클랜드
편서풍 해류·또는
남극 환극 해류
편서풍 해류 또는
남극 환극 해류

| → 난류 | N:북 | C:해류 | Eq:적도 |
| - - - 한류 | S:남 | C. C:반류 | |

그림 6.23 세계의 주요 수면 해류(Tolmazin, 1985)

유래한 하천수의 용해 하중이 적고, 하천수의 화학 조성에 대하여 강수의 화학 조성이 미치는 영향이 클 것이기 때문이다. 그러므로 이러한 상태의 사건을 **강수 우위**(precipitation dominance)라고 한다. 그러나 여기서는 조심스럽게 말해야 한다. 그러한 환경에서 하천의 용해 하중 가운데 풍화의 용해 산물이 차지하는 비중이 낮은 것은 생태적 요소의 통제하에서 일어나기 때문이다. 열대 저지대의 천연 삼림 생태계의 거대한 생체량은 시스템 내에서 영양소 순환이 대규모로 빠르게 일어나기 때문에, 삭박으로 제거될 수 있는 대량의 화학 원소들을 효율적으로 고정시키므로 그렇다.

화학 조성이 유역 분지 내에서 일어나는 풍화 반응으로 결정되는 하천수는 **기반암 우위**(rock dominance) 또는 **풍화 우위**(weathering control)를 나타낸다. 이들은 중간 정도의 TDS 값을 나타내며, 양이온의 비를 나타

내는 축의 좌측 반을 점유한다(그림 6.25). 그러나 양이온 비의 값은 유역 분지에서 풍화를 겪는 광물의 성질에 따라 다른데, 화성암 유역의 하천이 유역 내 탄산염암의 비율이 매우 높은 유역의 하천보다 높은 값을 가진다. 강수 우위와 기반암 우위는 상호 배타적이지 않으며, 대부분의 하천들은 강수 우위와 기반암 우위 사이의 성격을 나타낸다. 따라서 기반암 우위와 강수 우위는 연속체의 두 종점으로 잘 알려져 있다. 사실 각각의 역할은 유역 내에서 공간적으로 변할 수 있으며, 어느 하나가 미치는 영향은 유역 분지 내 좁은 지역에 영향력이 공간적으로 제한되어 있을지라도 하천의 화학 조성에 강한 영향을 미칠 수 있다. 아마존이 그런 경우이다. 하천의 용해 하중의 85%가 안데스 내 유역의 작은 부분에서 일어나는 풍화에서 유래하므로, 기반암 우위가 주요 인자이다.

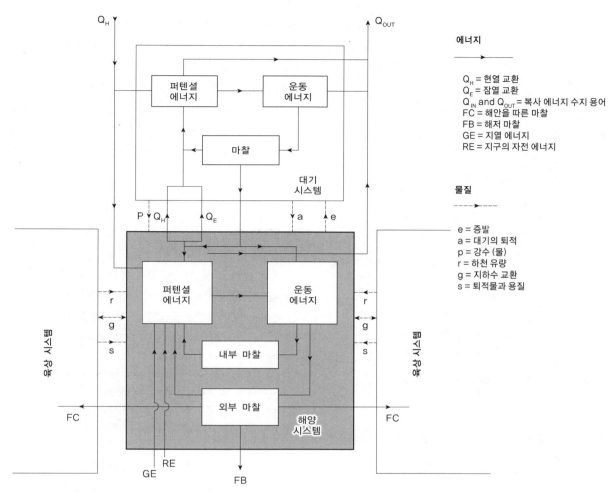

그림 6.24 해양의 시스템 모델

에너지

Q_H = 현열 교환
Q_E = 잠열 교환
Q_{IN} and Q_{OUT} = 복사 에너지 수지 용어
FC = 해안을 따른 마찰
FB = 해저 마찰
GE = 지열 에너지
RE = 지구의 자전 에너지

물질

e = 증발
a = 대기의 퇴적
p = 강수 (물)
r = 하천 유량
g = 지하수 교환
s = 퇴적물과 용질

하천의 화학 조성을 통제하는 또 다른 중요한 메커니즘은 열대 건조 환경의 일부 유역에서 발생하는 증발 및 결정과 연관되어 있다. 여기에서는 증발이 강수를 크게 초과하며, 기반암 우위의 하천에서 배수되는 물이 증발하여 TDS가 증가한다. 증발이 계속되면 결국 $CaCO_3$가 집적되어 양이온 비의 값이 증가한다. 결과적으로 그런 하천은 그래프(그림 6.25)의 연속체에서 상층부의 팔 부분에 해당한다. TDS와 양이온 비가 바닷물의 구성 성분으로 표현되는 연속체의 상층부 종점을 향하여 증가함으로써, (+)경사를 나타낸다. 이러한 상황을 **증발 통제**(evaporation control) 또는 **증발 우위**(evaporation dominance)라고 한다.

(2) 범세계 물 화학 조성의 의미

Gibbs의 연구에서 파생한 이러한 고찰은 지구의 생지화학적 순환을 이해하는 데 매우 중요하다. 이것은 제7장에서 더욱 자세히 다루겠다. 이것의 의미는 두 가지이다. 첫째, 암석 저장소로부터 풍화에 의해 방출된

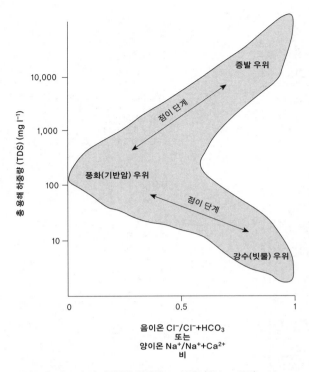

그림 6.25 지구 지표수의 화학을 통제하는 프로세스(Gibbs, 1970)

(y축: 총 용해 하중량 (TDS) (mg l⁻¹))

(그래프 레이블: 증발 우위, 점이 단계, 풍화(기반암) 우위, 점이 단계, 강수(빗물) 우위)

(x축: 음이온 Cl⁻/Cl⁻+HCO₃ 또는 양이온 Na⁺/Na⁺+Ca²⁺ 비)

것을 해양 저장소로 연결하는 하천의 용해 하중과 같은 화학 원소의 흐름은 이들 통제 메커니즘의 특유한 우위에 따라 환경마다 상당히 다를 것이다. 둘째, 기복과 식생, (상대적인 역할에 반대로) 실질적인 기반암의 구성은 세계적인 규모에서 물의 화학 조성을 통제하는 데 대기의 강수 우위, (풍화를 통한) 기반암 우위, 증발 및 결정 사이의 상호 작용에 비하여 두 번째로 중요하다. 그러나 이러한 두 번째 요인들은 하나의 유역 내에서 물의 화학 조성을 고려할 때 가장 중요하다.

그래서 전체 유동량은 총유량에 따라 다르겠지만, 강수의 통제하에서 화학 원소의 농도는 낮고, 특정한 유량에서 유동량은 같은 유량을 갖는 기반암 우위의 하천보다 적다. 그것은 어떤 원소도 풍화로 유리되지 않고 기반암에 고정되어 남아 있으며, 유리되더라도 다른 통로를 따른다는 것을 의미한다. 여기에서 먼저

유리된 것들은 식물 뿌리로 흡수되어 살아 있는 유기체의 생체량으로 편입되거나, 토양이나 레골리스 내에 재침전, 재합성, 고정이 된다.

이와 유사하게, 건조 기후에서는 TDS 농도는 높을지라도 총유량은 증발 때문에 적다. 그래서 화학 원소의 총유동량은 적을 것이다. 더구나 기반암의 풍화로 유리된 일부 화학 원소는 침전된 고상으로 고정되어 총유동량을 감소시킬 것이다.

더 읽을거리

처음 두 개의 교재(첫 번째 것은 특히 읽기 쉬움)는 바다와 대기를 하나의 시스템으로 하는 통합된 접근 방법을 나타내며, 세 번째 것은 물 순환을 개관한 것임:

Perry, A.N. and J.M. Walker (1977) *The Ocean-Atmosphere System*. Longman, London.

Harvey, J.C. (1976) *Atmosphere and Oceans: our Fluid Environments*. Artemis Press, London.

Berner, E.K. and R.A. Berner (1988) *The Global Water Cycle*. Prentice-Hall, Englewood Cliffs.

다음 문헌은 대기 내의 수분에 관한 것임:

Baumgartner, A. and E. Reidell (1975) *The World Water Balance*. Elsevier Amsterdam.

Mason, B.J. (1975) *Clouds, Rain, and Rainmaking*. Cambridge University Press, Cambridge.

Miller, D.H. (1977) *Water at the Earth's Surface: an Introduction to Ecosystem Hydrodynamics*. Academic Press, New York.

Ministry of Agriculture, Fisheries and Food (1967) *Potential Transportation*. Technical Bulletin No 16. HMSO, London.

Sumner, G. (1988) *Precipitation: Process and Analysis*. John Wiley, New York.

Warneck, P. (1988) *Chemistry of the Natural Atmosphere*. Academic Press, London.

다음의 교재에서는 바다를 해양 화학의 관점에서 물리 시스템으로 다루며, 이 장에서는 생태계로 드러내어 다루지는 않지만 해양 생태계에 대한 문헌도 포함되어 있음:

Stowe, K.S. (1984) *Principles of Ocean Science*, (2nd edn). John Wiley, Chichester.

Thurman, H.V. (1987) *Essentials of Oceanography*. Merrill, Columbus.

Gross, M. Grant (1989) *Oceanography: a View of the Earth*, (5th edn). Prentice-Hall, Englewood Cliffs.

Broecker, W.S. (1974) *Chemical Oceanography*. Harcourt Brace Jovanovich, New York.

Holland, H.D. (1978) *The Chemistry of the Atmosphere and Oceans*. John Wiley, New York.

MacIntyre, F. (1970) Why the sea is salt. *Scientific American*, **223**, 104~115.

Riley, J.P. and R. Chester (1971) *Introduction to Marine Chemistry*. Academic Press, London.

Barnes, R.S.K. and R.N. Hughes (1988) *An Introduction to Marine Ecology*, (2nd edn). Blackwell, Oxford.

Berger, W.H., V.H. Smetack and G. Wefer (eds) (1989) *Productivity of the Oceans: Present and Past*. Wiely, New York.

Cushing, D.H. and J.J. Walsh (eds) (1976) *Ecology of the Seas*. Blackwell, Oxford.

Turekian, K.K. (1976) *Oceans*. Prentice-Hall, Englewood Cliffs.

육상 수권의 다양한 측면을 다루는 자료:

Degens, E.T., S. Kempe and J.E. Richey (eds) (1990) *Biogeochemistry of Major World Rivers*. John Wiley, New York.

Drever, J.I. (1988) *The Geochemistry of Natural Waters*. Prentice-Hall, Englewood Cliffs.

Gibbs, R.J. (1970) Mechanism controlling world water chemistry. *Science*, **170**, 1088~1090.

Raiswell, R.W., P. Brimblecombe, D.L. Dent and P.S. Liss (1984) *Environmental Chemistry* (especially Chapters 2 & 3) Edward Arnold, London.

Ward, R.C. (1975) *Principles of Hydrology*, (2nd edn). McGraw-Hill, Maidenhead.

식물과 물의 관계를 검정한 도서:

Bannister, P. (1976) Water relations of plants, in (P. Bannister) *Introduction to Physiological Plant Ecology*. Blackwell, Oxford.

Fitter, A.H. and R.K.M. Hay (1987) *Environmental Physiology of Plants*, (2nd edn). Academic Press, London.

Grace, J. (1983) *Plant-Atmosphere Relationships*. (Outline Studies in Ecology Series) Chapman & Hall, London.

Meidner, H. and D.W. Sheriff (1976) *Water and Plants*. Blackie, London.

제7장
생태권

1. 생물권과 생태권

암석권 상부에, 수권 전체에, 그리고 하층 대기 속으로 **전이 지대**(transition zone)가 있다. 전이지대는 우리가 **생물**(life)이라고 부르는 물질의 불가사의한 배열을 포함하며, 이것에 의하여 만들어진다. 지구 전체를 둘러싼 생명의 존재(한때 살았던 생물의 사체와 부패하는 잔류물을 포함)가 지표의 가장 중요한 특징이다.

생물은 그 작은 질량에 비하여 암석권과 수권과 기권에 미치는 영향의 중요성이 훨씬 더 크다. 이 장에서는 이러한 살아 있는 얇은 피복을 **생물권**(biosphere)으로 하고, 생물권과 그것을 지지하고 상호 작용하는 전

이 지대를 합하여 **생태권**(ecosphere)으로 부를 것이다 (Cole, 1958; Hutchinson, 1970). 여기에서 생태권 모델은 이미 논의한 물리적 시스템, 즉 암석권의 상부와 대기권의 주요 부분, 그리고 수권의 대부분을 포함한다(그림 7.1). 이들은 생물권의 살아 있는 물질과 에너지와 물질의 전달을 포함하는 기능적 연계를 가지고 있어야 한다.

2. 생물권의 구조적 조직

범지구적 규모의 생물권은 하나의 대규모 생물 시스

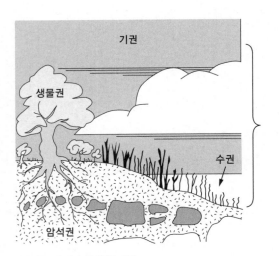

그림 7.1 생물권과 생태권의 정의

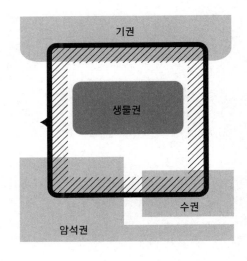

템으로 간주할 수 있다. 우리는 이 시스템의 경계를 너무 자세하게 정의하지는 않을 것이다. 그것은 생물의 정확한 정의를 포함할 것이기 때문이다. 틀림없이 우리들 대부분은 물체가 살아 있는지 그렇지 않은지를 직관적으로 결정할 수 있기를 바랄 것이다. 그러나 그것은 완전히 같은 일이라고 할 수 없으며, 이곳은 생물의 본질에 관한 철학적 논의를 시작할 만한 공간도 아니다. 그래서 우리는 생물과 무생물 사이를 구분하는 선험적 가정을 세울 것이며, 우리의 '생물권 시스템'은 지구 상에 모든 살아 있는 물질을 포함할 것이다. 이러한 시스템, 즉 생물권을 구성하는 요소들은 무엇인가? 이 시스템의 요소들은 어떤 방식으로 결합되고 조직되었는가? 그들의 속성은 무엇이고, 그들은 상호 간이나 생태권 모델의 구획을 형성하는 다른 시스템들과 어떤 연계를 갖는가?

이들이 생물권을 구성하는 200만 내지 400만에 달하는 다양한 종류의 유기체 수의 평가를 반영할 때, '생물'의 개념은 이들 모든 유기체와 연관된 현상들의 방대한 스펙트럼을 포함하는 끔찍한 문제이다. 다행히도 어떤 특성은 가장 복잡한 생물에게 본질적이면서 가장 단순한 생물에게서도 발견된다. 가장 단순한 유기체는 하나의 세포로 이루어져 있으며, 가장 복잡한 유기체도 비교적 적은 수의 세포 유형으로 이루어져 있다. 세포(cell)는 생물의 기본적 속성을 모두 가지고 있는 가장 단순한 독립적 구조로 간주되어 왔다. 그러므로 이러한 물음에 답하기 위해서는 살아 있는 세포의 구조적, 기능적 조직이라는 측면에서 생물권을 모델화하는 것이 적합할 것이다. 이렇게 하려면 분자 수준의 세포 활동을 고찰해야 하는데, 다행히도 세포는 비교적 적은 수의 분자 유형을 포함한다. 이들이 가장 복잡한 분자 구조를 포함하더라도, 대부분은 생물권에서 보편적으로 나타난다. 그러므로 세포 수준에서 생물권을 모델화하려는 일반성이 납득되어야 한다.

(1) 생물의 화학 성분

[그림 7.2]에서 보면, 유기체와 세포는 우리가 생물계의 구조를 검정할 수 있는 여러 수준의 조직 가운데 유일한 두 개라는 사실이 분명하다. 우리가 **환원주의적 접근 방법**(reductionist approach)을 채택하고 생물권을 **세포 수준**에서 모델화하고자 한다면, 우리는 세포를 조직의 하위 수준에 있는 성분까지 축소할 수도 있다. 이러한 방식으로 세포의 원소, 분자의 화학 그리고 세포의 고분자 구조의 측면에서, 살아 있는 세포를 그리고 생물 자체의 본질을 이해하게 된다. 화학 원소들 가운데 유일한 것은 없으며, 원소의 원자들은 생물 시스템을 구성하는 기본 단위를 형성한다(표 7.1). 그러나

표 7.1 생물권과 암석권, 수권, 기권의 주요 10개 원소 원자 조성 백분비

생물권		암석권		수권		기권	
H	49.8	O	62.5	H	65.4	N	78.3
O	24.9	Si	21.22	O	33.0	O	21.0
C	24.9	Al	6.47	Cl	0.33	Ar	0.93
N	0.27	H	2.92	Na	0.28	C	0.03
Ca	0.073	Na	2.64	Mg	0.03	Ne	0.002
K	0.046	Ca	1.94	S	0.02		
Si	0.033	Fe	1.92	Ca	0.006		
Mg	0.031	Mg	1.84	K	0.006		
P	0.030	K	1.42	C	0.002		
S	0.017	Ti	0.27	B	0.0002		

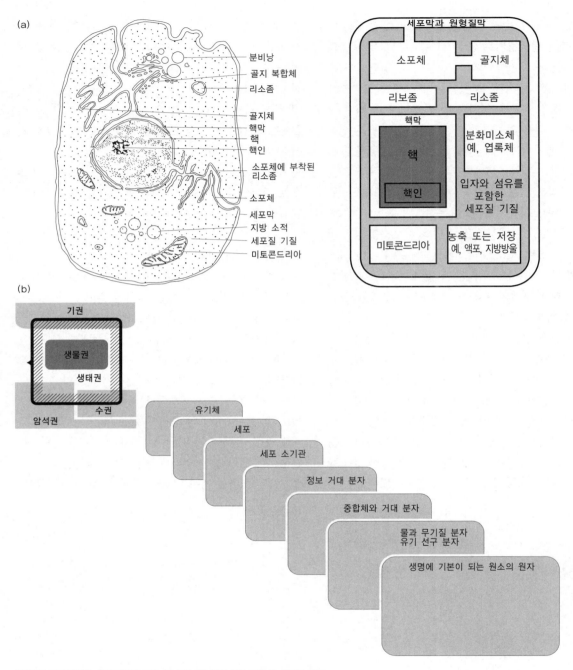

(a)

분비낭
골지 복합체
리소좀

골지체
핵막
핵
핵인
소포체에 부착된
리소좀
소포체
세포막
지방 소적
세포질 기질
미토콘드리아

세포막과 원형질막

| 소포체 | 골지체 |

| 리보좀 | 리소좀 |

핵막
핵
핵인

분화미소체
예, 엽록체

입자와 섬유를
포함한
세포질 기질

미토콘드리아

농축 또는 저장
예, 액포, 지방방울

(b)

기권
생물권
생태권
암석권
수권

유기체

세포

세포 소기관

정보 거대 분자

중합체와 거대 분자

물과 무기질 분자
유기 선구 분자

생명에 기본이 되는 원소의 원자

그림 7.2 (a) 일반화한 세포 구조의 모델. (b) 생물 시스템의 조직 계층 내 세포의 위치.

생물의 화학이 환경의 화학을 정확하게 반영하지는 않는다. 생물 시스템은 탄소와 같은 몇 가지 원소들을 지표 상의 어떤 근원보다 더 높은 비율로 농축시킨다. 그러나 늘 쓸모가 있을지라도(제2장 1절), 규소와 같이 자연적으로 나타나는 기타 원소들은 제외된다. 이제 이러한 선택은 왜 어떤 원소들은 다른 원소들을 희생하면서까지 생물 시스템으로 통합되는지에 관한 의문을 제기할 뿐만 아니라, '이러한 차별적 선택이 기권, 수권, 암석권의 원소 조성에 어떤 영향을 미쳤는지?'에 관하여 의문을 제기한다(제3절).

그러나 그러한 질문에 답을 하기 위하여 이들 원소 목록을 이용하거나, 생물권의 구조와 생물의 본질에 관하여 우리가 그들에게서 알아낼 수 있는 것에는 한계가 있다. 우리는 원소의 원자가 어떻게 조직되어 있으며, 어떤 분자와 화합물을 만드는지, 이들 단위가 살아 있는 세포를 형성하기 위해 어떤 구조를 만드는지 알 필요가 있다.

이와 같이, 우리가 생물의 분자 화학으로 되돌아가면, 생물계는 그들을 구성하고 있는 화학적 측면에서 설명할 수 있으며, 무생물계를 지배하는 것과 똑같은 물리 법칙과 화학 법칙의 지배를 받는다는 사실을 알 수 있다.

생물권을 구성하는 화학 원소들은 생물 시스템 내에서 결합되어 비교적 단순한 무기질 분자(가끔은 용액에서 이온화된)와 유기탄소 화합물로 도식화할 수 있다. 탄소를 포함하는 방대한 양의 자연 발생 화합물은 확실히 유기질이며(제2장 1절), 무생물 시스템에서 경험한 적이 없는 복잡한 수준의 분자 배열과 조직을 갖는다. 그러나 이러한 복잡성은 탄소가 6개의 원소들 — 주로 수소, 산소, 질소 — 과 결합함으로써 나타난다. 살아 있는 세포에서 이러한 유기질 탄소 화합물 가운데 가장 중요한 것은 지방산과 단당류, 모노뉴클레오타이드, 아미노산, 그리고 헤테로 고리 모양의 염기 등이다(제2장 그림 2.3). 이것은 도리어 매우 복잡한 분자의 선구 물질 — 지질(지방), 다당류(복잡한 당, 녹말, 셀룰로오스), 핵산(RNA, DNA), 단백질 — 을 형성한다(자료 2.3). 화학자들은 이와 같은 대규모 분자를 고차 중합체(polymer)라고 한다. 화학 섬유와 플라스틱 산업은 그러한 화합물을 인위적으로 합성한 것이지만, 자연 상태에는 이런 방식으로 만들어진 화합물이 매우 다양하게 존재한다.

그러나 세포 내 분자 수준의 구조에 대한 탐색은 아직 끝나지 않았다. 사실 구조에는 세 가지 수준이 있다. 첫째는 우리가 다루어 왔던 것이다. 이 수준에는 중합체 사슬을 형성하는 단량체(당이나 아미노산 또는 뉴클레오티드)의 배열이 포함된다. 두 번째 구조는 사슬 자체가 꼬이고 접힌 방식이다(예를 들어 단백질의 경우에는, 여기에 일부 아미노산의 황 원자들 간 결합이 포함된다). 세 번째 수준은 여러 개의 중합체가 함께 모여 무한한 3차원 배열을 이루는 방식을 표현한다. 탄소 결합은 110°를 이루므로, 이러한 배열은 나선형 형상을 띤다. 이러한 방식으로 만들어진 분자를 **거대 분자**(macromolecule)라고 한다. 거대 분자는 분자 질량이 크다. 적혈 세포에 있는 단백질인 헤모글로빈은 분자 질량이 6만 8,000에 이른다(제2장 1절).

세포 내 거대 분자들 가운데, 단백질, 핵산, 간단한 중합체 사이에는 중요한 구분이 있다. 이것은 구성 단위들을 함께 연결하는 화학적 결합의 유형이 특별히 복잡해서가 아니라, 이들의 선구 분자가 너무 다양하며 정확하고 특유한 질서나 배열을 갖는 분자 구조로 나타나기 때문이다. 이러한 배열은 거대 분자가 어마어마한 양의 정보, 즉 세포의 기능적 활동에 매우 중요한 성질을 전달한다는 것을 의미한다. '생물'이라는 단어가 의미를 갖는다면, 그것이 효과를 나타내기 시작하는 것은 이러한 정보 거대 분자의 수준에서 그렇다고 말할 수 있겠다(자료 7.1).

(2) 세포 수준의 구조

물론 세포는 동일한 유기체 내에서도 크기나 모양이나 여러 가지 특성이 매우 다르다. 그러나 세포의 이러한 특화는 모든 세포들이 가지고 있거나 가지고 있었던 특별한 속성이나 기능의 극단적인 발달을 나타낼 뿐이다. 환언하면 모든 세포는 어떤 발달 단계에서 여러 가지 공통된 속성들을 지닌다. [그림 7.2]는 세포를 생물 시스템의 모델로 나타낸 것이다. 그러나 이 도표는 분자 수준과 세포 수준의 조직 간에 나타나는 차이를 명확하게 보여 준다. 세포 소기관으로 알려진 많은 아세포 구조가 있으나, 여기서 우리는 세포를 보다 기본적으로 세분할 수 있다. 이러한 세분 가운데 첫 번째는 세포질(cytoplasm)이다. 세포질은 대부분 물로 이루어진 점액질 액체이나, 무기질 이온과 간단한 유기질 분자, 그리고 거대 분자가 분산되어 콜로이드 현탁액을 이룬다. 그것은 액체와 결정질의 성질을 모두 나타냄으로써 '액체 결정(liquid crystal)'으로 불리는 물리적 상태로 가장 잘 표현되는 불가사의한 물리적 상태를 갖는다. 이러한 세포질 물질에는 아세포의 세포 소기관들이 포함되어 있으며, 그것의 한 카테고리인 세포막(cell membrane)은 세포액 물질을 둘러싸고, 세포액

물질을 통하여 깊고 가깝게 침투한다. 이러한 모든 세포 소기관은 복잡한 구조의 거대 분자들이 연합하여 만든 한정된 구조를 가지며, 세포 내 생화학적 구획으로 생각된다. 두 번째 세분인 핵(nucleus)도 세포 소기관이며 생화학적 구획이다. 그러나 핵은 핵산이라는 정보 거대 분자가 핵 내에서 가장 중요한 위치를 차지하고 있기 때문에 중요하다.

여기에서 채택한 계층적 접근 방법을 통하여, 살아 있는 세포의 구조에서는 조직의 수준이 무생물 세계와 부합되지 않는다는 사실을 알 수 있다. 생물과 무생물 간에 구분이 있다는 선구 가설이 사실이라면, 그것은 종류가 아니라 수준의 구분일 것이다. 구분하여야 할 것은 세포와 유기체의 내부 조직에 있어서 복잡함과 정밀성의 정도이다. 그러나 이것도 완전한 스토리는 아니다. 지금까지 발달한 생물 시스템의 모델은 정적인 것이기 때문이다. 대량의 복잡한 화학 물질로 구성된 정밀하고 명확한 구조는 공히 정밀한 기능을 가진다. 생물의 본질은 세포의 기능적 조직과 활동을 고려

자료 7.1
유기질 거대 분자

살아 있는 세포에서 발견되는 유기 화합물은 지방과 탄수화물, 단백질, 그리고 핵산 등 크게 네 가지로 구분된다. 구조적으로는 지방이 가장 간단하다. 지방은 지방산의 탄화수소 사슬들(보통은 3개)이 글리세롤 분자의 주요 부분에 각각 결합된 구조를 보인다. 지방은 주로 에너지원으로 나타나지만, 한 개의 지방산이 다른 화합물과 연계된 인산족(H_3PO_4)으로 대체된 관련 화합물(인지질)이 생물의 세포막 형성에 중요한 역할을 한다. 단당류는 4~5개의 탄소 원자와 수산 이온(OH) 및 CH_2OH 이온이 부착된 1개의 산소 원자로 구성된 5각형 내지 6각형의 고리로 이루어져 있다. 그러한 단위 2개가 당 분자를 형성할 수 있으며, 사슬로 연결되면 복잡한 당이나 다당류, 특히 식물에서는 셀룰로오스나 녹말, 동물에서는 글리코겐을 형성할 것이다. 500단위만큼이나 긴 녹말과 글리코겐(1,000이상)은 주로 에너지 저장소의 역할을 하지만, 더 긴 중합체(8,000단위)를 가진 셀룰로오스는 식물에서 주요 구조 물질이며,

결합하여 매우 복잡한 섬유나 망사를 나타낸다.

당질 인산(에스테르)과 염기로 이루어진 뉴클레오타이드라고 부르는 적어도 네 가지 유형의 단위들로 이루어진 대규모 구조를 형성하는 핵산은 훨씬 더 복잡하다. 핵산은 매우 다양한 비율과 매우 다양한 배열로 나타난다. 이들 분자 가운데 가장 중요한 것이 DNA와 RNA인데, 이들 정보 보유 거대 분자의 중요성은 [자료 2.3]에서 자세히 다루었다.

그러나 다양성과 특유성이 가장 높게 발달한 것은 단백질 분자이다. 이들은 알려진 것 가운데 가장 크고 복잡한 분자이며, 탄소 기본 틀에 연계된 약 25개의 상이한 아미노산으로 구성된다. 단백질은 다양한 비율로, 여러 종류의 배열로, 그리고 매우 다양하게 접히거나 갈라지는 수백 수천에 이르는 단위들이 사슬을 이룬다.

할 때까지 충분히 평가할 수 없다.

3. 기능적 조직과 세포의 활동

물론 기능은 일의 수행과 에너지의 이용을 의미한다. 이 때문에 많은 학자들은 살아 있는 세포와 제조 공장이 유사하다고 생각하게 되었다. 과도한 표현이기는 하지만, 세포의 기능적 조직과 활동이 공장의 그것과 동일하다는 점에서 이러한 유추는 유용한 것이다. 공장과 비슷하게도, 세포는 제품을 만들 천연 재료를 필요로 한다. 세포는 생산 라인에 동력을 공급하고, 재료와 제품을 운반하며, 폐기물을 버리기 위한 에너지원을 요구한다. 그러나 공장의 전체적인 프로세스는 그렇게 하도록 계획되어 있기 때문에 작동할 뿐이다.

유추해 보면 세포는 그러한 계획 명세서와 청사진을 가지고 있어야 한다.

이러한 공장에서는 세 가지 종류의 일을 한다. 세포를 유지하고 활발한 성장을 하는 동안 화학적 일을 수행하게 되는데, 그때 세포는 수선을 하거나 비교적 간단한 물질로 새로운 세포를 만드는 데 필요한 복잡한 구성 성분을 만들고 조립한다. 이러한 프로세스를 뭉뚱그려 **생합성**(biosynthesis)이라고 부른다. 둘째는 세포 내에서, 또는 세포막 너머로 물질을 이동시키는 운반의 일이 있다. 그러한 일은 물질의 상대적 농도의 변화를 포함하며, 전기적 퍼텐셜 농도의 경도에 반하여 일어난다. 마지막으로 기계적인 일이 있다. 이것은 동물의 근육 세포에서 가장 분명하지만 모든 세포에서 수행되고 있으며, 수축하는 섬유와 관련이 있다. 이러한 모든 종류의 일을 수행하기 위해서는 역학적으로

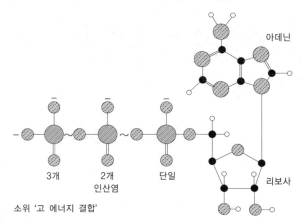

끌어올리는 **에너지 흡수성**(endergonic) 프로세스(제2장)가 포함되며, 그러므로 에너지 흡수성 프로세스는 에너지의 투입을 요구한다.

(1) 세포 내 물질과 에너지의 전달

우리의 세포 공장에서 필요한 에너지는 분자의 배터리로 생각될 수 있는 것에 저장되어 있다. 분자 배터리는 세포 도처의 에너지가 필요한 장소로 이동될 수 있다. 여기에서 분자 배터리는 세포의 활동 프로세스에 관한 메커니즘과 결부되어 있으며, 그들이 가지고 온 에너지는 방전된다. 이렇게 소모된 배터리는 연료 분자의 화학 에너지를 이용하여 충전된다. 이들은 특히 탄수화물(녹말, 글리코겐)과 지방 또는 지질 등 비교적 복잡한 분자이며, 나머지는 세포의 특별한 공간에 저장된다.

[그림 7.3]은 충전-방전 순환을 나타낸 것인데, 세포 내에서 붕괴나 산화 동안 유리된 연료 분자의 에너지 가운데 일부는 화합물 아데노신 이인산염(ADP, adenosine diphosphate)이 아데노신 삼인산염(ATP,

adenosine triphosphate)으로 이어지는 연계 반응을 따라 변환될 때 보전된다. 세포의 주요 에너지 저장소와 운반 시스템, 즉 세포 배터리로 작용하는 것은 이러한 화합물이다. ADP는 고갈된 상태, 방전된 상태를 나타내며, ATP는 배터리가 완전히 충전된 상태를 나타낸다(자료 7.2).

배터리는 세포의 **호흡**(respiration) 프로세스 동안 일어나는 산화에 의해서 연료 분자로부터 화학 에너지를 이용하여 충전이 이루어진다. 글루코오스 분자 1개가 완전히 산화할 때 이러한 **산화 호흡 시스템**(oxidative respiratory system)의 총유출은 ATP 분자 38개이다. 배터리는 재충전되었다! 연료 분자와 달리 이 프로세스는 호흡 과정을 통과하는 각 전자 쌍마다 산소 원자 1개를 필요로 한다. 동시에 이러한 과정을 통하여 물 분자 1개가 생성되고 이산화탄소 분자 2개가 방출된다. 마지막으로 유리된 에너지의 보존이 100% 효율적이지 못하므로, 열역학 제2법칙에 따라 일부는 열로서 소실된다. 이것을 호흡 또는 이화 작용의 열 손실이라고 한다. 세포의 산화 호흡 시스템은 미토콘드리아

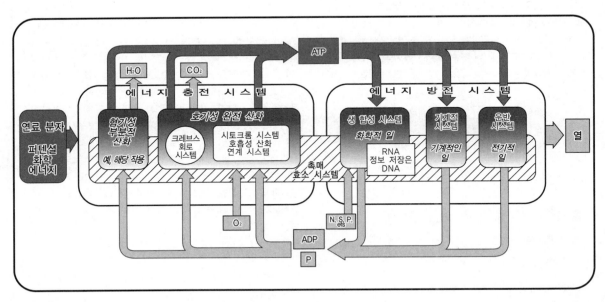

그림 7.3 세포의 ADP-ATP 에너지 전달 시스템(Lehninger, 1965에서 아이디어를 얻음)

(mitochondria)에 위치하므로, 미토콘드리아를 세포의 발전소라고 부른다.

세포의 일 가운데 배터리의 방전은 생합성의 화학적 일로 나타낼 수 있다. 인산염족이 전달하는 ATP 분자의 퍼텐셜 에너지는 직접 또는 중간의 인산염 화합물을 거쳐, 세포 내의 정확한 위치, 특히 세포 소기관에서 무기질과 유기질의 선도 분자로부터 거대 분자를 합성하는 데 사용된다. 합성 프로세스와 형성률은 일련의 특유한 효소들이 지배하고 규제한다. 수천에 이르는 개별 화학 반응은 이러한 방식으로만 세포 내에서 동시에 물을 매개로 이루어질 수 있다. 단백질인 이들 효소는 세포 내에서 생물학적 정보를 표현하는 방식이다. 우리의 공장 추론에서 본다면, 효소는 설비 관리자와 생산 관리자의 목적을 실현하기 위하여 주문과 생산 목표를 이해하는 작업 현장의 감독관이다. 마스터플랜과 생산 계획에 포함된 정보는 핵의 염색체(chromosome)에 있는 데옥시리보오스(deoxyribose) 핵산(DNA) 분자에 암호화된 정보로써 세포 내에 표현된다. 이것은 세포의 모든 기능적 활동을 감독하는 통제 시스템이다(자료 2.3). 공장 유추가 유용하기는 하지만, 복합적이고 정밀하고 복잡한 메커니즘의 행렬에 직면하면 부적절해 보인다.

(2) 살아 있는 세포의 정상 상태

합성이 한 번 있었다면 —적절한 분자들을 모으고, 연합하여 적절한 구조를 만든 것이었다면 —세포의 이러한 복잡한 합성도 받아들일 수 있을 것이다. 재합성이나 대체는 문제시되는 구조가 쓸모없어진 이후에만 필요할 것이다. 그러나 방사능 추적자를 이용한 실험에서, 세포는 끊임없이 다시 만들어진다는 사실이 증명되었다. 이러한 지속적인 유동 상태에서 2~3일 이상 살아남는 분자는 예외이다. 세포의 주요 기능 가운데 하나는 끊임없이 스스로를 재창조하는 것이지만, 구성 성분을 합성하는 세포의 능력은 분자 수준의 역동적인 방향 전환에 얽매이지 않는다. 생합성은 누적적이어

서, 세포를 성장시키고 구조적 복합성을 증대시킨다. 그러나 세포는 무한히 커지지 않고, 세포는 분열된다. 합성된 세포는 성장하여 특별한 구조와 기능을 개발하거나 더 많이 분열한다. 모든 유기체 —전체 생물권— 는 규제된 세포의 성장과 분열의 끝없는 순환에서 비롯한 것이라고 말할 수 있다.

이러한 세포의 기능적 활동을 열역학적 관점에서 본다면, 우리는 그들을 둘러싼 우주와 비교하여 보다 적은 엔트로피(entropy, 제2장)를 가진 시스템을 다루고 있는 것이다. 그들은 고도로 조직화된 시스템이다. 나아가 우리는 종이 일반적으로 하등의 원시적인 형태에서 고등한, 보다 복잡한 형태로 진화한다고 알고 있다. 시간이 지나면 전체 생물계는 다양성이 증가함에 따라 내부의 엔트로피를 점차 감소시킨다. 그러나 열역학 법칙은 그 반대를 뜻한다. 제2법칙에 따르면, 어떠한 임의의 에너지 변형도 100% 효율적이지 않으므로 우주의 엔트로피는 증가할 것이기 때문이다.

생물이 가지는 이러한 명백한 패러독스에는 두 가지 해답이 있다. 첫째, 생물의 비밀 가운데 하나는 자연스럽게 내려가는 에너지 전달의 열역학적 경향을 전환하여 에너지를 소모하는 프로세스를 끌어올림으로써, 세포가 복잡한 구조를 만들고 공히 복잡한 기능적 활동을 수행할 수 있다는 사실이다. 앞서 살펴보았듯이 이것은 방대하게 결부된 일련의 화학 반응들 때문에 가능하다. 각 반응의 각 단계에서는 특유한 효소가 촉매로 작용하며, 에너지는 보존되고 매우 효율적인 방식으로 방향을 전환한다. 그러나 이것이 세포가 제2법칙을 벗어났다는 것을 의미하지는 않는다.

여기에서 우리는 생물의 두 번째 비밀로 되돌아가야 한다. 세포(시스템)의 엔트로피는 감소할지라도, 이것은 엔트로피가 증가하는 주변을 희생한 대가로 그렇게 된 것이다. 결과적으로 시스템 자체(세포 또는 생물권)는 더욱 더 질서 정연해지고 내부의 엔트로피가 감소하였을지라도, 제2법칙에 따라 시스템과 주변의 전체 엔트로피는 증가하였다. 물론 주변에서 얻는 이러한 엔트

로피의 증가는 세포가 주변(그들의 환경)으로부터 엔트로피가 적은 연료나 고품위의 퍼텐셜 화학 에너지를 나타내는 식량 분자를 취하기 때문에 발생한다. 그러나 그들은 비교적 엔트로피가 높은 단순한 무기질 분자(CO_2, H_2O)와 저급한 열에너지로 되돌아간다.

세포와 생물 시스템은 개방 시스템이다. 이들은 물질과 에너지의 지속적인 작용에 직면하여서도 내적 구조를 유지한다. 그러나 이러한 내적 구조는 항상 부서지고 재합성되어, 정상 상태로 유지된다. 효소 시스템으로 작동되는 정상 상태의 지속적인 자기 조정에 의해서만 세포와 모든 생물 시스템은 엔트로피 또는 무질서를 향한 경향성의 생산을 최소한으로 지킬 수 있다. 정상 상태는 개방 시스템이 질서 정연한 상태이다.

지금까지 사용한 세포 모델은 대부분의 세포들과 세포들로 구성된 생물권 내 대부분의 유기체들에 적합하다. 그들은 초기에 만든 연료 분자의 에너지를 이용하여 세포들이나 다른 세포들 또는 유기체가 만든 분자들을 파괴함으로써 살아간다. 그러나 이 모델을 사용하는 데에는 함정이 있다. 이 모델은 이러한 맥락에서 생물권은 스스로를 먹어 치운다는 사실을 의미하기 때문이다. 그러한 폐쇄 시스템 모델은 열역학적 토대에서 살아남을 수 없다. 호흡이나 생합성, 또는 세포가 어떤 다른 종류의 일을 하는 동안 유효 에너지의 일부가 열로 소실되면 석탄과 석유 매장량에서 우리가 경험하고 있는 것과 유사하게 연료는 줄어들어 결국에는 고갈된다. 세포와 유기체가 진정으로 정상 상태를 유지하는 개방 시스템이라면 시스템에 지속적으로 재생할 수 있는 에너지를 공급해 주는 외부의 에너지원이 어딘가에 있어야만 한다.

화학 에너지를 위해서 앞서 형성된 유기질 분자에 의존하는, 종속 영양(hetrotrophic) 세포로 알려진 것을 모델로 사용하는 데에는 어려움이 있다. 그러한 세포들은 그들의 환경에서 간단한 무기 물질로 얻을 수 없고 자체적으로 합성할 수도 없는 물질에 대하여 식량 분자에 의존한다. 예를 들어 종속 영양 세포는 단백질

을 구성하는 20가지의 필수 아미노산을 합성할 수 없다. 예를 들어 인체의 세포는 12가지를 만들 수 있을 뿐이다. 각 종속 영양 유기체에게는 유기체가 환경으로부터 얻을 수도 없고, 전혀 합성할 수 없거나 필요한 양을 충분히 채울 수도 없는 소량으로 요구되는 어떤 필수 유기 물질이 있다. 이들이 비타민이며, 효소 시스템에 기여한다. 어딘가에는 이러한 화합물을 만들 수 있고 종속 영양 세포에 이것이 사용될 수 있도록 하는 세포들이 틀림없이 있다. 그러므로 결론은 일반화된 세포에 관한 우리의 모델이 불완전하므로, 정교하게 꾸미든지 다른 종류의 세포 모델을 요구할 필요가 있다는 것이다.

(3) 독립 영양 세포 모델

독립 영양(autotrophic) 세포는 어떤 외부 에너지원을 이용하여 무기질 분자로부터 유기질 연료 분자(보통 탄수화물)를 생산할 수 있는 세포이다. 생물 시스템이 이용하는 두 가지의 원천이 있다. 첫째, 무기질 화합물의 결합 에너지를 사용하여 이산화탄소를 환원하고 유기질 탄소 화합물을 형성하는 세포와 유기체들이 있다. 이들을 **무기 영양균**(chemotroph)이라고 하고, 그 프로세스를 **화학 합성 작용**(chemosynthesis)이라고 한다. 둘째, **광합성 작용**(photosynthesis)에 빛 에너지를 이용하는 능력을 가진 세포와 유기체들이 있다.

세포 수준에서 광합성 작용은 호흡 동안 탄수화물이 물과 이산화탄소로 분해되는 과정의 역전으로 보일 수도 있다(그림 7.4). 호흡의 결과로 ATP가 ADP로 변환(산화 인산화 작용, 그림 7.3)됨으로써 그 에너지를 세포의 일에 사용할 수 있는 반면, 광합성에서는 ADP가 독립 영양 세포에서 이산화탄소와 물을 원료로 탄수화물과 기타 유기질 분자를 형성하도록 에너지를 공급하는 ATP로 변환된다. 중요한 차이는 광합성에서 ADP를 ATP로 변환시키는 에너지가 전적으로 흡수된 빛 에너지에서 유래한다는 것이다. 그러므로 이 프로세스를 **광인산화**(photophosphorylation)라고 한다.

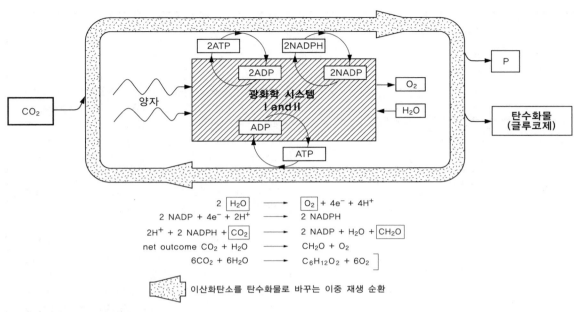

$$2 \boxed{H_2O} \longrightarrow \boxed{O_2} + 4e^- + 4H^+$$
$$2 NADP + 4e^- + 2H^+ \longrightarrow 2 NADPH$$
$$2H^+ + 2 NADPH + \boxed{CO_2} \longrightarrow 2 NADP + H_2O + \boxed{CH_2O}$$
$$\text{net outcome } CO_2 + H_2O \longrightarrow CH_2O + O_2$$
$$6CO_2 + 6H_2O \longrightarrow C_6H_{12}O_2 + 6O_2$$

이산화탄소를 탄수화물로 바꾸는 이중 재생 순환

그림 7.4 광합성 프로세스의 체계적인 표현

이러한 빛 에너지의 포착과 이용은 대부분의 독립 영양 세포에서 엽록소(chlorophyll, 자료 7.3) 색소가 있는 특화된 세포 소기관 ─엽록체(chloroplast)─에서 일어난다. 엽록소는 햇빛의 가시광선 가운데 적색과 청색 파장을 흡수하여 녹색으로 보인다. 흡수된 빛이 작용하여 엽록소에 있는 전자의 에너지 수준을 상승시키고, 이 에너지는 인산염 화합물을 통하여 화학 에너지로 변환되어 화학 반응을 진행시킨다. 일정한 양의 에너지를 나타내는 광전자가 엽록소 분자에 떨어지면, 엽록소에서 일련의 전자 수용체나 효소 촉매에 충분히 전달될 수 있을 정도로 전자들 가운데 하나를 흥분시킨다. 전자는 호흡 연쇄(그림 7.3)와 같이 시토크롬을 포함하는 이러한 연쇄 반응을 따라 통과하여, 엽록소 분자까지 되돌아오기 전에 ATP를 만든다. 이것이 광합성 프로세스 가운데 소위 빛의 단계(light phase)이다. 많은 독립 영양 세포들이 호기성이라고 하더라도, 그것은 산소의 존재를 요구하지 않는다. 유기질 탄소 화합물 ─꼭 그렇지는 않지만, 주로 이산화탄소와 물이

결합한 탄수화물 ─의 합성은 암흑의 단계(dark phase)로 불리며, 중간 단계인 인산 화합물의 에너지를 이용하여 무기질 분자를 생화학적으로 환원시키고, 그것은 반대로 빛의 단계에서 만든 ATP 분자로부터 에너지를 분리시킨다. 이러한 생화학적 환원 작용으로 물 분자에서 산소 분자가 유리된다.

4. 유기체, 개체군, 군락

지금까지 이 장에서는 생물권 내 생물 시스템의 기능적 조직과 활동을 세포 수준에서 구축한 모델에 대하여 논의하여 왔다. 그러한 모델은 일견 이 장의 다른 절에서 제시하는 물리적 시스템의 범지구적 전망으로부터 멀리 벗어난 것처럼 보일지도 모르겠다. 지구 상에 깜짝 놀랄 만큼 많은 다양한 생물들이 살고 있음에도 불구하고, 이러한 세포 모델의 보편성은 실제로 매우 놀랍다. 유기체, 개체군, 군락의 수준에서 생물 시

자료 7.3

엽록소

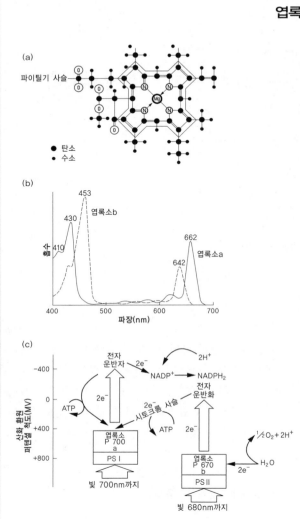

(a)
파이틸기 사슬

● 탄소
● 수소

(b)

453
430
410
엽록소b
662
642
엽록소a

흡수

파장(nm)
400   500   600   700

(c)

전자
운반자   2e⁻   2H⁺
NADP⁺ ─→ NADPH₂

2e⁻
ATP   시토크롬 사슬
전자
운반화
ATP
2e⁻

엽록소
P 700
a
½O₂+2H⁺

PS I   엽록소
P 670
b   H₂O
2e⁻

빛 700nm까지   PS II

산화 환원
퍼텐셜 척도(MV)
-400
0
+400
+800

빛 680nm까지

여러 종류의 엽록소가 있으나, 고등 녹색 식물에서는 엽록소a와 엽록소b가 가장 중요한 것이다. 그들은 분자 구조가 비슷하여, 모두 4개의 피롤(pyrrole) 단위가 중앙에 마그네슘 원자가 있고 측면에 긴 탄화수소 고리를 가진 포르피린(porphyrin) 고리를 형성하도록 배열되어 있다. 유일한 차이점은 엽록소a의 메칠(methyl)족이 엽록소b에서는 포르밀(formyl)족으로 교체된 것이다. 고리 중앙에 마그네슘 원자를 잡아 두는 결합 쌍은 4개의 유효 질소들 사이에서 교류하는데, 이는 **공명**(resonance)이라는 현상으로 알려져 있다.

다른 광합성 색소, 모든 광합성 식물에는 카로티노이드(carotenoid), 청녹조와 홍조에는 피코빌린(phycobilin)도 있다. 엽록소는 주로 적색과 청자색 파장을 흡수하고 녹색 빛을 반사한다. 카로티노이드는 청자색 범위에서 강하게 흡수하므로 등황색이나 적색 또는 갈색 색소이다. 그들은 엽록소로 가려져 있어서 엽록소가 사라졌을 때 가을의 낙엽색과, 꽃이나 과일과 같이 대부분의 비광합성 조직의 색깔, 그리고 당근의 등적색 등을 나타낸다. 일부 피코빌린은 녹색 파장에서 강하게 흡수하고 일부는 등색과 적색에서 강하게 흡수하여, 각각 적색과 청색을 타나낸다. 적조와 청녹조의 색은 이것 때문이다.

빛을 흡수하는 이들 색소는 두 개의 광화학 시스템(PS I)이나 색소 시스템(PS II)에 분포한다. 이들 가운데 엽록소a는 시스템의 포획 센터라고 불리는 제1의 색소이다. PS I에서는 엽록소a 색소만 이용되지만, PS II에서는 엽록소b와 기타의 부속 색소도 빛 에너지를 흡수한다. PS I과 PS II에서, 이 에너지는 광반응 센터 또는 포획 센터라고 불리는 엽록소a의 조정된 분자 속으로 들어간다. 각 시스템은 흡수 피크가 다양한(PS I의 700nm, PS II의 680nm) 엽록소a의 변종을 가지고 있다.

스템을 고찰하는 데 필요한 선행 조건으로써 세포의 기본적인 조직과 기능을 이해하도록 하는 것은 틀림없이 이러한 일반성이다.

우리가 개별 생물 시스템을 그들의 무생물 환경과 직접 접촉하며 만나는 것은 유기체 수준에서이다. 원생동물이나 단세포 조류와 같은 단세포 생물의 경우, 개체는 세포의 일반화된 모델과 별로 다르지 않다.

그러나 대부분의 유기체는 다세포이다. 그러한 경우, 구조적·기능적으로 특화된 세포들은 개체 —크로커서(crocus)나 자이언트 레드우드, 집파리 또는 말— 를 구성하고 개체로서 기능하는 공히 전문화된 조직과 기관 및 기관 시스템을 형성한다. 이들은 무기 환경과 물질 및 에너지를 교환하며, 기능적으로 연계되어 있다. 이러한 교환은 지표에서 살고 있는 동물을 포함하

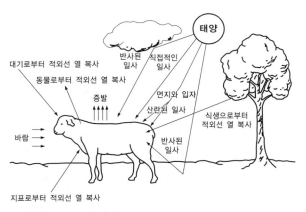

그림 7.5 지표에 있는 동물의 에너지 수지(Gates, 1962)

는 열전달(그림 7.5)이며, 초본에서 양까지 먹이로 이어지는 화학 에너지의 전달이고, 같은 그림에서 토양으로부터 나무에 의한 물과 영양소의 섭취이다. 그러나 우리는 유기체와 함께 생태권 모델의 범지구적 물리 시스템과 생물 시스템의 상호 작용을 보다 충분히 인식하기 시작하였다.

(1) 종과 개체군

지구에는 매우 다양한 종류의 유기체들이 살고 있고, 어떤 의미에서 각각은 유일한 것이다. 이것을 **종**(species)이라고 한다. 종은 전반적으로 유사성을 나타내는 개체군이며, 다른 집단과 구분되고, 생식에도 다른 집단으로부터 고립되어 있으며, 시간상 어느 정도의 항구성을 지닌다. 어림하여, 오늘날 약 40만 종의 식물이 살고 있다. 동물들 가운데 100만 종 이상이 무척추 동물이며, 이 가운데 85만 종이 곤충이다. 포유동물은 약 4,000종, 조류는 약 8,000종, 어류는 2만 종 이상이 있으며, 파충류와 양서류는 약 6,000종이 있다. 이들 모든 종은 오래 지속된 진화와 종 형성 프로세스의 결과이다. 그러므로 현재의 각 유기체 종은 세포의 핵 내 DNA 분자(자료 2.3)에 기록된 발생학적 정보(유전자형)에 나타난 변화와 물리화학적 및 생물학적 환경에 의한 선택적 압력 사이의 상호 작용으로 형성된 것

이다.

발생학적 정보는 전사를 통하여 개체의 신진대사 활동과 성장 및 발달을 통제하므로 유전자형의 변화는 유기체의 형태나 해부학적 구조상의 변화, 유기체가 기능(생리 기능)하는 방식의 변화, 유기체의 행태상 변화, 또는 이들 세 가지의 어떤 조합 등을 일으킬 수 있다. 이러한 변화의 결과로 그 종의 개체군에서 유전이 가능한 변이 —임의적으로 발생하지만 관련된 유기체에 치명적이거나 유독한 영향을 미치지 않을 때에만 개체군에서 살아남는 변이 —가 발생한다. 그러나 이것 때문에 어떤 유기체는 무기질 환경이나, 같은 종 또는 다른 종의 유기체들 간 상호 작용에서 선택적인 이익을 볼 수도 있다. 이러한 프로세스 —개체군 내 적응 변이의 선택 —를 유전자형의 환경적 선별이라고 한다. 그러한 변이가 가지는 적응의 중요성은 그것이 나타난 세대에서 그리고 기존의 환경과 관련하여 곧 분명해질 것이다. 그러나 변이가 한 세대에서 다음 세대로 재현되더라도, 환경 조건이 변하거나 종이 전파나 이동을 통하여 새로운 환경을 경험할 때에야 변이가 적응의 의의를 가지게 될 것이다(그림 7.6). 이것이 다윈의 자연 선택(natural selection) 프로세스이다. 오래된 종으로부터 새로운 종이 나와 성공적인 변종이 선조 개체군을 대체하거나, 그들이 퍼져나가 새로운 환경에 정착함으로써 그들로부터 생식적으로 분화되고 지리적으로 고립될 때, 마침내 종 분화가 일어난다. 이러한 프로세스는 수백 년 동안 되풀이 되었으며, 진화적 변화가 **방사상 적응**(adaptive radiation)을 통하여 오늘날 존재하거나 현재는 소멸되었지만 과거에 존재했던 종들이 매우 다양하게 되었다(그림 7.7).

이들 개별 종은 환경과의 상호 작용이라는 전체적인 복합체 속에서 존재한다. 그들이 적응되었거나 인내할 수 있는 독특한 환경에서 살아남을 수 있고 성공적으로 경쟁할 수 있기 때문에 존재한다. 그리고 어느 위치에 종의 개체군이 있다는 것은 그 종의 길고도 복잡한 진화와 분산과 이주의 역사를 반영할 것이다. 동·식

물 종 현재의 분포를 부분적으로나마 설명하는 것은 이러한 역사이다(그림 7.8). 어떤 젊은 종들은 분포가 제한되어 있다. 매우 오랜 종들 중 어떤 것들은 면적이 극적으로 축소되어 잔류 분포를 보인다. 그러나 둘 다 좁은 의미의 **토착종**(endemic)으로 표현된다. 다른 종들은 세계의 거의 모든 육지에서 나타나므로, 뚜렷한 불연속(**분리된**disjunct) 분포를 보이더라도 **보편종**(cosmopolitan)이라고 한다. 이러한 분포 패턴의 일부는 그 종의 진화와 이주뿐만 아니라 수륙 분포의 변화와 기후 변화, 산지의 형세, 대륙 빙상의 확장과 후퇴 등을 반영한다. 다른 말로 하면, 분포는 종의 역사뿐만 아니라 환경의 역사를 반영하며, 역사는 여러 가지 방식으로 시간상 환경 변화에 대한 종의 반응을 구체화한다(제25장).

[그림 7.8]에 제시된 세계 동·식물구의 패턴은 지질시대 동안 대륙의 상대적 위치 변화를 부분적으로 반영한다. 북반구에서 동·식물상의 친화력이 더 큰 것은 비교적 최근까지 북반구의 육괴들 사이에 분산 및 이주의 통로가 존재하였다는 사실과 관련이 있다. 반대로 남반구 육괴에서는 진화와 종 형성이 오랜 기간 동안 고립 상태로 진행되었으므로, 분류학상 높은 수준에서만 유사성이 나타나는 독특한 동·식물상 구역이 형성되었다. 그럼에도 불구하고, 남반구에서 문제시되는 분리된 분포는 원시 초대륙이 분열된 시기와 관련하여 설명할 수 있다(제5장). 그래서 남아메리카로부터 남극을 경유하여 오스트레일리아에 도착한 유대류는 뉴질랜드와 아프리카, 그리고 인도에는 없는데, 이 국가들은 유대류가 도착하기 이전에 분리되었다. **환대서양**(amphi-atlantic) 분포와 같이 북반구에서도 나타나는 약간의 분리는 한때 보다 연속적이었던 분포가 대륙 이동에 의해 분열되었음을 반영한다. 그러나 대부분은 제3기 초기와 중엽 동안 환한대(circumboreal)였던 동·식물 분포(예, 삼나무)에 제3기 후기와 제4기의 기후 변화가 미친 영향과 연관되어 있다. 그러한 경우, 보편적인 선조가 이러한 고립된 후손으로 발산하

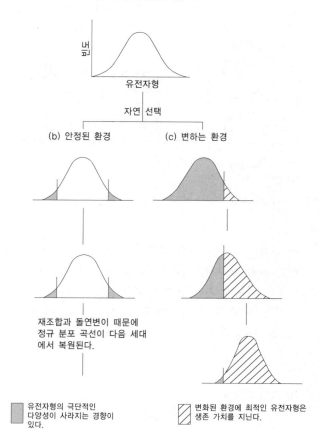

(a) 이계교배 개체군 내 유전자형의 정규 분포

빈도

유전자형

자연 선택

(b) 안정된 환경　　　　　(c) 변하는 환경

재조합과 돌연변이 때문에 정규 분포 곡선이 다음 세대에서 복원된다.

유전자형의 극단적인 다양성이 사라지는 경향이 있다.

변화된 환경에 최적인 유전자형은 생존 가치를 지닌다.

그림 7.6 안정 또는 변하는 환경에서 유전자형의 선택(Heywood, 1967)

는 최근의 진화로 종들이 토착의 분포를 가지게 되었다(예, 플라타너스 나무는 *Plataunus* spp, 튤립은 *Liriodendron* spp).

(2) 군락, 생태계, 생태권

어디에 있든지 동·식물종이 순수한 개체군을 이루는 경우는 드물다. 보통은 상이한 종들로 이루어진 개체군이 동·식물 군락의 일원으로서 함께 성장하고 살아간다. 그러한 군락의 변이와 다양성은 군락을 구성하는 종들의 그것만큼이나 크다. 더구나 군락의 개념은 작은 연못 규모에서부터 수천 제곱킬로미터에 달하

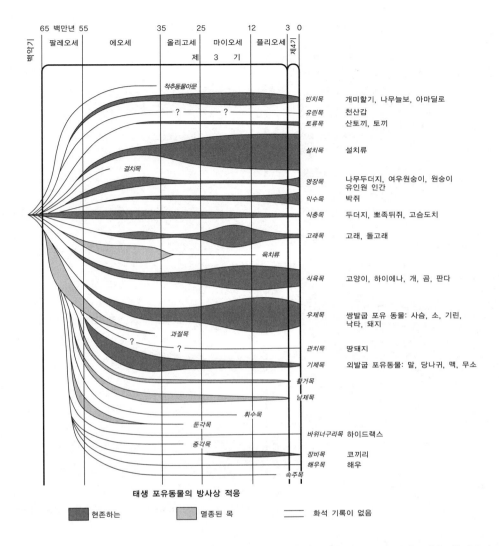

그림 7.7 진화적 변화의 방사상 적응: 태생 포유류의 예(B. Kurten, 1969, Continental Drift and Evolution, Scientific American, Inc.)

는 아마존 열대 우림 규모에 이르는 범위에 적용될 수 있다. 유기체와 마찬가지로, 전체로서의 군락은 군락이 존재하고 군락이 상호 작용하는 외부 환경이 제기하는 조건에 적응하고 그것을 반영한다. 이러한 적응은 부분적으로는 군락을 구성하는 종들이 나타내는 개별 적응 전략의 총합이지만, 유기체보다 높은 수준의 적응이다. 환경에 대한 군락 범위의 적응은 전체 군락

의 구조와 기능적 조직을 포함한다.

[그림 7.2b]에서 개발한 생물권 모델을 확장하여 유기체와 개체군, 군락을 통합한다면, 분명히 그들은 모델 내 더 높은 수준의 통합일 뿐이다(그림 7.9). 세포 수준에서 모델 내의 통합 단위는 세포 소기관의 기능이었고, 다세포 유기체의 조직 내 기능 단위는 세포이므로 군락 수준의 모델에서 기능 단위는 개별 유기체와

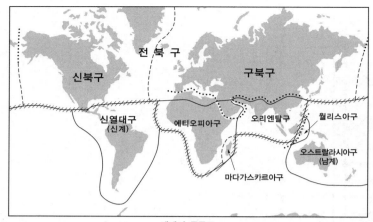

월리스 동물구의 경계

포유동물에만 근거한 경계

전북구와 에티오피아구, 오리엔탈구는 동물상 측면에서 연계 되어 북계를 형성한다.

세계의 동물구

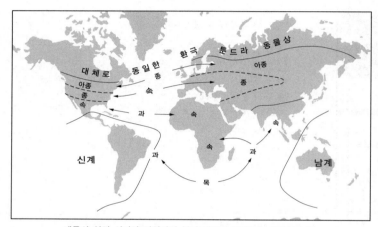

2억만 년 페름기

1억 3천만 년 쥐라기

8천만 년 백악기

대륙의 연결 시기와 관련하여 북계 내에서 증가하는 분류군 분화

6천5백만 년 백악기/제3기

4천만 년 에오세

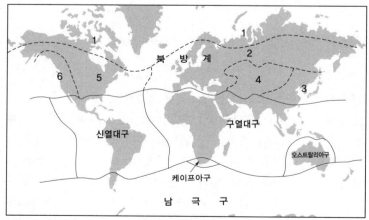

구드 식물구의 경계

식물상구로 세분된 북방계 지역

1 북극과 아북극
2 유로시베리아
3 시노재팬
4 서·중앙아시아
5 대서양 북아메리카
6 태평양 북아메리카

체계의 식물구

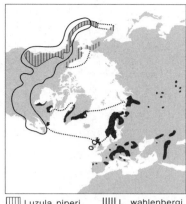

||||| Luzula piperi |||| L. wahlenbergi
(꿩의 밥) – 베링 해 횡단 분포

■ Potentilla crantzii
(고산 양지꽃) – 환대서양 분리 분포

□ Spiranthes romanzoffana
(늘어진 삼단머리) – 환대서양 분리 분포

||||| 환한대 – Picoides tridactylus(세 가닥 딱따구리)

☰ 유럽–동아시아 분리 분포 – Cyanopica cyanus(물까치)

■ 동북아메리카–소아시아 분리 분포 – Platanus(플라타너스)
– 북동아메리카의 토착종인 양버즘나무, 남동유럽과 소아시아가 원산지인 플라타너스

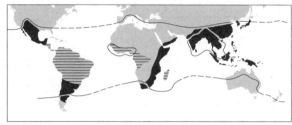

☰ Symphonia – 속 수준에서 아메리카–아프리카 열대의 분리 분포

□ Ancystrocladus – 속 수준에서 아프리카–아시아 열대의 분리 분포

■ Buddleia – 범 열대의 분리 분포

— Palmae – 과 수준에서 범 열대의 분포

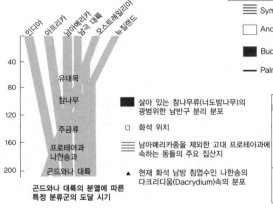

곤드와나 대륙의 분열에 따른
특정 분류군의 도달 시기

■ 살아 있는 참나무류(너도밤나무)의
광범위한 남반구 분리 분포

□ 화석 위치

☰ 남아메리카종을 제외한 고대 프로테아과에
속하는 동들의 주요 집산지

▲ 현재 화석 남방 침엽수인 나한송의
다크리디움(Dacrydium)속의 분포

||||| Liriodendron속의 북동아메리카– 동아시아 분리 분포
북동아메리카 토착종인 튤립나무

■ 중국 토착종 Liriodendron chinense
북서아메리카 토착종
Sequoia Sempeviriens와 Sequoiadendron gigantea(미국삼나무)

○ 화석 삼나무 위치

■ Metasequoia glyptostroboides(원시 삼나무) – 양쯔 하곡의 토착종

그림 7.8 동식물 분포 패턴의 유형(다양한 자료를 복합한 것임)

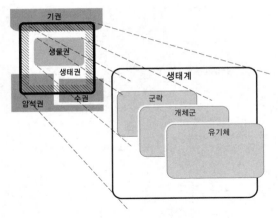

그림 7.9 생태권의 포섭 계층 모델

종의 개체군이다. 생물권은 지표에 나타나는 다양한 유형의 군락들로 구성된다. 그러나 유기체 수준으로부터 올라온 이들 모델은 무생물 환경과의 직접적인 상호 작용을 포함한다. 범지구적 규모에서는 생태권 모델로써 이것을 인식할 수 있다. 군락 수준에서 이러한 환경적, 생태적 상호 작용은 군락을 생태학적 시스템, 즉 **생태계**(ecosystem)로 모델화함으로써 통합된다. (특히 식생의) 구조가 대체로 유사하고(자료 18.3) 비슷한 환경에서 발견되는 생태계들을 집단화하면, 생태권을 크게 세분할 수 있다. 이것을 생물군계(biome) 또는 바이옴 유형이라 하며, 북반구에는 활엽낙엽수림 생물군계와 툰드라 생물군계가 있다(그림 7.10).

5. 생태권의 기능적 모델

유기체와 군락의 수준에서 실제 세계에 나타난 광대한 다양성에도 불구하고, 생태계의 기능적 활동을 일반화된 모델로 나타낼 수 있다. 이것은 3절에서 논의한 세포의 경우와 마찬가지로, 시스템이 유기체이든 유기체들의 복잡한 군락이든, 전체 생물권이든, 그러한 활동이 시스템과 그 주변 간 물질과 에너지의 교환 및 살

아 있는 세포 내 에너지의 통로와 프로세스를 유지하기 때문이다. 세포의 독립 영양 기능과 종속 영양 기능 간의 구분은 물론 유기체에도 타당할 것이다. 식물은 대부분 독립 영양이고, 동물은 종속 영양 시스템이다. 그러나 식물의 모든 세포가 독립 영양은 아니다. 광합성 동안 고정되고 합성된 탄수화물 분자의 화학 에너지로 변환된 빛 에너지는 호흡에 의해서 이들 식물의 독립 영양 세포에서 ATP로, 그래서 생합성과 다른 활동으로 전달된다. 대신에 광합성의 산물은 식물 내에서 이동하고, 그들이 나타내는 에너지는 식물 내 다른 곳에서 광합성을 하지 못하는 종속 영양 세포에 이용된다. 종속 영양 유기체 —동물—는 광합성 산물과 이후 식물의 생합성 산물, 그리고 그들이 식물의 일부를 먹이로서 직간접적으로 소비할 때 이들 화합물이 나타내는 화학 에너지 등을 얻을 것이다.

유기체나 군락 수준에서 나타나는 기능적 조직은 그러므로 계층적이다. 그것은 태양 복사 에너지로부터 녹색 식물 내 엽록소에서 일어나는 광합성을 경유하여, 결과적으로 초식 동물이 식물의 먹이를 소화하고 흡수한 화학 에너지, 또는 육식 동물이 초식 동물을 먹음으로써 전달되는 화학 에너지에 이르는 에너지의 흐름이다. 군락 그리고 생물권 전체는 독립 영양 유기체들과 종속 영양 유기체들로 구성되어 있기 때문에, 생태권의 기능적 조직은 이러한 에너지 흐름을 반영해야 한다.

(1) 영양 모델

이러한 계층적 조직은 먹이 사슬이다. 생물권을 통한 에너지 흐름에서 계층을 열역학적으로 타당한 일련의 단계로서 처음으로 공식화한 것은 1942년 Lindeman의 고전적 논문에서였다(자료 7.4). 이 모델에서는 유기체를 먹이 사슬에서의 지위와 에너지원에 따라 구획들로 묶을 수 있다. 이러한 구획을 **영양 단계**(trophic level)라고 부른다(그림 7.11). 열역학 제2법칙에 따라 원래의 복사 에너지 유입이 한 영양 단계에서 다

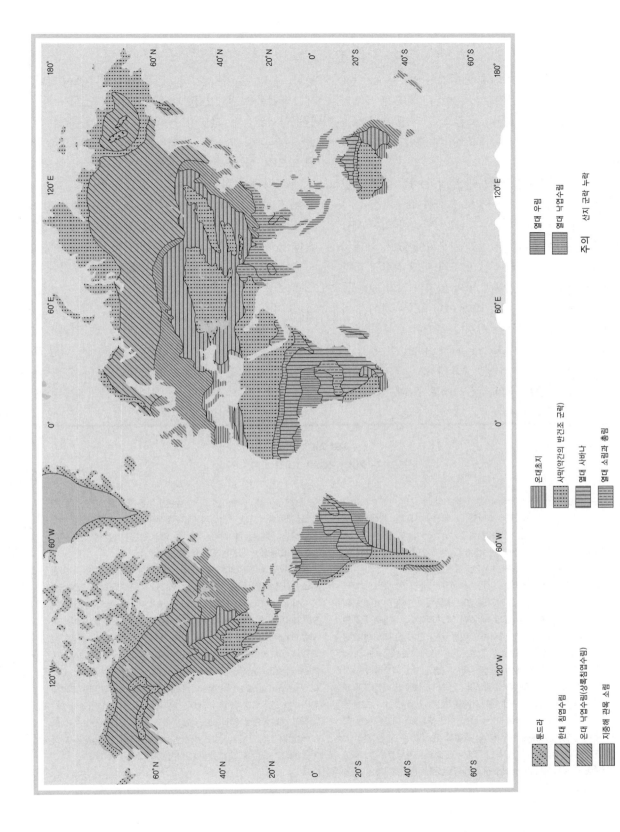

그림 7.10 세계의 주요 육상 생물군계

범례 (왼쪽 열):
- 툰드라
- 한대 침엽수림
- 온대 낙엽수림(상록침엽수림)
- 지중해 관목 소림

범례 (가운데 열):
- 온대초지
- 사막(약간의 반건조 군락)
- 열대 사바나
- 열대 소림과 총림

범례 (오른쪽 열):
- 열대 우림
- 열대 낙엽수림

주의: 산지 군락 누락

음 영양 단계로 지나가면서, 에너지의 일부는 각 단계에서 쓸모없는 열에너지로 소모된다. 이것은 세포의 활동과 관련된 신진대사나 호흡으로 인한 열 손실을 표현한 것으로, 여기서는 유기체의 수준에서 명시하였다(그림 7.12).

그러나 [그림 7.11]은 생물권은 살아 있는 유기 물질뿐만 아니라 죽은 유기 물질도 포함한다는 사실을 강조한다. 더구나 모델 내에는 우리가 단순한 먹이 사슬 견해를 취할 때 고려하지 않았던 구획이 있다. 에너지원이 살아 있는 동물과 식물의 조직 내에 저장된 화학 에너지가 아니라, 죽은 후에 남아 있거나 살아 있는 동안 배설하거나 떨어뜨리는 화학 에너지인 유기체가 이 구획에 해당된다. 이들은 사체나 부패하는 유기 물질을 먹이로 하는 분해자(decomposer)이다. 죽은 유기 물질의 화학적 분해에서 가장 중요한 것은 박테리아와 곰팡이인데, 이들은 진화론적 근거로 볼 때 식물이나

동물로부터 분리된 것으로 간주되는 집단에 속한다. 제21장에서 보면, 이러한 분해자의 영양 단계가 과잉 단순화되었음이 분명하다. 일부 유기체는 초식 동물—부식자(detritivore)—이라는 특화된 카테고리 내에 있으며, 나머지는 육식 동물이다. 그럼에도 불구하고 분해자를 포함함으로써, 생물권의 에너지 흐름은 두 가지 통로 가운데 하나를 취할 수 있다는 점을 강조한다. 하나는 소위 초식 먹이 사슬을 통한 상당히 직접적인 통로이며, 다른 하나는 분해 먹이 사슬을 통하여 시간이 지체되는 보다 간접적인 통로이다. 그러나 어느 통로를 따르든지, 궁극적인 유출은 사용할 수 없는 열에너지이다.

대부분의 계층과 마찬가지로, 이러한 생물권의 영양 모델에서도 개체의 성격은 잃는다. 조류에서 삼림 교목에 이르는 모든 유기체는 영양 단계로, 이 경우에는 독립 영양 단계로 묶인다. 각 유기체는 유기 물질의 총

자료 7.4
영양 단계와 생체 피라미드

린드만(Raymond Lindeman)은 미네소타 주 시더 보그 레이크(Cedar Bog Lake)의 미네소타대학교에서 박사과정 학생으로 5년을 보낸 미국의 젊은 생태학자였다. 박사학위를 마친 후 예일대학교로 가서, 자신의 학위 논문 일부를 생태학의 새로운 패러다임을 세우는 논문(Lindeman, 1942)으로 발전시켰다.

그가 예일에서 27세라는 어린 나이에 간질환으로 죽었기 때문에, 이 논문은 유작으로 발간되었다. 그는 '고전적인' 1942년의 논문에서, 생태계는 계층으로 배열된 영양(먹이) 단계들로 구성되어 있다고 볼 수 있으며, 생태계는 이들 영양 단계 간 먹이의 흐름을 도표화함으로써 연구할 수 있고, 이들 먹이의 흐름은 에너지의 단위로 표현할 수 있다는 개념을 제시하였다. 이상적으로 생태학자는 (린드만의 모델에 따라) 각 영양 단계 내 동물과 식물의 무게나 생체량, 다른 말로 하면 에너지양을 알 수 있을 것이다. 그들은 한 단계에서 다음 단계로 가는 물질(유기 물질)의 전달을 측정함으로써 영양 단계들 간 에너지의 흐름을 관찰할 수 있을 것이다. 린드만은 연속되는 각 영양 단계의 유효 에너지가 점차 감소하여 **생체량의 피라미드**(pyramid of biomass)를 이룰 것이라는 가설

을 세웠다. 나아가 1941년 그의 재량에 따른 증거를 바탕으로, 영양 단계로 유입되는 1단위의 에너지(먹이 1g)로 지탱하는 생체량의 크기가 계층을 증가시킨다고, 즉 영양 단계가 높아질수록 먹이 이용의 효율성이 개선된다고 주장하였다.

생태계의 소위 영양학적 역학의 견해라는 개념이 갖는 우아한 간소함과 명백한 힘은, 초기의 접근 방법(특히 영국의 동물생태학자 Charles Elton이 상술한 영양 관계의 유기체 수와 생체 크기의 피라미드 개념)을 거의 완전히 대체할 것이라는 것을 의미했다. 사실 에너지 단위로 각 단계의 양과 단계 간의 운반을 측정하는 매력은 압도적이었으며, 1964~1974년에 걸친 국제생물계획(IBP, International Biological Programme)의 기반을 형성하게 되었다. Steve Cousins(1985)는 다음과 같이 말했다. '다양한 크기의 유기체를 헤아리며 돌아다니면서, 아무도 에너지학과 열역학 제2법칙이 생태학으로 유입되는 것을 원하지 않았다.' 이것이 전적으로 합당한 견해인지는, 린드만의 연구 성과에서 어떤 부분을 재평가할 필요가 있는지 고찰하는 제20장에서 설명할 것이다.

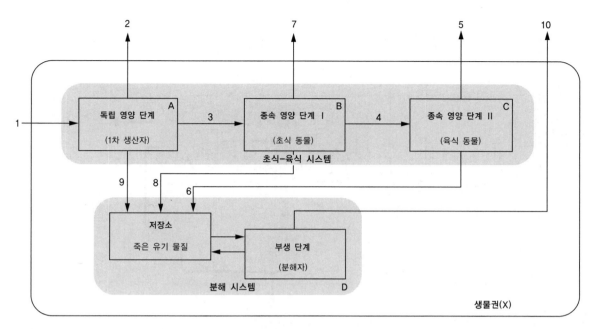

그림 7.11 A, B, C, D 구획들(영양 단계)로 세분된 생물권(X)의 구획 모델. 이들 구획으로 드나드는 에너지 전달은 1∼10의 숫자가 붙은 화살로 표현하였다.

량(**생체량**biomass)과 당시에 지표 면적당 그 영양 단계의 총에너지양에 기여하는 한에서만 중요하다. 이는 기능적 관점에서 볼 때 이러한 영양 모델의 각 단계가 퍼텐셜 화학 에너지의 일시적 저장소이기 때문이다.

일 순환을 무시하면 복사 에너지의 유입을 지속적인 프로세스로 간주할 수 있다. 이것은 동·식물의 신진대사에도 동일하게 적용된다. 광합성에 포함된 에너지 전달—먹이의 소화와 흡수, 유지, 활동, 성장 그리고 번식—은 언제나 일어나고 있으며, 그래서 에너지의 열 손실이 지속적으로 일어난다. (1년과 같은) 일정한 기간이 지나면, 각 영양 단계에 대한 에너지의 획득(유입)과 에너지의 손실(유출) 간에 균형이 존재할 것이다. 이러한 균형은 그 기간 동안 에너지의 순축적 또는 저장(**생산량**production, P)이며, 문제시되는 영양 단계에서 생체량의 변화(ΔB)로 나타난다(제19장에서 설명하겠지만 P와 ΔB는 여기에서 뜻하는 것보다 더 복잡한 관계를 나타낸다). 독립 영양 단계에서는 이것을 **순 1차 생산량**

(net primary production, Pn)이라고 하고, 종속 영양 단계에서는 2차 생산량이라고 부르기도 하지만, 보다 엄격하게 **전환량**(conversion)이라고 한다.

어떤 영양 단계에서 에너지양의 변화율로 표현되는 생산량을 생산성(productivity)이라고 하며, 단위 시간당 지표의 단위 면적당 질량 또는 그에 상당하는 에너지($kg\ m^{-2}\ yr^{-1}$ 또는 $KJ\ m^{-2}\ yr^{-1}$)로 표현한다. 어떤 영양 단계의 생체량은 질량의 단위로 표현하든 에너지로 표현하든, 그 시점에 존재한 유기 물질의 양이라는 측면에서 본 '부피'의 척도이다. 관찰자에게 인상 깊은 것은 물론 이 '부피'이다. 원시림의 식물들이 보여 주는 유기 물질의 부피에 누가 감명을 받지 않겠는가? 그러나 어떤 영양 단계의 순생산성은 이러한 생체량의 순집적률 또는 효율성의 척도이다. 물론 이 비율은 그 순간에 실제로 보이는 생체량과 거의 관계가 없다 (Macfadyen, 1964; 제19장).

우리의 모델에서 고차 영양 단계는 에너지 공급에

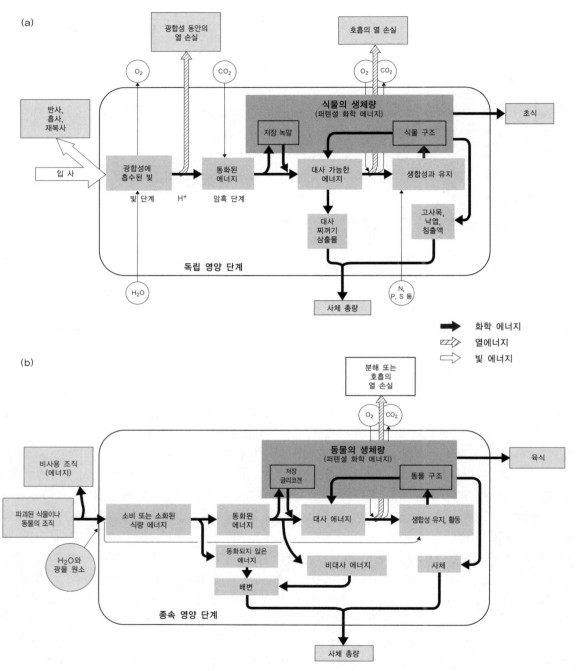

그림 7.12 (a) 독립 영양 단계. (b) 종속 영양 단계를 통한 에너지 흐름.

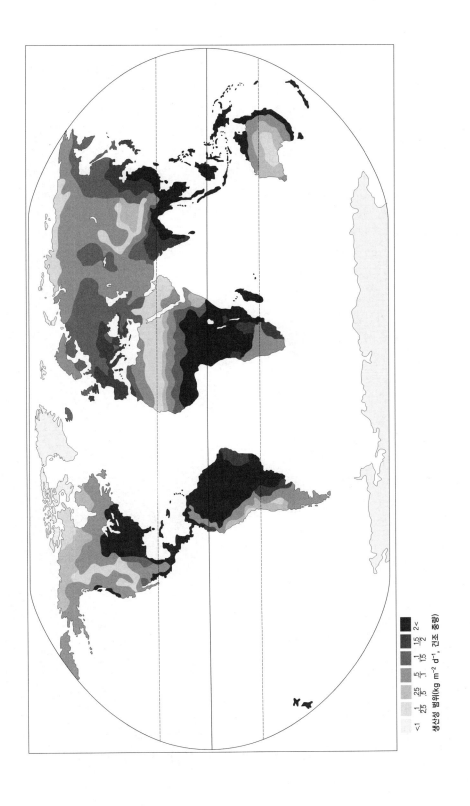

생산성 범위(kg m^{-2} d^{-1}, 건조 중량)

그림 7.13 컴퓨터로 만든 세계 육상의 생산성 지도(Lieth, 1975)

대하여 모두 독립 영양 생물에 의존하므로, 순 1차 생산성과 생물권의 전체적인 순 1차 생산량이 중요한 매개 변수이다. [표 7.2]에는 지구의 육상과 바다에 대한 순 1차 생산량의 총량이 제시되어 있다(그림 7.13). 대륙에서 100.2×10^{12}kg yr^{-1}, 바다에서 55×10^{12}kg yr^{-1}이라고 계산한 Lieth(1971; 1973)의 평가를 우리가 받아들인다면, 육상의 순 1차 생산량은 178.24×10^{23}J yr^{-1}, 바다는 109.2×10^{23}J yr^{-1}의 값이 된다. 그러므로 지구의 총 순 1차 생산량은 287.44×10^{23}J yr^{-1}이다. 연간 고정되는 이 에너지양은 1,000mW 발전소 약 3억 개의 총 발전 용량과 맞먹고, 1955~1956년 동안 러시아의 캄차카에 있는, 20세기의 가장 큰 화산 분출 가운데 하나가 뿜어낸 2.2×10^{18}J과 비교된다.

광합성은 빛을 요구할 뿐만 아니라, 사용 가능한 물이 있어야 하고 온도에 민감하다. 지표 상에서 세 가지 요소 모두는 일정할 수 없으므로(제4장), 위에서 인용한 범지구적 수치에 상당한 변이가 숨어 있다는 사실은 당연하다(그림 7.14). 변이의 본질은 제19장에서 더 논의할 것이지만 이와 같은 변이를 설명하더라도 범지구적 생산량 값을 사용하는 데에는 상당한 위험이 따른다는 것은 말할 가치도 없다. Newbould(1971)는 이것을 알기 쉽게 설명하였는데, 그는 '숫자 게임'을 조심하라고 충고했다. 그렇더라도 [표 7.2]에 나타난 값은 이 장에서 사용한 생태권 모델의 일반화 수준에서 볼 때 충분히 타당한 것 같다.

그러나 이들 숫자에 대하여 개선할 점이 있다. [표 7.2]에 있는 생산량 수치는 '건조 물질'의 중량으로 표현된 것이다. 이것은 105℃의 건조기에서 더 이상 무게 손실이 나타나지 않을 때까지 건조시킨 후의 무게이다. 건조 물질은 유기 화합물뿐만 아니라 약간의 무기 물질도 포함한다. 우리는 무기 물질을 무시하고 유기물의 무게를 측정하는데, 대부분의 식물에서 유기물의 무게는 건조 중량의 75~95%이며, 이 가운데 45~48%만이 탄소이다. 나머지는 주로 산소와 수소이나, 서두에서 보았듯이 기타 원소들도 적은 양이지만

중요하게 포함되어 있다. 여기에서 우리는 생물권 영양 단계의 생체량이 나타내는 저장된 화학 에너지에 대한 전망을 그들 화합물의 조성으로 옮길 것이다. 그렇게 함으로써, 한 영양 단계에서 다음 영양 단계로 전달되는 순생산량이 물질의 전달이라는 사실을 인식할 수 있다. 초식 동물이 식물을 먹을 때, 초식 동물은 에너지뿐만 아니라 새로운 세포를 만들고 성장하기 위해 필요한 원소들, 녹색 식물이 햇빛 에너지를 이용하여 처음으로 유기 화합물에 고정시킨 원소들도 얻는다.

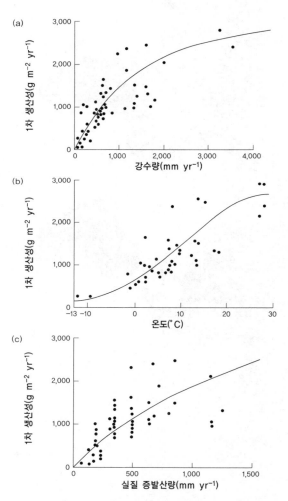

그림 7.14 (a) 강수량, (b) 온도, (c) 증발산량에 대한 생산성의 관계.

그러나 이들 원소는 어디에서 유래한 것이며, 동물이나 식물이 죽은 후에 어디로 가는 것인가?

(2) 생태권 내 물질의 전달

[그림 7.15]에는 생물에게 필요한 원소들이 생물권의 생물 시스템과 그들의 무생물 환경 사이에서 교환되는 주요 통로가 나타나 있다(그림 5.10). 일견 복잡한 도표이지만, 이것은 기본적으로 [그림 7.1]의 간단한 구획 모델이다. 생물권이 이들 통로로 한정되는 기권·수권·암석권과 상호 작용하는 범위가 생태권의 경계를 설정하는 데 도움이 되기 때문이다.

[그림 7.15]에서 알 수 있는 세 가지 종류의 통로를 도표를 따라 추적해 보면, 그들은 하나에서 다른 하나로 연결된다는 것을 알 것이다. 그러므로 이들 통로를 따라 이동하는, 적어도 일부 원소들은 암석권·기권·수권을 통과하는 거대한 지구 순환에 포함된다. 그들이 형성하는 이들 통로와 순환의 대부분은 이미 제4장과 제5장에서 암암리에 고찰하였다. 그러나 생물 시스템을 움직이는 데 필요한 그들 화학 원소는 우회하여, 생물권을 통과하는 대안적 통로를 따르는 것으로 볼 수도 있다. 여기에서도 세 가지 통로 모두는 수렴하여, 유기질 분자로서 생물 시스템을 통과하는 일반적인 통로를 따른다.

그러나 이들 통로를 따른 원소들의 지속적인 이동은, 제2장에서 강조했던 것처럼, 그것의 작동이 에너지의 전달을 포함하는 프로세스에 의하여 단절된다. 이러한 대부분의 프로세스는 제4장과 제5장에서 검정하였으며, 그러므로 이미 친숙하다. 일부 프로세스는 (+)와 일부 (−)부호를 운반한다. 이 부호는 프로세스에 포함된 물질의 퍼텐셜 에너지 수준을 나타낸다. 프로세스가 완전히 완결된 후 물질이 낮은 에너지 수준에 있으면, 그때 부호는 (−)가 된다. 반대로 프로세스의 작동으로 에너지 수준이 증가하면, 부호는 (+)이다. 문제시되는 에너지 수준이란 어떤 경우에 그 원소가 일부분을 구성하는 분자의 퍼텐셜 화학 에너지를 말한다. 예를 들면, 풍화 프로세스 동안 1차 조암 광물에서 풍화 산물로 가면서 퍼텐셜 화학 에너지는 감소한다. 다른 경우에는 화학 에너지에 변화가 없을 것이며, 암석이 융기하였을 때처럼 상대적인 위치의 변화에 따라 퍼텐셜 에너지의 변화만이 있을 것이다.

표 7.2 지구에 대한 다양한 생산량 산정치의 비교(Box, 1975)

면적($10^6 km^2$)	순 1차 생산량($10^{12}kg\ yr^{-1}$)	방법
육상		
140	96($38.4 \times 10^{12}kg\ C$)	Lieth(1964)의 생산성 지도에서 면적 측정. 연간 세계 CO_2 변동에 대해서 조사 기록
149	109.0	주요 식생 유형에 대한 평균으로 산정한 값의 합
149	100.2	주요 식생 유형에 대한 평균으로 산정한 값의 합
149	116.8	주요 식생 유형에 대한 평균으로 산정한 값의 합
140.2	104.9	인스부르크 생산성 지도를 평가함(Lieth, 1972)
140.2	124.5	마이애미 모델의 평가(Lieth, 1972)
140.3	118.7	몬트리올 모델의 평가(Lieth and Box, 1973)
149	121.7	주요 식생 유형에 대한 평균으로 산정한 값을 합함
해양		
332	46~51($23 \times 10^{12}kg\ C$)	주요 식생 유형에 대한 평균으로 산정한 값의 합
361	55.0	주요 지대의 평가
361	43.8	해양 생산성 지도(Lieth and Box, 1972)의 평가
361	55.0	주요 지대 산정치의 합

열역학 법칙이 요구하는 에너지 흐름의 방식이 기권·수권·암석권·생물권 시스템 내의 폐쇄된 물질 순환으로 연결되는 것은 이들 프로세스 때문이다. [그림 7.15]에서 (+)의 에너지 소비(흡열) 프로세스와 (−)의 에너지 생산(발열) 프로세스 간의 구분은 결정적이다. 끌고 올라가는 프로세스가 없다면 순환은 존재할 수 없으며, 통로도 회전하여 완전한 원으로 닫힐 수 없다. 그러나 생태권의 관점에서 이들 프로세스는 비율을 제한하는 메커니즘으로 작용하는 데 더 큰 의미를 갖는다. 이는 프로세스가 작동하는 비율이 물질이 통로를 따라 흐르는 속도를 결정한다는 것을 의미한다. 예를 들어, 풍화 프로세스가 작동하는 비율(제11장)은 원소가 식물 뿌리의 흡수에 이용되는 비율을 결정한다. 이들 프로세스의 일부 —예를 들면 증발—는 빨리 발생하며, 해양 퇴적물이 맨틀에 들어가는 섭입과 같은 프로세스들은 오랜 시간이 걸린다. 그러므로 [그림 7.15]에서 상이한 구획들 간의 전달 속도는 매우 다양하다. 생태권의 관점에서 이들 저장소의 일부는 일부 원소들의 함몰지로 작용하여 그들을 효과적으로 고정시킨다. 이것은 원소가 구획 내에서 머무르는 시간이 길고 순환이 느린 경우이다. 그러나 여기에서 우리의 관점은 상대적이다. 이 말은 몇 년 동안 분해되지 않은 토양 유기 물질 내에 고정되어 있는 인산과 같은 주요 원소들에 대한 하나의 척도에서는 타당할 것이며, 수백만 년 동안 심해 퇴적물로 갇혀 있는 원소들에 대한 또 다른 척도에서도 타당할 것이다.

이러한 통로를 따라 이동하는 물질이 보다 높은 에너지 수준으로 올라가기 위해서는 물론 에너지의 유입이 필요하다. 예를 들어 증발 시 물이 기화될 때(제4장)와 같은 유입은 복사하는 태양 에너지이다. 암석권에서 에너지원은 지각 시스템의 경우 지구 에너지이고 삭박 시스템의 경우 태양 에너지이다(제5장). 환경 내 비교적 낮은 수준(산화 상태)의 원소가 생물권 내 생물 시스템 세포의 높은 에너지 수준(환원 상태)으로 이동하기 위해서는 에너지의 유입이 필요하다.

(3) 생태권을 통한 물질 전달의 동력학

아는 것처럼 생물권의 유기체는 적어도 구조적으로는 주로 탄소와 수소와 산소로 구성되어 있다. 물론 환경에서 생물 시스템으로 이들 원소를 전달하는 독점적인 프로세스는 광합성을 하는 동안 물에서 산소 분자를 유리시키는 동시에 이산화탄소로 탄소화물을 만든 광환원 작용이다. 탄소와 수소와 산소는 독립 영양 생물에서 먹이 사슬에 따라 종속 영양 생물로 전달된다. 그러나 빛이 광합성에 필요한 유일한 에너지원은 아니다. 물 분자는 복사 에너지에 의해 유지되는 증산 흐름(transpiration stream)을 타고 뿌리로부터 올라오는 반면, 이산화탄소는 신진대사 에너지를 만들고 유지하는 데 필요한 확산 경도(diffusion gradient)에 반응하여 잎으로 들어간다.

생물에 필수적인 기타 원소들은 주로 물에 용해된 이온 상태로 생물 시스템을 거쳐 고에너지 통로로 들어간다. 그들은 증산 흐름에 따라 수동적으로 운반되지만, 확산 경도에 응하거나 '능동적인 이온 배출'에 따라 식물 세포로 들어가기 위하여 결국 호흡의 산화 작용에서 유리된 에너지를 소비한다. 이들 필수 원소는 생합성 동안 ATP 에너지를 사용하여 유기 화합물을 합성하는 데에만 이용된다. 탄소, 수소, 산소와 같은 원소들은 동물의 먹이로 소비되는 식물 조직의 유기질 분자를 구성하는 원자로서 종속 영양 생물에게 전달된다(제19, 20장).

살아 있는 동물과 식물은 생체를 구성하는 일부 원소들이 유래한 그들의 환경으로 되돌아간다. 이산화탄소는 호흡하는 동안 기권으로 방출되며, 산소는 광합성하는 동안 방출된다. 호흡할 때 산소 대신에 질산염이나 황산염을 사용하는 일부 박테리아는 그것들을 질소 기체(일산화이질소)와 황화수소로 각각 환원시켜 기권으로 방출한다. 기타 유기, 무기 화합물은 살아 있는 유기체가 폐기물로 배설한다. 그러나 죽으면 생명을 유지하는 에너지와 물질의 유입을 멈추고, 가끔 느릴 때도 있지만 유기체와 유기체를 구성하는 세포의 복잡

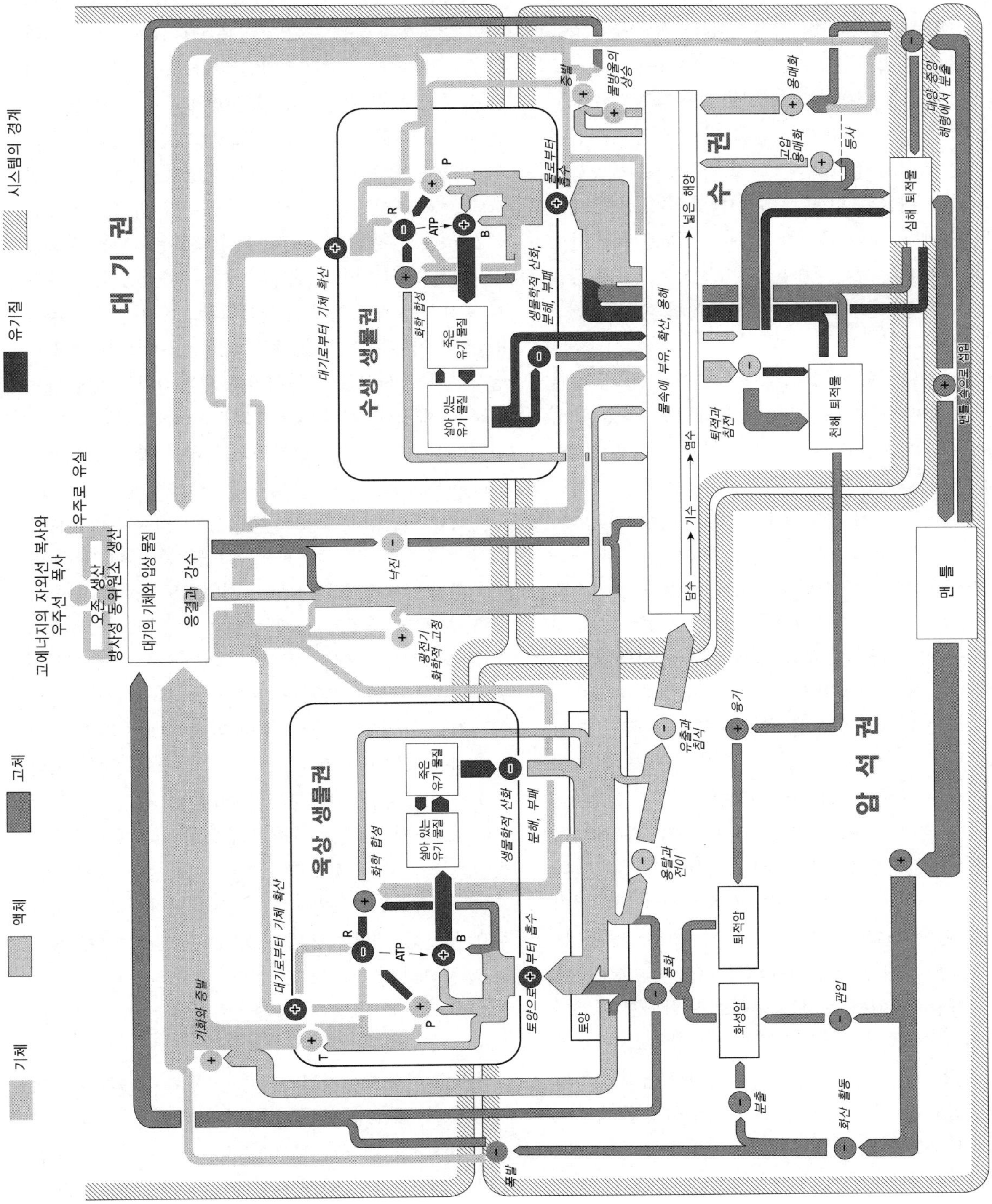

그림 7.15 생태권 내 물질의 전달

한 분자들이 동시에 붕괴되기 시작한다. 이러한 부패 및 분해 프로세스가 산화 반응인데, 진행되면서 자유 에너지의 순손실이 있으며, 유기질 분자를 구성하고 있던 원소들을 간단한 무기 화합물로써 환경으로 되돌려 보낸다. 그러나 이러한 죽은 유기 물질의 대부분은 분해자의 먹이로 공급된다. 그것에 포함된 원소들은 생태권의 이러한 구획을 통하여 방출되기 전에 여러 번 재순환한다. 보다 단단한 잔류 유기물은 예를 들어 육상 환경에서는 토양 부식이나 토탄으로, 수생 환경에서는 유기질 퇴적물로 쌓여, 그들이 포함하는 원소를 고정시킨다.

물로 결합된 수소와 산소를 포함하여, 육상의 생물 시스템에 필수적인 모든 원소들에 대하여, 토양은 생물권이 이들 원소를 가져오고 되돌려 보내는 임시적인 저장소이다. 유일한 예외는 광합성에 관련된 이산화탄소와 호흡에 관련된 산소인데, 이들은 저층 대기에서 얻고 그곳으로 되돌아간다. 수생 환경에서 생물권은 광합성에 필요한 이산화탄소나 호흡에 필요한 산소까지도 물에 용해되었거나 떠 있거나 확산되어 있는 것에서 모든 원소들을 가져오고 물로 되돌려 보낸다.

토양이나 물에서 섭취하는 비율이 분해로써 원소들을 방출하는 비율과 균형을 이루는 경우, 순환율은 광합성으로부터 독립 영양 생물을 통하여 종속 영양 생물에 이르는 에너지 흐름 —생물권의 에너지 흐름— 의 비율에 의하여 제한을 받는다. 한편 이러한 에너지 흐름과 생물권의 생산성은 분해를 통한 필수 원소들의 복귀율이 부적당할 경우 **율속**(rate-limited)이 될 것이다. 대부분 원소들의 경우 그것은 사실이다. 그들은 분해되지 않은 유기 물질에 고정되거나 방출되더라도 대부분 사용할 수 없는 무기질 형태로 변환되기 때문이다. 예를 들어 통기성이 양호한 알칼리성 석회질 토양에서, 구리·망간·철은 그러한 환경에서 쉽게 산화되거나 침전되어 식물 뿌리가 쉽게 흡수하지 못하므로 효용성이 감소한다.

생물권의 생물 시스템과 그들의 주변 환경 간 원소가 이동하는 이들 통로 및 프로세스는 [그림 7.15]에 묘사한 생태계의 물질 순환 고리로 생각할 수 있다. 그러나 이 도표에서는 생태권의 고리가 기권·수권·암석권을 통한 물질 전달의 통로와 연계되어 있다. 원소들은 토양으로부터 주로 삭박 시스템(제5, 10장)을 경유하여 마침내 퇴적물로 유실되며, 수생 환경에서는 침전과 퇴적을 거쳐 결국 다시 퇴적물로 유실된다. 생태권의 고리에서 휘발되거나 기체 상태로 유실되는 원소들도 있다. 독립 영양 생물이나 종속 영양 생물, 분해자가 호흡하는 동안 방출된 이산화탄소는 기권으로 되돌아간다. 이는 광합성 동안 진전된 산소와 마찬가지로 질산염과 황산염을 환원시키는 박테리아가 방출하는 질소 기체(일산화이질소)와 황화수소에도, 그리고 해양 환경에서 식물성 플랑크톤이 방출하는 황화메틸(DMS, dimethyl sulphide)에도 타당하다.

이러한 휘발성 원소들의 유실이 잘 일어나는 통로는 삭박 시스템을 따르는 원소들의 통로와 그들이 취한 통로뿐만 아니라 시간 척도에 있어서도 근본적으로 다르다. 이러한 산화된 기체 상태의 원소들이 생물권으로 되돌아가기 위해서, 그리고 그들을 높은 에너지 수준이나 화학적으로 환원된 형태로 변환시키기 위해서 에너지를 투입해야 한다. 질소의 경우에는 자외선 복사나 순간적인 번개가 질소가 물의 산소와 결합하거나 수소와 결합하기 위한 충분한 에너지를 줄 수 있을 것이다. 그렇게 형성된 질소의 산화물이나 수소화물은 빗물에 녹아서 식물이 흡수할 수 있는 질산염이나 암모늄 이온으로서 토양이나 바다에 도달한다. 그러나 주요 통로는 공생 박테리아와 조류에 의한 기체 질소의 생물학적 고정(자료 7.5)이다. 그것은 고등 식물이 질소를 질산염으로써 이용할 수 있도록 해 준다(그림 7.16).

산소는 전자 수납자로서 호흡의 산화 작용과 결합되어 있으며, 물로 환원된다. 황의 경우에, 질산염과 비슷한 방식으로 무기질 황산염으로써 식물 세포로 유입된다. 그러나 혐기 상태에서 박테리아의 환원 작용이

질소 고정

대기 내 질소 기체의 일산화이질소 분자(N2)에서 두 개의 질소 원자를 연결하는 매우 안정된 3중 결합(N≡N) 때문에, 질소는 보통 매우 안정되어 있다. 그러나 생물학적 질소 고정은 정상적인 온도와 압력하에서 분자를 반응하도록 한다. 다른 생화학 반응에서처럼, 이것은 효소—이 경우 **니트로게나아제**(nitrogenase)—가 촉매로 작용하는 반응이기 때문에 가능하다. 메커니즘이 충분히 이해되지는 않았지만, 니트로게나아제는 철과 황 원자들을 부착시키는 두 가지 단백질의 복합체로 알려져 있다. 두 단백질 가운데 더 큰 것은 분자당 몰리브덴 원자 두 개를 갖는다. 질소 고정 프로세스에서 두 단백질의 활성 복합체는 더 큰 단백질의 몰리브덴과 ATP(자료 7.2)에 질소 분자가 부착되고 더 작은 단백질에 일가 마그네슘염이 부착됨으로써 형성된다. 전자 교환은 ATP–Mg가 ADP–Mg^{2+}로 변환될 때 나오는 에너지를 공급받아 두 단백질의 철 분자들 간에 일어난다(산화환원 반응). 이러한 전자 전달의 결과로 일산화이질소 내 분자 결합이 갈라지고, 효소 반응의 환원 산물이 암모니아(NH_3)로써 방출된다.

매우 많은 유기체가 니트로게나아제를 가지고 있어 질소를 고정할 수 있다는 것이 밝혀졌지만, 그들은 모두 하등 집단—박테리아와 청록조류—이다. 그들은 독립 생활형 유기체나 고등 식물[콩과 식물과 박테리아의 알누스(Alnus)형 연합의 경우] 및 약간 하등 식물[청록조인 구슬말과 캘로스릭스(Calothrix)가 균류 매개체 내에서 자라는 이끼류의 경우]과 공생 관계를 이루며 존재한다. 대기 내 $4×10^{12}$ kg의 질소 기체나 암석에 결합된 $2×10^{14}$ kg의 질소는 이들 유기체가 고정하기 전까지 (공장에서 만든 질소 비료의 사용을 제외하면) 식물들이 전혀 이용할 수 없으므로 농업에서 질소 고정 미생물의 기여도는 막대하다.

1971~1972년에 농작물로 고정된 질소 유입량(×10^9 kg N)은 다음과 같다(Postgate, 1978).

질소의 원천	영국	미국	호주	인도
콩과 식물의 고정	0.4	8.6	12.6	0.9
독립 생활형의 고정				
미생물	<0.04	1.4	1.0	0.7
질소 비료	0.6	4.9	0.1	1.2

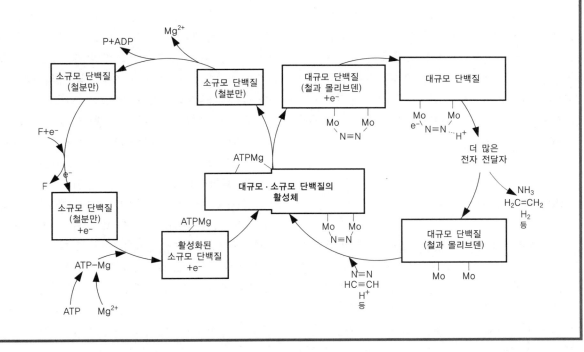

없으면 대기를 통하여 황화물까지 재순환할 수 없을 것이다. 황화철로서 침전되지 않으면, 황은 H_2S와 DMS로써 대기로 달아나고, 그래서 황산염(sulphate)으로 다시 산화된다. 결국 CO_2의 탄소는 광합성 동안 광화학적으로 탄수화물로 환원되는데 이것이 시작점이다. 그러므로 기권과 생태권 간 이러한 기체 원소들의 순환은 네 가지 환원 반응에 좌우된다. 모든 환원 반응은 녹색 식물과 독립 영양 박테리아 및 조류에서, 외부 에너지원에서 공급된 에너지의 유입을 요구한다. 그러나 질소와 황의 환원 작용에 포함된 종속 영양 박테리아의 경우에는 먹이 에너지로부터 공급되었음에 틀림없다.

생물에 필수적인 나머지 모든 원소들은 용탈로써 생태권으로부터 유실되며, 삭박 시스템으로 들어가서 결국 해양 저장소에 다다른다. 이들의 재순환은 퇴적 작용과 암석화, 융기, 침식, 그리고 풍화 등으로 이어지는 긴 지질학적 시간 규모에서만 가능하다. 이러한 통로를 짧게 줄이는 유일한 방법은 육지 표면의 광물 먼지 혹은 날리는 바닷물의 물방울이 대기로 유입되어, 그곳에서 섞이고 순환하는 것이다. 대기에 포함된 원소들은 결국 가라앉거나 강수에 씻기고, 그리하여 순환이 완성된다. 그러나 식물이 흡수하거나 동물이 소화할 때, 그리고 광합성 동안 처음으로 고정된 에너지를 사용하여 유기 화합물로 통합될 때에만 원소들은 생물권으로 유입한다(그림 7.16).

6. 생지화학적 순환

이 절에서는 생태권 내 물질 순환에 포함된 전달 프로세스의 동력학에 초점을 둔 통찰에서 눈을 돌릴 것이다. 대신에 우리는 주요 구획이나 저장소의 관점에서 이들의 순환 구조에 집중하는 방식을 채택할 것이다. 그렇게 함으로써, 저장소의 상대적 중요성과 원소들의 저장소 내 체류 시간, 그리고 저장소들 간의 관계를 평가할 것이다.

(1) 인의 순환

인의 **지화학적**(geochemical) 순환(그림 7.16)은 본질적으로 삭박, 퇴적, 융기, 그리고 다시 삭박으로 이어지는 암석 순환(제5장)의 그것이다. 이것은 하찮은 원소의 변덕스러운 종류(안내 섬광phosphene)를 포함하는 전형적인 **퇴적물 순환**(sedimentary cycle)이다. 그것만으로도 이것은 비슷한 순환 통로를 따르는 칼슘이나 칼륨과 같은 다른 원소들에 대한 실례를 나타낸다. 그러므로 인의 순환을 부양하는 저장소는 주로 지각의 암석과 해양 퇴적물, 토양 그리고 하천, 호소나 바다의 물속에서 발견된다. 더구나 그것은 미생물의 활동이 중요하지 않은 다른 순환과 다르다. 그러나 퇴적·융기·침식이라는 지화학적 순환 내에는 세 가지 부수적인 순환이 포함된다. 이들 가운데 두 가지는 무기적 순환이다. 첫 번째는 해양의 심층수와 표층수 간의 전달이다. 여기에는 수천 년이 걸려야 완성되는 깊은 물기둥의 장기적인 순환도 포함된다. 두 번째는 작지만, 암석 순환을 짧게 하는 의미 있는 통로이다. 그것은 인을 대기로 운반하는 해양의 기포 파열이나 해수 비말(그리고 육상의 먼지)로 시작되며, 인은 다시 강수와 낙진을 통하여 대기로부터 지면(해수면)으로 되돌아간다. 마지막 부수적 순환은 인의 순환과 생물권을 연결하며, 육상과 해양의 생체 내에서 인을 유기 화합물로 통합하는 과정도 포함된다. 그래서 원소의 순환은 전반적으로 **생지화학적**(biogeochemical) 순환이 된다.

그러므로 육상에서 순환의 지화학적 부분은 토양으로부터 인산염을 취하여 인을 포함하는 유기 화합물을 생합성함으로써 육상 생태계와 연계된다. 이러한 인의 대부분은 인회석(apatite)과 같은 인산염 광물의 풍화로부터 공급되며, 그리고 금방 본 것처럼 대기로부터 강수나 낙진으로써 소량 공급된다. 인이 생물 시스템(예를 들어, ADP와 ATP)에서 중요한 원소라는 사실은 이미 알고 있다. 제19장에서 보겠지만, 인은 유기체가 살아

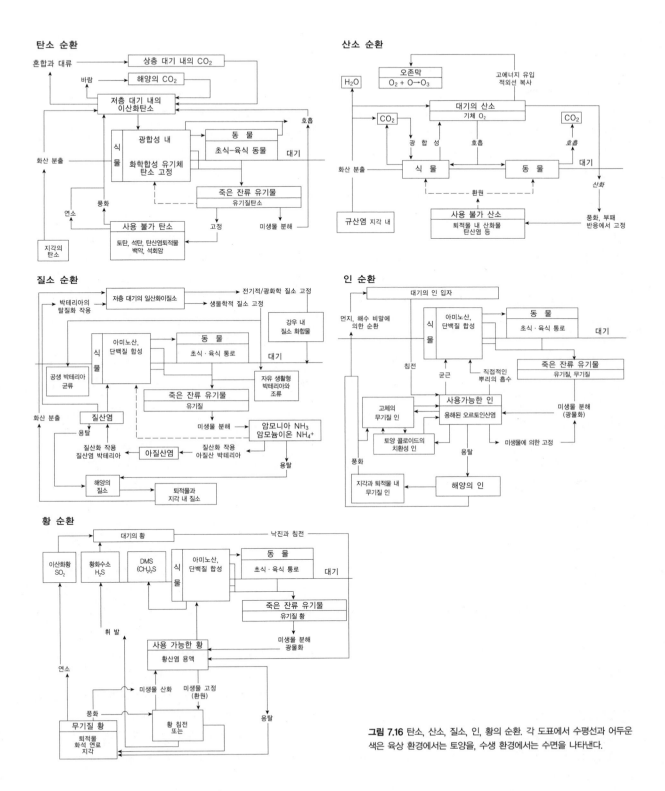

그림 7.16 탄소, 산소, 질소, 인, 황의 순환. 각 도표에서 수평선과 어두운 색은 육상 환경에서는 토양을, 수생 환경에서는 수면을 나타낸다.

있는 동안 생체 내에 활발하게 보존되며, 생체와 사체 간 매우 단단한 영양소 순환에 포함되어 있다. 사실 육상 생물의 생체 내에 인이 체류하는 시간은 1년 내지 100년 사이에 있으며, 결국은 하천수를 따라 용탈되거나 전위된다. 토양 내에는 광물질 인이 상당히 저장될 수 있으나, 소량만이 오르토인산염(orthophosphate) 이온으로 즉시 이용된다. 특히 선천적으로 인이 부족한 척박한 토양에서 가장 고등한 식물의 뿌리와 균류(균근 mycorrhaza) 간의 공생이나 상리 공생 관계로 영양소(인) 흡수가 상당히 개선되었다.

토양과 육상의 영양소 순환으로 한번 잃어버린 인은 수생 생태계 내에 수주나 수년 동안만 머무르면서 비교적 빠르게 육상 수권을 통과한다. 이러한 수생 생태계에서는 인과 다른 원소들이 바다를 향하여 빠르게 빠져나가 하류의 영양소 순환으로 들어간다. 사실 퇴적 순환을 가지는 대부분의 다른 원소들과 같이, 하천과 바다를 통한 대부분의 인의 유동은 입자 모양을 띠는 부유 상태의 퇴적물 하중으로써 나타난다.

바다의 표층수에서 인의 농도는 비교적 낮으며, 해양의 생산성에 비율 제한적이어서 물과 해양 유기체 간의 반전이 매우 빠르다. 그러나 표층수의 인은 인의 중요한 저장소인 심해의 순환과 연계되어 있다. 그래서 인의 원자는 표층수(해양 생태계가 되풀이 이용하는 장소)에서 2000~3000년의 체류 기간을 갖기도 하지만, 바다에서의 총 체류 기간은 더 길어서 약 10만 년이 된다. 이 기간 동안 인은 100회 이상 지표와 심해로 전달되며, 마침내 수천만 년 동안 해양 퇴적물에 고정되어 부수적인 순환으로부터 제거된다. 결과적으로 인의 순환은 아마도 수천만 년이 지난 후에, 융기와 침식으로 인이 육상에 방출되어 풍화를 겪을 때에야 비로소 완성될 것이다.

(2) 질소 순환

기권에 포함된 방대한 양의 **일산화이질소**(dinitrogen)는 실질적으로 불활성이지만, 질소 순환의 주요 저장소이다. 이 저장소는 **질소 고정**(nitrogen fixation)과 **탈질소 작용**(denitrification)을 통하여 생물권과 연계되어 있다. 이를 통하여 반전 시간이 10^7년인 기권 내 일산화이질소의 농도가 정상 상태로 유지된다. 그러므로 순환은 본질적으로 기체 순환이지만, 잠시 동안만 그것을 순수한 지화학 순환으로 간주할 것이다. 그러한 경우 전달의 유일한 통로는 매우 느리게 움직일 것이다. 여기에는 대기 질소의 광전자화학 고정과, 질소 화합물 및 먼지 입자 그리고 대기로부터 휘발된 암모니아 등의 강하가 포함될 것이다. 이 지점으로부터 용탈과 운반은 퇴적물과 암석에 묶인 질소 화합물로 끝난다. 대기로 되돌아가는 순환은 질소 화합물, 특히 산화물과 수소화물이 휘발되거나 화산 활동과 지각의 기체 분출을 통하여 그들이 대기로 배기되어야 완성될 것이다. 사실 유기물의 탈질소 작용이 없으면 모든 질소는 해양이나 유기질 퇴적물에 효과적으로 격리될 것이다.

물론 실제로 광전자화학 고정은 대기로부터 고정된 질소의 3~4%를 차지할 뿐이다. 이미 알고 있는 것처럼, 질소 고정의 다른 통로에는 생물권의 유기체를 포함한다. 그래서 아주 현실적인 의미로 질소 순환은 생지화학적 순환이다. 그 순환의 생물권 부분은 질소 고정 —대부분이 미생물 활동의 영향을 받음—과 미생물이 중재하는 탈질소 작용에 의하여 앞에서 설명한 지화학 순환과 연계되어 있다. 육상에서는 공생 유기체가 7kg N ha^{-1}yr^{-1}을 고정하며, 자유 생활형 유기체가 3kg N ha^{-1}yr^{-1}을 고정한다. 그러나 이 두 수치의 합은 매년 식물들이 이용하는 양을 과소평가한 것으로, 유효 질소의 12%를 나타냈을 뿐이다. 나머지는 생체와 사체 간 효율적인 재순환에서 공급되거나, 생태계 내 영양소 보존 전략을 반영한다. 그것은 생물 시스템의 중요한 원소(아미노산과 단백질의 구성 요소)인 질소가 대부분의 생태계 내에서 엄격하게 통제된 순환을 한다는 견해를 강조한다(제19장).

사실 육상 생물의 생체나 토양 유기 물질에는 비교적 소량의 질소가 있으며(높은 C:N 비), 매우 적은 양의 무기질 질소도 암모늄이나 질산염 이온으로써 토양 내에 잔류한다. 그러나 방금 말한 것처럼 이러한 구획을 통한 흐름은 비교적 크고 매우 빠르다. 그것은 박테리아와 부패균의 활동, 암모늄 화합물을 아질산염으로 변환시키는 아질산염 박테리아, (특정한 농도에서 식물에게 독성을 띠는) 아질산염을 질산염으로 변환시키는 질산염 박테리아, 마지막으로 식물 뿌리의 흡수 등의 영향을 받는 흐름이다. 이 통로의 효율성은 상당하여, 일부는 박테리아의 탈질소 작용을 받아 질소를 함유하는 산화물로써 대기로 되돌아가지만, 교란되지 않은 상태에서는 질산염이 하천 유수나 지하수로 거의 용탈 제거되지 않는다. 하천으로 유실된 소량의 질소는 수생 생태계의 영양 수준을 억제하고 제한할 수 있다(인을 참조).

그러나 전체적으로 육상에서 유출되어 바다로 유입되는 질소의 양은 매우 중요하며 전체의 1/3을 차지한다(나머지는 강수 유입과 생물학적 고정이 차지한다). 해양에서 질소는 평균 8000년의 체류 시간을 갖는데, 다른 원소들과 마찬가지로 표층수와 심층부 사이에 원소를 운반하며, 200~400년의 주기를 보이는 거대하고 느린 순환에 포함된다. 표층수에서와는 달리 해양 생태계를 통하여 무수히 빠르게 순환한다. 또한 일부 다른 원소들과 달리, 질소는 대부분의 경우 유동성이 제거되어 심해 퇴적물에 통합되지 않는다. 반대로 질소가 대기로 되돌아가는 주요 통로는 암석 순환 통로가 아니라 미생물의 탈질소 작용을 통해서이다.

육상이나 해양 생물권에서 탈질소 작용은 자연 상태에서 질소 산화물(N_2O)이 대기로 들어가는 주요 원천이다. 여기에서 일부 질소 산화물은 성층권으로 확산되어, 불안정하게 되어 아질산 산화물(NO_2)을 형성하고, 이것은 오존의 파괴를 촉진시키는 중요한 역할을 한다(제4장).

(3) 황의 순환

황의 순환은 여러 가지 측면에서 질소로 대표되는 기체의 순환과 인과 같은 원소의 퇴적물 순환 간의 혼성물이다. 분명히 가장 큰 저장소는 지각에 있는 황철광(황화 제2철)이나 원래 해수로부터 유래한 증류 퇴적물 내의 석고(칼슘황산염) 등의 광물, 그리고 인의 순환을 닮은 염류 토양 내의 침전물(제22장)이다. 게다가 산화 풍화 작용과 기포 파열, 해수 비말, 화산 활동, 그리고 지각의 기체 배출 등으로 대량의 황산염 에어로졸과 이온이 바다로 운반된다. 이러한 유입량의 반은 강수나 낙진으로부터 유래하며, 반은 유출수와 삭박으로부터 유래한다. 바다에서 황의 평균 체류 시간 —약 300만 년 —은 매우 길지만, 황은 황화수소(H_2S)가 황화 제2철로 변환되어 침전됨으로써 상대적인 저장소인 심해저로 지속적으로 유실된다.

그러나 다른 방식에서 황의 순환은 질소의 순환과 매우 닮았다. 질소와 마찬가지로 연간 가장 많은 이동은 대기를 통하여 일어난다. 위에서 언급한 메커니즘을 통하여 중재되지는 않지만 미생물의 활동으로 환원된 기체가 생산됨으로써 이러한 현상이 일어난다. 이러한 기체는 대량의 황을 대기로 돌려보내 순환을 완성하며, 장기적인 퇴적물 통로를 단축시키고, 황의 전도를 비교적 빠르게 한다. 기체 상태의 황은 오래 가지 못하므로, 대기 내 황산화물은 황산염으로의 산화 때문에 평균 체류 시간이 짧다. 그러나 대기를 통한 연간 흐름양은 질소의 흐름양과 대등하다. 하지만 질소 및 인의 순환과 반대로, 범지구적인 황의 흐름 가운데 소량만이 환원되고 생물권 내의 순환에서 유기질 황 화합물(질소에서처럼, 일부 아미노산과 단백질을 예로 들 수 있다)로 동화된다.

그래서 질소 순환에서와 마찬가지로, 범지구적 황의 순환은 미생물의 변형으로 작동된다. 혐기 환경에서 황산염은 미생물의 황산염 환원을 위한 기질을 형성하는데, 그것은 담수 습지와 혐기성 수성 토양에서 기체 특히 황화수소(H_2S)의 방출이나, 철분이 있을 경우 황화물의 침전을 유도한다. 후자는 철분이 과잉으로 존재하는 이러한 육상 환경과 H_2S의 방출이 별로 중요하지 않은 해양 퇴적물에서 일어난다. 이러한 혐기성 환경에서는 수소가 물보다는 황 화합물에서 유래하므로, 다양한 원시적(초기라는 의미로) 광합성이 이루어진다.

$$CO_2 + 2H_2S \rightarrow CH_2O + 2S + H_2O$$

반대로 호기성 환경에서는 환원된 황 화합물이 미생물의 산화 작용을 겪는데, 이는 가끔 황에 기초한 화학 합성 반응에서 이산화탄소의 환원과 연결된다.

황은 주로 생물이 황화메칠(DMS)을 배출함으로써 바다에서 대기로 되돌아간다. DMS[$(CH_3)_2S$]는 바다의 표층 50m에서 해양 식물성 플랑크톤을 만든다(그림 7.17). 황은 농도는 낮을지라도 표층수 어디에나 존재하여, 단위 면적당 대기로 유입하는 소량을 광대한 바다 표면에서 모으면 대기로 들어가는 총량의 1/3 내지 1/2을 차지한다. 그러나 DMS는 대기에서 빠르게 산화되어, 평균 체류 시간이 하루 정도에 불과하다. 그것은

황산염 에어로졸 입자(황산)로서 강수에 섞여 되돌아간다. 자연 상태에서 빗물의 산도를 약간 증가시키며, 지표로 널리 퍼져나간다. 이러한 에어로졸은 단파 복사를 반사하고 산란하며, 먼 바다 위에서는 운적이나 강수 응결핵의 주요 원천을 형성함으로써 대기의 에너지 교환 및 범지구적 기후와 관련하여 중요한 역할을 한다(제4, 6장).

유광층(有光層) 내에 있는 다양한 유기 화합물에 햇빛이 작용하여 광화학적으로 형성된 황화카르보닐(carbonyl sulphide, COS)이 바다의 수면에서 대기로 들어간다(그림 7.17). COS는 DMS와 달리 저층 대기(대류권)에서 사실상 불활성이지만, 성층권에서는 고에너지의 자외선 복사의 영향을 받아 산화된다. 그러나 COS는 DMS와 마찬가지로 황산염 에어로졸을 만들고, 성층권 내 높은 곳에 연무를 형성하여, 입사(入射)를 우주로 되돌려 보내는 데 영향을 미친다.

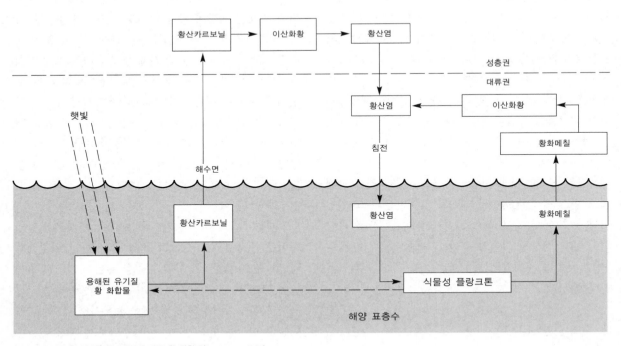

그림 7.17 해양에서 방출되는 생물이 만든 황 화합물(Andreae, 1987)

(4) 탄소와 산소의 순환

이미 알고 있듯이, 범지구적 탄소 순환을 작동시키는 추진력은 광합성과 호흡의 상반된 프로세스이다. 광합성 프로세스가 대기의 산소 양에 중요하듯이, 탄소의 순환은 산소의 순환과 밀접히 관련되어 있다. 사실 이것은 많은 다른 원소들의 순환과 더불어 산화와 환원 반응을 통해서 일어난다. 탄소의 순환은 현저하게 기체 상태이며, 주요 흐름은 이산화탄소(CO_2)로써 일어난다. 이들 가운데 가장 큰 흐름은 기권과 수권과 생물권, 특히 육상 생물권 간에 존재한다. 자연 상태에서 이산화탄소의 대기 저장소(평균 체류 시간은 대기의 혼합 시간에 가까운 약 3년)는 광합성 필요 조건과 해양으로부터 공급의 계절성에 대한 반응으로 변동할 것이다. 그러나 전반적으로 약 350ppm에 달하는 대기 상의 농도는 정상 상태를 유지할 것이다. 역사적으로 암석권은 중요하지 않았으며, 이산화탄소의 주요 흐름과 관련하여 중요한 역할을 하였다.

육상에서 이산화탄소는 식물과 동물의 조직 그리고 토양 유기물에 고정된 채 저장되어 있다. 생물권 내의 전반적인 체류 시간은 20년 정도이다. 살아 있는 생체에서는 이 값이 6년에 더 가까울 것이고, 죽은 유기물에서는 약 25년 정도여서, 평균 체류 시간은 식물의 평균 수명과 미생물의 분해에 걸리는 시간을 반영한다(제21장). 육상 생물권과 마찬가지로, 해양의 잘 혼합된 표층수는 해수의 용해 프로세스와 기체 배출에 따라 대기의 이산화탄소량과 균형을 유지할 것이나, 심층수에서는 혼합이 느리므로 이것은 해양에서 탄소의 평균 체류 시간에 영향을 미친다. 대기와의 교환 가운데 대부분이 일어나는 해양의 표층에서, 체류 시간은 6년 정도이다. 전체적으로 해양에서의 반전은 매우 느려서(약 350년), 심층수와의 느린 순환과 혼합을 반영한다.

그것이 단연 가장 중요한 것이라고 할지라도, 이산화탄소는 탄소 흐름에 포함된 유일한 화학물이 아니며, 여기에서는 메탄(CH_4)을 간단히 살펴보겠다. 습지와 수성 토양의 **메탄 생성 작용**(methanogenesis)이 메탄의 주요 원천이다. 메탄의 대기 농도는 1.7ppm에 불과할 정도로 낮으며, 대기 내의 체류 시간은 약 10년이다. 메탄과 관련하여 현재 가장 중요한 관심은 농도가 느리게 증가하고 있다는 사실이며, 온실 기체로서 연구되어 왔다(제4, 24장).

산소는 독립 영양 생물이 광합성 작용을 함으로써 지구 대기에 처음으로 나타났으며(제7장 7절), 생산량이 암석권의 노암을 산화시키는 데 필요한 양을 초과했을 때 대기에 집적되었다. 물론 현재의 대기 저장소는 지질 시대 동안 만들어진 총량과 관련이 없으며, 이산화탄소와 마찬가지로 생물권에서는 광합성에 의한 생산량과 호흡에 의한 소비량 간 정상 상태의 농도를 유지한다. 그러나 탄소 순환과 산소 순환에서 대기와 육상 생물권 사이의 교환 및 대기와 해양 사이의 교환은 분명히 결부되어 있지 않다(그림 7.18). 산소 순환에서는 해양이 잘 보호받는다. 증가하는 경우, 해양 퇴적물 내 호기성 호흡의 깊이가 팽창되어 그 증가분을 소비하여 보상되기 때문이다. 탄소 순환에서 이산화탄소가 증가하면 광합성에 의하여 바닷물에서 추출되어 탄산염이나 유기 물질로 축적되거나, 탄산염 퇴적물의 용해로

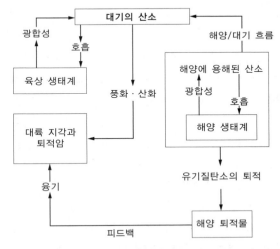

그림 7.18 산소 규제: 해양 생물권과 육상 생물권 사이의 피드백은 융기로 대기에 노출되어 산소 부족을 나타내는 퇴적물 내 유기질 탄소의 '흐름'이다.

보호를 받는다. 두 경우에 독립적인 육상 순환과 해양 순환을 연결하는 피드백 메커니즘에는 퇴적물의 매몰과 뒤이은 융기, 그리고 지표면에서 풍화 반응에 따른 산화 등이 포함된다. 그러므로 탄소 순환과 산소 순환은 모두 장기간 정상 상태를 유지해 온 느린 흐름에 가중된 대규모의 연간 흐름이 특징이다(Walker, 1984; Schlesinger, 1991).

산소는 여러 다른 원소들의 순환과 결부되어 있다. 예를 들어, 연간 산소 소비량의 14%는 암모늄을 질산으로 산화하는 데 사용하며, 그렇지 않으면 그 산소는 유기질 탄소를 산화하는 데 사용할 수도 있다. 메탄 생성 작용은 매년 산소 소비량의 4%를 차지하는데, 바다에서 황산염이 황화철로 환원될 때 산소를 방출하여 해양의 산소량을 조절하고, 대기와 상호 작용하여 대기의 산소 농도에 영향을 미친다.

(5) 생지화학 순환의 교란

20세기에는 앞에서 고찰한 모든 생지화학적 순환이 인위적인 간섭과 조정의 영향을 받는다. 인간이 일으키는 이러한 순환들의 교란은 다음 장, 특히 제24, 26장에서 보다 자세히 다룰 것이다. 그러나 이 절의 결론을 내리기 위해, 위에서 논의한 다섯 개 순환들의 주요 교란을 간단히 살펴볼 것이다.

인의 순환에 인간 활동이 미친 가장 중요한 영향은 삭박 시스템을 통하여 육지에서 바다로 전달되는 인의 양이 급증한다는 것이다. 하천의 부유 하중이나 용해 하중으로 바다에 도달하는 인의 약 2/3가 인간의 활동 때문이다. 이러한 증가의 원천은 여러 개이다. 첫째로 생체량의 제거와 가속화된 침식, 유출, 그리고 유량 등이 하나의 요소이다. 다음으로 농경지에서 흘러나온 유출에 과잉의 인산 비료가 포함되어 있다. 이러한 비료는 원래 암석권 저장소에서 채굴되거나, 어류와 어류를 먹는 조류로 구성된 해양 먹이 사슬을 경유하여 해양 저장소로부터 운반되거나, 마지막으로 차후에 비료를 위해 채굴한 인산염과 질산염이 풍부한 배설물

등이다. 사실 어업은 해양에서 육지로 많은 양의 인을 공급하며, 결국 그 때문에 담수에 인이 증가한다. 가정용이나 산업용 합성 세제도 산업용 폐수나 가정용 하수를 통하여 같은 경로를 따른다. 해양 저장소의 규모에 비하면 중요하지 않지만, 물론 바다로 흘러드는 유입량이 증가하여도, 인을 운반하는 하천이나 호소, 하구 등에 미치는 영향은 재난에 가까워서 부영양화 문제를 일으킨다.

질소 순환의 교란은 적어도 삭박 통로를 따르는 순환의 일부가 관련되어 있는 한, 인에 영향을 미치는 교란과 유사하다. 생체량을 제거하면 생물권으로부터 고정된 질소의 유실이 가속화되는 한편, 여기에서도 질산염은 질소 비료를 사용하는 농경지나 폐수 처리 이후 흘러나오는 유출과 관련하여 부영양화를 일으킨다. 그러나 질소 순환은 지표와 대기 사이의 전달이라는 측면에서 인의 순환과 다르다. 질소의 고정과 탈질소 작용은 인간 활동의 영향을 받는다. **공생 박테리아**(symbiotic bacteria)를 가진 **콩과**(leguminous) 작물은 인위적인 고정을 증가시켜, 공업적 질소 고정과 내연 기관의 부산물인 산화물로서의 질소 고정을 합한 인위적인 고정이 자연적 고정과 비슷한 규모를 나타낸다.

탈질소 작용은 비료를 이용하는 집약적 농업과 역설적이지만 삼림 남벌 및 식생 제거로 증가하였다. 대기권 내 아산화질소(N_2O)의 소량 증가와 이것이 오존층에 미치는 중요성은 이미 언급한 바 있다. 마지막으로, 자동차나 화석 연료의 연소로 방출되는 NO와 NO_2 산화물은 빗물에서 질산이 되어 산업 국가와 바람이 불어가는 곳에 위치한 불운한 국가에 '산성비' 문제(약 30~40%를 차지)를 일으킨다.

산성비는 적지만 중요한 양의 황(석탄과 석유에 평균 3% 정도)을 포함하는 화석 연료를 태움으로써 황 순환을 교란시키는 주요 요소이다. 빗방울에 용해되어 황산이 되는 황산염 에어로졸처럼, 황 배출물은 짧은 시간 동안 대기에서 정화되어 산성비를 만드는 주요 요소이다. 앞에서 보았듯이, 해양에서 주로 DMS 형태를

띠는 황의 자연적인 배출량은 인위적인 배출량과 거의 같다. 그러나 인위적인 배출은 특히 선진국의 공업 지역에 고도로 집중되어 나타난다. 이러한 지역에서는 빗물과 이산화탄소가 평형을 이루는 산도 5.6이 2.1만큼이나 낮아진다(Mooney et al., 1987).

물론 탄소 순환에서 일어나는 주요 교란은 화석 연료를 연소시켜 대기권 내 이산화탄소 농도를 증가시키는 것이다. 화석 연료를 연소시킴으로써, 암석권의 고정된 탄소 저장소는 지구적 탄소 순환의 한 요소로서의 역할을 하게 된다. 이런 일들이 지구 온난화와 범지구적 기후 변화, 그리고 제24장에서 충분히 논의할 주제들을 유발한다고 한다.

7. 생태권과 생물의 진화

이제 우리는 여기에서 생물의 진화가 지구의 발달에 미치는 영향에 관하여 이 장의 앞부분에서 제기했던 문제들과 함께 이야기하고자 한다. 생물은 오늘날 존재하는 것과 매우 다른 환경에서 진화하였다는 사실을 나타내는 많은 증거들이 있다. 대기의 2차적 기원은 화산 활동에 의하여 지구 내부로부터 유래한 기체에서 발달하였으며, 그것은 자유 산소가 부족하였다. 더구나 오존 방패가 존재하지 않았기 때문에, 지표에서는 파괴적인 자외선 복사를 받았다. 이러한 대기에서, 특히 산소 없는 척박한 바다에서 분자들이 지속적으로 순환하고 혼합되었으며, 서로 충돌하여 '유기질 분자'의 선구 물질 생산이 촉진되었을 것이다. Miller(1953, 1957)는 고전적 실험에서 생물 없이도 그러한 분자가 형성될 수 있다는 것을 보여 주었으며, 이후 여러 학자들이 조건들을 다양하게 조합하여 되풀이 실험을 하였다(Chang et al., 1983). 실험에서는 초기 대기에 존재하였던 메탄(CH_4)과 암모니아(NH_3)와 수증기를 순환시키며, 일주일에 한 번 이상 전기 스파크를 주었다. 스파크는 대기 내의 전기적 흐름에서 에너지의 유입을 자

극한다. 실험의 마지막에 (두 개의 가장 간단한 아미노산인) 글리신과 알라닌, 그리고 기타 '유기질' 화합물이 합성되었다.

일부 단계에서 이러한 선구 분자들의 자생적이며 질서 정연한 배열이 최초의 살아 있는 유기체로 생각될 수 있을 만큼 복잡하다. 그 순간부터 생물과 환경 사이의 상호 작용이 시작되어 환경을 완전히 변화시킨다. 이러한 상호 작용은 세 가지 주요 단계를 나타낸다.

첫 번째 유기체는 선택권이 없으며 그들이 스스로 진화해 나갈 '유기질' 분자에 의해서 살아가는 종속 영양 생물이 분명하다. 앞에서 종속 영양 세포 모델을 고려할 때 보았듯이 그러한 전략은 자본에 의지하여 살아간다는 것을 의미한다. 반면에 산소가 없을 때 식량 분자의 에너지를 방출할 수 있는 유일한 프로세스는 **발효**(fermentation)이다. 발효는 부분적인 산화이며, 제7장 3절에서 간단하게 설명한 호흡 프로세스의 첫 단계와 본질적으로 유사하다. 그러나 발효는 전체 산화 작용과 비교할 때 극히 비효율적이며(그림 7.19), 반면에 산물은 버려야만 하는 쓰레기이다.

다행히도 이들 초기 형태의 생물은 그들이 의지하여 살아 온 자본, 즉 초기 바다에 있는 기존의 '유기질' 분자를 다 써버리기 전에 자신의 유기질 식량 분자를 대량 생산하는 능력을 개발하였다. 이렇게 하기 위해서 그들은 (발효의 쓰레기 산물 가운데 하나인) 이산화탄소를 이용하는데, 이산화탄소는 대기와 바다에 집적되어 왔다. 처음에 그들은 무기 화합물의 결합 에너지로부터 유기질 탄소 화합물의 합성에 필요한 에너지를 끌어왔다. 그러나 약 3억 년 전에 태양으로부터 빛 에너지를 이용할 수 있는 초기의 유기체가 나타났으며, 광합성 작용이 시작되었다.

그러나 우선 광합성 작용의 영향은 제한되어 있다. 이들 초기의 독립 영양 생물은 자유 산소를 다룰 수 있는 장비를 갖추지도 않았으며, 광합성 작용에 필요한 전자를 물보다 다른 물질로부터 얻었다. 광합성 작용 동안 물을 쪼개어 산소 분자를 방출할 때에도 초기의

광합성 유기체는 무기질 화합물을 산소 수용체로 사용하였다는 주장이 있어 왔다. 그러므로 이들 혐기성 유기체들은 자유 산소의 잠재적 파괴 효과를 회피하였다. 마침내 보호 효소가 개발되고, 생물은 독립 영양인 동시에 처음으로 호기성으로 되었다. 산소가 대기로 유입되기 시작하였고 점점 그 양이 증가하였다(표 7.3).

산소가 존재함으로써 두 가지 중요한 영향이 나타났다. 무엇보다 초기의 광합성 생물은 발효 때문에 그들이 생산한 연료 분자로부터 얻을 수 있는 에너지 생산량에 제한이 있었다. 자유 산소가 존재함으로써 완전한 산화 호흡이 발달하였으며, 연료 분자로부터 훨씬 더 많은 에너지가 방출됨으로써 생물권이 잉여분을 가속화된 진화 프로세스나 다양화, 그리고 생체량의 집적에 투자할 수 있게 되었다. 여기에서 자유 산소의 두 번째 영향이 중요하다. 왜냐하면 자외선 복사가 산소 분자의 일부를 해리시키고 이것이 고도로 활성화된 산소 원자와 재결합하여 오존을 형성하였기 때문이다. 그래서 대기권의 상층부에 발달한 오존 장막(제3, 4장)은 태양 복사 가운데 치명적인 자외선 파장을 흡수하였으며, 이로써 생물들은 안전한 퇴적물이나 바닷물에서 나와 육상에 정착하게 되었다.

진화의 이러한 이정표에 수반하는 대기와 해양의 화학 조성 변화는 암석권에 뚜렷한 영향을 미쳤다. 지표수에 자유 산소가 존재하면, 퇴적 환경을 변모시키거나 다양한 무기 화합물의 용해도에 영향을 줌으로써 퇴적암의 성격을 변화시킨다. 예를 들어, 철이 풍부한 퇴적물은 1.8억 년 전에 처음으로 나타났다. 광합성 작용을 통하여 대기권의 이산화탄소나 중탄산염으로부터 탄소를 회수하고, 가용성 탄소를 유기 화합물이나 불용성 탄산염으로 고정시킴으로써, 대기권 내 이산화탄소의 양이 감소하였고 퇴적 주상도 내 대부분의 석회석이 만들어졌다. (화석 연료의 연소를 무시한다면) 오늘날 대기권 내의 이산화탄소 농도는 생물권의 광합성 시스템과 균형을 이룬다. 무기 화합물에 탄소 이외의 화학 원소가 고정됨으로써 침식과 삭박 프로세스에 영향을 미치며, 바다로 운반된 퇴적물 하중은 육상 생물이 없을 때 공급된 것들과 매우 다르다. 결국 풍화와 토양 형성은 모두 그 성격이 생물권에 의해서 결정되는 프로세스이다.

그러므로 생물권의 유기체는 대부분 그들 스스로가 만든 환경 내에서 서식한다. [그림 7.1]의 간단한 시스템 모델을 생각해 보면 이렇게 되어야 하는 이유를 이해할 수 있다. 생물의 출현과 진화는 최대 엔트로피로 향하는 삼라만상의 추세에 대한 명백한 역전으로 간주될 수 있다. 그러나 알다시피 우리 모델의 중심 구획인 생물권이 진화를 통하여 내부 엔트로피를 감소시켜 왔기 때문에, 주변에서는 그에 상응하는 엔트로피의 증가가 있었음에 틀림없다. 우리의 모델에서 주변은 생물권의 유기체들이 더불어 물질과 에너지를 교환하는, 생태권 내에 포함된 기권, 수권, 암석권 자체로 간주될 수도 있다. 그러므로 앞에서 논의한 변화란 모두 생물권의 주변이 얻는 엔트로피의 점진적인 증가를 표현한 것으로 보일 수도 있다.

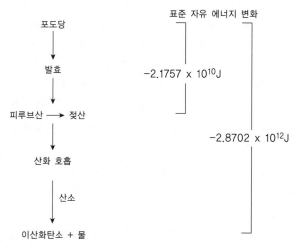

그림 7.19 발효 및 산화 호흡에 의한 에너지 생산량(Lehni8nger, 1965)

표 7.3 대기의 진화와 화석 기록

구조 화석
- 육상 식물
- 관속 식물
- 고등 조류 – 해양 진화
- 무척추 동물
- 후생생물
- 진핵생물
- 청녹조–사상
- 스트로마톨라이트
- 청록조–구상
- 박테리아
- 원형생물

대사 시스템
- 유기 화합물의 자연발생적 생성
- 생명의 기원?
- 혐기성 종속 영양생물
- ATP를 만들기 위해 태양 에너지를 사용하는 혐기성 종속 영양생물
- 박테리아 현대의 시스템을 갖춘 화학적 전제
- 물을 분해하는 생물
- ATP를 만들기 위해 태양 에너지를 사용하는 혐기성 광합성 독립영양 생물
- 더 많은 ATP를 생산하는 호기성의 미생물과 광합성 독립 영양생물
- 산소가 점차 대기의 보다 안정된 성분으로 되어감
- 대기 호흡이 이루어짐
- 생물들이 근대적인 현대의 대사와 번식 체계를 갖춤
- 광합성에 의한 산소 생산이 절정에 달함

지구의 대기

H_2 NH_3 CH_4 N_2 H_2O CO_2 O_2

- 1% PAL
- 10% PAL
- 20% PAL
- H_2
- NH_3 CH_4

지구에 도달하는 태양 복사
- 단파 자외선
- 장파 자외선
- 가시광선

시대	연령
지구의 탄생	5.0×10^9
	4.5×10^9
선캄브리아기 초기	3.5×10^9
	3.3×10^9
	3.2×10^9
	3.1×10^9
	2.8×10^9
	2.7×10^9
	2.3×10^9
	2.2×10^9
선캄브리아기 중기	2.0×10^9
	1.9×10^9
	1.6×10^9
	1.3×10^9
선캄브리아기 후기	1.1×10^9
	1.0×10^9
캄브리아기	5.8×10^8
고생대 초기 데본기	4.0×10^8
석탄기	3.4×10^8

.... 출현 가능함;　----- 출현 추정;　——— 출현함; PAL, 현 대기 수준.

더 읽을거리

이 장의 영역은 매우 넓어서, 결과적으로 주요 주제에 대한 제한된 범위의 읽을거리만 제공한다. 앞부분에서 고찰한 주제를 다룬 생물학 및 생물화학 개론서가 많다:

Moore, D.M. (1982) *Green Planet: the Story of Plant Life on Earth*. Cambridge University Press, Cambridge.

Rose, S. (1970) *The Chemistry of Life*. Penguin, London.

Soper, R. (ed) (1984) *Biological Science. Part 1, Organisms, Energy and Environment, and Part 2. Systems, Maintenance and Change*. Cambridge University Press, Cambridge.

Villee, C.A. *et al.* (1989) *Biology*, (2nd edn). Saunders, Philadelphia.

Williams, V.R., Mattice, W.L. and H.B. Williams (1978) *Basic Physical Chemistry for the Life Science*. Freeman, New York.

종 개체군의 생물지리를 다룬 서적:

Cox, B.A. and P.D. Moore (1985) *Biogeography: an Ecological and Evolutionary Approach*, (4th edn). Blackwell, Oxford.

Hengeveld, R. (1990) *Dynamic Biogeography. (Cambridge Studies in Ecology)*. Cambridge University Press, Cambridge.

Myers, A.A. and P.S. Giller (eds) (1988) *Analytical Biogeography: an Integrated Approach to the Study of Animal and Plant Distributions*. Chapman & Hall, London.

Vincent, P. (1990) T*he Biogeography of the British Isles*. Routledge, London.

개체와 개체군과 군락의 생태학은 생태학 내 매우 많은 교재의 주제이다. 그 가운데 일부는 제18장 말미에 인용되어 있다. 그 가운데 두 개:

Begon, M., J.L. Harper and C.R. Townsend (2nd edn) (1990) *Ecology: Individuals, Populations, and Communities*. Blackwell, Oxford.

Ricklefs, R.E. (1990) *Ecology* (3rd edn). Freeman, New York.

생지화학은 최근의 여러 시험에서 중요성이 증가하는 주제이다. 그 가운데 Schlesinger의 것이 가장 좋다.

Drever, J.I. (1988) *The Geochemistry of Natural Waters*. Prentice-Hall, Englewood Cliffs.

Garrels, R.M., F.T. MacKenzie and C. Hunt (1975) *Chemical Cycles and the Global Environment*. Kaufman, California.

Fergusson, J.E. (1982) *Inorganic Chemistry and the Earth*. Pergamon, Oxford.

Holland, H.D. (1978) *The Chemistry of the Atmosphere and Oceans*. John Wiley, New York.

Schlesinger, W.H. (1991) *Biogeochemistry: an Analysis of Global Change*. Academic Press, San Diego.

Woodwell, G.M. (1978) The carbon dioxide question. *Scientific American*, **238**, 38~43.

Part 3

세련된 개방 시스템 모델: 환경 시스템

이 책의 처음 세 장에서, 자연환경에 시스템 접근 방법을 적용함으로써 중요한 개념적 사고가 무수히 도출되었다. 우리는 모든 자연 시스템은 개방 시스템이라는 사실을 알았지만, 이것보다도 시스템들은 물질과 에너지가 흘러가는 직렬 시스템 —한 시스템의 유출이 다른 시스템의 유입을 형성하는—의 구성 요소로서 존재한다는 사실을 알게 되었다. 대기에서 지표로 흐르는 유출인 태양 복사 에너지는 생물권의 독립 영양 세포로 흐르는 에너지 유입이다. 생물권의 영양 모델에서 생산자 유기체가 가지는 생체량의 일부는 소비자 유기체로 흐르는 에너지 및 영양소 유입이다. 대기로부터 떨어지는 강수는 삭박 시스템으로 들어가는 물의 유입이다.

그러나 그러한 직렬 시스템을 이루는 구성 성분 시스템 내에서는 시스템을 통한 물질과 에너지 흐름의 일부가 일시적으로 저장소로 전달된다. 생물권을 통하여 흐르는 에너지와 화학 원소들은 일시적으로 상이한 영양 단계에 있는 유기체의 생체량 저장소로 전환된다. 지각 시스템을 통한 지열 에너지와 지화학 원소의 흐름은 퍼텐셜 에너지 및 화학 에너지의 저장소와 지표의 융기된 기복에 있는 조암 광물로 전환된다. 일부 에너지나 물질은 완전히 이들 저장소를 우회하지만, 물질과 에너지가 저장소 사이를 드나드는데, 이것은 직렬 시스템을 이루는 구성 성분 시스템의 처리량을 나타낸다.

우리는 에너지와 물질이 이들 시스템을 통하여 전달되기 때문에 그들의 밀도가 근본적으로 다르다는 사실도 알고 있다. 각 에너지 전달이 완성될 때, 원 에너지 유입의 일부는 사용할 수 없는 열에너지로 되어 결국 우주의 에너지 배출구로 복사됨으로써 열역학 제2법칙에 따라 소멸된다. 그러므로 에너지의 흐름은 일방적인 프로세스이다. 우리가 물질의 전달을 고려할 때, 물질은 결국 큰 원으로 순환하며, 우리의 범지구적 모델에서 물질의 전달은 순환한다는 것을 알게 되었다. 그러나 이러한 순환은 그들이 맞물려 있고 에너지의 흐름으로 가동되기 때문에 완성되는 것이다.

제3부에서 우리는 자연 시스템 모델의 해상도와 사실성을 상당히 높일 것이며, 우리들의 시·공간적 관점도 변하게 할 것이다. 한 눈으로 지질 시대를 보면서, 우리는 드

넓은 지구적 전망으로부터 친숙하고 접근할 수 있는 국지적인 경관 규모로 이동할 것이다. 우리는 걸어서 강을 건너고, 소림을 뚫고 지나가며, 밑에 있는 토양까지 낙엽을 제거할 것이다. 전선형 저기압이 다가오면 비옷을 걸칠 것이고, 얼굴로 해풍을 느낄 것이다. 대체로 우리는 훨씬 더 짧은 기간 ―일, 년, 세기 ―에 관심을 가질 것이다. 그럼에도 불구하고 우리는 여전히 에너지와 물질 직렬 시스템의 한 부분으로 기능하는 개방 시스템에 관심이 있다. 각 직렬 시스템의 예를 들어 태양 에너지 직렬 시스템, 수문 직렬 시스템, 암설 직렬 시스템 등으로 유형을 분리하여 고찰하는 것이 가능할지라도, 우리는 이들 직렬 시스템의 구성 요소 시스템을 정의하고 물질과 에너지가 이들 시스템을 통하여 전달됨으로써 이들의 처리가 어떻게 맞물려 있는지 검정할 것이다. 이들 시스템에 관한 우리 모델의 해상도를 증가시킴으로써, 우리는 다양한 시공간적 규모에서 작동하는 시스템의 계층 구조를 알게 될 것이다. 예를 들어, 삭박 시스템은 집수 구역이나 유역 분지의 측면에서 모델화하지만, 그 안에서 풍화와 사면과 하도의 부분 시스템을 인식하고, 그들 안에서 사면 상의 토양 입단 붕괴/빗방울 충격 시스템과 같은 부분 시스템이나 암석 풍화에서 화학 반응 시스템 등을 인식할 것이다. 생태계의 1차 생산성은 개별 잎이나 식물, 전체 식생의 임관 규모에서 고려될 것이며, 반면에 대기에서는 대기 대순환 내의 2차 순환과 3차 순환 시스템을 인식할 것이다.

IV 대기 시스템

제8장

대기와 지표

1. 도입

대기권의 최하층 11km —**대류권**(troposphere) —의 특징은 대기와 지표 간 구성 물질의 격렬한 혼합과 열에너지를 비롯한 기체, 액체, 고체의 교환이다. 예를 들어, 물 분자는 지표에서 대기로, 그리고 대기에서 지표로 전달된다. 먼지와 그을음이 지표에서 오지만 결국은 지표로 되돌아간다. 지표에서 대기로 전달된 열에너지(제3장)는 대류권 내에서 대류 운동으로 혼합된다. 지표로 되돌아가는 순전달은 대류권 하층을 안정되게 하여 대류 운동에 따른 혼합을 억제한다.

지표와 대기 간(그리고 대기권 내에) 물질과 에너지가 지속적으로 교환됨으로써 순환 시스템이 작동하고 있음을 알 수 있다. 순환 시스템에서는 에너지가 유입됨으로써 물질의 이동이 시작되고 유지된다. 이러한 유입은 결국 태양 에너지가 순차적으로 전달된 것이지만, 지구–대기 시스템 내에 있는 에너지의 기원에 대해서는 약간 특유하다고 말할 수 있을 것이다.

지표로부터 현열이나 잠열의 형태로 열에너지를 공급받아 대기의 퍼텐셜 에너지가 증가하고, 이것은 순환 시스템에서 운동 에너지로 변환된다. 대기권 저층에서 일어나는 많은 운동은 수평적 온도 경도나 잠열량 또는 이들의 결합으로 표현되는 현열량의 단순한 대조에서 비롯한 퍼텐셜 에너지의 차이로 발생한다.

대기 대순환을 검정하면서(제4장) 위도별 퍼텐셜 에너지의 변이에 관하여 포괄적인 일반화를 시도하였다.

그러나 비교적 작은 시공간적 규모에서 작동하는 순환 시스템을 알아보기 위해서는 지표와 대기 사이의 물질과 에너지 교환에 영향을 미치는 지표의 특성을 더욱 자세하게 살펴야 한다. 이들 가운데 가장 중요한 특성은 지표의 물리적 성질과 조도(roughness) 및 기복(topography) 등이다.

2. 지표의 물리적 성질

지표로 들어오는 단파 복사는 흡수되거나 반사되거나 투과된다. 반사되는 비율은 지표의 단파 반사율(**반사도**albedo)과 파장 및 태양 복사가 들어오는 각도에 따라 달라진다.

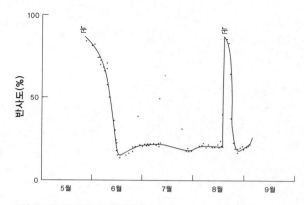

그림 8.1 툰드라 지표의 반사도(Weller and Holmgren, 1974)

[표 8.1]에 제시한 반사도 값은 햇빛 스펙트럼상의 파장에 대한 것으로, 태양 고도 범위 내에서 일반화한 것이다. 눈과 토탄은 자연 상태의 지표가 갖는 반사도 값의 범위 양 끝에 위치한다. 신선한 눈은 유입하는 단파 복사의 95%를 반사하는 반면, 습원 토탄에서는 반사도가 10%에 불과하다. Weller와 Holmgren(1974)은 알래스카의 툰드라 지표에서 이러한 대조를 나타내는 실례를 제시하였다. 툰드라 지표는 어두운 색깔 때문에 비교적 낮은 반사도(15~20%)를 가지나, 눈이 내린 후에는 반사도가 80% 이상으로 급격하게 상승한다(그림 8.1).

다른 지표에서도 급격하지는 않지만 다소 중요한 반사도의 변화가 나타나는데, 그 가운데 일부는 수분 함량과 관련이 있다. 대부분의 토양은 습윤한 상태에서 비교적 낮은 반사도를 가지는 경향이 있으며, 식물이 있는 지표 상에서는 연간 성장 순환과 관련하여 반사도가 변한다.

물에서는 복사가 물속으로 투과하기 때문에, 표면에서 **반사**(reflection)와 **굴절**(refraction)이 모두 일어난다. 반사되는 단파 복사의 양은 복사가 지표에 도달하는 각도에 따라 크게 달라진다. 태양 고도가 낮으면 반사도는 29% 수준인 반면, 태양 고도가 높으면 반사도는 비교적 작아서 3%에 이른다(표 8.1). 후자의 경우, 대부분의 복사는 물속으로 투과되어 점진적으로 물에 흡수된다. 맑은 물에서는 5m 이내에서 70%가 흡수된다. 흡수는 주로 적외선 파장대에서 일어난다. 탁한 물에서는 1m 이내의 깊이에서 70%가 흡수된다.

모든 지표에서 흡수된 태양 복사는 복사와 전도와 대류에 의하여 재분배되며, 이들 프로세스의 상대적 중요성은 지표의 물리적 성질에 따라 다르다. 예를 들면, 장파 복사의 흡수와 방출에서는 자연 상태의 지표가 흑체가 아닌 회색체로 작동한다는 사실을 이미 알고 있다(제3장).

열이 지하로 전달되는 비율은 분배 메커니즘의 성격과 효율성에 직접 관련되어 있다. 고체에서는 열이 전도에 의하여 재분배되는데, 재분배되는 비율은 **열전도도**(thermal conductivity, 자료 8.1)에 따라 다양하다. 토양이나 암석과 같이 자연 상태에서 만들어진 대부분의 물질은 열전도도가 낮아서 일반적으로 사용하는 금속과 비교하면(표 8.2) 전도체라기보다 절연체로 간주될 수 있다. 그러므로 열이 투과할 수 있는 깊이는 비교적 얕다. 예를 들어, 맑은 여름날 사질 토양 1cm 깊이에

표 8.1 다양한 지표의 반사도(파장 4μm 이하)(Monteith, 1973; Sellers, 1965; Lockwood, 1974; Oke, 1978)

지표	반사도
눈	
갓 내린 눈	0.80~0.95
오래 다져진/지저분한 눈	0.42~0.70
얼음	
빙하	0.20~0.40
물	
잔잔하고 맑은 해수: 태양 고도 60°	0.03
30°	0.06
10°	0.29
토양	
마른, 바람에 날린 모래	0.35~0.45
젖은, 바람에 날린 모래	0.20~0.30
식양토(건조)	0.15~0.60
식양토(습윤)	0.07~0.28
토탄	0.05~0.15
식물	
짧은 풀(0.02m)	0.26
긴 풀(1.0m)	0.16
히스	0.10
낙엽수림(무성한 잎)	0.20
낙엽수림(앙상한 가지)	0.15
소나무 숲	0.14
농작물	0.15~0.30
사탕무(봄)	0.17
사탕무(초여름)	0.14
사탕무(한여름)	0.26
인공물	
아스팔트	0.05~0.20
콘크리트	0.10~0.35
벽돌	0.20~0.40

열 매개 변수

열용량(thermal capacity)이란 어떤 물질의 단위 부피당 온도를 1℃ 올리는 데 필요한 열량이다.

$$S = \rho(밀도) \times c(비열)$$

단위는 J m^{-3} ℃$^{-1}$이다.

열전도도(thermal conductivity)는 어떤 물질을 통하여 열이 흐르는 비율을 결정한다. 열전도도란 두 면 사이의 온도 차이가 1일 때 단위 두께를 가진 판의 단위 면적을 통하여 열이 흐르는 비율이다.

안정 상태에서는 두 면의 온도 차이가 $\partial\theta$인 두께 ∂x의 판을 통하여 ∂t 동안 ∂Q 단위의 열이 흐른다. 열이 흐르는 비율($\partial Q/\partial t$)은 온도 경도($\partial\theta/\partial x$) 및 열전도도($k$)와 관련되어 있다.

$$\frac{\partial Q}{\partial x} = -k\frac{\partial\theta}{\partial x}$$

k의 단위는 Wm^{-1}℃$^{-1}$이다.

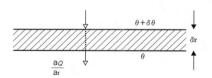

열확산도(thermal diffusivity): 토양 내의 큰 문제는 안정 상태가 거의 이루어지지 못한다는 점이다. 그래서 이에 대한 대안으로 열확산도를 사용한다.

$$\alpha = k/s$$

단위는 m^{2}s^{-1}이다. 매개체가 등질인 경우 열확산도는 온도 변화($\partial\theta/\partial x$)가 일어나는 비율이다.

$$\frac{\partial\theta}{\partial x} = \frac{\partial\theta^2}{\partial x^2}\alpha$$

표 8.2 선택된 물질의 열적 성질

	열전도도(W m^{-1}℃$^{-1}$)	열용량(J m^{-3}℃$^{-1}$×10^6)
잔잔한 맑은 물	0.57	4.18
순수한 얼음	2.24	1.93
고요한 대기	0.025	0.0012
갓 내린 눈	0.08	0.21
젖은 모래	2.20	2.96
마른 모래	0.30	1.08
젖은 토탄	0.50	4.02
마른 토탄	0.06	0.58
철	87.9	3.47
화강암	4.61	2.18

서 나타나는 온도의 일변화 범위는 33℃에 이르지만, 3cm 깊이에서는 17℃에 불과하고 30cm 깊이에서는 1℃가 채 되지 않는다. 최상의 가열률과 냉각률은 토양의 최상부에서 나타난다.

물질 내에서 온도 변화가 일어나는 비율은 **열용량**(thermal capacity)에 따라 다르다. 예를 들어, 고요한 공기 1m^{3}의 온도를 1℃ 올리기 위해 1.2×10^{3}J 정도의 열에너지가 필요하지만, 토양 온도를 1℃ 상승시키기 위해서는 2.5×10^{6}J의 열에너지가 필요하다. 반대로, 공기가 1℃ 냉각되면 같은 양만큼 냉각되는 토양보다 적은 양의 열을 방출한다. 열용량은 지하 저장소를 드나드는 열에너지의 양에 영향을 미친다.

식생의 수관은 고체/액체의 경계면이 아니라, 대기에 자유 대기와 식물의 잎들 사이 주머니(pocket)에 갇힌 공기가 만나는 불확실한 점이지대를 제공한다. 열과 수분은 공기의 이동에 따라 이 지대를 통과하여 전달된다. 식생 피복이 그 아래에 있는 토양 표면의 온도와 토양 내에 있는 공기의 온도에 미치는 영향은 특정 지역 내에서 자라는 식물의 유형과 개체의 수에 따라 대부분 결정된다. 식생 피복의 밀도가 비교적 낮은 경우에는 토양의 표면과 자유 대기 간 직달 복사 에너지의 교환을 막을 수 없다. 그러나 무성한 잎이 지표를 막아 준다면, 수관과 수관 아래의 온도 변화는 수관 내

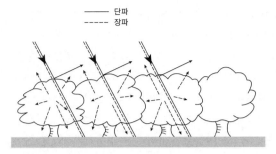

단파
장파

그림 8.2 낙엽 소림 내 복사 에너지 교환 모델

(a)

$Q*$ 순복사
Q_H 현열 전달
Q_E 잠열 전달
$\triangle Q_S$ 열에너지 저장량 변화

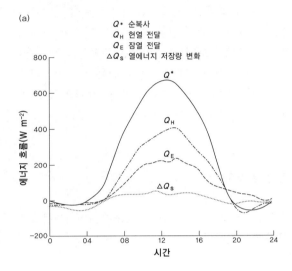

(b)

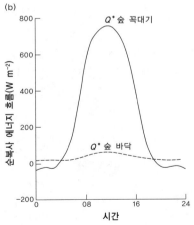

그림 8.3 임관 내 순복사와 열에너지 균형. (a) 잉글랜드 셋퍼드(Thetford)의 스카츠(Scots)와 코르시카(Corsican) 섬에 있는 소나무 숲의 1일 에너지 균형. (b) 전나무 숲 순 복사의 1일 변화(Lee, 1978).

(a)

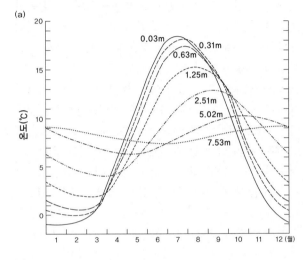

(b)

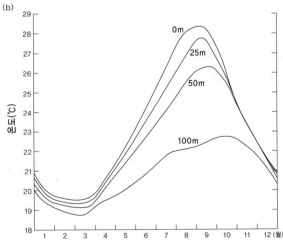

그림 8.4 (a) 쾨니히스베르크(Konigsberg) 지온의 연간 변화(Schmidt와 Leyst 이후, Geiger, 1965). (b) 일본 남해안 해수 온도의 연간 변화(Sverdrup, 1945; Harvey, 1976).

의 복사 에너지 교환에 따라 일어난다.

나무가 밀집된 소림에서는 태양 복사의 10% 정도만이 확산 복사로써, 일부 파장대에서는 잎을 투과하여 아래에 놓인 토양의 표면에 도달한다. 대부분의 일사는 수관에 흡수된다(그림 8.2). 이러한 복사가 소림 수관의 잎과 가지에 흡수됨으로써, 표면의 온도가 상승한다. 표면에서 방사된 장파 복사는 가지 위의 공기와 잎들 사이의 공기 주머니에 흡수된다. 수관 내 대부분의 공간은 장파 복사의 방사체 역할을 하며, 장파 복사의 일부는 줄기나 토양으로 전달된다. 그러므로 식생 내의 낮은 부분이 가열되는 것은 직접 태양 복사를 흡수한 것 때문이 아니다.

[그림 8.3]은 소림 내의 여러 높이에서 이러한 복사 에너지 교환이 순복사에 미치는 영향을 예시한 것이다. 수관 위에서는 한낮에 비교적 큰 (+)값으로 올라가고, 대부분의 밤 동안에는 0이하로 내려가는 대규모의 일주적 변화(Q^*)가 있다. 그러나 소림의 바닥에서는 Q^*가 24시간 내내 거의 변하지 않고, 장파 성분이 많다(표 8.3). 수관 꼭대기에서 사용되는 순복사의 대부분은 현열이나 잠열의 형태로서 대기로 전달된다. 그래서 소량만이 수관 내 열 저장소를 변화시킨다(그림 8.3).

토양과 수면, 그리고 육지와 바다 사이에는 열적 성질이 뚜렷하게 대비된다(표 8.3). 열전도도의 차이는 적지만 열용량의 차이는 비교적 커서, 바다의 열용량이 육지 열용량의 약 2배에 이른다. 1℃ 냉각되면 물에서는 $4.18 \times 10^6 J~m^{-3}$의 열에너지가 방출되지만, 평균적인 토양에서는 $2.5 \times 10^6 J~m^{-3}$의 열에너지가 방출된다.

물은 유체이기 때문에 대류로써 열을 재분배한다. 가열은 위로부터 이루어지므로, 대부분의 열 재분배는 수체 상층부의 기계적 혼합에 따라 강제 대류로 일어난다(제6장 3절). 물은 4℃일 때 최고 밀도에 도달하는데, 수온이 4℃ 이하로 내려가면 자유 대류의 혼합에 따라 더 차갑고 밀도가 낮은 물이 표면으로 상승한다. 이러한 메커니즘에 따라, 열은 수면으로부터 전달되고 수체를 통하여 재분배된다. 해수면과 지표면 아래의 연간 온도 체제를 보면 이것이 갖는 중요성을 알 수 있다(그림 8.4). 육지에서의 연간 온도 변화는 10m만 깊어져도 미미하지만, 바다에서는 수면 주변의 온도와 25m 깊이의 온도가 거의 비슷하다.

3. 지표의 조도

평균 풍속($\bar{u}$)과 지표 상의 고도(z) 사이의 관계는 로그 곡선에 근접한다.

$$\bar{u} = 상수 \times \log(z/z_0) \tag{8.1}$$

이 방정식에서 z_0는 지표의 조도로서, 조도장(roughness length) 또는 조도 매개 변수로 알려져 있다. [표

표 8.3 숲 윗부분과 아랫부분의 복사 에너지 균형

	윗부분		아랫부분	
	일 총량(MJ m⁻²)	순복사 흐름에 대한 비율	일 총량(MJ m⁻²)	순복사 흐름에 대한 비율
K↓	18.2	3.19	1.0	3.33
K↑	1.8	0.32	0.1	0.33
K*	16.4	2.87	0.9	3.00
L↓	24.6	4.32	29.5	98.33
L↑	35.3	6.19	30.1	100.33
L*	−10.7	−1.87	−0.6	−2.00
Q*	5.7	1.0	0.3	1.0

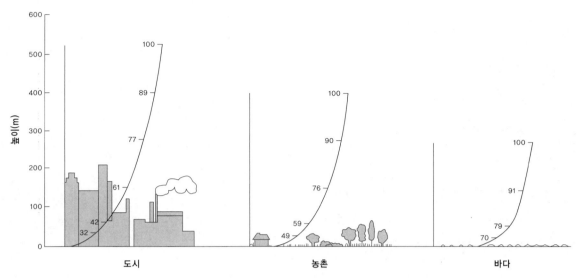

그림 8.5 세 가지 상반되는 지표 상의 전형적인 풍속 단면. 숫자는 경사 풍속의 비율로 표현한 평균 수평 풍속(Leniham and Fletcher, 1978).

표 8.4 자연 지표의 조도장

지표	조도장 z_0(m)
고요한 물	0.1×10^{-5}
얼음, 갯벌	0.1×10^{-4}
갓 내린 눈	0.1×10^{-2}
모래	0.3×10^{-4}
토양	$0.1 \times 10^{-3} \sim 0.1 \times 10^{-2}$
짧은 풀(0.01m 이하)	0.1×10^{-2}
긴 풀(0.1m 이상)	0.2×10^{-1}
숲	4.0

8.4]에는 다양한 지표의 z_0값이 나타나 있다. 특히 조도가 뚜렷한 대조를 보이는 것은 수면(z_0는 약 0.5×10^{-5} m이다)과 육지면(z_0는 약 0.1×10^{-2}m이다)인데, 육지면은 그 위로 흐르는 공기에 매우 큰 마찰 견인을 발휘한다(그림 8.5). 마찰층이란 '풍속의 변화가 나타나는 높이'를 말하는데, 해수면의 경우에는 해발 270m까지이다. 훨씬 더 거친 농촌 육지면에서는 마찰층이 400m까지 증가하며, 도시 지역에서는 520m에 이른다.

풍속은 수관 표면에서 0이 되지 않는데, 이는 기류가 식생 수관 속으로 침투하기 때문이다. 풍속 단면의 형태는 수관 표면의 형태와 특히 기류의 침투 가능성에 따라 달라진다. 예를 들어, 침엽수 한 그루가 있을 때(그림 8.6), 비교적 비어 있는 줄기 공간에서는 기류가 이 높이에서 침투할 수 있지만 수관의 잎들은 기류를 막는다.

식생이 있는 지표 위로 기류가 흘러갈 때에도 수관의 방해가 약간 나타난다. 예를 들어, 나무의 흔들림은 공기의 운동량을 흡수하는 반면 교란하는 하강 기류를 만들어 기류가 수관 속으로 침투할 수 있게 한다. 반면에 초본 지표는 풀잎이 바람 앞에서 구부러지므로 적절한 풍속에도 공기 역학적으로 순응하는 편이다.

4. 기복

사면의 각도와 방향 및 지표면의 고도는 지표면으로 들어오는 직접적인 태양 복사의 양에 영향을 미친다. 사면의 영향은 Lambert의 코사인 법칙(자료 3.4)과 관

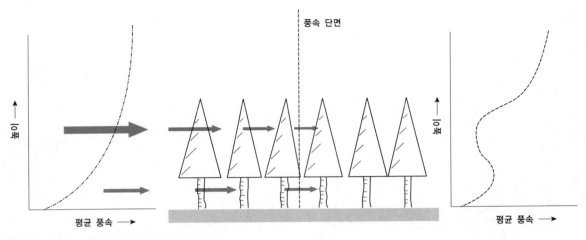

風속 단면

높이

평균 풍속 →

평균 풍속 →

그림 8.6 침엽수가 평균 풍속의 단면에 미치는 영향

련되어 있으며, 직접적인 태양 복사의 경우에는 태양 광선과 기울어진 지표 사이의 각도가 그 강도를 결정한다. 그러므로 [그림 8.7]에서는 사면A로 유입하는 복사의 강도가 사면B의 것보다 더 크다. 향(aspect)이라고 부르는 사면의 방향도 태양 복사의 강도에 영향을 미친다. 예를 들어, 북반구에서 남향 사면은 태양 고도가 가장 높을 때 태양 복사를 받을 것이다. 반대로 북향 사면이 태양 복사를 받는다면 낮은 강도의 태양 복사를 받을 것이다.

[그림 8.7]은 사면의 경사와 방향이 기울어진 지표 위로 유입하는 직접적인 태양 복사의 경도를 결정하는 방법에 관한 간단한 실례를 나타낸 것이다. 낮은 기복에서는, 사면의 경사와 방향이 결합하여 사면Y보다 사면X에서 더 많은 햇빛을 받도록 한다. 사면의 경사가 증가하여도 사면X는 여전히 직접적인 태양 복사를 직접 받기 때문에 **양달 사면**(adret slope)이라고 한다. 그러나 사면Y는 직접적인 태양 복사를 받지 못하기 때문에 **응달 사면**(ubac slope)이라고 한다. 이러한 그늘 효과의 실례는 스코틀랜드와 웨일즈의 북향 산릉(corry) 대부분에서 나타난다. 산릉의 가파른 후면은 소량의 직달 복사만을 받기 때문에 융설이 지연되고, 이는 냉

량한 기후의 시기에 이러한 지형이 발달하는 데 중요하였다. 지면이 태양 복사를 받아 가열될 때, 이러한 기복의 변이는 토양과 기온 및 증발률의 패턴을 복잡하게 만든다. Jackson(1967)은 월별 가능 증발산량이 사면의 방향과 경사, 지표의 반사도 그리고 계절에 따라 어떻게 달라지는지 예시하였다(그림 8.8). 남반구의 비교적 차가운 남향 사면에서 유효 열에너지가 감소하면 증발과 증산이 일어나지 않는다. 이것은 비교적 태양 고도가 낮은 6월과 9월에 특히 현저하다.

지표의 해발 고도와 직달 복사의 관계는 복잡하며, 대기의 투명도에 따라 크게 좌우된다. 맑은 날에는 고도가 높아질수록 태양 복사가 대기를 통과하는 길이가 짧아지므로 직달 복사량이 증가한다. 높은 산지에서는 최대 태양 복사의 90%를 받는 반면, 비슷한 위도의 해수면에서는 54%만을 받는다. 그러나 대기가 지형성 구름이 형성되기에 적합한 조건일 때에는 그 관계가 변한다. 영국의 해안 고지대에서는 고도에 따라 운량이 증가하여, 고도가 높아질수록 일사량은 감소한다. Harding(1979)은 영국의 지표에서 받는 총 태양 복사의 평균 감소율이 고도가 1,000m 상승할 때마다 2.5 MJ m^{-2}day^{-1}의 비율로 감소한다고 평가하였다.

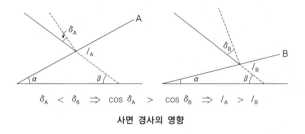

$$\delta_A < \delta_B \Rightarrow \cos \delta_A > \cos \delta_B \Rightarrow I_A > I_B$$

사면 경사의 영향

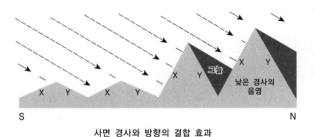

사면 경사와 방향의 결합 효과

그림 8.7 지표에 도달하는 직달 복사의 강도에 대하여 기복이 미치는 영향

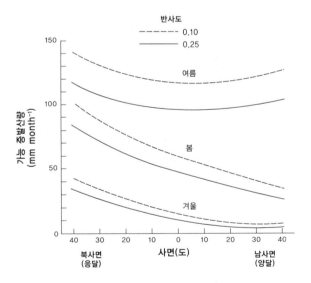

그림 8.8 뉴질랜드에서 상이한 반사도를 가진 남/북사면의 최대 증발산량 (Jackson, 1967)

5. 지표와 대기의 상호 작용

전술한 요소들의 작용으로 제4장에서 논의한 것보다 훨씬 짧은 시·공간상에서도 열에너지의 불균형이 나타난다. 예를 들면, 해안을 따라서 근본적으로 서로 다른 두 가지 물질이 서로 가까이 놓여 있는데, 이것이 지표의 열에너지 균형에서 국지적인 차이를 유발한다. 그러나 저층 대기 내의 열에너지 분포와 수평적 수직적 기류 이동의 성격에 따른 지표 에너지 불균형의 이러한 대조 사이에는 복잡한 관계가 있다.

1km라는 비교적 짧은 거리에서도, 부드럽고 온난하고 건조한 지표에서 식생으로 덮인 습윤한 지표로 불어가는 기류는 이러한 새로운 환경에서 변질된다(그림 8.9). 이러한 조정은 순간적인 것이 아니라, 지표의 성질이 변하는 지점으로부터 거리가 증가하면서 점진적으로 나타난다. 이것이 기류의 **도달 범위**(fetch)이다.

해안을 따라 바다에서 내륙으로 이동하는 기류는 분명히 해양성 속성을 가지며, 수면의 낮은 조도에 부합하는 평균풍속 단면을 가진다. 기류가 내륙으로 이동하면서 점차 새로운 지표에 의해 재변질된다. 이러한 점진적인 변화는 해안에서 멀어질수록 해양성 기후의 성격이 감소하는 것이 분명하다. 예를 들어, 비교적 대규모인 중위도 풍계하에서는 기온 체제에서도 동-서의 변화가 뚜렷하다(그림 8.10). 해수면에서 전형적으로 나타나는 균등한 온도 변화는 아일랜드의 해안에서 분명히 나타나지만, 육지 표면에서 전형적인 극심한 온도 변화는 중부 및 동부 유럽의 특징이다.

지표 위에는 지표와 밀접하게 관련하여 온도와 습도의 특성을 얻는 광범위한 기단이 존재한다. 이들 기단은 넓은 발원지와 연계되어 있다. 기단은 고위도(북극과 남극) 및 저위도(열대)와 관련된 두 개의 주요 집단이 있다. 기단은 발원지가 바다 위인가 육지인가에 따라 해양성과 대륙성으로 세분된다. 중위도에서는 이들 기단이 발원지로부터 이동함으로써 특징적인 날씨 변화를 일으킨다. 기단은 발원지의 특성에 근본적인 차이

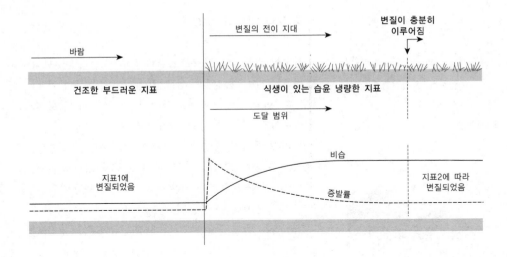

그림 8.9 두 지표의 경계를 가로지른 후 공기의 변화

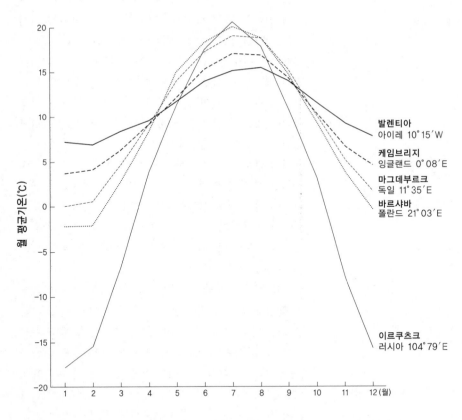

그림 8.10 북위 52°의 5개 관측소에서 월 평균 기온을 해면 경정한 연간 기온 체제(Meteorological Office, 1972; Lydolph, 1977)

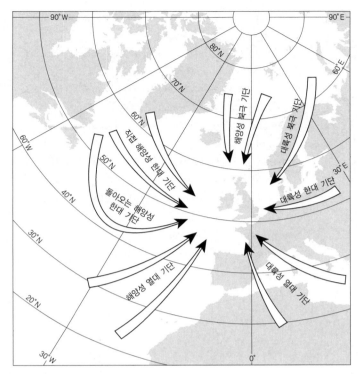

그림 8.11 영국에 영향을 미치는 주요 기단들(Barry and Chorley, 1971)

가 있을 뿐만 아니라, 지표 위를 이동하면서 변질(modification)된다. 이러한 측면에서 이동 방향과 계절적 시기가 중요하다. 이는 영국에 영향을 미치는 주요 기단의 예를 고찰해 보면 잘 알 수 있다(그림 8.11).

해양성 극기단은 가장 자주 발생하는 기단인데, 그 기원지는 북대서양의 그린란드 해안 앞이다. 이 기단은 영국을 향하여 동남쪽으로 이동하는데, 비교적 온난한 해수면 위를 지나면서 아래로부터 점차 가열된다. 이 때문에 기단은 불안정해지고, 영국에 도착하였을 때에는 자주 두꺼운 적운과 소나기성 강수를 동반한다. 그러나 기단이 기원지에서 남쪽으로 이동하여 남서쪽에서 영국으로 접근하면, 북쪽으로 되돌아가면서 가볍게 다시 냉각되고 더욱 안정해진다. 이렇게 되돌아오는 극기단은 직접 접근하는 해양성 극기단보다 기온이 더 높아 보다 지속적인 강수를 나타낸다.

열대 대륙성 기단은 영국에 영향을 미치는 기단들 가운데 가장 빈도가 낮다. 그 기단은 기원지를 북아프리카에 두고 있으며, 그곳으로부터 북서쪽으로 이동한다. 처음에는 고온 건조하고 불안정하지만, 북쪽으로 이동하는 동안 아래로부터 냉각되면서 더욱 안정해진다. 여름철에는 기단이 서유럽의 온난한 지표 위를 통과하기 때문에 이러한 냉각은 무시할 만하지만, 기단은 영국에 뇌우를 내릴 만큼 충분히 불안정하다. 그러나 겨울철에는 아래로부터 더욱 심하게 냉각되어 하층 기류는 매우 안정된 상태가 되고, 열대 대륙성 기단이 영국에 도달하면 층운이 발달하고 대체로 침울한 날씨가 나타난다.

영국을 향한 기단의 이동, 그리고 다른 모든 위도에서 기단의 이동은, 대기 및 지표의 열과 수분 균형에 영향을 미칠 뿐만 아니라 대기 대순환 내 기류의 순환을 발달시킨다. 예를 들어, 한대 전선(제9장)에서 극기단과 열대 기단이 만나는 곳에는 그들 사이의 가파른 온도 경도 때문에 저기압성 폭풍이 발달한다. 열대 해양성 기단이 아열대 고기압 지역의 서쪽 가장자리 주변에 있는 따뜻한 바다 위로 이동하면 열대 저기압 형태의 폭풍이 발달한다.

지표 특성의 공간적 변이 때문에, 대규모의 기단 발달과 변질에서부터 소규모의 바다와 육지 간의 차이에 이르는 넓은 시·공간적 규모에서 에너지 불균형이 나타난다. 이러한 불균형에서 초래되는 기류의 이동은 2차, 3차 순환 시스템에서 개별적으로 고려될 수 있다.

더 읽을거리

Arya, S.P. (1988) *Introduction to Micrometeorology.* Academic Press, New York.

Bannister, P.J. (1976) *Introduction to Physiological Plant Ecology.* Blackwell, Oxford.

Geiger, R. (1965) *The Climate near the Ground.* Harvard University Press, Cambridge Mass.

Grace. J. (1983) *Plant-Atmosphere Relationships. (Outline Series in Ecology)* Chapman & Hall, London.

Lockwood, J.G. (1979) *The Causes of Climate.* Edward Arnold, London.

Monteith, J.L. (1973) *Principles of Environmental Physics.* Edward Arnold, London.

Oke, T.R. (1978) *Boundary Layer Climates.* Methuen, London.

Rosenberg, N.J. (1974) *Microclimate: the Biological Environment.* John Wiley, New York.

제9장

2, 3차 순환 시스템

---

1. 2차 순환 시스템

(1) 기압 세포

지표면 위에는 일시적인 이동성 고기압 세포와 저기압 세포가 있는데, 이들은 일기도에서는 또렷하지만 계절적 평균 기압의 분포에서는 대체로 감지하기 어렵다. 이것은 저기압 세포(cyclone)와 고기압 세포(anticyclone)의 모양을 따서 닫힌 등압선의 면으로 인식된다. 이들은 대서양 동부와 서유럽의 전형적인 일기도에서 나타난다(그림 9.1).

저기압 세포에서 수렴하는 공기는 상승하여, 상공에서 발산한다. 반면에 고기압 세포에서 발산하는 공기는 상공에서 수렴하여 침강한다. 전자에서 공기는 상승함으로써 냉각되고 구름을 형성한다. 반면 고기압에서 침강하는 공기는 가열되고 건조해진다. 이러한 차이점과 저기압 세포를 향한 기압 경도가 비교적 가파르다는 사실은 날씨의 측면에서 볼 때 저기압이 보다 활발한 모습이라는 것을 의미한다.

(2) 온대 저기압

중위도에는 대기 대순환의 편서풍 성분의 영향을 받아 동쪽으로 이동하는 조직화된 공기 이동 패턴을 가진 이동성 저기압이 있다. 이러한 특징은 1883년 Abercromby가 발견하였다. 그는 이 지역에는 구름과 강수가 많으며, 짧은 거리에서도 기온과 풍향이 급변한다고 밝혔다. 20세기 초 노르웨이의 기상학자들은

이러한 불연속 지대를 온난 기단의 전면 가장자리(온난 전선)와 후면 가장자리(한랭 전선)로 인식하였다. 이들 전선은 저기압에서 주요 구름과 강수 지대이다(그림 9.2). 북대서양에서 잘 발달한 저기압을 찍은 위성 사진(그림 9.3)을 보면, 저기압과 관련된 나선형의 구름 띠와 전선대를 따라 더욱 밀집된 구름이 보인다.

두 전선에서는 따뜻한 공기가 찬 공기 위로 상승하여 단열 냉각이 일어난다. 온난 전선에서는 저기압의 전면에서 따뜻한 공기가 찬 공기를 타고 오른다. 온난 전선이 지표를 가로질러 통과함으로써 나타나는 날씨 상태를 살펴보자. 온난 전선이 도착하기 전에 구름과 강수가 많아지고 풍속이 증가한다(자료 9.1). 온난 전선의 뒤에서도 구름은 유지되지만 강우는 간헐적으로 내리고 풍속은 감소한다.

한랭 전선 지대는 다가오는 극기단이 따뜻한 공기의 밑을 파고드는 곳에 위치한다. 공기의 강제 상승이 빨라 두꺼운 적운과 강한 강수를 초래한다. 한랭 전선이 통과한 이후에도 강수는 강한 소나기의 형태로 지속된다. 그러므로 저기압은 비대칭이며, Abercromby가 주장한 것처럼 열과 습도의 분포 및 기류의 성질은 중심에 대한 상대적인 위치에 따라 결정된다. 전체 시스템이 동쪽으로 이동하는 속도는 다양하여 각 저기압은 개별적인 성격을 가지지만, 평균속도는 11.5m s^{-1}의 범위 내에 있을 것이다.

노르웨이의 저기압 발달 모델은 한대 전선을 따른 기단 간 상호 작용을 기반으로 한 것이다. 한대 전선은

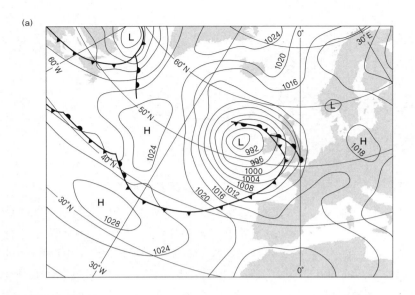

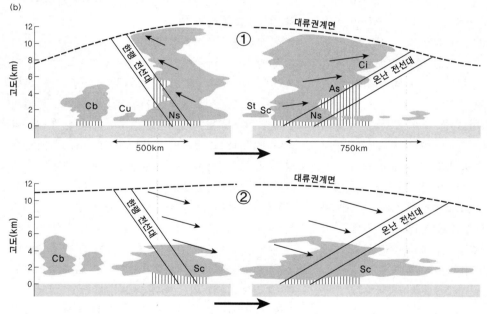

그림 9.1 전형적인 일기도: (a) 북대서양과 서유럽에서 영국으로 접근하는 온대 저기압(1977년 8월 24일 12시). (b) 온난 기단이 전선대와 관련하여 ①상승하거나 ② 하강하는 온대 저기압의 단면(구름의 구분은 [표 6.2] 참조).

해양성 극기단과 해양성 열대 기단을 나누는 것이 가장 보편적이다(그림 9.4a). 이 접촉 지대를 따라서 소규모의 파동이나 교란이 발생하고, 따뜻한 공기는 극지방의 찬 공기 속으로 움직이기 시작한다(그림 9.4b). 온난 전선과 한랭 전선 사이에는 뚜렷한 온난 영역이 발달한다. 온난 전선은 한랭 전선보다 느린 속도로 이동

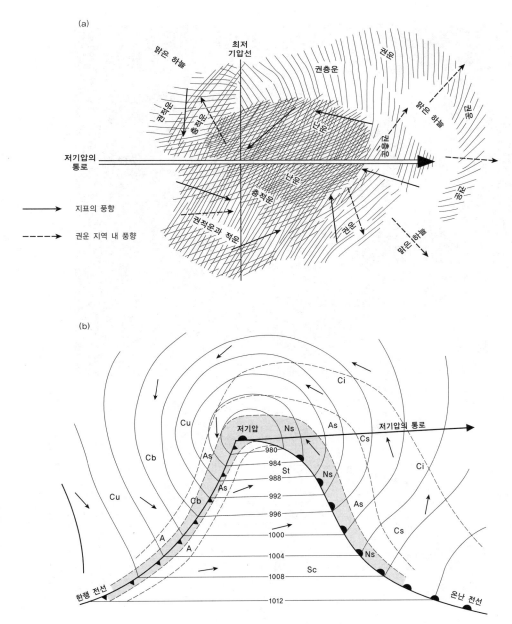

(a)

맑은 하늘

최저
기압선

권운

권층운

권운

맑은 하늘

권운

저기압의
통로

권적운과 적운

난운

층적운

난운

층적운

권운

권운

맑은 하늘

───────▶ 지표의 풍향

- - - - - -▶ 권운 지역 내 풍향

(b)

Ci

Cu

Cb

As

Cu

Cb

A

A

저기압

Ns

As

St

As

Ns

As

Ns

Cs

Ci

As

Cs

저기압의 통로

980
984
988
992
996
1000
1004
1008
1012

Sc

한랭 전선

온난 전선

그림 9.2 (a) Abercromby(1883)와 (b) 노르웨이 기상학자들(1914년 이후)이 제시한 온대 저기압 내 구름 분포 모식도

하기 때문에, 극기단은 측면으로 한정되는 온난 영역
의 공기를 가두게 된다. 파동 정점에서 기압이 감소함
으로써, 대류권 하층에서는 공기가 수렴한다. 이렇게

낮은 기압이 깊어지면 저기압이 발달한다(그림 9.4c).

지표에서 한랭 전선과 온난 전선이 만나서 중심부의
기압이 최소가 될 때 저기압은 최대로 발달한다(그림

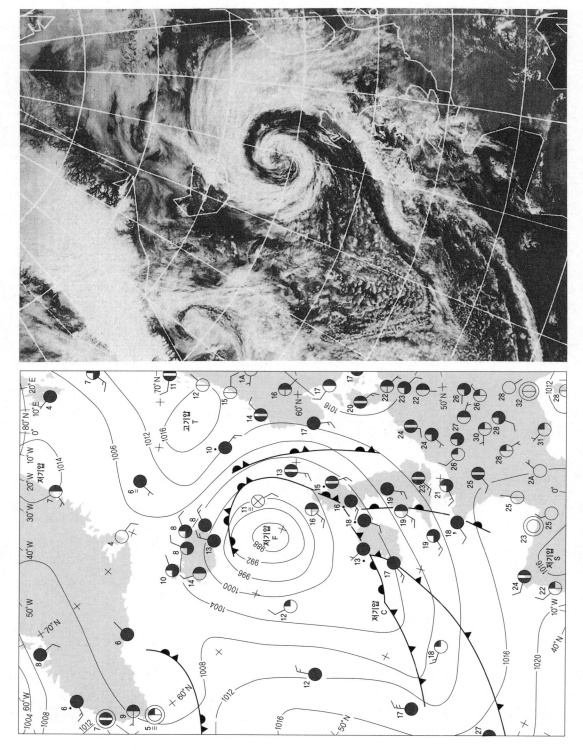

그림 9.3 1979년 8월 6일 북대서양, 서부 유럽의 위성 사진과 일기도(University of Dundee와 기상청)

온난 전선과 한랭 전선의 통과와 관련한 변화

요소	전선의 전면	전선 통과 지점	전선의 후면
온난 전선			
기압	지속적인 하강	하강 억제	변화가 없거나 느린 하강
바람	후퇴와 증가	전향과 증가	일정한 방향
온도	지속, 느린 상승	상승	작은 변화
이슬점	강수 시 상승	상승	일정
상대 습도	강수 시 상승	불포화 시 상승	포화되어 변화 없음
구름	Ci, Cs, As, Ns 연속. As와 Ns 밑에 St fra, Cu fra	낮은 Ns와 St fra	St나 Sc 지속. 약간의 Ci
날씨	지속적인 강수	거의 강수 또는 완전히 멈춤	건조, 간헐적인 약한 강수
시야	강수 시 제외하면 양호	불량, 안개	적당하거나 불량, 안개 지속
한랭 전선			
기압	하강	갑작스런 상승	느리게 상승 지속
바람	후퇴와 증가, 폭풍	갑작스런 전향과 폭풍	폭풍 뒤 약간 후퇴, 이후의 폭풍에서 지속이거나 전향
온도	지속, 전선 전 강우 시 하강	갑작스런 하강	변화 없음, 소나기 시 변화
이슬점	변화 없음	갑작스런 하강	변화 없음
상대 습도	전선 전 강우 시 상승	강우 시 높게 유지	강수 멈추면 급강하, 소나기 시 변화
구름	St 또는 Sc, Ac, As Cb	St fra, Cu fra가 있는 Cb, 매우 낮은 Ns	급하게 상승하여 짧은 기간에 As, Ac 이후 Cu, Cb
날씨	약간의 비와 천둥	천둥과 우박, 많은 강수	짧은 시간에 많은 강수, 때로는 지속적, 맑지만 소나기
시야	적절 또는 불량, 안개	일시적 악화	매우 양호

9.4d). 이 상태를 지나면 온난 영역이 지표 위로 떠올라 쇠퇴 또는 **폐색**(occlusion)되기 시작한다. 상승이 지속되면 폐색 전선으로부터 강수가 계속되더라도 남아 있는 열에너지는 소멸하고 저기압은 약해진다(그림 9.4e). 마침내 한대 전선의 요동은 사라지고, 대류권 하부에는 찬 공기의 약한 저기압 세포만 남는다. 그렇게 됨으로써 대기는 온난 공기 영역에 포함된 상당한 양의 열에너지를 방출하게 된다.

이러한 한대 전선 모델은 전형적인 중위도 저기압의 성쇠를 관찰한 결과와 잘 부합한다. 그러나 북대서양의 일기도를 관찰해 보면 저기압과 전선의 패턴이 항상 나타나는 것은 아니다. 서대서양에서는 한대 전선상의 파동이 발달한 후 빠르게 쇠퇴하거나, 또는 영국에 도달하였을 때에도 여전히 강화되고 있다. 켈트 해상에 있는 대서양 저기압 후면의 한랭 기단을 따라 파동이 발달함으로써 2차 저기압이 형성된다. 이 저기압은 동쪽으로 이동하면서 강화되고 날씨가 악화된다.

특히 지난 20여 년 동안 대류권 중, 상층부에 대한

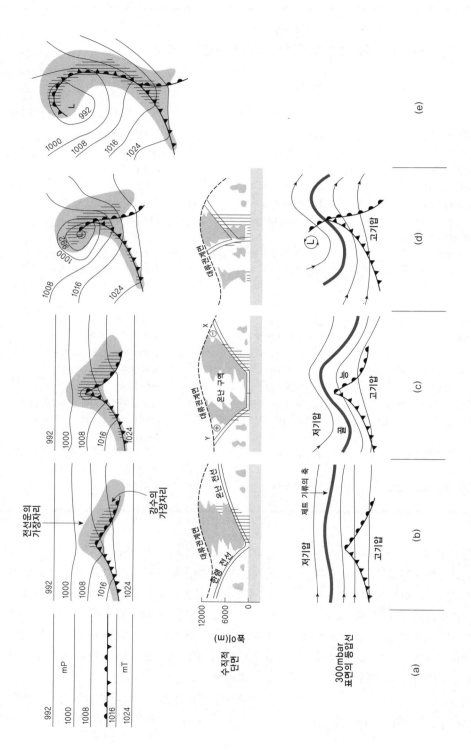

그림 9.4 온대 저기압의 발달 단계(등압선 간격은 8-hPa, Pedgley, 1962)

기상 관측이 증가함으로써, 상층 편서풍과 온대 저기압의 형성 간에 밀접한 관련이 있음을 알게 되었다. [그림 9.5]에 제시된 저기압 상층부의 300-hPa면 (9,000m)의 등고선은 상층 편서풍의 파동 패턴을 보여준다. 북반구에서 북극을 둘러싼 소용돌이 패턴 (circumpolar vortex, 그림 9.5)을 살펴보면, 보통 소용돌이가 파동을 그리며 북쪽으로 이동할 때 **저기압이 발달**(cyclogenesis)하는 것을 알 수 있을 것이다. 그러한 파동 내 골(trough)의 서쪽 가장 자리에서는 등압선이 더욱 조밀해져 기류가 수렴한다. 이러한 높이(해발 약 9,000m)에서 공기의 순유입을 보상하기 위하여 지표를 향하여 하강하는 기류가 발달한다. 결과적으로 대류권 하층으로 공기가 유입됨으로써, 지표에는 발산하는 고기압의 흐름이 발생한다. 골의 동쪽 가장자리에서는 등압선이 확장됨으로써 기류가 발산한다. 이 높이에서 기류가 발산하면, 대류권 저층으로부터 이를 대체하는 상승 기류가 초래된다. 지표로부터 상승하는 이러한

기류는 지표 상에서 저기압으로 수렴하는 기류에 의하여 대체된다.

그래서 파동의 골 서쪽으로는 대류권 상층 내 수렴이 있어 대류권 하층에 **고기압이 발달**(anticyclogenesis)하는 반면, 동쪽으로는 발산이 있어 저기압이 만들어진다(그림 9.4). 후자의 메커니즘은 특히 상층 편서풍에 잘 발달한 골이 있는 경우, 대서양과 태평양의 한대 전선을 따라 온대 저기압이 발달하는 데 매우 뚜렷한 영향을 미친다.

순환 시스템으로서의 중위도 저기압은 한대 전선을 가로지르는 강한 수평적 온도 경도와 상층 편서풍에 의한 외부의 자극이 결합하여 형성된다. 이 저기압은 퍼텐셜 에너지가 운동 에너지로 지속적으로 변환됨으로써 작동된다(그림 9.6). 퍼텐셜 에너지는 온난 기단과 한랭 기단의 온도 차이에서 유래하며, 운동 에너지로 변환된다. 열에너지는 지표에서 잠열의 형태로 얻으며, 온난 영역에서 수증기가 응결될 때 방출된다. 이

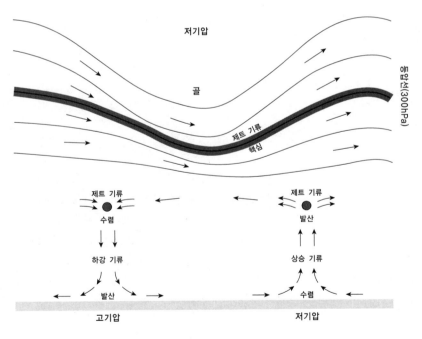

그림 9.5 300-hPa 고도의 기류와 지표 기류 사이의 관계

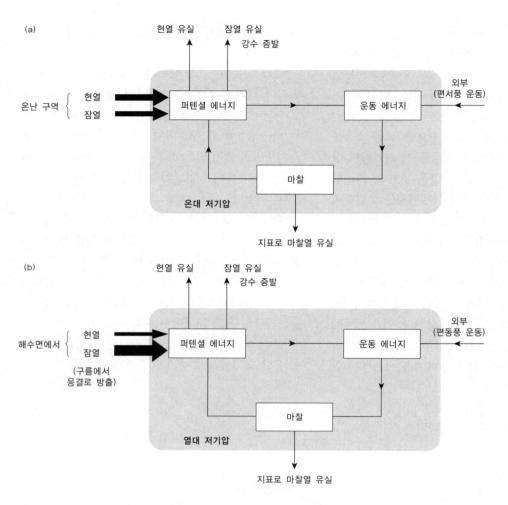

그림 9.6 에너지 시스템으로서의 저기압: (a) 온대 저기압. (b) 열대 저기압.

가운데 일부는 증발을 통해 대기로 되돌아가지만, 강우에 의한 순 수분 손실은 응결을 통하여 에너지를 보완한다.

이동하는 기류의 운동 에너지는 마찰 효과를 통하여 소모되는데, 마찰은 지표나 기류 내의 교란으로 발생한다. 운동 에너지는 직접 지표로 전달되거나(예를 들어, 바다의 파랑), 열에너지로 변환된다. 후자의 경우 열에너지는 잠재적인 에너지 저장소로 되돌아가거나 순환 시스템에서 사라진다.

수평적, 수직적 기류의 속도 면에서 측정한 저기압의 강도는 결국 에너지가 퍼텐셜 에너지에서 운동 에너지로 변환되는 비율과 마찰 에너지 손실률 사이의 균형에 따라 결정된다. 저기압이 폐색된 상태에서는 퍼텐셜 에너지의 공급이 고갈되고 운동 에너지는 급격히 소모된다. 그래서 저기압은 약해지고, 기압은 중심부에서 상승하기 시작한다.

(3) 열대성 저기압

열대 위도대에서 저기압은 때때로 허리케인이나 태풍으로 알려진 회전하는 폭풍의 형태를 취한다. 이들은 '맹렬한, 격렬한, 파괴적인, 재난의' 등으로 다양하게 묘사된다. 때로는 풍속이 50m s⁻¹를 초과하여 큰 피해를 입히기도 하며, 허리케인과 관련하여 가끔 해안 저지대를 따라 심한 범람을 초래하는 폭풍 해일도 나타난다. 1991년 4월 29과 30일 밤새 태풍이 벵골 만을 강타하여 폭풍 해일로 방글라데시에서 25만 명이 사망하였다. 7m에 달하는 파랑과 평균 풍속 65m s⁻¹를 넘는 폭풍 때문에 도서 지방과 해안의 마을들이 파괴되었다.

허리케인은 일기도에서 등압선이 조밀한 동심원으로 나타난다(그림 9.7). 그 중심부에서는 해면 기압이 950hPa까지 떨어지고, 예외적인 경우에는 900hPa까지 낮아진다. 전체 시스템은 직경 200~1,000km에 이르고, 3~14일 동안 가장 활발하다.

태풍의 눈에서는 기류가 하강하며, 단열 가열에 따라 비교적 높은 온도와 비교적 낮은 상대 습도를 유지한다(그림 9.7). 하늘은 비교적 맑고, 상층 권운만 얇게 걸려 있다. 이 주변에는 1,500m나 솟은 적란운의 벽이 있고, 저기압 강우의 대부분이 여기에 내린다. 저기압의 이 부분에서 시간당 50mm를 초과하는 강우강도가 기록되었다. 허리케인을 찍은 위성 영상을 보면, 열대성 저기압 내의 구름은 띠 모양으로 나타난다. 중앙의 눈과 이를 둘러싼 적운의 고리는 특히 눈에 잘 띈다.

열대 허리케인은 기류가 중심부를 향하고 나선을 그리며 이동하는 저기압 지역이며, 그 안에서 강우가 내리는 점에서 중위도 저기압에 비유될 수 있다. 그러나

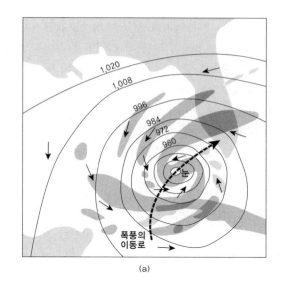

(a)

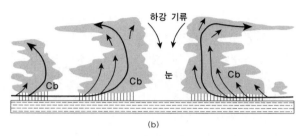

(b)

그림 9.7 (a) 플로리다로 접근하는 열대 저기압. (b) 수직 단면.

다른 부분에서는 대부분 현격하게 다르다(표 9.1). 허리케인은 전체 직경이 중위도 저기압의 반에 불과하고 풍속도 2배로 발달하며, 불연속이 없다. 기상 패턴은 중심부의 눈 주위로 비교적 대칭을 이룬다.

주요 허리케인 지역은 위도 5° 이상의 열대 바다로서, [표 9.2]에서 보듯이 아열대 고기압의 서쪽 가장자리를 따라 위치한다. 대부분은 북반구에서 발생하며

표 9.1 중위도 저기압과 열대 허리케인: 규모의 비교(Eliassen and Pedersen, 1977)

시스템	수평 규모(직경)(km)	수직 규모(km)	풍속(평균)(m s⁻¹)	평균 기간(일)
열대 허리케인	200~1,000	15	30	7
중위도 저기압	1,000~3,000	10	10~20	7

남반구에서는 인도양의 남서부와 오스트레일리아 앞바다만 크게 영향을 받는다. 허리케인은 수온이 높은 늦여름과 가을에 발생하며, 저위도의 열대 해양성 기단 내에 형성되는 미약한 열대 교란으로부터 발달하는 것이 보통이다. 허리케인이 발달하는 소규모 열대 교란의 대부분은 열대 편동 기류 내 서쪽으로 이동하는 파동에서 형성된다. 대류권의 중층이나 상층 기류 내에는 파동 골의 동쪽으로 발산이 있고, 이것 때문에 해수면에 수렴이 만들어지고 두꺼운 적운이 발달한다. 대부분의 열대 저기압은 그렇게 형성되고, 그 가운데 일부는 풍속이 17m s⁻¹를 초과하는 적절한 강도의 열대 폭풍으로 발달하며, 단지 2~3개만이 더욱 발달하여 허리케인을 형성한다.

수직 단면(그림 9.7)으로 볼 때, 허리케인 내에는 해수면 근처에서 강한 수렴과 기류의 상승이 있는데, 상승 기류는 15,000m까지 발달한다. 열대 폭풍에서 허리케인을 구별하는 결정적인 특징은 대류권 상층에 잘 발달한 발산이다. 그 밑에는 하강 기류의 온난한 핵이 있다. 해수면 위의 공기는 열과 수분을 머금고 강한 수직 기류를 타고 상층으로 운반된다. 높은 곳에서 응결되어 강수를 형성함으로써 대량의 잠열을 방출하며, 이것이 핵에 온난한 공기를 지속적으로 공급한다. 그러므로 열과 수분을 적당히 흡수하는 것이 중요한데, 이는 따뜻한 해수면으로부터 공급받는다. 해수의 임계 온도는 대체로 27℃로 알려져 있으며, 허리케인의 세계적 분포는 이 등온선과 밀접히 관련되어 있다.

이미 제4장에서 보았듯이, 적도에서는 전향력이 0이지만, 전향력은 위도의 사인(sine)값으로서 급격히 증가한다. 적도는 강한 전향력이 없기 때문에 저기압의 소용돌이가 발달할 수 없으며, 전향력은 위도 5°를 넘어야만 허리케인이 발달하기에 충분할 정도로 커진다. 북반구의 경우 허리케인 내에서 움직이는 공기는 북쪽으로 이동하면서 전향력이 증가하고, 그래서 강해질 것이다. 그러나 해수면이 점차 차가워지기 때문에 현열과 수분의 공급이 감소하고, 결과적으로 대류권 상층에서 방출될 에너지가 줄어들어 허리케인이 유지될 수 없다. 허리케인이 육상으로 이동한다면 현열의 공급은 유지되겠지만, 수분의 공급과 그에 따른 잠열의 공급이 제한된다. 그러므로 전체적인 에너지 유입량이 허리케인을 유지하기에 부적당하다. 공기 역학적으로 비교적 거친 육지면에서는 마찰 견인이 더 크기 때문에 에너지 손실이 상당히 증가한다. 그래서 허리케인의 에너지 공급은 열대를 떠나면서 줄어들고, 결과적으로 그 속에서 에너지 교환도 점진적으로 줄어들어

표 9.2 세계에서 허리케인 활동이 가장 활발한 지역(Trewartha, 1961; Barry and Chorley, 1976)

지역			허리케인 계절(월)	연평균 빈도
I	남, 남서 대서양	카보베르데 섬	8, 9	4.6(1901~1963)
		서인도 동부, 북부	6~10	
		카리브 해 북부	3~11	
		카리브 해 남서부	6~10	
		멕시코 만	6~10	
II	북태평양(멕시코 서안)		6~11	2.2(1910~1940)
III	북태평양 남서부(지나 해와 일본 포함)		5~12	19.4(1924~1953)
IV	북인도양	벵골 만	4~6	4.7(1890~1950)
		아라비아 해	9~12	0.7(1881~1937)
V	남인도양(마다가스카르 동쪽)		11~4	4.7(1848~1935)
VI	남태평양(오스트레일리아 동쪽)		12~4	4.0(1940~1956)

풍속과 강우강도가 약화된다. 서대서양의 멕시코 만류를 따라 발달하는 허리케인은 차가운 한대 해양성 기단과 만나면서 마침내 중위도의 특성을 지니게 된다. 대부분의 경우 허리케인은 깊은 저기압으로 변하고 영국에 험악한 날씨를 가져온다.

순환 시스템으로서 열대 허리케인은 수증기의 응결에서 유래하는 막대한 열에너지의 유입으로 유지된다. 바다로부터 현열과 잠열을 흡수하여 퍼텐셜 에너지로 공급하면, 이것이 운동 에너지로 변환된다. 중위도 저기압의 경우와 마찬가지로, 시스템의 작동은 이러한 변환에 달려 있다(그림 9.5). 시스템은 대기 내의 마찰과 지표 상의 마찰로 멈추게 된다.

시스템이 따뜻한 바다에 위치하는 동안에는 퍼텐셜 에너지가 마찰로 인한 손실을 초과할 정도로 남아돌게 되고, 이로써 순환이 강화된다. 퍼텐셜 에너지가 감소하고 마찰로 인한 손실이 증가하면 순환은 느려진다. 에너지 손실이 에너지 유입을 초과하는 경우, 퍼텐셜 에너지가 새로 유입되지 않으면 허리케인은 쇠퇴하게 된다.

허리케인의 풍속과 파괴 능력이 중위도 저기압보다 클지라도, 총 운동 에너지는 오히려 상당히 적다. 발달하는 허리케인의 운동 에너지는 10^{16}J 정도이나, 성숙기에는 10^{18}J로 증가한다. 이에 비하여 비교적 강력한 중위도 저기압은 10^{19}J로 발달한다. 지구-대기 시스템 내의 이러한 에너지 교환과 관련하여 리히터 규모 8 정도 지진의 에너지는 10^{18}J이고, 평균적인 지진은 6.2×10^{13}J 정도이다. 그러나 이러한 비교에서 문제는 에너지의 집중도에 있다. 분명히 어느 시점의 허리케인은 퍼져 있는 중위도 저기압보다 매우 국지적으로 집중된 현상이다.

(4) 고기압

고기압은 저기압보다 강력하지는 않지만, 고기압을 빼고 순환 시스템을 말할 수는 없을 것이다. 고기압은 기압 경도가 비교적 작기 때문에 결과적으로 바람도

훨씬 더 약하다. 고기압 중심의 공기는 하강하므로, 지표를 향하여 이동할수록 기압이 증가하고 단열 가열이 초래된다(자료 6.3). 기온이 상승함으로써, 수증기가 추가되지 않으면 공기는 포화되지 못할 것이며, 떠다니는 물방울도 증발할 것이다. 그러므로 고기압은 구름이나 강수의 가능성이 거의 없는 맑은 날씨를 가져올 것으로 생각된다. 그래서 우리는 중위도 여름철의 맑은 하늘과 뜨거운 날씨를 고기압과 관련짓는다. 맑은 하늘을 수반하는 겨울철 고기압의 맑은 날씨는 밤에 지표의 빠른 복사 냉각을 유발하여, 서리가 내릴 가능성이 높다.

그러나 때로는 고기압 때문에 장시일 구름 낀 우중충한 날씨가 나타나기도 하는데, 이를 우울한 고기압이라고 한다. 고기압의 특징인 저층 대기에 뚜렷한 기온 역전이 나타나면 얇은 층운이나 층적운이 발생한다. 지표 위로 고도가 상승할수록 기온이 증가하는 이러한 층은 지표와 바로 접하여 있거나 어느 정도 떠 있다. 아시아의 한랭한 겨울철 고기압은 전자의 사례이며, 온난한 아조레스 고기압은 후자의 사례이다.

하강하는 공기는 지표에 가까워질수록 느려지기 시작하고, 1,000m 이내의 공기는 하강하지 않는다. 하강하는 공기는 지표와 접하여 있는 비교적 차가운 공기층 위에서 발산하고, 수분이 추가로 공급되면 응결이 일어날 수도 있다. 복사무는 (보통 고기압 상태에서) 지표의 냉각과 그에 따른 지표 위 공기의 냉각으로 습윤한 공기의 온도가 이슬점까지 낮아짐으로써 발생한다. 하층 대기의 기온 역전이 깊어지면 안개는 두꺼워지고, 안개가 발달하는 깊이는 역전층의 수직적 범위로 제한된다. 다른 경우에는 지표와 떨어져 있는 역전층 밑에서 하층 대기 내의 교란에 따라 혼합이 일어난다. 교란으로 인한 공기의 상승이 국지적인 곳에는 기온 역전의 경우와 마찬가지로 단열 냉각으로 응결이 발생한다. 이에 따라 열적 상승 기류를 덮는 고립된 적운 형태의 구름이 만들어지며, 구름의 수직적 발달은 역전층에 의하여 제한된다. 습윤한 하층 대기에 보다 광

범위한 수직적 혼합이 일어나면 층운이나 층적운이 매우 넓게 형성되어, 때때로 약한 강수를 뿌리기도 한다.

지구–대기 시스템에는 쉽게 인식할 수 있는 여러 유형의 고기압이 있는데, 이들은 하강 기류라는 공통의 요소를 가지고 있으나 근본적으로 기원이 다양하다. 일부는 중위도 고기압처럼 이동성이며, 나머지는 대서양과 태평양에 있는 아열대 고기압처럼 해가 가고 달이 가도 거의 움직이지 않는다. 일부는 대류권 전체에 걸쳐 수직으로 발달하는 데 반해, 나머지는 수직으로 1~2km에 불과하다.

겨울 동안 해양의 열에너지원으로부터 멀리 떨어진 고위도의 대륙 내부에서 강한 복사 냉각이 이루어지면 하층 대기의 얇은 층이 냉각된다. 찬 공기는 비교적 밀도가 크기 때문에 그 아래 지표에 가하는 압력이 증가한다. 이렇게 생성되는 고기압은 수직적으로 2km에 미치지 못하는 얇은 형태를 띤다.

겨울철 고기압은 북아메리카와 아시아의 종관 일기도의 특징이지만, 아시아에서 발달한 것이 더욱 지속적이다. 1월 평균 기온 0℃ 등온선이 아시안 러시아의 대부분을 둘러싸며, 동부 여러 곳에서는 평균 기온이 −40℃ 이하로 떨어지기도 한다. 아시아 고기압은 몽골 주변에 중심을 두고, 기압능(ridge)으로서 시베리아 동부를 넘어 북동쪽으로 확장한다(그림 9.8). 850-hPa 높이까지 위로 확장하는 하층 대기에는 잘 발달된 기온

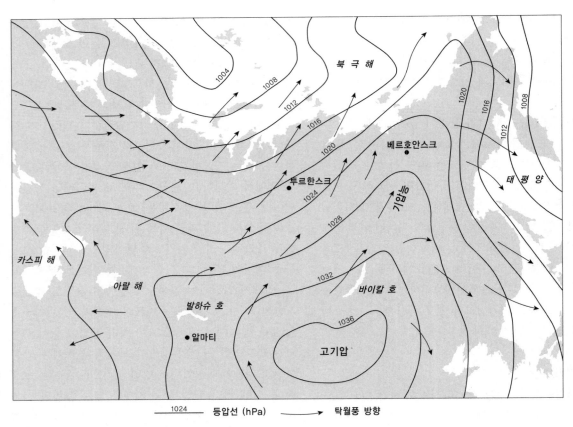

그림 9.8 1월 평균해면기압과 아시아의 탁월풍 방향(Borisov, 1965)

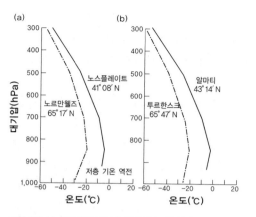

그림 9.9 (a) 북아메리카와 (b) 아시아의 겨울철 고기압 내 온도의 수직 단면 (Crowe, 1971).

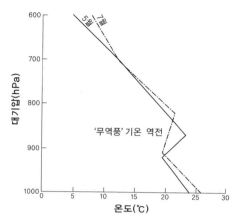

그림 9.10 북대서양 카보베르데의 살(Sal) 섬(16° 44′ N)에서 나타나는 아열대 고기압 내 수직 기온 단면(Crowe, 1971)

역전층이 있다(그림 9.9). 지상풍은 기류가 고기압 중심으로부터 발산하는 것을 나타내며, 서쪽으로는 편서풍이 북극해를 향하여 북쪽으로 구부러진다. 종관 일기도에서 고기압이 우세하면, 얇은 층운 때문에 오랫동안 시계가 불량하여도 기온이 낮고 강수가 드물다. 대부분의 겨울 강수는 때때로 유입되는 저기압의 활동으로 나타난다.

이러한 한랭한 고기압과는 반대로, 아열대 위도에서 발생하는 고기압은 대류권 전체에 걸쳐 깊게 발달하며, 해수면에서 대류권계면에 이르는 기압면에서 감지된다. 이들의 위치는 연중 위도 5° 범위 내에서 변한다. 고기압은 기류의 침강과 지표에서의 발산 때문에, 사하라 사막과 같이 지구 상에서 가장 건조한 지역의 일부와 연관되어 있다. 이러한 온난 고기압에서 하층 대기의 특징은 뚜렷한 기온 역전이다. 고기압의 동쪽 가장자리에서는 이러한 역전층이 비교적 지표 가까이에 나타나지만, 이 지역을 벗어나면 위로 떠올라 교란하는 혼합공기층 위에 위치한다. 카보베르데 섬은 북대서양에 있는 아고기압 주축의 남쪽에 위치하는데, 여기에서 기온 역전층은 925-hPa와 825-hPa 고도의 사이에 위치한다(그림 9.10).

2. 3차 순환 시스템

(1) 규모

2차 순환 시스템 내에는 대체로 160km 이내의 짧은 거리에서 짧은 기간 동안에 작동하는 소규모의 대기 순환들이 있다. 이들의 운동 에너지는 10^{13}J 정도의 수준으로 제한된다.

그러한 '국지적인' 3차 순환은 지표의 차별적 가열로 유발되는 대류 세포이다. 이러한 경우에 에너지 전달은 대기 대순환의 단일 세포 모델(제4장)의 경우와 유사하다. 이들은 기존의 대규모 기류를 조정하는 방향으로 작동하며, 여기에서는 '지방풍(regional wind)'이라고 하자. 지표의 기복은 지표 위로 흐르는 기류의 특성을 크게 바꾸기도 한다. 이런 경우에 운동 에너지는 직접 지방풍에서 유래한다. 다음 절에서 우리는 3차 순환의 두 가지 유형의 실례를 고찰할 것이다.

(2) 해풍

대부분의 해안에서는 국지적인 대기의 순환에 따른 풍향과 풍속의 일주적 변화가 특징이다. 영국 포츠머스에서 1975년 6월 1일부터 1975년 8월 19일까지 시간별 평균 풍속을 분석한 결과, 이른 아침의 최저

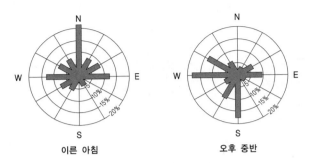

그림 9.11 1975년 여름 포츠머스(Lion Terrace)의 바람장미

느릴 때 점차 내륙으로 영향력을 확장한다. 풍속은 늦은 아침에 빠르게 증가하여, 이른 오후로 가면서 최대에 도달하여 영국에서는 4ms^{-1}에 달한다. 바다에서 육지로 불어오는 바람은 지표에서 750m 높이까지 위로 확장된다. 상공에서 바다로 되돌아가는 바람은 지표 위 약 2,000m 높이에서 최대 풍속에 도달한다.

대기의 국지적 순환인 해풍은 열적 세포로 단순화할 수 있다. 낮 동안에는 열 분포 메커니즘의 차이 때문에 육지 표면의 온도가 바다 표면보다 더 빠르게 증가한다. 이러한 차별적 가열 때문에 단일 열적 세포가 만들어진다. 대기는 따뜻한 육지 표면에서 상승하고, 저층에서 바다로부터 기류가 유입함으로써 대체된다. 이것을 보상하기 위해, 상공에는 되돌아가는 순환이 있고 바다 위에서는 침강하는 대기가 있다(그림 9.12). 이러한 가반에서, 지표의 온도 차이가 가장 크면 순환도 가장 강해질 것이다.

단순한 모델에서 기압 경도력은 바다에서 육지로 곧바로 작용하여 풍향이 해안선에 수직을 이룰 것으로 오해 받을 수도 있다. 그러나 움직이는 모든 물체는 전향력을 받으므로 이동 방향이 기압 경도력 방향으로부터 벗어나게 된다. 예를 들어, 북반구에서 해안을 가로질러 북쪽으로 부는 해풍은 동향 성분의 이동이 발달한다. Defant(1951)은 매사추세츠 주 해안을 따라서 전향력과 마찰이 해풍에 미치는 영향을 연구하였다. 그는 이론적인 순환과 실제의 관찰을 통하여 해풍이 해안선에 수직이 아니라 45° 정도 벗어났다고 밝혔다.

해풍은 중위도의 여름 동안 해안이 따뜻한 상태일 때 또는 열대에서 가장 빈번하게 발달하며, 온도 차이에 기반을 둔 단순한 해석을 지지하는 경향이 있다. 그러나 관찰해 보면, 육지와 바다 사이에 비교적 큰 온도 차이가 있더라도 나타나지 않는 경우도 있고, 온도 차이가 작은 경우에 나타나기도 한다. Watts(1955)에 따르면, 소니 섬의 서식스 해안에서 해풍이 시작되는 시점은 온도 차이의 크기만이 아니라 대기의 안정성에도 관련되어 있다. 대기의 조건이 불안정하면 해풍의 발

2.9ms^{-1}에서 이른 오후의 최대 5.4ms^{-1}에 이르는 뚜렷한 일주적 변화가 있음이 밝혀졌다. 이 두 시점에 대한 바람장미를 그려 보면 탁월풍의 분명한 차이를 알 수 있다(그림 9.11). 아침에는 햄프셔 해안을 따라 바다로 불어나가는 북풍이 잦다. 그러다가 오후에는 이것이 바다에서 불어오는 남풍으로 바뀐다. 결론적으로 이른 아침에는 바다로 불어나가는 약한 바람이 있고, 오후 중반에는 바다에서 불어오는 강한 바람이 있다는 사실이 밝혀졌다.

Peters(1938)는 남부 햄프셔에서 이러한 해풍을 인식하였다. 그는 기온의 감소 및 상대 습도의 증가와 관련한 풍향의 급격한 변화를 기록함으로써 해풍을 처음으로 알아차렸다. 이러한 증거에 힘입어, 그는 해풍의 계절이 3월에서 9월까지 이어진다는 사실도 알았다. Simpson(1964)은 이를 더욱 연구하여, 해풍이 40km만큼이나 내륙으로 깊숙이 침투한다는 사실을 밝혀냈다. 그는 어떤 지점에 해풍의 도달을 알리는 지표로 이슬점의 상승을 이용함으로써, 해안 가까운 곳에서는 늦은 아침에 육지로 불어오는 해풍이 발생한다고 결론지었다. 해풍이 육지 위로 침입하면 약한 한랭 전선의 형태를 나타내어 적운이 발달한다.

온대와 열대의 많은 해안 지역에서도 대체로 유사한 해풍의 특징이 발견되었다. 전형적인 해풍은 해안에서 늦은 아침 동안에 발달하며, 지균풍의 풍속이 비교적

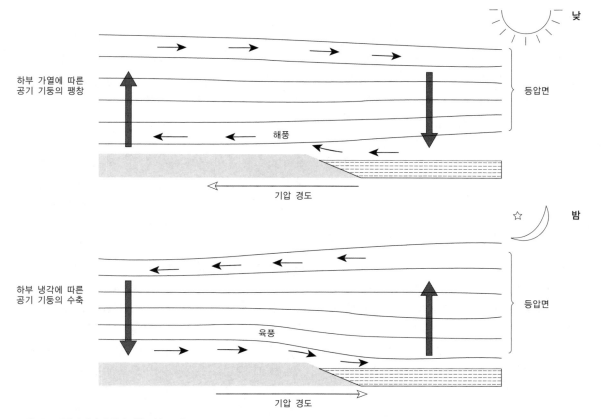

그림 9.12 해안의 대기 순환에 관한 단순 모델

생이 빠르고, 안정된 상태에서는 풍향이 점진적으로 변한다. 추론해 보면, 해풍은 육지 표면 대기의 빠른 수직적 상승을 유도하는 대기 조건이 갖추어질 때 가장 쉽게 발달한다.

'적절한' 대기 상태에서 육지 표면 위의 공기가 가열되면, 위에 있는 대기가 수직적으로 급속히 팽창하고, 약 2km 높이에서 기압이 증가하기 시작한다. 이 때문에 이 높이에서 기류가 바다 쪽으로 흐른다(그림 9.12). 상공의 이러한 발산으로 육지 표면의 기압은 대기가 상승하여 그 자리를 메울 만큼 떨어지는 반면, 해수면에 기류가 도달함으로써 상공에는 수렴이 발생한다. 대기는 이러한 수렴 밑에서 침강하여 해수면의 대기압을 증가시킨다. 지표에 기압 경도가 발달하면 기류가 육지 쪽으로 이동하는 해풍이 발생한다.

순환 시스템 내 에너지 흐름의 관점에서 볼 때, 해풍은 해수면보다 육지 표면의 저층 대기로 유입되는 더 큰 에너지 방출에서 퍼텐셜 에너지를 공급받는다. 이것은 운동 에너지로 변환되어, 일부는 마찰로 소실된다. 지방풍이 불고 있을 때 해발이 발달하면 운동 에너지의 유입에 추가된다.

해풍과 반대 방향으로 부는 육풍은 열적 세포로서 비슷하게 나타난다. 밤 동안 육지가 냉각되면 기류가 하강하고 지표에서 발산한다. 반면 해수면 위에서는 기류가 수렴하고 상승한다(그림 9.12). 육풍은 한밤이 되기 전에 바다로 불어나가기 시작하여, 해가 뜬 직후 최대 풍속에 도달한다. 육풍의 풍속이 대개 2m s⁻¹ 이하로 느린 것은 이러한 순환 시스템에서 수직 상승의 규모가 작고 육지 위의 침강이 느리기 때문이다. 그러나 대부분의 경우에는 상공에서 되돌아가는 순환이 분명하지 않다. 이것은 약하여 지방풍에 의하여 쉽게 사라진다. 대신에 육풍은 한랭하고 무거운 공기가 사면 아래로 중력 이동한 것으로 해석될 수 있으며, 육지 표면과 해수면의 온도 차이만큼이나 내륙의 기복과도 관련되어 있다. 이런 유형의 기류는 다음 절에서 더 자세히 살펴볼 것이다.

(3) 사면풍

산지에서는 기류가 **사면 위쪽으로**(anabatic) 흐르거나 **사면 아래쪽으로**(katabatic) 흐르는 국지풍이 발달한다. 직달 복사를 받는 등질의 사면에서(그림 9.13), 지표가 가열되면 그 위에 놓인 공기도 가열된다. 따라서 대기가 수직적으로 팽창하고, 사면 위쪽으로 기압 경도가 발생한다. 결과적으로 기류가 사면 위쪽으로 흐르면, 하강 기류가 사면 말단부 위로 가라앉음으로써 이를 보상하며, 사면 정상부에서 기류가 흘러들어 순환을 완성하게 된다. 일출 후 태양 복사를 직접 받는 사면에서, 사면의 가열이 시작된 후 한 시간 이내에 사면 위쪽으로 불안정한 바람이 불기 시작하고, 이른 오후에 사면의 온도가 최대로 될 때까지 지속적으로 강화된다.

같은 사면이 밤 동안에 냉각되면 그 위의 공기는 수직적으로 수축되고(그림 9.13), 사면 아래쪽으로 기압 경도가 발달하여 기류가 사면 아래쪽으로 흐른다. 이것은 사면 정상부에서 기류가 순유입됨으로써 보상되고, 사면 말단부에서 기류가 상승하여 순환이 완성된다. 일몰 후 약 1시간이 지나면 산 아래쪽으로 흐르는 안정된 기류가 시작되고, 냉각이 진행됨에 따라 점차 강화되어 일출 무렵 최대 풍속에 이른다.

사면 위쪽으로 이동하는 사면 승풍이나 사면 아래쪽으로 흐르는 사면 강풍은 모두 보통 고기압 상태인 맑은 날에 가장 잘 발달한다. 넓은 사면에서 사면 승풍의 최대 풍속은 4m s^{-1}에 달하고, 반면 사면 강풍은 2m s^{-1}에 이른다. 사면 승풍은 200m 이상의 깊이까지 발달하지만, 사면 강풍은 150m에 이르는 층으로 국한된다. 이렇게 이동하는 대기층 내에서 최대 풍속은 마찰의 지연 효과 때문에 지면에서 약간 떨어진 곳에서 나타난다(그림 9.13).

사면풍의 발달은 (제8장 4절에서 알 수 있듯이) 매우 복잡한 사면 지표의 복사 균형과 밀접히 관련되어 있다. 사면의 방향과 사면의 경사, 그리고 주변의 기복에 따른 음영 정도(degree of shading) 등이 사면 위에서 이동하는 기류의 성격에 영향을 미친다.

순환 시스템으로서의 사면 승풍은 열적으로 직접적이다(그림 9.14). 퍼텐셜 에너지는 사면의 가열과 사면에 접촉한 공기의 온도 상승으로부터 유래한다. 결과적으로 사면에 접한 공기층과 사면 말단부 위쪽과 같은 높이에 있는 자유 대기 내의 공기 간에는 온도 차이가 있다. 사면 강풍의 경우, 퍼텐셜 에너지는 사면이 냉각될 때 역전되는 온도 차이로부터 유래한다. 이러한 퍼텐셜 에너지는 운동 에너지로 전환되어, 일부는 특히 사면 지표와 대기 사이의 마찰로 소모된다.

비대칭 곡을 형성하는 두 개의 사면을 생각해 보면, 각 사면에는 열적 사면풍이 발달할 것이다(그림 9.15). 사면이 똑같게 가열되면, 특히 맑고 비교적 고요한 날씨에서, 낮 동안의 기류는 사면 승풍일 것이다(그림 9.15a~d). 사면 승풍으로 골짜기 중앙에 발산이 만들어지고, 공기가 하강하여 그 자리를 차지할 것이다(그림 9.15e, f). 사면이 똑같은 비율로 냉각된다면 사면 아래쪽으로 기류가 흘러 곡저에서 수렴할 것이다(그림 9.15g, h). 그러나 대기는 대체로 차갑고 밀도가 크기 때문에 골짜기의 공기는 상승이 제한된다. 차가운 공기가 골짜기 내에 남아서, 온도가 0℃ 이하인 냉기호(cold pool)를 이루기도 한다.

두 사면의 복사 균형이 서로 다른 경우에는 두 세포 모델이 비대칭일 것이다. 동-서로 뻗어 있는 골짜기는 따뜻한 사면과 차가운 사면을 가진다. 이러한 경우, 차

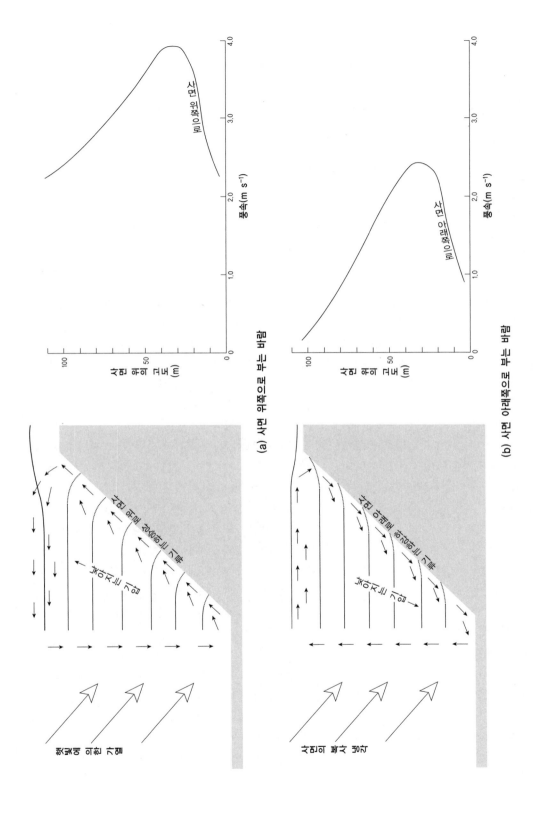

(a) 사면 위쪽으로 부는 바람

(b) 사면 아래쪽으로 부는 바람

그림 9.13 동일한 사면에서 사면 위쪽으로 흐르는 기류와 사면 아래쪽으로 흐르는 기류의 발달

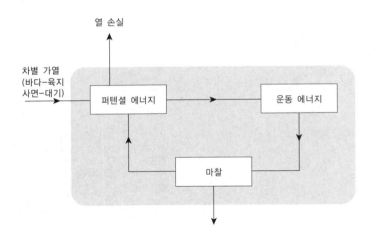

그림 9.14 단순한 에너지 시스템으로서 열적으로 직접적인 유형의 3차 순환

가운 사면에서는 낮 동안에 약한 순환이 발달하고, 골짜기 순환도 따뜻한 사면에서보다 두드러진다.

산지로부터 평지에 이르는 곡저의 경사는 골짜기 내의 순환 위에 또 다른 순환이 겹쳐진다. 산사면 상의 공기와 먼 평지 상의 공기 간에 온도 차이가 있기 때문에, 골짜기를 자연 상태의 흐름 통로로 사용하는 대규모의 대기 순환이 만들어진다. 이것을 산풍(mountain wind)과 곡풍(valley wind)이라고 한다. 이러한 골짜기 내의 기류는 산지−저지와 곡사면의 바람이 복잡하게 조합되어 나타난다. Defant(1951)는 이것을 단순한 형태로 표현하였다(그림 9.15).

(4) 푄풍

산맥이나 언덕을 강제로 넘는 기류가 반드시 국지적 순환을 만드는 것은 아니지만, 변질되어 흐름 특성에 뚜렷한 변화를 만들지도 모른다. 그러한 변질 가운데 하나는 바람 그늘 사면을 따라 온난하고 건조한 거친 바람이 불어가는 푄풍(Föhn wind)이다. 푄이란 원래 오스트리아의 티롤 지방에서 사용하던 말이다. 로키의 치누크(Chinook)와 안데스의 존다(Zonda)를 포함하여 여러 가지 지방명이 있다.

바람이 불기 시작하면 기온이 극히 빠르게 상승한다. 캐나다에서 치누크가 불기 시작한 후 4분 동안 21℃의 변화가 있었다. 보다 작은 규모로, Lockwood (1962)는 영국에서 계절에 맞지 않게 고온을 유발하는 푄풍의 발생을 조사하였다. 스코틀랜드 킨로스(Kinloss)의 날씨 기록에는 아마도 케언곰 산맥에서 시작하여 남풍으로 불어온 푄풍의 증거가 포함되어 있다. 푄풍의 도달은 상대 습도의 뚜렷한 감소와 기온의 상승으로 알 수 있다(그림 9.16).

[그림 9.17a]에는 푄 효과에 대한 한 가지 설명이 개략적으로 제시되어 있다. 온도 T_1에서 조건상 불안정한 대기는 산맥 위로 강제 상승하고 건조 단열 감율(AB)에 따라 냉각된다. 응결 고도까지 냉각된 후 계속 상승하면, 보다 느린 습윤 단열 감율에 따라 냉각이 지속된다(BC). 이로써 산악 구름이 형성되는데, 이는 바람 그늘 사면에 푄벽(Föhn wall)이라고 알려진 적운의 벽을 나타낸다. 이 구름에서 강수가 내리면, 대기는 순 수분 손실과 응결의 잠열 방출로 인한 순현열 유입을 겪는다. 수분을 잃어버림으로써, 대기가 산맥의 바람 그늘 사면을 타고 내려가서 단열 가열 되기 시작하면 재증발로 거의 소모되지 않는다. 대기는 하강할 때 건조 단열 감율에 따라 T_1보다 더 높은 온도 T_2까지 가열된다(CD). 변질되지 않은 기류는 퍼텐셜 에너지(내부 열과 중력)와 운동 에너지를 포함한다. 대기가 강제로 산맥 장애를 넘어 상승하면 운동 에너지가 퍼텐셜 에

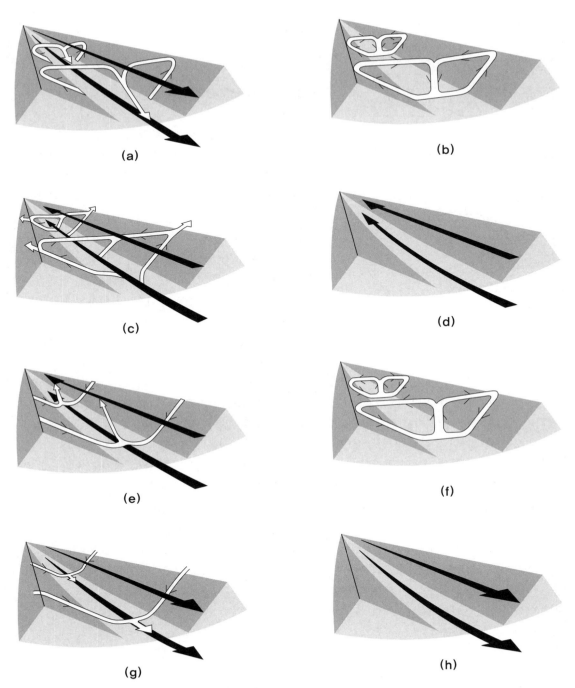

그림 9.15 골짜기 내 기류의 일변화에 대한 체계적인 예시(Defant, 1951). (a) 일출: 사면 상승풍 시작(흰 화살), 산풍의 지속(검은 화살), 차가운 골짜기, 따뜻한 저지.
(b) 아침(9시경): 강한 사면풍, 산풍에서 곡풍으로 전이, 골짜기의 기온이 저지와 같음. (c) 정오와 이른 오후: 약해지는 사면풍, 충분히 발달한 곡풍, 저지보다 따뜻한
골짜기. (d) 늦은 오후: 사면풍은 멈추고, 곡풍은 지속, 골짜기가 저지보다 계속 더 따뜻함. (e) 저녁: 사면 하강풍 시작, 곡풍 약해짐, 골짜기가 저지보다 약간 더 따뜻
함. (f) 이른 밤: 잘 발달된 사면 하강풍, 곡풍에서 산풍으로의 전이, 골짜기와 저지의 온도가 같음. (g) 한밤: 사면 하강풍 지속, 산풍이 잘 발달함, 골짜기가 저지보다
차가움. (h) 늦은 밤~아침: 사면 하강풍이 멈추고, 산풍이 골짜기를 차지함. 골짜기가 저지보다 더 차가움.

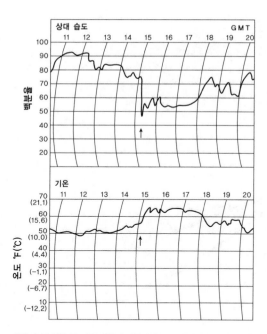

상대 습도

GMT

기온

그림 9.16 푄풍의 시작(1957년 3월 12일 스코틀랜드 모레이셔 킨로스)을 보여주는 습도와 기온 변화의 궤적(Lockwood, 1962)

너지로 변환된다. 대기가 바람 그늘 사면을 따라 흐르면 퍼텐셜 에너지는 다시 운동 에너지로 변환된다. 변질된 기류에서 나오는 에너지의 유출은 마찰로 소모된 에너지를 제외하면 변질되지 않은 기류와 똑같다.

기온의 상승이 잠열 방출에 따른 순유입 때문이라면, 이러한 푄 모델에서는 산악 구름에서 떨어지는 강수가 있어야 한다. 이런 점에서, 푄풍은 지형성 강수에 따른 수분 손실이 없어도 일어나기 때문에 이론이 관찰과 일치하지 않는다. 그러므로 보다 최근의 이론은 푄풍이 저층 대기의 상승과 하강보다는 상층 대기의 강제 하강으로 발생한다는 대안적 견해에 귀를 기울이는 경향이 있다(그림 9.17b). 비교적 건조한 공기가 강제로 하강하고, 산지 장애의 바람 그늘 사면 아래로 파동을 만들면서 흘러내려 단열 가열된다. 이러한 대안에는 잠열의 방출이 포함되어 있지 않다. 하강하는 대기는 퍼텐셜 에너지를 운동 에너지로 변환하고, 단열 가열됨으로써 내부의 열을 빼앗기거나 대기로부터 얼

지도 않는다.

3. 대기 시스템 간의 연계

여기에서 2차 순환 시스템과 3차 순환 시스템으로 표현한 지구–대기 시스템 내 대기의 이동은 아래에 놓인 수면이나 지표로부터 받는 열에너지와 수분 공급량의 시공간적 변이 때문에 종종 유발된다. 그러한 변이의 규모는 해풍과 같이 짧은 거리에서 작동하는 단기간의 기류에서 광범위한 지표의 기상 패턴에 영향을 미치는 온대 저기압과 같이 장기적인 기류에 이르는 범위를 나타낸다. 그러나 규모에 관계없이, 퍼텐셜 에너지의 운동 에너지 변환과 내부 및 외부 마찰로 인한 에너지의 소모를 포함한다는 점에서 모든 순환 시스템에는 근본적인 유사성이 있다. 순환 시스템이 지속적으로 작동하기 위해서는 충분한 퍼텐셜 에너지의 유입이 지속되어야 한다. 그러나 퍼텐셜 에너지의 유입은 대기와 그 아래의 지표 간 상호 작용의 결과이지만 순환 시스템은 그들이 발달한 대규모 대기 운동에 따라 통제된다는 사실을 알고 있다. 예를 들어, 온대 저기압의 발달은 중위도 상층 편서풍의 범지구적 파동과 밀접히 관련되어 있다. 소규모 해풍 순환이 발달하려면, 대기의 안정과 비교적 적은 풍속 차이 등 어떤 조건이 필요하다. 그러므로 우리는 독립적이라기보다는 상호 의존적인 일련의 대기 시스템을 가지고 있다.

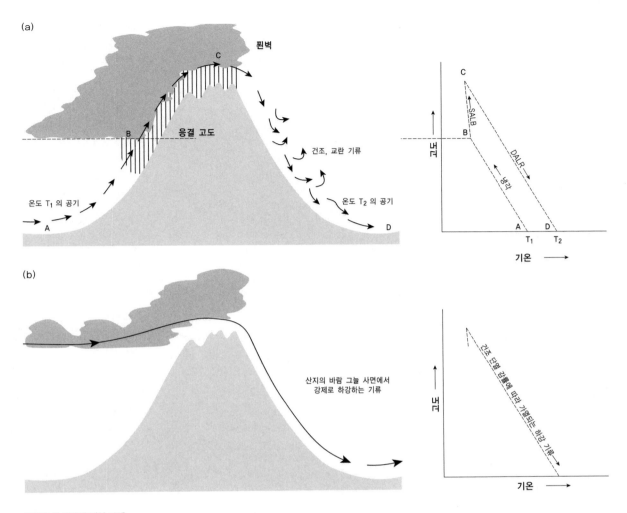

(a)

푄벽

C

응결 고도

B

건조, 교란 기류

온도 T₁ 의 공기

온도 T₂ 의 공기

A

D

고도

C

B

SALB

냉각

DALR

A

D

T₁

T₂

기온

(b)

산지의 바람 그늘 사면에서
강제로 하강하는 기류

고도

건조 단열 감율에 따라 가열되는 하강 기류

기온

그림 9.17 푄풍의 대안 모델

더 읽을거리

Atkinson, B.W. (ed) (1981a) *Dynamical meteorology: an Introductory Selection*. Methuen, London.

Atkinson, B.W.(1981b) *Meso-scale Atmospheric Circulations. Academic Press*, London.

Barry, R.G. and R.J. Chorley (1976) *Atmosphere, Weather and Climate*, (3rd edn). Methuen, London.

Chandler, T.J. and S. Gregory (eds) (1976) *The Climate of the British Isles*. Longman, London.

MacIntosh, D.H. and A.S. Thom (1972) *Essentials of Meteorology*. Wykeham, London.

Riehl, H. (1979) *Climate and Weather in the Tropics*. Academic Press, New York.

V 삭박 시스템

제10장

유역 분지 시스템

[그림 10.1]은 습윤 온대 지역에 있는 고원 지역의 전형적인 경치를 보여 준다. 우리는 그림 속에서 다양한 지형들을 볼 수 있는데, 일부는 시스템으로 개념화할 수 있으며 일부는 이들 시스템의 구성 요소(또는 성분)로 간주할 수 있다. 흐린 하늘은 제8, 9장에서 살펴본 수증기를 포함하는 대기 시스템을 나타낸다. 그러나 지표의 형태는 많은 요소들로 구성된다는 것을 알 수 있다. 전경에는 큰 하천이 흐르는데, 곡류 굴곡부의 내측에는 세립 퇴적물이 쌓여 있고, 하도에는 커다란 거력들이 몇 개 흩어져 있다. 하천은 매우 완만한 사면으로 둘러싸여 있고, 곡류 굴곡부 내에 있는 지표 위에는 다시 거력들이 있다. 곡저에서 올라오면 적절한 경사의 사면이 있는데, 그 복잡한 3차원적 형태는 수직 단면과 수평적 곡률로 설명할 수 있다. 사진에서 왼쪽의 단애 위로 기반암의 작은 노두가 보이지만, 다른 곳의 사면은 풍화된 기반암과 토양으로 덮여 있고 잔디 때문에 보이지 않는다. 이들 요소들—지표를 구성하는 사면의 배열, 하천, 단단한 기반암, 그리고 퇴적물 등—의 관계는 삭박 시스템을 나타낸다. 지표는 거의 연속된 식생으로 덮여 있는데, 대부분은 초지와 황야로 이루어져 있고 중요한 소림 지역도 있다. 물론 이것은 생태계를 나타낸다.

이 장에서는 주요 시스템들—대기 시스템, 삭박 시스템, 생태계—간의 접촉부에서 관계를 다룰 것이다. 이 접촉부에는 다양한 저장소에 많은 물이 저장되어 있으며, 저장소들 간에 전달된다(제4장). 여기에서 지각

을 이루는 암석과 그들의 광물 성분은 물리적, 화학적으로 부서져 낮은 곳으로 운반된다. 물과 암설을 포함하는 이러한 모든 프로세스는 삭박 시스템 내에서 발생한다. 사실 경관의 모양을 결정짓고 생명을 유지하는 기능적 환경을 제공하는 것은 지각 시스템에 의해서 만들어진 기복에 영향을 미치는 삭박 시스템의 작동이다. 그러나 우리가 경관으로 인식할 수 있는 규모—[그림 10.1]에 제시된 규모—에서는 삭박 시스템의 작동을 **유역 분지 시스템**(catchment basin system)으로 모델화하는 것이 더욱 적절하다. 그러므로 여기에서 우리는 유역 분지 시스템의 조직과 구성 요소들, 그리고 그들의 기능적 관계를 개략적으로 살펴볼 것이다. 제11장부터 제16장까지는 모델의 각 부분 시스템을 분리하여 자세히 다룰 것이다. 유역 분지 시스템으로 들어가는 물질과 에너지의 유입은 중요한 공간적 변이를 보이는데, 삭박 시스템의 상태와 그에 따른 세계 경관의 형태에서 나타나는 공간적 변이는 대부분이 때문이다. 그러므로 제17장에서는 공간적 변이를 검정할 것이다.

1. 유역 분지 시스템의 구조: 기능적 조직화

삭박 시스템이 작동하는 기본적 기능 단위는 집수 구역 또는 유역 분지이다. 이 장의 목적을 위해서 유역 분지 자체를 시스템으로 간주한다. 유역 분지는 경계

그림 10.1 온대 고원 지역의 전형적인 하천 경관: 영국 데번 주 웨스트다트 강

가 잘 설정되어 있으며, 구성 요소들은 형태의 측면에서는 구조적으로, 시스템을 통한 물질과 에너지의 흐름이라는 관점에서는 기능적으로 명확한 관계를 보여 준다. 시스템의 경계를 넘나드는 유입과 유출 역시 명확히 구분될 수 있다(그림 10.2a).

유역 분지 시스템의 경계는 부분적으로 분지 내의 지표나 수체의 표면으로 간주될 수 있다. 시스템의 면(面)적인 경계는 주요 집수 구역으로 설정되며, 소집수 구역은 유역 분지 내의 소유역을 규정한다(그림 10.2b). 암석권 내의 하부 경계는 설정하기가 어렵다. 이것은 풍화 시스템과 시스템 내에서 물이 활발하게 이동하는 하한계를 규정하는 면으로 생각할 수 있다.

유역 시스템 내 주요 구성 요소는 하도와 사면, 기반암, 레골리스, 그리고 물이다. 이들이 사면과 수렴하는 하도로 이루어진 조직에 관련되어, 유역 분지로부터 유출량과 암설을 배출하려는 시스템의 기본적 기능을 작동시킨다. [그림 10.2a]에 있는 유역 분지 시스템의 단순 모델을 확장하고 다듬으면, 이들 요소가 여러 가지 기능적 단위나 부분 시스템을 구성하는 것으로 생각할 수 있다. 각 요소는 서로 연관되어 있으며, 모든 요소들은 전체로서 유역의 종합적 기능을 나타낸다.

[그림 10.3a]에는 사면 시스템과 하도 시스템과 풍화 시스템이 분리되어 있으며, 그들 사이의 관계도 복잡한 모델로 표현되어 있다. 사면 시스템은 직접적으로는 레골리스로부터 풍화 산물(그림 10.3b)을, 간접적으로는 토양과 생태계(제21장)를 통하여 낙엽이나 부식된 유기 물질의 형태로 물질을 운반함으로써 기능적으로 풍화 시스템과 연계되어 있다. 강수는 강수 속에 용해

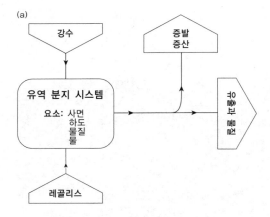

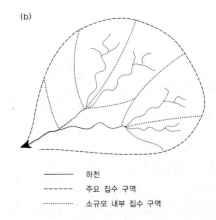

(a) 강수 / 증발 증산 / 유역 분지 시스템 / 요소: 사면 하도 물질 물 / 레골리스 / 집수와 유출

(b) 하천 / 주요 집수 구역 / 소규모 내부 집수 구역

그림 10.2 (a) 유역 분지 시스템을 단순화한 체계적 모델. (b) 유역 분지 시스템의 경계 설정.

자료 10.1
호소 유역 시스템

대부분의 유역 분지 시스템에는 자연적이거나 인공으로 만든 호소들이 포함된다. 호소로 흘러드는 하천의 유속은 매우 크게 감소하기 때문에 호소는 퇴적물 덫(sediment trap)의 역할을 한다. 호소에 집적되는 퇴적물은 유역 분지에서 호소로 흘러나가는 유출이므로 호소는 대체적인 삭박을 알려 주는 센서의 역할을 한다.

대체로 성층을 이루는 호소 퇴적물은 하천을 따라 부유 하중으로 공급된다. 광물질 퇴적물은 상류 유역의 기계적 침식을 나타낸다. 집적하는 퇴적물에는 흘러드는 유수의 화학적 성질을 나타내는 용해 상태의 광물질도 더해진다. 꽃가루나 식물 화석 형태의 잔류 유기물은 유역 전체의 식생을 나타내며, 호소 생태계는 규조나 다른 호소성 유기체의 화석 잔류물로 표현될 것이다. 여기에 덧붙여 강수 시에 대기로부터 유입되는 고상의 낙진 퇴적물이 있다. 나타나는 물질의 목록은 호소 상류 유역 내의 생태와 침식 및 화학적 조건을 반영하여 광범위하다.

최근에는 호소 퇴적물에 저장된 기록의 가치를 점차 인식하게 되었다. 호소 퇴적물의 심(core)은 여러 가지 층서학적 방법(빙호, 꽃가루)과 방사능 측정 방법(^{14}C, ^{210}Pb, ^{137}Cs)을 사용하여 연대를 측정한다. 그리고 그 결과를 토대로 유역 내에서 일어난 사건의 연대기를 만들 수 있다. 이런 방식으로 현 상태의 관찰과 현행 프

로세스의 모니터링은 인간의 산업 활동이 영향을 미친 시기를 기록하고 수십 년 동안 측정한 유역의 역사와 연계될 수 있고, 후빙기의 기후 변화와 삭박의 변화를 기록한 수백만 년의 역사와도 연계될 수 있다.

호소 퇴적물 기록 보관소에 기록된 몇 가지의 주요 사건은 다음과 같다.

- 호소로 들어가는 광물 퇴적물의 흐름과 호소 내에 존재하는 개별 화학 원소가 나타내는 수질은 오랜 기간 삭박의 성격과 양에 대한 증거를 제공하며, 환경 조건의 변화를 나타낸다.
- 식물 잔류물은 식생 변화의 증거를 제공하며, 이는 기후 변화와 인간의 영향, 그리고 물 균형과 삭박 프로세스에 대한 함의를 나타낸다.
- 규조 스펙트럼은 산성화를 나타낸다.
- 인간 활동에 따라 퇴비나 합성 세제의 형태로 인산이 유입됨으로써 규조류의 부영양화가 유발된다.
- 자성 광물과 중금속의 유입은 오염과 산업화를 나타낸다.

Engstrum and Wright(1984), Oldfield(1987), O'Sullivan et al.(1982) 참조

(a)

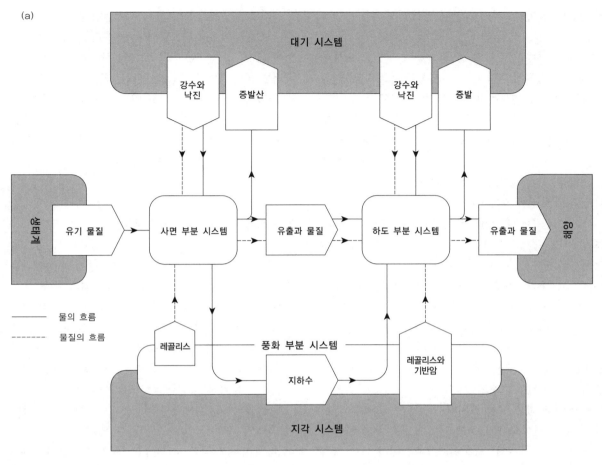

대기 시스템

강수와 낙진 | 증발산 | 강수와 낙진 | 증발

생태계

유기 물질 → 사면 부분 시스템 → 유출과 물질 → 하도 부분 시스템 → 유출과 물질

유출

———— 물의 흐름
-------- 물질의 흐름

레골리스 — 풍화 부분 시스템 — 레골리스와 기반암

지하수

지각 시스템

(b)

그림 10.3 (a) 유역 분지 시스템의 기능적 조직에 대한 체계적 모델. 사면과 하도 시스템 사이의 긴밀한 기능적 관계는 미국 애리조나 주의 콜로라도 강을 찍은 아래의 (b)사진에 잘 나타나 있다. 여기에서 암설은 가파른 암벽과 암설 사면에서 하도로 직접 공급된다.

된 물질이나 대기로부터 공급된 건조한 낙진을 운반함으로써, 사면 시스템과 대기 시스템 사이의 연계를 형성한다. 또한 대기로부터 공급되는 일부 원소는 생태계 내의 유기체에 의하여 유기 화합물로 고정되고, 유기체가 죽어서 분해될 때 사면 시스템으로 유입된다. 물은 대기로 되돌아가는 증발과 증산의 형태로, 하도로 흘러드는 지표 유출로서, 그리고 토양이나 레골리스로 들어가서 토양수나 지하수로 침투하는 등의 형태로 유출된다. 지표 유출은 단단한 퇴적물 입자나 용해된 상태로 물질을 제거한다.

사면 시스템에서 흘러나오는 유출은 하도 시스템과의 주요 연계를 형성한다. 호우 시 사면을 따라 흘러내리는 지표 유수는 하천 유로로 직접 흘러들고, 삼출되는 토양수와 지하수도 하도로 유입되어 강우가 없는 동안의 하천 유수를 구성한다. 하도로 들어오는 세 번째 유입은 (양으로 볼 때 중요성이 가장 떨어지지만) 하도의 수면에 직접 떨어지는 강수이다. 하도의 유수는 수면에서 직접 증발되어 유출되기도 한다. 그러나 온도가 높거나 하천이 호소를 통과하는 장소(자료 10.1)처럼 하도가 매우 넓은 곳을 제외하면, 증발은 대체로 한정되어 있다. 하도로부터 유출되는 대부분의 물은 퇴적물과 용질을 포함하는 유출을 통해서 일어난다. 이러한 하도 유출은 정상적으로는 바다로 흘러가는데, 그곳에서 지구가 가진 물의 97%를 포함하는 대양 저장소의 유입으로 간주될 수 있다.

그러므로 풍화, 사면, 하도 시스템이 직렬 시스템으로 조직화되어, 한 시스템의 유출이 다른 시스템의 유입이 되며, 그들이 함께 유역 분지 시스템을 형성한다. 이러한 삭박 시스템 모델은 하천 경관은 물론 사막이나 활발한 빙하 작용을 겪고 있는 경관에도 적용될 수 있다. 이들은 시스템으로 들어가는 유입과 시스템을 통하여 흐르는 물질과 에너지의 통로, 그리고 운반 속도만 다른 특별한 경우로 인식될 수도 있다.

2. 시스템의 구조: 공간적 조직화

지금까지 삭박 시스템의 구조는 기능적 조직이라는 측면에서 다루어져 왔다. 그러나 시스템의 구조는 공간적 조직의 측면에서도 기술할 수 있다. 그것이 기능적 조직과 평행하다고 할지라도 시스템의 구조를 지표의 형상이나 유역 분지의 모양이라는 측면에서 해석될 수 있게 하기 때문에 특히 유용한 접근 방법이다.

우리가 유역 분지 시스템의 단순 모델(그림 10.2)로 다시 돌아와 보면, 사면과 하도는 부분 시스템이 아니라 시스템 내의 요소로 간주할 수 있다. 이들 요소는 속성, 특히 공간적 관계라는 측면에서 기술할 수 있다. 이들 속성을 계량적으로 표현한 것이 **형태 기하학적 분석**(morphometric analysis)이다. 유역의 선형적 측면과 면적인 속성, 그리고 기복의 특성을 분석하는 측정법이 개발되었다. 이들을 차례대로 검정하겠지만 먼저 유역 분지의 기본적인 형태 요소 —사면—를 고찰할 것이다.

지표의 경사와 사면의 평면 형태에 기반을 둔 Young(1972)의 간단한 분류 체계에 따르면 유역 분지는 단지 5개의 기본적인 사면 유형으로 이루어진다. Young은 이것을 평지(flat)와 하곡 사면(valley slope) 등 두 집단으로 구분하였다(그림 10.4). 평탄지는 두 위치에서 나타난다. 하간 잔류지(interfluve remnant)는 하천의 침식으로 유역 분지가 만들어질 때 개석 되지 않

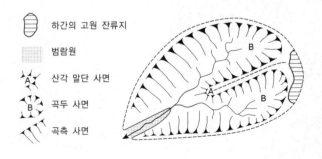

하간의 고원 잔류지	
범람원	
산각 말단 사면	A
곡두 사면	B
곡측 사면	

그림 10.4 유역 분지의 형상적 구성 성분(Young, 1972)

고 남은 원지형면의 일부로서, 지하수의 흐름으로만 유역 프로세스에 기여한다. 다른 하나는 곡저로서, 대체로 하천의 범람원을 나타낸다. 사면 프로세스에 의한 물질의 이동이란 측면에서, 평탄지는 매우 완만한 경사 때문에 중력 에너지의 효과가 사라지므로 중요하지 않다.

하곡 사면은 침식 프로세스의 측면에서 더욱 중요하다. 하곡 사면에서는 물질의 이동이 중력 프로세스에 의하여 촉진되기 때문이다. 이러한 측면에서 중력은 사면각의 싸인 값에 비례하므로, 사면의 경사가 중요하다(제12장). 사면의 평면 형태도 중요하다. 곡측 사면(valley-side slope)과 곡두 사면(valley-head slope) 및 산각말단 사면(spur-end slope) 등 세 가지 구분이 가능하다. 곡측 사면은 평면에서 직선이다. 곡측 사면은 단면에서 단순한 선형으로 생각할 수도 있다. 곡측 사면 위의 측방 이동은 무시할 수 있기 때문이다. 곡두 사면은 평면에서 오목하며, 곡저를 향하여 수렴한다. 산각말단 사면은 이와 반대로 평면에서 볼록하며, 사면 아래로 가면서 발산이 나타난다. 곡저를 향한 수렴이나 발산이라는 측면에서 사면의 평면 형태는 사면 위 물질의 균형이나 프로세스에 대한 중요한 의미를 가지며 다양한 곡저 환경을 유도한다.

형태적 구성 요소들의 이러한 배열은 지구 상의 모든 경관에서도 타당하다. 평야라도 완전히 평탄할 수는 없지만, 분수계로 구분된 완만한 시렁 모양의 사면들로 이루어져 있다. Young에 따르면, 미국 대평원(Great Plains)의 7%만이 완전히 평탄한 땅이며, 브라질의 마토 그로소 고원 가운데 5%만이 완전히 평탄하다고 한다. 척도의 다른 끝에는 산지 경관이 있는데, 이는 날카로운 능선의 분수계로 분리된 가파른 곡측 사면들로 이루어져 있다. 그러한 경관에서는 고원의 잔류 지형이 완전히 제거되고 범람원도 발달하지 않는다. 그러므로 5개의 기본 형상 요소들은 비록 요소들이 각 유역 분지 시스템 내에 모두 나타나지는 않을지라도, 다양한 사면 유형을 나타낼 것이다.

시스템의 공간적 조직, 즉 경관의 형태는 여러 가지 방식으로 기술하고 측정할 수 있다. 어떤 경관도 선, 면, 기복의 속성을 가지고 있으므로 이제 이들 각각을 차례대로 검정할 것이다.

(1) 선형 속성

시스템의 선형 속성은 우선 평면상 하도와 하곡 네트워크의 분포에 관한 것이다. 네트워크는 하나의 출구로 모여드는 일련의 하도들로 이루어진다. 네트워크의 조직은 네트워크 내 그 위치에 따라 하도 구간에 순위를 부여하여 분석할 수 있다(자료 10.2).

영국 햄프셔 주에 있는 월링턴 강의 하계망에 대한 자료가 [표 10.1]에 자세히 설명되어 있으며, 그 네트워크가 [그림 10.5]에 제시되어 있다. 네트워크 분석에 따르면, 그것은 5차수 유역 분지이다. 하천차수와 하천의

표 10.1 월링턴 강의 하계망 특성

하천차수	하천 개수	분기율	전체 하천 길이(km)	평균 하천 길이(km)	하천 길이의 비
1	69		26.3	0.38	
		3.6			2.8
2	19		20.5	1.08	
		3.8			1.4
3	5	2.5	9.8	1.96	1.7
4	2		6.5	3.25	2.0
		2.0			
5	1		6.5	6.5	

$\overline{R_b}$ = 2.97 L = 69.6 R_L = 1.97

유역 분지의 형태 기하학

네트워크를 묘사하는 여러 가지 방법들이 제시되었지만, 가장 널리 사용되는 것은 A.N. Strahler(1952)의 것이다. 이 분석법에서는 지류가 하나도 없는 원류를 1차수 하천으로 명명한다. 두 개의 1차수 하천이 만나면 2차수 하천이 된다. 두 개의 2차수 하천이 만나면 3차수 하천이 된다. 그래서 특정 차수의 하천이 보다 낮은 차수의 하천을 받아들이면, 하천차수는 높아지지 않는다. 하천차수는 같은 차수의 하천이 두 개 합류할 때에만 올라간다. 결국 유역의 차수는 그 안에 있는 가장 높은 하천차수로 규정된다. 이러한 형태의 분석을 윌링턴 강의 유역 시스템에 적용하면, 그것은 5차수 유역이 된다. 그 안에는 낮은 차수의 유역들이 포섭된 계층을 이룬다.

네트워크 분석은 하천의 수를 각 차수별로 요약함으로써 실행할 수 있다. 하천의 수는 차수가 증가할수록 기하학적 방법으로 점차 감소한다. 하천차수에 따른 하천 개수의 변화율은 분기율(R_b)로 표현된다. 이것은 특정 차수의 하천수를 더 높은 차수의 하천 개수로 나누어 계산한다. 그렇게 계산한 비율의 평균값이 평균 분기율이며, 네트워크의 특성이다. 분기율은 대체로 2~5의 범위에 있다. 그래서 하천 개수와 하천차수 사이에는 다음의 형태를 띠는 단순 기하학적 관계가 있다.

$$N_u = \overline{R_b}^{(s-u)}$$

N_u는 u차수의 하천 개수이며, R_b는 평균 분기율이고, s는 유역의 차수이다. 윌링턴 강에서 이 방정식은 다음과 같이 된다.

$$N_u = 2.97^{(5-u)}$$

이 자료는 [그림 10.6]에 그림으로 제시되어 있다.

하천의 평균 길이는 하천차수에 따른 점진적인 변화를 보여 준다. 평균 하천 길이의 비는 분기율이 하천차수들 사이의 변화율을 나타내는 것과 똑같이 계산되며, 유역에서 유래하는 특징적인 값이다. 평균 하천 길이와 하천차수 사이의 관계는 하천차수가 높아질수록 증가하는 경향이 있다. 그것을 방정식으로 표현하면 다음과 같다.

$$\overline{L_u} = \overline{L_1} \cdot R_L^{(u-1)}$$

$\overline{L_u}$는 u차수하천의 평균 길이이며, L_1은 1차수 하천의 평균 길이이고, R_l은 평균 하천 길이의 비이다. 윌링턴 강에서 그 관계는 다음과 같다.

$$L_u = 0.38 \times 1.97^{(u-1)} \text{ (그림 10.6 참조)}$$

그래서 하천차수와 하천 개수 사이의 단순한 기하학적 관계는 하천 길이에서도 되풀이된다. 하천차수와 유역 면적 사이에도 (하천차수에 따라 증가하는) 비슷한 기하학적 관계가 존재하며, 하천차수와 하천 경사 사이에도 (하천차수에 따라 감소하는) 기하학적 관계가 존재한다.

Strahler 방법의 주요 이점은 적용하기가 쉬워서 널리 받아들여지고 있다는 점이다. 특정한 하계망에서 연속적인 차수를 가진 하천이나 유역이 가장 큰 값을 가질 수도 있다. 이것을 가지고 많은 유역 시스템들을 형태기하학적 측면에서 비교할 수 있다. 그러나 이 방법에도 약간의 한계점이 있어서, Shreve(1966)는 네트워크 분석의 대안적 방법을 제시하였다.

개수 및 하천의 길이 간에는 일관된 관계를 갖는 내적 기하를 가지는 것으로 보이며, 그것이 일반적인 하천 네트워크의 특징이다(그림 10.6).

이런 종류의 분석은 영구 하천의 네트워크보다 일반적으로 더 넓은 하곡 네트워크에도 적용할 수 있다. 이것은 기반암의 투수성이 매우 높고, 기후의 계절성이 뚜렷하며, 이전의 기후 체제 때문에 비교적 큰 지표 유출을 가지는 보다 습윤한 환경으로 변한 지역에서 특히 그러하다. 따라서 등고선으로 나타나는 하곡의 네트워크를 분석하는 것도 가끔은 매우 가치 있는 일이다. 예를 들면, 이런 방식으로 백악과 석회암 지역의 선형 패턴을 평가할 수 있다.

(2) 면적 속성

유역 분지에서 면적 속성과 관계를 기술하는 측정치는 숫자로 표현되므로, 여기에서는 대표적인 가장 중요한 측정치만을 선택하여 논의할 것이다. Gardiner (1974)는 포괄적인 개관을 제공하였다.

가장 기본적인 유역 특성 가운데 하나는 하계 밀도(drainage density)이다. 이것은 하도의 총 길이를 유역

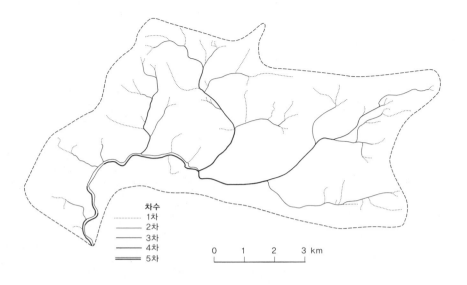

그림 10.5 (a) Strahler 체계에 따른 하천차수를 나타낸 월링턴 강(영국 햄프셔 주)의 하계망. (b) 소규모 세류가 통합된 하계망을 형성하는 것으로 보인다(캐나다 앨버타 주).

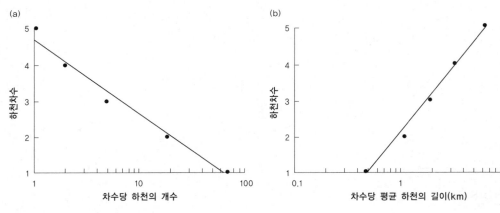

그림 10.6 월링턴 강의 형태기하학적 관계

면적으로 나눈 값으로 정의된다.

$$D_d = \frac{L}{A}$$

D_d는 하계 밀도이고, L은 하도 길이의 합이며, A는 유역 분지의 면적이다. 하계 밀도는 단위가 $km\,km^{-2}$인 비로 표현된다. 앞에서 보여 준 월링턴 유역 시스템의 자료를 이용하여 하계 밀도를 계산하면 $1.22km\,km^{-2}$이다. 다른 지역과 비교한 값은 제17장에서 논의할 것이다.

하계 밀도를 계산하기 위하여 얻은 값은 엄밀히 말해서 사용된 자료의 원천에 따라 달라진다. 지도 자료에 근거한 경우에는 형태기하학적 분석을 위해 지도화된 하천 네트워크를 사용하는 것이 보통이다. 이러한 네트워크와 야외에서 작용하는 하도의 부합 정도는 사용한 지도의 축척과 지도학적 규칙에 따라 달라진다. 예를 들면, 축척 1:12,500,000으로 그려진 지도첩 내의 미시시피 유역 시스템은 4차수 유역으로 밝혀졌으나, Wolman과 Miller(1964)는 미시시피의 영구 하도 네트워크가 12차수 시스템을 이룬다고 평가하였다. 곡두 지류를 생략하면 하천차수는 전체적으로 낮아지고, 그에 상응하여 하계 밀도도 낮아질 것이다. Gardiner (1974)는, 육지 측량부(Ordnance Survey)의 1:25,000 제

2집이 형태기하학적 분석을 위한 가장 믿을 만한 지도 자료를 제공한다고 밝혔다.

하계 밀도를 결정하는 가장 정확한 방법은 야외에서 실제로 기능하는 하도를 지도화하는 것이다. 이것은 특정한 유역에서 하계 밀도와 유역의 차수는 항상 일정한 값이 아니며, 시간이 지나면서 변한다는 사실을 강조한다. 지하수위와 하계망의 범위로 기록되는 유역 분지 내 물의 양은 강수량 유입의 변위에 따라 다양할 것이다. 이러한 변위는 개별 폭풍우를 통하여 나타날 수도 있고, 계절마다 나타날 수도 있다. 그러므로 하계 밀도나 유역의 차수는 역동적인 변수이며, 유역의 유량과 관련이 있다. Hanwell과 Newson(1970)은 작은 유역 분지($1.18km^2$)에서, 거대 홍수로부터 가뭄에 이르는 다양한 유황에서 하계 밀도의 변위를 보여 주었다(그림 10.7). 하계 밀도는 20배의 차이가 있었다. 이러한 변위 때문에 유역은 저유량일 때 2차수이던 것이 고유량일 때는 4차수까지 증가한다.

유역 분지의 형상을 나타내는 간단하고 기술적인 측정 방법은 여러 가지가 있으나, 동시에 정의의 문제로 애를 먹는다. Gardiner(1974)는 세장률(elongation ratio)을 추천하였다.

$$E = Ad/L$$

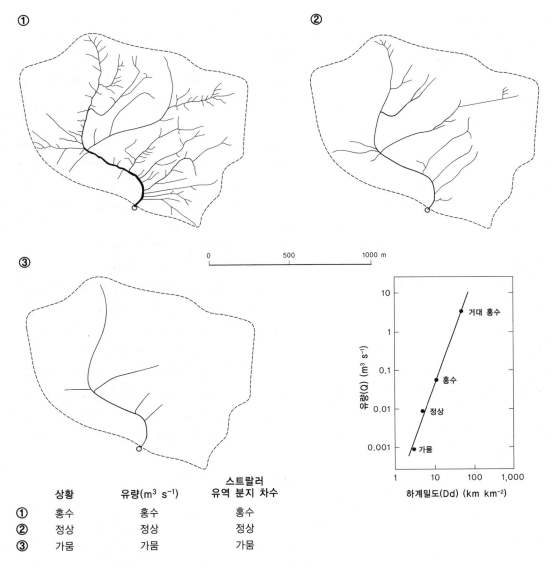

상황 | 유량(m³ s⁻¹) | 스트랄러 유역 분지 차수
① | 홍수 | 홍수 | 홍수
② | 정상 | 정상 | 정상
③ | 가뭄 | 가뭄 | 가뭄

그림 10.7 하계 밀도의 계절적 변화(영국 서머싯 주 스윌던 강; Hanwell and Newson, 1970)

E는 세장률이며, A는 유역과 동일한 면적을 갖는 원의 직경 L은 유역의 최대길이이다. 이것은 분지가 원형일 때 1이며, 분지가 보다 긴 모양일 때 0에 가까운 값을 나타낸다. 유역 분지의 모양은 유역 내 여러 지점에서 출구까지 배수가 이루어지는 시간에 영향을 미치므로 중요하다.

유역의 기복도 다양한 지수로 나타낼 수 있다. 간단한 측정 방법은 기복량비(relief ratio)이다.

$$R_b = H/L$$

R_b는 기복량비이고, H는 유역 내 최고점과 최저점 간의 수직 고도차이며, L은 유역의 최대 길이이다. 이것은 경사의, 즉 유역 분지의 퍼텐셜 에너지를 측정하는 일반화된 방식이다. 그래서 이것은 유역 분지 내와 사면 위, 그리고 하도 내에서 작동하는 삭박 프로세스에 영향을 미치는 기본적인 요소이다.

(3) 기복 속성

유역 분지 내 고도의 분포에 관한 보다 자세한 정보는 면적에 대한 고도를 나타낸 고도별 면적비 누적 분포 곡선(hypsometric curve)에서 얻을 수 있다. 이것은 유역의 전 고도 범위에 걸쳐 연속된 등고선 사이의 면적을 측정함으로써 알 수 있다. 이 자료는 면적 백분비에 대한 고도 백분비를 누적하여, 단위 없는 형태로 표현할 수 있다(그림 10.8a). 곡선 아래의 면적은 전체의 비율로 표현되는데, 유역의 가장 높은 지점과 동일한 기복을 갖는 직육면체로부터 유역 분지가 침식된 것으로 가정할 때, 남아 있는 육지의 부피를 나타낸다. 이러한 기법은 유역 분지에서 침식으로 제거된 부분을 나타내는 지수로 널리 사용되어 왔다.

동일한 자료를 보다 유연하게 다루는 방법은 면적 백분비에 대한 기복을 고도 빈도 분포로 나타내는 것이다(그림 10.8b). 이 자료에서 평균 기복과 표준 편차와 왜도를 계산하면, 유역 분지 내 기복의 분포를 통계학적으로 더 잘 나타낼 수 있다. 예를 들어, (−)의 왜도 분포는 좁은 감입 하곡이 있는 고원을 나타내며, (+)의 왜도는 고립된 잔류 구릉이 있는 넓은 저지에서 초래된다.

유역 시스템의 공간적 속성과 관계, 그리고 시스템의 원소에 숫자를 부여할 수 있기 때문에, 유역 시스템의 지표 형상의 상태를 상술할 수도 있으며, 형태기하학적 매개 변수를 기반으로 유역 분지들 간 의미 있는 비교도 할 수 있게 되었다.

유역 시스템이 작동한 결과, 기하학적으로 뚜렷한 유역 시스템의 공간적 조직은 시간이 지나면서 변하고, 그것이 변함에 따라 경관의 형태도 진화한다. 그러므로 어느 순간에 시스템의 공간적 조직이 나타내는 상태는 시스템의 유입량과 시스템 내에서 작동하는 프로세스의 상대적인 역할 및 속도를 반영한다. 프로세스의 상대적인 역할과 속도는 대부분 시스템의 유입량으로 조절되기 때문에, 시스템의 공간적 조직은 주로 주요 환경적 유입 ―강수량과 암석, 기복, 식생 피복, 그리고 시간 ―에 의하여 결정된다.

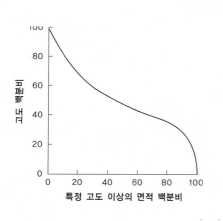
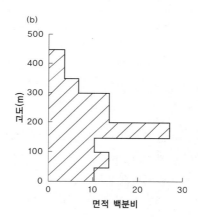

그림 10.8 (a) 고도별 면적 비 누적. (b) 고도 빈도 분포.

3. 시스템의 구조: 물질 성분

삭박 시스템의 광물 성분은 암석과 암석에서 풍화되어 분리된 물질이다. 그것의 광물학적 특징은 제5장에 개략적으로 설명되어 있다. 따라서 여기에서는 광물의 물리적, 기계적 특성에 주목하고자 한다. 이들이 삭박 프로세스의 힘과 관련하여 암석의 행태를 결정짓기 때문이다.

광물 성분의 물리적 성질은 단단한 암석에서 느슨한 입자에 이르기까지 매우 다양하다. 단단한 암석은 주로 딱딱하게 행동하며, 토양이나 토양-암석 혼합물은 유연하고 부드럽게 행동한다. 경화 정도에 따른 근본적인 구분이 있지만 그럼에도 불구하고 시스템 내 광물 물질의 매우 다양한 상태를 규정할 수 있는 기술적 매개 변수를 끌어낼 수 있다.

(1) 기본적 속성

모든 암석과 토양은 광물과 공극으로 구성되었다고 생각할 수 있다.

$$V = V_s + V_v$$

V는 물질의 총부피이며, V_s는 고체의 부피이고, V_v는 공극의 부피이다. 공극은 물이나 공기로 채워져 있을 것이다. 그래서,

$$V_v = V_w + V_a$$

V_w는 물의 부피이고, V_a는 공기의 부피이다. 그래서 우리는 물질을 세 가지의 구성 요소, 즉 고체와 공기와 물로 규정할 수 있다. 이들 구성 요소의 상대적 비율을 알면 기본적인 기술적 매개 변수를 추론할 수 있다.

1. 공극비(e)는 고체에 대한 공극의 비율로 정의한다.

$$e = V_v / V_s$$

2. 공극률(n)은 전체 부피에 대한 공극의 비율로 정의한다.

$$n = V_v / V$$

특히 고결 물질과 비고결 물질 사이에는 공극률의 변화가 크다(표 10.2).

3. 수분 함량(m)은 고체의 무게에 대한 물 무게의 비율로 정의하며 백분율로 표현한다.

$$m = (W_w / W_s) \times 100$$

W_w은 물의 무게이고, W_s는 고체의 무게이다.

이렇게 기본적인 기술적 속성은 고화 물질이나 비고화 물질에 관련하여 사용한다(표 10.2). 공극비와 공극률은 기본적인 두 가지 방식이다. 이들은 특정 물질이 흡수할 수 있는 물의 양을 결정하며, 부분적으로는 물질의 힘에 기여하는 인접한 입자나 결정이 접촉한 정도를 간접적으로 나타내는 척도이다. 더구나 수분 함량은 특히 비고결 물질이 압력을 받았을 때 행동하는 방식에 곧바로 영향을 미친다.

표 10.2 다양한 물질의 평균 공극률(Leopold et al., 1964)

		공극률(%)
단단한 암석	화강암	1
	현무암	1
	석회암	10
	사암	18
	세일	18
비고화 물질	자갈	25
	모래	35
	세가	40
	점토	45

(2) 힘의 속성

야외에서 물질이 힘을 받았을 때 어떻게 행동하는지 그 방식을 이해하려면 힘의 특성을 결정하는 것이 중요하다. 공학자들은 다양한 형태의 압력과 관련하여 힘이 어떻게 작용하는지를 알려 주는 여러 가지 표준화 절차를 발전시켜 왔다(제2장). 압축력과 인장력에 대해서 검정할 수도 있겠지만, 자연환경에서 가장 보편적인 압력은 전단 압력이므로 전단력에 국한하여 논의하고자 한다(Duncan, 1969). 힘의 성질은 고화 물질과 비고화 물질에 모두 적용된다.

전단력의 값은 실험실의 통제된 조건에서 결정할 수 있다(자료 10.3). 게다가 통제된 상태에서는 힘의 성분을 분리시키며, 힘의 성질에 영향을 미치는 다른 요소들까지도 분리시킨다.

딱딱한 물질(단단한 바위)이 압력을 받으면 부서지기 쉬운 균열이 만들어지고, 균열이 형성된 이후 물질의 전단 저항력은 무의미하다. 그러나 비고화 물질은 균열이 나타난 이후에도 전단 저항력을 나타낸다. 그러므로 이러한 물질에서는 최대 전단 저항력(τ_{max})과 잔류 전단 저항력(τ_{res}) 등 두 가지의 힘을 인식할 수 있다. 잔류 전단 저항력 값은 이미 전단이 일어나고 있는 사면 위의 비고화 물질을 고려할 때에 중요하다. 이 경우에 안정성은 (최대 전단 저항력이 아니라) 잔류 전단 저항력과 관련이 있다.

수직 압력의 효과도 중요하다. [자료 10.3]에서 전단 저항력은 수직 압력에 비례하여 증가한다는 사실을 알 수 있다. 그래서 지표 아래 깊은 곳에 있는 물질은 수직 압력을 발휘하는 하중의 압력으로 더욱 고화될 것

자료 10.3
전단 저항력

전단 저항력을 측정하는 가장 기본적인 방법은 전단 상자(shearbox)를 이용하는 것이다. 이 상자는 반쪽짜리 두 개로 이루어져 있다. 아래의 반쪽은 고정되어 있고, 위의 반쪽은 힘을 가하면 자유롭게 미끄러진다. 가해진 힘(압력)은 고리를 이용하여 측정하며, 변형은 전단 동안 이동한 거리로 측정한다.

전단되는 동안 물질의 행태는 변형에 대한 압력의 관계로 설명할 수 있다. 다양한 크기의 입자들로 이루어진 비고화 물질에서, 다음과 같은 사건이 일어날 것으로 예측된다.

압력이 낮으면, 붕괴 지점에 이를 때까지 변형이 나타나지 않는

다. 이것이 **최대 전단 저항력**(maximum shear strength, τ_{max})이다. 이후 더 이상의 변형을 일으키는 데 필요한 전단력은 일정한 수준까지 감소하는데, 이것을 **잔류 전단 저항력**(residual shear strength, τ_{res})이라고 한다.

물질의 고화 정도가 전단 저항력에 미치는 영향은 전단면에 수직이 되도록 다양한 하중을 얹고 실험을 되풀이 하여 측정할 수 있다. 최대 전단 저항력과 수직 하중 사이의 관계를 알면, 전단 저항력의 두 가지 주요 성분인 응집력과 마찰력을 알 수 있다. 하중이 증가하면 입자들 간의 접촉이 증가하고, 마찰이 증가하기 때문

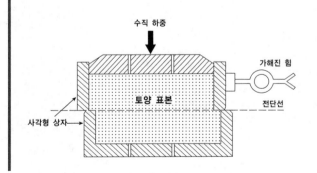

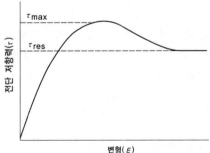

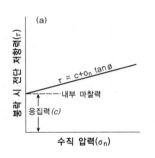 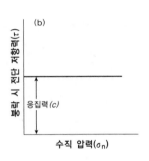 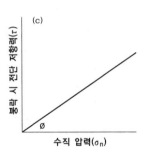

이다. 하중이 없을 때의 전단 저항력은 응집력에 따른 것으로 생각된다.

그림 (a)는 대부분의 혼합 물질에서 나타나는 전단 저항력과 수직 하중의 관계를 나타낸 것이다. 전단 저항력은 하중이 없을 때 작은 값을 가지며, 하중이 증가함에 비례하여 증가한다. 하중이 있는 경우 전단 저항력이 증가하는 것은 마찰이 증가하기 때문이다. 이것은 쿨롱(Coulomb) 방정식으로 표현할 수 있다.

$$\tau = c + \sigma_n \tan\phi$$

τ는 전단 저항력(N m^{-2})이고, c는 응집력(N m^{-2})이며, σ_n은 전단면에 수직인 하중(N m^{-2})이고, ϕ는 전단 저항의 각도이다.

그러므로 전단 저항력의 두 가지 성분은 응집력(c)과 마찰력($\sigma_n \tan\phi$)이다. 점토와 같이 마찰력이 없는 어떤 물질들 사이에는 단

절이 없다. 하중에 따라 전단 저항력이 증가하지도 않고($\phi=0$), 모든 전단 저항력은 응집력에서 나오기 때문이다. 느슨한 모래와 같이 응집력이 없는 물질($c=0$)은, 전단 저항력이 전적으로 마찰에 따른 것으로 추측된다.

전단 저항력 방정식을 자세히 알기 위해 공극수의 효과를 살펴보자. 이것은 수직 압력에 반대로 작용하는 힘을 주변 입자에 행사하여(공극수압), 전단 저항력의 마찰 성분을 감소시킨다. 이것을 방정식으로 표현하면 다음과 같다.

$$\tau = c + (\sigma_n - u) \tan\phi$$

u는 공극 수압이다.

그래서 공극 수압이 (+)이면(포화된 토양) 전단 저항력은 감소하며, 공극 수압이 (−)이면 전단 저항력은 증가한다.

이므로, 깊이에 따라 전단 저항력이 증가한다. 테르자기(Terzaghi)의 방정식(자료 10.3)에서 알 수 있듯이, 수분은 전단 저항력을 감소시키는 효과가 있다. 그래서 젖은 물질은 마른 물질보다 전단 저항력이 작다.

[표 10.3]에는 다양한 단단한 암석의 대표적인 전단 저항력 값이 제시되어 있다. 이런 자료는 약간 조심스럽게 다루어야 한다. 이들 값은 출처가 다양하며, 측정 환경도 다양하여 환경이 그 값에 영향을 미쳤을지도 모르기 때문이다. 그러나 이들 자료는 암석의 전단 저항력 크기의 범위를 나타내며, 다양한 암석 유형 간의 차이를 보여 준다. 이들 값은 압력 유형과 관련하여 암석이 가지는 다양한 저항도(degree of resistance)를 보여 준다. 예시한 모든 물질은 압축력에 대한 저항력이 가장 강하고, 전단력에 대한 저항력은 중간 정도이며, 인장력에 대한 저항력은 가장 약하다. 그리고 각 값들

사이에는 큰 차이가 있다.

이들 값은 원 암석의 작은 표본과 관련된 것이며, 암석 덩어리 전체를 대표하지 않는다는 것을 기억해야 한다. 야외에 있는 암석 덩어리의 전반적인 전단 저항력은 내부 균열이나 불연속면의 존재 여부와 빈도, 방향성에 따라 다르고, 작은 표본에서 측정한 값보다 작을 것이다(자료 10.4).

물론 비고화 물질에서 전단 저항력 값은 훨씬 더 낮다. Carson과 Kirkby(1972)가 잔류 토양과 애추 물질에 대하여 인용한 자료는 딱딱한 암석의 값보다 수백 배 낮은 0~85kN m^{-2}의 범위를 갖는다. 수직 하중이 없을 때(자료 10.3) 대부분의 비고화 물질은 측정할 만한 전단 저항력을 가지지 않는다. 즉, 비고화 물질은 응집력이 없다. 사실 딱딱한 바위와 토양 간 전단 저항력의 차이는 매우 크다.

표 10.3 다양한 암석 유형에 따른 저항력(MN m⁻²)(Billings, 1954)

	압축력		전단력		인장력	
	평균	범위	중앙값	범위	중앙값	범위
화강암	145	36~372	22	15~29	4	3~5
사암	73	11~247	10	5~15	2	1~3
석회암	94	6~353	15	10~20	4.5	3~6
대리석	100	30~257	20	15~25	6	3~9
사문석	121	62~121	25	18~33	8.5	6~11

자료 10.4
암체의 저항력

실험실에서 작은 표본 원석으로 측정한 암석의 저항력(표 10.3)은 기계적 풍화 작용의 힘과 같은 소규모 프로세스와 관련한 암석의 행태를 합리적으로 반영한다. 그러나 대규모 암체는 기계적 압력에 대한 암체의 행태에 큰 영향을 미치는 체계적인 균열이나 불연속(제5장 3절)에 의해서 개석된다. 그러므로 불연속의 영향을 종합하여 암체의 저항력을 평가할 필요가 있다. M.J. Selby(1982)는 사면에 노출된 암석과 관련하여 저항력을 평가할 수 있는 체제를 고안하였는데, 이것은 야외 환경에 쉽게 적용 가능하다.

암체의 저항력은 약 10㎡의 사면에서 다음 7개의 매개 변수를 사용하여 평가할 수 있다. 그 가운데 불연속의 성질과 빈도가 우세한 역할을 한다.

- 원암의 저항력–지질 해머의 뾰족한 끝으로 때렸을 때의 저항 또는 슈미트 해머(Schmidt hammer, 암석의 경도를 평가하기 위한 도구)로 얻은 값
- 풍화–풍화 작용에 따른 변화의 가시적인 증거
- 절리의 간격–절리 간의 직선 거리
- 절리의 방향성–암석면에 대한 절리의 경사. 전단 압력과 관련한 경사가 유리 또는 불리
- 절리의 너비–절리를 가로지른 너비
- 절리의 연속성과 매몰–노출된 절리면들 사이의 마찰 정도와 매몰에 따른 응집력의 평가
- 지하수 용출–유량 관찰

(a)

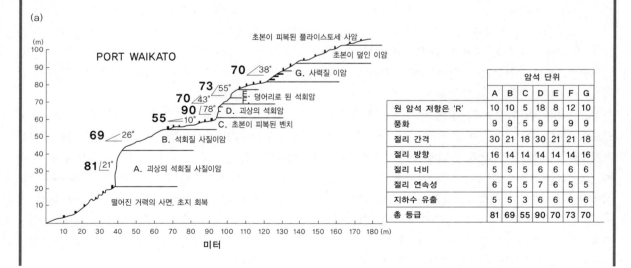

표 1

	% 비율 부여
원암의 저항력 'R'	20
풍화	10
절리의 간격	30
절리의 방향성	20
절리의 너비	7
절리의 연속성과 매몰	7
지하수 용출	6

각 매개 변수는 [표 1]의 최대값으로 차별적 가중치를 부여한다. 암체의 저항력 규모를 100에서 26까지 만들기 위해, 각 매개 변수를 5점 척도로 등급을 매기고, 각 매개 변수의 각 목록에 특정한 값을 부여하였다.

암체의 저항력은 토양이나 애추의 발달이 없는 암석 사면에서 이러한 방식으로 평가할 수 있다. 대규모 사면 표본의 경우, 암체의 저항력 값과 사면 각도 사이에는 상당한 상관관계가 있으며, 이는 관찰한 사면이 저항 속성에 부합하는 평형을 유지하고 있음

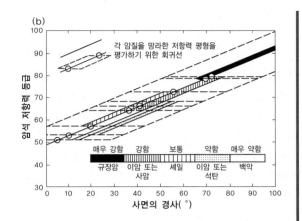

을 의미한다. 그림(a)는 하나의 단면에서 사면 각도와 관련한 암체의 저항력을 나타내고 있으며, 그림(b)는 암체의 저항력과 사면각도 사이의 일반적인 관계를 보여 준다.

불연속 암체의 저항력 개념은 Addison(1981)이 스노도니아에서 연구한 것처럼 빙하 침식 작용과 관련하여 특히 중요하다고 생각된다(제14장 4절).

(3) 경도 속성

경도 속성은 수분량에 대한 비고화 물질의 물리적 반응을 나타내는 척도이다. **아터버그 한계**(Atterberg limit)라고 하는 임의로 다듬은 시험은 물질이 고체에서 소성적 상태(**소성 한계**plastic limit, PL)로, 그리고 소성적 상태에서 액체 상태(**액성 한계**liquid limit, LL)로 변할 때의 수분량을 나타낸다. 소성 한계는 토양을 늘려서 깨지지 않고 직경 3mm의 실이 될 때의 최소 수분량으로 정의한다. 표준 시험 절차에 따르면 액성 한계는 토양이 자체의 무게 때문에 흐를 때의 최소 수분량이다.

소성 지수(plasticity index, PI)는 토양이 소성적 행태를 보일 때의 수분량 범위로 정의하며, 다음과 같이 나타낸다(모든 용어는 백분율 수분 함량으로 표현).

$$PI = LL - PL$$

아터버그 한계는 점토의 함량이나 현존하는 점토 광물의 유형이 서로 다른 토양들 간에 상당한 차이를 보인다. Whalley(1976)는 다음 값이 런던 점토(London Clay)의 전형이라고 인용하였다.

PL	30~45%
LL	70~105%
PI	35~65%

점토 함량이 적으면 값이 낮고, 응집력이 없는 물질의 경우에 PI는 0이다.

이러한 물질 속성은 삭박의 힘이 가해진 상태에서 암석과 토양의 행태에 상당한 영향을 미친다. 이들은 기본적으로 기술적 매개 변수이며, 동시에 삭박에 대한 물질의 저항을 이해하는 데 중요하며, 삭박 프로세스를 분석할 때 유용한 도구이다.

4. 시스템의 기능: 에너지 흐름

우리가 유역 분지의 구성 요소라는 맥락에서 삭박 시스템의 기능적 조직화를 생각해 보면, 모델의 부분 시스템들 간 연계는 주로 물질 전달의 통로로서 나타난다(그림 10.3). 부분 시스템의 작동과 관련된 프로세스는 에너지의 변형과 전달을 포함하는 반면, 이러한 연계는 에너지 흐름의 통로이기도 하다. 모든 지표 시스템의 가장 근본적인 에너지원은 지구 복사와 태양 복사이다.

지구의 에너지 가운데 삭박 시스템으로 들어가는 지열 요소의 유입은 너무 적어서, 빙하 시스템을 제외하면 대부분의 시스템 작동에 미치는 영향은 무시할 만하다(제14장). 그러나 퍼텐셜 에너지 유입으로서의 지구 에너지는 삭박 시스템의 작동에 매우 중요하다. 첫째, 지각을 구성하는 암석의 1차 광물은 모두 조직적인 구조와 그것을 유지하는 원자 및 분자 결합으로서 잠재적 화학 에너지를 가지는 것으로 생각할 수 있다. 풍화 시스템에서 이 에너지는 풍화 작용이 진행되면서 방출되고, 복잡한 화합물이 붕괴되어 구조적으로 단순한 풍화 산물이 만들어진다. 둘째, 중력과 연계된 기복의 퍼텐셜 에너지가 중요하다. 사면이나 하도처럼 경사가 존재하면, 고체나 액체 물질이 이동함으로써 퍼텐셜 에너지가 운동 에너지로 변환된다. 분명히 속도는 운동 에너지의 주요 성분이다(제2장). 그래서 물질의 이동이 더욱 빨라지면(예를 들면, 하도의 유수와 빠른 사면 이동), 운동 에너지의 수준이 더욱 높아진다. 매우 느리게 움직이는 물질(예를 들면, 토양 포행)도 아주 적지만 운동 에너지를 가진다.

직달 태양 복사와 확산 태양 복사는 여러 가지 통로로 삭박 시스템에 유입된다. 풍화 시스템에서는 흡수된 태양 복사가 토양과 레골리스의 온도를 상승시키며, 대부분의 경우 화학 반응률을 증가시킨다. 수면이나 지면에서 수분을 증발시키기도 하고, 식물의 증산 작용을 돕기도 한다. 증발의 잠열이란 20℃의 물 1g이 증발할 때 2,450J 을 삭박 시스템으로 잃는다는 것을 의미한다. 대기 속에서 응결된 후, 물방울의 중력 퍼텐셜 에너지는 떨어지는 빗방울의 운동 에너지가 된다. 이것은 질량과 속도의 곱으로 정의된다. 따라서 각 폭풍우는 강우 강도 및 강우 기간에 관련한 특유한 운동 에너지를 생성한다. 이러한 운동 에너지는 부딪히는 순간에 기계적 에너지로 변환되어, 지표의 무기질과 유기질 입자에 일 —침식 작용— 을 수행한다. 일은 힘과 거리의 곱으로 정의되므로 이러한 침식 에너지가 가해지면 물질이 이동된다. 그러므로 이러한 물질은 사면 시스템을 통하여 사면 아래로 이동할 때, 그리고 물이 지표 위에서 또는 지표 아래에서 흐를 때 운동 에너지를 가진다. 유출과 암설이 하도 시스템으로 흘러들듯이, 이 운동 에너지의 일부는 직렬 시스템에서 다음 시스템의 유입이 된다. 그러나 입사 에너지의 일부는 특히 식물이 광합성 작용을 하는 동안 생태계에 흡수되고, 유기 화합물의 퍼텐셜 화학 에너지로 저장된다. 식생은 사면의 침식 프로세스와 유역 분지의 물 균형에 커다란 영향을 미치는 반면, 이 에너지는 이후에 토양 내에서 풍화 시스템에 이용된다.

삭박 시스템으로부터 나가는 에너지 유출은 주로 열 에너지의 형태로 발생한다. 특히 밤에는 지표에서 복사로써 직접 열을 잃어버린다. 우리가 보았듯이, 증발 시에는 상당한 열이 잠열로 달아나는 반면, 침식 프로세스에 포함된 대부분의 운동 에너지는 운동 중인 물체가 정지한 물체와 관련하여 이동함으로써, 마찰열이 되어 대기로 달아난다. 그러나 삭박 시스템을 통한 에너지의 흐름이 원칙적으로는 이해되지만 아직까지 정량적 연구는 거의 없다.

5. 시스템의 기능: 물질의 흐름

삭박 시스템을 통한 물질의 흐름은 물과 광물 요소를 포함한다. 물의 흐름은 유역 분지 시스템에서 중요하다. 물은 직접 운반 매개체로 작용할 뿐만 아니라, 광물질이 이동하는 여러 가지 다양한 유형에서 중요한 역할을 하기 때문이다.

[그림 10.9]와 [그림 10.10]은 유역 분지를 통한 유수의 역학을 간단한 형태로 나타낸 것이다. 강수가 유입하는 곳은 여러 저장소를 통하여 하천 유출과 증발의 유출에 이르는 과정이 일련의 전달자에 의해서 나타난다. 강수는 식생이나 지표에 직접 떨어지기도 하고, 하도나 호소의 수면에 떨어지기도 한다. 식생은 차폐(interception) 저장소를 통제하며, 증발을 통하여 물을 대기로 되돌려 보내기도 하고, 밑에 있는 지표까지 줄기 흐름(stemflow)이나 통과 강우(throughfall)를 통하여 물을 운반하기도 한다. 물은 지표 저장소에서 지표 유수로써 하도 저장소까지 운반될 수도 있고, 대기로 직접 증발되거나 침투에 의하여 지하 대수층(aeration zone)으로 전달될 수도 있다. 이 대수층은 토양과 레골리스와 기반암으로 이루어져 있으며, 영구적인 지하수면 위에 위치하여 간헐적으로 물에 잠기는 지하 부분이다. 말을 바꾸면, 대수층은 공극이 공기로 채워질 때

도 있고, 물로 채워질 때도 있다. 증발과 식생을 통한 증산은 대수층의 물을 대기로 되돌려 보낸다. 대수층 내의 물은 수평적 이동(통류throughflow)에 의해서 하도로 전달되며, 심층 투과를 통하여 지하수 지대로 운반된다. 여기에서부터 하도까지 지하수의 흐름을 통하여 심층 전달이 이루어진다.

한 요소(물)의 측면에서, 저장소들 간의 이동을 유입 및 유출과 관련하여 숫자로 표현할 수 있다면, 단위 시간당 삭박 시스템의 상태 변화를 자세히 기술할 수 있을 것이다. 이것은 물 균형 방정식을 참조하여 행할 수 있다.

$$P = R+(E+T)+(\Delta S+\Delta G)$$

P는 강수량이고, R은 유출량이며, E는 증발량이고, T는 증산량이다. ΔS는 토양수의 변화량이며, ΔG는 지하수의 변화량이다.

위 방정식에서 괄호 속을 합치면, 방정식을 다음과 같이 간단하게 쓸 수 있다.

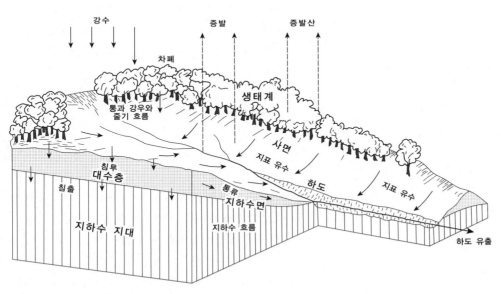

그림 10.9 유역 분지 시스템을 나타내는 모형도

$$강수량 = 유출량 + 증발량 + 침투량$$

이러한 물 균형 또는 물 수지 접근 방법은 삭박 시스템의 작동에서 나타나는 공간적 차이를 나타내기 위하여 국지적 규모로부터 범지구적 규모에 이르기까지 모든 규모에 사용될 수 있다(자료 10.5).

대부분의 경우에 삭박 시스템을 통한 광물 요소의 이동은 스스로 주요 운반 기구로 행동하는 물과 동일한 통로를 따른다. 광물 요소는 전하를 띤 이온으로 용해되거나 미세한 입자로써 부유 상태로 통과할 때까지는 유수보다 훨씬 느리다. 다른 말로 하면, 광물 요소가 시스템의 저장소에 체류하는 시간이 훨씬 더 길다. 풍화 산물은 지표 침식에 따라 그들을 사면 아래로 이동시키는 사면 이동 프로세스 구간 내로 운반될 때까

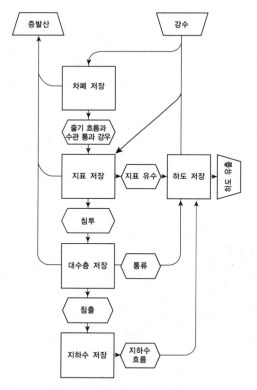

그림 10.10 유역 분지 시스템 내 수문 프로세스

지는 풍화 시스템에서 레골리스로서 집적된다. 여기에서 풍화 산물은 마침내 하천 침식에 따라 사면에서 하도 부분 시스템까지 운반되며, 하천 퇴적물 하중의 일부로 된다. 다른 풍화 산물은 용해되어, 지표 유수나 통류로써 물의 흐름을 따라 사면 아래로 하도 시스템까지 운반되고, 지하수 저장소까지 투과하여 하천의 기저 유출(base flow)이 된다. 일부 광물 요소는 치환 화합물로 토양 속에 일시적으로 머무르고(제22장), 치환 가능한 원소와 토양수의 자유로운 원소는 식물 뿌리를 통해 흡수되어 일시적으로 생태계 내 생체량으로 고정된다(제17장). 이후 이들 원소는 강수의 줄기 흐름과 통과 강우 성분으로써 사면 시스템으로 되돌아간다. 원소들은 이미 강우에 용해된 물질과 결합한다. 그렇지 않으면 그들은 죽을 때까지 유기물로 남아 있다가, 낙엽이 분해되면 분리되어 사면 시스템으로 되돌아간다. 그러므로 물질의 주요 유입은 강우에 용해되거나 건조한 낙진으로써 대기로부터 공급되며, 풍화 전선이 전진함에 따라 풍화 시스템을 통하여 지각으로부터 공급되고, 기반암이 침식되는 곳에서 직접 하도 부분 시스템으로 공급된다. 유역 분지 시스템에서 나오는 광물 요소의 주요 유출은 하천 유출 내의 광물 하중이다. 기체 상태로 존재할 수 있는 일부 원소는 증발 동안의 수증기와 유사하게 대기로 직접 달아난다.

6. 모델의 특별한 경우

지금까지 개발된 유역 분지 시스템들 가운데 기본적인 기능 모델은 시스템으로 흘러드는 유입의 규모와 시스템의 구성 요소를 통한 물질 및 에너지의 분배에 과격한 영향을 미치는, 보다 극한 조건하에서 작동하는 상황에 대처하기 위해 시스템을 수정할 수 있다.

빙하 경관에서 강수 유입은 대부분 눈의 형태이며, 유출은 주로 느리게 흐르는 빙하의 형태를 띤다. 빙하의 주변에는 융빙수의 하천이 있다. 그래서 빙하가 하

도의 자리를 차지하며, 처리 속도는 정상적인 하천 유역에서보다 훨씬 느리다. 광물질(퇴적물)은 사면이 빙하를 내려다보는 위치에서, 그리고 빙하가 주변을 침식하는 하부에서 빙하 시스템으로 공급된다.

사막 경관은 증발로 인한 손실이 거의 100%에 이를 정도로 매우 커서, 순 지표 유출이 없는 것이 특징이다. 결과적으로 사막은 구심 하계 시스템을 가진 일련의 폐쇄 유역 분지를 포함한다. 유출이 있더라도 수명이 짧고, 결국 하천은 침투와 증발이 늘어남에 따라 점차 사라진다. 그러므로 지표 유출이 흘러나가는 경우는 없다.

석회석과 백악 경관은 높은 침투율이 특징이다. 백악에서는 투과가 널리 분포하는 반면, 석회암 지대의 하천은 동굴(예, 스왈렛 동굴)을 통하여 지하로 사라진다. 많은 지역에서 유역 분지가 지하로 배수되고, 침투와 지하수가 중요한 역학을 하므로, 지표 유출의 양은 엄격히 제한된다.

이러한 모든 변화는 기본적인 기능 모델에서 수용될 수 있다. 기후와 암석의 변화는 다양한 프로세스의 상대적 중요성과 삭박 시스템을 통한 에너지와 물질의 다양한 전달 통로의 상대적 중요성에서 나타나는 차이를 포함한다. 그러므로 이러한 변화는 단지 일반적인 삭박 시스템 모델의 특별한 경우이다.

7. 유역 분지 시스템에서 시간, 삭박, 그리고 기복

우리가 보았듯이, 삭박 시스템이 작동하면 대륙 표면에서 암설을 쓸어내려 바다로 공급하는 결과를 가져온다. 포함된 삭박 프로세스를 모니터링해 보면 삭박이 일어나는 속도에 관한 정보를 알 수 있는데, 이것은 조산 운동에 의한 융기 속도보다 훨씬 느린 것으로 밝혀졌다. 따라서 육지는 비교적 빠른 융기 기간의 영향을 받아 기복이 만들어지고, 장기간 기복을 점진적으로 낮추는 삭박이 지속되는 것을 알 수 있다.

삭박 작용-반응 시스템이 미치는 주요 영향은 삭박이 기복에 영향을 미친다는 것이다. 이것은 삭박 프로세스가 작동하는 성격과 속도를 조정한다. 그래서 삭박 프로세스와 기복 사이에는 (+)의 피드백 통로가 존재한다(그림 10.11). [그림 10.12]에서 보듯이, 삭박률은 기복에 밀접히 관련되어 있다(Ahnert, 1970). 기복은 대부분의 삭박 프로세스, 특히 물리적 기초를 가진 프로세스가 경사와 관련되어 있다. 유역 면적이 일정할수록, 유역 분지의 절대적 고도가 낮을수록 하도와 사면의 평균 경사도 낮아진다. 그래서 퍼텐셜 에너지가 감

소하고, 삭박 프로세스가 작동하는 속도도 감소한다. 점진적인 변화의 방향을 보면, 이러한 (+)피드백 통로 때문에 비교적 낮은 기복을 향하여 진행된다.

[그림 10.12]의 경험적 증거로 보아, 삭박은 시간이 지남에 따라 감소할 것이다. 중위도 습윤 유역 분지의 표본에서 얻은 자료를 보면, 삭박 속도는 기복과 선형 정비례 관계에 있음을 알 수 있다.

$$d = 0.0001535h$$

h는 m단위의 평균 기복이고, d는 mm yr^{-1} 단위의 평균 삭박률이다.

이러한 관계는 침식이 유역 분지 내에 균등하게 분포하며, 기복이 클수록 급경사를 띠는 경향이 강하고, 따라서 상응하는 침식 압력도 더 커질 것이라는 사실을 가정한 것이다. 삭박 속도는 기복과 함수 관계에 있고, 기복은 시간이 지나면서 감소하므로 이상의 관계를 기반으로 계산해 보자. 삭박 속도는 시간과 기복에 따라 감소하므로 1100만 년이 지나면 육지는 원래 기복의 10%로 감소할 것이고, 2200만 년이 지나면 1%로 줄어들 것이다.

그러나 삭박률은 대륙의 표면에서 제거된 물질만을 언급한 것이다. 기복의 파괴를 고려한다면 점차 얇아지는 지각은 맨틀 위로 더욱 떠오르기 때문에 지각 균형에 따른 반동을 고려해야만 한다. 지각 균형의 반동

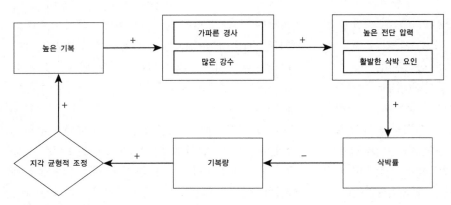

그림 10.11 삭박 프로세스와 기복 사이의 피드백

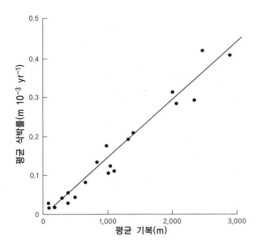

그림 10.12 기복의 함수로서의 삭박률(Ahnert, 1970)

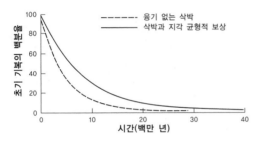

그림 10.13 기복 저하에 걸리는 시간(Ahnert, 1970)

은 다음과 같이 계산할 수 있다.

$$h = Br/A$$

h는 지각 균형에 따른 보상이고, B는 제거된 지표 암석의 비중이며, A는 깊은 곳에서 대체되는 암석의 비중이고, r은 제거된 지표층의 두께이다. A가 3.4이고, B가 2.6이면, h는 0.76r이다.

침식으로 인한 손실에 반응한 지각 균형적 반동이 지속적이고 광범위한 프로세스라는 사실을 가정하면, 일정한 기간 내에 제거된 기복의 3/4은 대체될 것이다. 따라서 육지의 기복이 파괴되는 데 걸리는 실질적인 시간은 훨씬 더 길다. Ahnert의 계산에 따르면, 지각

균형의 보상 때문에 처음 기복의 10%로 감소하는 데 1850만 년이 소요되며, 1%로 줄어드는 데에는 3700만 년이 걸린다(그림 10.13).

이것은 수백만 년에 걸쳐 삭박 프로세스가 작동하는 동안 외부의 조건이 일정하다는 것을 전제로 한 것이다. 알다시피, 훨씬 더 짧은 시간 규모에서도 시스템의 유입에 상당한 변화가 나타날 수 있다.

더 읽을거리

다양한 일반 지형학 교재들은 이 장에 제시된 내용을 다루고 있으며, 제11~17장에도 도움을 준다. 지형학 시스템을 설명한 유용한 개론서:

Bloom, A.L. (1969) *The Surface of the Earth*. Prentice-Hall, Englewood Cliffs.

좋은 일반 교재:

Rice, R.J. (1977) *Fundermentals of Geomorphology*. Longman, London.
Selby, M.J. (1988) *Earth's Changing Surface*. Oxford University Press, Oxford.
Summerfield, M.A. (1991) *Global Geomorphology*. Longman, London.

지형학 프로세스에 대한 현대적 설명:

Derbyshire, E., K.J. Gregory, and J.R. Hails (1979) *Geomorphological Processes*. Dawson, Folkstone.

지형학적 프로세스의 역학을 강조하는 동일한 주제에 관한 유용한 소개서:

Stratham, I. (1977) *Earth Surface Sediment Transport*. Oxford University Press, Oxford.

고급 교과서:

Chorley, R.J., S.A. Schumm and D.E. Sugden (1984)
  Geomorphology. Methuen, London.
Embleton, C.E. and J.B. Thornes (eds) (1979) *Processes in
  Geomorphology*. Edward Arnold, London.

유용한 장이 있는 서적:

Cooke, R.U. and J.C. Doornkamp (1974) *Geomorphology
  in Environmental Management*. Oxford University
  Press, Oxford.

유역 규모에서 유용한 자료:

Burt, T.P. and D.E. Walling (eds) (1984) *Catchment
  Experiments in Fluvial Geomorphology*. Geobooks,
  Norwich.
Smith, D.I. and P. Stopp (1978) *The River Basin*.
  Cambridge University *Press*, Cambridge.

제11장

풍화 시스템

고온 환경이나 고압 환경 또는 고온고압 환경의 암석권 내에서 형성된 암석은 지표에 노출될 때까지 물리적 화학적으로 비교적 안정되어 있다(제5장). 암석들은 지표에서 전혀 다른 환경과 만나게 된다. 예를 들면 압력은 낮아지고, 온도는 상당한 변동을 겪으며, 산소와 물이 풍부하다. 암석들은 풍화 프로세스에 의해, 이러한 새로운 환경에서 안정된 형태로 변모된다. 그래서 풍화란 암석권에서 평형을 유지하던 물질이 대기권 및 생물권과 접촉하는 새로운 환경에 대하여 나타내는 반응으로 정의 내릴 수 있다.

이러한 반응은 [그림 11.1]의 왼편에 제시되어 있다. 그러나 오른편에서는 죽거나 배설되어 더 이상 생물 시스템의 구성 요소가 아닌 상태에서 똑같은 변화에 노출된 유기 화합물에 유사한 프로세스가 영향을 미치는 것을 볼 수 있다. 이들 두 방향의 변모나 조정은 토양 시스템에서 융합된다. 그곳에서 풍화 및 분해의 프로세스는 풍화 산물과 유기물 잔재의 속성과 상호 작용하여 토양을 형성한다(**토양 생성 작용**pedogenesis). 어떤 점에서 토양은 무기 물질과 유기 물질이 존재하는 환경의 변화에 반응하여 그들의 조정으로 이루어진 새로운 평형 상태로 볼 수도 있다.

[그림 11.1]로 볼 때, 풍화와 분해와 토양 형성 프로세스를 분리시키고, 그들이 작동하는 시스템을 한정짓기란 분명히 어렵다. 이들 셋은 분명히 중첩되며, 시스템의 성격을 나타내는 변수들 간에도 공통 부분이 있고, 프로세스의 작동에서도 상호 작용이 있다. 이 장에서는 분리할 수 있는 한 풍화 시스템만을 고려할 것이다. 토양 생성 시스템은 제12, 22장에서 부분적으로 다룰 것이다. 여기에서는 암석권 내의 암석이 지표나 지표 근처에서 만나는 환경과 새로운 평형을 이루기 위

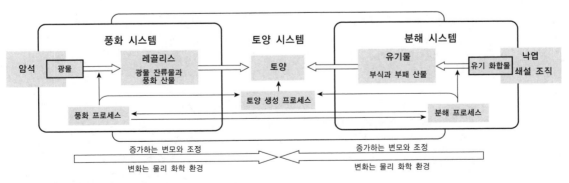

그림 11.1 풍화 시스템과 토양 및 쇄설물 시스템의 관계를 나타낸 모델

하여 겪는 전반적인 조정 프로세스에 관심이 있다.

그러므로 풍화 시스템이 작동한 결과, 물리 화학적으로 원래의 모암과는 다른 새로운 물질이 생성된다. 생성된 물질은 부피가 작고, 덜 단단하며, 기계적인 저항력도 훨씬 낮다. 그래서 풍화 산물은 삭박 프로세스에 의해 쉽게 운반된다. 침식에 사용되는 에너지가 풍화 산물을 충분히 운반할 수 있는 수준으로 풍화 산물의 저항력이 떨어졌기 때문이다. 이러한 물질은 고체의 풍화 잔유물이다. 또한 순환하는 물로 쉽게 제거되는 용해 물질도 생성된다. 그러므로 이러한 광물은 유동성이 매우 커져서, 생태계나 삭박 시스템에 활용될 수 있다. 그렇게 하여 용해 물질은 쉽게 제거되고, 암석권의 저장소로부터 쉽게 방출되어, 지화학 순환이나 생지화학적 순환으로 운반된다.

1. 풍화 시스템의 작용–반응 시스템

전통적으로 지리학자들은 이들 카테고리 내에 생물 기구의 역할이 있다는 사실을 어느 정도 알면서도, 풍화를 기계적(물리적) 프로세스와 화학적 프로세스로 구분한다. 그러나 원리를 생각해 보면, 화학적 프로세스는 분자 내지 원자 수준에서 작동하는 기본적인 물리 법칙의 지배를 받는 것이 분명하다. 그러므로 화학과 물리의 구분은 본질적으로 규모에 따른 것이다. 따라서 우리는 여기에서 붕괴가 일어나는 규모에 기반을 둔, 풍화를 연구하는 원래의 접근 방법을 채택한다. 우리가 개발할 풍화 시스템의 모델은 작용–반응 모델이다(그림 11.2). 시스템의 반응은 광물학적 암석학적 기계적 속성이라는 측면에서 정의되는 연속된 상태들로 관찰할 것이다. 이들 속성은 시간이 지나면서 서로 대체되기 때문이다. 프로세스는 암석이 지표나 지표 가까이에 노출되었을 때 암석에 가해지는 힘에 대하여 직접 조정이나 반응을 일으키며, 암석의 붕괴를 활성화시킨다. 이 모델에서는 암석을 붕괴하는 **1차 메커니즘**(primary mechanism)은 두 가지뿐이라고 강력히 주장한다. 이것은 **파쇄**(brittle fracture)와 **결정격자의 와해**(crystal lattice breakdown)이다. 파쇄는 암체나 암석 파편, 결정의 규모에서 작동하며, 결정격자의 와해는 분자나 원자 규모에서 작동한다. 이러한 1차 메커니즘은 여러 가지 환경적 유입으로 야기되며, 전술한 두 번째 프로세스 집단의 작동에 따라 촉진된다. 우리는 이들을 **활성화 프로세스**(activating process)라고 부를 것이다. 이것은 여러 가지의 **활성화 기구**(activating agent)에 의해서 촉진될 것이다(표 11.1).

환경적 유입의 성격은 지구 상의 어디를 가나 장소

표 11.1 풍화 프로세스의 분류

1차 메커니즘	활성화 프로세스	활성화 기구
파쇄	응력 해제(팽창) 기계적 압력의 적용	하중 제거 열적 붕괴 염파쇄 동파 생물의 기계적 힘
결정격자의 와해	수화나 가수 분해 또는 산화환원 반응에 의한 정전기적 힘의 변화	광물 표면의 노출 수분 공급 수소 이온의 공급(pH) 풍화 환경의 산화환원 정도(Eh) 풍화 산물을 제거하는 기구(용탈이나 킬루비에이션)

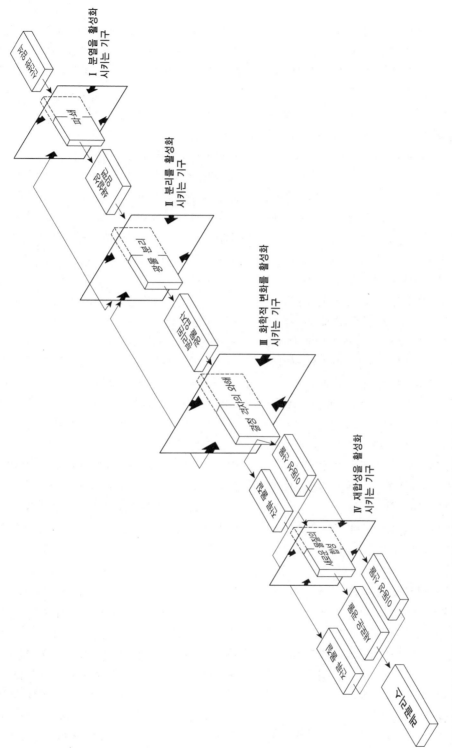

그림 11.2 분화 시스템의 작용-반응 모델. 붕괴의 1차적 메카니즘은 파쇄나 화학적 와해이다.

마다 다양할 것이다. 작동하는 일부 프로세스는 고온을 요구하나, 일부는 한랭한 조건을 요구한다. 일부는 습윤한 환경에 제한되나, 일부는 건조 환경에 한정된다. 지표 프로세스가 있는가 하면, 지중 프로세스도 있다. 그러므로 특정한 위치에서 작동하는 다양한 활성화 프로세스들이 결합하여, 시스템이 기능하는 조건 ── **풍화 환경**(weathering environment) ──을 반영할 것이다.

지각의 약 90%를 구성하는 모든 광물의 약 1/3은 규산염 집단에 속한다(자료 5.1). 그러므로 우리는 이 모델을 위해서, 1차 규산염 광물로 이루어진 단단한 암체를 시스템의 초기 상태로 간주할 것이다. 모델 내 첫 번째 구획(초기 상태)은 원래의 구조를 유지하며, 1차 광물로 구성되어 있고, 투수성과 공극률 및 저항도 등의 기계적 속성을 가진, 변모되지 않은 암석이다. 모델의 관점에서 볼 때, 암석은 구성 원소의 원자에서부터, 결정격자 내에서 형성하는 이들 원자와 분자의 규칙적인 배열을 거쳐, 그들이 생성하는 개개 광물 입자에 이르기까지 계층적으로 조직화된 시스템으로 간주된다. 이들 광물 입자들이 3차원 모자이크로 조직화되어 암체를 형성한다(제5장). 이러한 구조는 입자 꾸러미 내부의 기계적인 힘과 결정격자 내의 또는 결정격자들 간의 화학적 결합력으로 유지된다. 이러한 힘은 시스템의 내인적 또는 퍼텐셜 화학 에너지이다.

1차 풍화 메커니즘의 영향을 받아서 이러한 초기 상태는 시간이 지나면서 암석 조각들로 바뀐다. 암석 조각은 여전히 1차 광물로 구성되어 있으나, 물리적 성질이 다르고 표면적이 증가하였다. 다음 단계는 이러한 암설들의 광물이 화학적으로 변모되고, 1차 광물의 풍화 잔류물은 대체로 용액 상태인 유동적 풍화 산물을 포함하는 환경에 존재한다. 1차 광물에서 직접 비롯하지 않은 새로운 광물이 나타날 수도 있다. 광물 잔류물과 이들 새로운 광물들의 물리 화학적 속성은 그들이 형성하는 레골리스의 물리적 특성과 함께, 원래의 암석이나 1차 조암 광물의 물리 화학적 속성과 매우 다를

것이다. 입자의 크기는 훨씬 작아지고, 노출된 표면적/부피의 비는 매우 크게 증가하였으며, 밀도와 질량은 감소하고, 힘의 매개 변수는 변했을 것이다. 가장 작은 (콜로이드) 입자는 다양한 유동성을 나타내며, 뚜렷한 이온 교환 특성을 가질 것이다.

(1) 풍화의 1차 메커니즘: 파쇄

파쇄는 암석이 인장 압력이나 전단 압력을 받을 때 일어난다. 그러한 압력 때문에 광물 입자들 사이의 결합이나 결정격자 내의 결합은 응력을 받는다. 응력은 결합을 늘이거나 뒤틀어서 그들을 변형시키거나 어떤 **변형 에너지**(strain energy)를 가한다. 이 변형 에너지는 결합이 부서지고 균열이 생기면 사라진다. 보통 암체에 작동하는 거시적인 프로세스로 간주되지만, 파쇄의 실질적인 메커니즘은 균열이 극치를 이룰 때 나타나며, 변형이 집중되는 분자 수준에서 작동한다.

암석 내 대부분의 균열은 입자의 경계를 따라 발달한다. 균열의 시작점과 확장 방향은 암석을 이루는 입자들의 모자이크 내에서 비교적 결합이 약한 기존의 점이나 선이나 면에 의해서 결정된다. 압력이 지속되면 균열은 매우 빠르게 확장될 수 있다. 그러나 파쇄는 조암 광물의 결정격자 내에서도 만들어진다. 그러한 결정은 완벽하지 못하고, 격자 내의 만곡부나 전위 (dislocation)라고 부르는 격자의 치환층을 따라 변형이 집중될 수 있다. 그러한 파쇄는 일단 시작되기만 하면 벽개면(cleavage plane)을 따라 선택적으로 유도된다. 파쇄는 격자를 결합하는 물리적, 화학적 힘을 극복할 수 있을지라도, 본질을 바꾸는 것이 아니라 결정의 조직을 더 작게 만들 뿐이며, 그 하한계인 실트 크기의 입자를 형성하는 데 국한된다. 이러한 암석 변위의 한계를 넘어서, 우리는 결정격자의 근본적인 와해를 뜻하는 두 번째의 1차 풍화 메커니즘의 영역으로 넘어간다. 반대로 결정격자의 와해에는 격자의 구성과 격자의 구조적 형상에서 근본적인 변화가 포함된다. 그래서 관련된 광물에는 화학적인 변화가 발생한다.

(2) 파쇄의 활성화 기구

파쇄를 일으키는 직접적인 프로세스는 내부의 압력을 방출하거나 암체에 외부의 압력을 가하는 것이다(그림 11.3). 그러나 파쇄는 문제시되는 암석과 그 구성 광물의 기계적 속성에 의해서 통제된다. 그러므로 이러한 물리적 속성, 특히 힘을 나타내는 매개 변수의 한계치를 설정함으로써, 특정한 압력하에서 균열이 발생하는지를 결정할 수 있다. 암석이 점차 파쇄되어 분리되면, 이를 결정하는 매개 변수의 값은 변하고, 한계 입경(size threshold)이 이루어질 때까지 파쇄의 효율성을 감소시키는 (−)피드백 통로가 만들어진다. 한계 입경을 초과하면 풍화는 화학적 변화로만 진행될 수 있다.

지각 내 고압 상태에서 형성되는 동안 경험했던 압력 때문에, 또는 위에 덮인 암석들의 수직 압력 때문에, 암체 내에는 내부의 압력이 존재한다. **압력 해제**(strain release)를 활성화시키는 프로세스는 상부 지층의 침식과 제거인데, 이로써 하중이 제거되고 수직 압력이 감소하여 결과적으로 암석이 팽창한다. 암석은

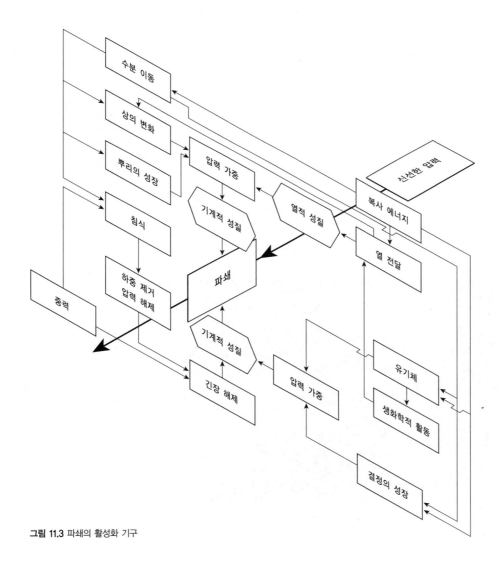

그림 11.3 파쇄의 활성화 기구

균등하게 팽창하지 않고, 보통 절리면(**팽창 절리** dilatation joint)이 만들어진다. 이것은 하중이 제거된 지표의 기복에 거의 평행하다. 이러한 절리는 1~3m의 간격을 나타내며, 20m 이상의 깊이까지 암석에 영향을 미쳐서, 암체로부터 커다란 판(sheet, slab)을 분리시킬 수도 있다. 화성암체(그림 11.4)는 특히 주변의 암석이 삭박되고 암석 돔이나 **도상 구릉**(inselberg, 잔류 구릉)을 형성할 때 팽창 절리를 가장 뚜렷하게 보여 준다. 절리는 위에 덮인 지층이 삭박으로 제거됨에 따라 기반암이 팽창하여 나타나는데 빙식곡이나 산릉에서는 삭박에 의한 하중 제거에 기반암이 이런 방식으로 반응하는 것이다. 사실 Whalley(1976)는 산악 경관에서 압력 제거에 따른 파쇄가 일반적으로 나타나는 것보다 훨씬 더 많을 것이라고 주장했다.

기계적 압력을 가하여 암석 파쇄를 강화시키는 프로세스는 두 집단으로 나누어진다. 첫째는 열전달의 직·간접적인 결과로 생기는 암석에 내재된 압력이고, 둘째는 암석의 공극이나 균열 내에서 성장하고 팽창하는 프로세스 때문에 나타나는 압력이다.

암석은 열전도도가 불량하기 때문에(제3장), 표면으로부터 전도로 이루어지는 (태양 에너지에서 유래한) 열전달은 약하여, 암석의 제한된 두께에서만 가파른 온

그림 11.4 팽창 절리 (a) 위의 지표와 거의 평행한 판상 절리(Chapman and Rioux, 1958). (b) 콜로라도 고원의 괴상 사암에 나타난 대규모 판상 구조와 박리 프로세스. 화살표는 팽창 방향을 가리킨다. X는 박리 돔이며, Y는 박리 동굴이다(Bradley, 1963). (c) 괴상의 화성암 내 팽창 절리(미국 캘리포니아 주 요세미티)

도 경도가 나타난다. 표면층은 열에 반응하여 팽창하며, 암석 내 상이한 팽창 계수를 갖는 인접한 광물 입자들은 서로 다른 비율로 팽창하여 기계적 압력이 증가한다. 이러한 압력으로 마침내 **열적 붕괴**(thermoclasty)가 초래된다. 이 프로세스는 높은 기온이 유지되는 사막 지역에 노출된 암석 표면에서 붕괴를 일으키는 주요 원인으로 이미 생각되어 왔다. 그러나 실험실 실험에서는 수분이 없는 상태에서 열적 붕괴를 재현하지 못하였다. 이에 따라, 열적 붕괴는 수분이 이미 입자나 결정의 경계를 따른 수화 작용이나 약간의 가수 분해와 같은 화학적 풍화 작용으로 입자나 결정 간의 결합을 약화시키고, 암석의 인장력을 감소시키고, 기계적 프로세스와 화학적 프로세스 간 피드백 관계를 강조하는 상황에 제한된다는 결론에 도달한다.

그러나 열(이 경우에는 융해잠열)전달이 미치는 보다 간접적인 효과는 암석 내의 절리나 균열, 또는 공극 내에 있는 물에 영향을 미치는 상(相)의 변화와 연관된다. 물이 얼어서 얼음 결정을 형성하게 되면 부피가 9% 정도 팽창하게 되며, 제한된 공간에서는 이론적으로 200MN m^{-2}을 초과하는 압력을 나타낸다. 사실 암석 내의 수분은 완전히 제한된 공간에 있는 것이 아니므로, 그 값에 도달할 것인지는 의심스럽다. 그럼에도 불구하고, 정상인 암석의 인장력이 1~10MN m^{-2}의 범위(표 10.3)를 갖는다는 점을 감안하면 얼음 결정의 성장이 매우 효과적이라고 생각할 충분한 여지가 있다고 판단된다. 이러한 프로세스(**동파**gelifraction)에 의한 암석 붕괴는 온도가 0℃를 자주 오르내리는 환경에서 가장 효과적일 것이다. 이것은 동결과 융해가 봄과 가을의 짧은 기간에 제한되어 있는 극지방보다, 연간 300회 이상 동결을 경험하는 산악 주빙하 환경에서 더욱 효과적임이 분명하다. 결빙점을 오르내리는 짧은 변동은 지표 아래로 2~3cm 이상은 침투하지 못한다. 그러므로 효율적인 서릿발 풍화 작용(frost weathering)은 지표 현상이다. 장기적인 동결 순환이 암석 파쇄를 일으킬 것으로 기대되지만, 장기적인 동결 순환의 빈도가

제한되어 있어서 그 전반적 효과도 제한적일 것이다. 공극 내의 동결 때문에 암석은 작은 알갱이나 각력질 암설로 부서진다. 예를 들면, 백악도 이런 방식으로 반응한다. 단단한 암석의 절리에 얼음이 형성되면, 절리로 제한된 암괴들을 들어 올려 제거하는 효과가 있다.

물론 얼음 결정의 성장은 공극이나 균열 내 물질의 성장이나 팽창을 포함하는 프로세스 그룹에 속하는 것으로 생각된다. 이 두 번째 프로세스 집단에 관련된 또 다른 메커니즘은 모두 인장력을 나타내는 염 결정의 성장과 생물의 성장 및 활동(**생물리적 힘**biomechanical force)이다.

대체로 화학적 프로세스로 생각되는 염 결정의 성장도, 암석 내에서 기계적 힘 —화학적 에너지에서 물리적 에너지로의 변환 —을 행사한다(Winkler and Wilhelm, 1970). 건축 석재의 붕괴에 미치는 염 풍화 프로세스 —**염 파쇄**(haloclasty) —의 영향은 오래 전부터 건축 기술 문헌에 기재되어 왔으나, 지형학에서는 Evans(1969)가 포괄적으로 재평가를 할 때까지 그 의미를 과소 평가하였다.

염은 지하수나 해수의 염분 용액으로 암석의 공극 속으로 공급된다. 염분 지하수는 사막이나 반건조 환경에서 증발과 모세관 활동에 따라 지표로 올라오며, 해안 환경에서는 암석이 매일 바닷물의 비산으로 젖는다. 이러한 염분 용액이 증발되면, 지표 암석의 빈 공간에 결정질 광물이 침전되어, 눈에 보이는 염 풍화를 형성한다.

염 풍화는 일반적으로 세 가지 유형의 프로세스로 유발된다. 첫째, 염분 용액의 정출로 염 결정이 성장하면, 염 결정은 **정출력**(force of crystallization)을 발휘한다. 이렇게 발달한 힘은 Correns(1949)의 모델에 따라서, 염의 밀도와 몰 부피, 염분 용액의 과포화도, 그리고 프로세스가 작용하는 온도 등과 관련이 있다. 20℃일 때, 염분 용약의 과포화와 관련하여, 여러 가지 염들에 대한 정출력을 계산하여 [표 11.2]에 제시하였다. 1MNm^{-2}의 정출력을 생성하기 위해서는 극히 적은 과

포화만 있어도 가능하며, 어느 정도의 과포화 상태에서는 10MN m⁻²의 정출력을 얻을 수 있다. 표에 제시된 염들 가운데 암염(NaCl)이 가장 효과적이다. 이런 정도의 인장력이면, 대부분의 암석을 충분히 붕괴시킬 수 있다. 둘째, 이미 암석 속에 자리 잡은 무수염(예, 무수석고CaSO₄)은 물을 흡수하여 수화된다(석고 CaSO₄ · 2H₂O를 형성함). 물을 받아들이기 위해, 석고는 결정 구조가 변하여 팽창한다(표 11.3). 수화에 따른 결정의 성장으로 **수화 압력**(hydration pressure)이 생성된다. 이러한 프로세스는 특히 사막 환경에서 흔히 나타난다. 사막에서는 밤 기온이 낮아 습도가 높아지고, 노암 표면에 이슬이 맺힌다. Winkler와 Wilheim은 여러 가지 염들에 대한 수화 압력을 계산하였는데, 대부분의 수화 반응에서 10MN m⁻²을 쉽게 초과하였다. 셋째, 포획된 염들은 열팽창이 서로 다르기 때문에 열 붕괴에 따라 암석이 부서진다. Cooke과 Smalley(1968)는 일반적인 대부분의 염들은 대부분의 암석보다 팽창 계수가 더 크다고 지적했다. 예를 들어, 소금은 온도가 상승함에

따라 화강암보다 3배 정도 빠르게 부피가 팽창한다. 큰 일교차에 노출된 암석에서는 인장력이 손상될 정도에 이를 수도 있다.

염에 의한 암석의 풍화는 실험실의 실험 조사에서 잘 다루는 주제이다. [그림 11.5a]는 해안에 노출된 편암의 빠른 붕괴에 영향을 미친 풍화 환경 요소를 실험으로 분리하려는 시도를 보여 준다. 실험에서는 빠른 풍화를 일으키는 것이 물의 존재인지, 해수에 용해된 염의 존재인지, 또는 건습의 교차인지를 밝히려고 하였다. 따라서 암석 표본을 하루에 1시간 동안 이온화되지 않은 상태의 물이나 소금물에 담아 두었다가, 나머지 시간 동안 100% 습윤한 공기에 두거나 아니면 건조한 공기에 두었다. 180일이 지나 바닷물에 담근 후 건조한 공기에 두었던 표본에서 풍화의 결과로 무게가 줄어드는 명확한 구분이 이루어졌다. 이 특별한 표본으로 실행한 실험은 염의 정출 활동을 살펴보려는 것이었는데, 결론적으로 이것은 뚜렷한 풍화 프로세스임이 밝혀졌다. 결과적으로 암석의 얇은 조각이 떨어져 나오고, 기계적 분리가 발생하였다. 풍화는 한 면에서만 발생하므로, 풍화율은 염풍화의 효율성에 대하여 정확하게 표현하면 0.78mm yr⁻¹으로 계산될 수 있을 것이다(Mottershead, 1982).

마지막으로 식물의 성장이 미치는 물리적 영향은 암석에 장력을 가하여 파쇄를 가속시키는 것이다. 이 메커니즘의 가장 중요한 영향은 기반암의 절리를 뚫고 들어가는 뿌리의 성장이다. 농업 기술 분야의 연구를 살펴보면 뿌리 성장의 힘을 알 수 있다. Taylor와 Burnett(1964)에 따르면, 뿌리가 토양 속을 뚫는 것은 토양의 전단 저항력이 2~2.5MN m⁻²이면 가끔 가능하며, 토양의 전단 저항력이 1.9MN m⁻² 이하이면 언제나 가능하다고 한다. 그래서 뿌리의 성장은 암석의 인장력 규모가 최하위에 있는 물질에서 가능하다. Taylor와 Ratcliff(1964)에 따르면, 뚫고 들어가는 뿌리는 지속적으로 1.5MN m⁻²의 압력을 발휘할 수 있어서, 기존의 균열을 충분히 넓힐 수 있다고 한다.

표 11.2 선택된 염들에서 수화 동안 부피의 증가(Goudie, 1977)

	1MN m⁻²	10MN m⁻²
NaCl	1.16	12.18
MgCl₂	1.69	18.34
MgSO₄	1.87	20.42
CaSO₄	1.91	20.78
Na2SO₄	2.19	24.30
CaSO₄ · 2H₂O	2.28	25.33

표 11.3 20℃에서 1MN m⁻²과 10MN m⁻²의 결정 압력을 만드는 데 필요한 여러 염들의 과포화 정도(%)

염	수화물	부피 증가(%)
Na₂CO₃	Na₂CO₃ · 10H₂O	374.7
Na₂SO₄	Na₂CO₃ · 10H₂O	315.4
CaCl₂	CaCl₂ · 2H₂O	241.1
MgSO₄	MgSO₄ · 7H₂O	223.2
MgCl₂	MgCl₂ · 6H₂O	216.3
CaSO₄	CaSO₄ · 2H₂O	42.3

(a)

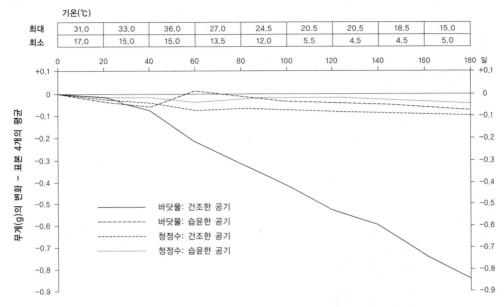

기온(℃)									
최대	31.0	33.0	36.0	27.0	24.5	20.5	20.5	18.5	15.0
최소	17.0	15.0	15.0	13.5	12.0	5.5	4.5	4.5	5.0

바닷물: 건조한 공기
바닷물: 습윤한 공기
청정수: 건조한 공기
청정수: 습윤한 공기

그림 11.5 (a) 다양한 풍화 실험을 한 4개의 편암 표본에서 나타난 무게 감소(설명은 본문에 있음). (b) 염의 풍해를 보여 주는 벽돌 내 염의 결정. 벽돌의 표면은 작은 조각이 떨어져 나갔지만 모르타르는 크게 영향을 받지 않고 우뚝 솟아 있어 특이한 형태의 차별 풍화를 나타낸다[영국 햄프셔 주 허스트 캐슬(Hurst Castle)].

그림 11.6 파쇄되고 부분적으로 풍화된 기반암을 뚫고 들어가는 나무뿌리. 뿌리가 성장하여 팽창할수록 주변의 암석에 더 많은 장력을 가한다(Mallorca).

식물 군락 대부분의 지하 생체량은 식물에서 보이는 부분의 생체량과 거의 같으며, 어떤 경우에는 더 많다. 그래서 식물이 아래에 놓인 기반암에 막대한 기계적 에너지를 사용할 수 있음이 분명하다(그림 11.6).

(3) 풍화의 1차 메커니즘: 격자 와해

조암 광물 결정격자의 붕괴를 이해하기 위해서는 구성 원자 규모에서 1차 메커니즘을 고려해야 한다. 격자의 와해는 화학 반응으로 이루어진다. 그러한 반응은 반응하는 물질의 화학적 결합이 부서지고 재형성되어 반응 산물을 만들 때 나타난다. 결합을 부수고 만드는

데에는 에너지의 전달이 포함된다. 에너지의 순유입 덕분에 진행되는 반응을 **흡열 반응**(endothermic)이라 하고, 에너지의 순손실과 더불어 진행되는 반응을 **발열 반응**(exothermic)이라 한다. 대부분의 경우에는 화학 반응의 활성화 장벽을 극복하기 위해서 에너지 유입이 필요하지만, 임의적으로 발생하는 대부분의 풍화 반응은 발열 반응이다(자료 2.5). 그러므로 격자가 와해되기 위해서는 격자 내 결합이 붕괴되고, 결정의 원래 구성 성분이나 다른 반응 물질 사이에 새로운 결합이 형성되어야 한다. 그러나 이 경우에는 자유 에너지의 순손실이 있다. 화학 결합의 성질(제2장) 때문에, 풍화 반응에는 격자 내 정전기적 힘의 재배열이 포함되어야 한다. 그리고 여기에는 이러한 힘을 생성하는 기본 입자인 양자와 전자 배치의 변화가 포함된다. 이러한 반응이 어떻게 일어나는지 알기 위해서는 주요 반응 물질의 성질을 더 고찰해야만 한다.

생각해 보면, 규산염 광물의 구조에서(자료 5.1) 실리카 사면체는 감람석과 같은 고리 구조에서 장석이나 석영과 같은 격자 구조 규산염에 이르기까지 (일부 광물에서는 사면체에서 규소가 알루미늄으로 일부 대체된다는 점을 기억하며) 3차원적으로 더욱 복잡한 격자 구조를 형성한다. 이러한 구조 내에는 여러 가지의 (구조에 참여하지 못한) 비구성 이온들이 다양한 종류의 공간을 차지하고 있다. 그 가운데 가장 중요한 이온은 철과 알루미늄, 마그네슘, 칼륨, 나트륨, 칼슘, 수산 이온 등이다. 이들의 결정격자는 이온 결합이나 공유 결합으로 결합되어 있다. 규산염 광물의 사면체 구조 내에 있는 규소와 산소는 공유 결합을 이루고, 대부분의 비구성 이온은 이온 결합을 이룬다. 반면에 철이나 알루미늄 등의 원소들은 이온 결합이나 공유 결합을 이루고자 하는 경향성을 다양한 비율로 보여 주는 중간 정도의 결합을 나타낸다. 그러나 규산염 광물의 격자 내에서 이온 결합의 힘은 매우 다양하다. 그것은 이온의 전하 —전자가(valency) —와 그것을 둘러싸고 전하를 공유한 이온의 개수 —**배위수**(coordination number) —사이

의 관계로 가장 잘 표현된다. 이론상으로는 사면체의 형상을 띠고 비구성 이온들을 포함함으로써 전기적으로 중성인 구조를 만들지만 실제의 결정에서는 이것이 잘 나타나지 않는다. 완벽하지 않은 결정의 면이나 가장자리는 불완전한 단위를 구성하는 반면, 격자 내의 어떤 위치는 비어있거나 이물질을 포함하고 있다. 이러한 사실은 격자가 전체로서 전하, 보통 순 (−)전하를 띤다는 것을 의미한다.

풍화 시스템이 작동하는 환경이 가진 특성 가운데 하나는 물이 보편적으로 존재한다는 점이라고 이 장 서두에서 강조하였다. 현 상황에서, 물은 두 가지의 중요한 속성을 지니고 있다. 첫째, 물 분자의 전하 분리 (분극화) 때문에, 물은 전기적 쌍극자(극성 분자)로 행동한다(제2장). 이들 분자 사이에 형성된 수소 결합 때문에 액체의 물도 약간의 결정도(crystallinity)를 갖는데, 이것은 온도가 증가할수록 감소한다. 수소 결합은 물 분자와 다른 전하를 띠는 입자 또는 표면 사이에서도 이루어져, 방향성을 띠는 물 분자 층을 만든다. 이것이 **수화**(hydration) 프로세스이며, 층의 두께는 입자나 표면이 가지는 (다음에는 수화되었다고 말함) 전하의 밀도에 따라 결정된다. 둘째, 순수한 물에서 물 분자는 소량 $H^+_{(액상)}$ 이온과 $OH^-_{(액상)}$ 이온으로 해리된다. 액상(aq)이란 액체 상태라는 뜻이며, 이들 이온이 수화되었음을 말한다. 즉, 이들 이온은 이들에게 끌린 물 분자를 가진다. 그러나 수소 이온은 한 개의 양성자이므로, 대체로 하나의 물 분자에 부착되어 하이드록소늄 (hydroxonium) 이온(H_3O^+)이나 수화된 양성자 ($H^+ + H_2O$)를 형성하는 것으로 간주된다.

$$H_2O_{(l)} \rightleftarrows H^+_{(aq)} + OH^-_{(aq)}$$

$$H_2O_{(aq)} + H_2O_{(l)} \rightleftarrows H_3O^+_{(aq)} + OH^-_{(aq)}$$

규산염과 물의 이러한 성질로 생각해 볼 때, 전하를 띤 광물 표면이 물과 접촉하면 광물 표면을 둘러싼 방향성을 띠는 물 분자층이 형성될 것이다. 예를 들어,

벽개면을 따라 물이 침투하는 곳에서는 격자 내의 내면에 특정한 방향성을 띠는 유사한 물 분자층이 형성될 것이다. 이러한 수화 프로세스의 첫 번째 결과는, 물과 같은 극성의 용매가 격자를 둘러싸기 시작할 때, 격자 내의 이온 간 (정전기적) 인력이 약해진다는 사실이다. 물의 상대적인 유전율(permitivity) 때문에, 이러한 효과는 격자의 외면과 내면으로부터 비구성 이온들을 분리시키는 데 도움이 된다. 에너지의 방출을 수반하는 이온−물 분자 결합이 이루어짐으로써 이러한 제거에 영향을 미친다. 이 에너지의 방출로 말미암아 격자로부터 이온들의 분리가 촉진되고, 이온들은 수화된 채 결정 표면으로부터 멀리 자유수 속으로 확산된다. 물이 용질인 이러한 프로세스는 수화로 알려져 있지

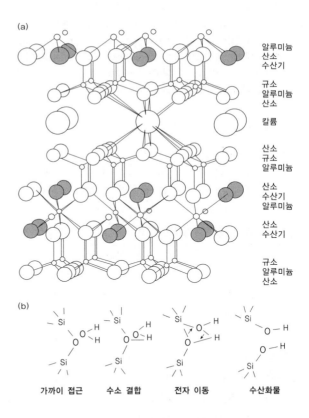

그림 11.7 (a) 흑운모의 격자 구조; 칼륨 이온은 12의 배위수를 가진다. (b) 수화 규산염(Curtis, 1976).

규산염 광물의 가수 분해

사면체의 규모 때문에, 결정과 물의 접촉면에서 격자를 이루는 사면체 단위의 산소와 물 분자 사이에는 거의 1:1 관계가 있다. 그러므로 각 산소에서 만족하지 못한 (−)1가의 전하는 방향성을 띠는 물 분자의 (+)2가 전하 주변에 머무를 것이다. 이 때문에 접촉면에는 과잉의 (+)전하가 집적된다. 이제 이들 물 분자 가운데 일부는 수소 이온이 '수화'된 물, 즉 하이드록스늄 이온(H_3O^+)이며, 여분의 양성자가 이러한 과잉의 (+)전하에 첨가될 것이다. 이러한 전하의 불균형을 해소하기 위하여, 이들 수소 이온(양성자)과 추가적인 물 분자의 해리나 다른 기원에서 유래한 수소 이온들이 격자 속으로 침투하고 물 분자들을 통과하여, 각 수소 이온은 일시적으로 하이드록스늄 이온처럼 행동한다.

격자 내에서 수소 이온(양성자)은 규산염 구조에서 전하를 중화시키기 위해 (그림 11.7a의 흑운모 격자에서 보이는 칼륨 이온과 같은) 비구성 이온들과 경쟁한다. 그러나 비구성 이온들의 원자가는 비교적 많은 수의 배위 이온들(그림 11.7a에서 칼륨의 경우 12개)과 공유하므로 결합이 약하다. 수소 이온은 크기가 작아서 이웃하는 산소 1, 2개와 배위 관계에 있다. 수소 이온의 전하는 1가여

서 훨씬 작은 양만 공유하므로, 형성되는 결합은 더 강하다. 당연히 경쟁 관계에 있는 수소 이온은 비구성 이온들을 대체하려는 경향이 있다. 이것은 수화된 양이온으로서 격자를 지나 자유수까지 확산하며, 적어도 부분적으로는 수소로 포화되어 있는 규산염 구조를 마침내 벗어난다. 그러나 격자 내 작은 단위인 사면체 구조는 개별적으로 수소에 의하여 중화된 (−)전하 불균형을 나타내며, 격자 내의 다른 단위와 더 이상 이온 결합을 이루지 않기 때문에, 광물은 불안정하다. 게다가 실리카 사면체를 구성하는 일부 산소는 불만족한 과잉의 (−)전하를 운반하여, 전하 반발력과 같은 정전기적 반발력이 나타난다. 그러므로 공유 결합을 한 규산염 단위가 처음부터 분리된 수화 사슬이나 판상 또는 개별 사면체로 남아 있을지라도 전반적인 영향은 원 광물의 격자 구조가 붕괴되는 것이다. 그러나 이것 역시 수화된 물의 수소 결합이 전자의 이동으로 변하여 마침내 용액 상태의 규산을 만들어 (규산염 구조의 기본 구조 단위인) O–Si–O 결합이 붕괴하여 부서질지도 모른다(그림 11.7b).

만, 일반적으로는 **용매화**(solvation)라고 부르며 이온이 용매화되었다고 한다.

방향성을 띠는 물 분자층의 존재가 미치는 영향은 간단한 수화 작용이나 광물 표면에 노출된 비구성 이온들의 제한된 용매화에 머무르지 않고, **가수 분해**(hydrolysis)를 시작하게 한다. 이러한 프로세스에서 물 분자의 해리를 비롯한 다양한 기원을 갖는 수소 이온은 H_3O^+이온으로서 수화된 격자로 침투할 수 있다. 여기서 수소 양성자는 결정 구조 내의 비구성 이온들과 경쟁하여 대체하는 경향이 있다. 치환된 이들 이온은 수화된 양이온으로서 용해된다. 이런 일이 일어나고 격자가 수소 이온으로 포화되면 광물이 처음부터 규산염 구조를 유지한다고 하더라도 더 이상 안정하지 않고 붕괴된다(자료 11.1).

수화나 가수 분해에서 격자의 정전기적 힘은 양성자 한 개인 수소 이온에 의하여 교란되어 재배열된다. 또

다른 격자 와해의 프로세스에서는 격자의 정전기적 힘이 다른 원소의 입자인 전자의 전달로 교란된다.

전자를 잃은 물질은 산화되고, 전자를 얻은 물질은 환원되었다고 한다. 전자의 전달을 포함하는 프로세스를 **산화환원**(redox) 반응이라고 한다. 원소의 산화 상태란 그 원소의 원자가 화합물에서 가지는 전하를 말하며, 이것은 원자의 전자 공간 배열을 반영한다. 대부분의 원소는 하나 이상의 산화 상태로 존재할 수 있다. 예를 들어, 철은 화합물에서 +2와 +3의 산화 상태를 가지며, 감람석과 같은 조암 광물 내의 철이 형성하는 화합물에서 철은 낮은 산화 상태인 2가철 Fe^{2+}(제2철)로 존재한다. 제2철의 전자가 산소처럼 전자를 받아들이는 물질에게 전달되면 제2철은 제3철(3가철)로 변환되고, 격자가 뒤틀려 결정이 부서지게 된다. 여기에서 산화는 철을 함유한 규산염 광물 내 격자의 와해를 활성화하는 프로세스이다. 황철광과 같은 비규산염 광물에

서도 산화는 풍화를 활성화시키는 매우 효과적인 프로세스이다. 그러나 산화환원 반응은 격자 와해와 관련한 2차 화학 반응으로서 중요하다. 이것은 철과 같은 원소의 용해도가 이온의 산화에 따라 다양하기 때문이다. 철은 2가 상태(제2철)에서 가용성이고 유동적이지만, 3가 상태(제3철)로 산화되면 불용성이어서 침전된다. 결과적으로 규산염 구조에서 가수 분해에 의하여 배출된 2가철은 곧 제3철 상태로 산화되어 유동성을 잃게 된다. 풍화 시스템이나 토양 내에서 산화되거나 환원되는 물질의 성질과 비율이 산화환원 퍼텐셜(Eh)을 결정한다. 산화환원 퍼텐셜이란 시스템이 전자를 받아들이거나 배출하려는 경향성에 대한 척도이다.

(4) 격자 와해를 활성화시키는 기구

암석과 그 광물의 물리 화학적 성질과 더불어, 파쇄를 활성화시키는 프로세스(그림 11.3)가 풍화에서 반응하는 프로세스의 유형과 속도를 통제하는 규제 메커니즘으로 기능한다는 사실을 우리는 이미 알고 있다. 이는 격자 와해에서도 마찬가지이다(그림 11.8). 그 프로세스는 광물과 물이 만나는 접촉면에서 표면 반응으로 시작한다. 그러므로 광물의 표면이 노출되는 비율을 증가시키는 모든 프로세스가 격자 와해를 활성화시키는 기구일 것이다. 거시적인 규모에서 광물의 노출된 표면적은 절리 생성과 공극률의 물리적 성질에 좌우되며, 표면이 만들어지는 비율은 암석의 노출된 표면적을 증가시키는 파쇄와 기계적 붕괴의 효율성을 반영한다. 미시적인 규모에서는 특정 광물의 표면적/부피의 비와 벽개면의 존재, 격자 내의 공극 등이 중요하며, 결정의 성질을 반영한다. 용탈이나 식물 뿌리의 영양소 흡수와 같은 격자 붕괴의 산물을 제거하는 프로세스 역시 중요한 활성화 기구이다. 풍화된 광물 표면으로부터 풍화 산물을 제거함으로써, 격자의 신선한 표면이 화학 반응에 노출될 것이기 때문이다. 가용성 풍화 산물, 특히 풍화로 유리된 수화 비구성 이온의 제거는 광물과 자유수 사이의 농도(확산) 경도(실제로는 전위의 경도)를 유지하는 정도에 달려 있다. 이러한 맥락에서 기본적으로 토양과 레골리스 내의 공극으로 삼출수가 규칙적으로 흘러야 한다.

풍화 산물이 특히 용해 상태로 용탈되어 제거되는 것은 다른 이유 때문에 중요하다. 일정한 양의 활성화 반응물을 가진 화학적 프로세스에는 더 이상의 화학 변화가 일어나지 않는 지점까지 반응을 일으키는 내재적인 (−)피드백이 작용하고 있다. 화학 평형에서 이 지점은 반응의 열역학 평형 상수로 정의되며, 반응에 포함된 에너지 전달로 결정된다. 이 (−)피드백을 막고, 화학 반응이 평형에 도달하지 못하도록 하기 위하여, 반응 산물을 지속적으로 제거하는 것은 물론 반응물도 지속적으로 공급해 주어야 한다.

우리는 이미 신선한 광물 표면이 어떻게 지속적으로 제공되는지 살펴보았지만 다른 반응물은 어떠한가? 수화와 가수 분해에서 격자 와해를 활성화시키는 기구는 물 분자와 물에 해리된 수소 이온이나 양성자이다. 그러므로 물이 풍화 지대를 통하여 이동하도록 하는 프로세스는 격자 와해를 활성화하고 촉진시킨다. 그러나 자연수(빗물이나 토양수 또는 지하수)는 순수하지 않다. 자연수는 다른 원소의 분자나 이온을 포함하는 용액이다. 더구나 정상적인 자연수는 (약하기는 하지만) 산성이다. 즉, 수소 이온 농도가 순수한 물보다 높다(자료 11.2). 그러나 순수한 물의 해리된 수소 이온은 수산 이온과 평형을 이루지만 자연수에서 과잉 상태인 수소 이온은 다른 음이온으로 균형을 맞추어야 한다. 이러한 과잉 상태를 나타내는 수소 이온 및 그 수소 이온과 균형을 이루는 음이온의 원천은 물에 해리된 산이다. 그러므로 투과하는 물속으로 이러한 산을 투입하는 프로세스는 수소 이온 농도를 증가시켜 *가수 분해*로 격자 구조의 와해를 촉진시키는 풍화의 매우 중요한 활성화 기구이다.

이 부문에서 단연 가장 중요한 프로세스는 탄산을 만드는 이산화탄소의 용해이다. 탄산은 수소 이온(H^+)과 중탄산염 이온(HCO_3^-)으로 해리된다.

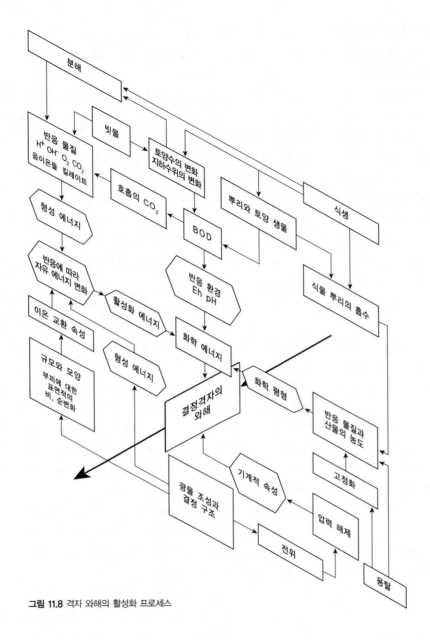

그림 11.8 격자 와해의 활성화 프로세스

$$H_2O + CO_2 \; \rightleftarrows \; H_2CO_3 \; \rightleftarrows \; H^+ + HCO_3^-$$

대기에 포함된 일부 이산화탄소는 빗물에 직접 용해되지만 탄산의 주요 원천은 광합성 작용에 의해 대기로부터 포착되거나, 뿌리의 호흡 작용 및 유기 물질이 분해되는 동안 분해자의 호흡으로 방출된 이산화탄소가 투과하는 물에 용해된 것이다(제19장). 게다가 용액으로 배출된 유기 화합물(간단한 탄수화물)은 더 많은 산화 작용을 겪어 이산화탄소를 생성한다. 다른 유기 화합물 —유기산 —은 물에 해리되어 직접 수소 이온을

자료 11.2

자연수의 산도

빗물과 하천수의 산도는 이산화탄소와 이산화황의 용해 및 유기산의 해리 작용에서 유래하는 수소 이온의 생성과 관련되어 있다. 알루미늄 이온이 있음으로 해서 수소 이온의 농도가 증가하는 효과가 있다. 토양에서는 고상이 액상에 분산된 것(즉, 토양/수분의 현탁액)으로 생각될 수도 있는데, 고상에 흡수된 수소 이온과 알루미늄 이온은 토양의 **예비 산도**(reserve acidity)를, 그리고 토양수 내 수소 이온의 평형 용액의 존재는 토양의 **활성 산도**(active acidity)를 결정한다. 그러므로 산도는 수소 이온의 농도(엄격하게 말하면 활동도)로 측정하며, pH로 표현한다.

pH는 수소 이온 활동도(리터당 이온 그램 단위의 효율적 농도)의 (−)로그로 정의된다.

$$pH = -\log_{10}[H^+]$$

순수한 물에서 수소 이온과 수산 이온의 활동도는 동일하며, 10^{-7} g ions/l의 값을 갖는다. 그러므로 순수한 물의 pH는 7이다. 수소 이온의 활동도가 증가하면, pH는 감소한다. 자연 상태인 토양의 대부분은 pH값이 4∼8의 범위에 있다. 그러나 단순히 수용액을 말하는 pH의 화학적 정의는 토양수 현탁액에 전하를 띠는 고체 입자가 존재함으로써 복잡해졌다. 토양수 현탁액은 이온 교환을 통하여 활성 산도의 변화에 저항할 수 있는 능력(소위 토양의 **완충 능력**buffer capacity)을 토양에게 준다.

생산한다. 그러므로 유기 물질의 분해가 가장 중요한 활성화 기구이다. 알다시피, 유기 물질의 통제적 역할은 가수 분해를 위한 수소 이온의 제공에서 그치지 않는다.

기타 풍화를 활성화시키는 근본적인 프로세스는 산화 및 환원 기구의 존재와 산화 환원 환경(Eh)으로 통제받는 산화환원 반응과 관련이 있다. 여기서 주요 변수는 풍화 지대의 통기도이며, 혐기 조건을 만드는 환경은 환원 반응을 촉진시키는 반면 자유 산소의 이용 가능성을 유지시키는 프로세스와 환경 조건이 산화 반응을 활성화시킬 것이다. 대기와 물에서는 산소의 확산 계수가 화학 반응 환경의 산소 섭취 정도를 결정하는 반면, 통기대의 중요한 조절자는 지하수면과 관련한 암석과 레골리스의 투과성 및 배수 관계, 그리고 강수의 유입량과 특성이다. 또한 생물학적 산소 요구량(호흡에 필요한 산소의 총 요구량)은 산소의 이용 가능성에 영향을 미칠 것이며, 공기가 통하는 토양과 레골리스에서도 국지화된 환원 조건이 만들어질 것이다. 반대로, 침수된 토양의 얼룩(mottling)에서 드러나듯이 뿌리 주변에 원형으로 나타나는 산소 결핍은 국지화된

산화를 일으킬 수 있다.

산화환원 환경은 활발한 풍화 반응을 규제할 때뿐만 아니라 일부 풍화 산물의 유동성과 제거를 통제하는 데 있어서도 중요하다(그림 11.9). 철이나 망간과 같은 원소는 원자가 낮은 환원 상태 —Fe^{2+}(Fe II, 2가철)와 Mn^{2+}(Mn II, 제1망간 이온) —에서 확실히 더욱 유동적이며, 환원 상태에서 용해된다. 원자가 3인 상태의 철 Fe^{3+}(제3철)은 정상적인 pH, Eh의 풍화 환경에서 알루미늄이나 실리콘 또는 티타늄 등과 더불어 침전하여 불용성 화합물을 형성한다. 환원 환경이나 극도의 pH가 나타나지 않으면, 이들 원소는 유기 물질의 분해로 방출되는 유기 화합물 기구가 공급됨으로써 제거될 수 있다. 이것이 킬레이트 기구이며, 유기물 분자, 특히 중앙의 금속 이온과 적어도 2개의 배위 공유 결합을 형성할 수 있는 페놀 화합물로 이루어져 있다. 화합물의 전하는 (+), (−) 또는 0이지만, 달리 용해되지 않는 철이나 알루미늄과 같은 금속 이온을 용해하여 운반한다. **킬레이션**(chelation)은 활발한 풍화 프로세스로 인용되지만 격자 와해에 미친 기여도가 아니라 이미 부분적으로 가수 분해에 의하여 방출된, 그렇지 않으면

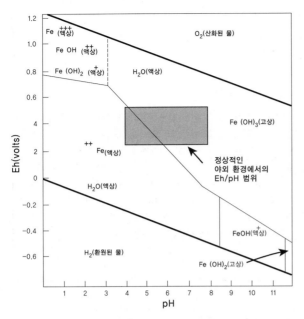

그림 11.9 제2철과 제3철 수용 시스템의 안정 영역. 정상적인 야외 조건에서는 녹지 않은 철 화합물이 나타날 것이다.

불용성 산물로 집적될 화학 원소를 제거하는 능력 때문에 중요하다. 이것은 용탈이거나 침식 또는 토양 생성 프로세스이다. 그것은 풍화 시스템에서 활성화 기구이자 규제자로 작용한다.

(5) 재합성과 새로운 광물의 형성

격자가 와해되면, 칼슘이나 마그네슘, 칼륨, 2가철 등과 같이 안정되기는 하지만 유동성이 매우 큰 양이온들이 용액으로 나타난다. 대부분은 콜로이드 입자로 나타나더라도, 약간의 규소[단일 분자 규산 (H_4SiO_4)으로]와 제한된 양의 알루미늄은 용액으로 존재한다. 이들 입자의 상당 부분은 보통 4면체의 사슬 형태로 규산염의 원 격자 구조를 유지한다. 부서지는 격자 내의 화학적 환경은 고농도의 염기성 양이온들 때문에 알칼리성을 띤다. 그러나 용액 내에 포함된 입자와 규소, 알루미늄 등이 토양수 속으로 확산되기 때문에 환경은 보다 강한 산성을 띤다. 이 시점에서 새로운 광물의 첫

이미 보았듯이, 철과 알루미늄 그리고 어느 정도의 규소는 환원 상태이거나 극도의 산성/알칼리성에서만 가용성이다. 그들은 공기가 통하는 풍화 지대의 산화 환경이나 약한 산성 환경에서 유동성이 없다. 그러므로 철과 알루미늄은 불순물로서 약간의 규소를 함유하는 합성된 산화물이나 수산화물[예, 침철광FeOOH, 깁사이트Al(OH)₃]의 형태로 침전된다. 이들은 대체로 콜로이드 크기의 비정질이나 미정질 입자를 형성한다. 그들은 산성 환경에서 순 (+)전하를 띠는 경향이 있으며, 흡수되어서 규산염 구조를 갖는 원 광물의 파편에 코팅을 이루기도 한다.

새로운 광물의 두 번째 집단도 동일한 프로세스의 결과로서 형성되기 시작한다. 용액 상태의 단일 분자 규소는 보다 산성인 환경에서 중합되고(제7장), 많은 알루미늄과 함께 침전하여 알루미늄 수산화물과 규산이 혼합된 입자를 형성한다. 동시에 규소와 알루미늄은 규산염 구조를 갖는 잔류 조각들에 함께 나타난다. 이런 두 가지의 물질은 점토 광물이라고 알려진 새로운 광물이나 2차 광물 집단의 선구물질(결정질의 수화 알루미노규산염 광물)을 형성한다(자료 11.3). 그들은 운모와 비슷한 구조를 갖는 판상 규산염 광물(phyllosilicate)이다(그림 11.10). 풍화 잔류물에서 알루미늄과 규소가 재조직 되어 발달하는 점토 광물의 실리카 사면체와 알루미늄 팔면체 층을 형성하는 메커니즘은 복잡하여 충분히 알려져 있지 않다. 그러나 풍화되지 않은 암석이 흑운모나 백운모와 같은 판상 규산염 광물을 대량으로 포함하는 레골리스의 경우에는 격자에 약간의 변화만 있어도 운모를 2차 점토 광물로 변환시키기에 충분하다. 그러나 형성된 점토 광물의 유형은 레골리스 내의 이온이 비구성 이온으로 격자에 합체될 수 있는가에 달려 있다. [그림 11.11]에서 알 수 있듯이, 이것은 이들 이온(그리고 알루미노규산염 판의 선구물질)이 사용될 수 있는 비율과 제거되는 비율, 즉 격자의 와해와 용탈을 통제하는 두 가지 프로세스의 강도에 달려 있다. 이

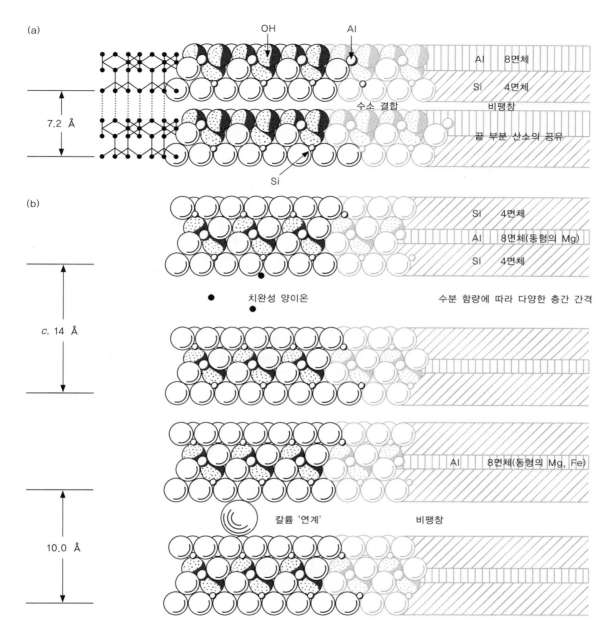

(a)

OH   Al

Al   8면체
Si   4면체
비팽창
수소 결합
끝 부분 산소의 공유

7.2 Å

Si

(b)

Si   4면체
Al   8면체(동형의 Mg)
Si   4면체

● 치환성 양이온   수분 함량에 따라 다양한 층간 간격
●

c. 14 Å

Al   8면체(동형의 Mg, Fe)

칼륨 '연계'   비팽창

10.0 Å

그림 11.10 (a) 1:1과 (b) 2:1 점토 광물의 결정 구조

들 프로세스가 결합하면 한 유형의 점토 광물에서 다른 유형으로, 예를 들면 일라이트에서 몬모릴로나이트를 거쳐 카올리나이트까지 변환시킬 수 있다.

점토 광물의 성질은 여러 가지 중요한 측면에서 1차 광물의 그것과 다르다. 점토 광물들이 형성하는 입자가 더욱 작아지면 콜로이드의 성질을 지니게 된다. 그

점토 광물

매우 다양한 점토 광물이 있지만, 모두 표면적 / 부피의 비가 매우 크고 소규모의 편평하고 얇은 판의 결정을 이루며, 흑운모(biotite)나 백운모(muscovite) 같은 운모류를 닮았다. 점토 광물은 실리카 4면체와 알루미늄 8면체의 2가지 기본 단위로 구성된 격자 구조를 가지는, 수화된 알루미노규산염 광물이다. 첫째, 규소 원자는 4면체 구조의 중앙에 있으며, 4개의 산소 원자로부터 등거리에 있다. 둘째, 알루미늄 원자는 8면체 구조의 중심에 위치하며, 6개의 산소 원자나 수산 이온으로부터 등거리에 있다.

이런 기본 구조는 공유 결합하여 각각 4면체 판과 8면체 판을 만든다. 점토 광물의 격자 구조에서 이들 판은 다양한 방법으로 결합되어 층을 이룬다. 카올리나이트(kaolinite)와 같은 광물에서는 4면체 판과 8면체 판이 1:1로 수소 결합을 한다. 이 구조는 수화를 유발하는 물 분자가 격자층을 뚫지 못하기 때문에 팽윤되지 않는다. 버미큘라이트(vermiculite)나 몬모릴로나이트(montmorillo-nite)와 같은 2:1 격자의 점토 광물에서는, 하나의 8면체 판이 2개의 4면체 판 사이에 있다. 결과적으로 수화성 물이 망간과 칼슘을 운반하며 연속된 2:1층 사이를 침투하기 때문에 광물은 습윤하면 늘어난다. 일라이트(illite)와 같은 함수 운모 점토 광물에서는 층들 사이의 공간에 수화를 일으키는 물 없이 칼륨 이온으로 결합되어 있다. 이러한 구조적인 칼륨을 잃게 되면, 일라이트는 몬모릴로나이트로 풍화된다.

점토 광물의 가장 중요한 성질 가운데 하나는 표면 전하가 크다는 점이다. 이것은 순(-)전하이며, 그것의 대부분은 격자 구조 내에서 **동형 치환**(isomorphic substitution)으로 발생하는 **영구 전하**(permanent charge)이다. 여기에서 크기는 비슷하지만 원자가가 낮은 원자나 이온이 점토 광물의 구조는 흩트리지 않고 4면체 판이나 8면체 판 내의 규소나 알루미늄을 일부 치환한다. 이때 산소나 수산기와 관련하여 공유하지 못한 (-)전자가 남게 된다. 또한 특히 결정의 불완전한 가장자리에서 결합이 부서지지만, [(+)전하이든 (-)전하이든] 전하를 지닌 이러한 위치는 pH에 따라 결정된다. 점토 광물 표면 전하는 점토 광물이 커다란 외부의 표면에, 팽윤하는 2:1 격자 점토의 경우에는 내부의 표면에 많은 양전자를 끌어와 흡수할 수 있다는 것을 의미한다. **양전자를 흡수**하는(cation absorption) 이러한 현상은 토양과 레골리스 내 **이온 치환**(ion exchange) 프로세스에서 양이온이 중요함을 의미한다.

들의 조성은 동일한 결정 내에서도 더욱 이질적이며, 적어도 일부는 팽창하는 격자를 가지고 있어서(자료 11.3) 토양수와 접촉하면 표면적이 크게 증가한다. 점토 입자는 순 (-)전하(표면 전하)를 띠는데, 이것은 부분적으로 규산염 판과 알루미늄 판 내의 공유하지 못한 전하에서 유래하고, 부분적으로는 수소 이온의 해리와 기타 깨어진 결합(pH에 따라 달라지는 전하)에서 유래한다(자료 11.4). 이러한 표면 전하는 방향성을 띠는 물 분자층과 흡수된 양이온(용적 전하)으로 보상된다(그림 11.12). 이런 방식으로 점토 광물에 흡수된 양이온은 용탈에 의한 제거로부터 보호받는다. 따라서 이온 흡수 프로세스는 용탈되어 하천수의 용질 하중으로 유실되거나 식물의 영양소로 이용되는 것을 조절하는 중요한 규제자이다. 이들은 복잡한 양이온 치환 프로세스에 의하여 통제된다.

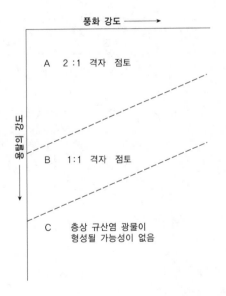

그림 11.11 풍화/용탈 비율과 관련하여 형성된 2차 광물의 유형

자료 11.4
영전하 지점과 등전점

규산염 판의 가장자리나 기둥의 표면은 알루미늄과 실리카 집단의 수산화물이나 산화물로 이루어져 있으며, 판의 1차적인 원자가 결합이나 이렇게 노출된 집단과 주변의 토양 용액이 이루는 평형의 붕괴를 포함한다. 노출된 Si^{4+}와 Al^{3+} 이온은 H^+나 OH^- 또는 H_2O를 흡수하여 격자를 유지한다. 강한 산성 용액에서 수소 이온은 산화물 표면에 흡착되어 표면을 (+)로 만들어서 음이온을 붙잡아 둔다. 알칼리 상태에서는 수소 이온이 용액 속으로 제거되어 표면은 (−)전하를 띠며 표면에 양이온이 흡착된다. 중간 위치의 **영전하 지점**(point of zero charge, PZC)에서는 이 메커니즘으로 유지되는 양이온이나 음이온이 전혀 없다.

영전하 지점이라고 해서 반드시 pH 7일 필요는 없다. 규산염 판의 경우에 Al^{3+} 이온이 판에 가까이 있어서 H^+ 이온을 용액 속

으로 제거하는 역할을 하므로 영전하 지점은 더 낮은 pH 값에서 나타난다. 알루미늄 산화물의 경우에 영전하 지점은 pH 9 지역에 있고, 규산염의 경우에는 pH 1과 pH 2 사이에 있다. 정자(crystallite)의 경우에는 **등전점**(isoelectric point)이라고 말하는 것이 더욱 적절하겠지만, 점토 정자의 가장자리는 혼합된 알루미늄 규산염으로 간주될 수 있다. 정자의 가장자리 표면의 전하는 실제로 절대 0이 아니며, 0인 것은 순전하이기 때문이다. 혼합된 산화물의 등전점은 규소와 알루미늄의 비에 따라 달라지며, 50%일 때 등전점은 pH 6.5에 있다. 가장자리 표면의 효과는 카올리나이트에서 가장 중요하여, 낮은 영구 전하(2~5 me/100g)와 높은 가장자리 비(1:10~1:5)를 갖는다. 반대로 몬모릴로나이트와 같은 2:1 점토 광물에서는 (−)영구 전하(40~150 me/100g)가 높고 가장자리 비가 적은 소규모 결정으로 존재하기 때문에 가장자리 전하는 중요하지 않다. 토양 점토의 전하 특성은 영 전하 지점의 값이 7~9의 범위에 있는 이삼산화물의 얇은 막이 나타나기 때문에 순수한 점토 광물의 특성에서 상당히 수정된 것이다. 이삼산화물 막은 토양에서 정상적으로 (+)전하를 띠므로, 점토의 평탄한 면에 흡착된다.

토양 점토는 점토의 가장자리 표면이 대부분 자연 토양의 pH 범위를 넘어선, 특히 식물 성장을 위해 관심이 가는 pH 범위를 넘어선 (+), (−)전하를 나타내고 음이온과 양이온을 유지할 수 있다는 것을 뜻한다. 특히 Fe와 Al의 자유 산화물은 H^+이온을 결정하는 퍼텐셜을 흡수함에 따라 pH에 의해 결정되는 전하를 나타낸다. 다시 말하면 순전하가 0일 때의 pH가 영 전하 지점이다. 부식이나 3가철과 같은 토양의 기타 성분은 토양의 표면과 이온을 붙잡아 둘 수 있는 능력에 영향을 미치는 토양 용액 사이에서 평형을 유지한다. 부식의 경우, 전하는 카르복실기 집단과 페놀 집단의 해리를 통하여 완전히 pH에 따라 결정된다. pH 3 이상이면 전하는 (−)이며, 점토 광물의 (−)영구 전하를 증가시킨다. 부식에 대해서는 다음의 연쇄 반응이 중요하며, $R-CO_2^-$ 이온은 토양 내 보편적인 pH 값에서 쉽게 형성되기 때문에 부식은 양이온을 유지하는 데 중요하다.

$$R-CO_2H_2^+ \leftrightarrow R-CO_2H^+H^+ \leftrightarrow R-CO_2^-+2H^+$$

원칙적으로 강산성에서는 $R-CO_2H_2^+$이 잘 형성되고, 따라서 음이온이 유지된다. 부식 함량이 높은 토양에서는 그 영향으로 토양의 양이온 치환 용량의 pH 의존도가 상당히 증가하였다(제21, 22장 참조).

산도에 따른 전하의 변이

낮은 pH — AlOH H — 낮은 산도, 수소 이온이 흡착된 광물 표면은 (+)전하를 띤다.

PZC — AlOH ⇄ H^+ — 영전하 지점에서 흡착된 수소 이온은 분리되어 전하를 띠지 않고 표면을 떠난다.

높은 pH — AlO⁻ ⇄ H^+ — 매우 높은 산도에서는 더 많은 수소 이온이 (−)전하의 광물 표면을 떠난다.

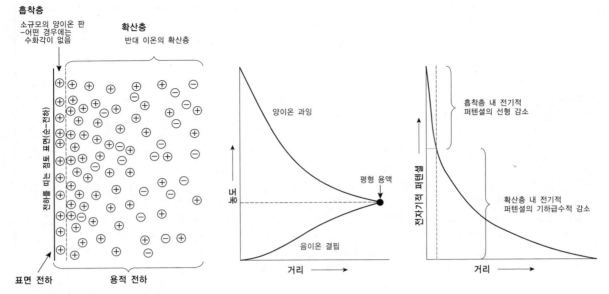

그림 11.12 음전하를 띠는 평탄한 점토 표면에서 이온 분포 및 전기적 퍼텐셜의 경도

건조 환경에서는 과잉의 이온이 용탈로 제거되지 않기 때문에 점토 광물에 더하여 세 번째 유형의 새로운 광물이 형성된다. 대신에 과잉의 이온은 토양수가 증발함에 따라 칼슘이나 나트륨의 탄산염이나 황산염과 같은 염의 형태로 침전된다. 그러한 염 결정 성장이 미치는 기계적 영향은 앞에서 이미 논의한 바 있다.

2. 시스템의 최종 상태: 레골리스

시스템의 최종 상태는 풍화의 1차 메커니즘에 반응하여, 다음과 같은 특성을 나타낸다.

1. 해리와 산성의 가수 분해 및 산화환원 반응에 저항하는 광물 집단. 이들은 암석이 부서지면서 배출된 알갱이로 존재하지만 화학적으로나 구조적으로 거의 변화를 겪지 않는다. 1938년 Goldich는 풍화에 대한 1차 규산염 광물들의 내구력이 보웬 시리즈(Bowen series, 제5장)로 예측할 수 있는 형성 순서의 역순이라고 주장하였다. 이러한 내구력의 순서는 풍화 동안 겪는 에너지 변화와 대략 일치하여, 와해 시 자유 에너지의 손실이 큰 광물은 (−)자유 에너지의 작은 변화를 보이는 광물보다 안정성이 떨어진다. 자유 에너지의 변화는 결합 에너지 및 1차 광물 형성 에너지와 상호 관련이 있으며, Goldich의 경험적 풍화 순서와 열역학적으로 연계되어 있다(그러나 산화가 가장 중요한 풍화 반응인 광물에서는 이것이 잘 맞지 않는다). 열역학이나 경험을 토대로 고려해 볼 때, 석영(결정질 실리카)은 대부분의 풍화 체제에서 가장 저항력이 강한 광물이어서, 이러한 잔류 카테고리를 독차지하는 경향이 있다(그림 11.13).

2. 재합성 광물이나 2차 광물들 가운데 철과 알루미늄의 수산화물과 함수 산화물, 점토 광물 그리고 일부 환경에서는 가용성 염의 집적 등이 가장 중요하다. 그러나 특정한 순간에 대부분의 레골리스는 시스템의 일시적인 또는 중간 상태를 나타내는 물질을 포함할 것이다(그림 11.2).

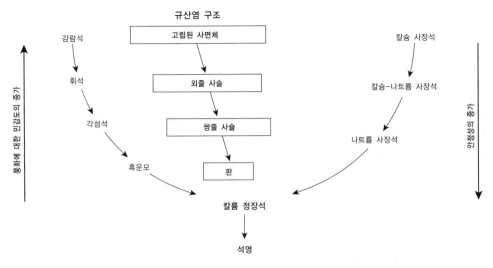

그림 11.13 Goldich의 풍화 순서

그러므로 위의 두 가지 카테고리에 덧붙여, (a) 화학적 붕괴를 활발히 겪고 있으며 개별 입자나 입단으로 나타나는 일부 광물들, (b) 기계적 파쇄로 부서졌지만 아직 심각한 화학적 변화는 겪지 않은 다양한 크기와 모양을 갖는 암설들이 있다.

이들 네 가지 카테고리는 입자의 크기에서 상당한 차이를 보인다. 예를 들어, 석영 잔류물은 대부분 0.02~2.0mm 범위의 입자(모래 크기의 파편)로 존재한다. 2차 산화물과 점토는 모두 0.002mm보다 더 작고, 대부분이 콜로이드이다. 크기는 다양하지만, 풍화 작용을 활발히 겪고 있는 광물 입자들은 대부분 0.02~0.002mm의 범위(실트 크기)에 속한다. 그리고 각력질 암설은 2.0mm로부터 상당히 큰 돌이나 작은 거력에 이르기까지 다양하다. 레골리스의 조직(texture)을 결정하는 것은 이들 입자들의 상대적인 비율이다. 풍화가 진행될수록, 레골리스가 마지막 상태에 가까이 갈수록, 석영과 점토가 더욱 우세해지고, 레골리스의 조직은 더욱 이정점(bimode)으로 이분화되어 간다. 말을 바꾸어, 우리의 모델이 마지막 상태로 갈수록 레골리스의 성격은 경과한 시간의 지배를 받는다.

풍화 시스템이 작동함으로써, 화학적 변화뿐만 아니라 경도가 감소하고 암체가 암설로 변하기도 한다. 이로써 초기의 암석 상태가 변함에 따라 물리적 성질도 불가피하게 변한다. Dearman *et al.*(1978)은 풍화 중인 화강암에서 일어나는 변화를 묘사하였다. 세 가지 주요 구성 광물 가운데, 석영은 본질적으로 변하지 않고 남아 있다. 흑운모는 철분이 용액 상태로 제거되어 클로라이트(chlorite)와 다른 점토 광물을 형성함으로써 탈색된다. 그리고 장석은 카올리나이트 및 그와 연관된 점토 광물로 변한다. 암석은 원래의 신선한 암석으로부터 가용성 물질이 제거되었음을 나타내는 탈색을 거쳐, 분해된 암석에 이르는 일련의 물리적 상태를 거친다. 분해된 암석 상태에서도 원래의 구조는 개개 결정이나 거대 구조의 형태로 절리와 암주로써 여전히 잘 보인다. 그러나 물질의 실체는 변하였으며, 남은 것은 원래 모광물의 윤곽은 유지하면서 모광물을 대체한, 점토 광물들 사이에 포함되어 있는 신선한 석영 알갱이이다. 와해가 발생하고 가용성 풍화 산물이 제거되면 공극률은 증가하고 기계적 전단 저항력은 감소한다. 이러한 다양한 풍화 등급은 [표 11.14]에 제시되어 있다. [그림 11.4]는 물리적 전단 저항력과 풍화 등급 및 공극률 사이의 관계를 예시한 것이다.

그러나 우리는 시간을 공간으로 대체하고, 시스템을 지하 지표에서 깊은 곳의 신선한 기반암에 이르는 단면을 구성하는 수평 층위들의 수직적 연속으로 나타낼 수 있다. 물론 이것은 풍화층이나 레골리스를 묘사하는 전통적인 기법이며, 윗부분의 시스템은 토양을 토양 단면과 토층의 관점에서 다루는 고전적 모델이다(그림 11.14, 제20장).

이 모델에서는 대기권과 생물권으로부터 들어오는 유입에 보다 가깝게 위치하고 지표에 가까운 지대일수록 조정이 더욱 진전된 상태에 있을 것으로 가정한다. 반대로 깊은 곳에 위치한 지대는 변화가 적고, 원래의 암석과 가장 근사하게 닮았다. 그러므로 중간 지대는 다양한 점이 상태를 나타낼 것이다. 레골리스 상태의 점진적인 변화를 따라, 물리 화학적 환경과 (입경을 포함한) 속성 및 풍화 프로세스의 조합과 상대적 중요성에도 점진적인 변화가 있다. 풍화 전선이 단면 깊은 곳으로 전진함에 따라 레골리스는 뒤에 남고, 가장 많이 변한 지대의 깊이는 시간이 지날수록 증가하므로 이

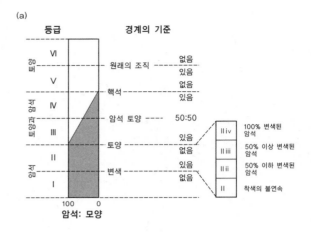

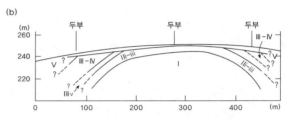

그림 11.14 (a) 화강암의 풍화 등급 순위-야외 특성에 기초한 공학적 구분 (b) 풍화 등급의 분포를 보여 주는 단면(Dearman et al., 1976)

표 11.4 (a) 다양한 풍화 등급에서 화강암의 특성(Fookes et al., 1971)

등급	묘사	물리적 특성
VI	토양	완전히 풍화, 원래의 구조와 조직이 사라짐.
V	완전한 풍화	완전히 풍화되어 부서지기 쉬움, 원래의 구조와 조직이 남아 있음.
IV	고도의 풍화	변색된 암석, 틈이 벌어짐, 원래의 신선한 암석이 50% 이하.
III	적절한 풍화	변색된 암석, 틈이 벌어짐, 원래의 신선한 암석이 50% 이상.
II	가벼운 풍화	표백이나 녹으로 변색되거나 틈이 벌어짐
I	신선한 암석	풍화의 흔적이 없음

(b) 다양한 풍화 등급에서 화강암의 물질적 속성(Dearman et al., 1976)

등급	물질	등축 압력(kN m⁻²)	효율적 공극률(%)
i	신선한 화강암	246	0.11
ii	부분적으로 착색	219	0.57
iii	완전한 착색	165	1.52
iv	완전한 토양	3.5	9.98

모델은 완전히 정적인 것은 아니다.

이미 보았듯이, 이 수직 모델의 상부는 토양 단면이다. 그리고 전체적으로 생명체가 없는 소수의 환경을 제외하면, 토양 생성 작용으로부터 풍화를 분리하기란 실질적으로 불가능하다. 그러므로 이러한 토양 생성 작용의 영향을 받은 레골리스는 유기 물질과 토양 생물 활동을 결합하고 입단과 유기질 광물 복합체를 형성함으로써, 전이와 토층이 발달하게 되어 더욱 변화될 것이다.

3. 모델의 일반화: 기타 암석 유형

지금까지는 풍화 시스템의 모델을 화성암에 제한하였다. 피드백 통로를 도입하면 퇴적암과 변성암에 성공적으로 대처할 수 있는 모델을 일반화할 수 있을 것이다. 풍화 시스템 내에서 작동하는 이들 통로 가운데 하나는 은연중에 이미 고찰하였다. 이것은 풍화 산물이 재합성되어 점토와 같은 새로운 광물을 만드는 통로인데, 제자리에서 새로운 풍화나 지속적인 풍화를 받으면 풍화의 강도나 효율적인 풍화 시간에 따라 광물이 겪는 일련의 최종 상태를 경험할 수 있을 것이다. 이 개념을 확장하면 풍화 시스템 외곽의 순환 통로를 포함할 수 있다.

제10장에서 보았듯이, 풍화 산물은 결국 삭박 프로세스에 의해 제거되고 퇴적된다. 용해 상태의 유동적인 풍화 산물은 빠르게 지속적으로 운반된다. 이러한 삭박은 레골리스를 형성하는 잔류 풍화 산물의 삭박과 시간적으로 분리되어 있으며, 레골리스의 제거율은 사면에서 작용하는 비교적 느린 사면 이동 프로세스에 의하여 결정된다. 마침내 퇴적이나 침전 이후에 암석화가 이루어지고, 이제 퇴적물이나 이암·셰일·사암 등 퇴적암의 구성 성분이 된 이들 풍화 산물은 융기 이후 노출되어 또 다른 풍화의 순환을 겪게 될 것이다. 그러한 순환도 변환되어 생물체를 통한 전환과, 규산

이나 탄산염 골편이 모인 생물 퇴적물(biogenic sediment)의 생성을 포함하기도 있다. 이것이 더 확장되면, 퇴적암뿐만 아니라 화성암의 변성 작용도 포함할 수 있다. 사실 이러한 접근 방법은 지각 시스템 및 지각 시스템과 삭박 시스템의 관계를 고려하여 제5장에서 발전시킨 지화학 모델이다.

이런 식으로 이 모델을 다른 암석에까지 일반화하려면, 암석들의 상이한 광물학적 구성과 물리적 구조를 반드시 설명해야 한다. 퇴적암 집단과 변성암 집단의 속성은 매우 다양하다. 공극률이나 투수성, 파쇄 정도, 경도 등의 요소는 풍화 기구의 접근과 침투에 영향을 미친다(그림 11.15).

일반적으로 퇴적암은 그것이 원래 유래한 화성암보다 1차 조암 광물의 비율이 비교적 낮다. 그러므로 퇴적암에서 가장 풍부한 광물 —석영과 백운모 —의 내성이 가장 크다. 한편 장석과 같이 화학적으로 덜 안정된 광물은 덜 풍부하다. 사질의 퇴적암은 내성이 큰 쇄설 입자들이 비교적 풍화에 더욱 민감한 금속 화합물(예, Fe_3O_4, $CaCO_3$ 등)로 구성된 교질물로 굳어져 있는 것이 보통이다. 그런 암석은 예를 들면 산화환원 반응이나 용해에 의해 교질물이 화학적으로 와해되고, 따라서 구성 성분인 쇄설성 입자가 배출되는 방식으로 풍화된다. 이암이나 셰일과 같은 점토질 퇴적암의 경우에는 단단한 쇄설성 입자가 다량의 염기성 양이온을 가진 2차적 기원의 세립 물질(재합성된 광물)을 매트릭스로 하여 나타난다. 물론 그러한 물질은 잠재적으로 풍화 반응에 매우 취약하며, 투과성이 낮은 물질 내에서는 물의 접근이 제한되어 풍화율도 엄격히 제한될 것이다.

거의 대부분이 가용성 광물로 구성된 퇴적암은 특별한 경우이다. 이 집단에서 가장 중요한 것이 석회암이다. 암염은 보통 잘 노출되지 않는다. 여기에서 풍화가 진행되면 암체가 직접 용해되며, 불용성의 불순물이 소량 잔류한다.

변성암은 매우 다양하여 실질적으로 일반화하기가

그림 11.15 암질과 풍화; 암석 유형이 다르면 풍화 프로세스에도 다른 방식으로 반응한다. (a) 괴상의 석회암 – 암석을 구성하는 탄산칼슘이 용해됨으로써 절리가 넓어졌다(잉글랜드 요크셔의 말람). (b) 약하게 고결화된 사암 – 고결물질이 풍화되어 암석이 붕괴된다. 노출된 암괴에서 비교적 약한 얇은 층은 부식된다(잉글랜드 서머싯의 톤턴). (c) 괴상의 백운암에서 만들어진 레골리스 – 풍화된 물질 속에 신선한 기반암으로 된 괴상의 핵석들이 남아 있고, 기존의 절리를 따라 풍화되어 새로운 광물이 형성되었다. 노출된 면은 수 미터 높이에 이른다(스코틀랜드 파이프 주의 퀸스페리).

어렵다. 대부분의 풍화 체제에서 잠재적으로 불안정하여 비교적 드물게 나타나는 광물도 일부 있지만 대부분은 화성암의 1차 광물과 구조적으로 유사한 광물을 포함한다고만 말해 두자.

4. 외인적 변수와 풍화의 통제

지금까지 살펴본 풍화의 작용–반응 모델은 모든 암석과 모든 환경에 적용된다. 그러나 풍화 프로세스의 활성화나 제한은 궁극적으로 모델에 영향을 미치는 외인적(유입) 변수에 의하여 결정되는 것이 확실해졌다. 시스템이 작동하는 기존의 조건을 규정한 것도 이들 변수들이다. 삭박 시스템은 물론 풍화 시스템에서 변수는 기후, 암석, 식생, 시간 등이다. 이들 변수가 어느 장소에 미치는 통제는, 특히 사면과 관련한 경관 내의

위치에 따라서 변할 것이다. 모델이 암석 변수를 수용할 수 있다는 사실은 이미 밝혀졌으며, [그림 11.16]와 [표 11.5]에는 범지구적 규모에서 기후 및 생물학적 통제의 영향이 요약되어 있다. 식생과 기후는 풍화 환경의 수문학적 관계를 통제함으로써 그 영향이 잘 표현된다. 그것은 물이 이동함에 따라 풍화 장소도 바뀐다는 것을 의미한다. [표 11.6]은 풍화에 영향을 미치는 조건과 관련하여 수문 지대를 구분한 것이다.

지상에서 일어나는 암석의 풍화는 암석이 지표에 노출된 곳에서만 발생하며, 특정 암석에 대한 풍화율은 반응에 사용할 수 있는 반응 물질의 종류와 양에 따라 결정된다. 풍화는 지속적으로 반응 물질이 새로워지고 풍화 산물이 제거되는 투과 지대에서 가장 강력할 것이다. 이 지대에서는 온도의 변동이 상당히 크게 일어난다. 대수층에서는 아마도 풍화가 제한될 것이다. 대수층에서는 공극이 영구적으로 물로 채워져 있어서 혐

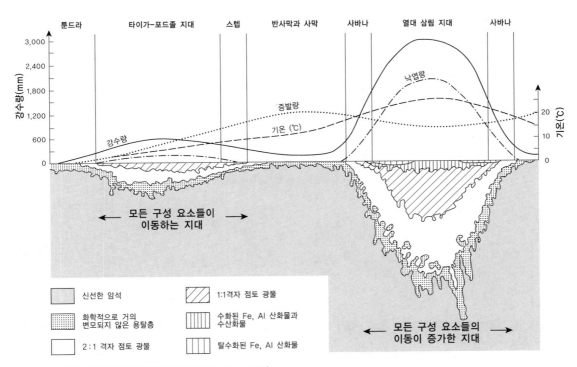

그림 11.16 다양한 기후 지대 내 일반화한 풍화 단면(Strakhov, 1967)

표 11.5 기후 조건과 관련한 암석 풍화의 지화학적 유형(Lukashev, 1970)

잔류 풍화 산물 유형	프로세스의 지화학적 성격	풍화 환경과 용질 운반 조건
암설, 암편	암설 혼합물 형성, 용질의 제거	저온, 암석의 가벼운 화학적, 생물학적 붕괴
규소알미늄질–점토질 (철각 형)	SiO_2와 Al_2O_3 수화물, 포드졸 토층 내 SiO_2 집적으로 형성된 혼합물, 하부 토층으로 Al_2O_3와 Fe_2O_3의 제거, Cl과 Na, Ca, Mg, K 등 화학원소의 용탈	적절한 습도와 온도; 활발한 유기산과 유기산; 용질의 하향 이동
규소알미늄질–탄산염 (석회각 형)	탄산칼슘과 Mg, K, Na 탄산염의 집적으로 형성된 규산, 철, 알루미늄 수화물	지중해식과 반건조의 계절성 기후; 유기산과 유기산의 활성, 용질의 상향과 하향 이동
규소알미늄질–염화물–황화물 (석고 형)	수화된 풍화 산물 형성(규소알미늄질); SiO_2의 높은 유동성, 염소와 나트륨, 칼슘, 마그네슘 황화물의 집적	온난 건조한 환경; 두러드런 용질의 상향 이동; 크게 감소된 유기산 활성
규소알미늄질–철–알루미늄 (철각–보크사이트 형)	규산과 가용성이 비교적 큰 화학원소의 유실로 철과 알루미늄의 집적	고온 습윤한 기후; 용질의 폭넓은 용탈과 이동

표 11.6 주요 수문 지대의 특징들(Keller, 1957)

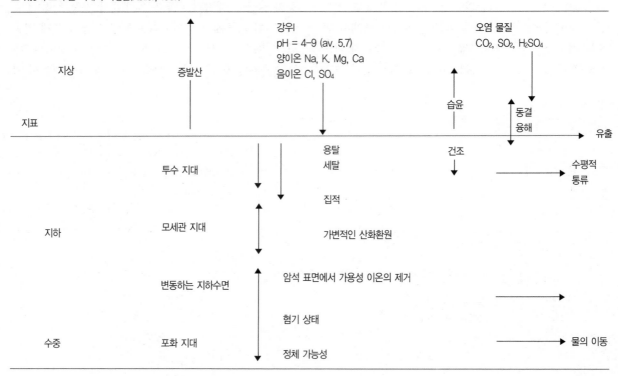

기성의 환원 환경을 이루기 때문이다. 더구나 지하수에는 제자리 풍화에서 공급되거나 특히 윗부분에서 용탈된 용질들이 가득하다. 이러한 환경에서는 화학 반응의 속도가 느리고, 지하수 삼출에 따른 풍화 산물의 제거 속도도 느려서 풍화 속도가 제한될 것이다.

5. 풍화에 대한 전망

풍화는 전통적으로 침식으로부터 구분되지만 그러한 구분은 잘못된 것이며 혼란을 초래한다. 풍화는 제자리에 있는 물질에 제한되지 않는다. 풍화는 활발하게 운반되는 암설에도 영향을 미친다. 우리가 보았듯이, 풍화 프로세스의 작동은 풍화 산물 제거의 영향을 받는데, 이것이 평형 상태가 이루어지는 것을 막기 때문이다. 침식과 운반은 풍화 시스템에 필수적인 프로세스인 것 같으며, 특히 용탈에서 그러하다. 토양 및 토양 단면의 2차원 모델과 연관되어 있기 때문에 용탈 프로세스와 관련하여 강조하는 것은 수직 성분의 이동이다. 그러나 용탈과 용해에 의한 침식은 동의어이다. 대수층 내 통류가 하천수의 용해 하중에 미치는 영향은 중요하며, 그러므로 이것은 유역 분지 내의 사면에서 일어나는 풍화와 직접 관련되어 있다.

직렬식 암설 전달(debris cascade)은 풍화 시스템의 한 견해일 뿐이다. 생태학자들의 견해는 다르다. 그들의 눈에 풍화, 토양 생성 작용, 생태계 기능은 밀접히 연관되어 있다. 이미 알고 있듯이 풍화 시스템의 작동을 조절하는 대부분의 비율 제한적 규제자나 임계치는 적어도 부분적으로는 생물학적이다. 사면에서 풍화 산물의 처리를 통제하는 것도 마찬가지이다. 생태계는 영양 이온의 배출뿐만 아니라 그들의 순환 및 삭박 시스템으로의 유실 등을 보존하고 규제하도록 작동한다. 풍화와 토양, 생태계, 그리고 삭박 사이의 기능적 연계는 분명히 사면 시스템과 그 안에서 작동하는 프로세스의 영역에 속한다.

더 읽을거리

풍화의 여러 측면을 다룬 책들이 많이 있지만, 이 장에서는 원래 어려운 교재를 추천하려고 하였다. 특히 지형학적 관점에서 본 건전한 개론서:

Birkeland, P.W. (1984) *Soils and Geomorphology*. Oxford University Press, New York.

Ollier, C.D. (1984) *Weathering*. Longman, London.

화학적 풍화 프로세스를 다룬 기본서:

Keller, W.D. (1957) *The Principles of Chemical Weathering*. Lucas, Columbia.

Loughnan, F.C. (1969) *Chemical Weathering of the Silicate Minerals*. Elsevier, New York.

풍화에 대한 열역학적 접근 방법:

Curtis, C.D. (1976) Chemistry of rock weathering: fundamental reactions and controls, in *Geomorphology and Climate* (ed E. Derbyshire). John Wiley, Chichester.

Ross, S.M. (1987) Energetics of soil processes, in *Energetics of Physical Environment: Energetic Approaches to Physical Geography* (ed K.J. Gregory). John Wiley, Chichester.

기타 유용한 자료:

Mottershead, D.N. (1982) Coastal spray weathering of bedrock in the supratidal zone at East Prawle, Devon. *Field Studies*, 5, 663~684.

Paton, T.R. (1978) *The Formation of Soil Material*. Allen & Unwin, London.

Trudgill, S.T. (1977) *Soil and Vegetation Systems*. Oxford University Press, Oxford.

Whalley, W.B. and J.P. McGreevy (1985, 1987 & 1988) Weathering. *Progress in Physical Geography*, Vols 9, 11, 12. pp.559~581, 357~369, 130~143.

Wilson, R.C.L. (1983) Residual deposits: surface-related weathering processes and materials. *Geol. Soc.* Sp. Pub. 11, Blackwell, Oxford.

Winkler, E.M. (1975) *Stone: Properties, Durability in Man's Environment*, (2nd edn). Springer Verlag, Berlin.

제12장

사면 시스템

사면 시스템은 개념적인 의미에서 뿐만 아니라 기능적인 관점에서도 문자 그대로 직렬식이다. 시스템의 유입은 대기 시스템과 풍화 시스템, 그리고 생물 시스템으로부터 공급된다. 유출은 주로 하도 시스템을 통하여 이루어지지만 대기권과 사면에서 자라는 식생으로도 배출된다(그림 12.1). 사면 시스템의 기능적 역할은 풍화로 공급되는 암석이나 암설, 그리고 용액이나 현탁액으로 화학 원소를 운반하는 물의 배출 등을 포함하는 처리(throughput)이다. 여러 측면에서 볼 때 사면의 가시적인 형태는 이러한 물질이 유입되는 속도, 삭

박력, 사면 물질의 저항력이 상호 작용으로 규제되는 처리 및 유출의 속도 사이의 균형을 나타낸다.

사면의 배열과 각 사면들의 공간적 관계는 모든 지형의 기본 단위이며, 경관의 성격을 결정한다. 사면 형태의 측면에서 시스템의 상태와 시스템 내에서 작동하는 프로세스 사이에는 중요한 관계가 있다. 둘 사이에는 복잡한 피드백이 존재한다. (사면의 각도와 단면, 레골리스의 깊이, 배열의 측면에서) 사면 형태는 과거에 프로세스가 작동한 결과이며, 동시에 사면 형태는 현행 프로세스의 작동에 강한 영향을 미친다.

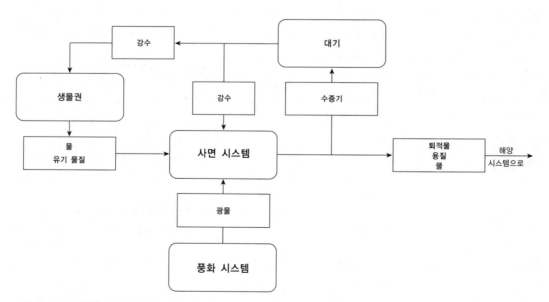

그림 12.1 사면 시스템의 체계적 모델과 그것의 외부 관계

1. 시스템의 초기 상태

특정한 시기의 사면 형태는 초기 형태와 지질 구조, 그리고 삭박 프로세스에 따른 변화 등의 함수이다.

사면은 다양한 방식으로 시작될 수 있다. 첫째, 기복의 융기는 단층이나 습곡을 매개로 한 지각 시스템의 활동으로 발생한다. 이러한 성격의 조산 활동은 여러 위치에서 측정하여 왔는데, 연간 수밀리미터에 달하는 것이 보통이다. 둘째, 하천이나 빙하에 의한 선형 침식이 경관을 절개하여 곡측 사면(valley-side slope)을 형성할 수 있다. 그랜드 캐니언에 있는 콜로라도 강은 약 800만 년 동안 평균 0.25mm/yr^{-1}의 비율로 침식하였다. 셋째, 해양 활동으로 사면이 생성될 수도 있다. 육지의 가장자리는 침식을 받아 해식애가 형성되면서 정리되었고, 해수면이 하강함으로써 이전의 해저 사면이 노출되기도 하였다. 사면의 초기 형태가 이렇게 다양한 것은 기복이 파괴되는 것보다 더 빨리 만들어지고 있다는 것을 뜻한다. 더구나 사면은 순간적으로 만들어지는 것이 아니라 점진적인 프로세스에 의해 형성된다. 사면이 시작되는 방법은 다양하므로 빠르게 침식하는 하천의 수직 협곡으로부터 완만하게 얹혀 있는 이전의 해저에 이르기까지, 사면의 초기 형태는 상당히 다양할 것으로 기대된다.

2. 사면 시스템의 작동: 물의 전달

사면 시스템을 이해하는 데 중요한 것은 물이 지표와 지하에서 사면 아래로 이동하는 유형을 인식하는 것이다. 여기에서는 이것을 살펴보고, 3절에서 광물의 전달을 연구할 것이다. 사면 시스템에서 지표나 토양 및 레골리스 내에 물이 머무르거나 이동하는 것을 가

자료 12.1

수분 퍼텐셜

수분 퍼텐셜(ψ)이란 시스템 내 어느 지점에서 물의 화학적 퍼텐셜(μ_w)과, 표준 상태의 온도와 기압 또는 고도에서 순수한 자유수의 화학적 퍼텐셜(μ_w^0) 간 차이를 나타내는 용어이다. 이러한 차이($\mu_w - \mu_w^0$)는 시스템 내에서 물이 일을 할 수 있는 능력을 순수한 자유수의 능력에 비교하여 나타낸다. 그러나 화학적 퍼텐셜은 절대적인 값으로 쉽게 측정할 수는 없지만 수분 퍼텐셜은 쉽게 계산할 수 있다.

$$\psi = \mu_w - \mu_w^0 = RT \ln(e/e^0)$$

R은 보편적 기체 상수(J mole^{-1}/도)이고, T는 절대 온도(K)이며, e는 온도 T일 때 시스템 내 수증기압이고, e^0는 시스템 내의 물과 같은 온도, 같은 고도에 있는 순수한 물의 수증기압이며, ln은 자연로그($\log_e$)이다. $RT \ln(e/e^0)$의 단위는 Jmole^{-1}이다. 순수한 자유수란 표준 상태에서 수분 퍼텐셜 0을 갖는 것으로 정의할 수 있겠다. e/e^0가 1보다 작으면 $\ln(e/e^0)$는 (−)가 되고, 수분 퍼텐셜은 (−)값을 갖는다. 기압이나 온도가 증가하면 수분 퍼텐셜도 증가한다. 그러나 용질이 있거나, 정수압 또는 삼투압이 있거나, 전하를 띠는 표면에 대한 정전기 인력이 있으면 수분 퍼텐셜이 감소한다. 수분 퍼텐셜은 화학적 퍼텐셜의 차이를 물의 부분 그램분자량(V_w)으로 나누어 압력 단위로 표현할 수 있다.

$$\psi = \frac{(\mu_w - \mu_w^0)}{V_w}$$

$$\psi = \frac{RT \ln(e/e^0)}{V_w}$$

다음은 물 1cm^{3}의 무게가 1g이라고 할 때 수분 퍼텐셜의 다양한 표현에 대한 변환표(Bannister, 1976)이다.

대기 (표준 대기)	기압	N m^{-2}	J g^{-1}	수두 높이 (m)
1	1.013	1.013×10^{-5}	0.1013	10.33
0.987	1	10^5	0.1	10.17
9.87×10^{-6}	10^{-5}	1	10^{-6}	1.017×10^{-4}
9.70×10^{-2}	9.833×10^{-2}	9.833	9.833×10^{-3}	1

장 잘 이해하려면 시스템 내 임의의 지점에서 물에 작용하는 힘을 살펴보아야 한다. 이러한 힘의 제약 아래, 물이 일을 할 수 있는 능력은 시스템 내 물의 퍼텐셜 에너지(특유한 자유 에너지) 또는 **수분 퍼텐셜**(water potential, ψ)(자료 12.1)로 표현된다. 사면 시스템의 물을 수분 퍼텐셜의 관점에서 다루면 유수의 규모와 방향을 명확히 할 수 있다. 열이 온도가 높은 지역에서 낮은 지역으로 전달되듯이, 수분도 퍼텐셜이 높은 지역에서 낮은 지역으로 이동하는 경향이 있기 때문이다.

토양 수분 퍼텐셜(자료 12.2)은 그 성분이 화학적, 물리적 힘과 관련되어 있는 복합적인 용어이다. 시스템 내 물의 이동은 두 지점 간 퍼텐셜의 차이에 좌우되는데, 이것은 사면 내 토양 수분 조건의 함수이다. 특정 시점에서 이것은 부분적으로는 강우 강도와 강우 지속 시간 또는 마지막 강우 이후의 시간에 따라 결정되며, 부분적으로는 물 전달의 규제자 역할을 하는 토양과 레골리스의 특성에 따라 결정된다.

강수의 일부는 지표의 불규칙한 미세 기복에 와지

자료 12.2
토양 수분 퍼텐셜

토양 수분 퍼텐셜(ψ_s)은 물리적이나 화학적인 다양한 유형의 힘에 따른 복합적인 양이다. 이것은 다음과 같이 정의한다.

$$\psi_s = \psi_m + \psi_\pi + \psi_p + \psi_q$$

ψ_m은 매트릭스 퍼텐셜이고, ψ_π는 삼투 퍼텐셜이며, ψ_p는 압력 퍼텐셜이고, ψ_q는 중력 퍼텐셜이다.

이들 가운데 첫 번째는 토양 입자들 사이에 있는 공극 내 요철 수면의 표면 장력이다. 특히 토양의 콜로이드 입자에서는 물 분자와 전하를 띠는 입자나 표면 사이에 흡수력이 있다. 이들 두 힘은 토양의 고상(유기물 또는 무기물)과 연관되어 있기 때문에 결합하여 하나의 성분인 매트릭스 퍼텐셜(ψ_m)을 형성한다. 그러나 어느 힘이 우세한가 하는 것은 토성의 속성과 토양 수분 함량에 따라 달라지지만, 토양 수분 함량이 감소하면 보통 흡수력은 증가한다. 그러므로 건조 토양에서는 대체로 흡수력이 매트릭스 퍼텐셜을 결정한다.

토양 내 수분 퍼텐셜에 기여하는 두 번째 성분은 토양 용액 내 용질의 농도이며, 이것이 삼투 퍼텐셜(ψ_π)을 결정한다. 습윤한 토양에서 토양이 포화되어 매트릭스 퍼텐셜이 0으로 되면, 삼투 퍼텐셜이 토양 수분 퍼텐셜의 주요 성분으로 될 지도 모른다.

전체 토양 수분 퍼텐셜의 세 번째 성분은 어느 지점 위의 물기둥이 대기압을 능가할 때 과잉 정수압에 정비례하는 압력 퍼텐셜(ψ_p)이다. 그것은 물기둥의 높이와 관련이 있기 때문에, 깊은 곳에서 약간 중요할 수도 있겠지만, 포화 상태의 토양에서는 지하수면 아래에서만 나타난다. 지금까지 언급한 다른 성분들과는 반대로 (+)이므로(자료 12.1), 그것은 작동하여 전체 토양 수분 퍼텐셜을 증가시킨다. 이와 관련된 성분은 중력 퍼텐셜(ψ_q)이다. 이것은 건

조 토양에서는 비교적 중요하지 않지만, 사면 상의 포화된 토양이나 지하수면 아래에서는 약간 중요하다. 이것은 물의 밀도와 기준면 위의 높이, 그리고 중력가속도에 비례한다(자료 1.4).

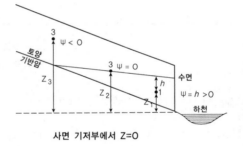

사면 기저부에서 Z=0

사면 수문학적으로 불포화 상태에서는 ψ_m과 ψ_π가 우세한 통제 요소이므로, ψ_m과 ψ_π의 차이가 물 이동의 방향과 속도를 결정한다고 말할 수 있다. 포화 상태의 흐름에만 관심이 있는 경우에는 매트릭스 퍼텐셜과 삼투 퍼텐셜 성분이 무시되며, 압력 퍼텐셜과 중력 퍼텐셜의 합이 전체 수리 퍼텐셜(ϕ)이다. 고도 및 지하 수면과 관련한 사면 상의 다양한 지점에서 ϕ를 계산하면 도표와 같다(Atkinson, 1978).

수리 퍼텐셜	=	중력 퍼텐셜	+	압력 퍼텐셜
지점 1 ϕ_1	=	gz_1	+	h
지점 2 ϕ_2	=	gz_2	+	0
지점 3 ϕ_3	=	gz_3	+	ϕ

저장(depression storage)으로 잠시 머무르기도 하지만 물은 **침투**(infiltration)로서 처음 토양 속으로 이동한다. 침투는 mm/시로 측정하며, **침투 용량**(infiltration capacity)이란 한정된 조건의 특정한 토양에 대한 최대 침투율이다. 침투 동안 토양은 세 가지 수분대로 구분된다.

1. 표면의 얇은 포화대. 수분 함량은 지나가는 깊이에 따라 급격히 감소한다.
2. 전달 지대. 수분 함량은 점진적으로 감소한다.
3. 침윤 지대와 침윤 전선(wetting front). 여기서는 수분 함량이 한 번 이상 급격히 감소한다.

이러한 전달 지대를 통하여 토양 속으로 들어가는 물은 지표에서 퍼텐셜이 높고 침윤 전선에서 퍼텐셜이 낮은 매트릭스 퍼텐셜(matric potential)의 경사에 반응하여 이동한다. 매트릭스 퍼텐셜의 본질은 토양의 속성에 따라 통제되지만 침투에서는 매트릭스 퍼텐셜의 표면 장력이나 모세관 성분이 가장 중요하다. 토양의 모세관 특성(**수리전도도**hydraulic conductivity)은 부분적으로 토성과 같은 토양의 물리적 성질에 따라, 그리고 수리전도도에 미치는 식물 뿌리나 유기물의 영향 때문에 식생의 존재 유무와 그 유형에 따라 달라진다. 그러나 특정한 토양에서 침투의 가장 중요한 규제자는 초기 또는 기존의 수분 함량이다. 물의 이동은 토양의 총 퍼텐셜 차이에 비례하며, 이것은 강수를 받아들이는 건조 토양보다 습윤 토양에서 적기 때문이다. 그래서 침투 용량은 건조한 사질 토양에서 처음에 50mmh^{-1} 만큼 높지만, 습윤 토양이나 식토에서는 2~3mmh^{-1}로 감소한다.

토양 내의 수분 이동은 토양 수분 퍼텐셜(ψ_s)의 차이에 의존하는 지속적인 프로세스이다. 토양의 입자 간 공극 내에서, 물의 이동은 수직적 성분과 수평적 성분을 갖는다. 그리고 이동의 특징은 확산 흐름이나 매트릭스 흐름이다. 이러한 이동은 포화 상태나 불포화 상태에서 일어날 수 있다. 물이 이러한 통로를 따라 사면 아래로 측방 이동하는 것을 매트릭스 통류(matrix throughflow)라고 한다(그림 12.2). 불포화 상태의 통류의 경우에는 매트릭스 퍼텐셜의 차이가 사면 상의 퍼텐셜 경사에 가장 크게 기여하여, 확산의 방향과 속도를 통제한다. 반면 삼투(용질) 퍼텐셜(osmotic potential)의 차이(ψ_π)는 기여하는 바가 적다. 그러나 매트릭스가 물로 포화되었을 경우에는 중력 퍼텐셜의 차이와 정수압 퍼텐셜이 수리적 퍼텐셜의 경사를 결정한다(자료 12.2). 포화 상태의 통류는 토층의 투수성 차이 때문에 포화 상태가 이루어진 토양 내에서도 발생할 수 있다. 이러한 조건은 사면 말단부에서 가장 전형적이다. 그곳에서는 토양 내에 수분이 집적됨으로써, 포화된 토양이 쐐기 모양으로 나타나고 사면 윗부분으로 확장된다(그림 12.2). 포화 상태이든 불포화 상태이든, 통류는 물이 이동하는 매트릭스인 토양의 특성과 보수력, 기존 수분 함량 등에 따라 한정된다.

사면 내에서 물의 흐름은 적어도 이론적으로는 Darcy의 법칙과 같은 투과성 매체를 통한 흐름 모델로 표현된다.

$$q = K \times \frac{H}{L}$$

q는 유량이며, H/L는 수리 경도(높이/길이)이고, K는 특정 매체에서 경험적으로 결정되는 수리전도도이다.

사실 대부분의 토양은 어떤 방식으로든 구조화되어 있어서, 물이 토양을 통과할 때 (축의 방향에 따라 성질이 다른) 이방성을 띤다. 대체로 토양은 상이한 수리전도도를 가진 토층들로 성층을 이룬다. 예를 들면, 실트와 점토가 집적된 토층 위에 다공질의 사질 토층이 나타난다(그림 12.2의 토층 A, B, C 참조). 어떤 경우에 토양은 건열에 의해서 불연속 패드로 분리되어 있으며, 이러한 균열 때문에 물이 빠르게 통과한다. 패드는 자체적으로 다양한 크기의 공극을 가지고 있다. Trudgill *et al.*(1984)은 60μm 이하의 미세 공극과 60~1,000μm의 모

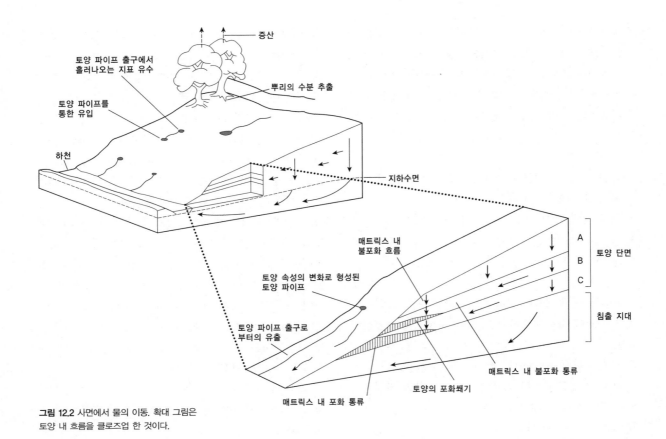

그림 12.2 사면에서 물의 이동. 확대 그림은 토양 내 흐름을 클로즈업 한 것이다.

관 대공극, 그리고 1,000μm 이상의 비모관 대공극으로 구분하였다. 비모관 대공극으로 물이 빠르게 이동하면, 물은 실질적인 토양의 패드 지역을 우회한다. 이러한 환경에서, 토양 매트릭스를 통한 물의 확산 이동은 보다 집중된 통류의 통로를 따라서 이루어지며(그림 12.2), Darcy의 법칙으로는 더 이상 토양수의 이동을 완벽하게 설명할 수 없다. 큰 공극은 토양 동물과 식물 뿌리의 성장이나 부패로 더 이상 확장되기도 한다.

공극들은 통류의 이동을 토양 파이프(soil pipe)의 네트워크(그림 12.3)로 집중시키고, 토양 파이프를 통하여 흐르는 물은 난류(turbulent flow)로 전해진다. 완전히 채워진 파이프 내의 유량은 압력 퍼텐셜과 중력 퍼텐셜에 따라, 그리고 (하도처럼 행동하는) 부분적으로 채워진 파이프 내에서는 수면의 경사에 따라 달라진다.

Weyman(1975)이 측정한 바에 따르면, 파이프 유속은 50~500mh⁻¹이고 매트릭스 유속은 0.5~30cmh⁻¹이다(표 12.1). 토양 속으로 침투한 나머지 물은 지하수면까지 아래로 전달되어 지하수로 저장되었다가 깊은 곳에서 침출되어 마침내 하도로 되돌아온다.

토양 통류의 발생을 조장하는 요인은 다양하다. 사면의 기저부로 갈수록 집수 면적이 증가하여 유출이 최대에 도달한다. 평면에서 사면의 등고선 곡률의 수평적 변이가 요지와 산각을 만드는데, 요지에서는 하천선이 수렴하게 될 것이다. Anderson과 Burt(1978)는 평면상 사면 등고선의 곡률이 통류의 유량에 미치는 영향의 크기를 연구하였다. 그들은 영국 서머싯의 작은 골짜기의 유량이 요지에서 흘러나오는 사면의 단위 면적당 유량이 산각보다 5~10배 많음을 밝혔다.

표 12.1 다트무어의 화강암 사면에서 특정한 호우 동안 다양한 수문 통로를 통한 유량과 유량의 빈도(Williams et al., 1984)

		흐름 사상의 빈도(시간 비율 %)	1977.9.26 호우 시의 유량(ml)
	지표 유수	88	〉1150
1	철각 위의 용탈층	29	364
2	이쇄반* 위의 화강암 레골리스	82	〉1150
3	이쇄반 위의 포화된 레골리스	44	247
4	포화된 이쇄반	27	123

* fragipan

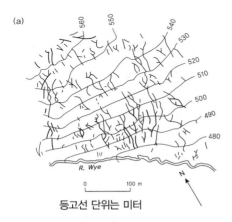

등고선 단위는 미터

그림 12.3 (a) 웨일즈의 플린리몬에서 파이프 망(Atkinson, 1978). (b) 얕은 절개 시에 노출된, 유기질 토양과 하부의 광물질 토양 간 접촉면에 발달한 토양 파이프. 호우 이후에 파이프로부터 강한 유출이 있다. 소량의 지표 유수는 식생이 있는 유기질 토양의 지표에서 떨어진다(Scotland의 Sutherland).

상이한 토층으로부터 흘러나오는 유량을 측정하기 위하여 파놓은 사면의 구덩이에서 유량을 모니터한 결과, 다양한 수문학적 통로의 상대적인 중요성이 밝혀졌다. Williams *et al.*(1984)은 다트무어의 화강암 사면에서 네 개의 통류 통로를 인식하였다(표 12.1). 다양한 지하의 통로에서는 흐름의 빈도와 규모에서 상당한 변이가 보였는데, 지표 유수의 유량과는 대조적이었다.

오랜 강우 기간이 끝난 후, 모든 공극이 물로 채워지면 토양은 포화된다. 이 시점에서 지하수면은 실제로 지표까지 올라오고, 침투 용량은 0까지 감소한다. 토양은 더 이상 물을 흡수할 수 없으며, 이후의 강우는 **포화 지표 유수**(saturated overland flow)로서 사면의 표면을 가로질러 직접 배수된다. 이러한 상황은 사면의 기저부로 갈수록 일어날 가능성이 클 것이다. 그곳에서는 국지적인 침투와 사면 윗부분으로부터 공급되는 통류가 토양 수분으로 보태진다.

어떤 환경에서는 토양이 포화되지 않았더라도 강수

속도가 침투 용량을 초과할 수도 있다. 이런 경우 강수의 초과분은 **지표 유수**(overland flow)로서 사면 아래로 흘러내린다. 이는 반건조 지역에서 보편적으로 나타나는 프로세스이다. 그곳에서 강수 강도는 높지만 식생이 빈약한 토양의 침투 용량이 낮기 때문이다. 토양에 표면층이 치밀해지고, 빗방울의 충격을 받아 토양 입자들이 재분포함으로써 공극을 막아버리는 각(그림 12.4)이 발달하여 이러한 현상이 더욱 촉진된다. 일부 경작 환경을 제외하면 이러한 종류의 지표 유수는 강수 속도가 적절하고 토양이 잘 구조화된 온대 환경에서는 나타나지 않는 것 같다.

사면의 내부를 통하여 사면 아래로 이동하는 물의 흐름은 약간 복잡한 프로세스이다. 흐름의 추진력은 중력 에너지의 영향을 받는 물의 유입이므로, 흐름의 속도와 패턴은 사면의 형태와 토양 수분 퍼텐셜, 그리고 토양 내에 존재하는 수문학적 통로의 성질에 따라 크게 영향을 받는다.

3. 사면 시스템의 작동: 광물의 전달

광물은 다양한 방식을 통하여 사면 아래로 전달된다. Carson과 Kirkby(1972)는 **집괴 이동**(mass movement)과 **입상 이동**(particulate movement) 그리고 **용해 이동**(movement in solution)을 구분하였다. 이러한 구분

이 논의를 하기에는 편리하지만 구분이 항상 명확한 것만은 아니라는 사실을 알아야 한다. 집괴 이동과 입상 이동은 차이가 있다. 집괴 이동에서 암설은 단단한 덩어리로 이동하지만 입상 이동에서 입자는 이웃과 관련하여 끊임없이 위치를 바꾸면서 개별 물체로서 이동한다.

(1) 집괴 이동

집괴 이동에는 활주 이동(slide), 유동 이동(flow), 상승 이동(heave) 등 세 가지의 기본 메커니즘이 있다(그림 12.5). 활주 이동의 경우 집괴는 불연속의 붕락면(활주면)을 따라 최소한의 내부 전위를 가진 채 단단한 단위로써 이동한다. 반대로 유동 이동은 내부 변형을 겪는다. 속도는 하천에서와 마찬가지로 흐름에서 바닥으로 갈수록 감소한다(제13장). 상승 이동 프로세스는 지표에 수직 방향으로 팽창하고 이어서 수축하여, 지표를 번갈아 상승, 하강시키는 것이 특징이다.

그러나 실제로 대부분의 집괴 이동 프로세스는 이들 세 가지의 기본 메커니즘이 조합을 이루어 나타난다. 따라서 이것을 분류의 기반으로 사용할 수 있다(그림 12.6). 삼각 다이어그램에는 활동과 유동, 그리고 상승 이동이 포함된 상대적 비율에 따라 다양한 유형의 집괴 이동이 위치한다. 이 분류법의 또 다른 특징은 분류가 상승에서 활주나 유동까지 단계적이라는 점이다. 활주–유동 축을 따라, 수분이 단계적으로 증가한다.

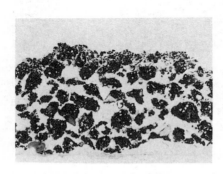

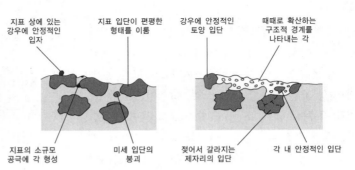

지표 상에 있는 강우에 안정적인 입자

지표 입단이 편평한 형태를 이룸

강우에 안정적인 토양 입단

때때로 확산하는 구조적 경계를 나타내는 각

지표의 소규모 공극에 각 형성

미세 입단의 붕괴

젖어서 갈라지는 제자리의 입단

각 내 안정적인 입단

그림 12.4 빗방울의 충격으로 만들어진 토양 표면의 각

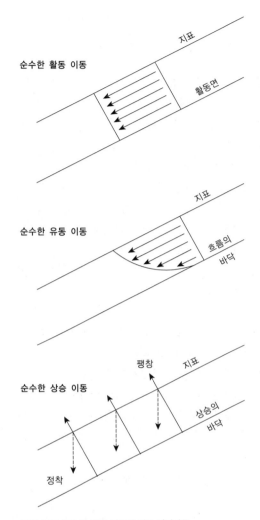

순수한 활동 이동

지표

활동면

순수한 유동 이동

지표

흐름의
바닥

순수한 상승 이동

팽창

지표

상승의
바닥

정착

그림 12.5 사면 위 집괴 이동의 기본 메커니즘

이러한 체제 내에서 집괴 이동의 주요 형태를 고찰할 것이다.

토양 포행(soil creep) 사면의 레골리스 피복 내 토양 입자들의 요동과 정착으로 발생한다(그림 12.7). 그 결과 암설층이 사면 아래로 지속적으로 느리게 이동한다. 포행의 기본 메커니즘은 상승 이동이다. 상승 이동은 토양 입자를 사면에 수직 방향으로 들어올리며, 토양 입자는 수직 방향으로 떨어져서 원래의 위치에서 사면

아래로 이동한 지점에 정착한다. 이러한 요동이 반복되어 누적되면 래칫처럼 사면 아래로 이동하여 암설 피복의 표면층 전체에 영향을 미친다.

상승 이동을 유발하는 추진력은 많고 다양하다. 특히 점토 성분을 많이 함유한 토양에서 건조/습윤이 교차하면 팽창과 수축이 반복될 수 있다. 습윤한 토양이 계절적으로, 온대 환경에서는 간헐적으로, 동결/융해되어도 동일한 효과가 발생한다. 식물 뿌리가 성장하거나 혈거성 동물의 활동이 토양층에 상당한 물리적 에너지를 가하며, 이것 때문에 토양 입자들이 상당히 교란된다. 예를 들어, 습윤 온대 환경에서 10cm 깊이의 표토층이 지렁이의 소화 기관을 완전히 통과하는 데 18~64년이 걸리는 것으로 조사되었다. Paton(1978, 제8장)은 지하의 토양 프로세스에 영향을 미치는 토양 동물상의 역할을 고찰하였다.

습윤 온대 환경에 있는 25°의 사면에서 12년 동안 토양 포행을 측정한 결과, 20cm 깊이의 표토는 평균 0.4mmyr⁻¹의 포행으로 사면 아래를 향하여 이동하였다(Young, 1978). 습윤한 온대 환경의 여러 지역에서 보고된 바에 따르면, 이동 속도는 0.2~3.0mmyr⁻¹의 범위를 나타낸다.

상주 포행(frost creep)과 **젤리플럭션**(gelifluction) 주빙하 환경에서는 동결과 융해 프로세스가 매우 잦고, 일반적으로 토양 수분 함량도 비교적 높다. 따라서 지표의 상승은 5~20cm에 달한다. 융해 시 녹은 토양 상층부의 수분 함량은 아래에 있는 부분이 아직 얼어 있어 배수되지 못하기 때문에 유동 한계치에 가까워 흐르는 경향이 있다(젤리플럭션). 많은 연구에서 보고된 바에 따르면 그러한 환경에서 상주 포행과 젤리플럭션이 결합하면(이들은 분리하기가 어렵다) 연간 수센티미터의 속도로 이동하며, 일반적으로 50cm 깊이의 토양에도 영향을 미친다.

이러한 포행 프로세스가 작동하면 눈에 잘 보이지는 않지만 암설 피복의 표층이 사면 아래로 점차 이동한

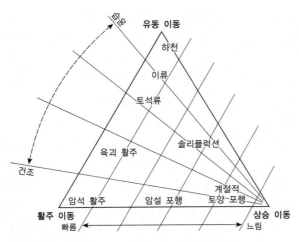

그림 12.6 집괴 프로세스의 구분(Carson and Kirkby, 1972)

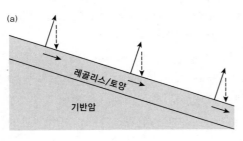

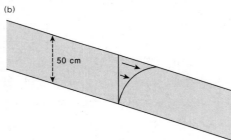

그림 12.7 토양 포행: (a) 이동의 기본. (b) 속도 분포.

이 비교적 빠른 경우에는 초본이나 돌의 울타리로 둘러싸인 계단 지형이나 로브가 발달한다.

암석 활주와 **육괴 침하 활주** 운동에는 신선한 암체의 불연속면을 따라 비고화 물질에서 일어나는 갑작스럽고도 빠른 사면 아래로의 이동도 포함된다. 암석 활주(rockslide)의 경우 불연속면은 두 지층 사이에 있는 주요 절리나 성층면일 것이다. 점토와 같은 등질의 물질에서는 원호 상의 붕락면 때문에 회전성 활주로 발전하기가 쉽다. 전단력이 잠재적인 붕락면을 따른 전단 저항력을 초과하면 활주 운동이 시작된다.

활주는 내재적 요인과 시발 요인의 결과로 생각할 수도 있다. 사면이 불안정하여 붕락되기 쉬워지는 내재적 요인에는 기저부로 높은 전단력을 압박하는 사면의 경사와 높이도 포함된다(그림 12.8). 내재적 요인에는 구성 물질의 낮은 전단 저항력이나 원래 약한 부분 등 사면 자체를 구성하는 물질의 속성도 포함된다. 시발 요인은 사면이 안정성 임계치를 넘도록 압박하는 유도 메커니즘이다(자료 12.3). 시발 요인에는 장기간의 강우에 따른 사면의 과잉 하중이 포함되는데, 이것은 과잉 압력, 곧 전단 압력을 증가시키는 동시에 공극 수

다. 사면에 잘려진 단면을 보면 가파르게 경사진 지층이 끌려서 올라간 흔적이 보일 때도 있다. 사면의 지표에서는 벽이나 나무줄기의 위쪽에 토양이 집적하고, 나무줄기의 아래쪽에 와지가 나타난다. 포행하는 토층의 표면이 잔디로 피복되어 있는 경우 잔디 피복이 찢겨 작은 계단 지형을 형성한다. 젤리플럭션처럼 이동

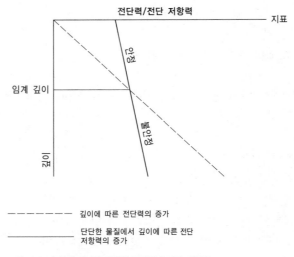

그림 12.8 사면 내 깊이와 관련한 전단력과 전단 저항력

자료 12.3
사면에 작용하는 기본적인 힘

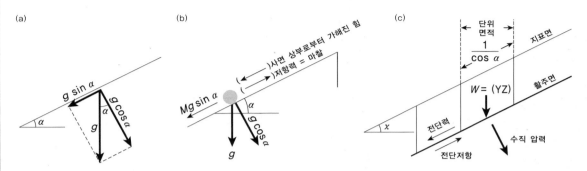

삭박 프로세스는 사면에서 고상 물질이 아래로 이동하는 현상도 포함하는데, 이는 근본적으로 물리적 힘의 관점에서 해결될 수 있다. 물질의 이동은 힘의 성질과 크기에 따라 결정된다. 이동을 진작시키는 힘과 이동을 저지시키는 힘이 있다. 이동이 일어나는지의 여부는 이 두 가지 힘들 간의 균형으로 결정된다. 이러한 근본적인 물리 법칙은 지표에 있는 개별 입자나 사면을 구성하는 물질 덩어리의 이동에도 모두 적용된다.

수직 하방으로 작동하는 기본적인 중력(g)은 사면 아래로 내려가려는 힘(전단력) g sinα, 그리고 사면에 수직인 힘 g cosα로 나눌 수 있다(그림 a). 여기서 α는 사면의 각도이다.

개별 입자

경사 α인 사면에 있는 질량 M인 개별 입자의 경우에, 사면 아래로 내려가려는 전단력은 Mg sinα이다. 이 전단력은 추진력으로 작용하며, 빗방울이나 유수 그리고 바람 등의 외적 요소에 의하여 증가될지도 모른다. 이것이 사면 아래로 이동하려는 경향을 만든다(그림 b).

이동에 대한 저항은 입자를 사면 속으로 가라앉히려는, 적어도 제 위치를 유지하도록 하는 (사면 표면에 수직을 이루는) 수직 압력이다. 입자와 입자가 놓인 지표 사이의 마찰 저항이 이동에 대한 저항을 보완한다. 입자가 사면에 부분적으로 묻혀 있거나, 형태가 뾰족하여 주변의 입자와 맞물려 있을 경우에는 분명히 훨씬 더 큰 마찰 저항을 갖는다.

암체나 토양 집괴

집괴 이동은 관련 물질의 견고성이나 집괴 내 불연속면의 존재 여부에 따라 다양한 형태를 띤다. 그러나 기본 원리를 설명하기 위하여, 붕락면이 사면 표면에 평행하게 경사진, 가장 간단한 경우를 생각해 보자. 여기서는 측면이나 말단부의 효과는 무시하자(그림 c). 이것이 단순한 얇은 평면 활주이다. 경사 α이고 수평거리 l

인 단위 면적의 사면을 가정하면, 수직 압력은 1/cosα의 면적에 분포할 것이다. 그래서 수직 압력은 다음과 같다.

$$\frac{\gamma z}{1/\cos} = \gamma z \cos\alpha$$

여기에서 γ은 토양 집괴이고 z는 집괴의 두께이다.

이것은 사면 아래로 내려가려는 전단력으로 풀어쓸 수 있다.

$$S = \gamma z \cos\alpha \sin\alpha$$

그리고 수직 압력 $\Theta_n = \gamma z \cos^2\alpha$이다. **추진력**(driving force)은 전단력이다. **저항력**(resisting force)은 전단 저항력이다. 이것은 붕락면에 분포하며 Coulomb 방정식(자료 10.2)으로 결정된다. Coulomb 방정식의 τ에 대입하면,

$$S = c + (\gamma z \cos^2\alpha - u) \tan\phi$$

저항력과 추진력 간의 비가 안전 요인(factor of safety, F)이다.

$$F = \frac{저항력}{추진력} = \frac{c + (\gamma z \cos^2\alpha - u) \tan\phi}{\gamma z \cos\alpha \sin\alpha}$$

여기에서 u는 공극 수압이다.

F>1이면 사면은 안정하나, F<1의 상태가 되면 붕락이 발생할 것이다. 이 방정식을 간단히 하면 다음과 같다.

$$F = \frac{\tan\alpha}{\tan\phi\left(1 - \dfrac{u}{\gamma z \cos^2\alpha}\right)}$$

이 식으로 볼 때, 건조한 토양(u=0)은 안식각(α=φ)까지 안정하고, 습윤한 토양(u<0)은 더 큰 각도까지 안정하지만, 포화된 토양(u>0)은 낮은 각도에서만 안정하다.

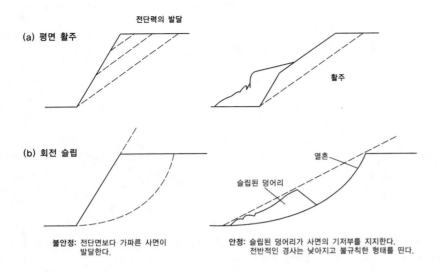

전단력의 발달

(a) 평면 활주

활주

(b) 회전 슬립

열흔

슬립된 덩어리

불안정: 전단면보다 가파른 사면이
발달한다.

안정: 슬립된 덩어리가 사면의 기저부를 지지한다.
전반적인 경사는 낮아지고 불규칙한 형태를 띤다.

그림 12.9 (a) 불연속이 포함된 사면에서 발달한 평면 활주. (b) 등질 물질 내에서 발달한 회전 활주.

압을 증가시켜 전단 저항력을 감소시킨다. 사면 표면이 오랫동안 풍화를 받으면 전단 저항력이 감소하고 결국 붕락된다. 사면 기저부에서 침식에 따른 지지 물질의 제거도 불안정의 원인이 된다. 예를 들어, 하천이나 파랑의 작용으로 사면 기저부가 활발하게 침식되면 사면은 불안정하게 된다.

활주와 슬립(slip)의 종류는 매우 다양하다(그림 12.9). 깊이가 10m를 넘는 두꺼운 평면 활주는 사면 내부에 존재하는 구조적 약대와 관련되어 있는 것이 보통이다. 얇은 평면 활주는 풍화 때문에 사면의 표층에서 전단 저항력을 잃어서 발생한다. 원호 상의 붕락면을 따라 나타나는 두꺼운 회전 슬립은 하나 혹은 여러 개로 나타난다. 그것은 등질의 사면 물질에서 안전 요인(F)을 초과하였을 경우에 나타난다.

지형적으로 볼 때, 암석 활주나 육괴 침하(landslip)가 있으면 사면 위에는 열흔(scar)이 남고, 밑에는 미끄러진 물질이 붙어 있으며, 사면 아래에는 운반된 물질이 쌓여 매우 불규칙한 기복을 형성하기도 한다.

토석류, 이류 토석류(earthflow), 이류(mudflow)는 대체로 점토 함량이 높으며 단단하지 않은 물질이 많은 물을 가질 때 발생한다. 결과적으로 공극 수압이 증가하고, 응집력이 감소하여 저항력을 잃게 된다. 그러므로 유동은 강우와 밀접하게 관련되어 있다. 포함된 물질은 유동성이 크고, 흐름의 속도는 초속 수미터에 달한다.

형태적으로 토석류와 이류는 세 가지 구성 성분으로 이루어져 있다(그림 12.10). 유동이 시작되는 발원 지역(source area)은 보통 수분이 모이는 사면의 와지이다. 열흔(scar)은 사면에서 물질이 제거됨으로써 형성되며, 물질은 좁은 흐름의 통로를 따라 사면 아래로 이동한다. 물질은 사면의 기저부에서 부채꼴로 퍼져나가 넓은 발가락 모양을 띠며, 흐름은 그곳에서 멈추게 된다.

유동과 활주 운동과 포행은 분리된 프로세스로 다루고 있지만, 실제 야외에서는 개별 집괴 이동이 결합되어 이러한 메커니즘을 나타낸다. 특히 사면 붕락의 경우에는 한 가지 유형이 뚜렷하지만 그렇게 배타적이지는 않다. 예를 들어, 육괴 활주(landslide)는 원 육괴의 형태를 거의 유지하지 못하고 약간의 변형이 일어난다. 유동에서 전단은 이동 중인 물질의 하부에 제한되며, 흐름의 표면에서는 대부분의 물질이 원상태로 운

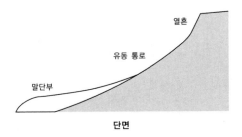

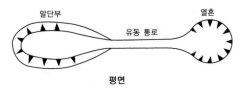

그림 12.10 토석류의 단순 모델

반된다.

(2) 입상 이동

사면 시스템을 통한 개별 입자의 이동은 중력만으로 일어날 수도 있고, 떨어지고 흐르는 물의 힘으로 일어날 수도 있다. 현 상황에서 수직 또는 수직에 가까운 사면에서의 중력만이 효율적인 기구이며, **암석 낙하**(rockfall)나 **암설 낙하**(debris fall)를 유발한다. 사면에 떨어지는 빗방울의 운동 에너지가 나타내는 힘은 **우적 비산 침식**(rainsplash erosion)을 유발하고, 지표 유수는 **면상 침식**(surface wash)을 한다.

낙하 작용 가파른 암벽에 놓여 있는 조그만 개별 입자나 커다란 절리로 잘린 암석 판은 풍화 프로세스로 분리된다. 이들은 한번 분리되면, 중력의 영향을 받아 아래에 있는 사면까지 자유롭게 낙하하여 **애추 사면**(talus slope)으로 집적된다. 비교적 큰 입자는 운동 에너지가 더 크기 때문에 더 멀리까지 이동하여 멈춘다. 모든 입자는 낙하한 후, 비슷한 크기의 입자와 만날 때까지 굴러서 집적 사면으로 이동하며, 그곳에 머무르는 경향이 있다. 그래서 애추 사면에는 상부에 세립 입자가 분포하고 하부에는 조립 입자가 분포하는 분급이 나타난

다. 그러한 사면은 단면에서 대체로 직선상을 띠며, 때로는 아래로 오목한 경우도 있다. 이들 사면은 30~35°의 경사를 갖는데, 이는 조립의 각력들로 이루어진 느슨한 암설 사면의 안식각이다.

우적 비산 빗방울이 지표에 떨어지면 빗방울이 가지는 운동 에너지의 일부가 전달되어 지표에 놓인 토양 입자를 느슨하게 한다. 결국 토양 입자는 교란되고, 수직 강우라면 충격 지점으로부터 방사상의 모든 방향으로 동일하게 튀어나간다. 사면에서 이런 일이 일어나면, 튀어나가는 궤적은 비슷하더라도 경사 때문에 사면 아래쪽으로 던져진 입자의 비행 거리가 사면 위쪽으로 던져진 입자보다 더 길어진다(그림 12.11). 사면에 폭우가 내릴 때에는 수많은 빗방울의 충격 때문에 지표 토양 입자가 사면 아래쪽으로 이동하게 된다. 빗방울의 운동 에너지는 빗방울의 최종 속도 및 크기와 관련이 있다. 빗방울의 직경은 강우 유형에 따라 0.2~5.0mm로 다양하다. 빗방울의 최종 속도는 1.5~9.0ms^{-1}의 범위를 나타낸다. 빗방울의 크기와 강우 강도를 알면 강우의 운동 에너지도 계산할 수 있고, 그 효과도 야외에서 측정할 수 있다.

모래나 실트 크기의 입자는 쉽게 제거되는 반면, 응집력이 있는 점토는 저항력이 비교적 더 크다.

일정한 에너지 유입이 있을 때, 우적 비산 침식의 규모는 사면 각도의 sine값에 비례한다. 그러나 느슨한 토양 입자가 지표에 노출되어 있고, 빗방울의 충격을 흡수할 식생 피복이 없을 경우에만 효과적인 것이 분명하다.

면상 침식 지표 유수는 강우가 침투를 초과할 때와 토양이 포화되었을 때에 발생할 수 있다. 사면 아래쪽으로 흐르는 물은 통로에 있는 토양 입자의 유속에 비례하는 전단력을 행사한다(자료 12.3). 그것은 매닝(Manning) 방정식에 따라 결정된다(자료 13.3).

$$V = \frac{1.009}{n}R^{2/3}S^{1/2}$$

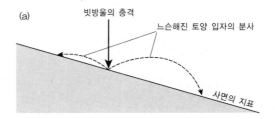

하폭이 매우 넓고 깊이가 매우 얇은 흐름인 **포상류**(sheetwash)의 경우 수리 반경(자료 13.2)은 흐름의 깊이와 대체로 같고, 유속은 사면의 지표 경사와 조도(미세 기복)에 의하여 엄밀히 결정된다. 사면 아래쪽으로 갈수록 유역 면적이 증가하므로 흐름의 거리와 깊이도 증가한다. 그래서 흐름은 토양 입자가 뜯어지는 임계 속도까지 가속화된다. 그러므로 포상 유수의 침식이 사면 정상부에서는 무시할 정도이나, 분포하는 토양 입자에 대한 임계 전단력에 도달하기만 하면 사면 아래쪽으로 갈수록 증가한다.

지표가 불규칙하고 식생이 있으므로 유수는 모여들어 그물 모양의 유로를 만들고, 제한된 유로로 파고들어 **세류**(rill)를 형성한다. 물의 흐름은 수리 반경이 증가함에 따라 더욱 효과적으로 되었고, 유속도 증가하였다. 그러므로 세류 침식(rill wash)은 포상 유수보다 더욱 효과적인 침식 프로세스이다. 수리 기하학적 법칙에 따르면, 세류는 하도와 마찬가지로 오목한 종단 곡선을 발달시키는 경향이 있다(제13장). 그리고 이 때문에 산사면 단면의 하류 부분에서도 오목하게 되는 경향이 있다. 세류는 개별 강우에 부응하여 형성된 후, 강우가 없는 동안의 농업 활동이나 붕괴 또는 포행, 서릿발의 작용 등으로 지워지는 일시적 지형이다.

지표 유수는 토양 입자를 부유 상태로써 사면 아래쪽으로 전달하는 기구이다. 지표 유수의 효율성은 사면 위를 가로지르며 토양 입자들을 운반하여 흙탕물을 이루는 면상 유수나 작은 유로로써 가시화된다.

(3) 용해 이동

사면 시스템을 통해 순차적으로 이동하는 빗물은 높은 퍼텐셜을 가지며(자료 12.1), 용액에는 낮은 농도의 이온만이 들어있다. 이온 물질로 포화되기는 거의 불가능하므로, 이온 물질을 향하여 공격적이다. 사면의

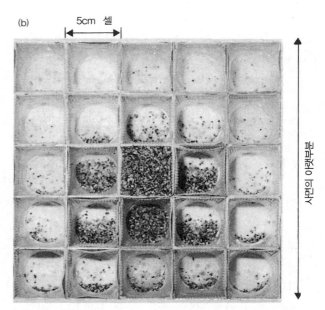

그림 12.11 우적 비산의 침식 (a) 우적 비산에 의한 입자 전위의 체계도 (b) 우적 비산에 대한 실험실 모의실험 결과: 입자들은 중앙의 컵에서 바깥으로, 특히 사면 아래 방향으로 전위되었다.

물은 다양한 통로 — 통과 강우(throughfall)와 줄기 흐름, 지표 유수(overland flow), 매트릭스 통류(matrix throughflow), 관류(pipeflow), 지하수 흐름(groundwater flow) — 을 통하여 사면 시스템 내를 흐르면서, 사면 시스템의 암석이나 토양 광물과 접촉한다.

사면으로부터 용질의 제거를 통제하는 가장 중요한 요소는 유수의 속도와 패턴이다(제12장 2절). 광물의 용해는 유효 광물의 용해도와 각 광물에 대한 물의 불포화도(공격성), 그리고 물이 사면의 광물과 접촉한 시간의 길이(체류 시간) 등에 따라 좌우된다. 과거 10여 년 동안 여러 번의 실험적인 야외 조사 결과, 사면에 대한

용해 삭박의 효율성이 밝혀졌다. 실험 방법은 일정한 범위의 풍화 지점 내 사면에 암석의 작은 표본을 두고, 어느 정도 시간이 지난 후 회수하여 무게 손실을 측정하는 것이다. 이 무게 손실을 용해 삭박의 척도로 해석한다. Burt et al.(1984)은 데본기의 사암으로 이루어진 습윤 온대의 계곡에서 용해는 능선부보다 사면의 곡지에서 더욱 빠르고, 사면 아래보다 사면 상부에서 더욱 빠르다고 주장하였다.

또 다른 방법은 사면에 구덩이를 파고, 통류를 채취하여 물이 사면 시스템을 통과하는 동안 얻은 용질의 종류와 양을 측정하는 것이다. Ternan과 Williams(1979) 및 Williams et al.(1984)은 [그림 10.1]에 묘사된 것과 유사한 경관에 형성된 다트무어의 화강암 유역 내 레이터 브룩(Narrator Brook)에서 이런 방식의 관찰을 하였다. 이들은 실험 사면에서 다양한 수문학적 통로를 통한 규소의 이동을 조사하였다. 이러한 맥락에서 규소가 가지는 의미는 두 가지이다. 첫째, 규소는 대기로부터 사면으로 유입되는 양이 미미하기 때문에, 사면의 물에서 이 원소가 발견된다면 그것은 사면 자체에서 유리된 것이다. 둘째, 화강암의 주요 구성 성분(석영, 장석, 운모)은 모두 규산염 광물이므로, 사면에서 규소가 제거된다는 것은 조암 광물의 붕괴와 시스템으로부터 풍화 산물이 제거되는 것을 의미한다. [표 12.2]는 여러 가지 수문학적 통로에서 채취한 실리카(SiO_2)의 형태를 띠는 규소의 값을 나타낸다. 식생의 분해로부터 유래하는 실리카를 비교적 많이 가지는 지표 유수 통로를 예외로 하면, 실리카의 농도는 사면 내에서 고도가 낮아질수록 증가한다. 가장 높은 농도는 사면으로 깊이 침투하여 체류 시간이 길었던 샘의 용출수에서 나타난다. 이번 연구에서 샘의 실리카 농도와 샘이 솟아나는 사면의 경사 사이에는 재미있는 (+)상관관계가 있다는 사실이 밝혀졌다. 이는 가파른 사면에서 솟아나는 샘물이 더 깊이 침투하였음을 반영하는 것으로 해석된다. 이렇게 다양한 통로에서 이들 농도와 유량의 절대값을 결합시킬 수 있다면 실리카의 총손실량과

실리카가 가장 많이 제거되는 지대도 결정할 수 있을 것이다. 실리카만을 고려했을 때, 유역 전체의 손실량은 0.0035mm yr^{-1}의 지표 하각과 같은 것으로 판단된다. 물론 총용해 손실량은 전 범위의 용해 이온들을 합해야 할 것이다.

사면의 용해 삭박은 석회석이나 백악처럼 가용성 암석으로만 구성된 사면에서 가장 효과적이다. 순수한 석회석에서 수성 용해 프로세스는 소량의 고체 잔류물만 남긴 채 전체 암석 물질을 용해할 수 있다. 그러나 실제로 대부분의 석회석이나 백악 사면은 토양 피복을 가지는데, 이것은 이전에 피복했던 암석의 잔류물이거나, 빙하나 바람과 같은 어떤 다른 외부 기구에 의한 퇴적물이다. 용해율은 물의 유량이나 주변 풍화 환경의 산도로서 결정된다. 연역적 연구(Pitty, 1968)나 실험적 연구(Trudgill et al., 1984)에 따르면, 최대 용해는 피하 지대, 즉 토양과 암석의 접촉 지대에서 나타난다. 용질은 토양 통류 또는 암석 내 균열이나 공극으로 수분이 투과(자체 배수)함으로써 제거되며, 궁극적으로는 지하수를 거쳐 샘으로 솟아난다. 백악의 용천에서 용질의 농도는 300ppm을 초과한다.

이런 종류의 용해 삭박하에서 발달하는 사면의 유형은 풍화 산물이 수직적 또는 수평적으로 전달되는 상대적인 규모와 밀접히 관련되어 있으며, 풍화 산물은 토양 피복의 깊이와 성질에 따라 다양하다.

Young(1978)은 사암 지대에 발달한 습윤 온대 기후의 사면에서 용해 삭박의 물리적 효과를 기술하였다.

표 12.2 다트무어의 내레이터 브룩에 있는 화강암 사면의 다양한 수문 통로에서 측정한 규산의 평균 농도(Teman and Williams, 1979; Williams et al., 1984)

	ppm
지표 유수	3.62
철각 위의 용탈층	1.33
이쇄반 위의 화강암 레골리스(포화 상태)	1.44
이쇄반 위의 화강암 레골리스(불포화 상태)	1.64
단단하지 않은 이쇄반	5.78
용천	7.23

12년 동안 사면에 표지를 묻어둠으로써, 사면 물질이 이동하는 양상을 결정할 수 있었다. 표지가 표토 20cm에서 사면 속으로 가라앉은 것을 제외하면, 사면 아래로 토양이 포행하는 일관된 이동 패턴이 나타났다. 이것은 통류 프로세스에 의해서 가용 성분이 제거되어 부피가 줄어듦에 따라 지표층이 가라앉은 것을 나타내는 것으로 해석된다. 습윤한 환경에서 이것은 사면 발달의 효과적인 메커니즘일 수도 있다.

4. 사면 프로세스와 사면 형태의 균형

사면 프로세스의 작동은 물질의 유입과 유출의 지배를 받는다. 풍화 시스템으로부터 유래하는 유입은 노출된 기반암으로부터 사면으로 직접 공급되거나, 풍화 전선이 더욱 깊이 파고들어 두꺼운 풍화 피복을 만들 때 레골리스의 기저에 집적된다. 운반 중인 물질은 중간 산물(이동하는 층)이며, 운반 중에도 지속적으로 풍화와 붕괴를 겪는다. 운반율과 풍화율이 균형을 이루면 사면 상의 암설 피복은 시간이 지나도 유지될 것이다(그림 12.12).

광물질의 유출은 사면 말단부에서 기저부의 제거로 나타나며, 그곳에서 작동하는 기구는 하도이다. 기저부의 활동 정도는 다양하다. 기저부의 활동이 지속적으로 가장 활발한 경우는 영구 하천의 하도가 사면의 기저부를 하방 침식하는 상황이다. 이렇게 하여 하도의 제방을 붕괴시키고 사면에서 곧장 흘러나오는 광물질을 함유한 물을 받아들임으로써, 사면 물질의 지속적인 제거를 촉진한다. 기저부가 간헐적으로 제거되는 경우도 여러 번 있다. 백악 경관에서는 하천 유수가 여름에만 있는 툰드라 경관에서와 같이 유수가 계절성을 띤다(겨울에만 있음). 건조한 환경에서 하천 유수는 간헐적이어서 해마다 발생하지 않는다. 이와 유사하게 사면이 범람원의 경계를 이룬다. 범람원은 곡류 하도의 외곽이 범람원을 기저 굴식할 때에만 직접 기저부

가 제거된다(그림 12.13). 곡류대가 하류로 이동함으로써, 각 사면의 단면은 다음의 곡류 하도가 밀려올 때까지 하도의 작용을 받지 않는다. 기저부 제거는 건조 계곡의 사면에서 최소로 나타난다. 이러한 상황에서 제거는 하곡의 하류 방향으로 곡저를 따라 진행하며 나타난다. 기저부 제거의 규모와 빈도는 환경에 따라 매우 다양하다.

암설을 사면 아래로 운반하는 프로세스는 수없이 많다. 프로세스는 크게 두 집단으로 구분할 수 있다. 포행이나 포상류와 같이 느리지만 지속적인 프로세스가 있는가 하면, 낙하나 활주 및 유동과 같이 빠르지만 간헐적인 프로세스도 있다. 전자는 소규모 고빈도의 침식 사면이며, 후자는 대규모 저빈도로 발생한다.

어떤 집단의 프로세스가 장기적으로 더 큰 영향을 미치는지 생각해 보는 것이 타당하다. 이들 프로세스의 작동률에 관한 자료가 점차 모이고 있지만 대규모로 일반화를 하기에는 아직 불충분하다. 하나의 실마리는 사면의 단면 형태에서 찾을 수 있을 것이다. 빠른 집괴 이동 프로세스는 단면을 불규칙하게 개석된 사면으로 만드는 반면, 지속적으로 작용하는 프로세스는 불규칙한 형태가 거의 없는 부드러운 단면의 사면을 만드는 경향이 있다. 전반적으로, 비교적 많은 사면들이 후자의 형태를 취하고 있어 세계적 규모에서는 포행과 포상류가 더욱 우세하다는 것을 의미한다.

야외 실험에서 얻은 자료를 보면 서로 다른 환경에서 포행과 포상류의 상대적인 효율성을 비교할 수 있다. [표 12.3]은 여러 환경에서 포상류에 대한 포행의 비를 나타낸 것이다.

이들 환경은 침식 기구의 유입량에 따라 매우 다양하다. 강수의 유입량은 침식 프로세스의 성질을 결정하는 데 특히 중요하다. 총강수량은 식생 피복의 양과 총 유효 수분량에 영향을 미치며, 강우 강도는 각 강우 사변의 침식 에너지를 결정한다. 식생이 풍부하고 강도가 낮은 강우가 고루 분포하는 습윤 온대 환경에서는 포행이 우세하다. 식생이 빈약하고 강도가 높은 강

우가 간헐적으로 나타나는 반건조 환경에서는 포상류가 우세하다.

사면 형태는 두 가지 측면에서 분석할 수 있다. 첫 번째는 사면이 오목한지, 볼록한지, 직선형인지를 밝히는 평면 형태이다. 이것은 사면 아래로 이동하는 물질의 집중과 분산에 큰 영향을 미친다(제10장). 두 번째는 보다 다루기 쉬운 사면 종단면의 선형적 측면이다. 사면을 평면상의 선이라고 가정하여 사면을 2차원으로 바꾸면, 프로세스와 그에 따른 형태의 연구를 단순화할 수 있다.

사면 형태를 모델화하는 데에는 여러 가지 방법이 사용된다. 가장 기본적인 수준의 것은 단순한 2차원적 사면 종단면으로 예시할 수 있는 기술적 모델인데 그것의 특징은 오목–볼록 또는 사각형 등의 기술적 용어이다.

보다 복잡한 수준의 것은 Dalrymple *et al.*(1968)의 9단위 지표 모델로 예시할 수 있는 소위 해석 모델이다

표 12.3 다양한 환경에서 포행/포상류의 비

	포행 : 포상류
습윤 온대(영국)	10~20 : 1
사바나	1 : 5
온난 온대(오스트레일리아)	1 : 7
반건조(뉴멕시코)	1 : 98

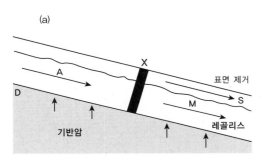

그림 12.12 (a) 사면에서 레골리스 수지: S=지표의 물질 제거량; M=집괴 이동에 의한 물질 제거량; D=풍화에 따른 레골리스 유입량. 그러므로 단면 X의 수지는 D+A=S+M이다. (b) 거의 수직 사면을 이루는 단단한 암석 덩어리의 노두(Navajo Sandstone). 이는 암설이 암석 낙하에 의하여 아래의 암설 사면으로 공급되는 풍화 제한 사면의 예이다(미국 유타 주 모뉴먼트 계곡).

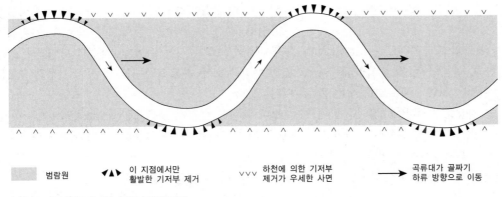

범람원

이 지점에서만
활발한 기저부 제거

하천에 의한 기저부
제거가 우세한 사면

곡류대가 골짜기
하류 방향으로 이동

그림 12.13 곡류 이동에 따른 사면 기저부의 제거

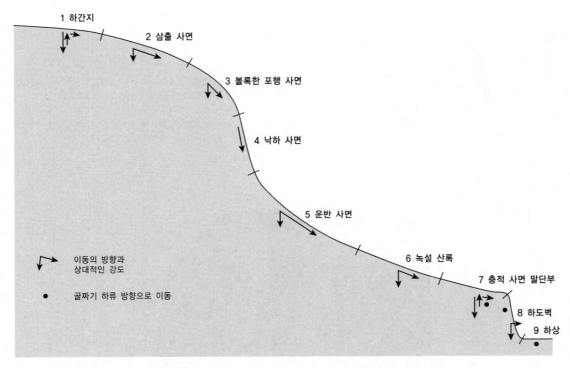

1 하간지

2 삼출 사면

3 볼록한 포행 사면

4 낙하 사면

5 운반 사면

6 녹설 산록

7 충적 사면 말단부

8 하도벽

9 하상

이동의 방향과
상대적인 강도

골짜기 하류 방향으로 이동

그림 12.14 9가지 단위 지표 모델(Dalrymple *et al.*, 1968)

(그림 12.14). 이 체제에서는 사면을 구성하는 9개의 가능한 구성 요소를 인지하고, 각 구간에서 뚜렷하다고 기대되는 프로세스와 이를 관련짓는다(표 12.4). 그것만으로도 이것은 다양한 암석과 기후, 프로세스에서도 널리 적용될 수 있다.

다소 복잡한 개별 사면도 모델로 쉽게 나타낼 수 있다. 예를 들어, 단위2와 단위4를 생략하면(그림 12.15a), 결과적으로 단순한 볼록-오목한 사면 단면이 된다. 여러 단단한 지층들이 노출되어 절벽을 형성하는 보다 복잡한 단면의 예를 들면, 애리조나의 그랜드 캐니언의 사면에서처럼, 단위4가 적절한 간격을 두고 반복하여 나타날 것이다(그림 12.15b).

그러므로 이 모델에서는 이론상 어느 사면의 단면이라도 인지된 단위들의 독특한 결합으로 해석될 수 있다. 마지막으로 이 책에서 채택한 틀에서는 단위8(하도제방)과 단위9(하상)는 늘 하천 시스템에 속한다.

어느 사면에서나 풍화율과 암설의 운반 사이에는 어떤 관계가 있다. 분명히 이 관계는 기반암과 풍화 및 운반 프로세스에 사용되는 에너지의 속성에 좌우될 것이다. 풍화가 운반 프로세스에 비하여 보다 느릴 경우, 운반 프로세스는 모든 풍화 산물이 만들어지는 만큼 빠르게 제거할 수 있다. 발달률을 제한하는 요소가 풍화이므로, 이러한 경우를 풍화 제한(weathering-limited)이라고 한다. 한편 운반 프로세스가 풍화된 물질을 모두 제거할 정도로 충분히 강하지 못하면 결과적으로 풍화된 피복이 점차 깊어지게 된다. 단단한 기반암이 더욱 깊이 묻히게 됨으로써 풍화는 감소된다. 기반암은 지표의 풍화 프로세스가 미치는 영향으로부터 격리되고, 화학적 풍화 기구는 풍화된 피복 내에서 소진된다. 이 경우에 사면 발달을 방해하는 것은 암설의 느린

운반이므로, 이러한 경우를 운반 제한(transport-limited)이라고 한다.

풍화 제한 사면 풍화 제한 사면은 기후 요소가 운반 프로세스에 더 유리하고 풍화 프로세스를 방해하는 지역이나, 단단한 기반암이 존재하는 지역에서 발달하는 경향이 있다. 풍화 제한 환경에서는 사면의 단면이 직선으로 나타나는 경향이 있다. 수직 절벽은 풍화 제한 사면의 극단적인 경우이다. 풍화된 암석은 곧바로 낙하로써 완전히 제거되어 레골리스가 집적되는 것이 금지되고, 수직의 사면 형태가 유지된다. 단단한 암석으로 이루어진 대부분의 고지대에서도 상황이 비슷하다. 강우가 풍부하여 포행이나 기타 집괴 이동, 그리고 지표 유수로써 암설이 빠르게 제거된다. 이 경우에 긴 직선형의 사면 단면 중앙 부분에 얇은 암설 피복이 덮여 있다. 석회암이나 백악과 같은 가용성 암석은, 풍화된

표 12.4 9가지 단위 지표 모델: 사면의 구성 요소와 관련 프로세스

사면의 부분	뚜렷한 프로세스
1. 하간지	토양 생성 프로세스, 지하수의 수직 이동
2. 삼출 사면	지하수의 측방 이동에 따른 기계적, 화학적 용탈
3. 볼록한 포행 사면	토양 포행
4. 낙하 사면	암석 낙하, 암석 활주, 화학적 물리적 풍화
5. 운반 사면 중앙부	집괴 이동, 포행 흐름, 포상류에 의한 운반
6. 녹설 산록	집괴 이동, 포행 흐름, 포상류에 의한 물질 퇴적. 포행과 포상류, 지하수에 의한 제한된 운반
7. 충적 사면 말단부	충적 퇴적, 지하수 프로세스
8. 하도벽	마식, 슬럼프, 낙하
9. 하상	기계적, 화학적 지표 유수 프로세스에 의한 하곡을 따른 물질의 이동

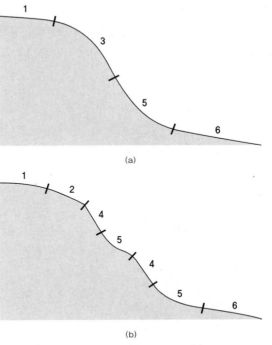

그림 12.15 9단위 모델에서 단위들을 조합한 대안적 사면 형태: (a) 단순한 사면. (b) 복잡한 사면.

물질은 용액으로 거의 완전히 제거되고 쇄설성 암설은 극히 소량만 생산되므로, 풍화 제한 사면을 나타낸다.

운반 제한 사면 운반 제한 사면은 쉽게 풍화되어 제한된 기복의 저지를 이루는 연암 지역에서 발달한다. 이러한 상황에서 운반 프로세스는 사면 경사가 낮아서 방해를 받으므로 억제되는 경향이 있다.

운반 능력이 제한된 직선 사면을 초기 상태로 가정해 보자. 토양 포행의 속도는 동일한 경사 때문에 계속 일정할 것이다. 사면 아래로 갈수록 제거되어야 할 레골리스의 양이 증가하므로, 제한된 운반 때문에 사면 아래쪽으로 갈수록 레골리스가 두꺼워질 것이다. 결과적으로 사면 하부에서는 풍화가 제한된다. 사면 상부에서 지속되는 더욱 빠른 풍화 때문에 운반해야 할 암설이 생산되어 위쪽으로 볼록한 사면이 발달할 것이다(그림 12.16). 볼록한 사면에서 포행의 운반율은 경사에 비례하고, 증가된 암설량에 상응하여 사면 아래쪽으로 갈수록 운반 능력도 증가할 것이다. 곧 사면의 경사와 포행 속도가 전 사면의 풍화율과 밀접히 관련된 평형 상태에 도달할 것이다. 그래서 볼록한 구간은 스스로

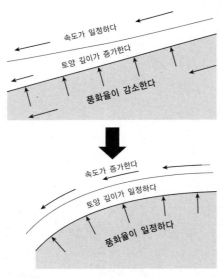

그림 12.16 운반 제한 환경에 따른 볼록한 사면의 발달

지속될 것이다.

5. 사면 프로세스-형태 관계의 복잡성

사면의 형태와 프로세스는 다양한 유입에 따라 좌우된다. 사면 외부에 기원을 두고 있는 변수로는 온도, 강수, 식생 등이 있다. 사면의 초기 형태와 지질 구조, 풍화 산물의 성격 등은 내적 변수들이다.

현재의 지식 수준에서 모든 사면 모델은 기껏해야 부분적이다. 그들은 제한된 범위의 프로세스만을 묘사하거나, 사면 초기의 형태를 가정하고 있다. 실제로 우리는 사면의 초기 형태를 관찰할 기회가 거의 없다. 두 번째 문제는 어느 사면이라도 특정 기간 동안 다양하고 수많은 프로세스들이 함께 작용할 것이라는 사실이다. 각 프로세스가 나타내는 효율적인 역할은 유입에 따라 다양하여 평가하기가 매우 어렵다. 그러므로 한 가지 프로세스의 작동에만 기반을 둔 모델은 적용이 제한된다. 운반-풍화 모델은 운반과 풍화를 그레이 박스로 취급하고, 모델 내에서 각 프로세스의 결과를 일반화함으로써, 어느 정도 이러한 문제를 피하였다. 이 때문에 모델을 단순화하더라도 야외의 측정으로 증명하기가 더욱 어렵다.

사면에서 프로세스-지형 관계가 복잡한 까닭은 지형 스스로 시간이 지나면서 변한다는 사실이다. 이것은 프로세스, 특히 경사 의존적인 프로세스에 영향을 미친다. 그래서 지형에서 프로세스로 가는 피드백이 있다(자료 12.4).

6. 결론

사면 시스템에서 프로세스가 작동함으로써, 물질은 다양한 형태로 사면의 기저까지 운반되고, 그곳에서 시스템의 유출을 형성한다. 사면에서 하도까지 단계적

자료 12.4

사면 발달에 대한 수학적 모의실험

사면의 프로세스와 형태 간 프로세스-반응의 관계에 대한 연구는 최근에 수학적 모의실험 모델화의 도움으로 증가하고 있다. 여기에는 침식 프로세스에 관한 수학적 모델을 발전시키고, 수학적 모델이 영향을 미치는 변화를 관찰하기 위하여 수학적 모델을 사면 단면의 변형에 적용하는 것도 포함된다. 그러므로 이들 모델은 사면 발달의 예측 모델이며, 이것이 유효하려면 야외 연구로 증명된 합리적인 가설과 프로세스의 모델에 기반을 두어야 한다.

연속 방정식에 기초한 모델들 가운데 하나는 Kirkby (1971), Carson과 Kirkby(1972)가 개발한 것이다. 그것은 가장 간단한 형태로써 2차원 사면 단면에 적용되고 있다. 사면의 종적 곡선을 포용하는 방정식을 개발할 수 있더라도 단면에서 특정 지점의 위치는 고도를 나타내는 y축과 정상으로부터의 수평적 거리를 나타내는 x축으로 표현한다. 이들 모델에서는 단위 없는 축을 사용하는 것이 일반적이다. 그래서 y축과 x축은 전체 고도와 사면 길이의 비율, 즉 상대적인 고도와 상대적인 길이를 나타낸다.

가장 간단한 형태의 연속 방정식에서는 한 점의 하각률을 다음과 같이 표현한다.

$$M + D = \frac{-dy}{dt}$$

M은 기계적인 하각률이고, D는 화학적인 하각률이며, y는 고도이고, t는 시간이다.

사면에서 토양 두께의 변화는 다음과 같이 표현할 수 있다.

$$\frac{dz}{dt} = \frac{dy}{dt} + W$$

z는 토양의 두께이고, W는 풍화 지점의 하각률이다.

$$\frac{dz}{dt} = W - \frac{ds}{dx}$$

S는 암설의 운반율이다.

암설을 운반하는 프로세스의 능력을 나타내는 암설 운반 능력(C)은 프로세스 모델의 형태로 표현할 수 있다.

$$C = f(a)\frac{dy^n}{dx}$$

a는 단위 등고선 길이당 배수 면적이며, $f(a)$는 분수계로부터 거리 증가의 효과를 나타내고, n은 경사 증가의 효과를 나타내는 상수의 지수이다.

이것에서 운반 능력을 나타내는 다음의 경험적 관계를 도출할 수 있다.

$$C \propto a^m \text{ slope}^n$$

m과 n의 값은 야외 관찰에서 [표 1]에 제시된 다양한 프로세스로부터 결정한다.

표 1

	m	n
토양 포행	0	1.0
우적 비산	0	1.0~2.0
토양 침식	1.3~1.7	1.2~2.0
하천	2.0~3.0	3.0

프로세스와 그에 따른 형태 사이의 연계는 단면상의 각 지점에 대하여 계산할 수 있는 다음의 사면 모델 방정식으로 설명된다.

$$y = y_0\left\{1 - \left(\frac{x}{x_1}\right)\left[\frac{1-m}{n+1}\right]\right\}$$

y_0는 분수계의 높이이고, y는 지점의 높이이며, x_1은 분수계로부터 수평 거리이고, x는 사면의 수평 거리의 총합이다.

그래서 사면 단면의 특징적인 형태를 나타내는 일련의 곡선은 다양한 기계적 삭박 프로세스로부터 도출할 수 있다((a) 참조).

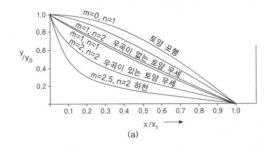

(a)

사면 모델의 이러한 기본적인 형태는 상당히 정교하게 발전할 것이다. 머지않아 야외와 실험실의 실험을 통하여 보다 포괄적이고 더욱이 타당한 프로세스 모델이 나타날 것이다. 그것이 정교한 사면 모델과 결합하면, 사면 발달에 관한 보다 효율적인 모의실험이 가능할 것이다.

주: 방정식은 Carson과 Kirkby(1972)의 부록B에서 인용한 것이다.

연속 방정식에 기초한 사면 모델의 실질적인 사례는 컴퓨터 프로그램 "Slopes"를 참조하시오(Pethick, 1985).

으로 변하는 일반적인 경우, 이러한 유출은 하천 시스템으로 들어가는 물질적 유입을 이룬다.

　용해된 암석의 광물은 강우에 이은 지표 유수와 통류, 그리고 솟아나는 샘의 지속적인 흐름을 따라 하도로 배출된다. 포행이나 지표 유수에 의하여 사면 아래로 운반되는 퇴적물은 사면 하부나 곡저에 쌓이며, 하도의 가장자리가 측방 침식됨으로써 하도로 합류할 때까지 그 자리에 저장되어 있다. 사면이 높고 가파르거나, 보다 극단적인 경우에는 물질이 암석 낙하나 육괴 활주를 통하여 직접 하도로 공급된다. 사면 기저부에 있는 방출 지점부터는 하천 시스템의 영역에 속하는 프로세스에 의하여 삭박이 지속되고, 사면 시스템의 광물 유출은 하천 시스템의 관점에서 물질의 공급원으로 인정된다.

더 읽을거리

제10장에서 더 읽을거리로 인용된 교재 내의 적당한 장은 별개로 하더라도, 첫 번째 문헌에는 일반적인 설명이 잘 나와 있으며, 두 번째 문헌에는 분석 기법이 잘 소개되어 있다.

Finlayson, B. and I. Statham (1980) *Hillslope Analysis*. Butterworths, London.

Young, A. (1972) *Slopes*. Oliver & Boyd, Edinburgh.

보다 고급의 수학적 내용:

Carson, M.A. and M.J. Kirkby (1972) *Hillslope Form and Process*. Cambridge University Press, Cambridge.

다음 문헌은 많은 사면 프로세스를 기술적으로 설명하고 있으며, 마지막 것은 특히 암석 사면과 사면의 수문, 그리고 사면의 토양 침식을 강조하였음:

Brunsden, D. and D.B. Prior (eds) (1984) *Slope Instability*. John Wiley, Chichester.

Burt, T. (1986) Runoff processes and solutional denudation rates on humid temperate hillslope, in *Solute Processes* (ed. S.T. Trudgill) Wiley, Chichester.

Kirkby, M.J. (ed) (1978) *Hillslope Hydrology*. John Wiley, Chichester.

Morgan, R.P.C. (1986) *Soil Erosion and Conservation*. Longman, London.

Selby, M.J. (1982) *Hillslope Materials and Processes*. Oxford University Press, Oxford.

Statham, I. (1977) *Earth Surface Sediment Transport*. Oxford University Press, Oxford.

유력한 전망을 잘 나타낸 문헌:

Brandt, C.J. and J.B. Thornes (1987) Erosional energetic, in *Energetics of Physical Environment: Energetic Approaches to Physical Geography*, (ed. K.J. Gregory) John Wiley, Chichester.

여러 가지의 재미있는 사례 연구:

Brunsden, D. (ed) (1971) Slopes: *Form and Processes*. Inst. Br. Geog. Sp. Pub. 3.

제13장
하천 시스템

하천은 매우 다양한 형태를 띤다. 소규모의 산지 하천은 큰 거력들이 불규칙하게 흩어져 있는 하상을 흘러내리거나 단단한 암반 위를 돌진하여 폭포를 이루기도 하며, 충적 하천은 충적층에 파인 하도 내에서 고요하게 흐르며 곡류하기도 한다. 그럼에도 불구하고 모든 하천들은 수리학적 법칙(law of hydraulic)의 지배를 받는다. 그것은 말단 지류로부터 큰 본류에 이르는 모든 규모의 하도에 적용된다. (특히 소규모인 경우에는) 하도에 들어가서 관찰할 수 있고, 하천의 경계를 쉽게 규정할 수 있으며, 하천 작용이 (모니터하고 측정할 수 있는) 짧은 시간 동안 작동하기 때문에 우리는 다른 어떤 시스템보다도 하천을 여러 가지 측면에서 더욱 잘 알게 되었다.

하천 유수는 유역 분지 내의 주요 저장소(수관의 차폐, 지표의 와지, 토양수, 지하수)가 충족되었거나, 침투능(infiltration capacity)과 같은 임계 조절 장치가 초과되었을 때 일어난다. 물은 다양한 루트를 통하여 매우 다양

표 13.1 유역 내 다양한 흐름 통로를 따른 평균 유속(Weyman, 1975)

	흐름의 통로	유속(m h^{-1})
지표	하도 흐름	300~10,000
	지표 흐름	50~500
토양 내 흐름	파이프 흐름	50~500
	매트릭스 내 통류	0.005~0.3
지하수 흐름	석회암	10~500
	사암	0.001~10
	셰일	10^{-8}~1

한 속도로 흘러 하천에 도달한다(표 13.1). 하천 유수의 일부는 직접 하도에 떨어진 강우에서 유래한다. 반면 사면에 떨어진 물은 지표 유수로서 곧장 흐르거나, 토양 내의 통류(throughflow, 제12장)나 지하수의 삼출로 느리게 흘러 하천으로 유입된다. 그러므로 하천 유수는 다양한 저장소에서 유출된 물이 합쳐진 것이다.

하천으로 들어가는 주요 유입(input)은 상이한 시기에 다양한 속도로 흘러들기 때문에 하천 유수의 규모도 시간적인 변화가 크다. 이것은 유량의 시간적 변화를 표현한 **수문 곡선**(hydrograph)에 그래프로 기록된다. 수문 곡선은 **직접 유출**(direct runoff, 하도로 빠르게 흘러가는 물)과 **간접 유출**(indirect runoff, 비교적 느린 통로를 따라 흐르는 물) 등 두 부분으로 나누는 것이 편리하다.

1. 하도 시스템에서 에너지와 물질의 전달

모든 시스템은 작동하기 위한 기본적인 동력으로 에너지가 필요하다. 하도의 프로세스는 이러한 에너지의 규모 및 소모량과 밀접히 연관되어 있다. 하도 내 한 지점의 총 유효 에너지는 잠재적 중력 에너지와 운동 에너지의 합이다. 총에너지는 어느 한 지점에서 하도 내를 흐르는 물 입자들과 관련되어 있으며, 보다 보편적인 지형학적 관점에서 보면 물의 총질량과 관련되어 있다. 이러한 관점에서 물의 질량은 근본적인 변수이

며 유량(discharge)으로 표현되기도 하는데, 하도 프로세스의 작동을 통제하는 주요 독립 변수이다. 유속은 운동 에너지의 주요 구성 요소로서, 간단하지는 않지만 유량과 밀접히 관련되어 있다.

하도에서 에너지가 소모되는 방식은 크게 두 가지이다. 95% 이상은 유수에 대한 하도 가장자리의 마찰을 극복하는 데 소비된다. 실질적인 양은 하도의 규모와 모양, 하상과 제방의 거친 정도에 따라 다양하다. 이러한 방식으로 소모되는 에너지는 비록 측정하기는 어렵지만, 열로 변환되어 복사와 대류를 통하여 주변으로 사라진다. 나머지는 기계적 에너지로 변환되어 퇴적물을 운반하는 데 사용되며, 하천의 하중(load)은 이런 퇴적물로 구성된다. 그러므로 실제 하천 에너지의 대부분은 침식 작용에 사용되며, 운반에 사용되는 부분은 소규모일 뿐이다.

하천 시스템으로 들어가는 물의 유입과 유출은 [그림 13.1]에 제시되어 있다. 하천의 유량을 구성하는 주요 성분은 네 가지이다. 유량은 단위 시간당 부피로 측정되며 대체로 m³s⁻¹로 나타낸다.

비가 내리는 동안 비의 일부는 하도의 표면에 직접 떨어진다. 대체로 이것은 유량의 작은 부분을 차지하지만 하도가 호소를 이루거나 넓은 유효 수면을 가지는 경우에는 유량에서 차지하는 부분이 증가할 것이다. 사면 위로 떨어지는 물은 지표 유수로서 하도에 도달하거나 통류로서 더욱 느리게 하도로 유입될 것이다. 지하수로 스며든 물은 지하수 저장소로부터 삼출되어 하도로 되돌아갈 것이다. 이러한 하도를 **유입 하도**(influent channel)라고 하며, 습윤 환경에서 전형적으로 나타난다.

하도 시스템을 벗어나는 첫 번째 물의 유출은 하도 표면에서 일어나는 직접적인 증발이다. 하도의 넓은 표면이 대기에 노출된 경우에는 증발이 더욱 중요해진다. 둘째, 지하수위가 하상보다 낮은 환경에서는 하도의 유수가 지하수로 사라진다. 이것은 **유출 하도**(effluent channel)라고 하며, 건조한 환경과 석회암처럼 기반암의 투수성이 큰 지역에서 가끔 나타난다. 그러나 하도 시스템의 주요 유출 형태는 물이 하도 시스템을 따라 운반되어 바다 저장소에 이르는 프로세스인

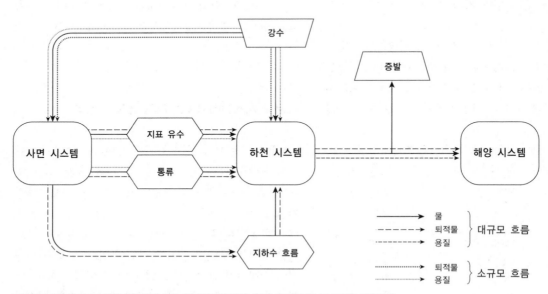

그림 13.1 유역 분지 시스템을 통한 물과 광물 흐름의 통로(이것은 [그림 10.2]의 것보다 자세한 모델이다)

유출(runoff)이다.

유출의 규모는 시·공간상 매우 다양하다. 예를 들어, 하나의 유역 분지 내에서 특정 하도 단면을 통과하는 유량은 그 단면을 통하여 배수되는 유역 면적과 밀접히 관련되어 있다(그림 13.2). 하도 역학이 작동할 때 더욱 중요한 것은 유량의 시간적 변화이다. 이것은 하도 시스템으로 들어오는 물의 네 가지 주요 유입의 크기가 다르고, 유입되는 시간도 서로 다르기 때문이다. 강수에 따른 유입(직접 유출)은 규모가 크고, 주기적인 강우의 분포와 밀접히 연관되어 있다. 지하수의 유입(간접 유출)은 대체로 규모가 훨씬 작지만 시간상 지속적으로 분포한다.

[그림 13.3]은 강우 유입과 관련한 홍수 수문 곡선을 보여 준다. 강우가 있을 때 유량은 가파르게 상승하여 첨두 유량에 도달한 후 점진적으로 낮아진다. 최대 강우 강도와 첨두 유량 사이의 시간 길이를 **지체 시간**(lag time)이라 한다. 수문 곡선에서 유량이 증가하는 부분이 상승부(rising limb)이고, **후퇴 곡선**(recession curve)은 유량의 감소를 나타낸다. 첨두 유량 아래의 면적은 직접 유출량을 나타내는 것으로서, 대비되는 간접 유

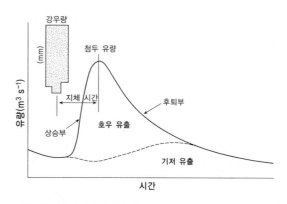

그림 13.3 홍수 수문 곡선의 특성

출량의 위에 적재되어 있다. 그래서 지하수 삼출은 기저 유출에 기여하는 반면, 강우 사건과 관련된 프로세스는 홍수 유출량으로 나타난다. 수문 곡선의 규모와 모양은 강우의 성격이나 유역의 특성에 관련된 여러 요소들에 따라 다양하다.

[그림 13.3]은 개별 강우의 유량을 나타낸 이상적인 수문 곡선이다. 물론 실제의 수문 곡선은 전 기간에 걸쳐 기저 유출에 적재되어 나타나는 일련의 홍수 첨두 유량들로 구성된다. [그림 13.4]에는 '1년 수문 곡선' 두 개가 있다. 두 하천은 잉글랜드 남부에 인접하여 있고 유역 면적도 비슷하지만 동일한 강우량에 대한 반응은 대조적이다. 월링턴 강은 셰일이 주를 이루는 유역을 흐르는 하천으로서 기저 유출 위에 적재된 일련의 가파른 홍수 첨두 유량들을 보여 준다. 기저 유출은 여름보다 겨울에 더 많은데 이는 지하수 저장 수준의 계절적 차이를 반영한다. 유역이 불투수성의 기반암으로 이루어져 있기 때문에 강우에 대한 유출 반응은 즉각적이고 첨두 유량도 높게 나타난다. 메온 강의 유역은 높은 투수성 때문에 직접 유출이 불가능한 백악으로 이루어져 있어, 보다 완화된 수문 곡선을 나타내며 주로 지하수의 유입으로 흐름이 유지된다.

앞에서 설명한 물의 흐름은 물질(고체 상태나 용해된 상태)의 흐름과 관련이 있다. [그림 13.7]에는 물질의

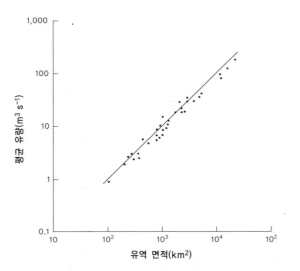

그림 13.2 미국 포토맥 강의 수위 관측소에서 측정한 유량과 유역 면적 간의 관계(Hack, 1957)

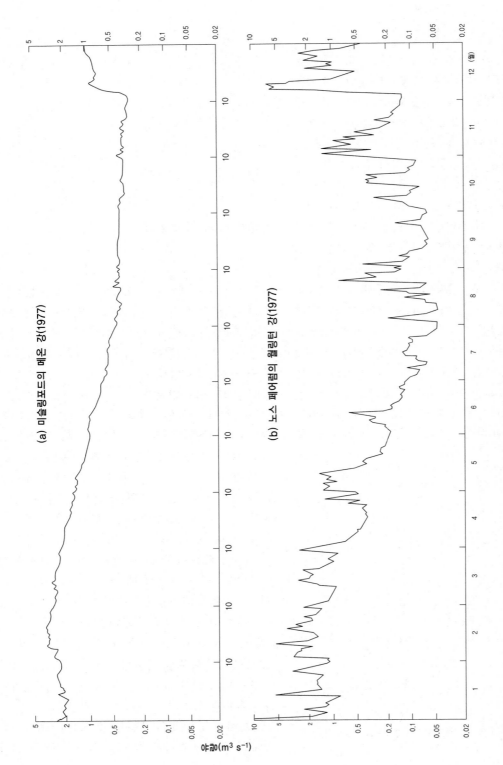

그림 13.4 인접하여 있으며 대조적인 두 개의 유역 분지에서 같은 해 연간 수문 곡선의 비교: (a) 주로 밖으에서 공급되는 기저 유출로 유지되는 매운 강은 주로 계절적인 변화를 보여 준다. (b) 유역의 대부분이 점토로 덮여 있는 윌링턴 강은 훨씬 더 즉각적이고 개별 호우에 강하게 반응한다(잉글랜드 햄프셔).

상태도 함께 제시되어 있다.

빗물은 순수한 물이 아니다. 빗물은 대기로부터 공급된 고체 알갱이들뿐만 아니라 용해 상태의 여러 가지 이온들을 포함하기 때문이다. 지표 유수는 퇴적물과 용질을 하도까지 운반할 수 있으며, 퇴적물이 비교적 더 많다. 화학 원소는 이러한 프로세스에 따라 주변 사면에서 하도로 쓸려간다. 통류는 레골리스와 토양에서 화학 원소가 용해 상태로 탈거되는 것을 돕는다. 가끔 하천 제방에서 통류로 운반된 화학 원소가 퇴적된 것이 발견되기도 한다. 예를 들어, 적갈색을 띠는 녹은 용해된 철이 통류가 노출되는 곳에서 다시 퇴적되었음을 나타낸다. 마찬가지로 지하수 삼출도 용질을 하도로 공급한다.

광물질 퇴적물은 상당 부분이 기저 굴식에 따라 유수 쪽으로 붕괴되는 제방의 침식으로 공급된다. 새로 침식된 흔적은 하도 곡류 밴드의 외곽쪽에서 가끔 발견된다.

하도로 공급된 용질은 유수에 의하여 지속적으로 운반되는 경향이 있다. 반면 퇴적물은 대부분 간헐적으로 이동한다. 홍수 시에 고농도로 이동하지만 이후 다음 홍수 시까지는 하상에 퇴적되어 있다. 하상과 유수 사이에는 두 가지의 퇴적물 교환 방식이 있다. 침식과 운반, 그리고 유량 사이의 관계는 아래에서 보다 자세하게 다룰 것이다.

2. 하도 역학: 물의 흐름

이 부분에서는 유체와 관련하여 하도의 프로세스와 형태를 검정한다. 하도는 변수들로 이루어진 시스템으로 규정될 수 있다(자료 13.1, 13.2). 물은 전단력에 저항할 수 없는 뉴턴 유체이며, 가해진 힘에 정비례하여 변형될 것이다. 이것을 다른 방식으로 표현하면, 물은 물을 담고 있는 단단한 경계 내에서 물의 무게 때문에 흐른다고 할 수 있겠다.

물의 흐름은 추진력과 저항력 사이의 균형으로 표현될 수 있다(자료 13.3). 이렇게 하여 유속을 하도 형태의 특성과 관련하여 표현하는 기본적인 수리 관계가 발전할 수 있었다. 그러나 매닝 방정식(Manning equation, 자료 13.3)과 같은 표현은 평균 유속만을 다루며, 하도 단면을 통하여 나타나는 중요한 변화는 무시한다.

흐름에 대한 저항은 하도의 경계뿐만 아니라 유체

자료 13.1

하도의 변수들

하도의 기하는 여러 가지 변수들의 관점에서 규정될 수 있다.

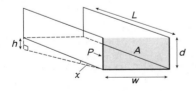

(a) 하폭(w): 수면에서 측정
(b) 수심(d): 예시한 직사각형 하도 단면의 경우를 제외하면 단면상에서 다양하며, 보통은 평균 수심($\bar{d}$)으로 표현
(c) 단면적(A): 하폭×평균 수심으로 계산 $A = \bar{d}w$

(d) 윤경(潤徑 wetted perimeter, P): 단면에서 흐르는 물과 접촉한 하도 경계의 길이. $P = 2d+w$
(e) 하도 경사(S): 단위 길이당 고도의 변화

$$S = \frac{h}{h\cos\alpha} \text{ 또는 } \tan\alpha$$

(작은 경사에서 S는 $\sin\alpha$에 근접)

(f) 유속(v): 단위 시간당 이동한 거리(m s^{-1})
(g) 유량(Q): 단위 시간당 단면적을 통과한 물의 양
$Q = w\bar{d}v$(m^3 s^{-1})
(h) 하도 길이(L): 하도의 경사 길이(자료 13.3)

수리적 반경은 하도 단면에서 하도의 가장자리(윤경)와 접한 물의 양에 대한 척도이다. 그럼으로써 이것은 마찰에 의한 지연, 즉 하도의 효율성에 대한 척도이다. 이것은 길이의 차원이고, 평균 수심과 거의 같다.

가장 간단한 하도 단면인 직사각형 형태를 생각해 보자. 하폭과 수심에 여러 가지 값을 대입해 보면, 하도의 효율성에 큰 차이가 있음을 알 수 있다.

$$수리적 반경(R) = \frac{A}{2d+w}$$

〈사례 1〉
d가 2이고, w가 4일 때, A는 8이고 R은 1.00이다.

〈사례 2〉
d가 1이고, w가 8일 때, A는 8이고 R은 0.80이다.

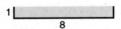

그래서 넓고 얕은 하도는 보다 밀집된 형태의 하도보다 효율성

이 떨어진다.

〈사례 3〉
d가 4이고 w가 8일 때, A는 32이고 R은 2.00이다.

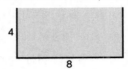

〈사례 1〉의 경우와 비율은 같고 규모가 더 큰, 대규모 하도는 더욱 효율적이다.

이러한 관계들로 추론해 볼 때, 하도는 홍수 시에 효율성이 더욱 커진다. 홍수 시에는 하도를 채울 만큼 수심이 증가하여 단면적이 증가하고 더욱 밀집된 형태를 갖기 때문이다. 하도는 만수(bankfull stage) 시에 효율성이 가장 크다. 수위가 이 수준을 넘어서면 물이 범람원 위로 퍼져 윤경이 증가하고 수리적 반경이 감소되기 때문이다.

결론적으로, 하류로 갈수록 유량이 증가하여 단면적도 증가하므로 더욱 효율적으로 되는 경향이 있다.

내에도 있다. 물 내의 이웃하는 층들은 서로 다른 속도로 빠르게 미끄러질 수 있다. 따라서 수직 단면에서 유속은 전단 저항력이 가장 큰 하상으로부터 멀어질수록 증가하고, 최고 유속은 수면에서 발견된다. 이것을 **층류**(laminar flow)라고 한다(그림 13.5a). 하상이 거칠고 유속이 빠를 경우, 이런 간단한 평행 유선(streamline)의 패턴은 깨어지고 **난류**(turbulent flow)로 바뀐다. 난류에서는 물의 분출이 일반적인 흐름 방향에 비스듬히 이동하고, 소용돌이가 발생하여 물을 크게 뒤섞으며, 하도에서 전단력이 보다 균등하게 분포하도록 한다(그림 13.5b).

하도에서 물과 단면 형태의 관계는 **수리 기하학**(hydraulic geometry)으로 표현되며, 유량 변화에 따른 하도 형태 변수들의 반응은 야외 조사를 통하여 평가

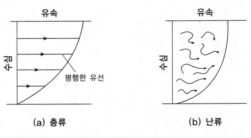

그림 13.5 흐름 패턴 비교: (a) 층류. (b) 난류.

할 수 있다. 유량(통제 변수)은 하도 내 어느 지점에서도 시간이 지남에 따라 다양하며, 하류 방향으로도 달라진다.

하도의 어느 한 지점에서 유량 증가가 미칠 영향을 생각해 보자. 가장 먼저 나타나는 가시적인 영향은 수위 상승에 따른 수심 증가이다. 대부분의 하도는 단면

자유 하도(open channel) 내의 흐름

자유 하도 내 유체의 흐름은 추진력과 저항력의 균형으로 표현될 수 있다.

하도 부분[자료 13.1]의 유체 내에서 흐르는 방향으로 작동하는 견인력은 무게 가운데 사면 아래로 내려가려는 성분이다.

$$\tau = \rho g\, L dw \sin\alpha$$

ρ는 물체의 밀도이고, g는 중력가속도이며, L은 하도의 경사 길이이고, 다른 변수들은 [자료 13.1]에서 정의한 것들이다.

저항력(F_R)은 단위 면적당 압력(τ)과 그 힘이 가해지는 경계의 면적을 곱한 것이다. 그래서 단면이 직사각형인 하도에서는,

$$R = \tau(2d+w)L$$

단위 구간을 따라 가속이 없다면,

$$F_\tau = F_R$$

따라서 $\rho g\, L dw \sin\alpha = \tau(2d+w)L$

이를 간단히 하면, $A = dw$이고 완만한 경사에서는 $\sin\alpha = s$이므로,

$$\rho g\, As = \tau(2d+w)$$

그러므로

$$\tau = \frac{\rho g\, As}{2d+w}$$

그런데 $R = \dfrac{A}{2d+w}$ 이므로,

$$\tau = \rho g Rs$$

수리학에서 유체의 저항은 유속의 제곱과 관련이 있다. 그래서

저항 $= \tau/v^2$ 또는 $\tau = kv^2$

k는 상수이다. 대입하면,

$$\rho g Rs = kv^2$$

그런데 $C = \sqrt{\dfrac{\rho g}{k}}$ 라고 하면,

$$V = C\sqrt{Rs}$$

이것을 **체지 방정식**(Chezy equation)이라고 하는데, 이는 평균 유속을 수리적 반경과 하도 경사의 함수로 표현하였다.

비슷하면서도 약간 더 정교한 것(매닝 방정식)이 하천 연구에서 보다 자주 인용된다.

$$v = \frac{1}{n}R^{2/3}\,S^{1/2}$$

n은 하상 조도의 척도이다. 이것은 부분적으로 윤경의 규모에 따른 함수이고, 부분적으로는 물질의 크기나 식생의 정도와 같은 하도 경계의 성격을 반영한다. 하도의 경계가 거칠수록 흐름에 대한 마찰 저항도 증가한다. 매닝 상수 n은 직선상의 깨끗한 하도의 0.03에서 식생이 밀집한 하도의 0.10에 이르기까지 다양하다.

이 사다리꼴이기 때문에 수심의 증가는 하폭의 증가를 수반한다. 이러한 반응 때문에 하도 단면이 증가하며, 결과적으로 수리적 반경과 하도 효율성이 증가한다. 본래 하도의 경사는 일정하게 유지된다. 하도가 효율적일수록, 하도 가장자리의 마찰 저항을 극복하는 데 소비되는 하천 에너지의 양이 적어져서 유속이 더욱 빨라진다. [그림 13.6]에는 야외에서 측정한 유량과 하폭, 수심, 그리고 유속의 관계가 나타나 있다.

물의 질량과 유속이 증가하면 시간이 지날수록 일을 할 수 있는 능력이 증가한다. 일을 하며 에너지를 소비하는 비율이 힘이며, 이런 경우 **하천력**(stream power, 자료 13.4)이라고 한다. 이 때문에 대부분의 일은 홍수 동안의 고유량 시에 이루어진다. 홍수가 지난 후 유량이 감소하면 하도 변수들은 반대로 작동한다. 하폭, 수심, 단면적이 감소하기 때문에 수리적 반경과 유속이 감소한다. 그래서 하도는 동적 평형 상태에서 유입 조건의 변화에 따라 즉각적으로 반응하며 안정 상태 근처를 오르내리는 개방 시스템으로 간주될 수 있다.

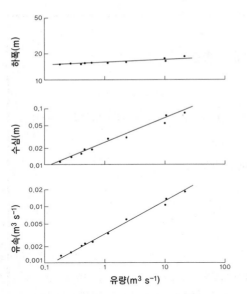

그림 13.6 하도의 수리 기하: 수위 관측소에서 유량의 변화에 따라 유속, 수심, 하폭의 변화(Wolman, 1955)

하류 방향으로도 유량과 기타 하도 변수들 간에는 유사한 관계가 존재한다(제13장 5절).

3. 하도 역학: 침식과 운반 프로세스

마찰을 극복한 이후, 하도에서 사용되는 에너지는 하도의 가장자리를 침식하고 암석 부스러기를 운반하는 데 사용된다.

하천이 곧장 기반암 위를 흐르는 곳에서는 여러 가지 방식으로 그 기반암을 침식한다. 특히 바위가 이미 쪼개져 있는 경우에는 물이 가하는 수리적 힘에 의해서 암석 조각이 떼어지기도 한다. 자갈이 하상의 와지에 놓여 있는 경우에는 자갈이 기계적으로 소용돌이를 치며 하상을 뚫어 확(pothole)을 만들기도 한다. 하도를 따라 많은 조립 퇴적물이 운반되면 **마식**(corrasion)이라고 부르는 마모 효과가 나타날 것이다. 이들 세 가지 프로세스는 분명히 기계적 에너지로 작동하기 때문에 홍수 유량과 관련된 빠른 유속에서 더욱 효율적이다. 하도의 가장자리가 충적물과 같이 단단하지 않은 비고화 물질로 이루어져 있을 때에는 기계적인 프로세스에 의한 하도의 침식이 확대될 것이다. 게다가 제방은 수면 부분에서 기저 굴식이 일어나 하도 쪽으로 붕괴될 것이다. 동물들이 하천의 제방을 밟으면 이러한 프로세스가 가속화될 수도 있다.

자료 13.4
하천력(stream power)

일을 수행하는 능력과 관련하여 매우 중요한 하천의 성질은 하천력의 그것이다. 이것은 하상에 대한 에너지 공급량의 척도이다. 하천의 총력(gross power, Wm^{-1})은,

$(\Omega) = \rho g\, Qs$

ρ는 물의 밀도(1,000 $kg\,m^{-3}$)이고, g는 중력가속도(9.81 $m\,s^{-2}$)이며, Q는 유량($m^3\,s^{-1}$)이고, s는 경사이다.

이에 대한 대안은 하상의 단위 면적당 에너지 효용성($w\,m^{-2}$)으로 규정하는 **비출력**(specific power, ω)이다.

$k = \dfrac{\Omega}{W} = \tau v$

W는 하폭이고, v는 유속이다.

하천 지형학의 많은 연구에서는 유량, 유역 면적, 하도 길이를 독립 변수로서 다루지만, 일부 학자들은 하천력을 이용하여 에너지에 기반을 둔 접근 방법을 채택하였다. Bagnold(1977)는 이러한 방식으로 하상 하중의 운반을 연구하였고, Ferguson(1981)은 하천력과 하도 형태의 관계를 검정하였다. 하천력은 경사에 크게 의존한다. 그래서 Ferguson은 영국의 산지 하천과 충적 하천 간 하천력의 규모에 4단계의 변위가 있음을 밝혔다.

유체 내 퇴적물의 비말 동반과 운반

응집력이 약한 입자들로 이루어진 하상 위를 흐르는 유수는 하상에 압력을 가하여 입자를 들어 올려서 하류 방향으로 운반하려 할 것이다. 퇴적물 하중을 취하는 이러한 프로세스를 **비말 동반**(entrainment)이라고 한다. 이것은 입자에 가해진 힘이 입자의 이동에 대한 저항력보다 클 때 일어난다.

비말 동반을 일으키는 다섯 가지 주요 프로세스는 다음과 같다.

1. 하상 전단력[자료 13.3]. 이동하는 유체에 의해서 만들어지며, 마찰 견인(**견인력**tractive stress)이 일어난다. 마찰 견인은 대체로 입자의 상류 측면과 하류 측면 간 압력 차이의 함수이다.
2. 수직 양력. 비행기 날개 위로 흐르는 기류와 유사하게 입자가 나타내는 장애물 위에서 흐름이 가속되어 발생한다.
3. 유체 내에서 소용돌이가 요동치며 하상에 비스듬한 고속의 유선을 만든다.
4. 하상과 이동하는 퇴적물 입자 사이의 충돌. **도약**(saltation)이 일어날 때 입자들이 하상을 따라 튀어 오름으로써 발생한다.
5. 큰 입자들이 회전한다.

하상 침식을 다룬 모델이 많이 발표되었다. 하나는 평균 하상 전단력과 하도 주변의 평균 저항 사이의 관계를 표현한 것이다. 평균 경계 전단력은 다음과 같다.

$$\tau_0 = \gamma_w R \sin\beta$$

γ_w는 물의 단위 무게(9.81kN m^{-3})이고, R은 유수의 평균 수심(m)이며, β는 수면의 경사($^\circ$)이다.

하상의 전단력은 경사와 수심, 그리고 (퇴적물의 농도에 따라 증가하는) 유체 밀도에 따라 증가한다.

비말 동반에 대한 평균 저항은 다음과 같다.

$$n\gamma_{sub}\, d^3\left(\frac{\pi}{6}\right)\tan\phi$$

n은 하상의 단위 면적(m^2)당 입자의 개수이고, γ_{sub}은 침수된 입자의 단위 무게(kN m^{-3})이며, d는 입자의 직경(m)이고, $\tan\phi$는 입자와 하상 간의 마찰 계수이다.

비말 동반은 추진력이 저항력보다 클 때 일어날 것이다. 즉,

$$\frac{\gamma_w R \sin\beta}{n\gamma_{sub}\, d^3\left(\frac{\pi}{6}\right)\tan\phi} > 1$$

대안의 방법은 개별 입자에 가해지는 힘과 저항 사이의 균형을 검정하는 것이다(그림 a).

$$\text{견인 운동량} = \text{견인력} \times \text{회전 반경} = \frac{\tau_0}{n} \times \frac{D}{2}\cos\phi$$

τ_0는 하상 전단력(N m^{-2})이고, n은 단위 면적(m^2)당 입자의 개수이며, D는 입자의 직경(m)이다.

$$\text{침수된 중량의 운동량} = \text{침수된 중량} \times \text{회전 반경}$$
$$= g(\rho_s-\rho)\frac{\pi}{6}D^3 \times \frac{D}{2}\sin\phi$$

ρ는 유체 밀도(kg m^{-3})이고, ρ_s는 퇴적물 밀도(kg m^{-3})이며, g는 중력가속도(9.81m s^{-2})이고, D는 입자의 직경(m)이다.

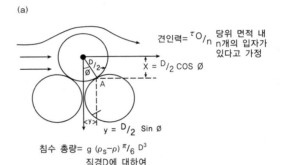

(a)

견인력= $\tau O/n$ 당위 면적 내 n개의 입자가 있다고 가정

$X = D/2 \cos \emptyset$

$y = D/2 \sin \emptyset$

침수 총량= $g(\rho_s-\rho)\,\pi/6\,D^3$
직경D에 대하여

이동이 일어나는 순간에는 $\tau_0 = \tau_{crit}$이고 가해진 힘은 저항력과 같으므로,

$$\frac{\tau_{crit}}{n} \times \frac{D}{2}\cos\phi = g(\rho_s-\rho)\frac{\pi}{6}D^3 \times \frac{D}{2}\sin\phi$$

그러므로

$$\tau_{crit} = ng(\rho_s-\rho)\frac{\pi}{6}D^3\tan\phi$$

$\eta = nD^2$이 입자 덩어리의 척도라고 하면,

$$\tau_{crit} = \eta g(\rho_s-\rho)\frac{\pi}{6}D\tan\phi$$

두 모델은 비말 동반이 하상 전단력과 유속에 의하여 통제되고 있음을 분명하게 보여 준다.

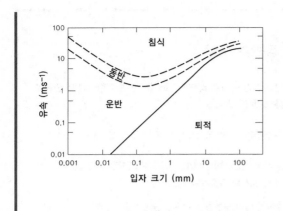

Hjülstrom(1935)은 모래 입자를 움직이는 데 필요한 물의 임계 유속을 그림 (b)와 같이 결정하였다. 특정한 규모의 입자에서 비말 동반이 일어나는 데 필요한 유속은 입자가 하상으로 가라앉는 퇴적 유속(fall velocity)보다 크다. 일단 떠오른 입자는 퇴적 유속에 도달할 때까지 비교적 낮은 유속에서도 계속 떠 있다. 응집력이 있는 실트와 점토 범위의 퇴적물에서는 응집력을 극복하여야 하므로 비말 동반이 일어나는 데 필요한 유속이 증가한다.

그러므로 특정한 규모의 입자는 유속이 적절히 증가하면 이동하고, 유속이 필요한 수준 아래로 감소하면 퇴적된다. 그러므로 하천에서 일어나는 퇴적물의 이동은 유속의 변화에 따르는 간헐적인 프로세스이다.

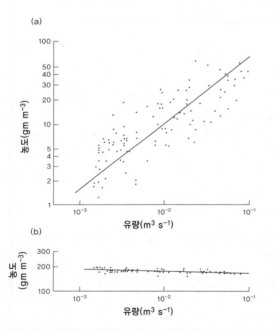

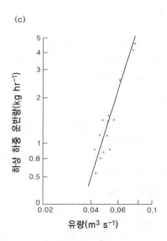

그림 13.7 데번의 작은 하천에서 하중의 다양한 구성 성분과 유량 사이의 관계(Troake and Walling, 1973). (a) 퇴적물. (b) 용질. (c) 하상 하중.

하도 내에 있는 암설은 유수의 힘이 작용함으로써 움직이며, 유체 속으로 비말 동반 된다(자료 13.5). 물질은 세 가지 방식으로 운반된다. 대체로 입경이 큰 **하상 하중**(bed load)은 하상을 따라 구른다. **부유 하중**(suspended load)은 유체 속에 뜬 상태로 이동하는 세

립 물질이다. 그리고 용해 하중(solution load)은 물에 용해된 광물질로 이루어진다.

유속과 유량이 증가하면 물이 하상에 놓인 퇴적물 입자의 상류 측면에 미치는 전단력이 증가한다. 특정 입자를 움직이는 데 필요한 힘(임계 견인력)은 입자의

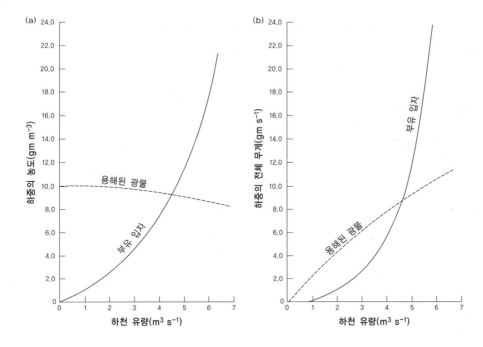

그림 13.8 (a), (b) 유량 변화에 따른 하천의 총하중과 농도 간 비교. (c) 하도 내에 조립 퇴적물이 풍부한 소규모 산지 하천. 가장 조립질인 퇴적물은 빈도가 가장 낮은 거대 홍수 시에만 운반될 것이다(웨일즈 중부, 레이돌 강 상류). (d) 우측에 퇴적물이 풍부한 빙하 지역의 유수와 좌측에 퇴적물이 없는 하천의 합류. 세립 퇴적물을 많이 공급하는 융빙수 하천은 매우 흐리다(노르웨이 툰스베르그달렌).

크기와 모양, 그리고 하상 경사에 따라 달라진다. 임계값에 도달하기만 하면 입자는 움직이기 시작하고, 하상을 따라 하류 방향으로 구른다. 견인력은 유속에 따라 증가하며, 하상 하중은 유량이 증가할수록 많아진다. Troake와 Walling(1973)은 데번 주의 하천에서, 임계 유량에 도달할 때까지는 하상 하중의 운반이 없었고, 임계값을 넘어서면서 하상 하중이 갑작스럽게 증가하였다는 사실을 보여 주었다(그림 13.7a, b, c).

교란이 일어나면 미세한 입자들(모래, 실트, 점토)은 교란류에 포함된 상향 수류에 의하여 하상 위로 떠오르고 하류로 운반되어 재퇴적된다. 많은 세립 입자들이 솟아오르고 소용돌이치며 운반되어 하상으로 가라앉는 과정이 반복됨으로써, 특히 유수의 아랫부분에서 많은 퇴적물이 떠올라 부유 하중이 된다. 적절한 세립 물질이 있는 경우에는 부유 상태의 물질이 항상 있을 것이다. 그러나 유량에 따라 유효 에너지양도 증가하므로 홍수 동안에는 부유 하중의 양이 기하급수적으로 증가한다(그림 13.8). 부유 하중의 농도가 홍수 시에는 간혹 더 큰 값을 나타내기도 하지만, 전형적으로 10~1,000mgl^{-1}의 범위 내에서 다양하게 나타난다.

하천의 용해 하중은 유역 분지 내 조암 광물의 용해도와 용해 작용이 일어나는 풍화 체제에 따라 다양하다. 다양한 지질 노두를 가지는 대규모 유역 분지에서는 용해 하중에 상당한 공간적 변이가 나타난다(그림 13.9). 잉글랜드 데번 주의 엑스 강은 석회암과 같이 용해도가 큰 암석으로 피복된 지역을 흐르는데, 300~400ppm의 높은 용해 하중 농도를 나타낸다. 용해 상태의 화학 원소는 대부분 지하수의 용출을 통하여 하도로 공급되며, 일부 토양 내의 통류와 지표 유수로 공급되기도 한다.

용질의 농도는 하천 유수가 대부분 지하수의 용출로 공급되는 저수위 시에 가장 높다. 이러한 환경에서 투과하는 물은 조암 광물과 장시간 접촉함으로써 용질의 농도가 높아진다. 유량이 많을 때에는 통류와 지표 유수가 하천 유수를 구성하므로 하도 내의 물은 희석되고 전반적인 용질의 농도는 감소한다(그림 13.7). 그러나 홍수 시에는 이러한 희석 효과가 유량 증가로 상쇄되는 것보다 많기 때문에 단위 시간당 운반되는 용해 하중의 총량은 증가한다.

이러한 세 가지 운반 유형의 상대적인 중요성은 하중의 성질에 따라 하천마다 다양하다. 어떤 하도에서는 시간이 지남에 따라 다양하게 나타나기도 한다. 저수위 시에는 용해 하중이 중요하고, 홍수 시에는 부유 하중이 더 많이 운반되며, 임계 유량에 도달하면 하상 하중이 이동하기 시작한다.

4. 퇴적 프로세스

하도 내에 있는 대규모의 고체 물질은 홍수 유량에서 이동하는 것으로 보인다. 홍수가 지난 후 유량이 감소하면 교란과 견인력이 감소하므로 고체 물질은 다시 퇴적된다. 조립 물질이 먼저 퇴적되고, 세립 물질은 비교적 낮은 유속에서도 계속 운반된다. 그래서 하도에 있던 용질은 시스템 밖으로 곧장 쓸려나가고, 고체 하중은 홍수 시에 하류로 운반되어 곧 재퇴적된다.

하도 내에 풍부한 단단한 입상 물질은 다음 홍수를 기다린다. 퇴적물은 하도 전체에 걸쳐 자갈이 단순히 균등하게 퍼져 있거나, 보다 뚜렷한 형태로 배열될 것이다. 예를 들어 부리사주(point bar)*는 곡류 하도의 내측에 있는 퇴적을 가리키며, 종사주(longitudinal bar)나 횡사주(transverse bar)는 운반 중인 퇴적물의 일시적인 저장을 나타낸다.

---

* 대구광역시 금호강 연안에 발달한 모래톱을 백사부리라고 부른 데에서 따왔음

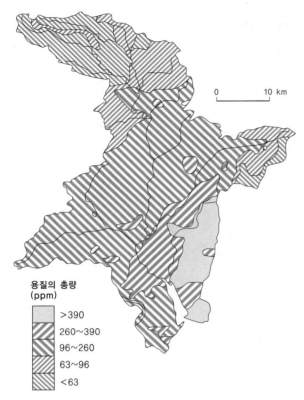

용질의 총량 (ppm)

	>390
	260~390
	96~260
	63~96
	<63

그림 13.9 데번의 엑스 강 유역 내 용질 농도의 공간적 변화(Walling and Webb, 1975)

5. 하천력과 임계 저항력의 한계치

침식과 운반과 퇴적의 역학에 관한 고찰에서 알 수 있듯이 하천은 퇴적물을 운반하는 기계로 간주될 수 있고, 하천의 행태는 일을 하는 하천력의 효용성(자료 13.4) 측면에서 분석할 수 있다. 하천의 에너지는 흐름에 대한 저항을 극복하여 유수의 흐름을 유지하고, 퇴적물 하중을 운반하는 일을 함으로써 소모된다. 하천력이 부과된 퇴적물 하중을 운반하기에 충분한 곳에서는 하상에 있는 충적물이나 기반암에 세굴(scour)이 일어날 것이다. 하천력이 불충분한 곳에서는 하중의 운반이 감소하고 하상에 퇴적이 일어날 것이다.

임계 저항력(critical power)의 한계치(threshold)는 하천 시스템에서 침식과 퇴적의 유형을 분리시키는데, 평균 퇴적물 하중을 운반하는 데 필요한 힘인 임계 저항력의 상대적 규모와 하중을 운반하는 데 사용가능한 힘인 유효 하천력(available power)에 따라 결정된다. 임계 저항력의 한계치는 다음과 같이 정의된다.

유효 하천력/임계 저항력 = 1.0

유효 하천력은 증가되면 퇴적물의 운반을 돕는 변수들(유량, 경사)을 반영한다. 임계 저항력은 퇴적물의 하중 및 크기의 변화, 수리적 조도에 따라 변하며, 하천의 운반 용량(stream capacity)과 운반 능력(competence)을 결정하는 요소들을 표현한다. **임계 저항력의 한계치**를 분석함으로써(Bull, 1979), [그림 13.10a]에서 보듯이 하천 시스템 내에서 일어나는 시·공간적 변화를 설명할 수 있다. 이것은 건조 지역에 있는 암반으로 이루어진 유역 분지의 가장 작은 지류에서 국지적 뇌우 이후의 변화를 묘사한 것이다. A구간에서 유효 하천력은 퇴적물 하중을 운반하고 조도(흐름 저항)를 극복하는 데 필요한 것보다 훨씬 크다. 하천은 수직으로 하각하여 퇴적 물량이 증가하고, 하곡횡단면의 형태는 특징적으로 V자형을 띤다. C구간에서는 유효 하천력이 한계 저항력보다 작고, 하폭과 식생 및 수분 침투가 증가함으로써 퇴적이 일어난다.

B구간에서는 유효 하천력과 임계 저항력이 같지만 변화하고 있다(평형 상태). B와 같이 한계치 주변에 있는 구간은 가속화된 하각이나 충적에 매우 민감하다. 왜냐하면 임계 저항력에 약간의 변화만 있어도 한계치를 넘어버리기 때문이다. 예를 들어, A에서는 상황이 다르다. 임계 저항력에 큰 변화가 있더라도 하천은 지속적으로 하각할 것이다. C구간에서 임계 저항력에 변화가 발생하면 (a) 충적이 가속화 되어 (b) 시스템은 평형으로 되돌아가며 (c) 굴삭이 시작될 것이다. 시스템의 상태가 평형(순변화 없음)과 한계치와 빠른 변화 상태 사이에서 변하는 경우(그림 13.10b), 한계치는 시

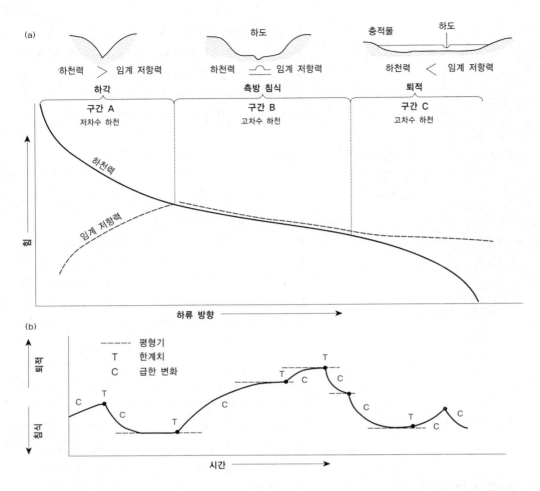

그림 13.10 하천 시스템과 하천 경관의 (a) 공간적, (b) 시간적 발달을 설명하기 위한 임계 저항력의 한계치. 보다 자세한 설명은 교재 참조(Bull, 1979).

스템의 작동 유형을 순퇴적과 순침식으로 분리하기 때문에 그 개념은 지형 변화를 보다 일반적으로 설명하는 기반으로 사용할 수 있겠다.

6. 하도의 형태

하도의 형태는 유량과 조화를 이루는 방법을 나타낸다. 그것은 유입량에 대한 하도의 반응이다. 그 반응은 종단면과 횡단면, 평면상의 하도 형태 조정이라는 측

면에서 생각할 수 있다. 이 세 가지는 수리적 변수들의 상호 작용으로 설명할 수 있는 여러 가지 방식으로 밀접하게 연관되어 있다.

하류로 갈수록 경사가 점차 감소하기 때문에 하천의 종단면은 오목한 경향이 있다고 언젠가부터 인정되어 왔다. 유역 면적이나 암질은 하류 방향으로 가면서 크게 변할 수도 있다. 유역 면적과 유량은 점진적으로 증가하며, 하류 구간의 하도는 상류 구간에 있는 기반암 하도와 반대로 세립의 충적 퇴적층 속으로 파고드는 경향이 있다. 따라서 하도 단면적은 증가하는 유량을

수용하기 위해 하류로 가면서 증가하기 때문에 하도는 더욱 효율적이 된다. 즉, 보다 큰 수리적 반경을 갖는다. 이러한 경향은 세립의 충적 퇴적층 내에서 하도 가장자리가 완만하게 변함으로써 강화되고, 하천은 효율성이 증가된, 보다 완만한 경사의 하도를 따라 흐른다. 이렇게 하류로 가면서 경사가 감소하는 경향은 하도의 형태가 증가하는 유량을 수용하기 위한 수단이다.

완만하게 오목한 형태의 하천 종단면은 여러 가지 이유 때문에 극히 드물다. 첫째, 유량은 하류 방향으로 가면서 점진적으로 증가하지 않고 순간적으로 증가한다. 유량은 지류와 합류하는 지점에서 주로 계단식으로 증가한다. 둘째, 지류와의 합류 지점에서 유량이 증가하여도 퇴적물 하중은 그에 비례하여 증가하지 않는다. 그래서 본류의 전반적인 퇴적물–유량 관계가 변하여, 침식이나 퇴적에 의한 국지적인 하상 경사의 조정이 일어난다. 셋째, 하도 침식에 대한 기반암의 저항도가 변함으로써 하상 경사의 조정 규모가 국지적으로 변할 수 있다. 특별하게 단단한 암반 하상이 노출되면 폭포가 만들어질 수도 있다. 이런 모든 환경은 매우 정상적으로 발생하는 것이며, 그 영향은 하류 방향으로 경사가 점감하는 전반적인 추세에 부가되어 나타난다.

하류 방향으로 유역 면적이 증가함에 따라 유량이 증가한다는 사실은 분명하다. 하도는 자체의 형태를 조정함으로써 통제 변수의 변화에 적응한다. 그래서 하도는 더 넓어지고 더 깊어져서 더 큰 단면적을 가지게 된다. 그렇게 함으로써, 하도는 수리적 반경이 증가하여 더욱 효율적으로 변한다. [그림 13.11]에는 하류 방향으로 가면서 하도 변수가 변하는 양상이 예시되어 있다. 이것은 간단한 야외 측정으로 쉽게 표현할 수 있다. 하도의 규모는 하류 방향으로 변할 뿐만 아니라 각 변수들 또한 그러하다. Leopold와 Maddock(1953)의 자료에 따르면 하폭은 분명히 수심보다 더 빠르게 증가한다. 그래서 하폭/수심 비율이 하류 방향으로 증가함에 따라, 하도는 이에 비례하여 더 넓어지고 증가하는 유량과 에너지를 수용하게 된다. 그리고 수리적 반

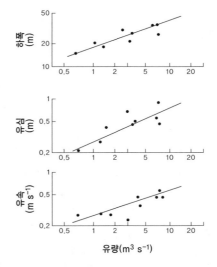

그림 13.11 하도의 수리 기하: 하류 방향으로 유량 변화에 따른 하폭, 수심, 유속의 변화(Wolman, 1955)

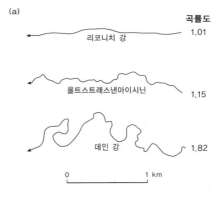

그림 13.12 하도 패턴: (a) 다양한 곡률도를 가진 단일 하도, (b) 망류 하도.

경이 감소하기 때문에 하도 가장자리의 마찰로 더 많은 에너지를 소모하게 된다.

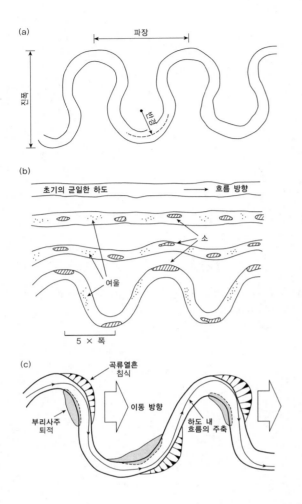

(a)

파장

진폭

뜻

(b)

초기의 균일한 하도 　　　　　　　→ 흐름 방향

소

여울

5 × 폭

(c)

곡류열흔
침식

이동 방향

부리사주
퇴적

하도 내
흐름의 주축

그림 13.13 곡류 하도: (a) 기하학적 정의. (b) 초기 직류 하도에서 곡류의 발달.
(c) 곡류 하도의 지형학적 특징.

하도 형태의 세 번째 주요 속성은 하도의 평면도이다. 이것은 하천이 유량과 퇴적물의 유입에 따라 조정되는 또 다른 방식을 나타낸다. 대체로 직류 하도와 구부러진 하도, 곡류 하도, 그리고 망류 하도 등 네 가지의 평면 형태를 인식할 수 있다(그림 13.12).

자연 상태의 직류 하도는 거의 없다. 직류 하도 구간 내에서도 물의 흐름은 구부러지거나 나선형을 띤다. 통제된 실험실 내의 실험에서도 균질의 퇴적물 내에 파인 직류 하도는 곡류 하도나 망류 하도가 발달하기

전 짧은 기간 동안에만 지속된다. 그러므로 직류는 분명히 유수의 정상적인 행태가 아니다.

보다 보편적인 것은 구부러진 하도 패턴인데, 여기에서 하도의 경향은 평균의 주변을 불규칙하게 오르내린다. [그림 13.12a]는 구부러진 하도의 패턴에 관한 실례를 표현한 것인데, 곡률도(sinuosity)는 전체 하도의 길이를 하곡의 길이로 나누어서 측정한다.

특히 특징적인 하도의 평면 형태는 곡류하는 성질이다. 곡류는 분명히 유량과 관련하여 고도의 기하학적 규칙성을 가진 매우 세련된 모습이다. [그림 13.13a]는 곡류 하도의 중요한 기하학적 특징을 보여 준다. 다양한 규모의 곡류 하도에서 얻은 자료로 볼 때, 곡류의 파장과 곡률 반경은 하폭, 또는 유량과 밀접하고 직접적인 관계를 보여 준다. 주기는 하폭과 별 상관관계가 없어, 국지적인 기복이나 구조적인 요인이 이러한 특성에 더욱 중요한 영향을 미친다는 사실을 암시한다. Langbein과 Leopold(1966)의 연구에 따르면 곡류의 곡선 형태는 사인(sine) 함수로 나타낼 수 있다. 그런 곡선에서는 곡률의 변화율이 최소화 된다. 즉, 곡률이 집중되지 않는다. 이 때문에 하도 길이를 따라 압력과 에너지 손실이 균등하게 분포하는 것으로 해석될 수 있다. 그래서 곡류 하도는 특정한 유량과 하중에서 에너지의 손실이 더욱 균등하게 분포하도록 조정된 것으로 해석된다. 곡류의 영향은 곡류도를 증가시킴으로써 하도의 길이를 늘여 경사를 감소시키는 것이다.

곡류가 형성되는 정확한 이유는 잘 이해되지 않을지라도 실험실에서 곡류의 발달을 소규모로 재현할 수 있다(그림 13.13b). 비고화 퇴적물 내에 있는 직류 하도로 시작하여, 하도 내에 일련의 깊은 부분(소pool)과 얕은 부분(여울riffle)이 발달한다. 이것은 불안정한 형태이다. 소와 여울은 일정한 간격을 이루는데, 하폭의 10~14배에 달하는 하도 길이에 두 개의 소와 두 개의 여울이 나타난다. 이 때문에 하도 내의 흐름이 구부러지고, 하도의 가장자리에 차별 침식이 나타난다. 하도의 형태는 구부러지고 마침내 곡류 형태를 띤다.

곡류 하도에서 흐름의 축은 곡류 밴드의 외곽에 위치한다. 축은 만곡 지점에서 하도를 가로지른다. 그래서 곡류는 곡류 정점의 하류 방향으로 하도의 가장자리를 침식하고, 곡류의 내측에 부리사주의 형태로 퇴적물을 쌓으면서 발달한다. [그림 13.13c]는 곡류 하도의 측방 이동을 보여 준다. 이렇게 곡류는 하류 방향으로 이동하며, 마침내 전 하곡을 가로질러 연속적으로 나타나게 된다.

망류 하도(그림 13.12b)는 하도 내에 하상 하중이 퇴적되어 사주(bar)를 형성함으로써 발달한다. 그래서 하도 내 유수의 줄기가 갈라져 사주 주변을 흐른다. 복잡한 망류 하도(고정 망류anastomosing)는 사주가 많아서 유수의 줄기가 복잡하게 서로 교차한다. 망류 하도는 유량의 변화가 매우 심하고, 하도 가장자리가 침식에 매우 약하여 하상 하중이 풍부한 것과 관련되어 있다. 그래서 하상 하중은 홍수 시에 다량으로 운반되지만, 유량이 감소하면 곧 퇴적된다. 이런 방식으로 사주가 퇴적되고, 물의 공급이 점점 적어져서 사주 주변을 흐르게 된다.

곡류나 망류로 표현되는 하도의 평면 형태는 분명히 복잡하고 다성인적 현상이다. 따라서 하도 프로세스를 설명하는 수리적 변수와 관련지어 고찰하여야 한다. 하도의 평면 형태와 경사 간의 관계를 밝히고, 하상 하중에서 입자 크기의 영향을 무시한 경험적 연구가 여러 편 제시되었다(그림 13.14). 그래서 특정한 유량에서 효율성이 떨어지는 망류 하도는 일을 하기 위해 더 큰 경사를 요구한다. 반대로 특정한 경사에서 유량이 감소하면 망류 하도는 곡류 하도로 변환된다.

곡류 하도와 망류 하도의 궁극적인 원인은 밝혀지지 않았지만, 하도의 평면 형태는 유량과 하중의 조건이 유리할 때 더욱 적응된 유형을 나타낸다는 사실은 이성적으로 분명하다. 이처럼 이것은 경사나 단면, 하상 하중의 입경 등 하도 형태를 보다 쉽게 묘사하는 요소들로부터 분리될 수 없다.

하도 프로세스가 일으키는 하천 침식은 경관에서 직

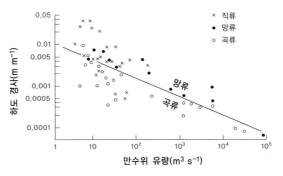

그림 13.14 하도 패턴 관계: 다양한 유형의 선택된 하도에서 하도 경사와 만수 유량의 관계(Leopold and Wolman, 1957)

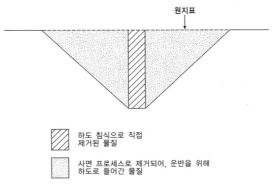

그림 13.15 경관 삭박과 관련한 하도 프로세스의 역할

접 표피만을 제거할 뿐이다(그림 13.15). 하천 경관이 뚜렷한 형태를 띠게 된 것은 소규모 사면 프로세스를 작동하여 하도 가장자리로부터 하곡을 개석한 것이다. 하천 시스템은 세계의 육상에서 광물질을 제거하는 두드러진 방식이다. 하천 형태가 그렇듯이 하천 사변의 규모와 빈도는 상이한 환경에 따라 크게 다양하다. 그러나 작동에 내재된 원리는 근본적으로 동일하다.

더 읽을거리

제10장의 끝에 인용한 모든 지형학 교재는 하천 프로세스에 관련된 부분을 포함하고 있어서, 여기에 제시한 문헌

과 더불어 참조하여야 한다. 쓸 만한 개론서:

Morisawa, M. (1968) *Streams-Their Dynamics and Morphology*. McGraw-Hill, New York.

유역 분지의 맥락에서 하천 프로세스를 이해하는 데 도움이 될 만한 문헌:

Bull, W.B. (1979) Threshold of critical power in streams. *Geol. Soc. Am. Bull.*, 86, 975-8.

Gregory, K.J. and D.E. Walling, (1973) *Drainage Basin Form and Process*, Edward Arnold, London.

최초의 입문서로서 확실한 개론서:

Leopold, L.B., M.G. Wolman and J.P. Miller (1964) *Fluvial Processes in Geomorphology*, Freeman, San Francisco.

여러 측면에서, 유럽에서 같은 역할을 하는 도서:

Knighton, A.D. (1984) *Fluvial Forms and Processes*. Macmillan, London.

하도의 프로세스와 하상의 형태를 집중적으로 다루고 있으나 뛰어난 도서:

Richards, K. (1982) *Rivers: Form and Process in Alluvial Channels*, Methuen, London.

기타 유용한 도서:

Burt, T.P. and D.E. Walling (eds) (1984) *Catchment Experiments in Fluvial Geomorphology*. Geobooks, Norwich.

Hadley, R.F. and D.E. Walling (eds) (1984) *Erosion and Sediment Yield: Some Methods of Measuring and Modelling*. Geobooks, Norwich.

Morisawa, M. (1985) *Rivers: Form and Process. Longman*, London.

Petts, G.E. (1983) *Rivers*. Butterworths, London.

Petts, G. and I. Foster (1985) *Rivers and Landscape*. Edward Arnold, London.

Thornes, J.B. (1979) *River Channels*. Macmillan, London.

Weyman, D. (1975) *Runoff Processes and Streamflow Modelling*. Oxford University Press, Oxford.

제14장
빙하 시스템

빙하 시스템은 강수의 대부분이 눈의 형태로 내리고 연간 총일사량이 연간 총적설량을 녹이기에 불충분할 경우에 발달한다. 그러면 눈과 얼음은 지표에 대규모로 집적된다. 그러므로 빙하는 극지방의 한랭 습윤한 환경과 온대 지역의 높은 산지에서 발견된다. 현재 빙하는 지구 육지 면적의 약 10%인 1490만km²를 차지한다. 이 가운데 약 95%는 남극과 그린란드의 대규모 빙상이며, 나머지는 1만km² 이하의 얼음덩어리들로 분포한다.

빙하 시스템으로 유입되는 주요 물질은 눈의 형태를 띠는 강수인데, 이것은 시스템 내에서 빙하빙으로 변환된다. 설편(눈 조각)을 만드는 6각형의 약한 결정이 압축되어 치밀한 입상 결정이 된다. 빙하로부터 흘러나오는 물질은 녹아서(소모ablation) 융빙수가 되고, 이 가운데 일부는 직접 대기로 증발된다. 빙하가 바다에서 끝나는 경우에는 큰 덩어리가 붕괴되어 빙산이 되기도 한다(붕빙calving process).

빙하 시스템은 지표의 물 저장소 역할을 하기도 한다. 빙하와 빙모는 육상 수분의 75%를 포함하고 있다. 일반적인 구조에서 빙하 시스템은 삭박 시스템을 매우 닮았다. 단지 차이는 시스템을 통하여 흐르는 물이 얼음의 형태이고, 식생의 영향력이 미미하다는 점이다.

빙하가 만들어지기 시작하고 발달하는 것은 근본적으로 기후 현상이다. 그러나 과거 크게 발달했었던 빙하 시스템은 지형학적 변화에 놀라운 영향을 미칠 수 있었다. 빙하 삭박 시스템의 간단한 모델(그림 14.1)은 다른 삭박 시스템과 크게 다르지 않다. 암설은 빙하 아래(glacier bed)에서 침식되거나 빙하 표면을 내려다보는 가파른 사면에서 암석 낙하를 통하여 빙하 시스템으로 공급된다. 암설은 시스템 내에서 운반된다. 암설의 유출과 퇴적은 직접 빙하빙의 영향을 받거나, 간접적으로 융빙수 작용의 영향을 받는다.

1. 빙하와 환경

빙하의 발달은 여러 가지 기후와 지형과 지리적 인자의 복잡한 상호 작용으로 결정된다. [그림 14.2]는 그들 사이의 관계를 간단하게 나타낸 것이다.

빙하의 발달을 제어하는 중요한 기후 요소는 강수량과 온도이다. 빙하의 발달을 위해서는 연 강수량의 상당 부분이 눈과 같은 고체 형태를 띠는 것이 중요하다.

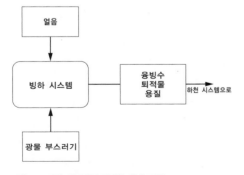

그림 14.1 빙하 시스템의 간단한 체계 모델

이것이 총강수량보다 더 중요하며, 고위도의 극지방과 히말라야의 여름 몬순 지역을 제외하면 대체로 겨울 강수량을 의미한다. 강설 계수(nivometric coefficient)는 눈으로 내리는 강수량의 비율, 즉 총강수량에 대한 강설량의 비로 정의된다. 연간 적설량 수지에서 영향력이 가장 큰 태양 복사 부문은 눈이 녹는 계절에 받는 태양 복사량을 말한다. 여러 연구에서 밝혀진 바에 따르면, 태양 복사를 가장 잘 반영한 척도는 0℃ 이상의 일평균 기온의 합, 즉 도일(度日, degree days)이다. 강설량의 공급이 충분한 경우에는 연평균 1,000도일에서도 빙하가 유지될 수 있다.

이러한 기후적 요구 조건은 지리적 위치만 적절하면 충족될 가능성이 클 것이다. 위도는 저온 지역을 규정하는 데 중요한 변수이며, 바다까지의 거리는 바다의 영향을 받는 지역, 즉 다우 지역을 인식하는 데 중요한 변수이다.

지형의 변수는 보다 국지적인 규모에서 작동하며, 빙하가 발달하기에 좋은 특정한 고원이나 산지, 또는 위치를 결정할 것이다.

2. 시스템 기능

기후와 관련하여, 빙하는 작용–반응 시스템으로 간주될 수 있다. 빙하의 활동은 얼음 수지 –빙하빙의 유입량(집적accumulation)과 유출량(소모ablation) 사이의 균형– 로 설명할 수 있다. 수지는 빙하의 상태, 그리고 빙하의 양이 평형 상태인가 또는 증가하는가 또는 감소하는가를 반영한다. [그림 14.3]은 빙하빙의 유입량과 어떤 빙하 형태의 특성 간 관계를 나타낸 것이다. 빙하 시스템 내의 형태적 관계는 (–)피드백을 나타낸다. 빙하는 부피를 증가시키거나 유출량을 증가시킴으로써 증가된 유입량의 효과를 감소시킨다.

유입량과 유출량 사이의 균형을 **양적 평형**(mass balance)이라고 한다. 그리고 이것은 다양한 시간 규모 —계절, 연중, 수십 년, 수백 년, 수천 년 —에서 변동할 것이다. 유럽 빙하의 대부분은 지난 250년 동안 후퇴하였으며, 18,000년 전에는 확장하여 북부 및 중부 유럽의 대부분을 덮었다(그림 14.4).

유럽 빙하의 경우, 빙하빙 수지의 회계 연도(그림

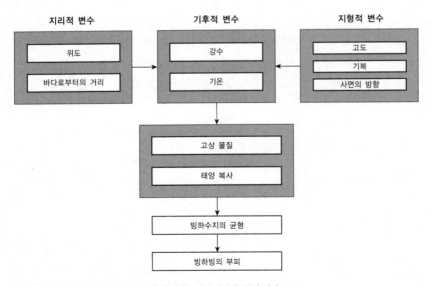

그림 14.2 빙하 시스템의 발달과 변동을 통제하는 주요 요소들 간의 관계

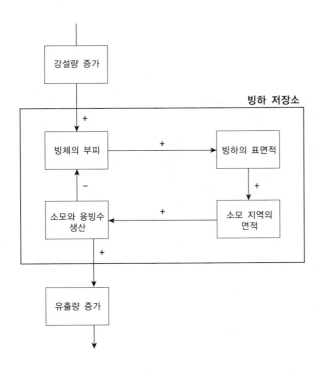

빙하 저장소

그림 14.3 빙하빙의 유입량과 빙하 형태의 일부 양상 간의 관계. 변수들 간의 상관관계는 (+) 또는 (−)이다.

14.5a)는 그해의 집적이 시작되는 첫 강설에서 비롯한다. 집적은 겨울 동안 일어나며 여름으로 가면서 차츰 줄어든다. 소모는 주로 여름철에 집중되며, 겨울철에도 기온이 0℃ 이상으로 올라가면 제한된 소모가 산발적으로 발생할 수도 있다. 세로축은 빙하의 양을 부피(수분당량)로 표현한 것이다. 집적 곡선과 소모 곡선 아래의 면적이 같으면, 수지는 균형을 이루며 빙하도 평형 상태에 있다. 집적이 초과하면 빙하는 (+)수지를 나타내며 성장한다. 수지가 (−)이면 빙하는 축소된다.

수지를 빙하빙의 부피가 아니라 빙하의 처리량으로 고려하는 것이 중요하다. 강수량이 많은 일부 온대 산지에서 보이는 것처럼 많은 유입량과 유출량이 특징인 고수지 빙하를 구분할 수도 있다. 이들 빙하는 규모는 작지만 많은 얼음을 빠르게 전달하는 활동적인 시스템으로서, 강수량이 적고 기온도 비교적 낮은 극지방의 저수지 시스템과 대비된다.

집적과 소모는 시간상 불균등하게 분포하며, 빙하 표면 위의 공간상에서도 불균등하게 분포한다. 집적은 고도가 높을수록 더 많이 이루어진다. 고산 지대에서는 저온일수록 소모가 더욱 제한되기 때문이다. 빙하의 하류부에서는 집적보다 소모가 우세하게 나타난다(그림 14.5b). 그래서 빙하의 종단면은 상류부의 집적대와 하류부의 소모대로 구분된다. 집적과 소모가 균형을 이루는 지점이 평형선이다. 빙하 하도 내의 이 지점에서 빙하빙의 유출이 최대로 나타난다. 이 지점의 하류로는 지속적으로 소모가 이루어지므로 유출이 감소한다. 안정적인 평형 상태의 모양을 유지하기 위하여, 빙하는 상류로부터 공급되는 과잉 집적을 유출시킨다. 소모대 내에서 빙하 덩어리를 유지시키는 것은 이러한 운반이다.

집적대 내에는 만년설의 집적이 기존의 빙하빙을 묻어 버리기 때문에 하향 이동하려는 성분이 있다. 반대로 소모대에서는 표면에서 빙하빙이 소모됨으로써 묻혀 있던 얼음이 드러나기 때문에 결과적으로 상향 이동하려는 성분이 나타난다. 이것은 소규모 권곡 빙하에서 가장 잘 나타난다(그림 14.6). 권곡 빙하에서는 집적되는 양과 소모되는 양이 종단면에서 쐐기 모양으로 나타난다. 회전 운동은 빙하빙의 질량을 보다 균등하게 재분배하기 위하여 일어난다. 빙하의 길이가 긴 경우에는 간단한 회전 운동 모델은 약화되고 하상 경사의 변화로 보완되거나 암질 또는 하부 기복 형태의 변화로 초래되기도 한다. 그럼에도 불구하고 소모가 두드러진 대부분의 육상 빙하 말단부는 상향 이동하려는 성분을 나타낸다.

빙하의 행태는 빙하의 내부 온도와 밀접한 관련이 있다(자료 14.1).

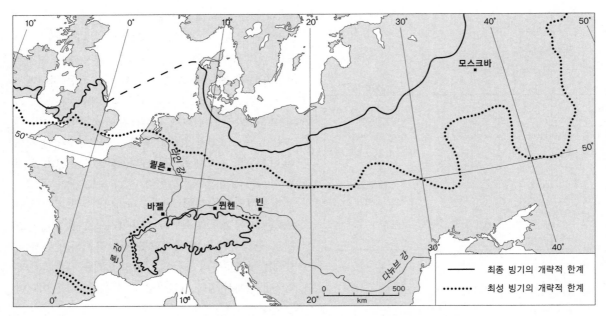

그림 14.4 유럽에서 전 빙하 작용의 범위. 오늘날 빙하 지형과 퇴적물은 온대 유럽 대부분 지역에서 나타난다(West, 1968).

3. 물질의 이동: 빙하의 흐름

빙하의 이동은 내부 전단(shearing)과 기저 활주(sliding) 등 두 가지 주요 성분을 포함한다. 누르고 있는 얼음의 무게 때문에 얼음 내에 만들어지는 전단력으로 인하여 내부의 변형이 발생하며, 결과적으로 개개 얼음 결정이 벽개면을 따라 변형됨으로써 얼음은 느리게 흐르거나 부서져 제거된다. 얼음은 표면의 경사(압력 경도) 방향으로 이동하며, Glen의 흐름 법칙(Flow Law, 자료 14.2) $\varepsilon = k\tau^n$으로 나타낼 수 있다.

ρ는 얼음의 밀도, g는 중력가속도, h는 얼음의 깊이, α는 빙하 표면의 경사, τ는 전단력, ε는 변형률일 때,

$$\tau = \rho g h \sin\alpha$$이므로, $$\varepsilon = k(\rho g h \sin\alpha)^n$$이다.

내부 전단이나 **입자 간 포행**(intergranular creep)은 온난 빙하에서처럼 온도가 비교적 따뜻하거나, 극지방 빙하의 경우 두꺼운 얼음덩어리 밑에서 하중 압력이 특히 높을 때 잘 나타난다.

내부의 변형은 트러스트 단층과 같이 빙하빙 내의 불연속 전단면을 따라 발생할 수 있다. 이 전단면은 하류 방향으로 속도가 느려지거나 빨라지는 것과 관련되어 있으며, 가끔은 하상 경사의 변화와도 관계가 있다. 그래서 하상이 가파른 곳에서는 빙하가 가속화됨으로써 빙하는 인장력을 받으며 단면이 얇아진다. 반대로 경사가 완만한 곳에서는 빙하가 압축되고, 빙하가 빙하 내에서 위쪽으로 기울어진 트러스트 면을 따라 타고 올라 빙하가 두꺼워진다. 이러한 현상을 확장과 압축 흐름이라고 한다(그림 14.7).

기저 활주(빙하가 하상 위로 미끄러지는 것)는 빙하 바닥의 전단력이 빙하빙과 암석 경계면의 마찰 저항력보다 클 때 발생한다. 하상까지 얼어 있는 극지방의 빙하에서는 저항력이 훨씬 더 크다. 그래서 극지방 빙하의 이동은 얼음이 덜 차갑고 전단력이 가장 큰 하상 가까운 부분에서 일어나는 내적 변형 때문이라고 추측하는 것이 보통이다. 빙하빙과 암석의 경계에 융빙수의 막

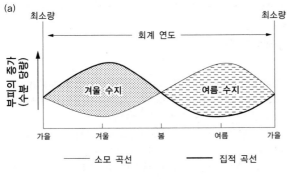

(a)

최소량   최소량

회계 연도

겨울 수지   여름 수지

가을   겨울   봄   여름   가을

―――― 소모 곡선   ━━━━ 집적 곡선

그림 14.5 (a) 빙하의 연간 수지: 겨울철의 (+)수지와 여름철의 (−)수지가 결합하여 연간 수지를 만든다. (b) 빙하 시스템 내 물질의 유입과 유출(Sugden and John, 1976).

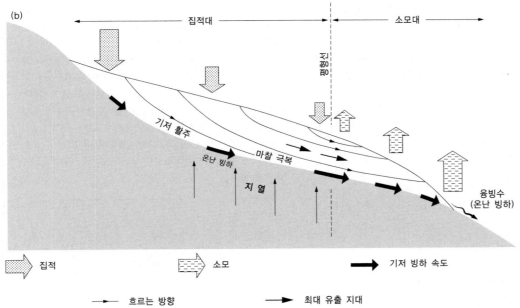

(b)

집적대   소모대

기저 활주

온난 빙하   마찰 극복

지 열

융빙수
(온난 빙하)

집적   소모   기저 빙하 속도

―――→ 흐르는 방향   ━━━→ 최대 유출 지대

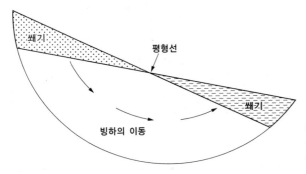

평형선

쐐기

빙하의 이동   쐐기

그림 14.6 쐐기 모양의 집적 지대와 소모 지대를 보여 주는 소규모 빙하의 이상적 도식. 평형의 지표 단면을 유지하기 위하여 빙하의 흐름이 필요하다(Sugden and John, 1976).

온난 빙하와 한랭 빙하

빙하 내부의 열은 태양 복사와 지구 복사(지열), 그리고 내적인 운동이나 기저 활주 운동(sliding)으로 발생하는 마찰로 인한 열 등 세 가지 기원에서 유래한다. 빙하의 온도는 빙하의 행태를 통제하는 주요 요소이다.

이런 열에너지에 의해서 빙하 내부에서 만들어지는 온도를 기반으로, **온난 빙하**(temperate ice)와 **한랭 빙하**(cold ice)를 구분할 수 있다. 온난 빙하는 전체가 압력 융해점에 있으며, 한랭 빙하는 항상 압력 융해점 아래의 온도에 머무른다.

압력 융해점(pressure melting point)은 얼음이 녹는 온도를 말하는 것으로, 4MPa당 1℃의 비율로 압력이 증가함에 따라 낮아진다. 두께 2,000m 빙하 아래의 수직 압력은 다음과 같이 계산할 수 있다.

$$\tau_n = \gamma_{gh}$$

γ는 얼음의 밀도(900kg m^{-3})이고, g는 중력가속도(9.81m s^{-2})이며, d는 얼음의 두께이다. 그래서,

$$\tau_n = 26.48MPa$$

이러한 수직 압력하에서 압력 융해점은 다음과 같이 낮아질 것이다.

$$\left(0 - \frac{26.48}{14}\right)℃ = -1.9℃$$

그림 (a)는 압력 융해점에 이른 빙하 내 온도의 수직 분포를 보여 준다. 수직 압력이 증가함에 따라 0℃의 지표에서 아래로 갈수록 온도가 약하지만 지속적으로 낮아진다. 빙하의 바닥은 아래의 기반암을 통하여 위로 전달되는 지열을 받는다. 열은 (-)온도 경사를 따라 높은 온도에서 낮은 온도로만 전도될 수 있다. 그러나 빙하를 통한 온도 경사는 낮은 온도에서 높은 온도로 전달되는 (+)이며, 지열은 이 통로를 따라 흐를 수 없다. 지열은 바닥의 얼음을 녹이며 사라지고, 잠열로 전환된다. 지열의 흐름이 평균 수준에 있는 지역에서 이런 방식으로 녹는 얼음의 양은 연간 약 5mm에 이른다.

한랭한 극지 환경에서는 빙하빙 표면의 온도가 국지적 기온과 평형을 이루기 때문에 매우 낮다. 지속적으로 기온이 낮기 때문에 표면의 융해는 거의 없고, 얼음덩어리는 전체적으로 한랭하며 기반암도 0℃ 이하를 유지하는 것이 보통이다. 그림 (b)는 한랭 빙하의 온도 단면이다. 바닥에서 표면으로 갈수록 온도가 낮아지기 때문에, 높은 온도에서 낮은 온도로 흐르는 지열은 얼음덩어리를 통

하여 쉽게 전도되고 대기로 복사된다. 따라서 지구의 에너지가 빙하의 내부 에너지에 영향을 미치지 않고 빙하를 통하여 전달됨으로써, 빙하는 바닥까지 언 상태로 남아 있다.

한랭 빙하와 온난 빙하는 온도 조건에 따라 나눈 하나의 구분일 뿐이므로, 특정 빙하가 하나의 카테고리에만 속할 필요는 없다. 조건은 겨울철의 한랭한 특성과 여름철의 온난한 특성에 따라 계절적으로 변할 수 있다. 대부분의 빙하는 부분적으로는 한랭 빙하이고 부분적으로는 온난 빙하이며, 어느 한 시점의 조건은 국지적인 온도와 부과된 압력에 따라 다르다.

보다 일반적으로 말하면, 온난 빙하는 온대 환경과 빙하빙이 두꺼운 곳에서 나타나는 경향이 있다. 한랭 빙하의 조건은 극지 환경이나 빙하빙이 얇은 경우에 잘 나타난다. 대부분의 온대 빙하는 온난 빙하의 유형을 띠며, 극지방에서 빙상이 특히 두꺼운 일부 지역에도 나타난다. 빙하 하상의 온도 조건이 갖는 지형학적 의미는 빙하의 이동과 침식 작용에 미치는 영향에 놓여 있다.

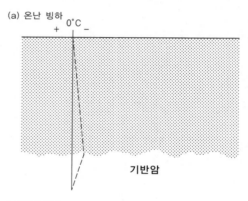

(a) 온난 빙하

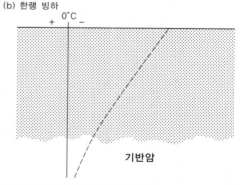

(b) 한랭 빙하

자료 14.2
빙하빙

빙하빙은 눈의 결정이 다져진 다결정 물질이다. 액체 상태의 물과 달라서 가능한 모든 수소 결합이 작동한다. 각 분자의 (−)가장자리 (산소 원자)는 주변 분자의 (+)가장자리(수소 원자)를 끌어당긴다. 이것이 분자 결합이며, 다른 유형의 결합보다 비교적 약한 결합 형태이다. 그러므로 얼음은 대부분의 조암 광물처럼 강한 결합의 물질에 비하여 비교적 약한 결합력을 가질 것으로 생각된다.

얼음에서 각 산소 원자는 다른 4개의 산소 원자에 의해 4면체로 갇혀 규칙적인 결정 구조(a)를 형성한다. 질서 정연한 격자 구조는 텅 비어 있기 때문에 무질서한 액체 구조보다 더 많은 공간이 필요하다. 그래서 물이 얼어서 $0.9g\ cm^{-3}$의 밀도를 갖는 얼음을 형성할 때에는 팽창한다. 얼음의 결정은 층화된 격자 구조에 따라 결정되는 강한 기본적 벽개성(cleavage)을 가진다. 이것은 카드 묶음에서 얇은 카드가 분리되는 것과 비슷하다.

얼음의 물리적 성질은 통제된 상황에서 실험을 통하여 알아낼 수 있다. (b)는 얼음이 압력을 받을 때 나타내는 행태를 도식화한 것이다. 얼음은 낮은 압력에서는 느리게 변형되지만, 높은 압력에서는 빠르게 변형된다. 그러므로 얼음의 행태는 뉴턴 물리학에서 말하는 액체나 깨지기 쉬운 고체와 다르다. 얼음의 행태는 대체로 점가소성(viscoplastic)으로 표현된다. 얼음 결정에 대한 압력과 변형의 관계는 실험을 통하여 다음과 같이 밝혀졌다.

$$\varepsilon = k\sigma^n$$

ε는 변형률이고, σ는 유효 전단력이며, k와 n은 상수이다.

이러한 표현을 Glen의 흐름 법칙(1954)이라고 한다. k값은 온도와 직접 연관되어 있고, n값은 대체로 약 3 정도이다.

그래서 얼음은 고온이나 고압에 쉽게 변형된다. 이는 얼음의 이동에 중요한 영향을 미치는 관계이다.

얼음의 변형은 매우 낮은 압력에서도 일어날 수 있으나, 엄격하게 제한된다. 얼음은 1bar($100k\ N\ m^{-2}$)의 압력 수준에서도 쉽게 변형되어, 0℃에 가까운 온도에서 $0.1\ yr^{-1}$의 변형률을 나타낸다. 이것은 빙하가 그 바닥까지 전달할 수 있는 전단력의 크기를 엄격하게 제한한다. 이 수준보다 강한 압력은 얼음 내의 전단으로 수용되는 경향이 있기 때문이다. 활주하는 빙하의 바닥에서 측정된 전단력은 0.5~1.5bar의 값을 나타낸다.

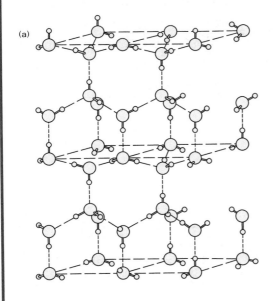

(a)

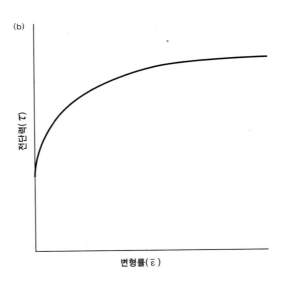

(b)

전단력(τ)

변형률(ε)

(film)이 있는 온난 빙하의 경우, 마찰 저항이 훨씬 적어서 기저 활주가 자유롭게 일어날 것이다.

그러므로 빙하의 전체 표면 속도는 기저 활주와 내부 전단의 두 가지 성분으로 구성된다. [그림 14.8]은 온난 빙하의 수직 단면 상에서 속도의 분포를 나타낸 것이다. 한랭 빙하의 경우, 빙하의 이동은 빙하빙 내의 깊은 곳에 있는 전단 지대에 국한되고, 그 위의 얼음을 따라서 운반된다. 기저 활주가 없는 경우 표면의 속도는 오직 내부의 변형 때문이며, 온도 경도와 얼음 표면의 경사가 매우 완만한 극지방의 대규모 빙모에서는 표면의 속도가 매우 느리다.

빙하 표면의 이동 패턴은 표면에 있는 표지의 이동을 기록함으로써 쉽게 관측할 수 있다(그림 14.8). 평면에서 타원형으로 나타나는 유속 단면은 측면의 활주와 내부 전단의 영향을 나타낸다. 내부 전단은 빙하의 가운데로 갈수록 증가한다. 그곳에서는 거친 가장자리의 마찰 효과가 적고, 얼음이 비교적 두꺼워 가운데 부분에서 가장 큰 속도를 낼 수 있다.

빙하의 종단면을 따라서도 속도가 다양할 것으로 기대된다. 어느 한 지점에서 추진력은 빙하빙 표면의 경사가 일정할 경우 얼음의 질량에 비례하므로 얼음이 가장 두꺼운 곳에서 속도가 가장 빠를 것이다. 이것은

최대 유출 지점, 즉 평형 지대일 것이다. 국지적으로는 하도의 특성이 속도에 영향을 미친다. 하천에서와 마찬가지로 하상 경사가 증가하거나 단면적이 감소하면 속도가 증가한다. 그러나 하천과 달리 빙하의 속도는 하류로 갈수록 감소하는 경향이 있다. 하류 구간에서는 얼음덩어리가 소모되어 줄어들거나 얼음이 저지대로 퍼져서 단면적이 증가하기 때문이다.

4. 빙하 지형

형태학적으로 빙체는 기복과의 관계에 따라 구분될 수 있다(표 14.1). 기복을 압도하는 빙체는 빙상과 돔이다. 이들 둘은 규모에 따라 구분한다. 기반암의 기복을 완전히 덮어 가리는 대륙 규모의 커다란 빙체를 **빙상**(ice sheet)이라고 부르고, 기복이 큰 지역에 위치한 보다 지역적인 규모의 빙체를 **빙모**(ice cap)라고 한다. 더욱 국지적인 규모에서는 빙하의 유형이 기복에 의해 억제되는데, 외곽선은 크게 육지 표면의 기복에 의해 결정된다. 또한, 수체(보통은 바다) 위에 떠 있는 얼음을 **빙붕**(ice shelf)이라고 한다. 이것은 직접 육지 표면과 상호 작용을 하지 않기 때문에 더 이상 고려하지 않을

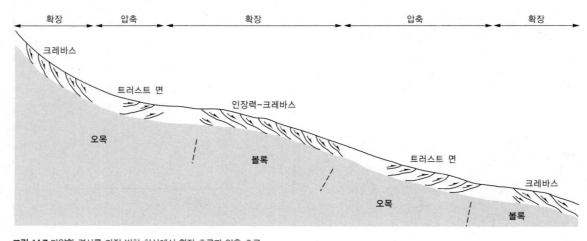

그림 14.7 다양한 경사를 가진 빙하 하상에서 확장 흐름과 압축 흐름

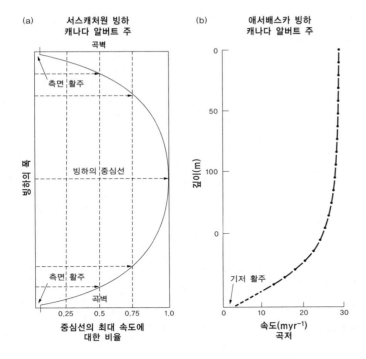

(a) 서스캐처원 빙하
캐나다 알버트 주

곡벽
측면 활주
빙하의 중심선
측면 활주
곡벽

0.25 0.5 0.75 1.0
중심선의 최대 속도에
대한 비율

(b) 애서배스카 빙하
캐나다 알버트 주

0
50
100

길이(m)

기저 활주

0 10 20 30
속도(myr⁻¹)
곡저

그림 14.8 빙하의 속도 단면: (a) 곡빙하를 가로지른 표면 속도, (b) 온난 빙하의 수직 속도 단면.

것이다. 여기에서는 육지에 기반을 둔 빙하를 규모가 커지는 순서대로 다룰 것이다.

권곡 빙하(cirque glacier)는 기복이 큰 지역에 있는 와지에서 발달한다. 눈은 태양 복사와 탁월풍으로부터 안전한 장소에 모이는 경향이 있다. 따라서 눈은 바람과 사태에 의해 안전한 와지로 모이고, 태양 복사로부터 안전한 장소에서 가장 오래 남아 있을 것이다. 일반적으로 권곡 빙하는 길이에 비해 작고 넓으며 표면의 경사가 가파르다. 하향으로의 이동 성분을 가지는 집적 지대와 상향으로의 이동 성분을 가지는 소모 지대가 비교적 근접하여 있기 때문에, 권곡 빙하는 특징적인 회전 운동을 한다(그림 14.6).

곡빙하(trough glacier)는 하나 이상의 권곡 빙하가 확장하여 연합하는 곳에 형성된다. 골짜기 내에 갇혀 있는 잘 발달된 곡빙하는 그 길이가 수킬로미터에 이르며, 권곡 빙하와 다른 곡빙하가 지류로서 유입하기도 한다. 평면상에서 곡빙하는 하천 시스템과 동일한 유

표 14.1 기복과의 관계를 고려한 빙체의 구분

기복으로 제한되지 않음	기복으로 제한됨
빙상	설원
빙모	곡빙하
	권곡 빙하
	기타 소규모 빙하

형의 네트워크 형태를 나타낸다. 스위스의 알레치 빙하는 알프스의 잘 발달된 곡빙하 시스템이다(그림 14.9).

보다 강력한 형태의 빙하 작용은 융합 상태이다. 얼음이 기복의 분수계를 덮어버림으로써 아래에 있는 경관은 보이지 않게 된다. 이는 두 가지 방식으로 일어난다. 기반암의 기복이 빙하를 담아 두기에 충분하지 못할 정도로 곡빙하가 두꺼워지면 빙하빙은 분수계의 낮은 지점을 넘쳐흘러 인접한 빙하와 융합되기 시작한다. 이것을 **분출**(diffluent flow)이라고 한다(그림 14.10).

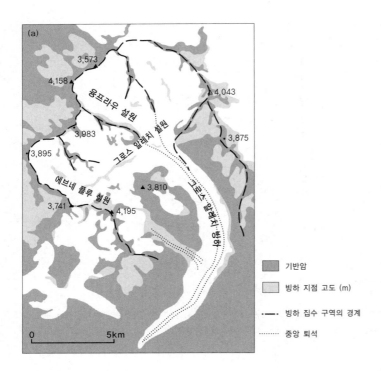

기반암

빙하 지점 고도 (m)

-··-··- 빙하 집수 구역의 경계

········ 중앙 퇴석

그림 14.9 산릉으로부터 지류를 합류하는 곡빙하. 전면의 대부분은 눈으로 덮여 있고, 계곡 하류로 가면서 소모되어 밑에 빙하빙을 남긴다. 사진의 하부 중앙에 가로 질러 소모 지대와 집적 지대의 경계를 짓는 얇은 선이 있다. 합류하는 지류 빙하들이 중앙퇴석을 만든다(스위스 알레치 빙하Aletschgletscher).

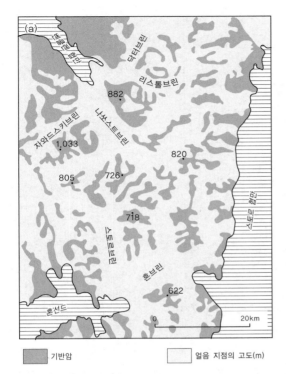

그림 14.10 유출 빙하. (a) 유출 빙하의 흐름으로 형성된 빙하가 서로 연결되어 경관을 개석 한다(스피츠버겐Spitsbergen). (b) 경관의 대부분은 빙하 밑으로 가라앉고, 기반암의 고립된 봉우리만이 빙하 표면 위로 솟아 있다(미국 알래스카 아이스필드 산맥Icefield Ranges).

기반암

얼음 지점의 고도(m)

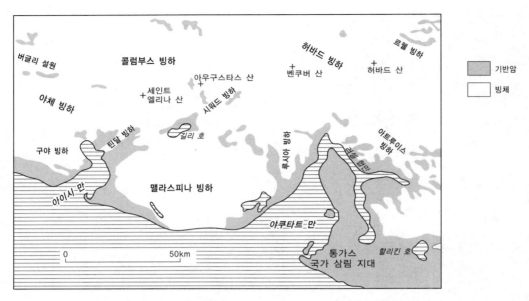

그림 14.11 산지에서 흘러나와 해안 평야를 가로질러 퍼져나가는 산록 빙하(알래스카의 맬러스피나 빙하Malaspina Glacier)

두 번째 형태의 융합은 곡빙하가 산지에서 평지로 나올 때 일어난다. 곡빙하는 옆으로 부챗살처럼 퍼져서 융합한다. 여기서 다시 국지적인 기복은 대부분 빙하빙 아래로 감추어진다(그림 14.11).

강수로써 성장하는 고지대에 위치한 지역적 차원의 얼음덩어리를 빙모(ice cap)라고 한다. 이것은 중앙의 얼음 돔과 주변의 저지대로 흘러내리는 분출 빙하로 이루어진다. 빙모는 약 250km의 직경을 가지며, 기반암 기복을 완전히 덮어버린다. 주변에는 고립된 암체가 **누나탁**(nunatak)으로 돌출하여 분출 골짜기를 구분한다. 얼음 돔은 평면상 대칭이지만 단면에서는 볼록하며, 중앙의 정상부에서 최대의 강수량이 나타난다. 빙하빙은 중앙에서 외곽으로 방사상 형태를 띠며 흐른다. 아이슬란드 남동부의 바트나이외쿠틀(Vatnajokull)이 대표적인 예이다(그림 14.12a).

보다 광범위한 얼음 피복은 빙상으로서, 대륙적인 규모를 가진다. 이러한 규모의 빙체는 아래에 놓인 지표의 기복과 무관하며, 대칭적인 빙상에서 가장 높은 지역이 빙하 아래에 놓인 가장 높은 기복과 일치하지

않는다. [그림 14.12b]는 그린란드 빙상의 실례를 나타낸 것이다. 빙하빙은 빙상 중앙의 가장 두꺼운 부분에서 외곽으로 방사상 형태를 이루며 흐르기 때문에, 얼음은 아래에 놓인 지표의 주요 분수계를 바로 통과하며 흘러 분수계를 깊게 개석하는데, 이것이 횡단류(transfluent flow)의 특징이다.

빙하 발달의 여러 단계는 경관을 피복하는 얼음의 양에 따라 순수하게 기술적인 용어로 정의되어 왔다. 그러나 모든 빙체는 (영구적인 잔설로) 작게 시작한 후 점차 두꺼워지고 확장되어 그들의 마지막 형태를 갖추었다는 점에서 빙체들 사이에는 발생적 연계가 있을 가능성이 있다. 빙체들은 기반암의 기복이 허용하는 한, 앞에서 언급한 권곡 빙하로부터 곡빙하 단계를 거쳐 융합하여 빙모에 이르는 여러 가지 형태로 발달하였을 것으로 추정된다.

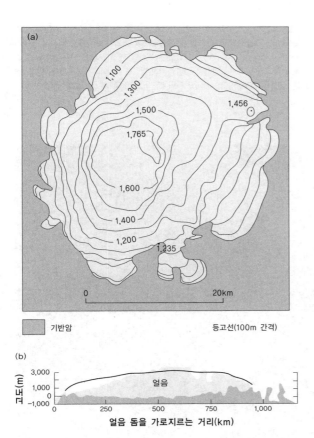

그림 14.12 (a) 아이슬란드 호프스요쿠틀(Hofsjökull)의 소규모 빙모. (b) 그린란드의 얼음 돔(Off-central)으로 빙하 표면과 하부 기반암의 기복 간에 불협화가 있다.

5. 침식 프로세스

빙하는 빙하와 지표의 접촉부에서 기반암에 여러 가지 압력을 가하며, 빙식 작용을 일으킨다. 빙식은 대체로 세 집단의 프로세스를 포함하는 것으로 여겨진다 (Sugden and John, 1976; Drewry, 1986). 여기서는 동반 (entrainment)을 분리하여 암석 파쇄와 마식, 그리고 융빙수 등의 표제로 침식 작용을 다룰 것이다.

(1) 암석 파쇄

빙하가 작용할 기존 레골리스의 형성에는 빙기 이전의 풍화 작용이 중요한 역할을 했음에 틀림없다. 이 레골리스는 기계적으로 부서진 암석들로 구성된 주빙하 풍화 단면의 형태를 취하거나, 또는 하부에 거칠게 쪼개진 암괴들과 재합성된 점토 광물(제11장 2절)을 포함하는 세립 물질이 결합된 온대 풍화 단면의 형태를 취한다. 사실 이전에 빙하 작용을 받았던 온대 지방 빙하 퇴적물은 점토 광물의 함량이 매우 높은데(**빙력토** boulder clay), 그것은 점토 광물이 대부분 앞선 간빙기 동안 온대의 풍화에서 온 것일지도 모른다는 점을 나타낸다. 그러나 두 종류의 논증에 따르면, 빙하는 풍화되지 않은 신선한 기반암을 직접 침식할 수 있다. 첫째, 풍화 작용으로 제거되는 물질의 양은 특히 빙하 작용을 받은 산지에서는 기존 풍화 단면의 가능한 깊이를 훨씬 초과한다. 둘째, 단단한 암석 지대에 있는 현재의 빙하로부터 유래하는 빙력토나 빙하에 의해서 최근에 퇴적된 빙력토는 대체로 모래와 실트를 매트릭스로 한 신선한 암괴와 암설로 이루어져 있다. 이것은 온대 지역에 있는 빙력토와는 달리, 풍화되지 않은 신선한 암석이 빙하에 의해서 현재 침식되고 있음을 의미한다.

신선한 암석의 빙식을 이해하기 위해서는 암석의 저항도와 관련하여 빙하빙이 가하는 압력의 특성과 그 크기를 아는 것이 중요하다. 가장 깊은 빙하나 빙상의 두께는 약 5,000m에 이르며, 하상에 약 45MPa의 수직 압력을 가한다. 암석 덩어리의 강도는 균열에 의해 실질적으로 감소된다고 할지라도(제10장 3절), 대부분의 단단한 암석들은 소규모 표본에서 이보다 훨씬 더 큰 압축 강도를 가지고 있다(표 10.3). 온난 빙하에서는 균열에 물이 포함되어 있으므로, 공극 수압이 작용하여 빙하 환경에서 암석의 강도를 떨어뜨린다.

이러한 환경에서 얼음은 기반암이 압력에 굴복하여 균열이 발달하기에 충분한 수직 압력을 만들 수 있는 것 같다. 빙하 하상에 거력이 존재함으로써 수직 압력이 국지적으로 증가하는 것은 보편적인 현상이다. 수직 압력은 거력을 통하여 전달되고, 거력이 하상에 압

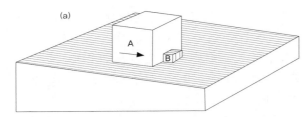

그림 14.13 (a) 기저 암설에 의한 기반암의 파괴. 화살표 방향으로 육면체 A를 통하여 전달되는 전단력은 기반암 돌출부 B를 파괴하기에 충분하다(Embleton and Thornes, 1979). (b) 빙하의 바닥. 조립의 암설과 세립 퇴적물이 얼음 속에 포함되어 있다. 이 암설은 하부의 기반암 표면에 마식제의 역할을 한다. 소모가 진행되면 퇴적물이 해제되어 퇴적된다(노르웨이 툰스베르그달렌).

력을 미치는 어떤 표면이나 기복에 집중될 것이다. 이와 같은 방식으로 기반암으로부터 암편이 분리되어 **균열**(chatter mark)이나 **초승달 모양**의 홈(crescent gouge)이 만들어진다.

빙하의 하상이 편평한 기반암 표면인 경우는 드물고, 돌출부와 와지로 된 복잡한 패턴이 나타나 매우 불규칙하다. 빙하와 얼음에 포함된 암설이 가하는 수직 압력은 전체 하상 위에서 전단력으로 변형된다. 커다란 암괴 표면에 가해지는 전단력은 암괴가 단단한 암석의 전단 강도를 초과하여 빙하 하상에 있는 더 작은 암석 돌출부를 뜯어내기에 충분한 수준까지 에너지를 효율적으로 집중하기에 충분할 것이다. McCall(1960)

은 1m³의 화강암 암괴에 하류 방향으로 가해지는 압력이 암괴와 암괴가 접촉하여 있는 160cm³의 직사각형 기반암 돌출부를 뜯어낼 수 있다고 계산하였다(그림 14.13a). 그러므로 이러한 프로세스는 빙하의 전 하상에 걸쳐 확산되어 상당한 침식 잠재력을 가진다.

빙하 침식에 도움을 주는 암석 파쇄의 두 번째 프로세스는 팽창 절리(수평 절리)의 발달이다(그림 14.14, 제11장 1절). Waters(1954)는 권곡과 빙식곡에서 빙하 침식의 표면에 평행한 판상 절리 및 석판(rock slab)의 빈도를 보고하였다. 빙하 침식으로 매우 두꺼운 하중이 제거된 후 밀도가 낮은 얼음으로 대체되면 아래에 놓인 암석은 압력을 받던 기복에서 팽창하고 쪼개지는

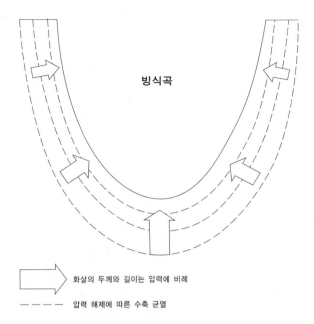

빙식곡

화살의 두께와 길이는 압력에 비례

- - - - - 압력 해제에 따른 수축 균열

그림 14.14 빙식곡의 침식 결과로 형성된 팽창 절리(Sugden and John, 1976)

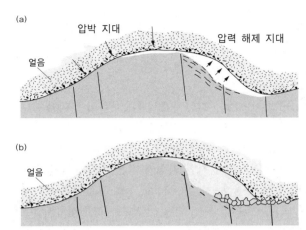

그림 14.15 빙하 하부의 빈 공간 밑에 있는 기반암에 파쇄를 유발하는 압력 기복(Derbyshire *et al.*, 1979)

반응을 보인다. 이런 방식으로 쪼개진 암석은 빙하의 하상으로 쉽게 운반된다.

암석 파쇄의 세 번째 프로세스는 빙하 아래에서 기반암에 일어날 수 있는 동결 융해 풍화 작용이다. 빙하 아래의 빈 공간에서 기온을 측정해 보면 동결 융해 순환은 매우 제한적으로 발생한다. 기저부의 얼음이 압력 융해점에 가깝다면, 압력 변화로 동결 융해가 발생할 수 있다. 얼음이 기반암의 돌출부 위로 흐를 때, 기저부의 압력이 증가하여 압력 융해가 일어날 수 있다. 그래서 융해된 물은 돌출부 주변을 지나 상대적으로 압력이 낮은 후면에서 다시 동결된다. 이러한 프로세스를 **복빙**(regelation)이라고 한다. 암석에 절리가 발달한 곳에서는 작은 암편을 떼어내는 데 효과적이다.

빙하 하상에서 암석 표면의 불규칙은 여러 가지 중요한 영향을 미친다. 앞에서 기술한 복빙뿐만 아니라 가해진 압력의 분포에도 영향을 미친다. 누르는 압력이 상류 측면에서 증가하고, 수직 압력과 팽창으로 만

들어지는 전단력은 하류 측면 빙하 아래의 빈 공간인 압력 감소 지대에서 최대로 나타나서 파쇄를 조장한다 (그림 14.15a).

이렇게 다양한 방식으로 파쇄된 암석은 빙하 하상에 남아 빙하 내로 동반·운반된다(그림 14.15b).

(2) 마식

빙하의 바닥(sole)이 기반암 표면 위로 미끄러질 때 마식이 발생하는데, 보편적이지만 온난 빙하에 국한된 프로세스이다. 여러 실험 결과(Hope *et al.*, 1972; Budd *et al.*, 1979; Matthews, 1979)는 통제된 실험실 조건에서 깨끗한 얼음이 기반암을 마식할 수 있다는 사실을 보여 준다. 얼음과 암석의 경계면에 조립과 세립의 암설이 있으면 프로세스는 강화된다. 원뿔형의 거친 암설은 압력을 집중시키고, 하상을 따라 끌리면서 흠집(찰흔)을 낸다. 미세한 입자는 보석 세공인의 암석 연마분과 유사한 마찰 혼합물을 만든다. 이러한 방식으로 빙하는 암석 표면을 갈고, 긁고, 연마하여 미세한 암설(**암분**rock flour)을 만드는 거대한 사포기의 역할을 한다. 이론적 모델에서 마식률(abrasion rate)은 수직 압력과

활주 속도, 암설의 형태 및 경도, 암설량 등에 따라 결정된다.

(3) 융빙수

융빙수가 빙하 침식에 물리적, 화학적 영향을 미친다는 사실이 최근 점차 인정받고 있다.

융빙수 하천의 작용은 다른 하천들과 동일한 하천 법칙의 지배를 받지만 환경에 따른 뚜렷한 특징을 가지고 있다. 융빙수는 이 때문에 특히 효율적인 삭박 기구로 간주되고 있다. 첫째, 융빙수는 유량에서 약 100배에 이르는 큰 변동이 있다. 융해는 낮 동안 최고에 달하며, 유량은 여름철에 집중된다. 짧은 기간의 고유량은 같은 유량이 비교적 균등하게 분포할 때보다 더 많은 에너지와 기계적 힘을 발생시킨다. 커다란 압력 차이와 빙하 밑 하도의 가파른 경사 때문에 높은 첨두 유량 때 유속이 빨라지고 교란류가 발생한다. 융빙수의 온도는 보통 2℃ 이하인데, (30℃일 때 0.8mNm⁻²와 비교해 보면) 그 온도에서는 온도 점성이 1.8mNm⁻²까지 증가한다. 그러한 높은 점성 때문에 부유 하중의 침전 속도가 감소하며, 부유 하중의 농도가 높아진다. 융빙수가 미치는 주요 물리적 효과는 퇴적물이나 얼음 또는 기반암을 포함하는 물이 하도 가장자리에서 일으키는 마식이다. 이러한 하천에서는 심한 교란으로 만들어지는 진공 현상에 의하여 침식이 강화된다. 물에 갇힌 공기 방울은 큰 충격파를 일으키며 폭발한다. 이것이 암석 표면에 부딪쳐 진공 현상이 발생하고, 광물 입자는 느슨해져서 기반암에서 분리된다. 유체 수리 공학에서 잘 알려진 바와 같이 진공 현상은 유력한 프로세스이다.

융빙수가 기반암에 미치는 주요 화학적 효과는 용해 상태로 양이온을 제거하는 것이다. 빙하빙은 빗물의 화학적 성분을 가진다. 빙하 내 얼음과 융빙수의 성분에 관한 연구에 따르면 융빙수는 빙하 하상과 접촉하게 되었을 때 용해와 양이온 치환이 발생하여 양이온이 풍부해진다. 새롭게 파쇄된 암석의 표면과 미세하게 분쇄된 빙력토는 풍부한 양이온의 원천이며, 흘러내리는 융빙수에 양이온을 공급한다. Collins(1979, 1982)는 용질 농도의 강한 일주적, 계절적 변동을 보여주고, 이를 빙하 아래의 융빙수와 빙하 내의 융빙수를 구분하는 매개 변수로 사용하였다.

(4) 빙식률

빙식에 있어서 마식과 파쇄, 그리고 융빙수 프로세스가 차지하는 상대적 비중에 대해서는 알려진 바가 많지 않다. 이것은 대체로 얼음과 암석의 접촉면에 접근하기 어렵기 때문이다. 제한된 지역이지만, 빙하 깊은 곳까지 많은 시추공을 뚫어 빙하 하상의 표본을 채취하였다. 얕은 빙하 아래의 가장자리여서 불만족스럽지만 빙하 아래의 빈 공간이나 얕은 터널을 직접 관찰한다면 침식 프로세스에 대한 계량적 자료를 얻을 수 있을 것이다.

빙하의 침식을 측정하려는 시도는 프로세스 자체를 관찰하는 직접적인 방법이나, 빙하빙과 융빙수의 유량을 모니터링 함으로써 순광물질 유출 총량을 평가하는 간접적인 방법을 채택할 수 있다. 후자는 전 빙하 하상에서 각 침식 프로세스의 효과를 효율적으로 종합할 수 있다.

개별 프로세스의 경우 Boulton(1974)이 연간 10~20m의 속도로 활주하는 얼음 밑에서 측정한 마식률은 연간 1~4mm의 범위에 있었다. 암석 파쇄는 효과적인 측정을 위한 시도가 별로 없었다. 융빙수에 의한 기계적 풍화를 제한적으로 측정한 바(Vivian, 1975)에 따르면, 경암에서는 연간 20mm 정도의 국지적인 하강이 있었다고 한다.

Drewry(1986)는 다양한 기반암과 빙하 하상에서 주요 침식 프로세스의 상대적인 중요성을 평가하였다(표 14.2). 이렇게 애매한 연구 분야에서는 더 많은 연구와 모니터링 실험을 통한 입증을 기다려야 한다.

표 14.2 상이한 온도와 기반암 조건에서 빙하 침식 메커니즘의 순위(Drewry, 1986)

침식의 유형	한랭 빙하	온난 빙하	
		강한 기반암	약한 기반암
마식	2	2	1
분쇄/파쇄	1	1	2
융빙수: 기계적		3	3
융빙수: 화학적		4	4

6. 물질의 전달: 빙하에 의한 운반

(1) 동반

암설이 마식과 파쇄 작용을 받아 운반이 가능해지면 곧 빙하에 붙잡히고 빙하 속에 포함되어 운반된다. 기저부의 얼음은 불균등한 하상 위를 흐를 때 수직 압력의 변화를 겪기 때문에, 세립 물질은 복빙 작용(5절)에 의하여 쉽게 얼음 속으로 합체된다. 융해와 재동결이 지속적으로 일어나는 이러한 환경에서 모래 입자나 더 작은 입자들을 함유하는 복빙 얼음층의 두께는 수센티미터에 이른다(그림 14.16). 암괴와 암설도 얼음의 압력 융해나 다양한 유속에 따른 빙하 아래 빈 공간의 크기 변동(빈 공간에서 빙하와 하상이 접촉한다)에 따라 기저부의 얼음 속으로 곧장 합체될 수도 있다(그림 14.13b). 이미 언급한 것처럼 융빙수는 자갈과 거력뿐만 아니라 세립 물질도 운반한다. 하중의 일부는 융빙수 자체가 침식한 것일 수도 있지만 포획된 물질의 대부분은 처음부터 직접적인 빙하 작용으로 공급된 것이다.

(2) 빙하의 힘과 운반

우리는 개별 암석 입자의 압력-저항 관계를 검정하면서, 소규모의 체계적인 방법으로 빙하 침식 프로세스를 고려하여 왔다. 그러나 전술한 프로세스들은 빙하와 기반암의 전체 접촉면에서, 그리고 빙하 종단면의 상당한 구간에서 작동한다는 사실이 중요하다. 빙하 하상의 곳곳에서 작동하는 개별 프로세스들은 일정한 기간 동안 상당한 양을 침식할 수 있다.

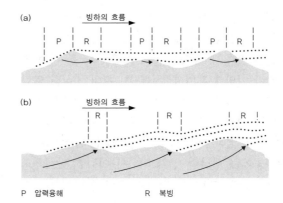

P 압력융해 R 복빙

그림 14.16 암설이 복빙에 따라 빙하 기저부로 합체: (a) 온난 빙하에서 복빙층은 얇으며, 빙하가 고르지 않은 기반암 위로 이동함으로써 반복하여 녹고 언다. (b) 한랭 빙하에서 복빙층의 연속적인 동결로 얇은 복빙층을 만든다(Barlton, 1972).

빙하가 침식을 수행할 수 있는 능력을 단위 시간당 에너지(Js^{-1})로 표현되는 힘의 관점에서 평가할 수 있다. 단위 면적당 힘(W_T)은 하상 전단력($\tau = \rho g h sin\alpha$)과 평균 속도($\overline{U}$)의 곱으로 정의될 수 있다. 즉, $W_T = \tau \overline{U}$이다(Andrews, 1972). 여기서 1Nm = 1J이고(제2장) $\overline{U}$는 ms^{-1}이므로, W_T는 $Js^{-1}m^{-2}$이며 τ는 $Nm^{-2} = Jm^{-1}$이다. 그러므로 어느 지점에서 빙하의 힘을 통제하는 주요 변수는 질량, 경사, 기저 활주 속도 등이다.

빙하가 수행할 수 있는 침식의 양으로 보아도, 한랭 빙하와 온난 빙하는 뚜렷이 구분된다. 한랭 빙하에서는 기저 활주가 일어나지 않아 침식 프로세스가 심히 제한되며, 빙하 기저부에 얼어붙은 비고화 암석 덩어리를 제거하는 것도 억제된다. 반대로 온난 빙하는 기저부에 얇은 융빙수의 막이 있어 아래에 놓인 기반암 위를 쉽게 활주할 수 있다. 이 때문에 온난 빙하는 하상에 상당한 전단력을 가하여 침식을 일으킬 수 있다.

한번 동반된 암설은 빙하 내에 포함되어 말단부로 운반된다. 빙하 내 암설의 분포는 빙하가 이동을 끝내는 지점에서 퇴적 유형에 영향을 미치므로 중요하다.

위에 있는 기반암 사면에서 빙하 표면으로 직접 낙하한 암설(대체로 거친 암석 조각)은 단순하게 빙하 표면 위로 운반된다. 빙하 기저부나 가장자리에서도 복빙층 내에 동반하여 암설이 항상 존재한다. 전체 하중의 상당 부분은 빙하 내 깊숙한 곳에 자리한다. 두 가지 방식에 따라 이렇게 되었다. 첫째, 두 개의 빙하가 연합할 때, 빙하의 가장자리를 따라 나타나는 측퇴석이 연합한 빙하 내에 흡수되어 중앙 퇴석을 이루며 하류로 흘러간다. 분명히 여러 지류 빙하들이 본류 빙하로 합쳐지는 곳에는 상당한 양의 퇴석이 이러한 방식으로 연합된다. 둘째, 빙하의 말단부로 가면서 발생하는 압류(compressive flow)의 영향으로 발달하는 전단면은 암설이 풍부한 기저의 얼음을 위로 운반한다. 이러한 방식으로 빙하 말단부 근처의 빙하 표면에는 암설이 풍부한 일련의 얼음 띠가 나타난다(그림 14.17).

말단부의 암설은 빙하 단면에 고르게 분포한다. 바닥이나 표면에 집중되기도 하며, 빙하 덩어리 내에서는 중앙 퇴석이 수직으로 집적하거나 트러스트면(thrust plane)의 암설이 수평으로 집적되기도 한다.

7. 퇴적 프로세스

퇴적은 빙하의 가장자리에서 일어난다. 여기에는 다양한 프로세스가 포함되어 있다. 우선 얼음이 소모되어 암설이 잔류하기도 하고, 낙하나 포행 또는 빙하 위에 얹혀 이동하거나 유수로 운반된 암설들이 분포하거나 재가동된다. 퇴적의 유형은 얼음에서 암설이 분리되는 위치에 따라 강한 영향을 받는다.

(1) 얼음에 의한 퇴적
활발하게 미끄러지는 빙하 아래에서 기저부의 얼음이 압력을 받아 녹으면 빙하의 바닥에 부착되어 운반되던 암설 입자들이 풀려나게 된다. 이러한 입자들은 체류하는 빙력토로서 기반암 바닥을 덮는다. 빙하가 정체하는 곳에는 지열 때문에 빙하 아래에서 융해가 발생하고, 광물 부스러기는 빙하 하상에 쌓여 집적된

다. 빙하의 표면에서는 태양 복사에 의한 가열 때문에 녹아 암설이 드러나게 된다. 가파른 빙하 전면에서는 그렇게 느슨해진 암설들이 빙하 가장자리로부터 직접 떨어지거나 구르게 된다. 끝 부분의 경사가 비교적 완만한 곳에서는 암설들이 빙하의 표면에 카펫처럼 집적된다. 암설들이 얼음 녹은 물로 포화되면 퇴석류(flow till)로서 빙하 표면을 흘러내려 빙하 전면으로 운반된다. 빙하의 가장자리에 쌓인 모든 퇴적물은 빙하 가장자리의 위치가 변동할 때 밀리거나 위로 밀려올라감으로써 재동된다(그림 14.18).

그러므로 빙하 퇴적은 분명히 여러 가지 복잡한 프로세스들을 포함한다. 암설들은 마침내 안정되기 전에 여러 번 재동된다. 그러므로 빙력토의 특징은 상당히 다양하다. 그러나 빙력토는 여러 가지 공통된 퇴적물 특성을 지닌다.

1. 빙력토는 대체로 성층을 이루지 못한다.
2. 빙력토는 대체로 분급이 불량하며, 세립 물질을 매트릭스로 하여 모든 크기의 암설을 포함한다.
3. 빙력토는 대체로 신선하고 풍화되지 않은 다양한 광물과 암석들로 구성된다.
4. 암설의 모양은 다양하다. 때로는 아각력이나 멀리 운반된 경우에는 마식 때문에 부드럽고 둥근 면을 가지기도 한다.
5. 빙력토에서 장방형 입자들은 방향성을 갖는다. 대부분의 입자들은 장축이 제한된 방위각의 범위 내에 있다.

(2) 융빙수 퇴적
융빙수로 쌓인 퇴적물은 성층을 이루지 못하는 빙력토 퇴적물과 대조를 이룬다. 광물질 퇴적물은 빙하 표면 위(supraglacial)로 흐르거나 빙하 내(englacial)로, 또는 빙하 아래(subglacial)로 흐르는 융빙수 하천에 의해 운반되어, 빙하의 아랫부분이나 넓게는 전면에 퇴적된다. 융빙수 퇴적은 다른 하천 퇴적과 동일한 일반적 법

그림 14.17 빙하의 운반. (a), (b) 빙하 말단부의 표면까지 얼음이 퇴적물을 운반하는 암설층(Tunsbergdalen). (c) 빙하 표면과 대규모 고립 거력으로부터 나타나는 세립 물질의 원추. 후자는 마식으로부터 보호받는 빙하의 굽도리에 위치한다(Breidamerkurjokull). (d) 빙하 내의 세립 물질 띠가 빙하의 말단부를 형성하는 빙하 절벽에 노출되어 있다(Kviarjokull).

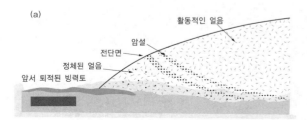

그림 14.18 빙하 말단부. 뒤틀린 퇴적물의 띠가 빙하의 표면에서 보인다. 말단부는 빙하가 소모됨으로써 풀려난 암설들로 완전히 피복되었다. 세립 퇴적물을 바다까지 운반하는 하천을 이루는 융빙수는 소모에서 유래하며, 빙하 전면의 호소에 저장된다(아이슬란드의 Breidamerkujokull).

칙을 따른다. 융빙수 퇴적의 뚜렷한 특성은 (a) 기온과 그에 따른 소모의 일변화에 의존하는 변화 폭이 큰 융빙수 유량의 속성과 (b) 빙하 아래의 터널 속에 제한되어 있거나 빙하 전면에서 널리 망류하는 융빙수 하도에 대한 물리적 제약 때문에 발생한다.

융빙수 퇴적물은 성층을 이루며 분급도 양호하다. 유량과 유속의 변화 때문에, 짧은 거리에서도 입경의 변화가 매우 심하다. 처음부터 빙하와 접촉하여 쌓인 곳에서는 지지하던 얼음이 녹음으로써 연쇄적인 단층 구조나 슬럼프 구조의 영향을 받는다. 또한 융빙수 퇴적물도 빙력토와 같이 상향 이동하고, 빙하에 의해 재동 될 수 있다.

(3) 결론

(지표로부터 물의 운반과 광물질 퇴적물의 침식 등) 기본적인 효과에 있어서 빙하 시스템은 하천 시스템을 닮았다. 육지 표면을 흘러가는 빙하빙이 채택한 형태와 빙하빙의 침식력은 다양한 침식·퇴적 기원의 뚜렷한

지형을 형성한다. 빙하가 경관을 오랫동안 점유한 지역에는 뚜렷한 대규모 지형 —장엄한 빙하 침식 경관—이 형성되었다. 빙하가 퇴적된 보다 섬세한 저지대 경관도 광범위하며 역시 뚜렷하다.

빙하에 의한 경관의 변화를 더 자세하게 알고 싶으면 아래의 자료를 참고하기 바란다.

더 읽을거리

빙하와 그의 영향을 완전히 이해하기 위한 참고 도서:

Andrews, J.T. (1975) *Glacial Systems*. Duxbury, N. Scituate.

Sugden, D.E. and B.S. John (1976) *Glaciers and Landscape: a Geomorphological Approach*. Edward Arnold, London.

빙하 및 주빙하 프로세스와 지형을 폭넓게 다룸:

Embleton, C.E. and C.A.M. King (1975a) *Glacial Geomorphology*. Edward Arnold, London.

Embleton, C.E. and C.A.M. King (1975 b) *Periglacial Geomorphology*. Edward Arnold, London.

주요 역사적 연구를 모은 재미있는 서적:

Embleton, C.E. (ed) (1972) *Glaciers and Glacial Erosion*. Macmillan, London.

Drewry, D. (1986) *Glacial Geologic Processes*. Edward Arnold, London.

Eyles, N. (ed) (1983) *Glacial Geology*. Pergamon Press, Oxford.

Paterson, W.S.B. (1981) T*he Physics of Glaciers*. Pergamon Press, Oxford.

빙하 하상 프로세스에 관한 전문적인 논문:

Symposium on Glacier beds: the ice-rock interface. (1979) *Journal of Glaciology* 23, No. 89.

제15장
풍성 시스템

1. 도입

삭박에서 풍성[aeolian, 그리스 신화에 나오는 바람의 신 아이올로스(Aeolus)의 이름을 딴 것] 시스템이란 경관 형성 시에 바람이 뚜렷한 역할을 하는 시스템을 말한다.

지표 위를 가로질러 불어 가는 바람은 대기 대순환의 일부이다. 운동하고 있는 대기권의 기체 덩어리는 유체의 밀도는 훨씬 낮지만(물의 밀도의 1.22×10^{-3}) 흐르는 물과 동일한 기본적 물리 법칙의 지배를 받는 역학적인 유체로서 행동한다.

바람은 지표 물질에 기계적 압력을 가하여, 물질을 동반하고, 운반하고, 퇴적할 수 있다. 바람은 이런 방식으로 지형을 만들고 조정하며, 유로에 국한된 것이 아니므로 전 지표를 가로질러 작동한다.

대기의 순환은 태양 복사에 의한 지표의 차별적 가열의 결과로 나타나는 지표 상의 열적 불균형에 의하여 작동된다(제4장). 그러므로 당연히 (지구 자체의 자전 에너지 및 중력 에너지와 결합한) 태양 에너지가 풍성 시스템에 동력을 공급하는 궁극적인 에너지원이다.

지형학적 동인으로서의 바람은 적절한 입경의 지표 퇴적물이 풍부하게 공급되고, 식생 피복이 부족하여 노출되어 있는 환경에서 더욱 중요하다. 이러한 일반적인 조건은 건조 환경이나 빙하 주변의 환경, 해안 등지에서 가장 보편적으로 나타난다.

가능증발산량(PET)이 강수량을 초과하는 지역으로 정의되는 건조 환경은 토양의 수분이 지속적으로 모자라는 지역이다. 실제로 풍성 시스템은 150mm 등우량선으로 둘러싸인 지역에서 활발하다. 이렇게 정의하면, 건조 지역이 지구 육상의 약 20%를 차지하며, 열대 사막과 중위도 및 고위도의 한대 사막으로 고르게 양분된다.

이러한 건조 환경에서 암석은 주로 파쇄 프로세스에 의하여 붕괴된다. 중요한 화학적 풍화 작용이나 점토 광물의 재합성은 없으므로, 레골리스는 자갈이나 모래, 세사 크기의 물질이 우세해지는 경향이 있다.

빙하 주변 환경의 특징은 빙하 전면에서 퇴적물이 전개되었다는 점이다. 전개된 퇴적물에는 빙하 자체에 의해 직접 퇴적되었거나 분급 작용을 받은 이후에 퇴적되었거나 빙하 위를 흐르는 하천에 의해서 퇴적된 세사 형태를 띠는 상당한 양의 분쇄된 암분이 포함되어 있다. 대륙 빙상이 광범위하였던 제4기 동안 중위도 대륙의 상당한 면적이 이런 종류의 지표로 나타났다.

해안 환경, 특히 노출된 대양의 해안에는 해안 프로세스가 작용한 결과 해빈 퇴적물이 집적된 대규모 퇴적지가 분포한다. 퇴적물은 분급이 양호한 모래로 이루어져 있으며, 저조위 시에는 더욱 넓게 드러난다.

세 가지의 환경에서는 여러 가지 이유 —사막에서는 건조도, 빙하 전면에서는 지표의 갱신, 해안에서는 노출과 염도 —로 부족한 식생 피복이 특징이다. 이러한 환경에서는 바람이 지형 변화의 매우 효율적인 동인이다. 풍성 시스템은 이러한 환경에서 가장 큰 영향력을 발휘한다.

2. 풍성 퇴적물의 이동

이동하는 공기는 평탄한 지표에 대하여 5km h⁻¹일
때 2N m⁻², 50km h⁻¹일 때 100N m⁻², 120km h⁻¹일
때 600N m⁻²의 힘을 가한다. 그러나 공기가 지형학적
인 일을 수행할 수 있는 능력은 공기의 유체 운동의 성
질과 지표의 성격, 지표와 지표를 구성하는 물질의 성
격 등에 따라 좌우된다.

공기가 지표 위로 흐를 때 하층 대기 내에서는 하상
에서 마찰 효과로 지연되는 것과 마찬가지로(제13장 2
절), 아래로 갈수록 마찰에 의하여 흐름이 점점 느려진
다(그림 15.1). 기류의 바닥에는 속도가 0인 얇은 층이
있다. 과립(granule)으로 이루어진 지표에서 이 층의 두
께는 지표에 있는 입자 직경의 약 1/30 정도이다. 식생
이 있는 지표에서 '죽은 공기'로 이루어진 이 층은 더
두꺼워진다. 이 층 위의 풍속은 로그 곡선의 형태로 점
차 강해진다.

고도에 따른 풍속의 변화율은 속도가 0인 고도 k와
속도가 u인 고도 z 사이에 나타난 속도 차이로 표현할
수 있다.

$$U^* = \frac{Ku}{\log \frac{z}{K}}$$

K는 상수이다. U^*는 바람의 견인 속도(전단 속도)로
정의된다. 즉, 지표에서 바람이 마찰로 지연되는 정도
를 나타내는 척도이다. 이것은 바람이 지표에 놓인 입
자에 가하는 전단력과 관련이 있다.

$$U^* = \frac{\sigma}{P}$$

σ는 마찰 압력(전단력)이고, P는 공기의 밀도이다. 그
러므로 지표 퇴적물의 이동을 결정하는 주요 요소는
견인 풍속이다(자료 15.1). 퇴적물 입자가 움직이기 시
작하는 임계치를 유체 임계치(fluid threshold)라고 하
며, 견인 풍속으로 표현할 수 있다. 풍속이 증가하면
견인 풍속과 전단력도 증가한다. 개별 입자의 임계 견
인 풍속은 그 입자의 질량과 밀도 및 모양에 따라 좌우
된다. 입자의 밀도와 모양이 비슷할 때, 직경 0.06mm
이상인 입자들에 대한 임계 견인 풍속은 입경에 정비
례한다는 사실이 실험을 통하여 밝혀졌다. 입경이 이
보다 작을 경우, 입자 간의 응집력과 이동에 대한 저항

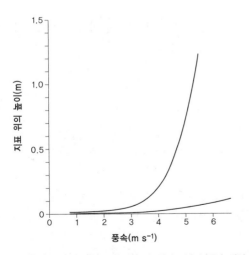
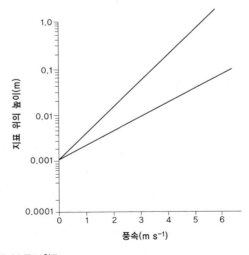

그림 15.1 지표 마찰에 따른 바람의 지연을 보여 주는 풍속 단면. (a) 산술 척도. (b) 로그 척도.

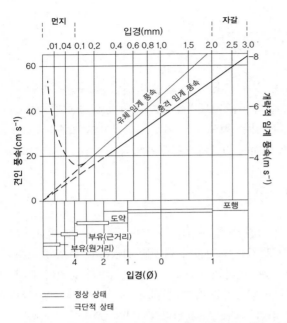

그림 15.2 입경과 관련하여 유체의 운동과 비행 물체의 충격에 의한 모래 운반의 임계 속도

(그림 15.2 labels)
- 먼지
- 입경(mm)
- 자갈
- 견인 풍속(cm s⁻¹) — 견인 풍속(cm s^{-1})
- 유체 임계 풍속
- 충격 임계 풍속
- 계단적 임계 풍속(m s^{-1})
- 포행
- 도약
- 부유(근거리)
- 부유(원거리)
- 입경(Ø)
- 정상 상태
- 극단적 상태

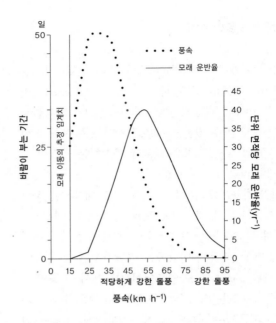

그림 15.4 규모와 빈도가 다른 바람의 모래 운반 효율성(Warren, 1979)

(그림 15.4 labels)
- 일
- 풍속
- 모래 운반율
- 바람의 누적 시간
- 모래 이동의 추정 임계치
- 단위 면적당 모래 운반율(yr^{-1})
- 적당하게 강한 돌풍
- 강한 돌풍
- 풍속(km h^{-1})

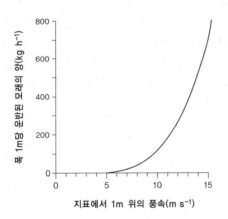

그림 15.3 풍속의 함수로 표현되는 모래 운반

(그림 15.3 labels)
- 폭 1m당 운반된 모래의 양(kg h^{-1})
- 지표에서 1m 위의 풍속(m s^{-1})

15.2]에서는 입자의 충격으로 입자를 움직이게 하는 데 필요한 견인 풍속인 충격 임계 풍속을 구분하였다. 충격 임계 풍속은 유체 임계 풍속보다 항상 낮은데, 이 것은 특정 크기의 입자가 움직이기 시작하면 바람의 견인 수준이 낮은 상태에서도 도약이 계속될 수 있음을 의미한다.

운반되는 모래의 양은 전단 풍속과 입경의 측면에서 다음과 같이 표현할 수 있다.

$$q = CD \times U\,3$$

U 은 도약하는 동안의 전단 풍속이고, q는 단위 시 간당 이동한 모래의 양이며, C는 상수이고, D는 입경 이다.

풍속은 모래 운반율의 주요 결정 요소로서, 전단 풍속의 세제곱에 비례한다(그림 15.3).

앞에서 말한 관계로 볼 때, 모래 운반에서 빠른 풍속의 바람이 느린 풍속의 바람보다 대체로 더욱 효과적

력이 상대적으로 커지기 때문에 유체 운동을 위한 임계 풍속은 다시 증가한다(그림 15.2). 대부분의 사막 모래에서, 모래 이동을 위한 한계 임계 풍속은 4.4m이다. 입자의 이동이 이루어지지 시작하면, 곧 도약 프로세스(자료 15.2)가 발달한다. 이것은 떨어지는 입자의 충격 효과 때문에 모래의 이동을 강화시킨다. [그림

자료 15.1

바람에 의한 입자의 동반

육상에 있는 토양이나 퇴적물 입자가 바람의 형태로 이동하는 공기의 압력을 받아 동반되는지의 여부는 추진력과 저항력 사이의 균형에 좌우된다.

저항력은 다음과 같이 인식할 수 있다.
1. 관성: 중력가속도의 지배를 받는 입자의 고정성 질량
2. 마찰: 인접한 입자를 지나는 활주 운동에 대한 저항
3. 응집: 인접한 입자들이 서로 붙으려는 경향. 점토의 경우에는 입자 간 접착으로, 모래의 경우에는 수분의 결합 때문에 나타난다.

주요 추진력은 다음과 같다.
1. 견인력: 바람의 유체 운동이 입자에 가하는 직접적인 충격. 입자의 받이면과 그늘면에 가해진 힘들 간에 실질적인 차이를 유발한다.
2. 양력: 바람이 입자 위로 가속됨으로써 수직 압력의 감소를 초래하여 입자를 들어 올리는 경향(a)
3. 탄도 충격: 입자가 지표로 되돌아와서 그곳에 머물러 있는 입자에게 운동 에너지로 전달되는 비행 입자의 충격(b)

대기에서 유체 동반은 기본 원리에 있어서 물에서의 경우와 비슷하지만 공기의 밀도는 매우 낮기 때문에 큰 차이가 있다. 그래서 이동하는 공기가 나타내는 압력은 같은 속도로 흐르는 물의 압력에 비해 훨씬 작고, 퇴적물 입자는 대기에서 훨씬 적게 떠오른다. 반대로 대기 내에서는 튀어 오르는 입자가 날아갈 때 유체 저항을 훨씬 적게 받기 때문에 탄도 충격의 효과가 훨씬 더 크다.

바람에 의해 지표로부터 교란된 입자는 튀어 오르는 높이와 떠 있는 체류 시간이 크게 다양하다. 교란의 규모는 처음부터 바람의 세기에 따라 좌우되지만, 대기 중으로 떠오르는 양은 공기가 교란되어 강한 상승 기류를 가질 때 더욱 많아진다. 중력은 부유 중인 입자들을 다시 지표로 끌어당기며, 이 힘은 입자 크기에 비례한다. 그림 (c)는 입자의 크기와 낙하 풍속 사이의 관계를 나타낸 것이다. (모래 크기의) 조립 입자는 쉽게 땅으로 떨어지지만 (점토 크기의) 세립 입자는 오랫동안 대기에 머무른다.

그래서 모래는 간헐적으로 짧게 튀어 오르면서 지표 위를 이동한다. 여기에서는 **도약**(saltation) 프로세스(자료 15.2)가 중요하다. 미세한 입자는 대기 내 2km 높이까지 운반되며, 수개월 수년 동안 대기에 머물며 수천 킬로미터를 비행한 후 지표로 돌아온다.

이 때문에, 미세한 입자의 경우에는 도약하는 모래 입자의 경우보다 동반 프로세스와 퇴적 프로세스가 보다 명확하게 구분된다.

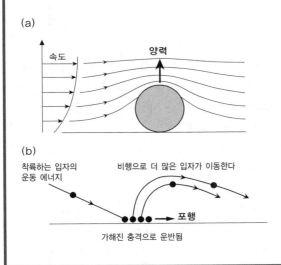

(a) 속도 / 양력

(b) 착륙하는 입자의 운동 에너지 / 비행으로 더 많은 입자가 이동한다 / 포행 / 가해진 충격으로 운반됨

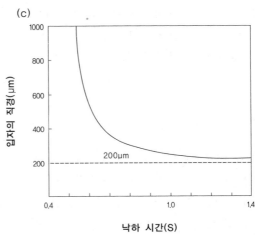

(c)

도약 운동

공기는 물과 비교할 때 유체의 밀도가 낮기 때문에 풍성 시스템에서는 도약 프로세스가 특히 중요하다. 모래 입자는 같은 부피의 물보다 1.6배 더 무거우며, 공기보다 2,000배 더 무겁다. 그래서 모래는 공기 중에서 쉽게 튀어 오른다.

지표에서 수직으로 튀어 오른 모래 입자는 빠른 속도로 흐르는 기류 속으로 유입된다. 그래서 풍향에 따라 앞으로 운반된다. 0.2mm보다 큰 입자는 바람이 입자를 더 이상 부유 상태로 유지할 수 없는 낙하 풍속을 가지고 있어서 입자는 수평면에 6~12°의 각도로 충격을 가하면서 다시 지표로 떨어지게 된다. 모래 바닥에 떨어지는 입자는 부딪히는 입자들에게 운동 에너지를 전달하여, 그 입자들을 이동하는 기류 속으로 던져버린다. 그들 역시 착륙할 때 입자들을 더 멀리 던져버려서, 모래 지표 위로 튀어 오르는 자욱한 모래 구름이 약 20cm의 두께를 이룬다. 이것이 도약 프로세스이다.

모래 입자는 직경이 6배나 되는 입자를 움직일 수 있다. 그러한 큰 입자는 충격을 받아 이동할 때 가끔씩 끌리면서 지표 위를 이동한다. 도약하는 동안 모래의 약 75%는 튀어 오르고 25%는 끌리면서 이동한다고 한다.

도약하는 모래 구름은 바람에 중요한 피드백 효과를 나타낸다. 모래 구름은 바람의 에너지를 감소시켜 바람을 느리게 한다. 그래서 유효한 지표의 조도가 증가하여, 유효한 지표는 지표에서 약 1cm 정도 높게 위치한다. 이 높이에서 풍속은 4.5ms⁻¹ 정도(대부분 사구사의 이동에 대한 임계 풍속)로 일정하게 나타난다.

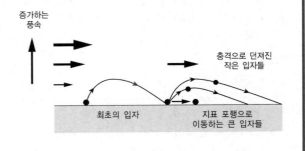

대문에 6~12°의 각도로 충격을 가한다.

인지 의문이 생긴다. 물론 이것은 다양한 풍속의 바람이 불어오는 각각의 빈도에 따라 달라진다. 1년 동안 풍속의 실질적인 분포를 생각해보면, 모래 이동에 미치는 누적 효과를 [그림 15.4]에 제시된 것처럼 계산할 수 있다. 1년 이상을 고려한다면, 중간 풍속의 바람이 모래 이동에 가장 효율적이라고 볼 수 있다.

3. 바람의 침식

도약하는 모래 입자(모오 경도 9)들이 대량 포함된 바람은 효율적인 마식 기구를 형성한다. 이러한 모래 분사(sand-blasting) 프로세스는 다양한 규모의 단단한 암석을 삭박할 수 있다. Sharp(1964)는 실험을 통하여 사막 바람의 마식 능력을 보여 주었다. 모하비(Mojave) 사막에 투명합성수지(모오 경도 2.5) 막대를 수직으로 세우고 관찰한 결과, 11년 동안 모래 분사로 0.3~0.9mm가 침식되었다고 보고하였다. 침식은 지표 23cm 높이에서 최대로 나타났다. 이 프로세스가 자연 상태의 암석 물질에 어느 정도 영향을 미칠 것이 분명하다.

지표의 모래가 바람에 의하여 제거됨으로써, 지표에는 바람이 운반할 수 없는 크기의 자갈이나 거력들만 남게 된다. 이러한 종류의 자갈 피복을 **사막포도**(desert pavement)라고 하며, 아라비아에서는 **자갈 사막**(reg)으로 부른다. 지표에 남은 자갈은 마식을 받아 바람받이 면이 완만하게 되고, 바람그늘 면과의 사이에는 날카로운 가장자리나 용골(keel)이 있다. 여러 방향의 바람이 탁월하거나 교란에 의해 자갈이 뒤집어지면 하나 이상의 완만한 마식면이 발달한다. 바람에 의한 마식면을 가진 자갈을 **삼릉석**(ventifact)이라고 한다.

대규모 지형도 약간 바람의 침식 작용을 받은 것으로 추측된다. 예를 들어, 다양한 종류의 유선형 암석 노두와 기저부가 깎여 버섯 모양의 축대 바위를 형성하는 고립된 암석 노두는 바람에 의한 모래 분사의 영향을 받은 것이다. 그러나 바람에 의한 풍식이 가장 효율적인 정확하게 동일한 고도대에서 염 풍화나 수화 풍화와 같은 사막 풍화 프로세스 역시 지표에 가까운 암석 노두의 기저부에서 가장 효율적일 것이다. 그러므로 암석 표면의 하방 굴식을 바람의 작용 탓으로만 돌리는 것은 현명하지 못하다.

탁월풍 방향으로 길게 뻗은 유선형의 바위는 여러 사막에서 관찰되었다. 높이 200m, 길이 1km에 이르는 이러한 바위를 **야르당**(yardang)이라고 한다. 야르당의 형성 과정을 여러 가지 프로세스로 설명하지만, 풍향과 나란히 배열되어 있는 점으로 보아 바람이 야르당의 형성에 중요한 역할을 하였다는 것을 알 수 있다.

보다 큰 공간 규모에서는 위성 사진을 이용하면 넓은 지역의 기반암에 그루브가 새겨진 지표의 발달을 밝힐 수 있다. 사하라 사막에 있는 티베스티(Tibesti) 마시프 근처 약 9만km² 지역에서 이를 사용한 것이 특히 좋은 사례이다. 너비 1.5km에 2~500km의 간격을 가진 그루브는 가파른 측벽과 편평한 바닥을 가지고 있다. 이들의 구부러진 배열은 절대적으로 지방풍과 일치한다.

이집트의 웨스턴 사막에 존재하는 대규모 사막 와지는 바람의 취식에 의한 것이다. 예를 들어, 카타라 저지는 250×100km에 이르며, 해수면 이하 134m까지 확장하였다. 그러한 대규모 지형에는 많은 지형학적 프로세스가 기여했을 것이기 때문에 지역적 규모의 바람에 의한 퇴적물 제거도 지형 발달의 중요한 요소임이 확실하다.

지역적 규모에서 바람으로 운반되는 퇴적물의 양은 상당하다. 사하라 남서부를 불어가는 바람은 연간 약 2~4억 톤의 먼지를 대서양으로 실어 나르는 것으로 평가된다. 이것은 대서양에 퇴적되어 심해 퇴적물이 된다. 북아프리카에서 바람에 날린 먼지는 300년 동안 지중해의 북부 해안에 집적되어 10cm의 세사층을 형성하였다. 이러한 관찰 결과, 바람은 사막 지역에서 지역적 삭박을 일으키는 효율적인 도구임이 분명하다.

4. 풍성 퇴적

풍성 시스템의 가장 두드러진 특징은 사구의 생성이다. 사구는 바람에 의하여 모래가 대규모로 쌓여 특징적인 모습을 띤다. 이것이 사막 환경의 보편적인 고정 관념이지만, 사구 지역은 개별 사막 지역의 20~30%에 불과한 제한된 부분만을 점유한다는 사실을 인식하는 것이 중요하다(표 15.1). 그럼에도 불구하고, 사구 지역은 넓은 지역을 점유하는 경향이 있다. 활동성 모래의 99.8%가 125km² 이상 되는 모래사막에서 발견된다는 평가도 있다. 사구 지역의 평균적 규모는 약 19만km²이며, 가장 큰 것은 아라비아의 루브 알하리(Rub al Khali)로서 56만km²에 달한다. 이들 지역에 막대한 양의 모래가 존재한다.

모래의 집적 지대 —**모래사막**(erg)—는 주변 고지대보다 바람이 약하고 침식력도 낮은 사막 저지대에 집중하는 경향이 있다. 사구 지역의 모래는 주변 고지대에서 침식된 후 사막 저지대에 퇴적된 충적 퇴적물에서 대부분 기원하는 것으로 믿어지고 있다. 여러 열대 사막에서는 국지적 기반암이 지질 시대 초기에 퇴적된 사막 사암이어서, 오랜 지질 시대 동안 기후가 안정되어 있었음을 나타낸다. 이러한 암석이 풍화되고 삭박되면 고대 사막 환경에서 유래하는 퇴적물 입자들이 방출된다. 대부분의 사막 모래는 물리적으로 단단한 석영 입자들로 구성되어 있으며, 그들의 운반 역사에 따라 대체로 양호한 원마도를 보인다.

사막에서 발달하는 사구 지형의 특성은 여러 가지 요소들에 따라 좌우된다. 바람의 세기와 풍향, 국지적

표 15.1 사구 지역과 모래가 차지하는 개별 사막의 비율(Cooke and Warren, 1973)

오스트레일리아	31.0%
사하라	28.0%
아라비아	26.0%
리비아	22.0%
미국 남서부	0.6%

인 기류 패턴이 하나의 세트를 이룬다. 모래 입자의 크기와 공급량은 또 다른 세트이다. 해안 사구의 경우에는 식생이 중요한 요소이다. 사구 지형은 규모와 형태, 그리고 내부 구조에 따라 구분될 수 있다(표 15.2).

Mckee(1979)는 특정한 사구 유형을 만든 바람 체제의 성격을 나타내는 지시자로서 사구의 내부 구조를 주시하였다. 사구의 바람그늘 사면에 있는 활주면(slip side)은 건조한 모래의 안식각(30~34°)을 나타내며, 이것은 바람이 불어가는 방향으로 경사진 사층리 층을 만든다. 이 사층리 층들이 사구의 내부 구조를 형성한다. 사구의 내부 구조에 나타나는 층리 세트의 수 —1개나 2개, 3개, 또는 그 이상 —는 사구 형성에 관여한 탁월풍의 수를 나타낸다.

[그림 15.5]에서 보이는 것(Wilson, 1972)처럼, 사구와 관련한 지형에는 계층적 배열이 나타난다. 이것은 이러한 지형을 형성한 모래 입자의 크기와 관련이 있다. 세계 도처의 자료를 근거로 볼 때, 다양한 규모의 지형들 —연흔(ripple), 사구, (드라아라고 부르는) 거대 사구(megadune) —은 매우 분명하게 분리되어 있다(표 15.3).

표 15.3 풍성 지표 지형 계층의 특징적 형태(Wilson, 1972; Selby, 1985)

	최빈 파장	파장의 범위	높이의 범위
연흔	8cm	5.0~200cm	0.1~5cm
사구1.	40m	3.0~600m	0.1~15m
사구2.	200m	3.0~600m	0.1~15m
드라아	1,500m	0.3~3km	20.0~400m

표 15.2 몇 가지 기본적 사구 유형의 형태적 특성(Chorley et al., 1984)

형태	활주면	개수	평균 길이(km)	평균 너비(km)	평균 파장(km)	발생 형태
바르한	초승달 평면 형태	1	0.56	0.90	0.68	고립된 형태
아클사구	비대칭 능선	1	1.27	2.11	1.90	풍향에 수직
타원형	U모양 평면 형태	1				해안 사구
직선형	비대칭 능선	2	18.14	0.24	0.81	풍향에 평행
별모양	중앙 봉우리 방사상 능선	>2	0.86	0.86	1.76	고립된 형태

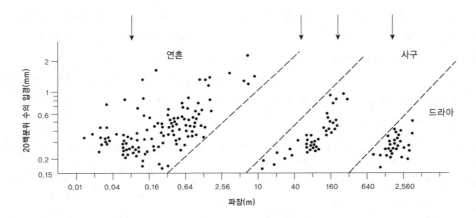

그림 15.5 사구 지형의 입경과 파장 사이의 관계. 화살표는 다양한 규모의 지표 지형의 최빈 빈도를 나타낸다. 입경으로 정의되는 사구 지표 지형의 표본에서 모래 입경의 빈도 분포에서 20백분위로 불리는 값은, 분포에서 모래 입자의 20%가 더 미세하다는 것을 의미한다(Wilson, 1972).

5. 풍성 지형의 형태

(1) 연흔

연흔은 도약하는 동안 형성된다. 모래 지표가 불규칙한 곳에서 바람받이면은 바람그늘면보다 더 많은 입자와 부딪힌다. 그래서 바람받이면에서 더 많은 입자들이 튀어 오를 것이다. 풍속이 일정하고 모래의 직경이 동일하다고 가정하면, 모래 입자는 바람이 불어가는 방향으로 동일한 거리를 이동한 후 쌓여서 더 큰 기복을 만들 것이다. 이러한 방식으로 바람의 방향에 수직을 이루며 등 간격으로 분포하는 소규모의 두둑은 연흔으로 발달할 것이다(그림 15.6). 연흔의 간격은 입자의 크기와 바람의 세기에 따라 결정된다. 두둑의 바람받이면으로부터 제거된 모래 입자들이 다음 두둑의 바람그늘 면에 퇴적됨으로써, 연흔은 바람이 불어가는 방향으로 이동한다.

(2) 사막 사구

종사구 종사구(longitudinal dune)는 아마도 가장 보편적인 유형일 것이다. 종사구는 수십 킬로미터 이상 연속되는 길고 평행한 능선들로 이루어져 있는데, 가끔은 '소리굽쇠'의 접합부처럼 붙어 있을 때도 있다(그림 15.6a). 각 능선들은 모래가 없는 자갈 지표로 분리된다. 종사구는 한 방향으로만 부는 일정한 바람으로 형

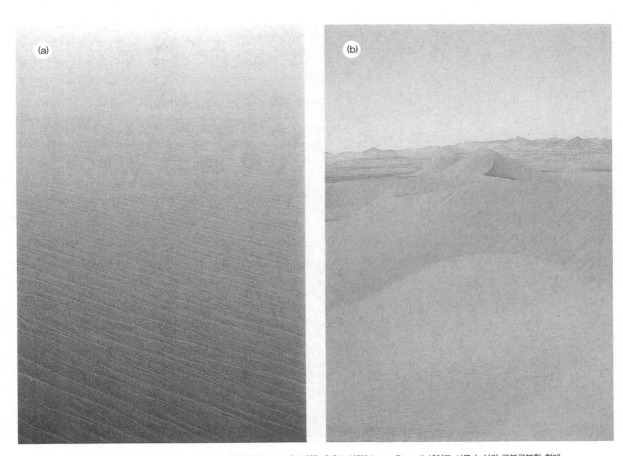

그림 15.6 (a) 오스트레일리아 그레이트 사막(Great Desert)의 종사구. (b) 이스라엘 네게브 사막(Negev Desert) 세이프 사구 능선의 구불구불한 형태.

성되었으며, 사구 능선들 사이의 지표로부터 사구의 양 날개를 향하여 모래를 수평으로 쓸어 올리는 수평의 나선형 바람 운동, 즉 수평으로 구르는 소용돌이와 관련 있는 것으로 나타났다.

아라비아에서 흔히 나타나는 종사구의 또 다른 유형인 **세이프 사구**(seif dune)는 비교적 곡선이며 형태에서도 연속성이 약하다(그림 15.6b). 이것은 계절적인 성격을 지닌 제2의 탁월풍이 있는 풍계와 관련된 것으로 밝혀졌다.

횡사구 이러한 유형의 사구는 파랑 상의 지표 기류와

그림 15.7 활주 상흔과 모래 흐름 통로를 보여 주는 사구의 활주 사면. 사구면의 높이는 약 20m이다. 사구면에는 연흔이 분명하다.

연관된 단일 풍향의 풍계에서 발달하며, 고원과 같은 큰 장애물의 바람그늘에서 발달한다. 고속의 바람이 지표를 쓸어가는 골(trough)에서 동반된 모래 입자는 고속의 바람이 높이 솟아오르는 마루(crest)에 퇴적된다. 그래서 사구의 능선은 풍향에 수직을 이루며 쌓이고, 기류의 파장과 동일한 간격을 가진다. 모래 능선은 바람그늘 사면이 건조한 모래의 안식각(30~34°)을 초과할 때까지 지속적으로 성장한다. 사구의 안정성은 소규모의 모래사태(sand slip)로 조정된다. 모래사태는 사구면의 각도를 감소시키고, 모래를 사구의 아랫부분으로 운반한다(그림 15.7). 사구는 이러한 방식으로 바람이 불어가는 방향으로 이동한다.

횡사구(transverse dune)는 교차하는 바람그늘 돌출부와 바람받이 만입부가 규칙적으로 분포하며 사행하는 평면 형태를 나타낸다(그림 15.8). 횡사구는 **아클 사구**(akle dune)로 알려져 있는데, 탁월풍과 비스듬하게 평행한 '수평으로 구르는 소용돌이'와 관련이 있으며, 소규모 순환 시스템을 나타낸다.

바르한 이러한 고립된 사구는 단일 풍계 및 제한된 모래 공급량과 관련이 있다. 바르한(barchan)은 평지에 나타나며, 개별 사구는 모래가 없는 지표로 분리된다(그림 15.9). 바르한의 특징은 초승달 모양의 평면 형태와 둥근 곱사등을 이루는 바람받이 사면, 그리고 바람그늘 활주 사면 가장자리에 있는 두 개의 구부러진 뿔이다.

별사구 이러한 유형의 사구는 여러 풍향의 바람에 의해서 만들어진다. 별사구(star dune)는 중앙의 봉우리에서 방사상으로 능선이 뻗어 있다. 별사구는 수평보다 수직으로 성장하여, 높이가 수십 미터에 이른다.

야외에서 측정한 바르한의 이동 속도는 연간 50m에 달한다. 작은 사구일수록 큰 사구에 비하여 빠르게 이동하므로 개별 사구가 합체하여 대규모 사구를 형성한다는 일반적인 결론을 도출할 수 있다.

그림 15.8 아클의 형태를 보이는 모로코 횡사구

두 개의 사구 패턴이 서로서로 적재될 때 합체가 발생한다. 두 개의 직선형 사구가 서로 엇갈리는 교차 지점에 별사구가 형성된다. 복합 사구는 이런 저런 방식으로 형성되므로, 바람 패턴의 국지적 복잡성을 반영하는 복잡한 형태를 나타낸다(그림 15.10).

(3) 해안 사구

해안 사구는 강한 해풍이 모래 해빈을 가로질러 불어오는 곳, 특히 조차가 큰 곳에서 잘 발달한다. 이러한 환경에서는 많은 모래가 건조한 바람에 노출되어 있어서, 바람에 의해 육지 쪽으로 운반되기 쉽다.

해안 사구는 한 가지 중요한 측면에서 사막 사구와 다르다. 즉, 해안 사구는 습윤한 기후 환경에서 식생이 사구 형성에 중요한 요소가 됨으로써 발달될 수 있다

는 점이다. 그러나 습윤 열대에서 해안의 식생이 무성하게 발달하면 해안 사구가 발달하지 않게 된다.

사실 연안 위로 불어가는 바람은 모래를 동반하여 도약 모래 구름(saltation cloud)의 형태로 운반한다. 이 모래 구름이 더 많은 에너지를 흡수하는 지표 —예를 들면, 최고수위선 위의 연흔 형태를 띠는 모래, 젖은 모래나 식생이 있는 지표— 의 위를 통과할 때, 많은 에너지가 지표에서 흡수되므로 도약이 줄어들고 퇴적이 일어난다. 그렇게 하여 배아 전사구가 형성되며, 이것은 더 많은 모래를 붙잡는 덫의 역할을 한다. 이 사구는 평면에서 선형이며, 해빈의 육지 측면을 따라 해안에 평행하다. 에너지와 모래를 더 많이 포획하는 식생, 특히 해초가 자라면 사구의 발달이 강화될 것이다.

해안 사구의 성장 속도는 연간 1m에 달하며, 10m

그림 15.9 자갈의 사막포도로 둘러싸인 소규모 바르한 사구

이상의 높이에도 쉽게 다다른다. 보통 횡적인 해안 사구는 단면에서 비대칭이며, 바다를 향한 사면이 더 가파르다. 바람이 마루 위를 지날 때 기류가 갈라져, 빠른 바람은 상승하고 바람그늘 사면에는 안정된 기류권이 형성된다. 이 고요한 지대에서는, 도약이 급격히 약화되고 퇴적이 일어난다. 바람받이 사면에 침식이 일어나고 바람그늘 사면에 퇴적이 발생함으로써 사구체는 내륙으로 이동하고, 더 많은 전사구의 발달로 이어지게 된다.

그러므로 해안 사구 시스템은 바다 쪽으로부터 사구 위를 넘어 하강하는 바람에 의해 모래가 깨끗이 쓸려간 골로 분리되는, 일련의 선형 횡사구를 이루는 경향이 있다. 이들 골 또는 사구 습지(dune slake)의 높이는 지하수면의 높이로 결정되는데, 지하수면은 모래를 젖

게 함으로써 풍식에 대한 자연적 하한계로 작용한다.

보다 내륙에 있는 오래된 사구는 형상이나 평면 형태에서 더욱 불규칙하다. 동물이나 인간의 답압으로 식생 피복이 파괴된 경우에는 사구 정상부 가까이에 있는 모래가 다시 바람에 노출되어 침식이 계속 이어진다. 그래서 정상 부분에 있는 모래는 앞으로 불려가고, 정상부의 윤곽이 뚫어진 부분에는 바람이 불어가는 쪽으로 부풀어 오르게 된다. 이것을 **취식와지**(blowout)라고 한다(제25장 1절, 그림 25.10).

시간이 지나면 선형의 사구는 평면에서 매우 불규칙한 모양이 된다. 취식와지는 전형적인 사구의 형태가 평면상 타원체가 될 때까지 더욱 확장된다. 포물선의 만곡부는 바람이 불어가는 쪽을 향하고, 식생으로 고정된 날개는 바람이 불어가는 쪽으로 평행한 선형의

그림 15.10 드라아 규모의 사구가 교차하는 복잡한 패턴

능선을 형성한다(그림 15.11).

6. 결론

풍성 시스템은 외적 관계에서 대부분의 다른 삭박 시스템과 상이하다. 풍화 시스템, 사면 시스템, 하천 시스템은 직렬로 연계되어 나타나는 반면, 풍성 시스템은 다른 시스템과 접촉하면서 더욱 다양해진다.

때때로 해안선이나 하천이 사막을 가로지르는 곳에서는 시스템의 경계가 날카롭게 나타나기도 한다. 그러나 모르는 사이에 사막의 가장자리가 반건조 지역으로 점차 변하는 것이 더욱 일반적이다. 뚜렷한 시스템의 경계에서는 풍성 시스템의 유출을 증명하기가 어렵다. 예를 들어, 사구가 주변의 비풍성 지역으로 퍼져나가는 경우처럼, 때때로 예외가 나타나기도 한다.

그러나 다른 시스템이나 다른 지역에 가장 큰 영향을 미치는 것은 미세한 풍성 퇴적물이 대규모로 장기간 유출되는 것이다. 그런 퇴적물은 **낙진**(airfall deposit)으로써 지표로 되돌아오는데, 가장 잘 알려진 것은 **뢰스**(loess)의 형태로 멀리 여행하는 실트이다. 이 물질은 제4기 동안 북아메리카와 유럽 대륙의 빙상 가장자리 주변에 집적되었고, 중국 북부 고비 사막의 동쪽에는 250m 이상이 덮여 있다.

이들 지역에서 지질학적 기질인 뢰스는 하천 삭박 시스템의 주요 유입(input)을 구성한다. 그리고 쉽게 침식된 실트 지역에서는 복잡하게 개석된 경관을 만들기도 한다.

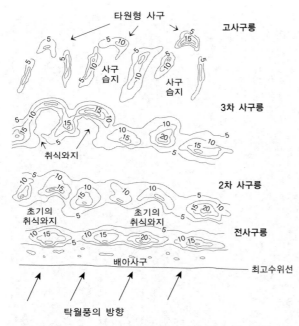

타원형 사구

고사구릉

사구
습지

사구
습지

3차 사구릉

취식와지

2차 사구릉

초기의
취식와지

초기의
취식와지

전사구릉

배아사구

최고수위선

탁월풍의 방향

그림 15.11 해안 사구 형태의 발달: 영국의 해안에서는 그러한 배열이 200~300년의 집적을 나타낼 것이다.

더 읽을거리

오래되었음에도 불구하고 기초적 내용을 담고 있는 고전적 교과서:

Bagnold, R.A. (1941) *The Physics of Blown Sand and Desert Dunes*. Chapman & Hall, London.

풍성 지형에 관한 보다 일반적인 고급 교과서:

Cooke, R.U. and A. Warren (1973) *Geomorphology in Deserts*. Batsford, London.

Goudie, A.S. and A. Watson (1980) *Desert Geomorphology*. Macmillan, London.

Nickling, W.G. (ed) (1986) *Aeolian Geomorphology*. Allen & Unwin, London.

Thomas, D.S.G. (ed) (1989) *Arid Zone Geomorphology*. Belhaven, London.

이 장의 주제를 넘어 건조 환경을 고찰한 교과서:

Heathcote, R.L. (1983) *The Arid Lands: Their Use and Abuse*. Longman, London.

Louw, G.N. and M.K. Seely (1982) *Ecology of Desert Organisms*. Longman, London.

Spooner, B. abd H.S. Mann (eds) *Desertification and Development: Dryland Ecology in Social Perspective*. Academic Press, London.

Uncod (1977) *Desertification: its Causes and Consequences*. Pergamon Press, Oxford.

또한 전문 서적 내에서 유익한 개별 장:

Chorley, R.J., S.A. Schumm and D.E. Sugden (1984) *Geomorphology*. Methuen, London.

Derbyshire, E., K.J. Gregory and J.R. Hails (1979) *Geomorphological Processes*. Dawson, Folkstone. Chapter 4.

Embleton, C.E. and J.B. Thornes (eds) (1979) *Processes in Geomorphology*. Edward Arnold, London. Chapter 10.

Selby, M.J. (1988) *Earth's Changing Surface*. Oxford University Press, Oxford.

제16장
해안 시스템

해안은 세계의 대양과 바다가 육지의 가장자리를 감싸는 곳에 나타난다. 해안선의 길이는 약 44만km로서 (Pethick, 1984), 대규모의 환경 시스템을 이루는 것으로 평가된다. 해안은 환경 조건이 독특하여 특유의 프로세스에 의해서 작용한다는 점이 특징이다. 그러므로 해안은 물리적 시스템과 생태계 사이의 상호 작용을 표현하는 방식으로 분리하여 고려할 필요가 있다.

해안은 지대(zone)로 생각하는 것이 적절하다. 파랑과 조수의 직접적인 힘은 수직적으로는 조차(고조위에 파랑의 높이를 더한 것), 수평적으로는 고조수위선과 저조수위선 사이의 거리로 정의되는 지대에 가해진다. 이러한 제한이 해안 프로세스의 영역을 전적으로 한정하는 것은 아니다. 바람이나 파랑, 조류에 의해 해안지대로부터 육지 쪽이나 바다 쪽으로 물질이 전달되기 때문이다. 해안지대는 특정한 프로세스와 환경에 따라 여러 개로 세분할 수 있다(그림 16.1).

조간대 내에는 조수나 파랑의 형태를 띠는 해양 에너지가 매우 좁게 집중된다. 이 에너지는 시간이 지나면서 지속적으로 유입되며, 순간적이거나 하루, 또는 한 달 간격으로 매우 가변적이다. 대규모 폭풍은 드물게 발생하지만 단기간에 높은 에너지를 유입하여, 대양성 폭풍파가 연안을 강타한다. 해안은 일정하게 변화하는 에너지의 유입이 있고, 이동 가능한 퇴적물이 준비되어 있기 때문에 매우 역동적인 지대이다. 해안은 유입량의 변화에 빠르게 반응하므로 지형학적 행위에 따른 해안의 변화도 짧은 시간 동안 쉽게 관측된다.

지구 상 인구의 약 65%는 해안으로부터 수킬로미터 이내에서 살고 있다고 한다. 이 사람들은 주택이나 식량 생산, 산업, 통신과 위락 등 다양한 활동에 종사하므로, 해안지대는 이 사람들에게 매우 중요하다. 이러한 활동은 대규모의 자본과 인력 투입을 의미한다. 그러나 해안지대의 환경 프로세스는 집약적으로 이용되는 토지에 범람이나 침식, 폭풍 피해, 오염 등의 다양한 재해를 유발한다. 그러므로 인간이 해안지대를 이용하기 위해서는 효율적인 환경 관리를 시행하는 것이 필수적이다. 이것은 해안 프로세스를 분명하게 이해할 필요가 있다는 것을 의미한다.

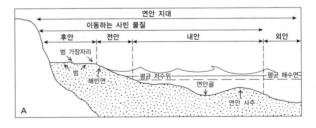

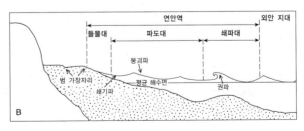

그림 16.1 해안 지대의 세분. (a) 해빈 단면. (b) 파랑과 연안류.

1. 해안 시스템의 에너지원

해안 시스템에만 있는 독특한 두 가지 주요 에너지원은 조석과 파랑이다. 그러나 이들 모두 멀리 떨어진 에너지원에서 유래한 에너지가 변형된 것이다. 조석 에너지는 달과 태양의 인력 에너지에 기원을 두고 있으며, 지구의 자전 에너지와 결합되어 있다(제6장). 파랑 에너지는 대양 표면을 지나는 바람의 전단으로 발생하며, 바람의 운동 에너지가 파랑의 잠재적 에너지와 운동 에너지로 변형된 것이다. 바람은 불균등한 태양 복사에서 동력을 얻는 대기 대순환의 함수이므로 파랑의 궁극적인 에너지원은 태양이라고도 말할 수 있다. [그림 16.2]는 조석 에너지와 파랑 에너지가 생성될 때 포함된 에너지의 변형을 나타낸 것이다.

(1) 조석

조위(潮位)란 파랑으로 인한 단기간의 수위 교란은 무시하고 특정 시기에 해안의 정지 수위를 일컫는다.

조석은 지구와 관련한 달과 태양의 상대적인 운동의 결과로서 규칙적이고 예측 가능한 기반 위에서 상승한다. 이렇게 조위의 규칙적인 진동이 만들어지고, 사리/조금 순환으로 규정되는 범위 내에서 격주의 변화를 겪는다.

이러한 힘으로 만들어지는 조석의 변동은 하와이와 같은 열린 바다의 0.5m 정도 되는 지점에서, 조석이 깔대기 모양의 하구를 거슬러 올라가면서 확대되는 곳으로부터 최대 10m 이상까지의 범위를 보인다. Davies (1972)는 조석 환경을 사리 때의 조차를 기준으로 대조 환경(4m 이상), 중조 환경(2~4m), 소조 환경(2m 이하)으로 구분하였다. 조석을 동정할 수 있는 또 다른 특성은 **조석 기간**(time duration)이다(Trenhaile, 1980; Carr and Graff, 1982). 이것은 조석이 조차 범위 내 다양한 수위에서 나타나는 시간의 백분율이다(그림 16.3).

조석의 규칙적이고 예측 가능한 진동은 다른 일시적 사변의 영향으로 조정되기 쉽다. 대기압이 변하면 해수면이 상승하거나 하강할 수 있다. 대기압이 1hPa 감

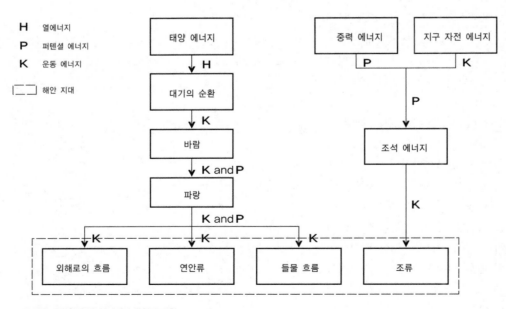

그림 16.2 해안지대 내 에너지의 근원과 변형

소하면 해수면은 1cm 상승하는데, 이를 기압 역효과라고 한다. 950hPa의 낮은 기압을 가진 열대 저기압이나 중위도 저기압이 발생하면 해수면은 국지적으로 50cm 상승하는 효과가 있다.

강한 바람이 발생하면 이런 일이 발생할 수도 있다. 바람이 육지 쪽으로 불어오면 물을 해안 쪽으로 밀어붙임으로써 연안에 대하여 해수면을 상승시키는 효과가 있다(바람 해일). 북해에서는 1953년 폭풍 해일로 동앵글리아(East Anglia)와 네덜란드 연안에서 조위가 2~3m 상승하였다.

해안 프로세스와 관련하여 조석은 다음과 같은 중요한 의미를 가진다.

1. 조석은 직접적인 파랑과 기타 해양성 작용이 일어나는 고도의 범위(최대 높이를 포함하여)를 제한한다.
2. 해안의 불규칙한 지형(작은 만이나 섬, 사주 등) 주변에서 밀물과 썰물이 조류를 만든다.
3. 조간대의 일주적인 범람과 노출은 독특한 암석 풍화 프로세스(팽윤, 염 결정화)를 위한 조건을 만든다.
4. 조석은 어느 정도의 동물과 식물이 적응하고 지형학

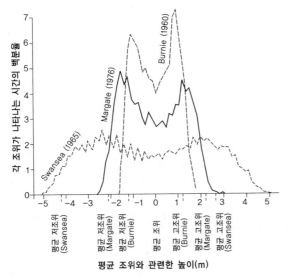

그림 16.3 다양한 장소에 대한 대표적인 조석 기간 곡선

적 효과도 가지는 조간대 서식지를 생성한다.
5. 조석마다 영양소가 유입되어 조간대 생물들에게 공급된다.

(2) 파랑

파랑 작용은 해안의 변화를 일으키는 가장 중요한 기구일 것이다. 바다에서 파랑의 발생, 파랑 에너지의 규모, 파랑의 육지 방향 진행 등은 해안 프로세스를 고려할 때 기본이 된다(자료 16.1).

파랑은 바람이 수면 위로 통과함으로써 바다에서 발생한다. 거울같이 잔잔한 수면은 표면에서 흐르는 바람 속의 와류와 접촉하여 물결이 일어난다. 와류는 수면에 수직을 이루는 동적 압력의 차이를 유발하고, 파랑이 시작된다. 한번 시작된 파랑은 바람이 지속적으로 불어오면 높아지고 길어진다. 발생 과정에 있는 파랑을 **해파**(sea wave)라고 하는데, 형태가 불규칙하고 파정이 짧게 교차하여 혼란된 패턴을 만드는 경향이 있다. 파랑은 바람이 흐르는 방향으로 가속화되고 증식된다.

넓은 바다에서 만들어지는 파랑의 규모는 바람이 부는 기간과 속도, 그리고 취송 거리(바람이 불어가는 길이)와 연관되어 있다. [그림 16.4]는 이러한 변수들에 기초한 파랑 예보도의 한 예이다. 파랑은 처음 발생했던 교란지대로부터 떠나온 이후 넓은 대양을 건너 대륙의 가장자리를 향하여 나아간다. 파랑은 진행하는 동안 보다 완만해지고 보다 규칙적으로 된다. 파랑은 넓은 대양을 건너는 동안 파고나 주기가 다양한 파랑들을 많이 만나며, 새로운 파랑들이 기존의 파랑 위에 더해지기도 한다. 어느 시기에 해안이 받아들이는 파랑은 여러 발원지에서 만들어진 것이어서 여러 파랑들이 누적된 효과가 다양한 파랑의 형태로 나타난다.

파랑은 해안에 도달하면 얕은 물을 만나게 된다. 그 결과 파랑은 단면의 형태와 평면의 형태가 고쳐지는 중요한 변화, **천해 변형**(shoaling transformation)을 겪는다. 파랑의 주기는 일정한 반면 파랑의 속도와 파장이

해양성 파랑의 성질과 모양

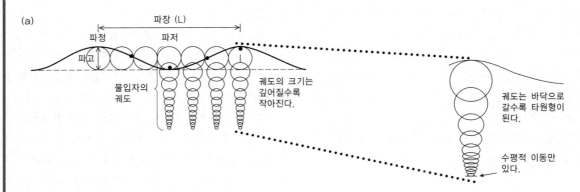

(a)

파랑은 열린 수면에서 만들어지며, 개별 물 입자의 궤도 운동과 관련이 있다. 모든 입자는 일정한 위치에서 궤도를 돈다. 궤도의 직경은 깊어질수록 감소하며, 파장의 1/2과 같은 깊이(D<0.5L, 그림 a 참조)에서는 무시된다. 궤도의 위치와 궤도 내의 파동 입자는 파동 형태가 앞으로 이동하는 동안 정지된 위치에 머무른다.

파동은 네 가지 기본적인 기술적 매개 변수를 사용하여 정의할 수 있다(그림 b).

파장(L): 연속되는 파정 사이의 거리
수심(d): 수면에 교란이 없을 때의 수심
주기(T): 연속되는 파정이 특정 지점을 통과하는 데 걸리는 시간
파고(h): 파저에서 파고까지의 높이

이들 기본적인 매개 변수로부터 다음을 도출할 수 있다.

파랑의 속도 $C = \dfrac{L}{T}$ ①

파랑의 경사 $= \dfrac{h}{L}$

깊은 물(d>0.25L)의 파랑(Airy wave)은 다음 방정식으로 정의할 수 있다.

$L = \dfrac{gT^2}{2\pi}$

g(9.81ms⁻¹)와 π를 대입하면,

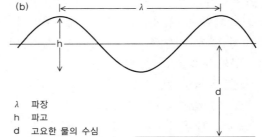

(b)

λ   파장
h   파고
d   고요한 물의 수심
T   연속적인 파장이 특정한 지점을 통과하는 데 걸리는 시간

$C = \dfrac{\lambda}{T}$ (파속)λ

$L = 1.56T^2$ ②

그리고 방정식 ①의 L을 방정식 ②에 대입하면,

$C = 1.56T$

파랑의 긴 주기는 빠른 파랑의 속도(~T) 및 긴 파장(~T²)과 연관되어 있다. 긴 파랑은 빠르게 나아간다. 더구나 파랑이 발원했던 폭풍 지대로부터 나타났을 때, 속도 면에서 상대적으로 느린 작은 파랑과 구분된다.

큰 바다로 열려 있는 해안은 멀리서 오는 해양의 파랑, 즉 **너울**(swell wave)을 많이 받는다.

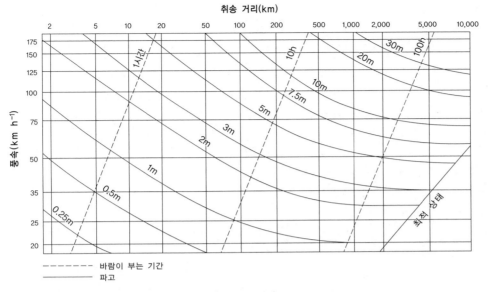

취송 거리(km)

- - - - - 바람이 부는 기간
———— 파고

그림 16.4 파랑에 대한 풍속, 바람 기간, 바람장의 영향을 나타내는 파랑 예보표(Bretschneider, 1959)

자료 16.2

천해파

파랑이 얕은 물에 접근하면 입자의 궤도는 점차 수평으로 기다란 타원형이 되며, 바닥의 물은 약간 수평으로 왔다 갔다 하며 움직인다. 얕아지는 물에서는 궤도가 완전하지 않기 때문에 이런 교차하는 움직임은 기간이나 속도에 있어서 비대칭적이다. 이 때문에 물이 연안 쪽으로 운반된다.

물의 깊이가 $0.25 > d/L > 0.05$로서 적당할 때, Airy 방정식에서 속도와 파장은 감소하고 파고는 증가할 것이라고 예측할 수 있다.

$$L = \left(\frac{gT^2}{2\pi} \right) \times \tanh \frac{2\pi d}{L}$$

그림은 처음 심해의 값에 대한 상대적인 비율과 수심, 파랑 속도, 파고 등을 그래프로 나타낸 것이다.

물의 깊이가 $d/L < 0.05$인 천해의 파랑에서, Airy 방정식은 $L = T\sqrt{gd}$로 간단하게 표현하였다. 그리고 $C = L/T$이므로 $C = \sqrt{gd}$이다.

이러한 관계는 파랑이 지형학적 활동이 가장 큰 지점인 쇄파대의 얕은 물로 접근하는 연안의 조건에 적용된다.

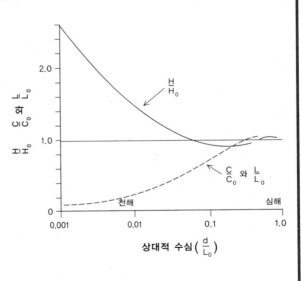

감소하고 파고가 증가한다(자료 16.2).

평행한 파랑들이 얕아지는 해안으로 비스듬하게 접근하거나 불규칙하게 얕은 해저 위를 지날 때, 파랑은 파정선의 길이를 따라 차별적으로 지연된다. 이러한 프로세스가 파랑의 **굴절**(wave refraction)이다. [그림 16.5]는 직선 해안에 비스듬히 접근하는 파랑과 만입한 해안에 수직으로 접근하는 파랑에서 나타나는 굴절의 효과를 보여 준다. 파랑 직교선(wave orthogonal, 파정에 수직으로 그은 선)을 그리면 파랑 에너지의 분포를 알 수 있다. 해안을 향하여 수렴하거나 발산하는 파랑 직교선은 연안의 각 부분마다 에너지가 집중되거나 분산되는 것을 나타낸다. 파랑 에너지의 분포는 다양한 파랑 조건하에서, 연안의 해저가 불규칙한 해안에 대해서 계산할 수 있다. [그림 16.6]은 계산된 파랑 공격의 패턴을 보여 준다. 그것은 해안 자체의 윤곽과는 놀라울 정도로 무관하다(Hails, 1975).

해안선을 향하여 수심이 지속적으로 얕아지면 천해 변형으로 파랑이 깨어지게 된다. 파장이 감소하고 파고가 증가함으로써 파랑의 경사가 증가한다. 경사가 임계치 $b/L = 1/7 (=0.147)$에 도달하면 파랑은 불안정해지고 엎질러지거나 빠지거나 쓰러지면서 부서진다. 이리하여 많은 물이 파랑의 앞으로 이동하여 **들물**(swash)의 형태로 해빈 위를 거슬러 오르고, 파랑의 위치 에너지는 운동 에너지로 변환된다.

수심은 파랑의 경사를 증가시키는 원인이므로 파랑 붕괴의 주요 인자이다. 깊은 물에서 파랑이 부서지려면 파고가 높아야 한다. 반면 낮은 파랑은 얕은 물 위로 달려서 파쇄 지점에 도달한다. 파고와 수심 사이에는 $\gamma = L/d$와 같은 밀접한 관계가 있다. γ의 값은 0.6에서 1.2의 범위를 보이며, 해빈이 가파를수록 값이 커진다. 이것은 해빈의 경사가 가파른 곳에서는 파랑이 부서지기 전에 얕은 물로 들어간다는 것을 의미한다. 파랑이 연안에 가깝게 접근함으로써 파랑에서 유래한 유수가 만들어질 수 있음을 뜻한다.

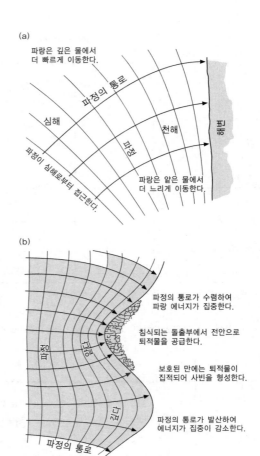

그림 16.5 파랑의 굴절: (a) 직선형의 해안에 비스듬히 들어오는 파랑의 단순한 굴절. (b) 움푹 들어간 해안에서 파랑의 굴절. 파랑 에너지는 돌출부에 집중되고, 만에서 분산된다.

(3) 유수

바람, 파랑, 조석에 의해 근해에서 발생한 힘 때문에 근해 유수의 형태로 물의 흐름이 발생한다. 물이 국지적으로 모여들어 수위가 상승하고, 흐름을 가동시킬 압력의 경사를 만든다. 이러한 유수는 이미 부유 상태인 퇴적물 입자를 운반할 수 있고, 스스로 퇴적물을 동반하기에 충분한 유속을 가지고 있다(자료 13.5). 유수는 해안 지역 내 퇴적물의 이동에 중요한 기여를 한다.

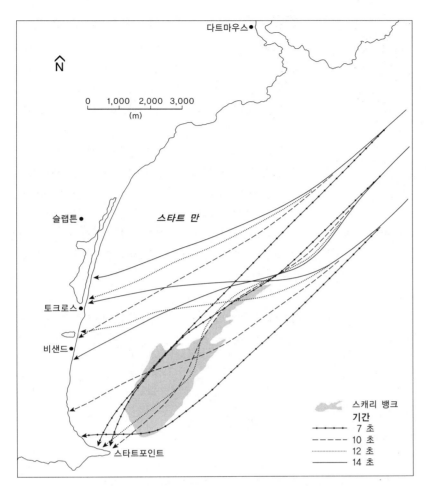

그림 16.6 스캐리 뱅크의 해저 모래톱에 의한 사우스 데번 스타트 만(Start Bay)의 파랑 굴절. 처음 등간격을 이룬 파정선은 굴절 때문에 해안선의 특정한 지점에 집중되었다(Hails, 1975).

파랑에서 유래한 유수 파랑이 연안으로 전진하면 물이 연안 쪽으로 집중한다. 쇄파대 외곽에서 파랑 내 입자의 비대칭적인 궤도와 진동 때문에 해저의 물이 연안 쪽으로 이동한다(**연안으로 물질 이동**, 자료 16.2). 파쇄 지점에서 파랑이 부서지고 물이 해빈으로 돌진함으로써 평균 수위가 연안 쪽으로 상승한다(그림 16.7). 이것을 **파랑성 해면 상승**(wave set-up)이라고 한다. 연안을 따라 나타나는 쇄파의 높이는 해안에 수직을 이루며 정렬된 정상파(standing wave)가 나타나면 복잡해진다.

가장자리 파랑(edge wave)으로 알려진 이 파랑은 해빈을 따라 나타나는 쇄파의 높이에서 골과 마루가 번갈아 나타나게 한다. 파랑 배열과 가장자리 파랑이 합쳐지면 수평적인 수압의 차이를 만들어서 연안류가 연안을 따라 엇갈린 방향으로 흐르도록 추진한다. 연안류의 넘치는 물은 바다 쪽으로 흘러 **이안류**(rip current)로 공급된다(그림 16.8). 이러한 것들은 연안을 따라 일정한 간격을 두고 발달하여 규칙적인 순환 세포를 형성한다.

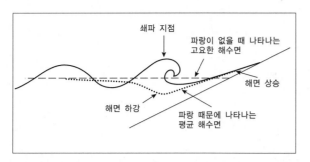

그림 16.7 파랑성 해면 상승: 파랑의 작용에 따라 쇄파대 연안쪽 평균 해수면의 상승

연안류는 해안선에 엇비스듬한 파랑이 발생하면 만들어질 수 있다. 접근하는 파랑의 질량과 에너지는 해안에 수직인 성분과 연안을 따른 성분으로 분해된다(자료 16.3). 그래서 연안류의 유량을 계산할 수 있으며 흐름의 단면적을 알 수 있다면 유속도 알 수 있다. 연안류는 대체로 초속 1m 내외의 유속을 유지한다.

조류 조류는 얕은 연안에 퇴적물의 집적으로 불규칙해진 해저와 조석 파랑이 만날 때, 그리고 조석 파랑이 해안의 만입지로 들어갈 때 압축됨으로써 생성된다. 근해와 하구의 갯골을 통하여 밀물 조류(flood current)와 썰물 조류(ebb current)가 교대로 드나든다. 조류는 고조나 저조 무렵에 약하며(속도 0), 중조(mid-tide) 무렵 최고에 도달하는 경향이 있다. 밀물 조류와 썰물 조류는 연속되는 조석의 높이와 기간에 따라 높이와 기간이 다양하며, 하구에서는 전향력(자료 4.4)에 의하여 휘어지는 정도에 따라 다른 갯골을 사용하기도 한다. 해안이나 하구에서 조류의 강도와 방향은 밀물과 썰물에서 다르다. 해안의 조류는 유속이 초속 5m를 초과할 수도 있다.

바람에서 유래한 유수 이것은 해안 쪽으로 강한 바람이 불 때 발생하여, 해안에 대하여 **풍성 해면 상승**

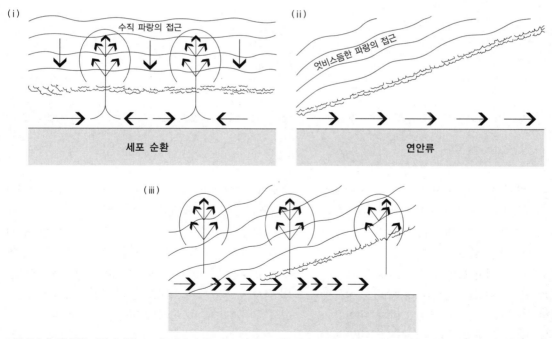

그림 16.8 (i) 정상적인 파랑이 해안으로 접근하여 이안류 세포 순환을 초래한다. (ii) 비스듬한 파랑이 접근하면 한 방향의 연안류를 만든다. (iii) 그것이 이안류 세포 순환으로 발달한다.

파랑 에너지

파랑 에너지는 정지 수면보다 높은 파랑의 고도에 따른 위치 에너지와 입자의 궤도 운동에 따른 운동 에너지의 형태로 나타난다.

Airy의 파랑 이론에서, 에너지의 이 두 가지 구성 요소가 같은 크기이며, 파정의 단위 길이당 총에너지는 다음과 같이 표현된다.

$$E = \frac{1}{8}\rho g H_2$$

E는 파랑 에너지($J\,m^{-2}$)이며, ρ는 물의 밀도($1,025\,kg\,m^{-2}$)이고, g는 중력가속도($9.81\,m\,s^{-1}$)이며, H는 파랑의 높이(m)이다.

파랑의 힘(P)은 단위 시간당 에너지이며, 다음과 같이 표현된다. n은 파장 집단의 속도이다.

$$P = EC_n$$

파랑 집단의 속도는 집단 내에 포함된 개별 파랑의 속도보다 느리기 때문에 이렇게 된다. 깊은 물에서 파랑 집단의 속도는 개별 파랑의 1/2이 되고, 이 경우 n은 1/2이다.

연안에 나타나는 파랑의 힘은 파랑의 접근 각도에 따라 다양하다. 파랑의 힘은 간단한 기하를 통하여 연안에 수직인 성분과 연안을 따른 성분으로 분해될 수 있다. [그림 a]는 가정의 쇄파를 통하여 연안으로 접근하는 파정의 단위 면적을 보여 준다. 연안에 수직인 수직 성분은 다음과 같다.

$$BC = \frac{\cos\alpha}{AB} = \cos\alpha$$

α는 파랑이 들어오는 각도, AB는 파정의 단위 길이(=1)이다.
연안 성분은 다음과 같다.

$$AC = \frac{\sin\alpha}{AB} = \sin\alpha$$

이 성분은 연안 BD의 길이를 따라 분포하며, $1/\cos\alpha$로 계산된다. 연안의 단위 길이당 파랑의 힘의 성분은 다음과 같이 고칠 수 있다.

연안에 수직인 성분: $\dfrac{\cos\alpha}{\dfrac{1}{\cos\alpha}} = \cos^2\alpha$

연안을 따른 성분: $\dfrac{\sin\alpha}{\dfrac{1}{\cos\alpha}} = \sin\alpha \cdot \cos\alpha$

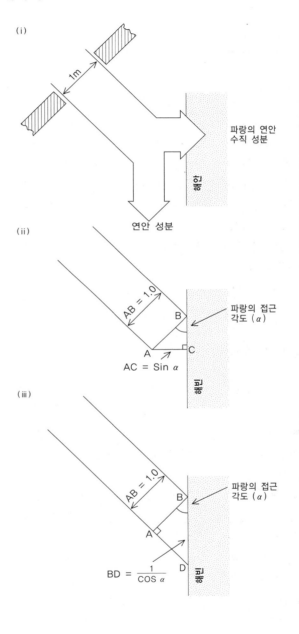

(i)

1m

파랑의 연안 수직 성분

연안

연안 성분

(ii)

AB = 1.0

B

A

C

AC = Sin α

파랑의 접근 각도 (α)

연안

(iii)

AB = 1.0

B

A

$BD = \dfrac{1}{\cos\alpha}$

D

파랑의 접근 각도 (α)

연안

파정의 단위 길이당 파랑의 힘은 해빈의 단위 길이에서 다음과 같이 분해된다.

연안에 수직인 파랑의 힘 $P_n = EC_n \cos^2\alpha$

연안을 따른 파랑의 힘 $P_l = EC_n \sin\alpha \cdot \cos\alpha$

그러므로 α값이 증가하면 연안에 수직인 파랑의 힘은 감소하고 연안을 따른 파랑의 힘은 증가한다. 파랑의 힘을 이러한 방식으로 분해함으로써, 물과 포획된 퇴적물이 연안 쪽 방향이나 연안을 따른 방향으로 흐르는 상대적인 이동에 중요한 결과를 얻게 되었다.

(wind set-up)을 만든다. 결과적으로 연안의 넘치는 물을 운반하기 위하여 연안으로부터 바깥쪽으로 흐르는 보상 성격의 해저 흐름이 있다. 이 현상은 폭풍 해일과 관련하여 불규칙하고 일시적으로 발생하여 결과적으로 정성적 의미 이상으로 평가하기가 어렵다.

연안 내의 흐름은 풍부하고 다양하다. 이 흐름은 해안 쪽이나 해안 바깥쪽으로, 또는 해안을 따라 물을 보내기도 하며, 만입지의 안쪽이나 바깥쪽으로 보내기도 한다. 이 흐름은 퇴적물의 이동에 비하여 속도가 빠르며, 실질적으로 지형학적인 일을 많이 할 수도 있다.

2. 해안 시스템의 물질

[그림 16.9]는 해안지대에서 육성 기원 퇴적 물질의 원천과 이동을 모델화한 것이다. 두 가지 주요 원천은 해식애의 침식과, 내륙의 유역 분지에서 하천을 통하여 운반된 퇴적물의 해안지대 유입이다.

해식애는 절벽의 물질 구성이나 지질 구조, 그곳에서 일어나는 육상 프로세스에 따라 다양한 물질을 연안으로 공급한다. 괴상의 암석은 주로 조립질의 단단한 물질들을 공급하지만, 절벽의 후퇴 속도가 느리기 때문에 공급량은 제한적이다. 고화되지 않은 점토나 빙하성 퇴적물과 같이 단단하지 않은 퇴적물은 조립의 구성 물질에 대량의 세립 물질을 공급한다.

하천을 통하여 해안지대로 유입되는 퇴적물은 대체로 분급이 세립 물질이고 양호하다. 점토와 실트 등의 세립 물질은 바다로 운반되는 반면, 해안지대에 지체하는 물질은 단단한 석영 입자로 구성된 모래이다. 모래는 단단하기 때문에 운반을 견딜 수 있다. 가끔 높은 에너지의 하천수가 연안에 도달하면, 데번 주 린(Lyn) 강 하구에 있는 선상지의 경우와 같이, 거친 자갈들이 해안까지 직접 운반된다. 일반적으로 하천 퇴적물은 하구의 모래톱이나 제방의 형태로 해안에 퇴적된다.

해안과 외해의 해저 사이에는 어느 정도 물질의 이동이 있다. 이동은 해안 쪽으로 흐르는 흐름과 바다 쪽으로 흐르는 흐름에 의해서 모래의 형태로 이루어진다. 하도가 깊거나 해저 캐니언(submarine canyon)이 연안 가까이 존재하여 해안선이 갈라지는 곳에서는 해안의 퇴적물이 심해로 운반되어 해안지대에서 사라지기도 한다.

조간대의 퇴적물은 다양한 위치에 저장되어 있으며, 해안의 지형학적 프로세스에 의해서 이들 저장소 사이를 이동한다. **해빈**(beach)은 파랑 작용에 노출된 해안에 나타난다. 해빈은 자갈이나 석영 모래로 구성되어 있다. 해식애가 퇴적물 공급에 크게 기여하는 곳에서는 거력이 나타나기도 한다. 특히 열대 환경에서 패각이 사빈 퇴적물의 주를 이루는 경우도 있다. 하구나 삼각주, 그리고 염습지는 해빈보다 파랑 작용에 덜 노출된 조간대 퇴적물 저장소이다. 해안 사구도 해안 시스템의 저장소로 인정받기도 한다.

해안의 파랑과 유수, 그리고 바람의 작용으로 침식 에너지가 작동하면 침식과 퇴적 프로세스를 유발한다. 이러한 역동적인 상호 작용을 통하여 여러 저장소들 사이에 쉽게 움직일 수 있는 퇴적물이 운반되며, 해안의 형태에도 빠른 변화가 나타난다.

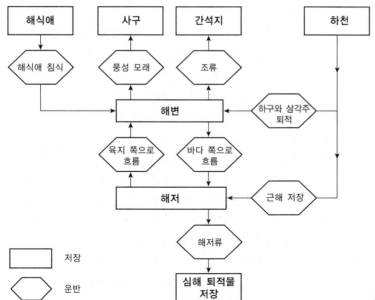

저장

운반

그림 16.9 해안지대 내 퇴적물의 저장과 전달

3. 근해의 역학: 물과 해안 퇴적물의 상호 작용

파랑 에너지의 공급량과 쉽게 이동 가능한 퇴적물의 양 사이의 상호 작용이 해안 프로세스의 핵심에 있다. 파랑은 스스로 근해 주변에 있는 퇴적물을 운반한다. 파랑의 교란으로 퇴적물이 부유 상태가 되면 연안류에 의한 운반이 가능하게 된다. 우리는 근해에서 자주 발생하는 프로세스의 몇 가지 특성을 검정할 것이다.

해안 쪽으로 이동하는 물과 관련한 해저 유수가 효과를 나타낼 때, 쇄파대를 향하여 연안 쪽으로 전진하는 파랑은 해저의 퇴적물을 교란하여 연안 쪽으로 운반한다. 이러한 운반은 흐름이 파랑의 파쇄로 끝나는 쇄파대 만큼 먼 곳으로부터 해안 쪽으로 발생한다.

파쇄 지점에서, 특히 가파르게 무너지는 쇄파의 경우에, 대부분의 에너지가 해저에 작용하여 퇴적물을 교란시키고 부유 상태로 만든다. 파랑이 부서진 이후 빠른 속도의 해수가 해빈 위로 밀려가는데, 앞쪽 가장자리는 깊이 6mm 이하의 수막을 형성한다. 이것이 **들물**(swash)이다. 이러한 물의 갑작스러운 돌진은 해빈의 경사와 해빈 표면의 마찰 저항의 방해를 받는다. 그러면 물은 중력에 따라 해빈 아래로 되돌아 흐른다. 이것이 **날물**(backwash)이다. 해빈을 구성하는 물질이 조립이거나 불포화 상태이면 투수성이 높아, 날물의 흐름은 해빈 위에서 감소할 것이다.

연속된 들물과 날물은 가끔 비대칭이며, 부서지는 파랑의 주기(T)에 대해 돌진하는 시간(t)의 비율로 표현될 수 있을 것이다.

$$\frac{t}{T} < 0.3$$

이면 다음의 파랑이 부서지기 전에 들물과 날물이 완성되며,

$$0.3 < \frac{t}{T} < 1.0$$

이면 다음 파랑이 부서지기 전에 들물과 날물이 완성되지 않아 들물이 앞의 날물 때문에 축소되고,

$$\frac{t}{T} > 1.0$$

이면 밀려오는 파랑이 연이어 연안 쪽으로 달린다.

들물의 해수가 수센티미터 깊이까지 모래를 교란하여, 퇴적물을 하상하중이나 부유하중 상태로서 해안 쪽으로 이동시킨다. 부유 물질의 순 이동은 파랑의 주기(T)에 대한 침전 시간(f)에 따라 다양하다. 침전 시간은 입자의 크기에 따라 변한다.

$$\frac{f}{T} < 0.5$$

이면 퇴적물이 해안 쪽으로 이동하며,

$$\frac{f}{T} > 0.5$$

이면 퇴적물이 바다 쪽으로 운반되기에 충분할 만큼 부유 상태로 남아 있다. 그래서 비교적 조립 물질은 해빈에 남아 있지만 세립 물질은 해빈에서 사라진다.

부서지는 파랑은 들물과 날물 프로세스에 직접적으로 영향을 미칠 뿐만 아니라 연해에서 퇴적물을 교란하여 부유 상태가 되도록 하는 중요한 영향을 미친다(그림 16.10a). 퇴적물은 한번 부유 상태가 되면 연안류와 이안류 등의 다양한 흐름으로 쉽게 운반된다(그림 16.10b). 결과적으로 퇴적물은 해안을 따라 재퇴적 되거나 해안 시스템으로부터 완전히 제거된다.

이러한 파랑 프로세스가 퇴적물을 근해로 운반하여 독특한 형상의 해빈 단면을 만든다. 다양한 파랑 조건을 나타내는 해빈 단면의 특징을 인식할 수 있다.

낮은 경사의 너울 파랑은 습윤 온대 해안에서, 특히 고요한 여름철에 발생한다. 긴 주기를 갖는 이러한 파랑에서는 들물과 날물이 충분히 발달한다. 이 파랑은 퇴적물을 해안 쪽으로 이동시켜 해빈을 더욱 높게 만든다. 너울 환경과 연관된 해빈 단면(그림 16.11)은 완만하게 오목하고, 연안 뒤편에는 **범**(berm, 그림 16.12)이

라고 불리는 넓은 구릉이 있다. 여기에는 비교적 조립의 해빈 물질이 집적되는 경향이 있는데, 조립 물질은 날물 때 상대적으로 짧은 퇴적 시간 때문에 선택적으로 연안을 향하여 이동한다.

경사가 더 급한 폭풍 파랑은 겨울철에 더욱 전형적이다. 파쇄 지점에서 무너지는 쇄파는 퇴적물을 쌓아올려 파쇄 지점(breakpoint)에 사주를 형성한다. 이것은 해안 쪽으로 흐르는 해저 유수를 따라 퇴적물이 해안 쪽으로 운반되는 것을 제한한다. 사주의 해안 쪽에 골이 있어 연안류가 흐르는 물길이 된다. 짧은 주기를 갖는 이러한 파랑에서는 들물의 돌진이 앞선 날물에 의해 제한된다. 해빈 위로 올라오는 해안 쪽으로의 퇴적물 운반은 엄격히 제한되고, 퇴적물을 해빈 표면 아래로 끌어내려 내안(inshore) 사주를 형성하거나 파랑과 조류를 따라 운반될 수 있다.

이것은 두 가지 특정 환경의 이상적인 모델이다. 실제에 있어서 해빈의 단면은 파랑의 유형과 퇴적물의 특성, 해빈의 경사, 그리고 조차 사이의 복잡한 상호작용의 결과물이다. 실험실 내의 통제된 실험과 야외에서의 인과적 관찰에서 알 수 있듯이, 해빈의 단면은 에너지 유입량의 변화에 빠르게 반응한다.

4. 해안 침식

퇴적물의 제거율이 공급률을 초과하면 파랑 에너지의 충격을 흡수할 해빈은 없을 것이다. 따라서 이 에너지는 직접 해안의 기반암에 작용하여 침식을 일으킬 것이다. 절벽 해안이 있는 곳에는 조간대에 파랑 에너지가 작용하여 절벽의 아랫부분을 깎아 절벽을 가파르게 하는 경향이 있다. 절벽 기저부에서 직접 부서지는 파랑은 바위에 충돌하여, 바위 내의 갈라진 절리에 갇힌 공기에 압축력을 행사하고, 절벽에서 입자나 암괴를 느슨하게 하거나 떼어 낸다. 조간대에 조립의 연마 퇴적물이 공급되는 곳에는, 이것이 앞뒤로 쓸리면서

그림 16.10 (a) 흐린 연해의 물은 파랑 상태가 매우 적절하더라도 부유 퇴적물의 농도가 높음을 나타낸다. (b) 연안류의 효과는 돌제에 의해 해빈 퇴적물을 가둘 때 나타난다. 퇴적물은 해빈면을 따라 측면으로 이동한다.

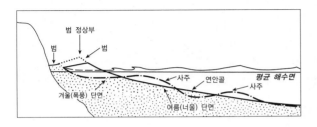

그림 16.11 상이한 계절적 파랑 환경과 관련한 특징적인 해빈 단면

부드러운 마식 노치(notch)를 만들어서 절벽의 아랫부분을 깎는다(그림 16.13). 기반암의 삭박은 조간대 내의 염풍화 작용과 **리토파지**(lithophage)라고 하는 해양 생물의 작용으로 강화된다. 해양 생물은 표면의 암석을 뚫거나 연마하여 직접 제거한다. 열대 바다에서 녹조류는 고조위 주변에서 석회석을 용해한다.

최고 수위 주변의 해안선은 이러한 프로세스로써 후퇴한다. 해안의 절벽은 가파르게 되고, 기저부에 대한 하중 압력이 증가하며, 안정 요소는 감소한다(자료 12.3). 최고 수위 위의 해안 절벽은 다른 지상의 사면과 동일하게 행동한다(12장). 단단한 바위 덩어리는 절리 구조에 따라 무너져 내리거나 암석 낙하, 사태 등으로 반응한다. 덜 굳어진 점토질 바위는 구성이나 상태에 따라 여러 가지 유동이나 활주 프로세스로 반응한다.

그림 16.12 사주 섬의 자갈 해빈에는 일련의 범 능선이 분명하게 보인다.

그림 16.13 (a) 고조선(high-water mark) 아래 해빈 자갈의 마식 효과는 둥글게 된 하부의 계단에서 잘 나타난다. (b) 해식애 하부의 마식 노치: 부드럽게 마모된 노치의 암석 표면과 주변의 연안 대지가 거칠게 풍화된 상부의 해식애와 대조를 이룬다. 단단한 자갈이 효율적인 마식 도구이다.

기반암에서 분리된 물질은 연안으로 공급되어 해빈의 퇴적물 저장소로 합쳐진다.

절벽 기저부에서 침식이 지속되면, 절벽 기저부의 노치에서 바다를 향하여 완만하게 경사진 면이 1~5°를 유지한다(그림 16.14). 이러한 파식대가 발달하여 확장되면 큰 파랑이 절벽 기저부로 접근하기 어렵고, 네거티브 피드백을 통하여 스스로를 제한한다. 파식대가 바다 쪽으로 확장되는 것은 유효 조차에 따라 다양하지만, 해수면이 일정한 곳에서는 수백 미터 이상의 너비를 갖기가 어려울 것이다.

열대 해안은 작은 조차와 모래 퇴적물, 그리고 풍부한 해양 생물이 특징이어서, 파식대를 형성하는 프로세스가 다양하게 작동한다. 고조위에 위치한 수평의 파식대는 표면의 얕은 요지에 고인 물에 의하여 발생하는 암석의 화학적 풍화인 **수면 풍화**(water layer weathering)와 생물학적 침식의 결합으로 만들어진다.

절벽 후퇴에 따른 해안선의 침식 속도는 매우 다양

하다. 후퇴 속도는 절벽 기저부의 노치 발달로 통제되는데, 경암에서는 연간 1mm에 불과하다. 절벽이 비고화 물질로 이루어진 경우, 후퇴 속도는 대체로 연간 수 미터에 달하여, 해안의 위치가 빠르게 변하며 많은 새로운 물질이 해안 시스템으로 유입된다.

5. 해안 퇴적

해안 프로세스에 의한 퇴적은 연안지대에서 발생한다. 연안지대에서 퇴적물은 해빈이나 사구, 하구, 간석지 등지에서 포획된다. 해빈은 해안 퇴적이 가장 풍부한 지형이다. Pethick(1984)는 해빈의 평면 형태를 다음과 같이 분류하였다.

(1) 해안선 해빈

해안선 해빈은 기반암으로 이루어진 해안에 인접한

그림 16.14 해식애와 해빈과 연안 대지. 최근에 낙하한 대규모 암괴가 암석 해빈 위에 놓여 있다. 연안 대지는 왼쪽으로 확장된다.

해빈 퇴적물의 집적 지형이다. 해빈 양 끝에 돌출부가 있어 연안류로부터 퇴적물을 공급받지 못하는 해빈, 즉 퇴적물 공급의 측면에서 닫힌 해안(주머니 해빈 pocket beach이라고 부름)과 퇴적물 공급에 열려 있는 해안은 구분된다.

주머니 해빈(그림 16.16a)은 파정의 접근에 수직 방향으로 나란히 발달하는 경향이 있다. 파랑은 얕은 물에서 굴절되므로, 해빈은 곡선으로 발달한다. 이것은 연안류 운반 방정식으로 쉽게 설명된다.

$$i_{longshore} = ECn\sin\alpha\cos\alpha$$

$\alpha > 0$이고 비스듬히 접근하는 파랑이 퇴적물을 운반할 수 있는 충분한 힘을 가지고 있을 경우, 흐름은 $\alpha \rightarrow$ 0인 지역으로 이동하여 운반은 멈추고 퇴적이 시작된다. 이러한 프로세스에 따라 해안에서 파랑에 비스듬한 곳은 침식되고, 긴 해빈에서 $\alpha = 0$이 될 때까지 해빈의 평면 형태가 수정된다. $\alpha = 0$인 지점에서는 더 이상의 운반이 일어나지 않고, 해빈의 평면 형태도 접근하는 파랑과 평행하게 되며 형태도 안정된다. 이것을 들물 배열 해빈이라고 부른다(그림 16.15a).

돌출부가 연안을 따른 퇴적물의 통과를 허용하거나 하구로부터 퇴적물이 풍부하게 공급되어 해빈에 퇴적물 공급이 가능한 경우에는, 들물 배열을 만드는 힘과 연안류를 만드는 힘이 균형을 이룬다. 이제 해빈의 방향성은 안정된 평면 형태를 유지할 만큼 충분한 퇴적물을 연안류로 운반하도록 허용하는 방향으로 조정된다. 이것을 **연안류 배열**(drift alignment)이라고 한다(그림 16.15b).

'Z' 형 해빈은 들물 배열 해빈과 연안류 배열 해빈이 절충된 것으로, 돌출부가 퇴적물 공급을 부분적으로 차단하는 곳에 나타난다. 돌출부에 가까이 있는 해빈이나 돌출부로 보호받는 해빈에서는 들물 배열이 나타나는 반면, 퇴적물 공급을 받는 해빈에서는 연안류 배열이 나타난다(그림 16.15c).

(2) 분리형 해빈

이러한 유형의 해빈은 기반암으로 이루어진 해안과 약간 다른 다양한 형태를 나타낸다. 여기에 포함되는 사취(그림 16.15b)는 해안선이 육지 쪽으로 급하게 도는 지점에 형성되며, 퇴적물을 운반하는 연안류를 따르지 않는다. 퇴적물의 공급은 지속되지만 연안류가 돌출부를 통과하면서 힘을 잃어버림으로써 퇴적이 일어난다. 뾰족한 돌출부는 밑둥만 기반암 해안선에 붙어 있는 삼각형의 해안 퇴적물 집적 지형으로서, 두 개의 해빈이 예각으로 만난다. 이는 물속에 있는 사주 때문에 바다 쪽으로 나가는 파랑이 굴절되거나, 퇴적물 공급이나 파랑 환경과 관련하여 고유한 연안 퇴적물의 방향이 평형으로 결정되게 만드는 두 개의 해빈이 발달하기 때문이다. 이와 관련된 지형이 육계사주(그림 16.16c)이다.

연안의 섬들이 수백 킬로미터에 걸쳐 선상으로 배열된 울타리 섬(barrier islands)은 퇴적물 공급이 풍부한 고에너지 해안에서 발달한다. 이 지형의 기원에 대한 이론들은 다양하지만, 이 지형이 유지되는 것은 고에너지의 사변이 갯터짐(washover) 프로세스로서 육지 쪽 해빈에 퇴적물을 공급할 수 있는 능력과 관련되어 있다. 울타리 섬이 육지 쪽으로 이동하여 석호를 가두는 울타리 해빈(barrier beach)을 만들 수도 있다(그림 16.16d).

(3) 반복하는 해빈 지형

해빈에서 반복적으로 나타나는 형태는 기존 해빈의

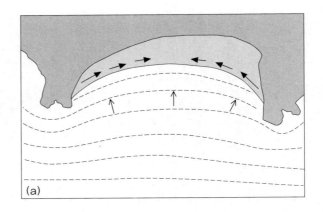

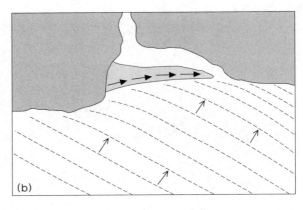

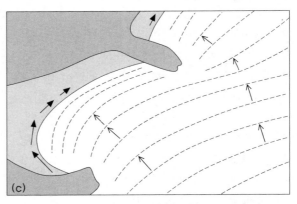

그림 16.15 해빈의 배열과 관련한 퇴적물 공급 및 운반. (a) 들물 배열. (b) 연안류 배열. (c) Z형.

표면에 발달하는 소규모 지형이다. 이것은 해빈을 형성하기보다 해빈의 형태를 세밀하게 변형시킨다.

톱날 해빈(beach cusp)은 혼합 퇴적물로 이루어진 해

그림 16.16 (a) 암석 절벽 해안선을 가진 주머니 해빈. 대규모의 육괴 활주 흔적이 이전 절벽에서 있었던 낙하를 나타낸다(영국, 노스 데번). (b) 앞을 향한 연안류로 만들어진 사취(웨일즈, Borth). (c) 근해의 섬과 연안을 이어 주는 육계사주(Brittany). (d) 해안의 석호를 둘러싼 울타리 해빈. 석호의 내측은 퇴적물로 채워진다(영국, 사우스 데번의 슬랩턴).

빈의 표면에서 형성되는 흥미로운 지형이다. 이것은 규칙적으로 배열된다. 보통은 1~10m이지만 최대 60m에 이르기도 한다. 평면 형태는 초승달 모양이며, 사이사이에 뾰족한 지형이 바다 쪽을 향하여 뻗어 있다. 굵은 입자는 뾰족한 지형 쪽으로 밀려오는 들물에 의해 쓸려 간다. 들물은 그곳에서 나누어지고, 구르면서 초승달 모양의 만입지로 난 유로로 흘러내린다. 톱날 해빈은 새로운 조석과 더불어 매우 빠르게 형성된다. 하지만 톱날 해빈의 형성 원인은 알려져 있지 않다. 톱날 해빈은 영국 해빈에서 보편적으로 나타나는 지형이다.

세포 순환 기복은 물의 세포 순환으로 만들어지는 연안의 기복이다. 파랑이 해빈에 평행하게 다가오면 사주가 형성된다. 사주는 규칙적으로 배열된 이안류 유로에 의해 깨어져 불연속적이다. 반대 방향으로 흐르는 두 개의 연안류가 만나서 이안류를 형성하는 경우 퇴적물 집적 지형이 거대한 톱날처럼 형성된다. 파랑이 비스듬히 접근할 때에는 이안류 때문에 이안류와 평행하게 해안에 밀착된 일련의 사주를 형성한다.

(4) 사구

해안사구는 조차가 큰 모래 해빈을 가로질러 육지 쪽으로 강한 바람이 부는 곳에서 발달한다. 이러한 상태에서는 많은 모래가 건조성 바람에 노출되어, 바람에 실려 육지 쪽으로 운반되기 쉽다. 해빈의 단위 면적당 모래 운반량은 다음 방정식으로 표현할 수 있다.

$$q = C(V_{100} - V_i)^3$$

q는 단위 시간당 이동한 모래의 무게이고, C는 상수이며, V_{100}은 지표 위 1m 높이에서의 풍속이고, V_i는 특정한 입경에 대한 결정적 임계 풍속이다. 모래의 운반은 풍속의 세제곱에 비례하므로 풍속과 입경(결정적 임계 풍속을 결정함)의 변화에 민감하다. 모래는 도약 프로세스를 통하여 육지 쪽으로 이동한다. 풍속은 해빈 표면의 마찰에서 높이가 멀어질수록 증가하며, 모래 입자는 바람 속으로 떠오름으로써 가속화된다. 도약한 모래 구름(saltation cloud) 내의 운동 에너지는 바람으로부터 얻는 힘과 해빈 표면에서 충격으로 잃는 힘 사이의 균형이다. 모래 구름이 최고수위선 위의 건조한 연흔 모래와 같은 에너지 흡수 지표 위를 통과할 경우에는 더 많은 에너지가 흡수되고 도약이 약해지며 퇴적이 일어난다. 그래서 최초의 전사구가 시작된다. 식생이 자라면서 모래와 에너지를 포획하여 사구가 지속적으로 발달된다. 사구의 바다 쪽 면이 침식되고 육지 쪽으로 퇴적될 때, 사구가 육지 쪽으로 이동하여 사구 시스템이 지속적으로 발달한다. 식생 피복이 붕괴되어 나지의 모래가 바람에 노출되면, 능선 부분에서 취식이 일어나 사구의 형태가 지속적으로 수정된다.

(5) 하구

하구 내의 퇴적물은 하천수의 유량과 뒤섞인 밀물 조류와 썰물 조류의 영향을 받는다. 이것이 물과 퇴적물의 이동 패턴을 끊임없이 복잡하게 만든다.

밀물은 하구를 거슬러 가면서 비대칭이 증가한다. 깊은 물의 파정은 얕은 물의 앞선 파저보다 더욱 빠르게 이동하기 때문이다. 파정이 앞선 파저를 따라잡음으로써 비대칭이 유도되어, 9~10시간 걸리는 썰물에 비하여 하구 상류의 밀물은 2~3시간으로 짧아져 12.5 시간의 순환을 완성한다. 이것은 밀물의 시간이 더욱

짧아짐으로써 유속과 퇴적물 운반 능력이 훨씬 증가하였다는 것을 의미한다. 그러므로 퇴적물은 밀물 동안 하구 깊숙이 운반되어 정지된 고수위 동안 퇴적되며, 반면 썰물 조류는 약하여 퇴적물을 되가져가기에 불충분하다.

하구의 상류 구간은 실질적인 퇴적물 퇴적 지대이다. 중류 구간과 하류 구간은 다양한 시간적 리듬을 가진 조류와 하천 유수의 복잡한 상호 작용을 겪는다. 이동 가능한 퇴적물을 많이 가진 조류와 하천 유수가 결합하여, 삼각주 형태를 띠며 바다 쪽으로 확장하는 복잡하고 가변적인 사주 및 하도 지형을 만든다.

(6) 간석지

갯벌과 염습지로 구성되는 간석지는 보호된 해안이나 하구, 그리고 해안에서 부분적으로 닫힌 오목한 부분에 형성된다. 이곳에 세립 퇴적물이 쌓여 조간대 높이에 넓은 간석지가 형성된다. 이 간석지는 바다 쪽으로 배수되는 유로들로 개석 된다. 밀물 때에 세립 물질이 가동되어 해안 쪽으로 운반된다. 밀물은 수위가 상승할 때 보다 빠른 속도로 제한된 유로를 거슬러 오르고, 간석지에까지 올라, 고조위에 가까울수록 유속이 느슨해진다.

썰물 때에는 반대 방향의 이동이 나타난다. 그러나 부유 퇴적물을 뜯어내기 위해서는 퇴적 때보다 더 큰 유속이 필요하다(자료 13.4). 따라서 세립 물질은 조석 때마다 해안 쪽으로 운반된다. 염수 내에서 실트와 점토 입자가 응집되고, 염생 식생이 정착한 경우에는 식생이 기계적으로 포획함으로써 퇴적 작용이 강화된다.

6. 결론

해안 프로세스는 유체 역학 프로세스와 연관된 기계적 에너지 전달이 우세해지는 경향이 있다. 그러므로 해안의 물과 육지 가장자리 형태 사이의 상호 작용을

설명하기 위해서는 유체 역학을 강조하여야 한다.

다양한 시간적 규모(초 단위의 파랑, 시간과 월 단위로 측정된 조석, 간혹 나타나는 폭풍 등)에서 지속적으로 변하는 에너지 유입은 이동 가능한 퇴적물과 결합하여 해안선에 일정한 변화를 만들어 낸다. 해안은 이동 가능한 퇴적물이 있을 때 새로운 평형 상태에 빠르게 적응할 수 있는 빠른 반응 시스템이다. 해안 시스템은 육상 시스템과 종류가 매우 다른 다양한 독특한 환경들을 포함한다. 이렇게 해양과 육지가 상호 작용하여 유일한 해안 생태계를 발달시킬 수 있게 되었다.

그러나 바다는 약 6,000년 전 플란드리아(Flandrian, 후빙기) 해진 말엽에야 현 수준에 이르렀다는 사실을 기억해야만 한다. 게다가 오늘날의 많은 해안에서는 지각 균형에 따른 융기와 하강을 겪고 있다(자료 5.4). 그러므로 본질상 빠르게 반응하고 진화하는 해안 지형을 제외하면, 해안 지형을 현행 프로세스의 결과로 대충 해석하는 것은 현명하지 못하다. 대부분의 암석 해안에 나타나는 지형은 과거의 다양한 해수면과 관련한 매우 다른 환경 조건의 충격을 견디고 있다.

더 읽을거리

해안 시스템에 관한 폭넓은 관점:

Pethick, J. (1984) *An Introduction to Coastal Geomorphology*. Edward Arnold, London.

해안지형학, 해안생태학, 관리를 포함하는 폭넓은 관점:
Carter, R.W.G. (1988) *Coastal Environments: an Introduction to the Physical, Ecological, and Cultural Systems of Coastlines*. Academic Press, London.

해안지형학에 관한 최상의 개론서:

Davies, R. (ed) (1978) *Coastal Sedimentary Environments*. Springer-Verlag, Berlin.

해안 프로세스에 관한 풍부한 정보와 지형에 관한 풍부한 실례:

King, C.A.M. (1972) *Beaches and Coasts*, (2nd edn). Edward Arnold, London.

세계적 규모에서 해안의 유형과 프로세스 조사:

Bird E.C.F. (1984) *Coasts*. Blackwell, Oxford.
Davies, J.L. (1972) *Geographical Variation in Coastal Development*. Oliver & Boyd, Edinburgh.
Schwarz, M.L. and E.C.F. Bird (eds) (1985) *The World's Coastlines*. Van Nostrand Reinhold, New York.

해안선의 생태학을 소개하는 교과서:

Mann, K.H. (1982) *Ecology of Coastal Waters: a Systems Approach* (Studies in Ecology, vol. 8). Blackwell, Oxford.

해안지대 프로세스에 대한 현재의 이해 정도를 나타내는 지형학 교과서:

Chorley, R.J., S.A. Schumm and D.E. Sugden (1984) *Geomorphology*. Methuen, London, 제15장.
Derbyshire, E., K.J. Gregory and J.R. Hails (1979) *Geomorphological Processes*. Dawson, Folkstone, 제3장.
Embleton, C.E. and J.B. Thornes (eds) (1979) *Processes in Geomorphology*. Edward Arnold, London, 제11장.
Selby, M.J. (1988) *Earth's Changing Surface*. Oxford University Press, Oxford, 제13장.

제5장과 제10장에서 보았듯이, 삭박 시스템으로 유입되는 주요 에너지는 강수량과 기복의 퍼텐셜 에너지이다. 이러한 삭박의 힘은 암석권 표면에 노출된 물질에 작용한다. 지표에서 강수량, 기복, 지표 물질은 매우 다양하기 때문에, 그에 따른 삭박 시스템 내 공간적 변이가 기대된다. 이러한 공간적 변이는 삭박 시스템의 기능과 그것이 만드는 지표의 형태로 표현된다. 우리는 시스템의 내적 작동이라는 관점에서 여러 가지 구성 성분들을 검토하였고, 구성 성분이 유입에 어떻게 반응하는지를 보아왔다. 그러므로 이 장에서는 다양한 환경에서 다양한 유입에 따라 삭박 시스템이 어떻게 작동하는지를 비교하려고 한다.

유역 분지로부터 나오는 유출은 퇴적물 및 용질의 농도와 더불어 유출량을 측정하는 모니터링 프로그램을 통하여 알 수 있다. 이들 자료에서 비율 관계(그림 13.7, 13.8)를 설정할 수 있다. 광물의 연간 총 용적 유실량도 계산할 수 있다. 용해 상태인 광물의 경우, 강수와 대기의 낙진을 통하여 지표로 들어오는 추가적인 유입이 있으며, 이것도 모니터해야 한다. 유역에서 삭박에 따른 용질의 순유실량은 총유출에서 대기의 유입량을 제하여 계산한다.

지표의 유실량은 여러 가지 단위로 나타낼 수 있다. 무게 단위로 결정된 경우, 유역 면적에 대하여 표준화하여 연간 평방킬로미터당 톤($tkm^{-2}yr^{-1}$)으로 나타낸다. 무게를 밀도(일반적으로 $2.65tm^{-3}$)로 나누면 부피가 되고, 보통 연간 평방킬로미터당 부피($m^3km^{-2}yr^{-1}$)로 표현되는 용적 유실량을 계산할 수 있다. 이것을 육상 지표 면적으로 나누면 연간 낮아지는 높이($mm\ yr^{-1}$)로 표현되는 지표 하각률을 계산할 수 있다. 이 값은 일반화된 지표 하각의 측정치를 나타내는 것으로, 그 값이 측정 지역에서 동일하다는 것을 의미하지는 않는다. 그곳에서는 암석과 경사와 토지 이용의 국지적인 변이로 침식률이 매우 다양하게 나타날 수도 있다. 그러나 이것은 삭박 시스템 내 공간적 변이를 비교하기 위한 표준으로서 유용하다.

제10장에 제시된 것처럼, 유역 분지 시스템을 작동시키는 주요 통제 변수는 기후와 기복, 암석, 그리고 토지 이용(식생의 유형과 피복도) 등이다. 다양한 공간적 규모에서 삭박 시스템의 유출을 비교함으로써 이들 변수의 영향을 간파할 수 있다. 다른 변수들의 변이가 한정되어 통제할 수 있는 제한된 지역을 연구함으로써, 개별 통제 변수가 삭박에 미치는 영향을 검정할 수 있다. 삭박 시스템 유출 내의 변이를 고찰하면, 삭박 시스템의 형태 및 경관의 형태와 프로세스 간의 관계를 어느 정도 관찰할 수 있을 것이다.

1. 삭박 시스템 유출 내의 변이

(1) 범지구적 규모

[표 17.1]에는 대륙에서 삭박되는 광물질의 양이 제시되어 있다. 하나의 대륙 내에서도 기후와 기복 및 지

	용질 유실(t×10⁻⁶yr⁻¹)	퇴적물 유실(t×10⁻⁶yr⁻¹)	총합(t×10⁻⁶yr⁻¹)	퇴적물/용질	지표 하각률(mm yr⁻¹)
아프리카	201	530	731	2.64	0.0093
북아메리카	758	1,462	2,220	1.93	0.0408
남아메리카	603	1,788	2391	2.97	0.0504
아시아	1,592	6,433	8,025	4.04	0.0718
유럽	425	230	655	0.54	0.0257
오세아니아	293	3,062	3,355	10.45	0.0627

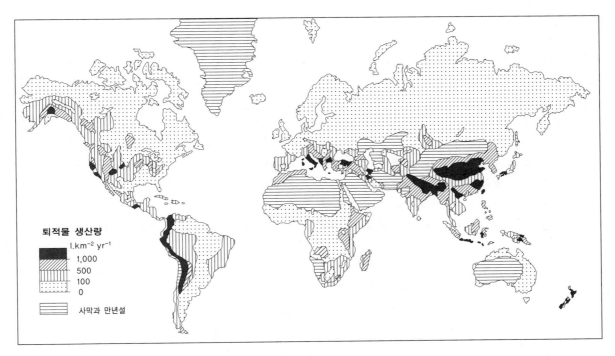

그림 17.1 세계 중규모 유역 분지의 퇴적물 생산 패턴(Walling and Webb, 1983)

질 조건이 매우 다양하기 때문에, 이런 종류의 자료는 매우 일반화된 그림을 보여 줄 뿐이다. 자료에 용질이나 부유 퇴적물의 형태를 띤 유실은 포함되어 있으나, 큰 하천에서 측정하기 매우 어려운 하상 하중은 생략되었다. 그렇게 함으로써 자료에서 총삭박량이 과소평가되어 있다.

그러나 대륙들 간에도 분명히 큰 차이가 나타난다. 아시아와 아프리카 사이에는 평균 지표 하각을 뜻하는 총삭박량이 거의 10배 정도 차이난다. 아시아는 기복이 매우 높고, 여러 대하천의 퇴적물이 풍부한 충적 저지대를 횡단한다. 이에 반하여 아프리카는 대부분이 저지대이며, 넓은 건조지대를 포함한다.

용질과 퇴적물 유실의 상대적인 비율은 매우 다양하다. 완만한 기복과 습윤한 상태를 나타내는 유럽에서는, 용질의 유실이 퇴적물의 유실을 거의 2배 가량 초과한다. 달리 말하면, 이 경우에는 화학적 삭박이 기계적 삭박보다 더욱 효과적이다. 다른 모든 대륙에서는 기계적 삭박이 우세하다. 오스트레일리아의 건조한 내륙과, 뉴질랜드 및 뉴기니와 같이 높은 기복과 습윤한 환경을 갖춘 해양 도서들을 포함하는 오세아니아에서는 기계적 삭박이 유실의 90% 이상을 차지한다.

범지구적 규모의 일반화에서 삭박을 통제하는 주요 인자는 기후와 기복이다. Garrels와 Mackenzie(1971)는, 단위 면적당 용해 유실은 대륙들 간에 크게 다르지 않은 반면, 퇴적물 유실은 대륙의 평균 고도와 멱함수(power function)의 비례 관계에 있다고 주장하였다. 범지구적 규모에서 삭박을 지도화하려는 시도가 여러 번 있었다. 1,500개의 측정소 자료를 기반으로 작성한 [그림 17.1]은 면적 $10^3 \sim 10^4 km^2$의 유역 분지로부터 유실되는 퇴적물 생산량을 나타낸다(Walling and Webb, 1983). 이런 방식으로 하면, 높은 기복을 가진 소규모 유역 분지에서 기대되는 높은 값과 대규모 유역 분지에서 도출되는 과잉 일반화된 값들은 배제된다. 가장 높은 퇴적물 생산량(연간 평방킬로미터당 10^4톤을 초과하는 값이 보고된 바 있다)은 중국의 황토 지역과 태평양을 둘러싼 신생대 산지 지역에서 발견된다. 기타 고산 지역과 계절적으로 건조와 습윤이 나타나는 지역에서도 높은 값이 나타난다. 이 자료에 따르면, 지구의 평균 퇴적물 생산량은 약 $150t \times 10^{-6}$ yr^{-1}이며, 따라서 지표는 0.057mm yr^{-1}의 비율로 낮아진다.

(2) 지역적 규모

각 유역 분지를 관찰하면 지역적 규모의 삭박을 연구할 수 있다. [표 17.2]는 범세계적 규모와 영국 규모에서 각 하천들을 선택한 후, 비교를 위해 표준화한 하천 하중의 단위를 가지고 삭박 유실을 나타내었다. 세계의 주요 하천들은 산악 지대(브마푸트라 강, 오리노코 강) 또는 대규모 충적 저지(갠지스 강, 미시시피 강)를 흐르기 때문에 부유 하중이 높은 값을 나타내는 경향이 있다. 습윤한 저지 유역(자이르 강, 레나 강)에서만 용해 삭박이 우세하다.

반대로 영국의 강들은 용해 삭박이 우세하다. 고지대 하천(다트 강, 에스크 강)에서만 퇴적물 유실이 우세하다. 가용성 암석이 높은 비중을 차지하는 유역의 하

표 17.2 세계의 하천 (a)와 영국의 하천 (b)에서 용해 하중과 부유 하중의 규모(Walling and Webb, 1981, 1986)

		면적(백만km²)	하중(톤/km²/년)		비(부유: 용해)
			용해	부유	
(a)	갠지스 / 브마푸트라	1.48	102	1,128	11.06
	오리노코	0.00	51	212	4.16
	잠베지	1.20	13	40	3.08
	미시시피	3.27	40	64	1.60
	인더스	0.97	70	103	1.47
	자이르	3.82	12	11	0.91
	레나	2.50	34	5	0.14
(b)	다트	46	61	91	1.50
	에스크	310	51	57	1.12
	크리디	262	61	53	0.87
	세번	6,850	109	65	0.60
	어스크	912	129	46	0.55
	에이번	666	148	27	0.18
	쿠르미어	133	74	9.2	0.12

천(에이번 강, 쿠르미어 강)에서는 상대적이거나 절대적이거나 용해 하중이 높은 값을 보인다.

영국의 하천들에서 측정한 퇴적물 유실에 관한 현행 자료는 약 50t×10⁻⁶yr⁻¹의 평균 삭박률을 나타내 세계의 평균보다 낮다(앞 절 참조). 자료의 패턴은 완전한 대표성을 띠지 못하고 여러 곳에 중요한 틈이 있어서, 퇴적물 유실의 분포를 나타내는 명백한 그림이 제시되어야 한다. 그러나 영국에서 화학적 삭박의 패턴은 분명해지고 있다(Walling and Webb, 1986). [그림 17.2]는 오염되지 않은 소규모 하천들의 수질 자료에 기초하여 영국의 연간 용해 하중을 지도화하려는 시도를 보여준다. 스코틀랜드의 하일랜드(Scottish Highland)나 웨일즈 및 다트무어의 고지대와 같이 화학적으로 단단한

암석으로 이루어진 고지대, 그리고 잉글랜드 동남부와 같이 연간 유출량이 적은 지역에서는 비율이 최소로 나타난다. 최대 비율은 유출량이 적절하고 가용성 광물이 풍부하며 특히 가용성의 석회석이 노출된 지역과 일치한다.

빙하 환경의 삭박률은 하천 환경보다 훨씬 높다. Drewry(1986)는 다양한 곳에서 수집한 빙하 아래의 침식률에 관한 자료를 개관하였다. 수년 동안 노르웨이에 있는 5개의 빙하에서 측정한 융빙수에 의한 연간 퇴적물 생산량은 0.073~0.610mm yr⁻¹ 범위의 평균 침식률을 나타낸다. Corbel(1964)은 프랑스의 알프스에 있는 세인트 솔르레 빙하에서 융빙수와 퇴석 부스러기로 유출되는 물질을 포함하는 자세한 연구를 하였다. 이에 따르면 기반암은 주변의 빙식 작용을 받지 않은 지역보다 훨씬 높은 2.2mm yr⁻¹의 비율로 낮아졌다. Drewry는 여러 가지 연구 방법을 사용하는 여러 학자들의 빙하 삭박 자료를 인용하였다. 그중 대다수는 0.5~5mm yr⁻¹의 범위에 있었다. 모든 이런 값들은 빙하 작용을 받은 상황에서 전체적인 침식 효과를 나타내며, 여기에서는 마식과 암괴 제거 그리고 융빙수 침식 프로세스 등의 효과를 분리하지 않기 때문에 빙하 침식 시스템을 블랙박스로 처리한다. 그럼에도 불구하고, 이러한 결과로 볼 때 활발한 온난 빙하에서는 삭박률이 빙하로 덮여 있지 않은 지역보다 최소한 10배나 높다는 결론에 도달한다.

(3) 소유역 분지 규모

Arnett(1979)는 습윤 온대 환경에서 인접한 여러 유역 분지를 연구함으로써, 보다 국지적인 규모에서 유실량을 비교하였다. 인접한 15개의 유역 분지를 모니터하고, 1년 이상 유출을 평가하였다(표 17.3). 이런 규모에서 기후 유입은 동일한 것으로 간주될 수 있으며, 삭박 유출의 차이는 대체로 유역 분지의 형태와 암석 및 토지 이용 등에 따라 달라진다고 생각된다. 이들 자료에서 몇 가지 중요한 결론을 도출할 수 있다. 작은

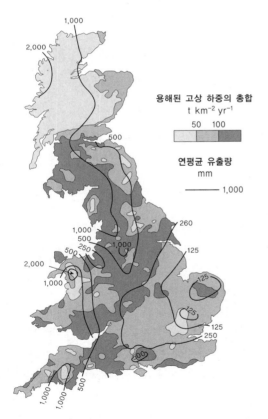

그림 17.2 영국 하천의 용질 하중. 등치선은 연간 유출량을 나타낸다(Walling and Webb, 1981).

표 17.3 잉글랜드 노스요크무어스(North York Moors)의 습윤 온대 지역에서 인접한 유역들의 1975년 삭박 유실(Arnett, 1979)

유역 분지	면적(km²)	부유 하중(%)	용해 하중(%)	총생산량(t km⁻²)	지표 하각(mm yr⁻¹)
1	11.1	1.5	98.5	115.0	0.043
2	24.2	7.3	92.7	61.3	0.023
3	85.0	5.1	94.9	52.4	0.019
4	11.6	5.1	94.9	37.0	0.014
5	46.2	9.0	91.0	46.5	0.017
6	37.2	5.7	94.3	36.7	0.013
7	22.0	2.0	98.0	40.7	0.015
8	130.7	7.0	93.0	57.1	0.021
9	18.8	3.2	96.8	77.9	0.029
10	13.6	2.7	97.3	62.8	0.023
11	9.7	7.1	92.9	30.0	0.011
12	15.1	16.8	83.2	75.5	0.028
13	19.7	30.8	69.2	104.0	0.038
14	299.4	12.4	87.6	55.6	0.020
15	155.8	3.1	96.9	71.5	0.026

표 17.4 소규모 표본 지역의 삭박 유실

	범위(mm yr⁻¹)	평균(mm yr⁻¹)	출처
웨일즈 중부*	0~75	15	Slaymaker(1972)
페나인†	–	14.8	Harvey(1974)
사우스웨일즈*	2~24	10.6	Bridges and Harding(1971)
노스요크무어스			
식생이 있는 지점	–	+1.35(퇴적)‡	Imeson(1974)
식생이 없는 지점	–	38.10¶	

* 표본 실험구, † 우곡 침식 지역, ‡ 7개 값의 평균, ¶ 3개 값의 평균

지역 내에서도 삭박률은 4배 차이가 난다. 습윤한 유럽 대륙의 자료에서처럼, 큰 유실이 용해 광물의 형태로 나타났다. 더구나 유역들 간 퇴적물 유실의 비율에 있어서는 20배의 차이가 있다.

이러한 규모에서 삭박 유실을 통제하는 주요 변수는 토지 이용과 암석 및 하계 밀도인 것으로 밝혀졌다.

(4) 국지적 규모

활발하게 침식하는 우곡(gully) 시스템과 실험구를 포함하는 이러한 규모에서는 통제 변수가 다르고, 삭박도 훨씬 더 크다. 국지적인 실험구의 침식률은 전체적으로 유역 분지보다 100~1,000배 더 높게 나타날 수도 있다(표 17.4). 모든 경우에서, 삭박 프로세스는 식생이 없는 나지의 우세(sheetwash)이거나 활발한 우곡 발달이다. 이들의 삭박률은 10mm yr⁻¹보다 크다. 이것은 지표의 침식을 통제하는 식생의 보호 역할을 강조한다. 이것으로 볼 때, 퇴적물의 원천은 유역 분지 내에 고도로 국지화되어 있으며, 이러한 고도로 국지화된 삭박률은 넓은 지역에서 나타나는 훨씬 낮은 삭박률로 희석된다.

서로 다른 규모에서 이렇게 간단히 삭박률을 조사해 본 결과, 삭박을 통제하는 대부분의 함수들은 밀접히

상호 연관되어 있음이 분명하다. 예를 들어, 기복은 지형성 강우를 만들어 강수량과 양의 상관관계를 보인다. 예외적으로 높은 기복을 보이는 지대는 보통 신기 조산대인데, 비교적 침식이 가능한 신생대의 퇴적암으로 이루어져 있어 기복과 암석 간의 상관관계에 영향을 미친다. 범지구적 규모에서는 강수량과 식생 유형 간에 상관관계가 있다. 삭박의 주요 통제 요소들 간 이러한 상관관계는, 개별 요소들의 영향을 분리하기가 어렵다는 것을 뜻한다.

2. 삭박의 통제 요소들

그러나 삭박 유실에 미치는 개별 요소의 영향은 한 요소만 유입량이 다른 유사한 지역이나 유역을 비교함

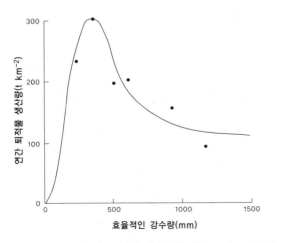

그림 17.3 유효 강수량과 관련한 퇴적물 생산량(Langbein and Schumm, 1958)

표 17.5 다양한 기후 환경에서 석회암 지역의 침식률(Smith and Atkinson, 1976)

	평균(mm yr⁻¹)	표준 편차	표본의 수
열대	0.017	0.0125	18
온대	0.021	0.0158	87
극지-산지	0.023	0.0141	24

으로써 추론할 수 있다. 우선 기후라는 뚜렷한 외적 요소의 영향을 조사할 것이며, 이어서 암석이나 기복과 같은 보다 국지적인 요소의 영향을 검정할 것이다.

(1) 기후

Langbein과 Schumm(1958)은 미국의 한 유역 분지에서 표본을 연구하여 강수량과 삭박 간의 관계를 수립하였다(그림 17.3). 연평균 기온 10℃인 지역에서 퇴적물 제거만을 고려한다면, 연간 유효 강수량(유출량)이 300mm일 때 삭박이 최대로 발생한다. 다른 연구자들도 절대적인 값에서는 약간의 차이가 있지만, 반건조 환경에서 퇴적물이 최대로 생산된다고 주장하였다. 그래서 Douglas(1967)는 오스트레일리아 동부에서 연평균 유출량이 50mm일 때 삭박이 최대로 된다고 주장하였고, Dunne(1979)은 케냐의 유역 분지에서 연평균 유출량이 약 100mm일 때 최대의 삭박이 나타난다고 밝혔다. Walling과 Webb(1983)은 퇴적물 생산량은 연 강수량과 유출량이 높아질수록 증가한다는, 다양한 환경에서 연구한 많은 학자들의 연구 결과를 인용하였다. 정말 건조한 환경에서는 침식 에너지가 적고 유출이 드물기 때문에 침식이 거의 없는 반면, 습윤한 환경에서는 식생 피복이 증가하여 퇴적물의 지표 침식을 방지한다. 반건조 환경에서 증가하는 침식 잠재력과 증가하는 지표 저항이 절묘하게 결합되면 삭박이 최대로 된다.

삭박에 대한 기후의 영향은 다양한 환경에서 특정한 암석의 삭박을 비교함으로써 검정해 볼 수 있다. 배타적으로 용해 작용을 통하여 삭박되는 석회암은 다양한 환경에서 연구되어 왔다. [표 17.5]는 다양한 기후 환경에서 얻은 용해 삭박률을 집계한 것이다. 각 지역들의 삭박률 값은 이미 인용한 값들과 비교하여 적절하다. 그러나 삭박률은 열대 환경에서 극지-산지 환경으로 갈수록 분명히 증가하는데, 이는 석회암의 삭박이 일반적으로 연평균 기온에 반비례한다는 것을 뜻한다. 그러나 구분이 명확한 것은 아니다. 기후 환경들 간에

표 17.6 암질과 퇴적물 생산량(Hadley and Schumm, 1961)

지질 단위	암석 유형	평균 침투율(cm h⁻¹)	퇴적물 생산(mm yr⁻¹)	하계 밀도(km km⁻²)
워새치 층	결집력 없는 모래	23.0	0.088	8.6
랜스 층	사질양토	12.5	0.337	11.4
포트 유니언 층	사질식양토	3.2	0.876	18.2
피어 셰일	사질식양토	2.5	0.943	25.8
화이트 강 층군	미사식양토	0.4	1.213	413

상당한 중첩이 있고, 이러한 자료는 식생과 강수 및 석회암의 유형 등 다른 변수의 영향을 감추기 때문이다.

(2) 암석

암석이 유출량과 퇴적물 삭박량에 미치는 영향은 한 지역 내 다양한 암석에서 발달한 유역들을 비교함으로써 알 수 있다. [표 17.6]은 Hadley와 Schumm(1961)이 샤이엔(Cheyenne) 강 유역(미국 사우스다코다 주)에서 비교한 결과이다.

평균 침투율로 표현할 때 지표 투수성이 매우 다른 5개의 서로 다른 암석층을 검정하였다. 침투율은 하계 밀도와 반비례 관계에 있다. 높은 지표 유출을 반영하는 높은 하계 밀도는 퇴적물 생산량과 밀접히 관련되어 있다. 지표 유출을 증가시키는 암석은 확실히 더욱 빠르게 삭박된다.

(3) 기복

삭박률에 대한 통제 요소로서 기복의 역할은 매우 중요하다. 높은 기복은 가파른 경사와 관련되어 있어서 침식이 더욱 활발하며, 특히 물질을 퇴적물의 형태로써 기계적으로 제거한다. [그림 17.4]는 미국 서부의 소규모 유역에서 퇴적물 유실과 기복(기복률로 표현됨) 간의 관계를 보여 주며, [그림 17.5]는 파푸아뉴기니에서 행한 연구(Ruxton and McDougall, 1967)에서 비슷한 관계를 보여 준다. Young(1972)은 다양한 환경에서 얻은 지표 하각에 관한 실험 자료들을 대조하였다(그림 17.6). 이들 자료에 따르면, 기복이 큰 지역(산지와 개별

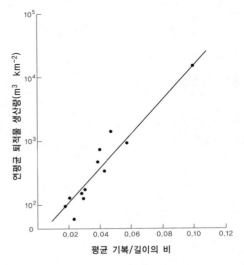

그림 17.4 유역 분지 기복에 따른 퇴적물 유실량(Hadley and Schumm, 1961)

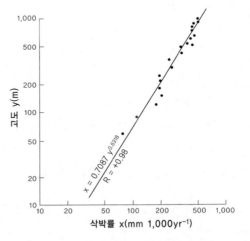

그림 17.5 파푸아뉴기니 동부에서 고도에 따른 삭박률(Ruxton and McDougall, 1967)

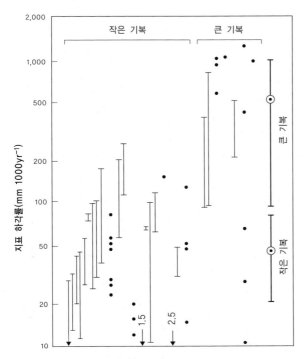

그림 17.6 기복 유형에 따른 지표의 하각률(Young, 1969)

급경사면)과 기복이 적은 지역(평야, 적절하게 개석된 지역, 완만한 사면)이 명확하게 구분된다. 두 범주에 해당하는 값의 범위에 상당한 중첩이 있지만, 기복이 적은 지역의 삭박률 중앙값은 0.046mm yr⁻¹이고 기복이 가파른 지역의 값은 0.5mm yr⁻¹이어서, 둘 사이에는 10배 정도의 차이가 있는 것으로 나타났다.

이러한 결과는 시·공간적 측면에서 두 가지의 중요한 함의를 갖는다. 첫째, 소규모 유역 분지는 대체로 넓은 유역의 곡두 부분을 차지하기 때문에 높은 경사를 나타내는 경향이 있다. 그래서 높은 삭박률은 상당한 면적의 저지를 가지는 넓은 유역보다 소규모 유역과 관련 있을 때가 많다. 둘째, 시간 척도로 볼 때 최근에 융기한 지괴가 더 빨리 삭박되며, 삭박률은 기복이 낮아질수록 감소할 것이다. 관계의 형태로 보아, 더 이상의 지각 융기가 없으면 침식률은 시간이 지나면서 급격하게 감소할 것이다.

유역 (기후, 지형, 지질의) 매개 변수와 삭박률 사이에 중요한 경험적 관계가 존재하는 것이 분명하다. 이러한 매개 변수의 공간적 변이는 삭박률에 반영된다. 그러나 전체 기후 매개 변수와 삭박률 사이의 관계는 여전히 명확하게 이해되지 않는다. 예를 들어, 연평균 강우량과 삭박률 사이의 관계는 전혀 명확하지가 않다. 이론상으로는 특정한 강우량에 대하여 침식에 유효한 유출량은 평균 온도와 관련이 있다. 평균 온도가 증발에 따른 손실량을 통제할 것이기 때문이다. 일부 학자들(예, Fournier, 1960)은 강우의 계절적 집중이 연간 총합보다 더욱 중요하다고 말하였다. 건조한 계절에는 토양이 말라서 부서지고, 습윤한 계절에는 집중 호우가 내려, 더 많은 강우가 균등하게 분포하는 것보다 더 많은 운동 에너지로 지표에 압력을 가하기 때문이다. 세계적인 규모에서 삭박 패턴을 현실에 맞게 설명하려면, 그러한 관계를 더욱 완벽하게 이해하여야 한다. 그것은 유역 모니터링을 광범위하게 확대할 때에만 가능한 일이다.

이해를 위한 마지막 주안점은 지금까지 얻은 대부분의 삭박률이 '자연적인' 프로세스의 결과라고 생각할 수 없다는 점이다. 모니터한 유역의 대부분은 지표의 개조와 숲의 벌채, 농업 활동, 나지 표토의 노출, 수분 균형의 조정 등에 영향을 받아 왔다. 인간이 삭박 시스템에 미친 영향은 제26장에서 더욱 자세하게 검정할 것이다.

3. 삭박 시스템 형태의 공간적 변이

우리는 제10장부터 삭박 시스템 내의 프로세스에 몰두하여 왔다. 이제 우리는 이들 프로세스의 작동이 경관의 형태를 만드는 데 미친 영향을 검정할 것이다. 경관의 형태는 기후와 암석 유입의 함수로 간주될 수 있으며, 경관은 개별이나 공동의 삭박 프로세스를 통하여 작동하는 이들 주요 통제 요소에 맞게 조정되어 형성될 것이라고 오랫동안 믿어 왔다.

경관 형태의 지위는 대체로 고려하는 수준에 따라 결정된다. 위에서 대략 말했듯이, 넓은 시·공간적 규모에서 보면 이것은 분명히 종속적인 존재이다. 그러나 특정한 삭박 프로세스의 작동을 고려하는 좁은 시·공간적 규모에서 볼 때, 경관의 형태는 독립 변수이다. 예를 들어, 이러한 규모에서 하계 밀도는 수문 곡선 형태의 중요한 통제 요소가 되고, 기복과 경사는 사면 프로세스의 주요 통제 요소이다. 그러나 이 절(節)에서 우리는 주요 기후 및 지질 유입에 의존하는 경관 패턴의 공간적 변이에 관심을 가질 것이다.

경관의 형태는 형태기하학적 기법을 적용하면 평가할 수 있다(제10장). 이렇게 하여 상이한 환경에서 만들어진 경관을 분석하고 비교하며, 주요 통제 요소의 변이에 따른 결과를 관찰할 수 있다. 암석과 기후가 하천 침식 지형에 미치는 영향을 보여 주는 두 가지 실례가 있다.

동일한 기후 지역 내에서 상이한 암석을 기반으로 발달한 유역 분지를 비교하면 암석이 미치는 영향을 알 수 있다. Brunsden(1968)은 영국 다트무어 주변에 있는 세 유형의 유역을 형태기하학적으로 비교하였다. 각 유형은 화강암과 데본기의 점판암, 그리고 셰일을 다량 함유하는 쿨름메져층(Culm Measure) 등의 상이한 암석을 기반으로 발달하였다. 유역 분지는 4차수 분지

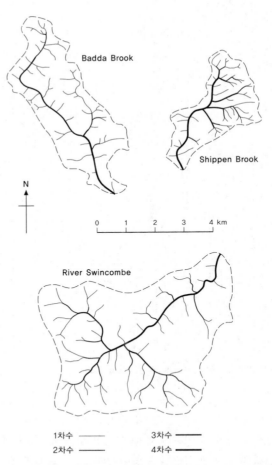

그림 17.7 다양한 암석에서의 유역 분지 형태기하학. (a) 데본기층(Badda Brook). (b) 쿨름메져층(Shippen Brook). (c) 화강암(River Swincombe) (Brunsden, 1968).

표 17.7 다트무어와 주변 지역 유역 분지의 형태기하학적 속성(Brunsden, 1968)

		유역 면적(km²)	총 하천 길이(km)	평균 분기율	하계 밀도(km km⁻²)
화강암	Swincombe	18.8	38.4	3.9	2.0
	Cherry Brook	13.2	29.3	3.5	2.2
	Walla Brook	13.7	22.4	3.6	1.6
데본기층	Gatcombe	9.3	27.4	3.8	2.9
	Badda Brook	8.0	24.3	4.2	3.0
	Dittisham Creek	12.4	35.6	3.9	2.8
쿨름층	Yeo River	5.4	20.3	3.6	3.7
	Shippen Brook	4.1	20.0	3.7	4.8
	Doma Brook	7.5	24.3	3.4	3.2

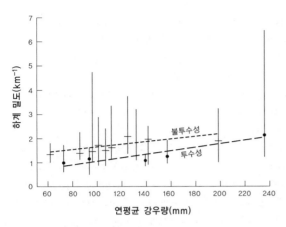

그림 17.8 영국에서 연평균 강수량과 관련한 하계 밀도(Gregory, 1976)

만을 대상으로 표준화하였고, 유역 면적과 하천 총연장, 평균 분기율, 그리고 하계 밀도 등의 특성에 대한 값들을 도표로 나타냈다(표 17.7). 유역들 가운데 세 개를 [그림 17.7]에 예시하였다. 표본의 크기는 작지만, 다양한 암석 유형에 발달한 유역들 간에는 네 가지 기술적 매개 변수 가운데 두 개(유역 면적과 하계 밀도)에서 분명한 차이가 나타난다. 하천 총연장과 평균 분기율은 약간의 중첩이 있을지라도, 집단 간에는 약간의 차이를 보인다. 쿨름메져층의 불투수성 셰일은 높은 하계 밀도를 가진 소규모 유역을 만드는 데 반하여, 화강암 지역은 하계 밀도가 낮은 넓은 유역 분지가 특징이다. 그러므로 이들의 형태기하학적 특징은 암석의 영향을 강하게 받은 것으로 결론지을 수 있다.

경관 형태에 대한 기후의 영향은 상이한 기후 환경에서 발달한 경관을 비교하면 알 수 있다. 영국에서 강수량과 관련하여 하나의 형태기하학적 특성(하계 밀도)의 변이를 조사한 Gregory(1976)의 연구는 이런 관점에서 유용하다(그림 17.8). 13개의 표본 지역에서, 연평균 강우량과 관련 있는 하계 밀도를 평가하였다. 일부 표본 지역에서는 상당한 범위가 나타났지만, 그럼에도 불구하고 하계 밀도는 분명히 강우량에 정비례하여 증가하는 경향이 있다. 더구나 투수성 암석과 불투수성 암석은 구분되는데, 불투수성 암석에서 하계 밀도가

더 높게 나타난다.

이들 두 가지 실례만 보더라도, 경관 형태의 특성은 주요 환경적 유입과 관련될 수 있다는 사실이 충분히 밝혀졌다. 이 분야에도, 특히 경관과 기후 사이의 관계라는 측면에서 더 연구할 영역이 분명히 존재한다. Gregory(1976)는 범세계적 규모에서 하계 밀도와 연강수량 간의 관계를 보여 주었고, 보다 세련된 강우량 척도 —강우 강도 —와의 관계도 제시하였다. 그러한 연구들, 그리고 암석 유형은 비슷하나 기후 체제가 상이한 환경에서 발달한 경관에 관한 형태기하학적 연구들은 경관, 암석, 기후 사이의 관계를 보다 잘 이해할 수 있게 하는 통제된 연구이다. 특히 권곡 유역 분지와 같은 개별 지형을 자세히 연구하기는 하였지만, 빙식 지역의 지형에 관한 형태기하학적 정보는 거의 없다.

4. 삭박 프로세스와 경관 형태 간의 관계

이 장에서 우리는 경관의 형태를 삭박 프로세스의 산물 또는 삭박 프로세스에 대한 반응으로 다루었다. 그러나 경관 형태의 수준과 그것을 묘사하는 변수들은 대체로 분석하는 시·공간적 규모에 따라 좌우된다.

제17장 3절에서 설명한 내용에서, 삭박 활동의 결과로서 경관의 형태는 분명히 종속적인 존재이다. 그러나 보다 작은 시·공간적 규모에서, 개별 삭박 프로세스의 작동을 고려할 때, 경관의 형태는 독립 변수가 된다. 그래서 [표 17.6]과 [표 17.7], 그리고 [그림 17.8]에 종속 변수로 제시된 하계 밀도는 수문 곡선의 모양을 통제하는 중요한 독립 변수가 되었다. [표 17.6]에서 하계 밀도는 침투율에 종속적이지만, 퇴적물 생산과 관련하여서는 독립적인 것으로 간주된다. 융기와 침식 프로세스에 종속된 기복 변수와 경사 변수도 사면 프로세스의 통제 요소로 고려할 때 독립 변수가 된다.

특정한 시기에 환경적 유입이 상당한 기간 동안 일정하다면, 경관의 형태는 주요 환경적 유입과 관련하

여 평형 상태를 취할 것으로 기대하는 것이 타당하다. 삭박 프로세스에 의해서 기복이 지속적으로 낮아지면, 삭박 프로세스를 통제하는 경관 형태의 그러한 측면이 수정될 것이고, 도리어 삭박 프로세스 자체에 영향을 미칠 것이다. 오랜 기간 동안 기복이 상당히 감소하면, 퍼텐셜 에너지와 지형성 강수량이 감소하여, 삭박 시스템의 주요 유입에 상당한 영향을 미칠 것이다. 이러한 방식으로, 경관 형태와 삭박 프로세스 사이에는 다양한 규모의 중요한 피드백이 있다(제10장 7절).

그래서 짧은 시간 규모에서는 경관의 형태를 삭박 시스템의 유출로 간주하는 것이 적절할 것이다. 그러나 긴 시간의 규모에서, 특정한 시기의 경관 상태는 외적 유입에 대하여 지속적으로 변하는 반응의 한 시점으로 보는 것이 더 좋을 것이다.

더 읽을거리

삭박률에 관하여 더 많은 논의는 다음 문헌을 참조.

Degens, E.T., S. Kempe and J.E. Richey (eds) (1990) *Biogeochemistry of Major World Rivers*. John Wiley, New York.

Drever, J.I. (1988) *The Geochemistry of Natural Waters*. Prentice-Hall, Englewood Cliffs.

Gibbs, R.J. (1970) Mechanisms controlling world water chemistry. *Science*, **170**. 1088~1090.

Walling, D.E. and B.W. Webb (1981) Water quality, in *British Rivers*, (ed. J. Lewin). Allen & Unwin, pp.126~169.

Walling, D.E. and B.W. Webb (1983) Patterns of sediment yield, in *Background to Paleohydrology: a perspective*, (ed. K.J. Gregory). John Wiely, Chichester, pp.69~100.

Walling, D.E. (1987) Rainfall, runoff and erosion of the land: a global view, in *Energetics of Physical Environment: Energetic Approaches to Physical Geography*, (ed. K.J. Gregory). John Wiley, Chichester.

Walling, D.E. and B.W. Webb (1986) Solutes in river systems, in *Solute Processes*, (ed. S.T. Trudgill). John Wiley, Chichester, pp.251~327.

VI 생태계 시스템

제18장
생태계

1. 생태계의 개념

[그림 18.1]에서 보여 준 낙엽 소림은 잉글랜드 남부의 오크/너도밤나무 숲이다. 물론 범지구적 생태권이 나타내는 첫 번째 반응이 이 소림인지는 의심스럽지만, 소림은 제7장에서 고찰한 범지구적 생태권의 일부분이다. 이는 단순히 우리가 이 소림에서 보다 친숙하고 접근 가능한 규모의 생태권을 만나고 있기 때문이다. 우리는 추상적인 범지구적 모델에서 실질적이고 이해할 수 있는 것으로 단계를 낮추었다. 잠시 동안 이 소림 속으로 걸어가고 있다고 상상해 보자.

처음에는 빛이 줄어들었다는 사실을 알아차리겠지만, 곧 눈이 보정되어 발밑에 죽은 나무와 마른 낙엽을 굽어보게 된다. 떨어져서 흩어져 있는 가지는 그 아래의 흰개미를 드러내며, 가지의 밑바닥에는 흰색의 균사 조직이 썩어가는 나무에 대비되어 두드러져 보인다. 여기저기에서 너도밤나무의 새싹이 낙엽더미를 뚫고 솟아오르고, 나무줄기 주변에는 녹색의 이끼 쿠션이 갈색의 낙엽과 대조를 이룬다. 그밖에 그늘에서는 선갈퀴(wood ruff)와 독스머큐리(dog's mercury), 아네모네, 그리고 둥굴레가 공간을 다툰다.

너도밤나무와 참나무의 거대한 뿌리가 땅을 짚은 손가락처럼 아래로 뻗어 흙 속으로 들어가고, 분에 넘치도록 높게 자란 가지들을 지지하기 위해 기둥처럼 우뚝 솟은 줄기들을 따라 눈을 옮긴다. 이곳에는 잎이 태양을 가리는 모자이크를 만든다. 너도밤나무 위에서 모자이크는 틈이 없고 중첩되지 않도록 더욱 경쟁하지만, 참나무에서는 비교적 빈 공간이 열려 있다. 착생하는 이끼와 선태류가 나무줄기와 가지들을 덮고 있으며, 죽은 가지는 알록달록하고 괴상한 균류의 자실체(fruiting body)로 반짝인다.

숲속의 빈터를 지나면 사슴 한 마리가 어린잎을 먹다가 멈추고, 가지 난 뿔이 달린 머리를 들어 바람을 읽고 개간 농지 주변의 반점이 있는 자작나무 덤불 속으로 조용히 사라진다. 어디에선가 가까운 곳에서 울리는 딱따구리가 나무를 치는 소리에 놀라지만, 비교적 조용한 가운데 나무 꼭대기에서 다른 새들이 노래하는 소리를 듣게 된다. 수많은 곤충들의 교묘한 소리를 의식하고 자세히 살펴보면 그들이 존재를 알리는 방법들을 볼 수 있다. 겨울나방(winter moth)과 밤나방(dunbar) 그리고 녹색 잎말이나방(green tortrix moth)의 애벌레는 잎을 자르며, 잎을 자르는 벌들은 우아한 화반을 제거한다. 혹벌이 만든 참나무 충영(gall)은 전에 살았던 혹벌이 떠난 채 잎들 속에 걸려 있다.

이제 소림으로부터 나와서, 소림을 전체적으로 평가하고 이러한 이미지에 어떤 질서를 부여해 보자. 첫째, 소림은 부분적으로 다양한 유기체들로 구성되어 있으며, 동물과 식물 각각은 개체군으로 표현된다. 각 개체군은 어느 시점에 특정한 공간적 분포를 가지며, 그래서 3차원 공간은 나타난 유기체들이 나누어 가진다. 이들 유기체가 복잡한 소림 군락을 형성하더라도, 군락의 이미지는 함께 성장하고 살아가는 유기체들의 집합

이상이다. 줄기 공간 내 고요하고 서늘하며 햇빛이 비치는 공기, 키 큰 나무줄기를 지지하는 토양, 가장자리에 나무가 서 있는 평온한 하천, 고요한 소(pool)와 깨끗한 자갈, 그리고 썩어가는 낙엽 등은 소림의 이미지에서 살아 있는 동·식물만큼이나 중요하다. 말을 바꾸면 소림에 대한 지각을 구성하는 것은 군락과 주변의 환경이다. 이 둘은 우리들의 기억 속에서나 기능적으로 분리할 수 없을 만큼 연계되어 있기 때문이다. 제 7장에서는 이러한 단일체를 범세계적 규모에서 인식하여, 생물권의 생물 시스템과 그들이 물질과 에너지를 교환하는 기권, 암석권, 수권의 일부를 포함하는 생태권의 개념을 사용하였다. 동·식물 군락의 규모에서는 동일한 개념을 나타내는 **생태계**(ecosystem =ecological system) 개념을 사용하므로, 우리가 묘사한 것은 소림 생태계이다(자료 18.1).

2. 생태계의 구조적 조직

(1) 생태계의 구성 요소와 그 속성

처음의 소림 생태계에 대한 논의를 보면, 생태계의 구조는 두 가지의 구성 성분, 생물적 구성 성분(유기체 자체)과 무생물적 구성 성분(환경)을 갖는 것이 분명하다. 환경의 구조적 조직은 이 책의 다른 장에서 다루었

다. 그러므로 이 장에서는 주로 시스템의 살아 있는 유기체들이 배치되어 있는 방식에 관심을 둘 것이다. 생태계 모델의 맥락에서 볼 때, 이들 유기체는 시스템의 요소들이다. 이제 우리는 이 요소들을 어떻게 묘사하고 분류할 것인가? 그들의 속성은 무엇인가? 생물 시스템으로서 생태계 내의 모든 유기체는 우선 두 가지의 속성을 가지는 것으로 간주될 수 있다. 첫째, 그들은 세포핵 내의 DNA 분자에 기록된 일련의 유전적 속성을 가진다(자료 2.3). 이것이 그들의 **유전자형**(genotype)이다. 이것은 유기체의 발달과 활동을 통제하며, 두 번째의 속성 집단인 형태적·생리적·행태적 속성 ―그들의 **표현형**(phenotype) ―으로 명백해진다. 이들 속성을 이용하여 생태계의 유기체들을 구분하기 위해 선택할 수 있는 방식은 분류학적, 구조학적, 기능학적 방법 등 세 가지이다. 곧 알게 되겠지만, 선택은 강조하고 싶은 시스템(생태계)의 요소들(유기체) 간의 관계 유형에 따라 대체로 결정된다.

유전자형과 표현형은 생태계 내에 존재하는 유기체들을 종(species)이나 아종(subspecies) 또는 변종(varieties)으로 동정하고, 계층을 나타내는 분류학적 구분(표 18.1)에 그들을 자연스럽게 배치함으로써, 그들의 유형을 규정짓는 데 사용할 수 있다. 그러한 구분은 생물권 내 유기체들 사이의 진화론적 관계를 반영하며, 그러므로 발생학적 기준에 근거를 두어야 한다는 사실

자료 18.1

생태계 개념

안정된 시스템을 만들기 위해 상호 작용하는, 생물 요소와 무생물 요소로 구성된 생태학적 단위로서의 생태계 개념은 새롭지 않다. 그것은 생물학이나 생태학 문헌에서 때로는 다른 용어(예, biocoenosis)로서 명시되기도 하고, 때로는 단지 의미만 포함되는 긴 역사를 가진다. 1935년 영국에서 생태학 발전에 중요한 업적을 남긴 Arthur Tansley 경은 '유기체 집단뿐만 아니라 우리가 환경이라고 부르는 것을 형성하는 모든 물리적 요소들의 복합체'

를 묘사하기 위하여 그 용어를 사용하여야 한다고 제안하였다(Tansley, 1935). 그러나 생태계 개념의 주된 이론적 발달과 그 발달에 관련된 연구의 수행은 1940년 이후에 시작되었고 대부분은 1950년대에 이루어졌다. 여기에서는 생태계의 영양-역학적 관점을 공식화한 Lindeman의 견해를 따른다. 그것은 생태학 내 연구를 위한 개념적 틀과 자극을 제공한다(Lindeman, 1942).

그림 18.1 온대 낙엽림 생태계의 이미지

종의 개념

동물과 식물의 분류에서 단위가 되는 종의 개념은 제7장에 소개되어 있다. 그것의 사용은 복잡하며, 그 용어는 일부 매우 다른 단일체들을 묘사할 때 사용된다. 관념적으로 종은 교잡하여 생식 능력이 있는 후손을 만드는 유기체의 집단으로 정의된다. 다른 종의 개체들은 정상적으로 교잡하지 않으며, 그렇게 하더라도 후손은 생식 능력이 없다. 그러한 정의와 관련하여 모든 종들을 검정한 것은 아니다. 더구나 습관적으로 자가 수정하거나 무성 생식으로 번식하는 종에는 적용 불가능하다. 아마도 종은 그것을 정의하는 데 사용한 기준에 따라 가장 잘 표현될 것이다.

분류학적 종(taxonomic species)은 모든 기준에 합치하며 국제적 명명 규칙을 만족시킨다.

생물학적 종(biospecies)은 번식에 관한 정의의 필요 조건을 충족하며, 그러므로 유성 번식과 타가 수정(cross fertilization)에 한정된다.

생태학적 종(ecospecies)은 생식 능력이 있는 후손을 만들기 위해 서로 교잡할 수 있는 종 내의 생태형 집단[적응의 일부가 유전될 수 있다고 하더라도 여전히 교잡할 수 있는, 상이한 환경에 적응된 종의 변이체나 품종(race)]이다.

집합종(coenospecies)은 교잡하여 때때로 생식 능력이 있는 잡종을 만들 수 있는 집단에 속하는 종이다.

형태종(morphospecies)은 형태적 증거에 따라 명명되었으며 가끔 새로운 증거에 비추어 수정되기도 한다.

단위종(agamospecies)은 무성 번식만 하므로 형태종으로 다루어지는 종이다.

화석종(palaeospecies)은 멸종된 유기체이다. 그러므로 유일한 증거는 화석에서 얻어서 다시 변형시킨다.

표 18.1 분류학적 구분. 동물(고라니)에게 적용한 린네의 분류 체제의 예. 칼 폰 린네(Carolus Linnaeus, 1707~1778)는 스웨덴의 물리학자이자 박물학자였다. 그는 웁살라(Uppsala)대학교의 의대 교수였으며, 1758년에는 동물과 식물에게 동일한 분류 시스템을 구체화하였고 모든 다른 분류들의 근원이 되는 『Systema naturae』 10판을 출판하였다.

계(kingdom)	동물계(Animalia)	동물
아계	후생동물아계(Metazoa)	다세포 동물
문(phylum)	척삭동물문(Chordata)	척삭동물
아문	척추동물아문(Vertebrata)	척추동물
강(class)	포유강(Mammalia)	포유류
아강	수아강(Theria)	알을 낳지 않는 포유류
하강	진수하강(Entheria)	태반 포유류
목(order)	우제목(Artiodactyla)	발굽이 있는 포유류
과(family)	사슴과(Cervidae)	사슴-40종
속(genus)	사슴속(Cervus)	
종(species)	붉은사슴종(Cervus elaphus)	고라니

이 가정으로 깔려 있다. 그럼에도 불구하고 특히 표현형의 특성을 구분의 기반으로 사용할 때에는 모순과 애매함이 드러날 수도 있다(자료 18.2). '종 목록'이 생태계 내에 존재하는 유기체들을 분류하는 일반적인 출발점이지만, 그것이 유일한 접근 방법은 아니며, 반드시 가장 유용한 것도 아니다.

유기체 표현형의 속성, 특히 형태의 구성은 '시스템의 요소들'을 정리하기 위한 분류학의 대안으로 사용될 수도 있다. 그러나 그러한 체제를 고려하기 전에, **단일 유기체**(unitary organism)와 **모듈 유기체**(modular organism)로 불리는 것들을 구분하는 것이 도움이 될 것이다(Jackson, *et al.*, 1985; Harper *et al.*, 1986)(그림 18.2).

단일 유기체란 태아가 죽을 때까지 크게 변하지 않는 명확한 형태(우리의 몸)로 발달하는, 인간이나 대부분의 동물과 같은 것들이다. 확실히 단일 유기체의 몸은 살아가는 동안 인식 가능한 단계를 지나지만, 크기나 무게의 증감이나 성적인 성숙의 시작과 관련한 어떤 영향을 제외하면 개체의 형태에서는 어떠한 근본적인 변화도 나타나지 않는다. 한편 모듈 유기체는 **구조단위**(unit of construction), 즉 **모듈**(module)을 반복 생산함으로써 발달한다. 모듈 동물에는 몇몇 중요한 집단들(산호, 이끼 벌레, 해면동물 등)이 있지만, 그 집단의 가장 친숙한 예는 물론 식물이며, 그들 대부분은 모듈 유기체이다. 고등 식물에서 구조 단위는 잎과 겨드랑이 눈, 그리고 연결된 줄기의 길이(마디와 마디 사이) 등이다. 그러므로 식물 형태의 구조물은 반복되는 모듈의 개수와 패턴으로 결정된다. 모듈은 식물의 연결을

그림 18.2 모듈 유기체. (a) Larrea divaricata(크레오소트 관목), (b) Hydra sp(히드로충류), (c) Corallina(말), (d) Pelvetia(말), (e) Quercus robur(오크나무).

분리할 수도 있고, (클론*의 개체들은 발생학적으로 동일하지만) 분리된 무성 개체들로 존재하거나 집적이나 분화를 통하여 유기체를 확장한다. 이러한 집적은 기본적으로 기질을 가로지르거나 기질을 통하는 수평적 확

지상 식물(교목과 관목)

휴면아 또는 줄기 끝이 공중 가지에 있음

아린이 있거나 없는 상록
낙엽
왜형   < 2m high
소형   2 ~8m
대형   8 ~30m
거형   > 30m

지표 식물

휴면아 또는 줄기 끝이 지표 가까이 있음

(a) 불리한 계절 동안 말라죽는 줄기의 아랫부분에

(b) 약한 포복 줄기

(c) 고집스런 포복 줄기

(d) 푹신한 식물 – 작고 조밀한 초본의 성장

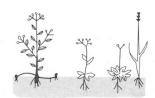

반지중 식물

휴면아가 지면에 있음

일부는 포복지가 있음

일부는 부분적인 장미꽃 모양 식물

초본이나 사초를 포함

지중 식물

휴면아가 지하나 수면 아래 있음

구근이나 괴경, 근경을 가진 지하 식물

휴면아는 수면 아래에 있으나 가지는 위로 뻗은 습지 식물(소택 식물)

휴면아는 수면 아래에 있고 잎은 잠기거나 떠 있는 수중 식물

1년생 식물

한해살이 식물 – 유리한 계절에 일생을 마침. '종자가 휴면아이다.'

다육 식물과 착생 식물

휴면아가 공기 중에 있어 지상 식물로 기능함
생활형 분석에서는 특별한 항목으로 사용되기도 함

끈끈이 대나물   왜형 지상 식물

끈끈이 대나물   푹신한 지표 식물

조름 나물   소택 식물

그림 18.3 생활형 구분 체계. 여기에서 왜형 지상 식물로서 성장하는 늪지소귀나무(Myrica gale)는 보다 나은 최적 조건에서 2m 이상 자랄 수 있다.

---

* 영양 생식에 의하여 모체로부터 분리 증식한 식물군

자료 18.3
생활형의 구분

식생(vegetation)에서 **상관**(physiognomy)이란 구조나 기능, 식물상의 구성을 중요하게 고려하지 않은 표면에 나타나는 피상적인 외모이다. 물론 이러한 외모에서 중요한 요소는 그 식생을 구성하는 개별 식물의 상관이다. 이러한 의미에서 식물의 상관은 식물체의 생장하는 형태, 즉 식물의 대체적인 구조나 **생활형**(lifeform)을 결정하는 형상적 특징이다.

그러나 식물은 생태학적 진폭을 가지며, 성공한 식물의 형태는 그들이 환경에 적응했음을 표현한다. 제시된 다양한 생활형 구분 체제와 성장형 구분 체제 사이를 1차적으로 구분하는 것은 생활형과 환경 사이에 내재된 상관관계이다. 기능적 의미가 전혀 내포되

생활형	규모	기능	잎의 모양과 크기	잎 조직
T ◯ 교목	t 큰 키 T = 최저 25m F = 2~8m H = 최저 2m	d ☐ 낙엽	n ◯ 바늘 또는 가시	f ▨ 얇은
F ◯ 관목	m 중간 키 T = 10~25m F,H = 0.5~2m M = 최저 10cm	s ‖‖ 반낙엽	g ◊ 풀잎	z ☐ 막 형태
H ▽ 초본	l 작은 키 F,H = 최대 50cm M = 최대 10cm	e ⊞ 상록	a ◇ 중간이나 작은	x ■ 경엽
M ◠ 선태류		l ※ 상록 다육 또는 잎이 없는 상록	h ◠ 넓은	k ⋮⋮ 다육
E ✶ 착생 식물			v ⩗ 복합	
L ▱ 덩굴 식물			q ◯ 엽상체	

피폭

b 나지나 매우 성김	i 불연속
p 다발이나 집단	c 연속

Tt Tm Tl   Ft Fm Fl   Ht Hm Hl   Mm Ml   Et Em   El   Lt Lm Ll

Ftd Fts Fte   Ften Fteq Ftea Fteh Ftev   Ftevf Ftdhz Ftdhx Ftjnx Fteak

Ltdaz Etegx   Ttdhz Ttenx Ttevx Tmdaz Tmjnx   Htegx Hldqk Hldvz Mmenf Mlenx   Hmdvz Hldhz Hlevx Mmeaz Mlevf

지 않은, 순전히 외관적인 체제는 **구조적**(structural)인 것이라고 약간 오해받기 쉽지만 전통적이다. 외관적 성격이 환경에 대한 어느 정도의 적응을 의미하는 것을 **기능적**(functional)이라고 한다.

구조적 생활형 구분

가끔 그러한 구분 체제는 껍질이나 잎과 같이 식물의 개별적인 외관의 특성이다. 크기가 주요 기준일 때도 있으나, 잎과 같은 개별 기관의 특성이 결합함으로써, 크기가 모양, 방향, 기간에 대한 정보에 따라 더욱 중요해질 수도 있다. 흔히 여러 개의 외관적 성격이 연계하여 개별 식물의 형상이나 생활형을 포괄적으로 나타내기도 하고, 식물들이 구성하는 식생의 상관을 나타내기도 한다. 프랑스계 캐나다인으로 생태학자이자 생물지리학자인 Pierre Dansereau가 1951년과 이후 1957년에 그의 책에서 자세히 설명한 구분 체제를 예시하였다.

Dansereau는 식물의 생활형을 묘사하고 구분하기 위한 체제를 제시하였을 뿐만 아니라, 층과 피복에 관한 정보를 통합함으로써 식생의 **구조**(structure)를 전체로 보고, 수목들 간의 뚜렷한 차이점과 공통점을 인식할 수 있도록 식생을 시각적으로 표현하는 그래픽 기호의 도식이나 체제로서 기록하는 수단을 제공하였다.

기능적 생활형 구분

식물 각 외관의 특성은 순수한 구조적 해석뿐만 아니라 기능적 해석에도 도움이 된다. 덴마크의 식물학자인 Christen Raunkiaer는 1903년과 1916년 사이에 (주요 발간물은 1934년에 나왔지만) 식물의 생활형에 대한 기능적 구분을 제시하였는데, 그것은 가끔 수정된 형태를 띠기도 하지만 널리 사용되는 유일한 것이다.

Raunkiaer는 세 가지 기준을 충족하는 식물의 특성을 조사하였다. 첫째, 근본적으로 기후와 관련하여 중요해야 한다. 둘째, 쉽게 인식하여 기록할 수 있어야 한다. 셋째, 하나의 속성으로서 통계 처리를 할 수 있어야 한다. 그는 마침내 식물의 휴면 조직(휴면아 또는 생장 발아, 정상의 분열 조직)이 만들어지는 지점의 표고를 선택하였다. 가끔은 보호 발아(protective bud) 규모의 존재 유무와 같은 더 많은 조건을 포함하고, 비교적 간단한 기준을 적용함으로써 [그림 18.3]에 예시된 생활형 구분을 시도하였다.

생활형 시리즈는 오늘날 세계 대부분에서 나타나는 것보다 더욱 균일하게 습윤하고 온난한 보다 온화한 기후에서, 식물의 비교적 초기 생활형들은 초기 진화 단계와 연관되어 있다는 가정에 근거를 두고 있다. 그러한 가정에 따르면, 점진적인 적응을 나타내는 비교적 고도로 진화한 생활형은 계절성이 더욱 크고 건조하거나 한랭한 지구 상의 열대 이외 기후에서 발견되지만, 가장 초기의

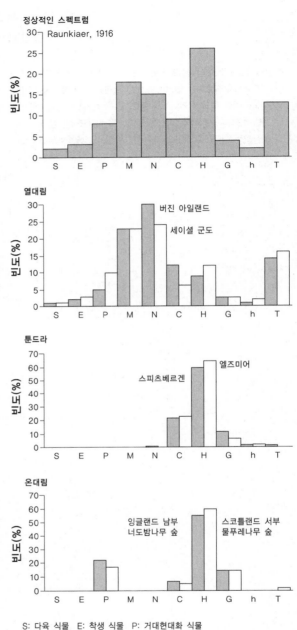

S: 다육 식물 E: 착생 식물 P: 거대현화 식물
M: 중형 현화 식물 N: 왜형지상 식물
C: 지표 식물 H: 반땅속 식물 G: 땅속 식물
h: 소택 식물과 수상 식물 T: 한해살이 식물

생활형은 오늘날 습윤 열대를 지배하는 것들이다. 생활형 계층에 대한 기능적 해석이 총체적 과잉 단순화임에 틀림없다고 하더라도, 그것은 유용하다.

Raunkiaer의 체제와 **생활형 스펙트럼**(lifeform spectrum, 특정 지역의 식물상에서 나타나는 생활형 계층이나 식생 유형의 상대적인 비율)으로 알려진 것을 이용하면, 지리적으로 넓게 분리되어 있으며 두 지역에 공통적인 종을 포함하지 않는 지역들 즉, 식물상이나 분류학상으로 먼 지역들을 비교할 수 있다. 그러한 스펙트럼은 그가 말한 소위 **정상적 스펙트럼**(normal spectrum)과 비교할 수 있다. 정상적 스펙트럼이란 Raunkiaer이 1916년에 세계 식물상에서 임의로 1,000종을 선택하여 만든 것이다.

이러한 접근 방법이 하는 것은 식생과 기후의 상호 관계를 강조하고 특징적인 생활형을 가진 생물기후지대(bioclimatic zone)의 존재를 나타내는 것이다. 지대는 열대의 탁월한 지상 식물 지대에서 아열대 반건조 내지 사막 기후의 1년생 식물 지대와 냉량/한랭 습윤한 중위도의 반지중 식물 지대를 거쳐 한랭한 고위도의 지표 식물 지대에 이르기까지 점진적이다. 외관적으로 비슷한 식생을 다루는 소규모 지역에서는 이 접근 방법이 매우 가치 있는 것으로 생각되지 않는데, 이것은 이 방법의 유용성을 과소평가한 것이다. 식생이 비교적 가파른 환경 경도(예, 고도)를 따라 변하는 곳에서는 생활형을 분석함으로써 그러한 변화의 본질과 원인에 대한 중요한 영감을 얻을 수 있다.

장과 분화로써 일어날 수도 있고, 빛을 향한 수직적 확장과 분화로써 일어날 수도 있다. 더구나 죽은 모듈은 남아서 뼈대를 제공하거나 기능을 지지(나무나 관목 내의 목질)한다. 일부 모듈은 노화되고 죽어서 주기적으로 떨어지고 제거되어, 식물 형상의 시간적인 변화(낙엽 종에서 잎이 지는 것)에 영향을 미친다.

그러므로 공간 상 식생의 구조(제18장 2절)는 구성 식물에서 모듈의 구조나 그들의 **상관**(physiognomy)에 따라 결정된다. 사실 식물은 이러한 구조나 그들의 성장 습성 또는 **생활형**(lifeform, 자료 18.3)에 근거하여 강(class)으로 집단화된다. 이러한 접근 방법에서는 강을 직관적으로 채택하고 나무나 관목, 수풀, 초본 등의 용어를 사용하여 통속명에 기록한다. 식물의 생활형이 식물체의 생식 형태이므로 이것은 (특히 공간 상에서) 식물의 구조적 관계에 관한 분석에 기꺼이 진력하는 접근 방법이다. 똑같은 일반적인 생식의 모습을 보여 주는 식물은 그들의 유전적, 분류학적 관계와 무관하게 동일한 생활형 집단에 속한다. 그러나 생활형은 유전적으로 환경에 조정된 것으로 간주되며, 그러므로 기능적 관계, 특히 기후에 따른 기능적 관계를 반영할 수 있다(그림 18.3).

유기체의 속성을 이용하여 구조적 동일체를 규정하는 것이 일반적이며 식물생태학에서 더욱 발달하였다.

동물생태학에서 가장 널리 채택하는 분류 방법의 대안은 기능적 동일체, 특히 동물의 영양 관계(초식 동물, 육식 동물, 잡식 동물, 분해자 등)에 기반을 둔 것이다. 일부 기능적 카테고리가 정확하지는 않지만 이와 같은 분류 방법은 식물에도 사용되어 왔다. 생산자(또는 독립 영양)와 부생 식물 같은 영양학적 대응물은 별문제로 하고, 식물의 기능적 동일체에 관한 실례는 (수생 식물과 건생 식물, 염생 식물, 착생 식물, 다육 식물의 경우에서처럼) 환경에 대한 적응과 관련되어 있으며, 생활형 카테고리와 겹치는 경향이 있다.

(2) 생태계 내 구조적 관계: 공간 상의 구조

생태계에 어떤 유기체가 나타나는지 알고서 그들의 속성과 관련하여 그들을 규정하여 왔다면, 이 요소들 간의 관계 및 그들 속성들 간의 관계를 묘사할 수 있어야 한다. 구조적으로 가장 분명한 조직 관계는 공간적이다. 여기에서 식물과 식물들이 형성하는 식생은 탁월하다. 대부분의 (그리고 확실히 육상의) 생태계에서, 생태계 구조의 공간적 뼈대를 형성하는 것은 정주 식물계이다. 식물 생체량은 1차 생산자의 **현존량**(standing crop) 뿐만 아니라 낙엽 소림(그림 18.1)에서처럼 가장 소비적인 유기체의 **서식지**(habitat)를 형성하는 생활 공간을 나타낸다. 식생이 점유하는 3차원 공간을

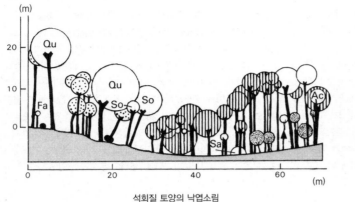

Sa	버드나무 종	버드나무
Fa	유럽 너도밤나무	너도밤나무
Qu	참나무 속	오크
So	마가목류	마가목
Ac	혹단풍	유럽 단풍나무
⬜	구주물푸레	양물푸레나무
▨	서양개암나무	개암나무
▥	검은오리나무	오리나무
▦	유럽서어나무	서어나무
⬛	영국호랑가시나무	호랑가시나무
▲	화살나무	화살나무

석회질 토양의 낙엽소림
(도식화한 수관 표현)

2개의 수관 층과 정수 식물의 수관이 있는 열대 우림

열대 산악림 내 두 층

열대 교목 사바나

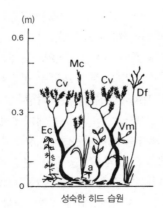

성숙한 히드 습원

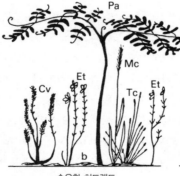

습윤한 히드랜드

Au	*Arctostaphylos uva-ursi*	월귤나무
Vm	*Vaccinium myrtillus*	월귤나무
a	측과성 (깃털) 이끼	
b	아크로카포스 (매트) 이끼	
Cv	*Calluna vulgaris*	히드
Cl	*Cladonia*	지의류
Ec	*Erica cinerea*	에리카
Et	*Erica tetralix*	십자잎 에리카
Mc	*Molinia caerulea*	보라색 무어 그래스
Tc	*Trichophorum cespitosum*	디어새즈
Df	*Deschampsia flexuosa*	좀새풀
Pa	*Pteridium aquilinum*	고사리

산악 왜소관목 히드

그림 18.4 식생의 층화

분할하는 방법은 관련된 유기체들의 수직적 구조(충화 stratification)와 수평적 구조(지역적 분포areal distribution)를 분리하여 고려함으로써 접근하는 것이 전통이다.

초본층과 교목의 수관, 그리고 여기저기 불연속의 관목층을 가진 전술한 낙엽 소림은 2~3개의 층을 구성하는 수직적 구조를 가진다. 습윤 열대 저지의 식생과 같이 보다 복잡한 삼림 유형에서는 충화가 훨씬 더 복잡하게 될 수도 있다. 그럼에도 불구하고, Robert Louis Stevenson의 장난감 병정들이 '풀숲(the forest of the grass)에' 앉아 있는 것을 증명할 수 있듯이, 이와 똑같은 개념을 키가 작은 식생에, 초지와 키 작은 관목 그리고 수생 군락에 적용할 수 있다(그림 18.4). 그러나 우리가 고려하는 것이 1차 생산자들의 광합성 조직의 충화이기 때문에, 충화는 구조적 관계를 나타낼 뿐만 아니라 기능적 의미도 가진다. 그러므로 그것은 유효 빛에너지의 이용을 최적화하는 해결 방안으로 볼 수도 있다. *최대화*(maximize)가 아니라 *최적화*(optimize)라는 용어를 사용한 것에 주의하라. 적어도 육상 생태계에서는, 예를 들어 임관(forest canopy)과 같은 정교한 에너지 여과 장치의 생성에 대한 대가를 치러야만 하기 때문이다. 이러한 대가는 소림 생태계에서 대량의 목질 생체량으로 표현되는, 광합성을 하지 않는 지지 조직을 유지하기 위하여 전환되는 에너지의 형태로 요구된다. 충화 자체가 만드는 미기후 경도와 관련하여, 원래 기능적으로 적응된 많은 특성들은 충화 내 식물의 위치와 관련되어 있다(제8장). 사실 환경 매개 변수들의 경도는 대기의 하층에 국한되지 않으며, 생태계의 지하 생체량도 뚜렷한 충화를 보인다. 낙엽과 부식에 살고 있는 유기체와 고등 식물 뿌리의 충화는 모두 물리화학적 환경과 토양 내 물과 영양소 저장 매개 변수들 값의 경도를 반영한다(제11, 22장).

식생의 수평적 구조를 기술하는 목적은 모든 종들의 개별 개체의 위치를 2차원적 틀에서 나타내는 것이다. 그러한 정확한 지도화는 소지역이나 구조적으로 단순한 군락 내에서 짧은 횡단선을 따라, 보통은 단기간의 변화를 모니터하기 위하여 시도되었을 뿐이다. 보다 일상적인 접근 방법은, 특히 내재적·외재적인 인과의 요소가 없는 상태에서 이론적으로 나타나는 임의의 분포에서 출발한다는 측면에서, 개체군이나 식생의 수평적 패턴(pattern)을 통계학적으로 기술하는 것이다(그림 18.5). 그러므로 통계학적으로 패턴을 발견한다는 것은 내재된 원인이 있다는 것을 뜻한다. 어떤 패턴은 토양의 속성이나 지표의 미기복과 같은 환경 조건의 변화에 대응하여 나타나며, 어떤 것은 다른 종들 간 또는 같은 종 내의 개체들 간에 나타나는데, 항상 경쟁 때문이 아니라 상호 작용으로도 발생한다는 의미에서 사회학적이다. 그러나 패턴의 다른 예는 종의 성장 형상 — 특히 무성 생식 식물들에서 — 이나 종자의 분산 능력을 반영한다. 패턴을 조사하는 것은, 개별 종이나 전체로서의 식생이 여러 가지 다양한 공간 규모에서 패턴을 나타내며, 각 공간 규모에서는 그 원인이 상이할 것이라는 사실 때문에 더욱 복잡해지고 있다. 소규모에서는 형태적 패턴을 다룰 것이며, 중간 규모에서는 몇 가지 사회학적 상호 작용을 다루고, 대규모에서는 부과된 환경의 패턴을 다룰 것이다.

공간적 구조에 대한 설명에서 세 번째 요소가 남았는데, 그것은 각 종의 출현 정도(degree of presence) 또는 군락에 대한 실질적인 기여도이다(그림 18.6). 이러한 기여도의 가장 개관적이고 정량적인 척도는 단위 면적당 각 종의 개체수 — 밀도(density) — 이다. 그러나 밀도 계산과 관련한 실질적인 어려움이 있어서, 주관적인 부도(abundance)의 측정을 대안으로 채택한다. 다양한 식물 종들 간 규모와 성장 형태의 차이를 수용하기 위하여, **종 피복도**(species cover)를 측정할 수도 있다. 피복도는 식물의 지상 부분을 지표에 평면 투영시킨 것과 동등한 면적으로, 전체 면적의 백분율로 표현한다. 그것은 어떤 종이 유입하는 총 빛에너지 가운데에서 가지는 할당량과 관련이 있다. 충화된 군락에서는 본질적으로 수직적 분리가 나타나므로 중첩되는 면적이 있어서, 모든 종들의 총 피복도는 대체로 100%

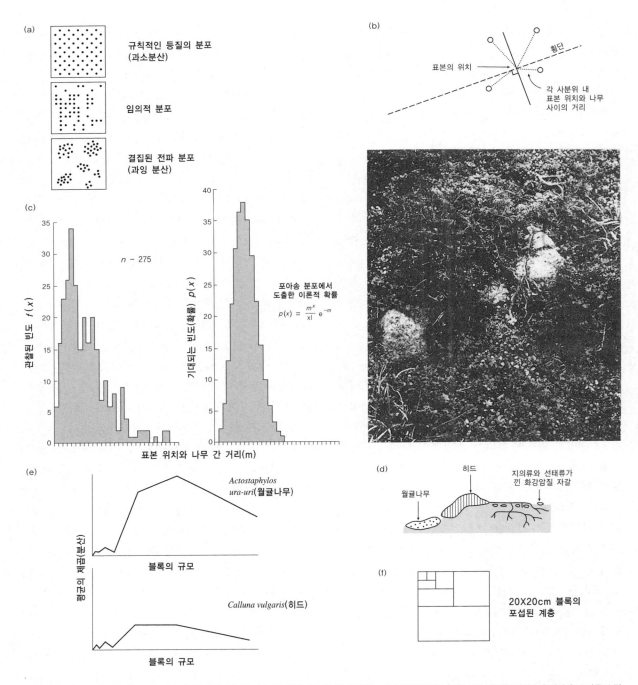

그림 18.5 패턴의 발견과 분석. (a) 공간적 패턴의 유형. (b), (c) 나무가 임의로 분포할 때 기대되는 패턴 유형에 대한 나무 분포 패턴을 검정하기 위하여, 소나무 소림에서 사용하는 중심점 사분법(point-centered quarter method). (c)에서 나무들이 어느 정도 밀집되었음을 나타내는 표본 빈도 분포는 기대된 분포[포아송 (Poisson) 분포]와 비교할 때 과잉 분산되어 있다. (d), (e), (f) 다양한 공간 규모에서 패턴의 출현을 발견하기 위하여 칼루나(*Calluna*)/월귤나무(*Arctostaphylos*) 산악 난쟁이 관목 히드에 패턴 분석법을 적용한 사례.

를 초과할 것이다. 피복도의 정량적인 측정은 단순한 군락을 제외하면 얻기가 어렵다. 피복도의 평가는 부도의 측정과 더불어 종합적 규모로 결합할 수 있다(표 18.2). 지상의 생체량 측정을 이용하여 각 종의 기여도를 결정하는 것은, 가장 큰 생체량을 가진 종이 가장 큰 공간과 에너지와 기타의 자원을 얻는다는 가정에 따라, 피복도와 밀접히 관련되어 있다.

동물의 군락도 수직적, 수평적 공간 구조를 나타내지만, 식생 자체의 공간 구조나 식생이 만드는 서식 환경 경도의 배열을 반영하는 경향이 있다. 예를 들어 낙엽소림에 살고 있는 조류 개체군들은 숲과는 별도의 층을 점유한다. 이러한 수직적 분화는 부분적으로 그들의 새끼를 기르는 습관과 먹이의 효용성뿐만 아니라, 적절한 피복도와 보금자리를 짓는 장소 및 홰를 치

표 18.2 피복도/부도 척도. Domin 척도를 피복도나 빈도 자료에 관하여 각각 검정했을 때, 그것은 직선 관계가 아니다. 그러므로 Domin 값은 방정식 y=0.0428x를 이용하여 변형함으로써 바라던 직선 관계의 특성을 지닌 척도로 만들었다(Bannister, 1966). Braun-Blanquet 척도는 동일한 결함을 지니고 있으며, Moore(1962)는 이를 적당하게 변형하였다.

	Braun-Blanquet	Domin	변형된 Domin (Bannister, 1966)
피복도 약 100%	5	10	8.4
피복도 약 75%		9	7.4
피복도 50~75%	4	8	5.9
피복도 33~50%		7	4.6
피복도 25~33%	3	6	3.9
풍부함; 피복도 약 20%		5	3.0
풍부함; 피복도 약 5%	1	4	2.6
분산; 작은 피복도		3	0.9
매우 분산; 작은 피복도	1	2	0.4
드묾; 작은 피복도		1	0.2
고립됨; 작은 피복도	+	+	0.04

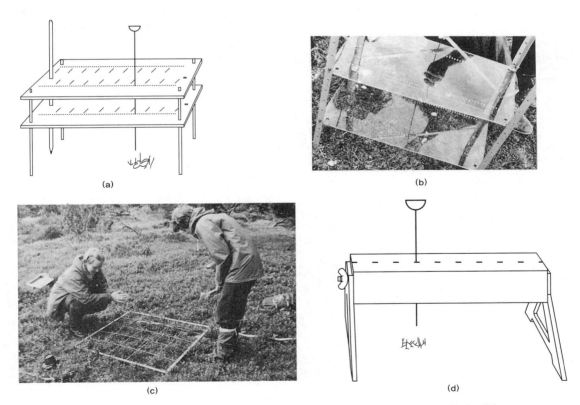

(a)

(b)

(c)

(d)

그림 18.6 피복도의 측정. (a), (b) 횡단면을 얻기 위한 Kershaw의 핀 프레임. (c) 피복도 측정을 위한 1㎡ 방안. (d) 간단한 핀 프레임.

는 가지의 출현을 반영한다. 예를 들면, 굴뚝새는 보금
자리를 짓는 장소가 두꺼운 하층 관목에 제한되어 있
으며, 크고 푸른 박새와 찌르레기는 딱따구리가 뚫어
서 사용하던 구멍을 이용한다. 임관의 주요 부분을 이
루는 나뭇가지의 힘은 검은 독수리의 커다란 둥지를
지탱하며, 이 밑에 있는 울퉁불퉁하게 뻗은 참나무 수
관에는 산비둘기, 비둘기, 일부 개똥지빠귀들이 둥지
를 튼다. MacArthur(1958)는 수직의 좁은 지대 내에서
배타적으로 살아가는, 뉴잉글랜드의 상록수림에 있는
다양한 종의 벌레잡이 조류들이 나타내는 유사한 층화
를 설명하였다(그림 18.7). 그러나 동물 군락의 층화가
가장 잘 나타나는 곳은 열대림이다. 예를 들어 가이아
나에서는 삼림 포유동물의 61%가 나무에서 살며, 각
종들은 수관의 특정한 높이에 제한되어 있다. 수생 생
태계 역시 층화를 나타낸다.

서식지 물론 동물의 공간적 조직에 관한 고찰은 그 동
물과 그들이 살고 있는 장소, 즉 그들의 **서식지**(habitat)
의 관계와 관련되어 있다. 유기체가 점유하는 서식지
를 규정하고 구분하려는 많은 시도가 있었다. 동물생

표 18.3 동물 서식지의 구분(Elton and Miller, 1954)

생태계	T 육상 생태계; A 수생 생태계; A-T 전이 생태계[침수된 토양, 습지, 연안 서식지 포함]; D 재배 생태계[인간의 활동과 관련]; G 일반 생태계[죽은 물질과 관련된 소규모 서식지]; S 지중 생태계
육상 생태계 군계	OGT 나지형, 식생 높이 15cm 이하; FT 경지형, 식생 높이 2m 이하이며 초본이나 관목일 수도 있음; ST 관목형, 식생 5m 이하; WT 소림형, 교목이 우점 생활형
육상 생태계 층	층: AA 모든 군계 위에는 공중(air above)이 나타남; C 키 큰 수관 식생 5m 이상; SL 관목(키 작은 수관) 지대 2~5m; FL 경지층 15cm~2m; GZ 지표지대 15cm까지. 15cm보다 높아도 사체와 쓰러진 나무는 포함함
육상 생태계 퀄리파이어 (qualifier)	가장자리: 두 군계 사이의 접촉면 서식지(전이지대) 토양: 산성 pH<7, 알카리성 pH>7, 석회질, 해양성, 농경지 소림: 낙엽수, 상록수, 혼효림
야생과 가내의 다양한 소규모 서식지	일반 서식지 – 죽은 초본 줄기[Dhs], 죽은 나무[Dd wd], 대규모 버섯[Mf], 수액[Sf], 분뇨[Dg], 썩은 사체[Cn], 동물 구조물[An-a], 둥지[n], 인공 구조물[H-a], 벽[지]
	식물의 살아 있는 부분 – 꽃[Fl], 과일[Fr], 잎[Lf], 잔가지[Tw], 가지[Br], 줄기[Tr], 뿌리[Rt], 목본 줄기[Ws], 살아 있는 초본 줄기[Lhs], 혹[Gl]
	기타 – 이끼[Ms], 선태[Ln].
	지표지대 – 자연 상태의 낙엽[N1], 노출된 토양[Bs], 암석[Us], 노출된 진흙[Bm].

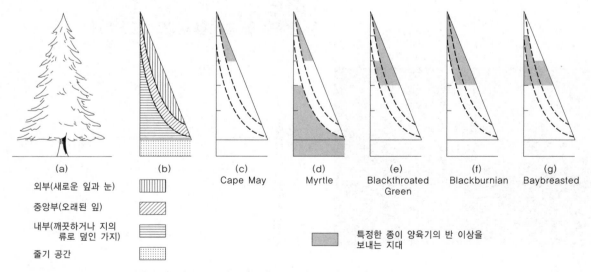

외부(새로운 잎과 눈)
중앙부(오래된 잎)
내부(깨끗하거나 지의류로 덮인 가지)
줄기 공간

(a) (b) (c) Cape May (d) Myrtle (e) Blackthroated Green (f) Blackburnian (g) Baybreasted

특정한 종이 양육기의 반 이상을 보내는 지대

그림 18.7 벌레잡이 조류 종들 사이의 적소 분화(MacArthur, 1958). (a), (b) 수관 구조. (c)~(g) 분포.

태학에서 가장 유력한 것 중의 하나는 Elton과 Miller(1954)가 제안한 것으로, 그곳에서는 식생이 동물 서식지의 물리적 서술자로서 역할을 하는 것이 분명하다. 그들은 환경을 여러 개의 서식지 시스템으로 나누었다. 그것은 식생의 외관과 층화로 세분되는데, Raunkier의 생활형 구분(자료 18.3)에 매우 필적하며, 아직 밝혀지지 않은 소규모 서식지를 다루는 퀄리파이어(qualifier)라고 불리는 소규모의 요소들 집단이 있다(표 18.3, 그림 18.8).

그러나 서식지의 개념은 그러한 체제나 '유기체가 살아가는 장소'와 같은 종류의 덤덤한 진술이 의미하는 것 이상으로, 정의하려는 시도보다 더욱 복잡하다. 서식지란 어떤 공간 구획의 무기적 차원과 유기적 차원을 포함하는 총체적 종합적 개념이며, 그렇게 함으로써 곧 유기체와 환경의 기능적 상호 작용을 포함하게 된다(그림 18.7). 그러나 환경과 서식지는 완전히 서로 바꾸어 쓸 수 있는 용어는 아니다. 유기체는 지리적 범위 내 다른 부분의 상이한 서식지를 점유할 수도 있지만, 유기체의 성장을 위해 각 서식지가 제공하는 환경이 모든 의도와 목적에 있어서 유기체의 내성 범위 내에 있을 수도 있다. 예를 들어, 아일랜드 카운티 클레어(County Clare)의 버렌(Burren)에 있는 석회암 포도의 공극(gryke)에 나타나는 깊은 균열에서 세이지 나무 테우크리움 스코로도니아(*Teucrium scorodonia*)가 자라는데, 주변 소림의 밀집된 수관 아래의 필드 레이어에서 자랄 때와 똑같은 미세 환경의 습도, 안전, 그늘

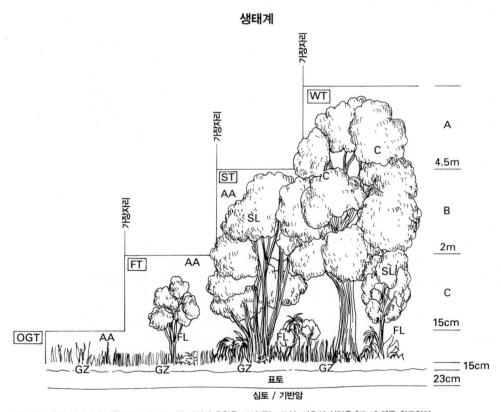

생태계

그림 18.8 육상 생태계에 대한 Elton과 Miller의 서식지 유형을 보여 주는 도식. 기호의 설명은 [표 18.3]을 참조하라.

등을 경험할 것이다. 그러나 두 서식지는 다르다.

서식지는 정의에 **무생물**(abiotic) 구성 요소와 **생물**(biotic) 구성 요소를 포함하므로, 생물 구성 요소는 다른 유기체와의 상호 작용을 고려하게 되며, 초식이나 육식의 자원을 위한 경쟁, 그리고 2절에서 고찰한 **적소**(niche)의 개념과 중복되는 기능적 관계와 필연적으로 관련된다. 유기체 서식지의 무생물 구성 요소는 유기체가 그 위에서 살아가는 물리화학적 *무대 장치*(stage set)와 똑같지 않다. 그러한 견해는 잘못된 것이다. 물리화학적 환경은 유기체 서식지의 속성인 동시에, 유기체가 존재하고 유기체(또는 유기체가 속하는 종)가 적응과 인내의 진화적 발달을 통하여 맞추어가는 환경이기 때문이다.

더구나 유기체는 서식지에 반응하며, 이러한 반응이 어떠한 방식으로든 개체군의 활동을 규제한다. 사실

서식지의 물리화학적 구성 요소나 생물적 구성 요소도 일정하지 않다. 서식지는 시·공간상 유기체들이 좋아하는 정도에 상당한 변화를 보인다. 1977년 Southwood는 영국생태학회 회장 수락 연설에서 유기체 자체의 시각에서 서식지의 가변성을 보았으며, 서식지를 공간상 연속된 것, 단속된 것, 고립된 것으로, 시간상 일정한 것, 계절적인 것, 예측할 수 없는 것, 일시적인 것으로 구분하였다. 좋은 살아남기 위해서 서식지 요소들의 시·공간적 변화의 특정한 조합에 대처할 수 있는 전략을 개발하여야 한다. 그러므로 유기체/서식지의 관계는 상호 작용하는 것이며 이러한 상호 작용이 생존의 가장 중요한 결정 요소라는 의미에서, 무대 장치의 개념은 잘못된 것이다. 사실 서식지는 성공적인 **생태 전략**(ecological strategy)을 발전시키기 위한 **생태학적 주형**(ecological template)으로 간주될 수

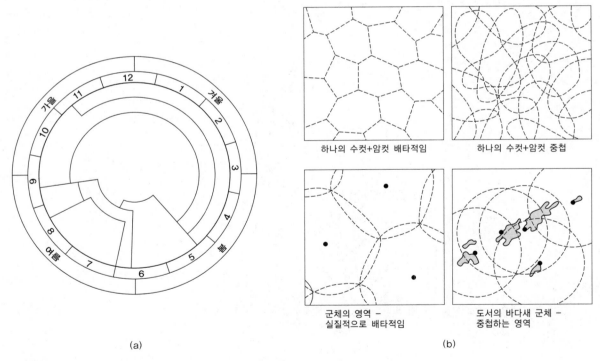

(a)   (b)

그림 18.9 (a) 섬새의 생애 주기(Fisher, 1954). (b) 동물과 새들의 영역 행태(Wynne-Edwards).

있다. 즉, 종들은 그들의 서식지에서 생존하는 후손들의 수를 최대화하는 전략을 발전시키는 것으로 간주될 수 있다(제25장 논의 참조; Southwood, 1977).

생물계절학 그러나 동물의 공간적 조직은 일반적으로 식물보다 훨씬 더 유연하다. 동물의 위치와 분포 패턴은 그들이 참여하는 특별한 활동에 따라 하루나 일 년을 통하여 변한다(그림 18.9a). 사냥이나 잎을 먹는 것, 둥지를 짓는 것이나 바닥을 까는 것, 또는 간단한 휴면 등은 모두 동일한 동물 종에서 다양한 분포 패턴을 만드는 활동이다. 많은 동물과 새들의 **영역 행태**(territorial behaviour, 그림 18.9b)와 같은 명백한 공간적 현상까지도 번식 순환의 일부분으로 설정된 것이며, 예를 들어 먹이의 이용 가능성이나 품질, 개체의 수, 공격과 같은 행태적 특성의 호르몬 통제, 그리고 서식지 다양성의 변화 등을 포함하는 복잡한 상호 작용에 반응하여 해마다 급진적으로 변할지도 모른다(홍뇌조

를 참조하라: Jenkins *et al.*, 1967; Moss, 1969).

그러나 식생을 정적인 것으로 생각하는 것은 잘못이다. 어떤 식물은 일년생이고 어떤 식물은 다년생이지만, 모두 발아에서 죽음에 이르는 생애 주기를 갖고 있다. 각 식물은 성장과 개화, 결실, 그리고 기타의 기능적 활동(**생물계절학적 특성**phenological characteristics)에 시간적 다양성을 나타내며, 그렇게 함으로써 군락의 공간적 구조에서 그 식물의 장소가 변한다(그림 18.10). 각 세대가 선조를 이어받음으로써, 각 종마다 개체군의 공간 패턴도 시간에 따라 변한다. 임의적 변동에 따르든, 동일한 주기성을 갖든, 또는 뚜렷한 장기적 경향에 따르든, 개체군은 시간이 지남에 따라 증가하고 감소할 것이기 때문에, 식물이든 동물이든 각 종의 절대적 개체 수도 역시 그러할 것이다. 우리는 제23장에서 시간에 따른 생태계 행태의 이러한 모든 측면을 보다 자세히 고찰할 것이지만, 현재의 맥락에서는 그것들이 공간적 조직 내의 변화라는 측면에서 표현된다. [그림

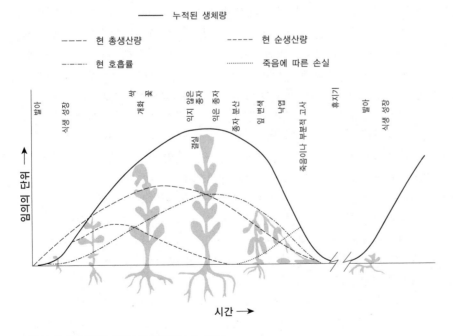

그림 18.10 생애 주기와 식물의 생물계절학(Lieth, 1970)

18.1]에 있는 소림의 확고한 영속성과 같은, 생태계 구조의 연속성은 영구한 언덕의 신화만큼 상상력의 산물이다. 우리는 구조적 모자이크를 공간뿐만 아니라 시간상에서 고찰하고 있다.

(3) 생태계 내 구조적 조직: 기능적 관계

생태계의 조직은 근본적으로 기능적이다. 생태계의 유기체들 간에는 공간적 관계는 물론 공간적 관계도 있다. 그들은 이용 가능한 공간뿐만 아니라 생명을 유지하는 에너지와 자원도 나누기 때문이다. 이러한 기능적 관계가 생태계의 생물 구성 요소들 간에, 그리고 그들과 그들의 무생물 환경 간에 에너지와 물질의 전달을 촉진한다. 이러한 기능적 구조의 핵심은 제7장에서 소개한 생산자, 소비자, 분해자 수준의 영양학적 조직이다. 그러나 실제 생태계의 영양학적 구조는 이 장의 서두에서 고찰한 낙엽림(그림 18.11a)의 경우처럼 매우 복잡하다. 그럼에도 불구하고 기능적 조직의 이러한 패턴은 생태계의 기능에서 각 유기체의 역할과 중요성을 이해할 수 있고, 에너지와 물질의 전달 통로를 설명하고 모니터할 수 있는 틀을 제공한다. 영양 모델(자료 7.4)은 생태계의 기능을 분석하는 데 기본이며, 하나 이상의 형태로써 모든 생태계에 적용 가능한 것으로 나타났다. 또한 일반적으로 영양 단계 간 생체량의 분포는, 1927년 Charles Elton이 소비자의 영양 수준에서 다양한 규모 계급에 속하는 동물의 개체수로서 **개체수 피라미드**(pyramid of numbers)라고 처음 소개한 모델을 분명히 따른다. **생체량 피라미드**(pyramid of biomass)에서는, 생산자 수준(t_1)에서 상위 육식 동물(t_n) 수준으로 갈수록 생체량을 지지하기 위하여 이용할 수 있는 에너지가 감소함에 따라 현존 생체량(standing biomass)이 감소한다(그림 18.11b). 생체량의 분포(생체량 피라미드)라는 측면에서 생태계의 이러한 내용들과 영양 조직의 기능적 관계 및 에너지와 물질 전달의 통로를 결합함으로써, 우리는 Lindeman(1942)이 영감을 주고 Howard와 Eugene Odum(H.T. Odum, 1957,

1960; E.P. Odum, 1964, 1971) 등이 발전시킨 **영양 역학 모델**(trophic-dynamic model)에 이른다(그림 18.11c).

제7장에서 보았듯이, 생태계의 기능적 조직에 대한 영양학적 견해에서는 영양 단계 내의 유기체들을 하나로 취급하여, 유기체들의 중요성을 그 영양 단계의 생체량에 대해 기여한 것만으로 감소시킨다. 에너지와 생체량의 상대적인 집적에 대한 대차대조표를 위하여 유기체들 간의 차이를 약화시킬 뿐만 아니라, 모든 유기체들은 하나 또는 다른 영양 단계로 분할될 수 있다고 가정한다. 이런 저런 이유로 생태계 기능에 대한 영양역학적 접근 방법은 특히 실용적인 분야 및 실험 생태학과 관련하여 한계가 있다. 그래서 제20장에서 다루겠지만, 일부는 재평가를 받고 있다(Cousins, 1980). 그럼에도 불구하고 생체량 피라미드와 에너지 흐름 패러다임은 생태계 기능의 일반 열역학적 모델로서 타당성을 지니는 것이 확실하며, 그렇기 때문에 제3절에서 다룰 것이다.

생태계 먹이의 경제나 영양 조직에서 각 유기체의 위치를 **영양학적 적소**(trophic niche)라고 하는데, 이 용어를 처음으로 도입한 Elton(1927)은 적소를 '생물 환경 내 동물의 위치, 먹이 및 천적에 대한 동물의 관계'로 정의하였다. 유기체가 점유한 기능적 역할이라는 **생태학적 적소**(ecological niche)의 개념(Joseph Grinnell, 1917-1929)이 확대되어, 오늘날에는 유기체의 영양학적 관계뿐만 아니라 그들의 서식지 및 다른 유기체와의 모든 관계의 측면에서 군락 내의 지위도 포함하는 광의로 사용되고 있다(Giller, 1984). Eugene Odum(1971)은 이러한 사고를 *그것이 어디에서 살며, 무엇을 하고, 다른 유기체에 의해서 어떤 제약을 받는가* 하는 유기체나 종 또는 개체군에 관한 서술로 간단히 표현하였다. 그러므로 유기체의 생태학적 적소를 이해하려면 유기체의 구조적, 외관적, 행태적 적응을 설명할 수 있어야 한다. 다른 방향에서 보면, 유기체의 생태학적 적소는 기능적으로 특화된 정도를 나타낸 것이다. 이것은 Paul Colinvaux(1986)가 2종 적소(1종 적소는 Elton의

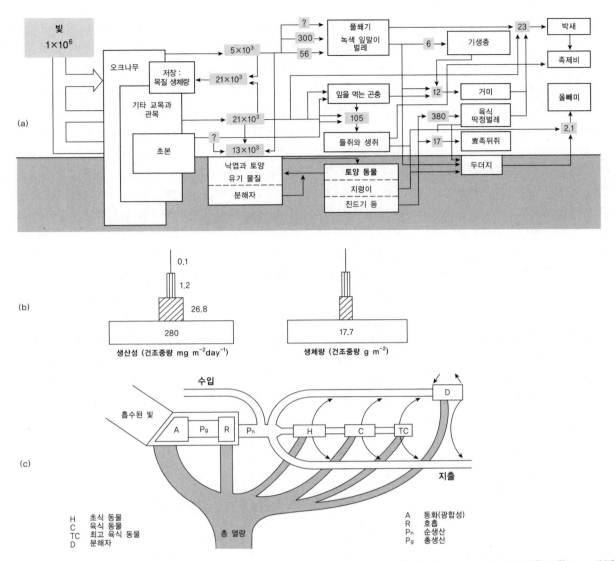

그림 18.11 (a) 오크 소림의 영양 모델(Varley, 1970). (b) 생산성과 생체량 피라미드(Whittaker, 1975). (c) 플로리다 Silver Springs의 에너지 흐름 모델(Odum, 1957).

기능적, 영양학적 적소이다)라고 부른 **종 적소**(species niche)인데, 유기체가 자원을 개발하고, 그리고 성공적으로 경쟁하여 살아남기 위해 가지는 특유한 속성들에 비교되는 고유한 일련의 능력을 반영하는 것으로 간주된다. 그러므로 종 적소는 유기체가 그들의 독특한 적소에서 살아남아 경쟁할 수 있도록 진화한 **생태학적**

전략(ecological strategy, 제25장)을 반영한다. 이와 비슷하게, 군락 내 뚜렷한 적소의 개수는 군락의 기능적 복잡성(적어도 일부 환경에서는 특화)의 척도로 인정받을 수 있다.

그러나 생태학적 적소의 개념을 엄격하게 정의하자면 배타적이다. **적소 공간**(niche space)이라는

Hutchinson(1965)의 개념에 가장 잘 나타나 있는데, 그는 이것을 종들 간 상호 작용에 영향을 미치는 수많은 생물학적, 환경적 변수들을 나타내는 축으로 정의할 수 있는 추상적 다차원 공간(multidimensional space)으로 표현한다(그림 18.12). 그는 이 공간을 **초공간**(hyper-volume)이라고 불렀다. 문헌에서는 Hutchinson의 적소 공간 또는 초공간을 자원 공간이라고 하며, 그것을 정의하는 축은 *자원 경도*(resource gradient)라고 한다. 자원을 넓은 의미에서 적소의 무생물 차원과 생물 차원을 포함한, 유기체의 생존 조건을 망라한 것으로 해석하는 한, 어려움은 의미론적일 뿐이다. 그럼에도 불구하고, 그 용어는 개념의 인지를 쓸데없이 제한하는 경향이 있으므로 피해야만 할 것이다. 그러므로 Hutchinson의 견해에 따르면, 각 유기체는 그것이 적응한 이러한 적소 공간 전체의 일부를 사용하는 것으로 생각될 수 있다(이것이 Colinvaux의 3종 적소이다). 그러나 여기에서 Hutchinson은 다른 유기체들에 의해 제한받지 않을 때 한 종이 점유할 수 있는 초공간의 이론적 부분과 추상적 부분을 구분하였다. 이것이 **기본**

적 적소(fundamental niche)인데, 여기에서 적소 공간은 적응으로 한정된 종의 인내 범위에 상응하는 자원축 상의 지위로 정의되므로 자원 공간이다(자료 19.2). 다른 말로 하면, 그것은 기본적 적소를 규정하는 물리화학적 환경과 먹이이다. 실제의 생태계에서 유기체들은 개체군이나 군락의 구성원으로 살아가며, 그러한 제약 아래 그들이 점유할 수 있는 이론상 기본적 적소 공간의 비율을 제한함으로써 서로 상호 작용하고 경쟁한다. Hutchinson은 유기체들이 실제로 *현실화*(realize)할 수 있는 적소 공간의 비율을 **현실화된 적소**(realized niche)라고 불렀다(그림 18.12). 전체 적소 공간에서 이 부분이 상호 배타적인 정도는 군락이 나타내는 **적소 분할**(niche segregation)의 정도를 나타내는 척도이다.

생태학적 적소 개념과 종 다양성(species diversity)은 밀접하게 연계되어 있다. 군락 내에서 종의 수가 증가함으로써 적소 공간이 더욱더 많은 유기체들 간에 분할되기 때문이다. 이것은 약간의 경쟁은 기대하지만 적소 공간의 대규모 중첩은 생존과 양립할 수 없기 때문이다(*경쟁적 배타의 원리*를 참조하라. 제25장). 결과적으

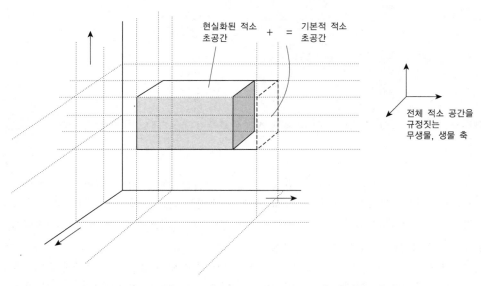

그림 18.12 Hutchinson의 적소 공간을 다차원 초공간으로 보여 주려는 시도. 이 예에서는 3차원으로만 표현되었다.

그림 18.13 명명학적으로 관련이 없고 지리적으로 분리된 동물들의 수렴 진화의 예. 각각 대극과(Euphorbiaceae)와 선인장류의 일종(Caetaceae)에 속하며 구대륙과 신대륙의 줄기 다육 식물과 같은 식물에서도 비슷한 수렴 진화가 일어난다.

로 한 종의 생태학적 적소가 다른 종의 것과 중첩하지 않으려면, 적소가 더 작고 좁게 규정되어 적소 분할이 더욱 진행되어야만 한다. 그러므로 생태학적 적소는 동적인 개념이다. 적소는 종과 환경의 관계에 따라 변하고, 군락은 적응의 자연 선택에 따라 변한다. 그래서 적소는 그것을 점유하는 종이 진화함으로써 진화하며, 적소 분할은 종의 발산적 진화에 상응하는 생태학적 적소의 발산적 진화를 포함한다(그림 20.1). 그러나 이들은 단순한 관계가 아니다. 종 다양성이 증가함으로써 새로운 미개척 적소 공간이 생성될 수 있기 때문이다. 사실 시간이 지남에 따라 천이 모델에 포함되어 있는, 군락의 기능적 구조가 어떻게 변하는가를 평가하기 위해서는 적소 공간의 변화를 이해하는 것이 중요하다. 이러한 복잡한 것은 제25장에서 충분히 다룰 것이다.

환경 조건이 유사하면서도 지리적으로 분리된 지역에서는 비슷한 생태학적 적소가 구조적, 기능적으로 유사한 군락 내에 존재한다. 그러나 그러한 적소는 비슷한 적응을 나타내지만 유전적으로는 아무런 관련이 없는 유기체들이 점유하거나 그들로 채워질 것이다. 이러한 유기체들과 그들이 점유하는 적소는 **생태학적 등치**(ecological equivalence)를 보여 주며, 관련이 없는 유기체들은 비슷한 적소의 기회와 압력의 자극을 받는 **수렴 진화**(convergent evolution)를 보여 주는 예이다(그림 18.13).

3. 생태계의 기능적 활동: 에너지와 물질의 전달

생물 시스템의 근본적인 기능 활동은 세포 수준이나 유기체 또는 동·식물 군락의 수준에서 에너지(식량)의 동화와 이용, 그리고 호흡(즉, 먹고 숨쉬기)으로 인식되어 왔다. 그리고 모든 생물 시스템은 살고, 성장하고, 번식하기 위하여 이러한 활동을 수행하여야 한다. 이러한 일방적인 에너지 흐름이 힘을 받아, 생태계 내의

생물들에게 필수적인 원소들의 폐쇄된 순환으로 이어진다(그림 18.14). 왜냐하면 생물 시스템과 인접한 시스템들이 개방 시스템을 이루기 때문이다. 그러므로 기능적 조직의 영양 모델은 적절한 출발 장소이지만, 에너지 전달과 영양소 순환이라는 기능적 활동에 포함된 무기 환경 부분을 포함하려면 확대할 필요가 있다.

[그림 8.15]에서 모델은 에너지와 영양소가 직렬로 통과하는 여러 개의 부분 시스템들로 분리되었다. 이들 중 첫 번째인 **1차 생산 시스템**(primary production system)은 토양에 뿌리를 내리고 하층 대기로 가지를 들어 올린 살아 있는 식물을 주요 구획으로 포함한다. 식물은 태양 에너지의 일부를 전환하여 이산화탄소와 물과 광물 영양소로부터 유기 화합물을 만들어 내는 개방 시스템이다. 육상 생태계에서 이것은 물과 필수 원소들이 토양으로부터 식물의 운반 조직을 거쳐 잎의 광합성 장소까지 운반되었기 때문에 가능하다. 그러므로 이 부분 시스템을 모델화하기 위해서, 우리는 뿌리 주변의 토양, 잎면과 접촉한 대기, 그리고 그들을 연결하는 식물 등을 통합하여야만 한다. 왜냐하면 그들이 모여서 토양-식물-대기 연속체를 형성하기 때문이다. 이 연속체는 식물과 그 환경 사이에서 물과 영양소의 전달이 일어나는 방식을 이해하는 데 중요하다.

두 번째 부분 시스템은 **초식-육식 통로**(grazing-predation pathway)를 통한 에너지와 물질(유기질 및 무기질)의 전달을 지도로써 나타낸다. 부분적으로는 우리들 스스로 이들 두 구역 가운데 하나로 들어가서 생산자와 소비자로부터 직접 수확물을 끌어오기 때문에, 그리고 오늘날 우리는 자연적인 동물 개체군을 관리하고 보존하려고 노력하기 때문에, 이러한 전달에 포함된 메커니즘과 초식 및 육식 동물들이 채택한 전략을 이해하는 것이 매우 중요하다.

세 번째 부분 시스템인 **분해 시스템**(detrital system)은 원래 1차 생산자가 고정시킨 에너지를 최종적으로 배출하며, 유기 화합물이 복잡한 분해 프로세스를 겪듯이 영양 원소들의 순환이 뿌리의 흡수로 완성되도록

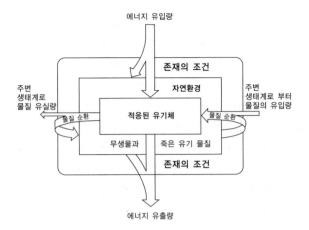

에너지 유입량

존재의 조건

자연환경

주변
생태계로
물질 유실량

물질 순환

적응된 유기체

주변
생태계로 부터
물질의 유입량

물질 순환

무생물과   죽은 유기 물질

존재의 조건

에너지 유출량

그림 18.14 일반화한 생태계 모델

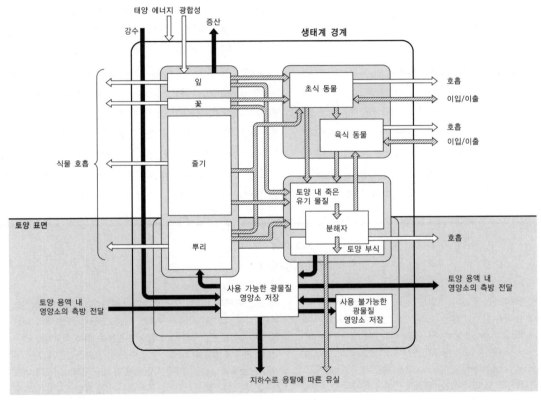

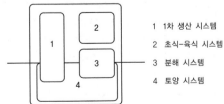

1 1차 생산 시스템

2 초식–육식 시스템

3 분해 시스템

4 토양 시스템

그림 18.15 1차 생산과 초식–육식, 분해 및 토양 부분 시스템 등을 보여 주는 세련된 생태계 모델

퍼텐셜을 제공한다.

육상 생태계 내의 분해는 토양에서 일어난다. 마지막 부분 시스템인 **토양 시스템**(soil system)은 결국 [그림 18.11]에 예시한 생태계 모델을 완성하는 기능적 연계를 의미한다. 그러나 그것은 영양소 순환에서 연계 이상이다. 그것은 생태계의 기능적 활동을 삭박 시스템의 물과 암설의 직렬식 흐름에, 특히 풍화와 사면 시스템에서 작동하는 프로세스에 연결한다. 그러므로 토양 시스템은 생태계 모델을 삭박 시스템의 모델과 통합하려는 어떤 시도에 관심의 초점을 두어야 하며, 이것은 자연 생태계에서는 물론 관리된 농업 시스템에서도 타당하다.

4. 공간의 생태학적 조직: 경관생태학

지금까지 우리는 생태계 자체의 구조적, 기능적 조직을 고찰하여 왔으며, 드디어 [그림 18.15]에 예시한 모델이 완성되었다. 그러나 대규모에서는 개별 생태계 이상의 조직 수준이 있다. 여기에서 개별 생태계는 전체 경관 차원의 공간 시스템(진정한 지리 시스템)에서 구성 요소가 되었다. 이 장에서 우리의 시각은 이러한 대규모에서조차 생태학적 시각으로 남아 있다. 우리들 관심의 초점은 서식지와 더불어 경관을 구성하는 생태계를 이루는 동·식물 군락이다. 그럼에도 불구하고 우리가 비평을 하면 할수록, 시스템은 대규모의 모델로 통합되어 전체가 부분의 합보다 더 크게 되고, 고차원 모델에서만 유일한 조직의 속성들이 나타난다. 여기에서 우리는 경관을 구성하는 생태계의 구조적, 기능적 속성들을 포섭할 뿐만 아니라 경관의 구성 요소인 삭박과 토양과 대기 시스템의 속성들을 포함하는 방식으로, **경관의 구조**(landscape structure)와 **경관의 기능**(landscape function)을 말할 수 있다.

최근에는 경관의 구조와 기능 및 발달에 관한 생태학적 모델에 관한 연구를 경관생태학(landscape ecology, 자료 18.4)(Tjallingii and de Veer, 1982; Naveh and Lieberman, 1984; Forman and Godron, 1986)이라고 한다. 구조적 성분 또는 경관 요소는 기원이 다양한 **구획**(patch)과 네 가지 유형의 **통로**(corridor), 그리고 **매트릭스**(matrix) 등이다. 경관의 기능적 측면에는 경관 요소들 간 에너지와 물질과 유기체(또는 그것의 일부, 예를 들면 종자나 포자)의 흐름이 포함된다. 그래서 경관

자료 18.4

경관생태학

근년 들어 생태학에는 확실히 '새로운' 분과, 어떤 의미에서는 '새로운' 학문 분야가 대두되었다. 그것은 그러한 두 가지의 총체적 패러다임(holistic paradigm), 즉 지리학의 경관(landscape/ landschaft) 전통(Troll, 1939; 1971)과 생물학의 생태계 (biocoenosis/ecosystem) 전통(Tansley, 1935)에 기원을 두고 있다. 자연사와 자연지리학이라는 영국의 전통에 몰입한 사람들에게, 대륙 경관생태학자들의 선언은 진부하게 느껴진다. 마찬가지로, 아주 최근까지 그것을 엄격하게 계획된 사회에서 경관 계획을 추구하기 위한 교리로 간주하던, 동부 유럽에서 온 열성가의 주장은 약간 과장되고 불성실하게 보인다. 사실 그것이 위에서 뜻하는 바대로 생물학 밖에서 긴 역사를 가진 경관의 생태에 관한 과학인지, 경관 규모에서 보는 생태학 분야일 뿐인지에 대해서는 여전히 불확실하다. 그것이 경관의 구조와 기능, 그리고 경관 내의 패턴 및 프로세스에 관한 것이라고 말하는 것은 논점을 회피하는 것이다. 이 분야의 발달을 자극한 주요 추진력은 아무 관련이 없는 두 가지 방향에서 나왔다. 첫째, 자연 보존과 환경 관리 및 토지 이용 계획은 경관생태학을 지지하는 지역에서 이론 형성과 방법론 개발의 필요성을 야기하였다. 둘째, 원격 탐사와 이미지 처리 기법이 급격히 발달하고 그것이 지리정보시스템(공간 데이터베이스)과 연계됨으로써, 경관 규모의 정보를 분석하기 위한 강력한 도구를 제공하였다. 경관생태학의 잠재력은 상당하여 계속해서 흥미롭게 발달할 것이다.

요소는 주변의 경관 요소 및 매트릭스와 흐름으로 연계되어 있다. 그러므로 나타나는 경관 모델은 실제 세계에서 명백한 직렬식 환경 시스템 개념의 공간적 표현을 구체화한다.

(1) 경관 요소: 구조적 성분

경관의 범위는 수킬로미터에서 수백 킬로미터까지 다양하지만, 그럼에도 불구하고 공간 상에 하나의 규모 수준―경관 규모―을 나타낸다. 그 범위가 얼마이든, 각 경관은 규모와 모양, 기원, 특이성, 개수, 그리고 외양 등이 다양한 구획들로 구성된 **생태학적 모자이크**(ecological mosaic)이다. 대부분의 모자이크에는 적어도 부분적으로는 통로 기능을 하는 좁고 긴 조각이나 선이 포함된다. 이와 유사하게도 대부분의 모자이크는 구획과 통로가 나타나는 배경을 포함하는데, 이것이 매트릭스라고 생각된다. **구획**과 **통로**와 **매트릭스** 등이 세 가지의 근본적인 경관 요소-경관의 구조적 성분-이다.

구획 구획은 네 가지 유형이 있으며, 경관 규모로 잘 나타난다. [표 18.4a]에는 이들의 목록이 있다. 구획의 규모와 모양은 매우 다양하며, 그 속에 생태계의 성격에 대한 중요한 의미를 갖는다(그림 18.16). 이러한 맥락에서 구획의 면적과 **내부/테두리 비**(interior/edge ratio)는 구획의 매우 중요한 두 가지 특성이다. 작은 구획은 모두 테두리이며, 중간 규모의 구획은 감지할 수 있을 정도의 테두리와 내부를 가지고 있고, 대규모 구획은 비교적 약간 더 많은 테두리를 가지고 있지만 대부분이 내부이다. 내부/테두리 비는 구획의 다른 생태학적 속성은 물론 종 다양성을 이해하는 데 유용하다. 전형적으로 종은 구획의 테두리나 내부 환경에서 현저하거나 제한된다. 이와 같은 비는 구획 모양의 중요성을 강조한다. 좁은 사각형과 긴 모양, 그리고 고리 모양의 구획은 같은 면적을 갖는 원형보다 내부 환경이 상당히 적다.

통로 통로는 네 가지 유형이 있는데, 부분적으로는 구조로써 결정되지만 기능적 기반에서도 차이가 난다(표 18.4b). 통로의 이들 유형이 기능적 역할뿐만 아니라 구조적 특징에서 크게 다르다고 할지라도, 모두 경관 구조의 주요 통합자로서 경관 프로세스의 작동에 중요한 역할을 수행한다. 즉, 구획들은 통로로써 연계되며, 매

표 18.4 경관 요소의 유형: (a) 구획 (b) 통로

(a) 구획	환경 자원 구획	공간 상에 비교적 영구한 환경 속성으로 간주될 수 있는 것이 불균등하게 분포하기 때문에 발생한다. 이 속성은 생물학적 측면에서 자원으로 인정될 수 있기 때문에, 우리는 환경 자원 구획이라는 개념을 갖는다.
	교란 구획 유형 I 점 분포 구획	면적이 좁은 경관의 속성이 교란, 수정, 변경으로 형성되기 때문에, 주변의 구획, 통로, 매트릭스는 대체로 교란되지 않는다
	교란 구획 유형 II 잔류 구획	여기에서 구획의 대부분은 수정이나 교란을 겪으며, 이것이 경관 내 교란되지 않은(잔류하는) 소규모 구획을 둘러싼다.
	일시적 구획	이것은 경관 내 일시적인 사상과 관련한 단기간의 구획으로, 주로 정교한 해상도에서 중요하다.
(b) 통로	선 통로	울타리나 도로변처럼 좁으며, 우선적으로 가장자리 종을 위한 이동로와 서식지를 제공한다.
	좁고 긴 통로	방화대나 숲속 전력선을 위한 횡단로처럼 비교적 넓으며, 내부 종에게 이동로와 서식지를 제공할 수 있을 정도로 중앙에 내부 환경이 있다.
	망	고리를 포함하는 그물 모양의 선이나 좁고 긴 통로들로 연결되어 이주나 약탈 및 포식자 피난을 위한 대안 통로를 제공한다.
	하천 통로	경계를 이루는 수로이며 충분히 넓을 경우에는 배수 양호한 토양 내에 상당한 내부 환경을 포함한다.

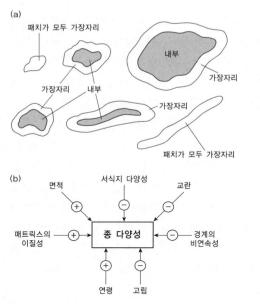

그림 18.16 (a) 구획의 규모와 모양 사이의 관계와 내부에 대한 테두리의 비를 보여 주는 가설적 소림 잔류 구획. (b) 구획의 특성이 종 다양성에 미치는 긍정적, 부정적 영향.

트릭스는 통로로 침투하여 상호 연결된다.

매트릭스 매트릭스는 경관의 배경으로서, 항상은 아니지만 보통은 경관에서 면적이 가장 넓다. 그것은 보통 서로 밀접하게 연결되어 있으며, 생태학과 특히 매트릭스 내에 분포하는 구획과 통로의 발달 생태에 큰 영향을 미친다. 매트릭스의 형태학을 따지는 것도 가능하지만, 그러한 시도는 구획이나 통로의 형태학에 비하여 덜 만족스럽다. 그래서 경관에서 비교적 등질의 배경 요소들을 갖는 일반적 매트릭스 개념이면 여기에서는 충분할 것이다.

(2) 경관 생태학: 경관의 기능적 조직

경관의 기능적 모델은 서로 연결된 환경 개방 시스템을 통한 에너지와 물질 흐름의 작용을 공간적으로 표현한 것으로 이미 인식하여 왔다. 제10~17장에서는 삭박 시스템의 부분 시스템이라는 맥락에서 이 개념을 추구하였다. 우리는 다음 장에서 생태계의 부분 시스템을 똑같은 방식으로 고찰할 것이다. 그러나 경관 내에서 작용하는 생태학적 프로세스를 충분히 이해하기 위하여, 유역 분지의 모델을 경관의 근본적인 기능적 공간 단위로 확대하는 것이 바람직하다.

제10장에서 묵시적으로 보았던 유역 생태계 개념(그림 10.9)에서는 풍화와 토양, 사면, 그리고 하도 시스템의 프로세스들을 생태계 프로세스로 통합하였다. 이것은 원소들이 경관을 통하여 이동하는 생지화학 흐름이나 암설의 운반으로 전달되는 통로를 이해하는 데 특히 타당하다. 이러한 접근 방법은 미국 북동부의 경목 수림에서 실시한 시험 연구의 경우처럼, 유역이 비교적 등질의 생태계로 채워져 있을 때 가장 잘 작동한다. 그러나 대부분의 유역들은 다양한 생태계 모자이크로 이루어져 있다. 이러한 이질성은 전술한 생태학적 경관 요소라는 측면에서 유용하게 기술될 수도 있다. 그렇게 함으로써 우리는 경관 내에서 일어나는 에너지와 물질의 전달에 대한 공간적 이해를 다듬을 수 있다. 여기에서 그러한 흐름은 매트릭스의 연결성에 따라 증진되거나 감퇴되는 구획 —구획 전달이나 구획 —매트릭스 전달, 또는 매트릭스 내 전달로 해석될 수 있다. 통로는 경관을 통한 생체량 전달을 촉진시키는 회로이나, 그러한 이동을 억제하는 여과 장치 또는 장애물로서 작동하는 것으로 보일 수도 있다(그림 18.17).

그러나 경관에서 작동하는 생태학적 프로세스는 경관을 구성하는 유역 분지의 경계를 넘어간다. 사냥감이나 마초 찾기, 분산, 그리고 이주 등을 포함하는 유기체의 수동적 또는 능동적인 이동은 모두 유역 분지의 경계를 이루는 하간지(interfluve)를 넘어 확대될 수 있다. 사실 그러한 하간지는 이동을 촉진시키는 중요한 통로를 형성한다. 여기에서도 생태학적 경관 요소의 개념을 사용함으로써, 그러한 프로세스의 공간적 표현이 충분히 실현될 수 있다. 더구나 그것은 기타 중요하면서 기본적으로 공간적인 생태학 개념들을 통합하여, 생태학을 경관 규모에서 이해할 수 있도록 해 준다. 서식지나 행동 범위(home range), 영역 등의 개념은 분명히 그러한 카테고리에 포함될 것이지만, 적소 공간과 경쟁, 종 다양성, 그리고 도서생물지리 등의 개념(MacArthur and Wilson, 1967)도 모두 중요한 공간적 차원을 가진다(그림 18.16a). 종 형성의 생태학까지도, 적어도 국지적인 번식 개체군들 간 상대적인 공간적(생태학적/지리적) 고립을 유지하도록 요구하는 종 형성의 이소성 모델(allopatric model)의 측면에서는, 매우 공간 의존적이다(**gamodemes**).

이러한 공간적 생태학 개념에 대하여 비교적 최근에 이루어진 재미있는 보완책은 경관생태학에서 기능적 단위의 발달에 상당한 의미를 가져야만 한다. 이것은 자연적으로 발생하는 가장 큰 기능적 생태학적 존재는 한 지역 내 상위 육식 동물(가장 큰 포식자) 사회 집단의 먹이그물을 구성하는 유기체 집단이라는 내용이다. Cousins(1987)은 이러한 단위를 **생태계 영양 단위**[ecosystem trophic(ecotrophic) module, ETM]라고 명명하였다. 그는 ETM은 공간적으로 행태적 메커니즘 때문에 가장 커다란 포식자 사회 집단의 수렵 채집 구역(foraging area)에 제한되며, 그것은 시간상 문제시되는 사회 집단의 출현이나 소멸에 의해 제한되는 뚜렷한 통일체이고, 그것은 여러 가지 중요한 측면에서 역동적인 통일체라고 지적하였다. 여기에서는 시간이 지남에 따라 사회 집단의 구성과 전체 먹이 사슬 통일체의 구성이 확률적으로만 정의할 수 있으며, 각 구성 개체군의 개체군 역학에 따라 변한다는 사실을 알 필요가 있다. 이것은 ETM의 공간적 범위는 약간 유연성을 보이지만, 사회 집단의 일생이 그것을 구성하는 개체들의 일생보다 더 길기 때문에, ETM이 점유하는 면적은 약간의 공간적 연속성을 유지할 것이라는 것을 의미한다. Cousins에 따르면, 이러한 마지막 관찰은 이들 통일체가 역동적인 또 다른 방식 —즉, 그들은 시간이 지남에 따라 혈통을 이루며 진화할 수 있다는 사실—을 보여 준다.

우리는 여러 관점에서 생태계를 구성하는 부분 시스

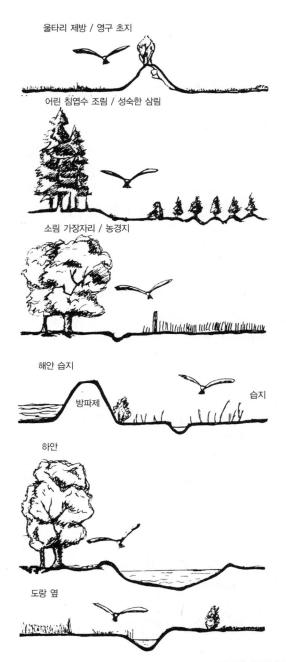

울타리 제방 / 영구 초지

어린 침엽수 조림 / 성숙한 삼림

소림 가장자리 / 농경지

해안 습지

방파제　　　　　　　습지

하안

도랑 옆

그림 18.17 선형 경관(통로)의 모습은 두 가지 이유로 헛간올빼미에게 중요하다. (a) 가장자리의 교목 울타리는 사냥용 횃대의 역할을 하는 반면, 테두리와 관련된 습윤한 초지는 트인 농경지나 울창한 소림보다 작은 포유류의 밀도가 높기 때문에 사냥용 서식지이며, (b) 어린 새들을 잠재적인 안식처까지 성공적으로 전파시켜서 어린 헛간올빼미에게 먹이가 풍부한 분산 통로를 제공하기 때문이다(Shawyer, 1987).

텀의 작동을 더욱 자세히 고찰한 것처럼, 현대의 경관 생태학에서 구체화된 경관의 구조와 기능을 공식화하는 것으로 되돌아갈 필요가 있을 것이다. 그러나 우리가 환경 시스템의 작동에 가장 뚜렷한 영향을 미친 것은 우리가 거주하는 경관을 통해서라는 사실을 생각할 때, 아마도 가장 중요한 적용을 평가받을 수 있을 것이다. 우리 환경의 개조와 개발과 파괴는 우리가 그러한 경관에 행한 변화만큼이나 명백하다. 생태계 내 인간의 개입은 상위 포식자를 제거하며, 같은 지역 내의 ETM들이 교란된 경관에서도 살아갈 수 있는 그러한 포식자들에 기반을 둔 수많은 작은 ETM들로 대체된다는 사실에 Cousins(1987)이 주의를 기울였다는 사실이 흥미롭다. 사실 그는 한 지역 내 포식자의 크기 및 수와, 교란되지 않은 상태의 같은 지역 내에서 전형적인 포식자의 크기와 수 사이의 비를 간섭 지표(index of interference)로 사용할 수 있을 것이라고 주장하였다. 더구나 그러한 총체적인 접근 방법을 사용하여야 성공할 수 있기 때문에, 우리의 환경을 관리하고 보존하려는 우리들의 시도는 경관을 관리하는 연습으로 간주될 수 있다. 그러한 맥락에서 경관생태학의 방법론은 매우 유용한 관리 도구뿐만 아니라 적절한 규모의 개념적 틀도 제공한다. 그러나 우리는 잠시 동안 [그림 18.15]에 제시한 생태계 모델로 되돌아갈 것이다.

에너지의 흐름은 이들 부분 시스템들 간 물질의 순환 이동과 연계되어 있어서 결국 우리가 그렇게 한다면 네 개의 부분 시스템 모두를 고려하고 생태계의 기능을 전체적으로 평가할 수 있기 때문에, 우리가 어디에서 모델을 교란하는가 하는 것은 사실 중요하지 않다. 그럼에도 불구하고, 1차 생산 시스템 및 최초의 에너지 유입으로 시작하는 것은 논리적이며, 제19장에서 더 자세히 고찰할 것이다. 그리고 [그림 18.15]의 나머지 부분 시스템들은 제20~22장에서 차례대로 고찰할 것이다.

더 읽을거리

생태학을 다룬 훌륭한 학부용 기본 교재가 많이 있다. 이들은 모두 이 장의 주제와 제19~22장의 주제를 다소 다룬다. 여기에 인용한 것은 엄선한 것들이다.

Begon, M., J.L. Harper and C.R. Townsend (1990) *Ecology: Individuals, Populations and Communities*, (2nd edn). Blackwell, Oxford.

Colinvaux, P. (1986) *Ecology*. John Wiley, New York.

Krebs, C.J. (1972) *Ecology: the Experimental Analysis of Distribution and Abundance*. Harper & Row, New York.

Krebs, C.J. (1988) *The Message of Ecology*. Harper & Row, New York.

Odum, E.P. (1971) *Fundamentals of Ecology*, (3rd edn). Saunders, Philadelphia.

Pianka, E.R. (1983) *Evolutionary Ecology*, (3rd edn). Harper & Row, New York.

Ricklefs, R.E. (1990) *Ecology*, (3rd edn). Freeman, New York.

생태계 기술의 구조적인 측면을 잘 다룬 문헌:

Digby, P.G.N. and R.A. Kempton (1987) *Multivariate Analysis of Ecological Communities*. Chapman & Hall, London.

Goldsmith, F.B. (ed) (1991) *Monitoring for Conservation and Ecology*. Chapman & Hall, London.

Goldsmith, F.B., C.M. Harrison and A.J. Morton (1986) Description and analysis of vegetation, in *Methods in Plant Ecology*, (2nd edn)(eds P.D. Moore and S.B. Chapman). Blackwell, Oxford.

Greig-Smit, P. (1983) *Quantitative Plant Ecology*, (3rd edn). Butterworths, London.

Kershaw, K.A. and J.H. Looney (1985) *Quantitative and Dynamic Ecology*, (3rd edn). Edward Arnold, London.

Spellerberg, I.F. (1991) *Monitoring Ecological Change*. Cambridge University Press, Cambridge.

기준 교재의 기술은 그렇다고 하더라도, 다음 자료는 생태계 기능에 대한 영양–역학적 접근 방법을 더욱 강조함:

Cousins, S.M. (1985) Ecologists build pyramids again. *New Scientist*. 4th July.

Elton, C.S. (1927) *Animal Ecology*. Macmillan, New York.

Pimm, S.L. (1982) *Foodwebs*. Chapman & Hall, London.

다음 문헌은 적소 개념에 대한 소개서:

Giller, P.S. (1984) *Community Structure and the Niche*. Chapman & Hall, London.

다음 문헌들은 경관생태학을 다루며, 그 가운데 첫 번째 것이 가장 이해하기 쉬움:

Forman, R.T.T. and M. Godron (1986) *Landscape Ecology*. John Wiley, New York.

Gorman, M. (1979) *Island Ecology*. Chapman & Hall, London.

Haines-Young, R. *et al.* (1992) *Landscape Ecology and GIS*. Taylor and Francis, London.

Moss, M. (ed) (1988) *Landscape Ecology and Management*. Polyscience, Montreal.

Naveh, Z. and A.S. Lieberman (1984) *Landscape Ecology: Theory and Application*. Springer Verlag, New York.

Peters, R.H. (1991) *A Critique for Ecology*. Cambridge University Press, Cambridge.

Pickett, S.T.A. and P.S. White (1985) *The Ecology of Natural Disturbance and Patch Dynamics*. Academic Press, London.

Tjallingii, S.P. and A.A. de Veer (eds) (1982) *Perspectives in Landscape Ecology*. Centre for Agricultural Publications, Wageningen.

마지막으로 이 장에 소개된 대부분의 개념들은 자극적인 사고라는 점에서 비판적 평가를 받고 있다.

제19장
1차 생산 시스템

1. 녹색 식물의 기능적 조직과 활동

우리가 식물을 통한 물질과 에너지의 전달을 검정하기 전에, 식물의 기능적 조직을 보다 자세히 고찰할 필요가 있다. 육상 식물은 뿌리 시스템과 (항상 그런 것은 아니지만) 대체로 잎 수관으로 이루어진 광합성 시스템, 그리고 그들을 연결하는 지지 및 운반 시스템 등으로 구분할 수 있다(그림 19.1).

잎은 가장 효율적인 방식으로 빛에 엽록소를 노출시키고, 물과 영양소와 이산화탄소의 적절한 공급을 보장하며, 마지막으로 광합성의 잉여 생산물을 제거하도록 조직된 세포 시스템이다. 잎은 그 내용물이 엽록소와 결합된 유동성 세포질로 채워진 대규모 (기둥 모양의) 세포들로 이루어진 샌드위치를 닮았다. 이들이 **엽육**(mesophyll) 세포인데, 내용물의 윗면에 촘촘히 배열되어 있으나, 아랫부분에는 세포들 사이에 공기로 채워진 넓은 공간이 있다. 전도 조직의 다발 —잎맥(vein) —이 일정한 간격을 두고 그들을 뚫고 지나가므로 엽육의 모든 부분이 그들을 둘러싸고 있다. 샌드위치의 윗면과 바닥은 **외피**(epidermis)라고 부르는, 빛은 투과시키고 물은 들어오지 못하게 하는 세포 1개 두께의 층으로 되어 있다. 외피의 바깥 표면은 왁스로 코팅(**상피**cuticle)되어 있다. 양치류에서 활엽 현화식물에 이르는 모든 식물의 잎에서는 밸브처럼 작동하는 한 쌍의 공변세포들(guard cell) 사이에 갈라진 구멍(**기공** stomata)이 있어 외피의 연속성이 단절된다. 기공은 대체로 잎의 하부 표면에 한정되어 있으나, 일부 식물에서는 상부 표면에도 드물게 또는 동등하게 분포한다.

잎맥의 전도 조직은 줄기의 전도 조직과 연속된다. 그것이 삼림 교목의 것이든 작은 초본 식물의 것이든, 줄기는 기본적으로 지지와 운반이라는 이중의 기능을 가진 **관다발**(fibrovascular) 시스템이다. 원통형의 줄기는 외피로 둘러싸여 있는데, 나무에서는 외피가 나무껍질을 형성하는 죽은 코르크 세포로 대체된다. 관 조직은 **목질부**(xylem)와 **체관부**(phloem) 등 두 가지 유형이 있다. 목질부는 관다발의 내부를 차지하는데, 수직으로는 커다란 천공에 의하여 연결되고 측면으로는 벽공이라고 부르는 기공과 격막으로 연결된, 가늘고 긴 죽은 세포나 관의 리그닌화된 벽(합해서 나무라고 부르는 세룰로오스와 리그닌)으로 이루어져 있다. 리그닌화된 목질부 요소는 특히 겉씨식물과 같은 보다 원시적인 식물에서 지지 기능을 갖지만, 비교적 고등화된 목질부 시스템에서는 나무 섬유의 기능까지 분화되었다.

반대로 체관부는 가늘고 길지만 그들을 분리시키는 체판(sieve plate)의 작은 천공을 지나는 세포질의 가닥들로 연결되는, 살아 있는 얇은 벽을 가진 세포들로 연결된다. 체관부 세포나 체관(sieve tube)은 특이하게도 핵이 없으며, 항상 세포질이 흐르고 순환한다. 체관은 항상 핵을 지닌 반세포(companion cell) 및 체관부 섬유라고 하는, 지지를 돕는 매우 길고 두꺼운 벽을 가진 세포들과 연관되어 있다. 우리가 간단하게 매트릭스로 간주하는 줄기 조직의 나머지 부분은 저장(**연조직**

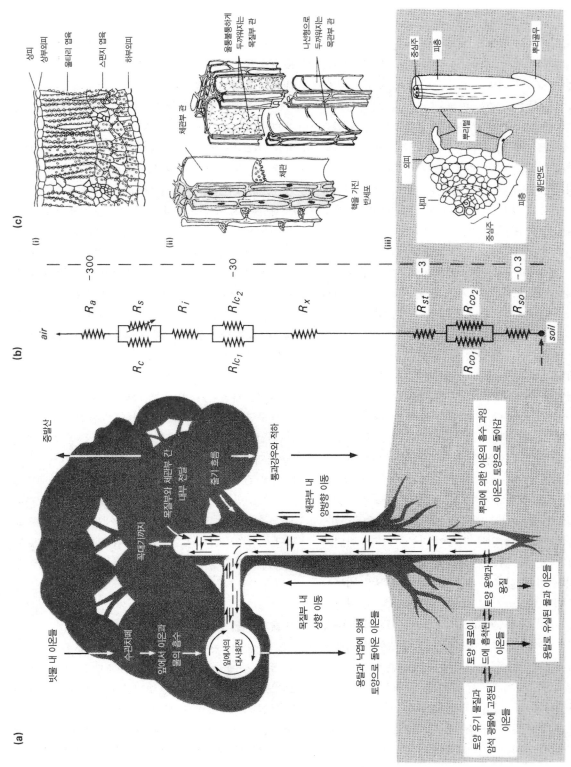

그림 19.1 (a) 식물 내 전달 통로, (b) 식물 내 수분 이동에 대한 저항의 전기적 분석 모델. R_a는 토양 저항이고, R_{so}는 토양 저항이며, R_{co}는 뿌리 피질층 자유 공간 저항, R_{st}는 뿌리 중심주 저항, R_c는 목질부 저항, R_{co_2}은 뿌리 경결층 피암 공간 저항, R_i는 뿌리 내 겹결층 자유 공간 저항, R_{lc}는 목질부 저항, R_x는 잎 세포 자유 및 비자유 공간 저항, 잎은 잎 세포 간 공간 저항, R_s는 잎 표피의 저항, R_a는 기공 저항, 그리고 R_a는 대기 저항이다. 기공면이 수분 이동에 다양한 저항을 제공한다는 점을 기억하라. (c) 식물의 (i) 광합성(잎) 시스템, (ii) 전달(목질부와 체관부) 시스템, (iii) 흡수(뿌리) 시스템의 세포 구조.

parenchyma)과 지지(후각 조직collenchyma)의 두 가지 기능을 가진다. 이 매트릭스는 분리할 수는 없을지라도 피층(cortex)과 내피(endodermis) 내에 포함된 관다발 조직인 중심주(stele)를 형성한다.

흡수 시스템인 뿌리의 구조는 외곽의 표피와 외피 및 관 조직을 포함하는 중심주 등 근본적으로 줄기의 구조를 닮았다. 그러나 뿌리 말단부에서는 이러한 구분이 명확하게 이루어지지 않는다. 뿌리 끝은 세포의 분화와 성장이 빠르게 일어나는 곳이며, 뿌리 골무(root cap)로써 보호를 받는다. 끝의 뒷부분은 세포가 뿌리줄기 내의 위치에 적합한 기능을 특화시킴으로써 세포가 길어지고 분화하는 지역이다. 뿌리의 조직이 구분되는 끝의 보다 뒷부분은, 외피 세포에서 뿌리털(root hair)이라는 가느다란 생성물이 발달하는 뿌리의 중요한 흡수 지대이다.

물론 육상 식물들에게 뿌리, 줄기, 잎이라는 테마는 매우 다양하게 표현된다. 이러한 다양성에는 서로 다른 환경에서 진화함으로써 부여받았다는 어떤 적응의 의미가 내포되어 있다(그림 19.2). 잎의 크기와 모양, 세부적인 형태 등은 매우 다양하다. 열대 우림 교목의 커다란 도란형(거꿀달걀꼴) 내지 창 모양의 잎은 두껍고 번쩍이는 상피와 가늘고 길게 늘어진 끝을 가지고 있다. 풀과 사초의 가느다란 잎은 때로는 가늘거나 말려들어 기공이 보호되고 때로는 잎이 넓고 솜털로 덮여 있다. 침엽수의 바늘잎은 기공이 파묻혀 있다. 반면에 히드 가지의 잎은 작고 비늘처럼 생겼다. 어떤 식물들은 진정한 잎이 없거나 매자나무의 가시처럼 기능이 완전히 다른 잎을 가지고 있으며, 일부는 선인장과(Cactaceae)나 대극과(Euphorbiaceae)의 식물처럼 다육의 줄기를 가지고 있다. 이러한 경우에 광합성 기능은 어떤 오스트레일리아 *아카시아*(Acacia) 종의 잎자루나 '헛잎' 처럼 다른 기관에서 수행될 것이다. 줄기 시스템도 다양하게 나타난다. 극단적으로는 엽초들이 돋아나는 초본의 변형된 반지중 식물 줄기도 있고, 높이 100m 이상에 달하는 삼림 교목의 거대한 줄기도 있다.

그 사이에 난쟁이버들(Salix herbacea)과 같은 목질 지표 식물의 포복성 줄기나 열대 넝쿨 식물의 유연하지만 두꺼운 줄기와 같이 우리가 생각할 수 있는 모든 뿌리들이 존재하며, 다양한 성장 패턴이나 분지(分枝) 습관 때문에 더욱 혼란스럽게 되는 것 같다. 열대의 착생 식물 난초 기근의 근피가 대기로부터 수분을 흡수하는 스펀지와 같은 조직을 형성한 것은 뿌리 분화의 한 예이지만, 뿌리는 환경이 땅속이라는 보다 동일한 것이기 때문에 세포 구조에서 세세한 부분까지 정밀한 예가 비교적 적다. 그들의 나무껍질은 광합성을 할 수 있어서, 근피가 공기로 채워져 있을 때에는 흰색을 띠고 물로 채워져 있을 때에는 녹색을 띤다. 그럼에도 불구하고 개별 뿌리의 다양성은 떨어질지라도, 열대 우림의 묘사에서 매우 두드러진 새다리 뿌리와 호흡근(pneumatophore) 등 이상한 것들은 말하지 않더라도, 완전한 뿌리 시스템은 무성한 부정근에서부터 깊은 직근에 이르기까지 다양하다.

이러한 매혹적이지만 당황스러울 정도의 다양성에도 불구하고, 현재의 목적을 위해서 우리는 식물을 통한 전달 통로의 일반화된 모델이라는 관점에서 뿌리 —줄기—잎 시스템을 고려할 것이다. 이러한 통로는 세포 간의 공간과 목질부 맥관의 루미나(lumina), 그리고 세포벽 물질의 미세다공질 구조 등을 통한 자유 공간 통로(free-space pathway)와, 생물학적 세포막의 횡단 및 살아 있는 세포의 세포질을 통한 전달 등을 포함하는 비자유 공간 통로(non-free space pathway)로 구분된다(그림 19.3).

(1) 물과 광물 영양소의 처리

표면 장력(모관수)이나 토양 콜로이드에 흡착됨으로써, 토양 내에 머무르는 물은 수분 퍼텐셜 경도가 뿌리를 가로질러 존재하는 한, 뿌리로 들어가서 표피를 거쳐 목질부의 유도 요소까지 이동한다. 그러한 이동은 잎에서 수분이 증산(그림 19.1, 19.3)됨에 따라 목질부에서 발달하여 뿌리까지 전달된 정수압 퍼텐셜과, 외부

왜성 자작나무

은행나무

용설란

느티나무

노간주나무

빅토리아 수련

버즘나무　　소나무

버즘나무　　소나무

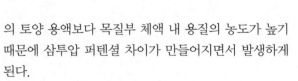

그림 19.2 다양한 잎 모양으로 나타나는 식물의 다양한 성장 형태

의 토양 용액보다 목질부 체액 내 용질의 농도가 높기 때문에 삼투압 퍼텐셜 차이가 만들어지면서 발생하게 된다.

　　영양 이온은 대량의 물 흐름을 따라 피동적으로 뿌리로 들어간다. 그러나 토양수 내 자유 이온의 농도는 대체로 낮기 때문에, 다른 흡수 메커니즘이 존재하여 야만 한다. 대체로 두 가지 가설이 널리 알려져 있다. 모두 이온 교환 프로세스(제11장)이며, 아마 대부분의 토양에서도 발생할 것이다. 첫 번째 가설에서는 뿌리 털과 토양 콜로이드가 밀접하게 접촉한다. 매우 가깝

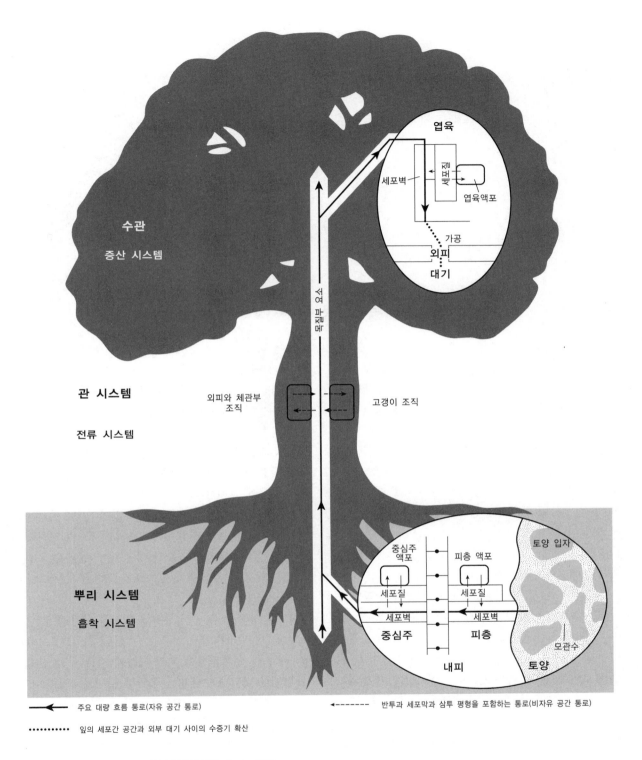

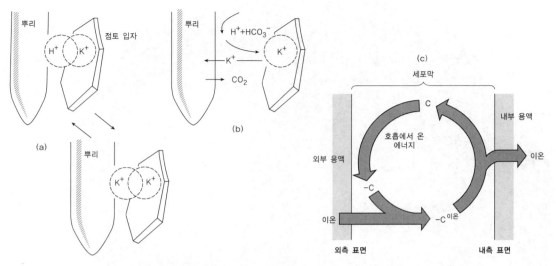

그림 19.4 (a) 뿌리와 토양 입자 간 접촉 이온 교환 가설. (b) 이산화탄소 이온 교환 가설. (c) 세포막을 통한 이온 이동의 운반 가설.

게 접촉하여 뿌리 표면에 흡착된 이온들(특히 수소 이온)의 진동 폭과 토양 콜로이드에 흡착된 이온들의 진동 폭이 중첩된다. 그러한 상태에서는 토양 용액 내에 자유 이온들이 없어도 이온 교환이 일어나며, 당연히 그 프로세스를 접촉 교환이라고 한다(그림 19.4a). 두 번째 가설은 사실 토양 콜로이드의 가수 분해이다. 그것은 토양수 내 탄산이 해리됨으로써 만들어진 수소 이온(H^+)이 콜로이드 표면에 흡착된 금속 이온과 교환될 때 일어난다. 이렇게 방출된 이온들이 뿌리의 표면으로 확산된다. 이 프로세스에 포함된 탄산 — '탄산 교환 가설'이라고 부름 — 은 호흡에서 유래한 이산화탄소가 용해된 것이다(그림 19.4b).

수분은 두 가지 대안 통로를 따라 뿌리로 전달된다. 첫째는 압력 퍼텐셜 경도에 대응하여 자유롭게 침투할 수 있는 세포 간 공간과 세포벽의 미공성 구조, 즉 **뿌리 자유 공간**(root free space)을 통한 수동적인 대량 흐름 통로이다. 둘째, 물은 세포로 들어가서 확산에 의하여 세포질과 액포를 통과하고 세포벽, 세포막(**비자유 공간**non-free space)을 가로질러 이동한다. 일부 영양 이온의 출입은 자유 공간에서 대량 흐름 현상일지라도 대부분은 피층의 세포벽에 흡착되거나 세포막을 가로

질러서 비자유 공간 통로와 만난다. 피층의 세포를 통한 물과 영양 이온의 전달은 확산 경도, 특히 다양한 침투 가능성을 지닌 세포막을 가로지르는 확산 경도에 대한 피동적인 반응이다. 이것은 이온의 전하와 세포막의 고정 전하, 그리고 이온의 상대적인 농도 등과 관련한 전기화학적 경도이며, 전달의 메커니즘은 **전자—삼투 작용**(electro-osmosis)이다. 이온들은 활발한 이온 펌프 때문에 그러한 확산 경도를 거슬러 이동할 수도 있다는 사실을 주장하는 증거들이 많이 있다. 여기에는 신진 대사의 ATP 에너지(제2장)를 이용하여 전기화학적 퍼텐셜의 저항을 거슬러 이온 운반 업무를 수행하려는, 세포막 내 운반 분자 효소가 포함된 것으로 알려져 있다(그림 19.4c).

피층을 통한 자유 공간 통로와 비자유 공간 통로는, 내피의 세포벽이 부분적으로 두꺼워지면(**코르크화** suberization) 불투과성이 되기 때문에 자유 공간 전달에 장애를 나타내는 내피를 통과하기 위해 연합한다. 그러나 확산은 비자유 공간 통로에 의하여 피층 세포로부터 중심주까지 여전히 일어날 수 있다. 물과 영양 이온들은 중심주로부터 목질부 요소 내로 방출된다.

증산 동안 물이 엽육 세포에서 증발됨으로써 용질의

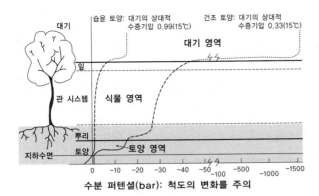

습윤 토양: 대기의 상대적 수증기압 0.99(15℃)
건조 토양: 대기의 상대적 수증기압 0.33(15℃)

대기

대기 영역

잎

식물 영역

관 시스템

뿌리
토양
지하수면

토양 영역

수분 퍼텐셜(bar): 척도의 변화를 주의

0 -10 -20 -30 -40 -50 -100 -500 -1000 -1500

그림 19.5 토양–식물–대기 연속체 내의 수분 퍼텐셜 경도(Etherington, 1975)

농도가 증가하여, 주변의 세포로부터 물의 이동을 유발하는 삼투 퍼텐셜($\psi\pi$)을 저하시킨다. 이런 방식으로 잎을 가로지른 삼투 퍼텐셜 경도가 만들어지고, 잎의 목질부 요소로부터 물을 끌어온다. 결과적으로 목질부 내에 물을 끌어와 장력이나 (−)압력하에 둠으로써, 압력 퍼텐셜의 차이에 따라 물이 줄기를 타고 오른다(그림 19.5). 물 분자들 사이의 분자 간 인력 및 물 분자들과 목질부 모세관 측면 사이의 인력에 따른 응집력과 점착력으로 뿌리에서 잎까지 연속된 물기둥이 유지되기 때문에, 이것이 가능하다고 믿어진다. 대부분의 영양 이온들은 그들이 토양에서 흡수될 때와 동일한 형태로 이러한 증산의 흐름과 함께 피동적으로 이동한다. 높은 원자가의 형태로 침전되는 경향이 있는 철과 같은 화학 원소들(제11장)은 유기물 킬레이트 기구와 화합물을 형성함으로써 유동성이 증가하는 반면, 나머지 특히 질소, 인산, 황 등은 뿌리에서 형성하여야만 하는 유기질 파생물로 전위된다. 일부 이온들은 잎까지 가지 못한다. 왜냐하면 그들은 상승하는 동안 선택적으로 세포막을 통과하여 피동적 확산이나 능동적인 전달에 의해 다른 세포 속으로 들어가기 때문이다.

(2) 광합성과 식물의 1차 생산량

엽육 내에서 엽록체가 집중된 곳이 광합성 장소이다. 이들 세포는 줄기와 잎의 목질부 내에서 증산의 흐름을 경유한, 그리고 뿌리의 피층에 대하여 묘사한 것과 유사하게 엽육을 가로지르는 대안 통로를 따라 물과 광물 영양소를 공급받는다. 잎의 경우, 잎 주변의 자유 공간 내 물의 이동이 주요 통로인 것 같다. 뿌리로 흡수된 수분의 매우 적은 양만 수분이 포함된 식물의 생명 유지 기능에 사용되며, 그것의 1% 정도가 광합성에 직접 사용된다. 나머지는 엽육과 상피 세포벽의 미세 기공으로부터 증발되어, 세포 간 대기 공간을 지나 기공까지 확산 — 즉, 고요한 날 분자 확산으로 기류가 움직일 때에는 잎면 위의 교란 확산 — 에 의하여 수증기로서 대기로 달아난다.

광합성을 위한 나머지 천연 물질인 이산화탄소는 잎을 둘러싼 대기에서 자유롭게 이용할 수 있는 것이 분명하지만, 실제로 CO_2의 농도는 광합성의 속도를 조절할 수 있다. 이는 엽록체에서의 농도가 중요하기 때문이며, CO_2는 엽록체에 도달하기 위하여 기공과 엽육 대기 공간을 통하고 세포벽을 거쳐 세포질을 통하여 확산되어야 한다. 그래서 엽록체까지의 CO_2 공급은 이러한 확산 프로세스의 속도에 따라 결정되며, 이것은 외부 공기와 엽록체 간 CO_2 농도 경도를 유지하는가, 그렇지 않은가에 따라 달라진다(자료 19.1).

마지막으로 광합성 프로세스는 태양 복사 에너지의 유입을 요구한다. [그림 19.6]은 밤과 낮 동안 하나의 잎에서 나타나는 복잡한 에너지 균형을 보여 준다(제3장). 유입하는 가시광선 가운데 대체로 20% 정도가 반사되지만(왁스 층이나 밝은 색 층이 있는 경우에는 더 높다), 반사도는 장파 복사에서 급격히 증가하여 적외선의 40~60%가 반사된다. 잎을 통한 에너지의 전도는 거의 일어나지 않지만, 가시광선(10% 이하)보다 적외선(약 30%)에서 더 높으며, 잎의 두께에 따라 다양하다. 잎으로 들어오는 복사 유입량의 나머지는 흡수되지만(전체 복사량의 50%), 차이가 심하여 적외선은 10%에 불과한 반면 가시광선은 80%에 이른다. 잎과 같은 얇은 구조에서 흡수율이 높은 것은 엽육 내 세포/물 경계에 의한 다중 반사 때문이다. (광합성이 활발한 파장 내에서

자료 19.1
이산화탄소의 보상점

이산화탄소의 보상점이란 광합성 동안의 흡수율이 호흡을 하는 동안 이산화탄소의 배출 속도와 정확히 균형을 이룰 때의 이산화탄소 농도이다. 대부분의 식물에서 이산화탄소의 보상점은 빛에서 이산화탄소를 방출하는 광호흡이 발생하므로 약 50ppm CO_2로 높으며, C-3 칼빈(Calvin)형 이산화탄소 고정 동안에 에너지를 많이 소비하여 광합성 효율을 떨어뜨린다. 광호흡이 무시할 정도인 어떤 조류와 C-4 해치슬랙(Hatch-Slack) 식물 등의 일부 식물들은 이산화탄소의 보상점이 약 5ppm CO_2로 낮다.

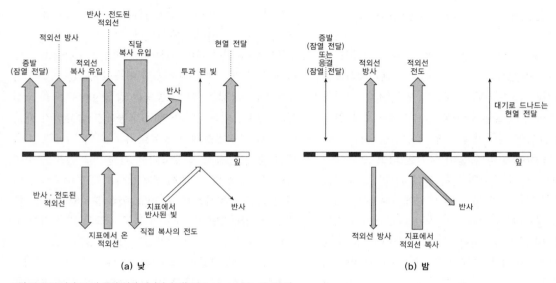

그림 19.6 (a) 낮과 (b) 밤 동안 잎의 에너지 수지(Meidner and Sheriff, 1976).

는) 흡수된 에너지의 약 2%만이 광합성에 사용되며, 전체 유입 에너지(한여름에 약 $26 \times 10^6 J/m^2 \cdot$일)의 약 80%에 이르는 나머지 에너지는 잎의 온도를 높이는 데 사용된다.

높은 온도에 의한 세포의 죽음을 피하기 위해서는 이러한 열의 상당 부분이 잎에서 소모되어야 한다. 잎은 대류, 특히 강제 대류로 냉각되며, 공기의 이동이 거의 없을 때에는 자유 대류에 의하여 냉각된다. 기공이 열려 있고 토양과 식물의 수분 결핍으로 증산이 제한되지 않는 한 증발 냉각도 일어난다. 이러한 냉각 메커니즘은 이미 제4장에서 자세히 다루었다. 마지막으로 잎은 특히 밤에 장파 복사를 방사한다(제3장).

광합성 작용이 진행되는 데 필요한 반응 물질과 에너지가 잎에서 결합되는지 보아 왔다. 그러나 광합성의 산물(유기질 동화 물질)이 잎의 원천에서 제거되어야만 광합성 작용이 빠른 속도로 일어날 수 있기 때문에, 더욱더 고찰해 보아야 한다. 광합성 산물은 식물 나머지 부분의 신진대사와 성장에 중요한 영향을 미치는 연료 분자이다. 이것은 체관부 체관 내 양방향성 확산에 의해서 식물 속으로 이동한다(그림 19.1). 그럼에도 불구하고 이것이 '원천'에 집적되어서는 안되며, 더 많은 양이 생산되었을 때에는 식물의 즉각적인 신진대사가 부족하므로 어떤 저장 조직 내의 '저장소'로 제거할 필요가 있을지도 모른다.

광합성 프로세스는 제7장에서 독립 영양 세포 모델을 고찰할 때 생화학적 수준에서 다루었다. 그것은 본질적으로 탄소 고정 또는 동화 프로세스이므로, 광합성의 비율은 우리가 하나의 잎이나 식물이나 수관을 고려하는가에 관계없이 광합성 시스템의 이산화탄소 섭취 속도(g CO_2 m^{-2} s^{-1})로써 표현하는 것이 보통이다. 순광합성률은 총광합성률과 호흡 간의 차이이다. 단백질 합성에 영양 원소를 첨가함으로써 식물(또는 식생)에 집적되는 순광합성(시간상으로 합산한 순광합성률)은 식물이나 입목의 **순생산량**(net production)을 나타낸다. 마찬가지로 총광합성 집적량이 **총생산량**(gross production)이다(제7장).

2. 생태계의 구조적 조직

그러므로 [그림 18.1]에서 본 소림과 같은 생태계가 나타내는 일정 기간 동안의 순 1차 생산량은 그 기간($t_1 \sim t_2$) 동안 생체량의 변화로 표현된다(그림 19.7).

$$P_n = \Delta B$$

물론 그러한 견해는 과잉 단순화이다. 소림 생태계를 생각해 볼 때, 기간의 초기(즉 t_1)에 모든 1차 생산자의 생체량을 B_1으로 나타낼 수 있다. 기간의 말기(t_2)에는, 이러한 초기 생체량의 일부가 죽어서 낙엽(L_o)으로 떨어졌을 것이다. 일부는 초식 개체군(잎을 떨어뜨리는 곤충에 의한 것인가 사슴이 뜯어먹은 것인가 하는 것은 중요하지 않다)에 의해서 소비되어 방목 손실(G_o)로 나타낼 수 있다. 결국 이러한 초기 생체량의 일부는 수관(S_o)으로부터 빠져나갈 것이다. 같은 기간($t_1 \sim t_2$) 동안 새로운

생체량 증대가 나타날 것이다. 물론 이것이 순생산량(P_n)이다. 그러나 이것 역시 방목(G_N)을 겪을 것이며, 어떤 새로운 조직은 어린 가지에 가해진 늦서리나 풍해 때문에 죽을 것이고, 그래서 낙엽(L_N)으로 떨어질 것이다. 게다가 새로운 생체량을 이루는 구성 성분의 일부(S_N)는 빠져나갈 것이다. 그래서 기간($t_1 \sim t_2$) 말기에는 초기의 생체량이 감소할 뿐만 아니라 새로운 생체량의 잔여분이 순생산으로 만들어진 것보다 적을 것이다. 생체량의 변화는 낙엽·방목·유실로 잃어버린 오래된 생체량과 새로운 생체량을 합한 만큼 순생산량의 결손을 떨어뜨릴 것이다. 그러므로 순 1차 생산량에 대한 보다 정확한 견해는 축적된 생체량의 변화라는 측면에서 다음과 같이 표현된다(그림 19.7).

$$P_n = \Delta B + (L_o + L_N) + (G_o + G_N) + (S_o + S_n)$$
$$= \Delta B + L_{total} + G_{total} + S_{total}$$

이런 관계를 염두에 두고, 우리는 소림 생태계를 관찰할 것이다. 초식 동물 요소의 수수한 성질을 함께 가지고 있는 두꺼운 카펫의 낙엽과, 방목압이 높다는 확실한 증거가 아닌 화려한 녹색 수관의 존재는 위의 식에서 $L+S$가 아마도 G보다 더 중요하다는 것을 암시한다. 이것은 모든 생태계에서 옳은 것인가? 특히 우리가

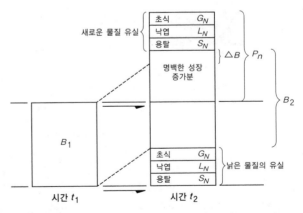

그림 19.7 시간상 생체량 변화의 성분과 생산과의 관계(Chapman, 1976)

규칙적으로 소림을 방문하였다면 소림, 특히 나무의 생체량이 유기 물질의 대규모 집적을 나타내지만, 외견상 예측할 수 있는 계절적인 변화와는 관계없이 그것이 시간에 따라 크게 변하지 않는다는 것을 관찰할 수 있을 것이다. 이것은 왜 그런가? 이로써 우리는, 그럼에도 불구하고 우리가 현재 보고 있는 생체량을 집적하는 데 언젠가는 순생산량의 투자가 있었을 것이라는 사실을 관찰하여야 한다. 이것은 언제였으며, 생체량이 더 이상 집적되지 않는 이유는 무엇인가?

이것은 심오한 관찰이며, 제기된 질문에 대한 답은 생산에 관한 가장 중요한 이론을 일부 나타낸다. [그림 19.8]은 여러 생태계의 1차 생산자 영양 단계를 통한 에너지의 흐름을 보여 준다. 여기에서 우리는 첫 번째 질문에 대한 답을 찾을 수 있다. 식물에서 유래하는 죽은 유기 물질의 비율이 높고 초식 동물 요소가 낮은 생태계와, 식물에서 유래한 죽은 유기 물질은 거의 없고 초식 동물 요소가 높은 생태계는 구분된다. 자연 상태에서 우리의 소림을 포함하는 대부분의 육상 생태계는 전자의 카테고리에 속하며, 동물 생체량의 대부분은 분해 시스템에서 나타난다. 그들은 방목으로 파괴되지 않기 때문에, 식물(특히 다년생)은 육상 환경에 적응하기 위해 시간이 지날수록 삼림 교목의 목질과 같은 지지 조직과 구조에 반드시 필요한 그들의 순생산량 일부를 집적한다. 이러한 집적이 재산이며, 그것은 변재되어야 한다(제18장). 교목에서 이러한 조직의 대부분은 죽은 목질이지만, 운반 시스템의 살아 있는 세포와 성장을 허용하는 **형성층**(cambial) 세포도 포함한다. 이러한 비광합성 세포들은 동화된 전체 에너지나 총생산량이 흘러나가는 호흡을 위한 배출구이다. 생체량이 클수록 호흡에 의한 열손실 측면에서 식물이 부담하는 유지 비용이 더욱 크다. 우리의 소림에서는 광합성하는 표면이 증가할 때마다 그리고 더 많이 유지하기 위해서는 그것을 받쳐 줄 호흡이 필요하기 때문에 체감의 법칙(law of diminishing return)이 작동한다. 처음에는 엽면 지수(leaf-area index)의 증가가 보상보다 크겠지만, 총생체량이 증가함으로써 호흡의 부담이 총생산량보다 더 빠르게 증가하여 순생산량은 떨어지게 된다(그림 19.9). 이것이 남아 있는 질문에 대한 답의 일부이

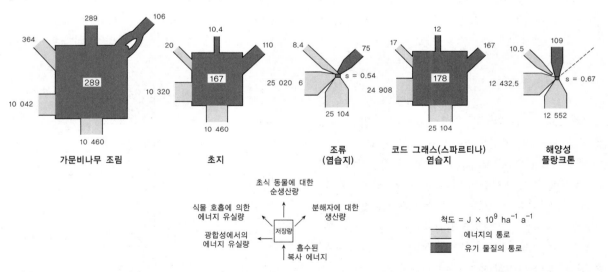

그림 19.8 다양한 생태계의 1차 생산량(가문비나무 플랜테이션의 경우 초식동물에 비하여 생산량은 놀랄 만큼 높은데, 이는 인간이 잘라낸 목재까지도 포함하기 때문이다) (Macfadyen, 1964).

다. 즉, 성숙한 생태계에서는 유지 비용이 증가하여 동화된 에너지의 적은 부분만이 순생산량으로 남게 된다. 또한 나이든 식물의 광합성 효율성(에너지 단위 투입량당 고정된 이산화탄소량, g CO_2 J^{-1})은 감소하여 순 생산량과 총생산량 모두 줄어든다. 결국 소림이 안정된 상태($\Delta B/\Delta t=0$)를 유지하려면 순생산량이 방목이나 용탈이나 낙엽으로 인한 총손실을 보상할 만큼 충분해야만 한다.

$$P_n = G+L+S,$$
그래서 $\Delta B+P_n-(G+L+S) = 0.$

육상 생태계에서 1차 생산자 단계를 통한 에너지 흐름의 대부분은 비생산적인 조직에 갇히거나 저장되고, 상당한 시간이 지난 후에 분해되어 방출된다. 영양소는 다른 전략에 따라 이용되지만, 소림 생체량의 유기 화합물에 고정된 영양 원소도 어느 정도는 그렇다. [그림 19.8]에 해양 식물성 플랑크톤으로 표현된 수생 생태계의 경우 모든 살아 있는 조직은 생산적이며, 호흡을 위한 소비처가 없다. 그들은 표면적/부피의 비가 크고, 신진대사 속도가 빠르며, 생산성이 높은 미생물이다. 그들은 여러 번 먹을 수 있고, 1년에 여러 세대를 먹을 수 있어, 연간 생산량은 누적된 값이다. 초식 동물에 대한 에너지 유입량과 유출량은 많으며, 생애 주기가 짧기 때문에 생체량의 축적이 거의 없다. 조류 세포가 도망쳐서 먹히지 않더라도, 하수의 연못에서처럼

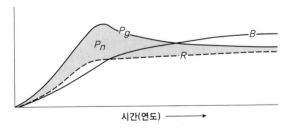

그림 19.9 시간에 따라 생태계 총 1차 생산량(P_g)과 식물의 호흡량(R), 순 1차 생산량(P_n), 식물 생체량(B)의 변화(Odum, 1971; Kira and Shidei, 1967).

죽음과 분해가 빠르다. 반대로 소림에서는 대부분의 식물질이 같은 기간 동안 초식 동물의 공격을 받지 않고 남아 있다. 초지에서 생체량에 대한 순생산량의 비($P_n:B$)는 식물성 플랑크톤의 높은 수치(162.7)와 비교하면 낮기(0.06) 때문에, 소림에 더 가깝지만 중간 상태를 나타낸다. 이 $P_n:B$ 비는 식물에서 비생산 조직의 양을 나타내는 유용한 지수이다.

3. 광합성과 1차 생산에 대한 조절과 한계

물론 1차 생산은 광합성과 직접 연계되어 있어서 광합성의 속도를 조절하는 메커니즘과 제한하는 요소들이 결국 생태계의 1차 생산성에 영향을 미칠 것이다. 이것은 광합성 조직의 단위당 광합성 속도에 영향을 미치는 내인적(**유전자형**genotype, **표현형**phenotype) 변수와 식물의 신진대사와 성장에 영향을 미침으로써 광합성 시스템의 규모를 조절하는 외인적(**환경적** environment) 변수로 구분할 수 있다. 첫 번째 카테고리는 형태적, 생리적, 생화학적 요소 등으로 더 세분할 수 있다.

(1) 유전자형 변수와 표현형 변수
형태적 변수 형태적 변수는 두 가지 규모에서 증명된다. 개별 잎의 규모에서는 잎의 두께와 양, 엽록소의 형태, 기공의 수와 위치 등의 변수들이 중요하다. 이 장의 앞부분에서 언급한 잎의 크기, 형태, 구조의 변이도 광합성률에 영향을 미치며, 잎이 적응하기 위해 선택한 특징의 진화적 의미를 반영한다. 대부분의 종에서, 명백한 **양엽**(sun leaf)과 **음엽**(shade leaf)이 구분될 수 있다. 양엽은 종일 햇빛에 노출되고, 강도가 낮은 빛에 상응한 적응을 보여 주는 음엽보다 작지만 두껍다. 전체 식물의 규모에서는 엽관(leaf canopy)의 개수와 배열 및 수명 등이 중요한 변수들이다. **엽면 지수** (LAI, leaf-area index: 지표 면적에 대한 잎 면적의 비)는 엽

관으로 들어가는 빛의 침투를 제어하기 위한 잎의 위치 및 잎이 놓인 각도(그림 19.10)와 상호 작용한다. 높은 엽면 지수는 분명히 자체적인 그늘이 있음을 의미한다. 확산 복사는 엽관 표면에서 지표까지 급격하게 감소하지만, 광합성에 있어서 활발한 파장대(적색과 청색)가 선택적으로 흡수됨으로써 엽관 내측 복사의 스펙트럼이 변하고, 음엽이 강도가 낮은 빛에 생리적, 생화학적 적응을 나타내기 때문에 광합성에 미치는 영향은 복잡하다. 초본에서처럼 잎이 가파르게 놓여 있으면 수평으로 놓여 있을 때보다 빛이 더욱 효율적으로 침투할 수 있지만, 많은 종의 잎들은 빛과 관련하여 배열(엽서phyllotaxy)될 수 있음을 기억해야 한다. 엽면 지수가 최대인 기간도 중요한 요소인데, 이것이 다른 변수들을 보상할 것이다.

생리적 변수　생리적 통제는 다양하고 복잡하지만, 그 가운데 잎에서 물의 확산과 흐름 그리고 CO_2의 확산에 대한 식물의 저항이 가장 중요하다(그림 19.1, 19.4). 가장 중요한 저항 가운데 하나는 기공의 저항인데, 여기에서는 기공 개폐의 외인적 리듬의 존재와 같은 생리적 요소들이 의미를 갖는다. CO_2의 농도와 빛과 온도는 환경적 변수이지만, 이들이 생리적 표현으로 나타나기 때문에 이들을 여기에서 고찰하여도 무방할 것이다. 광합성은 열이 너무 많거나 너무 적은 상태에서는 일어나지 않으며, 개별 종마다 특정한 온도 범위에서 최적을 이룬다. 높고 낮은 온도의 극단을 **온도 보상점**(temperature compensation point)이라고 한다. 마찬가지로 광합성의 탄소 고정으로 보상되지 않는, 호흡에 의한 CO_2의 순손실이 있을 정도로 빛 강도가 낮은 **광보상점**(light compensation point)이 있다. 사실 식생 임관에서 낮은 곳에 있는 잎은 보상점에 근접하여 호흡에 따른 에너지 손실을 나타낸다. 식물이 이 문제를 극복하는 한 가지 방법은 그들이 성장하여 수관의 하부에 있는 잎과 가지를 떨어뜨리는 것이다. 광합성이 멈추는 빛 강도의 상한이 **광포화점**(light saturation point)

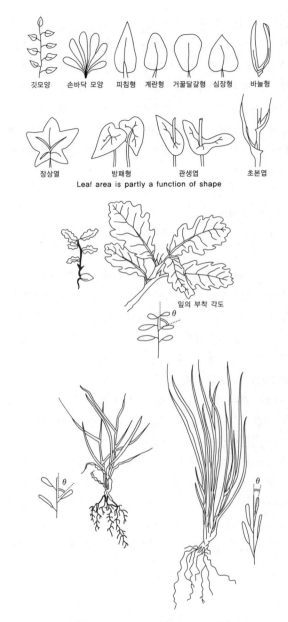

그림 19.10 엽면 지수의 계산에 사용되는 잎의 면적과 잎이 놓인 각도

이다. 그러나 빛과 온도는 독립적이지 않아서, 빛 강도가 높으면 광합성을 위한 최적의 온도는 비교적 높으며 온도 범위도 증가한다(Pisek *et al.*, 1969). 대기의 이산화탄소 농도는 엽관 꼭대기에서 충분히 햇빛이 비

칠 때를 제외하면 대체로 제한이 없지만, 대기에서 엽록소까지의 확산 경도는 제한적이다. 이런 배경에서, 호흡이 있는 동안 방출된 CO_2를 재활용하고 대기로부터 CO_2를 취하는 식물의 능력에 대한 척도인 **이산화탄소 보상점**(carbon dioxide compensation point, 자료 19.1)은 중요한 생리적 특성이다.

생화학적 변수 광합성 그리고 결과적으로 생산성에 대한 생화학적 주요 통제는 생태계를 구성하는 식물에서 나타나는 탄소 고정 통로와 관련이 있다. 광합성에 포함된 생화학적 통로로는 **C-3(Benson-Calvin형** 또는 정상적인**)** 통로, **C-4(Kortshchak, Hatch-Slack)** 통로, **다육 식물 유기산대사**(CAM, Crassulacean acid metabolism) 통로 등 세 가지가 가능하다. CO_2의 동화와 ATP 재생을 위해서 광합성을 하는 동안 빛 에너지를 이용하여 ATP(자료 7.2)를 만드는 과정은 Benson-Calvin 순환이라고 부르는 13단계 반응 회로를 통하여 일어난다. 이 순환의 거의 최종 산물은 3탄소 화합물(C_3)이고, 모든 녹색 식물들이 탄소 동화 시 이 회로를 사용한다. 그러므로 여기에만 의존하는 식물들을 C-3 식물이라고 부른다. 그러나 일부 식물들은 CO_2 고정의 첫 번째 산물로 4탄소 화합물을 생산하고, 칼빈 회로에 연료를 공급하여 CO_2를 방출하는 일련의 화학 반응을 추가로 사용한다. 이들은 포함된 통로의 세부 사항에 따라 두 집단, 즉 C-4와 CAM으로 구분된다. C-4 식물에서 C-4 통로를 대표하는 두 개의 연속된 반응은 공간적으로 분리되어 있다. 즉, 이들 식물에서 프로세스의 성공 여부는 부분적으로는 변경된 생화학, 부분적으로는 변경된 잎의 해부학적 구조에 달려 있다. 엽록체를 포함하는 엽육이 잎 전체에 다소 균등하게 분포하고 있는 C-3 식물과 달리, 전형적인 C-4 식물에서 엽록체는 잎맥을 둘러싸고 있는 광합성 조직으로 이루어진 두 개의 연속된 층에 제한된다. 이들 층은 외부의 엽육과 내부의 관다발 덮개인데, C-4 반응 통로의 두 부분은 분리되어 있어 C-4 화합물 생성은 엽육에서, 칼빈

C-3 회로는 **관다발 덮개**(bundle sheath)에서 일어난다. CAM 통로를 가진 식물에서 반응은 기본적으로 C-4 통로 식물과 비슷하지만, 반응 연속체의 두 부분의 분리는 공간적이 아니라 시간적이다. 이것은 CAM 통로를 건조 지역에서 자라는 (다육 식물 모두가 그런 것은 아니지만) 다육(succulent) 또는 반 다육 식물들이 주로 이용하기 때문이다. 이들은 낮 동안 기공의 입구를 닫아서 수분 손실을 제한한다. 밤에는 열린 기공으로 CO_2가 들어와 4탄소 화합물로 고정되고, 다음 날에는 닫힌 기공 뒤에서 3탄소 화합물과 CO_2로 붕괴되는데, 이것이 칼빈 회로로 유입된다.

C-4 식물은 낮은 CO_2 보상점과 부족한 광호흡, 그리고 높은 빛 보상점이 특징인데, 이 때문에 광합성률이 C-3 식물보다 2~3배 더 크다. 열대와 아열대의 모든 식물들은 이러한 고용량의 생산자인데, 여기에는 옥수수(*Zea mais*)나 사탕수수(*Saccharum officinarum*)와 같은 몇 개의 중요한 곡물들도 포함된다. 반대로 광호흡이 있기 때문에 CO_2 보상점이 높아지고(자료 19.1), 광합성이 그것을 제거하는 동시에 CO_2를 잎의 세포 간 공간으로 방출함으로써 칼빈 식물 내 탄소 고정의 효율성을 감소시킨다. 고용량과 저용량 생산자를 규정하는 형태적, 생리적, 생화학적 요소들의 결합은 각각 [표 19.1]에 제시되어 있다.

(2) 환경적 변수

식물의 1차 생산자로서의 역할에 영향을 미치는 모든 내인적 변수들은 진화하는 동안 나타난 성질이며, 우리가 판단하기로 그들은 적응의 의미를 가지기 때문에 선택되어 왔다(자료 19.2). 이러한 성질의 존재가 식물의 광합성과 생산에 한계를 설정할 뿐만 아니라, 외인적 또는 환경적 변수와의 관계 및 상호 작용을 통해 성장과 생산성으로 표현되는 환경에 대한 식물의 반응을 조절하고 통제한다.

빛 가장 중요한 환경 변수는 단위 지표 면적당 받는

표 19.1 고생산 용량과 저생산 용량을 가진 식물들의 특성(Black, 1971)

	고용량 생산자(C-4 식물)	저용량 식물(C-3 식물)
식물의 일반적 유형	초본, 대체로 풀이나 사초	모든 식물과의 풀이나 관목 또는 교목
형태		
(1) 잎의 성격	엽록소로 묶인 관다발 주변의 다발덮개 세포	다발덮개 세포 내에 엽록소가 없음
생리		
(2) 광합성률	완전 햇빛일 때 시간당 40~80mg CO_2 dm-1, 광포화 없음	완전 햇빛일 때 시간당 10~35mg CO_2 dm-1, 10~25% 햇빛에서 광포화.
(3) 온도에 대한 반응	30~45℃에서 성장과 광합성 최적	10~25℃에서 성장과 광합성 최적
(4) CO_2 보상점	0~10ppm CO_2	30~70ppm CO_2
(5) 잎 외부로 당분 운반	빠르고 효율적: (고온에서) 2~4시간에 60~80%.	느리고 비효율적: 2~4시간에 20~60%.
(6) 수분 요구량[건조 중량 1g을 만들기 위해 필요한 물(g)]	260~350	400~900
생화학		
(7) 탄소 고정	해치슬랙(C-4)과 칼빈(C-3) 회로 통로	칼빈(C-3)회로 통로
(8) 광호흡	감지 안됨	있음

복사 흐름 밀도 또는 순복사량이며, 이것은 기후에 의해 조절된다. 지표의 어느 지점에서 광합성에 활성을 띠는 파장(0.4~0.7㎛)의 유입량은 광합성과 생산에 잠재적으로 사용 가능한 최대 에너지이다. 지표에서 받아들이는 에너지의 변이는 이미 제3장에서 길게 고찰하였으며, 순복사량과 생산성 사이에 상관관계가 있더라도 다른 관계, 특히 온도와 수분의 사용 가능성 때문에 복잡하다(그림 7.9). 그러나 순응한 식물은 빛 강도의 시·공간적 변이에 반응할 수 있기 때문에, 빛은 직접적인 에너지 유입보다 다른 것에 영향을 미친다. 예를 들어, 양지 식물은 비교적 높은 빛 포화점을 갖는 반면, 그늘에 순응한 식물은 완전한 햇빛의 작은 부분

자료 19.2

적응과 내성

유기체와 무생물 환경 간의 관계는 이미 제18장에서 서식지와 적소를 주제로 탐구한 바 있다. 이 장에서는 녹색 식물의 성장과 생산성을 제한하고 조절하고 통제하는 요소로서 이들 관계를 탐구하려고 한다. 그러나 동물이든 식물이든 개체 수준에서 환경과의 주요 관계는 근본적으로 생리적이다. 서로 다른 조건에서는 생리적 프로세스가 서로 다른 속도로 진행되며, 어떤 유기체가 살아남을 수 있는 범위는 제한되어 있다. 더구나 유기체가 최적의 상태로 살아갈 수 있는 범위는 더욱 제한되어 있다. 그래서 (a)와 같이 물리화학적 환경의 경도에 대한 생리적 프로세스의 수행을 나타내는 곡선을 그릴 수 있다. 그런 곡선을 내성 곡선이라고 한다. 개체의

생리적 프로세스를 나타내는 곡선으로부터 전체 유기체의 전반적인 내성 곡선을 도출할 수 있으며, (b)와 같이 고통의 정도가 다양한 일련의 계층적 한계를 인식할 수 있다. 환경 변수의 영향을 제한 요소로서 분리하여 다룰 수도 있겠지만, 그들 사이에는 상당한 상호 작용이 있다. 그러므로 하나의 부족이나 과잉은 온도와 수분 이용 가능성의 상관관계, 빛과 온도의 상관관계, 그리고 질소와 가뭄(교재 참조)의 상관관계 등 모든 것에 대한 내성에 영향을 미친다. 생태학의 두 가지 진부한 법칙으로 환경 요소가 미치는 영향을 고찰할 수 있다: Liebig의 **최소량의 법칙**(Law of minimum)과 Shelford의 **내성의 법칙**(Law of Tolerance)(자료 19.4).

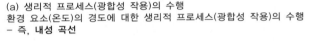

(a) 생리적 프로세스(광합성 작용)의 수행
환경 요소(온도)의 경도에 대한 생리적 프로세스(광합성 작용)의 수행
- 즉, 내성 곡선

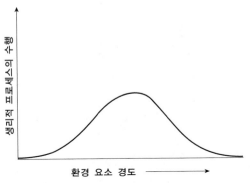

(b) 유기체의 전반적인 내성 곡선

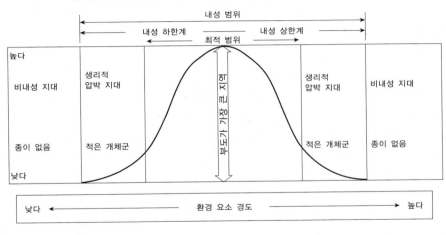

에도 빛 포화점과 강도를 갖는다. C-4 탄소 고정 통로를 가지는 일부 열대 식물의 경우에는 빛 포화가 존재하지 않으며, 매우 높은 빛 강도에서도 광합성을 할 수 있다. 생태계 내 식물의 수평적, 수직적 전위는 적어도 부분적으로는 임관 미기후 내 빛 강도의 3차원 분포에 대하여 이런 방식으로 순응한 종의 반응으로 볼 수도 있다.

빛의 이용 가능성과 강도는 공간뿐만 아니라 시간에 따라서도 변한다. 물론 받아들이는 복사량에도 일주적 변화가 있으며(그림 19.6), 이것은 광합성, 호흡, 생산의 일주적 패턴에 반영된다. 그러한 일주적 리듬은 어떤 뚜렷한 계절성이 부족한 열대 생태계에서 매우 중요하고 현저하다. 계절적인 환경에서, 우리의 소림 생태계 내 지표 식물상 초본과 같은 대부분 식물들의 성장 반응은 생태계의 빛 환경을 규정하는 복사 유입량의 계절적 주기성에 의하여 규제된다(그림 19.11). 다양한 종들의 생애 주기(생물계절학)는 빛 환경의 다양한 단계에 순응하며, 다양한 시기에 최적의 엽면 지수와 높은 일

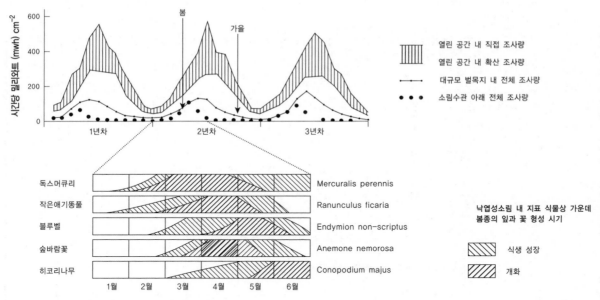

그림 19.11 식물의 생물계절학과 소림의 빛 환경(Anderson, 1964)

생산율을 나타낸다. 그러므로 계절성을 띠는 대부분의 자연 생태계는 다양한 종들에게 기여할 수 있는 연속된 소규모의 생산 정점을 나타낸다. 이것이 농작물에서는 반대로 나타나는데, 농작물은 엽면 지수가 0에서부터 높은 값까지 상승하며, 수확할 때쯤에는 일 생산량이 하나의 높은 정점을 이룬다. 그러나 자연 생태계에서 생산량은 한 순간에 모두 나타나는 것이 아니라 (수확하기 어렵다는 것을 의미한다), 보다 지속적이고 연장된 비교적 낮은 일 생산율을 나타낸다.

빛의 통제적 역할은 순응된 종들에게서 빛과 어둠의 **24시간 주기 리듬**(circadian rhythm)이나 낮 길이의 변화로부터 초래되는 광주기적 반응들을 유도하는 것이다(자료 25.1). 이러한 반응의 중요성은 1년 주기에서 생태계의 생산성을 통제할 뿐만 아니라 번식 프로세스와 종 개체군의 역학을 규제하는 데 있다. 식물의 경우, 이것은 개화 시기로 표현된다. **단일**(short-day)식물과 **장일**(long-day)식물이 잘 기록되어 있으며, 식물의 육종과 원예 및 농업에서 경제적으로 중요하다. 동물

개체군에서도 비슷한 반응이 있으나, 다음 절에서 중요하게 다룰 것이다.

온도 지금까지 우리는 가시광선 파장대에서 복사의 유입을 다루었으나, 제한하고 통제하는 효과는 장파의 교환까지 확대되고 식물의 열 수지를 포함한다(그림 19.12). 그러므로 공기, 잎, 토양의 온도는 중요한 환경 변수이다. 고온과 저온의 극한은 치명적이며 세포와 식물의 죽음을 초래한다. 생리적 수준에서 두 경우의 메커니즘에는 기계적 압박 때문에 특히 세포막과 관련된 효소와 구조적 단백질의 피해(**변성**denaturing)가 포함된다. 고온일 때 이것은 분자 수준에서 운동 에너지의 증가로 나타나는데, 저온에서는 세포 밖의 동결로 물이 제거되어 탈수가 일어나기 때문이다. 그 결과 세포막이 파괴되고 물이 침투할 수 있게 되어 세포 조직을 잃게 되는 것 같다. 이러한 양 극단 사이의 온도는 모든 신진대사 프로세스와 성장과 생산에 영향을 미친다. 온도가 10℃ 상승할 때마다 화학 반응 속도는 약 2

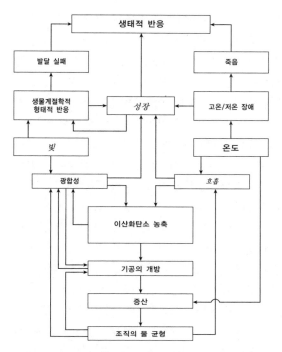

그림 19.12 빛과 온도에 대한 식물의 반응(Bannister, 1976)

의 시기는 호흡과 유사한 방식으로 온도에 반응한다. 그러므로 빛이 제한되어 빛의 강도가 낮은 상황에서는 어둠의 반응률이 온도에 분명하게 반응하지 않을 것이다. 그것은 빛반응으로부터 반응 물질이 공급됨으로써 비율 제한적(rate-limited)이다. 빛이 제한적이지 않으면 광합성은 온도가 상승함에 따라 증가할 것이다. 의미는 두 가지이다. 거대 규모에서 광합성률은 대기후에서 표현되는 빛과 온도의 이러한 상호 작용을 반영할 것이지만, 식생 수관 내에서 양엽과 음엽은 다양한 미기후, 즉 빛과 온도의 조합을 경험하고 다양한 광합성 패턴을 나타낼 것이라는 사실이 더욱 중요하다. 둘째, 온도가 높고 빛 강도가 낮은 상황에서는 호흡률이 광합성을 초과하고 잎들은 보상점 아래에 있을 것이다. 식생 수관 내 빛과 온도의 이러한 상호 작용은 물론 일정하지 않다. 그것은 날마다 계절마다 변할 것이고, 식생 군락의 전체 순생산에 영향을 미칠 것이다(그림

배가 되기 때문이다(**Arrhenius 관계**). 생화학적 반응은 이러한 관계를 유지하지만, 그것은 효소의 촉매 작용으로 이루어지기 때문에, 생화학 반응의 속도는 40℃ 이상에서 점차 감소한다. 대부분의 효소들은 피해를 입고 40℃ 이상에서 비활성화 되기 때문이다.

그러나 생태계의 순생산은 광합성과 호흡의 함수이며, 이들 프로세스는 온도에 대하여 약간씩 다른 방식으로 반응하기 때문에 이것의 차별적인 영향이 순 생산에 크게 영향을 미칠 수도 있다. 호흡률은 위에서 말한 방식대로 온도의 영향을 받는다. 온도가 35~40℃까지 상승하면 처음에는 비교적 높은 온도에서 증가하지만 곧 급격하게 떨어진다. 온도 보상점을 이야기할 때 지적하였듯이, 광합성은 보다 차별적으로 반응한다. 이는 그것이 실제로는 빛과 어둠(제7장)의 두 가지 반응이기 때문이다. 빛반응률은 온도의 영향을 거의 받지 않는다(즉, 그것은 저온 계수를 갖는다). 반면에 어둠

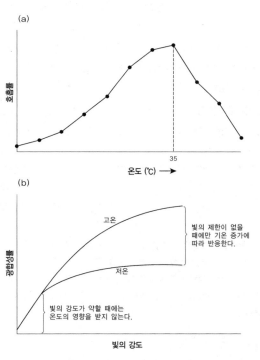

그림 19.13 (a) 호흡과 (b) 광합성에 대한 온도의 영향

19.13). 빛과 마찬가지로 온도는 제한 변수가 아니지만, 본능적으로 적응하는 성질을 통하여 식물이 기후 변동에 반응함으로써 신진대사 활동과 성장 및 생산을 통제한다. 그러나 아마도 (장파와 단파) 복사의 가장 중요한 측면들 가운데 하나는 지표의 물 수지를 통제함으로써 식물과 생산에 미치는 간접적인 영향이다(제6장).

물 식물에게 물이 부족하면 식물의 신진대사 활동 대부분에 영향을 미치고 성장과 생산을 방해하는 등 광범위한 생리학적 영향이 나타난다(자료 19.3). 흡수된 물의 매우 적은 부분만이 광합성에 직접 사용된다고 하더라도, 매우 작은 수분 결핍도 광합성을 감소시킨다고 알려져 있다. 이유는 복잡하지만, 수압을 받아 기공이 닫힘으로써 CO_2의 확산에 영향을 미치고, 세포막의 투과성을 감소시키며, 광합성 산물의 제거 속도를 느리게 하는 영향을 미치고, 세포의 **팽창**(turgor)이 사라지고 조직의 팽창이 줄어들어 엽면 지수가 감소하는 등 광합성 프로세스에 역효과를 나타내기도 한다. 호흡도 수분 결핍으로 감소하지만, 광합성의 감소와 동일하지는 않다. 그러나 어떤 경우에는 호흡의 속도가 광합성의 속도를 초과하여 무게가 줄어드는 상황이 발생할 수도 있다.

식물의 물 수지는 토양에서 자유 대기까지의 수분 퍼텐셜에 따른 증산의 흐름으로 유지된다(그림 19.4).

그러므로 토양으로부터의 흡수율은 증산에 따른 수분 유실 속도와 토양수의 이용 가능성에 따라 달라진다. 제6장에서 보았듯이, 증산율은 지표로부터 증발을 결정하는 동일한 환경 요소들, 즉 열에너지 공급량과 지표와 대기 간 증기압(또는 압력 퍼텐셜) 차이, 지표(이 경우에는 잎)를 가로지른 공기의 흐름 등에 의존한다. 그러므로 증산은 온도에 따라 증가하는 증기압 차이가 커질수록 증가한다. 다시 제6장에서, 증발률은 증발이 일어나는 지표의 성질에 따라 달라진다고 지적하였다. 이와 관련하여 식물 구조의 특성이 증산율에 영향을 미친다. 이러한 성질 가운데 가장 중요한 것을 [표 19.2]에 정리하였다. 증산은 기공의 저항(그림 19.1)과, 잎 주변 공기의 저항에 대한 관련성으로 통제된다. 사실 어떤 환경에서 탁월한 것은 공기의 저항(R_a)이다(그림 19.14). 건생 식물은 고요한 대기에서 중생 식물만큼 많은 물을 잃는다. 이러한 환경에서는 증산이 R_a로 제어되기 때문이다. 그러나 바람이 불 때 건생 식물 잎의 기공 형태(털이 많고, 껍질이 두꺼우며, 숨어 있는 기공과 같은)는 기공과 인접한 곳에 습윤한 공기층을 유지하며, R_s가 통제 저항이 된다(그림 19.1).

광물질 영양소 물은 대체로 구분하여 다루지만, 영양소로 다룰 수도 있다. 그러나 광물질 영양소는 외인적 변수이며, 생산을 제한할 수도 있다(자료 19.4)(그림

자료 19.3
식물의 수분 퍼텐셜(자료 12.1, 12.2 참조)

식물 내의 물은 보유력에 의하여 유지되므로, 그 물의 잠재적 자유 에너지는 수분 퍼텐셜의 측면에서 표현할 수 있다. 살아 있는 세포 내의 수분 퍼텐셜은, 세포액 내 용질의 존재에 따른 힘과 세포 내 다방향 정수압에 따른 힘(팽압) 등 두 힘 사이의 균형에서 초래된다.

$$\psi_{세포}(C) = \psi_{삼투압}(\pi) + \psi_{팽압}(\rho)$$

살아 있는 세포에서 팽압은 (+)이다. 즉 그것은 세포의 수분 퍼텐셜이 삼투압과 반대 방향으로 작용하도록 한다. 그러므로 식물의 수분 퍼텐셜($\psi_{식물}$)은 식물의 모든 조직 내 세포 수분 퍼텐셜의 평균값에 식물 매트릭스, 즉 세포 간의 공간과 세포벽의 미공성 구조, 그리고 약간의 목질부 관의 매트릭 퍼텐셜을 합한 값이다 (Meidner and Sheriff, 1976). $\psi_{식물}$은 죽은 매트릭스(자유 공간), 특히 목질부에서 (–) 정수압의 기여를 포함한다.

표 19.2 식물의 구조적 특징과 증산에 따른 수분 손실 간의 관계

엽면	큰 엽면적을 가진 식물은 빠르게 증산한다. 작은 엽면적을 가진 식물은 느리게 증산한다. 잎이 없어지고, 엽면적/식물의 감소는 건생 식물의 특징이다.
기공	기공의 개수와 분포 및 크기가 증산율에 영향을 미친다. 기공 증산은 기공의 개수와 크기, 그리고 표면적이 아니라 구멍의 둘레에 비례한다.
잎 세포 간의 공간	증산은 노출된 엽육 세포의 표면적이 넓은 잎에서 많다. 즉, 열려 있는 스폰지 엽육에서 증산이 많다. 같은 식물의 양엽과 음엽에서 엽육 구조는 대조적이다.
외피	특히 기공이 닫혀 있는 밤에는 외피의 성격이 중요하다. 일부 음지 식물에서는 전체 수분 손실량의 30% 이상이 외피를 통해 발생한다. 건생 식물에서는 이 값이 0으로 감소한다.
털이나 비늘로 덮인 잎 말려 있고 홈이 있는 잎	이런 모든 특징이 잎과 접촉한 공기층을 유지하여 증산을 감소시킨다. 일부는 반사나 복사를 증가시키는 효과도 가진다.
뿌리/가지 비	건조한 환경의 식물, 특히 사막 식물은 적절한 수분 흡수를 확보하기 위해 가지 면적에 대한 뿌리 면적의 비가 높다.

19.15). [표 19.3]에는 주요 영양소의 그 기능 및 기원을 열거하여 놓았다. 영양소 순환의 광범위한 개요는 제7장에서 이미 범지구적 생화학적 순환으로 논의하였다. 이들 영양소는 주요 구조적 화합물의 성분으로서 또는 생화학 반응에서 활성을 띠는 효소나 기타 화합물의 주요 성분으로서, 식물 성장에 근본이 되는 필수품이다. 엽록소에 마그네슘이 없으면 광합성은 불가능하다. 마찬가지로 몰리브덴이 없으면 질소 고정도 이루어질 수 없다. 광물질 질소와 어느 정도의 황을 부분적으로 제외하고 탄소, 수소, 산소를 헤아리면, 광물질 영양소가 1차 생산자에게 이용될 수 있는 가능성은 2차적 근원을 나타내는 암석 풍화 및 강수 유입과 함께 유기 물질의 미생물 분해 및 분해 시스템(제21장)에 달려 있다. 이들 근원이 부적절하면 영양소 결핍이 일어나고, 다른 요소들은 양호하더라도 성장과 생산에 제한을 받을 것이다. 자연 상태의 토양은 대부분 약간의 영양소 결핍을 보이며, 인위적으로 영양소를 공급하면

생산이 증가한다. 그러나 상황은 간단하지 않다. 영양소를 첨가하면 종 구성에 변화가 나타나기 때문인데, 이것은 원래의 종들이 영양소가 결핍된 토양에서 성장하도록 발생학적으로 적응되었다는 사실을 암시한다. 때때로 그런 영향은 간접적이며 경쟁을 통하여 작용한다. Jeffrey와 Piggott(1973)는 Upper Teesdale의 잔류 식물상에서 드물게 나타나는 사초인 *Kobresia simpliciuscula*이 살아남은 것은 인산 결핍 토양에 내성을 지녔기 때문이 아니라 이것이 경쟁을 제한했기 때문이라는 사실을 보고하였다.

영양소가 결핍되는 이유는 매우 복잡하지만, 토양형과 토양 조직, 이온 치환 용량, 풍화 및 분해율 등이 모두 중요한 통제 변수이다. 위에서 인용한 경우처럼, 인은 가장 보편적으로 결핍을 보이는 토양 광물질 영양소이다. 그것은 거의 모든 토양에서 적게 공급된다. 질소 역시 제한적인데, 예를 들면 C:N의 비가 높으면서 냉량하거나 산성이거나 침수된 토양처럼, 특히 분해가 느린 토양에서 그러하다(그림 19.16). 대부분의 식물은

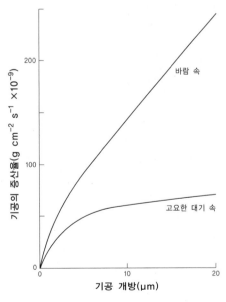

그림 19.14 기공의 수분 손실과 대기의 이동(Sutcliffe, 1968).

1840년 Justus Liebig은, 유기체는 양적으로 유기체의 생존을 위한 최소 요구량에 근접한, 유기체가 사용할 수 있는 기본 광물질 영양소의 제약을 받는다는 사실을 처음으로 인식하였다. 오늘날 최소량의 법칙은 보다 제한된 의미를 증명하는 것이 더 쉽지만, 광물질 영양소 이외의 필요 조건이나 환경에도 적용된다. Liebig의 법칙을 확신한 미국의 생태학자 V.E. Shelford는, 1913년에 기본적인 필요 조건의 결핍은 물론 과잉도 유기체의 성장과 생존을 위한 제한이 될 수 있다는 사실을 인식하였다. 이것이 Shelford의 **내성의 법칙**(Law of Tolerance)인데, 내성 범위의 개념을 정의하고, 특정한 유기체의 내성 한계 설정에 관여한 요소들의 상호 작용을 탐구하였다.

뿌리와 연계된 질소 고정 박테리아나 균류 공생자가 존재함으로써, 또는 질소 공급을 향상시키는 식충 습관에 의해서, 더욱 장엄하게 그러한 환경에 적응하였다. 이와 같은 경우에 그리고 특히 원소의 이용 가능성이 토양 내에 제한되어 있고 풍화나 강수로 채우는 비율이 낮은 인의 경우에는 생태계 내에서 살아 있거나 죽은 생체량 내 원소의 양이 중요하다. 더구나 그들 간

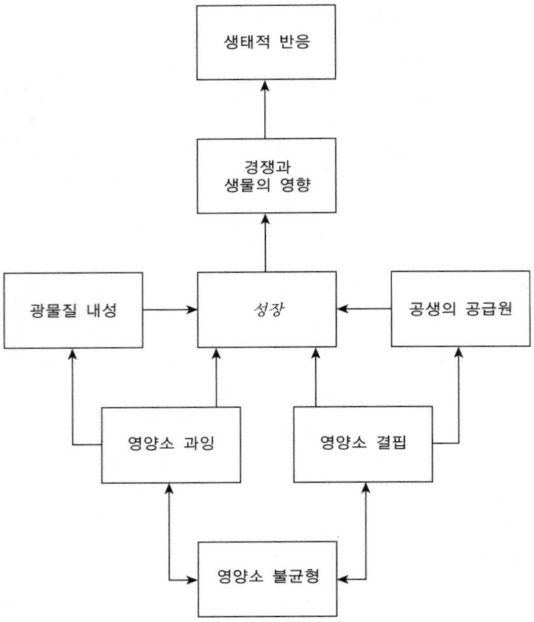

그림 19.15 광물질 영양소와 생태적 반응(Bannister, 1976).

원소의 순환은 식생의 생산성이 그 원소의 보존으로 조정되어야만 하는 (−)피드백 회로를 이룬다. 이들 영양소의 순환은, 생태계의 저장량이 유기체 내에 유지되고 토양 내에 있는 부분은 낙엽의 분해에 따른 방출과 뿌리의 흡수 간 빠른 전환이 이루어지므로, 닫혀 있다고 말할 수 있다.

그러한 **닫힌 순환**(tight circulation) 요소가 유실되지 않도록 보존하기 위하여, 노후되기 전에 식물 내 이들 원소의 이동성 이온을 재분배하고 재사용한다. 질소와 인과 칼륨 같은 원소들의 이온은 오래된 조직에서 보다 대사가 활발한 장소로 쉽게 이동한다. 인은 특히 이동성이며, 인의 원자는 합쳐져서 지속적으로 방출되고, 하루 동안에 여러 개의 완전한 식물 회로를 만들 수 있다(Biddulph, 1959). 낙엽이 지는 다년생 식물의 잎이 노화되어 죽으면, 상당한 양의 영양소(그 가운데 N, P, K, S, Cl, Fe, 그리고 Mg가 가장 중요하다)는 회수되어 유실을 최소화한다. 칼슘과 규소, 붕소, 그리고 망간은 절단되기 전에 잎으로 전이되어 거의 떨어지지 않고, 식물들이 대사 프로세스에서 사용되지 않은 과잉의 영양소를 버릴 수 있게 해 준다. 주요 영양소는 땅속줄기와 같은 저장 기관에 선별적으로 축적되어 다년생 식물에서 빠른 성장에 사용될 수 있다. 한편 일년생과 다년생 식물에서 이러한 원소들은 씨앗에 집중되었다가 발아기에 재가동되어 움트는 싹으로 운반된다. 이러한 방식으로 개별 식물의 죽음은 그것이 가지고

표 19.3 광물질 영양소(Collinson, 1977)

영양소	생리적 기능	근원	환경적 영향
산소	호흡 대사	녹색 식물 광합성	토양 통기성과 관련한 식물 분포의 중요한 결정 인자. 토양의 통기성이 불량하거나 영구히 침수된 혐기 환경은 특별한 적응 과정이 없으면 식물뿌리의 성장을 억제하고 독성 물질 H_2S가 발생하는 환경이 됨.
이산화탄소	광합성 탄소 기원	분해, 호흡, 해양 방출 10^{12} t yr^{-1}	대기 농도에는 약간의 자연적 변이가 있으나 식물의 성장과 분포에는 거의 영향이 없음. 토양의 산도에 중요한 생태학적 영향을 미치며 CO_2의 전체 농도(320ppm)는 광합성의 상한계를 이룸. 식물은 농도가 증가함에 따라 광합성이 정상의 3배까지 증가함.
질소	단백질의 기본 원소. 고정된 형태(NH_4, NO_2, NO_3)로 흡수 가능	많은 미생물과 번개로 대기에서 기원	중간 정도의 산도를 가진 통기성이 가장 양호한 토양에서 자유롭게 이용 가능하도록 고정된 질소. 냉량 습윤한 토양, 다공질 토양, 식생 피복이 없는 열대 토양에서 결핍. 유기 물질의 파괴가 느리거나 죽은 물질이 고도로 목질화된, 이탄화가 금지되어 산성의 '모르' 토탄이 집적됨.
황	단백질과 비타민 합성에 필수	통기가 양호한 토양 내 황산염, 황철광과 건조한 땅의 석고, 공기 없는 토양 내 H_2S와 환원된 땅	미생물에 의해서 질소로 빠르게 순환함. '하방 유실'은 풍화와 풍성 먼지, 염 비산, 화산 기체 등으로 대체됨. 건조 지역에서는 내성을 위해 선택한 SO_4^{2-}가 고농도로 존재함. 생물권으로 부가되는 오염 물질 – 연간 약 1.46억 톤의 SO^{2-}이 증가함.
인	많은 유기 분자에 통합, 대사 에너지 사용에 필수	Fe, Al, Ca 인산염, 용해된 자유 음이온(산성 환경에서 H_2PO_4, 알카리 환경에서 HPO_4)	종들 간 요구량에 큰 차이가 있으며, 대부분의 생태계에 지속적으로 축적됨. 하방 유실이 황과 비슷하게 대체되는 세계적 규모의 순환. 해양 저장소는 심해 부존을 플랑크톤, 어류, 물고기 먹는 조류의 구아노를 경유하여 한류를 따라 순환시킴.
칼슘	대사에 필수적이나 살아 있는 물질의 섬유 분자로 통합되지 않음	건조한 땅의 장석, 휘석, 각섬석, 석회석, 황산염, 인산염	모든 서식지 – 호소, 습지, 초지, 삼림, 암반– 에 강한 선택적 영향. 토양의 주요 물리화학적 특징에 대한 중요한 결정 인자. K, Mg, Na의 적대적 내지 독성 효과. 기후 특히 강우량과 밀접히 관련된 이온을 콜로이드로 보존함.
칼륨	많은 대사 반응, 특히 단백질 합성과 인산기 전이에 필수	장석, 운모, 점토 광물	결핍되면 탄소 동화에 영향을 미쳐 생산과 생체량을 감소시킴. 어떤 작물들 –무, 면화, 포도, 콩– 은 매우 민감함.
마그네슘	엽록소의 활성 성분	흑운모, 감람석, 각섬석, 휘석, 백운석, 몬모릴로나이트 유의 점토	과잉되면 캘리포니아와 스페인, 뉴저지, 우랄 남부, 일본, 뉴질랜드에서처럼 사문석 황무지를 만듦. 이곳의 자연적인 극상은 메마르고 관목이 우거진 식생으로 대체됨. 캘리포니아에서는 특화된 *Quercus durata*가 나타나는 것이 보통임.
철	철의 산화와 호흡에서 환원 반응	규산염철, 황산염철, 유기 분자와 결합하여 킬레이트화된 자유 이온	철이 불용성의 수산화물로 침전됨으로써 석회질이나 알칼리 토양에서 결핍. 구리나 망간이 과잉인 곳에서도 결핍. 포도와 과수는 철 결핍의 영향을 쉽게 받음.
망간	어떤 효소의 반응을 위해 소량 필요	망간철 이온, 다른 금속성 양이온에 의존한 흡수.	특히 중위도에서 결핍. 열대성 토양 특히 페럴라이트(feralite)에서는 독성을 지닌 망간 과잉이 나타남.
아연	효소 대사	아연을 함유한 암맥 광물	산성 토양의 토양 단면에서 용탈됨. 알칼리 토양에서는 불용성임. 독일 하르츠 산맥(Harz Mountains)의 *Viola calaminaria*와 같은 종은 아연이 풍부한 토양의 고유종임.

표 19.3 계속

영양소	생리적 기능	근원	환경적 영향
구리	효흡 대사에 필수	구리를 함유한 암맥 광물	알칼리 토양에서 잦은 결핍. 과잉되면 카탕카(Katanga)에서처럼 선택적인 영향을 미침. '구리꽃' *Haumaniastrum robertii*는 잎에서 정상적인 구리 함량의 50배가 검출되었음. *Becium homblei*는 토양에 적어도 구리 50ppm이 없으면 발아할 수 없음. 후자는 광물의 맥을 찾는 믿을 만한 탐사 지수임.
붕소	성장 동안 성공적인 세포 분열을 위해 필요	용해성 붕산염이 유일한 동화 가능한 형태임	산성 토양에서 용탈됨. 일부 작물—무, 감자, 꽃양배추—은 결핍에 상당히 민감함.
몰리브덴	질소 고정과 동화 필수	암맥 광물	산성 토양에서 결핍이 잦고, 고대 지표의 어떤 열대 토양에서도 결핍.

있던 영양 원소들의 일부를 다음 세대로 전달하기 때문에 완전한 유실을 나타내지 않는다.

상당한 양이 풍화에서 방출되었거나 강우로 공급되어 환경에 나타나는 기타 원소들은 상당히 **열린 순환**(loose circulation)에 있다고 말할 수 있다. 그러한 경우 생태계에 저장된 원소들의 대부분은 식물의 생체량이 아니라 대체로 토양에 있으며, 사용 가능성이 그토록 엄격하게 전도율이나 분해의 영향을 받지는 않는다. 생태계는 주의를 기울이지 않고 그들을 사용할 수 있는 여유가 있으며, 삭박 시스템을 통한 하천으로의 유실을 활발하게 보존하려 하지 않는다. 제26장에서 허버드(Hubbard Brook) 유역(그림 26.7과 표 26.1 참조)에 대하여 인용한 숫자와 같은 하천의 용질을 분석해 보면, 강수의 유입과 하천 유량의 유출을 비교했을 때 그러한 원소들(Na, K, Ca)의 순유실이 나타난다. 생태계가 활발히 성장하여 생체량을 집적하거나 정상 상태의 생체량을 유지한다면, 그 차이는 풍화에 의해서 보충되어야 한다.

이러한 닫힌 영양소 순환과 열린 영양소 순환의 개념은 중요하다. 동일한 생태계에서도 서로 다른 원소들은 서로 다른 순환 유형을 가질 수 있으며, 대조적인 환경에 있는 생태계는 대체로 뚜렷한 형태의 영양소 순환을 지니는 성격이 있기 때문이다. 예를 들어, 열대 삼림 생태계는 온대 삼림과 비교했을 때 모든 영양소에 대하여 닫힌 순환을 가지고 있다(그림 19.17과 표 19.4).

공급이 부족한 것은 다량 영양소뿐만이 아니다. 희귀 원소들도 부족하여 성장과 생산을 제한한다. 그러나 이들 희귀 원소들이 보여 주는 정상적인 농도에서 벗어날 때 미치는 가장 놀라운 영향은 이들이 비정상적으로 높은 농도를 보일 때이다. 이들 희귀 원소의 대부분은 높은 원자가를 가진 금속이며, 기록된 많은 예에서 보듯이 **중금속 독성**(heavy metal toxicity)을 나타낸다. 잠비아의 구리가 많은 토양에서 비생산적인 식생이 드문드문 자라는 것이나, 니켈-크롬 독성 또는 사문암 토양(제5장)의 칼슘-마그네슘 불균형에서 나타나는 독특하고 대부분 비생산적인 식물상과 같이, 일부는 전적으로 자연적인 것이다. 다른 장소는 유독성 광산이나 냄새나는 폐기물에 의한 환경 오염의 결과이다. 그러나 모든 경우에서 일부 종들과 생태형은 세포벽에서 (킬레이트 기구에 의해) 화합물을 만들어 금속 이온을 고정시키거나, 효소의 활동을 막을지도 모르는 신진대사가 활발한 장소로부터 보호하도록, 특유의 금속 독성에 대한 내성 메커니즘을 발달시킨다. 그렇게 적응된 종은 미래를 전망하는 지시종으로 이용되어 왔으며, 더욱 최근에는 납과 같은 금속에 의하여 수자원

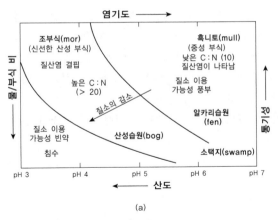

그림 19.16 (a) 토양수 및 통기성과 관련한 탄소/질소 비. (b) 식충식물인 끈끈이 주걱.

이 오염되는 이 시기에 잠재적으로 건강에 해가되는 것을 알기 위한 지시종으로 새로운 주의를 끌고 있다.

그러나 토양/영양소 불균형을 나타내는 보다 보편적인 또 다른 예가 있다. 가장 친숙한 것은 토양 반응에서 또는 토양의 화학적 환경에서 나타나는 광범위한 산–알칼리의 연속적인 변이이다. 영양소 불균형의 양극단에는 특정한 식물군이 내성을 발전시킨 소위 **혐석회식물**(calcifuge)과 **석회선호식물**(calcicole) 종이 각각 나타난다(그림 19.18). 이러한 토픽은 상당한 연구 업적이 있는 주제이며, 포함된 메커니즘 한편에는 단순히 높은 산도에 대한 내성, 그리고 다른 편에는 높은 탄산칼슘에 대한 내성을 간단하게 나타내지 않는다. 산성 토양은 일반적으로 용탈이 잘 일어나 영양소가 결핍되지만, 더욱 중요한 것은 알루미늄이 낮은 pH에서 더욱

유동적이므로 산성 환경에의 적응은 빈 영양 상태뿐만 아니라 알루미늄 독성에 대한 내성도 포함한다는 사실이다. 한편 pH가 높고 배수가 양호한 산화 환경을 띠는 염기성 토양은 칼슘은 과잉이고 철은 이용할 수 없는 3가철 상태로 나타나기 때문에 철분이 결핍된다.

그러므로 광물질 영양소 수준의 변이는 식물의 성장과 1차 생산에 한계를 설정할 뿐만 아니라, 적응되었거나 내성을 가진 종들의 생태적 반응을 통하여 군락의 분포와 구성과 생산성을 통제한다. 수분의 효용성과 마찬가지로, 그러한 반응은 관련된 종의 **표현형의 유연성**(phenotypic plasticity)이나 종들이 유전적 변화 없이 영양소의 변이를 수용할 수 있는 범위에 따라 다를 것이다. 그것은 종의 유전적 융통성이나, 특정한 영양소 체제에 대한 내성을 위해 새로운 종이나 생태형이

표 19.4 세 가지 삼림 유형에 저장된 주요 영양 원소들의 분포. (a) 무게. (b) 총생체량에 대한 비율.

영양소(kg ha⁻¹)	소나무 숲		너도밤나무 숲		열대 우림	
	a	b	a	b	a	b
숲 생체량	1,112	1.0	4,196	1.0	11,081	1.0
연간 낙엽량	40	0.036	352	0.084	1,540	0.138
토양, 부분적으로 분해된 낙엽	649	0.58	1,000	0.28	178	0.0016

만들어지고 선택되는 속도에 따라서도 달라질 것이다.

(3) 1차 생산과 식물의 경쟁

지금까지 이 장에서는 생태계의 1차 생산 시스템의 구조적 조직과 기능적 활동을 살펴보았다. 이러한 특징들이 시스템 자체를 특징짓는 내인적 변수들(식물 자체에 내재된 유전적, 표현형적 성질들)과 1차 생산 시스템이 작동하는 환경을 규정하는 외인적 또는 환경적 변수들 사이의 상호 작용을 반영하는 방법을 고찰하였다. 이러한 상호 작용이 생태계의 1차 생산성을 어떻게 조절하고 통제하는지 살펴보았다. 결과적으로 특정한 환경에서 작동하는 생태계는 그러한 제약하에서 생산

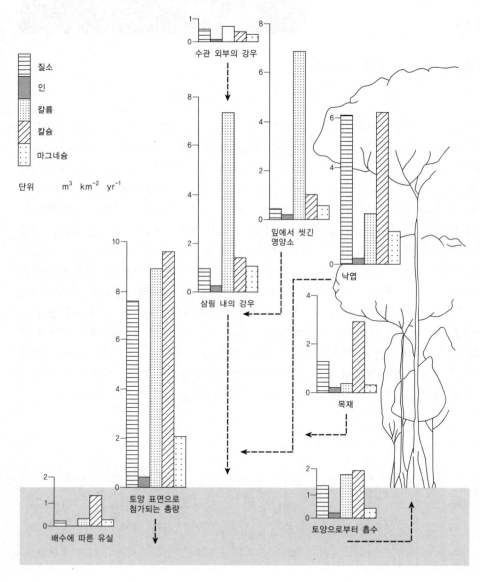

그림 19.17 열대 우림의 영양소 순환

을 유지하는 최적 상태에 도달할 것이다. 일생 동안 빛과 공간, 수분, 영양소 등을 이용하는 종들 간의 경쟁을 통하여 최적 상태에 도달할 것이다. 그러한 경쟁은 생태계 내에서 1차 생산자 적소에 대한 것이어서, 공간뿐만 아니라 시간적으로도 적소의 분화와 분리가 일어날 것이고 그래서 다양하고도 통합된, 효율적이고 안정된 군락이 나타난다.

4. 생태계 1차 생산의 지리적 변이와 비교

제7장에서는 대부분의 값들이 단지 추정치일 뿐이고 일부는 추측이라는 경고와 함께, 육지와 해양의 순 1차 생산량(NPP)에 대한 값이 제시되어 있다. 오늘날에는 **위성 원격 탐사**(satellite remote sensing) 기법에 근거하여 지역적, 범지구적 NPP를 좀 더 믿을 수 있게 평가할 수 있는 능력이 있다. 엽록소가 가시광선을 흡수하기 때문에, 식생은 LANDSAT 위성의 TM 밴드 3과 4의 비가 1보다 훨씬 크게 나타난다. 이 비는 현지 표본 조사(ground truth sampling)에 의하면 엽면 지수(LAI)와 상관관계가 있는 것으로 밝혀졌으며, LAI와 NPP 사이에는 분명한 비례 관계가 있어서 지역 규모(그림 19.19)나 범지구적 규모의 외삽을 위해서는 이 방법이 깨끗하다. 덧붙여서 NOAA-7 위성에 실린 고해상 복사계(AVHRR)의 자료를 보면, '녹색도(greenness)' 지수는 근적외 반사율과 가시광선 파장대의 반사율 간의 관계에 근거한 양들의 비로 계산할 수 있음을 알 수 있다. 이 지수를 표준화차식생지수(NDVI)라고 한다.

$$NDVI = \frac{(근적외선 - 가시광선)}{(근적외선 + 가시광선)}$$

적절하게 측정하고, NDVI와 LAI와 NPP의 관계를 이용하면, 지역적 규모와 범지구적 규모의 평가가 가능하다. 그래서 지표 상에 나타나는 다양한 생태계의 1차 생산 패턴으로부터 어느 정도까지 일반화가 가능한지 고찰할 것이다.

[표 19.5]에 나타난 값에서, 건조 물질의 연간 생산량은 네 개의 주요 집단으로 세분할 수 있다. 생산량이 가장 높은 부분(연간 2.0kg m⁻²)에는 일부 열대 삼림과 일부 진화 또는 천이 군락(제25장), 약간의 소택지와 습지 군락(*Spartina*와 *Phragmites*의 연간 생산량은 연간 150~180KJ m⁻²에 이른다), 가장 많은 연간 생산량을 기록한(자바) 사탕수수나 (아열대 이스라엘에서) 일간 성장 기록을 보유한 옥수수와 같은 작물을 연중 재배하는 집약적인 열대 농업 등이 있다. 그러나 자연 생태계에서 가장 높은 일시적 생산성은 산호초 위의 얕은 바다와 기수역, 그리고 일부 얕은 담수 용천에서 나타난다. 연간 건조 물질 생산량이 1~2kg m⁻²에 달하는 생태계는 나머지 열대 삼림과 대부분의 온대 삼림, 일부 초지, 습지 서식지와 온대의 고도로 생산적인 에너지 투입형(연료, 비료 등) 농업 등이다. 이 아래에는 연간 0.25~1.0kg m⁻²의 생산량을 나타내는 중간 범위가 있는데, 여기에는 다양한 군락과 초지, 관목, 약간의 소림, 대륙붕, 그리고 재미있게도 대부분의 곡물 농업이 포함된다. 마지막으로 연간 순생산량이 0.25kg m⁻²에 미치지 못하는 서식지와 식물 군락이 있다. 이들은 극도로 건조하거나 온도가 높거나 낮은 극한의 서식지로서 육상의 사막과 반사막, 툰드라 그리고 원양의 대부분을 포함한다.

이들 집단은 우리가 이미 광합성과 생산성을 조절한다고 논의했던 제한 요소와 통제 요소의 통합적인 영향을 분명하게 반영한다. 아마도 빛 에너지는 여기에서 주요 변수가 아닐 것이다. 광합성 단위 표면적당 순광합성률이나 탄소 고정이 생산량을 설명할 만큼 충분히 다양하지 않기 때문이다. 그러나 총광합성 표면적은 다양하며, 엽면 지수에 반영된다. 이것과 생산성의 변이는 온도, 습도, 영양소 효용성의 경도를 반영한다. 위에서 생산량이 많은 카테고리는 온도와 물과 영양소가 무제한인 조건과 연관되어 있으며, 이 때문에 엽면적이 넓어졌다. 사탕수수, 옥수수, 갈대 습지의 경우에

그림 19.18 토양의 염기 상태와 석회선호식물 종의 분포. (a) 풍성 패사가 토양 칼슘에 미치는 영향의 점진적인 증가를 보여 주는 장소에서 토양 pH의 증가에 따른 석회선호식물의 증가. (b) 돌출부에 쌓인 풍성 패사에 드리아스 식물군이 정착하여 두드러진 유상 구조토를 형성. (c) 석회선호식물인 산악 뱀무 *드리아스* 식물군. (d) 패사가 풍부한 해안 장소와의 상관이 있는, 억세고 드물게 나타나는 석회선호식물 스코틀랜드 프라뮬러(e)의 분포. [스코틀랜드 서덜랜드(Sutherland)의 Bettyhill].

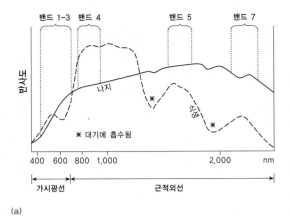

(a)

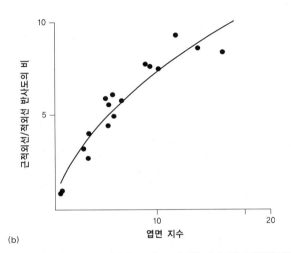

(b)

그림 19.19 (a) LANDSAT 위성의 TM 밴드로 측정한 나지 토양과 엽관의 반사도 비율. (b) 북아메리카 서부의 삼림에서 LANDSAT TM 밴드 3과 4의 반사율과 엽면 지수(LAI ㎡/㎡)의 관계(Peterson *et al.*, 1987).

는 잎이 부착된 각도가 가팔라서 빛 투과의 효율성이 증대된다. 침엽수림과 상록수림에서는 엽면 지수가 높고, 특히 잎이 있는 기간이 길어서 좋지 못한 기후나 환경 조건을 보상해 준다. 초지 생태계에서는 잎의 가파른 부착 각도가 매우 높은 생산량을 부분적으로 설명할 수 있을 것이다.

이들은 구조적 고찰이며, 그 영향은 생산량과 생체량의 비(P_n:B)를 살펴볼 때 강조된다. 곧 가장 높은 값을 가지는 수생 생태계, 다음은 농업, 초지, 습지, 사막, 툰드라 군락, 사바나, 마지막은 삼림(가장 낮은 비율) 순으로 그림이 변한다. 앞에서 보았듯이 이러한 비는 생태계가 광합성을 하지 않고 호흡을 하는 조직을 과잉으로 부양하는 정도를 반영하며, 이것이 삼림의 낮은 비를 설명할 수 있다. 경엽 식물(두꺼운)이나 다육 식물의 습관을 가진 건조 지역의 군락은 이렇게 불리한 조건을 참고 있으며, 이 때문에 선천적으로 비효율적이다.

마지막 분석에서 생산량 수치의 해석은 채택된 관점에 따라 다르다. 예를 들어, 지표의 단위 면적당 생산량(P_n m^{-2})에 관심이 있다면, 열대림과 갈대 습지, 소택지가 목록의 선두를 차지할 것이다. 그러나 우리가 흥미를 가지는 것이 단위 생체량당 생산량이라면, 선두에 오는 것은 해양이나 생산력이 큰 그 주변일 것이다. 대신에 우리는 지표의 전체 면적에 대한 전체 생태계 지역의 생산량에 관심이 있을 지도 모른다. 여기에서 다시 열대 우림이 점수를 얻는다. 해양은 지표의 2/3를 차지하고 있지만 깊은 해양의 넓은 면적은 영양소가 제한되어 있어 낮은 값을 가지므로 범지구적 1차 생산량에서 1/3 정도를 차지한다. 사실 육상의 삼림은 세계 총 1차 생산량의 45% 수준을 차지하는데, 과거 삼림 남벌의 범위와 현재 가속화되는 속도를 고려해 볼 때 중요한 사실이다(제26장).

우리는 계속해서 제20장에 있는 생산량 자료가 가지는 의미를 탐구하려고 한다. 그러나 먼저 초식과 육식의 사슬에 있는 동물의 2차 생산량을 고찰하여야 한다. 잠시 동안 인간의 입장에서 본다면, 다른 조건들이 동일할 때 습도와 영양소가 자연적인 1차 생산에 주요 제한이 될 것이며, 제한이 없는 상태에서는 초본 군락이 삼림보다 더욱 생산적이고, 대량의 기술적 투자와 에너지를 보조하면 농업이 자연 군락보다 약간 더 생산적일 것이며, 대부분의 농업은 실제로 생산성이 낮다는 사실을 관찰한 것만으로도 충분하다. 그러나 이러한 맥락에서, 곡물은 더욱 유용하고 더욱 쉽게 수확되며, 수세기 동안 유전자형의 문화적 선택과 품종 개량

	평균P_n(kg m^{-2} yr^{-1})	평균P_n(10J m^{-2} yr^{-1})	면적(10^6 km^{-2})	세계P_n(10^{19}J yr^{-1})	평균B(건조중량 kg m^{-2})	P:B 비
열대 우림	2.2	3,780	17	75.6	45	84
온대 낙엽수림	1.2	2,475	7	44.6	30	92
냉대 침엽수림	0.8	1,512	12	18.1	20	76
소림과 관목	0.7	1,134	8.5	7.9	6	189
열대 사바나	0.9	1,323	15	19.8	4	331
온대 초지	0.6	945	9	8.5	1.6	630
고위도, 산악 툰드라	0.14	265	8	2.1	0.6	442
사막, 반사막 관목	0.09	132	18	2.4	0.7	189
바위·모래·얼음 사막	0.003	6	24	0.14	0.002	300
농업	0.65	1,229	14	17.2	1.0	1,229
습지와 소택지	2.0	3,780	2	7.6	15	315
총합, 평균(육상)	0.77	1380	149	205.6	12.3	110
원양	0.125	242	332	80.3	0.003	80,667
대륙붕	0.36	662	27	17.9	0.01	6,620
하구역, 연안	2.5	3,780	2	7.6	1.0	3,780
총합, 평균(해양)	0.15	293	361	105.8	0.009	32,556

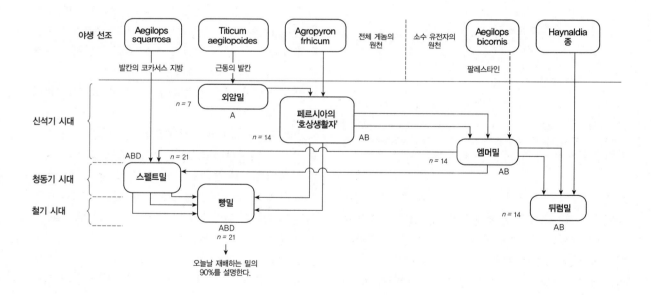

그림 19.20 경작된 밀의 기원. A, B, D는 각각 고대의 게놈인 *Triticum aegilopoides*, *Agropyron triticum*, *Aegilops squarrosa*를 나타낸다.

프로그램을 반영한다는 사실을 말해야만 한다(그림 19.20).

더 읽을거리

1차 생산의 생태학은 제18장의 말미에 인용한 일반 교재에서 잘 다루고 있다. 그러나 일부 전문적인 주제는 다음 문헌을 참고하여 자세히 살펴볼 수 있다.

광합성과 생산성:

Bjorkman, O. and J. Berry (1973) High energy photosynthesis. *Scientific American*, **229**. 80~93.

Berger, W.H., V.H. Smetack and G. Wefer (eds) (1989) *Productivity of the Oceans: present and Past*. Wiley, New York.

Cooper, J.P. (ed) (1975) *Photosynthesis and Productivity in Different Environments*. Cambridge University Press, Cambridge.

Fitter, A.H. and R.K.M. Hay (1987) *Environmental Physiology of Plants*, (2nd edn). Academic Press, London.

Grace, J. (1983) *Plant-Atmosphere Relationships*, (Outline Studies in Ecology Series). Chapman & Hall, London.

Hall, D.O. and K.K. Rao (1972) *Photosynthesis*. Edward Arnold, London.

Hobbs, R.J. and H.A. Mooney (1990) *Remote Sensing of Biosphere Functioning*. Academic Press, San Diego.

Meidner, H. and D.W. Sheriff (1976) *Water and Plants*. Blackie, London.

Walker, D. (1979) *Energy, Plants and Man*. Packard, Funtington.

Webb, W.L., W.K. Lauenroth, S.R. Szarek and R.S. Kinerson (1983) Primary production and abiotic controls in forests, grasslands, and desert ecosystems in the United States. *Ecology*, **64**, 134~151.

Woodwell, G.M. (ed) (1984) *The Role of Terrestrial Vegetation in the Global Carbon Cycle: Measurement by Remote Sensing*. John Wiley, New York.

제20장

초식—육식 시스템

1. 종속 영양

생태계의 순 1차 생산량에서 일부는 그 생태계의 종속 영양 생물이나 소비 생물 —동물 군락 —에게로 들어가는 에너지와 물질의 유입을 나타낸다. 제7장에서 종속 영양 세포 모델과 종속 영양 수준을 논의할 때 보았듯이, 동물들은 탄수화물을 위하여 원래 식물들이 만들어 놓은 것에 직접적(초식 동물)이나 간접적(육식 동물)으로 의존한다. 그러나 식물이 만든 탄수화물의 대부분은 동물들에게 이용될 수 없다. 동물들이 그것을 먹더라도 그것을 사용할 수 없다는 의미이다. 소화관 내에 공생하며 살아가는 **셀룰라아제**(cellulase)를 분비하는 박테리아를 가지고 있는 동물(소)을 제외하면, 식물 세포벽의 셀룰로오스는 대부분의 동물들이 소화할 수 없다. 일부 동물들이 리그닌을 분해시킬 수 있는 장균류와 공생하고 있을지라도, 두꺼운 목질 식물 조직인 리그닌은 실질적으로 완전히 소화할 수 없다. 동물들은 다만 두 가지 경우에 분해된 간단한 산물만을 소화한다. 물론 식물이 생산한 대부분을 초식 동물들이 이용할 수 없다는 것은 또 다른 에너지 흐름 통로의 중요성—분해 시스템—을 강조하는데, 이는 제21장에서 고찰할 것이다.

모든 동물들은 소화된 탄수화물을 이용하여 구조적 조직을 위한, 에너지를 생산하는 반응이나 지방처럼 저장을 위한 기타 관련 화합물을 만들 수 있다. 동물들은 탄수화물에 암모니아를 반응시켜 산소를 제거하고

아미노산(단백질의 기본 성분)을 형성할 수 있는 유기산으로 변환할 수 있다. 그러나 동물들이 이러한 방식으로 아미노산을 만드는 양은 식물과 비교할 때 무시할 만하다. 동물들은 아미노산을 만드는 데 필요한 매우 소량의 효소 시스템을 가지고 있기 때문이다. 그러나 처음에 약간의 아미노산이 있으면 동물들은 다른 것을 많이 만들어 낼 수 있다. 탄화수소 고리의 합성을 요구하는 아미노산과 같은 약간의 예외도 있는데, 동물들은 이것을 그들의 먹이, 즉 식물로부터 얻어야 한다. 동물들이 필요로 하는 약 16가지의 비타민과 마찬가지로, 일부 아미노산은 동물들 먹이에서 반드시 필요한 성분이다.

그러므로 동물들은 대체적으로 식물에 의존한다. 동물들은 기타 탄수화물과 단백질을 제외한 어떤 물질로부터도 (아주 제한된 양을 제외하면) 탄수화물이나 단백질을 만들 수 없다. 그리고 비타민과 같은 물질도 전혀 만들 수 없을 것이다. 그래서 생산자에서 소비자까지 먹이의 전달은 에너지원—호흡기질—의 전달일 뿐만 아니라 기본 화합물의 구성 원소이자 중요한 영양 원소의 전달이다. 예를 들어 동물은 농부들이 가축을 위해 준비한 음용수나 '가축용 암염'에서처럼 무기 환경으로부터 직접 광물질 영양소를 얻을 수 있지만 중요한 것은 식물성 먹이의 영양소 함량이다. Moss(1969)는 홍뇌조(Lagopus lagopus scoticus)와 뇌조(L. mutus)의 먹이에서 히드의 어린 가지가 가지는 영양 상태의 변이가 알과 병아리의 특성에 미치는 영향을 결론적으로

보고하였다. 알래스카 내 나그네쥐(Lemmus sp.) 개체군의 변동은 부분적으로는 식생에서, 결과적으로는 자손의 생존율에 영향을 미치는, 수유 동안 암컷 젖의 영양소 결핍이라는 측면에서 설명될 수 있다(Shultz, 1964). 스코틀랜드 고원지대 내 고라니(Cervus elaphus)의 생산량은 산성암보다 염기성암에서 방목할 때가 더 높다.

2. 생태계 모델링: 동물 생산량

이 절에서 생태계의 기능적 활동에 대한 논의의 틀은 영양 구조의 모델이었다. 제19장에서는 에너지 흐름과 영양소 처리의 관점에서 개별 식물과 1차 생산자 영양 수준의 조직을 고려하는 것이 비교적 쉬웠다. 우리는 제21장에서 분해 시스템의 영양 모델을 평가할 것이므로, 소비하는 시스템을 모델화하는 것이 훨씬 더 어렵다. 우선 소비자 혹은 초식-육식 시스템은 하나 이상의 영양 수준과 관련되어 있다. 각 유기체가 명료하게 초식 동물과 육식 동물로 구분될 수 있다면, 이것은 중요하지 않을 것이다. 이것이 가능하다고 하더라도 먹이를 규정하기가 어렵다. 예를 들어 배타적으로 유칼립투스(Eucalyptus)만을 먹는 코알라처럼, 단식성(**협식성**stenophagous)에 제한되어 있는 종은 매우 적기 때문이다. 하나의 먹이 공급원에만 제한되어 있는 그러한 종에 있어서는, 먹이의 분포가 개체군의 전파와 종 형성을 제한하는 지리적 장애를 나타낸다. 애벌레가 (야외 조사에서) 먹이 식물인 노간주나무에 제한되어 있는 노간주나무 나방은 관목의 분포가 좁아짐으로써 영국 내의 분포가 불연속(잉글랜드 남동부, 호수 지대, 페나인 산지 북부와 스코틀랜드)으로 나타난다(Huxley, 1942).

그러나 대부분의 동물들은 먹이가 풍부할 때라도 다양한 먹이를 섭취하며, 때에 따라 또는 장소마다 섭취하는 먹이가 상당히 다양하다. 그러한 행태를 **다식성**(eurphagous) 또는 **광식성**(polyphagous)이라고 한다. 사실 대부분의 종들은 규칙적으로, 때때로, 또는 제한된 먹이의 압박에 시달려 **잡식 동물**(omnivore 또는 diversivore)로서 행동한다. 말을 바꾸면, 유기체를 특정한 영양 단계나 먹이 그물 관계로 지정하는 것이 지극히 어려워서, 에너지와 영양소의 전달 통로가 다양하고 복잡해진다. 제18장(그림 18.1)에서 언급한 소림 생태계에서 생쥐나 들쥐와 같은 대부분의 작은 동물들은 주로 초식이더라도 특히 여름철에는 곤충도 먹는다. 지빠귀는 여름철에는 풍부한 벌레와 곤충을 먹지만, 겨울철에는 과일과 장과와 씨앗을 먹는다. 앞에서 말한 뇌조도 거의 배타적으로 히드의 어린싹을 먹이로 섭취하지만 여름철에는 상당한 양의 곤충도 먹는다. 이제 섭취하는 먹이는 이러한 예에서 보듯이 계절에 따라 다양할 뿐만 아니라, 유기체의 생애를 통해서도 변한다. 보통의 개구리도 연못을 떠나기 전에는 민달팽이, 벌레, 곤충 등을 먹이로 살아가는 육식 올챙이였으나, 잠시 동안은 초식 동물로서 기능을 한다. 불행히도 영양 단계의 혼란은 초식 동물과 육식 동물의 단계에 머무르지 않는다. 이들 예에서 주의 깊게 보았겠지만, (지렁이로 표현되는) 분해자 단계도 그런 경우가 있기 때문이다. 죽은 시체를 먹이로 섭취하는 독수리나 하이에나 같은 동물도 비슷한 혼란을 일으키는 또 다른 예이다. 이들은 육식 동물인가 부식동물인가? 대부분의 육식 동물들은 심지어 동물의 왕인 사자까지도 특히 먹이의 압박을 받으면 이러한 방식으로 행동하기 때문에, 분리된 단계—죽은 동물만을 먹는 동물(scavenger)—가 있어야 할 것이다.

그러나 이러한 관찰에도 불구하고 대부분의 동물들은 정상 상태에서 다소간 어떤 먹이의 기호를 보이며, 물론 이것이 그들의 생태적 적소, 특히 영양적 적소(그림 20.1)를 규정하는 중요한 요소이다. 그럼에도 불구하고 영양 단계의 개념을 이해하는 데 도움될 수 있도록 초식-육식 시스템을 통한 에너지의 흐름을 연구하기 위해서는 먹이 원천과 기호, 먹이 습성, 생활사 등

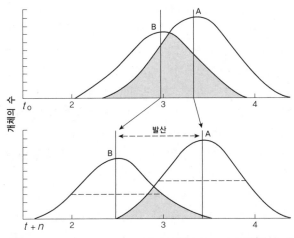

당(그리고 생산량의 경우엔 단위 시간당) 질량이나 에너지로 표현한다. 유감스럽게도 식물과 달리 동물들은 측정을 반드시 기다리지는 않을 것이다. 그들은 연구 지역을 드나들 것이다. 작게나마 그러한 이동은 1차 생산량의 측정에 영향을 미친다. 이것은 유수에서 유입과 유출이 중요한 수생 생태계에서 특히 그러하다. 그러나 예를 들면 낙엽이 바람에 날려 소림 밖으로 운반될 때와 같이, 이것은 육상 생태계에서도 일어날 수 있다. 동물의 생산량에 관한 연구에서는 이러한 요소들이 매우 중요하지만, 이주종의 경우에서처럼 그들의 영향을 측정하기란 어렵다. 예를 들어 북극 툰드라에서 비교적 좁은 면적(말하자면 1km²)을 가지는 식생의 1차 생산량과 순록 무리의 생산량 사이의 관계는 매우 오해하기 쉽다(그림 20.2). 사실 이러한 이주성 초식 동물들은 아마 수백 제곱킬로미터의 범위를 차지하며, 광대한 툰드라 식생의 생산량에 의존하고 있지만, 겨울철에는 삼림–툰드라 지대에서 풀을 뜯을 것이다.

이러한 어려움 때문에 실제의 초식–육식 먹이사슬의 영양 구조를 아주 자세하게 모델화하려고 하지 않고, 그러한 모델화보다 중요한 이론적 관계에 집중한

그림 20.1 먹이 규모와 적소 분화. 두 종이 평균 먹이 규모에서 중첩될 때, 개체들은 경쟁을 하여 중첩이 없는 곳에서 어떤 규모의 먹이를 취하게 된다. 그래서 두 종의 먹이의 평균 규모는 일정한 시간이 지나면 화살표가 가리키는 것처럼 퍼진다(Whittaker, 1975).

에 주의를 기울일 필요가 있을 것이다. 그러나 소비자의 생산을 모델화하기에는 하나의 큰 어려움이 있는데, 그것은 많은 동물들의 유동성이다. 1차 생산에서처럼, 동물 군락의 생체량과 생산량은 지표의 단위 면적

그림 20.2 광활한 경관에서 비교적 눈에 잘 띄는 초식 동물 순록

다. 비슷한 이유로, 식물의 경우와 마찬가지로 개별 동물을 통한 에너지와 영양소의 전달 통로를 모델로 나타내기는 쉽지 않다. 동물계 내에서 매우 다양한 형태의 생리학적 메커니즘이 발달하였기 때문에 동물의 영양학적 적소와 먹이 유형, 그리고 이용 가능성이 매우 다양해졌으며, 이 메커니즘은 효소의 유형을 포함하여 양육 메커니즘과 소화 시스템의 구조 및 모양, 소화 프로세스의 성격 등에 영향을 미친다. 그러나 아주 일반적인 측면에서, 적어도 물질의 이동과 관련해서는 동물의 소화 시스템과 호흡 시스템, 식물의 목질부와 기공의 통로, 동물의 혈관 시스템과 식물의 체관 통로 간 기능적 평행선을 그을 수 있을지도 모른다.

(1) 2차 생산: 개별

1970년대 과학 학회가 국제생물계획(International Biological Programme)의 결과를 이해하기 시작하면서 전술한 어려움이 드러나게 되었다. 1차 생산성에 관한 연구가 전 1차 생산자 군락 수준에서 합리적으로 성공하였을지라도, 2차 생산에 관한 연구는 그 기대에 훨씬 미치지 못하였다. 사실 전 소비자 영양 수준의 생산성을 성공적으로 진술하는 것은 고사하고, 동물의 생산에 관한 대부분의 연구는 종 수준을 넘어서 진행된 바는 없다(Heal and Maclean, 1975; Rigler, 1975). 1980년대에는 생태계 동력학에 관한 Lindeman 모델의 유용성을 재평가하고, 동물의 섭식 관계를 이해하기 위해서 개체 수와 몸집의 크기를 강조한 Charles Elton의 주장으로 되돌아가려는 몇 번의 시도가 있었다(Platt and Denman, 1977; Cousins, 1980, 1985).

그래서 처음부터 우리는 개별 동물과 관련하여 1차 생산에서 2차 혹은 동물 생산으로의 변환을 고찰할 것이다. 생태계의 전 동물 군락의 생산을 논의한다면 부가적인 문제가 포함되기 때문이다. 우리는 실제로 생산을 다루고 있지 않으므로, 소비자보다는 차라리 변환이라는 용어를 사용하였다. 이러한 구분은 경제학에 비추어 보면 명확해질 것이다. 경제적인 의미에서 석탄 1톤을 얻는 것은 1차 생산이며, 그러므로 광합성에 상당한다(사실 광합성은 곡물의 경우에 경제적 1차 생산이다). 석탄의 채굴은 경제학에 따르면 소비이다. 일부 석탄은 개발되지 않은 탄갱 혹은 맥석더미에 남아 있거나 석탄 가루로 유실되기 때문에, 이러한 소비는 쓰레기를 포함한다. 철광석을 녹이거나 전기를 생산하기 위해서, 그리고 자동차를 만들기 위해서 석탄을 사용하는 것은 엄격히 말하면 변환이다. 석탄의 일부는 한 재료를 다른 재료로 유용하게 변환하였고, 또 일부는 (가정 난방용으로 사용된 것을 제외한) 냉각수로 유실된 열이나 화력 발전소의 재, 그리고 용광로의 찌꺼기 등 폐기물이 되었다.

섭식 동안 동물들은 이전 영양 단계의 생체량에서 일정량(D)을 파괴하지만, 이 양(C)을 반드시 소비할 필요는 없다. 초식 동물은 그들이 실제로 먹는 것보다 많은 식생에 피해를 주고 파괴한다. 때때로 이것은 다람쥐가 싹이나 종자를 먹을 때 껍질과 부스러기(W)를 흩어놓는 것처럼 섭식과 직접 관련될 수도 있고, 다른 경우에는 대형 초식 동물이 짓밟을 때처럼 간접적일 수도 있다. 대부분의 육식 동물들은 사냥감을 완전히 소비하지는 않는다. 시체의 일부는 썩은 고기를 먹는 동물들에게 남겨 주며, 이들도 가죽과 털, 차아, 뼈(W)의 일부는 남긴다. 이러한 활동은 다음과 같이 요약할 수 있다.

$$D = C + W \text{ 그래서 } C = D - W$$

동물이 먹거나 소비한 먹이 내에 있는 모든 에너지가 흡수되거나 동화되는 것은 아니다. 먹이의 일부는 어떤 화학 변화도 없이 소화 기관을 통과할 것이고, 반면 다른 먹이는 장에서 화학적 붕괴를 겪었음에도 불구하고 동물의 세포로 흡수되지 않는다. 두 경우에서 이러한 물질과 그들이 나타내는 화학 에너지는 배설물(F)로 버려진다. 배설물의 분석이야말로 소비자의 먹이에 관한 유일한 증거일 수 있는데, 이것은 모피나 뼈,

깃털, 그리고 그 속에 포함된 곤충의 키틴질 외골격 파편을 가지고 광식성 육식 동물의 먹이를 재구성하는 데 특히 유용하다.

흡수된 먹이는 성장과 세포 구성 요소의 보수와 유지 및 전환, 그리고 호흡에서 연료 분자와 세포 성분을 붕괴하여 이동을 포함한 생명 기능에 필요한 에너지를 얻기 위해 사용된다(제7장). 동물의 즉각적인 대사 필요량을 초과하여 먹이로 흡수된 화합물은 탄수화물의 경우에 글리코겐으로 신체에 저장된다. 그러나 단백질을 구성하는 아미노산으로 분리된 과잉 단백질은 이런 방식으로 저장되지 않는다. 이미노산은 아미노기가 제거되어 체지방으로 저장되는 지방산을 형성하거나, 비교적 간단한 질소 함유 화합물을 형성하여 오줌(U)으로 배설된다. 그러므로 오줌 속의 화합물은 소비자에게 에너지원으로 이용될 수 없고, 배설물로 유실되는 에너지에 보태진다. 동물이 흡수한 나머지 먹이는 동화된 에너지(A)이다.

$$A = C - F - U \text{ 그리고 } C = A + F + U$$

그러나 방금 보았듯이, 동화된 먹이의 일부는 산화되어서 호흡(R)하는 동안 유실된다(이화 작용의 열 손실). 반면 나머지는 동물의 생체에 부가되는 생산량(P)이다. 그래서

$$A = P + R$$

여기에서 A(동화)는 식물의 총 1차 생산량과 같고, P(생산량)는 순 1차 생산량과 같다. 그러므로

$$C = P + R + U + F$$
소비량=생산량+호흡량+배설+배출

그리고

$$P = C - R - U - F$$

그러나 동물의 경우 R과 P는 간단한 매개 변수가 아니다. 온혈 동물의 경우 R은 체온 유지(**체온 조절** thermoregulation)에 사용되는 열을 포함하는 복잡한 매개 변수이다(자료 20.1, 그림 20.3). 이들 동물의 경우 R

자료 20.1
온혈 동물과 냉혈 동물

호흡에 따른 열 손실의 성격은 피가 따뜻한 동물과 피가 찬 동물에게서 다르다. 대체로 주변 환경의 온도보다 높은 체온을 유지하는 피가 따뜻한 동물(**온혈 동물**endotherm 또는 **항온 동물** homeotherm)은 부분적으로 그들의 신체와 환경 간의 온도 차이에 따르고, 부분적으로는 고립과 **온도 조절**(thermoregulation) 메커니즘에 따른 대량의 열을 생산할 필요가 있다. 생명 유지에 필요한 신진대사 활동을 수행하는 동안 발생한 열은 동물이 휴식하고 있는 동안에도 일부분 체온 유지에 사용된다. 휴식하는 동물의 **열 생산량**을 **기본적 신진대사율**(BMR, basal metabolic rate)이라고 한다. 그러나 열은 먹이의 **특유한 역학 활동**(SDA, specific dynamic action)이라고 알려진 것에 의해서도 생산될 수 있는데, 그것은 소화된 먹이의 흡수에 따른 신진대사 프로세스 때문이다.

SDA는 온혈 동물에게만 제한되지 않는다. 그것은 피가 차가운 동물(**냉혈 동물**ectotherm, **변온 동물**poikilotherm)에게도 일어나지만, 성장이나 운동에 사용할 수 없는 쓸모없는 에너지를 나타내므로 일반적으로 무시되거나 호흡에 포함된다. 그러나 온혈 동물의 경우 동화된 먹이의 SDA에 의해서 생산되는 열은 유용한 열이며, 체온을 유지하는 데 사용될 수 있으므로 기본적 신진대사(BMR)나 몸서리와 같은 규칙적인 운동에 따른 열의 수요를 감소시킨다. 궁극적으로 동물은 두 곳으로부터 나오는 열을 모두 잃게 되는데, 고립이나 체온 조절을 위한 다른 적응으로 잃는 속도를 조절할 것이다. 그래서 온혈 동물의 경우에는 호흡에 다른 열 손실(R)이 R_1(동화된 먹이의 SDA)+R_2(운동을 포함한 생명 유지 활동 동안의 에너지 손실) 등 두 부분으로 나누어질 수도 있다.

은 신체의 표면적/부피의 비와 나이에 비례하여 변하며, 성년보다 어릴 때 더 높은 경향이 있다. R은 활동과 행태의 영향을 받는다. 예를 들어 동물들이 모이면, 나그네쥐와 같은 툰드라 토착종의 경우처럼, (낮아진 대사율에 의한) 에너지 소비의 경제가 증가하는 동안 정상적인 생명 활동을 유지하는 능력이 감소하듯이 에너지 소비도 감소한다. 그러나 대부분의 툰드라 토착종들은 친척 종들에 비해 확대된 심장을 가지고 있으며, 필요할 때 근육 운동(근육 활동, 운동)을 증가시키고 그와 관련한 산소 요구량의 증가에 대처할 수 있는 능력을 부여받았다.

생산이란 복합적인 용어이다. 동화된 에너지의 일부는 성 기능의 발달과 그 산물(알이나 정충)로 전환되어, 개체로 유실되지만 다음 세대로 들어가는 최초의 에너지 유입을 나타내는 반면, 일부는 개체의 성장에 기여할 것이기 때문이다. 그래서

$$P = P_g + P_r$$
성장 + 번식

자궁에서 그리고 수유기 동안 태어난 이후에라도 알을 낳거나 어린 새끼가 성장하는 것은 암컷에게 있어서 P_r에 대한 매우 큰 에너지의 투자이다. 예를 들어 대부분의 조류는 짧은 기간 동안 자신의 몸무게와 맞먹는 알을 낳는다. 그러므로 번식은 먹이의 효용성 및 품질과 매우 밀접한 상호 관련이 있으며, 이것이 보육 기간 동안 대부분 종들의 영역이나 사회적 행태를 어떤 식으로든 설명한다. 이것은 동물이나 그들의 생활 주기와 번식 사이의 관계를 알려 준다.

어린 동물의 경우에는 P의 (+)값이 개체의 성장(P_g)으로 흐르도록 두어서 동화가 호흡을 초과할 것이다($A>R$). 성적인 성숙기와 보육 중에는, A가 R보다 크지만 방금 보았듯이 초과 생산은 P_g(개체의 성장)가 아니라 P_r(번식)로 설명될 것이다. 특히 조류에서 어린 새끼의 독립은 부모가 먹이를 수집하는 데 드는 에너지, 궁극적으로는 자신의 먹이 소비에서 유래하는 에너지의 지출을 포함할 것이다. 그래서 성숙과 보육은 감소나 성장의 중지로 이끄는 경향이 있으며, 일부 종들에서는 비교적 일찍 체지방에 저장한 먹이 비축량을 이용하게 된다. 성숙과 더불어 성장이 멈추더라도(포유류와 조류는 골격 성장이 멈춘다) 보육의 횟수와 자손의 수가 신체의 발열량에 영향을 미치며, 이것은 지방과 다른 먹이 비축량의 저장과 소모에 따라 변동할 것이다. 그러므로 P의 값은 성체의 특정한 시점에서 (+)이거나 (−)일 것이다.

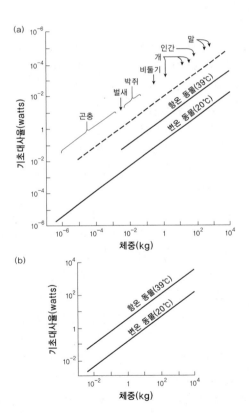

그림 20.3 (a) 항온 동물의 기본적 신진대사율과 항온 동물의 지속적인 일에 대한 최대 신진대사율(점선), 그리고 20℃에서 변온 동물의 기본적 신진대사율 간의 관계. (b) 항온 동물과 변온 동물의 기본 신진대사율 간의 관계 (Hemmingsen, 1960).

(2) 2차 생산: 동물 군락

앞에서 개별 동물에 대하여 고려한 관계를 완전한 동물 군락에 적용하려고 할 때, 2차 생산이나 변환을 평가하거나 측정하는 일이 더욱 어렵게 된다. 우선 고려해야 할 또 다른 변수들이 있다. 이들 가운데 첫 번째로 개체군의 규모를 측정할 필요가 있는데, 눈으로 볼 수 있는 대형 동물의 경우를 제외하면 결코 쉽지 않다. 툭 트인 툰드라 경관에서 북극곰이나 순록을 헤아리는 것은 비교적 쉬울지 모르겠으나 그런 상황은 비교적 드물고, 적어도 이론적으로는 군락에 포함된 모든 종들의 통계 자료가 필요하다. 그러나 숫자만으로는 충분하지 않다. 어떤 개체군의 생산은 그들의 연령 구조에 따라 다르며, 각 연령 계층은 상이한 생산성 관계를 나타내기 때문이다. 더구나 각 개체군이 출생과 이입으로 늘어나고 사망과 이주로 줄어드는 비율을 알 필요가 있을 것이다. 군락 내 모든 동물종의 개체군에 대하여 모든 매개 변수를 측정하기란 벅찬 일이며 이루어진 적도 별로 없다. 사실 기능적 관점에서 정량적으로 가장 중요한 하나나 소수의 종들에게 노력을 집중하거나, 제한된 경험적 자료에 기초한 상수를 사용하여 출생률과 같은 변수들의 값을 측정하기 위해 이론적 관계에 의존하기도 한다. 마지막으로, 이렇게 추가된 개체군 매개 변수들을 측정하거나 평가하더라도, 통제된 상황에서 소수의 개체들로부터 얻은 생산량을 곱하거나 외삽하여 사용하므로, 그러한 수치들이 야외에서 개체군들이 경험하는 다양한 상황에서 항상 유효할 것이라는 보증은 없다.

그러므로 이러한 이유 때문에 범지구적 규모의 2차 생산에 관한 지식이 완전하지 않고 대부분의 생태계에서는 IBP의 보고서에서 제시한 것처럼(2절 도입부 참조) 매우 개략적이라는 사실이 놀랍지 않다. 이 때문에 우리는 1차 생산에 대하여 했던 것처럼 세계의 2차 생산을 요약하지 않을 것이다. 대신에 광합성으로 고정된 에너지가 연속된 고차원의 영양 수준으로 흘러감으로써 초식-육식 시스템이 이용하는 효율성을 고찰하고자 한다.

(3) 2차 생산: 에너지 전달의 효율성

영양 단계 내의 비(자료 20.2 참조) 개별 개체군의 수준에서 또는 단일 영양 단계의 수준에서, **생태적 효율성**(ecological efficiency 또는 **Lindeman** efficiency)이란 유기체가 식량 자원을 개발하여 그들을 다음의 고차 영양 단계에서 이용 가능한 생체량으로 변환시키는 효율성의 표현이다. 생태적 효율성은 (a) 소비된 동화 에너지의 비율과 (b) 생체량과 번식에 통합된 동화 에너지의 비율에 따라 다르다. 첫 번째 비율을 **동화 효율성**(assimilation efficiency)이라고 하며, 두 번째 비율을 **순생산 효율성**(net production efficiency) 또는 원래처럼 **조직 성장 효율성**(tissue growth efficiency)이라고 한다.

생산자 수준의 순생산 효율성은 총생산에 대한 순생산의 비로서, 식물의 성장 형태와 환경에 따라 30~80%로 다양하다. 온대 지대에서 빠르게 성장하는 식물은 모두 높은 순 생산 효율성(70~80%)을 나타낸다. 열대의 비슷한 식생형은 40~60%의 비교적 낮은 순생산 효율성을 갖는데, 제19장에서 보았듯이 열대의 삼림 식생은 비생산적인 지지 생체량에 호흡의 부하가 많이 소요되기 때문이다.

식물의 순생산 효율성과 그것에 영향을 미치는 요소들은 제19장에서 장황하게 논의하였다. 온혈 동물 특히 체온 조절과 활동에 에너지 수요가 많은 활발한 항온 동물의 경우, 사용가능한 에너지 가운데 소량이 성장에 이용되므로 순생산 효율성은 낮다. 그러나 비교적 정주성이 강한 변온 동물의 경우에는 순생산 효율성이 75%만큼 높다.

식물 먹이의 맛과 영양가는 포함된 **소화 가능성 감소제**(digestibility reducer)에 따라 다르다. 이들은 결정질 형태를 띠는 실리카는 물론 주로 복잡한 식물성 중합체인 셀룰로오스, 헤미셀룰로오스, 펙틴, 리그닌, 큐틴, 탄닌 등이다. 이들은 모두 소화 가능성과 영양가를 극적으로 감소시킬 수 있다. 변경된 소화관과 공생하

E_u = 이용 효율성

$$= \frac{I_2}{P_1} = \frac{I_3}{P_2} = \frac{I_4}{P_3} = \frac{I_5}{P_4}$$

E_a = 동화 효율성

$$= \frac{A_2}{I_2} = \frac{A_3}{I_3} = \frac{A_4}{I_4} = \frac{A_5}{I_5}$$

E_t = 조직 성장 효율성(순생산)

$$= \frac{P_2}{A_2} = \frac{P_3}{A_3} = \frac{P_4}{A_4} = \frac{P_5}{A_5}$$

E_e = 생태적 성장 효율성

$$= \frac{P_2}{I_2} = (E_t)\,(E_a)$$

E_l = Lindeman 효율성(영양 수준의 섭취 비율)

$$= \frac{I_2}{I_1} = (E_e)\,(E_u)$$

E_p = 영양 수준 생산량 비

$$= \frac{P_2}{P_1} = (E_u)\,(E_e) = (E_u)\,(E_t)\,(E_a)$$

여기에서,
P = 생산량 비(영양 단계 내 종의 형태로서 또는 저장된 생산량에서 순유기질 합성의 비)
A = 동화율
I = 먹이 섭취(소비)나 에너지 섭취 비율
R = 호흡률

출처: Lindeman(1942)

는 장 박테리아 및 원생동물들을 가진 잘 적응된 초식동물들은 어린 식생에 포함된 에너지의 60% 만큼을 동화할 수 있다. 그러나 풀을 뜯는 초식동물이나 어린 잎을 먹는 초식동물 대부분은 먹이에 포함된 에너지의 20~40%를 동화한다. 부패하는 유기 물질을 먹는 진드기나 노래기 따위(제21장)의 **부식성 생물**은 특히 비효율적이며, 소화된 물질의 약 15% 정도만을 동화한다.

육식 종은 먹이의 소화 가능성이 더 크고 먹이가 자신의 조직과 생화학적으로 상당히 유사하므로 동화 효율성이 50~90%로 다양하다. 그러나 곤충 먹이의 외골격은 소화에 문제가 될 수 있어서, 육식 동물 대부분의 동화 효율성이 약 90%인 반면 식충 동물의 동화 효율성은 70~80%로 다양하다. 그러나 호흡으로 소모된 에너지의 비율은 식물에서 육식 동물에 이르는 먹이사슬을 따라 증가하는 경향이 있다.

영양 단계 간의 비(자료 20.2) 영양 단계 간의 비를 고려하는 생태적 효율성도 중요하다. 여기에서 가장 중요한 관계는 두 영양 단계의 소화(소비)율이나 에너지 섭취율의 비, **린드만 효율성**(EL, Lindeman efficiency)이다. 린드만은 이러한 비를 먹이사슬의 점진적 효율성이라고 불렀다. 영양 단계 간 에너지 전달의 린드만 효율성은 다음 영양 단계로 에너지를 흐르게 하는 기본적인 효율성이다. 기타 모든 효율성은 린드만 효율성에 영향을 미치는 프로세스에서 유래한다. 그러므로 모든 효율성은 기본적인 린드만 효율성과 관련이 있다(Colinvaux, 1986). [주의: 교재 내 린드만 효율성의 정의는 상당히 혼란스럽다. 이는 1차 소비자 단계로 들어가는 에너지 섭취와 총광합성 또는 총생산량이 동일시될 수 있기 때문이다. 그러나 소비자 영양 단계에서 에너지 섭취(소비)율은 가끔 틀리게 예측되는 만큼 동화 또는 2차 총생산과 똑같지 않다.]

다른 유용한 비(ratio) 2개가 있다. 첫째는 두 영양 단계의 생산율 간의 비, 즉 저차 영양 단계의 순생산성에 대한 고차 영양 단계의 순생산성의 비이다. 이것을 **영양 단계 생산비**(trophic level production ratio) 또는 **효율**

성(efficiency, EP)이라고 한다. 둘째, 개발(exploitation) 또는 **이용 효율성**(utilization efficiency)은 한 영양 단계의 에너지 섭취나 소비를 이용 가능한 에너지, 즉 차하 영양 단계의 순생산성의 비율로 나타낸 것이다. 이들 가운데 첫 번째인 영양 단계 생산비는 에너지 전달의 효율성을 통찰할 수 있게 하므로, 여기에서 간단히 고찰하겠다.

우리는 들어오는 빛에 대한 총 1차 생산량의 비가 매우 낮아서 1~4% 수준이라는 것을 알고 있다. 자연 생태계에서 구한 수치와 관련하여, 녹색 식물의 생산에 대한 초식 동물의 생산의 비는 10% 미만이다. 이유는 두 가지인 것 같다. 첫째, 초식 동물이 식물 조직을 동화하는 효율성은 앞에서 설명하였듯이 동물과 식물 사이의 생화학적 차이 때문에 감소된다. 둘째, 초식 동물에 의한 소비 때문에 광합성 시스템의 규모가 직접 줄어들고, 1차 생산율이 감소한다. 그러므로 10%라는 수치는 초식 동물에 대한 지속적인 식량 생산량과 식생에 대한 치유할 수 없는 피해, 그리고 심각하게 줄어든 1차 생산성 간의 일치된 타협을 나타낸다.

고차의 영양 단계는 훨씬 더 많이 지불하며, 피식자 생산에 대한 포식자 생산의 비는 대체로 10% 이상이다. 그러나 호흡으로 유실된 에너지의 비율은 식물에서 육식 동물에 이르기까지 먹이 사슬을 따라 증가하는 경향이 있다.

먹이사슬의 길이는 영양 단계들 간의 에너지 전달 효율성과 열역학 제2법칙에 의하여 제한된다. 생태적 효율성은 대체로 육상 생태계에서 더 낮다. 일반적으로 육상 군락 내 최상위 육식 동물은 평균 세 번째 영양 단계 이상의 먹이를 먹을 수 없다. 한편 수생 육식 동물은 제4 내지 제5 단계만큼 높은 영양 단계의 먹이를 먹는 것 같다(Fenchel, 1988). 사실 계산해 보면, 해양성 플랑크톤을 기반으로 한 생태계에서는 평균 영양 단계의 수가 7이며, 연안의 수생 군락에서는 5, 초지에서는 4, 습윤한 열대 삼림에서는 3 정도이다.

3. 에너지 흐름과 개체군 규제

제17장과 이 장에서 우리는 원래의 빛 에너지가 생태계의 영양 단계들 사이에서 전달되고 분배되어, 살아 있는 군락을 구성하는 식물과 동물의 개체군을 유지하는 방식을 추적하여 왔다. 여러 경우에서 말하였듯이, 이들 개체군은 정적이지 않다. 개체군들은 에너지 공급량의 변화 또는 빛이나 온도와 같은 기타 조건들의 변화에 반응한다. 제21장에서 자세히 다루게 될 분해 통로 상의 유기체는 죽은 유기질 부스러기인 에너지 공급량에 따라 개체군의 규모를 증가시킨다. 그러므로 그들은 계절적 시간의 지연 때문에 그림이 복잡해지더라도, 먹이나 에너지원이 그들에게 공급되는 만큼 빠르게 소비하는 경향이 있다. 결과적으로 대부분의 환경에서 분해되지 않는 낙엽이 토양 표면에 과도하게 집적되지 않는다. 침수와 같은 일부 기타의 환경적 요소가 수와 증가율을 제한하여, 분해를 제한하고 토탄의 집적을 조장하는 경우에만 예외가 발생한다. 그러나 초식 동물들은 그들에게 먹이가 될 수 있는 녹색 식물 조직에 직접 반응하여 개체군의 규모를 확대할 수 없다. 그들이 그렇게 한다면, 지구 상의 지표는 '무성한 초지'와 '장엄한 숲'으로 넘쳐날 것이다!

사막메뚜기의 경외감을 불러일으키는 이야기만으로도 우리는 초식 동물의 우연한 우점이 가져온 결과에 친숙하다. 영국의 토착 오크나무에 녹색 잎말이나방의 유충(*Tortrix viridiana*)이 일으킨 것과 같이 잎을 시들게 하는 곤충 재앙의 발발도 비슷한 황폐화 효과를 미칠 수 있다. 그러한 재앙이 발발한 해(*lamas* year)에는, 오크나무의 신선한 어린 가지들(*lamas* shoot)에서 새로운 두 번째 엽관이 자란다. 그러나 보통 자연 생태계에서 초식 동물들은 어떤 이유 때문인지 1차 생산의 약 10%만이라도 수용하며, 이러한 수준의 수확이 유지되는 규모까지만 개체군을 확대한다. 다르게 말하면, 먹이나 에너지 공급 이외의 다른 요소가 그들의 개체군을 조절하는 것 같다.

그러나 포식자 개체군은 피식자에 의한 생산으로서 에너지의 이용 가능성이 확대됨에 따라 증가한다는 상당히 많은 증거들이 있다. 어떤 경우에 포식자의 최대 개체수는 이러한 먹이나 살아가는 공간에 대한 직접적인 경쟁으로 제한되지만, 고차 동물들에 있어서는 사회적 상호 작용이나 규약 때문에 상황이 복잡하다. 그럼에도 불구하고 육상 생태계에서 분해자와 포식 동물의 수는 식량원에 의하여 직접 제한을 받거나 조절된다고 대체적으로 말할 수 있겠다. 물론 이것은 1차 생산자에 대해서도 타당하지만, 식물의 경우에는 식량원이 태양 에너지와 물과 광물질 영양소를 뜻한다는 것을 알아야 한다. 그러나 초식 동물의 수는 그들이 이용할 수 있는 식량원인 식생에 직접 연계되지 않는다. 한편 그들의 수는 주로 포식에 의해서 조절되는 것으로 나타났다. 이제 초식 동물들이 식생에 피해를 입히지 않는(자원 제한적) 개체군 수준으로 억제된 군락이 시간상 안정을 유지할 가능성이 가장 크다는 사실을 알았으므로, 이러한 관계의 중요성을 실감할 수 있을 것이다. 반대로 고등 초식 동물 개체군의 과잉된 방목 압력에 공간이 지속적으로 이용되는 군락은 대체의 위험을 겪고, 침입에 고통당하고, 식물 구성상에서 변화를 겪을 가능성이 가장 크다. 즉, 잠재적으로 불안정하다.

이러한 견해는 개체군 생태학과 개체군 역학 모델 및 그들을 뒷받침하는 이론에서 유래한 것이다. 그러나 초식 동물 생태학에 관한 연구는 점차 수정되고 있으며, 식물을 이 게임의 수동적인 선수 이상으로 간주한다. 위에서 자연스러운 식생 세계를 무성한 초지 및 장엄한 숲으로 표현한, 무제한으로 공급된 먹이도 공짜로 섭취할 수는 없다. 이들 가운데 대부분은 기계적으로 보호를 받으며, 소화 가능성을 제한하거나 독소를 함유하고 있어 가장 잠재적인 초식 동물들에게 유해하다. 사실 대부분 식물 종들의 방어는 이런 종류의 **기계적**(가시 등), **구조적**(소화 가능성 감퇴물), **타감 화학제**(allelochemical, 여기에서 타감 화학제란 매우 낮은 농도에서도 초식 동물들을 죽이거나 격퇴할 수 있는 알칼로이드* 같은 식물 독소이다) 방법들이 복잡하게 조합되어 있다. 처음 두 개의 카테고리는 대체로 영구하지만(**조직적인 방어**constitutive defence), 독소는 조직의 피해에 대한 개체의 귀납적인 반응이다(**유도적인 방어**inducible defence). 식물의 생산과 초식 동물의 개체수 간의 균형은 초식 동물들이 충분히 살아남아 번식하고 경쟁하도록 진화해 온 방어와 적응의 복잡한 배열에 따른 것이 결코 아니다. 그러므로 포식자에 의한 밀도 종속적 규제의 역할은 지금까지 생각해 온 것보다 별로 중요하지 않은 것 같다. 그러나 에너지와 물질 전달의 통로와 개체군 규제 및 안정된 군락 구조의 유지를 위한 메커니즘은 복잡한 주제이고, 우리는 제25장에서 이들을 고찰할 것이다.

더 읽을거리

이 장에 포함된 자료는 제18장의 말미에 인용된 일반적인 교재에서 잘 다루어져 있다. 그러나 다음 교재에는 생태계 내 특히 생산과 관련하여 초식 동물과 육식 동물 역할의 독특한 측면을 예증할 것이다.

Crawley, M.J. (1982) *Herbivory: the Dynamics of Animal-Plant Interaction. (Studies in Ecology, vol. 10)* Blackwell, Oxford.

Harbourne, J.C. (1977) *Introduction to Ecological Biochemistry.* Academic Press, New York.

Heal, O.W. and S.F. MacLean (1975) Comparative productivity in ecosystems: secondary productivity, in (eds W.H. Dobben and R.H. Lowe-McConnell) *Unifying Concepts in Ecology.* Junk, The Hague, pp.89~108.

---

* alkaloids 현재 이들 대부분은 화학 요법에서 세포 장해성 약으로 이용되고 있다.

Howe, H.F. and L.C. Westley (1988) *Ecological Relationships of Plants and Animals*. Oxford University Press, Oxford.

Humphreys, W.F. (1979) Production and respiration in animal populations. *J. Animal Ecol.*, **48**. 427~454.

Moss, R., A. Watson and J. Ollaoon (1982) *Animal Population Dynamics*. (Outline Series in Ecology) Chapman & Hall, London.

Robbins, C.T. (1983) *Wildlife Feeding and Nutrition*. Academic Press, New York.

Taylor, R.J. (1984) *Predation*. Chapman & Hall, London.

제25장 끝에 있는 동물 개체군 역학에 관한 참고 문헌을 보시오.

제21장
분해 시스템

1. 분해, 풍화 그리고 토양

생물이 죽거나 배설한 이후의 유기 화합물은 생물 시스템의 구성 요소가 아니며, 뭉뚱그려 분해라고 알려진 변형과 조정 프로세스를 겪는다. 육상 생태계에서 이러한 프로세스는 주로 토양의 윗부분이나 토양 내에서 일어난다. 여기에서도 비슷한 일련의 프로세스들이 암석권의 바위와 그들을 구성하는 광물에 영향을 미친다(제11장). 풍화와 분해의 프로세스들은 무기질 기원의 물질과 유기질 기원의 물질 각각의 새로운 평형 상태를 확립하는 방향으로 진행된다. 이러한 상태란 한편에서는 풍화 잔류물과 2차 광물이고, 다른 한편에서는 부식이다. 그러나 풍화와 분해에서 방출된 유동성 물질은 식물 성장에 필요한 영양소이므로 똑같이 중요하다. 제7장에서, 암석 풍화와 분해는 생태권 내 물질 순환에서 중요하며 잠재적으로 율속 단계(rate-limiting step)라는 사실이 분명해졌다.

토양의 분해 시스템은 분해와 부패의 1차적 메커니즘을 활성화시키는 프로세스와 조건을 분리함으로써 제11장에 있는 풍화 시스템과 동일한 방식으로 모델화하였다. 마찬가지로 이들 1차적 메커니즘은 처음으로 신선한 유기질 부스러기를 부수어 비교적 안정된 분해 산물을 만드는 연속체를 형성하는 것으로 볼 수도 있다. 그러나 모델을 만들기 전에 먼저 유기 물질의 공급

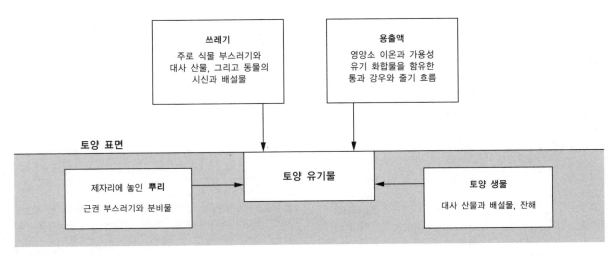

그림 21.1 토양 유기 물질의 원천

이라는 측면에서 유입의 본질을 조사해야 한다.

2. 분해 시스템의 유입: 유기 물질의 공급

토양의 분해 시스템으로 들어가는 유기 물질의 원천은 [그림 21.1]에 체계적으로 제시되어 있다. 육상 생태계의 토양 표면은 쓰레기(litter)를 공급받는데, 쓰레기의 대부분은 잎이나 꽃, 잔가지, 나무껍질, 새싹 규모로부터 가지나 떨어진 나무줄기와 같은 소위 검불에 이르는 다양한 크기의 식물 부스러기이다. '동물 쓰레기'는 대체로 양이 적지만, 쓰레기에는 동물의 사체와 대사산물 및 배설물도 포함된다. 배설물의 쇄설 입자 유입이 중요한, 관리된 목초지와 같이 대규모 초식 동물 요소를 가진 생태계는 예외이다. 씨앗이나 포자와 같은 번식 구조물과는 달리, 이런 물질들은 모두 잠재적으로 분해에 이용될 수 있다. 특정한 시기에 나타나는 쓰레기는 쓰레기의 생체량(kg m^{-2})이나 에너지량(J m^{-2})으로 표현할 수 있다. 1년과 같은 특정한 기간 동안 생태계에서 떨어뜨린 쓰레기의 양은 단위 시간당 쓰레기 생산량이다. 물론 이것은 죽은 물질을 모두 합한 것이 아니다. 일부(죽은 나뭇가지)는 토양 표면에 남아 있는데, 이것을 **현존 고사 생체량**(standing dead

biomass)이라고 한다.

쓰레기의 양과 유형은 생태계마다 달라서(표 21.1), 일반적으로는 식생의 생체량에 비례하지만 환경의 변이에 따라 다양하다. 한 생태계 내에서 쓰레기 공급량은 공간적으로는 수관 밀도와 구성의 변이에 따라, 시

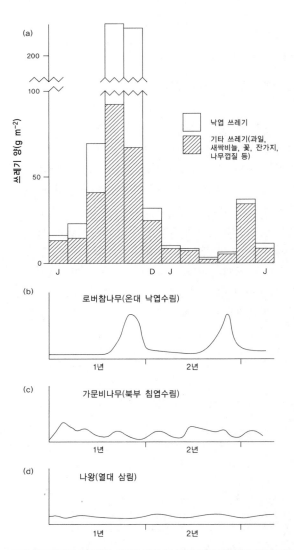

그림 21.2 쓰레기 공급량의 시간적 변이. (a) 너도밤나무 소림에서 1년 동안 토양 표면이 받아들이는 쓰레기의 양과 유형의 변이(Mason, 1977). (b) 온대 낙엽수림과 (c) 북부 침엽수림, (d) 열대림에서 연간 쓰레기 공급 패턴. 온대에서는 가을에 편중되어 있고, 열대에서는 쓰레기가 규칙적으로 공급되어 계절성이 부족하다.

표 21.1 다양한 식생 유형에서 연간 쓰레기 생산량의 변이(Mason, 1970)

나무	위치	쓰레기 생산량 (kg/m²/년)
노르웨이 가문비나무	노르웨이	150
오크나무	잉글랜드	300
온대 오크 소림	네덜란드	354
	–	440
너도밤나무	잉글랜드	580
너도밤나무 숲		
상록 오크	프랑스 남부	380~700
열대림	가나	1,055
	태국	2,330
대습원(blanket bog)	잉글랜드	30

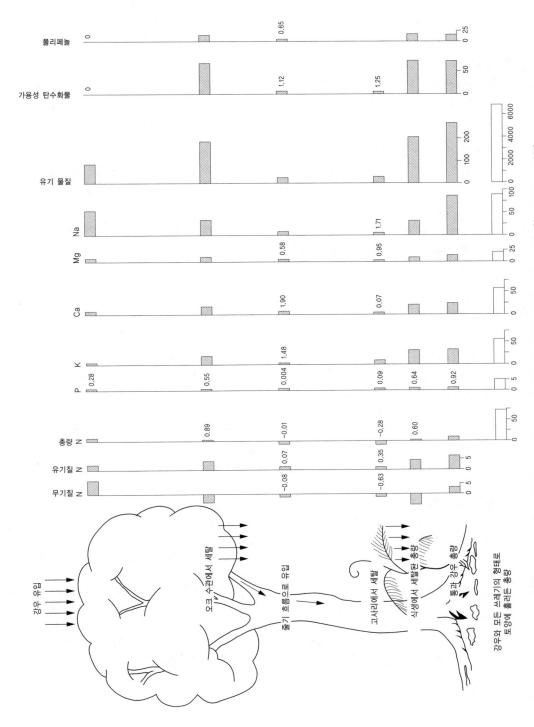

그림 21.3 세실오크(*Quercus petraea*) 소림에서 식생으로부터 세탈되었거나 빗물이나 쓰레기에서 토양 표면으로 용탈된 영양소(kgha⁻¹·yr⁻¹)(Carlisle et al., 1967)

간적으로는 군락의 생애 주기와 부합하는 유형과 양의 변이에 따라 변한다(그림 21.2).

쓰레기 성분에 덧붙여, 토양 표면은 식생 수관에 차폐된 빗물에 부유 상태이거나 용해된 유기 화합물을 받아들인다. 물론 이러한 강우는 순수한 물이 아니다. 물은 이미 무기 물질을 포함하고 있을 것이다. 수관의 틈을 뚫고 직접 지면에 도착하거나 잎과 줄기로부터 떨어진 강우 부분을 **통과 강우**(throughfall)라고 하며, 모여서 줄기를 따라 흘러내리는 부분을 **줄기 흐름**(stemflow)이라고 한다. 두 성분은 모두 수관과 강우 사이의 복잡한 교환 시스템 내에 포함되어 있다. 수관이 잎의 흡수를 통하여 물과 광물질 영양소를 얻을 수 있을지라도, 가용성 탄수화물의 실질적인 유실뿐만 아니라 잎으로부터 용탈되는 영양소의 순손실이 있다. 그러므로 토양에 도달하는 강우는 상당히 비옥하며(그림 21.3), 상대적인 구성에 있어서도 차폐 이전의 강우와 다르다.

토양의 표면 밑에서는 뿌리가 죽으면 제자리에서 토양 분해 시스템에 유기 물질을 공급하는 것이다. 이론상 이러한 죽은 뿌리의 생체량과 생산량을 측정하는 것이 가능하겠지만, 실제로는 극도로 어렵다. 그럼에도 불구하고 대량의 뿌리 조직이 분해에 이용되고 있는 것 같다. 그러나 죽기 전이라도, 살아 있는 뿌리는 뿌리 삼출물이나 근모 세포, 활동을 멈춘 수염뿌리, 표피와 피질 세포 등의 형태로 유기 화합물을 공급하는 원천이다. 어떤 토양에서는 측생 뿌리의 건조 중량의 반 이상이 이러한 방식으로 제공될지도 모른다.

이런 모든 물질이 부식 생산에 필요한 1차적인 기질을 나타낸다고 할지라도, 이것이 토양 내의 유기 물질의 마지막 부분인, 분해 먹이 사슬의 생물들(자료 21.1, 그림 21.4)을 유지하는 식량 공급원이나 에너지원이다. 이들 토양 생물은 죽으면 식물의 뿌리와 같이 유기질 분해 물질을 제자리에서 직접 공급한다. 토양 생물들이 사는 동안 토양 속으로 방출하는 대사산물과 배설물도 마찬가지이다. 그러나 시스템의 작동에 대한 그들의 압도적인 중요성은 분해 프로세스의 메커니즘을 활성화시키는 그들의 역할 때문이다. 토양 생물이 없으면 유기물 부스러기의 붕괴는 매우 느릴 것이고 완전하지도 않다. 이것이 가지는 중요성은 토양 표면에 대체로 분해되지 않은 쓰레기가 집적되는 극지방의 툰

20만 마리가 기록된 바 있다. 이들은 조류와 곰팡이, 박테리아, 그리고 다양한 부패 상태의 유기 물질을 먹는다. 이들은 산성 토양에서 지렁이를 대체하므로 특히 중요하다.

중형 동물상에는 두 개의 중요한 소규모 절지동물 집단이 있다. 이들은 **진드기**(acarus)나 응애로 산성의 쓰레기와 유기 물질에서 보편적으로 나타나는데, 그곳에서 토양 동물상의 80%를 구성할 수도 있다. 그들의 먹이는 매우 다양하지만, 일부는 쓰레기를 소비한다고 하더라도 대부분은 곰팡이 균사와 포자를 먹는다. 어떤 것들은 육식을 하지만, 절지동물인 **톡토기**(Collembola, 톡토기강)도 비슷한 먹이 기호를 보여 준다. **다족류**(myriapod)에는 채식 **노래기**(Diplopoda, 노래기강)와 활동적인 육식 **지네**(Chilopoda, 지네강) 등 두 가지의 중요한 토양 중형 동물상 집단을 포함한다. 개미나 딱정벌레, 연체동물, 그리고 특히 많은 곤충들의 애벌레 단계와 같은 여러 동물 집단의 소규모 형태는 중형 동물상의 카테고리에 속한다. 전체로서 집단의 주요 역할은 식물 부스러기와 그에 부착된 박테리아 및 균류를 소비함으로써 낙엽을 부수는 메커니즘을 활성화시키고, 그것을 콜로이드 크기로 작게 하여 부식화의 기질을 제공하고, 토양 속으로 깊이 이동시키는 기능을 한다.

규모를 기준으로 볼 때, 앞에서 고려한 집단들 가운데 딱정벌레와 같이 개체수가 대규모인 몇몇은 토양 육안 동물상에 속한다. 그러나 육안 동물상 중에서 가장 중요한 것은 지렁이이다. 낚시지렁이과에 속하는 이러한 대형 **환형동물**(annelid)은 낙엽을 분해하거나 토양의 광물 성분과 유기질 성분을 섞을 때 매우 중요하다. 영국에는 25종이 있는데, 그 가운데 10종만이 보편적이다. 어떤 종은 약한 산도를 견디지만, 지렁이는 산도가 4.5 이하이거나 혐기성 토양에서는 드물다. 지렁이는 낙엽과 토양을 소화하여, 분쇄된 유기질 파편과 토양 광물이 내장에서 세밀하게 섞이고, 유기 광물질 복합체의 형성을 촉진한다. 게다가 석회샘에서 칼슘을 분비하여 이 복합체의 산도는 증가하고, 복합체는 지렁이 똥이 되어 물에서도 부서지지 않는 조각으로 배출된다.

여기에서 언급해야 할 육안 동물상 가운데 유일한 동물은 **등각류**(Isopoda) 또는 쥐며느리이다. 이들은 건조한 산성 낙엽과 토양 유기질층에서 특히 흔하게 보이는데, 그곳에서는 낙엽 분해자로서 지렁이를 대체한다.

토양 미소 식물상은 **박테리아**(bacteria)와 **균류**(fungi)가 우세하다. 이들을 식물상에 포함하는 것이 무엇보다 편리할지라도, 어떤 집단도 식물로 묘사되어서는 안 되기 때문이다. 박테리아는 길이 $1\sim5\mu m$의 여러 가지 모양으로 나타나지만, 일부는 섬모나 편모 다발을 가진 활발한 형태이다. 대부분은 작은 점토와 산화철 입자를 붙잡아 매어서 보호 덮개를 형성하기 위하여 다당류 점액을 분비하는데, 이 점액질은 토양 입단에 매우 중요하다. 박테리아 무리가 혐기성인지 호기성인지, 독립영양인지, 화학합성인지, 종속영양인지를 결정하는 것은 그들의 활동력이다. 대부분의 박테리아는 질소나 황과 같은 원소들의 순환에서 중요한 역할을 하며, 일부는 고등식물의 뿌리와 공생 관계를 발전시킨다. 그러나 분해에 있어서 그들의 중요성은 효율적인 분해자로서의 역할, 부식화와 부식 중합체의 재합성을 고취시키는 역할에 있다.

매우 다양한 균류는 두 가지 중요한 영향을 미친다. 하나는 균사와 균사체가 발달하여 썩어가는 낙엽을 뚫어서 파쇄를 돕는 기계적인 효과이다. 다른 하나는 그들이 유기 물질을 소화하는 효소를 분비함으로써 나타나는 복잡한 화학적 효과이다. 산성 토양에서 그들은 더욱 중요하여 박테리아보다 효과적이지만, 양호한 토양에서도 박테리아만큼 중요하다. 일부 균류는 유럽 적송(Scots pine)과 같은 종의 뿌리와 **균근**(mycorrhizae)을 형성하는 공생을 한다. 미세하고 균사체와 비슷하지만 더 가는 사상체를 가진 **방선균류**(Actinomycete)는 균류 및 박테리아와 밀접히 관련되어 있다. 그들은 호기성 유기체이며, 건조한 토양에서도 살아갈 수 있다. 대부분은 부생 식물이며, **방선균목**(Streptomycete)과 같은 일부는 항생 물질을 만든다.

토양 미소 식물상의 마지막 집단은 **조류**(algae)이다. 청록조류는 중성 토양에 가장 많이 있으며, 녹색조류는 약산성 토양에 많다. 모두 단세포 미생물이나 군체(colony) 또는 균사로 나타난다. 그들은 엽록소를 가지고 있어서 광합성을 하기 때문에, 대부분은 지표 근처에 나타나며 일부는 매우 중요한 질소 고정자이다.

드라와 같이, 대규모의 다양한 토양 생물 개체군에게 불리한 환경에서 더욱 분명하다.

3. 분해: 작용—반응 모델

[그림 21.5]에 묘사한 모델이 풍화 시스템의 모델과 비슷하고, 두 모델에서 활발한 프로세스는 화학 구조의 와해와 붕괴 프로세스이지만, 분해 시스템이 훨씬 더 복잡하다. 이유는 두 가지이다. 첫 번째 예에서, 죽

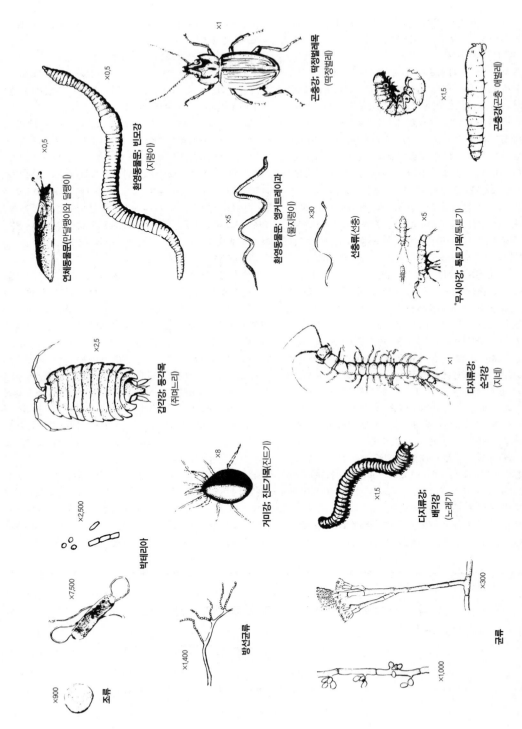

그림 21.4 토양 생물(대부분 부식 생물)의 주요 집단과 분해자 및 그들에 의존하는 일부 육식 집단

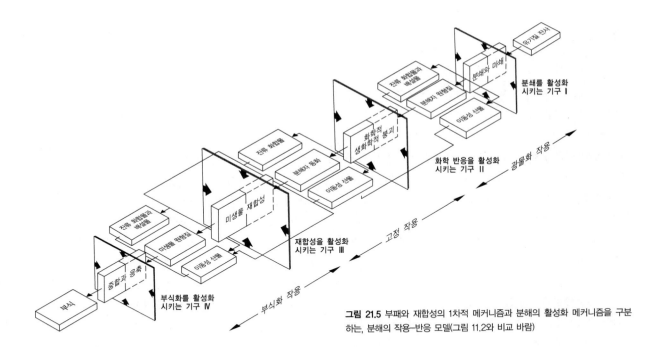

그림 21.5 부패와 재합성의 1차적 메커니즘과 분해의 활성화 메커니즘을 구분하는, 분해의 작용–반응 모델(그림 11.2와 비교 바람)

은 유기질 조직의 유입—즉, 시스템의 초기 상태(그림 2.3)—은 풍화 시스템으로 유입하는, 그에 상응하는 암석이나 광물 유입보다 화학적, 구조적으로 더욱 복잡하다. 둘째, 토양 생물의 역할은 분해를 모델화하기 어렵게 만든다. 왜냐하면 부패는 풍화의 무기질 프로세스에 더하여 극도로 복잡한 생화학적 반응을 포함하고 있으며, 그중의 대부분은 아직도 이해되지 않기 때문이다. 더구나, 풍화 시스템의 경우보다 더욱 그러하겠지만, 이들 프로세스의 시계열적 배열은 설명을 명확하게 해 주는 인위적인 장치에 불과하다. 실제의 세계에서 그들은 동시에 진행되며, 포함된 다양한 토양 생물 개체군들의 상호 작용과 분해 과정에서 그들 역할의 보완적인 성격이 매우 난해할 수도 있다.

(1) 파쇄: 낙엽의 기계적 분쇄

낙엽의 파쇄는 빗방울의 충격이나 팽창과 수축, 동결/융해 등 순전한 물리적 프로세스에 의해 부분적으로 활성화된다. 사실 이들 프로세스 중 일부는 낙엽이 토양 표면에 도달하기 이전에 시작되었을지도 모른다.

예를 들면, 잎은 노쇠가 시작되면서 수분 함량이 감소하고, 메말라서 부서지기 쉽고, 바람을 따라 이동하면서 마모되기 쉽다. 낙엽이 토양 표면에 떨어지면 답압 때문에 큰 조각으로 부서진다. 그러나 파쇄를 활성화하는 가장 중요한 프로세스는 토양 부식 생물이 낙엽을 짓무르게 하고 부수는 것이다. 이들은 입상의 유기질 부스러기를 소비하는 토양 생물로서, 여러 집단의 무척추동물들을 포함한다. 아마도 가장 중요한 것은 지렁이와 애지렁이를 포함하는 환형동물(환형동물문), 노래기(다지류강), 곤충 애벌레(곤충강), 진드기(진드기목), 톡토기(톡토기목), 쥐며느리(등각목) 등이다(자료 21.1). 물론 생물은 잔사 조직의 성분을 소화하고 동화하기 때문에, 부식 생물의 이러한 소화 작용에는 생화학적 변화도 포함된다. 이러한 생화학적 변화들은 보통 간단한 반응이다. 이들 토양 무척추동물의 효소 시스템은 셀룰로오스나 리그닌, 그리고 페놀 복합체와 같이 보다 복잡한 구조적 분자를 공격할 수 없기 때문이다. 결과적으로 이들 생물의 동화 효율(소비된 먹이에 비하여 동화된 양)은 지렁이 1~3%, 노래기 6~15%, 진드기 10% 이상, 쥐며느리 15~30% 등으로 낮다. 그러므로 순효과는 잔사가 원래의 성질 대부분을 잃을 때까지 물리적으로 콜로이드 크기까지 분쇄하여 전체 표면적이 매우 증가하도록 하는 것이다. 잔사는 이러한 형태로써 배설물 부스러기가 부가된 토양으로 되돌아가서, 무기질 토양 입자와 세세히 섞일 것이다. 이러한 부스러기는 원래의 낙엽보다 수분과 통기성 상태가 양호하고, 유기 화합물을 소화하여 질소(주로 암모니아)를 방출함으로써 질소 함량도 높다. 그러한 배설물은 미생물이 활동하는 이상적인 기질을 형성한다.

(2) 구조의 붕괴와 미생물의 분해

죽은 유기 물질이 공기와 빛과 물에 노출될 때 일어나는 화학적 변화에서 최초의 프로세스는 산화나 수화, 가수 분해, 용매화 등 간단한 무기 반응이다. 낙엽이 먼저 기계적으로 부서짐으로써, 그러한 반응과 쉽게 휘발될 수 있거나 용해 가능한 산물(낙엽 속의 K와 Na의 약 70%는 쌓인 후 2~3개월 동안에 토양으로 용탈된다)의 배출이 용이하게 진행된다. 그러나 낙엽과 잔사의 대부분은 복잡한 구조적 분자들로 이루어져 있어서, 기계적 분쇄의 도움이 없다면 무기 반응은 진행이 느리고 원래 화합물의 대부분이 그대로 유지될 것이다. 처음의 풍화와 용탈, 그리고 부식 생물의 분쇄에 앞서거나 함께 진행되거나 뒤따라갈 미생물의 분해 때문에, 이런 일은 일어나지 않는다. 잔사 기질을 작지만 매우 단단한 부스러기로 만들거나 완전히 분해시키는 것은 이들 분해자 미생물들(주로 박테리아와 균류)이다.

미생물 분해의 1차적 메커니즘은 유기질 잔사를 구성하는 구조적 거대 분자를 효소로 쪼개는 것이다. 이들 분자는 큰 분자 무게를 가진 긴 중합체이며, 미생물 세포와 비교할 때 크다. 미생물은 분자나 분자의 구성 성분을 먹이로 이용하기 위해서 세포벽의 표면이나 토양 속으로 '아무렇게나' 외세포 분해 효소를 분비한

다. 여기에서 효소는 유기질 기질이나 점토 광물의 표면에 흡수될 것이다.

이러한 외세포 효소는 그들이 작용하는 기질이 아니라 특정한 연계에 고도로 특화되어 있다. 그들은 분자에 작용하는 독특한 기능 집단의 존재에 민감하다. 그래서 일부는 같은 기질로 이루어진 서로 다른 이성질체를 구분할 수도 있다. 효소의 대부분은 귀납적이다. 즉, 그들은 독특한 기질이 있을 때에만 만들어진다. 이러한 효소가 촉매 작용을 한 반응의 산물은 원래의 중합체나 그러한 단위들의 집단을 구성하는 성분 단량체들이다. 단량체들은 다른 운반 효소에 의해서 미생물의 세포벽을 가로질러 이동될 수 있으나, 단량체들이 유기체의 호흡에 이용할 기질을 형성하기 전에 다시 매우 특화된다. 효소 반응의 그러한 산물들은 그것들을 방출하는 데 필요한 효소를 가지지 못한 다른 토양 생물들에게도 유용하며, 그것들은 용출수에 의해서 용탈될 수도 있다(제11장).

이들 프로세스가 복잡하다는 것은 어떤 중요한 의미를 내포한다. 첫째, 어떤 유기체도 자연 상태의 기질에 나타나는 매우 다양한 분자들을 분해하기 위한 매우 여러 가지의 효소들을 만드는 것 같지는 않다. 그러므로 완전한 붕괴는 특정한 효소에 기여하고 특정한 반응에 촉매 작용을 하는 일련의 미생물들에 달려 있다. 둘째, 유기질 중합체가 분해에 민감한 정도는 이질성에 반비례한다. 말을 바꾸면 구성이 다양하고 결합과 연계가 다양할수록 미생물 효소에 의한 분해가 성공적이지 않은 것 같다.

분해되는 낙엽의 생화학 변화는 구성 요소가 가용성 당, 헤미셀룰로오스, 셀룰로오스, 리그닌의 순서대로 사라지는 것을 의미한다(Burges, 1958)(그림 21.6). 이것은 연속된 미생물들이 행렬에 있는 기질에 들어가고, 각 행렬은 특정한 성분을 분해할 수 있다는 견해를 지지한다. 그래서 당이용균류(sugar fungi)와 간단한 탄수화물을 이용하는 기타 유기체는 셀룰로오스나 상당한 다당류의 분해자, 마지막에는 리그닌 분해자로 대체된

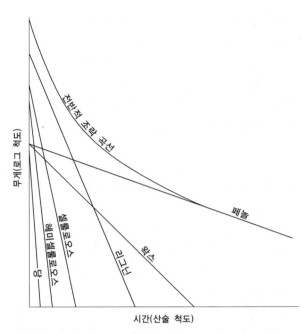

그림 21.6 잎을 구성하는 주요 성분들의 조락 곡선(Minderman, 1968)

(그래프 축 레이블)
무게(로그 척도)

곡선 레이블: 전반적 조락 곡선, 페놀, 왁스, 리그닌, 셀룰로오스, 수용성 폴리페놀, 수용성 탄수화물, 당

시간(산술 척도)

표 21.2 기질 이용의 차례 및 식물 쓰레기 분해에 참여하는 분해자의 행렬 (Garrett, 1981; Frankland, 1966)

함축된 천이	분해자 입식자	기질 이용
1단계 (0~1년)	균류와 원핵생물*을 포함한 기생생물과 1차 입식자	이용된 당류와 기타 간단한 탄수화물(균사체로 통합됨)
2단계 (1~2, 3년)	토양 균류, 원생생물, 토양 무척추동물, 원핵동물 등을 포함하는 섬유소분해성 토양 부생 식물	세루로스 분해(생산된 과잉 단순 탄수화물은 비섬유소 분해성 균류가 이용함)
3단계 (2, 3~ 5, 6년)	리그닌을 분해하는 부생 식물, 균류, 원핵생물	리그닌, 탄닌, 기타 복잡한 화합물. 이용된 균류의 세포벽 키틴질

* 박테리아와 방사선균류

다. 이러한 연속의 개념은 전적으로 간단하지가 않다. 이것은 기질의 물리적, 영양적 위상에 관련될 뿐만 아니라 관련 종들의 다양한 성장률과도 관련이 있기 때문이다. 그럼에도 불구하고 그런 체제는 유용하며(표 21.2), 토양 동물들은 그 체제 내에 통합될 수 있다. 그들이 잔사를 분쇄함으로써 미생물들이 들어갈 수 있는 길을 제공할 뿐만 아니라, 예를 들어 부식 생물이 소화할 수 없는 조직에 접근하기 위해서는 미생물이 잎의 외피를 분해하여야 하기 때문이다. 더구나 어떤 부식 생물들은 셀룰로오스의 분해 효소인 셀룰라제를 분비하는 박테리아 성장 식물상을 가지고 있어서 다른 미생물 활동과 명확히 구분될 수 없다(제20장).

(3) 재합성: 시스템의 최종 상태, 부식화, 그리고 분해의 전반적인 효과

분해의 전반적인 효과는 낙엽 및 유기 퇴적물의 소모, 그리고 그에 연관된 CO_2와 H_2O, 광물질 영양소(무

기화 작용mineralization)의 배출로 요약될 수 있다. 이러한 현상은 분해자(특히 미생물의) 원형질의 출현과 이들 일부 영양소의 **고정 작용**(immobilization)을 수반한다. 이러한 반응과 관련하여 더 이상 와해되기 어려운 유기질 화합물의 잔재가 나타난다. 이것이 **부식화** (humification) 프로세스이며, 잔류 물질이 **부식**(humus) 이다. 부식은 조성이 다양하고 결정도가 약한 비정질의 복잡한 화합물의 혼합체이다. 이러한 특성 때문에 100년 이상의 지속적인 연구 노력에도 불구하고 토양 부식의 정확한 성격은 애매모호하다. 사실 정확하게 닮은 두 개의 부식 분자는 존재하지 않는다는 주장이 제기된 바 있다(Fledgmann and George, 1975).

그러나 부식의 기원과 조성, 그리고 속성에 관한 어떤 광의의 결론을 내릴 수는 있다. 부식은 생물이 살아 있거나 죽었을 때에 미생물의 세포 내에서 그 원형질로부터 만들어진 불용성의 이질 중합체들로 구성되어 있음이 밝혀졌다. 이들 중합체는 미생물 효소에 비해 이질적이기 때문에, 비교적 안정적이고 산성 가수 분해와 미생물의 분해에 비교적 강한 콜로이드 크기(2㎛ 미만)의 입자를 형성한다. 부식질 중합체는 아미노산과 펩티드, 단백질을 가진 식물과 미생물(특히 균류) 기원의 폴리페놀 화합물들 간의 반응이나, 식물이나 미생

물 기원에서 유래하는 것으로 믿어지고 있다. 부식은 낙엽에서 비교적 단단한 일부 다당류를 함유할 수도 있지만, 부식에 포함된 이러한 탄수화물의 대부분은 미생물의 세포벽(예, 균류 세포벽의 키틴질)과 박테리아의 외세포 분비물에서 유래한다.

콜로이드 크기의 부식 입자는 표면적/부피의 비가 크고 이온 교환 성향도 강하다. 그들은 점토 광물처럼 순 (−)전하를 띠지만, 토양 산도가 다양한 조건에서 활성을 띠는 카르복실 및 페놀 집단의 OH(수산기)로부터 수소 이온이 해리되기 때문에, 이러한 전하는 pH에 따라 달라진다(그림 21.7). 이러한 부식의 입자와 점토 광물은 대부분의 환경에서 분리된 입자로서가 아니라 가깝게 연결된 **유기 광물 복합체**(organomineral complex)로서 존재하지만 그들은 토양 내 콜로이드 크기 입자의 주요 부분을 구성한다. 여기에서 부식 콜로이드는 각 입자들이 나타내는 순 (−)전하의 내재적인 정전기 반발력을 극복하는 여러 가지 힘(수소 결합, 치환성 양이온과의 배위 결합, 반데르발스 힘 등)에 의해서 점토 광물의 표면과 격자 내에 흡수된다. 토양 내에 물

과 광물질 영양소를 유지함에 있어서 이들 유기 광물 복합체의 중요성은 아무리 강조해도 지나치지 않다. 미생물 조직 내의 고정과 더불어 콜로이드에 의한 이온 흡수는 삭박 시스템의 용질 처리에서 용탈에 따른 유실과 고등 식물에 대한 영양소의 이용 가능성을 규제하는 가장 중요한 조절자의 역할을 한다.

4. 분해: 영양 모델과 에너지 흐름의 통로

분해의 작용−반응 모델에서 활성화 메커니즘으로 생각되는 부식 생물과 분해자는 죽은 유기 물질로부터 신진대사를 위한 에너지를 얻는다. 그들은 이러한 죽은 물질 전체를 소화하거나, 소화 기관 내외에서 일어나는 프로세스인 미생물의 분해자 활동으로 이미 이용 가능하게 된 식량 분자와 영양소를 흡수한다. 그러나 살아 있는 부식 생물과 분해자를 먹고사는 다른 토양 생물과 그들의 죽은 잔재를 먹고사는 생물도 있다. 이들은 각각 2차 초식−육식 시스템과 2차 분해자 시스템을 구성한다.

토양 동물의 대부분 집단―예를 들면 진드기―은 박테리아 세포와 균류의 균사를 선택적으로 또는 무차별적으로 먹는다. 지네와 같이 비교적 큰 토양 무척추 동물 가운데 어떤 것은 진드기, 톡토기, 선충류 등을 먹고사는 게걸스러운 육식 동물이다. 이들의 영양 관계는 적대적 관계와 기생하는 관계, 특히 균류를 포함하는 관계 때문에 더욱 복잡하다. 이러한 부식 생물―분해자―육식 동물이라는 먹이 그물의 영양 역학적 모델(그림 21.8)을 구축할 수는 있겠지만, 그것은 해결하기에 매우 복잡한 것으로 밝혀졌다. 아직까지 우리는 상이한 영양 단계 간에 에너지가 분할되고 전달되는 자세한 방식을 거의 알지 못한다. 그럼에도 불구하고 몇 가지 중요한 결론을 도출할 수 있다.

앞에서 개발한 분해의 작용−반응 시스템이라는 관점에서 볼 때, 부패는 유기물 파편에 포함된 화학 원소

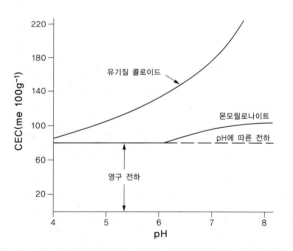

그림 21.7 유기질 콜로이드와 2:1 격자 점토 광물 몬모릴로나이트에 대한 pH와 양이온치환용량(CEC)의 관계. 유기질 콜로이드의 (−)전하 흡착 장소의 수를 반영하는 CEC는 토양 산도 범위 내에서 pH 종속적이다(CEC의 단위는 me-밀리당량: 화학적으로 수소 1mg에 해당하는 양)(Buckman and Brady, 1974).

를 무기질화하거나 배출하고, 결국 이산화탄소와 같은 간단한 무기질 화합물보다 산화된 상태로 변환시키는 프로세스이다. 그러나 부식 생물과 분해자, 그리고 그들에 의존하는 육식 동물은 원래 유기질 파편에서 유래한 유기질 화합물을 동화하고, 이들 화합물의 성분으로서 그리고 토양수로부터 무기질 영양소를 섭취한다. 그들은 호흡 에너지를 사용하여 이들 구성 요소로부터 자신의 원형질 구성 성분을 합성한다. 그래서 분해의 영양 모델이라는 관점에서 볼 때, 부패는 분해 먹이 그물을 이루는 유기체의 원형질 내에 똑같은 화학 원소를 고정하는 프로세스이다. (사실 이들 유기체의 일부는 토양 공기에서 일산화이질소를 고정하기 위하여 호흡 에너지를 사용할 수도 있다) 그러므로 모든 이런 원소들은 비록 일시적일지라도 효율적으로 고정되어, 고등 식물의 뿌리에 이용될 수도 없고 용탈로 유실되지도 않는다. 그들은 관련된 분해자가 죽어서 그들의 원형질이 소화되거나 붕괴되어야 이용가능하게 된다. 이런 이유 때문에 분해자가 영양 원소의 전환 속도에 대한 조절자 역할을 하는 것처럼 보인다.

열역학적 측면에서 분해성 먹이 그물에 속하는 유기체들은, 낙엽으로부터 화학 에너지와 물질의 흐름으로 유지되는 내부의 엔트로피를 그들이 발전하고 성장하고 번식함으로써 감소시킨다. 그러나 열역학 제2법칙에 따라, 분해되는 낙엽은 보다 단순한 성분으로 변환되고, 부패의 발열 반응 동안 그리고 분해성 개체군의 호흡에 의하여 에너지가 열로 소모—퇴비 더미의 중앙에서 높은 열이 나는 것을 생각하자—됨으로써 엔트로피를 증가시킨다.

5. 분해: 토양학적 모델

제11장에서 풍화 시스템을 풍화된 피복물이나 레골리스에 이르는 단면으로 모델화하였다. 마찬가지로 분해의 다양한 단계에 상응하여 상이한 토양층이 나타나므로, 분해도 동일한 측면에서 볼 수 있다. 낙엽의 유입에 더욱 근접한 지표 토양층은 비교적 신선한 유기물 잔재가 두드러질 것이다. 반대로 보다 깊은 토양층은 점진적으로 변질이 비교적 많이 진행되었고, 물질이 더욱 부식화되었으며, 광물질 토양 및 레골리스와 부식이 더욱 많이 혼합되었다. 유기물 파편 상태의 이러한 경도를 따라서 물리화학적 환경이나 토양 유기체의 개체군, 그리고 그들의 서식 환경에서도 비슷한 경도가 나타난다. 그러나 어떤 환경에서는 대형 토양 동물이 뒤섞어 놓아 그러한 구분이 지워졌을 것이다.

이러한 층위 형성(horizonation)이 발달하는 범위는 최초의 낙엽 유입의 성격과 레골리스 및 광물질 토양의 특성, 그리고 무엇보다도 토양 형성의 기후 환경에 따라 달라진다. 이러한 요소들이 토양 개체군의 수와 유형과 활동을 통제하며, 도리어 그것이 분해 및 영양소 변환 속도를 통제할 것이다. 이러한 모든 요소들이 함께 토양 단면의 상태에 영향을 미칠 것이다(그림 21.9, 제22장).

토양 비옥도에 대한 명백한 기여는 차치하더라도, 분해 시스템의 이해는 여러 방식으로 인류에게 중요하다. 그러나 이렇더라도 현대의 영농은 비료의 대량 살포를 선호하여 소위 '유기 농업'을 버리는 쪽을 택한다. 유기 물질의 유실은 토양 구조에 유해한 영향을 미치며, 이러한 비료 성분을 보유하는 능력을 감소시킨다. 그 결과는 악순환이다. 사회에서는 쓰레기를 처리하거나 가정 폐기물을 분해시킬 때에도 점차 분해 프로세스를 직접 이용한다. 그러나 쓰레기 처리장에서 배출되는 유출수는 영양소, 특히 질산염과 인산염이 풍부하다. 이것은 농업 토양에서 용탈되는 비료와 더불어 하천과 호수의 조류 수화(algal bloom)나 부영양화 문제를 일으킨다. 반대로 자연 상태의 분해 시스템에 처리하지 않은 쓰레기가 과적되면, 분해자 유기체의 산소 요구량이 증가하여 식생과 물고기가 질식하여 죽는 수준까지 산소의 농도가 낮아질 수도 있다.

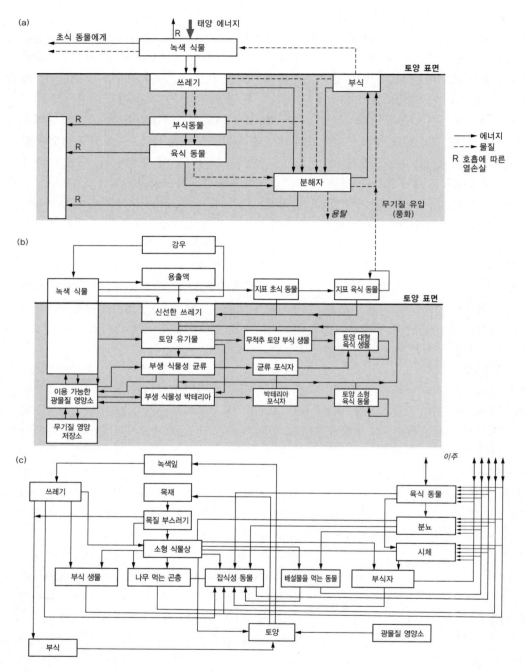

그림 21.8 분해 시스템 내에서 토양 미생물과 물질 및 에너지 전달 통로의 영양 관계를 설명하는 세 가지 시도. (a) Wallwork(1970). (b) Fortescue and Martin(1970). (c) Edwards *et al.*(1970).

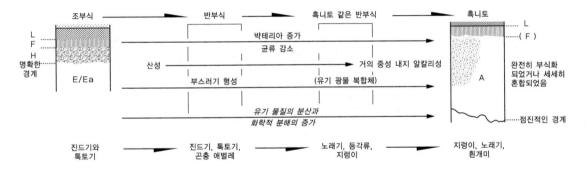

그림 21.9 분해 시스템의 토양 생성 모델과 토양 환경을 통제하는 경도 및 토양 생물 우점 집단 내의 변화와 관련하여 나타나는, 흑니토(mull)에서 조부식(mor) 유기질 토층에 이르는 시리즈로써 토양 단면에 나타나는 모델의 표현(Wallwork, 1970).

더 읽을거리

개론서:

Jackson, R.M. and F. Raw (1966) *Life in the Soil*. Edward
  Arnold, London.
Mason, C.F. (1977) *Decomposition*. Edward Arnold,
  London.
Richards, B.N. (1974) *Introduction to the Soil Ecosystem*.
  Longman, Harlow.

보다 자세한 내용:

Burges, A. (1958) *Micro-organisms in the Soil*. Hutchinson,
  London.
Burges, A. and F. Raw (1967) *Soil Biology*. Academic
  Press, London.
Dickinson, C. and G. Pugh (1974) *Biology of Plant Litter
  Decomposition*. Academic Press, London.
Kononova, M.M. (1966) *Soil Organic Matter* (2nd edn).
  Pergamon, Oxford.

Swift, M.J. O.W. Heal and J.M. Anderson (1979)
  *Decomposition in Terrestrial Ecosystems. (Studies in
  Ecology, vol. 5)*. Blackwell, Oxford.
Wild, A. (ed) (1988) *Russell's Soil Conditions and Plant
  Growth* (11th edn). Longman, London.
  (특히 제14~19장)

특정한 토양 생물 집단:

Griffin, D. M. (1972) *Ecology of Soil Fungi*. Chapman &
  Hall, London.
Wallwork, J.A. (1970) *The Ecology of Soil Animals*.
  McGraw-Hill, Maidenhead.

두 개의 국제 생물 계획 핸드북은 토양 생물을 연구하는
데 사용되는 기법을 잘 소개하고 있다.

Parkinson, D. *et al.* (1971) *Ecology of Soil Micro-organisms*.
  IBP Handbook No.19. Blackwell, Oxford.
Phillipson, J. (1971) *Quantitative Soil Ecology*. IBP
  Handbook No.18. Blackwell, Oxford.

제22장

토양 시스템

1. 토양 시스템의 정의

지금까지 우리는 다양한 배경에서 토양을 살펴보았다. 예를 들어 토양과 레골리스의 관계는 제11장 풍화 시스템의 서두에서 논의하였다. 유기물의 분해는 제21장 분해 시스템에 속하는 유기체의 서식지를 형성하는 것으로 보이는 토양 내부나 위에서 대부분 일어난다. 제12장에서 토양은 사면에서 삭박 프로세스의 작동에 따른 물과 암설의 이동과 연관되어 있으나, 동시에 제19장에서 본 것처럼 식물뿌리가 활용하는 물과 광물 영양소의 저장소로 기능한다는 사실을 인정했다. 분명히 토양은 의도적이든 비의도적이든 우리가 살펴보았던 많은 환경 시스템의 일부이며, 많은 환경 시스템이 관련된 물질과 에너지의 직렬 시스템에 포함되어 왔다(그림 22.1). 그러나 우리는 토양을 당연히 그러한 직렬 시스템을 구성하는 부분 시스템이라고 규정할 수 있는가?

(1) 토양의 모델화: 3차원 조직

토양에 대한 경험으로 볼 때, 토양은 고상(solid

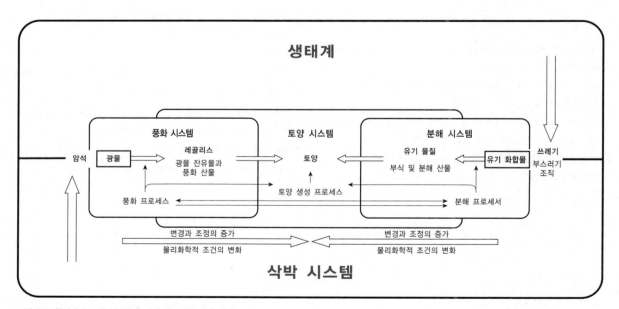

그림 22.1 환경에서 토양 시스템과 기타 시스템들 간의 관계

phase)과 액상(liquid phase), 그리고 기상(gaseous phase)으로 이루어진 시스템이다. 고상의 일부는 대체로 풍화 작용을 받지 않은 암석의 쇄설성 파편으로부터, 활발하게 풍화 작용을 받고 있는 부서진 광물 입자를 거쳐, 풍화 산물에서 유래한 2차 광물에 이르는 범위의 무기 물질로 이루어져 있다. 제11장에서 보았듯이, 이러한 무기질 파편은 입경이 다양하며, 입경의 상

대적인 비율로 토성(texture of soil)을 규정한다(그림 22.2). 고상의 두 번째 구성 성분은 분해 정도가 다양한 유기 물질과 분해 산물에서 재합성된 유기 물질(그리고 분해 과정에 직·간접적으로 포함된 토양 생물 개체군)이다. 그러나 토양의 고상은 보통 유기물이나 무기물의 분리된 입자들로 구성되어 있지 않다. 대부분의 경우 이들 입자들은 밀접하게 붙어서 **토양 입단**(soil

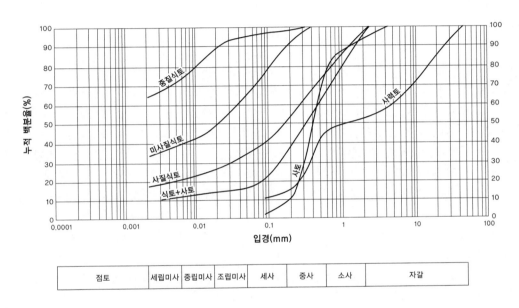

점토	세립미사	중립미사	조립미사	세사	중사	소사	자갈

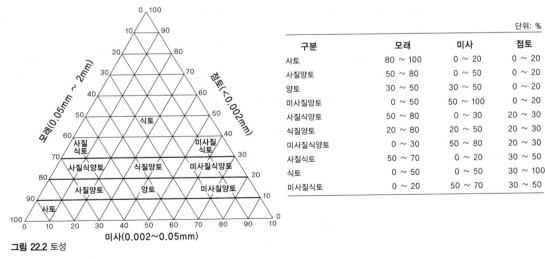

그림 22.2 토성

			단위: %
구분	모래	미사	점토
사토	80 ~ 100	0 ~ 20	0 ~ 20
사질양토	50 ~ 80	0 ~ 50	0 ~ 20
양토	30 ~ 50	30 ~ 50	0 ~ 20
미사질양토	0 ~ 50	50 ~ 100	0 ~ 20
사질식양토	50 ~ 80	0 ~ 30	20 ~ 30
식질양토	20 ~ 80	20 ~ 50	20 ~ 30
미사질식양토	0 ~ 30	50 ~ 80	20 ~ 30
사질식토	50 ~ 70	0 ~ 20	30 ~ 50
식토	0 ~ 50	0 ~ 50	30 ~ 100
미사질식토	0 ~ 20	50 ~ 70	30 ~ 50

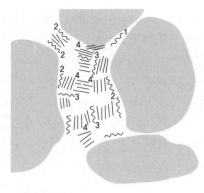

그림 22.3 토양 입단의 Emerson 모델

점토 응집(편향성 점토소판)

유기질(부식) 중합체

석영 입자

1 석영-유기물-석영 연계
2 석영-유기물-점토 응집 연계
3 점토 응집-유기물-점토 응집 연계
4 점토 응집면-점토 응집 가장자리 연계

aggregate)이나 **패드**(ped)를 형성한다. 이것은 토양 입자들 간의 인력으로 발생하며, 수소 결합과 이온 결합의 형성을 포함한다. 그리고 토양의 건습이나 뿌리 발달에 따른 압력, 토양 미세 식물에 의한 숨겨진 다당류 접착제(그림 22.3)가 존재함으로써 더욱 잘 일어날 수 있다. 이들 토양 입단 사이와 토양 입단 내에는 다양한 종류의 공극이 있다. 각 입자들 사이나 패드 내의 미세 입단들 사이에는 미세 공극(직경 2~20㎛)의 네트워크가 있다. 반면에 식질 토양 내에서는 이러한 미세 공극이 10nm만큼이나 좁다. 주요 토양 입단들 사이에는 대공극이나 균열은 물론 거대 공극(직경 7,200㎛)이 발생한다(그림 22.4). 아마도 생물에서 기원하여 연결성이 좋은 관 모양의 통로가 생성될 수도 있다. 그들의 중요성은 제12장에서 이미 언급하였는데, 그곳에서는 토양 파이프(soil pipe)로 불렀다. 토양 입단과 토양 공극의 종류와 규모와 분포는 토양의 구조나 조직을 결정한다.

액상과 기상은 공극과 빈 공간을 차지하는 토양수와 토양 공기로 표현된다. 토양 속으로 침투한 물은 토양수 퍼텐셜(Ψ_s, 자료 12.2)을 결정하는 어떤 힘의 영향을 받는다. 매트릭스 퍼텐셜(Ψ_m)이나 삼투 퍼텐셜(Ψ_π)과 같은 토양수 퍼텐셜의 일부 구성 요소는 장력(retention force)에 의한 것으로, 지하수면 위 부분적으로 공기로 채워진 공극 내에서 수분을 유지할 수 있게 해 준다.

비가 내리면 곧 지하수면 아래의 공극은 물로 완전히 채워져 포화 상태가 된다. 그러나 토양수는 순수한 물이 아니다. 알다시피 토양수에는 다양한 물질, 특히 잠재적으로는 식물 영양소로서 유용한 여러 가지 양이온과 음이온이 포함되어 있다. 이들 용질은 다양한 기원에서 유래한 것이다. 일부는 빗물에 이미 존재하며, 일부는 식생 수관에서 유래하였고, 나머지는 풍화와 분해와 이온 치환 프로세스의 결과로 토양 내에서 용해된 것이다. 사실 토양수는 토양 용액으로 불리기도 한다. 그러나 진정한 용액은 아니라고 할지라도, 토양의 일부 성분은 너무 작아서(<2㎛) 콜로이드 상태로 떠 있다. 토양 화학의 관점에서는 액상과 고상 모두를 토양-물 현탁액으로 행동한다는 것으로 간주하는 것이 보통이다. 콜로이드 입자 가운데 가장 두드러진 것은 수화 알루미늄 규산염 광물과 유기질 중합체, 철·망간·알루미늄·티타늄의 수화 비정질 산화물과 수산화물이다(제11장 자료 11.2와 제21장 참조).

물로 완전히 채워지지 않은 공극은 부분이나 전체가 공기로 채워지게 된다. 그러나 이러한 토양 공기의 조성은 위에 있는 자유 대기와 매우 다르다. 더구나 이러한 차이는 깊이에 따라 증가하며, 시간이 지나면서 변한다. 주요 차이점은 산소의 농도가 대기에서보다 약간 낮고, 이산화탄소의 농도는 상당히 높다는 것이다(표 22.1). 그러나 둘 다 변하며, 뿌리와 토양 생물의 호

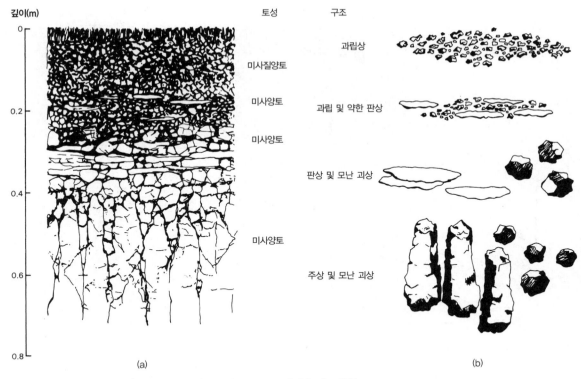

깊이(m)　　　　　　　　　　　　　　　　토성　　　구조

0 ┬

　　　　　　　　　　　　　　　　　　미사질양토　　　과립상

0.2 ┤

　　　　　　　　　　　　　　　　　　미사양토　　　　과립 및 약한 판상

　　　　　　　　　　　　　　　　　　미사양토

0.4 ┤　　　　　　　　　　　　　　　　　　　　　　　판상 및 모난 괴상

0.6 ┤　　　　　　　　　　　　　　　　　　미사양토　　　주상 및 모난 괴상

0.8 ┤
　　　　　　　　　(a)　　　　　　　　　　　　　　　　　　　(b)

그림 22.4 토양 구조(Agricultural Advisory Council on Soil Structure and Soil Fertility, 1971)

표 22.1 건조한 공기와 비교하여 통기성이 양호한 토양에서 기체 상태의 산소와 이산화탄소의 구성비(Russell, 1973)

	산소(%)	이산화탄소(%)
건조한 공기	20.95	0.03
농지 토양		
휴경지	20.7	0.1
시비한 토양	20.4	0.2
시비를 하지 않은 토양	20.3	0.4
시비한 사질 토양		
감자를 재배한 토양	20.3	0.6
초지	18~20	0.5~1.5

흡에 의한 산소 요구량과 이산화탄소 생산율에 따라 달라진다. 그 관계는 공기와 물에서 두 기체의 확산 계수가 매우 다르고 물에서의 용해도 때문에 복잡하다.

토양은 지표에서 생성되고, 수직적으로는 뿌리가 침투할 수 있는 하한계까지 도달하며, 경관의 구성 요소로서 수평으로 펼쳐져 있는 3차원의 자연체이다(그림 22.5). 그러나 고상, 액상, 기상이 이러한 3차원에서 임의의 모자이크를 만드는 것이 아니라, 다소 조직되어 시스템의 수직적, 수평적 구조를 한정한다. 토양 고상과 빈 공간, 그리고 이들과 연관된 토양수와 토양 공기의 성질은 수직적, 수평적으로 다양하다. 토양 내에서는 수직적으로 층이 분화되는데, 이 층은 토양 형성 물질의 상대적인 비율과 특성이 달라서, 각 층은 상이한 물리적·화학적·생물학적 속성을 나타낸다. 이러한 속성들은 관련된 특정한 토양층 내에서 작동하고, 작동해 온 프로세스를 반영할 뿐만 아니라 현 프로세스가 발생한 조건이나 환경을 형성한다. 토양의 이러한

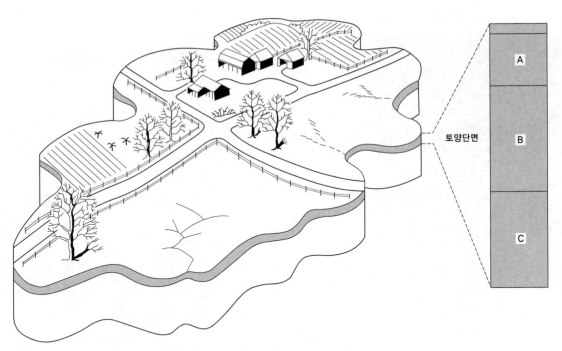

그림 22.5 경관의 구성 요소로서의 토양(R.W. Simonson, *Soil Sci.* Soc. Am. Proc. **23**, 152~156)

토양단면

A

B

C

수직적 조직을 **토양 단면**(soil profile)이라 하고, 분화된 층은 **토층**(soil horizon)이라 한다(그림 22.6). 수평적으로도 역시 조직화의 모습이 약간 나타난다. 층화 패턴과 토층의 특성은 경관 내 토양의 위치, 특히 사면과 관련한 위치에 따라 대체로 예측 가능하도록 측방으로 변한다(그림 22.13).

토양학 문헌에서는 공식적으로 **토양 단위체**(pedon)와 **토양체**(polypedon), **토양 경관**(soilscape) 등의 개념을 사용하여 토양 단면의 개념을 다양한 규모의 3차원 단위로 확장하였다(Hole, 1978; Hole and Campbell, 1986). 전자는 단순히 2차원 토양 단면을 동일한 척도의 고정된 크기(예, 1m²×2m, Van Wambeke, 1966)를 갖는 부피 단위로 확장한 것이다. 그러므로 [그림 22.5]에 제시된 것과 같은 개별 토양 덩어리가 **토양체**(polypedon)이며, 이것은 경관 규모에서 **토양 경관**(soilscape, 다중 토양체 단위)을 구성하는 대규모 공간 단위의 밀집으로 형성되는 연합 패턴이다. 물론 경관 조직에 대한 이러한 토양학적 접근 방법에는 제18장에서 논의한 *경관생태학*(landscape ecology)과 관련된 것과 많은 유사성이 있다. 규모나 모양과 방향성은 경관 구획에 적용되는 것처럼 토양체에도 적용되는 용어들이다. 토양학자들이 사용하는 용어들 중의 일부는 토양미지형학에서 사용하는 용어들에서 유래하였지만[예: 경관 플라즈마, 그림 22.8 참조, Brewer (1975)], 토양학자들은 경관생태학자들과 유사한 방식으로 경관 매트릭스(L-matrix)를 다룬다. 토양 경관의 개념은 기능적 의미를 가지고, 경관 내 토양 프로세스의 작동에 대한 고찰을 도우며(Huggett, 1975), 경관생태학과 함께 농업 경관 내 토양 침식 연구를 위한 중요한 틀을 형성한다(Farres *et al.*, 1991; 그림 22.7).

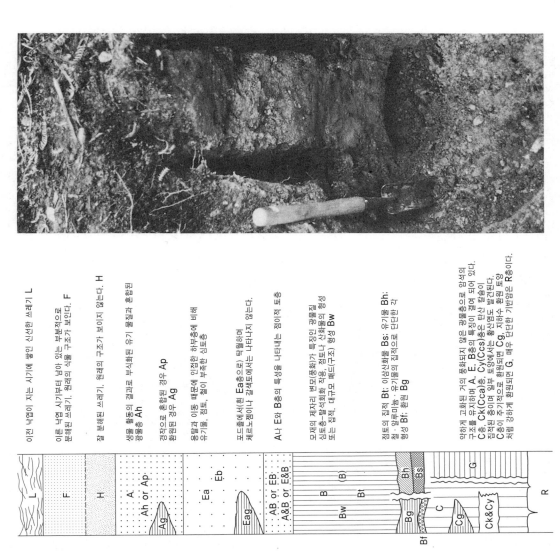

그림 22.6 토양 단면과 토양 층위. 층위의 인식과 묘사는 사진에서 보듯이 경계가 점진적이기 때문에 도식적인 다이어그램에 나타난 것처럼 간단하지는 않다. 다이어그램에 나타난 모든 층위가 실제 세계에 함께 나타나는 일은 결코 없을 것이다.

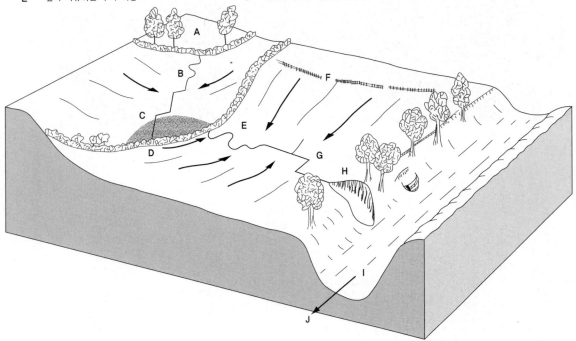

그림 22.7 토양 경관 단위를 앎으로써, 경관 수준에서
토양 침식의 표현을 더 잘 이해할 수 있게 해 주는 선적인
경관의 특성(울타리, 움푹 들어간 좁은 길)(Farres, 1991).

(2) 토양의 프로세스 모델

토양 시스템의 3차원 조직, 특히 토층의 표현은 프로세스들이 복잡하게 조합을 이룬 결과이다. 일부 프로세스는 다른 장에서 분명하게 다루었으나, 토양 시스템 내에서 프로세스들의 역할로 보면 그들 모두는 토양 생성 프로세스로 간주될 수도 있고 토양 생성이나 토양 형성에도 기여하고 있다. 자세히 보면, 세계의 토양에서 나타나는 토층의 패턴이나 유형, 그리고 표현의 정도는 극히 다양하다. 그럼에도 불구하고, 발생학적으로 발달한 토양(토양이 발달할 수 있는 충분한 시간이 지난 장소) 내의 토층으로 볼 때, 어떤 프로세스는 모든

토양의 발달에서 공통적으로 작동하며, 그래서 각 토양은 그곳에만 유일한 일련의 프로세스에 의한 산물이 아니다. 사실 Simonson(1959)은 토양은 '여러 물리적·화학적·생물학적 프로세스가 융합한 결과로서' 형성되며, '모든 프로세스는 모든 토양의 발달에 잠재적인 기여자'라고 주장하였다. 이 말의 의미를 되새겨 보기 전에, 토양 시스템 모델의 측면에서 토양 생성 프로세스가 무엇인가를 고찰할 필요가 있다(그림 22.8).

개방 시스템 모델의 측면에서, 토양체(soil body)의 특성 — 토양의 요소들, 요소들의 속성, 그리고 요소들의 관계 — 은 시스템의 상태를 나타낸다. 이것은 토양

변환 프로세스

물질의 내부 재조직과 에너지의 재분배. 유기 물질의 부패와 1, 2차 광물의 풍화. 그런 프로세스에는 물질과 자유 에너지의 순손실이 수반된다.

전달 프로세스

물질의 내부 재조직과 에너지의 재분배. 철과 점토, 부식, 수화된 이온의 전위, 기체의 확산, 이온 교환, 집괴 이동, 통로, 모세관 상승, 토양 동물의 혼합, 동결 교란 등의 이동을 포함한다.

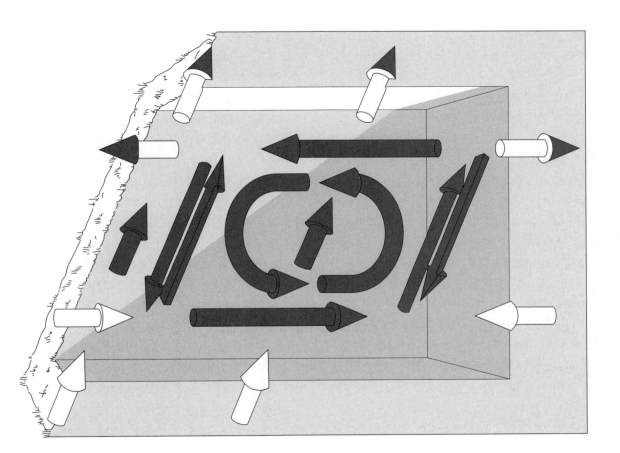

유입 프로세스

물질(유기 물질 쓰레기, 빗물, 흡흘이 CO₂, 풍화와 집괴 이동에 의한 레골리스, 산면 생물로부터 공급되는 통류)과 화학·운동·방사능·기계 또는 일부 복합적 에너지의 유입

유출 프로세스

대부분 유입 프로세스와 대칭으로 유사, 예를 들면, 산면 아래로 가는 집괴 이동, 통류, 투과, 용탈, 식물뿌리의 수분 및 영양소 흡수와 같은 독특한 유출 프로세스

그림 22.8 토양 프로세스.

시스템으로 들어오는 에너지와 물질의 유입 — **유입 프로세스**(input process) — 에 따라 달라진다. 예를 들면, 유입 프로세스에는 토양 위의 식생으로부터 유기 물질의 공급과 침투에 따른 빗물의 유입, 기반암의 풍화에 따른 레골리스의 유입, 사면 이동과 통류로써 사면 윗부분에서 공급되는 물질의 집적 등이 포함된다. 투과하는 물처럼 움직이는 물질은 시스템에 일을 할 수 있는 운동 에너지의 유입을 나타내는 반면, 이런 모든 물질은 화학 에너지의 유입을 나타낸다. 태양 복사가 토양에 흡수되면, 열에너지는 특히 전도로써 전달된다. 각 토양 입자들에게 중력 에너지를 부여하는 토양체의 고도는 지표의 고도를 유발한 지형학적 사건에서 유래하는 에너지 유입으로 생각된다.

시스템(토양)의 상태는 그 상태를 유지시키기 위하여 또는 그 상태를 변화시키기 위하여 시스템 내에서 작동하는 프로세스에 따라 달라질 것이다. 이러한 프로세스에는 두 가지 유형이 있다. **변환 프로세스**(transformation process)는 물질의 재조직과 에너지의 재분배를 포함하지만, 대부분 제자리에 머물러 있거나 특정한 토층 내에 있다. **전달 프로세스**(transfer process)는 시스템 내에서 작동하는 통로와 연관되어 있으며, 물질과 에너지의 상이한 저장소들 간에 보통은 상이한 토층 간의 수직적·수평적 전달을 포함한다. 아마도 제자리 재조직에 대한 가장 좋은 예는 분해 동안의 유기물 변환과 풍화 동안의 1차 광물 변환, 그리고 토양 내 2차 광물과 부식의 형성 등이다. 변환이나 형성은 물질의 구조적 재조직을 포함하지만, 그들은 자연스러운 프로세스로서 열역학 제2법칙에 부합하여 진행되기 때문에, 물질의 순손실과 열로써 자유 에너지의 소모를 동반한다. 손실된 질량은 제거되어 전달 프로세스에 포함된 풍화 및 분해의 산물로 설명된다.

토양 시스템 내 전달 프로세스의 주요 구분은 토양 생성 프로세스에 따른 산물의 전위(translocation)와 관련되어 있다. 예를 들면, 용액 상태인 수화 이온이 토양 속으로 이동하는 것, 토양 용액과 콜로이드의 표면

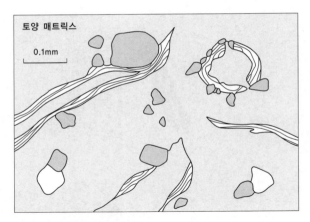

토양 매트릭스

0.1mm

그림 22.9 점토 광물의 기계적 이동으로 형성된 점토 막(큐탄cutan)

그리고 식물 뿌리 사이의 이온 교환, 호흡성 이산화탄소의 확산, 토양 공극을 통한 점토 광물의 기계적 이동(그림 22.9), 또는 콜로이드 현탁액 내 수화된 수산화물로서 혹은 킬루비에이션(cheluviation)에 의해 합성된 철로서의 이동 등 모든 것이 풍화와 분해의 가용성 산물을 포함하는 전달 프로세스이다. 중력은 그러한 전달을 통제하는 요소이므로, 일반적으로는 하부 토층으로 이동하거나 물이 매트릭스 통류로서 이동하여 사면 아래로 측방 이동한다. 그럼에도 불구하고 다른 힘은 중력에 의한 인력보다 중요하여, 어떤 환경에서는 상향 이동이 발생할 수도 있다. 토양의 미세 공극에서 일어나는 수분의 모세관 상승에도 그러한 상황이 포함된다. 환경 조건이 적합하면 깊은 곳에서 올라온 가용성 염이 지표 근처의 토층에 집적되어 나타나기도 한다.

이러한 모든 전달 프로세스는 비교적 명확하지만, 시스템의 상태에 보다 일반적인 영향을 미치는 것도 있다. 대부분의 전달 프로세스는 선택적이고 독특한 토층의 차이를 초래하는 반면, 일부 프로세스는 매우 비선택적인 방식으로 작동하여 토층이 만들어지는 것을 방해한다. 그들은 존재하는 토층을 파괴하기도 한다. 토양 동물, 특히 대형 동물들(온대 토양에 사는 지렁이와 열대 토양의 흰개미)이 토양을 혼합하여 유기 물질, 특히 부식화된 물질을 광물질 토양과 가까이 접촉하는

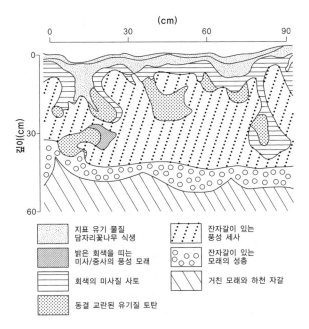

(cm)

0   30   60   90

깊이(cm)

0

30

60

범례:
- 지표 유기 물질 담자리꽃나무 식생
- 밝은 회색을 띠는 미사/중사의 풍성 모래
- 회색의 미사질 사토
- 동결 교란된 유기질 토탄
- 잔자갈이 있는 풍성 세사
- 잔자갈이 있는 모래의 성층
- 거친 모래와 하천 자갈

그림 22.10 캐나다 북서부 지구에 있는 켈레트(Kellett) 강 유역 상류 Bank Island에 나타난 동결 교란의 효과

데까지 가져와 유기물층과 광물질층 사이의 명확한 구분이 사라졌다. 적당한 환경에서는 **동결 교란**(cryo-turbation)도 토층의 발달을 방해하는 유사한 영향을 미칠 것이다. 그러나 후자의 프로세스 집단은 토양 내에 뚜렷한 패턴을 만든다. 이것은 각 입자들이 동결/융해에 대하여 차별적으로 반응(서릿발 분급frost sorting)하기 때문이며, 이것은 진정한 토층이 아니다(그림 22.10). 끝으로 어떤 사면 이동 프로세스가 특히 빠를 경우에는 구분이 애매해지고, 없어지지 않을 경우에는 분화된 수직의 토층 전체가 토양 물질로서 사면 아래로 측방 이동할 것이다.

토양의 성격과 시스템의 상태를 결정하는 마지막 프로세스 집단은 물질과 에너지가 3차원 토양 시스템의 경계를 넘어 전달되는 **유출 프로세스**(output process)이다. 전달 프로세스와 마찬가지로, 대부분은 시스템으로 들어가는 유입이나 시스템 내의 전위에 관여하는 프로세스와 유사하다. 사실 대부분은 같다. 물질을 사면 위에서 토양체로 공급하는 사면 이동이나 통류 프로세스는 토양을 통하여 그리고 사면 아래 방향으로 경계를 넘어 물질을 전달하는 프로세스이다. 토양층위들 간에 원소를 전달하는 용탈이나 전위 프로세스 때문에 깊은 곳에 있는 지하수나 통류를 통하여 사면 아래로 유실될 수도 있다. 그러나 식물뿌리에 의한 영양소나 수분의 섭취와 같은 일부 프로세스가 유일한 유출 통로이자 프로세스이다.

이러한 모든 프로세스 집단이 토양 발달의 잠재적 기여자라는 Simonson의 주장을 되새겨 볼 때, 아프리카의 열대 우림에서 발달한 토양과 서스캐처원의 프레리 토양, 그리고 잉글랜드 중부 지방의 오랜 초지 토양은 진정한 의미에서 유일한 것이 아님이 분명하다. 그들 간에 실제로 차이가 있음에도 불구하고, 그들은 작동률과 전술한 프로세스의 상대적인 조합에서 정도의 차이를 반영할 뿐이다. 이러한 속성들 가운데 일부는 비교적 짧은 거리에서도 변할 수 있기 때문에, 실제의 토양들은 매우 다양하지만 대체로 성공적인 분류를 위한 시도를 허용하고 있다. 이들 각 토양의 상태는 토양이 겪은 독특한 프로세스 집단에 반응하여 시스템이 유지하는 어느 정도의 균형이나 안정 상태를 나타낸다. 그러나 문제점은 있다. 특정한 프로세스들이 결합하여 일련의 유입 프로세스와 변환 프로세스, 전달 프로세스, 그리고 유출 프로세스를 형성하는 방법을 무엇이 통제하는가? 무엇이 이들 네 가지 프로세스의 정도와 비율을 통제하는가? 그러므로 무엇이 안정 상태를 나타내는 토양의 성질을 통제하는가?

2. 토양 생성 작용의 통제와 조절

근대 토양 과학이 시작된 이래, 토양은 5개 토양 형성 인자의 함수로 묘사되어 왔다(Jenny, 1941). 이들은 무기물 인자, 유기물 인자, 기후 인자, 기복 인자, 시간 인자 등인데, 그들을 시스템의 작동 조건을 규정하는 일련의 외인적 변수들로 간주하면, 그들은 토양의 개방 시스템 모델로 통합될 수 있다. 토양이 유지하는 일련의 프로세스들과 평형 상태의 특성을 결정하는 것은 이와 같은 환경 조건의 전체적 복합체이다.

모재(무기물 인자)는 토양으로 들어가는 무기물 유입의 속성을 통제하고, 대체로 토양의 초기 토성을 결정하며, 그렇게 함으로써 토양의 특성과 토양 내에서 작동하는 프로세스의 대부분을 규제한다. 모재의 광물학적 특성은 토양의 초기 화학 상태 — 예를 들어 자유탄산칼슘이 존재하는지 — 를 부분적으로 통제하며, 대부분의 토양 속성과 풍화 등의 프로세스들, 치환 복합체 내 지배적인 이온, 그리고 토양 벌레의 존재 등에 영향을 미친다. 모재의 화학은 시스템의 초기 퍼텐셜 화학 에너지를 부분적으로 나타낸다.

기후는 토양 복사 균형을 통해서 복사 에너지의 유입을 통제하며, 지표수의 균형을 통하여 물의 유입을 통제한다. 이들 유입은 풍화에서 활성화 프로세스로 작용하기 때문에, 이러한 유입의 규모를 통해서 기후는 풍화 체제를 대부분 결정한다. 기후의 통합된 효과가 식물 성장에 미치는 영향을 통해서, 기후는 식생으로부터 들어오는 유기 물질의 공급과 토양 생물의 유형 및 활동을 간접적으로 규제한다. 기후는 토양으로 들어가는 수분의 유입을 통제할 뿐만 아니라 지표수의 균형을 통해서 토양 내 물의 흐름을 부분적으로 규제한다. 유출량을 줄이면, 토양 수분의 변화량(ΔS)과 지하수의 변화량(ΔG)은 강수량/증발산량의 비($P:E_T$)에 따라 달라질 것이다. $P>E_T$일 경우에는, 토양 단면에서 수분이 하방 이동하여 전달 프로세스가 전체적으로 융합될 것이다. $P<E_T$일 경우에는, 토양 속으로 침투하는 수분이 곧 증발하여 토양 단면 내 투과(증발)전선에 가용성 염이 침전될 것이다.

식생을 통하여 작용하는 유기물 인자는 사체의 형태로써, 그리고 시스템으로 들어가는 물질과 화학 에너지의 유입이라는 형태로써 토양으로 공급되는 유기 물질의 양과 조성을 규제한다. 사체의 유입량과 종류에 따라 부분적으로 결정되는 시스템 내 토양 생물의 유형과 수는 물질과 에너지가 분해되는 동안 변형되고 전달되는 통로를 통제한다. 또한 식생 수관이 강수를 차폐하고 복사 에너지를 흡수 · 투과 · 반사 · 재분배함으로써, 식생 수관의 미기후가 기후 인자의 효과를 규제한다. 마지막으로 식물의 뿌리 시스템은 기계적 압력을 가하며, 파쇄의 풍화를 촉진시킬 뿐만 아니라 토양 입단의 발달을 통제한다. 뿌리는 공극과 토양의 통기성의 분포에 영향을 미치며, **근권**(rhizosphere)과 밀접하게 접촉하여 있는 토양 내에서 토양 화학 환경을 통제할 수 있다.

토양이 안정 상태(또는 평형 상태)로 발달하고 유지하는 것은 토양이 발달한 지표의 장기적 안정성에 따른다. 환언하면, 그것은 질서 정연한 3차원 토양 시스템의 존재를 촉진시키는 토양 생성 프로세스와 토양을 제거하려는 침식 프로세스, 다른 한편으로는 묻어서 흔적을 지우려는 퇴적 프로세스 간의 균형에 따라 다르다. 그러므로 이러한 균형은 지형 인자의 전반적인 영향으로 통제되며, 앞에서 말했듯이 균형은 경관 내 토양의 위치 — 말하자면 사면과의 관계 및 사면에서 작용하는 프로세스 — 와 밀접하게 연관되어 있다. 사면은 특정 지점의 수문학적 특징과 배수 관계, 그리고 지하수의 위치 등을 통제한다. 이들 요인은 역으로 용탈이나 침수와 같은 토양 생성 프로세스의 작동에 영향을 미칠 것이다. 사면에 의한 통제는 문헌에서 Milne(1947)의 **카테나 개념**(catena concept), Fitzpatrick(1971)이나 Glenworth와 Dion(1949)과 같은 학자들의 기복 배열(toposequence)이나 수문학적 배열(hydrological sequence)로 오랫동안 알려져 왔다(그림 22.11). 이들 모델은 Dalrymple et al.(1968)의 9단위 모델과 같은 사면 형태의 모델이나, 사면 프로세스(제12장)의 모델과 밀접히 관련되어 있다.

마지막으로, 시간 인자도 이러한 인수 접근법으로 설정할 수 있다. 토양은 역학적인 것이고, 시스템의 상태는 토양의 발달 단계나 토양이 평형 상태에 도달하

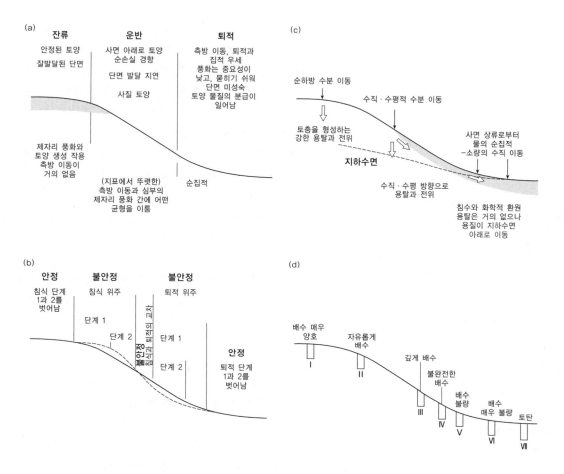

그림 22.11 토양-사면 관계(Gentworth and Dion, 1949; Butler, 1959). (a) 사면 위의 다양한 위치에서 발달하는 토양 단면의 침식, 퇴적 관계를 강조함. (b) 침식과 퇴적의 두 단계를 도입함. (c) 사면 위의 다양한 위치에서 발달하는 토양 단면의 배수 관계. (d) 토양 분류의 기반으로 사용되는 단면의 수문학적 연속.

기 위하여 걸린 시간에 따라 다양하기 때문이다. 그러나 시스템의 속성들 중 대부분은 시간과 직선 관계를 나타내지 않는다. 시스템의 평형 상태는 단순한 시간 함수가 아니다(그림 22.12). 일부 속성은 느리게 조정되며, 초기 변화율은 빠를지라도 점차 둔해지고, 비교적 짧은 시간이 지나면 실질적으로 시간독립적이 된다. 그러한 속성은 매우 느리게 변하여 10^3~10^4년이 지나야 안정 상태에 도달한다. 토성이나 토양 조직의 발달은 이 카테고리에 포함될 것이다(Kubiena, 1938; Brewer, 1964). 반대로 다른 속성들은 기존의 외부 환경에 반응하여 매우 빠르게 조정된다. 토양 용액의 pH는 이 카테고리에 포함된다. 토양 고상의 완충 능력 때문에 강우와 같은 교란 이후에 빠르게 조정되어 평형을 이룬다. 가역적인 산화환원 반응이 발생하면, 특히 침수와 관련된 토양의 환원 환경 내 변동에 빠르게 적응할 수 있다(그림 22.13). 토양의 분해자 개체군은 토양으로 공급된 낙엽의 양이나 유형이 변하면, 먹이 공급의 한계에 도달할 정도로 숫자를 증가시켜 빠르게 반응할 수 있다. 이처럼 빠르게 조정되는 특성과 이에 포함된 프로세스 때문에, 짧은 시간 내에 안정 상태에 이르는

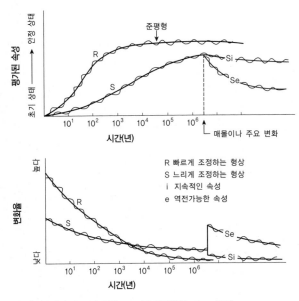

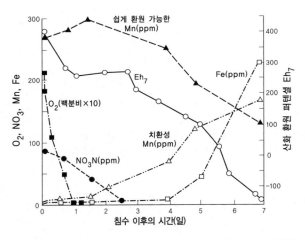

그림 22.12 시간과 토양 형성 프로세스의 평형(Yaalon, 1971)

그림 22.13 침수 이후 산소와 질산염, 망간, 철, 그리고 세립 물질의 산화환원 전위의 변화(Armstrong, 1975; Patrick and Tumer, 1968)

것으로 보인다. 그러나 일부 프로세스는 비가역적이고, 자기 종료적이며, (+)피드백이 뚜렷하다. 1차 규산염 광물이 점토 광물로 변환되는 풍화는 이런 종류의 프로세스이다. 신선한 1차 광물의 저장량이 고갈되면 프로세스가 멈추고, 예를 들면 점토 광물이 임의적으

로 재구성하여 점토를 형성하지 않을 것이기 때문이다. 철각이나 점토각도 비가역의 비슷한 방식으로 발달하며, 철이나 점토가 높은 토층에서 모두 전위되면 끝난다. 이러한 속성은 열역학적 평형을 이룬다. 이러한 비가역적 프로세스는 토양 시스템을 통째로 한계 너머로 운반하여, 새로운 시스템 상태를 시작하도록 한다. 예를 들어, 깊은 곳에 불투수성의 각(pan)이 만들어져 물이 투과할 수 없게 되고, 단면 내 높은 곳에 지하수면이 생겨나서 화학 환경이 바뀌고, 이 지하수면 위의 토양 단면에서는 용탈과 전위 프로세스의 효과가 제한되며, 아래에는 환원 환경이 나타난다. 새로운 상태는 용탈과 전위를 촉진시켜 첫 번째 장소에 각을 발달시키는 자유롭게 배수되는 토양과는 매우 다르다. 그러므로 시간에 대한 시스템의 반응은 세 종류의 프로세스가 시간이 지나면서 나타내는 복잡다단한 행태를 반영할 것이다.

3. 토양 생성 작용의 공식 프로세스

실제 세계에서, 토양 생성 프로세스들은 임의로 결합하지 않는다. 프로세스들은 재현되는 일련의 환경 조건에 의하여 결정되고 통제되는 특정한 조합으로 일관되게 나타난다. 일반적으로 재현되는 이들 조합 각각을 집합적으로 토양 형성의 **정규 프로세스**(formal process)라고 한다. 토양 생성 작용을 규제하는 궁극적인 요인은 기후이므로, 특유한 정규 프로세스는 대체로 특유한 기후와 연관되어 있다. 여기에서 우리는 이러한 정규 프로세스를 매우 자세하게 고찰하지 않겠다. 정규 프로세스는 이 장의 말미에 '더 읽을거리'로 추천하는 여러 자료에서 다루고 있다. 다음의 간략한 소개에서는, 정규 프로세스들을 집단화하여 온대, 열대, 건조 환경의 토양 생성 작용에 대한 모델을 제공하였다. 여기에서 사용한 명명법은 주로 FAO/UNESCO(FAO, 1988)의 토양 분류 명명법을 따랐다. 그

FAO-UNESCO 토양 분류

1961년에서 1981년까지 20여 년에 걸쳐, 유엔의 식량농업기구(FAO) 및 유엔교육과학문화기구(UNESCO)의 후원 아래 국제토양학회(International Society of Soil Science)의 도움을 받아 축척 1:500만의 세계 토양도를 완성하였다. 여기에서 사용한 토양 분류 체제는 이러한 세계 지도의 범례로써, 그리고 지도 편찬에 사용된 야외 지도화 단위로 사용하기 위하여 개발하고 수정한 것이다. 원래 세계의 토양은 분류상 제1단계에서 26개 주요 토양군으로, 보다 자세한 제2단계에서는 106개 토양 단위로 세분하였다. 마지막으로 수정한 범례(FAO, 1988)에서는 카테고리의 수를 28개 주요 토양군과 153개 토양 단위로 증가시켰다. 이제 FAO-

UNESCO 체제는 토양의 기술과 분류 및 지도화를 위한 두 개의 국제 표준 가운데 하나로 채택되었으며, 나머지 하나는 미국 토양보전국의 토양분류법(Soil Conservation Service, 1975)이다.

FAO-UNESCO 분류법은 토양 자체에서 관찰과 측정이 가능한 속성에 기반을 두고 있다. 이러한 속성은 특정 토양형의 진단으로 채택되며, 이것으로 특정한 토양형을 인식할 수 있는 진단토층(diagnostic horizon)을 규정할 수도 있다. 토양 단위를 프로세스의 측면에서 직접 정의할 수는 없지만, 진단 속성과 특히 진단 토층은 토양 형성에 관한 일련의 프로세스(정규 프로세스)를 반영한다. 더 자세한 내용은 '더 읽을거리'를 참조하라.

리고 도움이 된다고 생각되면 어디에서나 대안의 용어를 사용할 것이다(자료 22.1).

(1) 온대 토양 생성 작용 모델

습윤 온대 환경에서는 모재 내에 풍화 가능한 광물이 대체로 풍부하게 포함되어 있고, 염기성 양이온이 풍부한 낙엽을 제공하고 효율적인 영양소 순환을 유지시켜 주는 소림이나 초지 식생이 있어, 대부분의 토양 구성 성분이 **안정화된**(stabilized) 토양이 발달한다(그림 22.14a). 그러한 갈색 토양이나 진단토층인 **캠빅층**(cambic horizon)의 존재로 구분되는 **캠비졸**(Cambisol)에서, 뚜렷한 프로세스는 특히 칼슘의 용탈이다. 칼슘은 치환 복합체를 포화시키는 가장 중요한 양이온이다. 그러나 이러한 용탈 경향은 대체로 매우 약하다. 이것은 모암의 제자리 풍화와 낙엽의 분해로부터 유래하는 칼슘이 다른 양이온의 배출로 상쇄되기 때문이다. 그러한 토양은 주요 미생물 분해자인 박테리아를 가지고 있어서 대규모의 다양한 토양 생물군을 부양한다. 그들의 특징은 효율적인 부식화, 토양 동물에 의한 부식과 광물의 깊고 직접적인 혼합, 그리고 깊은 흑니토층의 형성 등이다(그림 21.9). 구조적으로 갈색 토양에서는 칼슘과 같은 2가 양이온의 응집 효과와 박테리아의 다당류 점성 물질의 입단 효과로 촉진된 **쇄설**(crumb) **구조**가 점토층 위에 잘 발달한다.

모암 내에 풍화 가능한 광물이 상대적으로 빈약하게 포함되어 있는 경우에는 물이 토양 단면을 통하여 더 많이 이동하고, 낙엽에서 배출되는 양이온의 치환율이 용탈을 상쇄하기에 부족하여, 치환 복합체는 적어도 부분적으로 수소 이온의 지배를 받는다. 이러한 상황에서는 입단의 안정성이 감소하고, 점토의 응집이 풀어져, 분산된 상태에서 점토는 단면을 통하여 기계적으로 전위되어 깊은 곳에 세립 조직의 Bt층으로 집적된다(진단성 아르직 B층). 그러한 일련의 프로세스를 **세탈**(lessivage)이라고 한다(그림 22.14b). 이러한 토양을 루비졸(luvisol, 산성 갈색토)이라고 하는데, **아르직**(argic) **B층**을 갖는 것이 특징이다. 점토의 집적으로 형성되었을 경우에는 토양 공극의 옆면이나 균열 및 유로에, 혹은 패드의 표면에 방향성을 띠는 얇은 **점토막**(argillans)이나 점토 코팅 또는 점토 **큐탄**(cutan) 등이 나타난다.

풍화 가능한 광물이 거의 없는 규산질 모재에서는 배수가 자유롭고, 염기가 부족한 낙엽을 공급하는 식생이 자라고, 산성을 띠는 조부식 유기질 미성숙 토층이 잘 형성되어, 포드졸화의 정규 프로세스가 발생한

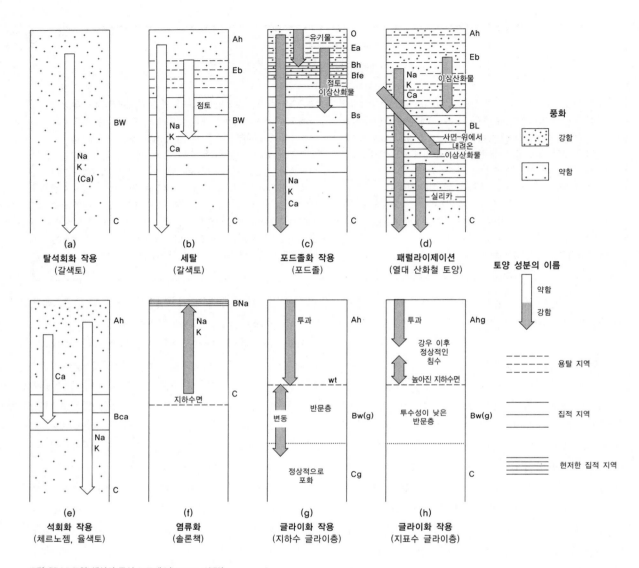

그림 22.14 토양 생성의 공식 프로세스(Knapp, 1979)

다(그림 22.14c). 특히 냉량한 온대 기후에서는 염기성 양이온이 빠르게 용탈된다. 이러한 양이온은 제자리 풍화나 낙엽의 분해로 대체되지 않는다. 치환 복합체 는 수소 이온이 두드러지며, 점토—그러한 모재에서 는 대량으로 나타나지 않는다—는 불안정하여 와해된 다. 또한 절지동물과 곰팡이가 우세한 토양 생물군은 캠비졸(cambisol, 갈색토)에 사는 토양 생물군보다 덜 효 율적이어서, 결과적으로 산성을 띠는 낙엽의 분해와 부식화가 불완전하다. 대부분의 유기 화합물, 특히 풀 빅산이나 폴리페놀(polyphenol)은 유기질 중합체로 통 합되지 않고, 유기질 토층으로부터 용탈되어 합성 기 구(킬레이트화 기구)로 사용된다. 광물질 토양에서, 그들 은 금속 이온 킬레이트로 용해되어 단면 아래로 전위 되는 철(Fe^{3+})이나 알루미늄(Al^{3+})과 같은 다가 금속 양이온과 선별적으로 화합하여, 코팅되지 않은 석영 입자로 된 **알빅**(albic) **E층**(Ea)을 만든다. 화합물이 토양을 지나 이동함으로써 철과 알루미늄으로 포화될 때까지, 이들 화합물의 유기질 음이온 부분과 합성된 금속성 양이온 사이의 비는 점진적으로 바뀐다. 이는 화합물이 철과 알루미늄을 취하여 철과 알루미늄이 상대적으로 증가하였기 때문에, 또는 미생물의 분해로 화합물이 지속적으로 약화되어 유기질 음이온이 상대적으로 감소함으로써 발생한다. 결국 포화된 화합물은 불안정해지고 침전되어 진단 토층인 스포딕(spodic) B층을 형성할 것이다. 이것은 알빅 E층 아래의, 철과 알루미늄 또는 유기질 탄소의 높은 전자가가 풍부한 집적 토층이다. 철과 알루미늄의 산화물은 물론 유기질 탄소가 침전되는 곳이 B_h층이다. 그러나 유기 물질은 확실하지 않고, 철이 집적된 확산 토층이나 철각을 만드는 딱딱한 지표를 가진 얇은 불연속 토층(B_{Fe})이 나타난다.

일부 학자들은 캠비졸과 루비졸, 그리고 이 포드졸 토양을 연속된 발달 단계로 생각해왔다. 그러나 대부분의 환경에서, 통제 변수는 시간이 아니라 모재의 초기 특성과 식생의 유형이다. 이들이 냉량한 습윤 온대 기후의 전반적인 통제 내에서 작동하는 1차적 규제자 역할을 한다.

(2) 열대 토양 생성 작용 모델

습윤 열대에서 우세한 정규 프로세스는 풍화 가능한 광물이 강력하고 충분하게 가수 분해를 받는 패럴라이트화 작용(ferralitization, 그림 22.14d)*이다. 용탈이 과잉되지 않고, 고온 습윤한 기후에서 강력한 제자리 풍화로 점토 광물이 와해되는 곳에는 토양 단면에 1:1 카올리나이트 점토와 수화된 철·알루미늄의 산화물이 집적되어 있는 것이 특징이다. 철 화합물의 유형은 온대 환경의 것과 달라서, 대부분의 토양이 짙은 붉은 색을 띤다. 일반적으로는 적철광(hematite)이나, 아열대에서는 침철광(goethite)이 중요한 광물이지만, 다른 철 화합물도 포함되어 있다. 적색화는 철 화합물의 탈수화 때문이며, 이를 **발적**(rebefaction)이라고 한다.

용탈의 강도가 더욱 증가하면 적갈색 토양의 안정성이 깨어지고, 특히 점토 광물과 약간 수화된 산화물이 세탈되어 조직상의 B층 또는 아르직 B층을 만든다. 이러한 토양들도 부분적으로는 모암의 염기 상태 또는 풍화와 패럴라이트화 작용이 진행된 정도의 차이 때문에, 단면 특성의 세세한 부분에서 차이가 드러난다. **니토졸**(nitosol)은 염기성 모재와 관련되어 있으며, 점토의 전위뿐만 아니라 반짝이는 패드 면에 따라 구분된다(라틴어 nitidus는 반짝인다는 뜻). **알리졸**(alisol)과 **이크리졸**(acrisol)은 동등한 토양으로서 모두 **아르직 B층**을 갖고 있지만, **니티졸**(nitisol)보다 빈약한 모재에서 발달한다. 풍화와 패럴라이트화 작용은 알리졸이나 니티졸보다 아크리졸에서 훨씬 더 진행되었다.

그러나 용탈과 풍화가 강한 곳에서는 점토 광물의 격자 와해가 더욱 진행되어 깊게 풍화된 토양 단면이 발달한다. 이러한 토양은 약간의 카올리나이트와 함께 모래 크기의 잔류 석영과 점토 크기의 철·알루미늄 수산화물이 우세한 쌍봉 형태의 토성을 갖는다. 그런 토양(**페라졸**ferrasol)은 강한 산성(pH4)을 띠며, 이러한 환경에서 비정질의 실리카는 단면에서 제거되고, 그래서 철·알루미늄 산화물의 상대적인 집적(B_s층)이 촉진된다. 그러나 대부분의 그런 토양에 현존하는 철의 양은 모재의 제자리 풍화나 상부 토층(E_b)으로부터의 전위로 설명될 수 없으며, 산록에 나타나는 것으로 보아 토양수의 측방 이동으로 모인 철이 재침전 되었음을 알 수 있다. 사실 페라졸은 건기와 우기가 교차하는 열대 계절성 기후의 지하수면이 변동하는 지역에서 가장 잘 발달하는 것 같다. 이런 환경에서는 지하수면이 높

---

* 규소의 순 유실과 카올리나이트 형성, 이삼산화물의 집적이 특징인 프로세스로서 라트라이트화 작용, 카올리나이트화 작용, 탈규산화 작용 등으로 알려져 왔음

을 때에 제3철 산화물이 제2철로 환원되어 용해되고, 사면 아래로 측방 이동하여, 지하수면이 낮은 산화 환경에서 재침전된다. (아마 기후 변화와 관련하여) 건조되거나 침식되면, 비가역적인 탈수 반응을 겪어서 견고한 플린타이트(plinthite라테라이트)를 형성하게 된다. 다량의 플린타이트나 플린타이트 층을 가진 토양을 플린도솔(plinthosol)이라고 한다.

(3) 건조 지대 토양 생성 작용 모델

효율적인 강수가 불충분한 건조, 반건조 환경에서는 토양 단면으로부터 용질이 완전하게 용탈되지 않는다. 중위도 대륙성 반건조 초지 환경의 강수량은 토양 단면에서 나트륨과 칼륨을 제거하기에 충분하다. 그러나 칼슘은 뿌리 지대 아래에서 이산화탄소의 농도가 감소하거나 투과한 물이 증발되기 시작하면 B_{Ca}층이나 B_K층을 형성하면서 탄산칼슘으로 침전된다(석회화 작용 calcification, 그림 22.14e). 이 토양이 칼시솔(calcisol)이며, 칼식(calcic)층이나 페트로칼식(petrocalcic)층(단단해진 탄산칼슘) 또는 석회 가루의 농축이 그 특징이다. 더욱 심하게 건조한 환경에서는, 증발이 강하여 나트륨이나 칼륨과 같이 가장 유동성이 큰 이온들만이 용해되지만, 이들마저도 투과 전선에서 곧 침전된다. 조직이 허용하고 지하수면이 깊지 않은 극단적인 경우에는, 강한 지표 증발에 대한 반응으로 염분 지하수가 올라와 나트륨과 칼륨을 침전시킨다(염류화 작용 salinization, 그림 22.14f). 이런 토양이 솔론책(solonchak)이며, 플라야 호수나 내륙 분지와 같은 내륙수계 저지에서 흔히 나타난다. 이런 토양의 특징은 치환성 나트륨의 함유율이 높고 주상 구조를 가진 진단 나트릭(natric) B층이 나타난다. 이러한 주상 패드는 점토가 파괴됨(해교defflocculation)에 따라 머리가 둥글게 되었다. 사실 염분의 지하수가 지표에 너무 가까이 있는 곳에서는 염화 작용(solonization)이 발생하여 pH 값이 높은 염류 토양이 형성된다. 염류 토양에서는 가용성 나트륨이 농축되어 해교 효과가 나타나고, 점토 광물을 분산시켜 점토 광물이 전위되고 토양 입단이 유실된다.

(4) 글라이화 작용

일부 정규 프로세스는 기후보다도 다른 우세한 조건들에 의해서 통제된다. 글라이화 작용(Gleisation)이 그러한 프로세스인데, 토양의 배수 관계와 지하수의 유형 및 위치가 최고의 통제 요인이다(그림 22.14 g와 h). 적절한 조건은 다양한 기후 체제에서 나타날 수 있기 때문에, 글라이화는 여러 가지 다른 정규 프로세스와 연합하여 나타날 수도 있다. 글라이화는 주기적으로 또는 영구적으로 침수를 겪는 토양에서 나타난다. 이것은 글라이층 속성(gleyic property)을 나타내는 진정한 의미의 그레이졸(gleysol)이나 지하수 글라이층(groundwater gley)에서 높은 지하수면의 존재와 관련되어 있다. 이러한 토양에서 지하수면은 토양 단면 내 얕은 곳에 있고, 산화된 토층은 충분히 환원된 심토의 꼭대기에 있다. 투수성이 낮은 토양층의 존재나 높이 솟은 지하수면의 형성에 따라 토양층의 배수가 결정되는 곳에서는 산화와 환원의 다양한 패턴이 나타난다. 높이 솟은 지하수면과 관련한 환원 토층 때문에, 느리게 투과할 수 있는 지하 토층이 산화된 지하 토층 위에 나타난다. 진짜 지하수면은 훨씬 더 깊은 곳에 있다. 이러한 환경을 스테그닉 토양 속성(stagnic soil property)이라고 하고, 이러한 속성을 가진 토양은 글라이졸이 아니라 다른 토양 집단의 스테그닉 변종이거나 지표수 글라이층(surface water gley)이다. 그러나 지하수 글라이층이나 지표수 글라이층에서는 유효 산소가 호기성 토양 생물과 식물뿌리의 호흡으로 고갈됨으로써 빠르게 혐기성 환경이 된다. 호기성 토양 생물은 혐기성 토양 생물로 대체되고, 산화환원 퍼텐셜이 감소하고 화학적인 환원 조건이 조성됨으로써 대부분의 산화환원 커플—무기질이든 유기질이든—은 환원 형태로 변환된다(그림 22.13). 토양 화학 환경에서 이러한 변화를 가장 분명하게 나타내는 표시는 적갈색의 제3철 또는 제2철 화합물이 회색의 제2철이나 제1철의 화합물로 바뀌는 변환이다. 이들은 가용성 제1철로 용해되어, 토양 입단 내에서 이동하여 패드면에 코팅을 이루기도 하고, 흐르는 지하수와 더불어 토양 단면 밖으로 이동하기도 한다. 산소가 글라이층으로 뚫고 들어간 곳에서는 2차적 산화가 발생하여 특징적인 적색 반점문을 형성한다. 이는 특히 지하수면이 계절적으로 변동하거나 살아 있는 식물 뿌리를 둘러싼 주변에서 산소를 잃어버리는 곳에서 나타난다.

더 읽을거리

유용한 개론서:

Courtney, F.M. and S.T. Trudgill (1984) *The Soil: an Introduction to Soil Study in Britain*, (2nd edn). Edward Arnold, London.

Fenwick, I.M. and B.J. Knapp (1982) *Soil Processes and Response*. Duckworth, London.

Knapp, B.J. (1979) *Soil Processes*. Allen & Unwin, London.

Paton, T.R. (1978) *The Formation of Soil Materials*. Allen & Unwin, London.

Pitty, A.F. (1979) *Geography and Soil Properties*. Methuen, London.

토양학뿐만 아니라 다른 부문에서 영향력 있는 고급 수준의 문헌:

Birkeland, P.W. (1984) *Soils and Geomorphology*. Oxford University Press, Oxford.

Duchaufour, P. (translated by T.R. Paton) (1982) *Pedology: Pedogenesis and Classification*. Allen & Unwin, London.

Gerrard, A.J. (1981) *Soils and Landforms*. Allen & Unwin, London.

White, R.E. (1979) *Introduction to the Principles and Practice of Soil Science*. Blackwell, Oxford.

Wild, A. (ed) (1988) *Russell's Soil Conditions and Plant Growth*, (11th edn). Longman, London.

토양 경관과 토양의 공간적 측면을 다룬 문헌:

Farres, P.J., J. Poesen and S. Wood (1992) *Some Characteristic Soil Erosion Landscapes of N.W. Europe*. Catena.

Hole, F.D. and J.B. Campbell (1986) *Soil Landscape Analysis*. Routledge & Kegan Paul, London.

Northcliffe, S. (1984) Spatial analysis of soil. *Progress in Physical Geography*, **8**, 261~269.

Trudgill, S.T. (1983) Soil geography: spatial techniques and geomorphic relationships. *Progress in Physical Geography*, 7, 345~360.

FAO 토양 분류와 다양한 환경에서의 토양 생성 작용:

Driessen, P.M. and R. Dudal (eds) (1989) *Geography, Formation, Properties, and Use of the Major Soils of the World*. Agricultural University, Wageningen, & Catholic University, Leuven, Wageningen/Leuven.

FAO-UNESCO (1989) *Soil Map of the World-Revised Legend 1988*. ISRIC, Wageningen.

Farres, P.J. (1991) Soil Classification: the updated FAO system and soils in the UK. *Geog. Rev.* **5**(1), 27~31.

Part 4

시스템과 변화

지구 및 환경 시스템의 조직과 작동을 모델화하면서, 우리는 변화의 명시적인 표현을 무시하기로 하였고, 시스템이 정상적으로 작동할 때 메커니즘과 프로세스가 암묵적인 것이 아니면 시스템 상태의 변화를 유도하는 메커니즘과 프로세스를 분리하려고 하지 않았다. 제1장에서 어느 모델이나 가장 중요한 속성 가운데 하나는 일반성이라는 점을 강조하였다. 그러므로 우리가 환경 시스템을 나타내기 위하여 사용해 온 모델은 대체로 유사한 다른 상황에도 적용될 수 있다. 유역 분지와 생태계, 기압 세포 — 사실 우리가 사용해 온 모든 모델들 — 는 시 · 공간상 다양한 위치에서 동일한 일반적 형태를 공유하고 동일한 방식으로 기능하는 물질 시스템에 유효한 일반화이다. 그러한 일반성은 우리가 실제 세계에서 추출한 모델이기 때문에 가능하다. 실제의 세계에서 우리가 관심을 갖는 시스템은 구조적 · 기능적 조직의 세부 사항에서 매우 다양하며, 시스템 프로세스도 규모나 상대적인 중요성 그리고 작동률에 있어서 다양하다. 그러한 다양성은 시간적인 방향과 공간적인 방향, 두 가지 방향이 있다. 우리는 지금까지 사용해 온 모든 모델에서 공간적인 변화를 어느 정도 검정해 왔다. 시스템 요소와 그 속성의 배열, 그리고 유입이나 프로세스의 규모에서 지리적 또는 지역적 변화를 되풀이하여 강조하였다. 에너지 및 물 수지, 그리고 삭박 시스템의 작동에서 나타나는 공간적 변화를 고찰하였다. 생태계 1차 생산성의 지리적 변화를 비교하였다. 그리고 토양 시스템에서 그것이 작동하는 조건들의 변화에 반응하는 방식을 고찰하였다. 그러나 우리는 각각의 경우에 대해 개별 시스템이 광범위하게 안정된 평형 상태에 있는 것처럼 다루었다. 우리가 시스템 작동의 역학에 관심을 기울여 왔을지라도, 우리는 소수의 예외와 시간의 차원을 명확하게 고찰하지 못하였다. 그러므로 제4부에서는 시간에 따른 환경 시스템의 행태를 다소 장황하게 탐구할 것이다.

VII 자연적인 세계

제23장

환경 시스템 내의 변화

1. 평형 개념과 자연 시스템

열역학 개방 시스템(이것은 우리가 이 책에서 환경 시스템을 모델화한 방법이다)의 평형 상태는 정상 상태(steady state)이다. 그러나 평형의 개념은 이러한 묵시적인 가정이 뜻하는 것보다 더욱 복잡하며, 나아가 시간을 통

한 변화라는 견해와 밀접하게 연관되어 있다. 이 책의 전반부에서 사용하여 왔던 것처럼, 정상 상태의 평형이라는 개념이 의미하는 바는 무엇인가? 그 개념의 핵심은 시스템의 궤적이 시간이 지나도 변하지 않은 채 남아 있는(항상성homeostasis), 시스템의 평균 상태를 유지하는 것이다(그림 1.4a, 23.1a). 이러한 평균 상태는

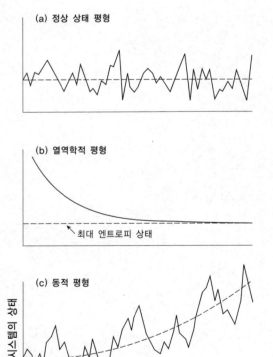

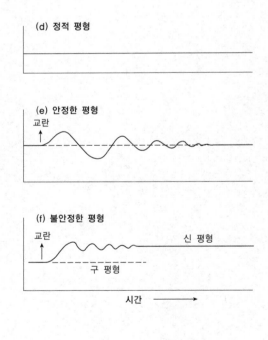

그림 23.1 평형의 유형

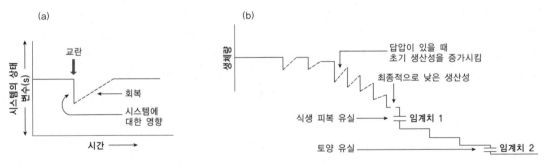

그림 23.2 (a) 일반적인 교란과 회복 모델. (b) 식생 생체량에 대한 답압의 영향(Trudgill, 1977).

시스템의 형태적 구성 요소의 배열이나, 물질과 에너지의 흐름이라는 측면에서 정의할 수 있다. 어느 한순간, 시스템의 실제 상태는 평균 상태에 근접할 것이며, 시간이 지나면 주변은 변동할 것이지만, 실제로는 이러한 평균 상태와 결코 일치하지 않을 지도 모른다. 이러한 견해가 직접적으로 의미하는 바는, 시스템이 정상 상태를 유지하고 있다는 인식이 시스템을 고려하는 시간 척도에 좌우된다는 점이다. 우리는 곧 환경 시스템의 평형 상태를 해석할 때 시·공간적 척도의 중요성을 고려할 것이다.

그러나 환경 시스템 내 평형과 변화 간의 관계를 이해하는 데 도움이 되는 다른 평형 개념들도 있다. 예를 들어, 제2장에서 이미 보았던 최대 엔트로피로 가는 경향성은 고립 시스템 열역학의 고전적 개념에서 구체화되었다. 시스템의 물질과 에너지가 그러한 분포를 가질 때, 열역학적 평형에 있다고 말한다(그림 23.1b). 이 개념에는 시스템에 일을 할 수 있는 자유 에너지의 감소와 그에 상응하는 시스템 엔트로피의 증가로 나타나는 비가역적 변화가 암시되어 있다. 시스템의 점진적인 변화를 강조하는 것은 명백히 동적 평형의 개념이다. 정상 상태의 평형에서처럼, 여기에서는 통제된 변동이 시스템의 평균 상태 주변에 나타난다. 그러나 이 경우의 변동은 시간상 반복되지 않는 평균 상태(homeorhesis)이다(그림 1.4b, 23.1c). 시스템의 평균 상태에서 지향성 변화는 평균 주변을 오르내리는 변동의

비교적 큰 규모나 변화율 때문에 무시되므로, 동적 평형의 존재를 인식하기가 항상 쉬운 것은 아니다. 그러므로 시스템은 짧은 시간이 지나면 정상 상태를 유지하게 된다.

비교적 단순한 물리적 시스템이나 화학적 시스템에 가장 잘 부합하는 평형의 정의가 세 가지 더 있다. 그것은 제한된 외부의 힘에 대한 시스템의 반응으로 정의된다. 첫째는 정적 평형으로서, 그곳에서는 힘과 반응이 균형을 이루며, 어떤 합성력도 존재하지 않고, 개념을 적용한 그 시스템의 속성은 시간이 지나도 변하지 않고 정적이다. 둘째는 안정한 평형이며, 셋째는 불안정한 평형이다. 여기에서 시스템은 외부에서 가해진 교란에 반응하여 (불안정한) 초기의 평형 상태로 되돌아가거나 그곳으로부터 멀리 벗어나는 경향을 나타낸다(그림 23.1d, e, f). 정적 평형에 적용된 균형의 개념은 여러 가지 상황에서도 친숙하지만, 지금껏 살펴본 내용들 가운데 균형 개념을 적용한 한 가지 실례는 풍화 반응이 평형에 도달했을 때 반응 물질과 풍화 산물 간에 나타나는 균형이다. 사면 시스템에서처럼 유입량과 유출량 간에 균형이 유지되는 시스템에도 적용될 수 있다. 안정한 평형과 불안정한 평형은 대기의 안정도를 고려한 기체 시스템이나, 암석 물질의 침식 및 운반에 관련된 단순한 물리적 시스템과 관련하여 친숙하다. 초안정성(metastability)의 개념은 이들 정의 가운데 적어도 두 개와 관련되어 있다. 이것은 시스템에 가해진

외부의 힘 때문에 시스템이 임계치를 넘어 회복 가능성이 없어질 때, 시스템이 하나의 평형 상태에서 또 다른 평형 상태로 이동하려는 경향을 말한다. 이러한 안정한 평형과 불안정한 평형, 그리고 안정을 초월한 평형의 개념은, Trudgill(1977)이 교란에 대한 토양–식생 시스템의 반응을 모델화하기 위하여 사용한 적이 있다 (그림 23.2).

2. 열역학, 평형 그리고 변화

앞선 논의에서, 평형에 관한 대부분의 견해는 시간을 통한 시스템 상태의 변화에 대한 표현과 메커니즘의 평가를 요구한다. 그러나 변화로 관심을 돌리기 이전에, 환경 시스템은 에너지 시스템이며 열역학 법칙을 따른다는 사실을 기억하는 것이 좋을 것이다. 제2법칙(제2장)에 따라, 자연의 비가역적 프로세스가 작동하면 고립 시스템의 자연 에너지는 감소하고 엔트로피는 증가한다. 이런 방식으로 묘사하는 시스템의 엔트로피란 시스템의 총에너지가 구성 요소들(원자나 분자) 간에 분포하는 방식에 관한 척도라는 사실을 1896년에 알아차린 사람은 오스트리아의 물리학자 볼츠만(Ludwig Boltzmann)이었다. 보다 정확하게 말하면, 그는 시스템의 엔트로피(S)는 요소들이 다양한 에너지 수준(양자 상태, P) 사이에서 분포할 수 있는, 통계학적으로 독립적인 방법의 수에 따른다는 사실을 밝혔다.

$$S = -k \log_e P$$

k는 볼츠만 상수 $1.38054 \times 10^{-23} \mathrm{JK}^{-1}$이다. 열역학 평형일 때, 시스템의 엔트로피는 최대이며, 에너지 수준들 간에 분포하는 요소는 가장 확률적인 상태 — 즉 임의 상태 — 를 따른다.

엔트로피에 관한 이러한 통계학적 견해나 확률적인 견해는 Boltzmann이 원래 공식화한 것을 넘어서서 발전되어 왔고, 커뮤니케이션과 정보 이론에 대한 Shannon의 연구 업적(Jaynes, 1957)과 연계되어 왔기 때문에, 시스템의 엔트로피(S)는 시스템의 상태나 속성이 나타날 확률의 합인 P_1, P_2, P_3, $\cdots$, P_N으로 표현될 수 있다.

$P_i = 1$일 때,

$$S = -k \sum_{i=1}^{N} p_i \log_e p_i$$

시스템의 엔트로피는 모든 상태나 속성이 동일한 확률($p=1/N$)을 가지거나 시·공간상에서 임의로 분포할 때 최대로 나타난다. 반대로, 엔트로피는 하나의 상태만이 가능하고 다른 모든 것은 0의 확률을 가질 때, 즉 가장 조직화된 상태일 때 최소로 나타난다. 그러므로 엔트로피는 질서와 무질서의 개념을 포함하며, 제7장에서 본 것처럼 시스템의 정보량이다. (Shannon에 따르면, 시스템의 총정보량은 $\log N$으로 구할 수 있는데, 밑수를 10대신에 2나 e를 사용하면 최소 정보 단위는 '비트'가 된다) 그러므로 제2법칙은 자연 프로세스의 방향성— 즉, 에너지 수준이 높은 곳에서 낮은 곳으로, 조직화된(질서 정연한) 형태에서 임의의(무질서한) 형태로, 정보량이 많은 곳에서 낮은 곳으로— 을 알려 준다.

그러나 이러한 개념들은 원래 고립 시스템에 적용하려고 개발하였다. 환경 시스템은 개방 시스템이다. 그러한 시스템에서 물질과 에너지의 유입 — 하도 시스템 내 강수량, 운동 및 퍼텐셜 에너지, 동물 내 식량 분자와 화학 에너지, 그리고 대기 시스템 내 수증기와 열 에너지 — 은 시스템의 자유 에너지와 조직 및 정보량을 증가시키거나 유지시키며, 그렇게 함으로써 내부 에너지를 감소시킨다. 열역학적 측면에서 최대 엔트로피 상태이고, 확률론적 측면에서 가장 확률이 높은 상태이므로, 이러한 사실들은 평형의 견해와 일치할 수 있는가?

첫째, 개방 시스템 내에서 질서와 정보를 생성하고

유지하는 것은 시스템에 의한 자유 에너지의 변환에 달려 있다. 그럼에도 불구하고, 비가역적 프로세스를 통하여 시스템에 일을 함으로써 자유 에너지를 이렇게 소비하면 어쩔 수 없이 엔트로피가 생성될 것이다. 그래서 둘째로, 개별 프로세스는 시스템이 작동하는 그 에너지 환경이 강제되는 제약 내에서 엔트로피가 증가하는 방향으로 진행될 것이다. 그러나 개방 시스템 환경에서는 진정한 열역학적 평형이 이루어질 수 없다. 그러므로 개방 시스템의 평형 상태를 이해하는 데 있어서의 핵심은, 다음과 같은 상황에서 보전된 구조 단위당 엔트로피 증가율을 최소화하려는 시스템의 요구

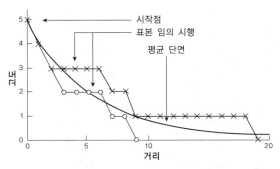

그림 23.3 평균 하상 종단면을 만드는 표본 난보(random walk)(Leopold and Langbein, 1962)

시스템의 엔트로피 증가율	=	시스템에 의한 내부 엔트로피 발생률	+	주변으로의 엔트로피 유출률

사항을 이해하는 것이다.

이론상 개방 시스템의 평형 상태는 엔트로피의 증가율이 0이어야 한다. 즉 질서 정연한 상태나 엔트로피가 낮은 상태를 유지하려는 프로세스로 인한 내부의 엔트로피 생산율은 주변으로 나가는 엔트로피의 유출과 균형을 이룬다. 이러한 평형 조건을 만족시킬 가능성이 가장 큰 상태는 내부의 엔트로피 생산율이 최소화될 때이다. 그런 상태는 시스템의 구조를 유지하기 위하여 최소한의 일과 최소한의 자유 에너지 소비를 요구하는 시스템의 배열과 일치한다.

최소한의 에너지 소비와 최소한의 내부 엔트로피 생산이라는 이러한 개념은 가장 그럴듯한 하천 종단면을 만드는 데에도 적용되어 왔다. 하도의 수리기하학은 일반적인 에너지와 물질의 흐름에 대하여 가장 효율적인 종단면을 만들어서 일에 대한 에너지 소비가 최소화 되도록 하천 길이를 따라 조정된다. 그러한 상태에서는 단위 하천 길이당 내부의 엔트로피 생산율이 균일하며, 단위 유량 비율에 대한 이 비율은 열로써 빠져나가는 엔트로피 유출률과 같다. 그러므로 이러한 형

태는 가장 효율적이고 가장 가능성이 큰 종단면이며, 자연 상태의 하천 종단면과 잘 부합한다. 하천이 사면 아래로 흘러가야 하는 필요성 때문에 제기되는 제약과 달리, 순수하게 임의적인 프로세스로써 그러한 종단면을 모의 실험했다는 사실로 보아, 그것이 시스템의 일-최소화 경향의 결과라는 것을 확신한다(Leopold and Langbein, 1962, 1964; 그림 23.3).

이러한 예는, 그리고 부분적으로는 곡류 형태를 설명하기 위하여 동일한 일-최소화 논리를 사용한 Yang(1970, 1971)의 시도와 같은 연구들은 비교적 단순한 물리 시스템과 관련이 있다. 그러나 이러한 엔트로피 고찰에서 얻은 가장 심오한 통찰을 통해서, 생물 시스템이 복잡한 부정보 구조를 유지할 수 있는 능력을 설명할 수 있게 되었다. 우리가 제7장의 세포 수준으로 되돌아간다면, 비가역적인 개방 시스템으로서의 열역학에 대한 이해라는 관점에서 유기질 고분자와 세포 구조를 재해석할 수 있다.

이제 우리는 정말 믿기 어려울 정도로 매우 복잡한, 살아 있는 세포가 DNA 분자로 표현되는 부정보 프로그래밍 시스템이 우연하게 발현한 자동적인 결과임을 알 수 있다. DNA(자료 2.3)는 단백질 폴리펩티드 사슬로 이루어진 아미노산 연속체를 프로그래밍하며, 단백질 효소 시스템은 다른 분자의 합성을 프로그래밍 한다는 사실을 이미 알고 있다. 효소 단백질은 3차원 구

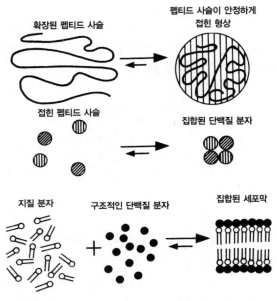

그림 23.4 초분자 조직의 자연적 경향(Lehninger, 1965)

조에 따라 기능을 하며, 이러한 구조는 모든 시스템들이 최소한의 자유 에너지를 갖는 그 상태, 즉 엔트로피 최대 상태를 찾기 위해 드러내는 경향성의 결과로 볼 수도 있다. 이 경우에 아미노산의 곁사슬은 구조의 에너지 용량을 최소화하는 방식으로 이웃과 관련하여 배열하려는 경향이 있다. 그 결과, 전체 폴리펩티드 사슬은 세포 내에서 유지되는 pH와 온도 및 이온 조성 등의 제약 조건하에서 최소의 에너지 용량을 가진 가장 안정된 배열에 도달하기 위하여 구부러지고 꼬인다. 그러므로 DNA는 아미노산 연속체를 암호화할 뿐만 아니라, 그렇게 함으로써 사슬의 3차원적 기하, 궁극적으로는 단백질 분자의 3차원적 기하(그림 23.4)를 자동적으로 결정한다. 효소 시스템이나 생물의 막(그림 23.4)과 같은 고분자 구조에도 동일한 논리가 적용될 수 있다. 어떤 배열과 연관된 대규모의 자유 에너지 감소 때문에, 이러한 배열이 가장 안정되고, 가장 가능성 있으며, 세포 반응의 자동적인 결과이다. 그것은 개방 시스템하에서 유지하는 데 필요한 에너지 소비가 가장

적은, 그래서 가장 잘 유지될 것 같은 배열이다. 이러한 열역학적 고찰은 개별 생물 수준이나 전 생태계 수준에서도 타당하다.

그러나 개방 시스템을 통한 물질과 에너지의 흐름은, 비록 시스템의 조직을 유지하더라도 일정한 평형 상태의 존재를 파괴시키는 효과를 가진다. 부분적으로 이것은 환경 개방 시스템으로 들어가는 유입이 시간상으로나 공간상에서 균등하게 분포할 수 없기 때문이다. 더구나 처리의 통로와 다양한 저장소 내 물질과 에너지의 체류 시간, 그리고 프로세스에 반응하는 지체 시간 등이 복잡하므로, 어느 한순간에는 엔트로피의 증가율이 0이 될 수 없다. 일정 기간 동안 시스템은 통계학적 평균이나 가장 확률이 높은 상태를 오르내리며 변동할 것이다. 환언하면, 열역학적 기반에서 개방 시스템의 평형 상태는 *최소량의 일과 최소의 내부 엔트로피 발생, 에너지의 흐름 단위당 최대의 질서 유지, 그리고 시스템의 엔트로피 평균 증가율이 0인 정상 상태*이다.

3. 변화의 표시

환경 개방 시스템이 취하는 평형 상태에 대한 앞선 논의에 힘입어, 다음 장에서 찾아야만 하는 변화의 유형을 인식하고 기술할 수 있게 되었다. Chorley와 Kennedy(1971)는 변화의 네 단계를 인식하였다. 첫째는 시스템 내 에너지 용량과 에너지 분포상의 변화이고, 둘째는 물질과 에너지의 가변적 유입이나 유출입 관계에 따른 변화이며, 셋째는 시스템 자체의 내부 조직이나 통합의 유동에 따른 변화이고, 넷째는 에너지와 물질 저장소의 발달과 연관된 변화인데, 이러한 저장소는 시스템 프로세스가 작동할 때 시간을 지체시켜 완충으로 작용하기도 한다. 그러나 모든 환경 프로세스의 작동은 시스템의 변화를 포함한다는 점을 아는 것이 중요하다. 제1장에서 우리는 프로세스를 상태의

변화에 영향을 미치는 단순한 작동 방법으로 정의하였다. 더구나 제2장과 제23장에서, 개방 시스템은 비가역적인 프로세스를 통하여 주변에 물질과 에너지를 전달함으로써 정상 상태를 유지하기 때문에, 개방 시스템에 존재하는 모든 프로세스는 시간 독립적이라고 인정하였다. 그러한 시스템의 에너지 역학에서 엔트로피 생산은 시간 종속적인 반면, 시간과 비율은 결정적인 변수이다(제2장).

그러나 제23장 2절에서 보았듯이, 정상 상태를 유지한다는 것은 이들 비가역적 프로세스가 작동하여 시스템을 가장 가능성이 큰 상태로 되돌려 놓았거나, 적어도 그러한 상태를 둘러싸고 변동하도록 하였다는 것을 의미한다. 아시다시피, 이것은 (−)피드백 메커니즘의 통제 아래 자기 조절로써 이루어진다. 그러므로 우리가 찾아야 하는 첫 번째 종류의 변화는 정상 상태를 오르내리는 변동이다. 사실 제2부와 제3부에서 대부분이 그러하다. 이러한 변동은 Chorley와 Kennedy가 구분한 네 가지의 변화 원인과 관련되어 있을 지도 모른다. 제3장과 제4장에서 논의한 대기의 에너지 균형과 대기 순환은 대기권의 에너지 용량과 에너지 분포의 변화, 그리고 불균형을 시정하는 피드백 메커니즘을 반영한다. 하도의 수리적 기하, 유량과 퇴적물 특성이 변동하고 그에 상응하여 하도가 조정됨으로써 변한다. 이것은 유입/유출 관계의 변화를 반영한다. 대부분의 경우 안정 상태의 조건은 만수 유량(bankfull discharge)에 따라 조정된 것이지만, 다른 경우에는 연평균 홍수량이나 기저 유출량까지도 하도가 복귀할 조건이 될 수 있다. 상이한 강우 조건하에서 유역 분지의 집수 면적 차이를 반영하는 수문 곡선 특성의 변화는, 분지 내 내적, 기능적 연계 조직의 변화를 반영하는 변동의 한 예이다. 낙엽이나 토양 유기 물질에 영양소가 고정된다는 것은, 영양소 전환율에 영향을 미치는 유출 지연이 있는 저장 구획이 발달한다는 것을 의미한다.

시스템 상태의 변화를 일으키는 이러한 원인들은 뚜렷한 주기성을 가진다. 시스템은 그 주기에 따라 조정될 수 있고, 주기에 대하여 **기억**(memory)을 한다. 유입이나 에너지 분포 패턴, 기능적 연계, 또는 저장량 변화 등의 변이는 모두 예측 가능한 일주적 또는 계절적 변동에 영향을 미친다. 다른 경우에는 변이가 분명히 임의적일지도 모르지만, 주기가 더 길어지면 단순히 순환이라고 부른다. 시스템의 반응 정도와 **이완기**(relaxation time, 조정이 일어나는 시간)의 길이는 시스템마다 다양하지만, 기억과 시스템에서 발달하는 (−)피드백 통제의 효율성을 반영한다.

그러나 우리가 자연환경에서 정의하려고 선택한 모든 시스템이 정상 상태의 평형을 유지하지는 않을 것이다. 우리는 미성숙한, 발달 연속체에서 각 부분을 형성하는 일련의 상태에서 단지 일시적인 상태만을 나타내는 시스템을 만나도록 기대하여야 한다. 여기에서 우리는 시스템이 유력한 환경에서 정상 상태에 이르려고 노력하는 것을 방향성 변화 — 특히 진화적 변화 — 로 인정하여야 한다. 그러한 변화는 시스템을 가장 가능한 상태로 몰아가는 (+)피드백 누적 효과의 지배를 받을 것이다. 미성숙 개체의 성장과 평형 상태 하천 종단면의 도달, 처음으로 형성된 지표에서 성숙한 생태계의 발달, 그리고 발달하는 하계망의 점진적인 통합 등은 모두 이러한 측면에서 볼 수 있는 변화들이다. 그럼에도 불구하고 그들은 시스템의 내재된 속성에 따른 불가피한 결과이며, 보다 통합되고 효율적인 기능적 조직을 발달시키기 위한 잉여 에너지 처리의 전환을 나타내며, Chorley와 Kennedy가 인정한 네 종류 변화의 조합으로서 명시될지도 모른다. 시스템 상태에서의 그런 변화가 가장 가능성이 큰 정상 상태 조건에 도달할 때, 우리는 (−)피드백의 자기 조절 메커니즘이 우세하게 되어, 방향성의 변화는 평균 상태를 둘러싼 변동으로 대체될 것으로 기대할 것이다.

마지막으로 우리는, 어떤 환경 시스템은 에너지 유입량의 변화나 주변 에너지 환경의 변화를 거부하거나 수용하는 정상 상태의 용량이 제한되어 있으며 자기 조절 메커니즘의 효율성과 탄력에 의존한다는 것을 알

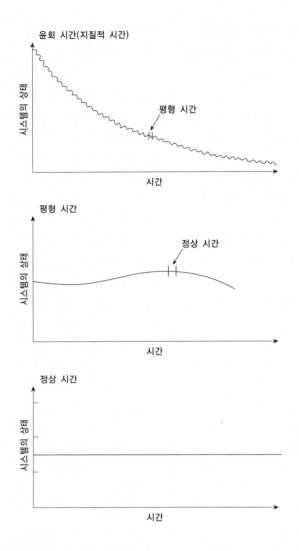

그림 23.5 지형 시스템에서 시간과 공간 및 인과 관계(Schumm and Lichty, 1965). 시간에 따른 하천 경사의 변화에 반영된 지질적 시간, 평형 시간, 정상 시간.

이 시기는 외부에서 유도될 것이다. 우주 유입량의 변화로부터 초래되는 대기권의 에너지와 물질의 균형 내 조정이나, 기후 변화를 반영하는 삭박 및 생태계 기능의 변화는 (한정된 시스템에게는) 외부에서 유도된 변화의 예이다.

시스템 상태의 변화에 대한 이런 모든 표현은 다음 장에서 자세히 검정될 것이지만, 변화의 인식은 고려할 시스템과 관련된 시간 척도의 명백한 정의에 좌우된다. 이러한 시간 척도는 시스템을 정의한 규모에 적합해야 하며, 특히 환경 시스템의 경우에는 그것의 공간적 규모에 적합해야 한다. 이러한 요지는 Schumm과 Lichty(1965)의 고전적인 논문을 통하여 지형학에서 먼저 명백하게 인식되었다(그림 23.5).

이 장에 맞는 더 읽을거리는 시스템의 본질과 행태 및 모델화를 기술한 제1장 말미에 있는 문헌에 제시되어 있다. 이 장에서 자세히 설명한 일반적 원리를 예증한 문헌은 다음 장의 끝에 제시되어 있다.

아야 한다. 이러한 용량이 초과되면, 시스템이 유입량의 새로운 수준이나 시스템이 경험하는 새로운 에너지 환경으로 결정되는 새로운 평형을 향하여 이동함으로써, 시간이 지나면서 서로를 대체하는 일련의 일시적 상태를 갖는 방향성 변화를 나타낼 것으로 예상하여야 한다. 변화를 지배하는 통제는 (+)피드백일 것이지만,

제24장
물리 시스템 내의 변화

1. 기후 시스템 내의 변화

기후는 예를 들면 기온이나 쾌청 시수, 강수량 등의 통계적 평균으로 정의된다. 그렇게 정의한 기후 내에는, 일 시간 척도나 연 시간 척도에서 이러한 매개 변수의 주기적인 변화가 나타난다. 그것은 지구–대기 시스템이 작동한 종합적 결과이며, 장기간의 구조적인 변화 속에 포함되지 않는다. 그러나 $10^1 \sim 10^5$년이라는 기간 동안에 걸쳐 일어나는 보다 장기적인 기후 변화를 인식할 수 있다. 이러한 변화 가운데 일부는 지표–대기 시스템의 작동 유형에 상당한 변화가 있었음을 나타낸다.

지표에는 넓은 지역이 두꺼운 얼음으로 덮여 있던, 극도로 한랭했던 시기가 있었음을 보여 주는 증거가 보인다. 오늘날 사막인 지역에도 분명한 하천 기원의 지형이 있어, 기후 환경이 보다 습윤했던 시기가 있었음을 나타낸다. 예를 들어 (18세기 초부터만 이용할 수 있는) 기후 매개 변수의 측정치를 보면, 지구의 평균 기온이 19세기 후반 이후 대체로 증가하였음을 알 수 있다. 더욱 최근에는 몬순 강우가 인도 북서부에 도달하지 못하는 경우가 더욱 잦아지고, 사헬에서는 사하라의 남측을 따라 사막 환경이 확장되며, 현재 지구–대기 시스템에 주요 변화가 일어나고 있음을 나타낸다.

이러한 변화는 지구–대기 시스템에 외적인 요인의 작동이 변한 결과이거나, 시스템 내 물질과 에너지의 배열이 조정된 것으로 볼 수도 있다. 예를 들어, 대류권 저층 온도의 변화는 지구–대기 시스템과 그 주변(우주) 간 복사 에너지 교환의 변화 때문이다. 시스템 내에 구조적 조정이 있으면, 다소의 에너지가 대기 내에 현열로 저장되는 것 같다.

지구–대기 시스템을 블랙박스(제3장)로 볼 경우에는, 첫 번째 대안으로 유입과 유출 사이의 관계를 논의해야 하고, 시스템의 작동에 관한 일반적 진술을 해야 한다. 시스템 내의 변화는 에너지 유입에 대한 반응이며, 그럴 경우 우리는 에너지와 물질이 전달되는 통로와 저장소의 성격, 그리고 에너지와 물질이 전달되는 비율을 고려하여야 한다. 이러한 측면에서 시스템 내의 제어점(control point)인 조정자가 중요하다.

(1) 외적인 변화

지구와 그 대기가 완전한 복사체(제3장)일 때, 태양으로부터 받는 복사량에 어떤 변화가 있으면 이에 상응하여 흡수와 방사가 증가할 것으로 기대된다. 그래서 순 복사 균형이나 동적 평형이 유지될 것이다. 이것은 지구–대기 시스템이 그 주변과 그러한 복사 평형을 이룰 수 있다는 점을 가정한다. 그러나 복사 에너지는 복잡한 에너지 직렬을 통해서 흐르기 때문에, 그러한 변화는 시스템 내 일시적 무질서 상태를 유발하여 지표 온도의 변화를 초래한다.

우리가 복사 교환을 고찰해 보면, 태양 상수 내의 변화(ΔR_i)는 지표 온도의 변화(ΔR_t)를 초래할 것이다.

$$\Delta T_s = \frac{1}{4} \left\{ \frac{R_0(1-r)}{4\sigma} \right\}_{1/4} \left\{ \frac{\Delta R_0}{R_0} \right\}$$

r은 지구의 반사도(약 0.3)이며, σ는 스테판 상수($5.57 \times 10^{-8} \mathrm{Wm^{-2}K^{-4}}$)이다.

지구가 받는 태양 복사에 관한 유용한 정보는 주로 기술적인 이유 때문에 양과 질에서 제한된다. 위성을 이용하여, 대기의 여과 효과를 받지 않는 입사를 모니터하는 것이 가능해진 것은 지난 30여 년에 불과하다. 대기 투명도의 문제가 있기는 하지만, 높은 산지의 관

측소를 이용하는 것도 하나의 방법이다. 북위 30°~60°의 산악 관측소에서 작성한 지표의 태양 직달 복사 관측 자료(그림 24.1a)에는 전체 평균값의 10% 이내로 변화가 나타난다. 해발 20m에 불과한 사우샘프턴의 일평균 청명 시수(mean daily hours of bright sunshine)는 대기 투명도의 영향을 크게 받은 평균값 주변에 임의대로 분포한다(그림 24.1b).

대기가 없다면, 지표에 도달하는 태양 복사의 장기적인 변동은 태양 방사의 변화나 지구 궤도 특성의 변화 때문일 것이다. 태양의 기체 구조는 시간이 지나면서 지속적으로 조정되어, 총방사량에 변화가 나타난

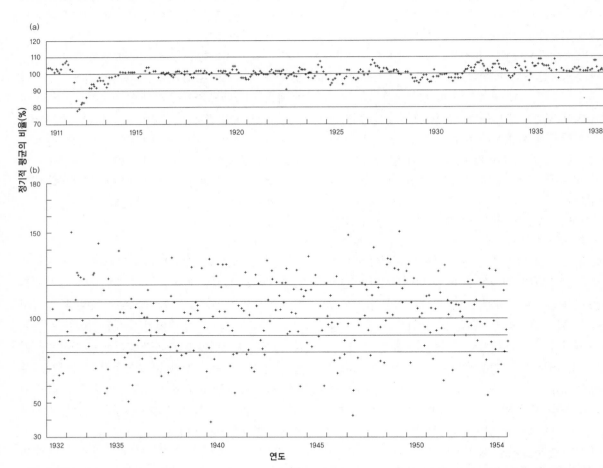

그림 24.1 (a) 1883~1938년 아메리카, 유럽, 아프리카, 인도의 30°~60°N에 있는 산악 관측소에서 관측한, 장기간 평균의 백분율로 나타낸 직접적인 태양 복사 강도의 월평균 값(Lamb, 1972). (b) 장기간(1932~54년) 평균의 백분율로 나타낸 사우샘프턴(East Park)에서 월평균 청명 시수.

다. 이러한 성질의 변화는 태양 상수와 관련할 때 비교적 적은 편이다. 흑점은 국지적 교란의 중심으로서, 중심부에서는 태양 표면의 온도가 2,000K 만큼 낮아진다. 흑점 주변에는 백반(facula)이라고 부르는 비교적 밝은 부분이 있는데, 그곳으로부터 복사가 더욱 강하게 방사된다. 자외선 및 적외선 복사와 상층 대기에 직접 영향을 미치는 태양 소립자의 증가는 이러한 교란의 발생과 연관이 있다. 고에너지의 복사가 증가하면 상층 대기 내 산소 분자의 해리 가능성이 증가하고, 그 영향으로 불안정한 오존(O_3)의 생산율이 증가한다. 오존이 더 많이 존재하여 여분의 자외선 복사를 흡수하면, 성층권의 온도가 약간 증가한다. 태양 표면에 있는 흑점의 수는 약 11년의 뚜렷한 주기를 나타낸다. 이러한 태양 흑점의 순환과 지상의 기상 패턴을 관련지으려는 시도가 많이 있었지만, 이것은 대체로 결론에 이르지 못하며 시험 삼아 해 보는 것이 최상이다.

지구 궤도의 세 가지 특성은 그 주기가 수만 년에 이르는 것으로 측정되었다. 이들은 지표에서 받는 총에너지가 아니라, 지표 위 태양 복사의 계절적, 지리적 분포에 주로 영향을 미친다.

궤도면에 대한 지축의 기울기는 약 4만 년을 주기로 변한다. 변화의 범위는 21° 48′과 24° 24′ 사이이다. 이러한 변이는 열대와 극권에서 중요하다. 지축의 각도가 증가하면 극권의 위도는 낮아지고, 열대권의 위도는 높아진다(그림 24.2). 이는 극권과 관련하여, 극지방의 온종일 밤과 온종일 낮을 겪는 지표의 면적이 증가한다는 것을 의미한다. 그러므로 지축의 기울기가 변하면 지표 상에서 태양 복사의 계절적 변화가 바뀌게 된다. 태양 주변을 도는 지구 궤도의 타원체 모양은 약 10만 년을 주기로 변한다. 궤도가 타원형을 나타낼수록 근일점과 원일점 사이의 차이는 더욱 뚜렷해진다(제3장). 지구가 원형 궤도를 갖는다면, 이 차이는 0이 될 것이다. 현재 연평균 태양 복사량의 변이는 ±3%인데 반하여, 궤도가 가장 타원형을 나타낼 때에는 ±15%에 이른다. 지구 궤도는 태양 주변을 회전하므

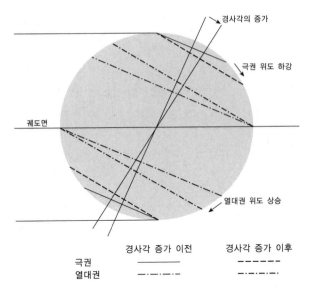

그림 24.2 지축 기울기의 변화가 극 대권과 적도 대권에 미치는 영향

로, 지구의 계절과 비교할 때 근일점과 원일점의 시기에 변화가 나타난다. 현재 근일점은 남반구가 여름인 1월 3일에 나타난다. 순환이 완전히 끝나는 데에는 약 2만 1,000년이 소요된다. 이는 지구의 근일점이 매 58년마다 하루씩 늦게 나타난다는 것을 의미한다.

밀란코비치(1930)는 지구 궤도에서 일어나는 세 가지 변화가 미치는 영향을 평가하였는데(그림 24.3), 이러한 변화가 지표에서 받는 태양 복사의 장기적인 변동을 초래하는 것으로 밝혀졌다. 아마도 빙하기 동안 극지방 빙모의 확장 시기와 연계되어 있는 것 같다. 전도와 대류, 그리고 지표나 지표 가까이에서 일어나는 복잡한 복사 교환 등에 의한 열전달을 배제하고, 복사 유입량의 변화에 따른 온도 변화에 대한 밀란코비치의 평가는 장차 일어날 변동을 과대평가하는 경향이 있다. 그러나 해양 퇴적물을 시추하여 얻은 심(core)에서 ^{18}O 동위원소를 분석한 결과(Shackleton and Opdyke, 1973)는 밀란코비치 모델에서 제시한 기후 변화의 연대와 어느 정도 일치한다.

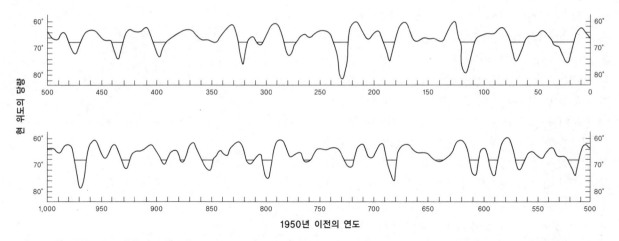

그림 24.3 현재 여러 위도에서 이용 가능한 복사량에 대한 당량으로 표현한 그래프로 과거 수백만 년 동안 65°N에서 여름철 반 년 동안 이용 가능한 태양 복사량

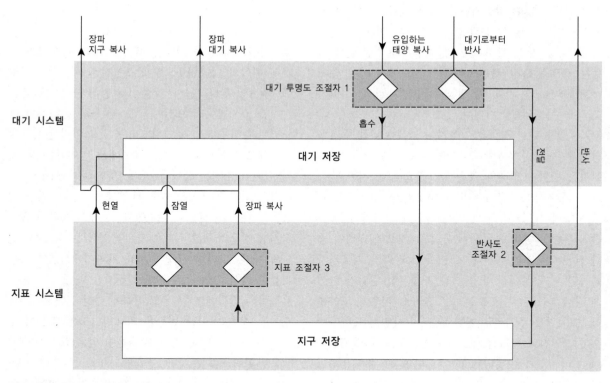

그림 24.4 태양 에너지의 흐름에서 조절자의 기능

(2) 내적인 변화

태양 에너지의 유입에 대한 지구-대기 시스템의 반응은 조절자들의 작동으로 결정된다(그림 24.4). 이들 가운데 가장 중요한 것은 태양 복사에 대한 대기의 투명도와 지표의 반사도, 지하의 물리적 속성, 그리고 온실 기체의 활동 등이다. 기후 변화는 이들 가운데 어느 하나 또는 모두에 대하여 조정된 결과일 것이다.

조절자들의 작동은 지구-대기 시스템 전체의 에너지 분포에 직접 영향을 미치지만, 시스템 내 저장소에 있는 물질의 배열과 매우 복잡하게 연계되어 있다. 예를 들어, 얼음의 형태를 띠는 물의 저장이 증가하면 지표의 반사도가 증가한다. 조절자에 가장 큰 영향력을 미치는 물질은 온실 기체를 비롯한 고상 물질과 물이다(제3장 2절).

고상 물질 대기 중의 작은 입자는 화산 분출이나 지표의 먼지, 그리고 연소 부산물 등 주로 세 가지 주요 원천에서 유래한다(제4장). 화산 분출과 연관된 분사력과 강한 열적 대류 때문에 대량의 먼지와 암설이 대기로 공급된다. 이들 가운데 대부분은 지표로 되돌아오지만, 일부는 25km 이상 상승하여 성층권으로 들어간다. 예를 들어, 1980년 5월 미국 북서부에 있는 세인트 헬렌 산(Mount St Helens)의 분출로 직경 $2\mu m$ 이하의 입자 1.3×10^5kg이 성층권으로 올라갔다(Hobbs *et al.*, 1982). 화산 기원의 먼지는 상층부의 바람을 타고 세계 도처로 퍼져나갔다. 먼지 장막은 유입하는 태양 복사를 산란하거나 흡수함으로써 대기의 투명도에 직접 영향을 미친다. 1963년 발리에서 분출한 이후 태양 복사를 측정한 바에 따르면, 직달 복사는 뚜렷하게 감소하였고 확산 복사는 증가하였다(그림 24.5). 태양 복사에 의한 지표의 가열이 감소하면 낮 기온은 낮아지지만, 먼지는 밤 동안 지표에서 장파 복사로 잃는 에너지 손실을 감소시키는 방향으로 작용한다. 세인트 헬렌 산의 분출 직후 낮 동안 근지표의 기온은 8℃나 떨어졌으나, 밤 기온은 8℃ 가량 증가하였다(Mass and Robock,

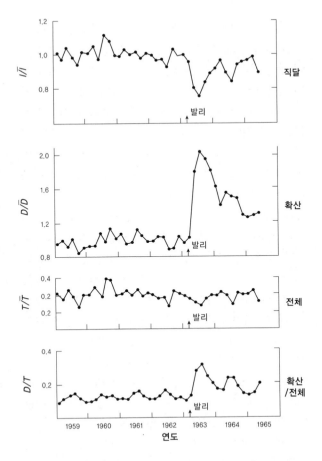

그림 24.5 1959~1962년 평균에 대한 비로 나타냄. 1963년 발리 화산 분출 이후 Melbourne(38°S, 145°E)의 Aspendale에서 측정한 직달(I), 확산(D), 전체(T) 태양복사량과 전체량에 대한 확산(천공)복사의 비율(Dyer and Hicks, 1965).

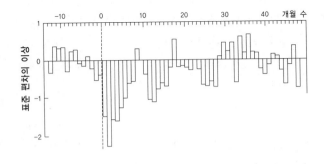

그림 24.6 화산 분출 이후 평균 지표 기온의 변화(Budyko *et al.*, 1988)

1982). 온도 변화의 정도는 많은 먼지가 지표로 되돌아오는 만큼 빠르게 감소한다. 장기적인 시간 규모로 볼 때 평균 기온에 미치는 영향은 0.5℃ 정도로 비교적 적지만, 2년 이상 지속될 수도 있다. 과거 200년 동안 서유럽의 냉량한 여름은 대부분 세계 도처의 주요 화산 활동기에 뒤이어 나타났다(그림 24.6). 대규모의 핵폭발에서도 비슷한 효과가 나타나는데, 대규모의 핵폭발 이후에는 오랜 기간 동안 핵겨울(nuclear winter)이라고 부르는 온도가 매우 낮은 시기가 나타날 것이다.

극지방의 빙모에서 얻은 얼음심(ice-core)은 화산먼지의 전 세계적인 분포와 퇴적에 관한 증거를 보여 주지만, 화산 활동으로 빙상이 크게 성장할 만큼 지표 온도가 지속적으로 충분히 낮아졌는지 의심스럽다. 대규모로 냉각되기 위해서는, 2~3년마다 화산 분출이 크게 발생하여 먼지 장막이 보충되어야 할 것이다. 쓸 만한 증거들로 볼 때, 화산 분출은 지속적인 먼지 장막을 유지할 만큼 충분한 빈도로 발생하기 어렵다.

먼지는 바람이 불면 지표로부터 솟아오르기도 하며, 대기의 난류성 혼합으로 높이 운반되기도 한다. 이들 먼지의 대부분은 사막에서 유래하지만, 일부는 토양 침식의 산물이다. 토지를 잘못 관리하면 1930년대 미국의 '황진 지대(dust-bowl)'에서 발생한 것과 같은 급격한 침식으로 이어질 수도 있다. Bryson과 Baerreis (1967)는 인도 북서부의 건조한 지표에서 공급된 먼지가 저층 대기의 하강을 증가시켜 불어오는 계절풍의 강수를 효율적으로 제한한다고 주장하였다. 대부분의 육상 먼지는 대류권에 국한되기 때문에 강수에 씻기는 것 같다. 먼지는 대기의 투명도를 국지적으로 짧은 기간 동안 조정하므로, 장기적으로 기후에 미치는 영향은 미미하다.

물 물은 지구−대기 시스템 내에서 바다나 빙하, 대기, 그리고 지표에 저장되어 있다(제4장). 이들 가운데 어느 하나에 저장된 양에서, 그리고 그들 사이에 물이 전달되는 비율에서 변화가 나타날지 모른다. 얼음의 형태를 띠는 물의 양은 지구의 역사 동안 변동하여 왔다. 얼음은 각 빙하기 동안 7번 최성기에 도달하였으며, 그때 극지방의 빙모와 곡빙하가 확장하여 넓은 지역을 피복하였다(제24장 4절). 이 시기에는 지표 온도와 기온이 대체로 낮아져서, 더욱 많은 강수가 눈의 형태로 유입되었다. 곡빙하가 전진하였던 1650~1850년 시기 후반의 기후 자료를 보면, 이것이 온도 감소 및 강수량 증가와 함께 나타나는 것을 알 수 있다.

대량의 얼음이 녹으려면 3.33×10^5 J kg^{-1}의 비율로 잠열 공급이 필요하다. 약 만 년 전 마지막 빙하기가 진행되는 동안, 지표 상에는 약 $72 \times 10^6 km^3$의 얼음이 있었으며, 오늘날의 $33 \times 10^6 km^3$와 비교된다. $39 \times 10^6 km^3$의 얼음이 녹으려면 약 10^{27}J이 필요할 것이며, 외부의 에너지원이 없을 경우에는 지구−대기 시스템 내 다른 곳에서 끌어와야 한다.

얼음이 육상과 해수면을 피복함으로써 반사도가 증가하면 지표가 흡수하는 태양 에너지의 양이 감소한다. 한랭한 지표는 그것과 접촉하는 공기의 온도를 감소시켜, 대기의 순환이 약한 상태에서 저층 대기의 안정성을 고무시키고 얕은 고기압을 형성한다. 고기압의 기류는 발산하는 성질이 있기 때문에 얼음 표면 위에서 열의 대류가 이루어지지 않고, 한랭한 공기가 얼음의 범위 너머로 퍼져나간다. 보다 강한 대기 순환이 도래하면 약한 고기압은 부서지고, 얼음이 녹기 시작한다. 이러한 상태에서 얼음 주변의 기온은 매우 뚜렷하게 상승한다. 20세기 초반 동안에 북극 빙하의 범위가 감소하여, 스핏츠베르겐(Spitzbergen)의 겨울 평균 기온은 20여 년에 6℃만큼 변화를 겪었다.

대기의 수분 함량 변화는 증발뿐만 아니라 대기의 수분 보유 능력을 강화하거나 제한하는 지온과 기온의 일반적인 증감에서 발생한다. 대기는 수증기의 형태로 극히 소량의 수분 저장(제4장)을 나타내지만, 그 양의 변화는 지상의 기후에 광범위한 영향을 미친다. 대기 수분 함량의 변화는 대부분 구름의 양과 연관이 있으며, 강수량과도 관련이 있는 것 같다. 대기의 수분은 지구 복사의 주요 흡수자로서, **온실 효과**(greenhouse effect)에 상당한 영향을 미친다.

대기의 수분 함량은 강수율에 영향을 미치는 요소들 가운데 하나일 뿐이다. 특히 저기압 메커니즘에 의한 대기의 동적인 냉각의 강도와 운적의 성장에 이바지하는 조건의 존재 등이 중요한 고려 사항이다.

개별 우량계 기록에서는 강수량의 장기적인 변화를 나타내는 증거가 결정적이지 않다. 이것은 강수 메커니즘과 우량계 작동에 대한 국지적 통제의 효과 때문이다. 그러나 지표의 넓은 지역에 대한 총계를 보면 1950년대 초부터 일어나고 있는 것과 같은 뚜렷한 변화를 알 수 있다(그림 24.7). 중위도와 고위도에서는 강우량이 증가하고 있는 것으로 나타났다고 하더라도, 아열대 지방에서는 감소하고 있다. 최근 영국 북부의 매우 습윤한 겨울은 사헬과 에티오피아의 지속적인 가뭄과 대조를 이룬다.

수문 시스템은 시간이 지남에 따라 복잡한 변화를 겪는다. 그것은 저장소들 간 물 교환의 속도에 대한 내부 조정의 결과이다. 시스템은 복사열·잠열·현열 전달의 형태로써, 그리고 열적으로 가동된 대기 운동의 역학으로써 태양 에너지의 흐름과 밀접하게 연계되어 있다. 예를 들어, 이미 알고 있는 강우량의 변화는 대기 대순환에서 한대 전선 수렴과 적도 수렴대의 역학과 연계되어 있다(제3장).

온실 기체 수증기와 이산화탄소가 주요 온실 기체이지만, 기타 질소산화물(N₂O)과 메탄(NH₄), 대류권 오존(O₃), 그리고 염화불화탄소(특히 CFCs 11과 12) 등도 온실 효과에 대한 영향력이 점차 증가하고 있다(제3장 2절). 이들 기체는 지구 복사를 흡수하여 열을 대류권 내에 잡아 둔다. 20세기 동안 지구의 평균 온도가 약 0.5 ℃ 상승한 것으로 관측된 것(그림 24.8)은, 1980년대의 중반에서 말까지 예외적으로 따뜻한 해에 정점을 이루었지만, 대기 내 이들 온실 기체의 양이 증가한 탓일 수도 있다.

화석 연료의 연소나 벌목, 그리고 산불 때문에 대기

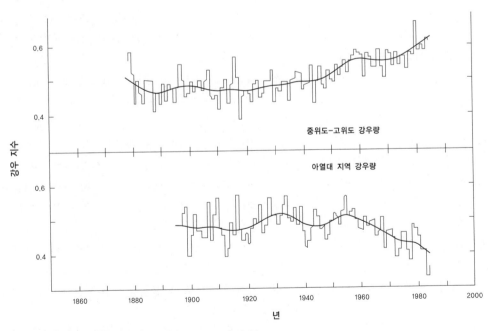

그림 24.7 두 위도대에서 연강우 지수의 변화(Bradley *et al.*, 1987)

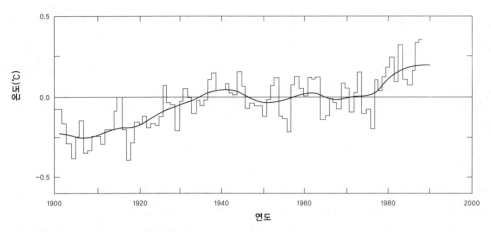

그림 24.8 1950~1979년 평균과 비교한 근지표 세계 평균 기온(Jones *et al.*, 1988)

내 *이산화탄소*의 양이 증가하였다. 그러한 인위적 근원 이외에도, 대기 내 이산화탄소량은 생물에 의한 생산과 식물의 광합성에 의한 제거, 바다와 같은 저장소로의 유입과 방출 간 동적 균형으로 결정된다. 이러한 균형은 일간 시간 규모와 연간 시간 규모에서 주기적으로 변한다. 예를 들면, 바다에서는 겨울철에 유입이 두드러지고 여름철에 방출이 우세하다. 해수면을 출입하는 흐름은 범지구적 탄소 순환을 지배한다(그림 24.9a). 월별 이산화탄소의 농도를 살펴보면, 연간 주기뿐만 아니라 1958~1988년 동안 약 315ppm에서 352ppm으로 증가한 장기적인 경향도 나타난다(그림 24.10). 이것은 12% 증가한 양이다. 19세기 중엽의 농도가 약 280ppm이었다(그림 24.11). 근원으로부터의 배출을 통제하는 단계를 취하지 않으면, 이산화탄소의 농도는 2050년까지 600ppm을 초과할 것으로 예측되고 있다. 이산화탄소의 주요 저장소이기 때문에, 대기 내 이산화탄소 증가율은 인위적인 근원에 힘입어 최근에 가속화되었음이 분명하다. 바다의 역할은 아직 충분히 이해되지 않았지만(그림 24.9b), 분명히 바다는 미래의 대기 내 이산화탄소 수준을 강력하게 통제할 것이다.

*메탄*은 화석 연료를 추출할 때 직접 유출되기도 하며, 박테리아가 습지나 논, 쓰레기장, 가축 내의 유기물을 분해함으로써 발생한다. 메탄은 현재 연간 약 1%의 비율로 증가하고 있다.

*염화불화탄소*는 오로지 냉장고와 냉·난방 시스템의 냉매제, 분무기의 고압가스, 또는 스티로폼을 만드는 기체로만 사용되는 공업 생산물이다. 1987년 몬트리올 의정서(Montreal Protocol)와 같은 국제 조약에 힘입어, 현재 연간 6%인 대기 내 염화불화탄소의 연간 증가율이 낮아지고 있다.

*질소산화물*은 비료를 제조하고 사용할 때, 그리고 화석 연료나 생물 자원을 연소시킬 때 나오는 부산물이다. 질소산화물은 자동차의 배기가스로도 배출되므로, 로스앤젤레스나 멕시코시티와 같은 대도시에서 특히 문제가 되고 있다. 대도시에서는 강한 태양 복사를 받아 광화학적으로 반응하여 유해한 도시 연무로 변환된다. 대기 내의 질소산화물은 연간 약 0.4%씩 증가하고 있다.

대류권의 오존은 (성층권의 오존과는 달리) 내연 기관에서 생산되는 일산화탄소나 질소산화물, 탄화수소 등의 광화학적 변환으로 생성된다. 그것은 연간 약 2%의 비율로 증가하고 있다.

목장을 만들기 위한 삼림 제거와 논농사의 확대, 질

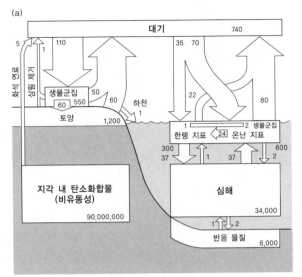

(a)

범지구적 탄소순환에 포함된 주요 저장소(10^9 톤)와
흐름(연간 10^9 톤)의 예측지

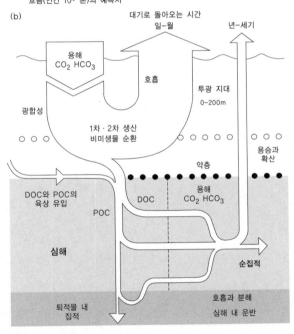

그림 24.9 대기 CO_2에 대한 해양의 영향. (a) 해양과 지구 탄소 순환. (b) CO_2의 흡수와 방출(NERC, 1989).

소 비료 사용량의 증가, 인구 특히 도시 인구 및 그와 연관된 도로 교통량의 증가, 유기질 연료의 1차적 에너지 지원으로서 지속적인 사용 등 모두가 대류권의 가열을

촉진시키는 대기 성분을 증가시키고 있다. 수증기의 영향을 무시한다면 1980년대에 일어났던 온실 효과의 반 정도는 이산화탄소 때문이다. 염화불화탄소는 수명이 매우 길고, 이산화탄소보다 2만 배 이상 효율적인 온실 기체이다. 배출 통제가 이행되지 않고 이것이 증가하면, 21세기 무렵에는 어쩔 수 없이 상대적인 기여도가 바뀔 것이다(표 24.1). 염화불화탄소의 현행 증가율이 2000년까지 유지되면, 이산화탄소는 15% 정도 증가하는 데 비하여 염화불화탄소는 대기 내에 현재보다 90% 이상 증가할 것이다.

온실 기체의 증가로 초래되는 미래의 기후 변화에 대한 예측은 다양한 물리적 모델에 근거를 두고 있다. 이들 중 가장 간단한 것은 [그림 24.4]에 제시된 2차원 열에너지 전달에 근거를 두고 있다. 그 모델 내에서 우리는 열에너지의 잠재적 재분포를 계산하기 위해 반사도나 대기의 투명도와 같은 통제 요소에 영향을 미칠 수도 있다. 그러나 우리가 앞 장에서 살펴보았듯이, 태양 에너지의 전달이나 수문 시스템, 그리고 대기와 해양의 순환 시스템 등은 모두 서로 연결되어 있으므로, 결합을 우리의 모델로 통합하는 것이 중요하다. 그래서 대기대순환모델(GCMs)은 시·공간적으로 다양한 지구-대기 시스템을 다룬다. 그러나 예측할 수 없는 인간의 행태에 덧붙여, 탄소 순환과 표층 해류 및 근수면 혼합층의 열에너지 분포(제6장)에 미치는 바다의 역할과 대류권의 열에너지 균형 및 빙모의 성쇠에 관한 역학을 조정하는 구름의 역할은 예측 모델들 가운데 가장 복잡한 것에서 실질적인 불확실성을 나타낸다.

미래의 기후 변화나 기후 변화에 따른 환경 변화는 확률 범위의 형태로 예측한다. 예를 들어, 대기의 이산화탄소가 2050년경에 두 배가 된다고 가정하면, 세계의 근지표 평균 기온은 0.5~3.0℃만큼 상승할 것이다. 고위도에서는 얼음이 녹으면 반사도가 감소하므로 더 큰 변화가 발생한다. 수문 시스템과 대기-바다 순환 시스템의 변화는 그 예측이 상당히 불확실하다. 대류권에서 유효 열에너지가 증가하면 지표의 증발과 온난

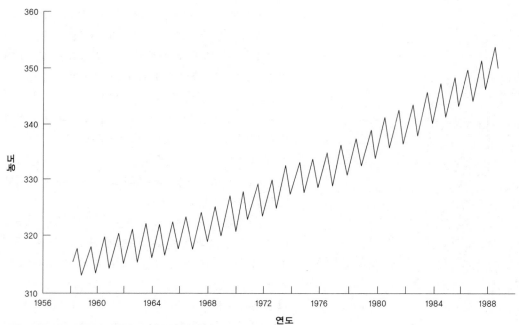

그림 24.10 1958~1989년 대기 내 이산화탄소(Gribbin, 1989)

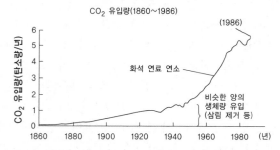

그림 24.11 인간 활동에 따라 대기권으로 흘러드는 CO_2 유입량의 변화(Rowntree, 1990)

표 24.1 대기 내 주요 온실 성분(Association for the Conservation of Energy, 1989)

	세계 평균 증가(%)	수명	CO_2와 비교한 강도	건조한 대기 상태에서 1980년대 온실 효과 기여 정도
이산화탄소	0.5	7년	1	50
메탄	1.0	10년	30	18
염화불화탄소	6.0	70~2만 년	<2만	14
질소산화물	0.4	170년	150	6
대류권 오존	2.0 정도	수주	2000	12

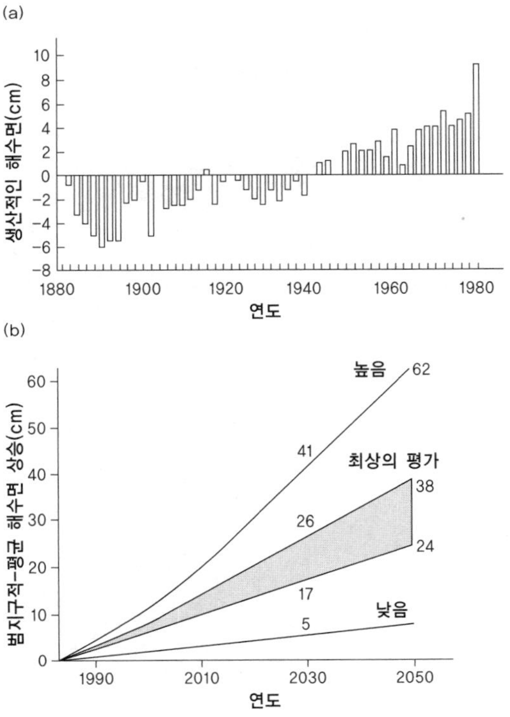

(a)

(b)

그림 24.12 해수면 변화. (a) 1880년 이후의 해수면(Doornkamp, 1990).
(b) 2050년까지 예측된 해수면 변화(Warrick et al., 1989).

한 공기의 수분 보유 능력에 영향을 미치며(제4장), 이것은 구름과 강수량을 증가시킨다. 현재의 예측으로는 감소하는 지역(대륙 내부와 아열대)과 증가하는 지역(중위도 해양 지역)이 있겠지만, 전 세계의 평균 강우량은 5~15% 증가할 것이다.

지표의 온도가 증가하면 수문 시스템 내의 빙하 저장소로부터 더 많은 물이 방출되고, 태양 에너지의 전달에서 직접 에너지를 흡수함으로써 해양의 부피가 팽창하여, 육지에 대한 해양의 수위가 상승하게 된다. [그림 24.8]에서, 1890년 이래 세계의 평균 기온이 증가함으로써 평균 해수면이 연평균 1.6mm의 비율로 상승하였다. 인과 관계는 매우 복잡하지만, 지구 온난화가 이미 해수면의 상승을 초래하였다는 것을 의미한다. 2050년까지 지구의 미래 해수면 상승(그림 24.12b)은 매우 불확실한 것이더라도, 25~40cm의 범위 내에

표 24.2 1980~2050년 해수면 상승에 대한 기여도 평가(Doornkamp, 1989)

	기여도 백분비	
	최고의 시나리오	최저의 시나리오
열팽창	47	58
산지 빙하 융해	25	28
그린란드 빙모 융해	7	6
남극 빙상 해체	20	8

서 상승하리라고 예측된다. 이 범위 내에서, 해수면 상승의 반은 열적 팽창에 따른 것이며, 나머지 반은 빙하 퇴적의 역학에 따른다(표 24.2). 그러한 해수면 변화가 해안 시스템에 미치는 영향은 상당하다(제17장).

성층권의 오존 성층권의 오존이 자외선 복사를 흡수하는 것(제4장 1절)은 지구-대기 시스템 내의 생명 유지에 필요한 두 가지 기능을 이행하는 것이다. 지표의 생물이 많은 자외선의 치명적인 영향으로부터 보호를 받을 뿐만 아니라, 태양 광선을 흡수함으로써 성층권 내에 기온 역전이 생성된다. 이것이 대기권 내 대류성 혼합의 안정된 상한계로 작용한다. 최근까지만 하여도 오존의 평균 농도는 비교적 일정하게 유지되었으나, 1980년대에 남극 상공에서 극적으로 감소하였다. 남극의 봄철(9~11월) 동안, 대체로 농도가 가장 높은 고도인 15~20km 높이에 존재하던 대부분의 오존이 거의 0 수준까지 빠르게 고갈되고 있다(그림 24.13). 대기권의 이 높이에서 일어나는 광화학 프로세스는 복잡하지만, 1987년 남극 상층 오존 실험(Airborne Antarctic Ozone Experiment) 동안 오존이 대부분 고갈된 지역에서 비행기로 채취한 표본에는 예기치 않게 고농도의 염소일산화물(ClO)이 발견되었다. 이후에 인공위성으로 측정한 결과, 고갈은 남극 성층권의 대부분 지역으로 확장되었고, 북반구에서도 진행되고 있을지 모른다. 성층권의 염소일산화물이 자연적 원천인 해양의 메칠 염화물에서 올 수 있다고 하더라도, 최근의 극적인 변화는 산업용 염화불화탄소의 자외선 광분해에서 직접 공급된

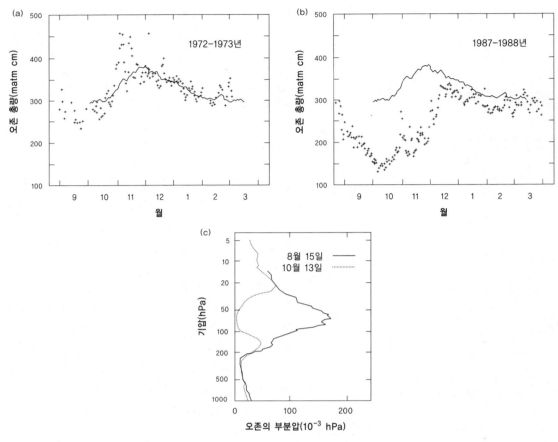

그림 24.13 Halley만의 오존 측정치. (a) 1972~1973년. (b) 1987~1988년. (c) 1987년의 수직 단면(Gardiner, 1989).

것이라고 할 수 있다. 이것은 극도로 안정하여, 대류권에서는 실제로 파괴될 수 없다. 대기 대순환에 따라 성층권으로 상승하면 광분해 반응을 받아 변형된다.

$$Cl+O_3 \rightarrow ClO+O_2$$
$$ClO+O \rightarrow Cl+O_2$$

이에 따라 오존이 고갈되고 오존 구멍이 만들어진다. 염화불화탄소의 배출을 줄이려는 국제적 노력이 있음에도 불구하고, 염화불화탄소의 내구성 때문에 성층권의 오존이 더 감소할 것이다. 지구의 기후에 미치는 영향은 불확실하지만, 성층권 내 대기의 안정성이 감소함으로써 열과 수분의 수직적 전달을 의미하는 대류권의 혼합 퍼텐셜이 증가할 것이다.

2. 피드백 메커니즘

지구-대기 시스템에 대한 외적·내적 변화는 혼란스럽게 연계되어 있고, 하나의 인과 관계를 규정하기가 어렵다. Mitchell(1976)은 내적인 변화의 힘과 외적인 변화의 힘 사이의 반향이라고 하였다. 관측된 결과는 복잡한 인과 관계 사슬의 최종 산물이다. 이들 사슬의 일부는 그러한 방식으로 합쳐져서, 지구-대기 시스

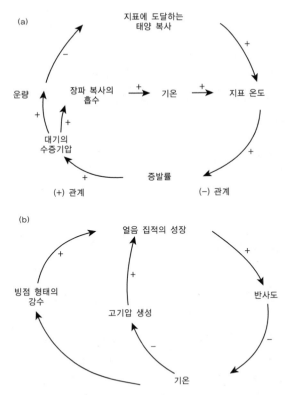

그림 24.14 (a) 지구-대기 시스템의 피드백. (b) 빙상 성장의 (+)피드백.

템에 제기된 초기의 변화를 보상하는 메커니즘을 만든다. 이러한 (-)피드백 때문에 시스템이 장기적으로 안정된다. 다른 경우에는 (+)피드백이 작동함으로써, 초기의 자극에 따라 시스템 내 변화의 정도가 증가하게 된다.

태양 상수나 시스템으로 들어오는 에너지 유입량에 변화가 있을 경우, 지표의 가열이 증가함으로써 증발률이 증가한다고 말할 수 있을 것이다. 결과적으로 대기 내 수분 함량이 많아져서, 운량이 늘어나고 지표에 도달하는 태양 복사량이 감소할 것이다(그림 24.14a). 그래서 지구-대기 시스템은 어느 시점에서 만나는 (-)피드백 순환을 통하여 변화를 보상한다.

이산화탄소량이 증가하면 하층 대기에서 지구의 열에너지를 더 많이 흡수하여 지표의 냉각을 막을 것이

다. 결과적으로 지표의 온도가 상승하면 증발이 늘어나고 대기의 수증기량이 증가하여 운량이 증가하므로, 지표에 도달하는 복사량이 감소한다. 대신에 (+)피드백을 시작하면, 태양 복사량의 변화가 미치는 영향을 볼 수 있다. 예를 들어, 지표의 온도가 상승하면 온실효과가 크게 증가할 것이다. 이렇게 하면, 열 손실이 방지되고 지구의 반사도가 감소하여 지표의 온도가 더욱 상승할 것이다(그림 24.14a).

얼음이 지표를 피복하면 반사도가 증가하고, 따라서 태양에 의한 가열이 감소한다. 얼음 위의 공기는 냉각되고, 이 때문에 기류가 지표에서 발산하여 대류에 의한 열의 유입이 제한된다. 그러므로 빙상은 유입이 더 많아진 것이 아니라 소모가 제한됨으로써, (+)피드백(그림 24.14b)을 따라서 그 범위가 확장된다. 다른 견해로는, 대기가 냉각됨으로써 강수가 얼음 형태일 가능성이 증가하고 그것이 빙하에 쌓인다.

이러한 피드백 순환은 지구-대기 시스템 내 기상학적 변수들 간에 존재하는 매우 복잡한 상관관계를 과잉단순화한 것이다. 그러나 이러한 순환은 시스템이 유입의 변화를 수용하기 위해 작동 유형을 조정하거나 자체의 조절 장치를 가동할 수 있다는 점에서 자기 조절 기능을 지닌다.

3. 변화의 형태

기후 변화는 경향성이라는 말로 표현하는 것이 정상이다. 수십 년이라는 짧은 기간 동안에는 20세기 전반 동안 일어났던 기온의 상승과 같은 단조로운 경향을 인식할 수 있다. 그러나 대부분의 장기적인 기후 변화에 대한 분석은 자료에서 진동을 인식하려고 노력하여 왔다. 그러한 진동의 변화는 장기적인 평균값 주변을 오르내린다. 대부분의 기후 자료는 태양 흑점 주기와 유사한 하나의 주기성을 나타내는 것이 아니라, 시간이 지남에 따라 여러 개의 주기성 변화가 맞물려 있는

복잡한 양상을 보인다. 예를 들어, 태양 복사량에 대한 밀란코비치의 계산은 세 가지 주기성의 중첩을 나타낸다. 그린란드 빙상에서 추출한 얼음심을 분석한 결과, 과거 800년 동안 80년과 180년의 주기를 갖는 지구의 온도 변화를 인식하였다.

Curry(1962)는 인식할 만한 주기성이 없으면 기후 변화가 불규칙하거나 임의적일 가능성이 있다고 주장하였다. 지구 궤도의 특성이나 지구 대기의 기체 함량이 규칙적인 변화를 보이고 있어, 기후 변화가 임의적일 것 같지는 않다. 그러나 예를 들면, 기온과 강수량 변이의 원인을 지적하기가 어렵다.

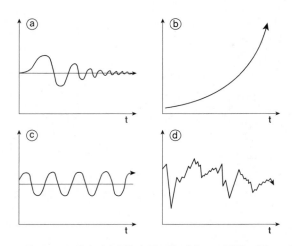

그림 24.15 시스템의 변화 유형. (a) 감소하는 반응. (b) 점증하는 반응. (c) 순환하는 변화. (d) 임의적인 변화.

4. 삭박 시스템 내 대상 및 동적 변화

Thornes(1987)는 지형 시스템의 작동을 고려하면서, 실제로는 정상 상태의 평형이 특이하며, 시간이 지나면서 시스템의 행태가 변하는 것이 정상이라는 견해를 밝혔다. 그는 시간이 지나면서 시스템의 역학이 변하는 상황을 묘사하기 위하여 **동적 시스템**(dynamical system, 자료 24.1)이라는 용어를 사용하였다. 시스템 내의 변화는 시스템이 혼란에 빠지거나 교란될 때 발생할 것이다. 이것은 외부(경계) 조건의 변화나 임계 한계치를 오르내리는 내부의 구조적 불안정 때문이다. 그

자료 24.1
동적 (모델)시스템

제1장과 [자료 1.3]에서 보았듯이, 혼란을 피하기 위하여 시스템이라는 용어가 어떻게 사용되고 있는지 알아야 한다. 여기에서 Thornes는 수학적 모델을 구성하는 방정식 시스템과 수학적 모델이 내포된 개념적 모델을 구성하는 관계 시스템을 언급할 때 이것을 사용하고 있다. 실제의 열역학 시스템—삭박 시스템이나 지형 시스템—은 시스템의 초기 상태에 관한 지식과 시스템에 포함된 시간 간격의 길이, 그리고 포함된 시간 간격을 벗어나 시스템으로 들어간 유입과 시스템에서 나온 유출에 관한 정보 등으로부터 시간상 시스템의 행태를 기술할 수 있는 것으로 개념화하고 모델화할 수 있다. 이러한 개념적 모델은, 포함된 시간 간격을 벗어난 시스템에서 나온 유출과 시스템의 상태 변화가 초기 상태와 유입의 함수일 때, 동등한 수학적인 것으로 변형될 수 있다. **상태 전이 함수**(state transition function)와 **유출 함수**(out function)를 가지고 있어서 모델화가 가능한 모든 시스템은 **동적** 시스템으로 간주할 수 있다. 잠깐만 생각해 보면, 실제로 모든 환경의 에너지 시스템은 그렇게 모델화할 수 있다는 것을 알 수 있다. 그러나 Thornes의 주장은 모델화를 넘어서, **동적 시스템 접근 방법**(dynamical systems approach)은 지적 초점을 장기적인 정상(안정)상태로부터 전이 상태와 다중 평형을 이해하고, 그리고 분기점과 시스템의 행태에 내재된 불안정을 인식하는 방향으로 옮아가야 한다고 강조하였다. 더구나 동적 시스템 접근 방법은 **격변 이론**(catastrophe theory)이나 **카오스 이론**(chaos theory)과 같은 개념적 발달의 통합을 허용하며, 환경 시스템의 행태를 그들이 만든 수학적 경관 내에서 고찰하도록 허용한다(Thornes, 1987). (생태계 내의 변화를 모델링 할 때 사용하는 유사한 접근 방법들을 참조하시오. 제2장 1절)

러한 변화에 대한 시스템의 반응은 시간을 통한 시스템 변수들을 보여 주는 그래프에 나타난 것처럼 다양한 통로를 따른다(그림 24.15). 그래서 폭발적인 반응은 점진적인 변화를 나타내는 반면(제23장), 약화된 반응은 시간이 갈수록 변이가 감소하는 것이다. 주기적인 반응은 순환 변화를 보여 주고, 비체계적인 반응은 무질서하거나 임의적인 행태를 보여 준다. 이러한 모든 유형의 반응이 나타나는 동안 시스템은 정의에 따라 변화 상태에 있으며(제25장), 결과적으로 유입과 프로세스의 정상 상태와 관련한 특징적인 형태도 변화와 관련하여 순응하는 형태로 대체된다. 이것은 시스템의 작동이나 경관 내 시스템의 물리적 형태에 적용된다.

교란에 따른 시스템의 변화는 범지구적 규모에서 국지적 규모에 이르는 모든 규모에서 일어날 수 있다. 해수면 변동과 기후 변화는 범지구적 규모와 지역적 규모에서 경계의 조건이 변화하여 발생한 예이다. 이러한 규모의 사건은 대륙 규모나 대하천 유역 분지의 규모에서 전 삭박 시스템에 영향을 미친다. 비교적 작은 물리적 · 일시적 규모의 적절한 예는 사면 시스템의 기저부 제거가 중단될 때이다(Brunsden and Kesel, 1973). 사면 시스템이 경계 조건의 변화에 조정됨으로써, 사면 시스템 형태의 점진적인 변화가 초래된다. 소규모 지형 시스템의 변화는 하나의 삭박 사건으로도 나타날 수 있을 것이다. 그래서 Anderson과 Calver(1977)는 재현 주기가 매우 큰 예외적인 하천 홍수의 영향을 연구하고, 홍수로 만들어진 변화된 경관의 지속성을 평가하였다.

앞 단락에는 경관이 정상 상태의 시스템과 연관된 지형들과 변화로부터 초래된 지형들로 구성된다는 사실이 포함되어 있다. Brunsden과 Thornes(1979)는 **변화에 대한 경관의 민감도**(landscape sensitivity to change) 개념을 발전시켜 이들을 포용하려고 시도하였다. 이것은 경관 자체의 이완(회복) 시간과 함께 교란(형성) 사건의 재현 주기 측면에서 평가한다. 변화에 대한 경관의 민감도는 일시적 형상 비율(transient form ratio)

로 표현할 수 있다.

$$TF_r = \frac{\overline{R}}{\overline{D}}$$

$\overline{R}$은 평균 이완 시간이며, $\overline{D}$는 형성 사건의 평균 재현 주기이다.

$\frac{\overline{R}}{\overline{D}} < 1.0$이면, 안정성이 회복되며;

$\frac{\overline{R}}{\overline{D}} > 1.0$이면, 일시적인 행태가 발생한다.

그래서 교란에 뒤이어, 정상 상태의 조건에서 만들어지는 특징적인 형태는 조정하는 조건에 따라 대체될 것이다(그림 24.16). 이완 시간이 사건의 재현 주기보다

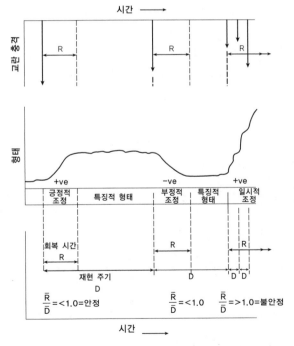

그림 24.16 교란 사변과 회복 시간, 특징적인 형태 및 일시적인 형태 간의 관계를 나타내고 조정하는, 변화에 대한 경관 민감성의 도식적 표현(Brunsden and Thornes, 1979).

짧을 경우에는 특징적인 새로운 형태가 만들어진다. 그러나 교란하는 사건이 잦고 재현 주기가 회복 시간보다 짧을 경우에는 점진적인 변화를 나타내는 일시적인 형태가 계속하여 나타날 것이다.

변화에 대한 경관의 민감도는 특정한 교란 사건에 대한 경관의 저항에 따라 다양하며, 공간적으로는 지형과 물질의 변이에 따라 다양하다. 그러므로 임의의 경관은 자극에 감응하는 시간과 짧은 이완 시간을 갖는, 그래서 시스템이 그 안에서 현 상황과 평형을 이루는 지대와 이전의 다른 환경에서 만들어진 형태를 유지하는 민감성이 낮은 지대로 이루어져 있다. 기후 변화와 같은 주요 환경 변화의 경우에는 이것을 **잔류 지형**(relict landform)이라고 한다.

최근에 수집된 증거로 볼 때, 지형 시스템을 통제하는 주요 외적 요소는 과거 300만 년 동안 지속적으로

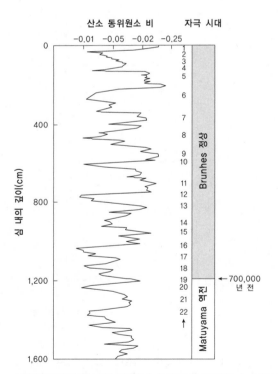

산소 동위원소 비   자극 시대

그림 24.17 태평양 심 V28~238에서 유래한 산소 동위원소비. 수치는 표준으로부터 1,000 ^{18}O 당 변화량을 나타낸다(Shackleton and Opdyke, 1973).

순환적 변화를 겪고 있다. 심해 퇴적물의 심은 석회질 유기체의 껍질에 기록된 것처럼, 해수 내 동위원소 구성상의 변화를 보여 준다. 대륙에 빙상이 집적되던 시기 동안, 해수에는 보다 무거운 ^{18}O 동위원소에 비하여 상대적으로 가벼운 ^{16}O 동위원소가 줄어들었다. 그래서 ^{16}O:^{18}O의 비는 육상에 빙하빙이 집적된 정도, 그리고 해양의 수분 저장이 줄어듦에 따른 범지구적 해수면 하강을 나타내는 척도이다(그림 24.17). 증거로 볼 때, 지난 320만 년 동안 10^5년 주기에 따라 규칙적으로 빙하빙이 확장했던 주요 사건이 약 30회 있었음이 밝혀졌다(Shackleton and Opdyke, 1973, 1977). 9만 년 이상 얼음이 느리게 집적되는 시기와 약 1만 년의 간빙기가 급속하게 분리되는 규칙적인 패턴이 있었다. 빙하의 영향을 받지 않은 지역에 쌓인 세립 육상 퇴적물이 나타내는 층서 기록이 해양 기록을 보완한다. 그래서 뢰스의 퇴적이나 토양 형성에서 풍화 순환의 패턴 내에 포함된 기록을 보면, 중부 유럽(Fink and Kukla, 1977)이나 중국(Heller and Liu Tungsheng, 1982)과 같은 광범위한 장소에서 과거 170만 년 동안 17개의 연속된 빙하 시기가 있었다.

지구적 규모에서 재현되는 이러한 주요 기후 및 해면 변화는 환경 시스템에 근본적인 영향을 미친다. 300만 년 동안 환경 시스템에서 변화는 정상이었던 것으로 나타났다. 그래서 대륙의 삭박을 위한 잠재적 에너지는 해수면의 하강과 상승에 따라 증가하고 감소한다. 빙상의 성장과 쇠퇴에 따라 대륙을 가로지른 기후대의 전진과 후퇴가 수반될 것이다. 그러므로 육상의 특정 지점은 연속된 기후 변화와 그와 연관된 국지적 환경 시스템의 요동을 겪게 될 것이다. 결과적으로 환경 변화의 증거는 현재의 경관에서 널리 나타난다. 그래서 습윤 열대의 아마존 분지에서 건조 지형이 나타나며(Tricart, 1985), 건조 지역에서 다우 지형이 나타나고(Goudie, 1977; Street-Perrott et al., 1985), 온대 지역에서 극지 지형이 분포한다. 다음 절에서는 변화의 증거로 선택된 일부 실례들을 간단하게 살펴볼 것이다.

(1) 역동적 변화

바다와 육지의 상대적인 높이의 변화는 어느 요소의 변화로 유발될 수도 있다. 육지면의 (지각 균형의) 변화는 제5장에서 설명하였다. 주요 요인은 습곡 산맥의 조산 운동에 따른 융기, 넓은 대륙에 균열이 발생하거나 조륙 운동의 변형 때문에 나타나는 융기나 단층 지괴의 함몰, 그리고 퇴적 분지 주변에 있는 대륙 가장자리의 하방 요곡 등이다. 국지적으로는 빙상이 발달하면 대륙에 하중이 증가하여 고도가 낮아지는데, 빙하기가 지나면 원래의 수준으로 되돌아온다. 장기적인 관점에서 볼 때 이것을 일시적인 영향으로 볼 수도 있지만, 몇몇 장소에서는 현재 빙하기의 하중으로부터 회복되고 있어서 연간 수밀리미터의 속도로 융기하고 있다. 이러한 프로세스는 해수면과 관계없이 독립적으로 작동하며, 육상의 전 지역에 차별적으로 영향을 미친다. 따라서 퍼텐셜 에너지의 변화는 불균등하게 분포하며, 한 대륙 내에서도 어떤 지역은 퍼텐셜 에너지가 증가되고 다른 지역은 감소될 것이다.

해수면 변화는 전 세계적 규모에서 작동하며, 모든 육지에 동시적으로 균등하게 영향을 미친다. 주요 요인은 세 가지이다.

1. 확실하게 제시하기는 어렵지만, 해분의 형태와 부피가 변했을 가능성이 있다. 해양 지각이 이동함으로써, 해분이 일정한 모양을 유지한다는 것은 본질적으로 불가능하게 되었다. 해분의 수량이 일정하다고 가정할 때, 해분의 용적이 변하면 대륙에 대한 상대적인 수위는 상승하거나 하강하게 된다.
2. 대륙에서 침식된 퇴적물이 해분에 집적된다. 오랜 시간 동안 해분을 메우게 되면 대륙에 대한 상대적인 수위가 상승하게 되고 해진(海進)이 일어난다.
3. 빙기 동안 대량의 물이 해분 저장소에서 빙상 저장소로 전달되면, 해분 내 수량이 크게 변한다.

대조적인 안정성을 지닌 대륙 지각에서 측정한 조석

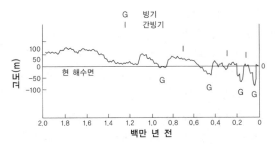

그림 24.18 제4기 동안 해수면 변화의 일반적 모델(Fairbridge, 1971)

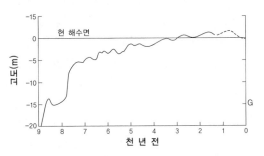

그림 24.19 영국 북서부 플란드리아 해수면 변화(Tooley, 1974)

기록을 이용하여 각각의 규모는 측정할 수 있지만, 1과 2의 상대적인 효과를 결정하여 분리하기란 어렵다. 불안정한 지역에서는 국지적인 영향이 범세계적인 프로세스에 적재되어 나타나는 반면, 안정한 해안선에는 해수면 변화만이 기록될 것이다.

빙하의 제약을 받은 해수면 변화는 물이 바다에 있던 간빙기의 고해면기와 상당히 많은 물이 육지에 빙하로 저장되었던 빙기의 저해면기 간 적어도 100m의 범위를 유지하였다.

[그림 24.18]은 제4기 동안 해수면 변화의 일반적 모델을 나타낸 것이다(Fairbridge, 1961). 이것은 제4기 초의 +230m에서 현 수준으로 해수면이 지속적으로 낮아지고 있음을 보여 준다. 과거 50만 년의 후반부의 빙하성 해수면 변동은 이러한 일반적인 경향 위에 중첩되어 있다. 이것은 매우 일반화된 그림이며, 작은 시간 척도에서는 소규모의 진동이 분명히 일어난다. 이것은 최근의(후빙기) 주요 해수면 상승과 관련하여 예시할

수 있으며, 영국에서는 이를 **플란드리아 해진**(Flandrian transgression)이라고 한다(그림 24.19). 이 사건에 대한 더욱 자세한 증거를 보면, 해수면은 뚜렷하게 진동하며 6,000년 전에 현 수준까지 상승하였음을 보여 준다.

어느 대륙에서, 해수면과 관련한 전반적인 고도 변화는 해수면 변화와 지각 균형 변화가 결합된 영향을 받아 나타난다. 이렇게 상이한 메커니즘에 따라 발생하는 변화의 상대적인 비율은 상당히 다양하다(표 24.3). 가장 빠른 변화는 빙하성 해면 변동 해수면과 관련하여 나타난다. 영국 남부와 같이 지각이 안정한 지역에서 가장 최근에 발생한 이러한 종류의 주요 사건은 플란드리아 해진인데, 현재의 해면 변동의 상승률도 결코 무시할 수는 없지만, 이것은 6,000년 전에 끝났다.

침식 기준면의 변화에 따른 영향은 해안 지대에서 가장 빠르게 느껴진다. 그래서 해안선은 전진하거나 후퇴할 것이며, 해수면이 다시 안정되면 해안의 침식이나 퇴적 프로세스가 새로 안정된 해수면에 표시를 남길 것이다.

융기로 증가된 퍼텐셜 에너지가 미치는 영향은 삭박 시스템으로 전달된다. 먼저 하도 경사는 하류로 가면서 국지적으로 증가하여, 유속과 침식이 증가하고 하도가 파인다. [그림 24.20]은 해안과 내륙에서 이런 일

이 어떻게 일어날 수 있는지를 보여 준다. 하도가 파이면 곡벽 사면이 길어지고 가팔라져서, 곡벽 사면에 더 큰 침식 압력을 가하게 된다. 따라서 사면에서 하도로 공급되는 퇴적 물질의 양이 더욱 많아질 것이며, 삭박

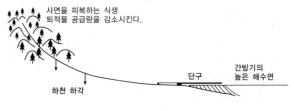

(a) 간빙기 환경(습윤-온난)

사면을 피복하는 식생
퇴적물 공급량을 감소시킨다.

하천 하각

단구

간빙기의
높은 해수면

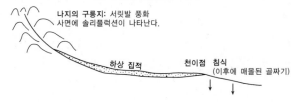

(b) 주빙하 환경(결빙 기후)

나지의 구릉지: 서릿발 풍화
사면에 솔리플럭션이 나타난다.

하상 집적

천이점 침식
(이후에 매몰된 골짜기)

그림 24.20 내륙과 해안의 상이한 기후 통제하의 하도 침식(Clayton, 1977)

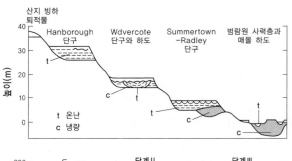

산지 빙하
퇴적물

Hanborough
단구

Wdvercote
단구와 하도

Summertown
-Radley
단구

범람원 사력층과
매몰 하도

t 온난
c 냉량

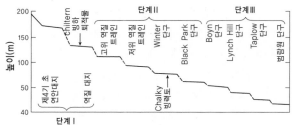

그림 24.21 템스(Thames) 강의 단구 배열. 위는 상류(Sandford, 1954), 아래는 중류와 하류(Wooldridge, 1960).

표 24.3 육지와 해수면의 상대적 변화율(Carson and Kirkby, 1972)

	mm yr^{-1}
빙하성 해수면 변동	25까지
현 해수면 상승	1.2
조산 운동 융기	
캘리포니아	3.9~12.6
일본	0.8~7.5
페르시아 만	3.0~9.9
조륙 운동 융기	0.1~3.6
지각 균형	
페노스칸디아	10.8
온타리오 남부	4.8

시스템의 작동률, 즉 침식률이 증가할 것이다. 하류로 가면, 대하천은 이전의 범람원으로 침식해 들어가는 경향이 있을 것이고, 이전의 범람원은 개석된 하안단구로 남아 있게 될 것이다. 그리고 하천은 낮은 곳에 새로운 범람원을 형성할 것이다. 이런 방식으로 침식이 되풀이 되면, 이전 범람원의 퇴적물을 가진 일련의 단구들이 형성될 것이다. [그림 24.21]은 이런 방식으로 형성된 템스(Thames) 강의 단구 배열을 나타낸 것이다.

육지와 관련한 해수면의 상승은 삭박 시스템에 더욱 국지적으로 영향을 미치는 경향이 있을 것이다. 첫째, 하곡의 바다 쪽은 특히 그러한 골짜기가 깊게 침식된 경우에는 침수될지도 모른다. 그래서 영국 남부의 모든 대하천은 낮은 빙기 해수면에 부합하여 형성된 하도가 깊게 묻혀 있다. 이렇게 묻힌 골짜기는 퇴적물을 붙잡는 덫이다. 상승하는 해수면 때문에 물에 잠긴 골짜기의 하류 부분으로 유수가 흘러들면 유속이 감소하므로 퇴적물은 침수된 골짜기에 집적된다. 그러나 그러한 효과는 침식과 같은 방식으로 상류 쪽으로 전달되지 않고, 상류에서는 삭박 시스템이 전처럼 지속적으로 작동할 것이다.

(2) 대상의 변화

세계의 전반적인 패턴을 완전히 이해하기란 여전히 어렵지만, 제4기 동안 중요한 대상의 변화(zonal change)가 일어났음이 분명하다. 지형학적 시간 척도에서 이러한 변화는 아주 최근에 오늘날의 경관에서 분명하게 보이는 지형을 형성하였다. 현재 온대 환경도 제4기 동안에는 빙하나 주빙하 환경의 시기를 겪었다. 아열대 위도에서는 건조 시기와 습윤(다우) 시기의 변동이 있었다. 이것은 열대 전체에 반드시 동시적이지 않으며, 온대 위도의 변화와 보조를 맞출 필요도 없다. 제4기 동안 세계 순환 패턴의 변화가 미친 영향은 장소마다 다양하였다. 그러나 적도의 핵심 지대는 대체로 기후 변화의 영향을 받지 않은 반면, 대상의 변화

는 중위도와 주변 환경에서 가장 뚜렷한 것으로 나타났다. 이렇게 대체적인 기후대가 적도 쪽으로 표이함으로써, 지표 상의 특정 지점은 기후 유입량의 변화를 겪었을 것이다. 기존의 기후 체제 및 변화된 환경의 성질에 따라, 삭박 시스템에는 매우 다양한 반응이 나타났다.

한랭한 환경에서 더 습윤하게 변하면, 겨울철의 적설이 여름철의 소모를 초과하여 빙하가 발달할 수 있다. 습윤한 환경이나 건조한 환경에서는 홍수 빈도가 증가하면서 하천 유출량이 증가할 것이다. 습도가 증가하면 식생이 보다 울창하게 발달할 것이며, 토양 프로세스나 풍화 프로세스도 가속화될 것이다. 건조나 반건조 환경에서, 강수량과 유출량이 증가하면 내륙의 호소가 더욱 커지게 된다. 건조해지면 식생 피복이 감소하고 지표 물질의 침식 가능성이 증가할 것이다. 이러한 건조한 환경에서 운반 기구는 바람일 것이기 때문에, 툰드라 지대에는 뢰스가 쌓일 것이며 저위도의 건조 지대에는 사구가 활동할 것이다.

변화된 환경 상태에서는 다양한 지형들이 새롭게 발달한다. 조정된 삭박 프로세스 때문에 새로운 지형이 형성되며, 새로운 퇴적 기구와 퇴적 환경 때문에 새로운 종류의 퇴적지가 형성된다. 풍화 프로세스가 변하여 풍화층과 토양을 조절한다. 이전 환경의 산물이었던 지형이 경관에 남아 있을 수도 있다. 이러한 지형을 **잔류 지형**, 그리고 화석 토양의 경우에는 **고토양**(paleosol)이라고 한다. 이들은 모두 기후 변화의 역사를 재구성할 수 있는 증거가 된다. 이들은 새로운 환경에서 지워질 때까지 경관 내에 지속될 것이다. 다행히도 환경 요소의 그러한 주요 변화가 제4기에 일어났고, 그 이후 시간이 별로 지나지 않았기 때문에, 다양한 환경 내에 풍부한 잔류 지형이 현재에도 많이 남아 있다.

변화에 가장 민감한 것은 기후 지대 간이나 기후 시스템들 사이의 경계에 놓인 주변 지역이다. 그러한 환경에서는 짧은 시간 척도에서도 대상의 변화를 모니터할 수 있다. 빙하의 변동이나 사막 주변의 변화는 대상

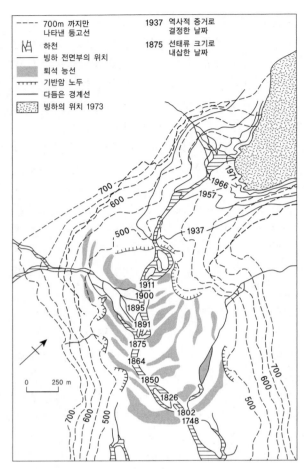

범례

– – –	700m 까지만 나타낸 등고선
⋈	하천
——	빙하 전면부의 위치
▨	퇴석 능선
⊓⊓	기반암 노두
——	다듬은 경계선
▨	빙하의 위치 1973

1937 역사적 증거로 결정한 날짜
1875 선태류 크기로 내삽한 날짜

그림 24.22 후퇴 퇴석과 선태 연대값을 보여 주는 노르웨이 남부의 툰스베르그 달렌(Tunsbergdalen)

의 변화를 모니터하기에 충분할 정도로 변화가 빠른 두 환경이다.

환경 변수를 측정하는 현대의 과학적인 분석 방법의 유효 시간 척도 내에서, 사하라 남쪽의 서부 아프리카에 있는 건조 지대의 경계에서 나타나는 변화를 나타낼 수 있다. 그 기간 동안의 강우 기록은 강수량의 점진적인 감소를 나타낸다. 그러한 주변 환경에서 이러한 규모의 가뭄은 반건조 환경을 건조 환경으로 변하게 한다. 사막의 경계가 남쪽으로 이동하여, 1968~1976년 동안 이 지역의 사막은 100km나 확장한 것으

로 평가되었다. 그러므로 이러한 주변 지역에서는 반건조 환경에서 건조 환경으로의 변화가 있어 왔다.

동시대나 역사적 시간 규모에서 대상 변화를 쉽게 인식할 수 있는 또 다른 유형의 시스템은 빙하 시스템이다. 이것을 단순하게 말하면, 시스템의 경계, 즉 빙하 가장자리를 쉽게 알 수 있다는 사실이다. [그림 24.22]는 노르웨이 남부에 있는 툰스베르그달렌(Tunsbergdalsbreen) 곡빙하의 주변에서 나타나는 변화를 보여 준다(Mottershead and Collin, 1976). 이러한 변화는 역사나 식물학적 증거를 기반으로, 특히 선태류를 지표의 연령을 알려 주는 지시자로 사용함으로써(Mottershead and White, 1972, 1973) 알 수 있다. 증거를 보면, 빙하는 18세기 중반 이후 약 2.4km 후퇴하였으며 그 비율은 증가하고 있다.

앞에서 설명한 것은 시스템의 경계 주변에서 현재 일어나고 있는 두 가지 환경 변화의 실례이다. 제4기와 더 이전에, 더 큰 규모의 변화가 발생하여 어떤 경우에는 수백 킬로미터의 대상 이동을 유발하였다. 이 지역에서 과거에 활발했던 삭박 시스템의 작동으로, 오늘날의 환경과 조화를 이루지 못한 일련의 지형들 —화석 지형 또는 잔류 지형 —이 형성되었다. 우리는 환경 변화의 대조적인 영향을 나타내는 두 가지 경우를 검정하였다. 이전에 빙하 및 주빙하 시스템이 활발하였던 영국에서는, 현재 온대의 삭박 환경에서 빙하 및 주빙하 잔류 지형이 남아 있다. 아프리카의 건조 지역에는 다우 환경에서 만들어진 지형들이 건조 지대 제한된 삭박의 영향 때문에 유지되어 경관에 남아 있다.

온대의 빙하 지형 [그림 24.23]은 최종 빙기 후기의 전성기(약 18,000년 전) 동안 영국의 환경을 복원한 것이다(Boulton et al., 1977). 세번에서 트렌트를 잇는 선의 북쪽에 있는 영국의 대부분이 빙하 환경에 들어간다. 주빙하 환경은 빙하 가장자리의 남쪽으로 존재하였다. 이들 두 지역에서는 오늘날 빙하 및 주빙하의 유물 경관을 쉽게 알 수 있어 과거 환경의 증거가 된다.

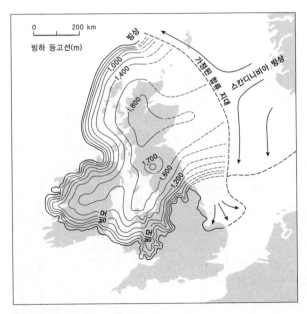

그림 24.23 영국의 최종 빙상(Boulton *et al.*, 1977)

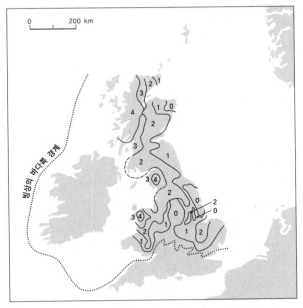

그림 24.24 Clayton(1974)이 고안한 척도를 사용한 영국의 빙하침식 지대. [표 24.4]에 요약되어 있음.

최종 빙기 후반의 빙상은 남북 1,000km, 동서 600km이고, 스칸디나비아 빙모와 합류한다. 그것은 스코틀랜드 하일랜드에서 최대 두께 1,800m 이상으로 쌓였고, 주변의 산지에서는 아일랜드 북동부를 지나 서던 업랜즈(Southern Uplands)에서 웨일즈를 향하여 남쪽으로 확장하였다. 이러한 복원된 빙상의 재건은 Clayton(1974)이 고안한 척도를 사용하면 빙하 침식 패턴(그림 24.24)과 일치하며, [표 24.4]에 요약되어 있다. 빙상의 중심부에 가까이 있어 빙식의 영향을 가장 강하게 받은 경관으로부터, 빙하가 바닥을 누르는 효율적인 압력이 가장 적어서 영향을 가장 적게 받은 경관인 주변부로 향하는 일반적인 변화가 있다. 그러나 이러한 빙상 모델은 최대 빙하 범위에만 적용된다는 사실을 기억해야 한다. 고지대의 핵심 지역에서는 빙하 최성기의 전후를 포함하여 비교적 오랫동안 지속될 것이다. 더구나 빙기의 초기와 후기 동안 이 지역에서도 빙체가 다양한 형태 —즉, 불연속의 권곡이나 곡빙하 —를 띤다. 이것으로 스노도니아(Snowdonia)와 레이크 지방(Lake District)의 빙하 작용을 강하게 받은 경관을 설명할 수 있을지도 모른다.

빙식 작용을 강하게 받은 지역에는 빙하 침식 지형이 장엄하게 무더기로 남아 있다. 영국에서는 강한 기반암에서 발달한 고지대가 항상 그런 지역이므로, 빙하 지형은 거의 원래의 상태를 유지한 채 후빙기 이후 만 년 동안 살아남았다(그림 24.25).

온대의 주빙하 지형 잉글랜드 남부에는 빙하 작용의

표 24.4 빙하 침식 강도의 지대(Clayton, 1974)

0	침식 없음
1	세밀한 보조적 변모에 국한된 얼음 침식
2	주 흐름선, 보통은 빙식곡을 따른 광범위한 굴착
3	빙하 이전 지형의 광범위한 변형, 저지에서 보편적인 마식 지형, 연결 시스템, 산지에서 널리 나타나는 빙식곡
4	경관에서 뚜렷한, 빙하에 의한 유선형 지형

그림 24.25 빙상 침식의 경관. 저지에는 레골리스가 깨끗이 제거된 고립된 암석 동산들과 호수를 포함하는 폐쇄된 기반암 분지들이 포함되어 있어 폭넓은 빙식의 증거를 보여 준다. 고지대의 장방형 잔류 지형은 경관을 가로질러 왼쪽에서 오른쪽으로 흐르는 빙하의 유선이었다(Sutherland, Scotland).

경계 너머 아마도 여러 번의 상이한 시기에 주빙하 환경이 존재하였으며, 주빙하 지형도 잘 발달하였는데, 그러한 지형은 무엇이든지 파괴하는 빙상의 괴롭힘을 당하지 않고 훨씬 더 북쪽까지 잘 보존되어 있다. 영구동토의 증거는 화석 툰드라 구조토와 얼음 쐐기의 형태로 나타난다. 그러나 더욱 보편적이며 경관에 더욱 중요한 지형적 영향을 미친 것은 가속화된 집괴 이동의 효과였다. 집괴 이동은 잉글랜드 남서부와 백악 지역에서 특히 우세하다. 이것은 데본 남부의 해안에서 스타트 포인트(Start Point) 서부에 이르는 경관을 살펴보면 알 수 있다(Mottershead, 1971). 여기에서 주빙하 환경은 경관에 상당한 변형을 초래하였다. 20~30°의 기반암 사면에서는 레골리스가 집괴 이동으로 사면 아래로 운반되어 기저부에 퇴적물 집적 지형이 형성되었

다. 이러한 주빙하 퇴적물은 전혀 분급이 되지 않은 동파된 각력들로 이루어져 있으며, 역이 매우 많다. 국지적으로 공급된 암설들로 이루어져 있는 퇴적물은 부분적으로 성층을 이루어, 솔리플럭션 단상 지형(terrace)에서처럼 물질이 판이나 층으로 운반되었음을 뜻한다.

사면 말단부에 집적된 퇴적물은 단면이 오목하고 바다 쪽으로 점차 얇아지는, 경사가 완만한 단상 지형을 형성한다. 한 골짜기 내에 국한된 두 개 양사면의 기저부에 퇴적물이 쌓이는 경우에는 바다로 흘러가는 일부 작은 골짜기에서처럼 쐐기 모양의 퇴적물 층이 골짜기의 바닥에 쌓인다. 사면 상부로부터 레골리스가 제거되면 풍화되지 않은 기반암의 돌출부가 노출되어 토르를 형성한다. 토르를 구성하는 편암 내의 절리 패턴으로 규정되는 토르의 울퉁불퉁한 외관이 능선을 이룬

그림 24.26 잔류 주빙하 지형. 식생이 있는 절벽은 기반암의 돌출부(토어)가 솟아 있는 위쪽 사면에서 공급된 주빙하 젤리플럭션 퇴적물의 집적을 나타낸다. 개석된 융기 연안 대지는 주빙하 환경에 앞선 고해수면을 나타낸다(잉글랜드 데번 주).

다. 노출된 기반암 노두가 주빙하의 동파 작용을 받아 외관이 부분적으로 바뀌었고, 생산된 각력들이 사면에 흩어져 암괴원을 형성하였다. 토르와 암괴원과 솔리플럭션 퇴적물의 이러한 조합은 소규모의 주빙하 경관을 나타낸다(그림 24.26). 주빙하 환경에 의해서 경관이 변모한 정도는 집적된 퇴적물의 깊이로 평가할 수 있는데, 곳곳에서 25m에 이른다. 정상부 산마루(crest)는 레골리스 피복을 운반하여 고도가 약간 높아진 반면, 주빙하 이전 골짜기 바닥의 높이는 그 만큼 더 낮았을 것이다. 주빙하 환경에서 상대적인 기복이 조정된 정도는 국지적으로 25m를 넘는다.

주빙하 지형이 현재의 환경과 평형 상태에 있지 않은 것은, 주빙하 지형이 현재 침식으로 파괴되고 있는 사실로 알 수 있다. 현재의 하천은 하곡 퇴적물을 침식하여 하곡의 측면 단구를 형성하는 데 비해, 해안 침식은 해안의 솔리플럭션 퇴적층이 잘려서 형성된 절벽을 뒤쪽으로 후퇴시키고 있다.

그러므로 이러한 작은 지역에서 주빙하 환경이 남긴 유산은 상당하며, 잘 보존되어 있다. 그러나 이러한 실례는 결코 특이한 것이 아니다. 잉글랜드 남부의 백악 지역에는 자체의 뚜렷한 주빙하 지형이 있는 반면, 잉글랜드 남서부에는 여러 곳에 비슷한 경관이 보존되어 있다(French, 1973).

건조 지대의 다우 지형 현재보다 다소 건조했던 이전의 환경에 대한 지형학적 증거는 사하라의 남쪽에 있는 사헬 지역에서 발견된다(그림 24.27).

사구 시스템은 건조 환경의 범위를 나타낸다. 그러

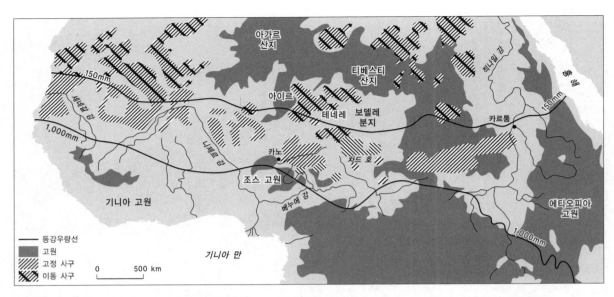

그림 24.27 사헬과 사하라 남부에서 현재의 강우량과 관련한 이동 및 고정 사구의 분포(Grove and Warren, 1968, Geog. J. 134, 194~208)

한 환경에서는 영구적으로 밀집된 식생 피복이 존재할 수 없으며, 느슨한 지표 퇴적물이 바람에 따라 쉽게 분포하여 사구 지형을 형성한다. [그림 24.27]에서, 식생으로 피복된 고사구 지대는 남쪽으로 500km 이상 확장되어 있는 반면, 활동적인 사구의 현 경계도 나타나 있다. 이 지대에는 사막의 확장을 허용하는 건조 환경이 분명히 존재하였다. 이후 보다 습윤한 환경으로 변함으로써 식생이 발달하였고, 고사구를 피복하였으며, 그들을 안정시켜 화석 사구 경관을 만들었다.

이전에 다우 환경이 있었다는 증거는 내륙 유역 분지인 차드(Chad) 호 주변에 보존되어 있다(그림 24.28). 이것은 유입이 직접적인 강수로 신장되는 주변 고원 지역의 지표 유출에서 주로 유래하고, 수면에서 직접적인 증발의 형태를 띠는 유출과 균형을 이루는 시스템이다. 그러므로 호소는 강수와 증발에 영향을 미치는 기후 변화에 민감한 저장소의 역할을 한다. 호분(lake basin)의 형태는 중요하여, 수심에 약간의 변화만 나타나도 수면 면적에 큰 변화를 초래한다. 호소의 현재 평균 수심은 3~7m이고, 수면 면적은 10,000~

그림 24.28 이전의 '거대 Chad호'의 구정선(약 320m)과 비교한 Chad호의 현 범위(Grove, 1967)

25,000km²이다. 호분이 얕다는 것은 수면 면적이 수량 변화에 매우 민감하다는 것을 의미한다.

과거의 다우 환경은 높은 곳에 위치한 정선이나 사주, 삼각주 지형 등으로 알 수 있다. 현재의 호소보다 50m 위에 있는 정선은 40만 km²의 면적을 가진 과거의 호소와 관련이 있을 것이다. 그런 호소는 현재의 16배에 달하는 증발 손실을 겪었을 것이며, 호소로 흘러드는 하천의 지표 유출로 균형을 이루었을 것이다. 호소의 저장량을 이렇게 높은 수준으로 유지하려면 현재를 지배하는 환경보다 훨씬 더 습윤한 환경이 필요하다. 그래서 Grove(1967)는 그러한 환경이 만 년이나 5,000년 전에 존재하였다고 주장하였다.

다양한 척도에서 그리고 공통점이 없는 지역들에서 이루어진 고립된 사례 연구가 보편적인 현상을 나타낼 수 있다는 점을 강조하여야 한다. 대부분의 세계 경관은 과거의 다른 기후 환경을 나타내는, 적어도 몇 가지의 유물 지형을 가지고 있다. 유물 지형의 범위는 화석 토양에서, 형태적으로 표현되기에 충분한 양을 가진 퇴적물을 거쳐, 빙하 침식의 장엄한 지형에 이르기까지 아주 상당하다.

더 읽을거리

기후 변화의 다양한 측면을 다룬 자료:

Bach, W. (1983) *Our Threatened Climate*. D. Reidel, Dordrecht.

Cannell, M.G.R. and M.D. Hooper (1990) *The Greenhouse Effect and Terrestrial Ecosystem of the UK*. ITE Res. Pub. No.4. HMSO, London.

Denton, G.H. and T.J. Hughes (1983) Milankovitch theory of Ice Ages: hypothesis of ice sheet linkage between regional insolation and global climate.

Flohn, H. and R. Fantechi (eds) *The Climate of Europe: Past, Present and Future*. D. Reidel, Dordrecht.

Houghton, J.T., G.T. Jenkins and J.J. Ephraums (eds) (1990) *Climate Change: the IPCC Scientific Assessment*. Cambridge University Press, Cambridge.

Lamb, H.H. (1977) *Climate: Past, Present, and Future*. Methuen, London.

Lamb, H.H. (1982) *Climate, History and the Modern World*. Methuen, London.

산성비를 주제로 한 출판물이 증가하고 있으며, 그 가운데 세 가지 자료:

Pearce, F. (1987) *Acid Rain*. Penguin, London.

Reuss, J.O. and D.W. Johnson (1986) *Acid Deposition and the Acidification of Soils and Waters*. Springer Verlag, New York.

UK Terrestrial Effects Review Group (1988) *The Effects of Acid Deposition on the Terrestrial Environment in the UK*. HMSO, London.

경관 변화의 어떤 이론적 측면을 다룬 문헌:

Brunsden, D. and J.B. Thornes (1979) Landscape sensitivity and change. *Trans. Inst. Brit. Geog.* NS, 4, 463~484.

Thorn, C.E. (ed) (1982) *Space and Time in Geomorphology*. Allen & Unwin, London.

Thorn, C.E. (1988) *Introduction to Theoretical Geomorphology*. Unwin Hyman, London.

Thornes, J.B. (1983) Evolutionary Geomorphology. *Geography*, 68, 225~235.

Thornes, J.B. (1987) Environmental systems-patterns, processes, and evolution, part 1.2 in *Horizons in Physical Geography*. (eds M.J. Clark, K.J. Gregory, and A.M. Gurnell) Macmillan, Basingstoke.

Thornes, J.B. and D. Brunsden (1977) *Geomorphology and Time*. Methuen, London.

제4기 환경 변화를 다룬 문헌:

Catt, J.A. (1988) *Quaternary Geology for Scientist and Engineers*. Ellis Horwood, Chichester.

Goudie, A.S. (1977) *Environmental Change*. Clarendon, Oxford.

Imbrie, J. and K.P. Imbrie (1979) *Ice Ages: Solving the Mystery*. Macmillan, London.

Lowe, J.J. and M.J.C. Walker (1984) *Reconstructing Quaternary Environments*. Longman, London.

빙기에 관한 최근의 연구 내용을 다룬 문헌:

John, B.S. (1979) *The Winters of the World*. David & Charles, Newton Abbot. 제7장.

Selby, M.J. (1985) *Earth's Changing Surface*. Clarendon Press, Oxford. 제16장.

제25장
생물 시스템 내의 변화

1. 생태계 내 내재된 변화

생물 시스템의 특징은 방향성을 지닌 점진적인 변화 능력 —(+)피드백의 누적적 표현— 이다. 세포의 기능적 활동은 정상 상태의 유지뿐만 아니라 세포의 분할과 성장에 대한 잉여 물질과 에너지의 투자와도 관련되어 있다. 제7장에서 보았듯이 물질을 축적하고, 유기질 거대 분자와 같은 복잡하게 짜인 구조를 형성하며, 살아 있는 세포를 형성하기 위해 구조들을 복잡하고 정밀하게 배치하는 것은, 시스템의 *내부 엔트로피*를 줄이고 성장을 조절하여 복잡성과 질서를 증가시키려는 생물 시스템의 내재된 능력의 표현이다. 다음 절에서는 개체군과 군락과 생태계의 수준에서 이들 프로세스를 검정할 것이나, 우선 개별 유기체를 고찰하고자 한다. 유기체를 위하여 만든 성장 모델이 갖는 대부분의 특성은 보다 높은 수준에 적용되었을 때 인정받을 수 있을 것이다.

(1) 유기체의 성장과 발달

다세포 유기체에서, 조직적인 세포의 성장과 분할은 처음에 빠르게 일어나며, 차별화된 세포의 전문화된 영역이 나타나게 된다. 예를 들어 현화식물에서는, 끝부분의 싹이나 겨드랑이 눈 그리고 뿌리의 말단부에서 다량의 세포들이 성장하고 있는데, 이것은 이후에 많은 구조들이 발달하는 최초로 특화되지 않은 세포들의 생산을 위한 원천이다. 이러한 가지와 뿌리의 **분열 조**직(meristem)이 지속하는 한, 성장하는 식물에 이러한 기능과 새로운 줄기, 새로운 잎, 새로운 뿌리가 생겨날 것이다. 그러나 이러한 성장은 통제를 받는다. 실례에서 온도나 광주기와 같은 외부의 규제 요인과 **옥신**(auxin, 식물 성장 호르몬), 특히 **파이토크롬**(phyto-chrome) P_r과 P_{fr} **시스템**의 효과를 포함하는 내부의 통제 메커니즘이 결합하여, 언젠가는 시스템 내에서 꽃을 만들고 성장을 중지시킨다(자료 25.1).

동물의 경우, 발달하는 배아는 상이한 기능을 떠맡을 차별화된 세포의 특화된 영역을 점진적으로 만든다. 그것은 점차 동정 가능한 개별 유기체로 발달한다. 성장은 성적으로 성숙할 때까지 지속되지만(제20장), 많은 동물(예를 들면 대부분의 척추동물)들의 경우 이 시점에서 더 이상 덩치가 증가하지는 않는다. 성숙한 동물의 경우, 생물 시스템인 유기체는 단순히 정상 상태를 유지하고 있다. 그러나 그것이 성숙 단계를 지나면, 단위 생체량당 생산량이 감소하고 노쇠(ageing)가 분명해지면서, 정상 상태는 하향 추세를 탄다(그림 25.1). 개별 성장의 시간 척도는 분자나 세포 수준에서 유기체 내에 일어나고 있는 활동을 숨기고 있다. 조직의 성장은 세포의 성장보다 더 긴 시간 척도에서 일어나므로, 유기체의 조직은 개별 세포보다 더 오래 산다. (개체가 살아가는 동안 대체되지 않는 중앙 신경계의 세포나 인간의 망막 세포와 같이 중요한 예외도 있다는 사실을 기억하라) 예를 들면, 사람의 혈액 1mm³마다 존재하는 4.5×10^6개의 적혈 세포는 120일 정도만 살지만, 매시간 골수

파이토크롬 P_r과 P_{fr}

파이토크롬은 두 개의 뚜렷한 형태(이성질체isomer)로 존재하기 위하여 모양을 바꿀 수 있는 고도로 민감한 단백질 분자이다. 이 성질체는 각각 특징적인 흡수 스펙트럼을 가지고 있다. 푸른 형태인 P_r은 붉은색 빛(파장 650~660nm)에 반응하여 푸른색-녹색 형태의 P_{fr}로 변한다. P_{fr}에서 P_r로 바뀌는 반대의 변화는 원적외선(파장 725~730nm) 조명이나 어둠 속에서 자연스럽게, 그러나 느리게 일어난다. 파이토크롬은 고등 식물에서 빛에 대한 생물들의 많은 반응을 켜고 끄는 기본 메커니즘이라고 알려져 있다. 여기에

는 24시간 순환에서 빛과 어둠의 교차 및 연간 낮 길이의 변화 등과 관련된 수많은 순환성 반응들이 포함되어 있다. 파이토크롬은 기공의 움직임이나 광합성, 호흡, 이온 섭취, 그리고 세포 분열과 같은 여러 가지 일주적 리듬을 단계적으로 실행하는 역할을 한다. 파이토크롬 시스템을 포함한 광주기적 반응은 눈의 휴지와 가지의 성장, 줄기 성장, 그리고 개화 등의 계절적 변화에 적어도 부분적으로는 책임이 있다(Kendrick and Frankland, 1976).

(bone marrow)에서 만들어지는 8×10^6개 내지 10×10^6개의 세포들로 지속적으로 대체되고(제7장), 일부는 지라와 간에서 제거된다. 식물의 경우와 마찬가지로, 동물의 성장은 성장의 방향과 속도를 조절하고 다른 조직의 성장을 조정하는 호르몬 시스템이 통제한다. 포유동물의 경우 뇌하수체 선(gland)의 전방엽(lobe)은 일반적인 성장 호르몬을 분비하고, 다른 내분비 시스템을 자극함으로써 간접적으로는 활동하기도 한다.

바로 출발점(포유동물에서는 출생 이전이더라도)부터 노쇠의 잠재성이 존재하며, 유기체에서는 성장 및 발달과 항상 관련되어 있다. 성장을 세포의 죽음을 웃도는 과잉 세포 증식이 집적된 것으로 본다면, 성숙 단계

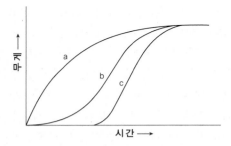

그림 25.1 생물의 성장을 기술할 때 사용하는 상이한 수학적 가정에 기반을 둔 세 가지의 상이한 이론적 곡선. 곡선 b는 이 장의 후반에서 설명하는 로그 성장 곡선이며, a는 일정한 첨가율과 삭제율을 가정한 단일 분자 곡선이고, c는 더욱 복잡한 콤페르츠(Gompertz) 곡선이다.

에서 이 비율은 세포 수준에서 지속적인 전환으로 유지된 정상 상태의 관계에 이르러 안정되어야 한다. 노쇠가 분명해질수록 이러한 전환은 느려지고, 수선과 대체도 느려진다. 예를 들어, 피부의 상처는 쉽게 낫지 않으며, 조직과 기관은 무게가 줄어들고, 세포의 사망률은 증가하며 혈액량은 감소한다. 이러한 내재된 노쇠 프로세스는 일생 동안 인간의 물리적 능력이 감소(약 50%)함으로써 분명하다. 인간의 심장 박동은 출생 시 분당 140회에 이르지만 25세가 되면 70회로 감소한다. 20세에 혈액은 분당 평균 4리터의 산소를 취하지만, 75세가 되면 분당 산소 1.5리터로 감소한다. 뇌의 중량은 30세와 90세 사이에 10% 감소한다. 노쇠의 누적 효과에 대하여 결론을 내리면, 직·간접적으로 개체를 죽음으로 인도하는 육체의 기능이 결국 파괴된다는 것이다.

개별 유기체의 생명과 죽음에 대한 이러한 견해는 세 가지 단계로 단순화할 수 있다. 이들 각각은 내·외부의 피드백 메커니즘으로 작동되는 상이한 통제 패턴이 특징이다. 첫째는 상향 성장 추세를 강요하는 (+)피드백이 통제의 균형을 지배하는 성장 단계이고, 둘째는 (−)피드백이나 보수적인 메커니즘이 우세하여 성장률이 낮아지고 통제된 정상 상태 ─성체─에 이르는 단계이다. 결국 보수적인 통제는 무너지고, 노쇠가 진

행됨에 따라 (+)피드백이 우세한 단계가 한 번 더 나타난다. 이때 그것은 하향 가속 추세이며, 마침내 시스템이 한계를 넘어 완전히 새로운 상태 —죽음 —에 도달한다. 이 모델이 개별 유기체에게는 타당할지라도, 성숙 단계의 정상 상태는 후대에 영속되는 것으로 상상할 수 있다. 그래서 개별 유기체는 열역학 제2법칙의 결과(죽음)로부터 벗어나지 못할지라도, 전체 종 개체군 수준에서는 스스로 복제하고 재생하는 능력이 있어서 정상 상태가 유지될 것이다.

(2) 개체군 역학

어느 종 개체군의 가장 중요한 속성 가운데 하나는 규모 —개체군 내 개체의 수 —이다. 어느 순간 이 개체들은 그들 생애의 다양한 단계에 있을 것이어서, 전체 개체군은 다양한 세대의 개체들이 중첩된 연령 구조를 가질 것이다. (그러나 가끔, 특히 곤충들 가운데 종의 수명이 생식적으로 성숙한 기간과 같아서, 개체군이 서로를 대체하며 시간상 거의 중첩되지 않는 세대들로 구성되는 경우도 있다) 포유류의 경우, 각 연령 집단에서 출생으로 증가하는 비율과 사망으로 감소하는 비율은 특정 연령층에 고유한 것이다. 출산율과 사망률은 나이에 따라 변한다. 예를 들어 인간의 경우, 사망률은 첫해와 노년에 가장 높고, 출산율은 약 20세에 가장 높고 전후에는 비교적 낮다. 반면 사망률은 약 11세나 12세에 가장 낮다. 특정 연령층의 고유한 출산율과 사망률이 비교적 일정하다면 개체군은 정체된 연령 구조를 보일 것이며, 전반적인 총출산율과 총사망률이 같다면 인구 규모는 일정할 것이다. 그러한 상황은 각 개체들이 일생에서 한 번만 대체된다는 것을 의미한다. [그림 25.2]는 가상의 조류 집단에 대한 이론적 상태를 나타낸 것이다. 사실 유입과 유출은 절대로 균형을 이룰 수 없으며, 개체군의 규모는 정상 상태를 유지하며 좁은 한계 내에서 변동한다.

Darwin의 시대부터, 대부분의 종들은 수를 증가시키는 인상적인 능력을 가지고 있다고 믿어 왔다. 대부분의 종 개체군은 진화를 통하여 개체군을 대체하는 데 필요한 것보다 더 많은 후손들을 생산할 수 있는 생식 전략을 획득하였다. Chapman(1928)은 생식 프로세스에 내재된 이러한 증식 경향을 종의 **생물 번성 능력**(biotic potential)이라고 불렀다. 이런 종류의 성장은 다

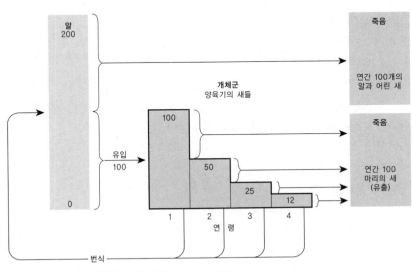

그림 25.2 이론적 조류 개체군의 정상 상태(Whittaker, 1975)

음 방정식으로 나타낼 수 있다.

$$dN/dt \propto N$$

시간에 따른 개체수의 변화 dN/dt(개체군의 증가)는 이미 그곳에 있는 개체의 수(N)에 비례한다. 이것은 스스로를 강화시키는 전통적인 (+)피드백 고리이다. 방정식에 비례 상수를 집어넣으면 비례 부호를 삭제하고 등호로 대체할 수 있다.

$$dN/dt = rN$$

개체군의 성장률(r)은 **본능적**(intrinsic) 또는 **순간적 증가율**(instantaneous rate of increase)로 알려져 있다. 그러한 성장의 결과는 [그림 25.3]에 산술적 척도와 로그 척도로 도표화하였다. 산술적 척도에서 이러한 **기하급수적 성장**은 개체군 증가가 상향 가속되는 만큼 특징적인 U자형 곡선으로 나타나며, 로그 척도에서는 직선으로 나타난다(제10장에 있는 하천 개수에 대한 하천 차수의 그래프와 유사함에 주의하라).

이러한 기하급수적 성장 개념을 다양한 개체군에 적용한 결과를 보여 주는 개체군 역학에 관한 문헌에는 재미있는 이론적 계산이 많이 있다. 그러나 물론 실제 세계에서는 이것이 잘 일어나지 않으며, 그렇더라도 잠시 뿐이다. 기하급수적 성장은 과밀이나 경쟁, 자원 고갈 등이 없을 때에만 타당하다. 기하급수적 성장의 중요성은 그것이 대부분의 종들이 가지고 있는 증가 능력에 관한 모델이라는 사실이다. '실제의' 성장 곡선은 이러한 능력 —Chapman의 생물 번성 능력— 과 **환경적 저항**(environmental resistance)사이에 일어난 투쟁의 결과를 나타낸다. 이 용어는 빛 · 공간 · 영양소 · 먹이의 자원과 어떤 종이 실제 세계에서 만나는 종 내의 경쟁(여기서는 보통 과밀이라고 부름)과 종 간의 경쟁으로 설정된 한계를 포함한다. 게다가 이들 한계는 특정 종 개체군에 대한 환경의 최대 **부양 능력**(carrying

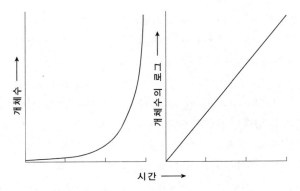

그림 25.3 시간에 따른 개체군의 성장

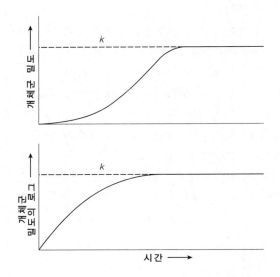

그림 25.4 산술 척도와 로그 척도에서 S자 모양을 나타내는 개체군 성장 곡선

capacity)을 정하는 데 도움을 준다. 그래서 개체군 성장 방정식은 다음과 같다.

$$dN/dt = rN\left(\frac{K-N}{K}\right)$$

K는 개체군 성장이나 부양 능력의 상한계이다. N이 작으면 $(K-N)/K$는 1에 근접하며, 방정식이 기하급수적 성장에 대한 방정식으로 환원한다. N이 증가하여 K값에 근접하면, $(K-N)/K$는 점점 작은 분수가 되므로

증가율이 느려진다. 그래프로 그리면 이 모델은 S자 모양의 곡선이 된다(그림 25.4).

자연적인 개체군의 성장 곡선을 이러한 이론적 모델과 비교해 보면, 일부는 그것과 적당히 일치하지만 대부분은 그렇지 않다. 이는 실제의 개체군에서 작동하는 피드백 메커니즘이 순간적인 전환 메커니즘이 아니라 복잡한 피드백 고리의 성분으로 작용하기 때문이다. 이것은 부양 능력 K에 도달한 개체군이 자원 고갈의 누적 효과로 개체군의 수가 감소할 때까지 지속적으로 증가할 때 발생하는 것과 같은 지연 효과를 나타낸다. 이런 방식의 과욕은 실제의 세계에서도 매우 흔하며(그림 25.5), 가끔은 회복이 시작되어 또 다른 과잉 회복의 순환이 시작하기 전에 계속된 감소로 개체군 밀도가 낮아진다. 다른 경우에는 초기의 과욕 이후에 개체군 수가 감소하고 안정될 때까지 진폭이 작아지면서 K 주변에서 진동한다. 게다가 특히 사회 조직이 잘 발달한 고등 동물 가운데서도 개체군 밀도가 최대 부양 능력 약간 아래의 수준에서 안정된 증거가 있다. 그러한 상황이 단위 면적당 개체의 양을 최대화하기보다 개체당 생명의 질(공간이나 자원의 할당량 등)을 최대화하려는 경향으로 해석될 수 있다.

규칙적이거나 주기적인 변동을 갖는 비교적 불안정한 성장 곡선을 나타내는 종의 경우, 번식에 성공하거나 널리 퍼지거나 개체군이 빠르게 성장할 수 있는 능력은 생존을 보장하는 적응의 의미를 가진다. 결과적으로 그러한 종은 'r' 선택을 기반으로 집단화된다. 한편 K값 근처에서 안정된 개체군을 나타내며, 그들이 진화를 통하여 적응되어 특화된 적소(niche)를 차지한 안정된 생태계 내의 다른 종들과 상존하는 종들을 'K' 선택 종이라고 한다(1절).

개체군의 변동이 임의적이고 일부 환경 요소의 변화에 부응하여 발생하는 증감이 전적으로 밀도와 관계가 없다면, 조만간 개체의 수는 번식에 실패하여 마지막 남은 개체가 사라지고 소멸되는 수준까지 하향 변동할 것이다. Whittaker(1975)는 '원칙적으로 어떤 밀도에

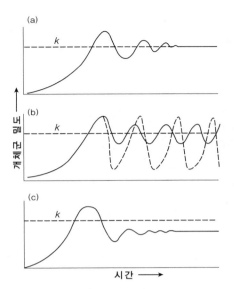

그림 25.5 부양 능력(K)과 관련한 개체군 성장 모델. (a) 초기의 과욕에 이어 진폭이 감소하는 감쇠된 진동이 있고 마침내 K값으로 결정되는 상한선에서 안정됨. (b) 초기의 과욕에 이어 규칙적으로 순환하는 변동이 나타남. 어떤 경우에는 각 순환의 회복 부분이 기하급수적 성장에 근접함. (c) 초기의 과욕에 이어 진폭이 감소하는 감쇠된 진동이 있지만 이론적 K값 아래의 상한선(삶의 질을 위한 선택)에서 안정됨.

따른 제한 없이 시간상 제 마음대로 나아가는 개체군은 임의대로 소멸되어야 한다. … 개체군이 오랫동안 살아남으려면 변동을 제한하는 영향이 필요하다'고 주장하면서, 간명하게 이러한 결론을 피력하였다. 그래서 제23장에서 보았듯이, 임의적인 경향은 억제되고 피드백 상호 작용은 조직화된 상태를 유지한다. 이때 개체군의 밀도는 한계 내에서 조정된다. 밀도에 종속된 메커니즘은 다음과 같은 방식대로 상한계와 하한계를 조정하여야 한다.

1. 개체군이 성장하는 만큼 개체의 사망률을 비례하여 증가시키거나 개체당 출산율을 감소시킴
2. 개체군이 감소하는 만큼 개체의 사망률을 비례하여 감소시키거나 개체당 출산율을 증가시킴

모든 자연 상태의 개체군은 어느 정도의 규제와 통

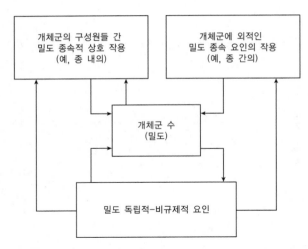

그림 25.6 개체군의 규모를 규제하는 밀도 종속적, 밀도 독립적, 그리고 환경적 상호 작용(Solomon, 1969).

제를 보여 주며, [그림 25.6]에는 개체군에 포함된 주요 상호 작용이 나타나 있다. 자원의 한계에 도달함으로써, 개체군 내에 있는 개체들 간 경쟁이나 밀집의 상호 작용으로 밀도 종속적 규제가 나타난다. 그러나 식물에서 발생하는 기아와 죽음, 영양 부족, 그리고 발육 저해 성장 등이 자연 상태의 동물 개체군에서 대체로 볼 수 없듯이, 이러한 규제도 드물다. 동물의 경우 Wyne-Edwards(1965)는 두 가지 규제 전략을 인용하였다. 두 가지는 외관상/행태상의 변화를 통하여 중재되며, 사회적 피드백 메커니즘의 통제를 받는다.

첫째, 이러한 전략은 양육할 수 있는 개체의 수를 제한하며, 둘째, 젊은 쌍의 수가 번식에 영향을 미친다. 그들은 (특히 조류 중에서) 특정한 서식지에 대하여 상한 밀도를 강요하고 그럼으로써 사라질지도 모르는 비양육 잉여 개체군을 배제하지만 여하튼 간에 성공적인 짝짓기로 스스로를 대체하지 못하는, 영역 설정과 같은 사회적 행태의 수단을 갖는다. 다른 메커니즘에는 비양육 잉여분이 배제된, (집단 서식하는 조류나 바다표범의 양육 장소처럼) 조건에도 맞고 전통적이며 제한된 양육 장소의 채택이 포함되어 있다. 일부다처 시스템은 짝짓기에 실패한 수컷을 배제하는 반면, 사회적 계

층이 발달하면 확장된 가족 집단 내 젊은 열성 성체에서 성적 성숙의 발현을 억제시킨다. 밀집 압력은 예를 들면 알이나 어린 새끼에게 쏟는 어미의 관심을 감소시켜 사회적으로 야기되는 죽음을 증가시키며, 드물기는 하지만 분명한 동종 포식(cannibalism)이 일어나기도 한다. 그러나 이러한 모든 메커니즘은 처음 보았을 때보다 더욱 복잡하여, 호르몬 시스템이 생리적·행태적 반응을 통제함으로써 생화학 수준을 규제한다.

한편 종들 간의 경쟁은 적어도 경쟁하는 개체군들 가운데 하나에게 동요시키는 효과를 나타내는 것으로 처음 밝혀졌다. 두 종들 간의 경쟁적 상호 작용을 통합하기 위하여 사인 곡선의 성장 방정식을 조정하면, 이러한 효과는 분명해질 것이다(Lotka-Volterra 경쟁 방정식, Hutchinson, 1965).

$$\frac{dN_1}{dt} = \frac{r_1 N_1 (K_1 - N_1 - aN_2)}{K_1}$$

$$\frac{dN_1}{dt} = \frac{r_2 N_2 (K_2 - N_2 - bN_1)}{K_2}$$

여기에서 N_1과 N_2는 각각 종1과 종2의 개체수이며, r_1과 r_2는 상대적인 성장률이고, K_1과 K_2는 부양 능력 또는 포화 밀도이다. 한 종의 개체군 변화가 다른 종의 개체군에 미치는 영향을 aN_2 및 bN_1로써 표현할 때 a와 b는 경쟁 계수이다. 이 방정식에서 중요한 매개 변수는 이러한 경쟁 계수와 부양 능력 밀도이고, 모델로 예측하건대 이들 매개 변수의 값들 사이의 모든 관계 때문에 다른 경쟁자는 소멸할 것이다. 이러한 예측을 **경쟁적 배타의 원리**(competitive exclusion principle)라고 한다. 이것은 두 종이 동시에 동일한 자원을 이용하는, 즉 동일한 적소를 사용하는 직접적인 경쟁자라면 그들의 개체군이 안정된 군락을 이루며 평형에 도달함으로써 그들 가운데 하나는 멸종할 것이라는 사실을 의미한다. 그러므로 경쟁은 밀접하게 관련되었거나 유사한 종들을 생태학적으로 분리시키는 경향이 있다. 즉 경쟁은 멸종을 피하기 위해 분화를 촉진시킨다.

그러나 두 종이 공멸할 수 있는 상황도 있다. 1962년 Slobodkin은, 계수의 값이 부양 능력 밀도의 비율과 관련하여 $a<K_1/K_2$와 $b<K_2/K_1$로 작을 경우, 두 종은 살 수 있을 것이라고 밝혔다. 사실 각 종은 종들 간의 경쟁으로 다른 종 개체군의 성장을 억제하기보다 종 내의 밀도에 따른 규제에 의하여 개체군 성장을 억제하고 있다. 그러므로 각 개체군은 배타적인 생존 투쟁으로 이어지는 것보다 낮은 수준을 유지한다. Margalef (1968, 그림 25.7)는 이러한 관계를 피드백의 측면에서 보다 명확하게 모델화하였다. 여기에서 종 내의 밀도에 따른 규제는 각 개체군과 공동 자원 간에 (−)피드백 고리로 나타나며, 종들 간의 경쟁은 두 종 개체군들 사이의 (+)피드백 고리로 나타난다. 그러므로 이러한 (+)피드백은, (−)피드백을 따라 전술한 방식대로 각 종의 밀도가 지속적으로 규제되지 않을 경우, 결국 한 종을 배제하려는 잠재적인 자기 강화 경향이다.

경쟁과 무관한 다른 종류의 종들 간 상호 작용이 많이 있는데, 모두 어느 정도는 밀도에 따른 규제를 포함할 수도 있겠지만, 대부분의 상황에서는 밀도에 따른 규제를 받지 않을 것이다(표 25.1). 예를 들어 포식의 경우, 피식자(prey) 개체군이 성장하는 만큼 포식에 따른 손실이 증가한다면 안정이 가능하다. 그러나 피식자

개체수로부터 오는 피드백에 대한 포식자의 반응이 지체된다면, 포식자−피식자 시스템이 본질적으로 불안정할 수도 있다. 그러나 대부분의 환경에서 단일 포식자−피식자 시스템을 분리하여 생각하는 것은 비현실적이다. 피식자가 초식이라면 직접적으로는 식량 자원에, 간접적으로는 보육 장소나 영역의 규모에 의하여 제한을 받을 것이다. 피식자는 여러 포식자들의 피식자일 수도 있다. 그러므로 두 부분으로 이루어진 포식자−피식자 시스템은 실제로 대규모 상호 작용 네트워크의 어느 한 면에 불과하므로, 안정성은 모든 상호 작용의 복합적인 결과로써 나타나는 것인지도 모른다. 그리고 상호 작용 가운데 일부가 밀도에 따라 규제받을 수도 있을 것이다. 사실 밀도의 영향을 받는 대부분의 메커니즘은 다양한 종류의 복합적인 결과를 나타낸다. 예를 들어, 잉여 개체를 배제시키는 종 내의 경쟁(예, 영역 행태 등)으로 처음에는 잉여 개체들이 이출하여 퍼져나가지만, 결과적으로는 포식에 의하여 이들 개체들의 사망이 증가하게 된다.

자연 개체군을 규제하는 메커니즘이 하나뿐인 경우는 드물고, 정상 상태 개체군이라는 개념이 유용하기는 하지만 보통은 사실이 아니다. 사실 대부분 종의 개체군은 자기 조절 메커니즘에 따라 상한계 정도를 유

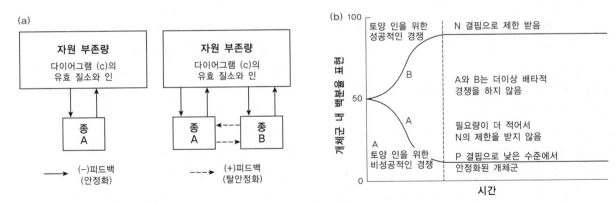

그림 25.7 (a) 경쟁하는 종들 간, 그리고 종들과 공동 자원 간 (+), (−)피드백 설정(Margalef, 1968). (b) 두 가지 영양 원소에 의한 제한과 관련하여, 두 식물 종의 상존이라는 측면에서 Margalef 모델 해석. B종은 토양 내 인에 대해서는 A종보다 더 좋은 경쟁자이지만, 질소 요구량이 더 많아서 경쟁 압력에 따라 A종을 완전히 배제할 수 없다(종들 간의 경쟁으로 A종이 제거되기 전에 B종에 종 내 밀도 종속성이 강화된다)(Etherington, 1978).

표 25.1 종 간 개체군의 상호 작용 유형(Odum, 1971)

상호 작용의 유형	상호 작용의 일반적 성격
중립	개체군이 다른 개체군에 영향을 미치지 않음
경쟁: 직접 간섭 유형	한 종이 다른 종을 직접 억제
경쟁: 자원 이용 유형	공동 자원이 부족할 때 간접적인 억제
기생	대체로 숙주보다 작은 기생 생물
포식	대체로 피식자보다 큰 포식자
편리 공생	숙주는 영향을 받지 않는 반면 편리 공생 개체군은 이익을 봄
원시 공생	양자에게 유리하지만 필수적이지 않은 상호 작용
상리 공생	양자에게 유리하고 필수적인 상호 작용

지하지만, 나머지 종들은 개체수의 변동이 매우 크다. 그러나 그들이 살아남을 수 있는 것은, 완전한 소멸을 막기 위해 하한계에서 작동하는 밀도의 영향을 받는 일부 요소들 때문이다.

(3) 생태학적 전략과 개체군 규제

우리는 자원을 포착하고 이용하며 성공적으로 경쟁하기에 더욱 적합하도록 유기체가 채택한, 보다 정확하게 말하면 적합하도록 진화된 **생태학적 전략**(ecological strategy)을 앞 장에서 살펴본 바 있다. 이러한 사고는 제18장에서 유기체와 서식지의 관계를 논의할 때, 유기체의 생태학적 적소를 규정하면서 분명히 제시하였다. 여기에서 우리는 유기체가 살아남기 위해 일생을 통하여 펼친 전략에 대한 접근에 집중할 것이다. 이러한 접근은 개체군 생태학자들 사이에서 점차 논란이 되고 있다.

첫 번째 단계는 우리가 방금 논의하였던 개체군 규제 메커니즘이 특유의 환경 조건과 관련이 있다는 사실을 인지하는 것이다. 그래서 밀도에 독립적인 규제는 환경 변수들이 크게 변동하는 (유기체의 관점에서) 비교적 극한 환경에서 탁월한 것으로 보인다. 한편 변동이 작거나 예측 가능한 비교적 안정된 온화한 환경에서는 밀도에 따른 규제와 상관관계가 있는 것으로 보인다. 밀도 독립적/밀도 종속적 메커니즘과 한계적/고

요한 환경은 실제 세계에 존재하는 연속성의 양단을 나타낸다.

이러한 논리에서 다음 단계는 연속체로 인한 유기체들의, (특히 규제하는) 생물이나 무생물의 상호 작용들이 다양하게 배합된다는 것을 인식하는 것이다. 그러므로 유기체는 살아남아 번식하고 군락으로 공존하기 위해 적절한 전략을 가져야만 한다. 각 집단들이 공통된 생활사를 공유하는, 종의 집단들의 연속체를 인식할 수 있다. 일련의 전략들 가운데 마지막에 있는 집단을 r과 K 전략가라고 한다.

이들 집단은 종들 내에서 상이한 전략을 선택한 것과 관련하여 MacArthur와 Wilson(1967)이 처음으로 r 선택 종과 K 선택 종이라고 제안하였다. 엄밀하게 말하면 그들은 생태학적 도서지리를 연구하여 먼 서식지를 성공적으로 정복—r 선택—한 변종을 동정하였다. 개척하거나 정착한 변종을 밀어내고 평형 상태의 군락에 살아남은 성공적인 경쟁자—K 선택—가 이들 개체군으로부터 나타났다. 그러나 r 집단과 K 집단에 관한 해석은 1970년의 Pianka와 곧이어 다른 학자들(Southwood, 1977)이 확대·발전시켜, 오늘날 대부분의 생태학적 사고에 반영되었다. 생태계 내의 변화를 다룬 이 장의 내용에서, r과 K의 패러다임은 시간—특히 천이 동안—을 통한 군락 조직의 변화에 대한 이해를 도우므로 중요하다(제25장 1절).

물론 r과 K는 개체군 성장 방정식에서 따온 것이다. r 선택 종은 빠르게 번식할 수 있는 능력 때문에 선택되었으며, K 선택 종은 부양 능력과 밀도(K)에서 안정된 개체군을 유지할 수 있는 능력 때문에 선택되었다. 우리가 앞에서 본 것처럼, 이들은 환경의 명백한 두 가지 카테고리라는 점에서 대등하다. r 선택 환경은 일시적이고 극단적이며 예측 불가능하고, K 선택 환경은 한결같고 예측 가능하며 안정적이다.

r 전략 종들은 기회종이라고도 하는데, 일생 동안 빠른 개체군 성장과 높은 생식력에 적응된 유기체이다. 그 이름에서 알 수 있듯이, 시·공간적으로 적합한 조

건이 나타나기만 하면 그들은 우연한 기회를 이용할 수 있다. 그들은 멀리 떨어진 장소에도 정착할 수 있고 일시적인 서식지(잡초나 황무지 전략)도 이용할 수 있는 효과적이고 능률적인 전파 메커니즘을 가지고 있다. 두 종류의 서식지에는 적소 공간이 남아 있다. 그들은 특히 제한이 없는 환경에서 성장하거나 살아갈 때 다른 종들과 경쟁을 잘 하지 못한다. Hutchinson은 이런 관찰을 근거로 그들을 도망종(fugitive species)이라고 불렀다. 그들이 불리한 환경에서 우세한 것은 그곳에서 보다 강력한 경쟁자들로부터 도망쳐 보호받을 수 있기 때문이라는 의미이다. 이것은 기회종 전략이 무생물 요소의 측면에서만 규정될 수 없다는 사실을 암시한다. 더구나 모든 기회종이나 도망종은 대체로 오래 살지 못하며, 개체수의 변동이 심하여 일시적이거나 국지적인 개체군 평형을 이룰 수 있어, 국지적으로 멸종된다. 이러한 모든 특성은 밀도 독립 요소들의 강력한 영향을 반영한다.

K 전략종은 평형종이라고 부르는 것이 보통인데, 경쟁력이 매우 강하며, 적소 공간이 채워진 폐쇄된 군락을 유지하도록 적응되었다. 그들은 기회종과 반대로 번식률이 높고, 자원 압박에 직면하여 연속이나 유지가 전파보다 중요하며, 폐쇄된 군락 내에서 강력한 종들 간의 경쟁에 적응되어 있다. 적절한 전략은 생산이나 에너지를 (타감 작용의 적응을 포함하는) 방어와 인내 및 경쟁으로 나누는 것이다.

*r*과 *K* 체제가 생태학적 정설의 일부가 되었지만, 위에서 언급한 연속체의 양끝 사이에서 만나는 생태학적 전략의 교묘한 변형들을 다루는 것은 분명히 적절하지 않다. 그러나 Grime(1977, 1979; 자료 25.2)이 제안한 C-S-R 체제를 제외하면, 지금까지는 그것을 대체하거나 밀어내려는 시도가 별로 없었다.

(4) 천이와 극상

제18장과 제7장의 범세계적 규모에서 설명한, 복잡하고 매우 안정적이며 지속 가능한 생태계는 '만들어지기로 되어 있는 것처럼' 생성되지 않는다. 구성 종들이 고도로 상호 의존하고 있고 환경과 복잡한 상호 작용 네트워크를 이루고 있는 성숙한 군락은 내재된 변화 프로세스—유기체의 성장 및 발달과 유사한 방향의 변화—의 결과이다. 전통적으로 이러한 변화의 연속체를 **천이**(succession)라고 하는데, 이것은 외부 환경의 변화로 유발되지 않는다(Cowles, 1901; Clements, 1916). 내재된 또는 **자생적**(autogenic) 변화 프로세스로서 천이는 비어 있는 서식지의 정착으로부터 잘 발달된 생태계에 이르기까지 동일한 연속체—**천이 계열**(sere)—를 구성하는 수많은 발달 단계—**천이 계열 단계**(seral stages)—로 이루어져 있다고 수년 동안 믿어왔다. 이러한 견해는 과잉 단순화된 것으로 알려져 수정 보완되고 있다.

정착의 초기 단계 동안에는 환경이 개척기 동·식물의 성공과 실패에 뚜렷한 영향을 미칠 것이다. 이러한 환경은 다소 '극단적'일 것이므로, 이들 개척자들은 *진정한 토양*이 아닌 새로운 광물질 레골리스나 노암에 대처해야 하고, 매우 큰 온도 변화를 견뎌야 하며, 혹독한 강수와 가뭄의 충격을 인내해야 할 것이다. 그들은 대체로 넓고 효율적인 분산 메커니즘을 가진 종들이다. 식물들 가운데 육상 환경에서 자라는 대부분의 개척종들은, 예를 들어 1년에 약 8만 개의 생육 가능한 종자를 생산하는 [그림 25.8]에 있는 에필로비움(*Epilobium*)처럼, 대량으로 생산되어 바람으로 운반되는 가벼운 종자나 포자를 가지고 있다. 그러나 대부분은 한번 정착하기만 하면 *r* 선택 종의 특성인 무성 생식과 관련하여 인상적인 개체군 증가율을 보여 준다. 그러한 무성 생식 클론(clone)이 발생학적으로 동일한 개체들로 구성되어 있어서 진화에서 불이익을 받지만, 새로운 환경에 정착했을 때에는 두 가지의 직접적인 이익이 있다(Davis and Heywood, 1963). 첫째, 그들은 경쟁이 부족한, 포화되지 않은 서식지로 빠르게 퍼져나갈 수 있다. 둘째, 그들은 유성 생식 식물의 수정과 씨앗 전파, 발아, 정착을 수반하는 제거의 위험을 피할

생태학적 전략

제25장 3절에 소개된, McArthur와 Wilson(1967)이 개발한 생태학적 전략 체제는 상반되는 두 개의 종 집단—r 선택 기회주의 도망종과 K 선택 평형종—으로 표현된다. 이들 두 집단은 오래전부터 실재하는 생태학적 전략 연속체의 양단을 나타내는 것으로 평가되어 왔다. Grime(1977, 1979)은 이러한 상황을 인식하고는, 개념적으로 동물에게도 적용할 수 있지만 특별히 식물에게만 적용한 세 가지 기본적인 생태학적 전략을 제시하였다. 이들은 C-S-R 전략으로 알려지게 되었으며, 식물과 식물들이 구성하는 식생에 영향을 미치는 외적 요소들을 구분한 데서 비롯되었다. Grime은 이들 요소를 두 가지의 광범위한 카테고리로 나누었다.

압박(stress): 성장을 제한하거나 억제하는 요소들, 즉 한정된 자원과 차선의 조건들(특히 식물에서는 빛, 광물 영양소와 물, 차선의 온도 등 광합성에 영향을 미치는 요소들)

교란(disturbance): 초식 동물이나 병원균, 인위적인 요소, 자연재해·화재·바람·가뭄·침식 등 무기 환경 요소의 활동으로 식물 생체량의 전체 또는 부분적인 파괴

Grime은 이러한 기본적인 구분을 이용하여, 높은 압박과 낮은 압박, 심한 교란과 약한 교란 등 두 가지의 밀도 수준을 사용한 매트릭스를 구축하였다.

이러한 매트릭스의 정점에서 유추한 세 가지 실행 가능한 전략을 사용하여, Grime은 삼각 격자를 만들고 중간적인 전략을 인식하였다. R 또는 황무지 전략은 에너지와 자원의 대부분을 전파와 번식, 생식에 투입하는 기회주의 또는 도망하는 r 전략과 동등하다. 이들 서식지의 특징은 경쟁의 부족과 교란이다. C 또는 경쟁자 전략은 교란이나 압박이 경쟁적 상호 작용에 비하여 중요성이 낮아 대부분의 자원 할당이 경쟁에 따라 이루어진다.

S 또는 압박 내성 종, 그리고 S-C 또는 압박-경쟁 전략에 있는 종들은 경쟁과 압박 저항 사이에서 에너지와 자원의 할당을 나눈다. 이런 맥락에서 압박은 경쟁의 한 종류이지만, 물리적·화학적 자원에 영향을 미치는 절대적 구속으로 강요된 것을 가리킨다. Grime 체제는 평형 종들(K 선택)로 구성된 것으로 간주하기 보다, 극상 상태에 있거나 극상으로 가고 있는 군락 내의 변화는 관계를 더욱 복잡하게 분석할 수 있도록 해 주는 이점이 있다.

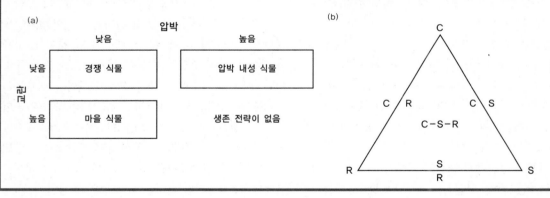

수 있다. 그러나 개척 단계 동안 나타나는 일부 종들은 휴면 종자처럼 부적합한 계절을 지나침으로써 최악의 환경을 피하는 단명 식물(보통 1년생)이다. 사구 천이의 초기 정착종인 부유물선(driftline)에서 자라는 식물의 대부분이 그러하다(그림 25.9). 그러므로 개척종들에게 적응이란, 다른 종들과 경쟁할 때 적응의 이익을 누리기 위한 것이 아니라 부적합한 환경에서 살아남기 위한 적응이다.

개척종이 특징적으로 외부 환경의 매개 변수에 대하여 폭넓은 내성을 보일지라도, 정상적으로 그들은 경쟁에 대한 내성이 없다. 많은 종들이 토양 내 이산화탄소 함량이 낮고 뿌리의 경쟁이 없이 뿌리의 통기성이 양호할 것을 요구하지만, 대부분은 그늘을 참지 못하는 '빈 서식지(open habitat)' 종들이다[예, 그림 25.9의

(a)

(b)

(c)

(d)

(e)

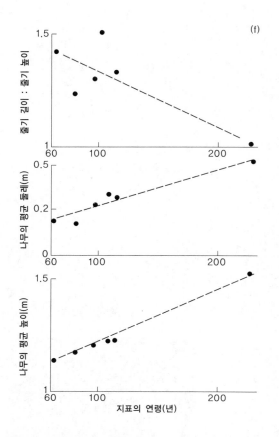

그림 25.8 노르웨이 툰스베르그달렌(Tunsbergdalsbreen) 전면의 식생 천이. (a) 빙하 전면과 퇴적 연속체(그림 24.22 참조). (b) 정착할 최초의 지표. (c) 개척종 3가지(Epilobium anagallidifolium, Oxyria digyna, Saxifraga groenlandica). (d) 시간이 지나면서 식생 피복도의 증가. (e) 키 작은 관목이 뚜렷하고, 식생이 끝나면서 교목이 침입하기 시작한다. 교목은 처음에는 뒤틀리고 바닥에 붙어 자라지만, 높이에 대한 줄기 길이의 비는 곧바로 자라는 (f)와 (g)의 1,743개 퇴석에서처럼 1에 달한다.

사초(*Ammophila arenaria*)이다]. 사실 서식지가 채워져 있지 않은 이 시기에는 종들 간의 경쟁보다 종 *내*의 경쟁이 더욱 중요하다. 생태학적 전략이라는 측면에서, Grime(1979)은 이들 개척종, 즉 도망종 가운데 기회종을 황무지종이라고 불렀다(자료 25.2).

이들 초기 군락의 구조적 단순성은 그들이 어떤 종류의 (−)피드백으로 환경 내의 변동을 통제할 수 있는 범위가 극히 제한되어 있다는 것을 의미한다. 결과적으로 그것은 그러한 변동의 크기가 개척종 군락의 생존 능력을 초과하여, 군락이 파괴되고 정착이 다시 시작되는 경우이다. 때때로 전체가 파괴되지는 않는다. 예를 들어 뿌리와 유기물, 번식체가 기층에 살아남아 다시 성장하기 시작한다. 머지않아 군락이 발달함으로써 환경의 불안정이 완화되고, 극한 사건에 의한 파괴의 가능성이 감소한다. 시간이 지남에 따라 변동의 폭은 감소하여, 일반적 천이 경향에 순환 프로세스가 겹쳐져 천이 초기의 모습이 남는다(그림 25.10).

개척종은 보다 밀집된 식생 피복을 만들기 때문에, 그들은 지표의 성격을 변화시킨다. 그들은 안식처를 제공하고, 다른 식물종의 발아와 토착에 필요한 수분

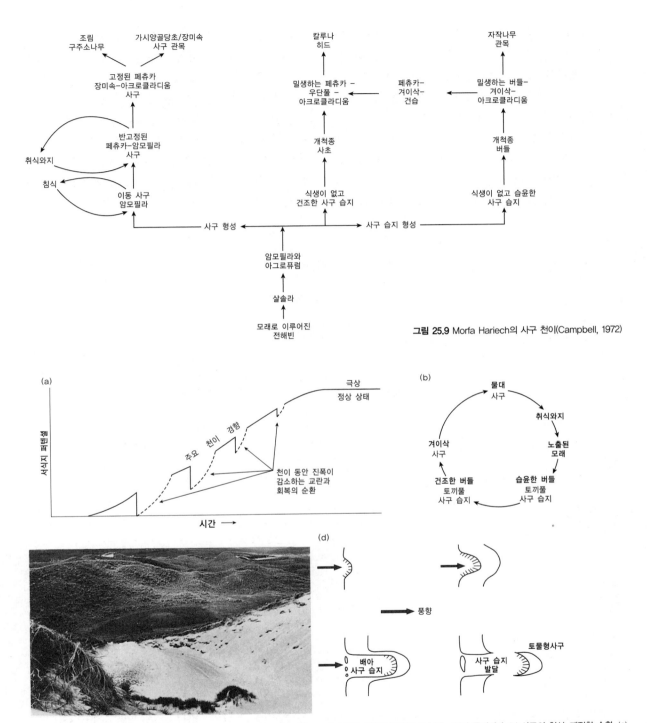

그림 25.9 Morfa Hariech의 사구 천이(Campbell, 1972)

그림 25.10 (a) 방향성 천이에 겹쳐진 순환 변화; 군락이 극상 상태에 도달함으로써 순환성 이탈의 진폭이 감소하는 것이 특징이다. (b) 사구의 침식-재정착 순환. (c) 서덜랜드(Sutherland)에 있는 사구의 침식. (d) 포물형 사구의 형성과 발달(Ranwell, 1972).

을 보존하며, 동물들 특히 곤충과 절지동물 그리고 작은 초식 동물들의 미세 서식지를 형성한다. 땅속에서 그들의 뿌리와 그들이 만든 쓰레기가 부식되어 진정한 토양을 형성하기 시작한다(그림 25.11). 그들은 그들의 환경을 변화시키기 시작하는데, 이런 방식으로 다른 종들이 군락으로 들어가게 된다. 이것이 변화를 강요하는 (+)피드백 프로세스인 천이의 **촉진 모델**(facilitation model)인데, 처음에는 느리게 그 다음에는 보다 빠르게 종 다양성을 증가시킨다. 변화된 환경에서는 새로운 이입자가 개척 단계의 종들보다 더욱 성공적으로 경쟁하지만, 특히 광범위한 내성을 가진 일부 개척종들은 비록 개체수가 감소하고 더욱 두드러진 변동을 보여 주지만 얼마 동안은 유지될 것이다.

천이의 중간 단계에 종 다양성이 급격히 증가하면, 군락에 포함되어 있는 각 종들의 내성 범위는 더욱 좁아진다. 어떤 종이 그 곳에 이미 존재하는 종들과 경쟁하여 살아남기 위해서는, 탐사하지 않은 기능적 적소를 점유하거나 그 역할에서 기존의 정착자보다 특화됨

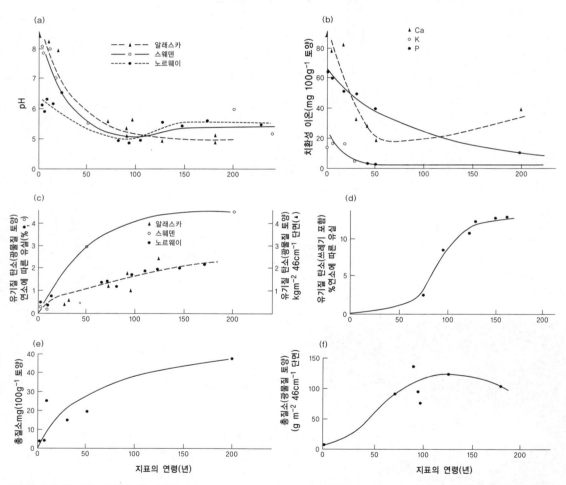

그림 25.11 천이를 통한 토양 매개 변수의 변화. (a), (b) 빙하 전면의 천이에서, 원래의 신선한 빙퇴석 물질의 점진적인 용탈을 반영하는 토양의 산성도와 가용성 이온의 감소(Crocker and Major, 1955; Stork, 1963; White, 1973). (c) 1차 천이와 (d) 2차 천이에서 토양 유기 물질과(Crocker and Major, 1955; Stork, 1963; White, 1973, Maris, 1980) (e), (f) 토양 총질소의 증가(Crocker and Major, 1955; Olson, 1958).

으로써 기존의 적소를 분할할 수 있어야 하기 때문에 그렇다. 그래서 이러한 천이의 중간 단계는 종들 간의 경쟁이 치열하고 생태학적 적소의 다양화와 분리가 증가하는 시기 중의 하나이다. 그것은 동물과 식물에게 비슷하게 영향을 미친다. 그것은 군락의 종들 간에, 그리고 종들과 환경 간에 (−)피드백 통로가 뚜렷이 발달하여 통합 수준과 자기 규제 정도가 증가한다.

특히 식물들 가운데에서 마침내 보다 안정된 군락이 나타나며, 그때 식생의 구조적 복잡성이 최대에 도달한다. 이것은 좋은 환경에서 식물 군락의 층화가 가장 복잡하게 발달하는 것과 관련이 있다. 그러나 관목과 교목은 새롭게 넓은 수목 서식지를 제공하므로, 그들이 형성한 수관 내에서 새로운 적소 공간을 위해 경쟁함으로써, 동물들 가운데에서도 새로운 다양화 단계가 일어난다. 더구나 나무와 죽은 목재가 있고 낙엽의 유형이 변할 뿐만 아니라 양도 증가하여 새로운 적소가 생성된다. 특화된 미생물, 부생식물(saprophite), 부생생물(saprovore)의 개체수가 증가함으로써, 이들이 이러한 적소들을 차지할 것이다. 이처럼 늦게 침입과 적소 분할, 그리고 경쟁의 가능성이 증가함으로써, 초기 단계에 있는 일부 종들이 결국 사라져, 약간 감소하는 경향이 있는 종 다양성이 마지막으로 약진하게 된다. 천이의 마지막에 다양성이 높게 유지되었다고 하더라도, 강력한 경쟁 때문에 각 종의 개체수 밀도는 비교적 낮다. 비교적 안정된 군락을 구성하는 데 기여한 이러

한 성공적인 종들은, 자원과 함께 그들의 부양 능력을 결정짓는 경쟁과 특화를 발생학적으로 인내할 수 있도록 적응된 경향이 있다. 다른 말로 하면, 그들은 K 선택을 보여 준다. 천이를 통하여 r종과 K종의 침입률은 [그림 25.12]에 요약되어 있다.

MacArthur와 Wilson의 r 선택 집단과 K 선택 집단의 구분으로 요약되는 다양한 전략을 가진 유기체 집단들 사이의 상호 작용이라는 측면에서 천이를 볼 수도 있지만, 실제의 프로세스는 **마을 식물**(ruderal)과 **경쟁 식물**(competitor), 그리고 **압박 내성 식물**(stress tolerator)로 구분한 Grime의 세 가지 카테고리로 더 잘 알 수 있다. 여기에서 천이의 중간 단계는 자원을 경쟁 전략에 할당하는 유기체가 기회주의종을 넘어서는 우세한 단계로 보인다. 그러나 마지막 단계로 가면서 **극상**(climax)이 이루어짐으로써, 경쟁 전략에 자원을 지속적으로 할당할 뿐만 아니라 자원의 이용과 관련한 다양한 형태의 스트레스를 참도록 적응된 유기체가 더욱 중요해진다(그림 25.13).

천이를 통하여 군락과 무생물 환경 간 상호 작용의 종류와 강도가 변한다. 토양은 군락이 발휘하는 통제와 규제의 정도가 증가함에 따라 변화 중인 환경에서 발달한다. 유기 물질의 양은 천이를 통하여 증가한다(그림 25.11c, d). 토양 유기물층의 발달과 토양 개체군 및 분해 프로세스의 복잡성은 동·식물 군락의 변화와 병행한다. 풍화 프로세스의 균형은 토양의 호흡에 따른 이산화탄소의 증가와 증가된 유기산 및 킬레이트 기구의 효용성에 따라 변한다. 토양수와 배수 체제는 증산에 따른 수요를 조정한다. 토양의 화학은 식생의 영양소 요구량과 낙엽 및 분해에 따른 영양소 회복을 반영하는 균형에 도달한다[(−)피드백 통로의 고전적인 경우]. 지표와 지하의 침식 프로세스는 특히 뿌리 시스템과 유기물층 발달의 영향을 받는 토양과 레골리스의 안정화가 증가함으로써, 화학 원소들이 군락 내에 고정되거나 보존되므로[다시 (−)피드백] 용해되어 하천으로 유실되는 양이 감소하기 때문에 영향을 받는다. 기

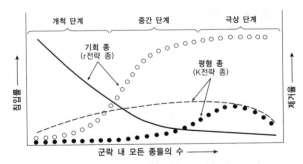

그림 25.12 다양한 생태학적 전략을 가진 종들의 침입률과 제거율의 측면에서 모델화한 천이(Colinvaux, 1986).

후의 영향은 수관의 미기후가 군락의 특성에 따라 조절될 때까지 성장하는 군락에 의해서 점차 수정된다. 그러한 효과는 [그림 25.14]에서 볼 수 있는데, 온도와 습도의 일주적, 계절적 범위가 확실히 축소되었다.

이러한 논의의 과정에는 천이 프로세스가 처음으로 노출된 지표에서 정착을 시작함으로써 진행된다는 암묵적인 가정이 있다. 말을 바꾸면, 우리는 **1차 천이** (primary succession)의 여정을 따르고 있다. **2차 천이** (secondary succession)는 기존의 생태계가 커다란 교란으로 정지되었으나 생태계가 완전히 파괴되지는 않은 곳에서 진행된다. 2차 천이에 관한 연구와 1차 천이에 관한 일부 경험적 연구들은 천이의 본질에 관한 의문

을 불러일으킨다. 첫 번째 예로, 시간이 지나면서 서로 대체하며 다소 부드러운 진행을 보이는 천이 단계의 단순한 순차 모델이 비판을 받고 있다. 이 모델은 각 단계의 종들이 다음 단계의 종들이 들어오는 것을 용이하게 하고 그들 자신은 쉽게 소멸되는 방식으로 서식지의 조건을 변경하도록 요구한다.

Egler(1954)가 그러한 정착 파동 때문에 **화초 교체 모델**(relay floristics model, 그림 25.15)이라고 불렀던 것의 타당성이 의문시되고 있다. 대안 모델은 적어도 식물에게는 1차 천이의 아주 초기 단계에서 제외된 번식체나 (무성으로 번식하는 식물에 있어서) 번식 구조가 프로세스에서 매우 이른 시기부터 나타나는 것이다. 이것은 2차 천이에서, 토양 종자 은행의 일부로서 살아남았고 교란 이전 시기부터 지속되었기 때문이다. 그러므로 이 모델에서 천이 계열 단계로 간주되는 종의 뚜렷한 파동은 다양한 집단의 종들이 성숙하여 다양한 비율로 두드러지기 때문에 일어난다. 이러한 비율은 관련 종들의 생애 전략을 반영한다. Egler은 이러한 대안을 **화초 초기 조성 모델**(initial floristics com-position model, 그림 25.15)이라고 불렀다. 이제 이 모델은 교란 이후 2차 천이를 유형화하는 것이라고 거의 보편적으로 받아들여지고 있다(Drury and Nesbit, 1973; Horn,

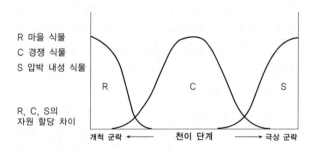

R 마을 식물
C 경쟁 식물
S 압박 내성 식물

R, C, S의
자원 할당 차이

개척 군락 ◄──── 천이 단계 ────► 극상 군락

그림 25.13 Grime의 R–C–S 전략 모델과 천이 사이에 제시된 관계(Grime, 1979)

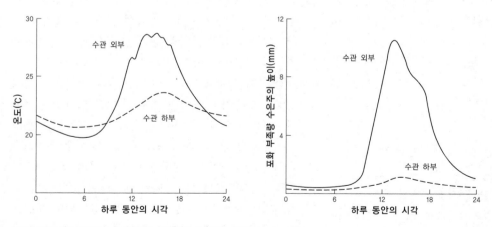

그림 25.14 극상 삼림의 수관이 미기후 매개 변수에 미치는 영향(Hopkins, 1962)

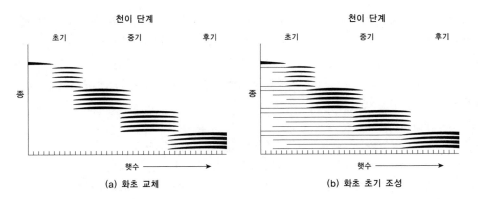

그림 25.15 두 가지의 천이 모델: (a) 정착, 확장, 쇠퇴의 불연속 파동을 가지는 화초 교체 모델(delay floristics model). (b) 팽창 시기가 이입이나 정착 시기보다 종의 생애 전략에 따르는 초기 화초 조성 모델(initial floristics composition model). (b)는 2차 천이에 더 잘 맞는 모델이다.

1974, 1981).

천이에는 현재 재평가되었거나 재평가되고 있는 여러 경험적·개념적 측면이 남아 있다. 예를 들어, 대부분의 생태학자들은 앞에서 말한 천이를 통한 종 다양성의 경향을 받아들이지 않을 것이다. 그러나 그러한 논쟁은 이 장의 영역을 벗어난 것이며, 독자들은 식생 변화의 프로세스에 관한 Burrow의 책(1990, '더 읽을거리' 참조)에 있는 탁월한 개관을 참고하기 바란다.

천이의 종점은 시간상 정상 상태의 '평형'을 유지하는 성숙한 자기 규제 생태계이다. 이것의 특징은 종 다양성은 높지만 개별 개체군의 밀도는 비교적 낮고 심각한 변동을 나타내지 않는, 복잡하고 고도로 통합된 군락 구조이다. 시스템을 통하여 에너지와 물질이 전달되는 대안적 통로는 복잡하고 다양하며 쉽게 교란되지 않는다. 더구나 이러한 군락은 대개 자신의 환경을 생성하여 합리적인 환경 변화로부터 보호를 받는다. 이러한 정상 상태의 생태계를 **극상 생태계**(climax ecosystem)라고 한다. 그러한 극상 생태계가 비교적 안정한 것은 복잡성 때문이다(Elton, 1958; Hutchinson, 1959). 그러나 May(1971a, b, 1975)는 Volterra의 방정식에 근거하였지만 상관 계수를 임의로 바꾼 수학적 모델을 사용하여, 종의 수나 상호 작용의 수라는 측면에서 복잡성은 대체로 시스템을 불안정하게 만드는 경향

이 있다는 사실을 보여 줄 수 있었다. 이것은 복잡한 자연 생태계가 대부분의 관찰에서 제시하는 것처럼 안정하다면 생태계 내에서 발생하는 상호 작용은 고도로 의도적이라는 사실을 의미한다(Maynard-Smith, 1974).

그럼에도 불구하고 극상 생태계의 개념을 정의하는 데에는 여전히 어느 정도의 논쟁이 있다. 대부분의 논쟁은 생태계에 적용되는 **안정**(stability)의 해석과 관련한 것들이다. 수학자와 공학자가 편하게 사용하는 안정은 평형을 이루었거나 평형에 가까운 상태 또는 가장 개연성이 있는 상태를 뜻한다. 최근 생태학자들은 (수학적으로 평형을 이루지 못한) 비평형 생태계 내 극상의 의미를 해석할 때, 안정의 개념을 넓혀서 **위상학적 모델**(topological model)과 다중 안정 상태의 개념, 그리고 준안정을 포함한다. 이러한 경향은 제24장 4절에서 개관한 지형학 내의 평형과 유사하다.

이러한 경향이 더욱 발전하면 비평형 시스템에서 선형의 수학적 결정 모델에 제시한 문제를 해결하기 위한 공식적인 수학적 접근 방법인 **카오스 이론**(chaos theory)을 적용하게 된다. 예를 들면, 이러한 접근 방법은 May(1974)의 안정성과 다양성 또는 복잡성에 관한 평형 중심의 모델링을 허용한다. 왜냐하면 안정이 나타나는 하나 이상의 지역(위상학적 모델의 측면에서 관심을 끄는 하나 이상의 영역)이 있을 경우, 복잡성이 증가하

면 시스템이 안정 상태(영역)에서 다른 상태로 이동하는 것처럼 보일 수도 있기 때문이다.

Holling(1973, 1976)는 위상학적 비평형 생태계 모델을 사용하여 **복원력**(resilience)의 개념을 도입함으로써 이러한 논쟁에 중요한 기여를 하였다. 광범위한 생태학적 문헌에서, 복원력이란 생태계가 변화와 변동 및 교란을 흡수하거나 대응하여, 안정 상태로 돌아가거나 유지하는 능력을 의미하게 되었다. 그러나 그 상태는 정적인 안정 상태(항상성)이기보다 동적인 안정 상태(homeorhesis)이다. 결과적으로 시스템이 변화에 보호를 받거나 변화에 저항하는 정도를 표현하기 위하여, 변화에 대한 **저항**(resistance)의 개념을 도입하였다. 그러므로 고도의 복원력을 가진 군락은 초기의 천이 상황 및 분명한 극상 상황과 상관관계가 있으나, 잦은 산불이나 홍수와 같은 내재적인 불안정이 있다. 그런 군락은 복원력이 있더라도 저항력이 없다. 저항력이 있는 군락은 열대 우림처럼 피드백이 잘 발달한 통합된 극상 군락이다. 그러나 저항력이 있는 군락은 혼란과 교란에 직면하여 반드시 복원력을 가질 필요는 없다. 반대로 그들은 살아가는 환경이 교란되고 바뀌었을 때(제26장), **취약하여**(fragile) 새롭지만 상이한 '안정' 상

태로 추진된다. *저항, 복원, 취약*은 군락을 구성하는 개별 종의 생애 및 생태 전략과 관련 있는 개념들이다. 더구나 그들은 천이의 변화와 자연 생태계에 대한 인위적인 교란을 해석하는 데 매우 유용한 개념들이다(그림 25.16).

(5) 천이의 생물 에너지학적 모델

지금까지 천이 프로세스는 생태계의 구조적 · 기능적 조직 내 변화의 측면에서 논의되어 왔으며, 극상도 동일한 관점에서 정의되어 왔다. 그러나 천이에 관한 우리들의 논의는 천이를 통한 시스템 역학의 변화, 특히 에너지 흐름 패턴의 변화를 검정하지 않으면 완성될 수 없을 것이다. 이러한 생물 에너지학적 접근 방법은 이 책에서 채택한 접근 방법의 핵심이다. 그러나 천이 및 극상의 개념을 가지고는 보편적인 승인을 받을 수 없으며, 보다 폭넓은 일반화의 일부는 문제시된다.

천이의 초기 단계에서는, 생산량이 호흡을 초과하고 ($P>R$) 초과분(순생산량)은 시간이 지나면서 성장과 생체량의 축적으로 이어진다(그림 25.17). 그러므로 시스템으로 들어가는 에너지 유입량의 대부분은 저장되고, 호흡에 따른 열의 손실로 인한 유출량은 비교적 적다. 종 상호 작용이 서식지의 퍼텐셜을 개선하고 종 다양성을 증진시키는 프로세스는 이미 (+)피드백으로 인정받아 왔다. 그것의 효과는 에너지 전달 통로의 복잡성은 물론 (모든 종들이나 모든 영양 단계의 전체 생체량으로 표현되는) 에너지 저장 구획들의 용량과 복잡성을 증가시키는 것이다. 이렇게 증가하는 에너지 저장량의 일부는 광합성을 하는 조직의 증가로 나타날 것이며, 에너지 유입량의 증가로 피드백 될 것이다. 그러나 식생이 최대 퍼텐셜에 도달함으로써 이러한 증가율은 천이를 통하여 감소될 것이다. 늘어나는 생체량과 저장된 에너지는 계속 집적되지만, 그것의 상당 부분은 비광합성 식물 조직(특히 목질)과 종속 영양 생물의 생체량을 구성할 것이다. 이렇게 늘어나는 생체량에도 호흡이라는 생계비가 지불되어야 하며, 그러므로 그것은

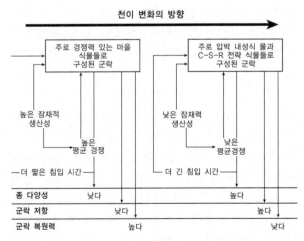

그림 25.16 천이를 통하여 종 다양성과 군락의 저항, 그리고 군락의 복원력에 종의 생애와 생산성, 그리고 생태학적 전략을 관련지으려는 시도

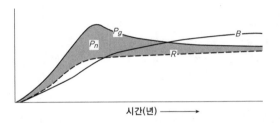

그림 25.17 천이를 통한 총생산량(Pg)과 순생산량(Pn), 호흡량(R), 생체량(B)의 변화

천이를 통하여 증가한다. 그러나 *P*>*R*이 유지되는 한 생체량은 지속적으로 축적될 것이다. 그러나 이 비율은 천이가 진행될수록 점차 감소하여 1의 값, 즉 *P*=*R*에 이를 것이다. 이때까지 (−)피드백인 경쟁이 이루어졌고, 적소의 구조 및 개체군 밀도가 안정되었으며, 시간이 지나도 저장량(생체량)에 거의 변화가 없는, 유효 에너지 흐름과 평형을 이루는 군락의 정상 상태가 계속 유지된다.

천이에 관한 이러한 견해의 의미는 매우 광범위하다. 첫째, (*E*=*P*+*R*일 때) 에너지 흐름 단위당 부양되는 생체량 *B*:*E*는 극상 생태계에서 최대로 증가한다. 둘째, 생체량(또는 구조)에 대한 총호흡량(또는 생계비)의 비 *R*:*B*는 감소하며, 극상 생태계에서 최소로 된다. 이러한 관찰을 통하여 극상 생태계는 에너지학의 측면에서 효율적이라는 것을 알 수 있다. Margalef(1968)는 정보 이론과 엔트로피의 언어로써 이러한 동일한 관찰을 표현하였다. 그는 천이를 질서나 조직을 의미하는 점진적인 정보의 집적으로 보았다. 호흡에 따른 열 손실은 시스템에서 일을 할 수 없는 쓸모없는 에너지이기 때문에, 이러한 관점에서 R은 시스템이 엔트로피를 생산하는 경향을 나타낸다. 생체량은 생태계 내 생물 시스템의 복잡한 구조적 · 기능적 조직을 나타내기 때문에, *B*는 질서 정연한 구조를 유지하려는 시스템의 능력을 나타낸다. 그러므로 두 번째 비율은 보존되고 전달된 단위 정보당 엔트로피 생산량이 최소라는 사실을 알려 준다. 비율 *B*:*E*는 천이 초기 단계의 특징인 비교적 단순한 시스템에 필요하기보다 복잡하고 정보량이

풍부한 시스템을 유지하는 데 적은 에너지가 든다는 사실을 알려준다.

2. 기후 천이 계열의 변화

개별 유기체가 살아가는 동안 성장과 발달은 변동과 변화를 겪는 환경과 균형을 이룬다. 외적인 환경 사변은 규모와 발생 빈도가 다양하지만, 대부분은 예측 가능한 변화이고 확립된 일주적 · 계절적 패턴을 따른다. 사실 그것을 경험한 종들은 오래 전부터 그러한 패턴을 학습하여 왔을 것이며, 적응과 인내의 진화 과정에 순응하였을 것이다. 군락이나 생태계 수준에서도 똑같이 외부 환경의 예측 가능한 규칙적인 변화 패턴에 순응한다(그림 25.18). 이러한 이유 때문에 그들은 앞 절에서 대체로 간과되어 왔다. 그래서 우리는 개체군과 군락 및 생태계 내에 내재하는 변화 프로세스에 관한 모든 표현은 시간이 흘러도 '변하지 않는' 외부 환경의 배경에 반하여 일어난다고 가정하여 왔다.

그러나 그러한 가정은 과잉 단순화이다. 물리화학 시스템에서 규제 및 통제 메커니즘은 생물 시스템 내의 통제 메커니즘보다 대체로 덜 복잡하고, 덜 정확하고, 안정 상태를 유지할 수 있는 능력도 떨어진다. 기후와 수문 및 침식 시스템의 상태를 통계적 평균이나 통계적 확률의 진술로 정의할 수 있다고 하더라도, 그들은 정상 상태인 환경의 주변에서 상당한 변이를 보인다. 대규모의 홍수나 공표된 가뭄 기간, 특히 한랭한 봄, 또는 갑작스럽게 발생하는 사면 붕락과 같이 규모는 크지만 빈도가 낮은 사변은 그러한 변화의 극단적인 예이다. 그러나 그들이 생태계에 미치는 영향은 생태계나 생태계의 존재 조건으로 들어가는 유입량의 변화에 따라 크게 다양하다.

예를 들면, 계절성 극상 삼림 생태계에서는 여름철 수분 부족량이나 성장기 기온의 변동이 교목의 연간 나이테 너비에 반영된 만큼 방사상 성장 증가분의 변

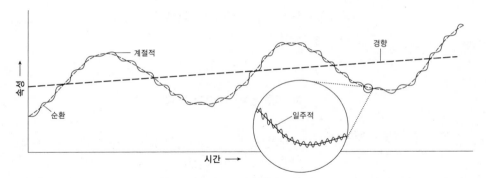

그림 25.18 생태계의 군락 적응으로 수용된, 여기에서처럼 기반이 되는 경향을 나타내는, 환경 매개 변수 내 예측 가능한 규칙적인 변화

동으로 기록될지도 모른다(그림 25.19). 대신에 그런 변동은 하나 이상의 종을 소멸시킴으로써 군락을 직·간접적으로 변화시킨다. 예를 들어 자연적인 산불이나 빠른 집괴 이동이 발생했을 때처럼 극단적인 경우에는 보통 국지적으로 나타나지만, 외부 환경 조건의 변동으로 생태계가 모두 파괴될 수도 있다(그림 25.20). 그러나 생태계 존재 조건의 변화가 어떤 정상 상태—어떤 때는 격렬할지라도—를 둘러싼 변동이라면, 그 효과는 일시적이다. 생물 시스템의 복원력은 현상(現狀)을 곧 재건한다.

제24장에서 보았듯이, 앞에서 고려한 종류의 사변은 어떤 평균적인 정상 상태를 둘러싼 변동 이상이다. 그들은 대신에 어떤 장기적인 기후 및 환경 변화를 감출지도 모른다(그림 25.18). 개별 유기체의 성장과 생명력에 대한 일시적인 방해 또는 종 구성에 대한 작은 변화로 환경 변화의 근원적 경향이 나타남으로써 생태계 내에 대규모의 변화가 나타난다. 그러한 기후 및 환경 변화의 경향이 미치는 영향은 제24장에서 여러 번 언급했듯이 제4기 동안에 잘 나타난다.

제4기 동안 북유럽과 북아메리카 북부 육상의 어느 지점이라도, 식생이 없는 빙하 환경으로부터 주빙하의 툰드라 식생과 전 온난기의 자작나무 소림, 그리고 간빙기의 낙엽수림을 거친 후 온난기의 냉대 침엽 수림에 이르는, 그리고 다시 수목이 없는 툰드라와 빙하에 이르는 일련의 식생 변화를 겪었을 것이다. 이렇게 광범위한 배열은 다양한 카테고리의 기후 변화에 응하여 외적으로 야기된 변화로 간주될 수 있다. 그러므로 우리는 극상 생태계나 생물군계 —툰드라, 냉대 침엽수림, 하계 낙엽수림—의 순서에 따라 북반구의 기후 지대가 남으로, 북으로, 그리고 다시 남으로 이동한 것으로 예견할 수 있을지도 모른다(그림 25.21, 25.22). 기후 유입량의 변화에 대응한 대상 생태계의 이동이라는 개념을 **기후 천이 계열 변화**(cliseral change)라고 하지만, 그것의 매력인 단순성은 여러 가지 요인에 의해서 복잡해진다.

기후대의 이동은 기후 변화의 압박하에 동·식물 개체군의 이동을 초래한다. 그러나 식물의 경우 이동은 번식체의 생산과 번식체의 양, 그리고 번식체의 분산 능력에 의존한다. 일부 종들은 종자 다산자이며, 그들의 종자는 널리 분산되도록 아름답게 적응이 되어 있다. 일부 종들의 종자는 무거워서 장거리로 쉽게 분산되지 못하는 반면, 다른 종들은 적은 종자를 생산하여 특히 지리적 범위의 한계 근처에서 생육 가능한 종자를 매년 맺지 못한다. 결과적으로 동일한 극상 생태계 내에서도 종들은 잠재적 이동률이 상이하다. 그러나 동물과 식물에 있어서 기후 압박에 의한 이동 가능성은 잠재적 이주 통로와 관련한 장애물의 성질에 달려 있다(그림 25.23).

그림 25.19 ⓐ 생장량 심 채취. ⓑ 시간과 연간 성장량을 나타내는 그래프. 특이하게도 좁거나 넓은 나이테는 나무 성장 패턴에 반영된 환경 변화를 나타낸다.

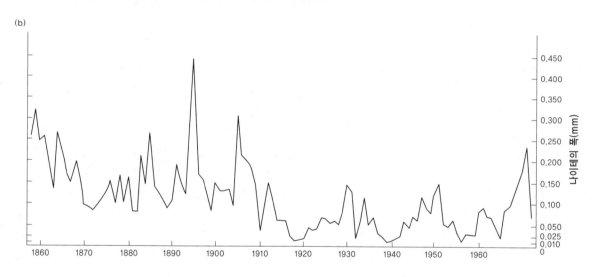

후빙기(플란드리아 해진)에 영국의 자생 식물인 가문비나무가 사라지고 아일랜드의 타 지역에 비하여 식물상이 개선된 것은 영국 해협 — 최종 빙기 이후 해수면 상승에 따라 북해 남부와 아일랜드 해 —의 침수로 나타난 장애물 때문이다. 예를 들어, 장애물의 차별 분포로써 북아메리카와 유럽 및 동아시아의 온대 낙엽수림에서 나타나는 식물상 다양성의 차이를 설명할 수 있다. 여기에서 주안점은 이주 방향과 관련하여 잠재적인 장애가 되는 지형 배열의 차이이다(그림 25.24). 이주 통로를 이용할 수 있다고 해도, 모든 종들이 동일한 기회를 갖는 경우는 드물고 실제로는 차별적인 여과기로서 작동한다.

식물에서, 이주가 일어났다고 말할 수 있으려면 씨앗의 전파뿐만 아니라 성공적인 발아와 정착과 번식 등이 이루어져야 한다. 그래서 식물의 정착률이 또 다른 중요한 고려 사항으로 부상하였다. Iversen(1964)은

그림 25.20 식생의 국지적인 파괴와 급속한 집괴 이동에 따른 토양의 매몰. 서덜랜드의 벤 아클(Ben Arkle)에 있는 솔리플럭션 로브(White and Mottershead, 1972).

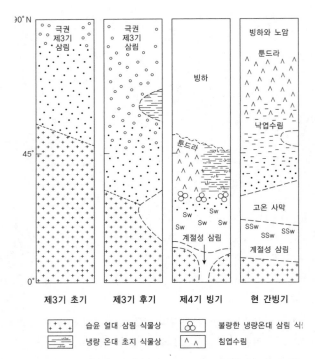

그림 25.21 제3기와 제4기 동안 북반구의 대상 또는 기후 천이 계열 변화 (Collinson, 1978)

삼림 군락은 기후 조건이 삼림의 성장에 적합하게 된 이후 오래 지나야 실질적으로 정착하게 된다는 사실을 플란드리아 만에서 보여 주었다. 이는 부분적으로 번식체가 (분산과 이주를 통하여) 효율적으로 되기까지 오랜 지체 시간이 필요하기 때문이나, 대체적으로는 후 빙기 환경에서 극상의 삼림 생태계가 발달하기 위해서 적합한 기후 및 토양 조건이 필요하였기 때문이다. 이러한 토양의 조건은 식생 유형의 천이하에서만 발달할 수 있다. 그러한 경우 기후 천이 계열의 영향으로부터 자율적 천이의 영향을 가려내기가 어렵다. 동물의 이주도 이와 비슷하여 그들이 성공적으로 교배 개체군을 형성할 때까지는 방랑자에 불과하며, 이것은 적합한 서식 조건의 존재 유무와 식생의 발달에 달려 있다.

극한과 비평균 상태가 식생에게 중요하기 때문에, 폭넓은 기후 변화는 지역의 기후를 변하게 하는 (사면의 경사와 방향, 또는 바다나 담수에 대한 근접성 등) 고유한 특성보다 중요성이 떨어진다. 그러므로 전반적인 기후 변화 동안 국지적인 조건은 그것이 국지 기후나 미기후가 식생 변화의 임계치를 넘도록 할 수 있는가에 따라, 식생의 변화를 빠르게 할 수도 있고 막을 수도 있을 것이다.

게다가 밀집된 극상 생태계, 특히 삼림 생태계는 적소 공간이 모두 채워져 있기 때문에 침입자가 들어올 여지가 거의 없다. 그러므로 그들은 거대한 관성을 가진다(Smith, 1961). 예를 들어, 기후 변화는 재생은 막지만 기존의 개체군을 죽이지는 않아서, 변화의 영향은 개체의 생애 동안 지연되며, 어떤 나무속의 경우에는

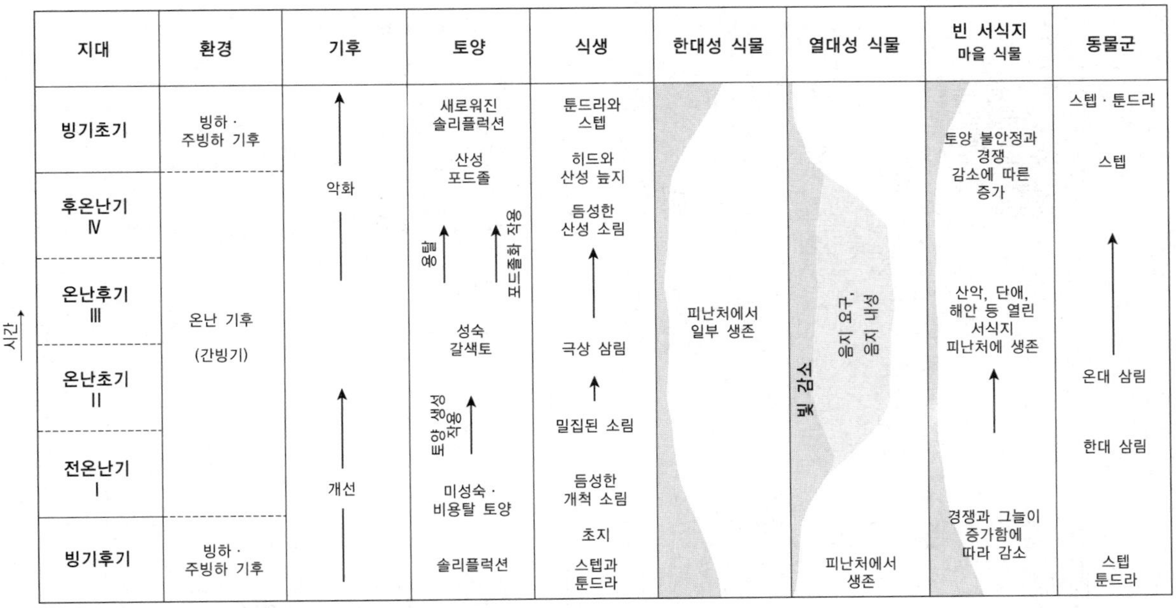

지대	환경	기후	토양	식생	한대성 식물	열대성 식물	빈 서식지 마을 식물	동물군
빙기초기	빙하·주빙하 기후	악화 ↑	새로워진 솔리플럭션 / 산성 포드졸	툰드라와 스텝 / 히드와 산성 늪지	피난처에서 일부 생존	빛 감소	토양 불안정과 경쟁 감소에 따른 증가	스텝·툰드라 / 스텝
후온난기 IV	온난 기후 (간빙기)		영양 / 퇴적 침적	듬성한 산성 소림 ↑		음지 요구, 음지 내성	산악, 단애, 해안 등 열린 서식지 피난처에 생존 ↑	↑
온난후기 III			성숙 갈색토	극상 삼림 ↑				온대 삼림
온난초기 II			침적 / 영양	밀집된 소림				한대 삼림
전온난기 I		개선	미성숙·비용탈 토양	듬성한 개척 소림 / 초지			경쟁과 그늘이 증가함에 따라 감소	
빙기후기	빙하·주빙하 기후		솔리플럭션	스텝과 툰드라	피난처에서 생존	피난처에서 생존		스텝 툰드라

(시간 ↑)

그림 25.22 제4기 기후 변동과 관련한 동물상과 식물상 및 기후의 변화(Sparks and West, 1972)

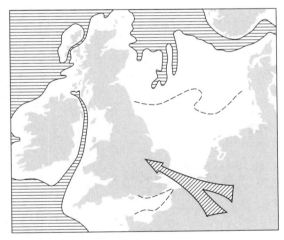

—— 100m 수심으로 규정된 대륙붕의 한계
---- 약 9,000년 전 영국 해협과 북해 남부의 추정 해안선
◁◁◁ 약 9,000년 전 영국 해협과 북해 남부의 추정 해안선

그림 25.23 제4기 간빙기 동안 식물의 이주에 장벽이 되는 영국 해협과 아일랜드 해, 그리고 북해 남부. 약 9,000년 전 플란드리아 해에서는 아일랜드가 이미 분리되었고, 북해 남부에서만 대륙과 연결되어 있었다. 7,500년 전 현 해안선에 가까운 것이 만들어졌다.

100년 이상이 될 수도 있다. 어떤 환경에서는 그러한 관성이 관련된 개체의 생애보다 더 긴 영향을 미칠 수도 있다. 기후 변화의 영향은 동일하지 않으며, 이미 보았듯이 일부 지역에서는 국지적인 생태적 환경이 그것을 보상하기도 한다. 그래서 어떠한 압박을 받더라도, 기후 변화가 시작된 이후 오랫동안 유물 군락이 살아남을지도 모른다. 다른 지역에서는 생존을 위한 임계치를 넘어버리고, 군락(또는 종)이 사라질지도 모른다(그림 25.25).

기후 천이 계열 변화라는 단순한 견해에도 복잡한 것이 하나 있다. 이들 이주에 포함된 식물과 동물은 정적인 존재가 아니다. 그들은 주로 돌연변이와 유전자 재조합에 의한 유전자형의 변화를 겪는다. 그러나 발생학적 변화가 종의 분화로 끝나기 전에, 유전자형에 작은 변화만 있어도 종의 내성을 변화시켜 환경적 압박에 대한 행태에 충분히 영향을 미칠 수 있다. 예를 들어, 개암나무(*Corylus avellana*)는 제4기 동안 내성이

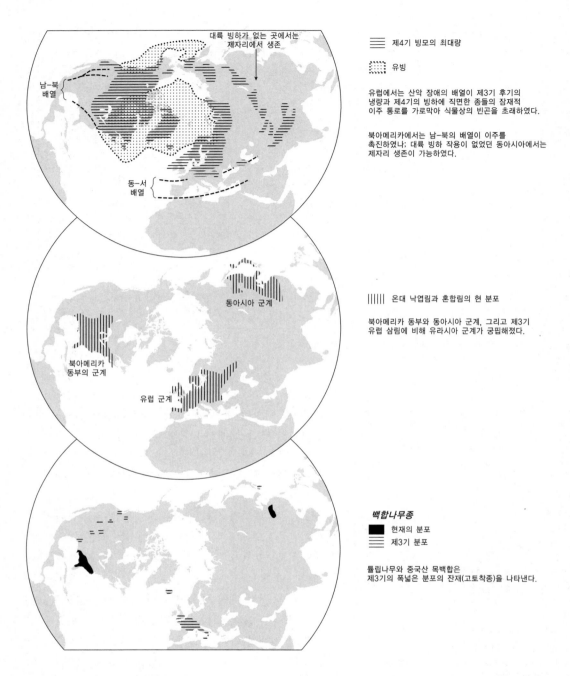

그림 25.24 북반구에서 제3기 후반과 제4기 동안 중위도 삼림 식생상의 이주에 대한 장애물. 장애물의 차별적 배열이 세 대륙에서 있은 다양한 소멸 패턴을 설명해 준다.

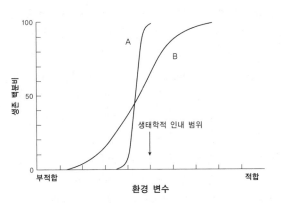

그림 25.25 부적합한 환경에 대하여 보호받는 개체군과 보호를 받지 못하는 개체군의 반응. A는 환경 변수들(온도 등)이 점차 생리적 인내의 한계나 임계치를 지나 부적합하게 될 때의 발생학적으로 동일한 실험 개체군을 나타낸다. B는 개체들 사이의 발생학적 차이나 그들이 점유한 미세 환경의 차이, 또는 모두의 차이 때문에 일부 개체들은 더 위험하고 나머지는 덜 위험한, 보호받는 개체군의 점진적인 쇠퇴를 나타낸다. 발생학적이나 미세 환경의 이질성 때문에, 동질의 환경에서는 개체군을 멸종시킬 수 있는 그러한 환경 변동에도 개체군은 살아남을 수 있게 된다(Whittaker, 1975).

변하였다. 개암나무는 연이은 각 간빙기에서 잉글랜드로 재진입하는 시기가 점차 빨라졌다(그림 25.26). Deacon(1974)의 주장에 따르면, 개암나무의 내한성은 제4기의 200만 년 동안 진화하여, 점차 빙하 경계에 더 가까운 피난처에서 빙하기를 견딜 수 있었기 때문이다. 이 마지막 예는 생태계 내의 변화, 즉 진화적 변화의 마지막 표현을 보여 준다.

3. 진화적 변화

제7장 끝 부분에서 보았듯이, 지구 상에 살고 있는 생물의 직접적인 선구 세포는 어떤 방식이든 자가 촉매 작용을 하는 분자들의 '원시 현탁액(premordial soup)'이나 분자들의 농축액으로 나타난다. 이러한 자기 재생 경향은 특이한 화학적 성질이 아니다. 그러나 '자손들' 가운데 우연한 변이(chance variation)를 만들고 그러한 변이를 다음 '세대'로 넘겨 주는 분자들이

나타났다는 것은 초기 바다의 복잡한 화학적 혼합물 속에서조차 매우 드문 사건이었음에 틀림없다. 그럼에도 불구하고, 시스템이 우연히 만들어지기만 하면 이러한 변이에도 자연 선택이 작동할 수 있을 것이다. 그것의 결과 —적응— 가 나타날 것이고, 지구는 처음으로 생물들을 품을 것이다. 생물의 기원에 관한 이러한 견해를 받아들인다는 것은, 아주 처음부터 세 가지 특성이 생물 시스템의 성격을 규정짓는다는 사실을 강조한다.

1. 임의로 발생하는 유전성 변이
2. 자연 선택
3. 적응의 양상

오늘날 유전학적 정보로 볼 때 변이의 근원은 서로 다른 양친에게서 물려받은 염색체의 분리와 염색체 조

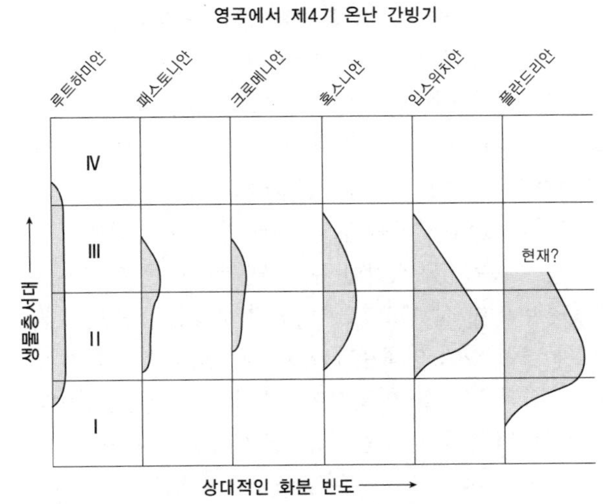

영국에서 제4기 온난 간빙기

그림 25.26 제4기 온난기 동안 변하는 개암나무의 행태. 참나무 혼효림의 하층 관목인 개암나무는 점점 빠르게 영국에 도달하여, 마지막엔 정상적으로 일부분이 된 삼림의 우점교목보다 빠른 플란드리아(Flandria) 시기에 이미 도달하였다. 그것이 풍화되지 않은 새로운 토양으로 성공적으로 퍼져나가 경쟁 없이 자유롭게 꽃을 피웠기 때문에 화분 다이어그램에 커다란 팽창으로 나타났다. 행태에 관한 이러한 설명은 종 자체의 유전적 변화를 반영하는 것으로 보인다 (Walker and West, 1970; Deacon, 1970).

각들의 교차 재결합, 염색체 세트의 우연한 증식, 돌연변이의 발생 등이다. 원칙적으로 이들 모든 메커니즘이 임의로 작동하고 있다는 사실을 인식하는 것이 중요하다. 수컷과 암컷의 생식체를 형성하는 동안, 두 양친에게서 유래하여 생식 작용에 참여하는 염색체는 두 집단으로 분리된다. 이러한 분리는 임의적이어서, n쌍의 염색체에 대하여 가능한 서로 다른 생식체의 조합은 $2n$개이다. 그러나 분리 이전에 염색체는 양친의 각각으로부터 물려받은 것으로 쌍을 이루고, 그들이 가져온 DNA 암호 정보의 조각들을 교환하여 새로운 유전 정보의 조합을 만든다. 이러한 방식으로 만들어지는 재조합은 그 가짓수가 무한하다. 다배수(polyploidy, 여러 염색체 세트의 생산)는 생식체를 만드는 동안, 정말로 우연하게 세포 분열이 실패한 일부의 형태를 포함하는 복잡한 프로세스 집단이다. 식물의 경우 이것은 매우 중요하며, 종이 빠르게 형성되는 원천이다. 이들 세 가지 변이의 근원은 기존의 유전 정보가 후손에서 재배열되는 것을 포함한다. 한편 돌연변이는 이들 정보 자체의 임의적인 변경이다. 보다 명확하게 말하면 그들은 DNA 분자 내 염기 배열의 변화이다.

사실 이러한 임의적인 유전적 변이의 능력은 자연 도태에 의해서 억제되고 규제된다. 자연 도태는 어떤 유전자형이 살아남을지를 결정하고, 그렇게 함으로써 진화의 속도와 방향을 결정한다. 안정된 환경에서 보전되는 것은 가장 적합한 유전자형뿐이라는 사실을 제7장에서 이미 살펴보았다. 환경이 오랫동안 변하지 않은 채 남아 있고 생태계가 이용 가능한 적소 공간이 없는 안정된 극상을 이룬다면, 개체들에서 돌연변이와 유전적 변화가 나타난다고 할지라도 **안정화 선택**(stabilizing selection)이 뚜렷해져서 개체군 내 진화적 변화를 금지한다. 최상의 조건에서는 이러한 변이체들이 사라질 것이다. 그러나 Federov(1966)의 주장에 따르면, 환경이 온화하고 (열대 우림에서처럼) 다양한 군락 내 개체군을 이루는 개체가 어느 정도 생식 격리를 경험하는 곳에서, 돌연변이는 지속될 것이고 개체군 내

에 임의로 축적될 것이다. 그는 이러한 현상을 **유전적 부동**(genetic drift)으로 불렀으며, 이것을 이용하여 열대 우림의 다양한 외관적 특성을 설명하였다. 많은 학자들 가운데 특히 Ashton(1969)은 이러한 견해에 동의하지 않았다. 그럼에도 불구하고 Simpson(1953)은, 진화적 안정화는 주요 삼림이나 대양과 같이 이용 가능하거나 일반화된 또는 등질의 유효한 유전자형이 환경을 탐사하는 능력에 환경 변화의 범위가 크게 영향을 미치지 못하는, 환경을 지속적으로 사용하는 유기체의 특징이라고 주장하였다. 물론 이론적으로 보면 역(逆)도 성립할 것이다. 즉 일반화된 환경에서는 선택압도 더욱 일반적이므로 매우 광범위한 유전자형이 살아남을 것으로 기대되며, 어떤 유동적 부동도 기대된다. 그러나 이러한 가설의 대부분은 그것에 포함된 증거의 성격이나 시간 척도 때문에 더욱 모험적이다. 그렇다고 하더라도, 이러한 안정화된 유전자형을 둘러싼 임의적인 부동의 가능성을 받아들이든 말든, 일반적으로 안정한 환경은 개체군의 진화적 안정화를 진작시키는 경향이 있다고 말하는 것이 안전하다.

제7장에서는 이와 반대로, 시간적이든 공간적이든 환경의 가변성 때문에 자연 선택이 환경 변화에 대응한 개체군의 분화를 촉진시킨다고 하였다. 시간상의 환경 변화나 공간상의 변이는, 기존 유전자형의 임의적인 재조합에서 선택함으로써, 새로운 적소 공간이나 공식적으로 점유하지 않은 적소 공간을 사용하기 위하여 개체군의 적응 이동(adaptive shift)을 유발한다. 환경 변화의 궤적이 (수백만 년 동안) 장기간 유지된다면 천이의 적응 이동으로 Simpson(1953)이 **방향 선택**(directional selection)이라고 불렀던 것이 만들어질 수도 있다. 돌연변이도 다른 유전자와 상호 작용을 통해서, 그리고 전체 유전자형의 적응 가치를 고취시키는 새로운 유전적 조합을 만듦으로써, 이러한 변화에 간접적으로 크게 기여한다. 식물에서 다배수는 환경 변화의 선택하에서 적응 이동에 영향을 미치는 매우 효율적이고 빠른 기여자이다.

Stebbins(1974)는 진화에 관하여 명료하게 개관하면서 자신이 스펙트럼이라고 불렀던 것에서, 변경된 서식지에서의 생존을 진작시키는 특별한 유전자의 빈도에 있어서의 이동과 같은 간단한 유전적 기반을 갖는 것에서부터 산업화에 따른 나방 착색의 경우를 인용하면서 적응 이동을 조정하였다. 스펙트럼은 여러 유전자의 통제를 받는 단일 표현형 성격을 통하여 여러 성격에 영향을 미치는 보다 복잡한 변경이 이루어진 아종과 생태형(ecotype)의 분화에까지 이른다. 궁극적으로 그러한 이동이 번식의 고립 메커니즘에 영향을 미치고 유전자 흐름을 제한하면 종 수준 이상에서 새로운 진화의 방향이 나타난다. 그러므로 진화 과정상에는 다양한 분류학적 수준에서 영향의 종류가 아니라 규모에서 차이 나는 단일체가 있다.

더 읽을거리

제18장의 말미에 인용된 일반 생태학 교재 내에 있는 개체 역학과 천이, 진화에 관한 관련 장들이 출발선이다. 개체군 규제에 관하여 더욱 깊은 통찰력을 주는 문헌들:

Bergon, M. and Mortimer M. (1986) (2nd ed) *Population Ecology: a unified study of plants and animals*. Blackwell, Oxford.

Krebs, J.R. and N.B. Davies (eds) (1984) *Behavioural Ecology: an Evolutionary Approach*, (2nd edn). Blackwell, Oxford. (특히 2부)

Moss, R., A. Watson and J. Ollason (1982) *Animal Population Dynamics*. (outline Series in Ecology). Chapman & Hall, London.

Silvertown, J.W. (1987) (2nd ed) *Introduction to Plant Population Ecology*. Longman, London.

Solomon, M.E. (1969) *Population Dynamics*. Edward Arnold, London.

r 전략과 K 전략은 이미 인용한 표준 생태학 교재에서 잘 다루고 있다. R-C-S 시스템에 대한 더 자세한 정보를 얻을 수 있는 곳:

Grime, J.P. (1979) *Plant Strategies and Vegetation Processes*. John Wiley, Chichester.

Grime, J.P., J.G. Hodgson and R. Hunt (1990) (The Abridged) *Comparative Plant Ecology*. Unwin Hyman, London.

생태학적 천이와 극상 생태계 개념 발달을 다룬 문헌:

Burrows, C.J. (1990) *Processes of Vegetation Change*. Unwin Hyman, London.

Connell, J.H. and R.O. Slayter (1977) Mechanisms of succession in natural communities, and their role in community stability and organisation. *American Naturalist*, 111, 1119~1144.

Golley, F.B. (ed) (1977) *Ecological Succession* (Benchmark Series in Ecology). Dowden, Stroudsburg. (고전적 논문 대부분의 재판을 포함함)

Gray, A.J. *et al.* (eds) (1987) *Colonisation, Succession and Stability*. Blackwell, Oxford.

Miles, J. (1978) *Vegetation Dynamics*. (Outline Series in Ecology) Chapman & Hall, London.

근래 제4기의 기후 및 환경 변화에 따른 생태 변화의 실례:

Godwin, H. (1975) *History of the British Flora: a Factural Basis for Phytogeography*, (2nd edn). Cambridge University Press, Cambridge.

Goudie, A.S. (1983) *Environmental Change*, (2nd edn). Clarendon Press, London.

Lowe, J.J. and M.J.C. Walker (1984) *Reconstructing Quaternary Environments*. Longman, London.

Roberts, N. (1989) *The Holocene: an Environmental History*. Blackwell, Oxford.

생태학적 배경에서 본 진화적 시간 척도상의 변화는 최근 우수 도서의 주제임:

Cockburn, A. (1991) *An Introduction to Evolutionary*

Ecology, Blackwell, Oxford.

진화생물학 내 최근 논쟁에 대한 접근:

Dawkins, R. (1986) *The Blind Watchmaker*. Longman, London.

Edwards, K.J.R. (1977) *Evolution in Modern Biology*. Edward Arnold, London.

Eldridge, N. (1985) *Time Frames*. Simon & Schuster, New York.

생태학 및 진화적 변화의 여러 패러다임:

Peters, R.H. (1991) *A Critique for Ecology*. Cambridge University Press, Cambridge.

VIII 휴먼 임팩트

제26장

환경 시스템의 인위적 변형

인간과 환경의 상호 작용은 매우 복잡하다. 1단계에서 호모사피엔스(Homo sapiens)는 유기체의 한 종류일 뿐이며, 직립과 몸에 드물게 난 털, 그리고 고도로 발달한 두뇌로써 구분되는 영장류이다. 그렇듯이 우리는 그들을 그들이 출현한 생태계의 구조적·기능적 조직에 자연적으로 적응된 것으로 간주할 수 있다. 사실 그러한 접근 방법이 전적으로 타당하며, 비교적 단순한 인간 사회를 이런 방식으로 다루면 인간과 환경의 관계에 대한 우리들의 이해를 개선하는 데 도움이 된다. [그림 26.1]은 플란드리아(Flandria) 기후 최적기 동안 영국의 삼림 지대에서 중석기인의 영양 관계를 보여 준다. [그림 26.2]에는 최종 빙기 말의 호모사피엔스(Homo sapiens)를 포함하는 비슷한 관계가 묘사되어 있다. 인류 생태계를 완성하기 위해 이렇게 시스템 모델링을 적용하는 것은 원시 사회에만 국한되지 않고 선진 기술 사회에도 똑같이 타당하여, 복잡한 시스템에 어울리는 에너지 관계와 전달을 새롭게 조명한다(그림 26.3).

그러나 이 책의 도입부에서, 인간은 단순히 자연 생태계의 먹이 그물에서 영양적 적소를 차지하는 잡식동물이 아니며, 복잡하고 이질적인 문화유산으로 평가된다는 사실을 강조하였다. 자연환경과 인간의 상호 작용은 문화 환경에 따라 결정되는 자연에 대한 인간의 지각과 자연에 대한 인간의 행태적 반응을 고려하여야만 이해될 수 있다. 이것이 뜻하는 바는, 인간과 환경의 상호 작용을 바르게 평가하기 위해서는 사회·경제 시스템의 모델과 자연 시스템의 모델을 맞물리게 하여 이들 시스템의 활동 간 연계가 명확하게 되어야 한다

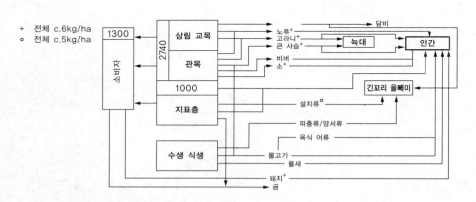

그림 26.1 영국의 플란드리아 최적기 초기의 삼림에서 중석기인의 영양 관계(Simmons, 1973).

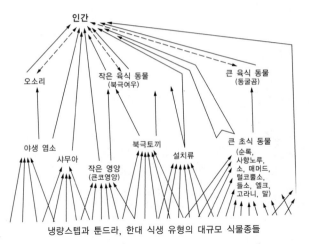

그림 26.2 동물 뼈 더미를 참조로 한 최종 빙기 말 인류의 영양 관계(Cox *et al.*, 1976)

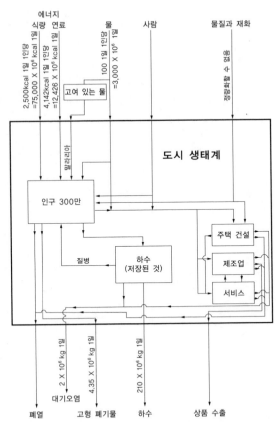

그림 26.3 캘커타 대도시 지역을 생태계로 본 단순 모델(Learmonth, 1977)

는 것이다. 우리는 투자의 흐름과 기술, 의사 결정, 발전된 에너지, 그리고 포괄적인 인간-환경 시스템 모델 내에서 인위적인 정보 통제 시스템이라고 불리는 기타 요소들을 수용할 수 있어야 한다(Chorley, 1973). 아마도 이것은 오늘날 현존하는 가장 중요한 학문적 도전 가운데 하나일 것이다. 예를 들면, Forrester(1971)와 Meadows 및 '성장에의 한계' 팀(Meadows *et al.*, 1971) 등의 세계 모델과 같이, 완전한 모델을 만들려는 시도가 있었다. 그러나 이러한 종류의 포괄적인 접근 방법은 정보 통제 시스템을 자세히 다루고 있어, 이 장의 범위를 벗어난 것이다(그림 26.4). 그러나 이러한 관찰로 밝혀진 것은, 우리가 자연환경 시스템을 설명하고 이해하기 위하여 사용해 온 대부분의 모델이 인간의 문화 활동을 수용하지 못한다는 사실이다. 그러므로 문화 활동은 외부 변수, 환경 시스템 모델에 대한 유입으로 고찰하여야 하는데, 이러한 접근 방법은 인간 및 인간과 자연환경의 상호 작용을 다루는 데 있어서 뛰어날 것이다.

환경 시스템의 유입으로서의 인간 활동이 미치는 영향은 시스템의 저장소들 사이에 물질과 에너지를 재분배하고, 물질과 에너지가 운반되는 규모 및 통로를 바꾸는 것이다. 이동 통로에 대한 간섭은 특정한 시스템 내의 통로뿐만 아니라 시스템들 간의 통로에도 적용된다. 자연 시스템은 개방되어 있고 (규모에 관계없이) 에너지와 물질이 직렬로 조직되어 있기 때문에, 시스템의 작동에 인간이 개입한 결과는 어쩔 수 없이 그 시스템의 경계 너머로 파생될 것이다.

인간의 발이 땅을 딛는 것조차 토양을 국지적으로 압착하여, 결과적으로는 토양으로 침투하는 강우의 양이 감소된다. 예를 들어, 오솔길이 여러 번 짓밟히면 유출량이 국지적으로 증가하여 그에 따른 수문 시스템의 변화가 더욱 커진다. 사실 인간의 활동은 자연 식생의 축적된 생체량을 제거하거나 변모시킴으로써, 그리

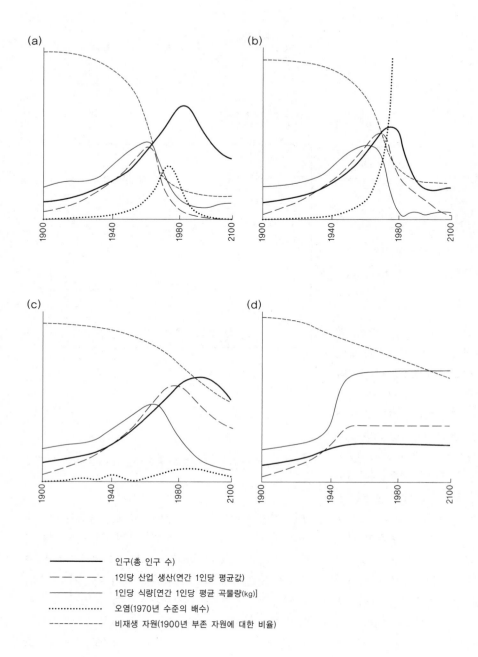

그림 26.4 Forrester-Meadows의 세계 모델. (a) 1,970개의 값에 근거한 컴퓨터 모의실험 모델의 표준 실행. (b) 알려진 자연 자원 부존량이 2배로 되었을 때 예측되는 오염으로 유발된 붕괴. (c) 자원에 제한이 없거나 오염 통제가 추측되더라도 인구 성장에 따른 붕괴. (d) 미래에도 지속 가능한 평형 상태를 만드는 안정화된 모델. 그러나 출생률은 사망률과 같고, 자본 투자는 자본 하락과 동일하며, 자원의 재활용과 오염 통제, 침식된 척박한 토양의 복원 등을 포함하는 일련의 기술적 정책

고 생태계의 기능적 조직을 붕괴시킴으로써 자연 시스템의 작동에 매우 중요한 방식으로 지표의 성격을 변화시킬 수 있다. 결과적으로 식생이나 지표의 물 저장 능력과 같은, 시스템을 통한 물의 흐름에 대하여 자연적인 규제는 변형된다. 그러나 지표의 수문학적 속성이 변하는 정도는 처음에는 토양 표면이 노출되는 삼림 남벌과 농경지 조성, 그리고 보다 최근에는 지표를 포장하는 도시 지역과 산업 부지의 확장 등 일련의 토지 이용 변화를 반영할 것이다.

이러한 변화 때문에 지표 유출의 비율을 증가시키고, 유역의 물 균형에 변화가 초래된다. 또한 유출량의 시간적 분포도 대체로 유출이 집중하여 첨두 유량이 더욱 많아지는 방향으로 변한다. 이러한 수문학적 변화로 침식률이 증가하여 지표로부터 광물질의 제거가 더욱 많아진다. 이렇게 증가된 유량과 퇴적물량을 수용하기 위해서 하도 자체도 조정된다. 자연 시스템에서 우세한 (−)피드백 프로세스가 (+)피드백 메커니즘으로 대체되듯이, 프로세스 내의 그러한 변화는 정상적으로 진행되고 있다.

우리는 앞 장의 논의에서 이미 인간이 대기 시스템에 가할 수 있는 몇 가지 변형을 언급한 적이 있다. 지구−대기 시스템이 대기의 활동에서 유발되는 비교적 소규모의 시·공간적 변화를 보상할 능력이 있기 때문에, 인간이 장기적인 주요 변화에 영향을 미칠 수 있는 능력은 제한된다. 이러한 변화의 대부분은 국지적이며 대체로 단명한다. 핵폭탄은 인간이 발생시킬 수 있는 최대 규모의 사건이다. 국지화된 영향이 전체적인 참화일지라도, 하나의 폭발에 의한 전 지구−대기시스템의 변화는 소규모이다. 사실 인간이 만드는 대부분의 변화는 그러한 대규모 사건의 결과가 아니라, 지구−대기 시스템 내 규제자의 작동을 지속적이고 누적적으로 변화시킨 결과이다.

그 일부는 이미 고찰한 바 있지만, 인간 활동이 미치는 영향은 부주의의 부산물이거나 환경을 조작하려는 의식적인 노력을 통해서 나타난다. 가끔 후자는 전자에 수반하기도 한다. 이미 알다시피, 두 경우에 있어서 변화에 영향을 미치는 메커니즘은 시스템의 규제자 —시스템의 작동을 통제하는 피드백 관계를 지배하는 매개 변수들 —이다. 그럼에도 불구하고 우연이든 의도적이든 자연 시스템의 역학에 인간의 개입이 미치는 영향은 폭넓어서, 그 범위를 개괄적으로 표현하기 위해서는 인간이 지금까지 미쳐 왔고, 지금도 미치고 있고, 미래에도 미칠 영향을 항상 확인하면서 이 책을 통하여 거슬러 올라가야 한다. 그러므로 다음 절에서는 고도로 발달한 두뇌로써 이러한 이상한 직립하는 영장류가 넓고 뿌리 깊게 확산되는 데 미치는 영향을 얼핏 살펴볼 것이다.

인간이 환경에 가하는 다양한 수준의 개조와 변경으로부터 초래되거나, 환경 시스템의 작동에서 나타나는 우연한 변화 몇 가지를 살피면서 시작해보자. 이들 각 용어는 광범위한 방식으로 해석되겠지만, 편의상 삼림 제거와 농업, 그리고 도시화라는 제목으로 그러한 수준의 상호 작용을 고찰할 것이다.

1. 삼림 제거

오늘날 많은 인구를 부양하고 있는 지구 육상 대부분의 잠재적인 자연 극상은 어떤 유형의 삼림 생태계이거나 적어도 나무 피복이 중요한 구성 성분인 생태계이다. 그러므로 이러한 삼림을 개조하고 탐사하고 제거한 인간의 긴 역사가 생태계 자체나 생태계와 삭박 시스템의 기능적 관계에 미친 영향을 고찰하면서 시작하는 것이 타당할 것이다.

생태계 내 살아 있는 식생의 생체량과 낙엽 및 토양의 유기 물질로 표현되는 죽은 생체 저장량은 차폐와 지표 및 토양 수분 저장량, 침투, 그리고 증발산을 직·간접적으로 통제함으로써 유역의 수문에 영향을 미치는 중요한 규제자이다. 그러므로 자연 상태에서 성숙한 삼림 생태계는 토양과 대기 간 두 가지 방식의 물질과 에너지 전달을 조절한다. 그들은 풍화와 사면 프로세스를 조절하며, 삼림 자체의 생체량과 삼림 내 폐쇄된 영양소 순환에 존재하는 화학 원소들이 용탈되거나 유실되지 않도록 보존한다. 수십 년 전에 삼림 제거에 따른 시스템 작동상의 변화 규모를 측정하기 위한 통제된 과학적 실험을 허용한 바 있다. 이렇게 하여 측정 기간 동안 삼림 유역을 통한 물과 영양소의 흐름을 측정할 수 있었다. 당시 숲을 자르고 그 결과가 유출에 미치는 영향을 모니터하였다. 대안으로 비슷한 한 쌍의 유역에서 동시에 모니터하였다. 그들 중 하나는 삼림을 제거하였고, 여전히 삼림이 자라는 이웃하는 유역과 삼림 제거의 영향을 비교하였다.

삼림 제거의 1차적인 효과는 생체량이 감소함에 따라 증발산에 따른 물의 유실을 감소시킨다. 물 수지가 근본적으로 변함으로써 지표 유출이 증가한다. 이러한 효과는 미국 산림청에서 실시한 애팔래치아 산맥 코위타 유역의 실험 결과에서 잘 나타난다(그림 26.5). 연간 강수량이 약 2,000mm인데, 교목으로 이루어진 삼림을 제거함으로써 373mm의 강수량에 맞먹을 만큼 지표 유출량이 증가하였다. 삼림이 다시 자라자, 초과한 유출량은 20년 동안 시간에 따라 기하급수적으로 감소하였다. 그리고 두 번째로 삼림을 제거하자 지표 유출량이 비슷하게 증가하였다.

미국 뉴햄프셔 주의 허버드 브룩 유역에서도 비슷한 효과를 관찰하였다(Bormann and Likens, 1970). 삼림 제거 이후 지표 유수는 특히 증발산량이 최고에 달하는 여름철에 하천 유량이 증가함으로써, 전반적으로 약 40% 증가한 것으로 기록되었다. 여름철에는 지표 유출량이 4배나 증가하였는데, 이는 홍수 시 첨두 유량이 증가하고 유속이 증가함으로써 많아졌을 것이다.

허버드 부룩의 실험에서는 용질의 제거도 모니터하였다. [그림 26.6]은 삼림 제거 때문에 하천 유수 내에 칼슘과 칼륨의 농도가 증가하였음을 보여 준다. 평균적으로 용해된 원소들의 농도는 4배 증가하여, 순유출량이 삼림이 있을 때의 14.6배나 되었다. 보호받지 못하는 지표 토양의 침식 가능성이 증가하였고 하도 유출량의 에너지도 증가하여, 유역으로부터 퇴적물 유출량도 4배나 증가하였다. [표 26.1]은 허버드 브룩의 삼림 유역과 삼림 제거 유역에서 여러 가지 원소들의 수지를 보여 주며, 삼림이 교란되지 않은 상태에서 하천으로 흘러나가는 영양소 유실을 통제한다는 사실을 강조한다. 삼림 유역에는, 생태계 내 총 질소 고정에 따른 질소의 순유입이 있으며, 질소 순환 내에 질소가 보존된다. 삼림이 제거된 유역에서는 질소의 순환이 깨어지고, 유기질 질소와 암모니아는 질산염 질소로 빠르게 산화되어 하천으로 유실된다. 질산염 음이온의 농도가 증가하면 토양과 하천수의 이온 균형에 영향을 미치고, 금속 양이온을 운반하는 능력을 증가시킨다.

전 유역의 삼림을 완전히 제거함으로써, 영양소 순환과 지표 유출 및 침식률의 측면에서 삼림 피복이 삭박 및 생태계 프로세스에 미치는 영향의 크기를 보여 준다. 이와 같은 연구는 자연 생태계에 대한 인위적인 보전과 지적인 관리의 장기적인 이익을 재평가하는 계기를 제공한다. 우리는 생산성과 경제적 보답의 관점뿐만 아니라, 고도로 복잡한 조절 메커니즘이 환경 프로세스에 미치는 통제의 측면에서 생태계를 바라보고 보존하기 위해서 공부하고 있다. 원래 있던 교란되지

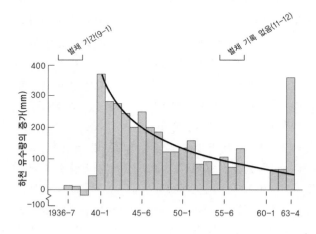

그림 26.5 코위타 유역에서 삼림 제거 후 지표 유출량의 증가(Hibbert, 1967)

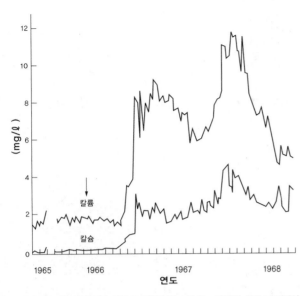

그림 26.6 미국 뉴햄프셔 허버드 브룩(Hubbard Brook)에서 삼림 제거(화살표) 후 2번 집수 구역의 하천수 내 칼륨과 칼슘 유출량의 증가(F.H. Bormann and G.E. Likens, 1970, *The Nutrient Cycles of An Ecosystem*, Scientific American)

표 26.1 허버드 부룩의 유역에 대한 영양소 수지(Likens and Bormann, 1972)

	강수량 유입 (kgha⁻¹yr⁻¹)	하천수-강수량 순유출(kgha⁻¹yr⁻¹)	
		삼림 유역	삼림 제거 유역
칼슘	2.6	9.1	77.9
나트륨	1.5	5.3	15.4
마그네슘	0.7	2.1	15.6
칼륨	1.1	0.6	30.4
NH₄ 질소	2.1	−1.8	1.6
NO₃ 질소	3.7	−1.7	114.0

적으로 다른 문제이다.

제25장에서 보았듯이, 복잡한 생태계가 역학적으로 부서지기 쉽다는 사실을 나타내는 이론적 · 경험적 논쟁이 상당히 많다. 복잡한 생태계는 그들이 진화해 온 비교적 좁은 범위의 환경에서 크게 안정을 찾지만, 인간이 가져온 교란에 직면하여 선천적으로 불안정하다. 그러한 견해는 특히 1차적 열대 우림에 적용되는데, 우림은 비교적 단순하고 강한 온대 생태계보다 인간의 개입에 저항력이 훨씬 더 약한 것으로 밝혀졌다. 그 이유는 조절 메커니즘에 있다. May(1975)는 진화는 개체군의 밀도를 평형값 근처 즉, $N \simeq K$(N은 개체수이고, K는 부양 능력)에서 조절하는 발생학적 · 형태적 · 생리학적 성격을 가진 유기체를 선택한다고 주장하였다. 동물과 조류는 그들의 온화한 상대자보다 적은 수의 자손을 갖지만(Southwood, 1974), 보다 정확하게 규정된 적소를 사용하여, 그들이 직접적인 경쟁을 피한다는 의미에서 보다 성공적인 경쟁자이다. 식물은 온화한 환경에서 공간과 자원에 대한 극심한 종들 간의 경쟁에 직면하여 경쟁 능력에 따라 선택된다. 그러한 유기체는 서식지가 교란되면 반응할 준비가 거의 되어 있지 않다. 그들은 임기응변이나 넓은 내성, 또는 개체군의 빠른 성장 가능성을 지니지 못하였다. 대신에 그들은 삼림 자체의 구조적이고 기능적인 복잡성으로 정확하게 정해진 적소에서 살아남고 경쟁하도록 적응되었다. 유기체의 생존 능력을 파괴하는 것은 여러분이다.

않은 세계의 자연 삼림은 점차, 부분적으로 제거되고, 재생되기도 한다(그림 26.7). 개발이 제한적이고 회복이 불가능한 임계치를 넘지 않는 한, 삼림 생태계는 인간의 개입에 직면하여 놀랄 만한 탄력성을 나타낸다. 삼림의 종 다양성과 기능적 조직의 복잡성, 그리고 살아 있는 삼림에 대한 자원과 정보의 집중 등은 삼림 생태계가 변화에 대하여 어느 정도 완충적이라는 사실을 의미한다. 삼림 생태계는 자기 조절과 재생 능력을 가지고 있다. 그러므로 삼림 생태계는 이동식 농업의 제한된 수요와 제한적인 방목압(grazing pressure), 제한된 목재 개발, 취락 등과 공존할 수 있다. 사실 북반구 온대 지대에서 인식되는 동 · 식물상의 다양성과 소림의 풍성한 아름다움 ─작은 풀로 뒤덮인 초원, 듬성듬성한 수관, 소림에서 사는 다양한 새들, 흐드러진 봄꽃─은 수세기 동안의 저개발과 구조적 변경을 나타낸다(Streeter, 1974; Rackham, 1971, 1986)(그림 26.7). 대대적인 상업적 목재 개발과 처녀림의 완전한 제거는 전

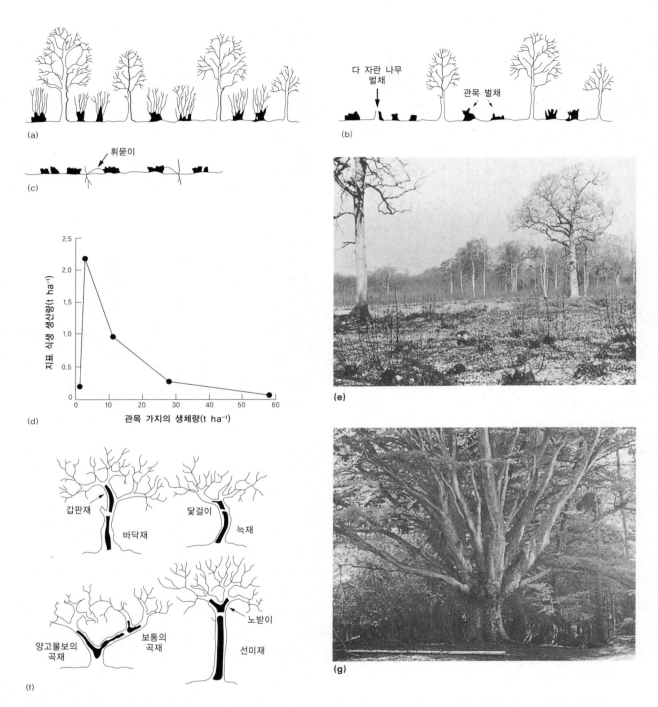

그림 26.7 소림 관리에 자연목 시스템을 적용한 관목 숲. (a) 농업 전. (b) 농업 후. 자연목 하나를 벌목함. (c) 관목을 휘묻이 하여 새로운 그루터기를 만듦(Ovington, 1965). (d) 관목 순환의 다양한 단계에서 초본층의 연간 생산량과 관목 가지의 생체량 간의 관계(Ford and Newbould, 1977). (e) 잉글랜드 햄프셔의 스탠스테드 숲 (Stansted Forest)에서 자연목이 있는 관목 숲. (f) 목선이나 목재 가옥에 적합한 목재를 생산하기 위한 참나무 가꾸기(Albion, 1926). (g) 잉글랜드 뉴 숲(New Forest)에 있는 전정한 너도밤나무 고목(나무줄기 끝 부분을 잘랐음).

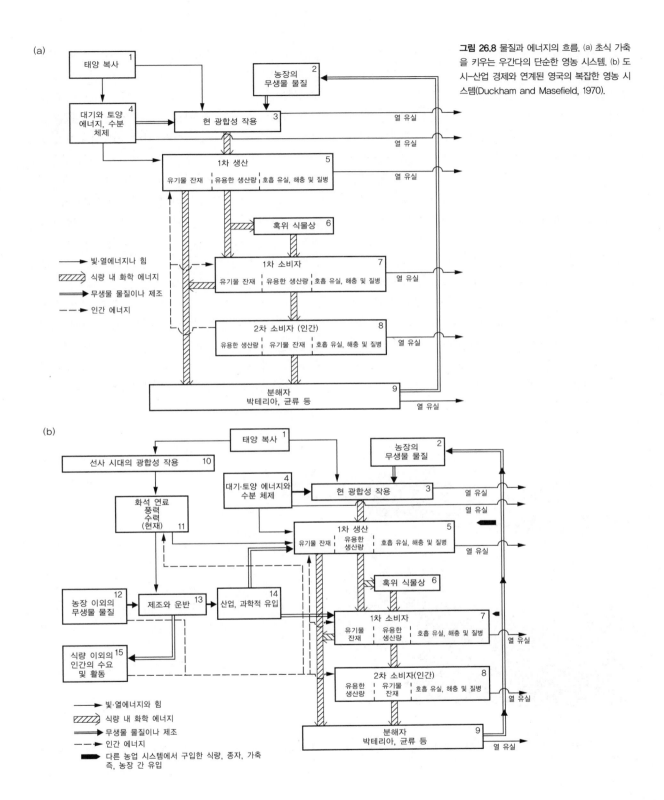

그림 26.8 물질과 에너지의 흐름. (a) 초식 가축을 키우는 우간다의 단순한 영농 시스템. (b) 도시-산업 경제와 연계된 영국의 복잡한 영농 시스템(Duckham and Masefield, 1970).

예를 들어, 대부분 종들의 씨앗은 휴지 기간이 거의 없고, 숲의 습윤 냉량한 그늘과 삼림 토양의 안정된 미세환경(23~26℃)에 조정되어 있다. 그러므로 충분히 넓은 지역의 삼림이 제거되면, 삼림 제거로 토양이 따뜻해져서 새싹이 죽고 다시 정착할 수 없게 된다. 이러한 특성 때문에 Gomez Pompa(1972)는 열대 우림을 비재순환 자원이라고 말하였는데, 사실 열대 우림은 동남아시아에서 목재 생산의 결과로, 그리고 아마존에서는 도로 건설 계획에 따라 상업적 방목을 위하여 삼림을 제거함으로써 점차 사라지고 있다.

습윤 열대의 우림이 곤경에 처한 것은 극단적이고 시급한 문제이지만, 특히 목재를 생산하기 위해 자연 또는 반자연적 삼림 생태계를 개발함으로써 생태계의 복잡성이 줄어든다. 즉, 쓸모없는 나무를 제거한다. 하층 식생을 제거하면 접근이 개선된다. 울타리를 만들면 인간과 경쟁하는 기타 초식 동물들이 제거되고 배제된다. 식목 정책에 따라 획일성이 증가한다. 사용 가능한 서식지의 범위가 축소됨으로써 동물의 다양성이 더욱더 감소한다. 지속적인 목재 생산을 위하여 숲을 관리하고 수확하는 것은 가축을 기르기 위해 영구 초지를 관리하는 것과 비슷하다. 한편 조림은 선택한 종자를 묘상에서 묘목으로 길러 식재하고 비료와 살충제, 그리고 상당한 인력과 관리 노력을 투입하여 유지시킨다는 의미에서 경작 농업에 필적한다. 너도밤나무(*Fagus sylvatica*)와 같이 느리게 자라는 경목수종을 낙엽송(*Larix decidua*)처럼 빨리 자라는 침엽수와 함께 식재하는 혼합조림이 가끔 시행되기는 하지만, 똑같은 경제적 이유 때문에 이렇게 새로이 조성하는 숲은 농작물과 마찬가지로 단작을 한다.

그러나 매우 집약적으로 관리한 숲, 특히 새롭게 상업적으로 조림한 숲과 관련하여, 장기적인 생태학적 불안정을 나타내는 문제점이 있다. 첫째, 단일 수종이 밀집하여 자라는 획일성 때문에 나무들은 해충의 폭발적 증가와 질병의 발발에 특히 민감해진다. 자연적인

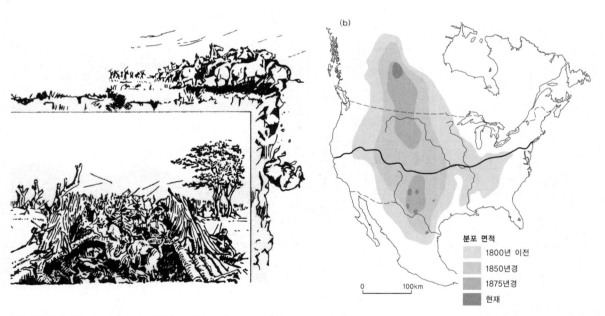

그림 26.9 (a) 몰아서 함정에 가두거나 절벽 위로 몰아가는 협동 사냥 기술. (b) 유니온 퍼시픽(Union Pacific) 철로의 개통과 상업적 사냥의 확대에 따른 북아메리카 들소 분포의 극적인 축소(Illes, 1974; Ziswiler, 1965).

규제 메커니즘도 없이 그러한 문제와 싸우려면 살충제의 항공 살포를 포함하여 시행에 비용이 많이 들며, 때때로 예기치 못한 부작용도 있다. 둘째, 수종의 획일성 때문에 상업적 플랜테이션과 관리된 반자연적 숲은 대부분의 자연적인 삼림 생태계에 비하여 화재에 취약하다. 마지막으로, 지속적으로 목재를 수확하면 목재 제거 활동이 유출과 침식을 가속화시키는 효과가 있어 사용 가능한 식물 영양소의 축적량이 점진적으로 소모되어 자연적인 영양소 순환이 단절된다. 이것은 본래부터 비옥도가 낮은 토양에서 이루어지고 30~40년의 짧은 수확 기간을 가진 북반구의 연목수림에서 특히

그러하다. 화학 비료를 사용하여 영양소 수준을 유지하지 않으면, 결국 생산량은 감소할 것이다.

2. 농업

인간의 입장에서 볼 때, 모든 농업 활동은 넓은 의미로 자연에서 유지되는 영양 관계를 변경하고 조작하려는 정밀한 시도라고 볼 수도 있다(그림 26.8). 거의 대부분의 경우, 직접적인 수확을 증가시키기 위해 자연 생태계의 복잡성을 단순화하려고 노력한다. 그렇게 함으

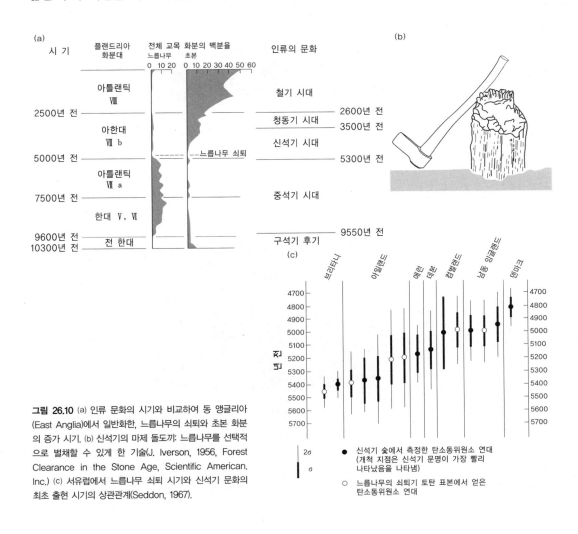

그림 26.10 (a) 인류 문화의 시기와 비교하여 동 앵글리아(East Anglia)에서 일반화한, 느릅나무의 쇠퇴와 초본 화분의 증가 시기. (b) 신석기의 마제 돌도끼: 느릅나무를 선택적으로 벌채할 수 있게 한 기술(J. Iverson, 1956, Forest Clearance in the Stone Age, Scientific American, Inc.) (c) 서유럽에서 느릅나무 쇠퇴 시기와 신석기 문화의 최초 출현 시기의 상관관계(Seddon, 1967).

로써, 군락 내부의 그리고 군락의 유기체와 무생물 환경 간의 복잡하고 안정적인 상호 작용 네트워크가 깨어지게 되고, 자연적인 군락의 생태학적 균형은 조정되거나 파괴된다.

수렵 채취자로서의 인간은 (세계 어딘가에는 여전히 남아 있는데) 정상 상태의 극상 생태계가 이루는 동적 균형을 종합한다. 그러나 사회 조직과 협동 능력이 증가하고 도구와 무기가 발달함에 따라, 대부분의 자연적 초식-육식 시스템에 내재된 개체군의 조절 작용을 교란시킴으로써 인간이 자연적인 초식 동물과 육식 동물에게 미치는 영향의 규모는 증가하였다. 북아메리카와 아프리카, 그리고 비교적 좁지만 유라시아에서 제4기 대형 포유동물 대부분이 소멸된 것은 구석기인들의 협동 사냥 기술 때문이다(그림 26.9). 환경 변화로 이러한 소멸을 적절하게 설명할 수 있을 것인가에 대하여 약간의 논쟁이 있었지만, 많은 동물 종들의 개체수의 감소와 일부 종의 소멸이 직접적으로 인간의 사냥 때문이라는 것은 (우리가 알고 있듯이) 사실로 남아 있다.

인간과 인간의 동료인 종속 영양 생물 사이의 관계는 초식 동물의 가축화 및 목축 경제의 발달에 따라 근본적으로 변한다. 가축의 방목 밀도는 자연 상태의 초식 동물의 밀도보다 대체로 높으며, 가끔은 매우 높다. 그러한 밀도 때문에 지속적인 생체량이 감소하며, 1차 생산 시스템의 구조와 구성이 변한다. 우리가 이미 보았듯이, 처음에는 인간의 활동으로 직접 식생 변화가 촉진된다. 신석기인들이 사료를 마련하기 위해 느릅나무 가지를 선택적으로 잘라냄으로써 플란드리아에서 느릅나무 꽃가루가 감소한 것으로 설명할 수 있겠다(그림 26.10). 그러나 (가끔은 불을 이용하여) 숲을 제거한 것은 초지를 확장할 욕심으로 시행한 변경의 극단적인 표현이며, 사바나와 프레리의 주요 초지 생물군계에서 적어도 일부는 이러한 방식으로 만들어졌을 것이다. 사실 아마존 목장의 경우에는 대규모로 진행되고 있다. 그럼에도 불구하고 대규모의 가축 개체군들은 초지의 구조와 구성에 더욱 포착하기 어려운 변화를 가져올 것이다.

개선하지 않은 거친 초지에 놓아기르거나 방목을 하면 초식 동물의 먹이 선호가 표현된다. 예를 들면,

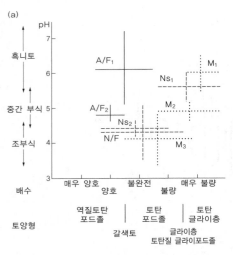

A/F₁ 종 풍부 겨이삭/김의털아재비
A/F₂ 종 빈약 겨이삭/김의털아재비
Ns₁ 종 풍부 나드나무(아고산대)
Ns₂ 종 빈약 나드나무(아고산대)
N/F 나드나무/김의털아재비(좀새풀)

M₁ 진퍼리새 - 겨이삭
M₂ 진퍼리새 - 김의털아재비/나드나무
M₃ 진퍼리새 - 김의털아재비/좀새풀

그림 26.11 (a) 영국 고원 지대의 중성 내지 산성 초지 군락에서 산도와 부식의 유형, 토양형, 그리고 배수 정도에 따른 서식지 범위(Burnett, 1964). (b) 스코틀랜드 고원 지대의 조방적 양 방목. (a)에 인용한 토양 경도와 관련하여 작용하는 양 목축률과 방목압이 대체로 현존하는 초지의 유형을 결정한다.

두잎난초　　햄프셔 노아힐(Noar Hill)에 이만한 규모의 개미집 둔덕이 있다는 것은 이 초지
가 상당한 기간 동안 쟁기질로 교란되지 않고 남아 있었다는 것을 나타낸다.

노아힐 근처 과거 백악 채굴지.　애기풀 Polyggala Vulgaris L.

그림 26.12 꽃이 피는 초본과 짧고 탄력 있는 잔디로 채워진 잉글랜드 백악 지대의 초지 초본은 그 성격이 대체로 방목으로 만들어지고 유지되는 군락의 고전적인 예이다.

Hunter(1962a, b)와 다른 학자들의 광범위한 연구에서 영국 고원 지대의 중성 내지 산성 초지에서 양들은, 계절적으로 변하며 대체로 토양과 관련하여 통제된 식생 모자이크와 상호 작용하는 방식에 영향을 미치는 뚜렷한 기호를 가지고 있음이 밝혀졌다(그림 26.11). 사회적으로 결정된 방목 지역(feeding range)에 다양한 초지가 분포하는 곳에서는, 특히 방목 밀도가 높은 경우에는 선택적 방목압 때문에 잔디 매트(Nardus stricta)나 보랏빛 초본 습원(Molinia caerulea)과 같이 입에 잘 맞지 않는 초본종이 확대될 수 있다. 더구나 모든 초식 동물들은 초본을 얻는 독특한 방식을 가지고 있으며, 양들은 매우 짧게 풀을 뜯는다. 선택적 방목과 결합된 집약적인 탈엽(defoliation) 때문에 생산량이 낮아지고, 초본의 회복 능력이 감소하며, 마침내 과목을 초래한다. 그때 채워지지 않은 적소가 존재한다면, 보다 거칠

고 입에 잘 맞지 않는 종들이 침입할 기회를 갖게 된다. 영국 고원 지대 경관의 특징인 키 작은 관목 습원과 초지 군락의 대부분은 삼림 제거 이후 방목을 위한 개발의 부산물이며 관리 도구로 불을 사용한 데에서 유래한다. 그들은 한편으로 토양 요소와 기후 요소 간의 균형을 나타내며, 다른 한편으로는 현재와 과거 동안 특정한 방목의 종류와 집약도의 차별적 영향을 나타낸다.

잉글랜드 남동부와 남중부에 있는 경사진 단기 재배 목초지에서 토양의 모든 특성은 물론, 완전한 식물군은 수세기 동안 특히 양과 토끼를 방목한 부산물이다(그림 26.12). 토끼는 노르망디 사람들이 반가축화된 초식 동물로 도입하였으나, 곧 자연적으로 퍼져 나갔다. 1954년 점액종증 때문에 방목 밀도가 감소하고 토끼 개체군이 현재 실질적으로 전멸함에 따라, 경사진 목

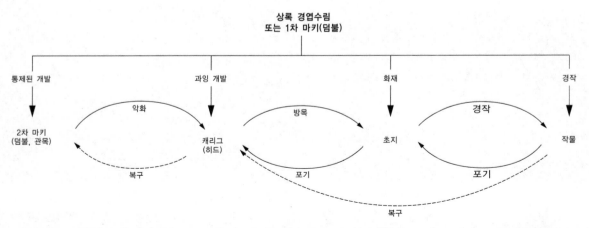

그림 26.13 지중해 연안 식물 군락의 쇠퇴와 재생의 단계. 적어도 고대로부터 오늘날에 이르기까지 인위적인 개조의 긴 역사 때문에 자연 상태의 상록 경엽수림이 토양 침식 및 환경 악화와 관련된 2차적 군락으로 대체되었다(Polunin and Huxley, 1967).

표 26.2 백악 초지와 산성 초지, 그리고 중성 초지에서 발견된 생활형

(단위: %)

생활형	월동눈의 위치	백악 초지	산성 초지	중성 초지
지표 식물	토양 표면에서 25cm까지	7.6	20.8	7.2
반지중 식물	토양 표면	67.6	54.6	70.3
땅속 식물	토양 표면 아래	16.5	5.6	13.5
한해살이 식물	종자로써	8.2	18.8	8.6

초 지역이 초지 군락을 거쳐 관목 및 소림으로 되돌아 감으로써 이러한 상황이 명확해졌다(Thomas, 1963). 방목의 효과를 비교할 만한 예는 세계 도처에서 볼 수 있다. 지중해 연안의 경엽 상록 오크 삼림이 염소 때문에 파괴되어 마키(maquis)와 가릭(garrique) 군락으로 대체된 것이 잘 기록되어 있다(그림 26.13). 뉴질랜드 남섬에서 자라는 자연 상태의 총생 초본은 양과 야생의 이입으로 인한 초식 동물의 방목압 때문에 초본 도입종이 침입하여 대체되었다. Thorsteinsson(1971)는 양으로 인한 삼림 황폐와 식생의 빈곤, 그로 인한 40%에 이르는 토양 피복의 침식 등을 자세히 설명하였다.

대체로 자연 상태인 초지에 방목이 이루어지면, 생태계가 천이의 초기 단계와 매우 유사한 것으로 바뀐다. 지상에 드러난 생산자의 생체량이 감소하는 것은 제쳐 놓더라도, 식물 자체 모습의 대부분이 동면아(표 26.2)의 위치와 방어용 가시의 존재, 무성 생식의 번식 수단을 가진 일년생 식물의 확산 등으로 무장하여 방목을 방어한다. 마지막 적응 방식은 식물들에게 빠른 성장과 회복 능력을 부여한 땅속줄기와 같이 땅속 영양분 저장 기관과 관련이 있다. 사실 초지의 땅속 생산량은 초식 동물이 이용할 수 있는 지상의 생산량보다 몇 배 더 많다. 예를 들면, 미주리의 프레리에서는 연간 땅속 생산량이 2배 이상 많다(Kucera et al., 1967). 모

두는 아니겠지만 방목이 득이 되는 것으로 밝혀진 적응의 대부분은 자연적 천이의 초기 단계에 있는 개척 식물종들이 겪는 비교적 극심한 환경에서 중요한 것들이다.

토양 환경에서도 방목에 수반하여 상응한 변화가 있다. 얇은 초지 피복 아래에서 노출됨으로써 토양 미기후가 크게 변화되어 토양의 건조도가 증가한다. 대신에 습윤한 기후에서는 차폐와 증산 작용이 감소하여 국지적인 침수가 발생할 수도 있다. 삼림을 태우는 곳에서는 이러한 경향이 더욱 촉진된다. 왜냐하면 딱딱해진 토양 표면의 침투는 조절 장치를 변화시켜 유출량 요소가 증가할 것이기 때문이다. 영국 고원 지대의 분지나 하천을 따라 환원 토양 내지 이탄질 환원 토양이 분포하는 지역은 아마도 이런 방식으로 확장될 것이다. 비교적 건조한 기후를 나타내는 영국 저지대에서도 똑같은 프로세스로써 뉴 숲(New Forest)의 하곡 습지(그림 26.14)를 부분적으로 설명할 수 있을 것이다. 그러나 아마도 가장 중요한 토양 변화는 방목으로 인해 내재된 비옥도의 고갈일 것이다. 처음에는 가축의 먹이로 그리고 궁극적으로는 인간의 식량으로, 지상의 1차 생산자와 그들이 가지는 영양소의 대부분이 제거되어 분해 시스템이나 토양 시스템으로 유실된다. 분뇨가 이러한 유실을 어느 정도 만회할 수 있다고는 하

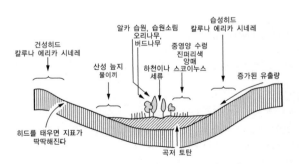

그림 26.14 뉴 숲(New Forest)의 골짜기 '늪지'. 엄격하게 말하면 이 군락은 토양 속에서 골짜기 아래로 흐르던 수분이 방해를 받아 삼출됨으로써 유지되는 토양 생성 습지이다. 습지의 영양소는 유역 의존적(토양수)이며 적당한 염기를 포함한다. 하간지로부터 삼림을 제거하고 방목과 연소 체제하에서 히드 군락을 유지함으로써, 포드졸화가 강화되고 토양 표면이 딱딱해져 침투가 약화되고 유출이 가속화되었다. 결과적으로 주변의 산성 늪지 군락이 발달하였으며, 강우 의존적(강수) 영양소와 낮은 염기도 및 낮은 산도가 특징이다.

지만, 이로써 C/N 비율이 변화될 수 있고 효율적인 영양소 순환이 붕괴될 수 있다. 더구나 초지 식물의 밀집된 부정근 시스템은 그것이 대체한 소림이나 삼림의 뿌리 시스템보다 얕아서, 심토(subsoil)의 예비 영양소를 끌어올 수 없다. 결과적으로 토양 내 영양소 순환의 패턴이 변하게 된다.

동물도 조방적 방목과 관련한 서식지 변화의 영향을 받는다. 예를 들어, 국지적인 과목이나 과도한 답압으로 나지가 만들어지면, 서식지에 빈 공간이 나타나고, 영국의 토끼나 미국 중서부의 뒤쥐와 같은 천공 동물(burrowing animal)이 활용할 수 있는 유효 적소가 나타난다. 인간이 약탈자에 대한 가축(특히 영국의 경우에는 야생이지만 부분적으로 관리하는 꿩, 뇌조, 사슴 등의 사냥 종들)의 손실을 조절하려고 노력함으로써, 육식 동물 역시 부분적으로 서식지의 변화뿐만 아니라 사냥과 덫의 영향을 받는다. 영국의 늑대와 검독수리, 아프리카의 사자와 표범, 북아메리카의 재규어, 퓨마, 코요테, 그리고 태즈매니아(Tasmania)의 다스마니아 승냥이(marsupial wolf) 등은 개체수가 극적으로 감소하거나 몰살된(국립 공원은 예외) 포식자의 예이다. 여러 종의 사슴과 들소, 비교적 큰 캥거루 종의 일부와 같은 자연 상태의 초식 동물들도 가축과의 경쟁을 줄이거나 작물의 피해를 줄이기 위해 도태시켰다. 아이러니하게도 그들은 더 많은 목초를 이용하도록 적응했었기 때문에, 이 자연 상태에서 초식 동물의 대부분은 특히 이들이 도입된 장소에서 가축보다 생산성이 더 크다는 사실이 알려졌다.

목축으로 초래되는 자연 생태계의 변화와는 상관없이, 우리가 논의하고 있는 목축 시스템의 종류가 원래부터 비효율적이라는 사실을 아는 것이 중요하다. 동물들은 먹이에 대한 선호가 매우 선택적이어서, 너무 많은 에너지를 신진대사와 이동에 소모하고 배설물로 잃어버린다. 결과적으로 식물의 생산물을 동물의 단백질로 변환시키는 것은 너무 낭비적이다. 그러나 인간은 일부 동물의 단백질은 필요하므로, 집약적인 농업 시스템의 방향에서 고려하는 보다 효율적인 '목축' 시스템을 개발하여야 한다.

조방적인 목축 관리가 자연 생태계를 변화시킨다고

표 26.3 현대 농업 시스템에서 곡물농과 목축업이 원하는 자연 생태계의 조작과 조장

작물 재배	가축 사육
거의 완전한 인위적 생태계(아마 경관 역시) 조성	단일 초식 동물 선택 – 고기와 동물 부산물을 위해 관리–생산량을 증가시키기 위해 사육
분화된 작물의 선택과 재배와 전파: 　　에너지(탄수화물)와 성장(단백질)을 위한 식량을 충족시키는 　　저장 가능한 물질의 많은 생산 　　질병과 해충에 강한 것 　　발생학적이나 외관상 동일 – '기계적인' 경작: 경운, 심기, 시비, 배수, 관개, 제초, 수확, 즉 투입량 증가 자연생태계와 비교하여 현존 생체량의 감소	배제 경쟁하는 초식 동물 증가 개체군 밀도/방목 비율 목초지 관리: 　　방목 밀도의 규제와 통제 　　사회적 행태 탐색 　　목축 기호 선택 　　관목과 나무를 포함하여 맛없는 종 근절 목초 생산량의 유지 및 촉진: 　　직접적인 간섭 – 식생 재생을 위해 자르고 태움 　　투입량 증가: 거름 살포, 비료, 관개, 재파종
지상: 지중의 증가	NB 집약적 목축 시스템: 　　비육 목축과 공장 영농 시스템 　　곡물 농업과 함께 고려

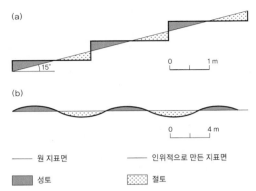

(a)

15°

0   1 m

(b)

0   4 m

—— 원 지표면   —— 인위적으로 만든 지표면

▨ 성토   ⬚ 절토

그림 26.15 인위적인 지표의 변모. (a) 계단식 사면. (b) 이랑-고랑. (c) 인위적으로 계단식 농지로 바뀐 전경(네팔).

(c)

할지라도, 비육용 목축이나 공장식 목축 시스템을 포함하는 집약적 목축과 곡물 농업은 거의 완전한 인위적인 시스템이다(표 26.3). 사실 농업 활동에 따른 경관의 변화에는 매우 단순한 인위적 생태계의 형성뿐만 아니라 지표의 충분한 변모를 포함한다. 농업의 초기 단계에서도 간단한 도구를 이용한 인력을 사용하여 매우 거대한 토목 사업을 행하였다. 대부분의 원시적인 농업 문명에서는 가파른 산사면의 경작이나 관개를 위

해 계단식 공법(terracing)을 채택하였다. [그림 26.15]에서는 완만한 경사(15°)의 사면을 폭 2m의 계단식으로 전환하는 것을 예시하였다. 각 계단은 사면 너비(m)당 $0.134m^3$의 토양을 가진다. 이 값을 따라 완전히 계단식인 사면을 만들려면 6만7000m^3 km^{-2}의 토양을 운반하여야 한다. 히말라야와 안데스 및 일본과 같은 지역의 구릉지에 널리 분포하는 계단식 농지는 운반된 전체 물질의 양을 나타내며, 그 양은 가파른 사면에서

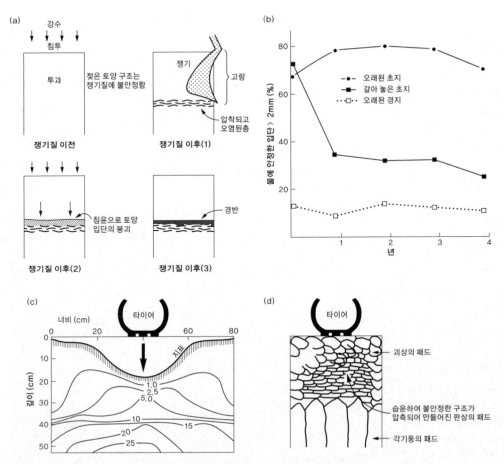

그림 26.16 (a) 경운각의 형성. (b) 다양한 토지 이용에 따른 토양 입단 정도의 변화(Low, 1972). (c) 시험용 타이어가 통과한 후 원뿔 저항의 분포. 등치선은 타이어 자국 아래 토양의 압력과 지표 토양이 측면으로 밀려난 것을 나타낸다(Soane, 1973). (d) 트랙터 바퀴가 통과하는 데 따른 토양 구조의 변화.

비교적 많다. 잉글랜드 중부 지방의 넓은 이랑−고랑 농업 시스템의 특징도 유사한 규모의 변형을 포함한다. 이랑에서 이랑까지의 파장이 9m에 이르고, 평균 0.5m의 높이를 가지려면, 6만2500m³ km⁻²의 흙을 운반하여야 한다. 버킹엄셔(Buckinghamshire) 북부에만 35km²의 이랑−고랑 형태가 분포하며, 350만 톤 이상의 흙을 쌓아 평균 0.5m나 돋우었다.

토지를 경작지로 바꿈에 따라 환경 시스템의 작동에 많은 변경이 있지만, 농경지의 주요 특징은 곡물과 뿌리채소 작물 및 잎채소의 생체량이 자연 생태계에서보다 훨씬 적다는 것이다. 따라서 증발산 비율은 낮고 유출은 더 클 것이다. 이것은 자연적인 하계망을 확장하는 인위적인 배수로를 조성함으로써 촉진된다. 그래서 영국과 같은 습윤 온대 환경에서는 1.5~3.5km km⁻² 범위에 있는 정상적인 하계 밀도가 5~10km km⁻²까지 증가할 것이다. 배수는 토양 조직에 따라 1~3m의 간격을 유지하는 토양 아래의 토관암거의 영향도 받는다. 이 암거는 물이 암거로 흐를 때마다 하계 밀도를 100~350km km⁻²까지 증가시킨다. 토양 표면으로부터 물을 더욱 효율적으로 배출함으로써, 물을 하도로 빠르게 전달하여 첨두 유량을 증가시키는 효과가 있다.

삼림을 농경지로 변환하면 삼림의 낙엽이 사라져 토양의 표면이 노출된다. 이는 토지가 휴경이거나 작물이 충분히 자라기 전에 특히 그러하다. 초지는 예외로 하더라도, 대부분의 농작물은 토양의 일부분을 직접 노출시켜서, 우적비산 침식이나 세류의 활동, 그리고 지표 유수가 토양의 입자를 쉽게 떼어내 하도로 운반함으로써 퇴적물의 농도와 침식률이 증가한다. 그래서 Evans와 Morgan(1974)은 케임브리지셔의 한 지역에서 작물이 성숙하기 전의 토양 침식이 3.3t ha^{-1}에 달하여 며칠 내에 지표가 0.25mm 낮아졌음을 관찰하였다. Douglas(1967)는 자바에서 삼림 남벌과 경작의 증가 때문에, 퇴적물 생산량이 1911년의 900m³ km^{-2} yr^{-1}에서 1934년의 1,900m³ km^{-2} yr^{-1}으로 증가하였음을 인용하였다. 그러므로 곡물 농업은 총유출량을 증가시키며, 첨두 유량을 증가시키고, 퇴적물 생산량을 증가시킬 수 있다.

농업 토양에서 유기 물질이 유실되면, 토양의 구조가 파괴됨으로써, 침식으로 인한 이러한 토양 유실이 더욱 촉진될 수 있다. 이러한 토양 구조의 파괴는 유기 물질이 유실됨으로써 토양 덩어리 내 응집력이 감소하여 발생한다. 더 이상 내수성이 아니므로 토양 덩어리는 빗방울의 충격에 붕괴되고, 분산된 토양 입자들이 지표의 공극에 집적되어 토양각(soil crust)을 형성함으로써 침투 능력을 떨어뜨리고 지표 유출이 발생한다(그림 12.4c). 유기 광물질 복합체가 붕괴되고 토양 구조가 사라지면 토양의 영양분 또는 수분 보유 능력이 감소하며, 경작 때문에 토양 영양소 비축량이 점진적으로 배출됨으로써 불가피하게 비옥도가 낮아진다. 곡물 생산량을 유지하기 위해서는 퇴비와 화학 비료를 뿌려야 하고, 수분이 부족한 여름철에는 관개수가 반드시 필요하다. 그러나 토양의 저장 능력이 낮다는 것은 비료와 액성 퇴비의 용탈 유실이 많을 수 있다는 것을 의미하며, 이것이 하천으로 들어가면 수생 생태계에 오염이나 부영양화를 초래할 수도 있다. 토양의 배수와 토양의 통기성은 영농으로 불이익을 받을 수도 있는데, 특히 상시적으로 무거운 기계를 사용하면 토양압밀이

표 26.4 영국의 현대 농업에 관한 몇 가지 입장[R&D: 연구 개발, CAP: 공유농업정책(EC), WCA: 야생동물 보존 협약, ESA: 환경 민감 구역 계획, Agric Imp Schs: 농업 개선 계획]

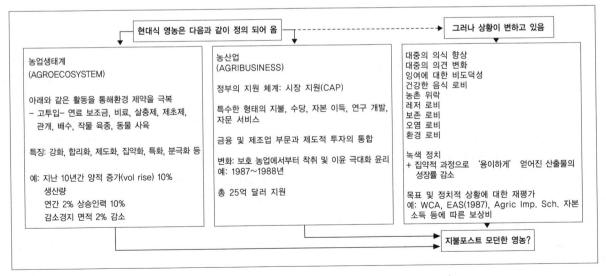

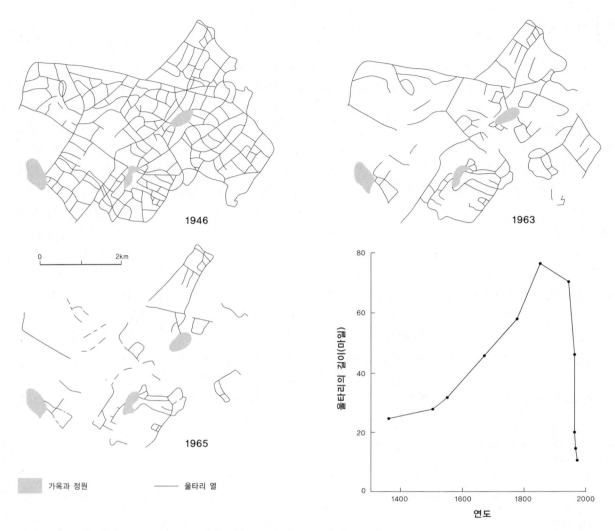

그림 26.17 1364~1965년 동안 헌팅던셔 지역에서 울타리 측정 길이의 감소와 패턴의 변화(Moore *et al.*, 1967)

발생한다. 같은 깊이로 반복하여 쟁기질을 하면 보습 깊이에 경운각(plough pan)이 발달하여 배수가 불량해짐으로써 비슷한 효과가 나타난다(그림 26.16).

생태학적 관점에서 볼 때, 경작이 미치는 가장 중요한 영향은 서식지의 파괴이다. 농촌 경관에서 이러한 서식지와 종 다양성의 감소는 기계화의 확대와 노동비용의 감소, 생산 집약화의 증대 추세에 따라 증가한다. 이것은 잉글랜드의 농촌 지역에서 울타리를 제거

함으로써 잘 나타났다(그림 26.17). 1950년과 1970년 사이에 영국에서는 3,000~5,000에이커의 서식지를 나타내는 4,000~7,000마일의 울타리가 사라졌다. 생태학적으로 울타리와 그 주변의 나무들은 구조나 종 구성에서 소림의 테두리나 서식지 제거를 자극한다. 그러므로 울타리의 제거는 영국의 약 30%에 존재하는 농촌의 평균 10km 방안의 종 다양성 감소를 의미하며, 이는 식물뿐만 아니라 그들에 의존하는 곤충과 새, 그

표 26.5 도시 지역에서 생성되는 국지 기후의 변화(Landsberg, 1981)

요소	주변 농촌 지역에 대한 비교
오염 물질	
응결핵	10배
분진	10배
혼합물	5~25배
복사	
수평면에 대한 총량	0~20% 감소
자외선: 겨울철	30% 감소
여름철	5% 감소
일조 시간	5~15% 감소
운량	
구름	5~10% 증가
안개: 겨울철	100% 증가
여름철	30% 증가
강수	
량	5~15% 증가
강설: 도심	5~10% 감소
도시 후면	10% 증가
뇌우	10~15% 증가
기온	
연평균	0.5~3.0℃ 증가
겨울철 최고(평균)	1~2℃ 증가
여름철 최고	1~3℃ 증가
난방일 수	10% 감소
상대 습도	
연평균	6% 감소
겨울철	2% 감소
여름철	8% 감소
풍속	
연평균	20~30% 감소
돌풍	10~20% 감소
고요	5~20% 증가

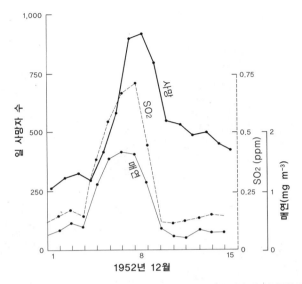

그림 26.18 1952년 12월 런던 스모그 동안 사망자 수와 연기 및 이산화황의 오염도(Royal College of Physicians, 1970)

물과 퇴적물을 제거하여 배출수를 지면 아래의 암거수로 시스템으로 배수한다. 마지막으로 제초제와 살충제를 남용하면 일부가 서식지에 남아서 농업 경관의 야생 동·식물상을 파괴시킬 수도 있다. [표 26.4]에 영국에서 농업 생태계(agroecosystem)나 농업 관련 산업(agribusiness)으로 간주되는 현대 영농 시스템의 몇 가지 특징을 나타낸 것이다. 표의 세 번째 상자에서는 현대의 영농이 변화하는 사회 정치적 배경에 대한 조정의 시기로 접어들고 있음을 암시하는 고찰이 있다.

3. 도시화와 산업화

산업과 주택이 대규모 도시 복합체로 모여듦으로써 지표와 인근 도시 지역을 넘어서 확대되는 상부 대기에까지 국지적인 변화를 일으킨다. 이러한 도시 기후의 주요 특징은 [표 26.5]에 나타나 있다. 이러한 영향이 나타나는 이유는 시스템 규제자가 근본적으로 수정되었기 때문이다. 도시 대기의 부유 물질량은 주변 교

리고 작은 포유류에도 영향을 미친다(Hooper, 1970).

영국에서는 또다시 굴착기를 사용함으로써 이미 경작하고 있는 토지의 배수를 개선함은 물론 잠재적인 농지의 배수를 가속화시켰다. 수로 제방의 식생과 수생 잡초를 통제하는 경제적인 방법으로 제초제를 도입함으로써, 노동 비용을 감소시킬 수 있었다. 그렇게 하더라도 대규모 농지의 기계화 영농에서는 수로의 장애

그림 26.19 1957년 4월~1958년 3월 동안 런던의 평균 스모그 농도(mg m⁻³) 분포(Chandler, 1965)

표 26.6 전형적인 도시 물질과 도시 지역의 방사성 성질(Oke, 1978; Threlkeld, 1962; Sellers, 1965; Van Straaten, 1967; Oke, 1974)

지표		α 반사도	ε 방사율	지표		α 반사도	ε 방사율
도로	아스팔트	0.05~0.20	0.95	창문	맑은 유리		
벽	콘크리트	0.10~0.35	0.71~0.90		40° 이하	0.08	0.87~0.94
	벽돌	0.20~0.40	0.90~0.92		40~80°	0.09~0.52	0.87~0.92
	돌	0.20~0.35	0.85~0.95	페인트	흰, 회반죽	0.50~0.90	0.85~0.95
	나무		0.90		적, 갈, 녹색	0.20~0.35	0.85~0.95
지붕	타르, 자갈	0.08~0.18	0.92	도시	범위	0.10~0.27	0.85~0.95
	타일	0.10~0.35	0.90	지역*	평균	0.15	?
	슬레이트	0.10	0.90				
	이엉	0.15~0.20					
	함석	0.10~0.16	0.13~0.28				

* 눈이 오지 않는 중위도 도시를 근거로 함

외나 농촌 지역보다 훨씬 더 많다. 태양 에너지의 흐름에서, 이것은 대기의 투명도에 직접 영향을 미쳐, 지표에 도달하는 직달 복사량을 감소시킨다. 상당 부분은

도시 대기의 반사와 산란, 흡수로써 유실된다.

대기 내 프로세스에 영향을 미치는 또 다른 규제자는 구름과 강수의 양에 직접 영향을 미치는 대기 내 흡

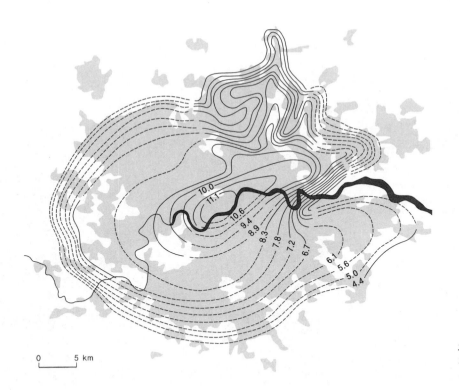

그림 26.20 1959년 5월 14일 런던에서 최저
기온(℃)의 분포(Chandler, 1965)

0   5 km

습성 핵의 개수이다. 도시 지역에서 가장 주목할 만한 응결의 형태는 스모그였다. 런던은 스모그로 유명하였으나, 1956년 청정 대기법이 발효되면서 대기 오염 농도가 점차 감소되었다. 1952년 12월의 런던 스모그 동안 대기에는 약 276gm km⁻³의 연기와 이산화황, 그리고 12만4200gm km⁻³의 응결수가 포함되어 있었다(그림 26.18). [그림 26.19]는 1958년 런던 중앙의 연기 농도를 보여 준다. 로스앤젤레스도 스모그 문제를 가지고 있으나, 이것은 흡습성 핵의 작용에 따른 것이 아니라 자동차의 연소로 방출되는 기체에 대한 태양 복사의 광화학 효과 때문이다.

Ashworth(1929)는 Rochdale에서 응결핵 개수가 증가함으로써 나타나는 영향을 보고하였다. 그는 일요일에 평균 강수량이 적은 것은 지방의 제분소가 닫혀 있어 공기가 상대적으로 더 깨끗해진 결과라고 주장하였다. 더 최근에 Atkinson(1975)과 다른 학자들은 공기

역학적으로 거칠고 비교적 따뜻한 도시의 지표 위 자유 대류 및 강제 대류가 도시 지역의 강수량을 증가시키는 데 유효하였을 것이라고 주장하였다.

도시 지역의 지표는 농촌 환경과 날카롭게 대립되는 물리적 성질을 지니고 있다. 반사도는 건축물에 사용되는 대량의 고반사 콘크리트와 유리 때문에 약간 더 높다(표 26.6). 그러나 도시의 지표는 매우 가변적인 형태를 지니고 있으며, 건물 사이에 수직면의 다중 반사와 그 아래 도로의 그늘이 있어 낮은 반사도를 나타낸다는 사실이 더욱 중요하다.

보다 오래된 도시 건축물들의 구성이 갖는 비교적 높은 열용량과 건물 내에서 작동하는 난방 시스템에서 유실되는 대량의 열이 결합하여 도시의 '열섬(heat island)' 효과를 만든다. 대부분의 도시 지역에서 건물의 밀도와 높이가 가장 큰 활동 중심지 주변에서 기록된 기온이 주변 교외 지역의 기온보다 자주 높게 나타

그림 26.21 인공 지형: 도자기 점토 채굴에서 나온 흙. 지상의 삭박으로 우곡이 발달하여 광범위하게 변형되었다(잉글랜드의 다트무어).

난다. 이러한 온도 편차는 낮 동안 도시의 구성물에 저장된 태양 에너지가 방출되고 난방 시스템으로부터 유래한 열이 도시의 대기로 여전히 공급되고 있을 늦은 저녁 무렵에 잘 발달한다. 사실 [표 26.6]에서 보듯이, 후자가 도시 환경으로 흘러드는 열 유입량의 주요 부분을 구성한다. Chandler(1965)는 고요한 고기압의 기상 조건에서 런던 중심부의 도로 수준에서 측정한 기온이 건물의 밀도와 높이가 낮은 주변 지역보다 6℃ 이상 높은, 잘 발달한 열섬을 보여 주었다(그림 26.20).

그러므로 대규모 도시 지역을 건설하면, 지표와 그 위를 덮고 있는 대기의 성격은 변모된다. 생성되는 특징적인 국지 기후는 지구-대기 시스템 내의 규제에 대한 결과적인 변화 산물이다. 위에서 언급한 지표의 변모는 완전히 인위적인 지형의 생성은 아니더라도 도시화에 의한 지형의 직접적인 재생을 나타낸다. 선사 주

거지와 관련한 건축은 실질적인 물질의 수집을 포함한다. 원시적인 기법을 사용하여도 이집트의 피라미드나 실버리힐(Silbury Hill, Wiltshire)의 규모와 같은 인위적인 지형을 건설하였다. 말버러(Marlborough)의 서쪽 약 10km 지점에 위치한 실버리힐의 높이는 40m이며 기저부의 면적은 2.1ha이다. 건설 동안 35만m³의 물질을 쌓아 올린 것으로 평가된다. 산성(hill fort)과 같은 비교적 온화한 인공물까지도 성벽과 해자 시스템을 만들 때 많은 양의 흙을 운반해야 한다. 런던 중앙의 지표는 건축 물질과 쓰레기가 모여들어 평균 3.5m 가량 높아진 것으로 평가된다. 런던이 2,000년 정도 되었다고 가정하면 만들어진 토대의 물질은 1,750m³ km⁻² yr⁻¹의 비율로 쌓였을 것이다.

보다 최근에는 기술의 진보와 관련하여 광범위한 운반 시스템이 발달하고 도시 지역이 팽창함으로써 토지

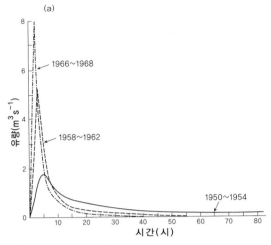

그림 26.22 (a) 캐논스 브룩(Canon's Brook) 유역 도시화 3단계에 대한 평균 단위 수문 곡선(Hollis, 1974). (b) 하도의 측방 침식을 방지하고 홍수 범람을 줄이기 위해 인위적으로 직강화하고 도류제로 제한한 하도.

정리 운동이 대규모로 일어나고 있다. 이런 방식으로 솟아난 지역에서는 깊은 절토가 이루어지고, 제거된 물질은 낮은 지역에 제방을 쌓는 데 사용한다. 완만한 경사 유지를 필요로 하는 철로와 자동차 도로는 이러한 종류의 변경을 나타내는 실례이다. 파나마 운하는 그러한 공법을 적용한 장엄한 현대적 사례들 가운데 하나로 간주될 수 있다.

제한된 도시 지역은 바다에 토지를 축조함으로써 확

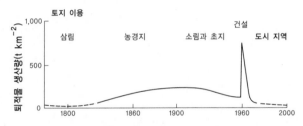

그림 26.23 메릴랜드 산록의 토지 이용 변화와 퇴적물 생산량(Wolman, 1967)

장될 수 있다. 이러한 목적에 쓸 물질은 높은 지대에서 채굴하거나 하천 또는 연해를 준설함으로써 얻을 수 있다. 벨파스트(Belfast) 특별시 육지 면적의 약 11%는 인위적으로 만든 것이며, 홍콩 공항도 전적으로 간척지에 건설되었다. 고전적인 네덜란드 폴더의 경우처럼, 해안선을 바다 쪽으로 확장하기 위하여 방조제를 축조함으로써 육지 표면을 대규모로 확장할 수 있다.

채취 산업도 지표의 형태를 변형시킨다. 건축 골재와 석탄, 모래와 자갈, 석회석이나 철광석 등의 천연자원을 채굴하기 위한 노천광은 경관에 상처를 내는 웅덩이를 만든다. 대부분의 이러한 활동에서는 파낸 흙과 불필요한 부산물을 주변에 쌓아 놓게 된다. 선사 시대에 부싯돌을 채굴함으로써 Grimes Graves의 광범위한 동굴 시스템이 생성되었다. 중세에는 동앵글리아(East Anglia)에서 농업용 석회를 채굴함으로써 3만 개의 웅덩이와 연못이 만들어졌고, 토탄을 채굴함으로써 노포크 브로즈(Norfolk Broads)가 만들어졌다. 영국에서 현재 진행되고 있는 채굴 프로세스의 규모를 살펴보면, 모래와 자갈을 위해 연간 약 8km², 백악과 석회를 위해 4km², 그리고 벽돌 공장에 공급하기 위한 점토를 위해 1.8km²의 토지를 채굴한다. 채굴 프로세스로 직접 만들어진 구덩이뿐만 아니라, 주변에 불필요한 부산물을 쌓아둠으로써 상당한 규모의 지형을 만들 수 있는데, 다트무어 남서단과 콘월의 세인트 오스텔 주변에는 도자기용 점토 채굴 경관이 나타난다(그림 26.21). 지하의 염을 채굴하면 지반이 침하하고 물로 채워진 도랑 ―체셔(Cheshire)의 '플래쉬즈(flashes)'―

이 생성된다. 대규모 채굴 프로세스 가운데 유익했던 것은 서머싯의 멘딥힐(Mendip Hills)에 있는 석회석 노천광이다. 현재 연간 약 10×10^6톤이 제거되어, 전체적으로 석회암 노두에서 연간 800m³ km⁻²가 유실되었음을 나타낸다. 침식 프로세스에 의한 암석의 유실은 연간 50~100m³ km⁻²의 범위에 달하여, 채취 산업이 자연적인 침식보다 8~16배 더 많이 경관을 침식한다는 사실을 나타낸다(Smith and Newson, 1974).

이러한 것들은 지형을 직접 생성하는 인위적 활동이 매우 국지적으로 나타나는 실례들이다. 이것들은 지표와 관련하여 대체로 면적과 양이 제한되어 있다. 인위적으로 생성된 기복에서 구덩이와 쓰레기 더미가 가장 두드러진 대조를 보인다. 지표의 성격을 바꾸어 지표 프로세스의 역학에 미치는 인간의 영향이 훨씬 더 지속적으로 중요하며, 더 넓은 지표에 영향을 미친다. 유역 분지 규모에서는 이러한 방식으로 수문학적 프로세스와 삭박 프로세스가 영구히 변할 수도 있다.

도시 발달 프로세스에는 이전 농경지의 잠식도 포함된다. 초기에는 배수로와 도로 및 기반 시설을 준비함으로써 지표를 기계적으로 교란시키는 건설 시기가 있다. 결국 도시 지역의 수문학적 지표는 점차 불투수성으로 된다. 하수도와 우수거(storm sewer) 시스템을 경유하여 기존의 자연적인 하천으로 배수하는, 포장된 지표 ―도로, 인도, 지붕―의 비율이 증가한다. 그러한 포장된 지표(새는 지붕은 예외)는 침투능이 실제 0이므로 저장도 0이다. 대부분의 강수는 우수 배수 시스템을 경유하여 직접 유출되고, 저장과 증발은 토양과 공원이나 정원의 식생이 있는 지표에 제한된다.

그러므로 도시 환경에서 물 수지는 지표 유출을 증가시키고 강수의 유입에 대한 유출의 반응이 더욱 빨라지는 방향으로 수정될 것이다. Gregory(1974)는 엑서터(Exeter)시 외곽의 소규모 유역(0.26km²)에 대한 관찰을 통하여 이러한 영향을 확신하였다. 4년(1968~1972) 동안 도시화는 유역 면적의 12.2%로 확대되었다. 홍수의 지체 시간은 평균 70~80분이던 것

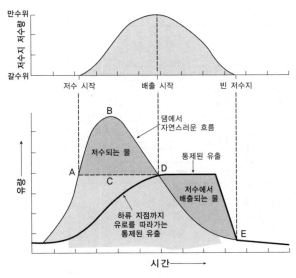

그림 26.24 저수지를 홍수 통제의 조절자로 이용(Linsley *et al.*, 1949)

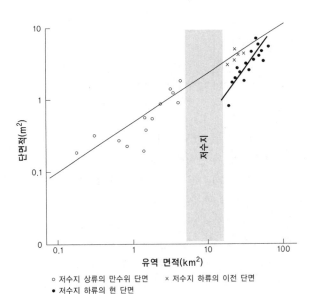

○ 저수지 상류의 만수위 단면   × 저수지 하류의 이전 단면
● 저수지 하류의 현 단면

그림 26.25 잉글랜드 서머싯의 톤 강에서, 저수지 상류와 하류에서 하도 용량과 유역 면적 간의 관계(Gregory and Park, 1974)

이 35분으로 짧아진 반면, 총유출량과 첨두 유량은 2~3배 증가하였다. Hollis(1974)도 캐논스 브룩 유역의 21.4%를 차지하는 에식스(Essex)의 할로 뉴타운 건설

에서 비슷한 결과를 얻었다. 18년 동안 평균 수문 곡선에서 유량은 점진적으로 증가하였으나 상승하는 데 걸리는 시간은 짧아졌다. 그래서 유역은 점차 돌발적인 성격으로 변하였다(그림 26.22).

도시화의 또 다른 효과는 물 유입의 확대이다. 지하수 저장소로부터 퍼 올린 물과 인근 유역에서 도시 지역으로 운송한 물은 도시 하천으로 흘려보낸다. 이것은 자연적인 유역 면적을 효율적으로 증가시키거나, 도시 하도 내 총유량을 증가시킨다.

도시가 발달함에 따라 수질에도 중요한 영향을 미친다. 건설 기간 동안 중장비로 토양 표면을 교란하고 하천으로 토사를 흘려보내 3,000ppm을 넘는 퇴적물 농도가 기록된 바도 있다. 건설이 끝나고 포장된 지표가 넓어지면, 퇴적물 침식 지역은 훨씬 줄어들고 하천수 내 퇴적물의 농도는 초기의 자연적인 삼림 상태보다도 더 낮아질 것이다. 수질은 산업 활동의 영향을 받을 수도 있다. 산업 시설에서 유입된 것이 하천으로 유출되어 용질의 농도를 증가시킨다.

이러한 일련의 토지 이용 변화가 미치는 영향은 미국 동부 지역에서 그것이 퇴적물 생산량에 미치는 영향을 연구해 온 Wolman(1967)이 요약하였다(그림 26.23). 우선 삼림에서 생산량은 250t km^{-2} yr^{-1}로 평가되었다. 삼림이 경종 농업으로 대체되면 이것은 2,000t km^{-2} yr^{-1}까지 증가하며, 도시 외곽으로 가까워지거나 농경지가 목초지나 삼림으로 후퇴하면 감소한다. 건설과 관련한 대규모 교란이 있으면 좁은 지역의 침식률은 25만t km^{-2} yr^{-1}까지 증가하며, 도시화가 완성되면 125t km^{-2} yr^{-1}으로 감소한다.

물 수지의 뚜렷한 변화는 토지 이용을 변화시켜 결과적으로 유역의 수문학적 특성을 변화시키는 인위적인 활동의 결과로 나타날 수도 있다. 토지 이용이 변하면 종종 하도 유출량이 증가하고, 첨두 유량이 증가하고, 퇴적물과 용질의 양이 증가한다. 반대로 도시 발달의 경우에는 정상적인 퇴적물량이 감소한다. 하도의 형태는 유량과 퇴적물의 유출에 자연스럽게 조정되기

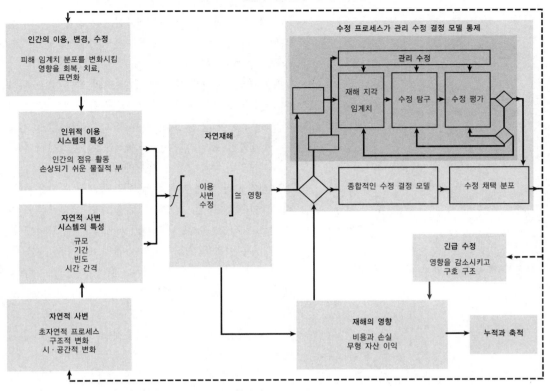

그림 26.26 인위적 이용 시스템과 자연적 사변 시스템 간 상호 작용으로 표현된 자연재해(Kates, 1970)

때문에, 토지 이용과 유황의 변화에 따라 하도의 변화가 나타날 것으로 기대될 수도 있다.

하도의 형태는 유역의 수문학적 특성에 따른 함수이므로, 하도의 용량과 유역 면적 사이의 관계를 설정할 수 있다. 그래서 하도의 용량은 유역 면적에 밀접히 관련된 것으로 밝혀졌으며, 하류 방향으로 유량이 증가함에 따라 정비례하여 증가한다. 물론 이러한 관계의 명확한 성격은 하천마다 다양하지만, 일반적 경향은 동일하게 나타난다. 특정한 하천에서 설정한 관계를 이용하면 하류 방향으로 기대되는 하천 용량을 예측할 수 있다. 유역에서 토지 이용에 주요 변화가 나타나는 지점 이하에서 실질적인 하도 용량을 측정하면, 예측된 하도 용량과 측정된 값을 비교함으로써 토지 이용의 변화를 평가할 수 있다. 이런 방식으로 Gregory와 Park(1974)는 잉글랜드 서머싯의 톤 강에서 저수지 하류의 하도 용량이 현저히 감소하였다는 사실을 밝혔다(그림 26.24, 26.25). 저수지 상류에서 설정한 하도 용량–유역 면적의 관계를 기반으로 할 때, 저수지 하류에서 측정한 이전의 만수 용량은 잘 맞는다. 저수지 하류의 현 하도 용량은 이전 값의 50~80%까지 축소되었고, 이러한 축소는 저수지로 통제되는 유역 면적 부분이 전체 유역 면적에서 작은 비중을 차지할 때까지 하류 방향으로 지속된다.

도시 지역 하류의 자연 하도 조정을 나타내기 위해서도 비슷한 접근 방법을 적용할 수 있다. 앞의 예와 같은 지역에서, 스웨일 강은 캐더릭(Catterick) 도시화 지역의 하류 방향으로 하도 용량이 증가하였다. 이러한 도시화 지역 내에서 하도의 용량은 상류 방향의 농촌 하도에서 측정한 값의 1.66배였다. 도시화 지역 하류 방향의 하도 용량은 평균 기대된 것의 2.62배였다.

보다 작은 규모에서 Gregory와 Park(1976b)은 데번 주에서 포장된 도로면에서 우수거를 경유하여 소규모 자연 하도로 유출수를 전환하는 극적인 효과를 제시하였다. 0.55km²의 유역 면적을 증가시키지 않은 반면, 포장된 도로가 국지적으로 침투와 저장 용량을 감소시켜, 기존의 자연 하도로 들어가는 퇴적물이 없는 유수의 첨두 유량을 증가시키는 데 기여하였다. 이 때문에 29년 동안 하도의 길이가 500m에서 처음 측정한 평균 하도 단면적 0.39m²에서 2.07m²로 급격히 확장되었다 (그림 26.30).

4. 인간에 의한 환경 시스템의 통제: 몇 가지 사례들

대부분의 인간 활동과 그에 따른 의사 결정 프로세스는 환경에 민감하다. 영농 회사의 선택과 성공에 덧붙여 가정과 일터와 여가 장소의 선택은 다양한 환경의 영향을 받는다. Kates(1970)는 인간과 환경 간의 이러한 관계를 '인위적 이용 시스템' 과 '자연적 사변 시스템' 간의 상호 작용으로 표현하였다(그림 26.26). 인간 활동을 직접 방해하는 자연적 사변 시스템 내의 사변은 보통 '자연재해' 로 언급된다.

재해의 정의에는 사변의 임계 규모와 빈도에 대한 동정이 포함된다. 1962~1963년과 1978~1979년 겨울에 서유럽의 운송을 혼란시켰던 저온과 폭설은 이 지역에서 분명히 재해로 인식되고 있다. 그러나 캐나다 북부나 시베리아의 기후 자료를 검토해보면, 대부분의 겨울철에 저온과 그에 수반하는 강설이 기대되지만 정상적인 인간 활동을 별로 방해하지 않는다. 그러므로 Kates의 인위적 이용 시스템과 자연적 사변 시스템 간의 상호 작용을 고찰함에 있어서, 후자의 사변의 기대치와 그것에 대한 인간의 조정을 고려하여야 한다. 앞의 예에서, 서유럽의 한파에 대한 기대치는 비교적 낮으며, 인간 활동을 방해하는 측면에서 그것이 미치는

표 26.7 1978년 전반기 동안 주요 홍수 사변들

1월	9~20일	이란 남부의 극심한 홍수; 142개 마을이 피해를 입었고 도로 유실. 2만 가구가 집을 잃었으며, 10명 사망.
	13~16일	브라질에서 돌발홍수; 1,400명이 집을 잃었고, 26명 사망.
2월	10~13일	우루과이에서 300mm에 달하는 집중 호우; 홍수 발생.
	21~26일	잉글랜드 남서부의 홍수; 도로와 가옥이 침수되고, 1명 사망.
	24~25일	오스트레일리아 서부의 극심한 호우; 2,000km²가 심각하게 범람. 도로 유실.
3월	1~4일	멕시코 티후아나시티(Tijuana City); 홍수가 발생하여 15명 사망. 2만 명이 집을 잃음.
	15일	브라질에서 21년 만에 최악의 홍수; 22만 명이 집을 잃음.
	15~24일	아르헨티나 북부의 홍수; 11,000명이 집을 잃음. 농작물의 광범위한 피해. 8명 사망.
	20일	미국 오마하와 네브라스카에서 40년 만에 최악의 홍수; 2,000명이 집을 잃음. 1명 사망.
	21~31일	모잠비크에서 잠베지(Zambesi) 강을 따라 집중 호우와 홍수; 25만 명이 집을 잃음. 45명 사망. 농경지 5.6만ha 파괴. 피해액 7천만 달러 추산.
	24일	미국 인디애나에서 깊이 2m 범람; 피해액 1천만 달러 추산.
4월	2일	파리에서 23년 만에 최악의 홍수.
5월	3일	미국 뉴올리언즈에서 5시간 동안 강수량 225mm; 시내에서 1.5m 범람. 2명 사망.
	22~26일	독일 남서부의 많은 강수와 심각한 범람; 도로 두절. 피해 1억 마르크로 추산.
	26~27일	서부 텍사스에 125mm의 강우와 4m 깊이의 돌발홍수; 가옥과 자동차와 야영지 유실. 3명 사망.
6월	26일	일본에 집중 호우; 24시간에 259mm. 8명 사망.

표 26.8 홍수 재해에 대한 대처 방안(Sewell, 1964; Sheaffer et al., 1970; Beyer, 1974)

홍수 조절	재해 가능성 조절	손실 부담 조절	무대책
홍수 보호(하도 단계)	토지 이용 규제, 법령 개정	홍수 보험	손실 감내
제방	구역 설정 조례		
홍수벽	건축법	조세 삭감	
하도 개선	도시 재개발	재난 구조	
저수지	구획 규제	지원자	
유로 전환	토지와 자산의 정부 구매	사설 활동	
유역 관리(토지 단계)	재정착 보조 장려금	정부 원조	
작부 체제 조정	낮은 창문과 기타 출구의 영구적 폐쇄	비상 수단	
계단식 경작	방수 내장재	사람과 재산 제거	
우곡 통제	가게 계산대에 바퀴 달기		
제방 안정화	제거할 수 있는 덮개 설치		
산불 통제	하수 밸브 폐쇄		
조림	플라스틱으로 기계 덮기		
기상 조정	구조 변화		
	지하실과 벽에 방수 물질 사용		
	침윤 통제		
	하수 조정		
	기계 고정		
	건물 지지		
	터 돋움		

영향은 상당히 크다.

우리가 [그림 26.26]에 있는 대안을 고려한다면, 강설이나 홍수, 가뭄, 돌풍 등의 사변에 인간이 적응할 수 있는 범위가 있음이 분명하다. 간단하게 말해서, 발생 빈도가 적거나 인간 활동에 미미하게 장기적으로 영향을 미치기 때문에, 사변이 미치는 영향을 단기적인 불편으로 인내할 수도 있다. 그러나 사변에 대한 많은 경험이 있다면 인간의 적응은 비교적 잘 조직화된 형태를 띨 것이다. 사변의 충격을 평가하여 조정 정책을 처방할 수 있다. 예를 들어 도시에 내리는 눈의 경우에는, 제설 기계에 더 많은 투자를 하거나 건물의 디자인과 운송 유형을 장기적으로 조정하는 등 다양한 적응 방법을 구체화할 것이다. 의사 결정의 결과, '인위적 사용 시스템'을 조정하여 재해 사변의 영향을 감소시키든지 '자연적 사변 시스템'을 조정하든지, 어쩔 수 없이 두 가지 대안 가운데 하나를 선택하게 된다.

농업을 생각해 보면, 상해와 가뭄의 재현으로 성장한 곡물의 유형에 변화가 올 것이다. 대부분의 제3세계 국가들이 채택하고 있는 접근 방법인, 덜 민감한 잡종 곡물들을 다양하게 개발하면 어느 정도 이것을 피할 수 있을 것이다. 대안은 작물과 가축에게 보다 적합한 환경을 만들기 위하여 지표와 대기의 시스템을 어느 정도 통제하는 것이다. 그러한 통제에 채택된 기본적인 원칙은 다음 예에서 제시된다.

홍수 여러 가지 이유로 하곡이나 범람원 위에 인간의 활동이 집중함으로써 어쩔 수 없이 홍수해의 가능성이 증가하였다. 예를 들어 1978년 전반기 동안 세계 도처에서 홍수로 폭넓은 인명과 재산상의 손실이 발생하였다(표 26.7). [표 26.8]에는 이러한 홍수해를 조절하기 위한 여러 가지 가능한 방법들이 제시되어 있다. 그중의 하나가 '홍수를 완화하는 것'이다.

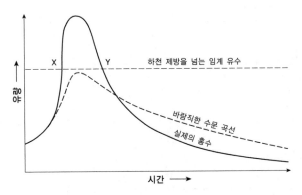

그림 26.27 가설적 홍수 수문 곡선과 바람직하게 보완된 홍수 수문 곡선

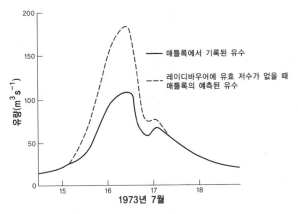

그림 26.28 레이디바우어 저수지의 저수가 매틀록(Matlock)에 있는 더웬트 강의 수문 곡선에 미치는 영향(Richards and Wood, 1977)(그림 26.24)

홍수 통제의 본질은 하천의 첨두 유량이 하도의 최대 용량을 초과하지 못하는 수준까지 첨두 유량을 감소시키는 것이다(제13장). [그림 26.27]에 제시한 간단한 홍수 수문 곡선에서, 하천의 제방은 X와 Y 사이에서 범람할 것이다. 보다 바람직한 형태는 지연된 상승과 느린 후퇴이며, 무엇보다 가장 중요한 것은 첨두 유량을 감소시키는 것이다. 예를 들어 더비셔(Derbyshire)에 있는 더웬트 강의 수문 곡선(그림 26.28)을 살펴보면, 레이디바우어 저수지가 있음으로 해서 홍수의 정점이 꺾였음을 알 수 있다. 유역 시스템의 저수 용량을 증가시키는 저수지를 건설하면 하천 유량을 어느 정도 통

제할 수 있다. 세번 강의 경우에는 잦은 범람에 대처하기 위하여 홍수 경보 시스템을 개발하고 홍수 통제 수단을 적용하였다. 홍수 경보 시스템에서는 예외적인 강우나 하천 수위에 대한 정보를 잘 조직된 네트워크로 제공하여 널리 알리도록 한다(그림 26.29). 슈르즈버리(Shrewsbury)에서 얻은 많은 경험 덕분에 사람들은 잘 조직된 방식으로 반응하게 되었다.

그러한 저수지와 댐을 건설하면 하천의 유량 패턴이 변하며, 신중하게 조절함으로써 총유량과 첨두 유량을 증가시키거나 감소시킬 수 있다. 신중하게 조작하여도 불가피하게 부대 효과가 발생한다. 저수지의 개방 수면이 증가함으로써 증발에 의한 손실이 증가하고, 장기적으로는 저수지에서 하류 방향으로 흘러가는 유량이 줄어든다. 더구나 유량을 통제하면 유역 지표 특성의 인위적인 변화에 상응하여 하도 형태에 변화가 촉진된다. 우리는 이미 자연 하도가 집수 유역 지표에서 일어나는 인위적인 변화에 자유롭게 조정되는 반응을 보았다. 그러나 신중한 정책으로서, 도시의 배수나 홍수 제거의 일환으로써 인위적으로 하도를 조정할 수도 있다. 여기에서는 새로운 하도를 만들거나, 고정된 인공 하도를 건설함으로써 기존의 하도를 인위적으로 확장하여 제한할 수도 있다. 그래서 고유량을 허용하고 결과적으로 홍수와 범람을 줄이기 위하여 하도 단면과 평면 형태를 조정한다. 이는 여러 가지 방식으로 이루어진다. 제방의 식생과 기타 장애물을 제거하고, 하도를 콘크리트와 같은 수리학적으로 부드러운 표면으로 정리함으로써 단면의 조도를 줄일 수 있을 것이다. 하도를 넓고 깊게 하거나 여분의 둑을 쌓으면 하도 용량이 증가한다. 대신에 하도를 직선화하고 곡류를 끊어서 하도를 짧게 하면 경사가 증가한다. 도시 지역 내와 하류에 그리고 낮은 농업 지역에 위치한 대부분의 하도는 이런 방식으로 조정될 것이다(그림 26.30).

가뭄 물 부족은 농업에 심각한 의미를 가지며, 홍수의 경우에서처럼 가뭄에 대한 다양한 인위적 조정이 있

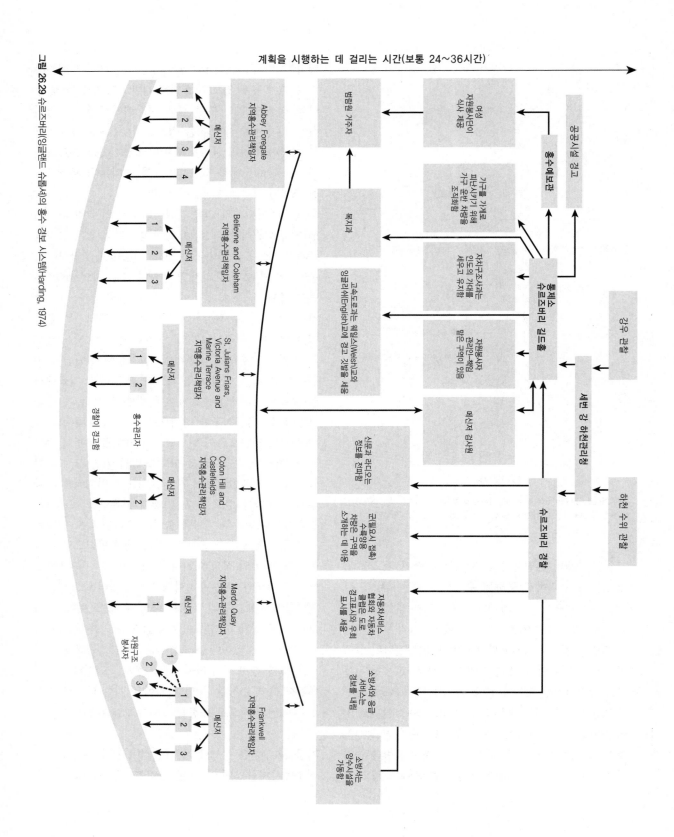

계획을 시행하는 데 걸리는 시간(보통 24~36시간)

그림 26.29 슈르즈버리(잉글랜드 슈롭셔)의 홍수 경보 시스템(Harding, 1974)

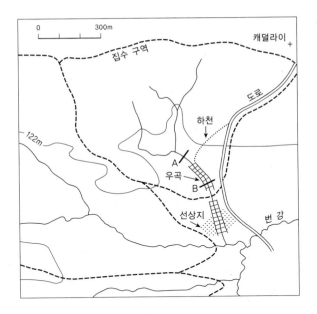

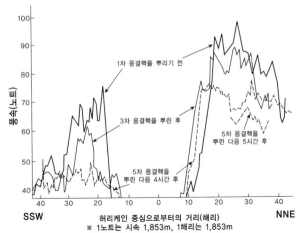

그림 26.31 1969년 8월 18일 허리케인 데비의 3,600m에서 시간별 풍속의 변화(Gentry, 1970)

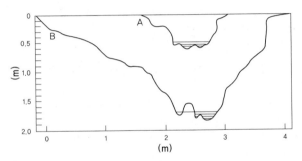

그림 26.30 데번 주 번 강 하곡에서 우곡의 단면(gregory and Park, 1976b)

다. 인간은 다양한 통제 활동에 참여한다. 그 가운데에서 주요 활동은 하천의 계절적 유량을 조작하기 위한 저수지의 건설과 구름의 응결핵을 뿌려 강우를 촉진하는 것이다.

1940년과 1950년 사이에 구름에서 강우가 시작되는 것을 탐구하였는데, 대부분의 시도는 Bergeron-Findersen의 빙정 프로세스에 기반을 두었다(제4장). 1946년 미국에서 Schaefer는, 자유 대기 내 과냉각된 물은 −39℃ 이하의 온도에서 자연스럽게 동결된다는 사실을 밝혔다. −39℃ 이하의 온도를 가진 물체가 실

험실 내 대기로 들어오면, 얼음 결정이 형성될 것이다. 구름에서는 이러한 작용 때문에 빙정 성장 프로세스가 시작되고 강수가 나타날 것이다. −20℃의 고층운에 5,000m 고도에서 드라이아이스(고체 이산화탄소)를 이용하여 응결핵을 뿌리면 눈이 내리게 되는데, 지표에 도착하기 전에 다시 증발한다. Vonnegut는 미국에서 실험적으로 과냉각된 구름에 옥화은 연기를 뿌리고, 이것이 눈 조각을 형성하는지 관찰하였다. 옥화은은 구름 내에 얼음 결정이 형성되도록 응결핵을 제공한다. 1950년대에 오스트레일리아에서 선택된 적운에 비행기로 옥화은을 뿌려서 실험을 성공하였다. 윗부분이 −5℃ 이하의 온도를 가지는 구름들 가운데 72%는 응결핵을 뿌린지 20~25분 내에 강수를 만들었으며, 21%는 증발되었다. 임의로 선택한 구름에 비슷하게 응결핵을 뿌리면 성공할 가능성이 낮다. 적운에 응결핵을 뿌린 소련의 연구에서는, 우크라이나에서 강우량이 30%까지 증가하였다고 주장하였다(Battan, 1977).

적운에서 강수가 만들어지는 것은 대부분 구름의 온도, 빙정의 수와 생산 속도, 그리고 물방울의 수 등으로 조절된다. 구름에 응결핵을 뿌릴 때, 인간은 뿌리는

시간에 직접 영향을 미치지만 그 영향은 비교적 미미하다. 결과적으로 나타나는 강수량은 주로 옥화은을 뿌리는 속도에 대한 물리적 한계와 다른 조절자에 대한 제약 때문에 적고 국지적이다. 후자는 빙정 프로세스에 기반을 둔 성공적인 응결핵 살포가 현재 두꺼운 적운에만 제한되어 있다는 것을 의미한다. 1969년 8월 동안 허리케인 데비(Debbie)에 응결핵 살포를 다섯 번 시도하여 최대 풍속이 35%나 분명히 감소하였다 (Gentry, 1970; 그림 26.31). 이것은 폭풍의 운동 에너지가 크게 감소하였음을 나타낸다. 아직까지 그 결과가 확정적이지는 않더라도, 동력학 시스템을 어느 정도 통제함으로써 상당한 성과를 이룰 수 있다. 그러나 응결핵을 뿌려서 이들 폭풍의 방향을 돌릴 수 있게 되었다는 사실은 날씨 전쟁과 같은 날씨 통제의 보다 불길한 측면을 드러냈다. 이제 관심은 국제 조약으로 이러한 환경 전쟁의 측면을 제한해야 할 정도이다.

더 읽을거리

환경과 사회 간의 다양한 상호 작용, 자연지리학과 환경 과학의 응용 측면을 다룬 교재를 선별하여 실었음:

Blunden, J. and N. Curry (1988) *A Future for Our Countryside*. Blackwell, Oxford.

Briggs, D.J. and F.M. Courtney (1985) *Agriculture and Environment: the Physical Geography of Temperate Agricultural Systems*. Longman, London.

Burton, I., R.W. Kates and G.F. White (1978) *The Environment as Hazard*. Oxford University Press, Oxford.

Common, M. (1988) *Environmental Economics*. Longman, London.

Cooke, R.U. and J.C. Doornkamp (1974) *Geomorphology in Environmental Management*. Oxford University Press, Oxford.

Davidson, J. and R. Lloyd (eds) (1979) *Conservation and Agriculture*. John Wiley, Chichester.

Detwyler, T.R. and M.G. Marcus (eds) (1972) *Urbanisation and Environment: the Physical Geography of the City*. Duxbury, Belmont.

Douglas, I. (1983) *The Urban Environment*. Edward Arnold, London.

Garner, J.F. and B.L. Jones (1991) *Countryside Law*. Shaw and Sons, London.

Green, B. (1987) *Countryside Conservation*, (2nd ed). Unwin Hyman, London.

Haigh, N. (1989) *EEC Environmental Policy and Britain*. Longman, London.

Hails, J.R. (ed) (1977) *Applied Geomorphology*. Elsevier, Amsterdam.

Hewitt, K. (ed) (1983) *Interpretation of Calamity*. Allen & Unwin, Boston. (특히 제1장)

Jordan, W.R., M.E. Gilpin and Aber, J.B. (1990) *Restoration Ecology*. Cambridge University Press, Cambridge.

Kirkby, M.J. and R.P.C. Morgan (eds) (1980) *Soil Erosion*. John Wiley, Chichester.

Maybey, R. (1980) *The Place for Nature in Britain's Future*. Hutchinson, London.

Newson, M.D. (1975) *Flooding and Flood Hazard in the United Kingdom*. Oxford University Press, Oxford.

Park, C.C. (1981) *Ecology and Environment Management*. Butterworths, London.

Parker, D.J. and E.C. Penning-Rowsell (1980) *Water Planning in Britain*. Allen & Unwin, London.

Pepper, D. (1984) *The Roots of Modern Environmentalism*. Croom Helm, London.

Perry, A.H. (1981) *Environmental Hazards in the British Isles*. Allen & Unwin, London.

Rackham, O. (1986) *The making of the Countryside*. Dent, London.

Ramade, F. (1985) *Ecotoxicology*. Wiley, London.

Reuss, J.O. and D.W. Johnson (1986) *Acid Deposition and the Adicification of Soils and Waters*. Springer Verlag, New York.

Spellerberg, I.F., Goldsmith, F.B. and M.G. Morris (1991) *The Scientific Management of Temperate Communities for Conservation*. Blackwell, Oxford.

Ward, R. (1978) *Floods: a Geographical Perspective*. Macmillian, London.

Warren, A. and C.M. Harrison (eds) (1983) *Conservation in Perspective*. John Wiley, Chichester.

Wathern, P. (1988) *Environmental Impact Analysis*. Unwin Hyman, London.

Whittow, J.B. (1980) *Disasters: the Anatomy of Environmental Hazards*. Allen Lane, London.

제27장
시스템 회고와 전망

[그림 1.1d]의 우주에서 지구를 조망하고 있는 장면을 다시 본다면, 마음의 눈에 담긴 이미지는 '푸른 지구'를 환기시키는 인상 이상을 내포할 것이다. 그림에 대한 우리들의 심상도 향상되고, 통찰과 이해에 의해서 우리들의 지식도 향상될 것이다. 이제 이러한 조망은 심미적으로 호소할 뿐만 아니라 지적으로도 자극한다. 동시에 우리는 물 분자가 해수면으로부터 떨어져 나와, 운적으로 성장하고 충돌하여 빗방울로 떨어지는 것을 안다. 우리는 이러한 물이 육상으로부터 어쩔 수 없이 대량으로 배수되고, 침식물을 운반하는 것을 안다. 우리는 대기와 생물권 간에 지속적인 대량의 기체 교환과, 그것을 유지하는 에너지의 흐름이 있음을 안다. 우리는 현재의 지구뿐만 아니라 과거의 지구도 인지하고 있다. 방대한 시간을 뛰어넘는 활동사진처럼, 빙상의 확장과 사막의 축소, 지판 위 대륙이 노아의 방주처럼 수백 만 년 동안 진화한 생물들을 싣고 전진—충돌과 균열—하는 것을 볼 수 있다.

마음의 눈은 다양한 규모에서 똑같이 활동한다. 우리는 [그림 1.1]에서 고원 내 작은 골짜기의 평온함을 일깨우는 즐거움뿐만 아니라, 골짜기의 현 상태—해수면 상승으로 물에 잠긴, 빙하로 과도하게 파였던 골짜기의 잔재—도 인식한다. 동시에 기울어진 호수 연안의 대지를 지각의 차별적 융기에 대한 증거로 해석한다. 물로 포화되어 혐기 상태인 토탄은 전 사면에서 느리게 분해되는 지대에 갇힌 유기 물질과 광물질 영양소의 저장소로 보인다. 동시에 사면의 수문과 관련

하여, 우리는 토탄에서 흘러나오는 소란스러운 관류와 하천 연안에서 끊임없이 흘러나오는 세류 그리고 황화물로 오염되어 겉보기에도 기름 얼룩이 묻어 있는 늪지의 수면도 본다. 호수 연안에서 조용히 풀을 뜯고 있는 소들은 생산자에서 소비자로 유입하는 에너지 흐름의 일부로 보인다. 이와 같은 산성 초지와 중성 초지, 그리고 키 작은 관목 습원은 경관의 규모에서 필수적인 요소일 뿐만 아니라, 생태계를 변화시키고 통제하는 방목과 방화 체제를 인위적으로 부과함으로써 만들어지고, 유지되는 군락으로 알고 있다. 사실 경관에 나무가 없다는 것은 마음의 눈을 과거로 되돌려, 한때 호수 연안을 따라 지배했던 해양성 자작나무와 오크나무, 높은 사면에는 한때 대서양의 보루였던 칼레도니아 숲에서 장엄한 소나무들을 보여 준다. 우리는 이러한 자연 삼림 생태계의 복잡한 기능적 관계와 처음에는 숲을 변형시키고 다음에는 개발하고 결국에는 파괴하는 문화와의 미로같은 상호 작용을 이해할 수 있다. 오늘날 우리는 상업적 조림을 계속 확장함에 따라 나타나는 환경적 영향은 물론 생존 경쟁의 압박을 인식하고, 관점을 평가하며, 사회·경제적 효과에 대한 가치 판단을 할 수 있다.

간단하게 말해서 우리의 정신적인 그림은 마음의 눈이 지배하는 파노라마에서, 그리고 파노라마가 만드는 조망에서 이해할 수 있는 영상의 몽타주이다. 개별적으로는 색칠을 하고 공명하지만 서로 감응하고 관계를 가지는 색상 조각들이 함께 캔버스의 토대를 이룸으로

써, 환경에 대한 우리들의 이미지는 시스템이라는 틀과 과학적 법칙 및 원리, 조직의 후원과 지지를 받게 된다. 이해의 폭이 깊어지고 전문화되는 것이 아니더라도 자세한 지식을 갖추게 될 것이다.

시스템 접근 방법은 우리의 세계를 바라보는 방법으로써, 생각의 틀 역할을 하여 크게 보답하고 있으며, 명백한 마음의 태도가 된다. ―혹자는 철학이라고 말할 수도 있다. ―그럼에도 불구하고 운영 방식(*modus operandi*)으로서 시스템은 단점이 있다. 결론적으로 우리는 시스템의 지속적인 적용과 발달에 대한 전망을 내다보기 전에, 시스템을 자연환경에 적용한 간단한 회고를 해야 할 것이다.

이 책에서 우리는 편리하고, 유용하며, 다양한 규모로 살펴보기 위하여 순수하게 기술적이고 설명적인 모델을 선택하면서 시스템적 사고를 적용하는 데 대체로 실용적인 접근 방법을 채택하였다. 우리는 환경 시스템의 구조적 · 기능적 조직에 집중하여 왔으며, 시스템 내의 그리고 시스템들 간의 기능적 관계를 강조하여 왔다. 에너지의 흐름과 물질의 전달은 본질적으로 열역학적 시각에서 통합하는 주제였다. 결국 자연현상의 성격과 행태를 결정하고 자연적 프로세스를 지배하는 중요한 과학적 법칙과 원리를 반복하여 강조하였다. 실제의 세계를 연계되어 있는 질서 정연한 시스템으로 모델링하여 설명하는 데 중점을 두었다.

그러나 시스템적 접근 방법이 공식적으로 발달하려면 시스템을 사고와 설명의 전달을 위한 틀 이상으로 간주해야 한다. 과학과 사회과학, 그리고 일반 시스템 이론의 구체화된 요구 사항을 아울러서 시스템 사고방식을 더욱 폭넓게 적용하면 그것이 과학 철학을 나타낸다는 주장이 있다. 가장 시끄러운 비판이 나오는 것도 이러한 측면이기 때문에, 우리가 이러한 차원을 거의 주장하지 못하였다는 사실도 받아들여질 것이다. 두 번째의 태만은 더욱 중요하다. 결국 시스템 접근 방법은 시스템의 묘사와 시스템 구조의 분석, 시스템의 행태를 언어와 엄격한 수학으로 예측하는 것을 줄여야

하기 때문이다. 대개의 경우 대체로 과학적인 처리에도 불구하고 우리는 이것을 피해 왔다. 그러나 우리가 논의해 온 환경 시스템의 정성적 모델의 힘은 정량적 수학 모델로 변환되었을 때에만 실현될 수 있다.

이러한 프로세스는 토목수리공학이라는 학문 분야와 더불어 (물리학에 뿌리를 둔) 기상학과 토양물리학, 그리고 수문학 등 환경과학의 일부 분야에서 일찍이 시작되었다. 생물학과 같은 다른 분야에서는 늦게 이루어졌으며, 가장 최근에는 자연지리학을 개혁하기 시작하였다. 수학적 모델은 실제 세계에 내재된 근본 원리를 가장 순수한 형태로 단순화하고 추상화한다. 그럼에도 불구하고 경험적 · 직관적 모델처럼 그들이 근거를 두고 있는 귀납적 가설과 개념적 이론은 우리들이 환경을 이해하는 데 완전한 답이 될 수 없다. 그들은 환경 시스템을 적절하게 복잡한 수준에 있는 일련의 방정식들로 모델화한다. 일부는 종속적인 내인성 또는 상태 변수를 상태의 벡터로 지정하고, 이들을 외인적 독립 변수와 관련짓는 상태 방정식들이다. 상태 변수에 변화를 일으키는 프로세스나 그러한 변화에 영향을 미치는 요소들은 전달 함수로 모델화될지도 모르고, 시스템 구성 요소들의 영향을 받지 않는 곳에서는 유입량의 벡터나 강제 함수로 모델화될 것이다. 관계는 행렬 대수의 상징적 표현이나 일련의 계차 방정식을 통하여 표현될 수도 있으며, 시간이 지나면서 시스템이 변하는 방식을 수학적으로 표현하기 위하여 적절한 선형의 고차 계차 방정식을 사용할 수도 있을 것이다. 이것들은 많은 상태 변수들의 변화율을 서로의 함수나 시스템의 다른 특성의 함수로 표현한다. 결합된 미분 모델을 행렬 형식으로 쓴다면, 모델 속성의 대부분이 적용된 수학의 방법론에 의하여 결정된다. 그러나 실제의 환경 시스템은 복잡하기 때문에, 이 모델은 분석 기법의 한계에 다다른다.

이와 같은 대부분의 모델들은 시스템에서 수행하는 어떤 작동의 결과를 예측할 수 있으므로 **결정론적**(deterministic)이다. 그러나 나머지는 모델이 임의성이

나 불확실성을 띠는 일부 요소들을 통합하는 의미에서 **확률론적**(stochastic)이며, 작동의 결과를 확률적으로 예측할 수 있을 뿐이다. 이들 모델의 어떤 변수들은 진정으로 임의적으로 나타나는데, 다른 어떤 변수는 변화가 너무 복잡하여 우리의 유일한 선택권이 임의로 발생했을 때처럼 다루는 것이라는 사실을 인정한다. 결정론적 모델에서와 마찬가지로 확률론적 모델의 궤변도 다양할 수 있다. 간단한 수준에서는 임의로 발생하는 하나 이상의 유입으로 결정론적 모델이 아니더라도 개선될 수 있을 것이다. 높은 수준에서는 '내부로부터 불확실성을 대비하기' 위하여 '수학적 기법과 가정을 모델 내에 구체화한다(Brunsden and Thornes, 1977). 그러나 통계 장인들이 발전시키고 제21장에서 고찰한 엔트로피 모델링은 이러한 확률론적 접근 방법을 가장 잘 요약하여 보여 준다.

우리가 사용해 왔던 개념적 모델에서와 마찬가지로, 수학적 모델도 사실성과 시스템 속성들의 해상력, 그리고 완성도나 통합한 프로세스들과의 상호 작용이 다양하다. 일반성과 적용의 범위도 다양하다. 그러나 정량적인 수학적 모델은 개념적 모델과 달리 정확성과 수적 예측력으로 평가될 수 있지만, 최적합이나 최대, 또는 최적의 모델은 없다. 이러한 예측력을 증가시키기 위해서, 항상 모델을 확장하려는 경향이 있다. 즉, 시스템에서 작동하고 있는 프로세스에 대한 그들의 종속성을 인정하고 새로운 함수를 도입함으로써, 간단한 모델의 독립 변수들을 더욱 사실적으로 만들 수도 있다. 대신에 기술적인 상태 변수들은 세분하여 개선할 수 있고, 각 프로세스에 영향을 미치는 변수의 수는 보다 세부적인 사항들을 포함하면 증가할 것이다. '블랙박스' 구획으로 다루었던 메커니즘은, 다시 보다 큰 사실성과 보다 정확한 예측을 위하여 개방될 것이다.

역학 시스템을 모델링하고 대기·지형·생태 시스템에 격변 및 카오스 이론을 적용하면서 수학적 시스템의 분석과 모델링에 발전이 있었음에도 불구하고, 그것이 단조로운 연습이 되지 않으려면 현실과 지속적이고 끊임없는 대화를 유지해야 한다. 그러한 모델의 정당성을 인정하려면 실질적인 자료, 실제 세계의 연구에서만 제공할 수 있는 자료가 필요하다. 환경과학에 컴퓨터와 시뮬레이션의 시대가 밝아 오고 있다는 사실이, 탐구와 발견의 시대가 영원히 끝났다는 사실을 의미하는 것은 아니다. 야외 측정과 모니터링, 공간적 변이의 기술, 실험실 내의 실험과 하드웨어 모델링 등도 지금까지 그래 왔던 것만큼 중요하다. 우리 모델의 우아한 방정식에 포함된 상수(혹은 알려진 바처럼 '매개 변수')는 예측을 개선할 수 있을 정도로 정확하게 평가되어야 한다. 그 값들이 시행착오나 회귀 분석으로 얻은 것일지라도, 측정과 실험만이 현실적인 해답이다. 마찬가지로 모델의 확장은 현실 세계에서 이루어지고 있는 프로세스에 대한 충분한 이해에 기반을 두어야 한다.

현실 세계에 대한 이해는 여전히 완전하지 않고 분명히 같지 않다. 우리는 접근성이 떨어지고 발전이 덜 이루어진 지역들보다, 과학적 조사라는 포스트 르네상스의 전통을 가지고 있으며 접근성이 좋고 인구가 밀집된 선진국들에 대하여 훨씬 더 많이 알고 있다. 이러한 지식 상태는 두 가지 중요한 결과를 초래한다. 첫째, 자연지리학과 환경과학에서 채택된 지혜의 일부인 대부분의 개념적 모델과 수학적 모델은 특히 유럽과 북아메리카에서 이루어진 경험적 관찰과 귀납적 가설의 구축에 기반을 두고 있다. 둘째, 이러한 모델의 인정과 검정은 대체로 이와 동일한 환경에서 이루어져 왔다. 가장 추상적인 방식을 제외하면 모델의 일반성을 다른 환경까지 확장할 수 있는 선험적인 여지가 없다. 예를 들어, 모델의 가정들 가운데 일부는 습윤 열대에서 의문시된다. 사실 그들의 바로 그러한 성질 때문에, 추상적인 수학적 모델들은 실제 세계의 시스템이 가지는 풍부한 지리적 다양성을 무시하는 경향이 있다. 가장 득이 되는 기회들 가운데 하나는 환경에 관한 지식이 증가함에 따라 모델을 수정하고 확장하고 다듬는 것이다. Cousin(1985)과 Hubbell (1971)은 생산성 연구에 Lindemann의 영양 역학 모델의 사용을 비판하면서, 기본적인 모델이 더 큰 현실성으로 발전하지 못할 때 나타날 수밖에 없는 단조로움의 실례를 제공하였다. Hubbell은 '유기체를 수동적 동인으로 다루는 것이 우세해지면서, 생물들이 에너지를 가지고 실제로 무엇을 하는지에 대하여 중요한 질문을 거의 하지 못함으로써, 생태학적 생물역학 분야의 발전을 방해해 왔다'고 주장하였다. 발전되지 못함으로써, '열역학 법칙에 의하여 설정된 한계 내에서, 생물들이 에너지를 모으고 소모하는 비율을 규제하는 스스로의 능력'은 간과되었다. 이러한 비판은, 대부분의 지형적 모델이 시스템의 정상 상태나 평형 상태에 집중하는 경향이 있어서, 시·공간상에서 일시적으로 발생한 상태에 관한 이해가 불필요하다는 Thornes(1987)의 주장과 비슷하다.

그러나 시스템 모델링 가운데 가장 중요한 발달은 아마도 Bennett와 Chorley(1978)가 **시스템의 연결** (system interfacing)이라고 불렀던 것이다. '자연의' 물리생태학적 시스템과 '인위적인' 사회경제적 시스템의 연결은 인간의 활동이 환경 시스템과 맞물리는 방식을 설명하는 연계와 상호 작용을 이해하여야 한다. 우리는 그러한 연결을 미래에 투영시켜 문명에 유용한 대안적 전략의 결과를 예측할 필요가 있기 때문에, 이러한 연결을 계량적으로 모델화할 수 있어야 한다. 중재로서든 조화로운 공생으로서든, 연결에 관한 연구는 인류와 환경을 위하여 감독하고 보호해야 할 건전한 정책을 입안하는 데 필요한 이해를 얻는 유일한 방법이다. 그러한 정책을 개발하고 실행하는 결정권은 환경과학자들에게 있는 것이 아니라 정치가와 정부에 있다. 그들이 "나는 그림이 보여 … 그것은 상상하던 그림이야 … 나는 … 생각하고 있어."라고 말한 영국 작가 윌리엄 골딩(William Golding)의 네안데르탈인 여주인공과 이야기를 나눌 수 있다면, 미래를 위한 희망이 있을 것이다.

참고문헌

Ackerman, H., C. Lippens and M. Leachevallier (1980) Volcanic material from Mount St. Helen's in the stratosphere over Europe. *Nature* **287**, 614-616.

Addison, K. (1981) The contribution of discontinuius rockmass failure to glacier erosion. *Annals of Glaciology*, **2**, 3-10.

Agricultural Advisory Council on Soil Structure and Soil Fertility 1971. *Modern farming and the soil.* London: HMSO.

Ahnert, F. (1970) Functional relationships between denudation, relief and uplift in large mid-latitude drainage basins. *Am. J. Sci.* **268**, 243-263.

Albion, R. G. (1926) *Forests and sea power.* Cambridge. Mass.: Harvard University Press.

Anderson, M. C. (1964) Studies on the woodland light climate II seasonal variations in light climate. *J. Ecol.* **52**.

Anderson, M. G. and A. Calver (1977) On the persistence of landscape features formed by a larve flood. *Trans. Inst, Brit. Geog., NS,* **2**.2, 243-254.

Anderson, M. G. and T.P. Burt (1978) The role of topography in controlling throughflow generation. *Earth Surface Processes,* **3**, 331-344.

Andreae, M. O. (1986/7) The oceans as a source of biogenic gases. *Oceanus,* **29** (4), 27-35.

Andrews, J. T. (1972) Glacier power, mass balance, velocities and erosional potential. Z. *Geomorph.* N. F. **13**, 1-17.

Andrews, J. T. (1975) *Glacial Systems.* N. Scituate, Duxbury.

Armstrong, W. (1975) Waterlogged soils, in *Environment and plant ecology* (eds J.R. Etherington and W. Armstron). Wiley, Chicherster.

Arnett, R. R. (1979) The use of differing scales to identify factors controlling denudation rates, in *Geographycal approaches to fluvial processes* (ed A.F. Pitty). Geobooks, Norwich, 127-147.

Arya, S. P. (1988) *Introduction to Micrometeorology.* Academic Press, New York.

Ashby, J. F., D.I. Edwards, P.J. Lumb and J.L. Tring (1971) *Principles of Biological Chemistry.* Blackwell, Oxford.

Ashton, P. S. (1969) Speciation among tropocal forest trees; some deductions in the light of recent evidence. *Biol J. Linn.* **1**. 155-196.

Ashworth, J. R. (1929) The influence of smoke and hot gases from factory chimneys on rainfall. *Q. J. Meteorol. Soc.* **55**, 341-350.

Association for the Conservation of Energy (1989) Solving the Greenhouse Dilema: *A Strategy for the UK.* ACE, London.

Atkinson, B. W. (1975) *The mechanical effect of aun urban area on convective precipitation.* Occasional paper 3. Department of Geography, Queen Mary College, University of London.

Atkinson, B. W. (1981) *Meso-scale Atmospheric Circulations.* Academic Press, London.

Atkinson, B. W. (ed) (1981) *Dynamical Meteorology: an Introductory Selection.* Methuen, London.

Atkinson, B. W. (1987) Atmospheric energetics, in *Energetics of Physical Environment: energetic approaches to physical geography* (ed K.J.

Gregory). John Wiley, Chichester.

Atkinson, T. C. (1978) Techniques for measuring subsurface flow on hillslopes, in *Hillslopes Hydrogy*, (ed M.J. Kirkby). Wiley, Chichester, 73-120.

Bach, W. (1983) *Our Threatened Climate*. D. Reidel, Dordrecht.

Bagnold, R. A. (1941) *The Physics of Blown Sand and Desert Dunes*. Chapman & Hall, London.

Bagnold, R. A. (1977) Bed load transport by natural waters. *Water Resources Research*, 13. 303-312.

Bange, G. G. J. (1953) *Acta Bot. Neerl.* 2, 225.

Bannister, P. (1966) The use of subjective estimates of coverabundance as a basis for ordination. *J. Ecol.* 54, 665-674.

Bannister, P. (1976a) Physiological ecology and plant nutrition, in *Methods in plant ecology* (ed s.b. Chapman). Blackwell Scientific, Oxford.

Bannister, P. (1976b) Water relations of plants, in *Introduction to Physiological Plant Ecology* (ed P. Bannister). Blackwell, Oxford.

Bannister, P. J. (1976c) *Introduction to Physiological Plant Ecology*. Blackwell, Oxford.

Barnes, R. S. K. and R. N. Hughes (1988) *An Introduction to Marine Ecology* (2nd edn). Blackwell, Oxford.

Barry, R. G. (1970) A framework for climatological research with particular reference to scale concepts. *Trans Inst. Br. Geogs* 49, 61-70.

Barry, R. G. and R. J. Chorley (1976) *Atmosphere, weather and climate* (3rd edn). Methuen, London.

Bates, E. M. (1972) Temperature inversion and freeze protection by wind machine. *Agric. Meteorol.* 9, 335-346.

Battan, L. (1977) Weather modification in the Soviet Union *Bull. Am. Meteorol. Soc.* 58, 4-19.

Baumgartner, A. and E. Reichel (1975) *The world water balance*. Elsevier, Amsterdam.

Beer, T. (1986) *Environmental Oceanography*. Pergamon,

Oxford.

Begon, M., J. L. Harper and C. R. Townsend (1990) Ecology: *Individuals, Populations and Communities* (2nd edn). Blackwell, Oxford.

Beishon, J. and G. Peters (1972) *Systems Behaviour*. Harper & Row, London.

Bennett. D. L., D. A. Ashley and B. D. Doss (1966) Cotton responses to black plastic mulch and irrigation. *Agron, J.* 58. 57-60.

Bennett, R.J. and R.J. Chorley (1978) *Environmental systems philosophy*, analysis and control. Methuen, London.

Berger, W.H., V.H. Smetack and G. Wefer (eds) (1989) *Productivity of the Oceans: Present and Past*. Wiley, New York.

Berner, E.K. and R.A. Berner (1988) *The Global Water Cycle*. Prentice-Hall, Englewood Cliffs.

Beyer, J.L.(1974) Global summary of human response to natural hazards; floods. In *Natural hazards* (ed G.F. White). Oxford University Press, New York.

Biddulph, O. (1959) Translocation of inorganic solutes, in *Plant Physiolosy - a treatise, Vol II.* (ed F.C. Steward). Academic Press, New York.

Billings, M.P. (1954) *Structural geology* (2nd edn). Prentice-Hall, Englewood Cliffs, NJ.

Bird, E.C.F. (1984) *Coasts*. Blackwell, Oxford.

Birkeland, P.W. (1984) *Soils and Geomorphology*. Oxford University Press, New York.

Bjorkman, O. and J. Berry (1973) High energy photosynthesis. *Scientific American*, 229, 80-93.

Black, C.C. (1971) Ecological implications of dividing plants into groups with distinct photosynthetic production capacities. *Adv. Ecol Res.* 7, 87-114.

Black, J. N., C.W. Bonyphon of sunshine. *Q.J. Meteorol. Soc.* 80. 231-235.

Bloom, A. L. (1969). *The surface of the Earth*. Prentice-Hall, Englewood Cliffs, NJ.

Bolin, B. and R.B. Cook (eds) (1983) *The Major Biogeochemical Cycles and their Interactions*.

John Wiley, New York.

Borisov, A. A. (1945) Climates *of the USSR* (transl. R.A. Ledward). Oliver & Boyd, Edinburgh.

Bormann, F. H. and G. E. Likens (1970) The nutrient cycles of an ecosystem. *Scient. Am.* 92-101.

Boulding, K. E. (1966) The economics of the coming spaceship Earth, in *Environmental quality in a growing economy resources for the future.* Johns Hopkins University Press, Baltimore, MD, 3-14.

Boulton, G.S. (1972) Role of thermal regime in glacial sedimentation, in *Polar geomorphology* (eds R.J. Price and D.E. Sugden). Inst. Br. Geogs Sp. Publ. 4, 1-19.

Boulton, G.S. (1974) Processes and patterns of glacial erosion, in *Glacial geomorphology* (ed D.R. Coates). SUNY, New York, 41-87.

Boulton, G.S., A.S. Jones, K.M. Clayton and M.J. Kenning (1977) A British ice sheet model and patterns of glacial erosion and deposition in Britain, In British *Quaternary studies: recent advances* (ed F.W. Shotton). Oxford University Press, Oxford, 231-246.

Bowen, N.L. (1928) *The evolution of the igneous rocks.* Princeton University Press, Princeton, NJ.

Box, E. (1975) Quantitative evaluation of global primary productivity models generated by computers, in *Primary productivity of the biosphere* (eds H. Lieth and R. H. Whitaker). Springer-Verlag, New York, 266-283.

Bradley, R.S. *et al.* (1987) Precipitation fluctuations over northern hemisphere land areas since mid 19thC. *Science*, 237, 171-175.

Bradley, W.C. (1963) Large scale exfoliation in massive sandstones of the Colorade plateau. *Geol Soc. Am. Bull*, 74, 519-528.

Brandt, C. J. and J.B. Thornes (1987) Erosional energetics, in *Energetics of Physical Environment: Energetic Approaches to Physical Geography* (ed K.J. Gregory). John Wiley, Chichester.

Bretschneider, C.L. (1959) *Wave variability and wave spectra for wind generated gravity waves.* US Army Corps of Engineers, Beach Erosion Board Technical Memorandum 118.

Brewer, R. (1964) *Fabric and mineral analysis of soils.* Wiley, New York.

Bridges, E.M. and D.M. Harding (1971) Microerosion processes and factors affecting slope development in the Lower Swansea Valley, In *Slopes: form and process.* (ed D. Brunsden). Inst. Br. Geogs Sp. Publ. 3. 65-80.

Briggs, D.J. and F.M. Courtney (1985) *Agriculture and Environment: the Physical Geography of Temperate Agricultural Systems.* Longman, London.

Briggs, D.J. and P.A. Smithson (1985) *Fundamentals of Physical Geography.* Hutchinson.

Brimblecombe, P. & A. Y. Lein (eds) 1989. *Evolution of the Global Biogeochemical Sulphur Cycle.* John Wiley, Chichester.

Brinkman, A.W. and J. McGregor (1983) Solar radiation in dense Saharan aerosol in northern Nigeria. *QJR Met. Soc.*, 109. 831-847.

Broecker, W.S. (1974) *Chemical Oceanography.* Harcourt Brace Jovanovich, New York.

Brown, E.H. (1970) Man shapes the earth. *Geog. J.* 136 (1), 74-85.

Brownlow, A.H. (1978) *Geochemistry.* Prentice-Hall, Englewood Cliffs.

Brunsden, D. (1968) *Dartmoor.* Geographical Association, Sheffield.

Brunsden, D. (ed) (1971) *Slopes: Form and Processes.* Inst. Br. Geog. Sp. Pub. 3.

Brunsden, D. (1979) Weathering, in *Process in geomorphology* (eds C. Embleton and J.B. Thornes). Edward Arnold, London, 73-129.

Brunsden, D. and D.B. Prior (eds) (1984) *Slope Instability.* John Wiley, Chichester.

Brunsden, D. and R.H. Kesel (1973) The evolution of a

Mississippi river bluff in historic time. *J. Geol.*, **81**, 576-597.

Brunsden, D. and J.B. Thornes (1979) Landscape sensitivity and change. Trans. Inst. *Brit Geog.* **NS** 4, 463-484.

Bryson, R.A. and D.A. Baerreis (1967) Possibilities of major climatic modification and their implications; north-west India: a case study. *Bull. Am. Meteorol. Soc.* **48**, 136-142.

Budd, W.F., P.L. Keage and N.A. Blundy (1979) Empirical studies of ice sliding. *J. Glaciology*, **23** (89), 157-170.

Budyko, M.I. (1958) *The heat balance of the Earth's surface* (transl. N.A. Strepanova). US Dept. of Commerce, Washington DC.

Budyko, M.I., G.S. Golitsyn and Y.A. Izrael (1988) *Global Climatic Catastrophes*. Springer-Verlag.

Bunting, A.H., M.D. Dennett, J. Elston and J.R. Milford (1976) Rainfall trends in West African Sahel. *Q.J. Meteorol. Soc.* **102**, 59-64.

Burges, A (1958) *Micro-organisms in the soil*. Hutchinson, London.

Burges, A. and F. Raw (1967) *Soil Biology. Academic Press*, London.

Burnett, J.H. (ed) (1964) *The vegetation of Scotland*. Oliver & Boyd, Edinburgh.

Burrows, C.J. (1990) *Processes of Vegetation Change*. Unwin Hyman, London.

Burt, T. (1986) Runoff processes and solutional denudation rates on humid temperate hillslopes, in *Solute Processes* (ed S.T. Trudgill). Wiley, Chichester.

Burt, T.P. and D.E. Walling (eds) (1984) *Catchment Experiments in Fluvial Geomorphology*. Geobooks, Norwich.

Burt, T.P., R.W. Crabtree and N.A. Fielder (1984) Patterns of solutionsal denudation in relation to the spatial distribution of soil moisture and soil chemistry over a hillslope hollow and spur, in *Catchment experiments in fluvial geomorphology* (eds T.P. Burt and D.E. Walling). Geobooks, Norwich, 431-446.

Burton, I., R.W. Kates and G.F. White (1978) *The Environment as Hazard*. Oxford University Press, New York.

Butler, B.E. (1959) *Periodic phenomena in landscapes as a basis for soil studies*. Soil Publ. CSIRO, Australia.

Byer, H.R. (1974) *General meteorology*, 4th edn. McGraw-Hill, New York.

Campbell, D.A. (1972) *Morfa Harlech: the dune system and its vegetation*. B.A. Hons CNAA Geography dissertation, Portsmouth Polytechnic.

Campbell, I.M. (1977) *Energy and the atmosphere: a physical chemical approach*. Wiley, Chichester.

Cannell, M.G.R. and M.D. Hooper (1990) *The Greenhouse Effect and Terrestrial Ecosystems of the UK*. ITE Res. Pub. No. 4. HMSO, London.

Carlisle, A., A.H.F. Brown and E.J. White (1967) The nutrient content of tree stemflow and ground flora litter and leachates in a sessile oak (*Quercus petraea*) woodland. *J. Ecol.* **55**, 615-627.

Carr, A.P. and J. Graff (1982) The tidal immersion factor and shore platform development: discussion. *Trans. Inst. Brit. Geog.*, N.S., 7, 240-245.

Carson, M.A. (1974) *The Mechanics of Erosion*. Pion, London.

Carson, M.A. and M.J. Kirkby (1972) *Hillslpope form and process*. Cambridge University Press, Cambridge.

Carter, R.W.G. (1988) *Coastal Environments: an Introduction to the Physical*, Ecological and Cultural Systems of Coastlines. Academic Press, London.

Catt, J.A. (1988) *Quaternary Geology for Scientists and Engineers*. Ellis Horwood, Chichester.

Chandler, T.J. (1965) *The climate of London*. Hutchinson, London.

Chandler, T.J. and S. Gregory (eds) (1976) *The Climate of the British Isles*. Longman, London.

Chang, S., D. DesMarais, R. Mack, S.L. Miller and G.E. Strathearn (1983) Prebiotic organic syntheses and the origin of life, in *Earth's Earliest Biosphere* (ed J.W. Schopf). Princeton University Press, Princeton.

Chapman, C.A. and R.L. Rioux (1958) Statistical study of topography, sheeting, and jointing in granite. Acadia National Park, Maine, Am. *J. Sci.* **256**, 111-127.

Chapman, R.N. (1928) The quantitative analysis of environmental factors. *Ecology* 9, 111-122.

Chapman, S.B. (1976) Methods in plant ecology. Blackwell Scientific, Oxford, 229-295.

Chorley, R.J. (1973) Geography as human ecology, in *Directions in geography* (ed R.J. Chorley, Methuen, London, 155-159.

Chorley, R.J. and B. Kennedy (1971) *Physical geography: a systems approach*. Prentice-Hall, Hemel Hempstead, England.

Chorley, R.J., Schumm, S.A., and D.E. Sugden (1984) *Geomorphology*. Methuen, London.

Churchman, C.W. (1968) *The Systems Approach*. Delacorte Press, New York.

Clark, S.P. (1971) *Structure of the Earth*. Prentice-Hall, Englewood Cliffs.

Clayton, K.M. (1974) Zones of glacial erosion, in *Progress in geomorphology* (eds E.H. Brown and R.S. Waters). Inst. Br. Geogs Sp. Publ. 7, 163-176.

Clayton, K.M. (1977) River terraces, in *British Quaternary studies, recent advances* (de F.W. Shotton). Oxford University Press, Oxford, 157-167.

Clements, F.E. (1916) *Plant Succession: an Analysis of the Development of Vegetation*. Carnegie Inst. Washington, Publ. No. 242.

Cockburn, A. (1991) *An Introduction to Evolutionary Ecology*. Blackwell, Oxford.

Cocks, L.R.M. (ed) (1981) *The Evolving Earth*. (published for the British Museum[Natural History]). Cambridge University Press, Cambridge.

Coffey, W. (1981) *Geography, towards a General Spatial Systems Approach*. Methuen, London.

Cole, L.C. (1958) *The ecosphere. Scient. Am.* **198** (4), 83-92.

Colinvaux, P. (1986) *Ecology*. John Wiley, New York.

Collins, D.N. (1979) Quantitative determination of the subglacial hydrology of two alpine glaciers. *J. Glaciology*, **23** (89), 347-363.

Collins, D.N. (1981) Seasonal variation of solute concentration in meltwaters draining from an alpine glacier. *Annals of Glaciology*, **2**, 11-16.

Connell, J.H. and R.O. Slayter (1977) Mechanisms of succession in natural communities, and their role in community stability and organisation. *American Naturalist*, **111**, 1119-1144.

Cooke, R.U. and I.J.Smalley (1968) Salt weathering in deserts. *Nature* 220 (1), 226-227.

Cooke, R.U. and A. Warren (1973) *Geomorphology in Deserts*. Batsford, London.

Cooke, R.U. and J.C. Doornkamp (1974) *Geomorphology in Environmental management*. Oxford University Press, Oxford.

Cooper, J.P. (ed) (1975) *Photosynthesis and Productivity in Different Environments*. Cambridge University Press, Cambridge.

Corbel, J. (1964) L'erosion terrestre, etude quantative (Methodes-techniques-resultats). *Ann. Geog.* **73**, 385-412.

Correns, C.W. (1949) *Growth and dissolution of crystals under linear pressure*. Disc. Faraday Soc. **5**, 271-297.

Courtney, F.M. and S.T. Trudgill (1984) *The Soil: an Introduction to Soil Study in Britain*, (2nd edn). Edward Arnold. London.

Cousins, S.H. (1980) A trophic continuum derived from plant structure, animal size and a detrital cascade. *J. Theor. Biol.*, **82**, 605-618.

Cousins, S.M. (1985) Ecologists build pyramids again. *New*

Scientist, 4th July.

Cousins, S. (1987) The decline of the trophic level concept. *Trends in Ecology and Evolution*, **2**, 312-316.

Cowles, H.C. (1901) The physiographic ecology of Chicago and vincinity. *Botanical Gazette*, **31**, 73-108, 145-182.

Cox, B.A. and P.D. Moore (1985) *Biogeography: and Ecological and Evolutionary Approach*, (4th edn). Blackwell, Oxford.

Cox, C,B., I.N, Healey and P.D, Moore (1973) *Biogeography: an ecological and evolutionay approach*. Blackwell Scientific, Oxford.

Coxon, J.M., J.E. Fergusson and L. Philips (1980). *First year Chemistry*. Edward Arnold, London.

Crawley, M.J. (1982) *Herbivory: the Dynamics of Animal-Plant Interactions*. (Studies in Ecology vol 10). Blackwell, Oxford.

Crisp, P.J. (1964) *Grazing in terrestrial and marine environments*. Blackwell Scientific, Oxford.

Crocker, R.L. and B.A. Dickinson (1957) Soil development on the recessional moraines of the Herbert and Mendenhall glaciers, S.E. Alaska, *J. Ecol.* **45**, 169-185.

Croker, R.L. and J. Major (1955) Soil development in relation to vegetation and surface age at Glacoer Bay, Alaska, *J. Ecol.* **43**, 427-448.

Crompton, E, (1960) *The significance of the weathering leaching ratio in the differentiation of major soil groups*. Trans 7th Int. Cong. Soil Sci. **4**, 406-412

Crowe, P.R. (1971) *Concepts in climatology*. Lonman, London.

Curry, L. (1962) Climatic change as a random series. Ann. Assoc. *Am. Geogs* **52**. 21-31.

Curtis, C.D (1976) Chemistry of rock weathering: fundamental reactions and controls, in *Geomorphology and climate* (ed E. Derbyshire). Wiley, Chichester.

Cushing, D.H. and J.J. Walsh (eds) (1976) *Ecology of the*

Seas. Blackwell, Oxford.

Daily Telograph (1976) USA accused of fouling Cuba's weathe. 28 June.

Dalymple, J.B., R.F. Blong and A.J. Conacher (1968) A hypothetical nine unit land surface model. *Z. Geomorph.* **12**. 60-76.

Dansereau, P. (1957) *Biogeography: an Ecological Perspective*. The Ronald Press Company, New York.

Davidson, D.A. (1978) *Scienc for Physical Geographers*. Edward Arnold, London.

Davidson, J and R. Lloyd (eds) (1979) *Conservation and Agriculture*. John Wiley, Chichester.

Davies, J.L. (1972) *Geographical Variation in Coastal Development*. Oliver & Boyd, Edinburgh.

Davis, P.H. and V.H. Heywood (1963) *Principles of angiosperm taxonomy*. Oliver & Boyd, Edinburgh.

Davis, R. (ed) (1978) *Coastal Sedimentary Environments*. Springer-Verlag, Berlin.

Davis, R.A. (1972) *Principles of Oceanography* (2nd edn). Addison Wesley, Mass.

Dawkins, R. (1986) *The Blind Watchmaker*. Longman, London.

Deacon, J. (1974) The location of refugia of *Corylus avellana* L. during the Weichselian glaciation. *New Phytol.* **73**, 1055-1063.

Dearman, W.R., F.J. Baynes and T.Y. Irfan (1976) Practical aspects of periglacial effects on weathered granite. *Proc. Ussher Soc.*, **3** (3), 373-381.

Dearman, W.R., F.J. Baynes and T.Y. Irfan (1978) Engineering grading of weathered granite. *Q.J. Engng Geol.* **12**, 345-374.

Defant, F. (1951) Local winds, in *Compendium of meteorology*, (ed T.F. Malone). Am. Meteorol. Soc. Boston, Mass.

Degens, E.T., S. Kempe and J.E. Richey (eds) (1990) *Biogeochemistry of Major World Rivers*. John

Wiley, new York.

Denton, G.H. and T.J. Hughes (1983) Milankovitch theory of Ice Ages: hypothesis of ice sheet linkage between regional insolation and global climate.

Derbyshire, E., K.J. Gregory and J.R, Hails (1979) *Geomorphological processes*. Butterworth, London.

Detwyler, T.R. and M.G. Marcus (eds) (1972) *Urbanisation and Environment: the Physical Geography of the City*. Belmont, Duxbury.

Dewey, J.F. (1972) Plate tectonics. *Scient. Am.* **226** (May), 56-66.

Dickinson, C. and G. Pugh (1974) *Biology of Plant Litter Decomposition*. Academic Press, London.

Dietz, R.S. and J.C. Holden (1970) The breakup of pangaea. *Scientific American*. October.

Digby, P.G,N. and R.A. Kempton (1987) *Multivariate Analysis of Ecological Communities*. Chapman & Hall, London.

Dobben, W.H. Lowe-McConnell (eds) (1975) *Unifiying Concepts in Ecology*. Junk, The Hague.

Doornkamp, J.C. (ed) (1990) *The Greenhouse Effect and Rising Sea Levels in the UK*. M1 Press.

Douglas, I. (1967a) Man, vegetation, and the sediment yields of rivers. *Nature* **215**, 925-928.

Douglas, I. (1967b) Natural and manmade erosion in the humid tropics of Australia, Malaysia and Singapore, in *Symposium on river morphology*. Inst. Ass Sci. Hydrol, 17-29.

Douglas, I. (1983) *The Urban Environment*. Edward Arnold, London.

Drever, J.I. (1988) *The Geochemistry of Natural Water*. Prentice-Hall, Englewood Cliffs.

Drewry, D. (1986) *Glacial Geologic Processes*. Edward Arnold London.

Driessen, P.M. and R. Dudal (eds) 1989. *Geography, Formation, Properties, and Use of the Major Soils or the world*. Wageningen/Leuven: Agricultural University, Wageningen, & Catholic University, Leuven.

Drury, W.H. and I.C. Nesbit (1973) Succession. *J. Arnold Arboretum*, **54**, 331-368.

Duchaufour, P. (translated by T.R. Paton) (1982) *Pedology: Pedogenesis and Classfication*. Allen & Unwin.

Duckham, A.N. and G.B. Masefield (1970) *Farming systems of the world*. Chatto & Windus, London.

Duncan, G. (1975) Physics for Biologists. Blackwell, Oxford.

Duncan, N. (1969) *Engineering geology and rock mechanics*. Leonard Hill, London.

Dunne, T. (1979) Sediment yield and land use in tropical catchments. *J. Hudrol.* **42**, 281-300.

Duxbury, A.C. (1971) *The Earth and its Oceans*. Addison-Wesley, Mass.

Dyer, A.J. and B.B. Hicks (1965) Stratospheric transport of volcanic dust inferred from solar radiation meaurements. *Nature* **208**, 131-133.

Edwards, C.A., D.E. Reichle and D.A. Crossley (1970) The role of soil invertebrates in turnover of organic matter and nutrients, in *Analysis of temperate forest ecosystems*, (ed D.E. Reichle). Chapman & Hall, London. Ch. 12.

Egler, F.E. (1954) Vegetation science concepts I. Initial floristic composition - a factor in old-field vegetation development. *Vegetation*, 4, 412-417

Egler, F.E. (1964) Pesticides in our ecosystem. *Am.. Sci.* **52**, 110-136.

Eldridge, N. (1985) *Time Frames*. Simon and Schuster, New York.

Eliassen, A. and K. Pedersen (1977) *Meteology; an introductory course*. Vol. 1: *Physical processe and motion*. Universiteforlaget, Oslo.

Elsom, D. (1987) *Atmospheric Pollution*. Blackwell, Oxford.

Elton, C. (1927) *Animal ecology*. Sidgwick & Jackson, London. (Paperback edn Methuen 1966.)

Elton, C.S. (1958) *The ecology of invasion by animals and*

plants. Methuen, London.

Elton, C.S. and R.S. Miller (1954) The ecological survey of animal communities: with a practical system of classifying habitats by structural characters. *J. Ecol.*, **42**, 460-496.

Embleton, C. (ed) (1972) *Glaciers and glacial erosion.* Macmillan, London.

Embleton, C.D. and C.A.M. King (1975) *Periglacial Geomorphology.* Edward Arnold, London.

Embleton, C. and J.B. Thornes (eds) (1979) *Process in geomorphology,* Edward Arnold, London.

Emery, F.E. (1969) *Systems Thinking.* Penguin, London.

Engstrom, D.R. and H.E. Wright Jr. (1984) Chemical straticraphy of lake sediments as a record of environmental change, in *Lake sediments and environmental history* (eds E.Y. Haworth and J.W.G. Lund). Leicester University Press, Leicester, 11-67.

Etherington, J.R. (1975) *Environment and plant ecology.* Wiley, Chichester.

Etherington, J.R. (1978) *Plant physiological ecology.* Edward Arnold, London.

Evans, I.S. (1970) Salt crystallisation and rock weathering: a review. Rev. *Géomorph. Dyn.* **19**, 153-177.

Evans, R. and R.P.C. Morgan (1974) Water erosion of arable land. Area 6 (3), 221-225.

Eyles, N. (ed) (1983) *Glacial Geology.* Pergamon Press, Oxford.

FAO-UNESCO (1989) *Soil Map of the World* - Revised Legend 1988. ISRIC, Wageningen.

Fairbridge, R.H. (1961) Eustatic changes of sea-level, in *Physics and chemistry of the Earth*, Vol. 4 (ed L.H. Ahrens et al.). Pergamon, Oxford, 99-185.

Farres, P.J. (1978) The rôle of time and aggregate size in the crusting process. *Earth Surf. Proc.* **3**. 243-254.

Farres, P.J. (1991) Soil classification: the updated FAO system and soils in the UK. *Geography Rev.*, **5** (1) 27-31.

Farres, P.J., J. Poesen, and S. Wood (1992) *Some Characteristic Soil Erosion Landscapes of N.W. Europe. Catena* (in Press).

Federov, An. A. (1966) The structure of tropical rainforest, and speciation in the humid Tropics. *J. Ecol.*, **54**, 1-11.

Frenchel, T. (1988) Marine plankton food chains. *Ann. Rev. Ecol. Syst.*, **19**, 19-38.

Fenwick, I.M. and B.J. Knapp (1982) *Soil Processes and Response.* Duckworth, London.

Ferguson,R.I. (1981) Channel forms and channel changes, in *British rivers* (ed J. Lewin). Allen & Unwin, London, 90-125.

Fifeld, R. (ed) (1985) *The Making of the Earth* (New Scientist Guides). Blackwell, Oxford. (Reprints of New Scientist reports covering the period of development of the modern theory of Plate Tectonics and related areas).

Finlayson, B. and I. Stratham (1980) *Hillslope Analysis.* Butterworth, London.

Fink, J. and G. Kukla (1977) Pleistocene climates in central Europe: at least 17 interglacials after the Olduvai event. *Quaternary Research*, **7**, 363-371.

Fisher, J. (1954) *Bird recognition I. Sea birds and waders.* Penguin, London.

Fitter, A.H. and R.K.M. Hay (1987) *Environmental Physiology of Plants* (2nd edn). Academic Press, London.

Fitzpatrick, E.A. (1971) *Pedology.* Oliver & Boyd, Edinburgh.

Flegmann, A.F. and R.A.T. George (1975) *Soils and other growth media.* Macmillan, London.

Flohn, H. and R. Fantechi (eds) *The Climate of Europe: Past Present and Future.* D. Reidel, Dordrecht.

Fookes, P.G., W.R. Dearman and J.A. Franklin (1971) Some engineering aspects of rock weathering with field examples from Dartmoor and elsewhere. *Q.J. Engng Geol.* **4**. 139-185.

Ford, E.D. and P.J. Newbould (1977) The biomass and

production of ground vegetation and its relation to tree cover through a deciduous woodland cycle. *J. Ecol.* **65**, 201-212.

Forman, R.T.T. and M. Godron (1986) *Landscape Ecology.* John Wiley, New York.

Forrester, J.W. (1971) *World dynamics.* Wright Allen, Cambridge, Mass..

Fortescue, J.A.C. and G.G. Martin (1970) Micronutrients: forest ecology and systems analysis, in *Analysis of temperate forest ecosystems* (ed D.E. Reichle). Chapman & Hall, London.

Fournier, F. (1960) *Climat et érosion: la relation entre i' érosion du sol par l'eau et les precipitations atmospheriques.* Presses Univ. de France, Paris.

Frankland, J.C. (1966) Succession of fungi on decaying petioles of *Pteridium aquilinum. J. Ecol.* **54**, 41-63.

French, H.M. (1973) Cryopediments on the chalk of southern England. *Bull. Periglac.* **22**, 149-156.

Frenkiel, F.N. and D.W. Goodall (eds) (1978) *Simulation Modelling of Environmental Problems.* John Wiley/SCOPE, Chichester.

Gardiner, B.C. (1989) The Antarctic Ozone Hols. *Weather,* **44** (7), 219-297.

Gardiner, V. (1974) *Drainage basin morphometry.* Tech. Bull. No. 14, British Geomorph. Res. Group.

Garrels, R.H. and F.T. Mackenzie (1971) *Evolution of sedimentary rocks.* Norton, New York.

Garrels, R.M., F.T. Mackenzie and C. Hunt (1975) *Chemical Cycles and the Global Environment.* Kaufman, California.

Garrett, S.D. (1981) *Soil fungi and soil fertility,* 2nd edn. Pergamon, Oxford.

Gaskell, T.F. (1967) *The Earth's Mantle.* Academic Press, London.

Gass, I.G., P.J.Smith, and R.C. L. Wilson (1973) *Understanding the Earth: a Reader in the Earth Sciences.* (published for the Open University) Artemis Press, Horsham, Sussex.

Gates, D.M. (1962) *Energy exchange in the biosphere.* Harper & Row, New York.

Geiger, R. (1965) *The climate near the ground.* Cambridge, Harveard University Press, Mass.

Gentry, R.C. (1970) Hurricane Debbie modification experiments. *Science* **168**, 473-475.

Gerrard, A.J. (1981) *Soils and Landforms.* Allen & Unwin, London.

Gibbs, R.J. (1970) Mechanisms controlling world water chemistry. *Science,* **170**, 1088-1090.

Glentworth, R. and H.G. Dion (1949) The association or hydrologic sequence in certain solis of the podsolic zone of N.E. Scotland. *J. Soil Sci.* **1**. 35-49.

Glymer, R.G. (1973) *Chemistry: an Ecological Approach.* Harper and Row, New York.

Godwin, Sir H. (1975) *History of the British Flora: a Factual Basis for Phytogeography* (2nd edn). Cambridge University Press, Cambridge.

Goldich, S.S. (1938) A study in rock weathering. *J. Geol.* **46**, 17-58.

Golding, W. (1961) The inheritors. Faber, London.

Goldsmith, F.B., C.M. Harrison and A.J. Morton (1986) Description and analysis of vegetation, in *Methods in Plant Ecology,* (2nd edn) (eds P.D. Moore and S.B. Chapman). Blackwell, Oxford.

Golley, F.B. (ed) (1977) *Ecological Succession. (Benchmark Series in Ecology).* Dowden, Stroudsburg. (Contains reprints of most of the classic papers).

Gomez Pompa, A., C. Vázquez-Yanes, S. Guevara (1972). The tropical rainforest: a non-renewable resource. *Science* **177**, 762-765.

Gorman, M. (1979) *Island Ecology.* Chapman & Hall, London.

Goudie, A.S. (1977a) Sodium sulphate weathering and the disintegration of Mohenjo-daro, Pakistan. *Earth Surf. Proc.* **2**, 75-86.

Goudie, A.S. (1977b) *Environmental change.* Oxford

University Press, Oxford.

Goudie, A.S. and A. Watson (1980) *Desert Geomorphology.* Macmillan, London.

Grace, J. (1983) *Plant-Atmosphere Relationships. (Outline Series in Ecology).* Chapman & Hall, London.

Green, B. (1984) *Countryside Conservation.* Allen & Unwin, London.

Gregory, K.J. (1974) Streamflow and building activity, in *Fluvial processes in instrumented watersheds* (eds K.J. Gregory and D.E. Walling). Inst. Br. Geogs Sp. Publ. 6.

Gregory, K.J. (1976) Drainage networks and climate, in *Geomorphology and climate* (ed E. Derbyshire). Wiley, Chichester, 289-315.

Gregory, K.J. (1987) *Energetics of Physical Environment: Energetic Approaches to Physical Geography.* John Wiley, Chichester.

Gregory, K.J. and C.C. Park (1974) Adjustments of river channel capacity down stream from a reservoir. *Water Resources Res.* 10, 870-873.

Gregory, K.J. and C.C. Park (1976a) Stram channel morphology in N.W. Yorkshire. *Rev. Géomorph. Dyn.* **25** (2), 63-72.

Gregory, K.J. and C.C. Park (1976b) The development of a Devon gully and man. *Geography,* **61**, 77-82.

Gregory, K.J. and D.E. Walling (1973) *Drainage basin form and process.* Arnold, London.

Greig-Smith, P. (1983) *Quantitative Plant Ecology,* (3rd edn). Butterworths, London.

Gribbin, J. (1989) The global greenhouse. *Scope,* Summer, 4-7.

Griffin. D.M. (1972) *Ecology of Soil Fungi.* Chapman & Hall, London.

Grime, J.P. (1977) Evidence for the existence of three primary strategies in plants and its relevance to ecological and evolutionary theory. *Amer. Naturalist,* **111**, 1169-1194.

Grime, J.P. (1979). *Plant Strategies and Vegetation Processes.* John Wiley, Chichester.

Grime, J.P., J.G. Hodgson, and R. Hunt (1990) *(The Abridged) Comparative Plant Ecology.* Unwin Hyman, London.

Gross, M. Grant (1989) *Oceanography: a View of the Earth,* (5th edn). Prentice-Hall, Englewood Cliffs.

Grove, A.T. (1967) The last 20,000 years in the tropics, in *Tropical geomorphology* (ed A,M. Harvey). BGRG Spec. Publ. 5.

Grove, A.T. and A. Warren (1968) Quaternary landforms and climate on the south side of the Sahara. *Geog. J.* **134** (2), 194-208.

Guardian, The (London) (1977) Convention bans weather war. 19 May.

Hack, J.T. (1957) *Studies of longitudinal stream profilees in Virginia and Maryland.* USGS Prof. Pater 294B.

Hadley, R.F. and D.E. Walling (eds) (1984) *Erosion and Sediment Yield: Some Methods of Measuring and Modelling.* Geobooks, Norwich.

Hadley, R.F. and S.A. Schumm (1961) Sediment sources and drainage basin characteristics in upper Cheynne River baisn, in USGS *Water Supply Paper* **1531-B**, 137-196.

Haigh, M. (1985) Geography and general systems theory philosophical homologies and current practice. *Geoforum* **16**, 191-203.

Hails, J.R, (1975) Some aspects of the Quaternary history of Start Bay, Devon. *Field Studies,* **4**, 207-222.

Hails, J.F. (ed) (1977) *Applied Geomorphology.* Elsevier, Amsterdam.

Haines-Young, R. and J. Petch (1986) *Physical Geography: its Nature and Methods.* Harper & Row, London.

Hall, D.O. and K.K. Rao (1972) *Photosynthesis.* Edward Arnold, London.

Hanwell, J. (1980) *Atmospheric Processes.* Allen & Unwin, London.

Hanwell, J.D. and M.D. Newson (1970) *The storms and floods of July 1968 on Mendip.* Wessex Cave Club Occ. Publ. Ser. 1.2.

Hanwell, J.D. and M.D. Newson (1973) *Techniques in physical geography*. Macmilan, London.

Harbourne, J.C. (1977) *Introduction to Ecological Biochemistry*. Academic Press, New York.

Harding R.J. (1979) Radiantion in the British uplands. *J. App. Ecol.*, **16**, 161-170.

Harding, D.M. and D.J. Parker (1974) Flood hazard at Shrewsbury. In *Natural hazards* (ed G,F. Whige). Oxford University Press, New York.

Harper, J.L., R.B. Rosen and J. White (eds) (1986) The growth and form of modular organisms. *Phil Trans. R. Soc. Series B*, **313**, 1-250.

Harvey, A.M. (1974) Gully erosion and sediment yield in the Howgill Fells, Westmorland, in *Fluvial processe in instrumented watersheds* (eds K.J. Grogory and D.E. Walling). Inst. Br. Geogs Sp. Publ. 6. 45-58.

Harvey, J.G. (1976) *Atmosphere and ocean: our fluid environments*. Artemis Press, Sussex.

Heal, O.W. and S.F. Maclean (1975) Comparative productivity in ecosystems: secondary productivity, in *Unifying Concepts in Ecology* (eds W.H. van Dobben and R.H. Lowe-McConnell. Junk, The Hague).

Heathcote, R.L. (1983) *The Arid Lands: their Use and Abuse*. Longman, London.

Heller, F. and Liu Tung-sheng (1982) Magnetostratigraphic dating of loess deposits in China. *Nature*, **300**, 431-443.

Hemmingsen, A.M. (1960) *Energy metabolism as related to body size and respiratory surfaces*. Rep. Steno Meml Hosp., Copenhagen 9, part 2, 7.

Hengeveld, R. (1990) *Dynamic Biogeography. (Cambridge Studies in Ecology)*. Cambridge University Press, Cambridge.

Hewitt, K. (ed) (1983) *Interpretation of Calamity*. Allen & Unwin, Boston.

Hewson, E.W. and R.W. Longley (1944) *Meteorology, theoretical and applied*. Wiley, New York.

Heywood, V.H. (1967) *Plant taxonomy*. Edward Arnold, London.

Hide, R. (1969) Some laboratory experiments on free thermal convection in a rotating fluid subject to a norizontal temperature gradient and their relation to the theory of global atmospheric circulation, in *The global circulation of the atmosphere* (ed G.A. Corby). R. Meteorol. Soc., London.

Hjulstrom, F. (1935) Studies of the morphological activities of rivers as illustrated by the River Fyris. *Bull. Geological Inst. Univ. Uppsala*, **25**, 221-527.

Hobbs, R.J. and H.A. Mooney (1990) *Remote Sensing of Biosphere Functioning*. Academic Press, San Diego.

Hole, F.D. (1978) An approach to landscape analysis with the accent on soils. *Geoderma*, **21**, 1-23.

Hole, F.D. and J.B. Campbell (1986) *Soil Landscape Analysis*. Routledge and Kegan Paul, London.

Holland, H.D. (1978) *The Chemistry of the Atmosphere and Oceans*. John Wiley, New York.

Holling, C.S. (1973) Resilience and stability of ecological systems. *Ann. Rev. Ecol. Syst.*, **4**, 1-23.

Holling, C.S. (1976) Resilience and stability in ecosystems, in *Evolution and Consciousness: Human Systems in Transition* (eds E. Jantsch and C.H. Waddington). Addison-Wesley, Mass.

Hollis, G. (1974) The effect of urbanisation on floods in the Canon's Brook, Harlow, Essex, in *Fluvial processes in instumented watersheds* (eds K.J. Gregory and D.E. Walling). Inst. Br. Geogs Sp. Publ. 6, 123-139.

Hooper, M. (1970) Dating hedges. *Area* 4, 63-65.

Hope, R., H. Lister and R. Whitehouse (1972) The wear of sandstone by cold sliding ice, in *Polar Geomorphology*, (eds R.J. Rrice and D.E. Sugden). Inst. Brit. Geog. Spec. Pub., **4**, 21-31.

Hopkins, B. (1965) *Forest and savanna*. Heinemann, London.

Horn, H.S. (1974) The ecology of secondary succession.

Ann, Rev. Ecol. Syst., **5**, 23-37.

Horn, H.S. (1975) Forest Succession. *Scientific American*, (May), 91-98.

Horn, H.S. (1981) Some causes of variety in patterns of secondary succession, in *Forest Succession: Concepts and Application* (eds D.C. West, H.H. Shugart and D.B. Botkin). Springer Verlag, New York.

Houghton, J.T., G.T. Jenkins and J.J. Emhraums (eds) (1990) *Climate Change: the IPCC Scientific Assessment*. Cambridge University Press, Cambridge.

Howe. H.F. and L.C. Westley (1988) *Ecological Relationships of Plants and Animals*. Oxford University Press, Oxford.

Hubbell, S.P. (1971) Of sowbugs and systems: the ecological energetics of a terrestrial isopod, in *Systems analysis and simulation ecology*. Academic Press. New York.

Huggett, R.J. (1975) Soil landscape systems: a model of soil genesis. *Geoderma*, **13**, 1-22.

Huggett, R.J. (1980) *Systems Analysis in Geography (Contemporary Problems in Geography)*. Oxford University Press, Oxford.

Hughes, R. and J.M.M. Munro (1968) Climate and soil factors in the hills of Wales in their relation to the breeding of special herbage varieties, in *Hill land productivity*. Occ. Symp. no. 4, British Grassland Soc.

Humphreys, W.F. (1979) Production and repiration in animal populations, *J. Animal Ecol.*, **48**, 427-454.

Hunter, R.F. (1962a) Hill sheep and their pasture. A study in shoop arazing in S.E. Scotland. *J. Ecol*, **50**, 651-680.

Hunter, R.F. (1962b) Home range behaviour in hill sheep, in *Grazing* (ed D.J. Crisp). Proc. 3rd Symp. on grazing, Bangor. Br. Ecol Soc. Blackwell Scientific, Oxford.

Hutchinson, G.E. (1959) Homage to Santa Rosalia, or why are there so many kinds of animals? *Am. Nat.* **93**, 145-159.

Hutchinson, G.E. (ed) (1965) *The ecological theatre and the evolutionary play*. Yale University Press, New Haven, Conn..

Hutchinson, G.E. (1970) The biosphere. *Scient. Am.* **223** (3), 45-53

Illies, V. 1974. *Introduction to zoogeography* (transl. W.D. Williams). Macmillan, London.

Imbrie, J. and K.P. Imbrie (1979) *Ice Ages: Solving the Mystery*. Macmillan, London.

Imeson, A.C. (1974) The origin of sediment in a moorland catchment with particular reference to the role of vegetation, in *Fluvial processes in instrumented watersheds* (eds K.J. Gregory and D.E. Walling). Inst. Br. Geogs Spec. Publ. 6.

Iverson, J. (1956) Forest clearance in the Stone Age. *Scient. Am.* **194**, 36-41.

Iverson, J. (1964) Retrogressive vegetational succession in the post-glacial. *J. Ecol.* **52** (suppl.), 59-70.

Jackson, J.B.C., L.W. Buss and R.E. Cooke (eds) (1985) *Population Biology and Clonal Organisms*. Yale University Press, New Haven.

Jackson, R.J. (1967) The effect of slope aspects and albedo on PET from hillslopes and catchments. *N.Z.J. Hydrol.* 6, 60-69.

Jackson, R.M. and F. Raw (1966) *Life in the Soil*. Edward Arnold, London.

Jaynes, E.R. (1957) Information theory and statistical mechanics. *Phys. Rev.* **104**.

Jeffery, D.W. and C.D. Pigott (1973) The response of grassland on sugar limestone to applications of phosphorus and nitrogen. *J. Ecol.* **61**, 85-92.

Jenkins, D., A. Watson and G.R. Miller (1967) Population fluctuations in the red grouse (*Lagopus lagopus scoticus*). *J. Anim. Ecol.*, **36**, 97-122.

Jenny, H. (1941). *Factors of soil formation*. McGraw-Hill,

New York.

Jones, P.D. et al. (1988) Evodence for global warming in the past decade. *Nature*, **332**, 790.

Kates, R.W. (1970) *Natural hazard in human ecological perspective: hypothesis and models*. Nat. Hazards Res. Working Paper, no. 14.

Keller, W.D. (1957) *The principles of chemical weathering*. Lucas, Columbia, Miss.

Kendrick, R.E. and B. Frankland (1976) *Phytochrome and plant growth*, Edward Arnold, London.

Kepner, R.A. (1951) *Effectiveness of orchard heaters*. Bulletin 723, California Agric. Exp. Stat.

Kershaw, K.A. and J.H. Looney (1985) *Quantitiative and Dynamic Ecology*, (3rd edn). Edward Arnold, London.

King, C.A.M. (1972) *Beacher and Coasts*, (2nd edn). Edward Arnold. London.

Kira, T. and T. Shidei (1967) Primary production and turnover of organic matter in different foreste ecosystems of the western Pacific. *Jap. J. Ecol.* **17**, 70-87.

Kirkby, M.J. (1971) Hillslope process-response models based on the continutiy equation, in *Slopes: form and process* (ed D. Brunsden). Inst. Brit. Geog. Spec. Pub., 3, 15-30.

Kirkby, M.J. (ed) (1978) *Hillslope Hydrology*. John Wiley, Chicherster.

Kirkby, M.J. (1987) Models in physical geography, part 1.3, in *Horizons in Physical Geography* (eds M.J. Clark, K.J. Gregory and A.M. Gurnell). Macmillan, Basingstoke.

Kirkby, M.J. and R.P.C. Morgan (eds) (1980) *Soil Erosion*. John Wiley, Chichester.

Knapp, B.J. (1979) *Soil processes*. George Allen & Unwin, London.

Knighton, A.D. (1984) *Fluvial Forms and Processes*. Macmillan, London.

Kononova, M.M. (1966) *Soil Organic Matter*, (2nd edn).

pergamon, Oxford.

Kramer, P.J. (1969) *Plant and soil water relationships*. McGrawHill. New York.

Krebs. C.J. (1972) *Ecology: the Experimental Analysis of Distribution and Abundance*. Harper & Row, New York.

Krebs, C.J. (1988) *The Message of Ecology*. Harper & Row, New York.

Krebs, J.R. and N.B. Davies (eds) (1984) *Behavioural Ecology: an Evolutionary Appoach* (2nd edn). Blackwell, Oxford.

Kubiena, W.L. (1938) *Micfopedology*. Ames, Collegiate Press, Iowa.

Kucera, C.L., R.C. Dahlmann and M.R. Krelling (1967) Total net productivity and turnover on an energy basis for tall grass prairie. *Ecol.* **48**, 536-541.

Kurten, B. (1969) Continental drift and evolution. *Scient Am.* **220** (3), 54-64.

Lamb, H.H. (1972) *Climate present, past and Future*. Vol. 1: *Fundamentals and climate now*. Methuen, London.

Lamb, H.H. (1977) *Climate: Present, Past and Future*. Methuen, London.

Lamb, H,H, (1982) *Climate, History and the Modern World*. Methuen, London.

Landsberg, H.E. (1960) *Physical climatology* (2nd edn). Gray Printing Co., Dubois, Penn.

Langbein, W.B. and L.B. Leopold (1964) Quasi equilibrium states in channel morphology. *Am. J. Sci.* **262**, 782-794.

Langbein, W.B. and L.B. Leopold (1966) *River meanders - the theory of minimum variance*. USGS Prof. Paper 422-H.

Langbein, W.B. and S.A. Schumm (1958) Yield of sediment in relation to mean annual precipitation. *Trans Am. Geophys. Union*, **39**, 1076-1084.

Learmputh, A. (1977) *Man-environment relationships as*

complex ecosystems. Open University Press, Milton Keynes.

Lee, R. (1978) *Forest microlimatology.* Columbia University Press, New York.

Lehninger, A.L. (1965) *Bioenergetics. The molecular basis of biological energy trasformations.* Benjamin, New York.

Leninhan, J. and W.W. Fletcher (1978) *The built environment.* Vol. 8: *Of environment and man.* Blackie, Glasgow.

Leopold, L.B. and W.B. Langbein (1962) *The concept of entropy in landscape evolution,* 20 USGS Prof. Paper 500-A.

Leopold, L.B. and T. Maddock (1953) *The hydraulic geometry of stream channels and some physiographic implications.* USGS Prof. Paper 252.

Leopold, L.B. and M.G. Wolman (1957) *River channel patterns: braided meandering and straight.* USGS Prof. Paper 282-B.

Leopold, L.B., M.G. Wolman and J.P. Miller (1964) *Fluvial processes in geomorphology.* W.H. Freeman, San Francisco.

Lieth, H. (1964) Versuch einer kartographischen Darstellung der produktivitat der Pflanzendecke auf der Erde, in *Geographishers Taschenbuch 1964/65,* Steiner, Wiesbaden, 72-80.

Lieth, H. (1970) Phenology in productivity studies, in *Analysis of temperate forest ecosystems* (ed D.E. Reichle). Chapman & Hall, London. Ch. 4.

Lieth, H. (1971) The net primary productivity of the Earth with special emphasis on land areas, in *Perspectives on primary productivity of the Earth* (ed R. Whittaker). Symp. AIBS 2nd Natl Congr., Miami, Florida, October.

Lieth, H. (1972) Über die primärproduktion der Pflanzdecke der Erde. Symp. Deut. Bot. Gesell. Innsbruck., Austria, September 1971. *Z. Angew, Bot.* 46, 1-37.

Lieth, H. (1975) Modelling the primary productivity of the world, in *Primary productivity of the biosphere* (eds H. Lieth and R.H. Whitaker). Springer-Verlag, New York, 237-263.

Likens, G.E. and F.H. Bormann (1972) Nutrient cycling in ecosystems. In E*cosystem structure and function.* J.H. Wrens (ed), 25-67. Oregon State Univ. Ann. Boil. Colloquia 31.

Lieth, H. and E. Box (1972) Evapotranspiration and primary productivity; C.W. Thornthwaite memorial model, in *Papers on selected topics in climatology* (ed J.R. Mather). C.W. Thornthwaite Associates, Elmer, NJ, 37-46.

Lilienberg, D. *et al.* (1975) L'analyse morphostructurale des mouvements verticaux actuels de la partie Européenne de l'URSS, in *Problems of recent coastal movements,* Int. Union Geol. and Geophys. Tallinn: Valgus, 57-67.

Lindeman, R.L. (1942) The trophic dynamic aspects of ecology. *Ecology,* **23**, 399-418.

Linsley, R.K., M.A. Kohler and J.L.H. Paulhus (1949) *Applied hydrology.* McGraw-Hill, New York.

Lockwood, J,G. (1962) The occurrence of Fohn wints in the British Isles. Mereorol. *Mag.* 91, 57-65.

Lockwood, J.G. (1974) *World climatology, an environmental approach.* Edward Arnold, London.

Lockwood, J.G. (1979) *The Causes of Climate.* Edward Arnold, London.

Loughnan, F.C. (1969) *Chemical weathering of the silicate minerals.* Elsevier, New York.

Louw, G.N. and M.K. Seely (1982) *Ecology of Desert Organisms.* Longman, London.

Low, A.J. (1972) The effect of cultivation on the structure and other physical characteristics of grassland and arable soils (1945-1970). *J. Soil Sci.,* **23**, 363-380.

Lowe, J.J and M.J.C. Walker (1984) *Reconstructing Quaternary Environments.* Longman, London.

Lowman, P.D. and J.B. Garvin (1986) Planetary landforms, in *Geoporphology from space: a global overview of regional landforms* (eds N.M. Short and R.W. Blair). NASA. Washington DC.

Lukashev, K.I (1970) *Lithology and geochemistry of the weathering crust*. Israel Program for Scientific Translation, Jerusalem.

Lutgens, F.K. and E.J. Tarbuck (1982) *The Atmosphere*. Prentice-Hall, Englewood Cliffs.

Lydolph, P.E. (1977) *Climates of the Soviet Union: world survey or climatology*, vol. 7. Elsevier, Amsterdam.

MacArthur, R.H. (1958) Population ecology of some warblers of northeastern coniferous forests. *Ecology*, **39**, 599-619.

MacArthur, R.H. and E.O. Wilson (1963) An equilibrium theory of insular zoogeography. *Evolution*, **17**, 373-387.

MacArthur, R.H. and E.O. Wilson (1967) *The Theory of Island, Biogeography*. Prinseton University Press, Princeton.

Macfadyen, A. (1964) Energy flow in ecosystems and its exploitation by grazing, in *Grazing in terrestrial and marine environments* (ed D.J. Crisp). Blackwell Scientific, Oxford, 3-20.

MacIntosh, D.H. and A.S. Thom (1972) *Essentials of Meteorology*. Wykeham Pubs, London.

MacIntyre, F. (1970) Why the sea is salt. *Scientific American*, **223**, 104-115.

Mann, K.H. (1982) *Ecology of Coastal Waters: a Systems Approach. (Studies in Ecology vol 8)*. Blackwell, Oxford.

Margalef, R. (1968) *Perspectivers in ecological theory*. University of Chicago Press, Chicago.

Maris, S.L. (1980) *A study of the initial stages of succession on six disused railway tracks in Warwickshire and Leicestershire*. B.A. Hons CNAA Geography dissertation. Portsmouth Polytechnic.

Mason, B. (1952) *Principles of geochemistry*. Wiley, New York.

Mason, B.J (1975) *Clouds, Rain, and Rainmaking*. Cambridge University Press, Cambridge.

Masson, V.J. (1975) Clouds, Rain, and Rainmaking. Cambridge University Press, Cambridge.

Masson. V.J. (1990) Acid rain - causes and consequences. *Weather*, **45**, 70-79.

Mason, C.F. (1977) *Decomposition*. Edward Arnold, London.

Mass, C. and A. Robock (1982) The short-term influence of the Mount St Helens volcanic eruption on surface temperature in the northest United States. *Mon. Weath. Rev.*, **110**, 614-622.

Mathews, W.H. (1979) Simulated glacial erosion. *J. Glaciology*, **23** (89), 51-56.

Maxwell, A.E. et al. (1970) Deep sea drilling in the South Atlantic. *Science*, **168**, 1047-1059.

May, R.M. (1971a) Stability in model ecosystems. *Proc. Ecol. Soc. Aust.* **6**, 18-56.

May, R.M. (1971b) Stability in multispecies community models. *Bull. Math. Biophys.* **12**, 59-79.

May, R.M. (1974) *Stability and Complecity in Model Ecosystems*, (2nd edn). Princeton University Press, Princeton.

May, R.M. (1975) Will a complex system be stable? *Nature* **238**, 413-414.

Maybey, R. (1980) *The Place for Nature in Britain's Future*. Hutchinson, London.

Maynard-Smith, J. (1974) *Models in ecology*. Cambridge University Press, Cambridge.

McCall, J.G. (1960) The flow characteristics of a cirque glacier and their effect on cirque formation, in *Investigations on Norwegian cirque glaciers* (eds J.G. McCall and W.V. Lewis), R. Geog. Soc. Res. Series IV, 39-62.

McKee, E.D. (ed) (1979) A study of global sand seas. *USGS Professional Paper*, 1052.

McLusky, D.S., M. Teare and A.P. Phizacklea (1980)

Effects of domestic and industrial pollution on the distribution and abundance of aquatic oligochaetes in the Forth Estuary. *Helgolander Meeresunters*, 33, 384-392.

Meadows, D.H., D.L. Meadows, J. Randers and W.W. Behrens (1971) *The limits to growth. Report of the Club of Rome*. Earth Island, London.

Meidner, H. and D.W. Sheriff (1976) *Water and plants*. London. Blckie.

Menard, H.W. and Smith (1966) Hypsometry of ocean basin provinces. *J. Geophys. Res.* 7, 4305-4325.

Meteorological Office (1972) *Tables of temperature, humidity, precipitation and sunshine for the world, Part III. Europe and the Azores. HMSO*, London.

Meybeck, M. (1979) Concentrations des eaux fluviales en elements majeurs et apports en solution aux oceans. *Révue de Géol. Dynamique et Géog. Physique*, 21, 215-246.

Milankovitch, M. (1930) Mathematische klimalehne und astronomische theorie der Klimaschwaukungen, in *Handbuch der Klimatologie I* (eds I.W. Köppen and R. Geiger). Borntraeger, Berlin.

Miles, J. (1978) *Vegetation Dynamics. (Outline Series in Ecology)*. Chapman & Hall, London.

Miller, D.H. (1977) *Water at the Earth's Surface: an Introduction to Ecosystem Hydronamics*. Academic Press, New York.

Miller, J.M. (1984) Acid Rain. *Weatherwise*, 37, 227-251.

Miller, S.L. (1953) A production of amino acids under possible primitive Earth conditions. *Science*, 117, 528.

Miller, S.L. (1597) The formation of organic compounds on the primitive Earth. *Annals of the New York Academy of Sciences*, 69, 260-275.

Milliman, J.D. and R.H. Meade (1983) Worldwide delivery of sediment to the oceans. *Journal of Geology*, 91, 1-21.

Milne, G. (1947) A soil reconnaissance journey through parts of Tanganyika territory, December 1935-Februry 1936. *J. Ecol.* 35, 192-265.

Minderman, G. (1968) Addition, decomposition, and accumulation of organic matter in forests. *J. Ecol.* 56, 355-362.

Ministry of Agriculture and Fisheries and Food (1967) *Potential Transportation*. Techical Bulletin No 16. HMSO, London.

Mitchell, J.M. (1976) An overview of climatic variability and its causal mechanisms. *Quatern. Res.* 6, 481-494.

Monteith, J.L. (1973) *Principles of environmental physics*. Edward Arnold, London.

Mooney, H.A., Vitousek, P.M. and Matson, P.A. (1987) Exchange of materials between terrestrial ecosystems and the atmosphere. *Science*, 238, 926-932.

Moore, D.M. (1982) *Green Planet: the Story of Plant Life on Earth*. Cambridge University Press Cambridge.

Moore, J.J. (1962) The Braun-Blanquet system: a reassessment, *J. Ecol.* 50, 761-769.

Moore, N.W., M.D. Hooper and B.N.K. Davis (1967) Hedges: I. Introduction and reconnaissance studies. *J. Appl. Ecol.* 4, 201-220.

Morgan, R.P.C. (1979) *Soil erosion*. Longman, London.

Morisawa, M. (1968) *Streams - their dynamics and morphology*. McGraw-Hill, New York.

Morisawa, M. (1985) *Rivers: Form and Process*. Longman, London.

Moss, M. (ed) (1988) *Landscape Ecology and Management*. Polyscience, Montreal.

Moss, R. (1969) A comparison of red grouse stocks with the production and nutritive value of heather. *J. Anim. Ecol.* 38, 103-122.

Moss, R., A. Watson and J. Ollasom (1982) *Animal Population Dynamics. (Outline Series in Ecology)*. Chapman and Hall, London.

Mottershead, D.N. (1971) Coastal head deposits between Start Point and Hope Cove, Devon. *Field Studies*,

3, 433-453.

Mottershead, D.N. (1982) Coastal spray weathering of bedrock in the supratidal zone at East Prawle, Devon. *Field Studies*, **5**, 663-684.

Mottershead, D.N. and G.E. Spraggs (1976) An introduction to the hydrology of the Portsmouth region, in *Portsmouth Geographyical Essays II*(eds D.N. Mottershead and R.C. Riley). Portsmouth Polytechnic, Department of Geography, 76-93.

Mottershead, D.N. and I.D. White (1972) The lichonometric dating of glacier succession: Tunsbergdalen, southern Norway. *Geog*. Ann. **54** (A), 47-52.

Mottershead, D.N. and I.D. White Lichen growth in Tunsbergdalen - a confirmation. *Geog. Ann.* **54** (A) 3-4.

Mottershead, D.N. and R.L., Collin (1976) A study of Flandrian glacier fluctuations in Tunsbergdalen, southern Norway. Norsk *Geol. Tids.* **56**, 417-436.

Muffler, L.J.P. and D.E. White (1975) Geothermal energy, in *Perspectives on energy: issues, ideas and environmental dilemmas* (eds L.C. Ruedisili and M.W. Firebaugh). Oxford University Press, New York, 352-358.

Myers, A.A. and P.S. Giller (eds) (1988) *Analytical Biogeography: an Integrated Approach to the Study of Animal and Plant Distributions.* Chapman & Hall, London.

Natural Environment Research Council (1989) *Oceans and the Global Carbon Cycle.* Swindon, NERC.

Naveh, Z. and A.S. Lieberman (1984) *Landscape Ecology: Theory and Application.* Springer Verlag, New York.

Neiburger, M.,J.G. Edinger and W.D. Bonner (1971). *Understanding our atmospheric environment.* W.H. Freeman, San Francisco.

Neumann, G. and W.J. Pierson (1966) *Principles of Physical Oceanography.* Prentice-Hall.

Newbould, P.J. (1971) Comparative production of ecosystems, in *Potential crop production* (eds P.F. Waring and J.P. Cooper). Heinemann, London, 228-238.

Newson, M.D. (1975) *Flooding and Flood Hazard in the United Kingdom.* Oxford University Press, Oxford.

Nickling, W.G. (ed) (1986) *Aeolian Geomorphology.* Allen & Unwin, London.

Nockolds, S.R., R.W.O'B Knox and G.A. Chinner (1978) *Petrology for Studunts.* Cambridge University Press, Cambridge.

Northcliffe, S. (1984) Spatial analysis of soil. *Progress in Physical Geog.*, **8**, 261-269.

Odum, H.T. (1957) Trophic structure and productivity of Silver Springs, Florida. *Ecol. Monog.* 27, 55-112.

Odum, E.P. (1964) The new ecology. *Biol Sci.* 14, 14-16.

Odum, E.P. (1971) *Fundamentals of ecology,* (3rd edn). Saunders, Philadelphia.

Odum, H.T. (1960) Ecological potential and analogue circuits for the ecosystem. *Am. J. Sci.* **48**, 1-8.

Oke, T.R. (1974) *Review of urban climatology 1968-1973.* World Met. Organisation, Tech. Note 134. WMO, Geneva.

Oke, T.R. (1978) *Boundary layer climates.* Methuen, London.

Oldfield, F. (1987) The future of the past: - a perspective on palaeoenvironmental study, in *Horizons in Physical Geography* (eds M.J. Clark, K.J. Gregory and A.M. Gurnell). Macmillan, London.

Ollier, C. (1969) *Weathering.* Oliver & Boyd. Edinburgh.

Ollier, C.D. (1981) *Tectonocs and Landforms.* Longman, London.

Ollier, C.D. (1988) *Volcanoes.* Blackwell, Oxford.

O'Neill, P. (1985) *Environmental Chemistry.* Chapman & Hall, London.

O'Sullivan, P.E., M.A. Coard and D.A. Pickering (1982) The use of laminated lake sediments in the estimation and calibration of ecosion rates, in Recent *Developments in the Explanation and prediction of Erosion and Sediment Yield* (ed. D.E. Walling). Int. Ass. Hydrologie Scientifique Publication, 137, 385-396.

Ovington, J.T. (1966) *Woodlands*. English Universities Press. London.

Oxburgh, E.R. (1974) *The Plain Man's Guide to Plate Tectonics*. Proceedings of the Geologists Association.

Palmen, E (1951) The rôle of atmospheric disturbances in the general circulation. Q.J.R. *Meteorol Soc.* 77, 337.

Parker, D.J. and E.C. Penning-Rowsell (1980) *Water Planning in Britain*. Allen & Unwin, London.

Parkinson, D. et al. (1971) *Ecology of Soil Micro-organisms*. IBP Handbook No. 19. Blackwell, Oxford.

Paterson, W.S.B. (1981). *The Physics of Glaciers*. Pergamon Press, Oxford.

Paton, T.R. (1978) *The formation of soil material*. George Allen & Unwin, London.

Pauling, L. (1970) *General chemistry*, (3rd edn). W.H. Freeman, San Francisco.

Pedgley, D.E. (1962) *A course in elementary meteorology*. HMSO, London.

Pegg, R.K. and R.C. Ward (1971) What happens to rain? *Weather*, 26, 88-97.

Pepper, D. (1984) *The Roots of Modern Environmentalism*. Croom Helm, London.

Perry, A.H. (1981) *Environmental Hazards in the British Isles*. Allen & Unwin, London.

Perru, A.H. and J.M. Walker (1977) *The Ocean-Atmosphere System*. Longman, London.

Peters, S.P. (1938) *Sea breezes at Worthy Down, Winchester*. Met. Office Prof. Notes. No. 86. London: HMSO.

Peterson, D.L., M.A. Spanner, S.W. Running and K.T. Teuber (1987) Relationship of thematic mapper simulator data to leaf area index of temprate coniferous forests. *Remote Sensing of Environment*, 22, 323-341.

Pethick, J. (1984) An *Introduction to Coastal Geomorphology*. Edward Arnold, London.

Pethick, J. (1985) *Slopes*. Geography Today Software. Manchaster, Granada TV.

Petts, G.E. (1983) Rivers. Butterworths, London.

Petts, G. and I. Foster (1985) *Rivers and Landscape*. Edward Arnold, London.

Phillipson, J. (1971) *Quantitative Soil Ecology*. IBP Handbook No. 18, Blackwell, Oxford.

Pianka, E.R. (1970) On r-and K-selection. *Amer, Naturalist*, 104, 593-597.

Pianka, E.R. (1983) *Evolutionary Ecology*, (3rd edn). Harper & Row, New York.

Pickard, G. and W. Emery (1982) *Descriptive Physical Oceanography*, (4th edn). Pergamon.

Pickett, S.T.A. and P.S. White (1985) *The Ecology of Natural Disturbance and Patch Dynamics*. Academic Press, London.

Pimm, S.L. (1982) *Foodwebs*. Chapman & Hall, London.

Pisek, A., W. Larcher, W. Moser and I. Pack (1969) Kardinale temperaturbereiche und genztemperaturen des lebens der blatter verschiedener spermatophyten III temperaturabhangigkeit und optimaler temperaturbereich der nettophotosynthese. *Flora*, Jena **158**, 608-630.

Pitty, A.F. (1968) The scale and significance of solutional loss from the limestone tract of the central and southern Penines. Proc. *Geol. Assoc.*, 40, 601-612.

Pitty, A.F. (1979) *Geography and Soil Properties*. Methuen, London.

Platt, T. and K. Denman (1977) *Hel. Wiss. Meeresunt*, 30, 575.

Polunin, O. and A. Huxley (1967) *Flowers of the Mediterranean*. Chatto & Windus, London.

Porter, R. and D.W. Fitzsimons (1978) *Phosphorus in the Environment: its Chemistry and Biochemistry*.

Elsevier, Amsterdam.

Postgate, J.R. (1978) *Nitrogen fixation*. Edward Arnold, London.

Postgate, J.R. (ed) (1971) *The chemistry and biochemistry of nitrogen fixation*. Plenum, New York.

Press, F. and R. Siever (1978) *The Earth*. Freeman. San Francisco.

Proctor, J. (1971) The plant ecology of serpentine. *J. Ecol*, **59**, 375-410.

Rackham, O. (1971) Historical studies and woodland conservation, in *The scientific management of animal and plant communities for conservation* (eds E. Duffey and A.S. Watt). Blackwell Scientific, Oxford, 563-580.

Rackham, O. (1986) *The Making of the Countryside*. Dent, London.

Raiswell, R.W., P. Brimblecombe, D.L. Dent and P.S. Liss (1984) *Environmental Chemistry*. Edward Arnold, London.

Ranwell, D. (1972) *Ecology of salt marshes and sand dunes*. Chapman & Hall, London.

Read, H.H. (1970) *Rutley's Elements of Mineralogy*, (26th edn). Allen & Unwin, London.

Reuss, J.O. & D. W. Johnson (1986) *Acid Deposition and the Acidification of Soils and Waters*. Springer Verlar, New York.

Rice, R.J. (1977) *Fundamentals of geomorphology*. Longman, London.

Richards, B.N. (1974) *Introduction to the Soil Ecosystem*. Longman, Harlow.

Richardsm K. (1982) Rivers: Form and Process in Alluvial Channels. Methuen, London.

Richards, K.S. and T.R. Wood (1977) Urbanisation, water redistribution and their effect on channel processes, in *River channel changes* (ed K.J. Gregory). Wiley, Chichester, 369-388.

Ricklefs, R.E. (1990) *Ecology*, (3rd edn). Freeman, New York.

Riehl, H. (1965) *Introduction to the atmosphere*, (3rd edn). McGraw-Hill, New York.

Riehl, H. (1979) *Climate and Weather in the Tropics*. Academic Press, New York.

Rigler, F.H. (1975) In *Unifying Concepts in Ecology* (eds W,H, van Dobben and R.H. Lowe-McConnell). Junk, The Hague, 15-26.

Riley, J.P. and R. Chester (1971) *Introduction to Marine Chemisty*. Academic Press, London.

Robbins, C.T. (1983) *Wildlife Feeding and Nutrition*. Academic Press, New York.

Roberts, N. (1989) *The Holocene: an Environmental History*. Blackwell, Oxford.

Rose, S. (1970) *The Chemistry of Life*. Penguin, London.

Rosenberg, N, J. (1974) *Microclimate: the Biological Environment*. John Wiley, New York.

Ross, S.N. (1987) Energetics of soil processes, in *Energetics of Physical Environment: Enegetic Approaches to Physical Geography* (ed K.J. Gregory). John Wiley, Chichester.

Rowntree, P.R. (1990) Estimates of future climatic change over Britain. Part 1 Mechanisms and models. *Weather*, **45**, 38-42.

Russell, R.C.H. and D.H. Macmillan (1952) *Waves and Tides*. Hutchinson, London.

Ruxton, B.P. and I. McDougall (1967) Denudation rates in north-east Papua from K-Ar dating of lavas. *Am. J. Sci.* **265**, 545-561.

Sandford, K.S. (1954) *The Oxford region*. Oxford University Press, Oxford.

Sass, J,H. (1971) The Earth's heat and internal temperatures, in *Understanding the Earth* (eds I.G. Gass, P.J. Smith and R.C.L. Wilson). Artemis Press, Sussex, 81-87.

Schlesinger, W.H. (1991). *Biogeochemistry: an Analysis of Global change*. Academic Press, San Diego.

Schopf, J.W. (ed) (1983) *Earth's Earliest Biosphere*. Princeton University Press, Princeton.

Schultz, A.M. (1964) The nutrient-recovery hypothesis for arctic microtine cycles, in *Grazing in terrestrial and marine environments* (ed D.J. Crisp). Blackwell Scientific, Oxford, 57-68.

Schultz, A.M. (1969) The study of an ecosystem: the arctic tundra, in *The ecosystem concopt in natural resource management* (ed G. Van Dyne). Academic Press, New York, 77-93.

Schumm, S.A. and R.W. Lichty (1965) Time space and causality in geomorphology. Am. *J. Sci.* **263**, 110-119.

Schwarz, M.L. and E.C.F. Bird (eds) (1985) *The World's Coastlines*. Van Nostrand Reinholt, New York.

Seddon, B. (1967) Prehistoric climate and agriculture: a review of recent palaeoecological investigations, in *Weather and agriculture* (ed J.A. Taylor). Pergamon, Oxford.

Selby, M.J. (1982a) Controls on the stability and inclinations of hillslopes formed on hard rock. *Earth Surface Processes and Landforms*, **1**. 449-467.

Selby, M.J. (1982b). *Hillslope Materials and Processes*. Oxford University Press, Oxford.

Selby, M.J. (1985) *Earth's Changing Surface*. Oxford University Press. Oxford.

Sellers, W.D. (1965) *Physical climatology*. University of Chicago Press, Oxford.

Shackleton, N.J. and N.D. Opdyke (1973) Oxygen isotope and palaeomagnetic stratigraphy of equatorial pacific core V. 28-238: oxygen isotope temperature and ice volumes on a 10 and 10 year scale. *Quatern. Res.* **3**, 39-55.

Shackleton, N.J. and N.D. Opdyke (1977) Oxygen isotope and palaeomagnetic evidence for early northern hemisphere glaciation. *Nature*, **270**, 216-219.

Sharp, R.P. (1960) *Glaciers*. Condon Lectures, Oregon State System of Higher Education, Oregon.

Sharp, R.P. (1964) Wind-driven sand in Coachella Valley, Calif. Bull, Geol, Soc. *America*, **91**, 724-730.

Shawyer, C.R. (1987) *The Barn Owl in the British Isles: its past, present and future*. The Hawk Trust.

Shreve, R.L. (1966) Statistical laws of stream numbers. *J. Geol.* **74**, 17-37.

Simmons, I.G. (1975) The ecological setting or Mesolithic man in the Highland zone, in *The effect of man on the landscape: the Highland zone* (eds J.G. Evans, S. Limbrey and H. Cleere). Res. Rep. No. 11 Council for British Archaeology.

Simonson, R.W. (1959) Outline of a generalized theory of soil genesis. *Proc. Soil Sci. Soc. Am.* **23**, 152-156.

Simpson, G.G. (1953) *The major features of evolution.* Columbia University Press, New York.

Simpson, J. (1964) Sea breeze fronts in Hampshire. *Weather*, **19**, 208-220.

Skipworth, J.P. (1974) Continental drift and the New Zealand biota. *NZ J. Geog.* **57**, 1-13.

Slaymaker, H.O. (1972) Patterns of present sub-aerial erosion and landforms in mid-Wales. *Trans Inst, Br. Geogs*, **55**, 47-68.

Smagorinsky, J. (1979) Topics dynamical meteorology: 10, a perspective of dynamical meteorology. *Weather*, **34**, 126-135.

Smith, A.G. (1961) The Atlantic-sub-boreal transition. *Proc. Linn, Soc.* **172**, 38-49.

Smith, D.I. and M.D. Newson (1974) The dynamics of solutional and mechanical erosion in limestone catchments on the mendip Hills, Somerset, in *Fluvial processes in instrumented watersheds* (eds K.J. Gregory and D.E. Walling). Inst. Br. Geogs Sp. Publ. 6, 155-167.

Smith, D.I. and P. Stopp (1978) *The River Basin.* Cambridge University Press.

Smith, D.I. and T.C. Atkinson (1976) Process, landform and climate in limestone regions, in *Geomorphology and climate* (ed E. Derbyshire). Wiley, Chichester, 367-409.

Smith, K. (1975) *Principles of applied climatology.* McGraw-Hill, London.

Smith, P. (1973) *Topics in Geophysics*. Open University Press, Milton Keynes.

Soane, B.D. (1973) Techiques for measuring changes in the packing state and con resistance of soil, after the passage of wheels and tracks. *J. Soil Sci.* **24**, 311-323.

Solomon, M. E. (1969) *Population dynamics*. Edward Arnold, London.

Soper, R. (ed) (1984) *Biological Science*. Part 1. Organisms, Energy and Environment, and Part 2. Systems, Maintenance and Change. Cambridge University Press, Cambridge.

Southwood, T.R.E. (1977) Habitat, the templet for ecological strategies? *J. Animal Ecol.*, **46**, 337-365.

Southwood, T.R.E., R.M. May, M.P. Hassell, and population parameters. *Am. Nat.* **108**, 791.

Sparks, B.W. and R.G. West (1972) *The ice age in Britain*. Methuen, London.

Spellerberg, I.F. (1991) *Monitoring Ecological Change*. Cambridge University Press, Cambridge.

Spooner, B. and H.S. Mann (eds) (1982) *Desertification and Develop-ment: Dryland Ecology in Social Perspective*. Academic Press, London.

Sprent, J.I. (1988) *The Ecology of the Nitrogen Cycle*. Cambridge University Press, Cambridge.

Statham, I. (1977) *Earth surface sediment transport*. Oxford University Press, Oxford.

Stebbins, G.L. (1974) Adaptive shifts and evolutionary novelty, in S*tudies in the philosophy of biology*, 285-306.

Street-Perrott, F.A., N. Roberts and S. Metcalfe (1985) Geomorphic implications of late Quaternary hydrological and climatic changes in the Northern Hemisphere tropics, in *Environmental Change and Tropical Geomorphology* (eds I Douglas and T. Spencer). Allen & Unwin, London.

Stoddart, D.R. (1969) World erosion and sedimentation, in *Water, earth and man* (ed R.J. Chorley). Methuen, London, 43-64.

Stork, A. (1963) Plant immigration in front of retrating glaciers, with examples from the Kebnekajse area, Northern Sweden. *Geog. Ann.* **XLV** (1), 1-22.

Stowe, K.S. (1984) *Principles of Ocean Science*, (2nd edn). John Wiley, Chichester.

Strahler, A.N. (1952) Hypsometric analysis of ecosional topography. *Geol Soc. Am.* Bull. **63**, 923-938.

Strahler, A.N. (1972) *Planet Earth:its physical systems through geological time*. Harper & Row, New York.

Strahler, A.N. and A.H. Strahler (1973) *Environmental geoscience*. Hamilton, California.

Strakhov, N.M. (1967) *Principles of lithogenesis*. Vol. 1: *Consultants bureau*. Oliver & Boyd, New York, London.

Streeter, D.T. (1974) Ecological aspects of oak woodland conservation, in *The British oak* (eds M.G. Morris and F.H. Perring). Bot. Soc. Brit. Isles Conf. Report 14, Faringdon: Classey.

Sugden, D.E. and B.S. John (1976) *Glaciers and landscape. A geomorphological approach*. Edward Arnold, London.

Summerfield, M.A. (1991) *Global Geomorphology*. Longman, London.

Sumner, G. (1988) *Precipitation: Process and Analysis*. John Wiley, New York.

Sutcliffe, J. (1968) *Plants and water*. Edward Arnold, London.

Sutcliffe, R.C. (1948) *Meteorology for aviators*. Met. Office 432. HMSO, London.

Sverdrup, H.U., M.W. Johnson and R.H. Fleming (1942) *The Oceans: Their Physics, Chemistry and Geoneral Biology*. Prentice-Hall.

Swift, M.J., O.W. Heal and J.M. Anderson (1979) *Decomposition in Terrestrial Ecosystems*. (Studies in Ecology vol 5). Blackwell, Oxford.

Tansley, Sir A.G. (1935) The use and abuse of vegetational concepts and terms. *Ecology*, **16**, 284-307.

Taylor, A.M. and E. Burnett (1964) Influence of soil strength on the root growth habits of plants. *Soil Sci.* **98**, 178-180.

Taylor, A,M. and L.F. Ratcliff (1969) Root growth pressure of cotton peas and peanuts. *Agron. J.*, **61**, 389-402.

Taylor, J.A. (1970) The cost of British weather, in *Weather economics* (ed J.A Taylor). Pergamon, Oxford.

Taylor, R.J. (1984) *Predation*. Chapman & Hall, London.

Ternan, J.L. and A.G. Williams (1979) Hydrological pathways and granite weathering on Dartoor, in *Geographical Approaches to Fluvial Processe* (ed A.F. Pitty). Geobooks, Norwich, 5-30.

Thomas, A.J. (1978) Worldwide weather disasters. *J. Meteorol.* (UK), **3**.

Thomas, A.S. (1963) Futher changes in the vegetation since the advent of myxomatosis. *J Ecol.* **51**, 151-186.

Thomas, D.S.G. (ed) (1989) *Arid Zone Geomorphology*. Belhaven, London.

Thomas, R.W. and R.J. Huggett (1980) *Modelling in Geography: a Mathematical Approach*. Harper & Row, London.

Thoraronsson, S. (1939) Observations on the drainage and rates of denudation in the Hoffelsjokull district. *Geog. Ann.* **21**, 19-215.

Thorn, C.E. (ed) (1982) *Space and Time in Geomorphology*. Allen & Unwin, London.

Thorn, C.E. (1988) *Introduction to Theoretical Geomorphology*. Unwin Hyman, London.

Thornes, J.B. (1978) The character and problems of theory in contemporary geomorphology, in *Geomorphology, present problems and future prospects* (eds C. Embleton, D. Brunsden, and D.K.C. Jones). Oxford University Press, Oxford.

Thornes, J.B. (1979) *River Channels*. Macmillan, London.

Thornes, J.B. (1983) Evolutionary geomorphology. *Geography*, **68**, 225-235.

Thornes, J.B. (1987) Environmental systems - patterns, processesm and evolution, in *Horizons in Physical Geography* (eds M.J. Gregory and A.M. Gurnell). Macmillan, Basingstoke.

Thornes, J.B. and D. Brunsden (1977) *Geomorphology and time*, Methuen, London.

Thorsteinsson, I., G. Olafsson and G.M. Van Dyne (1971) Range resources of Iceland. *J. Range Mgmt*, **24**, 86-93.

Thrush, B.A. (1977) The chemistry of the stratosphere and its pollution. *Endeavour*, **1**. 3-6.

Thurman, H.V. (1987) *Essentials of Oceanography*. Merrill, Columbus.

Tjallingii, S.P. and A.A. de Veer (eds) (1982) Perspectives in *Landscape Ecology*. Centre for Agricultural Publications, Wageningen.

Tolmazin, D. (1985) *Elements of Dynamic Oceanography*. Allen and Unwin.

Tooley, M.H. (1974) Sea-level changes during the last 9,000 years in north-west England. *Geog. J.* **140**, 18-42.

Trenhaile, A.S. (1980) Shore platforms: a neglected coastal feature. *Progress in Physical Geography*, **4** (1), 1-23.

Trewartha, G.T. (1961) *The earth's problem climates*. University of Wisconsin Press, Madison.

Tricart, J. (1985) Evidence of Upper Pleistocene dry climates in northern South America, in *Environmental Change and Tropical Geomorphology* (eds I. Douglas and T. Spencer). Allen & Unwin, London, 197-217.

Troake, R.P. and D.E. Walling (1973) The natural history of Slapton Ley Nature Reserve. VII The hydrology of the Slapton Wood stream; a preliminary report. *Field Studies* **3**, 719-740.

Troll, C. (1968) Landschaftsokologie, in *Planzensoziologie und Landschaftsokologie* (ed R. Tuxen). Junk The Hague, 1-21.

Troll, C. (1971) Landscape ecology (geo-ecology) and biocoenology - a terminological study. *Geoforum*, **8**, 43-46.

Trudgill, S. (1977) *Soil and vegetation systems*. Oxford University Press, Oxford.

Trudgill, S. T. (1983) Soil geography: spatial techniques and geomorphic relationships. *Progress in Physical Geog.*, 7, 345-360.

Trudgill, S. *et al*, (1984) Hydrology and solute uptake in hillslope soils on Magnesian Limestone: the Whitwell Wood project, in *Catchment Experiments in Fluvial Geomorphology* (eds T.P. Burt and D.E. Walling). Geobooks, Norwich, 183-215.

Turekian, K.K. (1976) *Oceans*. Prentice-Hall, Englewood Cliffs.

UK Terrestrial Effects Review Group (1988) *The Effects of Acid Deposition on the Terrestrial Environment in the UK*. HMSO, London.

UNCOD (1977) *Desertification: its Causes and Consequences*. Pergamon Press, Oxford.

Valentine, J.W. and E.M. Moores (1970) Plate tectonics regulation of faunal diversity and sea level: a model. *Nature* **228**, 657-659.

Van Dobben, W.H. and R.H. Lowe-McConnell (eds) (1975) *Unifying Concepts in Ecology*. Junk, The Hague.

Van Wambeke, A (1966) Soil bodies and soil classification. *Soils Fert.*, **29**, 507-510.

Villee, C.A. *et al.* (1989) *Biology*, (2nd edn). Saunders, Philadelphia.

Vincent, P. (1990) *The Biogeography of the British Isles*. Routledge, London.

Vivian, R. (1975) *Les Glaciers des Alpes Occidentales*. Imperimerie Allier, Grenoble.

Waddington, C.H. (1975) *Catastrophe Theory of Evolution in the Evolution of an Evolutionist*. Cornell University Press, New York.

Walker, D (1979) *Energy Plants and Man*. Packard, Funtigton.

Walker, D. and R.G. West (eds) (1970) *Studies in the vegetational history of the British Isles*. Cambridge University Press, Cambridge.

Walker, J.C.G. (1977) *Evolution of the Atmosphere*. Macmillan, New York.

Walker, J,C.G. (1984) How life affects the atmosphere. *Bioscience*, **34**, 486-491.

Walling, D.E. (1987) Rainfall, runoff and erosion of the land: a global view, in *Energetics of Physical Environment: Energetic Approaches to Physical Geography* (ed K.J. Gregory). John Wiley, Chichester.

Walling, D.E. and B.W. Webb (1975) Spatial variation of rever water quality: a survey of the River Exe. *Trans Inst. Br. Geogs*, **65**, 155-171.

Walling, D.E. and B.W. Webb (1981) Water quality, in *British Rivers* (ed J. Lewin). Allen & Unwin, 126-169.

Walling, D.E. and B.W. Webb (1983) Patterns of sediment yield, in *Background to Palaeohydrology: a Perspective* (ed K.J. Gregory). John Wiley, Chichester, 69-100.

Walling, D.E. and B,W Webb (1986) Solutes in river systems in *Solute Processe* (ed S.T. Trudgill). John Wiley, Chichester, 251-327.

Wallwork, J.A. (1970) *The ecology of soil animals*. McGraw Hill, Maidenhead.

Wambeke, A. Van (1966) Soil bodies and soil classification. *Soils Fert,*. **29**, 507-510.

Ward, R.C. (1975) *Principles of Hydrology*, (2nd edn). McGraw-Hill, Maidenhead.

Ward, R. (1978) *Floods: a Geographical Perspective*. Macmillan, London.

Warneck, P. (1988) *Chemistry of the Natural Atmosphere*. Academic Press, London.

Warren, A. and C.M. Harrison (eds) (1983) *Conservation in Perspective.* John Wiley, Chichester.

Warrick, R., A. Wilkinson and T.M.L. Wigley (1989) *Estimating global mean sea-level change* 1982-2050. Climate Researcg Unit Report, University of East Anglia.

Waters, R.S. (1954) Pseudobedding in the Dartmoor granite. *Trans R. Geol Soc.* **18**, 456-462.

Watson, J.D. (1970) The Double Helix. Penguin, London.

Watts, A.J. (1955) Sea breeze at Thorney Island. *Meteorol. Mag.* **84**, 42-48.

Weatherly, P.E. (1969) Ion movement within the plant and its integration with other physiological processes, in *Ecological aspects of the mineral nutrition of plants* (ed I.H, Rorison). Blackwell Scientific, Oxford, 323-340.

Webb, W.L., W.K. Lauenroth, S.R. Szarek and R.S. Kinerson (1983) Primary production and abiotic controls in forests, grasslands, and desert ecosystems in the United States. *Ecology*, **64**, 134-151.

Wellburn, A. (1988) *Air Pollution and Acid Rain: The Biological Impact.* Longman.

Weller, G. and B. Holmgren (1974) The microclimates of arctic tundra. *J. Appl. Meteorol.* **13**, 854-862.

West, D.C., H.H. Shugart and D.B. Botkin (eds) (1981) *Forest Succession: Concepts and Application.* Springer Verlag, New York.

West, R.G. (1968) *Pleistocene Geololgy and Biology.* Methuen, London.

Wetherald, R.T. and S. Manabe (1975) *Run-off processes and streamflow modelling.* Oxford University Press, Oxford.

Weyman, D.R. (1975) *Run-off processes and streamflow modelling.* Oxford University Press: Oxford.

Weyman, D. (1981) *Tectonic Processes.* Allen & Unwin, London.

Whalley, W.B. (1976) *Properties of materials and geomorphological explanation.* Oxford University Press, Oxford.

Whalley, W.B. and J.P. McGreevy (1985, 1987, and 1988) Weathering. *Progress in Physical Geography*, **9**, **11**, and **12**, 559-581, 357-369 and 130-143.

White, I.D. (1973a) *Plant succession and soil development on the recessional moraines.* Tunsbergdalen Res. Expedition Report No.2 Dept. of Geography, Portsmouth Polytechnic.

White, I.D. (1973b) *Preliminary report on the results of dendrochronological studies.* Tunsbergdalen Res. Expedition Report No. 2, Dept. of Geography, Portsmouth Polytechnic.

White, I.D. and D.N. Mottershead (1972) Past and present vegetation in relation to solifluction on Ben Arkle, Sutherland. *Trans Bot. Soc. Edin.* **41**, 475-489.

White, R.E. (1979) *Introduction to the principles and practice of soil science.* Blackwell Scientific, Oxford.

Whittaker. R.H. (1975) *Communities and ecosystems.* Macmillian, New York.

Whittaker, R.H. and G.E. Likens (1975) *The biosphere and man.*

Whittaker, R.H. and G.E. Woodwell (1971) Measurement of net primary production of forests, in *Productivity of forest ecosystems* (ed P. Davigneaud). Unesco, Paris, 159-175.

Whittow, J.B. (1980) *Disasters: The Anatomy of Environmental Hazards.* Allen Lane, London.

Wild, A. (ed) (1988) *Russell's Soil Conditions and Plant Growth* (11th edn) Longman, London.

Williams, A.G., J.L. Ternan and M. Kent (1984) Hydrochemical characteristics of a Dartmoor hillslope, in *Carchment Experiments in Fluvial Geomorphology* (eds T.P. Burt and D.E. Walling). Geobooks, Norwich.

Wilson, I.G. (1972) Universal discontinuities in bedforms produced by the wind. *J. Sedimentary Petrology*, **42**, 667-669.

Wilson, J.T. (1963) Continental drift. *Scient. Am.* **208** (April), 86-102.

Wilson, J. Tuzo (1976) *Continents Adrift and Continents Aground.* (Readings from Scientific American) Freeman, San Francisco.

Wilson, K. (1960) The time factor in the development of dune soils at South Haven Peninsula, Dorset. *J. Ecol.* **48**, 341-359.

Wilson, R.C.F. (1983) *Residual Deposits: Surface-Related Weathering Processes and Materials.* Geol. Soc. Sp. Pub. 11. Blackwell, Oxford.

Winkler, E.M. (1975) *Stone: Properties. Durability in Man's Environment*, (2nd edn). Springer Verlag, Berlin.

Winkler, E.M. and E.J. Wilhelm (1970) Salt burst by hydration pressures in architectural stone in urban atmosphere. *Geol Soc. Am. Bull.* **81**, 567-572.

Winstanley, D. (1978) Thr drought that won't go away. *New Scient.* **164**, 57.

Woldenberg, M. (ed) (1985) *Models in Geomorphology.* Allen & Unwin. London.

Wolman, M.G. (1955) *The natural channel of Brandywine Creek, Pennsylvania.* USGS Prof. Paper 271.

Wolman, M.G. (1967) A cycle of erosion and sedimentation in urban river channels. *Geog. Ann.* **49**(A), 385-395.

Woodwell, G.M. (ed) (1984) *The Role of Terrestrial Vegetation in the Global Carbon Cycle: Measurement by Remote Sensing.* John Wiley, New York.

Wooldridge, S.W. (1960) The Pleistocene sucession in the London Basin. *Proc. Geol Assoc.* **71** (2), 113-129.

World Meteorological Organisation (1956) *International cloud atlas.* WHO, Geneva.

Wyllie, P.J. (1976) *The Way the Earth Works: an Introduction to the New Global Geology and its Revolutionary Development.* John Wiley, New York.

Wynne-Edwards, V.C. (1965) Self-reaulating systems in populations of animals. *Science,* **147**, 1543-1548.

Yaalon, D.H. (1971) *Palaeopedology: origin, natur and dating of palaeosols.* Israel University Press, Jerusalem.

Yang, C.T. (1970) On river meanders. *J. Hydrol.* **13**, 231-253.

Yang, C,T. (1971) Potential energy and stream morphology *Water Resources Res.* **7** (2), 311-322.

Young, A. (1969) Present rate of land ecosion. *Nature* **224**, 851-852.

Young, A. (1972) *Slopes.* Longman, London.

Young, A. (1978) A twelve-year record of soil movement on a slope. *Z. Geomorph.* N.F. Suppl. **29**, 104-110.

색인

A~P